Roth · Daunderer · Kormann

Giftpflanzen Pflanzengifte

Giftpflanzen von A-Z · Notfallhilfe
Vorkommen · Wirkung · Therapie
Allergische und phototoxische Reaktionen

4. überarbeitete Auflage

Nikol Verlagsgesellschaft mbH & Co. KG
Hamburg

Herausgeber: Dr. rer. nat. Lutz Roth
Medizinische Bearbeitung: Dr. med. Dr. med. habil. Max Daunderer
Botanische Bearbeitung: Kurt Kormann;
Dr. Maria Grünsfelder (Durchsicht u. Ergänzung)

Mit Beiträgen von:
Prof. Dr. H. K. Frank — Phykotoxine
Prof. Dr. B. M. Hausen — Allergie und Allergie-induzierende Stoffe im Pflanzenbereich
Dr. G. Langsdorf — Phytoalexine
Prof. Dr. E. Roeder — Pyrrolizidinalkaloide
Dr. A. Wedler — Oxalsäure

Unter Mitarbeit von:
Gertrud Daunderer, Brigitte Gratz, Marta Herzog, Wolfgang Hetz, Jutta Kuschmider, Hans Müller von der Haegen, Silvia Rahner, Barbara Roth, Christian Roth, Hanne Roth, Ulrike Roth, Marina Schwob, Alfred Wagner, Ursula Weller-Schäferbarthold, Eva Weth, Wolfgang Zinser.

Giftpflanzen -Pflanzengifte:

Giftpflanzen von A-Z · Notfallhilfe · Allergische und phototoxische Reakionen
Roth · Daunderer · Kormann.
(Mit Beitr. von: H. K. Frank … unter Mitarb. von Gertrud Daunderer …)
4., überarb. und wesentlich erw. Aufl. - Landsberg/Lech: ecomed, 1994.

556 farbige Abbildungen von:
E. Bohmüller (4), Dr. M. Börnchen (1), F. Guimpel u. v. Schlechtendal [G 38] (10), K. Kormann (497), Ch. Roth (15), L. Roth (22), W. Schmitt (7)

7 schw.-weiße Abb., 29 Tabellen

Über 500 Formelzeichnungen und Diagramme: H.-G. Zoch

Sonderausgabe für Nikol Verlagsgesellschaft mbH & Co. KG, Hamburg
Mit freundlicher Genehmigung des Originalverlages.

Giftpflanzen -Pflanzengifte, 4. Auflage 1994
Vorkommen -Wirkung -Therapie -Allergische und phototoxische Reaktionen
Von L. Roth, M. Daunderer und K. Kormann

Satz: Brühlsche Universitätsdruckerei, Gießen; Satzverfahren: DTP (QuarkXPress); Schrift: Sabon; Reproduktionen: Repro-Lange, Kaufbeuren, Repro-Griesbeck, Landshut; Einbandgestaltung: Callena Creativ GmbH, Jülchendorf; Abbildungen auf dem Einband: Wolliger Schneeball/Viburnum lantana, Roter Fingerhut/Digitalis purpurea, Eibe/Taxus baccata (Lavendelfoto Pflanzenarchiv) Blütenstand von Helleborus viridis/Hellebrin (Aufnahme: Kurt Kormann), Hamburg; Druck: Westermann Druck Zwickau, Zwickau;

Printed in Germany. ISBN: 3-933203-31-7

Vorwort zur 4. Auflage

Die 4. Auflage stellt eine gründliche Überarbeitung und wesentliche Erweiterung des Werkes dar. Es liegen jetzt 520 Pflanzenkapitel vor, in denen teilweise mehrere Pflanzen aufgeführt sind.

Schon 1991 wurde das Kapitel „Giftpilze" überarbeitet und unter dem Titel „Giftpilze – Pilzgifte, Schimmelpilze, Mykotoxine, Vorkommen und Inhaltsstoffe, Pilzallergien, Nahrungsmittelvergiftungen" in einer gesonderten Publikation veröffentlicht.

Die Pflanzeninhaltsstoffe mit den dazugehörigen Formeln wurden auf 320 Stoffbeschreibungen ergänzt, wobei die Pilzgifte nicht mehr enthalten sind; sie sind in dem oben erwähnten Buch „Giftpilze – Pilzgifte" aufgeführt.

Neu aufgenommen wurden die beiden Kapitel V-2 Phykotoxine und V-3 Bildung von Abwehrstoffen in Nutzpflanzen: Neuere Forschungen haben ergeben, daß Pflanzen unter bestimmten Bedingungen (Streß) gesundheitsschädliche Stoffe ausbilden, die sie normalerweise nicht oder nur in geringen Mengen enthalten. Die Erkenntnisse darüber, ob dies für alle Pflanzenfamilien zutrifft, sind noch lückenhaft. Es muß aber aufgrund der vorliegenden Ergebnisse davon ausgegangen werden, daß innerhalb einer Art unterschiedliche Gehalte an Giftstoffen vorkommen können, so daß auch die Wirkung auf den Menschen unterschiedlich sein kann. Diese Eigenschaften von Pflanzen war schon in den vorausgegangenen Ausgaben dieses Werkes Anlaß dafür, bei vielen Pflanzen, die normalerweise verhältnismäßig harmlos sind, sowohl einfache Erste-Hilfe-Maßnahmen als auch weitergehende therapeutische Maßnahmen aufzuführen.

Um diese Problematik noch zu verdeutlichen, wurde im Kapitel IV-2 ein ausführlicher Abschnitt über Oxalsäure und oxalsäurehaltige Pflanzen aufgenommen. Es wird dargestellt, welche als Nahrungsmittel gebräuchlichen Pflanzen dieses Gift enthalten, wie variabel die Bildung von Oxalsäure bei der gleichen Spezies sein kann, daß eine solche Nahrungspflanze bei entsprechender Disposition von Personen Unpäßlichkeiten oder auch schwere Erkrankungen hervorzurufen vermag und für andere dagegen völlig ungefährlich ist.

Um die Beurteilung von Pflanzen zu erleichtern, ist im Kapitel V-3 (S. 1000) eine Liste abgedruckt, die mit einem Überblick über die Pflanzenfamilien einen Anhaltspunkt dafür bieten soll, ob eine solche Pflanzenfamilie grundsätzlich als gefährdend, im allgemeinen als harmlos oder nur gelegentlich als gefährdend angesehen werden muß.

In den „Giftpflanzen – Pflanzengifte" sind von der ersten bis zur vierten Auflage zahlreiche Hinweise enthalten, die bisher in der Literatur nicht veröffentlicht waren. Sie finden sich auch nicht in Zeitschriftenveröffentlichungen, so daß sie in den Datenbanken über Giftpflanzen nicht aufgeführt sind. Es ist ohnehin als Mangel zu beklagen, daß Datenbanken nahezu ausschließlich Zeitschriften, aber keine Bücher referieren und infolgedessen deren Inhalt nicht wiedergeben.

Herrn Professor Frank danken wir für den Beitrag über Phykotoxine, Frau Dr. Langsdorf für den Beitrag über Phytoalexine sowie Frau Dr. Wedler für den Beitrag über Oxalsäure. Unser besonderer Dank gilt auch Frau Dr. Grünsfelder für die kritische Sichtung und Ergänzung des Pflanzenteils und Frau Schilling für das Lektorat. Wir danken außerdem den Lesern für Zuschriften und Änderungsvorschläge. Auch in Zukunft sind Anregungen und kritische Hinweise stets willkommen.

Karlsruhe/München, im Mai 1994

L. Roth
M. Daunderer
K. Kormann

Vorwort zur 1. Auflage

Das vorliegende Buch soll einen zusammenfassenden Überblick über die bei uns vorkommenden Giftpflanzen, Arznei- und Gewürzpflanzen, Giftpilze und Pflanzengifte geben und als Ratgeber beim Umgang mit Giftpflanzen und Pflanzengiften aller Art verstanden werden. Darüber hinaus dient es als Orientierungshilfe über die heute auf diesem Gebiet vorhandene deutschsprachige Literatur, die in den letzten Jahren sehr umfangreich geworden ist. Bei den Vorarbeiten wurden deshalb über 38 000 Seiten allein an pharmazeutischen und botanischen Werken gesichtet und ausgewertet. Vielfach wurden die vorhandenen Angaben und Daten durch eigene Beobachtungen, Erfahrungen, Gehaltsbestimmungen und analytische Methoden ergänzt.

Es werden folgende Lesergruppen angesprochen:

Ersthelfer und behandelnder Arzt
Erste-Hilfe- und Therapievorschläge – basierend auf umfangreichen Erfahrungen – zu jeder der aufgeführten Pflanzen und zu jedem Pflanzengift.

Wissenschaftlich arbeitende Pharmazeuten und Mediziner
Gehaltsangaben, analytische Methoden, Literaturhinweise sowie Anregungen zu eigenen Forschungen bei denjenigen Pflanzen, bei denen trotz lange bekannter starker Wirkung die Inhaltsstoffe noch nicht oder nur unvollständig erforscht sind.

Apotheker, Drogisten
Übersicht über Arzneipflanzen, sofern sie giftige Stoffe enthalten, und über die heute in der Bundesrepublik Deutschland geltenden einschlägigen Vorschriften. Angaben zur Anwendung in der Heilkunde.

Biologen, Botaniker, Chemiker
Systematik und botanische Beschreibung der Giftpflanzen. Chemische Daten, Strukturformeln und Wirkungsweise der Pflanzengifte.

Fachlehrer, Erzieher, Giftinformations- und Beratungsstellen
Umfassende Orientierung über Giftpflanzen und Pflanzengifte.

Lebensmittelbetriebe
Ausführliche Beschreibung der Vergiftungsgefahren und Giftwirkungen von Pilzen, Gewürz- und Genußmittelpflanzen.

Alle naturwissenschaftlich Interessierten
Über 400 farbige Pflanzenaufnahmen, interessante historische Schilderungen, Wissenswertes über einheimische und fremde Gift-, Arznei- und Gewürzpflanzen.
Bei der Fülle des Materials mußte eine Beschränkung auf das uns wesentlich Erscheinende vorgenommen werden, wofür wir den Leser um Verständnis bitten. Ergänzende Angaben, die geeignet sind, bei zukünftigen Auflagen berücksichtigt zu werden, sind jederzeit willkommen und werden dankbar entgegengenommen.
Den zahlreichen Mitarbeitern, die bei der Erarbeitung von Daten, Sichtung des Materials, Zusammenstellen und Schreiben bis zur Fertigstellung geholfen haben, sei vielmals gedankt. Ebenso gilt unser besonderer Dank den Wissenschaftlern, die uns durch Übersendung von Sonderdrucken, von Hinweisen und anderem geholfen haben, das Material zu vervollständigen.

Karlsruhe/München im Juni 1984

L. Roth
M. Daunderer
K. Kormann

Inhaltsverzeichnis

I
Giftpflanzen – Pflanzengifte

I – 1
Einführung

Es gibt in Mitteleuropa etwa 50 Pflanzenfamilien, in denen Arten vorhanden sind, die Giftstoffe enthalten. Diese weite Verbreitung war der Anlaß, die vorliegende Zusammenstellung vorzunehmen.
Jedem, der sich mit Giftpflanzen beschäftigt, muß auffallen, daß sehr oft widersprüchliche Angaben über die Wirkungen von Pflanzen in der Literatur zu finden sind. Es besteht heute vielfach die Meinung, frühere Berichte oder solche, die von zuverlässigen Beobachtungen, wie z. B. von Giftinformationszentralen, Ärzten etc., abweichen, als unzutreffende Übertreibungen zurückzuweisen. Hiervor sollte gewarnt werden. Wir wissen von unseren Kulturpflanzen, daß der Gehalt an Inhaltsstoffen je nach Erntezeit, Witterungsverhältnissen, Standort und örtlicher Rasse erheblich schwanken kann. Hierzu zwei Beispiele: Bei Weintrauben schwankt der Zuckergehalt, bei Tabakpflanzen der Nikotingehalt erheblich. Es kann durchaus angenommen werden, daß Inhaltsstoffe von anderen Pflanzen in ähnlicher Weise variieren und deshalb im einen Fall problemlos vertragen werden, im anderen Fall jedoch erhebliche Beschwerden verursachen.
Hinzu kommt noch die Tatsache, daß über örtliche Rassen unzureichende Untersuchungen vorliegen und innerhalb der Pflanzenfamilien von Spezies zu Spezies der Gehalt sowohl in einzelnen Pflanzenteilen als auch überhaupt stark schwanken kann.
Es sollte auch nicht unbeachtet bleiben, daß die Wirkungen auf das einzelne Individuum je nach Disposition, Alter, Gesundheitszustand und Gewöhnung an vielleicht ähnliche Giftstoffe (z. B. Nikotin) stark schwanken können. Es ist gesichertes Allgemeingut, daß ein bis zwei Flaschen Wein am Tag von einem Menschen schon symptomlos vertragen wurden, während ein einzelnes Glas bei einem anderen bereits Berauschungszustände erkennen ließ. Über die Verträglichkeit von Kaffee, Tabak etc. gibt es ähnliche Beispiele in Hülle und Fülle. Es werden deshalb bei den „Genußgiften" ausführlich akute, aber auch chronische Vergiftungserscheinungen beschrieben.
Ein Giftpflanzenbuch wäre unvollständig, wenn es auf die Pflanzen, denen wir überall in Haus und Garten, auf dem Markt und in der freien Natur begegnen, nicht besonders eingehen würde. In einer Zeit, in der die Großstadtmenschen vermehrt den Weg „zurück zur Natur" finden wollen, ist es doppelt wichtig, darüber aufzuklären, daß auch in der freien Natur Giftstoffe in großer Anzahl vorkommen, die zu Krankheitserscheinungen führen können, aber oft nicht als die Urheber der Krankheitssymptome erkannt werden.
Von der Alm bis ins Zimmer sind wir von Pflanzen umgeben, von denen viele giftig sind, was denjenigen, die mit ihnen oftmals täglich umgehen, vielfach nicht bewußt ist. So mancher Hautausschlag, der im Büro bei der Blumenpflege oder im Garten beim Heckenschneiden erworben wurde, ist nicht auf Chemikalien, Nahrung oder Umwelt, sondern auf Giftstoffe in Pflanzen zurückzuführen.
In der vorliegenden Sammlung soll deshalb versucht werden,

1. möglichst viele Pflanzen, darunter auch Genußmittel-, Gewürz-, Zimmer- und Gartenpflanzen in übersichtlicher Form zusammenzufassen.
2. Häufiger gebrauchte Arzneipflanzen, bei deren falscher Anwendung Krankheitserscheinungen auftreten können, werden ebenfalls aufgenommen.

3. Aus dem Ausland importierte und bei uns nicht wildwachsende Pflanzen, die eine gewisse Verbreitung in der Heilkunde haben, werden mit Symptomatik und möglicher Therapie ebenfalls aufgenommen.
4. Von einigen Pflanzengiften oder Pflanzen, die unter die Rauschgifte gerechnet werden müssen und bei uns zumeist unter das Betäubungsmittelgesetz fallen, werden die Symptome aufgezeigt, um auf eventuellen Mißbrauch aufmerksam zu machen.
5. Viele in Pflanzen vorkommende Giftstoffe werden namentlich aufgeführt; bei einer größeren Anzahl von ihnen sind chemische Daten, aber auch Methoden zu ihrem Nachweis angegeben.
6. Die Tatsache, daß der Gehalt an Inhaltsstoffen je nach Sammelzeit, Witterungsverhältnissen, Standort und örtlicher Rasse erheblich schwanken kann, wurde besonders beachtet, so daß die in der Literatur und durch eigene Beobachtungen festgestellten Höchst- und Mindestgehalte an Giftstoffen angegeben sind.
7. Außer der Auswertung sowohl von älterer als auch von neuerer Literatur wurden viele eigene Beobachtungen zu Vergiftungserscheinungen, Bestimmungen des Wirkstoffgehalts, Mitteilungen von Giftinformationszentralen und neueste Erkenntnisse über die Therapie von Vergiftungen mit Pflanzenstoffen aufgenommen.
8. Es wird heute in der Fachliteratur, aber auch in der Laienpresse, über eine zunehmende Zahl von „Allergien“ berichtet. Hierfür sind oftmals Pflanzeninhaltsstoffe ursächlich. Es wurde deshalb ein eigenes Kapitel diesem Thema gewidmet und bei den beschriebenen Pflanzen aufgeführt, ob und welche Art von Erkrankung der Haut und Schleimhäute bisher beobachtet wurde.

Bei Vergiftungen muß man leider meistens von folgenden Voraussetzungen ausgehen:
- Die genaue Menge, bzw. das Gewicht des giftigen Materials ist nicht bekannt.
- Die Menge des in ihm enthaltenen wirksamen Giftes ist auch nicht bekannt.
- Auch die individuelle Resistenz gegenüber dem Gift ist unbekannt.
- Sehr oft ist es noch nicht einmal möglich, die Pflanzen, die zur Vergiftung geführt haben, einwandfrei zu bestimmen.

Deshalb ist bei jeder Pflanzenfamilie eine typische Vertreterin ausgewählt worden, um an ihr darzulegen, wie die Vergiftungssymptomatik im allgemeinen verläuft und welche Erste Hilfe und ärztlichen Therapiemaßnahmen zu ergreifen sind.
Besonders gefährdet durch Vergiftungen sind Kinder, insbesondere Kleinkinder. Bei Erwachsenen kommen Vergiftungen mit Pflanzen viel seltener vor. Es muß aber damit gerechnet werden, daß alternative Ernährungsversuche mit Wildfrüchten und Wildgemüsen sowie der Verzehr von „Rohkost“ eine Zunahme bewirken, für Haut- und Schleimhauterkrankungen können auch kosmetische Artikel ursächlich sein. Es wurden deshalb auch Pflanzen beschrieben, die kaum giftig sind, aber im Übermaß genossen, zur Unzeit geerntet oder falsch zubereitet, Beschwerden hervorrufen können.

Veränderungen in Früchten während des Wachstums
(von H. K. Frank)

Früchte mit den sich darin oder darauf (Erdbeeren) entwickelnden Samen dienen der Erhaltung und Verbreitung der Art. Die im Verlauf der Phylogenese selektiv erworbenen Methoden zum Schutz der unreifen, d. h. noch nicht keimfähigen Samen sind unterschiedlich, aber in jedem Fall wirksam. Im einfachsten Fall sind die Früchte vor der Reife, d. h. vor der Keimfähigkeit der Samen, grün, was einen gewissen Schutz gegen das Gesehenwerden im grünen Blattwerk aus größerer Entfernung bedeutet und sie sind hart. Auffällig anders gefärbt werden sie erst relativ spät. Zu diesem Zeitpunkt der Entwicklung steigt die Attraktivität für Nahrungssuchende durch Abnahme der Festigkeit, der titrierbaren Säuren, des Gesamt-Pektingehaltes und des Chlorophylls; dagegen nehmen gleichzeitig lösliches Pektin, Zucker, Carotinoide und Anthozyane zu.

Lindauer formulierte die Allgemeingültigkeit der Veränderung der chemischen Zusammensetzung während der Ontogenese der Pflanzen treffend: „Der rechte Stoff – in der richtigen Menge – am richtigen Ort – zur rechten Zeit". Dieser Grundsatz betrifft nicht nur Früchte, sondern alle pflanzlichen Organe, also auch Blätter (Gemüse) oder Knollen (Kartoffeln).
Für den Menschen als „Verbraucher" von Früchten spielen Abwehrstoffe, die in der Botanik „Fraßhemmer" genannt werden, eine gewisse Rolle, die in einigen Fällen nur im unreifen Zustand gefunden werden. Das bekannteste Beispiel dürfte Phasein in grünen, also unreifen Bohnen (Phaseolus vulgaris) sein, das beim Kochen zerstört wird. Auch adstringierende Verbindungen sind oft zu finden, etwa Arbutin in Birnen oder alkohollösliche Polyphenole vom Typ der Tannine, etwa in Bananen oder Guavas, die vor Erreichen der Reife enzymatisch abgebaut werden. Unreife Grapefruits enthalten bitter schmeckendes Naringin, Limarin und Limonin. In grünen Tomaten findet man Tomatin und Solanin, das auch in nicht reifen oder vergrünten Kartoffeln vorkommt. Ein fast überall festzustellendes „Schutzprinzip" ist der oft wesentlich höhere Säuregehalt, vor allem Citronensäure, Äpfelsäure, Oxalsäure oder Weinsäure in unreifem Obst.

Weiterführende Literatur:

Schildknecht, H.: Reiz- und Abwehrstoffe höherer Pflanzen – ein chemisches Herbarium. Angew. Chem. **93**, 164–183, 1981
Lindauer, M.: Die biologische Uhr. Steiner Verl., Wiesbaden 1980

I – 2
Historischer Überblick

1. Giftpflanzen in alter Zeit

Heute sind mehrere hunderttausend Pflanzenarten bekannt. Hiervon entfallen auf die Samenpflanzen über 230 000 Arten. Die Inhaltsstoffe sind aber nur bei wenigen tausend Arten einigermaßen erforscht.
Bis in die Neuzeit beschränkte sich die Kenntnis auf etwa 1000 Pflanzenarten, die als Nahrungsmittel, Gewürzpflanzen und Heilpflanzen verwendet wurden.
Wir müssen davon ausgehen, daß schon der Steinzeitmensch Giftpflanzen gekannt hat, denn er lebte nicht nur von Fleisch, sondern auch von Wildfrüchten und Wildgemüsen, und es ist kaum vorstellbar, daß ohne eine Kenntnis der giftigen Pflanzen die Ernährung damals das ganze Jahr über gesichert gewesen wäre.
Eine der ältesten, aus der Literatur bekannten Drogen ist Safran → *Crocus sativus*. Schon im Papyrus Ebers, 1500 v. Chr., ist Safran erwähnt. Auch in Salomos Hohelied 4, 14, das um 950 v. Chr. entstand, wird der Crocus aufgeführt. Eigenartigerweise gewinnt diese Droge heute wieder für ganz bestimmte medizinische Verwendungszwecke an Bedeutung.
In der Bibel sind eine ganze Reihe von Giftpflanzen aufgeführt, die – manchmal etwas fehlerhaft – in dem Buch „Pflanzen der Bibel" (Z 6) ausführlicher beschrieben sind.
Die erste Erwähnung einer Pflanze findet sich aber bei Mose 3, 2 „Und der Engel des Herrn erschien ihm in einer feurigen Flamme aus dem Busch, und er sah, daß der Busch mit Feuer brannte und ward doch nicht verzehrt." Hierbei handelt es sich um den auch in Palästina vorkommenden Diptam (Dictamnus albus L.), der an heißen Tagen bei Windstille eine ätherische Öldunstglocke bildet, so daß es möglich ist, ihn zu entzünden. Da das ätherische Öl sehr rasch abbrennt, bleibt die Pflanze unbeschädigt und fängt auch nicht selbst zu brennen an.

I - 2 Historischer Überblick

1.1 Die Antike

In der klassischen Literatur der Antike sind mehrere Vergiftungsfälle beschrieben. So schildert Xenophon (430–354 v. Chr.) in der „Anabasis", daß die Soldaten des griechischen Heeres aus Hunger wilden Honig aßen, der giftig gewesen sei (401 v. Chr.). Diese Schilderung wurde lange Zeit für unzutreffend gehalten, bis sie in jüngster Zeit bestätigt wurde (→ *Andromeda polifolia*). In der Türkei wird heute solcher Honig als „Tollhonig" bezeichnet.
Sokrates (470–399) mußte, von den Athenern zum Tode verurteilt, den „Schierlingsbecher" trinken. Sein Schüler Platon (427–347 v. Chr.) schildert die Hinrichtung genau: „Darauf berührte ihn eben dieser, der ihm das Gift gegeben hatte, von Zeit zu Zeit und untersuchte seine Füße und Schenkel. Dann drückte er ihm den Fuß stark und fragte, ob er es fühle. Er sagte: Nein. Darauf befühlte er die Knie, und so ging er immer höher hinauf und zeigte uns, wie er erkaltete und erstarrte. Darauf berührte er ihn noch einmal und sagte, wenn ihm das bis ans Herz käme, würde er hinscheiden." – Das ist die Beschreibung einer aufsteigenden Lähmung, wie sie von → *Conium maculatum* hervorgerufen wird.
Der griechische Arzt Pedanius Dioskurides, der im 1. Jahrhundert nach Christus in Anazarbos in Kilikien lebte, verfaßte als erster eine Arzneimittellehre in 5 Büchern, die Heilmittel aus allen drei Gebieten der Natur umfaßte und für nahezu eineinhalb Jahrtausende das maßgebende Buch der Pharmakologie und Pharmazie war. Da Dioskurides die Arzneimittel genau beschrieb und die Beschreibung methodisch ordnete, wurde er, wie Tschirch hervorhebt, zum ersten Lehrer der Pharmakognosie. Sein großes Werk über die Arzneimittellehre ist die wichtigste Quelle über die Drogenkunde des Altertums. Er kannte bereits die wurmtötende Wirkung der Granatapfelrinde, die Bereitung des Succus Liquiritiae und seine Anwendungen bei Katarrhen und die Herstellung von Opium durch Einschnitte in Mohnkapseln. Oft unterscheidet er die wilde und die angebaute Pflanze, oft macht er Angaben zum Sammeln und Aufbewahren und zur Kennzeichnung von Güte und Reinheit und deren Feststellung sowie über Einfluß des Bodens auf die Güte der Arzneipflanzen (ein Gesichtspunkt, dem selbst heute oft zu wenig Aufmerksamkeit geschenkt wird).
Dioskurides wußte auch, daß man manche Nachtschattengewächse, z. B. die Mandragora, zur Narkose bei chirurgischen Operationen einsetzen konnte. Zu diesem Zweck wurde der Wurzelrinde süßer Wein zugesetzt und davon 3 Becher denen gereicht, welche geschnitten oder gebrannt werden sollten, „denn sie empfinden wegen des Verfalls in tiefen Schlaf keine Schmerzen." Im Gegensatz zu den Mittelmeerländern, aus denen uns zahlreiche Schilderungen über Giftpflanzen vorliegen, ist aus Mittel- und Nordeuropa sehr wenig bekannt. Ein römischer Autor erwähnt die schnelltötenden Pfeile der Gallier, die, so vermutet man, mit dem Wurzelsaft von Ranunculus thora L. vergiftet waren. Das ist laut Hegi eine der giftigsten einheimischen Pflanzen. Möglicherweise kommt der Name thora vom griechischen *Φοράα*= Verderben.

1.2 Frühes Mittelalter

In den Büchern des frühen Mittelalters findet man wenig über Giftpflanzen. Im Hortulus des Walafried Strabo (ca. 850 n. Chr.), einem der frühesten Pflanzenbücher in Deutschland, befindet sich einzig und allein Mohn als giftige Pflanze. Das lateinische Gedicht hierzu deutet darauf hin, daß die betäubende Wirkung des aus Mohn gewonnenen Opiums um diese Zeit bekannt war.

> „Hier gefällt's mir wohl, im Kranz meiner leichten Gedichtchen
> nun des Mohns Erwähnung zu tun, den die Mutter Latona
> trauernd wegen des Raubs ihrer Tochter genossen, so sagt man,
> daß ersehntes Vergessen die Brust ihr vom Kummer befreite.
> Zugleich vermag, wie man sieht, ein schlimmes Geschwür, das unleidlich
> bitter vom Grunde der Brust bis hinaus zur Pforte des Mundes
> aufstößt, mit Hilfe des Mohns sehr häufig Heilung zu finden.
> Trächtig von körnigem Samen vermag sich sein Haupt an dem schwachen

vorgeneigt hangenden Hals hinauf zur Höhe zu strecken
und nach Art der Granate des Apfels aus punischem Lande
unter dem faltigen Mantel der einzigen Schale verbirgt er
in großer Fülle Samen von hochzupreisender Wirkung,
und vom Geräusch des Kauens empfing er den sprechenden Namen."

(Nach Plinius soll Diagoras aus Melos um 400 v. Chr. als erster das Opium durch Anritzen der unreifen Mohnkapsel gewonnen haben. Auf die beruhigende, den Schmerz vergessende Wirkung des Mohns deutet Walafried in seinem mythologischen Bild hin. Wegen des Raubs ihrer Tochter Proserpina soll Ceres Mohn gegessen haben, um den ungeheuren Schmerz zu vergessen.)

Außer dem Mohn enthält der Hortulus zwei Dutzend Gewürz- und Heilpflanzen, die Abt Strabo auf der Bodenseeinsel Reichenau anbauen ließ.

1.3 Aberglaube im Mittelalter

Bevor wir uns der Betrachtung der neueren Zeit zuwenden, kann bei einem historischen Überblick der Aberglaube und die Hexerei, die im wahrhaft „finsteren Mittelalter" sich auch auf die Verwendung von Pflanzen erstreckten, nicht übergangen werden.

Die Kenntnis der Arzneipflanzen und damit auch der Giftpflanzen ist in der allgemeinen, zumeist klerikalen Literatur sehr zurückgegangen. Selbst diejenigen, welche sich mit der Natur beschäftigten, sahen dieselbe in fratzenhafter Verzerrung; jeder sinnliche Eindruck wurde durch eine abergläubische Phantasie entstellt, und so mag es nicht verwundern, wenn gerade zum Ausgang des Mittelalters Kenntnisse über Heil- oder Giftwirkungen von Pflanzen, die im Volk bei „Kräuterweibern" durchaus vorhanden waren, oft als Hexerei gebrandmarkt und von Kirche und etablierter Wissenschaft „verteufelt" wurden. Oft geschah es, daß die „Schulmedizin" etwas mit dem Stand der naturwissenschaftlichen Erkenntnis noch nicht Erklärbares „verteufelte" und die Vertreiber solcher „Irrlehren" geächtet wurden. So wurde selbst Paracelsus in Ferrara und Basel ein Opfer seiner Kollegen (→ Abschnitt 1.4 „Kräuterdoktoren").

Aus der Form einer Pflanze wurde oftmals auf die Verwendung geschlossen. Auch Paracelsus glaubte noch, daß Gott durch die Gestaltung einen Hinweis auf bestimmte Organe gebe. Er verwendete deshalb die Walnuß gegen Krankheiten des Gehirns, Hypericum wegen seiner wie durchstochen aussehenden Blätter (→ *Hypericum perforatum*) gegen Stichwunden. Besonders beliebt war die Alraune → *Mandragora* wegen der oft menschenähnlichen Gestalt ihrer Wurzel. Man stellte daraus „Dolltränke" her, die sich anscheinend großer Beliebtheit erfreuten. Es wird berichtet, daß Alraunwurzeln von besonders schöner, menschenähnlicher Gestalt, wie eine Puppe bekleidet, von den „Theriakkrämern" für hohe Preise verkauft wurden. Bis zu 30 Gulden erhielten sie für ein Alraunmännlein oder -weiblein. Kein Wunder, daß schon Bock 1577 vor den häufigen Verfälschungen warnt. Diese wurden mit Bryonien-, aber auch Cichorienwurzeln anscheinend recht fachmännisch vorgenommen.

Neben der Mandragora sind es vor allen Dingen die Tollkirsche und das Bilsenkraut, die zu gefährlichen Zubereitungen verwendet wurden. Die Tollkirsche → *Atropa bella-donna* hat ihren Namen von der griechischen unerbittlichen Parze Atropos und davon, daß die Römerinnen sich mit dem Saft der Tollkirsche schminkten, wodurch die Pupillen vergrößert wurden. Auch der Name Bilsenkraut ist sehr interessant: er geht auf den althochdeutschen Stamm Belisa zurück, der seine Entsprechung in dem keltischen Sonnengott Beal findet, wobei der Sonnengott durch seine Strahlen nicht nur wohltut, sondern auch tötet. Das Kraut des Beal würde man also als „todbringendes" bezeichnen können.

Folgt man der heute noch vorhandenen Literatur, so waren die berüchtigten Hexensalben vor allem im 15., 16. und 17. Jahrhundert in Gebrauch. Bei den Rezepten waren durchaus vorstellbare und ebenso naturwissenschaftlich belegbare Bestandteile vorhanden wie auch solche, die auf reinem Aberglauben beruhten. Auch waren die Pflanzen nach Ansicht der damaligen Zeit wirksamer, wenn sie bei Neumond oder unter dem Galgen ausgegraben wurden, auf dem Friedhof eingesammelt oder mit Blut gedüngt worden waren und vieles andere mehr.

Platearius gibt als Rezept für Alraunöl an, daß man die Früchte 3 oder 4 Tage lang in Baumöl legt und danach siedet und endlich durchseiht.
Nach einem italienischen Rezept des 16. Jahrhunderts sollten Hexensalben aus Akonit, Rinderfett, Pappellaub, Ruß, Fledermausblut hergestellt werden.
Wir fanden in der neueren Literatur eine Stelle, wonach das Akonitin aus Eisenhut, das Kribbeln auf der Haut und ein pelziges Gefühl vermittelt, in Verbindung mit dem Hyoscyamin den Probanden glauben läßt, daß ihm Federn wüchsen, so daß er also der Meinung ist, er würde tatsächlich Flügel bekommen und fliegen können.
Ein anderes Rezept empfiehlt für eine Salbe Mohn, Solanum, Schierling und das Fleisch neugeborener Kinder.
Ein Schäfer sammelte schwarzes Bilsenkraut, zerrieb es mit Fett und Öl zu einer Salbe.
Eine andere Hexensalbe wurde hergestellt aus Mohnkraut, am Montag geschnitten, Eisenkraut, am Dienstag gesammelt, Godeskraut, am Mittwoch gepflückt, Hauswurz oder Donnerbart, am Donnerstag geholt, dem Farn Liebfrauenhaar, am Freitag gebrochen, dem Kraut Sonnenwende, am Samstag eingebracht, und Bilsenkraut, Tollkirsche und Sturmhut, am Sonntag geholt.
Man sieht daraus, daß die Kenntnis über die Pflanzengifte neben dem Aberglauben groß genug geworden war, um sie meist unlauteren Zwecken dienstbar zu machen. Auch die Beibringungsorte hatte man kennengelernt. So berichten Gilg und Schürhof: „Die Salbe wurde unter den Armen, in den Mastdarm und wahrscheinlich auch in die Scheide so tief als möglich eingeschmiert. Dann wartete man mit einem Besenstiel zwischen den Beinen auf das, was kommen sollte. Nach einiger Zeit stellte sich die Wirkung der Salbe ein; die Individuen fielen in eine Art von Betäubung und Schlaf mit verwirrter Phantasie, in welcher sie alles sahen oder zu empfinden glaubten, was sie von anderen hatten erzählen gehört. Nach einigen Stunden kamen sie wieder zu sich." Andreas Lucana, der Leibarzt Karls V., hat in seinen Anmerkungen zu dem Werk von Dioskurides über die Wirkung der Hexensalben bemerkt, daß sie nicht nur besinnungslos machten, sondern auch Vorstellungen erregten, die so deutlich und lebhaft seien, daß die, welche die Salbe gebrauchten, sie, wenn sie wieder zu sich kämen, für wahr hielten und als wirklich gesehene Vorkommnisse erzählten.
Kein Wunder, daß Staat und Kirche versuchten, den tollen Spuk, den die Magie im späten Mittelalter trieb, zu beseitigen. Besonders Deutschland stand im Ruf, voller Zauberer und Hexen zu sein. Als Kardinal Cibo war der spätere Papst Innozenz VIII Legat in Deutschland gewesen und hatte während dieser Zeit so viel von Geistlichen und Nonnen an Klagen über die große Zahl von Hexen, Zauberern und Ketzern vernommen, daß er, kaum Papst geworden, am 5. Dezember 1484 eine Bulle erließ, durch die er zwei Dominikaner zu Inquisitoren mit unumschränkter Gewalt, die Zauberei auszutilgen, einsetzte. Es sei ihm zu Ohren gekommen, daß in den Gebieten von Mainz, Köln, Trier, Salzburg in Städten und Dörfern viele Menschen, männlichen und weiblichen Geschlechts, sich fänden, die sich mit dem Teufel fleischlich vermischten, durch Zauberei die Weiber unfruchtbar machten, die Geburten vereitelten, Kinder abtrieben, die Früchte des Feldes verdürben, Menschen und Vieh behexten, ihnen große Schmerzen verursachten, die Männer unfähig machten, Kinder zu zeugen, und vieles andere mehr. Allein im Kurfürstentum Trier sollen durch die Dominikaner in wenigen Jahren 6500 Männer und Frauen auf dem Scheiterhaufen ihr Ende gefunden haben. Sicherlich waren darunter auch unliebsame Nachbarn oder Verwandte, Rivalen und Rivalinnen um die Gunst eines Partners, die man kurzerhand der Zauberei verdächtigte, woraufhin sie oft gefoltert und zum Tode auf dem Scheiterhaufen verurteilt wurden.

1.4 Die Kräuterdoktoren

Die offizielle Medizin verwendete bei Ärzten und in Apotheken zum Ende des 15. Jahrhunderts einige hundert Pflanzen. Damals war die Ansicht verbreitet, daß man durch Addieren und Multiplizieren von möglichst vielen Kräutern und anderen Stoffen die Wirkung der Arzneien zu steigern vermöge.

Theophrast Bombast von Hohenheim, genannt Paracelsus (1493–1541), gibt eine Beschreibung über die damalige Medizin – anläßlich einer Pestepidemie, die er als Student in Ferrara erlebte. Er beklagt, daß Ärzte und Apotheker häufig nicht das einfachste Mittel verwenden würden, sondern möglichst viele „Kombinationspräparate". Wir wissen, daß heute nach fast 500 Jahren der Streit hierüber noch nicht entschieden ist. Lassen wir ihn zu Wort kommen: „Was ist es dem Kranken nütz, daß ihr schrejet, ihr hättit ein gewiss' Rezept, und der ander ein sicher Methodum, so doch üer Rezept und Methodus mehr und böser geflickt ist dann eines Bettlers Rock. Ich will ein schlicht Gewand vor den Kranken, darin er heil wird. Die Experienz und die Wahrheit tuets, und nicht das Summieren, Addieren und uer Multiplizieren von 40 und 50 simplicia, das die ougen übergohn. Füllet üech aber den Bütel wohl." (Kolbenheyer, Paracelsus, 1951)
Es ist anzunehmen, daß solche Mixturen dem Heilungsverlauf der Krankheiten durchaus nicht immer förderlich waren, und daß auch gar manches Kräuterweiblein mit einer einfachen Medizin größere Erfolge hatte, woraufhin sie natürlich prompt als Hexe verschrien und zum Scheiterhaufen geschleppt wurde. Auch Paracelsus wurde wegen seiner Simplicia von Kollegen und Apothekern angefeindet. Seine Einstellung gegenüber der „Schulmedizin" der damaligen Zeit war wohl mit dafür maßgebend, daß er sowohl Ferrara als auch Basel nach kurzer Zeit verlassen mußte.
Obwohl Paracelsus selbst noch durchaus an Hexerei glaubte und auch meinte, persönlich Hexen zu kennen, prägte er den naturwissenschaftlich fundierten und auch heute noch für Gifte zutreffenden Satz:

> **Dosis sola fecit venenum.**
> (Die Dosis allein macht das Gift.)

Immerhin bewirkten die Schriften des Paracelsus, daß die Kräuterdoktoren des 16. Jahrhunderts sich recht eingehend mit der Materie befaßten, allerdings vermißt man in ihren Anwendungen fast immer exakte Maßangaben. Eine Angabe, wie sie in des Lonicerus Kreuterbuch (S. 385) bei der weißen Nieswurz zu finden ist, ist eine Ausnahme. „Man soll der weißen Nießwurtz allein nicht mehr auf einmal dann zwey Pfennig schwehr einnemmen."

1.5 Das 15. und 16. Jahrhundert

Im 15./16. Jahrhundert wurde die Kenntnis von Heilpflanzen, aber auch von Giftpflanzen durch die gerade neu entstandene Buchdruckerkunst weit verbreitet. Um dem Leser die Art dieser Kräuterbücher zu veranschaulichen, seien hier einige Seiten wiedergegeben. Es ist beachtlich, wie naturgetreu mit dem einfachen Mittel des Holzschnitts die Pflanzen wiedergegeben wurden. Aber auch die Probleme der damaligen Zeit sind unübersehbar.
Die Nomenklatur bereitete so große Schwierigkeiten, daß bei einigen Pflanzen halbe Seiten erforderlich waren, um darzutun, wie die gleiche Pflanze bei verschiedenen Autoren benannt wurde. Man unterscheidet Pflanzen warmer, kalter und feuchter Natur, hitzig ersten und zweiten Grades, usw. Selten finden sich exakte Hinweise, daß eine Pflanze giftig ist und noch seltener findet man bei den Rezepturen Maßangaben. Es fällt auch auf, daß sich die Indikationen oftmals auf sehr viele und ganz unterschiedliche Krankheiten erstrecken, bei denen die betreffende Pflanze schwerlich wirksam sein kann, z. B. bei Spinnen- und Skorpionengift.
Auch ist häufig bei Pflanzen ein völlig anderer Verwendungszweck angegeben als wir ihn heute kennen. Als Kuriosität sei in diesem Zusammenhang die erstmalige Erwähnung von Tabak bei Lonicerus 1582 wiedergegeben.
Das Ende des 15. Jahrhunderts und das 16. Jahrhundert waren die Blütezeit der illustrierten Kräuterbücher. Die Autoren bemühten sich, die Pflanzen darzustellen und die „Kraft und Wirkung" im medizinischen Bereich aufzuzählen. Namen wie Caspar Bauhinus, Hieronymus Bauhinus, Matthiolus, Tabernaemontanus, Bock, Brunfels, Brunschwygk, Fuchs etc. sind heute noch den Interessierten bekannt. (Es sei hier auf die Zusammenstellung „Kräuterbücher" von Wilhelm Ludwig Schreiber hingewiesen.)

Bülſen.

Rhaponticum.

Altercum.

Von den Namen.

Bülſen kraut nennen etlich Sawbonen/ Schlaffkraut vnd Dollkraut. Dioſc. lib. iiij. cap. lxvij. nennet es Hyoſcyamū/ Dyoſcyamum/ Fabam ſuillam/ Jouis Fabam/ Pythonion/ Adamanta/ Adamenon/ Hypnoticon/ Somnificā/ Emmanes/ Furioſam/ Atemon/ Dithiambrion/ Xeleona/ Typhonion/ Rhaponticū/ Saphtho/ Fabuloniam/ Bilinūciam/ Dieliam/ Jnananoentariam vnnd Apollinarem. Der nam Rhaponticum gehört in das ander bůch Dioſcori. cap. ij. iſt ein ander gewächß. Atomos/ dz wörtlein legt Dioſc. lib. iiij. cap. cxlv. auch dem weiſſen Nießwurtz zů. Apuleius cap. iiij. nennet Bülſen auch Augmō/ Alterculum/ Symphoniacā/ Caliculare m/ Dentariam/ Gingam/ Remeniam/ Fabuloniam/ Ligeam vnd Jnſanā. Plinius ſchreibet lib. xxv. cap. iiij. das die Araber nennen Bülſen Altercum vnd Altercangenum. Serapio cap. cccxxx. ſpricht er heiß Bengi. Auerrois nennet jn Elſoc. Mattheus Syluaticus gibt jhm noch mehr namen vnd ſpricht/ Bülſen heiß Dens Caballinus/ Equinus/ Roßzan/ vnd Caſſilago. Papienſes medici (ſpricht Jacobus Manlius) nennen Bülſen Herbam Pinulam/ andere Canicularem vnnd Caniculatam. Bizeri Bengi iſt Bülſen ſamen.

Von der Krafft vnd Würckung.

Bülſen kreutter/ blůmen vnd ſamen/ ſeind kalter natur/ ſollen ſelten inn leib genommen werden/ Darumb das diß gewächß inn leib genommen nicht allein den Menſchen/ ſonder auch allem Vihe ſchädlich iſt. Solches kan man an den Fiſchen im waſſer warnemmen/ wann die Fiſch durch die Landtſtreicher mit Bülſen vnd Kokilien körner im Aaß betrogen werden/ Alſo das ſie daruon doll werden/ ſpringen auff vnd keren zůletzt das weiß vberſich/ das ſie mit den Händen inn ſolcher dollheit gefangen werden. Die Hüner auff den balcken fallen herab er/ wann ſie den rauch von Bülſen gewar werden. Solche künſtlein treiben die Zigeiner vnd jhre geſellſchafft.

Originalgetreue Wiedergabe des Kräuterbuches 1577 von Hieronymus Bock. Reprint 1964, Verlag Konrad Kölbl, München.

Heilig Wundtkraut / Nicosiana, Sanasancta.

Figur deß Trechterlins/durch welches die Indianer den Dampf dieses Krauts an sich ziehen.

DAs heilige Wundtkraut / wird von seiner fürtrefflichen Krafft wegen / die es für allen andern Wundtkräutern hat/also genennet/und ist derowegen für ein heilig Kraut/und besondere Gab Gottes zu achten. Die Indianer nennen es Sanasancta,und Herba sancta, um eben solcher Ursachen willen. Die Galli oder Frantzosen Nicosiana,und Nicotiana,und Herba Reginæ, von dem Lusitanischen Gesandten Nicotio, welcher dieses Krauts Samen der Königin in Franckreich erstlich herauß gebracht hat. Die Brasilianer nennen es Petum. Die Hispani Tabaco,von der Insel Tabaco,in welcher es gemein wächst. Die Indianer Picielt. — Nahmen.

Dieses Kraut ist erstlich auß der neuen Indien herauß gebracht / und folgends in Portugall/ Engelland / Franckreich und Teutschen Landen bekandt gemacht und gezielet worden.

Es wächst gern an feisten und lüfftigen Orthen/hat viel grosse/ lange/ breite/ rauhe/ wollechte Blätter/ grösser und ründer/als an der Wallwurtz/ weißgrün/wie an dem grossen Klettenkraut. Bekompt viel lange hohe Stengel/daran bringet es im Augstmonat lange Knöpfflin mit bleychbraunen Blümlin/ und ein kleines Sämlin/ wie an dem gelben Bilsenkraut. — Ort.

Hat ein kleine zasechte Wurtzel.

Krafft und Wirckung.

Von der Krafft und Tugend dieses Krauts/schreibt Matthias Lobel/ daß kein gewaltiger oder heylsamer Kraut zu den Wunden und Geschweren sey/ als eben dieses. — Wunden.

Es dienet auch zu den Gebrechen der Brust / und der Lungen/ zu der Lungensucht/ und für das Abnemmen / und ist zu solchen Gebrechen die gewisseste Hülffe. — Brust. Lungensucht. Abnemen.

Er schreibt auch hiervon/daß die Schiffleuth/so auß India und Portugall kommen/ die Blätter dieses Krauts gedörrt oder zusammen gewickelt in ein Trechterlin oder Röhrlin von Palmenblättern gemacht/zu stecken pflegen/und zünde solches an einem Ende an/ schöpffen/ziehen und saugen den Rauch oder Dampff mit dem Mund an sich in den Leib. — NOTA.

Originalgetreue Wiedergabe des Kräuterbuches 1679 von Adamo Lonicero. Reprint 1962, Verlag Konrad Kölbl, München.

Von Schirling. Cap. clix.

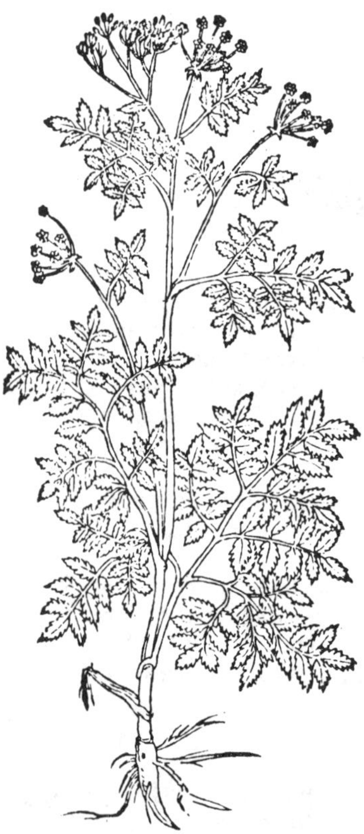

DJE Athenienser haben jhre Vbelthäter mit Schirling safft erwürgt/ wie aber der selbig safft zů bereiten sei/ dz dem jhenigen so dē safft drinckē müst/ nicht wehe geschach/ sonder gleichsam schlaffend dahien für / haben gewißt Thrasyas Mantidensis vnd sein jünger Alexias. Zů vnsern zeitten/ vnnd im Teutschen land ist der brauch/ die Vbelthäter zů straffen/ nit mit Kreuttern/ außgenommen das gedörrt/ gemartert Hanffkraut / thůt vilen vberlast/ ja auch biß zům todt / schneller dann kein Schirling safft.

Athener Vbelthäter.

Thrasias.
Alexias.

Das kraut Schirling wächßt gern allenthalben/ sonderlich an vngebawten stätten / hinder den Zeunen/ inn den külen schattechten Zwingern / vnnd alten nider gefallenen mawren/ vnder den vnkreuttern. Jst ein gewächß des stengel etwan siben schůch lang werden / schier wie des Fenchels / jnnwendig hol mit knöpffechten vnderschiedlichen gleychen/ auß den selben gewerben kriechen neben zweiglein/ tragen weisse gekrönte blůmen / nicht anderst dann der äniß. Der zeittig samen vergleicht sich auch nicht vbel dem äniß samen / eins bösen geschmacks / das kraut oder die bletter werden auch groß schwartzgrün / zinnelecht zerspalten mit vilen schnitten / aller ding wie das obgeschriben Wild Körffel kraut. Die wurtzel ist lang / schlecht wie der Pestnächen / reucht vbel/ das kraut blüet gegen dem Hewmonat. Diß gewächß ist allem Vihe schädlich / außgenommen den Vögeln Sturnis.

Theo. lib. 9. cap. 17.
Locus.
Forma.

Alexan. Aphrodiseus in proe.
Tempus.

Starn artznei.

Von der kreutter Vnderscheid/

Von den Namen.

Historia.

DEN stinckenden Schirling nennt man auch Wüterich. Die Genß wañ sie vom Schirling essen/ fahen sie an zů wüten / dergleichen hab ich ein Ehrlich Weib gesehen / welche vngefehr mit dē Pestnachen Schirling wurtzel kochet/ so bald sie der wurtzel mit den Pestnachen versucht vñ gessen hat/ fieng sie an doll vnnd druncken zů werden/ begert vbersich zůsteigen vñ zů fliegen/ ꝛc. der ward mit einem drunck Essigs geholffen/ das sie fridig vnd still ward. Diosc. lib. iiij. cap. lxxvij. neñt diß kraut Cicutam/ Concion/ Aegynon/ Ethusam/ Apolegusam/ Dolian/ Amaurosin/ Paralysin/ Aphrona/ Creidiō/ Coetē/ Catechomeniō/ Abioton/ Apseudō/ Ageomoron/ Timoron/ Polyanodynon/ Dardanida/ Catapsyrin/ Osthani babaty/ Apemphi. Dise namē hat Schirling am meisten daher / dz es Vihe vnd Leut mit seinem kalten Gifft zů todt bringt/ wie das am tag/ vnd die alten anzeigen/ besehe Nicandrum in Alexiphar. Dz kraut Cicuta ist des Arabischen Königs Auicēne succara lib. ij. cap. dclxxj. vnd nit Napellus/ welches nichts anderst dann Aconitum ist/ wie wir droben im cxxxvj. cap. anzeigt haben. Sonst nent Auicenna/ sein Succaram oder Cicutam ein mal Euphorbium / dann Helleborum nigrum/ vnd Alpharphas oder Albes. Vnnd herwiderumb im iiij Bůch/ da er von gifften schreibt / sagt er selbs Alpharphas acht er für Napello oder sonst für ein tödtliches Gifft der menschen/ darauß zů mercken dz d' gůt König kein vnderscheid vnder seinem Napello vnnd Succara gewißt hat/ vide lib. iiij. fen. vj. tract. j. cap. ij. de sermone vniuersali/ ꝛc. De Cicuta vel Succara/ vide Serap. cccxxvij. cap. Etlich schreibens Zuccharam/ Scicharam vnnd Sucharam. Damit sich niemandts vergreiff mit dem namē Paralysis/ ist erstlich jederman wißlich das Paralysis bei den vnsern Schlüsselblůmen bedeut / aber inn Diosc. bedeut es Cicutam / Apocynon vnnd Delphimion lib. iiij. cap. lxxvij. vnnd lxxix.

Nicander.

Napellus.

Succara.

Paralysis.

Von der Krafft vnd Würckung.

Ordens leut.
Münch artzney.

DAs böß gifftig Schirlingkraut / soll vmb seiner grossen kält willen inn leib nit genommen noch gegeben werden/ Eusserlich ist es wol zů brauchen inn vilen presten/ gehört zů den keuschen Ordensleuten / damit sie jhr gelübd dester baß mögen haltē. So aber jhemandts Schirling ongefehr genossen hett / dem geb man auff stund ein gůten drunck Weins Plin. lib. xxv. cap. xj.

Eüsserlich.

Hitzige bresten.
Repercussiuum.
Anaxilaus author est referente Plinio lib. 25. cap. 11.
Kleine brüst.
Kloster frawen.
Wild fewr.
Schmertzen stillē.
Schlaff.

ZV allen hitzigen presten vnnd geschwulsten/ so sonst von keiner artznei wöllen růwig werden/ mag man Schirling kraut/ den safft / oder das gebrannt wasser nemen/ vnd zimlich warm drüber schlagen/ dann es hinderschlecht die hitz/ vnd stillet den schmertzen des Haupts vnnd aller glider.

Düchlein im safft oder wasser genetzt vnnd vbergelegt / laßt die Brüst vnd andere glider nit grösser oder hitziger werden/ vertreibt die Milch den Seugerin/ aber solche artzney gehört inn die beschlossene Klöster zů den keuschen leuten.

Für das hitzig wild Fewr vnnd Rot lauffen soll diß kraut/ safft vnd wasser/ für alle andere artzney erwöhlet werden.

Inn summa was von hitz kompt/ mag diß kraut/ safft vnd wasser hinderschlagen/ den schmertzen stillen vnnd zům schlaff verhelffen.

Originalgetreue Wiedergabe des Kräuterbuches 1577 von Hieronymus Bock. Reprint 1964, Verlag Konrad Kölbl, München.

1.6 Das 18. Jahrhundert

Die beginnende Aufklärung brachte es mit sich, daß auch in den Pflanzenbüchern die Giftpflanzen nüchterner betrachtet und vor allem von überflüssigem Ballast befreit dargestellt werden. Der schwedische Naturforscher Carl von Linné (1707–1778) führte die binäre Nomenklatur ein und gab damit die Möglichkeit, die Pflanzen so zu benennen, daß die Gefahr von Verwechslungen oder gleiche Namen von verschiedenartigen Gewächsen ausgeschlossen wurden. Immerhin soll nicht unerwähnt bleiben, daß selbst heute noch Schwierigkeiten bestehen, Pflanzen in der älteren Literatur einwandfrei zu identifizieren. Daher wurden im Kapitel IV–1 „Giftpflanzen“ jeweils auch Synonyma und ältere lateinische Bezeichnungen aufgeführt. Ein schönes Beispiel sowohl für eine Verwechslung als auch für die Standorttreue von Pflanzen gibt Goethe in der Beschreibung seiner italienischen Reise bei der Schilderung des Tempels von Segesta (Sizilien) am 20. April 1787 an: „Wilder Fenchel stand, 8–9 Fuß hoch, verdorret von vorigem Jahr her so reichlich und in scheinbarer Ordnung, daß man es für die Anlage einer Baumschule hätte halten können.“ Der Verfasser war im Herbst 1986 an der gleichen Stelle und hatte ebenfalls den Eindruck einer „Baumschule“, als er die großen Mengen vertrocknetes Steckenkraut (oder gemeines Rutenkraut) Ferula communis L. auf dem Ödland beim Tempel von Segesta sah.
Bei Bergmann sind 51 Werke über Botanik erwähnt, die in den Jahren 1700–1780 herausgegeben wurden und die er zur Abfassung eines Buches herangezogen hat. Ein Werk fällt besonders auf: „Gmelin – Geschichte der Pflanzengifte“. Die bei Bergmann gemachten Zitate lassen darauf schließen, daß Gmelin die Pflanzen durchaus richtig eingeschätzt hat. Die nachfolgende Leseprobe zeigt deutlich die Versachlichung bei der Schilderung von Pflanzen; aller mittelalterlicher Ballast ist entfallen:

II. *Theil.* II. *Abschnitt.* V. *Klasse*
195. Cicuta, *Wüterich, ein Doldengewächs mit 3 Arten.*
Virosa, *der Giftige, wächst in den europäischen Sümpfen bis vier Schuhe hoch mit vielen hohlen Aesten, deren gefiederte Blätter den Blumendolden gegen über stehen. Er ist eines der stärksten Gifte des Pflanzenreiches. Aeußerlich wird die Wurzel unter das auflösende und zertheilende Cicutenpflaster gebraucht.**
196. Aethusa, *Hundspeterlein, kleiner Schierling wächst in ganz Europa in Gärten und auf Aeckern; kommt in seinen Wirkungen viel mit dem gefleckten Schierling überein. Man hat sich in acht zu nehmen, daß man die Pflanze nicht mit der Petersilie verwechsle.***

1.7 Das 19. Jahrhundert

50 Jahre später war die Kenntnis der Pflanzengifte so weit fortgeschritten, daß in einem Buch den Giftpflanzen ein Kapitel gewidmet wurde. Dieses Buch ist 1838 erschienen (Verfasser unbekannt), um „in einfacher Form einen Beitrag zur Produktenkunde des Vaterlands zu liefern, dessen Zweck darin besteht, der Jugend und all denen, die sich mit der Pflanzenwelt näher zu befreunden wünschen, Gelegenheit zu geben, sich mit den vorzüglichen heimatlichen Gewächsen und ihrer nützlichen Verwendung bekanntzumachen . . .“. Bei vielen Pflanzen werden Gegenmaßnahmen bei Vergiftungen beschrieben. Das Buch führt namentlich 42 Pflanzen als giftig bzw. elf Pflanzen und vier Pflanzenarten als mindergefährliche Gewächse auf:

Einheimische Giftpflanzen: (Die Reihenfolge entspricht der Reihenfolge im Buch; Anm. d. Verf.) Lolium temulentum, Datura stramonium, Hyoscyamus niger, Atropa belladonna, Solanum dulcamara, Solanum nigrum, Asclepias vincetoxicum, Conium maculatum, Cicuta virosa, Aethusa cynapium, Colchicum autumnale, Daphne mezereum, Paris quadrifolia, Asarum europaeum, Euphorbium helioscopia, Euphorbium peplus, Euphorbium esula. Euphorbium cyparissias, Euphorbium platyphyllos, Aconitum napellus, Aconitum lycoctonum,

* Gmelin. Geschichte der Pflanzengifte, S. 334
** Gmelin, Geschichte der Pflanzengifte, S. 324

Aconitum cammarum, Helleborus niger, Helleborus viridis, Anemone pulsatilla, Anemone sylvestris, Anemone nemorosa, Anemone ranunculoides, Ranunculus acer, Ranunculus sceleratus, Ranunculus bulbosus, Ranunculus lingua, Ranunculus flammula, Digitalis purpurea, Digitalis ochroleuca, Lactuca virosa, Bryonia alba, Agaricus muscarius, Agaricus necator, Agaricus emeticus, Agaricus virescens, Phallus impudicus.

Mindergefährliche Gewächse: Arum maculatum, Chelidonium majus, Actaea spicata, Gratiola officinalis, Euonymus europaeus, Clematis vitalba, Clematis scandens, Sium latifolium, Sium angustifolium, Alisma plantago, Mercurialis perennis sowie fast alle Mohn-, Ranunkel-, Wolfsmilch- und Knötericharten.
Bis zum Ende des Jahrhunderts kamen hier noch einige wenige Pflanzen dazu. (Vgl. die Aufstellung über Giftpflanzen Kap. I–3.4)
Zur gleichen Zeit, also um 1830 gibt Hufeland (1762–1836), Leibarzt der königlich-preußischen Familie und Freund Goethes und Schillers, eine Schilderung, aus der hervorgeht, daß damals häufig Vergiftungen mit Pflanzen auftraten:
*Das Pflanzenreich enthält eine Menge Gifte, die theils betäubend tödten (als Opium, Belladonna) theils durch Schärfe, Entzündung und Brand (als Seidelbast, Euphorbium). Sehr häufig wird auch hier durch Unwissenheit gefehlt. Unzählig sind die Beispiele, wo man statt Körbel Schierling zum Sallat, statt Pastinakwurzeln Bilsenkrautwurzeln zum Gemüse, statt eßbarer Schwämme giftige, oder die Beeren von der Tollkirsche, vom Seidelbast u. dgl. genoß, und sich dadurch den Tod zuzog. Es sollte also durchaus in den Schulen einem jeden Menschen der nöthige Unterricht über die in seiner Gegend wachsenden Giftpflanzen mitgetheilt werden, und da mir hier der Raum verbietet, sie einzeln durchzugehen, so will ich hier ein Buch empfehlen, woraus man diese Kenntnis am besten und vollkomensten erhält.**
*Die in Deutschland gefährlichsten Giftpflanzen, deren Kenntniß und Vermeidung am nötigsten ist, sind: Tollkirsche (*Belladonna*), Schierling (*Cicuta*), Bilsenkraut (*Hyoscyamus*), Eisenhütlein (*Aconitum*), der rothe Fingerhut (*Digitalis*), Nachtschatten (*Solanium*)****, Wolfskirsche (*Esula*), das Tollkorn (*Lolium temulentum*), Kellerholz (*Daphne*), mehrere Arten Ranunculus, der giftige Lattich (*Lactuca virosa*), der Kirschlorbeer (*Laurocerasus*). Auch die bitteren Mandeln gehören hierher, welche nach den neuesten Erfahrungen ein äußerst tödtliches Gift enthalten, das dem Gift des Kirchlorbeers nichts nachgiebt.*
Im „Deutschen Apothekerbuch" von Dr. J. W. Döbereiner, Professor in Jena, und Dr. Franz Döbereiner, Lehrer der Pharmazie an der Universität Halle, ist 1842 schon bei vielen Arzneipflanzen genau aufgeführt, was sie enthalten.
Es gibt systematische, wissenschaftliche Untersuchungen zur Feststellung des Giftgehaltes an und benennt auch schon eine Anzahl von Alkaloiden mit ihrem heutigen Namen, so z. B. Colchicin, Chinin, Cinchonin, Chinoidin, Coniin, Nikotin, Digitalin, Pikrotoxin, Theobromin, Caffein. Nachstehend sei von Opium die Schilderung deshalb gegeben, weil diese auch heute noch für die Beurteilung der Anbaugebiete und der Qualität von Opium eine gewisse Bedeutung haben kann.
Sie stellten fest, daß der Gehalt an Morphin in handelsüblichen Opiumarten zwischen 1 und 15% schwankt. Man kann sich unschwer vorstellen, daß es sicherlich vorgekommen ist, daß ein Arzt die Opiumtinktur einer Apotheke anwendete, nicht die gewünschte Wirkung erzielte, nach einer Tinktur aus einer anderen Apotheke verlangte.

A. *Opiumsorten aus dem Nahen Osten*

I. *Opium von Smyrna,* Türkisches *oder* Levantisches Opium, Opium smyrnaeum, turcicum s. levanticum; *wird nach Mac Culloch im Innern von Kleinasien, 10 und mehrere Tagereisen östlich von Smyrna entfernt, vorzugsweise und am besten in Kara-Hissar bereitet und die*

* Halle-deutsche Giftpflanzen zur Verhütung trauriger Vorfälle, mit illum. Kupf. 2 Bände.
** Der Nachtschatten wurde als Solanium, statt Solanum bezeichnet.

jährliche Ernte, welche nach Texier *der türkischen Regierung gehört, soll gegen 400 000 Pfund betragen; diese stimmt* Stettner *bei, welcher noch bemerkt, daß die ganze jährliche Ernte in mit Blech ausgefütterten Kisten von 110–120 Pfund an große Handlungshäuser in Smyrna verkauft werde. Nach Letzterem geschieht die Ablieferung sowohl in Smyrna, als auch in Constantinopel, an welchen beiden Orten die Regierung Depots unterhält und vor der Abgabe das Opium revidieren läßt; das gute Opium wird von den Smyrnaer Kaufleuten nach England, Holland und New-York gesendet, von wo es zum Theil nach China geschickt wird, das fehlerhafte wird aber an die ansäßigen Griechen verkauft, die es dann in derselben Verpackung oder in Schachteln nach den europäischen Märkten bringen. Hieraus geht hervor, daß eigentlich kein Unterschied zwischen Constantinopolitanischem und Smyrnaischem Opium gemacht werden kann, insofern nicht auch in der europäischen Türkei Opium bereitet und nach Constantinopel abgeliefert wird, wofür nicht allein der im Handel vorkommende Name* Macedonisches Opium, *sondern auch die von* Merk, *als dem tüchtigsten und zuverlässigsten Opiumkenner, beobachteten Verschiedenheiten, die wenigstens eine etwas abgeänderte Bereitungsweise vermuthen lassen, sprechen.*

Im Allgemeinen ist das türkische Opium anfangs immer so weich, daß sich Pillen daraus formen lassen, trocknet aber allmählich so ein, daß es beim Aufschlagen zerspringt, behält jedoch immer eine gewisse Zähigkeit; die Größe und Gestalt der Stücke ist sehr verschieden und größere Stücke können außen vollkommen trocken, aber innen noch weich sein. Es hat ein spec. Gewicht von 1,336–1,363, ist im Innern gleichförmig und gelbbraun, wird beim Trocknen allmälig dunkler und röthlichbraun, ist auf dem Bruch etwas wachsglänzend und eben, gibt auf Papier einen hellbraun unterbrochenen Strich und beim Reiben ein gelbbraunes, leicht wieder zusammenbackendes und an der Luft etwas dunkler werdendes Pulver und ist undurchsichtig. Das Opium hat, besonders wenn es noch weich ist, einen eigenthümlichen, narkotischen, unangenehmen Geruch und einen widrigen, bitteren, etwas scharfen Geschmack, zergeht leicht im Munde und macht den Speichel nicht braun, sondern grünlich und schäumig, wird beim Erhitzen weich, verbrennt unter Aufschwellung und hinterläßt eine lockere, eine weiße Asche gebende Kohle; es läßt sich leicht im Wasser zertheilen, löst sich nach längerem Maceriren größtentheils zu einer braunen, klaren, nicht schleimigen Flüssigkeit und hinterläßt ein braungraues, schlüpfriges, einem Coagulum ähnlich zusammenhängendes, nach dem Trocknen schwarzbraunes Magma zurück, von dem sich die sauer reagierende, im concentrirten Zustand durch Wasser theilweise fällbare Lösung abfiltriren läßt; in Weingeist ist das Opium noch mehr löslich als in Wasser. Merk *hat fünf verschiedene Arten des türkischen Opiums untersucht, nämlich:*

1) Opium in rundlichen, 1½ Pfund schweren, in Mohnblättern gehüllten und sparsam mit Rumex-Samen bestreuten Brode, die außen meist hart, innen ungleich weich sind, gelblich lichtbraune und samenähnliche Thränen in Menge und größter Vollkommenheit zeigen, stark riechen, mit Wasser einen hellgelben Auszug geben und sich mit Ausnahme des fast nur aus Epidermis bestehenden Rückstandes in kochendem Weingeist lösen. Gehalt an Morphin 13–13½% und an Codein ungefähr ¼%.

2) Opium in länglich-eirunden, durch Druck etwas eckig gewordenen, etwa 6 Unzen schweren Broden, welche dunkelbraun und fast trocken sind, nur noch wenige Überreste von den zur Umhüllung gedienten Blättern zeigen, aber häufiger mit Rumex-Samen bestreut sind, die charakteristischen Thränen zeigen und beim Behandeln mit kochendem Weingeist einen von Nr. 1, ähnlichen Rückstand geben. Gehalt an Morphin 10–12%.

3) Opium in fast kugelrunden, gegen ¾ Pfund schweren Stücken, welche sehr sorgfältig und reinlich in fast gelbe Blätter gehüllt und graulichrothbraun sind, im Innern fast immer eine kleine, mit gelben und weißen Schimmel gefüllte Höhlung enthalten, schwieriger als bei Nr. 1 und 2 die schwarzbraunen Thränen erkennen lassen, häufig röthliche Haare beigemischt enthalten und einen dumpfen, nicht ganz rein opiumartigen Geruch haben. Gehalt an Morphin kaum 7%.

4) Opium in fast flachen, unregelmäßigen, in der Mitte etwas eingeschnürten, 4–6 Unzen schweren Kuchen, welche außen hart sind, deutlich aufgestreute Rumex-*Samen zeigen und mit einem weißlichen, mehlartigen, trocknen Schimmel so stark überzogen sind, daß sie ganz dumpfig riechen, das Gerippe der sie umgebenden Blätter erst nach dem Abwaschen erken-*

nen lassen, und den Verdacht erregen könnten, als wären sie auf Asche oder mergelartiger Erde getrocknet worden; im Innern sind sie fast schwarz und so weich, daß sie sich in Fäden ziehen lassen, zeigen aber noch deutliche Thränen. Gehalt an Morphin 6–7% und nur unbedeutend Codein und Narkotin.

5) Opium in länglich-viereckigen, in der Mitte zusammengeschrumpften, 4–6 Unzen, schweren Kuchen, die nicht allein wie Nr. 4 außen mit einem weißlichen, mehlartigen, trocknen Schimmel bedeckt, sondern auch im Inneren durch und durch so imprägnirt sind, daß sie ein graues, erdiges Ansehen haben und nur an wenigen Stellen die zusammengehäuften Thränen erkennen lassen. Gehalt an Morphin 3–4%.

Von einigen Pharmacognosten wird das Constantinopolitanische Opium *als eine besondere Art aufgeführt; wie aber schon oben angeführt worden, so scheint diese Benennung nur durch den Ort der Ausführung entstanden zu sein, obgleich* Merk *hinreichende Unterschiede aufgefunden hat. Diese Sorte kommt nicht, wie die vorige über Triest (nach* Stettner *jährlich etwa 13 Kisten), sondern hauptsächlich über London, Hamburg und Rotterdam, ist jedoch im Ganzen selten und die beste und theuerste Opiumsorte. Im Allgemeinen unterscheidet sich nach* Merk *dieses Opium von dem vorigen durch den Mangel der samenähnlichen Thränen und der Bruchstücke von Samenkapseln; er unterscheidet:*

1) Opium in rothbraunen, im Innern fast noch goldgelben und meistens weichen, $^{1}/_{2}$–$2^{1}/_{2}$ Pfund schweren, unebenen, durch Druck bei der Verpackung etwas platt gedrückten Broden, welche stark in Rumex-*Samen, aber niemals in Blätter gehüllt sind, scharf riechen und sehr bitter schmecken. Gehalt an Morphin 15–16%, aber kaum Spuren von Codein.*

2) Opium in länglich-eirunden, 5–6 Unzen schweren Broden, die in Ansehen frisch, bis ins Innere trocken, auf dem Bruche braunroth und glänzend und nicht mit Samen, aber mit einem fest anliegenden Blatt umgeben sind, durch welches das Opium stellenweise durchschimmert. Gehalt an Morphin 10–12%.

3) Opium in unregelmäßig-eckigen, etwa 10 Unzen schweren Kuchen, welche meist noch weich und im Innern dunkelbraun und mit Blättern und Samen fast ganz verhüllt sind. Gehalt an Morphin 8%.

II. *Opium aus Aegypten,* Aegyptisches Opium, Opium aegyptiacum, s. thebaicum, *ist in Deutschland am meisten verbreitet und kommt nach* Stettner *in öfters mit Blech gefütterten Kisten von 100–150 Pfund über Triest in den Handel. Die allgemeinen Charaktere des ägyptischen Opiums dürften folgende sein. Kreisrunde, rundliche oder länglichrunde, platte und linsenförmige, niemals mit* Rumex-*Samen bestreute, ungleich dicke und breite, meist 2–12 Unzen schwere Kuchen, welche in Mohnblätter so gehüllt sind, daß deren meist guterhaltene Mittelrippe auf einer und oft auch auf beiden Seiten das Stück gleichsam in 2 Hälften theilt und das Opium im übrigen durch seine Hülle so durchscheint, daß manche Stücke gleichsam nackt erscheinen. Sonst ist das Opium selbst gleichförmig, zeigt keine Thränen oder Körner, hat eine der Leberaloë ähnliche Farbe, ist außen und innen gleich trocken, wird auf der Oberfläche leicht feucht, zerspringt beim Aufschlagen, ist auf dem Bruche muschlig und wachsglänzend, in dünneren Lagen mit hellerer Farbe durchscheinend, riecht dem Opium von Smyrna ähnlich, aber schwächer, und schmeckt widrig, bitter, nicht anhaltend scharf; im Wasser läßt es sich ziemlich leicht vertheilen; der sich absondernde Rückstand ist mehr körnig als schleimig und zusammenhängend, die Lösung verhältnismäßig schwach gefärbt, sauer und riecht beim Abdampfen deutlich nach Essigsäure. Nach* Jobst *soll es häufig mit Gummi verfälscht werden.* Merk *unterscheidet vier Varietäten, nämlich 1) Kreisrunde, fast pfundschwere, etwa $2^{1}/_{2}$ Zoll dicke und gegen 6 Zoll im Durchmesser habende Brode, welche leberbraun sind und einen dem Smyrnaischen Opium ähnlichen, aber schwächeren Geruch haben; 2) länglichrunde, 1–2 Unzen schwer, $^{1}/_{2}$ Zoll dicke Brode, die bisweilen an der Luft auf der Oberfläche feucht und klebrig werden; 3) ganz kleine, runde, $^{1}/_{2}$–1 Loth schwere, in fast noch grüne Mohnblätter eingewickelte Blättchen, welche auf dem Bruche weniger muschlich und von mehr schwarzbrauner Farbe sind, und 4) flache, runde, $2^{1}/_{2}$ Zoll im Durchmesser habende und fast $^{3}/_{4}$ Zoll dicke Kuchen, welche in fast grüne Blätter eingewickelt, durchgängig gleich hart und beim Zerschlagen mehr zähe, als springend sind. Der Gehalt des Morphins in diesen 4 Varietäten ist 6–7%; auch* *enthalten sie mehr Meconsäure als das Opium von Smyrna.* Schindler *fand 7% Morphin und 2,68% Narkotin. Nach* Stettner *läßt sich aber keine feste Norm für eine Eintheilung des ägyptischen Opiums in die vier angegebenen Varietäten annehmen, da es in Form, Größe, Farbe u. s. w. sehr veränderlich ist; er sah einige Drachmen bis 2 Pfund schwere Stücke, die bei allen Dimensionen fehlerfrei, aber auch fehlerhaft waren und es ist wahrscheinlich, daß das arabische Opium auch in den ägyptischen Handel komme.*

III. *Opium aus Persien,* Persisches Opium, Opium persicum, *besteht nach* Guibourt *aus cylindrischen oder durch Druck viereckig gewordenen, $3^{1}/_{2}$ Zoll langen, 5–6 Linien dicken, ungefähr 20 Grammen schweren Stangen, die in geglättetes Papier eingewickelt und mit einem Baumwollefaden zugebunden sind; im Inneren ist die Masse gleichförmig und fein, zeigt unter der Loupe kleine, zusammengeklebte Thränen, die aber viel kleiner sind als die des Opiums von Smyrna, hat eine leberartige Farbe, riecht widerlich narkotischschimmelig, schmeckt sehr bitter und wird an der Luft weich.* Merk *erhielt von dieser sonst sehr seltenen Sorte einmal eine größere Quantität, deren einzelne Stangen in blaues, auf der Innenseite mit arabischen Buchstaben beschriebenes Papier eingewickelt waren, aber keine zusammengehäuften Thränen zeigten; sie enthielten nur ungefähr 1% Morphin, aber viel eingemischtes Reismehl.* Pereira *nennt diese Sorte auch* Opium von Trapezunt, *da er sie von daher erhielt.*

B. *Ostindische Opiumsorten*

Obgleich im südlichen Asien, besonders seit dem Jahr 1830, die Mohncultur behufs der Opiumgewinnung sehr ausgebreitet ist, so kommt doch nur ausnahmsweise das dort erzielte Opium nach Europa, da die Consumtion desselben in den dortigen Ländern, besonders aber in China so bedeutend ist, daß die ganze Ernte dort verbraucht wird. Die Mohncultur findet hauptsächlich in den englischen Besitzungen statt und das erzielte Opium ist Monopol der englischostindischen Compagnie. Während der Zeit der Opiumbereitung werden nach Meyen *eine große Anzahl von Arbeitern 2–3 Wochen lang in den Mohnfeldern beschäftigt, indem dieselben bei Tage mit Dornen oder feinen spitzen Nadeln in die äußere Seite der Fruchtkapseln Einschnitte machen und dann am folgenden Morgen den erhärteten, gelblichbraun gewordenen Saft mit einer Muschel abkratzen und diese Operation mehreremale wiederholen. Der Saft wird an der Sonne getrocknet, dann mit etwas Mohnöl vermischt in kleine, platte, etwa 4 Zoll im Durchmesser haltende Kuchen geformt, diese in Mohnblätter eingewickelt, hierauf, wenn sie gehörig trocken sind, in Kisten verpackt und mit dem Spreu des Mohnsamens fest gelegt. Nach* Mac Culloch *ist die Opiumproduktion in Indien auf die Provinzen Bahar und Benares und in Mittelindien auf die Provinz Malwa beschränkt, wo Jedermann den Mohn anbauen und Opium daraus ziehen kann, dieses aber zu einem festgesetzten Preis an die Beamten der ostindischen Compagnie abliefern muß. Nach ihm werden die Opiumkuchen, damit sie nicht zusammenkleben, in die Blumenblätter gewickelt und in Kisten gebracht, die mit Häuten beschlagen und mit Packleinen überzogen sind. In Ostindien unterscheidet man zwei Hauptsorten, nämlich:*

I. *Opium von Malwa, welches nach* Smytton *vorzugsweise aus dem purpurrothen Mohn gewonnen wird, indem man die Kapseln mit einem kleinen, dreizackigen Instrument, dessen Spitzen ungefähr $^{1}/_{4}$ Zoll von einander stehen, ansticht und den ausgeflossenen Saft mit einem stumpfen, 4 Zoll langen, $2^{3}/_{4}$ breiten, gut geölten Messer von der Kapsel abnimmt, in ein Gefäß bringt, welches etwas Leinöl enthält, das man später wieder abgießt, und den Saft bis zur Regenzeit stehen läßt, wo er dann in Kuchen geformt wird. Nach* Pereira *stellt dieses Opium viereckige, etwa 3 Zoll lange, eben so breiten und 1 Zoll dicken Täfelchen dar und hat das Ansehen eines gut bereiteten, glänzenden, trocknen Extraktes; es ist dunkelbraun und hat weniger Geruch als das Opium von Smyrna; eine andere Sorte besteht nach* Guibourt, *der auch die eben beschriebene kennt, aus ziemlich gleichförmigen, länglichen, flachen Massen, die noch nicht 1 Unze wiegen, außen rein und weder in Blätter noch in Samen gehüllt, innen schwärzlichbraun, ziemlich weich und extraktartig glänzend sind, einen stechenden, sehr bitter und hintennach ekelhaften Geschmack und einen unangenehmen, rauchigen, dem levantischen Opium nicht ähnlichen Geruch haben; diese Sorte enthält nach* Thomson *nur $^{1}/_{3}$ Morphium im*

Verhältnis zu dem von Smyrna und Christison *erhielt aus der zuerst beschriebenen Sorte* 9 1/2% *salzsaures Morphin und eine etwas größere Menge Codein als aus dem Smyrnaischen Opium.*
II. *Opium aus Bengalen; von dieser Sorte sind verschiedene Beschreibungen vorhanden. Nach* Webster *wird in Calcutta unter der Aufsicht einer eigenen Gesellschaft ein Opium bereitet, welches mit einem officiellen Stempel gezeichnet wird, der soccotrinischen Aloë sehr ähnlich, nur dunkler und röthlicher ist, im Geruch und Geschmack dem türkischen Opium sehr gleicht, sich ohne Rückstand in Wasser löst und 0,75% an Meconsäure gebundenes Morphin enthält. Nach* Butter *bildet das Opium der Regentschaft eine rothbraune, kupferfarbige Masse, die in dünnen Schichten durchsichtig ist, eine etwas körnige Textur und fast gallertartige Consistenz hat, an den Fingern haftet und einen auffallend verdächtigen, aber nicht unangenehmen Geruch hat.* Christison *beschreibt dasselbe als 3 1/2 Pfund schwere, in fest anliegende Blätter gehüllte, immer sehr dunkle Kugeln von steifer Teigconsistenz und starkem Opium-Geruch und Geschmack. Nach* Merk, *welcher während der Cholerazeit bengalisches Opium erhielt, stellt es flache, rund, 1/2 Pfund schwere Kuchen von etwa 4 Zoll Durchmesser und 3/4 Zoll Dicke dar, welche in ein großes, sehr feines, fest anliegendes Blatt eingehüllt sind, zwischen den Fingern weich werden, die Farbe und Consistenz des calabrischen Lakritzensaftes und einen schwach opiumartigen Geruch haben, am Lichte mit heller Flamme brennen und sich überhaupt wie ein eingetrocknetes Extrakt verhalten: eine andere Probe war dieser Sorte sehr ähnlich, aber in Glimmerblättchen gehüllt. In diesem Opium fand* Merk *eine eigenthümliche Substanz; das* Porphyroxin. Pfaff *beschrieb im Jahr 1821 ein ostindisches Opium als platte, linsenförmige, 3–4 Zoll im Durchmesser haltende, fast pechschwarze Kuchen, welche allmälig sehr hart werden, auf dem Bruche nicht schimmern, süßlich virös und dem Bilsenkraut ähnlich riechen, auf Papier einen matten Strich geben, in der Lichtflamme nicht brennen und beim Auflösen in Alkohol eine sauer reagirende Lösung geben und viel pulvrigen Rückstand hinterlassen.*
Als besondere Opiumsorten, die zu den ostindischen gerechnet werden können, sind noch das Kutah-Opium, *welches* Pereira *aus Bombay erhielt und das* Javanische Opium, *welches nach älteren und neueren Nachrichten in 4–5 Zoll dicken Kuchen, die von verschiedener Güte sein sollen und zwischen Spreu verpackt vorkommen, anzuführen.*

C. *Europäische Opiumsorten*

In verschiedenen Ländern Europa's hat man schon in früheren Zeiten Versuche gemacht, Opium zu produciren. Schon die alten Griechen scheinen Opium dargestellt zu haben, doch erst in der neueren Zeit haben die Versuche, diesen Arzneikörper in Europa darzustellen, dadurch mehr Interesse erhalten, daß zugleich vergleichende chemische Untersuchungen angestellt wurden, deren allgemeine Resultate die sind, daß das europäische Opium bei richtiger Einsammlung dem besten türkischen gleich zu setzen sei, die Produktionskosten aber mehr betragen, als das beste Opium im Preiß steht.
In Griechenland *wird von zwei Türken in Nauplia durch Zirkelschnitte in die Kapseln ein Opium gewonnen, welches nach* Landerer *die Form von Bändchen hat und die eigentlichen* Opiumthränen, Lacrymae Opii, *sind, die Zeichen eines guten levantischen Opiums hat, narkotisch riecht, brennend bitter schmeckt und eine dem levantischen Opium gleiche Menge Morphin enthält.* Merk *beschreibt ein angeblich in Morea erzeugtes Opium als kleine, etwa 3 Unzen schwere, in Mohnblätter eingewickelte und von* Rumex-*Samen freie Kuchen, welche auf dem Bruche trocken, rein gelbbraun und schwach wachsglänzend sind, nur unter der Loupe einzelne Thränen zeigen, aber Reste von der Epidermis der Kapsel enthalten, stark und rein riechen und, wie das beste Constantinopolitanische Opium 15% Morphin enthalten.*
In Italien *beschäftigen sich unter Anderen* Carradori *und* Monticelli *in Neapel und* Prestrandrea *in Messina mit der Bereitung des Opiums; das von letzterem erzielte Produkt hatte ganz das Ansehen des türkischen Opiums und enthielt gegen 6% Morphin.*
In Frankreich *wurden sehr viele Versuche zur Gewinnung eines guten Opiums angestellt; besonders beschäftigten sich hiermit* Dubuc, Dublanc, Tilloy, Loiseleur-Deslongchamps. Mèrat-Guillot, Dronsart u. a. – Dublanc *erhielt aus einem im Departement de la Gironde gewonne-*

nen Opium 4% Morphin und 3% Narkotin, bemerkt jedoch, daß je nach der Verschiedenheit des Bodens und der Jahreszeit veränderliche Mengen beider Substanzen vorkommen. Loiseleur-Deslongchamps *zieht den Mohn mit schwarzem Samen dem mit weißem Samen vor, da er dauerhafter sei und im Herbst gesäet werden könne, wo dann im folgenden Jahre die Köpfe viel kräftiger und reichhaltiger an Opium seien. Die Einschnitte sollen 8 Tage nach dem Abfallen der Blätter und zwar bei trockner Witterung gemacht werden.* Tilloy *fand in dem französischen Opium eine so reichliche Menge Morphin, daß er Handel damit treiben konnte und* Caventou *sogar über 22%.* Ricord-Duprat *und* Robiquet *konnten in dem französischen Opium kein Morphin finden, wohl aber Narkotin und* Dujac *keins von beiden, dagegen aber* Pelletier *auf einem in der Gegend von Bordeaux producirten Opium, welches von sehr dunkelrothbrauner Farbe, im trocknen Zustand brüchig und dem Geschmack nach nur wenig von dem smyrnischen Opium verschieden war, eine viel größere Menge Morphin als aus diesem erhielt, aber kein Narkotin auffinden konnte. Übrigens ist in dem französischen Opium auch Codein aufgefunden worden.*

In England *wurde ein Versuch im größeren Maßstab von* Cowley *und* Staines *in der Gegend von Winslow ausgeführt, wo sie im Jahr 1824 auf einer Fläche von* $4^1/_2$ *Morgen 60 Pfund Opium ausbeuteten, welches nach der Angabe jener Herren dem türkischen Opium nichts nachgibt, nach* Hennel's *Versuchen aber nur 5% Morphin enthält.* Pereira *beschreibt das englische Opium als flache, in Blätter eingewickelte, besonders dem ägyptischen Opium gleichende, der Leberaloë ähnlich gefärbte und ziemlich stark nach Opium riechende Kuchen.*

Auch in Schweden *sind Versuche zur Erzielung des Opiums von* Falk *und* Lindbergson *angestellt worden; letzterer fand, daß das aus weißsamigen Mohn dargestellte Opium sauer reagiere und dunkler braun und schwächer von Geruch als das Orientalische sei, aber mehr Morphin als dieses enthalte.*

In Deutschland *sind ebenfalls an verschiedenen Orten Versuche zur Opiumbereitung angestellt worden und* Engerer *machte im Jahr 1819 eine speciellere Anleitung zur Gewinnung desselben bekannt.* Geiger *stellte im Jahr 1826 aus dem schwarzsamigen Mohn Opium dar, welches dem orientalischen sehr ähnlich sah, nur war es etwas heller, blieb immer etwas zähe, war zwischen den Fingern leichter zu erweichen, roch aber nicht so betäubend wie das frische türkische Opium, jedoch wie das getrocknete, hatte dessen Geschmack und verhielt sich gegen Wasser und Weingeist wie das levantische Opium, gab jedoch mit ersteren einen etwas helleren Auszug. Nach* Behr *erhält man ein besseres und mehr Opium aus dem blauen Mohn und* Biltz *machte die interessante Beobachtung, daß in Thüringen das aus blauem Mohn erhaltene Opium mehr Morphin, das aus weißem Mohn erhaltene mehr Narkotin als das orientalische enthalte und daß das einheimische Opium selbst bei vollkommener Reinheit quantitativ verschieden zusammengesetzt sei und die Zeit des Einsammelns auf die Qualität und Quantität der Bestandteile einen großen Einfluß habe.*

Das Opium ist von verschiedenen Chemikern untersucht und es sind verschiedene, ihm eigenthümliche Substanzen darin gefunden worden. Sertürner *entdeckte 1804 die erste vegetabilische Base, das Morphin, an eine eigenthümliche Säure, die Meconsäure gebunden.* Derosne *1804 das Opian, später Narkotin genannt,* Robiquet *1833 das Papaverin, später Codein genannt,* Pelletier *in demselben Jahre das Narcein und eine ölige Säure, ölige Opiumsäure genannt und 1835 das Thebain, anfänglich Paramorphin genannt, und das Pseudomorphin,* Couerbe *im folgenden Jahre das Meconin und* Merck *1837 in dem bengalischen Opium das Porphyroxin; anderweite, auch in anderen vegetabilischen Theilen vorkommende Substanzen sind: eine braune Säure mit Extrakt, einen eiweißartigen Körper, Cerain, Arabin, Bassorin, Caoutchouc, ein riechender Stoff und Pflanzenfaser, und an mineralischen Theilen: Kali, Ammoniak, Kalkerde, Talkerde, Thonerde, Kieselerde, Eisenoxyd, Schwefelsäure, Phosphorsäure und Salzsäure. Das von* Sertürner *angeblich aufgefundene Oxymorphin ist jedenfalls ein Gemisch von mehreren der oben angegebenen alkalischen Substanzen; die von* Robinet *aufgefundene Kodsäure, wie die von* Robiquet *angegebene sogenannte* Robiquet'sche Säure *und die im Opium vermuthete Blausäure existiren nicht darin; der flüchtige Riechstoff ist noch nicht isolirt dargestellt worden und scheint ein fortwährend im Entstehen und Verdunsten be-*

griffenes Zersetzungsprodukt zu sein. – Die angeführten Bestandtheile des Opiums finden sich in den verschiedenen Opiumsorten in sehr wechselnden Verhältnissen, was nicht allein durch die verschiedene Bereitungsart bedingt zu werden scheint, sondern auch in dem ungleichen Einfluß terrestrischer, klimatischer und anderer cosmischer Verhältnisse, in der ungleichen Benutzung des weißsamigen oder des morphinreicheren schwarzsamigen Mohns und in der ungleichen Vegetationsperiode während der Einsammlung liegt, nach Schindler *findet sich um so mehr Morphin, je weniger Narkotin vorhanden ist, um so mehr Codein, je weniger Morphin und um so mehr Narcein, je weniger Narkotin. Das Pseudomorphin und Porphyroxin scheinen entweder nur gewissen Opiumsorten anzugehören oder sind in den übrigen in so geringer Menge vorhanden, daß sie der Beobachtung entgehen;* Bernhardy *glaubt auch, daß gewisse vorgefundene Stoffe nur während der Analyse gebildete Zersetzungsprodukte sind. Von den neueren Analysen des Opiums sind die zuverläßigsten folgende:*

Mulder fand in 5 verschiedenen Sorten des Smyrnaischen Opiums

	1	2	3	4	5
Narkotin	68,08	81,50	96,60	77,02	65,46
Morphin	108,42	41,06	98,52	28,42	38,00
Codein	6,78	8,34	8,48	8,58	6,20
Narcein	66,62	75,06	76,84	99,02	132,40
Meconin	8,04	8,46	3,14	13,80	6,08
Meconsäure	51,24	39,68	76,20	72,52	66,44
Caoutchouc	60,12	50,26	36,74	37,54	32,06
Fett	21,66	13,50	18,16	42,04	15,08
Harz	35,82	20,28	41,12	22,08	18,34
Gummig. Extrakt	252,00	314,70	218,34	226,06	257,40
Gummi	10,42	28,96	6,98	29,98	8,96
Bassorin	190,86	170,98	210,64	184,96	180,22
Wasser	98,46	122,26	114,22	130,44	140,02
Verlust	21,48	24,96	5,68	27,54	33,34

Biltz fand in

	Orientalischem und	1	2	3	Erfurter Opium
Morphin	92,5	200,0	165,0	68,5	
Narkotin	75,0	62,5	95,0	330,0	
Unreine Meconsäure	137,5	180,0	150,0	153,0	
Bitterer Extraktivstoff	65,0	50,0	127,5	42,5	
Bitterlicher Extraktivstoff	155,0	35,0	70,0	67,5	
Extraktabsatz	77,5	47,5	37,5	22,0	
Pflanzeneiweiß	200,00	175,0	128,5	130,0	
Harz mit fettem Oel	62,5	76,5	97,5	68,0	
Caoutchouc	20,0	105,0	32,5	45,0	
Gummi mit Kalk	12,5	8,5	8,0	11,0	
Schwefelsaures Kali	20,0	22,5	25,0	20,0	
Phosphorsauren Kalk, Thonerde und Eisenoxid	15,0	18,5	15,0	11,5	
Pflanzenf. u. fremde Subst.	37,5	8,0	7,5	15,0	
Ammoniak und äther. Oel	Spuren	Spuren	Spuren	Spuren	
Verlust	30,0	11,0	41,0	16,0	

2. Behandlung von Vergiftungen und Gegengifte

Die älteste von uns gefundene Schilderung befindet sich in der Bibel im 2. Buch der Könige, Kapitel 4, Vers 38 bis 41. Diese Schilderung wurde nach der heutigen Forschung in der Zeit zwischen 560 und 538 v. Chr. von einem unbekannten Verfasser niedergeschrieben.
„Die ungenießbare Speise:
Elisa kehrte nach Gilgal zurück, im Land herrschte damals eine Hungersnot. Als die Prophetenjünger vor ihm saßen, befahl er seinem Diener: – Setz den großen Topf auf und koch' ein Gericht für die Prophetenjünger. – Einer von ihnen ging auf das Feld hinaus, um Malven zu holen. Dabei fand er ein wildes Rankengewächs und pflückte davon so viele Früchte (nach anderer Übersetzung: Gurken; Anm. d. Verf.) wie sein Gewand fassen konnte. Dann kam er zurück und schnitt sie in den Kochtopf hinein, da man sie nicht kannte. Als man sie aber den Männern zum Essen vorsetzte und sie von der Speise kosteten, schrien sie laut und riefen: – der Tod ist im Topf, Mann Gottes. – Sie konnten nichts essen. Doch er befahl: – bringt mir etwas Mehl. – Er streute das Mehl in den Topf und sagte, setzt es nun den Leuten zum Essen vor. Jetzt war nichts Schädliches mehr im Topf."
Das „Mehl" ist im hebräischen Urtext das Wortzeichen für rohes Getreidemehl. Um welches Gewächs es sich handelte, und was für eine Reaktion stattgefunden hat, kann man heute wohl schwer bestimmen. Möglicherweise war auch Mehl nur ein Ausdruck für Staub oder etwas ähnlich Ungenießbares, denn bei Hungersnot hätte man vermutlich eher Mehl gekocht als ein unbekanntes Gewächs.
Im 16. Jahrhundert hatte man noch wenig Ahnung von der Behandlung einer Vergiftung. Hieronymus Bock schreibt „so aber jemans Schierling ohngefähr genossen hätt, dem geb man auf Stund ein guten Trunk Weins" und bezieht sich hierbei auf Plinius Buch 25, Kapitel 11.
Erst im 19. Jahrhundert finden sich Hinweise, wie:
„nach geschehener Vergiftung ist darauf zu sehen, daß das Gift durch ein Brechmittel, laues Wasser und fette Öle, weggeschaffen werde. Vegetabilische Säuren und Honig sind ebenfalls wirksame Gegenmittel. Auch ein starker Aufguß von Kaffee ist zuweilen von gutem Erfolg gewesen." Nach unserer heutigen Kenntnis ist es überflüssig festzustellen, daß solche Gegenmittel, mit Ausnahme des Brechmittels, wohl eher schädlich als nützlich, zumindesten aber unwirksam waren. Selbst in der neueren Literatur dieses Jahrhunderts ist immer wieder festzustellen, daß der Rat gegeben wird, bei Vergiftungen Milch zu trinken oder durch Salzwasser Erbrechen hervorzurufen – beides Methoden, die heute keine Berechtigung mehr haben. Im Falle der Vergiftungen kommt man heute mit verhältnismäßig wenigen, aber wirksamen Arzneimitteln aus. Sie sind ausführlich im Kapitel II beschrieben.

I – 3
Rechtliche Grundlagen

1. Rechtsprechung in der Geschichte

Schon in der Antike wurden Giftpflanzen nicht nur zur Beseitigung unliebsamer Zeitgenossen verwendet, sondern auch zur Abtreibung und zur Bereitung von Liebestränken. So wird berichtet, daß der Dichter Lucretius, Verfasser des Werks „Über die Natur der Dinge“ von seiner Frau Lucila oder einer eifersüchtigen Geliebten einen Liebestrank erhielt, an dem er schon in jungen Jahren starb.
Sowohl Abortivmittel als auch Liebestränke wurden damals anscheinend sehr häufig angewendet, so daß eine gesetzliche Regelung erforderlich wurde.
Lewin führt an, daß Alexander Severus bestimmte, „daß, wer ein Abtreibungsmittel oder einen Liebestrank verabreiche, falls er aus dem Volke war, zur Strafarbeit in die Bergwerke, wenn er zu den Vornehmen gehöre, in die Verbannung geschickt wurde, selbst, wenn die Verabfolgung ohne jede böse Absicht, schaden zu wollen, geschehen war. Diese Strafen galten nur für Gesundheitsschädigung; war jedoch der Tod eingetreten, so wurde auch über den Vergifter die Todesstrafe verhängt.“
Von Justinian wurden die Liebestränke rechtlich den magischen Künsten gleichgestellt und nach der Lex Cornelia bestraft. Die Strafe der „Zauberei“ bestand für Personen niedrigen Standes darin, daß sie gekreuzigt oder den wilden Tieren vorgeworfen wurden, für Vornehme, soweit sie Auftraggeber für das Verbrechen waren, in der Hinrichtung. Die „Zauberer“ wurden lebendig verbrannt. Noch im dreizehnten Jahrhundert erließ Kaiser Friedrich II. ein Gesetz, wonach der Verkauf, Kauf und das Verabfolgen von Liebestränken schwer geahndet wurden. Das Geben von Liebestränken, wodurch jemand in Lebensgefahr kam, sollte mit dem Tode, das Geben unwirksamer aber mit mehrjährigem Gefängnis bestraft werden. 300 Jahre später wurde für die Verabfolger von Liebestränken, durch welche „gänzliche Entnervung und allmähliches Dahinschwinden“ veranlaßt wurde, eine noch schlimmere Strafe als für Vergifter gefordert, weil derartige Tränke den Menschen nicht eines, sondern viele Tode sterben ließen.
Noch das allgemeine preußische Landrecht aus dem Ende des 18. Jahrhunderts hat es für erforderlich erachtet, für die Verabfolgung von Liebestränken besondere Strafparagraphen zu erlassen:

§ 867. Wer durch Liebestränke tötet, hat eine zehn- bis fünfzehnjährige Festungs- oder Zuchthausstrafe verwirkt.
§ 868. Im Falle eines dadurch veranlaßten unheilbaren Wahnsinns soll acht- bis zehnjährige Festungs- oder Zuchthausstrafe stattfinden.
§ 869. Ist durch einen solchen Liebestrank eine andere Krankheit verursacht worden, so soll nach Beschaffenheit ihrer Gefahr und Dauer eine vier- bis achtjährige Zuchthaus- oder Festungsstrafe erkannt werden.“

Viele Giftpflanzen wurden zu Abtreibungen verwendet. Welche Strafen dafür bis vor 10 Jahren im deutschen Strafrecht vorgesehen waren, ist aus den vieldiskutierten §§ 218, 219, 220 (StGB 2. Teil) ersichtlich.
§ 218 **(Abtreibung)**
(1) Eine Frau, die ihre Leibesfrucht abtötet oder die Abtötung durch einen anderen zuläßt, wird mit Freiheitsstrafe bis zu fünf Jahren bestraft.
(2) Wer sonst die Leibesfrucht einer Schwangeren abtötet, wird mit Freiheitsstrafe bis zu fünf Jahren, in besonders schweren Fällen mit Freiheitsstrafe von einem Jahr bis zu zehn Jahren bestraft.
(3) Der Versuch ist strafbar.

(4) Wer einer Schwangeren ein Mittel oder einen Gegenstand zur Abtötung der Leibesfrucht verschafft, wird mit Freiheitsstrafe bis zu fünf Jahren, in besonders schweren Fällen mit Freiheitsstrafe von einem Jahr bis zu zehn Jahren bestraft.
§ 219 (**Abtreibungsmittel**)
(1) Wer zu Zwecken der Abtreibung Mittel, Gegenstände oder Verfahren öffentlich ankündigt oder anpreist oder solche Mittel oder Gegenstände an einem allgemein zugänglichen Ort ausstellt, wird mit Freiheitsstrafe bis zu zwei Jahren oder mit Geldstrafe bestraft.
(2) Die Vorschrift des Absatzes 1 findet keine Anwendung, wenn Mittel, Gegenstände oder Verfahren, die zu ärztlich gebotenen Unterbrechungen der Schwangerschaft dienen, Ärzten oder Personen, die mit solchen Mitteln oder Gegenständen erlaubterweise Handel treiben, oder in ärztlichen oder pharmazeutischen Fachzeitschriften angekündigt oder angepriesen werden.
(3) Gegenstände, auf die sich eine Straftat nach Absatz 1 bezieht, können eingezogen werden. § 184 Abs. 2 Satz 2 ist anzuwenden.
§ 220 (**Anbieten zur Abtreibung**)
Wer öffentlich seine eigenen oder fremde Dienste zur Vornahme oder Förderung von Abtreibungen anbietet, wird mit Freiheitsstrafe bis zu zwei Jahren oder mit Geldstrafe bestraft.

2. Rechtliche Regelungen gemäß Strafgesetzbuch

In dem heute geltenden Strafrecht sind Vergiftungen mit schweren Strafen bedroht (auch das Beibringen von Liebestränken dient zweifellos dazu, die normale Verhaltensweise des Menschen in einer von ihm nicht gewollten Weise zu beeinflussen und dürfte somit eine Körperverletzung darstellen. Anm. d. Verf.). Auch das „Gesetz über den Verkehr mit Betäubungsmitteln" führt harte Strafen auf. Bei den einzelnen Stoffen und Pflanzen ist jedoch angemerkt, wenn sie unter das heute geltende Betäubungsmittelgesetz fallen.
Die §§ 229, 324 und 326 des Strafgesetzbuches befassen sich mit Vergiftungen und sollen hier nebst Kommentar wörtlich zitiert werden:

§ 229 **Vergiftung**
I Wer einem anderen, um dessen Gesundheit zu beschädigen, Gift oder andere Stoffe beibringt, welche die Gesundheit zu zerstören geeignet sind, wird mit Freiheitsstrafe von einem Jahr bis zu zehn Jahren bestraft.
II Ist durch die Handlung eine schwere Körperverletzung (§ 224) verursacht worden, so ist auf Freiheitsstrafe nicht unter fünf Jahren und, wenn durch die Handlung der Tod verursacht worden ist, auf lebenslange Freiheitsstrafe oder auf Freiheitsstrafe nicht unter zehn Jahren zu erkennen.

1 1) **Die Vergiftung** ist im Fall von I ein wegen seiner Gefährlichkeit zur selbständigen Tat erhobener Versuch einer Körperverletzung; str. Bei II ist ein qualifizierter Fall der §§ 224, 226 gegeben.

2 **A. Mittel der Tat** sind Gift oder andere Stoffe, welche die Gesundheit zu zerstören geeignet sind, OGH NJW 50, 713; alternative Feststellung ist zulässig, LK 6. a) Gifte sind Substanzen, die mittels chemischer Einwirkung nach Beschaffenheit und Menge den lebenden Körper zerstören können; Hamm HESt. 2, 292; so auch Fliegenpilze, RGJW 36, 513, Krankheitsgifte wie Syphilis, aber auch Leuchtgas, LG Berlin MDR 64, 1023; sowie Röntgenstrahlen, BGH 15, 113. b) *Andere Stoffe.* Sie müssen ebenfalls die Gesundheit zu zerstören geeignet sein, insbesondere auf mechanische Weise (gestoßenes Glas!). Auch Bakterien, die man nicht als Gifte zu bezeichnen pflegt, gehören hierher. Im Einzelfall entscheidet Eignung, eine ernstliche Erkrankung herbeizuführen, OGH NJW 50, 713, ferner die Menge, die Art der Anwendung und die körperliche Beschaffenheit des zu Verletzenden, RG 10, 178; 24, 382; BGH 4, 278. Es handelt sich um potentielle Gefährlichkeit, 13 vor § 1.
B. Die Handlung besteht im Beibringen der Gifte oder der sonstigen Stoffe.

5 a) **Beibringen** ist ein solches Einführen der Stoffe in den Körper des anderen, daß sie ihre die Gesundheit zerstörende oder schädigende Eigenschaft zu entfalten in der Lage sind; BGH 15, 113; so bei Verschlucken, Einspritzungen, Auftragen auf die Haut, Einatmenlassen, Olshausen 4. Dabei kann der andere infolge Täuschung das Mittel sich selbst beibringen, BGH 4, 278. Ob das bloße Eingeben in den Mund vollendetes Beibringen ist, ist Tatfrage (vgl. den Fall RG 53, 210, der keine Entscheidung enthält). Beibringen ist nicht nur in den Körper (so RG JW 36, 513), sondern auch äußerlich möglich (z. B. bei radioaktiven Strahlen, Bakterien, Chemikalien wie Salzsäure), BGH 15, 113; allerdings wohl nicht dann, wenn sich die Wirkung nur auf die Körperoberfläche erstrecken kann, Schröder JR 60, 466. Das Beibringen genügt zur Vollendung; die Gesundheitsbeschädigung braucht dazu nicht einzutreten.

6 b) **Ein Versuch ist bei § 229** denkbar; falls es nämlich zum Beibringen des Giftes überhaupt nicht kommt (RG 59, 1; JW 36, 513: Mischen von Fliegenpilzen unter das Essen); oder, falls die beigebrachte Menge entgegen der Erwartung des Täters zur Eignung nicht ausreicht, BGH 4, 278; RG 24, 382; 53, 210, oder wenn der Täter die beigebrachte Menge selbst noch nicht für ausreichend hält; in diesem Fall ist Rücktritt vom nicht beendeten Versuch möglich, LG Berlin MDR 64, 1023. Hingegen ist, wenn eine geeignete Menge Gift beigebracht ist, die Tat vollendet und ein Rücktritt nach § 24 nicht mehr möglich (RG 59, 1); Warnen des Verletzten oder Eingeben eines Gegenmittels könnten daher nur strafmildernd wirken; aM Schönke-Schröder 11; LK 19, die §§ 83 a, 31 a II analog anwenden wollen.

7 c) **Zur Gesundheitszerstörung gehört** mindestens eine erhebliche, nicht bloß vorübergehende Aufhebung wesentlicher körperlicher Funktionen, BGH 4, 278; enger LK 9. Dabei genügen Ausfallerscheinungen, deren Beseitigung zeitlich nicht abzusehen ist. OGHSt. 3, 34; BGH 15, 113.

8 **C. Qualifizierte Fälle** bringt II. Die schweren Folgen müssen verschuldet sein (§ 18). Versuch ist möglich (5 zu § 18); vgl. aber LK 22 f.

9 2) **Der Vorsatz.** Der Täter muß das Beibringen wollen; auch wissen, daß der Stoff geeignet ist, die Gesundheit zu zerstören, RG 53, 210; BGH 4, 278. Dazu muß die Absicht treten, die Gesundheit des anderen zu beschädigen, RG 53, 210; Zerstörung braucht nicht beabsichtigt zu sein; RG 10, 181; OGH NJW 50, 713; anderseits genügt eine vorübergehende Ohnmacht nicht als Ziel, LK 15; aM RG 53, 210. Bedingter Vorsatz reicht nicht aus: hM; aM Frank III.

10 3) **Tateinheit. A. Mit Tötungsdelikten** (§§ 211, 212) ist sie nicht denkbar, selbst wenn der Tötungsvorsatz nur bedingt vorhanden ist; RG 44, 323; 68, 409; aM RG 42, 215. In diesem Fall tritt § 229 als subsidiär zurück; seine Mindeststrafe ist aber einzuhalten. Tritt der Täter von der versuchten Tötung zurück, so bleibt bei Gesundheitsbeschädigungsabsicht die Strafbarkeit nach § 229, str. Bei bloßer Absicht, die Gesundheit zu beschädigen, hat der durch die Handlung verursachte Tod die Strafschärfung nach II zur Folge; falls die Folge auf Fahrlässigkeit beruht (§ 18), liegt Gesetzeskonkurrenz von II mit § 222 vor; dieser tritt zurück.

11 **B. Mit Körperverletzung** ist Idealkonkurrenz nur beschränkt möglich. Die einfache Körperverletzung scheidet aus, da sie die regelmäßige Folge der Vergiftung ist. Den §§ 224, 226 geht die Sondervorschrift des § 229 II grundsätzlich vor, Olshausen 8 b. Doch ist Idealkonkurrenz unter Umständen mit § 224 (BGH 12. 8. 1960, 4 StR 294/60, in BGH 15, 113 nicht mit abgedruckt) sowie mit § 225 denkbar, Olshausen 8 b; aM LK 25; Schönke-Schröder 15; ferner mit § 311 a I; § 7 DDT-G, vor allem dessen IV.

§ 324 **Gemeingefährliche Vergiftung**

Wer Brunnen- oder Wasserbehälter, welche zum Gebrauch anderer dienen, oder Gegenstände, welche zum öffentlichen Verkauf oder Verbrauch bestimmt sind, vergiftet oder denselben Stoffe beimischt, von denen ihm bekannt ist, daß sie die menschliche Gesundheit zu zerstören geeignet sind, desgleichen wer solche vergifteten oder mit gefährlichen Stoffen vermischten Sachen mit Verschweigung dieser Eigenschaft verkauft, feilhält oder sonst in Verkehr bringt, wird mit Freiheitsstrafe von einem Jahr bis zu zehn Jahren und, wenn durch die Handlung der Tod eines Menschen verursacht worden ist, mit lebenslanger Freiheitsstrafe oder mit Freiheitsstrafe nicht unter zehn Jahren bestraft.

1 1) **Zwei Gruppen** von Tatbeständen unterscheidet § 324. Bei beiden genügt die abstrakte Gemeingefährlichkeit, ohne daß die konkrete Gefährdung auch nur einer Einzelperson hinzuzukommen braucht.

A. Tatgegenstand sind im ersten Falle:

2 a) **Brunnen oder Wasserbehälter,** welche zum Gebrauch anderer dienen, also zum privaten oder öffentlichen Gebrauch von Menschen, sei es auch nur zum Waschen oder Baden, aber nicht ausschließlich zum Viehtränken, hM. Fließendes Wasser gehört in der Regel nicht hierher; wohl aber in gefaßter Quelle. Bei fließendem Wasser, Seen und Teichen greifen §§ 38, 39 Wasserhaushalts G v. 27. 7. 1957 (BGBl. I 1110, ber. 1386; III 753–1), letztes ÄndG v. 2. 3. 1974 (BGBl. I 469, 633), ein.

3 b) **Gegenstände,** welche **zum öffentlichen Verkauf oder Verbrauch bestimmt sind.** Zum öffentlichen Verkauf bestimmt sind Gegenstände, sobald sie dem Erwerb einer nicht bestimmten Käuferzahl zugänglich gemacht werden. Zum öffentlichen Verbrauch bestimmt sind Sachen, die zum Verbrauch durch einen unbegrenzten Personenkreis bestimmt sind. Es gehören nicht nur Genußgegenstände hierher, sondern z. B. auch (giftige) Spielsachen, Tapeten und Stoffe; vgl. § 2 LebmG.

4 **B. Die Handlung besteht im ersten Falle** in dem **Vergiften** der Gegenstände zu 2, 3 oder in der **Beimischung** von Stoffen, von denen dem Täter bekannt ist, daß sie die menschliche Gesundheit zu zerstören geeignet sind, RG 67, 361; § 229 mit Anm. Entscheidend ist hier allein, ob der bestimmungsgemäße Ge- oder Verbrauch die Gefahr zur Folge hat, RG 2, 177.

C. Im zweiten Falle sind

5 a) **Tatgegenstände** vergiftete oder mit gefährlichen Stoffen vermischte Sachen iS von 2f. Sie müssen also, wenn auch nicht vorsätzlich oder rechtswidrig, durch menschliche Tätigkeit in diesen Zustand gebracht worden sein, nicht z. B. durch inneren Verderb. Reine Gifte scheiden aus (offengelassen in RG 67, 361). Bei Arzneien, die ihrer Natur nach giftig sind, entfällt bei ordnungsgemäßer Behandlung mindestens die Rechtswidrigkeit.

6 b) **die Handlung** besteht im Verkaufen, Feilhalten oder sonstigen, wenn auch unentgeltlichen Inverkehrbringen, RG 3, 119; Bay 61, 194. Feilhalten ist das äußerlich als solches erkennbare Bereitstellen zum Zweck des Verkaufs an das Publikum, RG 4, 274; 63, 420. Bloßes Ankündigen genügt dazu noch nicht, Bay JW 30, 1603; KGJ 42, C 426. Hingegen neigt BGH 23, 286 dazu, es ausreichen zu lassen, wenn der Täter zwar keine Verkaufsabsicht hat, es aber entweder billigend in Kauf nimmt, daß die Sachen verkauft werden, oder das fahrlässig geschehen läßt; str. Das Anbieten gegenüber unbestimmten Personen ist ein strafbarer Versuch des Inverkehrbringens. Der Täter muß unter Verschweigen der gefährlichen Eigenschaft handeln, so daß die Mitteilung hierüber an den Zwischenhändler straffrei macht, RG 6, 121.

7 2) **Der Vorsatz** muß als mindestens bedingter (RG 16, 363) die Zweckbestimmung der Sachen umfassen, desgl. den gefährlichen Charakter der zugefügten Stoffe. Beim zweiten Fall müssen die Voraussetzungen von 6 hinzutreten. Seit dem EGStGB (Art. 19 Nr. 181) genügt jedoch hinsichtlich der gefährlichen Eigenschaft bedingter Vorsatz. Im Falle von Fahrlässigkeit greift § 326 ein.

8 3) **Qualifiziert** ist der Fall, wenn durch die Handlung (wobei auch Genuß oder Gebrauch der vergifteten Sachen usw. einbezogen ist), mindestens fahrlässig der Tod eines Menschen verursacht wird (§ 18).

9 4) **Tateinheit** ist möglich mit §§ 51, 52, Art. 3 III LMBG; mit § 44 ArzneimittelG (Anh. 21); im Falle 3 mit §§ 221, 212. Für § 11 WaschmittelG v. 20. 8. 1975 (BGBl. I 2255) gilt § 21 OWiG.

Führungsaufsicht ist bei gemeingefährlichen Taten nicht nur in den Fällen des Rückfalls (§ 68 I Nr. 1), sondern nach § 325 in den dort genannten Fällen auch nach § 68 I Nr. 2 in dessen Rahmen (Anm. dort) möglich.

§ 326 **Fahrlässige Gemeingefährdung**
Ist eine der in den §§ 321 und 324 bezeichneten Handlungen aus Fahrlässigkeit begangen worden, so ist, wenn durch die Handlung ein Schaden verursacht worden ist, auf Freiheitsstrafe bis zu einem Jahr oder auf Geldstrafe und, wenn der Tod eines Menschen verursacht worden ist, auf Freiheitsstrafe bis zu fünf Jahren oder auf Geldstrafe zu erkennen.

3. Der Verkehr mit Drogen und Giften

Gegen Ende des letzten Jahrhunderts war es erforderlich geworden, auch den Verkehr, d. h. die Aufbewahrung und Abgabe von Giften und Giftpflanzen, gesetzlich zu regeln. Es geschah dies zunächst 1895 und später für das ganze Deutsche Reich einheitlich durch eine kaiserliche Verordnung vom 25. Juni 1901. Die Gefahrstoffverordnung vom 26. 8. 1986 und das Pflanzenschutzgesetz vom 15. 9. 1986 haben die Giftverordnungen der Länder abgelöst. Sie enthalten aber weniger Pflanzengifte als die früheren Verordnungen.
Die Verordnung von 1901 regelte folgendes:

1. Anzeige und Erlaubnis zum Handel von Giften
2. Aufbewahrung von Giften
3. Abgabe von Giften:
   „Gift darf nur an solche Personen abgegeben werden, welche als zuverlässig bekannt sind und das Gift zu einem erlaubten gewerblichen, wirtschaftlichen, wissenschaftlichen oder künstlerischen Zweck benutzen wollen. Sofern der Abgebende von dem Vorhandensein dieser Voraussetzung sichere Kenntnis nicht hat, darf er Gift nur gegen Erlaubnisschein abgeben.
   Die Erlaubnisscheine werden von der Ortspolizeibehörde nach Prüfung der Sachlage ausgestellt. Dieselben werden in der Regel nur für eine bestimmte Menge, ausnahmsweise auch für den Bezug einzelner Gifte während eines ein Jahr nicht übersteigenden Zeitraums gegeben. Der Erlaubnisschein verliert mit dem Ablauf des 14. Tages nach dem Ausstellungstage seine Gültigkeit, sofern auf demselben etwas anderes nicht vermerkt ist."
   Der Giftverordnung lag eine Anlage I bei mit einem Verzeichnis der Gifte. In ihr waren die nachstehend aufgeführten Pflanzengifte und Giftpflanzen namentlich genannt.

Die Gifte wurden damals in drei Abteilungen eingeteilt:
Abteilung 1 enthielt die starken Gifte, Abteilung 2 die Gifte und Abteilung 3 großenteils Stoffe, die nach heutiger Auffassung als mindergiftig (gesundheitsschädlich) gelten.

Die nachstehende Aufzählung der Gifte der Anlage 1 wurde in der damals üblichen Schreibweise wiedergegeben (zitiert aus „Die reichs- und landesrechtlichen Vorschriften über den Verkehr mit Arzneimitteln, Lebensmitteln, Drogen insbesondere für Baden von Dr. Alfred Schühly, Malsch & Vogel, Karlsruhe 1931). Es werden aber nachstehend nur die giftigen Pflanzen und Pflanzengifte der Verordnung aufgeführt. (Die übrigen giftigen Substanzen wie z. B. Arsen, Picrinsäure sind hier nicht aufgeführt.)

Verzeichnis der Gifte

Abteilung 1

Aconitin, Atropin, Brucin sowie deren Verbindungen und Zubereitungen.
Curare und dessen Präparate.
Daturin, Digitalin, Emetin, Erythrophlein sowie deren Verbindungen und Zubereitungen. *
Homatropin, Hyoszin (Duboisin), Hyoscyamin (Duboisin), Cantharidin, Colchicin, Coniin, Nicotin sowie deren Verbindungen und Zubereitungen.
Physostigmin, dessen Verbindungen und Zubereitungen.
Picrotoxin.

* Erythrophlein, ein Herzglykosid aus dem afrikanischen Baum Erythrophleum, einem Schmetterlingsblütler, ist heute kaum noch in Gebrauch (Lit.: Hager IV, 819).

Scopolamin, dessen Verbindungen und Zubereitungen.
Strophantin.
Strychnin, dessen Verbindungen und Zubereitungen, mit Ausnahme von strychninhaltigem Getreide.
Veratrin, dessen Verbindungen und Zubereitungen.

Abteilung 2

Adoniskraut – Agaricin – Aconitextract, -knollen, -kraut, -tinctur – Apomorphin – Belladonna, -blätter, -extract, -tinctur, -wurzel – Bilsenkraut, -samen – Bilsenkraut, -extract, -tinctur – Bittermandelöl, blausäurehaltiges – Brechnuß (Krähenaugen), sowie die damit hergestellten Ungeziefermittel, Brechnußextract, -tinctur – Calabar, -extract, -samen, -tinctur – Cocain, Convallamarin, Convallarin, Elaterin sowie deren Verbindungen und Zubereitungen – Erythrophleum – Euphorbium – Fingerhut, -blätter, -essig, -extract, -tinctur – Gelsemium, -wurzel, -tinctur – Giftlattich, -extract, -kraut, -saft (Lactucarium) – Giftsumach, -blätter, -extract, -tinctur; Gottesgnaden, -kraut, -extract, -tinctur – Gummigutti, dessen Lösungen und Zubereitungen – Hanf, indischer, -extract, -tinctur – Jalapen, -harz, -knollen, -tinctur – Kirschlorbeeröl – Kodein, dessen Verbindungen und Zubereitungen – Kokkelskörner – Kotoin – Krotonöl – Morphin, Narcein, Narcotin sowie deren Verbindungen und Zubereitungen – Nieswurz (Helleborus), grüne, -extract, -tinctur, -wurzel – Nieswurz (Helleborus) schwarze, -extract, -tinctur, -wurzel – Opium und dessen Zubereitungen mit Ausnahme von Opiumpflaster und -wasser – Oxalsäure (Kleesäure, sog. Zuckersäure) – Pilocarpin, dessen Verbindungen und Zubereitungen – Sabadill, -extract, -früchte, -tinctur – Sadebaum, -spitzen, -extract, -öl – Sanct Ignatius, -samen, -tinctur – Santonin – Scammonia, -harz (Scammonium), -wurzel – Schierling (Conium), -kraut, -extract, -früchte, -tinctur – Senföl, ätherisches – Stechapfel, -blätter, -extract, -samen, -tinctur, ausgenommen zum Rauchen oder Räuchern – Strophanthus, -extract, -samen, -tinctur – Strychninhaltiges Getreide – Veratrum (weiße Nieswurz), -tinctur, -wurzel – Wasserschierling, -kraut, -extract – Zeitlosen, -extract, -knollen, -samen, -tinctur, -wein.

Abteilung 3

Bittermandelwasser – Brechwurzel (Ipecacuanha), -extract, -tinctur, -wein – Kaliumbioxalat (Kleesalz) – Kirschlorbeerwasser – Koffein, dessen Verbindungen und Zubereitungen – Koloquinthen, -extract, -tinctur – Lobelien, -kraut, -tinctur – Meerzwiebel, -extract, -tinctur, -wein – Mutterkorn, -extracte (Ergotin) – Stephans (Staphisagria), -körner.

Es fällt auf, daß im Jahr 1901 mehr Giftpflanzen und Pflanzengifte in der Giftverordnung namentlich genannt wurden, als dies 30 Jahre später der Fall war. Dies ist auf die geänderte Definition zurückzuführen. Damals fielen unter die Giftverordnung nur diejenigen Gifte, die namentlich in der Anlage I aufgeführt waren. Heute dagegen fallen gemäß der Definition des Chemikaliengesetzes alle Stoffe unter den Geltungsbereich des Gesetzes, die entsprechende Eigenschaften → *Kap. 1–3, Abschnitt 5* haben. Hierdurch wird gewährleistet, daß bei dem raschen Fortschreiten der Kenntnis giftiger Stoffe automatisch mit der Kenntnis der betreffende Stoff unter die Geltung des Gesetzes fällt und nicht erst in ein Stoffverzeichnis übernommen werden muß, welches ja niemals dem aktuellen Stand der Erkenntnis entsprechen kann. Die Pflanzen sind aber im Gegensatz zu den Inhaltsstoffen heute nicht mehr namentlich aufgeführt.

4. Giftpflanzenliste der Bundesregierung

Die Bundesregierung hat 1975 eine Liste von giftigen Pflanzenarten herausgegeben, die am 10. 3. 1975 im Bundesanzeiger veröffentlicht wurde. Offensichtlich lag ein Bedürfnis vor, die Bürger und auch alle amtlichen Stellen mit den heute in der Bundesrepublik Deutschland häu-

figer vorkommenden Giftpflanzen vertraut zu machen. (Insoweit ist die Liste ein sehr brauchbarer Anhalt, vor allem auch bei der Einstufung der Gefährlichkeit und damit der Kennzeichnung von Pflanzenteilen. Einige kleine Korrekturen, insbesondere aber auch Ergänzungen, erscheinen angebracht. Anm. d. Verf.) Die Einstufung der Gefährlichkeit wurde im wesentlichen nach dieser Liste bei den im Kapitel IV-1 beschriebenen Giftpflanzen vorgenommen. Pflanzen, die in der Liste nicht namentlich aufgeführt sind, wurden analog dem Gefährlichkeitsgrad zugeordnet.
Es muß dabei berücksichtigt werden, daß die Gefährlichkeitsmerkmale nach dem Chemikaliengesetz erst 6 Jahre später veröffentlicht wurden, die Kennzeichnung müßte also heute entsprechend angeglichen werden.

A. Liste giftiger Pflanzenarten in alphabetischer Reihenfolge der deutschen Bezeichnungen

Die Zeichen in der letzten Spalte bedeuten:
+ giftig
++ stark giftig, kann zu schweren Vergiftungserscheinungen führen
+++ sehr stark giftig, schon geringe Mengen lebensgefährlich

1. Nadelhölzer und Laubhölzer

Pflanzenart		Giftige Pflanzenteile	Gefährlichkeitsgrad
Akazie, falsche	Robinia pseudoacacia L.	Rinde, Früchte (Samen)	+
Berglorbeer	Kalmia angustifolia L. und andere Arten (siehe Liste B)	Blätter	+
Besenginster	Sarothamnus scoparius (L.) Wimm.	alle Pflanzenteile	+
Blasenstrauch, gelber	Colutea arborescens L.	Samen, Blätter	+
Bocksdorn, gemeiner	Lycium barbarum L. = Lycium halimifolium Mill.	alle Pflanzenteile	++
Buchsbaum	Buxus sempervirens L.	Blätter	+
Clematis-Arten (Waldrebe-Arten)	Clematis (siehe Liste B)	alle Pflanzenteile	+
Efeu	Hedera helix L.	Blätter, Beeren, das Fruchtfleisch ist besonders giftig	+
Eibe	Taxus baccata L.	alle Pflanzenteile, ausgenommen der rote Samenmantel	++
Erbsenstrauch	Caragana arborescens Lam.	alle Pflanzenteile	+
Essigbaum	Rhus typhina L.	Blätter, Früchte	+
Giftsumach	Rhus toxicodendron L.	alle Pflanzenteile	+++
Ginster, deutscher (siehe auch Besenginster)	Genista germanica L. und andere Arten (siehe Liste B)		+
Glyzinie	Wisteria sinensis (Sims) Sweet	Früchte, Zweige, Wurzel	+
Goldregen	Cytisus laburnum L. = Laburnum anagyroides Medik. und andere Arten (siehe Liste B)	alle Pflanzenteile	++

Pflanzenart		Giftige Pflanzenteile	Gefährlichkeitsgrad
Gränke, poleiblättrige	Andromeda polifolia L. = Rhododendron polifolium Scop.	Blätter, Blüten	++
Torf-Gränke	Andromeda calyculata L.	Blätter, Blüten	++
Heckenkirsche, gemeine	Lonicera xylosteum und andere Arten (siehe Liste B)	rote und schwarze Beeren	+
Kirschlorbeer	Prunus laurocerasus L.	Blätter, Knospen, Rinde, Samen	+
Lebensbaum			
abendländischer	Thuja occidentalis L.	Zweigspitzen (Triebe),	+++
morgenländischer	Thuja orientalis L.	Zapfen	
Liguster (Rainweide)	Ligustrum vulgare L.	Beeren, Blätter, Rinde	+
Oleander, gemeiner	Nerium oleander L.	alle Pflanzenteile	++
Pachysandra	Pachysandra terminalis Sieb. & Zucc.	Blätter	+
Pfaffenhütchen	Euonymus europaeus L.	alle Pflanzenteile, vor allem Früchte	++
Rainweide (siehe Liguster)			
Rhododendron-Arten (andromedotoxinhaltige)	Rh. ponticum Don. und andere Arten (siehe Liste B)	Blüten, Blätter	++
Sadebaum, gemeiner	Juniperus Sabina L.	alle Pflanzenteile, vor allem Zweigspitzen (Triebe)	+++
Schneeball, gemeiner	Viburnum opulus L. und andere Arten (siehe Liste B)	Beeren, Rinde, Blatt	+
Schneebeere	Symphoricarpus albus auct. non (L.) Blake = Symphoricarpus racemosus Michx. und andere Arten (siehe Liste B)	Beeren	+
Seidelbast	Daphne mezereum L. und andere Arten (siehe Liste B)	alle Pflanzenteile	+++
Stechpalme	Ilex aquifolium L.	Beeren	+
Sumpfporst	Ledum palustre L.	alle Pflanzenteile	+
Thuja (siehe Lebensbaum)			
Waldrebe-Arten (siehe Clematis-Arten)			
Zeder, virginische	Juniperus virginiana L.	alle Pflanzenteile	+++
Zwergholunder	Sambucus ebulus L.	alle Pflanzenteile	+

2. Krautige Pflanzen

Einige der hier aufgeführten giftigen Pflanzenarten werden nicht als Zierpflanzen gehalten; sie können dennoch in der Nähe von Kinderspielplätzen wild aufgehen und werden deshalb hier aufgeführt.

Pflanzenart		Giftige Pflanzenteile	Gefährlichkeitsgrad
Aronstab, gefleckter	Arum maculatum L.	Beeren, Blüten, Wurzeln	++
Bilsenkraut	Hyoscyamus niger L.	alle Pflanzenteile	+++
Buschwindröschen	Anemone nemorosa L. und andere Arten (siehe Liste B)	alle Pflanzenteile	+
Christrose (=Nieswurz)	Helleborus niger L. und andere Arten (siehe Liste B)	alle Pflanzenteile	++
Eisenhut (=Sturmhut)	Aconitum napellus L. und andere Arten	alle Pflanzenteile	+++
Feuerbohne	Phaseolus coccineus L.	rohe Samen und Hülsen	+
Fingerhut, gemeiner und andere Arten	Digitalis purpurea L. und andere Arten (siehe Liste B)	alle Pflanzenteile	++
Giftlattich	Lactuca virosa L.	alle Pflanzenteile	+
Gnadenkraut	Gratiola officinalis L.	alle Pflanzenteile	++
Hahnenfuß-Arten			
scharfer	Ranunculus acer L.	alle Pflanzenteile	+
knolliger	Ranunculus bulbosus L.		
Gifthahnenfuß	Ranunculus sceleratus L.		
Scharbockskraut	Ranunculus ficaria L.		
Herbstzeitlose	Colchicum autumnale L.	alle Pflanzenteile	+++ Zellgift!
Kartoffel	Solanum tuberosum L.	Beeren	+++
Küchenschelle	Anemone pulsatilla L.	alle Pflanzenteile	+
Kuhschelle, nickende	Anemone pratensis L.	alle Pflanzenteile	+
Leberblümchen	Anemone hepatica L.	alle Pflanzenteile	+
Maiglöckchen	Convallaria majalis L.	alle Pflanzenteile, vor allem Blüten	+
Nachtschatten, bittersüßer	Solanum dulcamara L. und andere Arten (siehe Liste B)	alle Pflanzenteile	++
Nieswurz (siehe Christrose)			
Scharbockskraut (siehe Hahnenfußarten)			
Schierling, gefleckter	Conium maculatum L.	alle Pflanzenteile	+++
Schlangenkraut	Calla palustris L.	alle Pflanzenteile	++
Stechapfel	Datura stramonium L.	alle Pflanzenteile	+++
Sturmhut (siehe Eisenhut)			
Tabak, auch Ziertabak	Nicotiana tabacum L.	alle Pflanzenteile	+++
Tollkirsche	Atropa belladonna L.	alle Pflanzenteile (für Kinder besonders verlockend die Beeren!)	+++

Pflanzenart		Giftige Pflanzenteile	Gefährlichkeitsgrad
Wasserschierling	Cicuta virosa L.	alle Pflanzenteile besonders Stengel und Wurzelstock	+++ Krampfgift! Lt. Lit. kann Rhizom und Stengelunterteil tödlich sein
Wunderbaum	Ricinus communis L.	Samen	++
Zaunrübe, schwarzbeerige	Bryonia alba L. und andere Arten (siehe Liste B)	alle Pflanzenteile besonders Beeren und Wurzeln (Rübe)	++

B. Alphabetische Liste der botanischen Pflanzennamen

Aconitum napellus L.	Eisenhut, Sturmhut
– vulparia Rchb.	Gelber Sturmhut
– variegatum L.	Bunter Sturmhut
– paniculatum Lam.	Rispiger Sturmhut
– anthora L.	Feinblättriger Sturmhut
Andromeda polifolia L. = Rhododendron polifolium Scop.	Gränke, poleiblättrige
– calyculata L.	Torf-Gränke
Anemone nemorosa L.	Buschwindröschen
– pratensis L.	Nickende Kuhschelle
– silvestris L.	Großes Buschwindröschen
– ranunculoides L.	Gelbes Buschwindröschen
– hepatica L. = Hepatica triloba Chaix	Leberblümchen
– pulsatilla L.	Küchenschelle
Arum maculatum L.	Aronstab, gefleckter
Atropa belladonna L.	Tollkirsche
Bryonia alba L.	Schwarzbeerige Zaunrübe
– dioica L.	Rotbeerige Zaunrübe
Buxus sempervirens L.	Buchsbaum
Calla palustris L.	Schlangenkraut
Caragana arborescens Lam.	Erbsenstrauch
Cicuta virosa L.	Wasserschierling
Clematis recta L.	Steife Waldrebe
– vitalba L.	Echte Waldrebe
– alpina L.	Alpenwaldrebe
– viticella L.	Blaue Waldrebe
Colchicum autumnale L.	Herbstzeitlose
Colutea arborescens L.	Blasenstrauch, gelber
Conium maculatum L.	Schierling, gefleckter

Convallaria majalis L.	Maiglöckchen
Cytisus laburnum L.	Goldregen
= Laburnum anagyroides Medik.	
– alpinus Mill.	Alpen-Geißklee
= Laburnum alpinum (Mill.) Presl.	
– Adami hort.	Goldregen – Gartenform
Daphne mezereum L.	Seidelbast
– laureola L.	Lorberblättriger Seidelbast
– cneorum L.	Wohlriechender Seidelbast
– striata Tratt.	Gestreifter Seidelbast
Datura strammonium L.	Stechapfel
Digitalis purpurea L.	Roter Fingerhut
– lutea L.	Gelber Fingerhut
– grandiflora L.	Großblütiger Fingerhut
– lanata Ehrh.	Wolliger Fingerhut
Euonymus europaeus L.	Pfaffenhütchen
Genista germanica L.	Ginster, deutscher
– tinctoria L.	Färberginster
Sarothamnus scorparius (L). Wimm. ex. Koch	Ginster, gemeiner
Gratiola officinalis L.	Gnadenkraut
Hedera helix L.	Efeu
Helleborus niger L.	Christrose, Nieswurz
– viridis L.	Nieswurz, grüne; Christrose, grüne
Hyoscyamus niger L.	Bilsenkraut
Ilex aquifolium L.	Stechpalme
Juniperus sabina L.	Sadebaum, gemeiner
Juniperus virginiana L.	Zeder, virginische
Kalmia angustifolia L.	Berglorbeer, schmalblättriger
– latifolia L.	Berglorbeer, breitblättriger
Laburnum anagyroides Medik.	Goldregen
= Cytisus laburnum L.	
Laburnum alpinum (Mill.) Presl.	Alpen-Geißklee
= Cytisus alpinus Mill.	
Lactuca virosa L.	Giftlattich
Ledum palustre L.	Sumpfporst
Ligustrum vulgare L.	Liguster, Rainweide
Lonicera nigra L.	Schwarze Heckenkirsche
– xylosteum L.	Gemeine Heckenkirsche
– caerulea L.	Blaue Heckenkirsche
– alpigena L.	Alpen-Heckenkirsche
Lycium barbarum L.	Bocksdorn, gemeiner
= L. halimifolium Mill.	
Nicotiana tabacum L.	Tabak, auch Ziertabak
Nerium oleander L.	Oleander, gemeiner
Pachysandra terminalis Sieb & Zucc.	Ysander, Pachysandra
Phaseolus coccineus L.	Feuerbohne
Prunus laurocerasus L.	Kirschlorbeer
Ranunculus acer L.	Scharfer Hahnenfuß
– bulbosus L.	Knolliger Hahnenfuß
– ficaria L.	Scharbockskraut
– sceleratus L.	Gift-Hahnenfuß

Rhododendron	
– arboreum Smith.	
– barbatum Wall.	
– campylocarpum Hook.	
– catawbiense Michx.	
– chrysanthum Pallas	
– cinnabarinum Hook.	
– falconeri Hook. f.	
– fulgens Hook. f.	
– grande Wight	
– hybridum Ker-Gawl	
– japanicum (A. Gray) Valken.Suring	
– keiskei Miq.	
– maximum L.	
– metternichii Sieb & Zucc.	
– oldhamii Maxim.	
– ponticum L.	
– simsii Planch.	
= Azalea indica	
– ungernii Trautv.	
Rhus toxicodendron L.	Giftsumach
Rhus typhina L.	Essigbaum
Ricinus communis L.	Wunderbaum
Robinia pseudoacacia L.	Akazie, falsche
Sambucus ebulus L.	Zwergholunder
Sarothamnus scoparius (L). Wimm.	Besenginster
Solanum dulcamara L.	Nachtschatten, bittersüßer
– nigrum L.	Nachtschatten, schwarzer
– tuberosum L.	Kartoffel
Symphoricarpos albus (L.) Blake S. racemosus Michx.	Schneebeere
Taxus baccata L.	Eibe
Thuja occidentalis L. – orientalis L.	Lebensbaum
Viburnum opulus L.	Schneeball, gemeiner
– prunifolium L.	Schneeball, nordamerikanischer
Wisteria sinensis (Sims)	Glyzinie

5. Kennzeichnung von Giften

In der Bundesrepublik Deutschland ist die Kennzeichnung von gefährlichen Stoffen durch die Gefahrstoffverordnung (Stand: 26. 10. 1993, Verordnung zur Novellierung der Gefahrstoffverordnung, zur Aufhebung der Gefährlichkeitsmerkmaleverordnung und zur Änderung der ersten Verordnung zum Sprengstoffgesetz, Bundesgesetzblatt 1993 Teil I, S. 1782) geregelt. In dieser Verordnung wird unterschieden zwischen sehr giftigen, giftigen, mindergiftigen bzw. gesundheitsschädlichen Stoffen, wie sie auf nachstehender Tabelle dargestellt sind:

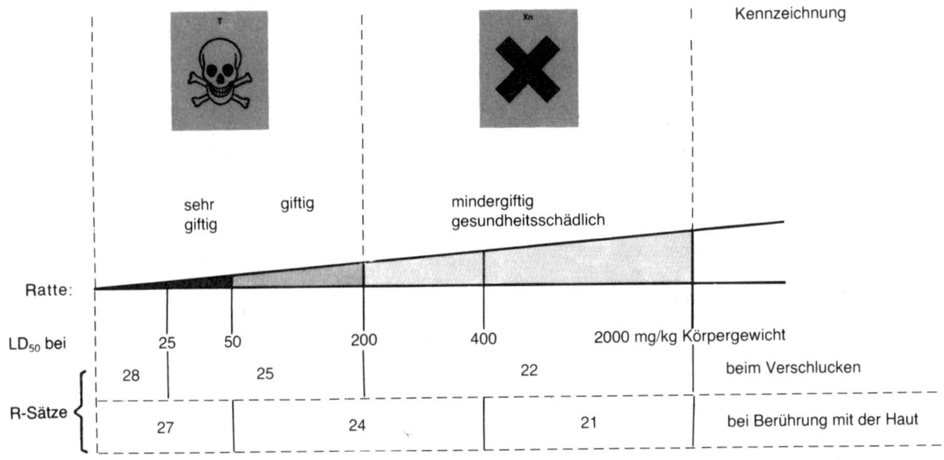

Die Gefahrenhinweise und Sicherheitsratschläge (R- und S-Sätze) bedeuten im einzelnen:

1. Sehr giftig:	R 27	Sehr giftig bei Berührung mit der Haut.
	R 28	Sehr giftig beim Verschlucken.
2. Giftig:	R 24	Giftig bei Berührung mit der Haut.
	R 25	Giftig beim Verschlucken.
3. Mindergiftig bzw. gesundheitsschädlich:	R 21	Gesundheitsschädlich bei Berührung mit der Haut.
	R 22	Gesundheitsschädlich beim Verschlucken.

Im Kapitel IV-2 „Pflanzengifte" werden außerdem folgende R- und S-Sätze (auch Kombinationen) aufgeführt:

R 20/21/22	Gesundheitsschädlich beim Einatmen, Verschlucken und Berührung mit der Haut.
R 23/25	Giftig beim Einatmen und Verschlucken.
R 33	Gefahr kumulativer Wirkungen
R 26/28	Sehr giftig beim Einatmen und Verschlucken.
R 27/28	Sehr giftig bei Berührung mit der Haut und beim Verschlucken
R 26/27/28	Sehr giftig beim Einatmen, Verschlucken und Berührung mit der Haut.
S 1/2	Unter Verschluß und für Kinder unzugänglich aufbewahren.
S 2	Darf nicht in die Hände von Kindern gelangen.
S 13	Von Nahrungsmitteln, Getränken und Futtermitteln fernhalten.
S 22	Staub nicht einatmen.
S 24	Berührung mit der Haut vermeiden.
S 25	Berührung mit den Augen vermeiden.
S 28	Bei Berührung mit der Haut sofort abwaschen mit viel ... (vom Hersteller anzugeben).
S 36/37	Bei der Arbeit geeignete Schutzhandschuhe und Schutzkleidung tragen
S 45	Bei Unfall oder Unwohlsein sofort Arzt zuziehen (wenn möglich dieses Etikett vorzeigen).

In der Gefahrstoffverordnung sind die Gefährlichkeitsmerkmale aufgeführt, die auch für Pflanzengifte heute anzuwenden sind:

Zweiter Abschnitt

Einstufung

§ 4

Gefährlichkeitsmerkmale

(1) Gefährlich sind Stoffe und Zubereitungen, die eine oder mehrere der in § 3a Abs.1 des Chemikaliengesetzes genannten und in Anhang I Nr. 1 näher bestimmten Eigenschaften aufweisen. Sie sind

1. explosionsgefährlich, wenn sie in festem, flüssigem, pastenförmigem oder gelatinösem Zustand auch ohne Beteiligung von Luftsauerstoff exotherm und unter schneller Entwicklung von Gasen reagieren können und unter festgelegten Prüfbedingungen detonieren, schnell deflagrieren oder beim Erhitzen unter teilweisem Einschluß explodieren,
2. brandfördernd, wenn sie in der Regel selbst nicht brennbar sind, aber bei Berührung mit brennbaren Stoffen oder Zubereitungen, überwiegend durch Sauerstoffabgabe, die Brandgefahr und die Heftigkeit eines Brandes beträchtlich erhöhen,
3. hochentzündlich, wenn sie
   a) in flüssigem Zustand einen extrem niedrigen Flammpunkt und einen niedrigen Siedepunkt haben,
   b) als Gase bei gewöhnlicher Temperatur und Normaldruck in Mischung mit Luft einen Explosionsbereich haben,
4. leichtentzündlich, wenn sie
   a) sich bei gewöhnlicher Temperatur an der Luft ohne Energiezufuhr erhitzen und schließlich entzünden können,
   b) in festem Zustand durch kurzzeitige Einwirkung einer Zündquelle leicht entzündet werden können und nach deren Entfernen in gefährlicher Weise weiterbrennen oder weiterglimmen,
   c) in flüssigem Zustand einen sehr niedrigen Flammpunkt haben,
   d) bei Berührung mit Wasser oder mit feuchter Luft hochentzündliche Gase in gefährlicher Menge entwickeln,
5. entzündlich, wenn sie in flüssigem Zustand einen niedrigen Flammpunkt haben,
6. sehr giftig, wenn sie in sehr geringer Menge bei Einatmen, Verschlucken oder Aufnahme über die Haut zum Tode führen oder akute oder chronische Gesundheitsschäden verursachen können,
7. giftig, wenn sie in geringer Menge bei Einatmen, Verschlucken oder Aufnahme über die Haut zum Tode führen oder akute oder chronische Gesundheitsschäden verursachen können,
8. mindergiftig, wenn sie bei Einatmen, Verschlucken oder Aufnahme über die Haut zum Tode führen oder akute oder chronische Gesundheitsschäden verursachen können,
9. ätzend, wenn sie lebende Gewebe bei Berührung zerstören können,
10. reizend, wenn sie – ohne ätzend zu sein – bei kurzzeitigem, länger andauerndem oder wiederholtem Kontakt mit Haut oder Schleimhaut eine Entzündung hervorrufen können,
11. sensibilisierend, wenn sie bei Einatmen oder Aufnahme über die Haut Überempfindlichkeitsreaktionen hervorrufen können, so daß bei künftiger Exposition gegenüber dem Stoff oder der Zubereitung charakteristische Störungen auftreten,
12. krebserzeugend, wenn sie bei Einatmen, Verschlucken oder Aufnahme über die Haut Krebs erregen oder die Krebshäufigkeit erhöhen können,
13. fortpflanzungsgefährdend (reproduktionstoxisch), wenn sie bei Einatmen, Verschlucken oder Aufnahme über die Haut nichtvererbbare Schäden der Nachkommenschaft hervorrufen oder deren Häufigkeit erhöhen (fruchtschädigend) oder eine Beeinträchtigung der männlichen oder weiblichen Fortpflanzungsfunktionen oder -fähigkeit zur Folge haben können,

14. erbgutverändernd, wenn sie bei Einatmen, Verschlucken oder Aufnahme über die Haut vererbbare genetische Schäden zur Folge haben oder deren Häufigkeit erhöhen können,
15. umweltgefährlich, wenn sie selbst oder ihre Umwandlungsprodukte geeignet sind, die Beschaffenheit des Naturhaushalts, von Wasser, Boden oder Luft, Klima, Tieren, Pflanzen oder Mikroorganismen derart zu verändern, daß dadurch sofort oder später Gefahren für die Umwelt herbeigeführt werden können.

(2) Gefahrstoffe im Sinne des § 19 Abs. 2 des Chemikaliengesetzes sind auch Stoffe und Zubereitungen, die explosionsfähig oder auf sonstige Weise chronisch schädigend sind (...), wenn sie bei wiederholter oder länger andauernder Exposition einen in den Nummern 12 bis 14 nicht genannten Gesundheitsschaden verursachen können.

Legt man diese Maßstäbe zugrunde, so stellt sich bald heraus, daß eine bedeutend größere Anzahl von Pflanzen und ihren Inhaltsstoffen als giftig oder mindergiftig eingestuft werden muß als wir es gemeinhin bisher tun. Stark giftig sind verhältnismäßig wenige, und diese sind heute auch meist gut bekannt.
Erschwerend bei der Beurteilung sind die erheblichen Schwankungen der Wirkstoffe je nach Jahreszeit, Standort, Witterung und örtlicher Rasse. Bei keiner Pflanzenart, über deren Inhaltsstoffe in der Literatur glaubwürdige Angaben vorliegen, oder von der bei uns Gehaltsbestimmungen vorgenommen wurden, waren konstante Werte zu ermitteln. Deshalb wurde ein besonderes Kapitel „Pflanzengifte" aufgenommen. In ihm sind, soweit uns bekannt, die Toxizitätsdaten der isolierten Wirkstoffe aufgenommen worden, um einen Rückschluß auf die Pflanzen, in denen der betreffende Inhaltsstoff vorkommt, ziehen zu können. Bei den in der Literatur angegebenen Daten zur LD_{50} muß aber immer berücksichtigt werden, daß sie bei verschiedenen Tierarten und beim Menschen stark variieren können. Ja sogar beim Erwachsenen kann – je nach persönlicher Disposition – ein Stoff in gleicher Dosierung durchaus verschiedene Wirkung entfalten. Kinder und vor allem Kleinkinder sind wesentlich gefährdeter, da der kindliche Organismus noch nicht im gleichen Maße in der Lage ist, Giftstoffe abzubauen oder auszuscheiden wie ein Erwachsener.
Über die Anzahl von Vergiftungen mit Pflanzen liegen keine verläßlichen Daten vor. Einen gewissen Anhaltspunkt geben immerhin die Aufzeichnungen der Giftinformationszentren über ihre Beratungen bei Anrufen. Es sind dies mehrere Anrufe pro Tag. Da man aber davon ausgehen kann, daß weder erfahrene Ärzte noch gutgeführte Kliniken bei häufiger vorkommenden Vergiftungsfällen die Informationszentren um Beratung bitten, dürfte die tatsächliche Zahl wesentlich höher liegen.
Auch muß berücksichtigt werden, daß zahlreiche Pflanzenvergiftungen, insbesondere von Kindern, gar nicht als solche erkannt werden, sondern als leichtere oder ernstere Verdauungsstörungen behandelt werden. Nicht jedes Kind wird ja von der Mutter beim Verzehr der Pflanze überrascht.
Die LD_{50}, also diejenige Dosis, bei der 50% der Versuchstiere sterben, darf gerade bei Giftpflanzen nicht der einzige Parameter sein. Es gibt zahlreiche Pflanzen, die recht unangenehme Erscheinungen hervorrufen können, ohne daß von ihnen tödliche Vergiftungen bekannt geworden sind. Bei dem Studium älterer und neuerer Literatur, aber auch bei Berichten von Giftinformationszentralen bleiben häufig Zweifel bestehen, durch welche Pflanzen die Vergiftung tatsächlich hervorgerufen wurde. Auch gibt es offenbar Pflanzen, die nur im Zusammenwirken mit anderen Stoffen eine Giftwirkung entfalten. Es ist kaum anzunehmen, daß hier ein Einzelfall in der Natur vorliegt. Auch ist es bis heute bei manchen Pflanzen noch nicht geklärt, ob die Pflanze an sich Giftstoffe enthält oder ob in ihr durch darauf schmarotzende Pilze Sekundärgiftstoffe gebildet werden.

Ein besonderes Augenmerk wurde auf die Schwankungsbreite der Inhaltsstoffe gelegt, um anhand vieler Beispiele darzutun, daß eine in einem Fall glimpflich verlaufene Vergiftung nicht zu der Annahme berechtigen kann, daß in einem anderen Fall die gleiche Pflanzenart, an anderer Stelle und zu anderer Zeit geerntet, den gleichen Gehalt haben muß. Es wurde deshalb bei der Therapie häufig angegeben, was als Sofortmaßnahme oder bei geringen Vergiftungssymptomen an Therapie erforderlich ist, aber auch welche weitergehende Therapie angewendet werden muß, wenn die immer sorgfältig zu beobachtenden Symptome auf eine schwere Intoxikation schließen lassen.

Giftklassen in der Schweiz

Einteilung in Klassen nach dem schweizerischen Giftgesetz vom 21. März 1969. Sie sind aus der Giftliste I samt den Nachträgen 1, 2, 3, dem Sammelnachtrag 1977 und den Um- und Neueinteilungen 1977 entnommen (insbesondere krebserzeugende Substanzen sind im allgemeinen in Klasse 1 eingruppiert).
Stoffe mit einer DL_{50} von über 5 g/kg werden nicht mehr als Gifte betrachtet, wenn nicht eine besondere Gefährlichkeit, wie z. B. eine subakute oder chronische Toxizität vorliegt. Die DL_{50} ist die im Tierversuch innerhalb von 24 Stunden verabreichte Dosis, die bei der Hälfte der Tiere den Tod innerhalb von fünf Tagen verursacht.

Die Einteilung in fünf Giftklassen wurde nach folgendem Prinzip vorgenommen:

Giftklasse 1 = DL_{50} unter 5 mg/kg
Giftklasse 2 = DL_{50} 5–50 mg/kg
Giftklasse 3 = DL_{50} 50–500 mg/kg
Giftklasse 4 = DL_{50} 500–2000 mg/kg
Giftklasse 5 = DL_{50} 2000–5000 mg/kg

Als Grundlage für die Klassifizierung dient eine Skala der DL_{50}, es sei denn, daß vorliegende Beobachtungen aus besonderen Toxizitätsuntersuchungen oder Erfahrungen am Menschen für eine wesentlich höhere oder geringere Gefährlichkeit sprechen. Die obigen Werte gelten für Grundstoffe. Abweichend davon wurde eine niedrigere DL_{50} für Erzeugnisse festgelegt.

Giftklasse 4 = DL_{50} 500–2000 mg/kg bei Erzeugnissen
Giftklasse 5 = DL_{50} 2000–15 000 mg/kg bei Erzeugnissen

Bei der Klassierung von Erzeugnissen wird auch die Art der Verpackung, insbesondere deren Kindersicherheit, berücksichtigt.

Die Kennzeichnung der Giftklassen 1 bis 5 erfolgt in der Schweiz durch farbige Banderolen.

In der EG kann man davon ausgehen, daß Giftklasse 1 und 2 mit dem Warnsymbol „T“, Giftklasse 3 teilweise mit dem Warnsignal „T“, aber auch mit „Xn“, Giftklasse 4 mit dem Warnsymbol „Xn“ zu kennzeichnen ist. Kriterien für die Eingruppierung siehe Seite 34.

I – 4
Abkürzungen und Zeichen

(+)	wenig giftig, Einstufung der Verfasser
+	giftig
++	stark giftig } gemäß*
+++	sehr stark giftig
→	Querverweis
	giftig (T)
	gesundheitsschädlich } gemäß**
	mindergiftig (Xn)
®	Warenzeichen
µ	1/1000 mg
Δ	Delta
A	Österreich (Verordnungen: Naturschutz)
BPC	British Pharmaceutical Codex
Brasil.	Farmacopea dos Estados Unidos do Brasil
CAS	Chemical abstract system
CF	Code francaise = Pharmacopée francaise
CH	Schweiz (Verordnungen: Naturschutz)
CS	Tschechoslowakei (Verordnungen: Naturschutz)
D	BRD, DDR (Verordnungen: Naturschutz)
DAB	Deutsches Arzneibuch
Dan.	Pharmacopoea Danica
EG Nr.	Nummer des Stoffes nach der EG-Richtlinie
Erg. B	Ergänzungsband zum Deutschen Arzneibuch
Extra P.	The Extra Pharmacopoeia
Fp	Schmelzpunkt
FM	Dünnschichtchromatographie, Fließmittel
Gall.	Pharmacopée francaise
GefStoffV	Gefahrstoffverordnung in der Fassung vom 26. 10. 1993
H	Ungarn (Verordnungen: Naturschutz)
HAB	Homöopathisches Arzneibuch (HAB 1)
Helv.	Pharmacopoea Helvetica
Hisp.	Farmacopea Oficial Española
Hung.	Pharmacopoea Hungarica
I	Italien (Verordnungen: Naturschutz)
Ind.P.C.	The Indian Pharmaceutical Codex
i.p.	intraperitoneal
i.v.	intravenös
Jap.	Pharmacopoea Japonica
Jug.	Pharmacopoea Jugoslavica
Kp	Siedepunkt
LD_{50}	Dosis, bei der nur 50% der Versuchstiere überleben
LD	letale Dosis
LM	Dünnschichtchromatographie, Lösungsmittel
max.	maximal
NA	Naturstoffreagenz A=Diphenylborsäure-ß-aminoethylester
NF	The National Formulary
Norv.	Pharmacopoea Norvegica
ÖAB	Österreichisches Arzneibuch
Ph. Eur.	Europäisches Arzneibuch
p.o.	peroral, oral
R	Gefahrenhinweis (E: risk) der Gefahrstoffverordnung
Rf	Dünnschichtchromatographie Entfernung zwischen Startpunkt und Fleckenmittelpunkt
S	Sicherheitsratschläge (E: safety) der Gefahrstoffverordnung
s.c.	subcutan
USD	United States Dispensatory
USP	The Pharmacopoeia of the USA
UV	UV-Lampe, Wellenlänge ~ 350 nm
YU	Jugoslawien (Verordnungen: Naturschutz)
ZNS	Zentralnervensystem

* Liste giftiger Pflanzenarten des Bundesministers für Jugend, Familie und Gesundheit vom 10.3.1975

** Gefahrstoffverordnung in der Fassung vom 26. 10. 1993

I – 5 Literaturverzeichnis

A 1 Abel, G., Schimmer, O.: Effect on Chromosomes by coumarin derivates in the dark. Planta medica 42, 333–343, 1981

A 2 Abel, G., Schimmer, O.: Mutagenicity and toxicity of furocoumarins. Mutation Research 90, 451–461, 1981

A 3 Abel, G., Schimmer, O.: Induction of structural chromosome aberrations in human lymphocytes in vitro by aristolochic acid. Hum. Genet., 64, 131–133, 1983

A 4 Abel, G. et al.: Iso-Pimpinellin, ein Furanocumarin aus Heracleum sphondylium mit chromosomenschädigender Aktivität. Planta medica 3, 249–252, 1985

A 5 Achari, R., Newcombe, F.: Gas chromatography of tropane alkaloids. Planta medica 19, 241–248, 1970/71

A 6 Agrawal, O.P., Bharadwaj, S., Mathur, R.: Antifertility effects of fruits of Juniperus communis. Planta medica, Suppl., 98–101, 1980

A 7 Ahmed, Z.F. et al.: Phytochemical study of Lantana camara. Planta medica 21, 282–288; 22, 34–37, 1972

A 8 Amico, A., Stefanizzi, L.: Osservazioni Morfologiche, Astrazione e Localizzazione di Alcaloidi in Clivia miniata Reg. 4, 157–165, 1979

A 9 Andritzky, W.: Fernsehen per Zaubertrank. Ärztl. Praxis, 87, 38–39, 1991

A 10 Ansari, F.R. et al.: A new acylated apigenin 4'-O-β-D-glucoside from the leaves of Lycopodium clavatum L.. Planta medica 36, 196–199, 1979

A 11 Asada, Y. et al.: Pyrrolizidine alkaloids from Senecio cruentus. Planta medica 46, 125–126, 1982

A 12 Atzorn, R., Weiler, E.W., Zenk, M.H.: Formation and distribution of sennosides in Cassia angustifolia, as determined by a sensitive and specific radioimmunoassay. Planta medica 41, 1–14, 1981

A 13 Ahamad, V. et al.: Isolation of solamargine from Solanum albicaule. Planta medica, 39, 186–191, 1980

A 14 Altmann, H: Giftpflanzen,, Gifttiere: Merkmale, Giftwirkung, Therapie. BLV-Verlag, München, Wien, Zürich, 144 Seiten, 1991

B 1 Baas, W.J.: Triterpenes in latex of Euphorbia pulcherrima. Planta medica 32, 1–8, 1977

B 2 Balansard, G. et al.: Douvicidal and antifungal aktivities of α-hederin from Hedera helix L. leaves. Planta medica 39, 234, 1980

B 3 Balbaa, S.I.: Comparative study between different methods used for estimation of pyrethrins and a new suggested method. Planta medica 21, 347–351, 1972

B 4 Balbaa, S.I., Zaki, A.Y., El Shami, A.M.: Qualitative and quantitative study of the flavonoid content of the different organs of Sophora japonica at different stages of development. Planta medica 25, 325–330, 1974

B 5 Balbaa, S.I., Hilal, S.H., Hagag, M.Y.: A study of the yield and glycosidal content of the leaves of Digitalis lanata. Planta medica 18, 254–259, 1970

B 6 Baumann, G.C.: Über Schachtelhalm-Alkaloide. Inaugural-Dissertation der Universität Zürich, 1958

B 7 Baumann, I., Flamme, D., Harnischfeger, G.: Thujae occidentalis herba. Dtsch. Apoth. Ztg. 127, 2518–2522, 1987

B 8 Becker, H.: Scharfstoffe. Pharm. in unserer Zeit 10, 75–80, 1981

B 9 Becker, H.: Baldrian – eine viel bearbeitete Droge mit dennoch vielen ungelösten Problemen. Dtsch. Apoth. Ztg. 123, 2470–2477, 1983

B 10 Becker, H.: Inhaltsstoffe der Kaktee Lophophora williamsii. Pharmazie 14(5), 129–137, 1985

B 11 Becker, H.: Die Mistel (Tagungsbericht). Dtsch. Apoth. Ztg. 126(23), 1229–1232, 1986

B 12 Becker, H.: Die Mistel – neue Forschungsergebnisse. Ztschr. f. Phytother. 7, 145–148, 1986

B 13 Becker, H.: Valeriana officinalis L. – Baldrian. Ztschr. f. Phytother. 7, 149–152, 1986

B 14 Bechtle, W.: Vor Hercules wird gewarnt! Kosmos 7, 502–506, 1977

B 15 Benigni, R., Capra, C., Cattorini, P.E.: Pianti medicinali, Vol. I–II, 1832 S., Inverni Della Beffa, Milano, 1964, 1971

B 16 Berghöfer, R., Hölzl, J.: Johanniskraut (Hypericum perfotatum L.). Dtsch. Apoth. Ztg. 126(47), 2569–2573, 1986

B 17 Beubler, E., Juan, H.: Zum Mechanismus der laxierenden Wirkung von Oleum Ricini. Planta medica 45, 137, 1982

B 18 Biering, W.E., Bungert-Hansing, I., Jork, H.: Ist es gerechtfertigt, bei Asarum Europaeum von chemischen Rassen zu sprechen. Planta medica, 29, 134–147, 1976

B 19 Biering, W.E., Jork, H.: α-Agarofuran, ein neues Selinan-Derivat aus dem Ätherischen Öl von Asarum europaeum L. Planta medica 37, 137–142, 1979

B 20 Blättig, K.: Kaffee in wissenschaftlicher Sicht. Ztschr. f. Phytother. 9, 95–98, 1988

B 21 Böjthe-Horváth, K., Varga-Balázs, M., Clauder, O.: Über die Biogenese der Vinca minor Alkaloide mit Pyridocanthingerüst. Planta medica 17, 328–337, 1969

B 22 Bombardelli, E., Martinelli, E.M., Mustich, G.: A new flavonol glycoside from Peumus boldus. Fitotherapia 1, 3–5, 1976

B 23 Born, Ch.: In Wald und Garten: Das Immergrün. PTA heute 3(4), 102, 1989

B 24 Brendel, W.D., Schneider, D.: Wertbestimmung von Folia und Fructus Sennae sowie deren Zubereitungen. Planta medica 25, 63–67, 342–349, 1974

B 25 Braun, C.-D.: Der Süden ist rot vom Betelsaft. Kosmos 9, 80–85, 1984

B 26 Braun, H.: Heilpflanzen-Lexikon für Ärzte und Apotheker. 4. Aufl., 302 S., Fischer Verlag, Stuttgart, New York, 1981

B 27 Braun, W., Dönhardt, A.: Vergiftungsregister. 544 S., G. Thieme Verlag, Stuttgart, 1970

B 28 Brieskorn, C.H.: Salbei – seine Inhaltsstoffe und sein therapeutischer Wert. Ztschr. f. Phytother. 12, 61–69, 1991

B 29 Brieskorn, C.H., Kapadia, Z.: Constituents of Salvia officinalis. Planta medica 35, 376–378, 1979

B 30 Brieskorn, C.H., Kapadia, Z.: Bestandteile von Salvia officinalis. Planta medica 38, 86–90, 1980

B 31 Brochmann-Hanssen, E. et al.: Opium Alkaloids. Planta medica 18, 367–371, 1970

B 32 Brown, St.A.: Biosynthetic studies on Coumarins. Planta medica 36, 299–310, 1979

B 33 Brugsch, H., Klimmer, O.: Vergiftungen im Kindesalter. 2. Aufl., F. Enke Verl., Stuttgart, 438 S., 1966

B 34 Bruhn, J.G.: Ethnobotanical search for hallucinogenic cacti. Planta medica 24, 315–319, 1973

B 35 Buckingham, J.: Dictionary of Organic Compounds. 5th edition, Vol. I–VII, published by Chapman and Hall, New York, London, Toronto, 1982

B 36 Buff, W., v. d. Dunk, K.: Giftpflanzen in Natur und Garten, 352 S., Augsburger Druck- und Verlagshaus, Augsburg, 1980

B 37 Born, C.H.: Bärlauch – der Waldknoblauch. PTA heute 3(5), 174, 1989

B 39 Bowmann, E.R., McKennis, H.: Biochemical Preparations 10, 36–39, 1963

B 40 Boit, H.G.: Ergebnisse der Alkaloidchemie bis 1960. Akademie, Verl., Berlin, 1961

B 41 Baltes, W.: Warum wird das Schnitzel beim Braten braun? Dtsch. Apoth. Ztg. 29, 5, 1986

B 42 Bielenberg, J.: Lakritzenerzeugnisse – gesundheitlich unbedenklich? Pharm. in unserer Zeit 21, 157–158, 1992

B 43 Bayer AG: Important crops of the world and their weeds. 2nd ed., Business Group Crop Protection Leverkusen, 1682 Seiten, 1992

C 1 Caesar, W.: Ginsengwurzel in Europa, Dtsch. Apoth. Ztg. 131, 935–941, 1991

C 2 Cappelleti, E.M.: Botanical identification of anise and hemlock fruits in powdered drug samples. Planta medica 39, 88–94, 1980

C 3 Catalano, S. et al.: Constituents of the leaves of Ilex aquifolium L.. Planta medica 33, 416–417, 1978

C 4 Chaudhary, S.K. et al. (1986): Oxypeucedanin, a major furocoumarin in parsley, Petroselinum crispum. Planta medica, 462–464, 1986

C 5 Chaudhuri, R.K., Sticher, O.: A new class of monoterpene alkaloid glycosides from Lonicera xylosteum. Planta medica 38, 217, 1980

C 6 Chaudhuri, R.K., Sticher, O.: Minor iridoid of Melampyrum silvaticum. Planta medica 39, 140–143, 1980

C 7 Chaurasia, N., Wichtl, M: Scopoletin-3-β-sitosterin und Sitosterin-3-β-D-glucosid aus Brennesselwurzel. Dtsch. Apoth. Ztg. 126, 81–83, 1986

C 8 Che, C.T. et al.: Anti-hyperbilirubinemic effect of Fructus Gardeniae extracts. Planta medica 32, 18–23, 1977

C 9 Chiarlo, B., Cajelli, E., Piazzai, G.: Sui Costituenti delle Drupe di Sambucus ebulus. Fitoterapia 3, 99–101, 1978

C 10 Chirikdjian, J.J., Kopp, B., Beran, H.: Über die laxative Wirkung eines neuen Anthrachinonglykosides aus Radix Rhei. Planta medica 48, 34–37, 1983

C 11 Chung, S.G.: Ahn, B.Z., Pachaly, P.: Inhaltsstoffe von Andromeda polifolia. Planta medica 38, 269–270, 1980

C 12 Clapham, A.R., Tutin, T.G., Warburg, E.F.: Flora of the British Isles. 1591 S., University Press, Cambridge, 1952

C 13 Collins, R.P., Halim, A.F.: Essential leaf oils in Calycanthus floridus. Planta medica 20, 241–243, 1971

C 14 Constructing EINECS: Basic documents, European core inventory (ECOIN), Vol. I–IV, Brussels, Luxembourg, 1981

C 15 Constructing EINECS: Compendium of known substances, Vol. I–III, Brussels, Luxembourg, 1981

C 16 Coulson, J.F., Griffin, W.J.: The alkaloids of Duboisia myoporoides. Planta medica 15, 174–181, 459–466, 1967

C 17 Court, W.E.: Alkaloid distribution in some African Rauvolfia species. Planta medica 48, 228–233, 1983

C 18 Czygan, F.-C.: Vinca minor – Kleines Immergrün. Ztschr. f. Phytother. 6, 59–60, 1985

C 19 Czygan, F.-C.: Crocus sativus – Safran. Ztschr. f. Phytother. 7, 180–184, 1986

C 20 Czygan, F.-C.: 2000 Jahre Vinca minor – Kleines Immergrün. Dtsch. Apoth. Ztg. 127(46), 2376–2380, 1987

D 1 Dahl, J.: Ob Kräuterweiber den Tod brachten ... Natur 5, 77–78, 1985

D 2 Damjanić, A., Akačić, B.: Furocoumarins in Ficus carica. Planta medica 26, 119–123, 1974

D 3 Darwish-Sayed, M., Balbaa, S.I., Afifi, M.S.: The glycosidal content of the different organs of Citrullus colocynthis. Planta medica 26, 293–298, 1974

D 4 Datta, D.D., Bose, P.C., Ghosh, D.: Thin layer chromatography and U.V. spectrophotometry of alcoholic extracts of Hydrastis canadensis. Planta medica 19, 258–263, 1971

D 5 Daunderer, M.: In E. Müller „Ärztliche Sofortmaßnahmen und Bereitschaftsdienst“, 2. Aufl., Urban & Schwarzenberg, München, Berlin, Wien, 1982

D 6 Daunderer, M.: Klinische Toxikologie. Loseblattsammlung, ecomed Verlagsges., 5 Bde., Landsberg, 1983

D 7 Demuth, G. et al.: Investigations on anthrachinonglycosides of Rhamnus species. Planta medica 33, 53–56, 1978

D 8 Deutsches Arzneibuch: 9. Ausgabe, Amtliche Ausgabe, Deutscher Apotheker Verlag Stuttgart (Hrsg.), Govi-Verlag, Frankfurt a. Main, 1986

D 9 DHU (Deutsche Homöopathie-Union): Homöopathisches Repetitorium. Karlsruhe, 1992

D 10 Dooren, B. van, Bos, R., Tattje, D.H.E.: Composition of essential oils of some Senecio species. Planta medica 42, 385–389, 1981

D 11 Dorner, W.G.: Opioide – wenn der Schmerz zur Qual wird. Pharm. in unserer Zeit 15(2), 33–46, 1986

D 12 Douglas Kinghorn, A.: Toxic plants. 195 S., Columbia University Press, New York, 1979

D 13 Duncan, G.R., Levi, D.D., Pyttel, R.: Bitter principles of the cucurbitaceae: Bryonia dioica. Planta medica 15, 224–230, 1968

D 14 Dahl, J.: Ein Mini-Acker im Garten. natur 2, 88–90, 1986

D 15 Dinand, A.: Taschenbuch der Giftpflanzen. Verlag J. F. Schreiber, Esslingen u. München, 1919

E 1 Ecker-Schlipf, B.: Perubalsam. Wie ist er gesundheitlich zu beurteilen. Dtsch. Apoth. Ztg. 132, 522–523, 1992

E 2 Elgamal, M.H.A., El-Tawil, B.A.H.: Constituents of local plants (Glycyrrhiza glabra). Planta medica 27, 159–163, 1975

E 3 El Kheir, Y.M.: The alkaloids of the stamens of Papaver somniferum. Planta medica 27, 275–280, 1975

E 4 El-Merzabani, M.M. et al.: A bioassay of antimitotic alkaloids of Catharanthus roseus. Planta medica 36, 87–90, 1979

E 7 El Mohgazi, A.M., Ali, A.A., Mesbah, M.K.: Phytochemical investigation of Hippeastrum vittatum growing in Egypt. Planta medica 28, 336–342, 1975

E 8 El-Sayed, M.A., Mohamed, Y.A.: An extractive-spectrophotometric method for the determination of nicotine. Planta medica 27, 140–144, 1975

E 9 El Sissi, H.I., El Ansary, M.A.I.: Tannins and polyphenolics of the leaves of Myrtus communis. Planta medica 15, 41–51, 1967

E 10 Engel, F.M.: Giftpflanzen-Pflanzengifte. 140 S., Silva-Verlag, Zürich, 1984

E 11 Enke, F.: Pareys Blumengärtnerei, 2 Bde., Verlag P. Parey, Berlin Hamburg, 1958

E 12 Enke, F., Buchheim, G., Seybold, S.: Zander Handwörterbuch der Pflanzennamen. 14. Aufl., 810 S., Verl. Eugen Ulmer, Stuttgart, 1993

E 13 Europäisches Arzneibuch: Band I–III, Deutscher Apotheker Verlag Stuttgart (Hrsg.), Govi Verlag, Frankfurt/Main, 1974–1978

E 14 Evans, J.F., Schmidt, R.J.: Plants and plant products that induce contact dermatitis. Planta medica, 38, 289–316, 1980

E 15 Everson, R.B. et al.: Rauchen verursacht DNS-Schäden in der Placenta. Science 231, 54, 1986

E 16 Eigner, D., Scholz, D: Ayahuasca – Liane der Geister. Pharm. in unserer Zeit 14, 65–76, 1985

F 1 Fairbairn, J.W.: New plant sources of opiates. Planta medica 29, 26–31, 1976

F 2 Fehlhaber, H.-W. et al.: Spektroskopische Identifizierung von C/6 und C/7 in Cynanchum vincetoxicum. Planta medica 17, 40–41, 1969
F 3 Feldmann, W., Roth, L., Trump-Bär, M.: Hausmittellexikon. 290 S., ecomed Verlagsges., Landsberg, 1994
F 4 Felix, W.: „Venenmittel" pflanzlicher Herkunft. Dtsch. Apoth. Ztg. 125(26), 1333–1335, 1985
F 5 Fell, K.R., Peck, J.M.: Phytochemical investigations of some species of the boraginaceae. Planta medica 15, 411–420, 1968
F 6 Fikenscher, L.H., Hegnauer, R., Ruijgrok, H.W.L.: Die Verbreitung der Blausäure bei den Cormophyten. Planta medica 40, 202–211; 41, 313–327, 1980,1981
F 7 Formulating Pyrethrum, Published by the Pyrethrum Bureau, Nakuru, Kenya, pp. 40
F 8 Fournier, P.: Les quatre flores de la France. 1105 S., Edition P. Lechevalier, Paris, 1961
F 9 Francis, L.P.S., Francis, G.W.: Sedum alkaloids. Planta medica 32, 268–274, 1977
F 10 Franz, Ch., Fritz, D.: Experiences with the cultivation of Chelidonium majus L. Planta medica 38, 246–247, 1979
F 11 Freytag, W.E.: Bestimmung von Hypericin und Nachweis von Pseudohypericin in Hypericum perforatum L. durch HPLC. Dtsch. Apoth. Ztg. 124(46), 2383–2386, 1984
F 12 Freytag, W.E.: Schöllkraut-Alkaloide. Dtsch. Apoth. Ztg. 126(21), 1113–1117, 1986
F 13 Friedrich, H., Schönert, J.: Untersuchungen über einige Inhaltsstoffe der Blätter und Früchte von Vaccinium myrtillus. Planta medica 24, 90–100, 1973
F 14 Frohne, D.: Vaccinium myrtillus – Die Heidelbeere. Ztschr. f. Phytother. 11, 209–213, 1990
F 15 Frohne, D.: Sind pflanzliche Arzneimittel unschädlich. Dtsch. Apoth. Ztg. 130(34), 1861–1871, 1990
F 16 Frohne, D., Pfänder, H.J.: Giftpflanzen. 344 S., 3. Aufl., Wissenschaftl. Verlagsges., Stuttgart, 1987
F 17 Frohne, D., Schmoldt, A., Pfänder, H.J.: Die Pasternoster – keineswegs harmlos. Dtsch. Apoth. Ztg. 124(43), 2109–2113, 1984
F 18 Fürstenberger, G., Hecker, E.: Zum Wirkungsmechanismus cocarcinogener Pflanzeninhaltsstoffe. Planta medica 22, 241–266, 1972
F 19 Freud, S.: Gefährdung durch Liebstöckel. Nat. wiss. Rdsch. 36, 28, 1985
F 20 Frohne, D.: Guarana – der „neue" Muntermacher. Dtsch. Apoth. Ztg. 133(3), 218, 1993
G 1 Gengaihi, S.El., Agiza, A.H., Hamidi, A.El.: Distribution of anthraquinones in Senna plants. Planta medica 27, 349–353, 1975
G 2 Garg, S.K.: Antifertility effect of oil from few indigenous plants on female albino rats. Planta medica 26, 391–393, 1974
G 3 Gašič, O. et al.: Substanzen von Arten der Unterfamilie Wurmbaeoideae und ihre Derivate. Planta medica 30, 75–81, 1976
G 4 Geßner, O.: Gift- und Arzneipflanzen von Mitteleuropa. 582 S., 3. Aufl., C. Winter-Verlag, Heidelberg, 1974
G 5 Gildemeister, E., Hoffmann, F.: Die ätherischen Öle. 4. Aufl., Akademie Verl., Berlin, 1956–1961
G 6 Gössinger, H. et al.: Vergiftungen mit andromedotoxinhaltigem Honig. Dtsch. med. Wschr. 108, 1555–1558, 1983
G 7 Goina, T. et al.: Neue Beiträge zum Problem der Extraktion des Cytisins. Planta medica 20, 114–117, 1971
G 8 Gracza, L.: Über die Wirkstoffe von Asarum europaeum. Planta medica 15, 187–193, 1967
G 9 Gracza, L.: Über die Wirkstoffe von Asarum europaeum. Planta medica 48, 153–157, 1983
G 10 Graf, E., Wittlinger, Ch.: Alkaloidbestimmungen in Drogen und Zubereitungen zweier Strychnosarten. Dtsch. Apoth. Ztg. 125, 2417–2422, 1985
G 11 Greeff, K.: Herzwirksame Glykoside: Zur Pharmakologie und klinischen Pharmakologie. Med. Mo. Pharm. 7(2), 37–49, 1984
G 12 Greif, S., Braun, H.: Medica Buch der Vergiftungen. 169 S., Medica Verlag, Stuttgart, Wien, Zürich, 1976
G 13 Greinwald, R., Stobernack, H.-P.: Ammi visnaga – Das Bischofskraut. Ztschr. f. Phytother. 11, 65–69, 1990
G 14 Gröning, R.: Vincamin. Dtsch. Apoth. Ztg. 126(34), 1781–1782, 1986
G 15 Gross, G.-A.: Phytochemische Untersuchungen von Inhaltsstoffen der Zwergholunderwurzel (Sambucus ebulus). Dissertation, TH Zürich
G 16 Grusla, D., Hölzl, J., Krieglstein, J.: Baldrianwirkung im Gehirn der Ratte. Dtsch. Apoth. Ztg. 126(41), 2249–2253, 1986
G 17 Güran, A.: Hemagglutination and hemagglutination-inhibition studies of the Robinia pseudacacia seeds. Planta medica 32, 171–176, 1977
G 18 Gugenhan, E.: Glyzine – Gift frei Haus, Kosmos 5, 27, 1983

G 19 Gugenhan, E.: Giftprimel aus China. Kosmos 2, 26, 1984
G 20 Gugenhan, E.: Trompetengift. Kosmos 4, 29, 1984
G 21 Gugenhan, E.: Giftige Zwiebel. Kosmos 5, 20, 1984
G 22 Gugenhan, E.: Giftige Waldrebe. Kosmos 6, 25, 1984
G 23 Gugenhan, E.: Unbekanntes Gift. Kosmos 7, 27, 1984
G 24 Gugenhan, E.: Herbstzeitlose – schön und giftig. Kosmos 9, 25, 1984
G 25 Gugenhan, E.: Giftiges Prachtstück. Kosmos 10, 73, 1984
G 26 Gugenhan, E.: Kirschlorbeer, immergrün und giftig. Kosmos 12, 24, 1984
G 27 Gugenhan, E.: Gift auf der Fensterbank. Kosmos 1, 27, 1985
G 28 Gugenhan, E.: Giftiger Buchs. Kosmos 2, 31, 1985
G 29 Gugenhan, E.: Giftiger Frühjahrsblüher. Kosmos 3, 27, 1985
G 30 Gugenhan, E.: Akazie mit giftiger Rinde. Kosmos 4, 26, 1985
G 31 Gugenhan, E.: Kastanie mit Pferdefuß. Kosmos 5, 31, 1985
G 32 Gugenhan, E.: Giftiger Schneeball. Kosmos 6, 24, 1985
G 33 Gugenhan, E.: Giftige Schwertlilie. Kosmos 7, 22, 1985
G 34 Gunatilaka, A.A.L.: Caranthus alkaloids. J. of the Nat. Science Coun. of Sri Lanka, 6(1), 48–51, 1978
G 35 Gunatilaka, A.A.L.: Gloriosa superba. J. of the Nat. Science Coun. of Sri Lanka 6(1), 64–65, 1978
G 36 Gadamer, J.: Gadamers Lehrbuch der Chemischen Toxikologie und Anleitung zur Ausmittelung der Gifte. 3 Bde., Göttingen, 1979
G 37 Gugenhan, E.: Giftige Beeren. Kosmos, 11, 28, 1984
G 38 Guimpel, F., v. Schlechtendal: Pharmacopoe Borussica Abbildung der Gewächse, Berlin, 1837
H 1 Habermehl, G.: Mitteleuropäische Giftpflanzen und ihre Wirkstoffe. 137 S., Springer Verlag, Heidelberg, 1985
H 2 Habib, M.S., Harkiss, K.J.: Quantitative determination of emetine and cephaëline in Ipecacuanha root and its preparations. Planta medica 18, 270–274, 1970
H 3 Habib, M.S.: The estimation of Ipecacuanha alkaloids by quantitative TLC and spectrophotometrie. Planta medica 27, 294–297, 1975
H 4 Habs, H. et al.: Carcinogenic and mutagenic activity of an alkaloid extract of Senecio nemorensis. Arzneim. Forsch. 32(I), 144–148, 1982
H 5 Hackenthal, E.: Stark wirksame Analgetika. Dtsch. Apoth. Ztg. 121(42), 2253–2260, 1981
H 6 Hänsel, R., Schulz, J.: Hopfenzapfen (Lupuli strobulus) – Dünnschichtchromatographische Prüfung auf Identität. Dtsch. Apoth. Ztg. 126(43), 2347–2348, 1986
H 7 Hänsel, R., Lazar, J.: Kawapyrone. Dtsch. Apoth. Ztg. 125(41), 256–258, 1985
H 8 Hänsel, R.: Immunstimulantien. Dtsch. Apoth. Ztg. 125(4), 155–161, 1985
H 9 Hänsel, R., Schulz, J.: Hopfen und Hopfenpräparate, Fragen zur pharmazeutischen Qualität. Dtsch Apoth. Ztg. 126(38), 2033–2037, 1986
H 10 Haesen, J.P. et al.: Isolation and identification of xanthotoxin from the underground parts of Ruta graveolens. Planta medica 19, 286–289, 1971
H 11 Hagen, E. von: Hummeln. Verlag Neumann-Neudamm, Melsungen, 104 Seiten, 1986
H 12 Hager: Handbuch der Pharmazeutischen Praxis. 4. Aufl., 8 Bde., Hrsg.: P. H. List u. L. Hörhammer, Springer Verlag, Berlin, Heidelberg, New York, 1967–1980
H 13 Hager: Handbuch der Pharmazeutischen Praxis. Bd. 3 Gifte, Hrsg.: H. U. Wolf, 5. Aufl., Springer Verlag, Berlin, Heidelberg, 1992
H 14 Hahn, G., Mayer, A., Soike, H.: Clematis. Notabene medici 3, 183–188, 1985
H 15 Hahn, G., Mayer, A., Soike, H.: Mönchspfeffer. Notabene medici 4, 233–236, 1986
H 16 Hamalcik, P.: Baptisia. Biol. Med. 6, 306–307, 1986
H 17 Hammerstein, F., Kaiser, F.: Qualitative Direktauswertung von Arzneipflanzenextrakten auf Dünnschichtchromatogrammen. Planta medica 21, 5–15, 1971
H 18 Hapke, H.J.: Toxikologie für Veterinärmediziner. 408 S., Enke Verl., Stuttgart, 1975
H 19 Hausen, B.M.: Kamille „Als Umweltallergen unbedeutend“. Dtsch. Apoth. Ztg. 125(9), 445, 1985
H 20 Hausen, B.M.: Lorbeer-Allergie. Dtsch. med. Wschr. 110(16), 634–638, 1985
H 21 Hausen, B.M.: Allergiepflanzen – Pflanzenallergene. 332 S., ecomed Verlagsges., Landsberg, 1988
H 22 Hausen, B.M.: Kontaktallergie durch Pflanzen und Pflanzenextrakte aus der Apotheke. Dtsch. Apoth. Ztg., 131, 987–996, 1991
H 23 Hausen, B.M., Busker, E., Carle, R.: Über das Sensibilisierungsvermögen von Compositenarten. Planta medica, 229–234, 1984
H 24 Haut, H.: Erythrophleum-Alkaloide. Planta medica 25, 201–215, 1974
H 25 Háznagy, A., Toth, L.: Beitrag zu den Untersuchungen der Inhaltsstoffe von Cynanchium vincetoxicum. Planta medica 15, 194–199; 17, 35–39, 1967

H 26 Hecker, E.: Diterpene der Wolfsmilch- und Seidelbastgewächse (Autorreferat). Dtsch. Apoth. Ztg. 126(47), 2599, 1986

H 27 Hegi, G.: Illustrierte Flora von Mitteleuropa. Band I–VI, München, 1906–1931, 1936–1970

H 28 Hegnauer, R.: Cardenolide und Bufadienolide. Planta medica 19, 138–153, 1970/71

H 29 Hifny Saber, A., Mahran, G.H., El-Alfy, T.: Phytochemical investigation of Ranunculus sceleratus. Planta medica 15, 231–238, 1968

H 30 Hilbrich, P.: Krankheiten des Geflügels. 3. Aufl., Verlag Kuhn, Villingen-Schwenningen, 1978

H 31 Hiller, K., Bickerich, G.: Giftpflanzen. 240 S., Urania Verlag, Leipzig, 1988

H 32 Hiller, K., Gil-Rjong, G.: Structures of saponins and sapogenins in species of the genus Solidago. Planta medica 36, 267–268, 1979

H 33 Hölzl, J., Franz C.: Drogenertrag und Glykosidgehalt im Verlauf der Vegetation kultivierter Convallaria majalis L. Planta medica 24, 378–385, 1973

H 34 Hörath, H.: Gifte, eine Einführung in die Gesetzes- und Giftkunde. 178 S., Wiss. Verlagsges., Stuttgart, 1981

H 35 Hörster, H.: Variabilität der Öle von Juniperus communis. Planta medica 25, 73–79, 26, 46–51, 1974

H 36 Hoffmann, H.: Allylsenföl (Allylisothiocyanat) DAC 1979. Pharmazeut. Ztg. 130(41), 2595–2597, 1985

H 37 Homöopathisches Arzneibuch, 1. Ausgabe 1978. Hrsg.: Deutscher Apotheker Verlag, Stuttgart, Govi-Verlag, Frankfurt, Gesamtausgabe 1985

H 38 Honerlagen, H., Tretter, H.R.: Stabilitätsprüfungen an Folia Sennae, Fructus Sennae und daraus hergestellten Extrakten. Dtsch. Apoth. Ztg. 125(4), 165–167, 1985

H 39 Hoppe, H.A.: Drogenkunde. 2 Bde., 8. Aufl., de Gruyter, Berlin, New York, 1975

H 40 Hunnius, C.: Pharmazeutisches Wörterbuch. 6. Aufl., 1157 S., de Gruyter, Berlin, New York, 1986

H 41 Hylands, P.J., Oskui, T: Seasonal sterol variation in Ecballium elaterium. Planta medica 37, 37–44, 1979

H 42 Haerkötter, G. u. M.: Wüterich und Hexenmilch: Giftpflanzen. 197 S., Eichborn Verlag, Frankfurt/Main, 1991

H 43 Hoffmann, A.: LSD mein Sorgenkind. Klett-Cotta, Stuttgart, 1979

H 44 Hudezeck, G.: Pferde-Massentod durch Robinien. Kosmos 8,8, 1985

H 45 Hensel, A.: Sanguinaria canadensis L. – die amerikanische Blutwurzel. Ztschr. f. Phytother. 13, 56–59, 1992

I 1 Ikenaga, T. et al.: Alkaloids contents in leaves of artificial interspecific F_1 hybrids between Duboisia myoporoides and D. leichhardtii. Planta medica 35, 51–55, 1979

I 2 Imming, P. et al.: Was macht müde Männer morgens munter? Dtsch. Apoth. Ztg. 126(7), 329–330, 1986

I 3 Innocenti, G. et al.: Investigation on skin-photosensitizing activity of various kinds of Psoralea. Planta medica 31, 151–155, 1977

I 4 Ippen, H.: Phototoxische Reaktion auf Feigen. Der Hausarzt 33, 337–339, 1982

I 5 Ippen, H.: Kontaktallergie gegen Anacardiaceen. Dermatosen in Beruf u. Umwelt 31(5), 140–148, 1983

I 6 Ippen, H.: Photodermatitis bullosa generalisata. Dermatosen in Beruf u. Umwelt 32(4), 134–137, 1984

I 7 Ikram, M.: A review on the chemical and pharmacological aspects of genus Berberis. Planta medica 28, 353–358, 1975

I 8 Ieven, M., et al.: Inhibition of polio virus by Lycorine, a plant alkaloid. Planta medica, 36, 254–255, 1979

J 1 Jahns, H.M.: Farne-Moose-Flechten Mittel-Nord- und Westeuropas. 265 S., BLV-Verlagsges., München, Wien, Zürich, 1982

J 2 Jain, S.R.: Investigations on the essential oil of Heracleum mantegazzianum L.. Planta medica 17, 230–235, 1969

J 3 Jarry, H., Harnischfeger, G.: Untersuchungen zur endokrinen Wirksamkeit von Inhaltsstoffen aus Cimicifuga racemosa. Planta medica 51, 46–49, 1985

J 4 Jaspersen-Schib, R.: Unsere toxischen Garten- und Zimmerpflanzen. Schweiz. Ap. Ztg. 117 (15, 16), 1979

J 5 Jaspersen-Schib, R.: Giftpflanzen aktuell – Herbst. Dtsch. Apoth. Ztg., 124, 2321–2327, 1984

J 6 Jaspersen-Schib, R.: Giftige Zimmerpflanzen. Dtsch. Apoth. Ztg., 127, 1417–1423, 1987

J 7 Johannes, A.: Digitoxin. Dtsch. Apoth. Ztg. 131(1/2), 19–20, 1991

J 8 Junge, B.: Passivrauchen. Der Kassenarzt 35, 29–31, 1987

J 9 Jurenitsch, J., Kubelka, W., Jentzsch, K.: Identifizierung kultivierter Capsicum-Sippen. Planta medica 35, 174–183, 1979

J 10 Jurenitsch, J. et al.: Nachweis und Identifizierung neuer Scharfstoffe in Capsicum-Früchten. Planta medica 36, 61–67, 1979

J 11 Jurzitza, G.: Vorsicht mit Liebstöckel. Kosmos 6, 24, 1985

J 12 Jaspersen-Schib, R.: Giftpflanzen als Weihnachtsschmuck. Dtsch. Apoth. Ztg. 130, 2766–2772, 1990

K 1 Kalix, P.: Khat – eine Pflanze mit Amphetamin-Wirkung. Naturwissensch. Rdsch. 39(7), 293–297, 1986

K 2 Kalix, P.: Khat – ein pflanzliches Amphetamin, Dtsch. Apoth. Ztg. 128(41), 2150–2153, 1988

K 3 Kang, S.S., Woo, W.S.: Two new saponins from Phytolacca americana. Planta medica 53, 338–340, 1987

K 4 Karawya, M.S., Abdel Kader, E.M., Khalifa, T.I.: Estimation of scilladienolides of Urginea maritima as well as in galenicals and formulations. Planta medica 23, 213–220, 1973

K 5 Karawya, M.S., Balbaa, S.I., Khayyal, S.E.: Estimation of cardenolides in Nerium oleander. Planta medica 23, 70–73, 1973

K 6 Karlsen, J., Baerheim Svendsen, A.: Zusammensetzung des ätherischen Öles in den Blättern von Rosmarinus officinalis. Planta medica 15, 95–98, 1968

K 7 Karrer, W.: Konstitution und Vorkommen der organischen Pflanzenstoffe. 1205 S., 2. Aufl., Birkenhäuser Verlag, Basel, Stuttgart, 1976

K 8 Karrer, W., Cherbuliecz, E., Eugster, C.H.: Konstitution und Vorkommen der organischen Pflanzenstoffe. Ergänzungsband 1–2, Birkenhäuser Verlag, Basel, Stuttgart, 1977–1981

K 9 Karsten, G., Weber, U., Stahl, E.: Lehrbuch der Pharmakognosie. 642 S., 9. Aufl., G. Fischer Verlag, Stuttgart, 1962

K 10 Kartnig, Th.: Vitex agnus-castus – Mönchspfeffer oder Keuschlamm. Ztschr. f. Phytother. 7, 119–122, 1986

K 11 Kartnig, Th., Eitner, G.: Zur Kenntnis des Cardenolid- und Flavonoidmusters der Blätter von Digitalis purpurea während verschiedener Entwicklungsstadien. Planta medica 45, 156, 1982

K 12 Kartnig, Th., Hiermann, J.: Saponinverteilung bei Aesculus hippocastanum während verschiedener Entwicklungsstadien. Planta medica 15, 110–113, 1968

K 13 Keble Martin, W.: The new concise British Flora. 247 S., The Rainbird Publishing Group Limited, London, 1982

K 14 Keller, K., Odenthal, K.P., Leng-Peschlow, E.: Spasmolytische Wirkung des isoasaronfreien Kalmus. Planta medica 51, 6–9, 1985

K 15 Keller, K. Stahl, E.: Kalmus: Inhaltsstoffe und β-Asarongehalt bei verschiedenen Herkünften. Dtsch. Apoth. Ztg. 122(48), 2463–2466, 1982

K 16 Khafagy, S.M. et al.: Phytochemical study of Jatropha curcas. Planta medica 31, 274–277, 1977

K 17 Khan, M.S.Y. et al.: Phenolic constituents of Taxus baccata leaves. Planta medica 30, 82–85, 1976

K 18 Kim, S.K. et al.: Seasonal variation of saponins, sucrose and monosaccharides in cultivated ginseng roots. Planta medica 42, 181–186, 1981

K 19 Kinget, R.: Recherches sur les drogues à principes anthraquinoniques. Planta medica 15, 233–239, 1967

K 20 Kinghorn, A.D., Evans, F.J.: A biological screen of selected species of the genus Euphorbia for skin irritant effects. Planta medica 28, 155–160, 1975

K 21 Kleine, R.: Die Tertiärstruktur des Papains. Naturwissensch. Rdsch. 22(2), 82, 1969

K 22 Klosa, R., Zänglein, A.: Ruta graveolens – Die Gartenraute. Zschr. f. Phytother. 8, 202–206, 1987

K 23 Kobashi, K. et al.: Metabolism of sennosides by human intestinal bacteria. Planta medica 40, 225–236, 1980

K 24 Koch, H., Steinegger, E.: Untersuchungen zur Alkaloid- und Flavonoidführung von Passiflora-Arten. Planta medica 39, 210–211, 1980

K 25 Koch, H.P.: „Knoblauch" Wie dosiert man richtig. Dtsch. Apoth. Ztg., 128, 408–412, 1988

K 26 Koch-Heitzmann, I.: Marsdenia cundurango. Ztschr. f. Phytother. 8, 38–41, 1987

K 27 Koenen, E.: Heil- und Giftpflanzen in Südafrika. 272 S., Windhoek: Akademischer Verlag, Stuttgart, Stuttgarter Verlagskontor, 1978

K 28 Köstens, J., Willuhn, G.: Steringlykoside und Acyl-Steringlykoside in Blättern von Solanum dulcamara. Planta medica 24, 279–285, 1973

K 29 Kooy, J.H.: Alkaloids of Sedum acre. Planta medica 30, 295–296, 1976

K 30 Kopp, B., Kubelka, W.: Neue Cardenolide aus Conavallaria majalis. Planta medica 45, 195–202, 1982

K 31 Kopp, B., Löffelhardt, W., Kubelka, W.: Zur Biogenese der Cardenolide in Convallaria majalis L. Planta medica 33, 292–293, 1978
K 32 Kovar, K.-A.: Chemie und Wirkungsweise N-freier Halluzinogene. Pharmazie in unserer Zeit 10, 65–74, 1981
K 33 Kraus, C., Abel, G., Schimmer, O.: Untersuchung einiger Pyrrolizidinalkaloide auf chromosomenschädigende Wirkung in menschlichen Lymphocyten in vitro. Planta medica, 89–91, 1985
K 34 Kraus, L.J., Carstens, J., Richter, R.: HPLC-Bestimmung von Emetin und Cephaelin in Ipecacuanha radix. Dtsch. Apoth. Ztg. 125(17), 863–864, 1985
K 35 Kremer, B.P.: Giftbäume. Kosmos 4, 18, 1984
K 36 Kremer, B.P.: Flechten als Giftköder. Kosmos 5, 18, 1984
K 37 Kremer, B.P.: Nur nicht in die Nesseln setzen. Kosmos 6, 42–49, 1984
K 38 Kremer, B.P.: Gezähmte Wildfrüchte. Kosmos 7, 18, 1985
K 39 Krieglstein, J., Grusla, D.: Zentral dämpfende Inhaltsstoffe im Baldrian. Dtsch. Apoth. Ztg. 128(40), 2041–2046, 1988
K 40 Krienke, E.G., von Mühlendahl, K.E., Oberdisse, U.: Vergiftungen im Kindesalter, 2. Aufl., Enke Verlag, Stuttgart, 1986
K 41 Kröger, K.: Hypericum. Volksheilkunde 38, 182–184, 197–200, 1986
K 42 Kröger, K.: Kalmia latifolia. Volksheilkunde 38, 656, 661–663, 1986
K 43 Kröger, K.: Opium. Volksheilkunde 39(2), 95–106, 1987
K 44 Krüger, D., Junior, P., Wichtl, M.: Neue Cardenolidglykoside aus Digitalis lanata. Planta medica 49, 74–78, 1983
K 45 Krüger, D., Wichtl, M.: Digitalisglykoside. Dtsch. Apoth. Ztg. 125(2), 55–57, 1985
K 46 Kuballa, B., Lugnier, A.A.J., Anton, R.: Phlogogen constituents of Dieffenbachia. Planta medica 39, 250–251, 1980
K 47 Kulkarni, J.D. et al.: The pharmacognosy of the Aspidosperma barks of Brasil. Planta medica 23, 23–34, 1973
K 48 Krienke, E.G., Mühlendahl, K.E. v.: Akzidentelle Vergiftungen durch Pflanzen. Notfallmedizin 4, 486–495, 552–559, 619–627, 1978
K 49 Koch, H.P.: „Knoblauchpräparate". Dtsch. Apoth. Ztg. 127, 367–369, 1987
K 50 Koch, H.P.: Wie „sicher" ist Knoblauch? Dtsch Apoth. Ztg., 132, 1419–1428, 1992
L 1 Langhammer, L, Garbin, F.: Notiz zur mikroskopischen Analytik von Radix Baptisiae tinctoriae. Pharmazeut. Ztg. 130(19), 1190–1191, 1985
L 2 Langhammer, L, Janßen, B.: Notiz zur mikroskopischen Analytik von „Baldrianwurzel" – Teil I. Pharmazeut. Ztg. 130(2), 75–79, 1985
L 3 Laub, E., Olszowski, W., Woller, R.: Waldmeister und Maibowle, Dtsch. Apoth. Ztg. 125(17), 848–850, 1985
L 4 Leete, E.: Biosynthesis and metabolism of the tropane alkaloids. Planta medica 36, 97–112, 1979
L 5 Lemli, J., Cuveele, J.: Umwandlung der Anthronderivate während des Trocknens der Blätter von Cassia angustifolia und Rhamnus frangula. Planta medica 33, 293, 1978
L 6 Lemli, S. et al.: Naphthalene glykosides in Cassia senna and Cassia angustifolia. Planta medica 43, 11–17, 1981
L 7 Lemp, G.: Untersuchungen über das Pyrrolizidinalkaloid Fuchsisenecionin aus Senecio fuchsii. Planta medica 24, 386–391, 1973
L 8 Levin, L.: Gifte und Vergiftungen (4. Ausg. d. Lehrbuches Toxikologie), Georg Stilke, Berlin, 1929
L 9 Levin, L.: Die Gifte in der Weltgeschichte. 596 S., 3. Aufl. (Nachdruck), Gerstenberg Verlag, Hildesheim, 1984
L 10 Liebenow, H., Liebenow, K.: Giftpflanzen. 248 S., 2. Aufl., Enke Verlag, Stuttgart, 1981
L 11 Löhdefink, J., Kating, H.: Zur Frage des Vorkommens von Harmanalkaloiden in Passiflora-Arten. Planta medica 25, 101–104, 1974
L 12 Lounasmaa, M. et al.: On the phloroglucinol derivatives of Mallotus phillipensis. Planta medica 28, 16–31, 1975
L 13 Ludewig, R., Lohs, K.: Akute Vergiftungen, Ratgeber für toxikologische Notfälle. 692 S., 6. Aufl., G. Fischer Verlag, Stuttgart, New York, 1981
L 14 Luppold E.: Matricaria chamomilla – eine alte und neue Heilpflanze. Pharmazie in unserer Zeit 13(3), 65–70, 1984
L 15 Lutomski, J., Malek, B., Stachowiak, Z.: Pharmakochemische Untersuchungen von Drogen der Gattung Passiflora. Planta medica 26, 311–317, 1974
L 16 Lohs, K., Martinez, D.: Gift: Magie und Realität, Nutzen und Verderben. 184 S., Callwey Verlag, München, 1986

L 17 Leslie Gunatilaka: Alkaloids of some plants of Sri Lanka, chemistry and pharmacology. J. of the Nat. Science Coun. of Sri Lanka 6, 39–87, 1978
L 18 Lautier, R. et al.: Kontaktallergie auf Alliaceae. Dtsch. Apoth. Ztg. 126, 845, 1986
M 1 Macura, P.: Elsevier's Dictionary of Botany I, Plant names. Amsterdam, Oxford, New York, 1979
M 2 Madaus, G.: Lehrbuch der biologischen Heilmittel. Bd. I–III, G. Thieme Verlag, Leipzig, 1938
M 3 Madaus, G.: Rezeptiertaschenbuch, 8. Aufl., Verlag Dr. Madaus & Co., Radebeul, 1940
M 4 Madel, G.: Vergiftungen von Hummeln durch den Nektar der Silberlinde (Tilia tomentosa Moench). Bonn, zoolog. Beitr. 28, 1977
M 5 Mahran, G.H., Hifny Saber, A., El-Alfy, T.: Spectrophotometric determination of protoanemonin, anemonin and ranunculin in Ranunculus scleratus L. Planta medica 15, 323–330, 1968
M 6 Maier, H.G.: Die Säuren des Kaffees. Pharmazeut. Ztg. 130(29), 1840, 1985
M 7 Maiwald, L.: Allium cepa. Therapeutikon, 1, 68–69, 1987
M 8 Malichová, V. et al.: Alkaloids from Leaves and Flowers of Colchicum autumnale L. Planta medica 36, 119–127, 1979
M 9 Malingré, Th.: The essential oil of Cannabis sativa. Planta medica 28, 56–61, 1975
M 10 Marston, A., Hecker, E.: Active principles of the Euphorbiaceae (from Euphorbia milii). Planta medica 50, 319–322, 1984
M 11 Martinek, A.: Ranuncosid als Inhaltsstoff der getrockneten Blätter, Stengel und Blüten von Helleborus niger. Planta medica 26, 218–224, 1974
M 12 Martinek, A.: Über ein unbekanntes, gut kristallisierbares Glycosid aus den getrockneten Blättern von Helleborus niger. Planta medica 24, 73–82, 1973
M 13 Martinez, D., Lohs, K.: Magie und Realität, Gift, Nutzen und Verderben. 184 S., Callwey Verlag, München, 1986
M 14 Máthé, A., Máthé, I. Jr.: Data to the cardiac glycoside content of Adonis vernalis L. in Hungary. Planta medica 36, 234–235, 1979
M 15 Máthé Jr., I., Mai, H. van, Máthé Sen. I.: Variation in the solasodine production in stands of various stages of development of Solanum nigrum during the vegetation period. Planta medica 36, 237–238, 1979
M 16 Mezzetti, T., Orzalesi, G., Bellavita, V.: Chemistry of ursolic acid. Planta medica 20, 244–252, 1971
M 17 Merck-Index: Editor Budavari S., 11th edition, Merck & Co., Inc., Rahway, N. J., 1989
M 18 Merford, I., Willuhn, G.: Zur Toxizität der Früchte von Symphoricarpus albus (Schneebeere) sowie zur Analyse lipophiler Inhaltsstoffe. Pharmazeut. Ztg. 130(39), 2467–2469, 1985
M 19 Mieser, E.: Blumen in Wald und Flur. 622 S., Buch und Zeit Verlagsges., Köln, 1969
M 20 Miething, H.: Allicin und Öl in Knoblauchzwiebeln-HPLC-Gehaltsbestimmung. Dtsch. Ap. Ztg., 125, 2049–2050, 1985
M 21 Minker, E. et al.: Pharmacological study of the antispasmodic principles isolated from Ruta graveolens L.. Planta medica 36, 255–256, 1979
M 22 Misfeld, J., Weber, K.H.: Tierexperimente mit Tabakrauch-Kondensaten und ihre statistische Beurteilung. Planta medica 22, 281–292, 1972
M 23 Mittmeyer, H.-J.: Drogen und Straßenverkehr. Dtsch. Apoth. Ztg. 126(11), 521–525, 1986
M 24 Moeschlin, S.: Klinik und Therapie der Vergiftungen. 6. Aufl. 640 S., G. Thieme Verlag, Stuttgart, New York, 1980
M 25 Moorhoff, C.F.: Isolation and identification of a new tropane alkaloid. Planta medica 28, 106–108, 1975
M 26 Morelli, I.: Costituenti di Taxus baccata L. Fitoterapia 1, 31–38, 1976
M 27 Mezger, J.: Gesichtete Homöopathische Arzneimittellehre. 2. Ausgabe, Karl F. Haug Verlag, Saulgau, 1951
M 28 Müller–Limmroth, W.: Tussis – Tussometrie – Tussilago farfara – Ein Essay über den Huflattich. Ztschr. f. Phytother. 5(3), 828–829, 1984
M 29 Mende, U.: Digoxin. Dtsch. Apoth. Ztg., 130, 1649–1651, 1990
M 30 MAK-Werte gemäß Technische Regel für Gefahrstoffe (TRGS) 900, Bundesarbeitsblatt 2/1993, S. 57
M 31 Manske, Holmes: The alkaloids-chemistry and physiology. New York, 1950–1955
M 32 Moritz und Frohne: Einführung in die pharmazeutische Biologie. G. Fischer Verlag, Stuttgart, 1967
M 33 Mitchel, J., Rook, A.: Botanical dermatology – Plants and plant products injurious to the skin. Greengrass Ltd. Vancouver, Canada, 787 Seiten, 1979
N 1 Nahrstedt, A.: Neue pharmakologisch interessante Pflanzeninhaltsstoffe. Dtsch. Apoth. Ztg. 123(17), 819–820, 1983
N 2 Nahrstedt, A.: Drogen und Phytopharmaka mit sedierender Wirkung. Ztschr. f. Phytother. 6, 101–109, 1985

N 3 Nahrstedt, A., Kant, J.-D., Hösel, W.: Aspects on the biosynthesis of the cyanogenic glucoside triglochinin in Triglochin maritima. Planta medica, 394–398, 1984
N 4 Nahrstedt, A., Kant, J.D., Wray, V.: Acalaphin, a cyanogenic glucoside from Acalypha indica. Phytochem. 21(1), 101–105, 1982
N 5 Namba, T. et al.: Fundamental studies on the evaluation of the crude drugs. Planta medica 25, 28–38, 1974
N 6 Nees, H., Pachaly, P., Zymalkowski, F.: Zur Chemotaxonomie der Ericaceae. Planta medica 24, 320–328, 1973
N 7 Neurath, G.B.: Zur Chemie biologisch aktiver Inhaltsstoffe von Tabak und Tabakrauch. Planta medica 22, 268–280, 1972
N 8 Neuwinger, H.D.: Afrikanische Pfeilgifte. Naturw. Rundschau 27(9), 340–359 u. 27(10) 385–402, 1974
N 9 Nielsen, B., Röe, J., Brochmann-Hanssen, E.: Oripavine – A new opium alkaloid. Planta medica 48, 205–206, 1983
N 10 Nielsen, H.: Giftpflanzen – Kosmos Feldführer. Kosmos, Stuttgart, 1979
N 11 Nieschulz, O., Schmersahl, P.: Untersuchungen über die Bedeutung des Kalkzusatzes beim Kauen von Coca-Blättern. Planta medica 17, 178–183, 1969
N 12 Novák, I. et al.: Untersuchung der Wirkstoffe der Ruta graveolens L.. Planta medica 15, 132–139, 1967
N 13 Nyman, U., Bruhn, J.G.: Papaver bracteatum – a summary of current knowledge. Planta medica 35, 97–117, 1979
N 14 Nestler, T., Tittel, G., Wagner, H.: Quantitative Bestimmung der Bitter-Quassinoide von Quassia amara und Picrasma excelsa. Planta medica 38, 204–213, 1980
N 15 Nestele, M.: Neue Erkenntnisse zur Toxizität. Ztsch. Apoth. Ztg. 127, 1876, 1987
O 1 Ognyanov, I., Todorova, M.: Sesquiterpene lactones and flavonoids in flowers of Tanacetum vulgare. Planta medica 48, 181–183, 1983
O 2 Ohem, N.: Auf den Spuren des Mate. Dtsch. Apoth. Ztg. 130(32), 1769–1773, 1990
O 3 Opdyki, D.L.J.: Dipentene, Food and Cosmet. Toxicol. 12, 703–704, 1974
O 4 Oprach, F., Hartmann, Th.: Zur Rolle des Tropanols als Reinheitskriterium der Solanaceen-Drogen nach Ph. Eur. Dtsch. Apoth. Ztg. 126(13), 643–644, 1986
O 5 Orfila: Allgemeine Toxikologie, 1830
O 6 Ott, A.: Immer mehr Hautschäden durch „Pflanzliches". (MT Interview), Medical Tribune 26, 36–37, 1987
O 7 Ott, A.: Haut und Pflanzen/Allergien, phototoxische Reaktionen und andere Schadwirkungen. G. Fischer Verlag, Stuttgart, 1991
P 1 Pachaly, P.: Dünnschichtchromatographie in der Apotheke. Dtsch. Apoth. Ztg. 125(24), 1223–1225, 1985
P 2 Pachaly, P.: Rotenon. Dtsch. Apoth. Ztg. 129(40), 2107, 1989
P 3 Pahlow, M: Huflattichblätter. Dtsch. Apoth. Ztg. 124(4), 167–168, 1984
P 4 Pahlow, M.: Sennesblätter, Sennesfrüchte, Faulbaumrinde. Dtsch. Apoth. Ztg. 125(39), 1950–1951, 1985
P 5 Pasich, B. et al.: Chemical investigation of Euonymus europaea. Planta medica 38, 391, 1980
P 6 Pantel, J.: Der Kastanienbaum in der Naturheilkunde. Volksheilkunde 6, 4–7, 1989
P 7 Petcu, P., Goina, T.: Neue Methoden zur Extrahierung der Alkaloide aus Berberis vulgaris. Planta medica 18, 373–375, 1970
P 8 Philipson, L.A.: Ginseng, alles heilendes Wundermittel? Pharm. J. 11, 161, 1984
P 9 Pignati, S.: Flora d'Italia. 3 Bde., Calderini, Bologna, Milano, 1982
P 10 Pitea, M.: Beitrag zur quantitativen Bestimmung der Alkaloide von Berberis vulgaris. Planta medica 27, 203–216, 1975
P 11 Pitea, M. et al.: Dünnschichtchromatographische Untersuchungen der Alkaloide von Berberis vulgaris. Planta medica 21, 177–181, 1972
P 12 Pohl, R., Janistyn, B., Nahrstedt, A.: Die Flavonglycoside von Euphorbia helioscopa, E. stricta, E. verrucosa und E. dulcis. Planta medica 27, 301–303, 1975
P 13 Polunin, O.: Pflanzen Europas, 3. Aufl., BLV-Verlag, München, Bern, Wien, 1977
P 14 Preussmann, R.: Carcinogene Pflanzeninhaltsstoffe. Planta medica 22, 217–228, 1972
P 15 Pahlow, M.: Tees für Diabetiker. Dtsch. Apoth. Ztg. 125, 2531–2532, 1985
Q 1 Qédan, S.: Catha edulis eine wenig bekannte Rausch- und Genußdroge. Planta medica 21, 113–126, 1972
Q 2 Qédan, S.: Über das aetherische Öl von Catha edulis. Planta medica 21, 410–415, 1972
R 1 Rao, K.V.: Toxic principles of Hippomane mancinella. Planta medica 25, 166–171, 1974

R 2 Rau, G.: Kat – das Lebenselixier des Jemen. Ap. Zeit., 4, 1988

R 3 Rauwald, H.-W., Just, H.-D.: Neue Untersuchungen über Inhaltsstoffe der Kreuzdornrinde. Planta medica 42, 244–249, 1981

R 4 Rehm, S., Espig, G.: Die Kulturpflanzen der Tropen und Subtropen. 504 S., 2. Aufl., Eugen Ulmer Verlag, Stuttgart, 1984

R 5 Reisch, J. et al.: Über weitere C_3-substituierte Cumarin-Derivate aus Ruta graveolens: Daphnoretin und Daphnoretin-methyläther. Planta medica 15, 372–376, 1968

R 6 Reisch, J. et al.: Über die Cumarine der Wurzeln von Ruta graveolens. Planta medica 17, 116–119, 1969

R 7 Reuter, H.D.: Knoblauch (Allium sativum). Ztschr. f. Phytother. 7, 99–106, 1986

R 8 Ritter, S.: Vergiftungen durch Pflanzen. Dtsch. Apoth. Ztg. 125, 1834–1836, 1985

R 9 Ritter, S.: „Mein Kind hat rote Beeren gegessen...". Dtsch. Apoth. Ztg., 127, 1377–1382, 1987

R 10 Roberts, M.F.: An alkaloid from Conium maculatum. Planta medica 38, 216, 1980

R 11 Röder, E.: Nebenwirkungen von Heilpflanzen. Dtsch. Apoth. Ztg. 122, 2081–2092, 1882

R 12 Röder, E.: Wie verbreitet und wie gefährlich sind Pyrrolizidinalkaloide? Pharm. in unserer Zeit 12(2), 33–38, 1984

R 13 Röder, E., Neuberger, V.: Pyrrolizidinalkaloide in Symphytum-Arten. Dtsch. Apoth. Ztg. 128, 1991–1993, 1988

R 14 Röder, E., Wiedenfeld, H.: Isolierung und Strukturaufklärung des Alkaloids Fuchsisenecionin aus Senecio fuchsii. Phytochemistry 16, 1462–1463, 1977

R 15 Röder, E., Wiedenfeld, H., Stengl, P.: ^{13}C-NMR Daten der stereoisomeren Alkaloide aus Symphytum officinale L.. Archiv d. Pharmazie 315(1), 87–89, 1982

R 16 Römpps Chemielexikon: Hrsg.: O. A. Neumüller, 7. Aufl., Bd. I–VII, Thieme Verlag, Stuttgart, 1972–1977

R 17 Römpps Chemielexikon: Hrsg. Falbe, J., Regik, M., 9. Aufl., Bd. I–VI, Thieme Verlag, Stuttgart, New York, 1989–1992

R 18 Röst, L.C.M., Bos, R.: Biosystematic investigations with Acorus L. Planta medica 36, 350–361, 1979

R 19 Rosca, M., Cucu, V.: Naphthalinglykoside in der Rinde von Rhamnus frangula. Planta medica 28, 178–181, 1975

R 20 Roth, L.: Untersuchungen verschiedener Johanniskrautarten auf ihren Gehalt an Hypericin. Süddt. Apoth. Ztg. 36, 653–656, 1953

R 21 Roth, L.: Die Naturstoffliste, N 77. Carl Roth, Karlsruhe. 1976

R 22 Roth, L.: Krebserzeugende Stoffe. 295 S., 2. Aufl., Wissensch. Verlagsges., Stuttgart, 1988

R 23 Roth, L.: Hypericum, Hypericin, 158 S., ecomed Verlagsges. Landsberg/Lech, 1990

R 24 Rowe, M.D.: Camomile Anthemis cotula as a skin irritant. J. Allergy 5, 383–388, 1934

R 25 Reko, A.: Magische Gifte, Rausch- und Betäubungsmittel der Neuen Welt. 3. Auflage, Enke Verlag, Stuttgart, 1949

R 26 Ramirez, E.: Anales del Instit. Biologico de la Universidad Nac. Mex. Tomo VI, 301–305, 1935

R 27 Reiss, J.: Schimmelpilze. Springer Verlag, Berlin, Heidelberg, 1986

R 28 Reuter, H. D.: Chemie, Pharmakologie und medizinische Anwendung von Knoblauch (Bericht). Ztschr. f. Phytother. 10, 124–129, 1989

R 29 Röder, E.: Pyrrolizidinalkaloidhaltige Arzneipflanzen. Dtsch. Apoth. Ztg. 132, 2427–2435, 1992

R 30 Röder, E., Bourauel, Th.: Pyrrolizidine alkaloids from Melampyrum pratense. Natural Toxins, 35–37, 1992

R 31 Roth, L., Kormann, K., Schweppe, H.: Färbepflanzen – Pflanzenfarben. ecomed Verlagsges. Landsberg/Lech, 1992

S 1 Samimi, M.N., Unger, W.: Die Gummiharze Afghanischer „Asa foetida"-liefernder Ferula-Arten. Planta medica 36, 128–133, 1979

S 2 Samuel, J.: Fortgesetzte Magie oder die Zauberkräfte der Natur. 266–267, 1792

S 3 Šantavý, F.: Neue Alkaloidgruppen der Papaveraceen. Planta medica 19, 119–137, 1971

S 4 Schenk,, B., Junior, P., Wichtl, M: Cannagenol-3-α-L-rhamnosid und Cannogenol-3-0-βD-allomethylosid, zwei neue Cardenolidglykoside aus Convallaria majalis. Planta medica 40, 1–11, 1980

S 5 Schievelbein, H.: Biochemischer Wirkungsmechanismus des Nikotins oder seiner Abbauprodukte hinsichtlich eines eventuellen carcinogenen, mutagenen oder teratogenen Effektes. Planta medica 22, 293–305, 1972

S 6 Schilcher, B.: Giftpflanzenberatung besonders gefragt zur Fruchtreifezeit. PZ 44, 9–16, 1988

S 7 Schilcher, B.: Giftpflanzenberatung – eine lohnende Aufgabe für den Apotheker. PZ 24, 9–15, 1988

S 8 Schilcher, H.: Wirkungen und Nebenwirkungen ätherischer Öle. Ztschr. f. Phytother. 5(3), 837–839, 1984

S 9 Schilcher, H.: Ginkgo biloba. Ztschr. f. Phytother. 9, 119–127, 1988

S 10 Schilcher, H., Bornschein, U.: Goldrutenkraut. Dtsch. Apoth. Ztg. 126(26), 1377–1380, 1986

S 11 Schilcher, H., Effenberger, St.: Scopoletin und β-Sitosterol – zwei geeignete Leitsubstanzen für Urticae radix. Dtsch. Apoth. Ztg. 126, 79–81, 1986

S 12 Schilcher, H., Schulz, V., Nissler, A.: Zur Wirksamkeit und Toxikologie von Semen Lini. Ztschr. f. Phytother. 7, 113–117, 1986

S 13 Schimmer, O.: Genotoxizität von Pyrrolizidinalkaloiden. Dtsch. Apoth. Ztg. 123(28), 1361–1365, 1983

S 14 Schimmer, O., Beck, R., Dietz, U.: Phototoxizität und Photomutagenität von Furocumarinen und Furocumarindrogen bei Chlamydomonas reinhardii. Planta medica 40, 68–76, 1980

S 15 Schmeil-Fitschen: Flora von Deutschland. 84. Aufl., Quelle u. Meyer, Heidelberg, 1968

S 16 Schmidt, M.: Kokardenblumen-Allergie, Verschlimmerung durch Arnika. Dtsch. Apoth. Ztg. 126(11), 532, 1986

S 17 Schmidt, M.: Kaffee – unser tägliches Getränk. PTA heute 1(12), 387–389 1987

S 18 Schmidt, M.: Die Passionsblume. PTA heute 1(12), 396–397, 1987

S 19 Schmidt, M.: Mate – eine vergessene Heilpflanze? PTA heute 2(1), 10–11, 1988

S 20 Schmidt, M.: Schwarzer Tee, Grüner Tee. PTA heute 2(3), 87–91, 1988

S 21 Schmidt, M.: Drosera, der Sonnentau. PTA heute 3(7), 232–234, 1989

S 22 Schmidt, M.: Podophyllin. PTA heute, 5(11), 534–535, 1991

S 23 Schmid, R.: Halluzinogene aus Pflanzen. Naturw. Rdsch. 23, 5–18, 1970

S 24 Schmitz, R.: Von Digitalis zu Calciumantagonisten – Stationen medikamentöser Herztherapie. Dtsch. Apoth. Ztg. 124(50), 2599–2602, 1984

S 25 Schmitz, R., Kating, H.: Zur Frage des Thymol-Vorkommens in Arnika-Arten. Planta medica 31, 311–314, 1977

S 26 Schneider, E.: Betel – ein beliebtes Genußmittel Südasiens. Pharmazie in unserer Zeit 15, 161–166, 1986

S 27 Scholz, H.: Arznei aus dem Fingerhut. Kosmos 8, 355–358, 1972

S 28 Scholz, D., Eigner, D.: Zur Kenntnis der natürlichen Halluzinogene. Pharmazie in unserer Zeit 12, 75–79, 1983

S 29 Schroeder, G. et al.: Cytotoxic activity of 6,20-epoxylathyrol and its aliphatic diesters. Planta medica 35, 235–241, 1979

S 30 Schröder-Rosenstock, K.: Kaffeegenuß – ein medizinisches Problem? Münch. med. Wschr. 132, 158, 1990

S 31 Schürmann, M.W.: Vorsicht: Mohn. Kosmos 4, 42–43, 1984

S 32 Schulte, K.E., Rücker, G., Matern, H.-U.: Über einige Inhaltsstoffe der Früchte und Wurzel von Melica azedarach L. Planta medica 35, 76–83, 1979

S 33 Schultes, R.E., Hoffmann, A.: Pflanzen der Götter. 191 S., Hallwag Verlag, Bern, Stuttgart, 1987

S 34 Schurz, J.: Schneeball und Pfaffenhütchen. Kosmos 6, 257–258, 1972

S 35 Schurz, J.: Heckenkirsche und Schneebeere. Kosmos 4, 151–152, 1972

S 36 Schurz, J.: Oleander und Azalee. Kosmos 8, 352–353, 1972

S 37 Schurz, J.: Die Eibe. Kosmos 10, 440–441, 1972

S 38 Schwarz, H.-D.: Hyoscin (=Scopolamin) statt Zwangsjacke. Ztschr. f. Phytother. 5(3), 840–841, 1984

S 39 Seefelder, M.: Opium. Dtsch. Taschb. Verlag, 288 Seiten, 1990

S 40 Seeger, R., Neumann, H.G.: Strychnin/Brucin. Dtsch. Apoth. Ztg. 126(26), 1386–1388, 1986

S 41 Seeger, R., Neumann, H.G.: Colchicin. Dtsch. Apoth. Ztg. 128(13), 693–696, 1988

S 42 Seeger, R., Neumann, H.-G.: Coniin, Dtsch. Apoth. Ztg. 131, 720–723, 1991

S 43 Seeger, R., Neumann, H.-G.: Cytisin. Dtsch. Apoth. Ztg. 132, 303–306, 1992

S 44 Sherry, C.J., Mannel, R.S., Hauk, A.E.: The effect of the terpene fraction of the oil of nutmeg on the behavior of young chicks. Planta medica 36, 49–53, 1979

S 45 Siegers, C.-P.: Toxikologie der Phytopharmaka. Ztschr. f. Phytother. 8, 110–113, 1987

S 46 Siebeck, F.C.: Der Tod aus der Liane. Kosmos 7, 521–527, 1977

S 47 Soldati, F., Sticher, O.: HPLC separation and qualitative determination from Panax ginseng, Panax quinquefolium and from Ginseng drug preparations. Planta medica 38, 348–357, 1980

S 48 Sollorz, G.: Qualitätsbeurteilung von Ginsengwurzeln. Dtsch. Apoth. Ztg. 125(41), 2052–2055, 1985

S 49 Sonnenborn, U.: Ginseng. Dtsch. Apoth. Ztg. 127(9), 433–441, 1987

S 50 Sonnenborn, U., Proppert, Y.: Ginseng. Ztschr. f. Phytother. 11, 35–49, 1990

S 51 Späth, G.: Vergiftungen und akute Arzneimittelüberdosierungen. 665 S., 2. Aufl., de Gruyter, Berlin, New York, 1982

S 52 Stähelin, H.: Chemie und Wirkungsmechanismus von Podophyllin-Derivaten. Planta medica 22, 336–347, 1972

S 53 Stahl, E.: Dünnschichtchromatographie, ein Laboratoriumshandbuch. 2. Aufl., Springer Verlag, Berlin, Heidelberg, New York, 1967

S 54 Stahl, E.: Chromatographische und mikroskopische Analyse von Drogen. G. Fischer Verlag, Stuttgart, 1970

S 55 Stahl, E.: Rosa Pfeffer, ein gefährliches exotisches Gewürz? Dtsch. Apoth. Ztg. 122(7), 337–340, 1982

S 56 Stahl, E., Keller, K.: Zur Klassifizierung handelsüblicher Kalmusdrogen. Planta medica 43, 128–140, 1981

S 57 Stahl, E., Glatz, A.: Immer wieder Vergiftungen durch Goldregen. Dtsch. Apoth. Ztg. 122(28), 1475–1476, 1982

S 58 Stahl, E., Keller, K., Blinn, C.: Cardanol, a skin irritant in pink pepper. Planta medica 48, 5–9, 1983

S 59 Stahl, E., Menßen, H.G., Jahn, H.: Über den Gehalt der verschiedenen Hydroxyanthracenderivate in Rhabarberwurzeln und -zubereitungen. Dtsch. Apoth. Ztg. 125(29), 1478–1480, 1985

S 60 Stahl, E., Schild, W.: Pharmazeutische Biologie, Drogenanalyse II: Inhaltsstoffe und Isolierungen, 461 S., G. Fischer Verlag, Stuttgart, New York, 1981

S 61 Standardzulassungen für Fertigarzneimittel, Text und Kommentar. Dtsch. Apoth. Verlag, Stuttgart, Frankfurt

S 62 Sternberg, L.: Contact dermatitis cases caused by oil of camomile tea (Anthemis cotula). J. Allergy 8, 185–186, 1937

S 63 Sticher, O., Hasler, A., Meier, B.: Ginkgo biloba – Eine Standortbestimmung. Dtsch. Apoth. Ztg. 131, 1827–1835, 1991

S 64 Strubelt, O.: Kaffee und Coffein. Dtsch. Apoth. Ztg. 126(38), 2025–2032, 1986

S 65 Strubelt, O.: Über das Vorkommen und die Bedeutung von Karzinogenen in der menschlichen Umwelt. Dtsch. Apoth. Ztg. 126, 1677–1687, 1986

S 66 Stucki, K., Steinegger, E.: Trennung und quantitative Bestimmung der Hauptscharfstoffe von Rhizoma zingiberis mittels kombinierter DC/HPLC. Planta medica 39, 274, 1980

S 67 Szilágyi, I., Zámbó, I., Török, J.: Eine serienanalytische Methode der Lanatoside und deren exakte Beweise. Planta medica 32, 60–67, 1977

S 68 Szeleczky, Z., Láng, T.: Purification and Separation of Digoxin by Removal of Accompanying Glycosides as Phenylboronate Derivatives. Planta medica 40, 320–327, 1980

S 69 Seeger, R., Neumann, H.G.: Giftlexikon. Dtsch. Apoth. Verlag, Stuttgart, 1990

S 70 Sticher, O., Soldati, F.: HPLC Trennung und quantitative Bestimmung der Ginsenoside von Panax ginseng, Panax quinquefolium und von Ginseng-Spezialitäten. Planta medica 36, 30–42, 1979

S 71 Schuh, F.T.: Medikamente in der Anästhesie–Periphere Muskelrelaxantien. Dtsch. Apoth. Ztg. 124, 1515–1519, 1984

S 72 Seeger, R., Neumann, H.-G.: Spartein. Dtsch. Apoth. Ztg. 132, 1577–1581, 1992

S 73 Scheer, R., Scheffler, A., Errnest, M.: Two harvesting times, summer and winter: are they essential for preparing pharmaceuticals from mistletoe (Viscum album). Planta medica 58, A595, 1992

S 74 Seeger, R.: Giftlexikon–Meskalin. Dtsch. Apoth. Ztg. 133, 108–113, 1993

S 75 Seeger, R., Dtsch. Apoth. Ztg. 133(17), 35, 1993

T 1 Täschner, K.L.: Haschisch – eine ungefährliche Droge? Dtsch. Apoth. Ztg. 128(22), 1148–1152, 1988

T 2 Täschner, K.-L.: Cocain – Kein „Schnee" von gestern. Dtsch. Apoth. Ztg. 129(37), 1955–1959, 1989

T 3 Thakur, R.S., Potěšilová, H., Šantavý, F.: Alkaloids of the plant Gloriosa superba L.. Planta medica 28, 201–209, 1973

T 4 Tattje, D.H.E., Bos, R.: Composition of Essential Oil of Ledum palustre. Planta medica 41, 303–307, 1981

T 5 Thesen, R.: Phytotherapeutika – nicht immer harmlos. Ztschr. f. Phytother. 9, 105–111, 1988

T 6 Thies, P.W.: Colchicum. Pharmazie in unserer Zeit 14(5), 149–152, 1985

T 7 Thies, P.W.: Yohimbin – Ein Paradigmenopfer der Medizin. Pharmazie in unserer Zeit 15(2), 53–56, 1986

T 8 Thies, P.W., Finner, E., David, S.: Über die Wirkstoffe des Baldrians. Planta medica 41, 15–20, 1981

T 9 Tillequin, F., Leconte, C., Paris, M.: Carbures sesquiterpeniques des graines de Nigella damascena. Planta medica 30, 59–61, 1976

T 10 Tittel, G., Hinz, H., Wagner, H.: Quantitative Bestimmung der Pyrrolizidinalkaloide in Symphyti Radix durch HPLC. Planta medica 37, 1–8, 1979

T 11 Tookey, H.L. et al.: Codein and morphine in Papaver somniferum grown in a controlled environment. Planta medica 30, 340–348, 1976

T 12 Towers, G.H.N: Phototoxic furanoquinolines of the Rutaceae. Planta medica 41, 136–142, 1981

T 13 Tschirsch, C., Kraus, Lj.: Goldregen – Alkaloid Cytisin. Dtsch. Apoth. Ztg. 131, 1876–1878, 1991

T 14 Trivialnamenkartei, Verlag Chemie, Weinheim, 1975

T 15 Turner, C.E. et al.: Constituens of Cannabis sativa. Planta medica 37, 217–225, 1979

T 16 Tutin, T.G. et al.: Flora Europaea, 5 Bde., Cambridge, University Press, 1964

T 17 Tetzner, M., Oberdisse, U.: Intoxikation nach Schnupfen von Niespulver. Pädiat. Prax. 28, 267–268, 1983

T 18 Tóth, L., Háznagy, A., Makay, Zs.: Beitrag zu den Untersuchungen der Inhaltstoffe von Cynanchum vincetoxicum. Planta medica 17, 35–39, 1969

T 19 Teuscher, E., Lindequist, U.: Biogene Gifte: Biologie, Chemie, Pharmakologie. 598 Seiten, G. Fischer Verlag, Stuttgart, 1987

V 1 Vanhaelen-Fastré, R.: Constitution et proprietes antibacteriennes de L'huile essentielle de Cnicus benedictus. Planta medica 24, 165–175, 1973

V 2 Vanhaelen, M., Vanhaelen-Fastré, R.: Constituents of essential oil of Myrtus communis. Planta medica 39, 164–167, 1980

V 3 Varga, E. et al.: Isolation and identification of isorutarin from the roots of Ruta graveolens L. Fitoterapia, 107–110, 1976

V 4 Varga, E. et al.: Indole alkaloids of Ailanthus altissima. Planta medica 40, 337–339, 1980

V 5 Verordnung über gefährliche Stoffe (GefStoffV: Stand 26. 10. 1993), BG Bl. I, S. 1782

V 6 Verzár-Petri, G. et al.: Biosynthesis of main alkaloids in Corydalis cava. Planta medica 38, 290, 1980

V 7 Vethaviyasar, N., John, D.: 16-Anhydro-3-acetyl-gitoxigenin in Adenium obesum. Planta medica 44, 123–124, 1982

V 8 Vogel, G.: Phytopharmaka-Arzneimittel ohne Risiko? Dtsch. Apoth. Ztg. 124, 639–642, 1984

V 9 Vogel, G.: Sylibum marianum (L.) Gaertn. – Die Mariendistel, Ztschr. f. Phytother. 6, 193–195, 1985

V 10 Vohora, S.B.: Studies on Taxus baccata. Planta medica 22, 59–65, 1972

V 11 Vollmann, C.: Levisticum officinale – Der Liebstöckel. Ztschr. f. Phytother. 9, 128–132, 1988

W 1 Wagner, H., Neidhardt, U., Tittel, G.: DC- und HPLC-Analyse der Pyrrolizidin-N-oxid-Alkaloide von Symphiti Radix. Planta medica 41, 232–239, 1981

W 2 Wagner, H., Sendl, A.: Bärlauch und Knoblauch. Dtsch. Apoth. Ztg. 130, 1809–1815, 1990

W 3 Wagner, H., Reger, H.: Folium Hederae-Extrakte. Dtsch. Apoth. Ztg. 126(48), 2613–2617, 1986

W 4 Wagner, H. et al.: Cardiotone Wirkstoffe aus Spigelia anthelmia. Planta medica 51, 378–381, 1986

W 5 Wagner, H., Feil, B., Bladt, S.: Viscum album – die Mistel. Dtsch. Apoth. Ztg. 124(29), 1429–1432, 1984

W 6 Wagner, H. et al.: Phenylpropanes and lignans of Viscum album, cardioactive drugs V. Planta medica, 102–104, 1986

W 7 Wahbi, H., Abu-Shadi, H., Soliman, A.: A colorimetric method for the determination of sennosides. Planta medica 30, 269–272, 1976

W 8 Weber, H.Ch.: Geschützte Pflanzen. 188 S., Belser Verlag, Stuttgart, Zürich, 1982

W 9 Weimarck, G., Nilsson, E.: Phototoxity in Heracleum sphondylium. Planta medica 38, 97–111, 1980

W 10 Werner, D., Dönges, K.H.: Chemie und Wirkungsmechanismus des Cochicins und seiner Derivate. Planta medica 22, 306–315, 1972

W 11 White, W.: Dermatitis durch Limonen. N. Engl. J. Med., ref. (Ap. Zeitg.) 314, 319, 1986

W 12 Wichtl, M.: Hypericum perforatum L. – Das Johanniskraut. Ztschr. f. Phytother. 7, 87–90, 1986

W 13 Wichtl, M.: Teedrogen. 2. Aufl., 568 S., Wissensch. Verl., Stuttgart, 1989

W 14 Wichtl, M., Bühl, W., Huesmann, G.: Fingerhut. Dtsch. Apoth. Ztg. 127(46), 2391–2400, 1987

W 15 Widén, C.-J., Puri, H.S.: Natural occurrence and chemical variability of phloroglucinols in Kamala. Planta medica 40, 284–287, 1980

W 16 Wiedenfeld, H.: Two Pyrrolizidine alkaloids from Gynura scandens. Phytochemistry 21(11), 2767–2768, 1982

W 17 Wiedenfeld, H., Röder, E.: Das Pyrrolizidinalkaloid Senecionin aus Senecio fuchsii. Phytochemistry 18, 1083–1084, 1979

W 18 Willuhn, G.: Untersuchungen zur Chemischen Differenzierung bei Solanum dulcamara. Planta medica 15, 58–73, 1967

W 19 Willuhn, G.: Arnica montana L. – Der Bergwohlverleih. Ztschr. f. Phytother. 6, 94–96, 1985

W 20 Willuhn, G.: Arnika-Kontaktdermatitis und die verursachenden Kontaktallergene. Dtsch. Apoth. Ztg. 126(38), 2038–2044, 1986

W 21 Willuhn, G., Köstens, J.: Solanum dulcamara L.: Triterpenoide aus dem Petrolätherextrakt der Blätter. Planta medica 25, 115–137, 1974
W 22 Willuhn, G., Kun-anake, A.: Untersuchungen zur chemischen Differenzierung der Solanum dulcamara. Planta medica 18, 355–360, 1970
W 23 Willuhn, G., Röttger, P.-M.: Helenalin und seine Derivate, die herzwirksamen Verbindungen der Arnikablüten. Planta medica 45, 131–148, 1982
W 24 Willuhn, G., Schneider, R., Matthiesen, U.: Mexikanische Arnikablüten. Dtsch. Apoth. Ztg. 125(39), 1941–1944, 1985
W 25 Willems, M.: Quantitative Bestimmung von Secoiridoidglucosiden aus den Früchten von Ligustrum vulgare mit HPLC. Planta medica, 66–68, 1988
W 26 Wilms, K.: Chemie und Wirkungsmechanismus von Vinca-Alkaloiden. Planta medica, 22, 324–333, 1972
W 27 Wirth, W., Gloxhuber, C.: Toxikologie für Ärzte, Naturwissenschaftler und Apotheker. 4. Aufl., G. Thieme Verlag, Stuttgart, New York, 1985
W 28 Wißner, W.: 14-Hydroxy-3-oxo-1,4,20,22-bufatetraenolid, eine neue Verbindung aus den unterirdischen Organen von Helleborus-Arten. Planta medica 24, 201–210, 1973
W 29 Wißner, W., Kating, H.: Untersuchungen über die Hellebrinführung der unterirdischen Organe von Helleborus-Arten. Planta medica 20, 344–348, 1971
W 30 Woerdenbag, H.J., Hendriks, H., Bos, R.: Eupatorium cannabinum – Der Wasserdost oder Wasserhanf. Ztschr. f. Phytother. 12, 28–34, 1991
W 31 Wolf, J.: Schachtelhalmkraut – DC-Prüfung auf Equisetum palustre. Pharmazeut. Zeit. 130(16), 985–986, 1985
W 32 Wolf, L., Bottyán, J., Karácsony, E.M.: Über Veränderungen beim Trocknen der Blätter von Digitalis lanata. Planta medica 20, 36–43, 1971
W 33 Wollenweber, K., Mann, K.: Flavonole aus Früchten von Vitex agnus castus. Planta medica 44, 126–127, 1982
W 34 Wurm, G. et al.: Plumbagin. Dtsch. Apoth. Ztg. 124(43), 2128–2132, 1984
W 35 Wiedenfeld, H.: Absolute configuration of the pyrrolizidine alkaloid acetylgynuramine. Phytochemistry 22, 2065–2067, 1982
W 36 Wirth, V.: Flechtenflora. 552 S., Ulmer Verlag, Stuttgart, 1980
W 37 Woerdenbag, H.J., Bos, R., Hendriks, H.: Eupatorium perfoliatum L. – der „durchwachsene“ Wasserhanf. Ztschr. f. Phytother. 13, 134–139, 1992
Y 1 Yamauchi, K. et al.: Biological and chemical assay of geniposide, a new laxativ in the fruit of Gardenia. Planta medica 25, 219–225, 1974
Y 2 Yamauchi, K. et al.: The mechanism of purgative action of geniposide, an iridoid glucoside of the fruit of Gardenia, in mice. Planta medica 30, 39–47, 1976
Y 3 Ylinen, M. et al.: Tropane alkaloids from Atropa belladonna. Planta medica, 85–87, 1986
Y 4 Yovo, K. et al.: Comparative pharmacological study of sparteine and its ketonic derivative lupanine from seeds of Lupinus albus. Planta medica 50, 421–424, 1984
Z 1 Zänglein, A., Schultze, W.: Illicium verum – Sternanis. Ztschr. f. Phytother. 10, 191–202, 1989
Z 2 Zänglein, A., Schultze, W., Kubeczka, K.-H.: Sternanis und Shikimi. Dtsch. Apoth. Ztg. 129, 2819–2829, 1989
Z 3 Zell, P.: Allergien – rein pflanzlich. Kosmos 7, 46–53, 1986
Z 4 Zogg, G.C., Nyredy, S., Sticher, O.: Apiaceenwurzeln. Dtsch. Apoth. Ztg. 129(15), 717–722, 1989
Z 5 Zwaving, J.H.: The Sennoside content of Rheum palmatum. Planta medica 21, 255–262, 1972
Z 6 Zohary, M.: Pflanzen der Bibel, Calwer Verlag Stuttgart, 1986

II
Behandlung von Vergiftungen

II – 1
Medizinische Notfallhilfe

1. Häufigkeit von Vergiftungen

Etwa 350 der jährlich 10 000 Vergiftungen in München sind Vergiftungen mit Pflanzen oder Pflanzenteilen. Eine versehentliche Aufnahme durch Verschlucken, ein sogenannter Ingestionsunfall, ist die dritthäufigste Vergiftungsursache bei Kindern. Erwachsene nehmen Pflanzenteile aufgrund von Verwechslungen, als vermeintliche Droge absichtlich oder im Rahmen eines Mord-/Selbstmordversuches auf; auch gewerbliche Unfälle mit Pflanzenextrakten ereignen sich immer wieder.
Hautreaktionen mit Pflanzenteilen im Haushalt oder im Garten sind nicht selten.
Früher gab es häufig Abtreibungsversuche mit Pflanzenextrakten, die tödlich verliefen.

Tabelle II-1/1. Häufigkeit von Giftpflanzen in den einzelnen Familien

Pflanzenfamilien	Arten Lit. [S 15]	Im Buch aufgeführt	Pflanzenfamilien	Arten Lit. [S 15]	Im Buch aufgeführt
Alismataceae	7	1	Cucurbitaceae	8	2
Amaryllidaceae	6	3	Cupressaceae	4	2
Apiaceae	>100	16	Dioscoridaceae	1	1
Apocynaceae	1	1	Empetraceae	1	1
Aquifoliaceae	1	1	Equisetaceae	9	1
Araceae	3	3	Ericaceae	18	7
Araliaceae	1	1	Euphorbiaceae	26	5
Aristolochiaceae	2	2	Fabaceae	>140	18
Asclepiadaceae	2	2	Hippocastanaceae	2	1
Asteraceae	>330	13	Hypericaceae	7	7
Balsaminaceae	4	1	Iridaceae	17	2
Berberidaceae	3	3	Lamiaceae	> 80	6
Boraginaceae	35	6	Liliaceae	> 60	18
Brassicaceae	>140	7	Linaceae	11	1
Buxaceae	1	1	Loranthaceae	2	1
Cannabaceae	2	2	Lycopodiaceae	9	2
Caprifoliaceae	15	10	Myricaceae	1	1
Caryophyllaceae	>130	3	Nymphaeaceae	4	2
Celestraceae	3	1	Oleaceae	5	1
Convolvulaceae	14	1	Oxalidaceae	3	1
Crassulaceae	22	1	Papaveraceae	28	7

Tabelle II-1/1 (Fortsetzung)

Pflanzenfamilien	Arten Lit. [S 15]	Im Buch aufgeführt	Pflanzenfamilien	Arten Lit. [S 15]	Im Buch aufgeführt
Phytolaccaceae	2	2	Scheuchzeriaceae	3	2
Poaceae	>220	3	Scrophulariaceae	>130	34
Polygonaceae	> 40	4	Solanaceae	18	12
Polypodiaceae	> 40	2	Taxaceae	1	1
Ranunculaceae	> 80	27	Thymelaeaceae	5	3
Rhamnaceae	4	2	Trilliaceae	1	1
Rosaceae	>110	18	Urticaceae	6	2
Rubiaceae	> 30	1	Vitaceae	3	1
Rutaceae	2	2			

Bei artenreichen Familien wurde keine genaue Zahl (>) angegeben, da sich diese, nach Auffassung der Autoren, nicht genau ermitteln läßt.

Bitte beachten: Es wurden für diese Aufstellung nur die mitteleuropäischen Spezies herangezogen, die in diesem Buch namentlich genannt sind. Immerhin gibt die Aufstellung einen Anhaltspunkt, welche Pflanzenfamilien besonders viele giftige Vertreter haben. Familien, die nicht in diesem Buch aufgeführt sind, werden hier nicht erwähnt.

Schwere der Fälle

Bei der überwiegenden Zahl der Pflanzeningestionen handelt es sich um Bagatellfälle (ungiftige oder wenig giftige Pflanzen bzw. die Einnahme geringer Mengen giftiger Pflanzenteile). So sind bei den am häufigsten vertretenen Pflanzen nur die Schwere A und B (A=Vergiftungsverdacht, keine Symptomatik zum Zeitpunkt der Anfrage, B=geringfügige Symptomatik) zu beobachten. Die aufgetretenen Symptome sind gastrointestinaler Art (Erbrechen, Durchfall, Übelkeit, Bauchschmerzen). Bei der Behandlung dieser Fälle genügt reichliche Flüssigkeitsgabe (Tee, Saft, Wasser), unter Umständen Gabe von Medizinalkohle (0,5 g/kg Körpergewicht). Schwere *Pflanzenintoxikationen* (C-Fälle mit deutlicher, D-Fälle mit schwerer Symptomatik) gibt es seltener.

2. Diagnose

Vor der Entscheidung einer Therapie muß die Identifizierung einer Giftpflanze stehen, denn so unsinnig eine gründliche Behandlung bei einer vermeintlich giftigen Pflanze ist, so gefährlich, ja vielleicht tödlich könnte der Glaube sein, bei einer Giftpflanzen-Aufnahme könne man so lange warten, bis Vergiftungssymptome aufgetreten sind und diese dann „symptomatisch" behandeln. Das wäre ein ärztlicher Kunstfehler.

Falls Pflanzenteile vorhanden sind, können diese aufgrund einer botanischen Beschreibung zugeordnet werden (Giftpflanzen-Computer, Giftnotruf, → Schnellinformation über giftige Früchte s. S. 63).

Zur Identifizierung der Giftbestandteile der Pflanzen dient eine Dünnschichtchromatographie des Urins.

3. Dosis

Zu jeder Pflanze sind die nach unseren Erfahrungen auftretenden Gefährlichkeitsgrade wie „wenig giftig", „giftig", „stark giftig" und „sehr stark giftig" zugeteilt. Diese Einführung gilt einerseits nicht für die versehentliche Einnahme minimaler Pflanzenteile (Lutschen am Blatt, Verschlucken von bis zu 3 Beeren): hier erübrigt sich mit Ausnahme der stark giftigen Pflan-

zen jegliche Therapie; sie gilt andererseits auch nicht für die Berührung oder Einnahme von Pflanzenkonzentraten; hier sollte nach den Therapievorschriften der Reinsubstanzen behandelt werden und in jedem Falle das Gift entfernt werden.
In Extremfällen kann auch eine wenig giftige Pflanze zu lebensbedrohlichen Vergiftungserscheinungen führen, wenn eine größere Menge z. B. durch Verwechslung mit üblichen Nahrungsmitteln aufgenommen wurde und andererseits kann die Aufnahme stark giftiger Pflanzenteile zu keinerlei Erscheinungen führen, wenn das Gift rechtzeitig entfernt wurde.

Es entscheidet die aufgenommene Dosis.

4. Therapie

4.1 Erste Hilfe – Giftentfernung

- *Hautreizende Gifte (ohne allergieinduzierende Stoffe)*
  Von der Haut werden die Gifte mit warmem Wasser und Seife abgespült; fettlösliche Substanzen wie etherische Öle werden mit Roticlean® (C. Roth, 76185 Karlsruhe), einem Polyethylenglykol 400, abgespült. Verätzte Hautstellen werden nach der Giftentfernung mit Cortison-Salbe mehrmals täglich eingerieben. Bei Hautwunden wird eine Tetanusprophylaxe durchgeführt.

- *Oral aufgenommene Gifte*
  Als Universalantidot von verschluckten Giften sollte in jedem Haushalt Medizinal-Kohle als Kohle-Pulvis zum Binden der Gifte und zur Verhinderung der Aufnahme ins Blut vorhanden sein.
  Von den Kohlezubereitungen verschiedener Firmen zeigt z. B. Kohle-Pulvis der Fa. Köhler Chemie eine sehr hohe Adsorptionskraft. Aus technischen Gründen wird bei der Intensivbehandlung Vergifteter, bei der Antidotbehandlung oraler Vergiftungen in der Arztpraxis, bei Massenvergiftungen am Unfallort oder bei Anwendung durch Laien die praktische Anwendung von Kohle-Pulvis in der Plastikdose der umständlichen Zubereitung der einzeln verpackten Kohlekompretten vorgezogen. Die negativen Erfahrungen mit der zeitraubenden Zubereitung der Kohlesuspension aus Kompretten haben uns veranlaßt, ausschließlich Kohle-Pulvis zu empfehlen.
  Falls Medizinal-Kohle nicht vorhanden ist, muß man alternativ ein Erbrechen durchführen lassen, das zwar wesentlich weniger wirkungsvoll sein kann und zudem in der ersten Aufregung selten richtig durchgeführt wird. Zunächst muß der Magen mit viel Flüssigkeit (jede Flüssigkeit außer Alkohol und milchhaltige Flüssigkeit) ausreichend gefüllt werden, dann wird durch Reizen der Rachenhinterwand der Brechvorgang ausgelöst, wobei der Kopf tiefer als der Oberkörper gehalten werden muß. Eventuell muß der Prozeß Trinken – Erbrechen so oft wiederholt werden, bis keine Pflanzenteile mehr erbrochen werden.
  Am Ende muß Medizinal-Kohle (Kohle-Pulvis 10 g) getrunken werden, um die in tiefere Darmabschnitte eingedrungenen Gifte vor ihrer Aufnahme ins Blut ebenfalls zu binden.
  Falls jedoch schon eine Änderung der Bewußtseinslage eingetreten ist, wie Benommenheit, Schläfrigkeit, Bewußtlosigkeit oder hochgradige Erregung, muß der Arzt in der Klinik eine Magenspülung durchführen.

- Zur Prophylaxe eines *Schockzustandes* wird Flüssigkeit in Form von Himbeersaft (Kinder) oder warmem Tee zugeführt.

- *Hausapotheke*
  Kohle-Pulvis – Verschluckte Gifte
  Auxiloson-Spray – Eingeatmete Gifte
  Roticlean® – Hautgifte
  Chibro-Kerakain, Isogutt-Spülflasche – Hautgifte

4.2 Kliniktherapie – Vitaltherapie

Entsprechend der vermutlich aufgenommenen Giftmenge muß eine kausale Therapie der zu erwartenden Organstörungen durchgeführt werden, damit die in der Literatur beschriebenen Vergiftungssymptome nicht eintreten.

Azidosetherapie:
Zur Anregung der Nierenfunktion und Prophylaxe eines Schocks ist eine Alkalisierung durch eine Infusion von 1 molarer Natriumbikarbonatlösung angezeigt.

Beatmen:
Bei Anzeichen einer oberflächlichen Atmung bzw. blauer Lippen oder Bewußtlosigkeit muß sofort eine künstliche Beatmung (Beatmungsbeutel, Intubation, maschinelle Beatmung) eingeleitet werden.

EKG:
Bei Giften, die zu Herzrhythmusstörungen führen können, ist das frühestmögliche Anlegen eines Elektrokardiogramms nötig, um bradykarde Herzrhythmusstörungen (Atropin oder Alupent® zur Therapie) oder tachykarde Herzrhythmusstörungen (Therapie mit Xylocain®, Chinin u. a.) rechtzeitig zu erkennen bzw. zu behandeln. Monitorkontrolle.
Bei Herzstillstand muß eine sofortige Herzdruckmassage und Beatmung eingeleitet werden. Bei Giften, bei denen bradykarde Herzrhythmusstörungen bis zur Asystolie zu erwarten sind, ist das Anlegen eines passageren Herzschrittmachers zu empfehlen.

Elektrolytsubstitution:
Nach heftigen Brechdurchfällen muß der Elektrolytverlust behoben werden. In leichteren Fällen genügt das wiederholte Trinken einer Flüssigkeit mit einem Elektrolytkonzentrat (z. B. Oralpädon®), bei schweren Elektrolytverlusten muß Kalium, Natrium, Chlor u. a. durch Infusionen ersetzt werden.

Fieber:
Bei einer Hyperthermie wird mit physikalischen Maßnahmen wie Eiswickeln, Föhn und mit Medikamenten wie Metamizol (Novalgin®) oder Acetylsalicylsäure das Fieber gesenkt.

Koliken:
Darmkrämpfe oder Koliken werden mit Atropin oder Metamizol intravenös behandelt.

Krämpfe:
Bei epileptiformen Krämpfen wird Valium® (Diazepam) oder ein Barbiturat (Luminal®) intravenös injiziert. Bei wiederholten Krämpfen muß eine Hirnblutung ausgeschlossen werden.

Magenspülung:
Die Magenspülung ist die sicherste und schonendste Therapie zur Entgiftung vor der Resorption. Nach Prämedikation mit Atropin (1 mg i. m.) erfolgt sie bei ansprechbaren Patienten in Bauchlage mit klarem Leitungswasser (40 l). Bei Alkaloiden wird mit einer burgunderfarbenen Kaliumpermanganatlösung das Gift sofort inaktiviert. Durch den Schlauchdurchmesser von 18 mm können auch Pflanzenteile (z. B. Knollenblätterpilz) entfernt werden. Im Anschluß an die Magenspülung wird Kohle-Pulvis (10 g) und Natriumsulfat (d. h. Glaubersalz, 2 Eßl.) instilliert. Bei fettlöslichen Giften kann auch Roticlean® (150 ml, Polyethylenglykol) instilliert werden.

Plasmaexpander:
Der durch Vergiftungen hervorgerufene Schock ist meist ein Volumenmangelschock, dem durch sofortige Infusion eines Plasmaexpanders, z. B. Haes 3% oder in schweren Fällen vom Plasma, begegnet werden kann.

Reanimation:
Bei manchen Giften muß ein initialer Herzstillstand sofort durch Herzmassage, künstliche Beatmung, Adrenalin in den Tubus oder i. v., Azidosetherapie und Plasmaexpander therapiert werden.
Bei wenigen Pflanzengiften ist in schweren Vergiftungsfällen eine forcierte Diurese bzw. eine Hämodialyse und eine Hämoperfusion indiziert.

5. Gegengifte

Von den Gegengiften interessieren folgende bei Vergiftungen mit Pflanzen:
Atropin (Atropinum sulfuricum, Amp à 0,5/1 mg/ml) bei Koliken, Bradykardie.
Dosierung: Erwachsene 1 mg i. m. oder i. v., Säuglinge 0,2 mg, Kinder 0,4–0,6 mg; Wiederholung ca. zweistündlich bei entsprechender Symptomatik.
Calciumglukonat (10 ml Ampullen, 10%) bei Allergie, Fluor.
Dosierung: 10 ml 10%ig wiederholt i. v.
Chibro-Kerakain® (10 ml Tropfflasche, Chibret) bei Verätzungen mit Schmerzen im Auge.
Dosierung: 1–2 Tropfen zur örtlichen Betäubung in jedes Auge vor der Spülung.
Cortison-Salbe bei Verätzungen durch Chemikalien.
Dosierung: mehrmals täglich auftragen.
Dexametason-Spray (Dexamethason-21-isonicotinat Auxiloson-Dosier-Aerosol) bei Reizstoffinhalationen; Lungenödem, Glottisödem, Laugen- und Säureverätzungen im Mund.
Dosierung: 5 Hübe alle 10 Minuten.
4-DMAP® (4-Dimethylaminophenol, Amp 250 mg/5 ml, Köhler) bei Blausäurevergiftungen.
Dosierung: 3 mg/kg KG i. v., anschließend Natriumthiosulfat (s. u.).
Isogutt®-Augenspülbeutel (100 ml, Dr. Winzer) bei Säure-Laugenspritzern ins Auge.
Dosierung: mit ganzem Beutel spülen.
Kaliumpermanganat bei Alkaloiden; Blausäure, Glykosiden.
Dosierung: einige Kristalle ins (Magenspül-)Wasser gibt blaustichiges Weinrot (0,05–0,1%ige Lösung). Ungelöste Kristalle ätzen.
Medizinalkohle Kohle-Pulvis®, (10 g Becher, Dr. Köhler) bei allen verschluckten Giften.
Dosierung: Becher mit Wasser füllen, schütteln, trinken (Kinder die Hälfte, Säuglinge ein Viertel). Als Alternative zum Erbrechen muß unbedingt eine Menge von 10 g Kohle geschluckt werden. Da bisher als Handelspräparat nur Kohle-Pulvis vorliegt, haben wir in diesem Einzelfall ausschließlich dieses Präparat empfohlen.
Naloxon (Narcanti® Amp. 0,4/1 ml, Winthrop) bei Atemlähmung durch Opiate.
Dosierung: 0,4–0,8 mg i. v., i. m., s. c. (Kinder: 0,01 mg/kg KG).
Roticlean® (Polyethylenglykol MG 400, Roth) zur Hautreinigung oder Magenspülung.
Dosierung: Haut mit Lappen abwaschen oder Baden; 1,5 ml/kg zur Magenspülung.
Natriumsulfat=Glaubersalz als Abführmittel nach der Gabe von Kohle.
Dosierung: Erwachsene 2 Eßl. in Wasser gelöst.
Kinder 1 Eßl., Säuglinge 1 Teel.
Natriumthiosulfat bei Vergiftungen mit Blausäure oder Cyaniden (Amp. 20 ml 10%, Dr. Köhler).
Dosierung: 50–100 mg/l 10% i. v.
Physostigmin (Anticholium®, Amp. 2 mg/5 ml, Dr. Köhler) bei Vergiftungen mit Anticholinergika.
Dosierung: 0,03 mg/kg KG i. m. oder i. v., Wiederholung bei Bedarf.

Anmerkung:
Die Behandlungsrichtlinien beruhen auf den modernsten intensiv-medizinischen-toxikologischen Erfahrungen und können im Detail in der Klinischen Toxikologie (M. Daunderer, → *Kap. I–5 Literaturverzeichnis) nachgeschlagen werden.*

II – 2
Informationszentren für Vergiftungsfälle in der Bundesrepublik Deutschland

Stand: April 1994

Folgende Informationsstellen sind Tag und Nacht bereit, Auskünfte über Gegenmaßnahmen bei Vergiftungsunfällen aller Art zu erteilen:

Medizinische Kliniken

Berlin	Reanimationszentrum der Freien Universität Berlin im Klinikum Charlottenburg, Spandauer Damm 130, 14050 Berlin Durchwahl: (0 30) 30 35-4 66, Zentrale (0 30) 3 03 51-0, Fax: 30 35-20 56 Toxikologischer Auskunftsdienst: Tel. (0 30) 9 66 94 18 o. 9 65 33 53 Große Seestr. 4, 13086 Berlin-Weißensee
Braunschweig	Medizinische Klinik II des Städtischen Klinikums, Salzdahlumer Straße 90, 38126 Braunschweig Durchwahl: (05 31) 6 22 90, Zentrale: (05 31) 5 95-0
Bremen	Kliniken der Freien Hansestadt Bremen – Zentralkrankenhaus, St.-Jürgen-Straße; Klinikum für Innere Medizin – Intensivstation, St.-Jürgen-Straße, 28203 Bremen Durchwahl: (04 21) 4 97 52 68, Diensthabender Arzt: (04 21) 4 97 36 88, Fax: 4 97 33 45
Hamburg	Giftinformationszentrale Hamburg, I. Medizinische Abteilung des Krankenhauses Barmbeck, Rübenkamp 148, 22307 Hamburg Durchwahl: (0 40) 63 85-33 45, -33 46, Fax: 63 85-21 73
Kiel	Zentralstelle zur Beratung bei Vergiftungsunfällen an der I. Medizinischen Universitätsklinik Kiel, Schittenhelmstraße 12, 24105 Kiel Durchwahl: (04 31) 5 97 42 68, Zentrale: (04 31) 5 97-0, Fax: 5 97 13 02, Fernschreiber der Landesregierung Innenministerium: 299871 Ireg d (Kennwort/Vergiftungszentrale)
Koblenz	Städtisches Krankenhaus, Kemperhof, Koblenz, I. Medizinische Klinik, Koblenzer Straße 115, 56073 Koblenz Durchwahl: (02 61) 4 99-6 48, Fax: 4 99 20 30, Fernschreiber der Berufsfeuerwehr 862414 stbKo d
Ludwigshafen	Städtische Krankenanstalten Ludwigshafen, Entgiftungszentrale, I. Medizinische Klinik, Bremserstraße 79, 67063 Ludwigshafen Durchwahl: (06 21) 50 34 31, Zentrale: (06 21) 5 03-0, Fax: 5 03-41 14
Mainz	Beratungsstelle bei Vergiftungen, II. Medizinische Klinik und Poliklinik der Universität, Langenbeckstraße 1, 55131 Mainz Durchwahl: (0 61 31) 23 24 66, Fax: 23 24 69
München	Giftnotruf München – Toxikologische Abteilung der II. Medizinischen Klinik rechts der Isar der Technischen Universität München, Ismaninger Straße 22, 81675 München Durchwahl: (0 89) 41 40-22 11, -22 40, Fax: 41 40 24 67

Nürnberg II. Medizinische Klinik des Städtischen Klinikums, Toxikologische Intensivstation, Flurstraße 17, 90419 Nürnberg
Durchwahl: (09 11) 3 98 24 51, Fax: 3 98 22 05

Speziell für Vergiftungsunfälle bei Kindern

Berlin Beratungsstelle für Vergiftungserscheinungen und Embryonaltoxikologie an der Universitäts-Kinderklinik, KAVH, Pulsstraße 3–7, 14059 Berlin
Durchwahl: (0 30) 3 02 30 22, Fax: 34 30 70 21

Bonn Universitäts-Kinderklinik und Poliklinik Bonn, Informationszentrale gegen Vergiftungen, Adenauerallee 119, 53113 Bonn
Durchwahl: (02 28) 2 87-32 11, -33 33, Fax: 2 87–33 14

Freiburg Universitäts-Kinderklinik, Freiburg, Informationszentrale für Vergiftungen, Mathildenstraße 1, 79106 Freiburg
Durchwahl: (07 61) 2 70-43 61, Pforte: (07 61) 2 70-1,
Fax: 2 70-44 81

Göttingen Universitätsklinik und Poliklinik, Robert-Koch-Str. 40, 37075 Göttingen, Durchwahl: (05 51) 39 62 39 (Vermittlung an den diensthabenden Arzt), Zentrale: (05 51) 39 62-10, Fax: 39 62 52

Homburg/Saar Universitäts-Kinderklinik, Beratungsstelle für Vergiftungsfälle im Kindesalter, 66424 Homburg/Saar
Durchwahl: (0 68 41) 16-22 57/16-28 46, Zentrale: (0 68 41) 16-0,
Fax: 16 40 17

Papenburg Marienhospital, Kinderabteilung, Hauptkanal rechts 75, 26871 Papenburg
Durchwahl: (0 49 61) 83-301 (Tag), -0 (Nacht), Fax: 8 33 36

Zentren privater Träger

München Tox Center e. V., Weinstraße 11, 80333 München
Telefon: (0 89) 29 32 32
- Beratung in Giftnotruffällen
- Konsil am Krankenbett in toxikologischen Notfällen
- Beratung der technischen Einsatzleitung bei drohenden oder bestehenden Giftkatastrophen
- Notarztbegleitung von Vergifteten im RTW oder Hubschrauber
- Untersuchung oder Organisation der Untersuchung von Blut, Urin oder anderen Asservaten auf Gifte
- Ambulante Betreuung von akut oder chronisch Vergifteten, auch Drogenabhängigen
- Entwicklung einer computergesteuerten Giftnotrufkartei
- Mobiles Diagnostik-Set

Mobile Gegengift-Depots

München Toxikologische Abteilung der II. Medizinischen Klinik rechts der Isar, Ismaninger Straße 22, 81675 München, Telefon: (0 89) 41 40 22 11, Notruf 1 12

Oberhausen Städtische Feuerwehr, Mühlheimer Straße 161, 46045 Oberhausen
Telefon: (0 21 32) 85 85-1, Notruf 1 12 (mit mobilem Diagnostik-Set)

II – 3
Anfragen bei Giftinformationszentralen

In den Giftinformationszentren führen die nachstehenden Pflanzen häufig zu Anfragen. Es handelt sich hierbei ebenso um gefährliche Giftpflanzen, um mindergiftige und um vollkommen harmlose Pflanzen. In der nachstehenden Aufstellung sind die von DIMDI (Deutsches Institut für Medizinische Dokumentation u. Information, Köln) oft unter verschiedenen Namen erfaßten Pflanzen nach der Häufigkeit der Anfragen aufgeführt. Pflanzen, die weniger als 20× erwähnt wurden, sind in dieser Tabelle nicht berücksichtigt. Die Aufstellung zeigt, daß nur 75 Pflanzen häufiger zu Anfragen führen, und daß nach Abzug der harmlosen Pflanzen nur einige Dutzend Giftpflanzen übrigbleiben, die tatsächlich von größerer Bedeutung sind. In diesem Buch werden aber bewußt auch Pflanzen, die nur selten zu Vergiftungen führen, aufgeführt, da bei solchen Pflanzen oft große Unsicherheiten über die Gefährlichkeit und über die zweckmäßige Behandlungsmethode bei einer Vergiftung bestehen.

Tabelle II-2/2. *Pflanzen, nach denen häufiger als 20mal in Giftinformationszentren nachgefragt wurde (Quelle: DIMDI)*

Lateinischer Pflanzenname	Deutsche Pflanzennamen	Anfragen	Anfragen nach nahen Verwandten oder unbestimmt, z. B. sp.
Sorbus aucuparia	Vogelbeere, Eberesche	598	7, 5, 6
Taxus baccata	Eibe	504	8
Cotoneaster, div. Arten	Zwergmispel-Arten	465	54, 17, 12, 4
Ligustrum vulgare	Liguster, Rainweide	372	
Lonicera xylosteum	Heckenkirsche	233	andere L. sp. 54, 5
Atropa belladonna	Tollkirsche	232	10
Laburnum anagyroides	Goldregen, Bohnenbaum	232	17, 7
Mahonia aquifolium	Mahonie	232	9, 9
Pyracantha coccinea	Feuerdorn	229	
Convallaria majalis	Maiglöckchen	194	29, 9
Sambucus nigra	Schwarzer Holunder	187	Sambucus sp. 29, 11
Daphne mezereum	Seidelbast, Kellerhals	149	4
Solanum pseudocapsicum	Korallenbäumchen	133	
Viscum album	Mistel	132	10
Ficus benjamina*	Birkenfeige, Schopffeigenbaum, Kleinblätterige Feige	128	6
Physalis alkekengi	Lampionsblume, Judenkirsche	117	
Nerium oleander	Oleander, Rosenlorbeer	115	11
Cornus mas	Kornelkirsche, Herlitze Hartriegel	112	
Dieffenbachia	Dieffenbachie, Schweigrohr	101	50, 5
Prunus laurocerasus	Kirschlorbeer	95	
Ilex aquifolium	Stechpalme, Hülse	89	

Tabelle II-2/2 (Fortsetzung)

Lateinischer Pflanzenname	Deutsche Pflanzennamen	Anfragen	Anfragen nach nahen Verwandten oder unbestimmt, z. B. sp.
Phaseolus vulgaris	Gartenbohne, Bohne, grüne	89	
Euphorbia pulcherrima	Weihnachtsstern, Poinsettie	88	Euphorbia sp. 64
Euonymus europaea	Pfaffenhütchen, Spindelstrauch	87	6
Amelanchier ovalis	Felsenbirne	85	
Philodendron sp.	Philodendron	83	sp. 45
Lathyrus odoratus	Gartenwicke, Platterbse	80	
Viburnum opulus	Schneeball	77	
Datura stramonium	Stechapfel	74	4
Symphoricarpos albus	Schneebeere, Knallerbse	67	4
Euphorbia sp.	Wolfsmilcharten	64	
Fuchsia sp.	Fuchsie (Arten)	64	14
Ficus sp.*	Gummibaum-Arten, Feigen-Arten	61	
Taraxacum officinale	Löwenzahn, Kuhblume	61	
Berberis vulgaris	Berberitze, Sauerdorn	59	
Aconitum napellus	Eisenhut	55	
Muscari racemosum	Traubenhyazinthe	54	
Aesculus hippocastanum	Roßkastanie	51	
Arum maculatum	Aronstab, gefleckter	51	
Galanthus nivalis	Schneeglöckchen	51	
Cerasus japonica	Japanische Kirsche	50	
Hedera helix	Efeu	50	
Crassula arborescens	Pfennigbaum	42	sp. 31
Ficus elastica	Gummibaum	42	8, 6
Solanum tuberosum	Kartoffel	37	
Narcissus pseudonarcissus	Narzisse, Osterglocke	36	Naricissus poetius 13
Sambucus racemosa	roter Holunder, Trauben-Berg-Holunder	36	
Crocus sativus	Safran	35	6
Thuja occidentalis	Lebensbaum, abendländischer	35	Thuja sp. 25
Parthenocissus quinquefolia	Wilder Wein; Jungfernrebe, feinblättrige	34	
Heracleum sphondylium	Wiesen-Bärenklau	33	
Clivia miniata	Klivie, Riemenblatt	31	22, 9, 4, 4
Zygocactus (Schlumbergera) truncatus	Weihnachtskaktus	31	
Conium maculatum	Gefleckter Schierling	29	
Lonicera caprifolium	Geißblatt, Jelängerjelieber	29	
Schefflera sp.	Aralie	28	13
Tulipa gesneriana	Tulpe	27	Sp. 51, 4, 4

Tabelle II-2/2 (Fortsetzung)

Lateinischer Pflanzenname	Deutsche Pflanzennamen	Anfragen	Anfragen nach nahen Verwandten oder unbestimmt, z. B. sp.
Frangula alnus	Faulbaum, Pulverholz	26	
Solanum dulcamara	Bittersüßer Nachtschatten	26	
Chlorophytum comosum	Grünlilie, Brautschleppe	25	
Forsythia sp.	Forsythie	25	suspensa 15
Hyacinthus sp. orientalis	Hyazinthe	25	6
Datura suaveolens	Engelstrompete, Baumstechapfel	24	Datura sp. 19
Monstera deliciosa	Fensterblatt, Philodendron-Art	24	
Prunus persica	Pfirsichbaum	24	6
Rhododendron sp.	Azaleen-Arten	24	
Digitalis purpurea	Fingerhut, roter	22	sp. 16
Viburnum lantana	Wolliger Schneeball	22	12
Bellis perennis	Gänseblümchen, Maßliebchen	21	
Buxus sempervirens	Buchsbaum	21	4
Colchicum autumnale	Herbstzeitlose	21	
Narcissus sp.	Narzissen-Arten	21	
Saintpaulia ionantha	Usambaraveilchen	21	(Usambaraveilchen 15)
Sambucus ebulus	Zwergholunder	20	
Solanum lycopersicum	Tomate	20	

* Anmerkung: Ähnlich ist auch Ficus deltoidea, die Mistelfeige mit erbsengroßen runden Früchten.

Aus dem Jahresbericht 1992 des Schweizerischen Toxikologischen Informationszentrums

Von insgesamt 12.665 Anfragen beim schweizerischen toxikologischen Informationszentrum im Jahr 1992 betrafen 7% Pflanzeningestionen. Nachstehend sind nur diejenigen Pflanzen aufgeführt, die in dem Berichtsjahr zu leichten, schweren oder tödlichen Vergiftungen geführt haben.

Leichte Vergiftungen (Anzahl): Arum maculatum (1), Atropa belladonna (7), Cactaceae (4), Convallaria majalis (1), Curcubita pepo (1), Daphne mezereum (1), Datura spec. (3), Dieffenbachia seguine (10), Euonymus europaeus (3), Euphorbia spec. (1), Ficus spec. (1), Heracleum mantegazzianum (1), Iles aquifolium (1), Laburnum anagyroides (1), Lonicera spec. (2), Primula spec. (1), Prunus spec. (2), Pyracantha coccinea (1), Rhododendron spec. (1), Sambucus spec. (3), Solanum spec. (3), Sorbus aucuparia (3), Tulipa spec. (1), Viburnum opulus (1), Viscum album (1).

Schwere o. tödliche Vergiftungen (Anzahl): Aesculus hippocastanum (1), Atropa belladonna (2), Datura spec. (2), Euonymus europaeus (1).

II – 4
Schnellinformation über giftige Früchte

1. Beerenartige Früchte, reif

1.1 Rote Früchte

1.1.1 Rote Früchte, kirschgroß

Vorkommen Pflanzenname	Zahl d. Früchte	Wuchsform	Blattform	Gefährl.- grad	Seite
Garten					
Aucuba japonica	mehrere	Strauch	eiförmig	+	160
Physalis alkekengi	einzelne*	Kraut	eiförmig	+	560
Zimmer					
Solanum pseudocapsicum	einzeln	Strauch	lanzettlich	+	665

*) von aufgeblasenem, orangerotem Kelch umgeben

1.1.2 Rote Früchte, bis erbsengroß

Vorkommen Pflanzenname	Zahl der Früchte	Wuchsform	Blattform	Gefährl.- grad	Seite
Feld					
Asparagus officinalis	einzeln	Kraut	nadelförmig	(+)	153
Bryonia cretica	einzeln bis mehrere	Kletter-Pflanze	gelappt	++	177
Feld, Garten, Park					
Lycium barbarum	einzeln	Strauch	lanzettlich	++	475
Cotoneaster-Arten	einzeln bis mehrere	Sträucher	meist lanzettlich	(+)	271
Garten					
Pernettya mucronata	mehrere	Strauch	eiförmig	+	549
Ruscus aculeatus	einzeln	Strauch	lanzettlich	+	626
Garten, Park, Wald					
Ilex aquifolium	einzeln bis mehrere	Strauch	eiförmig	++	421
Lonicera periclymenum	mehrere	Strauch	elliptisch	+	468
Lonicera xylosteum	zwei	Strauch	elliptisch	+	469
Viburnum opulus	mehrere	Strauch	gelappt	+	727
Feuchtgebiete					
Calla palustris	mehrere	Kraut	herzförmig	+	183
Solanum dulcamara	mehrere	Halbstrauch	eiförmig	reif (+)	663
Garten, Park					
Taxus baccata	einzeln	Baum	nadelförmig	++	694
Garten, Wald					
Daphne mezereum	mehrere	Strauch	eiförmig	+++	288

Fortsetzung: Rote Früchte, bis erbsengroß

Vorkommen Pflanzenname	Zahl der Früchte	Wuchsform	Blattform	Gefährl.- grad	Seite
Park, Wald					
Sorbus aucuparia	mehrere	Baum	gefiedert	roh (+)	673
Wald					
Arum maculatum	mehrere	Kraut	pfeilförmig	+++	148
Convallaria majalis	mehrere	Kraut	elliptisch	+	261
Frangula alnus	einzeln bis mehrere	Strauch	eiförmig	+	355
Maianthemum bifolium	mehrere	Kraut	herzförmig	+	481
Sambucus racemosa	mehrere	Strauch	gefiedert	+	634
Tamus communis	mehrere	Kletter- strauch	herzförmig	+	690
Zimmer					
Nertera granadensis	einzeln	Kraut	eiförmig	?	512
Skimmia japonica	mehrere	Strauch	elliptisch	(+)	660

1.2 Blaue bis schwarze Früchte

1.2.1 Blaue bis schwarze Früchte, kirschgroß

Vorkommen Pflanzenname	Zahl der Früchte	Wuchsform	Blattform	Gefährl.- grad	Seite
Garten					
Nicandra physalodes	einzeln	Kraut	elliptisch	+	513
Wald					
Atropa belladonna	einzeln	Staude	eiförmig	+++	157
Paris quadrifolia	einzeln	Kraut	elliptisch	+	538

1.2.2 Blaue bis schwarze Früchte, bis erbsengroß

Vorkommen Pflanzenname	Zahl der Früchte	Wuchsform	Blattform	Gefährl.- grad	Seite
Feld					
Bryonia alba	mehrere	Kraut	gelappt	++	176
Feld, Garten					
Solanum nigrum	mehrere	Kraut	eiförmig	+?	664
Feld, Garten, Park, Wald					
Hedera helix	mehrere	Kletter- strauch	gelappt	+	390
Ligustrum vulgare	mehrere	Strauch	lanzettlich	+	457

Fortsetzung: Blaue bis schwarze Früchte, bis erbsengroß

Vorkommen Pflanzenname	Zahl der Früchte	Wuchsform	Blattform	Gefährl.-grad	Seite
Feld, Wald					
Actaea spicata	mehrere	Kraut	gefiedert	(+)	93
Cornus sanguinea	mehrere	Strauch	elliptisch	(+)	266
Sambucus ebulus	mehrre	Strauch	gefiedert	+	631
Feuchtgebiete					
Vaccinium uliginosum	einzeln bis mehrere	Strauch	eiförmig	+	718
Garten					
Ampelopsis brevipedunculata	mehrere	Strauch	gelappt	(+)	119
Lantana camara	mehrere	Strauch	oval	+	445
Phytolacca americana	mehrere	Kraut	eiförmig	+	563
Garten, Park					
Mahonia aquifolium	mehrere	Strauch	gefiedert	(+)	480
Prunus laurocerasus	mehrere	Strauch	elliptisch	+	585
Garten, Park, Wald					
Lonicera nigra	zwei	Strauch	eiförmig	+	467
Viburnum lantana	mehrere	Strauch	eiförmig	+	725
Gebirge					
Empetrum nigrum	mehrere	Zwergstrauch	lineal	(+)	318
Wald					
Frangula alnus	einzeln	Strauch	elliptisch	+	355
Polygonatum-Arten	einzeln bis mehrere	Kräuter	eiförmig bis lanzettlich	+	578
Prunus padus	mehrere	Strauch	elliptisch	(+)	586
Prunus serotina	mehrere	Strauch	elliptisch	+	588

1.3 Weiße Früchte

Vorkommen Pflanzenname	Größe der Früchte	Wuchsform	Blattform	Gefährl.-grad	Seite
Garten, Park					
Symphoricarpos albus	kirschgroß	Strauch	elliptisch	+	689
Cornus sericea	erbsengroß	Strauch	oval	(+)	–
Pernettya mucronata	erbsengroß	Strauch	eiförmig	+	549
Laubholz- u. Nadelbäume					
Viscum album	erbsengroß	Schmarotzer	lanzettlich	(+)bis +	732

1.4 Gelbe Früchte

Hier nur die gelben Varietäten von Pyracantha coccinea und Atropa belladonna.

1.5 Grüne Früchte, größer als kirschgroß

Vorkommen Pflanzenname	Zahl der Früchte	Wuchsform	Blattform	Gefährl.-grad	Seite
Feld					
Solanum tuberosum	mehrere	Kraut	gefiedert	+	669
Garten (Botanische Gärten)					
Mandragora officinarum	einzeln	Kraut	eiförmig	?	484

2. Nichtbeerenartige Früchte

Wegen der Vielfalt und Vielzahl sind hier nur einige häufige und wichtige Arten aufgeführt.

2.1 Balg- und Kapselfrüchte

Vorkommen Pflanzenname	Fruchtform	Wuchsform	Blattform	Gefährl.-grad	Seite
Feld					
Colchicum autumnale	eiförmige Kapsel	Kraut	lanzettlich	+++	254
Datura stramonium	stachelige Kapsel	Kraut	eiförmig	+++	291
Hyoscyamus niger	Deckelkapsel	Kraut		+++	413
Papaver somniferum	Streukapsel	Kraut	eiförmig	++	535
Feld, Park, Wald					
Aesculus hippocastanum	stachelige Kapsel	Baum	gefingert	(+)	99
Euonymus europaea	rote Kapsel	Strauch	lanzettlich	++	334
Garten, Gebirge					
Aconitum napellus	Balgfrucht	Kraut	handförmig	+++	88
Garten, Park					
Ricinus communis	Kapsel mit gefl. Samen	Kraut	handförmig	+++	618
Garten, Wald					
Helleborus-Arten	Balgfrüchte	Kräuter	gefingert	+++	393

2.2 Hülsen- und Schotenfrüchte

Vorkommen Pflanzenname	Samen, Frucht	Wuchsform	Blattform	Gefährl.-grad	Seite
Feld					
Lathyrus sativus	Samen beilförmig	Kraut	linealisch	+	449
Robinia pseudoacacia	Samen braun, bohnenförmig	Baum	gefiedert	++	620

Fortsetzung: Hülsen- und Schotenfrüchte

Vorkommen Pflanzenname	Samen Frucht	Wuchsform	Blattform	Gefährl.-grad	Seite
Ulex europaeus	Hülse zottig behaart	Strauch	nadelig	++	713
Garten					
Erythrina crista-galli	Samen rot	Strauch, Baum	3zählig	++	326
Laburnum anagyroides	Samen dunkelbraun	Strauch	3zählig	+++	442
Phaseolus coccinea	Samen gezeichnet	Schlingpflanze	3zählig	roh ++	557
Phaseolus vulgaris	Samenfarbe variabel	Schlingpflanze	3zählig	roh ++	557
Garten, Haus					
Wisteria sinensis	Hülse dicht behaart	Kletterstrauch	gefiedert	+	736
Schmuck (Sträuße, Ketten)					
Abrus precatorius	Samen rot mit schwarzem Fleck		gefiedert	+++	83

2.3 Apiazeenfrüchte (Spaltfrüchte)

→ Aethusa cynapium, → Chaerophyllum temulum, → Cicuta virosa, → Conium maculatum, → Sium latifolium

III
Heilkunde

III – 1
Anwendung in der Homöopathie

Wir haben lange gezögert, bevor wir uns dazu entschlossen haben, die Anwendung in der Heilkunde und vorzugsweise in der Homöopathie in Kurzform bei denjenigen Giftpflanzen mit aufzunehmen, die zur Herstellung von Arzneimitteln Verwendung finden.
Für die Aufnahme waren zwei Gründe maßgebend:
Einmal wird heute häufiger nach Arzneimitteln auf natürlicher Basis gefragt, d. h. es besteht vermehrt ein Bedürfnis, Heilpflanzen anstelle von synthetisch hergestellten Arzneimitteln einzusetzen. Vor allem aber verdanken wir den genauen Beschreibungen von Vergiftungssymptomen aus dem homöopathischen Schrifttum eine ganze Reihe von Schilderungen, auch seltener Pflanzen, nicht nur in ihrer Wirkung auf Versuchstiere, sondern auch in ihrer Wirkung auf den Menschen. Eine Ratte kann ja niemals Unwohlsein, Beklemmungsgefühle oder ähnliches schildern. Mit Versuchstieren kann man die letale Dosis ermitteln und auch bei der Sektion Organveränderungen durch das Gift feststellen. Das weite Feld von Beeinflussungen des vegetativen Nervensystems dagegen bleibt unberücksichtigt.
Der Altmeister der Homöopathie, Dr. med. Samuel Hahnemann (Organon der Heilkunst § 111 S. 219 II. Auflage, Dresden, 1819) schreibt:
„Die ganze krankheitserregende Wirksamkeit der einzelnen Arzneien muß bekannt seyn, das ist, möglichst alle die krankhaften Symptome und Befindungsveränderungen, die jeder derselben besonders zu erzeugen fähig ist, müssen erst beobachtet worden seyn, ehe man hoffen kann, für die meisten natürlichen Krankheiten treffend homöopathische Heilmittel unter ihnen finden und auswählen zu können."
Es wurden deshalb aus drei homöopathischen Werken (Mezger – Gesichtete homöopathische Arzneimittellehre, dem Rezeptiertaschenbuch von Madaus und dem homöopathischen Repetitorium der Deutschen Homöopathischen Union) besonders augenfällige Anwendungen bei den in Frage kommenden Giftpflanzen in kürzester Form gebracht. Die Schilderung der Anwendung soll nicht dazu dienen, mit diesem Buch homöopathische Arzneimittellehre zu treiben, sondern es sollen die Wirkungen von Pflanzen am Menschen mit den dabei auftretenden Symptomen beschrieben werden.
Auf weitere Ausführungen über die Grundsätze der homöopathischen Arzneimittellehre, vor allem bezüglich der Zubereitung von Verdünnungen und ihren Anwendungen, wird deshalb bewußt verzichtet.
Aus diesem Grund wurden auch die homöopathischen Arzneimittel nicht unter ihren homöopathischen Bezeichnungen, z. B. dulcamara statt Solanum dulcamara oder Scilla statt Urginea maritima aufgeführt.
Es muß in diesem Zusammenhang auf zwei Umstände besonders hingewiesen werden:
Die Homöopathie arbeitet mit sogenannten Arzneimittelbildern. Bei Arzneimittelprüfungen an Menschen wird den Probanden ein bestimmtes, ihm unbekanntes Mittel zur Einnahme gegeben; anhand der von ihm beschriebenen Symptome und Sensationen wird auf bestimmte Wirkungen einer Pflanze in homöopathischer Zubereitung geschlossen, wobei der Konstitutionstypus des betreffenden Menschen von wesentlicher Bedeutung ist.
Eine Tatsache, der man auch im täglichen Leben bei Genußmitteln immer wieder begegnet: verschiedene Konstitutionstypen reagieren verschieden auf Tabak, Kaffee und Alkohol, um nur drei Beispiele zu nennen.

Um diese Problematik zu verdeutlichen, sei hier das homöopathische Repetitorium zitiert. „Die stereotype Frage: ‚Was gibt es in der Homöopathie gegen eine Trigeminusneuralgie, Obstipation, Ischias?', ist völlig abwegig. Die Fragestellung muß vielmehr heißen:

1. Was für ein Konstitutionstyp ist von der Trigeminusneuralgie usw. befallen?
2. Von welcher Art und Lokalisation ist der Schmerz?
3. Welches sind seine Modalitäten, d. h. durch welche Einflüsse wie Wärme, Kälte, Nässe, Berührung, Bewegung, Ruhe usw. wird er gebessert oder verschlimmert?
4. Sind bestimmte Leitsymptome vorhanden: z. B. Furcht, große Unruhe, heftiger Durst, hohe Temperatur und pulsus durus wie z. B. bei Aconitum napellus?
5. Bestehen außer den augenblicklichen Beschwerden bestimmte Anfälligkeiten wie Migräne, Rachenkatarrhe, Magenleiden, spastische oder atonische Obstipation, Periodenstörungen usw., welche ebenfalls in ihrem jeweiligen Charakter in das Arzneibild passen?

Gerade solche Parallelitäten erhöhen den Ähnlichkeitswert des betreffenden Mittels für die Krankheit außerordentlich. Es ist auffällig, daß den wichtigsten und treffsichersten Arzneien der Homöopathie der vornehmliche Angriff am ZNS bzw. vegetativen Nervensystem gemeinsam ist. Die Symptomatik solcher Mittel ist offenbar der sekundäre Ausdruck selektiver Reizungen auf bestimmte Ganglienzellgruppen, die ihnen gegenüber besonders empfindlich sind. Nach neueren Arbeiten soll die Homöopathie bei Verwendung der ZNS-Gifte eine Art medikamentöser Neuraltherapie betreiben." (DHU)

Jeder erfahrene Arzt weiß, daß einzelne Patienten besondere und verschiedene Schwachstellen haben können. Durch eine Vergiftung tritt eine zusätzliche Belastung dieser Schwachstellen ein, weshalb das gleiche Gift bei Patienten mit verschiedenen Schwachstellen auch verschiedene Symptome zeitigen kann. Aus diesem Grund schien uns die Schilderung wichtiger Symptome aus den oben zitierten homöopathischen Werken sinnvoll.

Es konnte aus der Vielzahl der für verschiedene Konstitutionstypen bei Arzneimittelprüfungen ermittelten Vergiftungssymptomen nur eine ganz geringe Auswahl übernommen werden. Hierbei haben sich die Autoren bemüht, die wichtigsten zu erfassen, aber je nach Art des vorliegenden Falles wird doch häufig die Frage, welche Symptome besonders wichtig sind, nicht zu klären sein. Ärzte, die von 20 Symptomen die drei aussuchen sollen, die sie für besonders wichtig halten, können durchaus verschieden urteilen. Deshalb wurde in jedem Fall, in dem eine „homöopathische Anwendung" beschrieben wurde, die Originalliteraturstelle, aus der die Anwendung ausgewählt wurde, angegeben, um dem Benutzer dieses Buches damit zu ermöglichen, aus der vollständigen Beschreibung selbst seine Rückschlüsse zu ziehen.

Sind Pflanzen oder Pflanzenteile Arzneimittel?

Die Bestimmungen des 1976 in Kraft getretenen Arzneimittelgesetzes haben in der Vergangenheit verschiedentlich zu kontroversen Auffassungen darüber geführt, ob Pflanzen – und darunter fallen selbstverständlich auch Giftpflanzen – Arzneimittel im Sinne des Gesetzes sind.

In einem Urteil des Bayerischen Verwaltungsgerichtes vom 11. Mai 1984 AZ 25 B 82 A. 2323 wurde entschieden, daß Arzneipflanzen, Gewürze und Tees, die entweder bereits getrocknet, teilweise auch zerkleinert oder pulverisiert in den Handel gebracht werden, zunächst keine Arzneimittel sind. Kunststoffe, die sowohl zu pharmazeutischen als auch zu anderen Zwecken bestimmt sind, sind grundsätzlich noch keine Arzneimittel. Die Bestimmung zur Weiterverarbeitung, auch zu einem Arzneimittel, ist nicht identisch mit der Zweckbestimmung, wie sie § 2 bis § 5 Arzneimittelgesetz zugrundelegen. Die Reinigung oder das gelegentliche Zerkleinern der bezogenen Waren und die Veräußerung an Weiterverwender ergibt ebenfalls keine Bestimmungen im Sinne von § 2 Abs. 1 AMG. Es handelt sich somit allenfalls, soweit eine Heilmittelverwendung überhaupt in Frage kommt, um Grund- oder Ausgangsstoffe, die erst auf der Erwerberstufe eine Arzneimittelbestimmung erhalten könnten.

Insgesamt mangelt es deshalb an den Objektivierungen, in denen sich nach der Ansicht der Rechtsprechung die Zweckbestimmung als Arzneimittel zu vergegenständlichen hat und mithin an einer wesentlichen Voraussetzung des § 2 Abs. 1 AMG.

Der Händler, der den strengen Bestimmungen des Arzneimittelrechts nicht unterworfen sein will, muß deshalb den oben genannten Bereichen von vornherein besondere Aufmerksamkeit widmen, d. h. er darf die Pflanzen oder Pflanzenteile zwar mit ihrem lateinischen Namen bezeichnen, aber er darf keine Anwendungszwecke auf den Packungen angeben, die eine arzneiliche Verwendung betreffen, sonst könnte die Aufsichtsbehörde der Ansicht sein, daß es sich nicht um einen Rohstoff, sondern um ein Fertigarzneimittel handelt (DAZ 126. Nr. 50 S. 2778 vom 11. 12. 1986).

III – 2
Allergie und allergie-induzierende Stoffe im Pflanzenbereich*

Nach der heute allgemein akzeptierten Definition verstehen wir unter *Allergie*

> „eine in zeitlicher, qualitativer und quantitativer Hinsicht erworbene, spezifische Reaktionsveränderung des Organismus auf der Basis einer pathogenen Immunreaktion"

Diese Definition umfaßt mehrere wesentliche Aspekte, die einer näheren Erläuterung bedürfen. So ist eine Allergie nicht a priori vorhanden oder einfach plötzlich „da", wie mancher Allergiker es beim plötzlichen Auftreten vorher unbekannter Haut- und Schleimhautveränderungen empfindet, sondern sie wird – meistens langsam – *erworben*. Nur die *Bereitschaft*, eine Allergie zu erwerben, wird familiär vererbt und ist damit genetisch vorprogrammiert (Prädisposition).
Bevor sich eine Allergie jedoch entwickelt, bedarf es mindestens *eines* vorherigen Kontakts – in der Regel aber mehrerer Kontakte –, damit sich die spezifische Umstimmung des Organismus einstellt, die man als Sensibilisierung bezeichnet. Die Vielfalt der allergischen Symptome ergibt sich durch die Tatsache, daß fremde Stoffe oder solche, die vom Körper als „fremd" erkannt werden – mitunter können auch körpereigene Stoffe zu „Fremdstoffen" werden (Autoimmunerkrankung) –, in den Organismus eindringen und von diesem in unterschiedlicher Form abgefangen, präsentiert, erkannt und verarbeitet und schließlich eliminiert werden.
Zwischen dem ersten Kontakt mit einem fremden Stoff und dem Auftreten der ersten klinisch sichtbaren Reaktion vergehen unterschiedlich lange Zeiträume, die der Organismus zur spezifischen Umstimmung benötigt. Diese Phase, die aufgrund individueller Verschiedenheit Tage, Wochen, Monate oder Jahre dauern kann, bezeichnet man als Induktionsphase oder Latenzzeit. Sie verläuft klinisch stumm.
Nach Abschluß des Sensibilisierungsvorganges und erneuter Exposition treten die Symptome in wenigen Minuten (Frühreaktion), nach einigen Stunden (verzögerte Reaktion) oder Tagen (Spätreaktion) auf.
Die *genetische Disposition* als individueller Faktor macht bestimmte Personen, die in der Bundesrepublik zahlenmäßig 3–5% der Bevölkerung ausmachen, besonders empfindlich gegenüber dem Einstrom allergie-induzierender Noxen, unter denen Pollen, Sporen und Tierepithelien im Vordergrund stehen. Diesem Formenkreis zuzurechnende Individuen leiden vermehrt an allergischer Rhinitis, allergischem Asthma bronchiale und/oder endogenem Ekzem. Die Trias der Symptome wird allgemein unter dem Begriff „Atopie" bzw. „Neurodermitis" zusammengefaßt. Unter dem Aspekt der genetischen Disposition kann auch das häufig beobachtete Phänomen erklärt werden, daß von zwei Personen, die an einem vorgegebenen Ort (z. B.

* Der Beitrag, für den wir danken, stammt von Prof. Dr. B. M. Hausen, Universitäts-Hautklinik Hamburg

Arbeitsplatz) gleichgroßen Mengen eines Allergens ausgesetzt sind, die eine nach wenigen Wochen, die andere erst nach Monaten bzw. erst nach Jahren oder gar nicht allergisch wird.

Eine allergische Reaktion ist immer *spezifisch*. Sie richtet sich spezifisch gegen einen oder mehrere Stoffe und läßt andere, gegenüber denen zur gleichen Zeit eine ebenso große Exposition besteht, unberücksichtigt. Die Spezifität kann so weit ausgeprägt sein, daß sich zum Beispiel bei zwei optischen Antipoden die erworbene Überempfindlichkeit nur gegen eine der beiden Formen richtet. Als Beispiel sei die Allergie gegenüber L-Carvon, dem Aromastoff der Krauseminze genannt (typischer Kaugummigeschmack). Während ein durch L-Carvon sensibilisierter Organismus auf alle Pfefferminzauszüge reagiert, die diese Komponente enthalten, bleibt er gegenüber dem Enantiomer D-Carvon (Aromabestandteil des Kümmels) tolerant.

Neben individuellem Faktor und Spezifität haben Zeit, Menge und Art des einwirkenden Allergens wesentlichen Einfluß auf das Entstehen einer Allergie. Ein einmaliger Kontakt mit dem fremden Stoff wird in der Mehrzahl der Fälle noch keine spezifische Überempfindlichkeit erzeugen, wenn es sich bei diesem nicht um ein äußerst stark wirksames Allergen handelt. Erst die wiederholte Exposition mit dem verursachenden Agens führt durch die Bildung von Antikörpern (Allergie vom Früh- und verzögerten Typ) bzw. von spezifisch sensibilisierten Zellen (Allergie vom Spättyp) zu einer Sensibilisierung. Diese hängt entscheidend davon ab, wie oft und in welchen Mengen der Stoff in den Organismus eindringt und welche arteigene Sensibilisierungspotenz er besitzt. Allergene mit einem hohen Sensibilisierungsvermögen rufen schon nach wenigen Expositionen (Inhalation, Ingestion, direkter Kontakt) bei der Mehrzahl der Exponierten eine Sensibilisierung hervor. Als Beispiel sei der Kontakt mit Primin aus der Becherprimel oder mit dem Antigen aus der Ricinusbohne angeführt. Mittelstarke oder schwache Allergene können hingegen über lange Zeiträume in den Organismus eindringen, ohne daß es zu einer Sensibilisierung kommt. Intensität und Dauer der Einwirkung bestimmen daher wesentlich die Entwicklung einer Allergie, worauf besonders beim berufsbedingten Umgang mit allergie-induzierenden Noxen oder beim ständigen Kontakt mit solchen im privaten Bereich (Umwelt, z. B. Haushalt) zu achten ist. Nach eingetretener Sensibilisierung ist bei erneuter gleichstarker Exposition mit einer *Verstärkung* der daraus resultierenden allergischen Reaktion zu rechnen (Abb. 1). Im Gegensatz zu toxischen Reaktionen besteht bei der allergischen die Tendenz zur ständigen Verschlimmerung (Exazerbation), so daß schließlich bei ho-

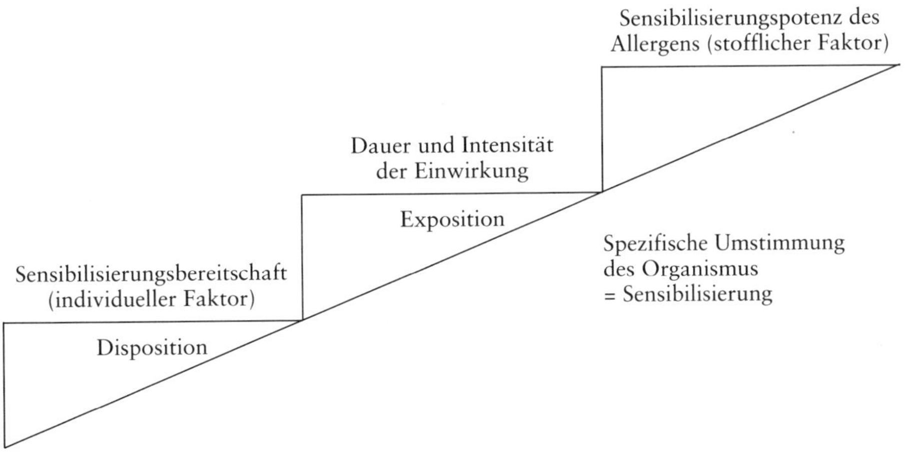

Abb.1

hem Sensibilisierungsgrad bereits geringste Mengen genügen, um eine explosionsartig überschießende Antwort auszulösen. Wird hingegen die Exposition strikt gemieden, so kann trotz hoher Überempfindlichkeit über lange Zeiträume völlige Beschwerdefreiheit bestehen.
Es ist jedoch ein Trugschluß zu glauben, daß absolutes Meiden des verursachenden oder verdächtigten Stoffes bewirkt, daß sich die erworbene Überempfindlichkeit in kurzer Zeit wieder verliert. Dies geschieht nur, wenn große Zeiträume verstreichen, die in Jahren und Jahrzehnten zu zählen sind. Erneuter Kontakt nach jahrelanger Beschwerdefreiheit führt obligat zum Wiederauftreten der allergischen Reaktionen (Rezidiv), da das immunologische Gedächtnis erhalten bleibt.
Symptomatische Behandlung mit Medikamenten wie Antihistaminika bei allergischen Frühreaktionen und Kortikosteroiden führt zwar zu einer temporären Unterdrückung der allergischen Reaktion, nicht aber zur Wiederherstellung des Zustandes, der vor Eintritt der Sensibilisierung bestand.
Im praktischen Fall äußert sich eine hochgradige Sensibilisierung bereits im Auftreten eines Rezidivs, das ein Pflanzenallergiker erleidet, wenn er einen Raum betritt, in dem die für ihn schädliche Art steht. Schon nach kurzer Zeit kommt es zu einer Reaktion, ohne daß er die Pflanze berührt hat oder nur in ihre Nähe gekommen ist (siehe auch: „airborne contact dermatitis“).

Einteilung allergischer Erkrankungen

Aus *didaktischen* Gründen werden die verschiedenen Reaktionsformen der allergischen Erkrankungen in vier (in erweiterter Form: sechs) Typen unterteilt. Diese Klassifikation der pathogenen Immunreaktionen steht nicht in unbedingter Übereinstimmung mit allen sich im lebenden Organismus abspielenden Vorgängen, sondern soll die Einteilung erleichtern, indem sie die Mechanismen nach ihrem zeitlichen Ablauf gliedert.

Typ I – Allergie vom Frühtyp, Sofortreaktion

Die klassische Reaktion vom anaphylaktischen Typ umfaßt die Symptome des Heuschnupfens, des allergischen Asthmas, der Urtikaria (Nesselsucht), der Nahrungsmittelallergie, Insektengiftallergie, Tierepithelienallergie sowie des anaphylaktischen Schocks. Von Seiten der Pflanzen steht die Pollen- und Sporen-Allergie im Vordergrund. Die Antigene sind in der Regel hochmolekular und wasserlöslich. Sie sitzen auf der Oberfläche von natürlichen Materialien. Da zwischen der Exposition und dem Auftreten der ersten sicht- bzw. fühlbaren Reaktion nur geringe Zeit – 10 bis 15 Minuten – verstreicht, spricht man im allgemeinen von der Allergie vom Soforttyp. Bevorzugte Manifestationsorgane sind die Schleimhäute der Augen, der Nase, des Rachens, der Bronchien und Bronchiolen sowie die Haut (Urtikaria). Bei Nahrungsmittelallergien kommt es zu Reaktionen an den Schleimhäuten des Magen-Darm-Traktes und/oder urtikariellen Reaktionen an der Haut. Wird das Antigen in hochkonzentrierter Form direkt in den Organismus injiziert, wie dies bei einem Wespen- bzw. Bienenstich der Fall ist, kann es zum anaphylaktischen Schock durch Herz- und Kreislaufversagen kommen. Immunologischer Hintergrund dieser Reaktionen sind die im Organismus gebildeten Antikörper vom IgE-Typ, die bei Kopplung mit dem Antigen durch Überbrückung zweier IgE-Moleküle auf Mastzell- oder Basophilenoberfläche die Freisetzung vasoaktiver Mediatoren bewirken, deren bekanntestes das Histamin ist. Beispiele für pollenproduzierende Pflanzen mit hoher Sensibilisierungspotenz sind im Frühjahr die Erle, Birke, Haselnuß und der Gagelstrauch, im Sommer Gräser und Getreide, im Spätsommer Beifuß, Nessel, Wegerich und Gänsefuß, gelegentlich auch Goldrute. Unter den Schimmelpilzen sind es die Sporen von Alternaria und Cladosporium.

Typ II – Zytotoxische Reaktion

Praktisch ohne Bedeutung für den Pflanzenbereich

Typ III – Allergie vom verzögerten Typ

Auch dieser Reaktionstyp, dem die Serumkrankheit, das Arthus-Phänomen, die exogene allergische Alveolitis zugeordnet sind, und der durch zirkulierende Immunkomplexe sowie die Beteiligung des Komplementsystems gekennzeichnet ist, spielt im Pflanzenbereich nur eine untergeordnete Rolle. Hier sind es vor allem bestimmte Pilzsporen, die im Organismus zur Bildung präzipitierender Antikörper vom IgG/IgM-Typ führen. Nach dem zeitlichen Ablauf werden klinisch eine Sofortreaktion in der Frühphase und eine verzögerte Reaktion nach ca. 6 Stunden unterschieden (Dualreaktion). Als Beispiele für eine exogene allergische Alveolitis seien die „Farmerlunge", eine Allergie vom verzögerten Typ gegenüber den Sporen von thermophilen Aktinomyceten (z. B. *Micropolyspora faeni*) und die „Pilzzüchterlunge" genannt, die durch die Sporen des Austernseitlings (Pleurotus Florida) hervorgerufen wird. Charakteristische Symptome sind – in der Frühphase – Husten und Niesen und nach 6 Stunden Anzeichen eines grippalen Infekts mit Abgeschlagenheit, Gliederschmerzen, Spannungsgefühl auf der Brust und Fieber. Hervorgerufen werden sie durch Immunkomplexe, die sich bevorzugt an bestimmten Geweben, wie z. B. der Lunge, Niere oder Gelenke absetzen und unter Aktivierung des Komplementsystems Stoffe freisetzen, die die Unverträglichkeitsreaktionen bewirken. Eine exogen verursachte allergische Alveolitis ist von einer Alveolitis toxischer Genese nicht immer leicht abzugrenzen, so daß einige Fallbeschreibungen aus dem Pflanzenbereich aufgrund fehlender weiterer Literatur bisher nicht eindeutig zugeordnet werden konnten. Es liegen zwar die Krankheitsbilder der Pilzzüchterlunge (Champignons, Austernseitlinge, Shiitake), Holzfaserallergie (z. B. Mahagoni, Iroko, Sequoia), Paprikaspalterlunge, Korkarbeiterlunge und Kaffeearbeiterlunge vor, doch ist bis auf die allergische Alveolitis durch Speisepilzsporen bei allen anderen Erkrankungen nicht das natürliche Material wie Kork, Kaffee oder Holz, sondern die auf oder in diesem Material wachsenden Schimmelpilze bzw. deren Sporen als Allergenquelle gefunden worden.

Typ IV – Allergie vom zellvermittelten oder Spättyp

Die Allergie vom Spättyp oder Ekzemtyp (allergische Kontaktdermatitis, allergisches Kontaktekzem) steht nicht nur im zeitlichen Ablauf im Gegensatz zur Sofortreaktion, sondern auch in ihrem Pathomechanismus. Als Antwort auf den antigenen Reiz werden nicht Antikörper, sondern spezifisch sensibilisierte T-Lymphozyten gebildet. Die Kontaktallergene sind in der Regel niedermolekulare Verbindungen, auch Haptene genannt, die erst mit körpereigenem Protein reagieren müssen, bevor sie mit den T-Lymphozyten in eine Korrelation treten können. Bevorzugtes Manifestationsorgan ist die Haut. Da Einwirkungsort und Reaktionsort der allergischen Erscheinungen miteinander stets korrespondieren, hat sich der Begriff Kontaktallergie durchgesetzt. Entstehung und Ablauf einer allergischen Reaktion vom Spättyp stellt man sich heute folgendermaßen vor: Von der großen Zahl an Fremdstoffen, die in den Körper einzudringen versuchen, wird ein hoher Teil (bis zu 90%) durch die *intakte* Hornschicht zurückgehalten. Ist die Haut jedoch geschädigt, können diese leichter eindringen, wodurch einer Sensibilisierung Vorschub geleistet wird (siehe: Vorschädigung der Haut). Haben die Stoffe die Barriere der Hornschicht überwunden, so werden sie von immunkompetenten Zellen, die in der Epidermis (Langerhans-Zellen) und in der Dermis (Makrophagen) eine Art Falle bilden, abgefangen und den in der gleichen Zellschicht liegenden T-Lymphozyten als „fremd" präsentiert. Bei starken Kontaktallergenen ist eine kovalente Bindung an die Oberflächenproteine als wahrscheinlich anzunehmen. Die sich anschließende Induktionsphase ist gekennzeichnet durch Proliferation der T-Lymphozyten zu Immunoblasten, Zellteilung, Neubildung und Klonung, an deren Ende die spezifisch sensibilisierten T-Lymphozyten stehen, die unterschiedliche Aufgaben wahrzunehmen haben. Während die T-Effektorzellen wieder in die Haut zurückgelangen und am Applikationsort mit Resten des verbliebenen Allergens reagieren und durch den erneuten Antigenkontakt Lymphokine freisetzen, die schließlich zur Entzündungsreaktion führen, verbleiben die T-Gedächtniszellen im Organismus und speichern die Erinnerung an das spezifische Allergen. Ist die Sensibilisierung eingetreten, erfolgt die Bildung von Effektor- und Gedächtniszellen bei erneutem Kontakt mit dem Allergen in potenzierter Form, so daß es jedes Mal zu einer Verstärkung der allergischen Reaktion kommt. Bindung des Allergens, Präsentation, Heranlockung anderer Zellen an den Ort des Geschehens und Freisetzung der Lymphokine bedingen eine starke Verzögerung des zeitlichen Ablaufs, so daß in der Regel mindestens 8 bis 12 Stunden vergehen, bevor es zu einer klinisch sichtbaren Reaktion an der Haut kommt (Spätreaktion). Geht der Weg des Kontaktallergens *nicht* über die Haut, d. h. findet keine Antigenpräsentation durch Langerhans-Zellen oder Makrophagen statt, so kommt es zu einer spezifischen Suppression (Immuntoleranz). Dies erklärt möglicherweise, warum Allergene, die beim Sensibilisierten bei Kontakt mit der Haut eine allergische Reaktion hervorrufen, zum Beispiel nach oraler Aufnahme (sofern sie eßbar sind) durchaus toleriert werden.

„Airborne contact dermatitis"

Eine gesondert zu erörternde Möglichkeit der Sensibilisierung durch Pflanzen stellt die „airborne contact dermatitis" dar, die man mit „aeroallergener Kontaktdermatitis" übersetzen könnte. Sie wird bevorzugt bei Personen beobachtet, die sich viel im Freien aufhalten und wenig bekleidet sind. Dabei gelangen durch die Luft übertragene Pflanzenteile von geringem Gewicht, wie z. B. Pollen, Früchte, Trichomen auf die Haut. Schweißbildung fördert die Freigabe der allergie-induzierenden Inhaltsstoffe. Bei gleichzeitiger Lichtexposition entsteht das klinische Bild der „Lichtdermatitis" oder auch „polymorphen Lichtdermatose", das häufig falsch diagnostiziert wird, da es sich in Wirklichkeit meist um eine Pflanzenallergie handelt. Betroffen sind in erster Linie Landwirte, Straßenbauarbeiter, Freiland- und Hobbygärtner. Die ekzematischen Veränderungen an den freigetragenen Körperarealen, die mit den lichtexponierten korrespondieren, beginnen gewöhnlich im April/Mai und heilen im September/Oktober wieder ab. Die hauptsächlich durch Kompositenpflanzen hervorgerufene „aeroallergene Kontaktdermatitis" ist eine Kombination aus allergischer und phototoxischer Reaktion, die sich aus dem Anflug von feinen wind- bzw. luftgetragenen Pflanzenpartikeln und der Freisetzung ihrer Inhaltsstoffe nach Kontakt mit der Haut ergibt, wobei kontaktallergie-induzierende Substanzen aus der Gruppe der Sesquiterpenlaktone *und* phototoxische Verbindungen aus der Klasse der Polyacetylene (Polyine) als Inhaltsstoffe der Kompositen den Eindruck entstehen lassen, es handele sich um eine Dermatitis, die durch Licht verstärkt werde.

Allergiediagnostik

Die Allergiediagnostik gliedert sich in vier Schritte: Anamnese, Hauttest, in-vitro-Untersuchung und Provokationstest. Eine detaillierte ausführliche Anamnese ist die wichtigste Voraussetzung und Grundlage jeder Allergiediagnostik. Sorgfältig ausgeführt, läßt sich in vielen Fällen das Allergen (oder die Allergene) bereits so weit einkreisen und der Zusammenhang zwischen Exposition und allergischer Reaktion herstellen, daß sich eine weiterführende Testuntersuchung erübrigt.

In Abhängigkeit von den verschiedenen Reaktionsmechanismen bei den genannten vier Allergietypen ergeben sich auch entsprechend unterschiedliche Methoden der Diagnostik.

Typ I

Eine hochgradige aktuelle Sensibilisierung ist schon dadurch nachzuweisen, daß man das verdächtige allergene Material (z. B. Pflanzenteile) nach Anfeuchten 10 bis 20mal auf der Innenseite des Unterarms hin- und herreibt (Reibetest). Bildet sich nach wenigen Minuten eine Quaddel mit Erythem und Juckreiz aus und bleiben Kontrollen an Nichtsensibilisierten negativ, so ist der Beweis eindeutig. Bei den anderen Testverfahren wird die *Allergenlösung* mittels Pricken, Scratchen oder Injektion (Prick-, Scratch-, Intracutantest) an die Mastzellen bzw.

Basophilen gebracht. Je nach Sensibilisierungsgrad und Testkonzentration bildet sich nach 15–20 Minuten eine Quaddel mit Erythem, deren Größe (Durchmesser) als Maß für die Stärke der Reaktion dient. Bei den in-vitro-Methoden wird die Allergie durch Kopplung des Antigens (Ag) an Papierscheiben und Zusammenbringen mit dem Antikörper (Ak) aus dem Serum im RAST (Radio-Allergo-Sorbens-Test) oder durch die bei der Ag-Ak-Reaktion erfolgte Histaminfreisetzung bestimmt.

Eine Provokationstestung ist nur angezeigt, wenn die vorausgegangenen Testuntersuchungen kein eindeutiges Ergebnis geliefert haben. Da hierbei für den Patienten ein erhöhtes Risiko besteht – immerhin wird die allergische Reaktion am betroffenen Organ nachgeahmt – ist die Provokation nur unter kontrollierten Bedingungen durchzuführen. In praxi erfolgt der Provokationstest durch Einbringen des Allergens in geeigneter Lösung in den Bindehautsack (konjunktivaler Provokationstest), Einträufeln oder Sprühen in die Nase (auch „Schnupfen") (nasaler T.), Inhalieren eines Aerosols (bronchialer T.), oder oraler Zufuhr bei Nahrungsmittelallergien.

Typ III

Hauttests sind bei der Allergie vom verzögerten Typ nur von geringer Aussagekraft. Der Nachweis von präzipitierenden Antikörpern erfolgt bei der exogenen allergischen Alveolitis daher bevorzugt mittels Diffusion in einem Gel (Ouchterlony-Technik) oder durch indirekte Immunfluoreszenz. Obwohl selten angewandt, ist auch die Komplementbindungsreaktion ein empfindlicher Nachweis für die komplementbindenden Eigenschaften der Antikörper bei der Typ-III-Allergie.

Typ IV

Die klassische Methode des Nachweises einer Allergie vom zellvermittelten Typ ist der Epikutantest (Läppchentest, Patchtest). Das Kontaktallergen wird in einer subirritativen Konzentration unter einem Okklusivpflaster für 24 Stunden auf die Haut gebracht. Applikationsort ist gewöhnlich der Rücken. Die Ablesung erfolgt $^1/_2$ Stunde nach der Entfernung des Pflasters sowie nach 48 und nach 72 Stunden. Die Stärke der Erfolgsreaktion wird nach folgendem Schema beurteilt:

Ø Negativ
(+) Fleckförmige Rötung
+ Gleichmäßige Rötung
++ Rötung, Schwellung, Papeln, auf das Testfeld beschränkt
+++ Rötung, Schwellung, Infiltration, über das Testfeld hinausgehend

In der Regel ist bereits nach 24 Stunden eine positive Testreaktion zu beobachten. In vereinzelten Fällen können die Reaktionen aber auch erst nach 48, 72 Stunden oder noch später auftreten. Aus diesem Grund hat es sich eingebürgert, grundsätzlich eine Ablesung nach 72 Stunden vorzunehmen, um sehr spät auftretende Reaktionen nicht zu übersehen.

Therapie

Für die Behandlung der Symptome der verschiedenen allergischen Erkrankungen bietet sich keine große Auswahl an Möglichkeiten an. Grundsätzlich ist anzumerken, daß die Behandlung nur dem Facharzt überlassen werden sollte.

Beeinträchtigungen für den Organismus, die über lange Zeit oder für immer bestehen bleiben, sind in Abhängigkeit vom Allergietyp und individuellem Sensibilisierungsgrad unterschiedlich ausgeprägt. Das dem Frühreaktionstyp zuzuordnende allergische Asthma kann sich nach Jahren der Exposition verselbständigen. Es tritt dann auch auf, wenn keine Exposition durch das verursachende Antigen mehr besteht. Die exogene allergische Alveolitis (Typ III) führt bei langfristigem Allergenkontakt zu einer irreversiblen Schädigung des Lungengewebes, die sich als Lungenfibrose mit deutlicher Verschattung im Röntgenbild zeigt. Nur bei den allergischen Reaktionen vom Spättyp, die sich an der Haut manifestieren und gelegentlich auch stark bullös ausfallen können, heilen die Veränderungen in der Regel ohne einen bleibenden Schaden ab.

Karenz, d. h. das strikte Meiden des allergie-induzierenden und auslösenden Stoffes ist die einzige kausale Therapie, um dem wiederholten Auftreten von allergischen Reaktionen auf die Dauer wirksam zu begegnen. Diese ist jedoch nur bei solchen Stoffen und Materialien möglich, deren Einwirkung auf den Organismus man sich entziehen kann. Den Erregern des Heuschnupfens, d. h. den Pollen und Sporen kann man sich nur bedingt, z. B. durch einen Aufenthalt an der See oder im Hochgebirge entziehen, da dort die Belastung geringer ist. Bei den *allergischen Reaktionen vom Frühtyp* bietet sich neben der symptomatischen Behandlung mit *Antihistaminika* und *Kortikosteroiden* und der Wohnraumsanierung die *Hyposensibilisierung* (früher: Desensibilisierung) an, bei der durch langsam gesteigerte Zufuhr des oder der spezifischen Allergene in geeigneter Form nach Ablauf einer gewissen Zeit eine Gewöhnung erreicht wird.

Für die *allergischen Reaktionen vom Spättyp* (Kontaktallergie) gilt grundsätzlich, daß man die Exposition meiden kann, wenn man die Ekzematogene kennt. Dies ist bei ubiquitär verbreiteten Allergenen sehr schwierig und bei solchen, die in versteckter Form vorkommen, oft nicht möglich. Vielfach hilft das Tragen von Schutzkleidung wie Masken, Handschuhe, Stiefel etc., die verhindert, daß das Allergen auf die Haut gelangt. Bei der symptomatischen Behandlung kommen die topische, orale und zuweilen injektive Applikation von Kortikosteroiden zur Anwendung.

Verdacht oder Kenntnis einer *berufsbedingten* Allergie ist durch Anzeige einer Berufskrankheit den zuständigen Berufsgenossenschaften zu melden, wofür es entsprechende Formblätter gibt. Erworbene Allergien vom Frühtyp und Spättyp durch Zier- und Nutzpflanzen sind in bestimmten Berufen wie Gärtner, Florist, Drogist, Drogenzüchter, Gemüsehändler und Blumenbinder(innen) häufig. Sie führen nicht selten zu einem *Arbeitsplatzwechsel, Umschulung* oder völligen Aufgabe der beruflichen Tätigkeit. Zu den am häufigsten Betroffenen zählen z. B. Chrysanthemenzüchter (Kontaktallergie) oder Kultivateure der Korallenranke (inhalative Allergie auf die Pollen von *Euphorbia fulgens*).

Eine „Hyposensibilisierung", wie sie bei den IgE-vermittelten Reaktionen durchgeführt wird, ist *bei der Kontaktallergie nicht möglich*. Man beobachtet zwar, daß in einigen Fällen nach jahrelangem Kontakt mit dem Allergen trotz bekannter spezifischer Überempfindlichkeit und dementsprechenden Rezidiven ein „hardening"-Effekt eintritt. Auch hat es nicht an Versuchen gefehlt, durch orale Zufuhr des Allergens, d. h. unter Umgehung der Langerhans-Zellen und der Makrophagen in der Haut, eine Immuntoleranz zu erzeugen, doch scheiterte dieses Bemühen fast immer an den toxischen und kanzerogenen Eigenschaften der betreffenden Ekzematogene. Im Falle der Pflanzenallergene sind einem solchen Vorgehen etwas größere Erfolgsaussichten zuzugestehen, da die verursachenden Wirkstoffe nicht selten zu den eßbaren Stoffen gehören und damit ohne Nebenwirkungen vom Organismus aufgenommen werden können. Jedoch zeigt sich hier, daß bei einer *bereits erworbenen Allergie* vom zellvermittelten Typ, die ja über Jahrzehnte bestehen bleibt, die Erfolgschancen relativ gering sind. Viel sinnvoller wäre die orale, eventuell sogar i.v.-Zufuhr des Kontaktallergens aus dem Pflanzenreich *vor* vollständiger Ausprägung des Immunsystems (Säuglingsalter) bzw. vor dem Erwerben einer Kontaktallergie, weil die erzielte Immuntoleranz dann viel wirksamer ist. Sowohl experimentell als auch am humanen Beispiel lassen sich dafür Beweise anführen. So werden Meerschweinchen, die man über längere Zeit mit Kopfsalat füttert, nicht allergisch, wenn man anschließend eine Sensibilisierung mit Kopfsalat oder seinen allergen wirksamen Sesquiterpenlakton-Inhaltsstoffen

Lactucin und Lactucopicrin versucht. Auch die Tatsache, daß es in Japan praktisch keine Chrysanthemenallergie gibt, während diese bei uns zu den häufigsten Phytodermatosen zählt, ist wahrscheinlich auf abweichende Eßgewohnheiten zurückzuführen, weil die Japaner von Kindesbeinen an Chrysanthemenblätter als Salat verspeisen. Dieses Phänomen des „Nichtzustandekommens" einer Chrysanthemenallergie – trotz des sehr intensiven Kontaktes mit Chrysanthemen, die als Nationalblume seit 2000 Jahren gezüchtet werden – ist ebenfalls im Sinne einer durch *vorherige* orale Zufuhr des Allergens erzeugten Immuntoleranz zu sehen.

Kreuzreaktionen

Sowohl bei den allergischen Reaktionen vom Früh- als auch vom Spättyp beobachtet man das Phänomen der Kreuzreaktivität. So reagieren z. B. *Pollinotiker,* die auf Frühblüher (Erle, Birke, Haselnuß) allergisch sind, auch auf Kernobst, z. B. Äpfel, weil es zwischen diesen – botanisch nicht miteinander verwandten – Arten eine *Antigengemeinschaft* gibt. In der gekreuzten Immunelektrophorese findet man mindestens eine Bande, die den Extrakten aus Äpfeln und denen aus Birkenpollen gemeinsam ist. Gleiches gilt z. B. auch für die Antigengemeinschaft von Beifuß und Sellerie.

Bei der *Kontaktallergie* ist zwar die Spezifität gegenüber einer Verbindung gewöhnlich hoch ausgeprägt. Doch auch hier sind Kreuzreaktionen zu beobachten, da der Organismus, der gegenüber dem Stoff A sensibilisiert ist, auch B erkennen kann, wenn diese Substanz chemisch nahe verwandt ist. Kreuzreaktivitäten dieser Art sind bei einigen Chinonen, ganz besonders aber innerhalb der Gruppe der Sesquiterpenlaktone, zu beobachten. Von besonderer Bedeutung ist eine solche Korrelation vor allem für Personen, die gegenüber Kompositeninhaltsstoffen (Sesquiterpenlaktone) sensibilisiert sind, da sie nach Kontakt mit anderen Arten, in denen Verbindungen der gleichen Gruppe vorkommen, ein Rezidiv (Wiederaufflammen der Dermatitis) erleiden können. Bei einem Chrysanthemenallergiker beobachtet man daher regelmäßig Kreuzreaktionen auf Schafgarbe, Rainfarn, Mutterkraut, Sonnenblume und Kamille, seltener auch auf Arnika, Gänseblümchen, Löwenzahn, Kokardenblume und Benediktenkraut. Ausdruck einer echten Kreuzreaktivität ist die ebenfalls obligat auftretende Reaktion auf Frullania, ein Lebermoos aus dem Mittelmeergebiet, und die gleichfalls recht häufige Reaktion auf Lorbeer (Familie Lauraceae). Auch umgekehrt findet man bei einer durch Lorbeer sensibilisierten Person (z. B. Koch, Kaltmamsell) vielfach positive Testreaktionen auf Chrysanthemen, Rainfarn, Schafgarbe, Mutterkraut, Margerite und Kamille. Die betreffenden Personen berichten dann auch regelmäßig, daß sie *nach* dem Eintreten der Sensibilisierung bestimmte Pflanzen und Pflanzenextrakte nicht mehr vertragen hätten, die vorher toleriert wurden. Anamnestisch ist eindeutig nachzuweisen, daß vorher kein Umgang mit den jetzt nicht mehr tolerierten Pflanzen bestanden hat. Hintergrund und gleichzeitige Erklärung für die Auslösung von Rezidiven aufgrund von Kreuzreaktionen ist die experimentell gesicherte Beobachtung, daß sich die Spezifität der Allergie bei der erworbenen Kompositenüberempfindlichkeit primär gegen die *Methylengruppe* richtet, die in α-Stellung exocyclisch am Laktonring vorliegt („immunologisches Merkmal"). Die spezifisch sensibilisierten T-Lymphozyten erkennen bevorzugt dieses α-Methylen-γ butyrolakton und reagieren folglich auch auf andere Sesquiterpenlaktone mit einer pathogenen Immunantwort, wenn ihnen ein Pflanzeninhaltsstoff mit der gleichen Wirkgruppe und ähnlicher Molekülgröße dargeboten wird. Rezidive durch Kreuzreaktionen treten also völlig unabhängig davon auf, in welcher Pflanze oder Extraktform ihnen das Sesquiterpenlakton gegenübertritt. Für den Sesquiterpenlakton-Allergiker, der in der Mehrzahl der Fälle bei uns ein Kompositenallergiker ist, da diese Familie die höchste Zahl an potentiellen Kontaktallergenen dieser Stoffgruppe enthält (ca. 800), hat die spezifische Überempfindlichkeit zur Folge, daß er allen Pflanzen und ihren Extrakten aus dem Wege gehen muß, in denen mit dem Vorkommen von Sesquiterpenlaktonen zu rechnen ist. Konsequenterweise ist daher auch der Umgang mit kräuterhaltigen Shampoos, Badezusätzen, Massageölen, Kosmetika, Zäpfchen, Salben gegen Sportverletzungen, die Extrakte von Kamille, Schafgarbe, Rainfarn, Ringelblume, Arnika etc. enthalten, sowie Tees (z. B. Wermut) und Gewürzen (z. B. Beifuß, Estragon), um nur einige zu nennen, zu meiden.

Unterscheidung von allergischen und primär irritativen Reaktionen

Viele Sensibilisatoren, besonders solche mit einer hohen Sensibilisierungspotenz, können bei Überschreiten einer für jeden Stoff spezifischen Konzentration eine irritative Reaktion auslösen, die klinisch von einer allergischen kaum oder gar nicht zu unterscheiden ist. Dies gilt besonders für eine größere Zahl von niedermolekularen Kontaktallergenen. Beim Epikutantest stellt sich daher regelmäßig die Frage nach der relevanten, d. h. subirritativen Konzentration eines Stoffes, wenn eine evtl. bestehende Allergie nachgewiesen werden soll. Da die Konzentration an sekundären Inhaltsstoffen von Art zu Art sowie innerhalb einer Art aufgrund äußerer Einflüsse wie Standort, Jahreszeit, Klima etc. starken Schwankungen unterliegt, ist bei der Testung von Pflanzen mit bekannten hochpotenten oder völlig unbekannten Kontaktallergenen äußerste Vorsicht geboten. Eine direkte Testung mit Pflanzenmaterial, in dem eine unbekannte, aber meist zu hohe Konzentration des allergenen Inhaltsstoffes vorliegt, verursacht eine irritative Reaktion, die nicht als Nachweis einer Allergie gewertet werden kann. Eine solche „falsch positive" Reaktion ist nichts anderes als eine Reizung der Haut, die ohne Ablauf einer immunologischen Reaktion zustande kommt. Nur die subirritative Konzentration, die bei einem nicht-sensibilisierten Kontrollkollektiv negativ bleibt, löst beim Allergiker – und nur bei diesem – eine allergische Reaktion an der Applikationsstelle aus, die sich bei histologischer Examination deutlich von einer irritativen unterscheidet. Oberhalb der irritativen Grenze liegende Konzentrationen bergen darüber hinaus die Gefahr der aktiven Sensibilisierung des Probanden in sich. Allergie-induzierende Pflanzen, deren hochpotente Sensibilisatoren bekannt sind, oder solche, deren Allergene man noch nicht kennt, sollten daher nicht durch direktes Auflegen der Blätter, Stengel, Wurzeln oder Blüten epikutan getestet werden. Hierzu zählen u. a. die *Primula obconica,* Tulpen, Alstroemerien, Knollen von Zwiebeln, Knoblauch, Iris, Hyazinthen, Narzissen, Milchsaft von Weihnachtsstern und „Croton". Es ist erstrebenswert, aber zur Zeit noch nicht zu verwirklichen, alle Pflanzenallergene in reiner Form und damit unabhängig von der Art, in der sie vorkommen, zu testen. Nur bei wenigen gelingt die Isolierung in ausreichenden Mengen, für die nachfolgend die subirritative, d. h. „sichere Testkonzentration angegeben ist:

Primin (Allergen der Primel)=0,01%
Tuliposid A (Allergen der Tulpen, Alstroemerien, Lilien, etc.)=0,01%
Parthenolid (Allergen des Mutterkrauts)=0,1%
Costunolid (Allergen des Lorbeers)=0,1%

Phototoxische – photosensibilisierende Stoffe

Bestimmte Stoffgruppen, unter denen die Furocumarine besonders hervorzuheben sind, verursachen bei Kontakt mit der Haut und *gleichzeitiger* Einwirkung von Sonnenlicht eine Entzündung der Haut. Diese photo*toxischen* Verbindungen werden erst durch das Hinzutreten der UV-Strahlung aktiviert und bewirken dann eine Hautreizung (z. B. 8-Methoxypsoralen, Bergapten, Hypericin, verschiedene Polyacetylene). Regelmäßiges Auftreten solcher zum Teil sehr schweren Hautveränderungen, die einer Verbrennung gleichkommen und erst nach Wochen unter Hinterlassung von Narben und Pigmentbildung abheilen, wird in jedem Sommer nach Berührung von *Heracleum-* und *Ruta*-Arten beschrieben. Hier liegt keine Allergie im Sinne der Definition vor, da keine vorherige Sensibilisierung für das Zustandekommen der Reaktion Bedingung ist. Ein (belichteter) Epikutantest bleibt ohne Aussagekraft, da er entweder positiv ausfällt und alle Kontrollen ebenfalls oder bei entsprechender Verdünnung auf eine subirritative Konzentration des Extraktes oder der isolierten Verbindung keine Reaktion erhalten wird. Furocumarine und andere phototoxische Verbindungen sind in den Familien der Apiaceae, Rutaceae, Fabaceae, Moraceae, Solanaceae, Pittosporaceae, Polygonaceae und Asteraceae mehr oder weniger weit verbreitet.

Im Gegensatz dazu gibt es nur wenige Substanzen, die im Organismus eine spezifische Umstimmung, d. h. Allergie induzieren und dann nach Einwirkung von Licht erst zu einer Reaktion an der Haut führen. Für diese als Photoallergene bezeichneten Verbindungen ist die Sensibilisierung eine unbedingte Voraussetzung.

Vorschädigung der Haut

Bei den Schleimhäuten ist durch die fehlende Hornschicht der Schutz gegenüber dem Eindringen fremder Stoffe eine natürliche Grenze gesetzt. Dies erklärt u. a., warum hochmolekulare antigene Verbindungen von der Oberfläche von Pollen, Sporen, Epithelien etc. so schnell penetrieren und mit den Antikörpern reagieren können. Demgegenüber erfüllt die Haut, mit der wir uns gegen die Umwelt abgrenzen, ihre Schutzfunktion in weit vollständigerem Maße. Aber nur die *intakte* Haut ist in der Lage, dem Eindringen der vielen Fremdstoffe einen wirksamen Riegel vorzuschieben. Wenn die Haut entweder durch Veranlagung (z. B. Neurodermitis) oder durch verschiedenste exogene Einflüsse geschädigt ist, können potentielle Allergene durch die defekte Hornschicht leichter eindringen. Eine vorgeschädigte Haut leistet damit einer Sensibilisierung einen wesentlichen Vorschub. Schädigungen werden durch Arbeiten in feuchtem Milieu, durch Laugen, Säuren, Detergentien, organische Lösungsmittel, etherische Öle, Desinfektionsmittel, hautaustrocknende Materialien sowie mechanische Verletzung, z. B. Stacheln, Dornen, scharfe Nadeln (Koniferen) gesetzt. Bei Gärtnern, Floristen und Blumenbindern(innen) sind es vor allem die starke Beanspruchung und das Arbeiten in feuchtem Milieu (Erde, Wasser), die dem Phytoekzematogen, dem Metall (Nickel-Blumendraht) oder dem Gummiinhaltsstoff (bei Tragen von Schutzhandschuhen) den Weg zu den immunkompetenten Zellen ebnen.

Benutzungshinweis

Bei der Beschreibung der einzelnen Arten ist eine Unterteilung in „Wirkungen auf die Haut" (Allergie vom Spättyp) und „Wirkungen auf die Schleimhäute" (Allergie vom Frühtyp) vorgenommen worden, um die toxischen, d. h. echten Vergiftungserscheinungen von den allergenen Wirkungen der Pflanzen zu differenzieren. Soweit möglich haben dabei auch die allergieinduzierenden Inhaltsstoffe, deren chemische Struktur und allergene Potenz sowie die neueste Literatur Berücksichtigung gefunden. Auf Angaben zur Testkonzentration wurde weitgehend verzichtet. Nur in jenen Fällen, bei denen der direkte Test mit dem Pflanzenmaterial wegen zu hoher Konzentration des sensibilisierenden Inhaltsstoffes ein Risiko darstellt, wie z. B. beim Primin aus der Becherprimel und dem Tuliposid A aus verschiedenen Liliengewächsen, ist die Konzentrationsangabe für den Epikutantest genannt.

Es sei an dieser Stelle noch einmal ausdrücklich darauf verwiesen, daß viele Hautveränderungen durch Berührung mit Pflanzen hervorgerufen werden, die nach ihrem klinischen Erscheinungsbild wie eine echte allergische Reaktion aussehen. In vielen Fällen stellen diese jedoch keine allergische Reaktion im Sinne der Definition dar, da bei ihrem Zustandekommen keine immunologischen Vorgänge im Organismus ablaufen.

(Die Firma Carl Roth, 76185 Karlsruhe, hat einen Katalog, in dem Dr. Hausen 256 Stoffe ausgewählt hat, die in der Literatur mehr als fünfmal als allergie-induzierend genannt sind. Diese Stoffliste kann bei der Firma angefordert werden.
Die Stoffe sind zum Nachweis einer Kontaktallergie im Epikutantest in entsprechender Verdünnung geeignet.)

IV
Einzeldarstellungen

IV – 1
Giftpflanzen

Erläuterungen

Wissenschaftlicher Name	Im wesentlichen nach Zander [E 12]
Deutscher Name	Nach Schmeil-Fitschen [S 15] und anderen Quellen
Englischer Name (E:)	Nach Hegi, Hager, Macura. [H 27, H 12, M 1]
Französischer Name (F:)	Nach Hegi, Hager, Macura. [H 27, H 12, M 1]
Italienischer Name (I:)	Nach Hegi, Hager, Benigni, Pignatti. [H 27, H 12, B 15, P 9]
Niederländischer Name (N:)	Nach Bayer. [B 43]

EDV-Codes* Die verwendeten 5-teiligen Abkürzungen basieren auf dem wissenschaftlichen Namen der Pflanze. Die ersten 3 Buchstaben kennzeichnen die Gattung (Genus), die beiden folgenden die Art (Species).

Familie Wissenschaftlicher und deutscher Familienname.

Verbreitung, Vorkommen Es werden die wichtigsten Länder, Landschaften und Standorte sowie die Häufigkeit genannt.

Beschreibung Beschrieben werden: Größe, Habitus, Blatt, Blüte, Frucht
Angabe der Blütezeit und evtl. Reifezeit der Früchte.

Terminologie des Blattes

Blattformen:
1 borstenförmig
2 pfriemenförmig
3 nadelig
4 lanzettlich
5 linear
6 schwertförmig
7 keilförmig
8 spatelig
9 länglich
10 eiförmig
11 elliptisch
12 länglich eiförmig
13 verkehrt eiförmig
14 rundlich
15 rund
16 rhombisch
17 dreieckig
18 nierenförmig

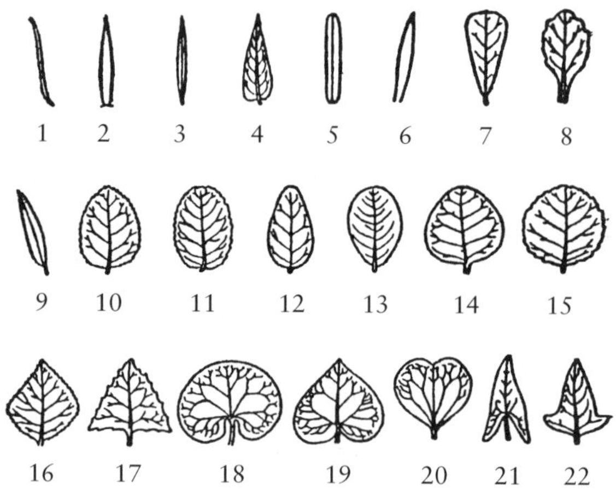

19 herzförmig
20 verkehrt herzförmig
21 pfeilförmig
22 spießförmig

* EDV-Code-Nummern sind bei der Bayer AG gespeichert, die auch auf Bändern und als Buch [B 43] bezogen werden können.

Blatteilungsformen:
1 handförmig
2 dreizählig
3 siebenteilig
4 siebenzählig geschnitten
5 fußförmig
6 paarig gefiedert
7 unpaarig gefiedert
8 unterbrochen gefiedert
9 leierförmig gefiedert

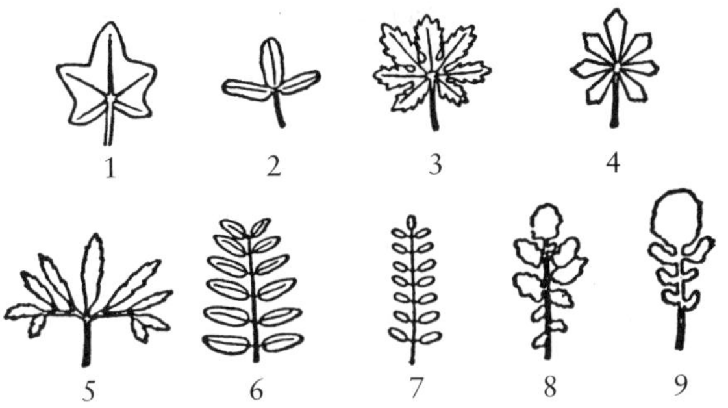

Blattrandformen:
1 gesägt
2 doppelt gesägt
3 doppelt gesägt
4 gezähnt
5 doppelt gezähnt
6 dornig gezähnt
7 feingekerbt
8 stumpf gekerbt
9 spitz gekerbt
10 ausgeschweift
11 ausgebuchtet
12 schrotsägenförmig

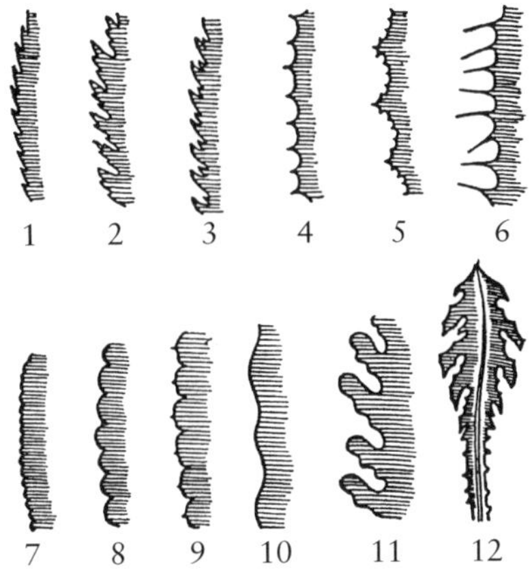

Blattstellungen:
1 gegenständig
2 wechselständig
3 quirlständig
4 kreuzgegenständig

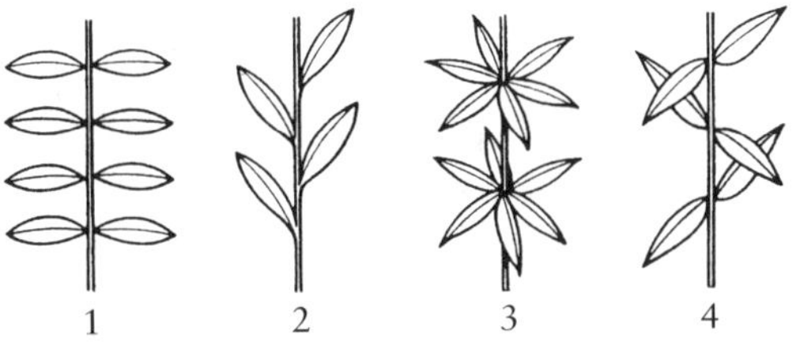

Droge	Lateinischer und deutscher Name der Droge, Eigenschaften und Beschaffenheit. Auszüge aus den Monographien des Bundesgesundheitsamtes (BGA).
Giftige oder wirkstoffhaltige Pflanzenteile	Genannt sind Pflanzenteile wie Stengel, Blatt, Frucht, die Wirkstoffe oder giftige Stoffe enthalten.
Hauptwirkstoffe	Pflanzeninhaltsstoffe, oft mit %-Angaben, Summenformel, Strukturformel, Schmelzpunkt, Siedepunkt etc.
Vergiftungserscheinungen oder Pharmakologische Wirkung	Beschreibung der Symptome und Wirkungen der Gifte auf den Körper (Organe, Herz-Kreislauf usw.), oft mit Fallbeispielen.
Wirkungen auf die Haut (Schleimhaut)	Symptome und Wirkungen von reizenden Inhaltsstoffen auf die Haut (Schleimhaut); allergische und phototoxische Reaktionen.
Anwendung	Medizinische Indikationen für Pulver und Auszüge der jeweiligen Droge oder Pflanze.
Dosierung	Mengenangabe der gebräuchlichsten Applikationsform der Pflanzenextrakte oder des pflanzlichen Pulvers.
Anwendung in der Homöopathie	Verdünnungsgrad bzw. Tablettendosierung für eine homöopathische Anwendung, mit Indikationsbereichen (nur Beispiele).
Gefährlichkeitsgrad	wenig oder kaum giftig (+) giftig + stark giftig ++ sehr stark giftig +++ nach den Vorschlägen des Bundesministeriums für Gesundheit, G. Kromke, und dem Ermessen der Verfasser.
Vorschriften	Hier werden Bestimmungen aus dem Betäubungsmittelgesetz, der Gefahrstoffverordnung, Hinweise auf Monographien des Bundes-Gesundheitsamtes, der Naturschutzverordnung und der Roten Liste (gefährdete Pflanzen) aufgeführt. R- und S-Sätze: Gefahrenhinweise und Sicherheitsratschläge nach den geltenden Vorschriften der Gefahrstoffverordnung.
Literatur	Kürzel gemäß Literaturverzeichnis (Kap. I-5) In den Beschreibungen der einzelnen Pflanzen sind Original-Literaturstellen aufgeführt und auch Werke, in denen weitere Angaben zu finden sind. So z. B. wurden von uns nur diejenigen Inhaltsstoffe einer Pflanze aufgeführt, die unserer Ansicht nach toxikologisch von Bedeutung sein können. Ähnliches gilt auch für andere Literaturangaben, die von uns gewertet wurden und je nach ihrer Bedeutung in das Kapitel aufgenommen wurden. Der Leser muß aber wissen, daß in sehr vielen Pflanzen- und sonstigen Beschreibungen private Mitteilungen, eigene Erkenntnisse und bisher unveröffentlichte Forschungsergebnisse aufgenommen wurden, ohne daß dieses besonders kenntlich gemacht wurde.
Therapie	Hinweise auf Maßnahmen zur Ersten Hilfe und klinischen Therapie.

Abrus precatorius L.

Paternoster-Erbse(n), Abrusbohne, Jequirity-Same(n). *E:* Indian liquorice. *F:* Liane à réglisse, réglisse d'Amérique. *I:* Regolizia d'America. *NL:* Paternostererut.

Samen

Pflanze

EDV-Code: ABRPR.

Familie: Fabaceae, Schmetterlingsblütler.

Verbreitung, Vorkommen: Ursprünglich in Ostindien beheimatet. Gegenwärtig in fast allen Tropenländern verbreitet.

Droge: Semen Abri, Abri semen, Abrusbohnen.

Eirunde bis epillipsoidische, 5–9 mm lange, 5–7 mm breite, hartschalige, glatte, glänzende, scharlachrote Samen mit tief schwarzem Nabelfleck. Geruchlos, Geschmack bohnenartig [H 12].

Hauptwirkstoffe: Das Toxalbumin → *Abrin,* das vor allem in den Samen, aber auch in Wurzel und Rinde vorkommt. Nach neueren Erkenntnissen ist Abrin ein Gemisch

Abrus precatorius

verschiedener Lectine. Für die systematische Toxizität sind die Abrine a–d verantwortlich, die unterschiedliche Toxizitätswerte aufweisen. Abrin a gehört zu den stärksten bekannten Giften. Die Blätter sollen neben Abrin Glycyrrhizin, das sich in der Wurzel der sogen. „Indischen Liquiritia" findet, enthalten.

Vergiftungserscheinungen: Keine Gefahr droht, wenn die unzerkauten Samen verschluckt werden, da die widerstandsfähige Schale durch die Verdauungssäfte nicht aufgelöst wird. Zerkaute Bohnen führen zu Vergiftungen.
Die toxischen Eigenschaften der Samen gehen beim Erhitzen verloren.
Nach einer Latenzzeit von wenigen Stunden bis 2 Tagen entsteht eine schwere Gastroenteritis mit Erbrechen, Durchfall und Krämpfen. Nicht selten heftige Nebenwirkungen, wie Hornhauttrübungen, ja sogar Verlust beider Augen infolge Phthisis bulbi, ferner Dacriocystitis, Periostitis der Nasen- und Tränenbeine, Symblepharon, Exophthalmus, akuter Glaukomanfall, Lidabszeß oder Hypertrophie der oberen Lider, Erythema faciei und Erysipel sind beobachtet worden.
Die als „Jequirity-Ophthalmie" bezeichnete Konjunktivitis ist eine sekundäre Entzündung und beruht auf einer durch das in Abrus precatorius enthaltene Toxalbumin Abrin verursachten Gerinnung in den Gefäßen der Bindehaut. Diese, die roten Blutkörperchen agglutinierende Wirkung (Thrombenbildung), ist die hervorstechendste Eigenschaft des Abrins, das außerdem an der Applikationsstelle Indurationen hervorruft und spezifisch auf den Haarboden wirkt, wobei es Haarausfall erzeugt [M 2].
Die Samen werden gelegentlich als Ketten verkauft. Auch zu Rosenkränzen werden sie verarbeitet. In letzter Zeit sind sie als schmückender Zusatz in Trockengestecken aufgetaucht. Todesfälle von Kindern, die 1–2 Paternostererbsen zerkaut hatten und schwere Vergiftungen von Erwachsenen schon nach dem Genuß von ½–2 Samen sind aus Amerika berichtet worden.
Um ein Pferd zu töten, sollen 60 g der Samen genügen, während Rinder, Schafe und Ziegen widerstandsfähiger sein sollen.

Gefährlichkeitsgrad: Sehr stark giftig + + +

Vorschriften: Abrus precatorius: Monographie der Kommission D.

Literatur: F 16, F 17, H 12, J 12, K 27, L 10, M 2.

Therapie:
Erste Hilfe: Kohle-Pulvis, erbrechen lassen, Natriumsulfat, Augen spülen.
Klinik: Magenspülung (evtl. mit burgunderfarbener Kaliumpermanganatlösung), Elektrolytsubstitution, Azidoseausgleich mit Natriumbikarbonat (Urin pH 7,5), Flüssigkeitszufuhr, Kontrolle der Nierenfunktion, bei Krämpfen Diazepam (Valium®), ggf. Plasmaexpander, Augenarzt.

Acalypha hispida Burm. f.

Nesselschön, Paradiesnessel, Katzenschwanz. *E:* Copper leaf. *F:* Ricinelle. *NL:* Rode kattestaart.

EDV-Code: ACCHI.

Familie: Euphorbiaceae, Wolfsmilchgewächse.

Verbreitung, Vorkommen: Heimat: Guinea (Westafrika), in allen trop. Ländern verwildert; Zimmerpflanze.

Beschreibung: Bis 1,80 m hohe, strauchige Pflanze. Blätter eiförmig, gestielt, wechselständig, Blattrand gesägt. Blütenstand achselständig, bis 50 cm langes, hochrotes Kätzchen.
Blütezeit: April–Oktober.

Giftige Pflanzenteile: Der weißliche Milchsaft.

Vergiftungserscheinungen: Der Milchsaft soll Haut- und gastrointestinale Entzündungen hervorrufen [M 33].

Gefährlichkeitsgrad: Giftig +

Literatur: M 33.

Therapie:
Erste Hilfe: Erbrechen oder Kohle-Pulvis, Haut spülen.
Klinik: In Extremfällen Magenspülung, Vitaltherapie (S. 56), Cortison-Salbe bei Hautreizung.

Acalypha indica L.

Brennkraut, Indisches Brennkraut. *E:* Indian acalypha. *F:* Acalyphe. *I:* Acalifa. *NL:* Indisch netelkruid.

EDV-Code: ACCIN.

Familie: Euphorbiaceae, Wolfsmilchgewächse.

Verbreitung, Vorkommen: Heißeste Gegenden Indiens, einschließlich Ceylon, Südchina, Äthiopien, Südafrika, Mexiko.

Droge: Herba Acalyphae indicae, Acalyphae indicae herba, Brennkraut.
In Indien gebräuchlich.

Hauptwirkstoffe: Acalyphin. In einer neueren Arbeit wurde die Struktur dieser Verbindung geklärt. Es handelt sich um ein Cyanopyridonderivat. Weiterhin Harz, Gerbstoff, ätherisches Öl, Quebrachitol und l-Inositolmonomethylether und eine Sub-

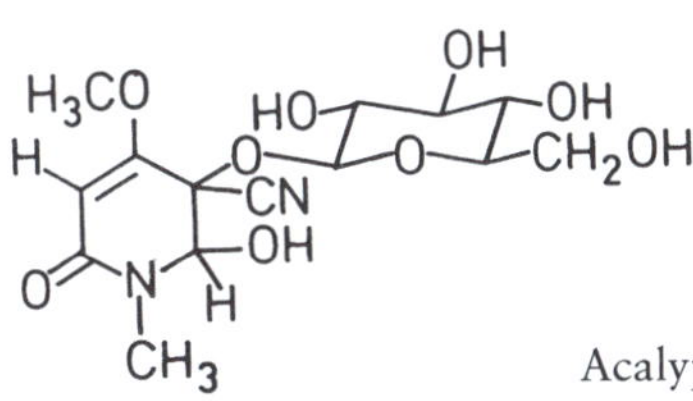

Acalyphin

Acalypha indica

stanz, die beim Kaninchen gastrointestinale Entzündungen und eine dunkelbraune Verfärbung des Blutes hervorruft. Im mikroskopischen Bild sieht man Calciumoxalatdrusen.

Vergiftungserscheinungen: Reizende Wirkung auf die Magenschleimhaut.

Gefährlichkeitsgrad: Giftig +

Vorschriften: Acalypha indica: Monographie der Kommission D.

Literatur: H 12, M 2, N 4.

Therapie:
Erste Hilfe: Kohle-Pulvis, erbrechen lassen, viel warmen Tee trinken lassen, Natriumsulfat.
Klinik: Nach wahrscheinlich großer Giftaufnahme Magenspülung (evtl. mit burgunderfarbener Kaliumpermanganatlösung), Elektrolytsubstitution, Azidoseausgleich mit Natriumbikarbonat (Urin pH 7,5), im Schock Plasmaexpandergabe, bei Krämpfen Diazepam (Valium®) i.v., Kontrolle der Nierenfunktion, bei Atemlähmung Intubation und Sauerstoffbeatmung. Bei Blausäurevergiftung Natriumthiosulfat i.v.

Acokanthera oblongifolia (Hochst.) Codd

[Acokanthera spectabilis (Sond.) Hook. f., Carissa spectabilis (Sond.) Pichon]

Wachsbaum, Acokanthera.

EDV-Code: CISSP.

Familie: Apocynaceae, Hundsgiftgewächse.

Verbreitung, Vorkommen: Heimat: Südwestafrika; Zimmerpflanze.

Beschreibung: Immergrüner Strauch. Blätter elliptisch, bis 14 cm lang, grün, kurz gestielt, gegenständig. Blüten reinweiß, mit 5 Kronblättern, in achselständigen Büscheln. Blütezeit: Februar–April.
Weitere giftige Acokanthera-Arten [E 12]:
Acokanthera oppositifolia (Lam.) Codd.
(Strauch, Blütezeit: 2–4, Verbreitung: Süd-Afrika, tropisches Ostafrika)
Acokanthera ouabaïo Poiss.
(Strauch, Blütezeit: 2–4, Verbreitung: Ost-Afrika).

Giftige Pflanzenteile: Die milchsaftführenden Stengel und Blätter, nicht die Früchte, die in der Heimat der Pflanze von der Bevölkerung gegessen werden.

Hauptwirkstoffe: In den Blättern Spectabilin und Acospectosid A, in den Stengeln Acobiosid A und Acovenosid A, im Holz Ouabain.

Vergiftungserscheinungen: Spectabilin hat digitalisähnliche Wirkung.

Gefährlichkeitsgrad: Stark giftig + +

Anmerkung: Acokanthera-Arten (5 Arten) sind Bäume und Sträucher von 2–7 m Höhe, die von Nord-Äthiopien bis zur Südspitze Afrikas vorkommen und den Eingeborenen zur Bereitung von lähmendem Pfeilgift dienen [N 8].

Literatur: E 12, H 12, N 8.

Therapie:
Erste Hilfe: Sofort Kohle-Pulvis (10 g), Erbrechen auslösen, Natriumsulfat.
Klinik: Nach wahrscheinlich großer Giftaufnahme Magenspülung (evtl. mit burgunderfarbener Kaliumpermanganatlösung), Instillation von 10 g Kohle-Pulvis, Natriumsulfat. Nach der Resorption (Krämpfe) Relaxierung und Intubation, solange das Krampfstadium anhält, nur so viel Antiepileptika wie Diazepam, Barbital u.a. bis die Krämpfe eben unterdrückt bleiben. Monitorkontrolle! Hochkalorische Infusionen (Traubenzucker), evtl. Antiarrhythmika, evtl. Sauerstoffbeatmung.

Aconitum napellus L.

Blauer Eisenhut. *E:* Monkshood. *F:* Aconit napel. *I:* Aconito napello.

Familie: Ranunculaceae, Hahnenfußgewächse.

Verbreitung, Vorkommen: Alpen und Mittelgebirge Europas; in Gebirgswäldern, an Bachufern und auf feuchten Weiden. Zierpflanze in Gärten.

Beschreibung: Ausdauernde, krautige Pflanze, ca. 50–150 cm hoch. Blätter handförmig, 5–7fach geteilt. Die dunkelblauen helmförmigen Blüten in vielblütigen, endständigen Trauben. Balgfrüchte mehrsamig.

Blütezeit: Juni–August.

Sammelart mit vielen Unterarten, die vielfach als eigene Arten beschrieben werden.

Droge: Tubera (Radix) Aconiti, Aconiti tuber, Eisenhut, Sturmhutknollen.
Knollen dunkelgraubraun, derb, prall oder etwas längsrunzelig, 4–8 cm lang, bis über 2 cm dick, kurz oder gestreckt rübenförmig. Geschmack süßlich, dann kratzend, später würgend scharf.
Herba Aconiti, Aconiti herba, Eisenhutkraut.
Die Droge darf nicht länger als ein Jahr aufbewahrt werden.

Auszug aus der Monographie der Kommission E:
Aconitum napellus (Blauer Eisenhut)
Risiken: Wegen der geringen therapeutischen Breite können Intoxikationserscheinungen bereits im therapeutischen Dosisbereich auftreten. Diese sind Parästhesien. Erbrechen, Schwindel, Muskelkrämpfe, Hypothermie, Bradykardie und Herzrhythmusstörungen, zentrale Atemlähmung.

Giftige Pflanzenteile: Die ganze Pflanze, besonders Wurzel und Samen.

Hauptwirkstoffe: Leicht hydrolysierbare Esteralkaloide von terpenoider Struktur. Hauptalkaloid ist das → *Aconitin* (Acetylbenzoylaconin) $C_{34}H_{47}NO_{11}$.
In geringeren Mengen Pikroaconitin (Benzoylaconin, Isaconitin, Benzaconin) $C_{32}H_{45}NO_{10}$, → *Mesaconitin* (Acetylbenzoylmesaconin) $C_{33}H_{45}NO_{11}$, Hypaconitin (Acetylbenzoylhypaconin) $C_{33}H_{45}NO_{10}$ sowie die freien Alkamine Aconin $C_{25}H_{41}NO_9$, Napellin $C_{22}H_{33}NO_3$, Neopellin $C_{32}H_{43-45}NO_8$ und Neolin $C_{24}H_{39-41}NO_6$ [H 12].

Vergiftungserscheinungen: Kälteempfindlichkeit, Empfindungsschwierigkeit, Übelkeit, Erregung, Herzrhythmusstörungen, Krämpfe, Lähmung der Zunge, der Gesichts- und Extremitätsmuskeln, zuletzt Kreislauflähmung.
Der Verfasser Roth hat bei der Herstellung von Aconitinhydrochlorid beim Abnehmen der Schutzmaske eine kleine Menge des Stoffes an den Nasenflügel gebracht. Hierauf stellte sich rasch Kribbeln, und nach wenigen Minuten ein „pelziges" Gefühl ein, so daß der Nasenflügel nahezu gefühllos war. Ein heftiger Ausbruch von kaltem Schweiß und leichte Herzrhythmusstörungen folgten. Nach etwa 1,5–2 Std. waren die Symptome langsam abgeklungen. Bei der Rekonstruktion stellte sich heraus, daß die

Aconitum napellus

Menge, die auf diese Weise durch die Haut aufgenommen werden konnte, mit größter Wahrscheinlichkeit unter 1 mg lag.

Mengen über 0,2 g sind schon toxisch. Nach Liebenow soll der Alkaloidgehalt der Knolle während der Blüte am geringsten und im Winter am höchsten sein.

Pferde und Wiederkäuer sind durch Aufnahme der Pflanze besonders gefährdet, es folgen Schwein, Hund und Geflügel. Letale Dosis für Pferde 300–400 g der frischen, für Hunde 5 g der getrockneten Wurzel [H 18].

Schon beim Pflücken der Pflanze kann das Gift durch die Haut eindringen und Hautentzündungen sowie schwere Vergiftungen hervorrufen [A 14].

Der blaue Eisenhut ist die giftigste Pflanze in unseren Breiten. Glücklicherweise kommen Vergiftungen nur selten vor. Der nachstehende Fall wird deshalb ausführlich wiedergegeben, weil darin moderne Behandlungsmethoden geschildert werden:

Ein 57jähriger, der wegen einer Hypertonie und Diabetis mellitus Typ 2 b in ärztlicher Behandlung war, erntete in seinem Garten mehrere Kräuter, die er verzehrte. 45 Minuten später suchte er ein Krankenhaus auf, da er im Mund- und Rachenbereich ein heftiges Brennen verspürte. Er hatte starke Parästhesien in den Extremitäten und heftige Bauchkrämpfe. Dem Mann war übel, er hatte auch schon erbrochen. Haut, Schleimhäute und Abdomen waren unauffällig, dafür zeigte sich eine schwere Herzrhythmusstörung (hochfrequente Kammertachykardie). Klinisch-chemisch fiel lediglich ein mäßig überhöhter Blutzucker auf. Wegen seiner Risikofaktoren wurde er gründlich kardiologisch untersucht; im EKG zeigte sich eine Herzfrequenz, die zwischen 80 und 140 Schlägen pro Minute schwankte. Im Echokardiogramm fiel eine Hypertrophie des linken Ventrikels auf. Der Rechtsherzkatheter zeigte eine linksventrikuläre Disfunktion Stadium 1, mit dem Linksherzkatheter wurde eine koronare Herzkrankheit ausgeschlossen. Während der ersten Stunde nach der Aufnahme entwickelte der Patient mehrmals Kammerarrhythmien (Kammertachykardie, Kammerflattern) und wurde auf der Intensivstation aufgenommen. Es war mehrmals eine elektrische Kardioversion erforderlich; parenterale Gabe von Xylocain war erfolglos, mit Propaphenon parenteral (70 mg) konnte schließlich ein stabiler Sinusrhythmus erzielt werden. Eine Magenspülung förderte keine Pflanzenreste mehr zutage (der Patient hatte ja schon ganz am Anfang erbrochen, was ihm vermutlich das Leben rettete). Carbo medicinalis wurde über die Magensonde appliziert. Letztendlich verantwortlich für die schwere Intoxikation ist Aconitin, es fördert den Natriumeinstrom in die Myokardzellen und verhindert die Repolarisation. Da es kein Antidot gibt, muß symptomatisch behandelt werden: Pflanzenteile durch Erbrechen oder Magenspülung entfernen, Carbo medicinalis geben, Putrescin 150 bis 300 mg/kg Körpergewicht soll die aconitininduzierten Herzrhythmusstörungen antagonisieren; im vorliegenden Fall war der Natriumantagonist Propaphenon sehr wirksam.

[Maeso matronero et al. Herz-Kreislauf 24 (1992) 201–203. Zitiert nach „Ärztliche Praxis" Nr. 59 vom 25. Juli 1992.]

Aus den Erfahrungen der Beratungsstelle für Vergiftungserscheinungen, Berlin:

6jähriger Junge aß von der knolligen Wurzel. Er zeigte mehrfaches Erbrechen, war wesensverändert, dann kollaptisch und benommen, RR 90/70, Puls 104/min.

Erwachsener: Einnahme als Teemischung: trockener Mund, Brechreiz.

Erwachsener/Suizid: alkoholischer Auszug von Wurzeln: blaßfahle Haut, kalt, leicht marmoriert, EKG: polytope ventrikuläre Extrasystolen.

Erwachsener/Suizid: ca. 20 Fingerhut- und ca. 4 Eisenhutblätter: Bradykardie, Rhythmusstörungen [K 40].

Anwendung in der Homöopathie: D_3 (cave)–D_6 bei initialen, grippalen, akuten Fieberzuständen, Neuralgien, bes. Trigeminus-Neuralgie. Stenocardie, Endo- und Pericarditis.

Gefährlichkeitsgrad: Sehr stark giftig + + +

Vorschriften: Alle Aconitum-Arten sind geschützt (A, CS, D, CH, I, YU).

Aconitum napellus

Aconitum napellus: Monographie der Kommission D u. E.

Verbotener Stoff der Kosmetik-Verordnung v. 19. 6. 1985, Anlage 1: 11 Aconitum napellus L. seine Blätter, Wurzeln und Zubereitungen.

Literatur: A 14, B 36, E 12, F 16, G 4, H 1, H 12, H 18, K 40, L 10, M 2.

Therapie:
Erste Hilfe: Sofortiges Erbrechen, 10 g Kohle-Pulvis, Natriumsulfat.
Klinik: Magenspülung (evtl. mit burgunderfarbener Kaliumpermanganatlösung), Instillation von 10 g Kohle-Pulvis und Natriumsulfat, Elektrolytsubstitution, Azidoseausgleich mit Natriumbikarbonat (Urin pH 7,5), bei Krämpfen Diazepam (Valium®) i.v., ggf. Intubation und Sauerstoffbeatmung, EKG, evtl. Antiarrhythmika.

Aconitum vulparia Rchb.

(Aconitum lycoctonum auct. non L.)

Gelber Eisenhut, Wolfs-Eisenhut. *E:* Yellow wolf's bane. *F:* Aconit tue-loup jaune.

Familie: Ranunculaceae, Hahnenfußgewächse.

Verbreitung, Vorkommen: Asien; in Europa v. a. in den Alpen und Mittelgebirgen, im Norden und Osten fehlend; in Wäldern und Gebüschen.

Beschreibung: 50–150 cm hohe ausdauernde Pflanze mit 5fach geteilten Blättern. Blüten schwefelgelb, in vielblütiger, etwas verästelter Traube, Helm fast 3mal so hoch als breit.
Blütezeit: Juni–August.

Hauptwirkstoffe: Lycoconitin $C_{36}H_{46}N_2O_{10}$ und Lycoctonin $C_{25}H_{39}NO_7$. Gesamtalkaloidgehalt etwa 0,94%. Kein Aconitin [H 12].

Vorschriften: Die Pflanze steht unter Naturschutz (A, CS, D, CH, I, YU, H).
Aconitum lycoctonum: Monographie der Kommission D.

Toxikologie: → *Aconitum napellus.*

Literatur: E 12, H 12.

Weitere giftige Aconitum-Arten [E 12]

Art	Wuchsform Blütezeit	Verbreitung
Aconitum anthora L.	Staude 6 – 8	Pyrenäen, Jura, Alpen, Karpaten, Kaukasus, Mittel- u. Ostasien
Aconitum carmichaelii var. wilsonii (Stapf ex Moltet) Munz	Staude 8 – 9	Mittel-China
Aconitum fischeri Rchb.	Staude 8 – 10	Mandschurei bis Kamtschatka
Aconitum hemsleyanum E. Pritz.	Staude 7 – 9	Mittel-China
Aconitum henryi E. Pritz.	Staude 7 – 8	West-China
Aconitum lamackii Rchb.	Staude 7 – 8	Südliches Mittel-Europa, Süd-Europa
Aconitum paniculatum Lam.	Staude 7 – 8	Gebirge Mittel-Europas bis Mittel-Italien u. Rumänien
Aconitum septentrionale Koelle (A. lycoctonum L.)	Staude 6	Norwegen bis Mittel-Rußland
Aconitum variegatum L. (A. rostratum Bernh. ex DC)	Staude 6 – 8	Gebirge Mittel-Europas bis Mittel-Italien, Bulgarien u. West-Ukraine
Aconitum volubile Pall. ex Koelle	Staude 7 – 8	Japan, Korea, Mandschurei, Ost-Sibirien

Acorus calamus L.

Kalmus. *E:* Sweet flag. *F:* Acore vrai. *I:* Calamo aromatico. *NL:* Kalmoes.

EDV-Code: ACSCA.

Familie: Araceae, Aronstabgewächse.

Verbreitung, Vorkommen: Aus Kleinasien eingeführt und in Mitteleuropa eingebürgert; verbreitet an Gräben und Teichen.

Beschreibung: Ausdauernde, bis 1,20 m hohe Pflanze, mit kriechendem Wurzelstock. Blätter schwertförmig, zweizeilig gestellt. Blüten unscheinbar, gelbgrün, an einem bis 8 cm langen Blütenkolben. Blütezeit: Juni–Juli.

Droge: Rhizoma Calami, Calami rhizoma, Kalmuswurzelstock.
Der geschälte Wurzelstock ist von rötlich-weißer Farbe. Geruch aromatisch, Geschmack brennend aromatisch.

Giftige Pflanzenteile: Rhizom und das daraus gewonnene Öl.

Acorus calamus

Hauptwirkstoffe: Am Beispiel des Kalmus soll etwas näher auf die Inhaltsstoffe und auf die große Schwankungsbreite der Inhaltsstoffe auch gutuntersuchter Drogen eingegangen werden.
Es erschien eine Arbeit von Keller und Stahl über die Inhaltsstoffe und den β-Asarongehalt des Kalmus. Hierin wurde festgestellt, daß es mehrere Varietäten der Droge gibt:

1. diploide Pflanzen: Acorus calamus L. var. americanus Wulff
2. triploide Pflanzen: Acorus calamus L. var. vulgaris L.
3. tetraploide Pflanzen: Acorus calamus L. var. angustatus Bess. und Acorus calamus L. var. verus L.

Der etherische Ölgehalt der verschiedenen Kalmusdrogen schwankte zwischen 1,7 und 8,7%. Noch bedeutender war der Unterschied beim Gehalt an cis-Isoasaron=β-Asaron im ätherischen Öl, der bei den diploiden Pflanzen Null betragen hat und bei den tetraploiden Pflanzen bis zu 96,5% des ätherischen Öls betragen konnte. Bei cis-Isoasaron fand man an Ratten eine kanzerogene Wirkung, weshalb in den USA die Verwendung von Kalmus durch die FDA verboten wurde.
Eine einfache Methode zur Vorbestimmung des Gehalts an Isoasaron bei ätherischem Kalmusöl ist der Brechungsindex; hierbei kann man davon ausgehen, daß Öle mit einem Brechungsindex unter 1,50 nur sehr wenig oder gar kein Isoasaron enthalten, während Öle mit einem Brechungsindex über 1,50–1,5545 einen Gehalt zwischen 3,3 und 96,5% Isoasaron haben. Im übrigen sei auf die ausführliche Originalarbeit hingewiesen [K 15].

Vergiftungserscheinungen: Krebserzeugende Wirkung durch das im Tierversuch kanzerogene β-Asaron ist möglich.
Der Wurzelstock wird gelegentlich von den Kri-Indianern im Nordwesten Kanadas gekaut, doch ist es unsicher, ob er wegen seiner halluzinogenen Wirkung verwendet wird.
α- und β-Asaron können in hohen Dosen visuelle Halluzinationen und LSD-ähnliche Rauschzustände hervorrufen.

Gefährlichkeitsgrad: Giftig +

Empfehlung: Magenbitter, Schwedentropfen etc. enthalten oft Kalmuswurzel. Entweder dafür Sorge tragen, daß nur geprüfte, in Deutschland gewachsene Droge verwendet wird, oder die Kalmuswurzel in der Rezeptur weglassen.

Vorschriften: Acorus calamus: Monographie der Kommission D.
Aromenverordnung der Bundesrepublik Deutschland v. 22. 12. 1981 (BGBl I, 1677–1685) Beschränkt verwendbarer Stoff des
§2, Anlage I: Calmusöl.
Verwendung: Trinkbranntwein. Höchstmenge in 1 Ltr. des verzehrfertigen Getränks: 1 mg Asaron.

Literatur: B 36, F 16, G 4, H 12, K 14, K 15, R 11, R 18, S 33, S 56.

Therapie:
Haut sofort mit Roticlean® oder warmem Wasser und Seife spülen. Nach Verschlucken Kohle-Pulvis-Gabe.

Actaea spicata L.

Ähriges Christophskraut. *E:* Bane berry; Herb Christopher. *F:* Herbe de Saint Christophe. *I:* Barba di capra. *NL:* Svarte giftbes.

EDV-Code: AATSP.

Familie: Ranunculaceae, Hahnenfußgewächse.

Verbreitung, Vorkommen: Europa, Asien; in der nordwestdeutschen Tiefebene fehlend; in schattigen Wäldern, Schluchten und an Bachufern.

Beschreibung: 30–60 cm hohe, krautige, ausdauernde Pflanze, Blätter langgestielt, doppelt 3zählig gefiedert, am Rand gesägt. Blüten gelblich-weiß, in gedrängten Trauben. Reife Früchte eiförmig, glänzend schwarz.
Blütezeit: Mai–Juni.
Früchte: Juli–August.

Giftige Pflanzenteile: Beeren und Samen.

Hauptwirkstoffe: → *Magnoflorin*, mit protoanemoninähnlicher Wirkung. Nach anderen Angaben sollen die Beeren frei von → *Protoanemonin* und anderen stark wirkenden Giftstoffen sein.

Vergiftungserscheinungen: Rötung und Blasenbildung der Haut, innerlich Nausea, Erbrechen, Gastroenteritis, oft mit blutigen Diarrhöen und starken Koliken verbunden. Vergiftungen bei Tieren sind nicht bekannt.

Gefährlichkeitsgrad: Wenig giftig (+)

Vorschriften: Actaea spicata: Monographie der Kommission D.

Literatur: B 36, F 16, G 4, H 12, L 10, M 2.

Therapie:
Erste Hilfe. Kohle-Pulvis, Erbrechen lassen, Natriumsulfat. Haut- und Schleimhautblasen: steril abdecken, Tetanusprophylaxe, lokal Locacorten®-Schaum.
Klinik: Nach wahrscheinlich großer Giftaufnahme Magenspülung (evtl. mit burgunderfarbener Kaliumpermanganatlösung), Elektrolytsubstitution, Azidoseausgleich mit Natriumbikarbonat (Urin pH 7,5), im Schock Plasmaexpandergabe, bei Krämpfen Diazepam (Valium®) i.v., Kontrolle der Nierenfunktion, bei Atemlähmung Intubation und Sauerstoffbeatmung.

Adenium obesum (Forssk.) Roem. et Schult.

Wüstenrose.

Familie: Apocynaceae, Hundsgiftgewächse.

Verbreitung, Vorkommen: Heimat: Ostafrika; Zimmerpflanze.

Beschreibung: Strauch mit fleischigem Stamm und kurzen fleischigen Ästen. Blätter verkehrteiförmig, 3–10 cm lang, wechselständig. Blüten rosa, groß, in zahlreichen Trugdolden. Blütezeit: April–September.

Giftige Pflanzenteile: Alle milchsaftführenden Pflanzenteile. Die Pflanze wird in der Heimat als Pfeilgift verwendet. Der Milchsaft wird von Enke und Danert als sehr giftig beschrieben.

Hauptwirkstoffe: Die Cardenolide Honghelin, Honghelosid (A), Somalin, 16-Acetylstrospesid, 16-Anhydro-3-acetylgitoxigenin.

Vergiftungserscheinungen: Der Pflanzenextrakt zeigt cytotoxische Eigenschaften.

Gefährlichkeitsgrad: Stark giftig + +

Literatur: V 7.

Therapie:
Erste Hilfe: Kohle-Pulvis trinken lassen. Erbrechen. Bei Atemlähmung Mund-zu-Mund-Beatmung.
Klinik: Magenspülung (evtl. mit burgunderfarbener Kaliumpermanganatlösung). Kohle, Natriumsulfat, künstl. Beatmung.
Azidosetherapie mit Natriumbikarbonat, Plasmaexpander im Schock.

Adonis aestivalis L.

Sommer-Adonisröschen, Blutauge, Sommerteufelsauge. *E:* Summer pheasant's eye. *F:* Goutte de sang. *I:* Adonide estiva. *NL:* Zomeradonis.

EDV-Code: ADOAE.

Familie: Ranunculaceae, Hahnenfußgewächse.

Verbreitung, Vorkommen: Süd- und Mitteleuropa; auf Getreidefeldern und auf aufgelassenen Äckern; durch intensiven Herbizideinsatz selten geworden.

Beschreibung: Einjährige, 20–50 cm hohe Pflanze. Blätter wechselständig, 2–3fach fiederschnittig. Blüten zinnoberrot, auch blaßgelb, mit 6–8 Kronblättern. Fruchtstand mit dichtgedrängten Nüßchen.
Blütezeit: Mai–Juli.

Wirkung: Ähnlich wie → *Adonis vernalis.*

Vorschriften: Adonis aestivalis: Monographie der Kommission D

Adonis vernalis L.

Frühlings-Adonisröschen, Teufelsauge, Frühlingsteufelsauge. *E:* Pheasant's eye, ox eye. *F:* Adonide de printemps. *I:* Adonide gialla. *NL:* Voorjaarsadonis.

EDV-Code: ADOVE.

Familie: Ranunculaceae, Hahnenfußgewächse.

Verbreitung, Vorkommen: In den Steppenheiden Südosteuropas; in Mitteleuropa selten. Sonnige Hügel, Steppenheiden.

Beschreibung: 10–40 cm hohe, ausdauernde, krautige Pflanze. Blätter zart, 3–4fach gefiedert, wechselständig, Blüten 4–8 cm Durchmesser, goldgelb, mit 10–20 Kronblättern. Fruchtstände mit dichtgedrängten Nüßchen.
Blütezeit: April–Mai.

Droge: Herba Adonidis (vernalis), Adonidis (vernalis) herba, Frühlingsadonisröschenkraut.
Die während der Blütezeit gesammelten oberirdischen Teile der Pflanze.

Auszug aus der Monographie der Kommission E:
Adonidis herba (Adoniskraut)
Gegenanzeigen: Therapie mit Digitalisglykosiden; Kalium-Mangelzustände.
Hinweis: Bei Überdosierung Übelkeit, Erbrechen, Herzrhythmusstörungen.

Giftige Pflanzenteile: Die ganze Pflanze. Mengen über 2 g der Blätter wirken schon giftig.

Hauptwirkstoffe: Herzwirksame Glykoside vom Cardenolidtypus, ca. 1% in den Blättern, weniger in den Wurzeln. Der Glykosidgehalt kann innerhalb eines Standorts stark variieren.
→ *Adonitoxin* $C_{29}H_{42}O_{10}$, ist isomer mit Convallatoxin. Ferner wurden K-Strophantin und Strophanthidin nachgewiesen.

Vergiftungserscheinungen: Laut Hoppe weist die Droge eine typische Digitaliswirkung auf, wirkt allerdings milder und weniger kumulierend. Sie erweitert die Coronargefäße, wirkt diuretisch und sedativ. Als Nebenwirkungen treten Reizungen des Magen-Darm-Kanals auf. Bechterew (zit. in USD 60) fand, daß Adonis die Behandlung von Epilepsie mit Bromaten unterstützt, Masslow [Arch. exp. Path. u. Pharm. *111,* 114 (1926)], daß Adonis als Antagonist einiger zentralangreifender krampferregender Mittel, wie z.B. Cocain und Pikrotoxin, wirkt [H 12].

Adonis vernalis

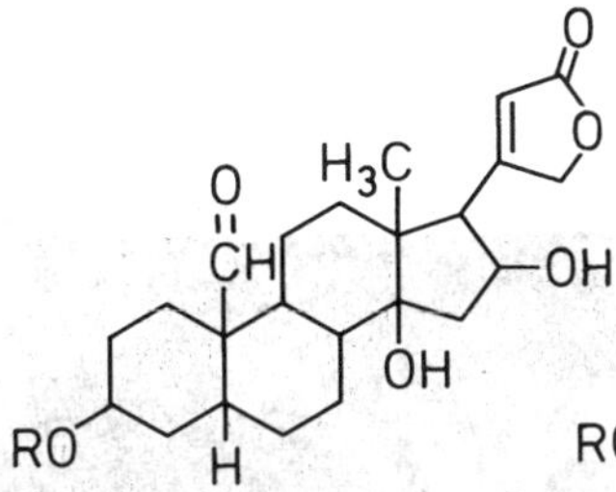

Adonitoxin: R = L-Rhamnose
Adonitoxigenin: R = H

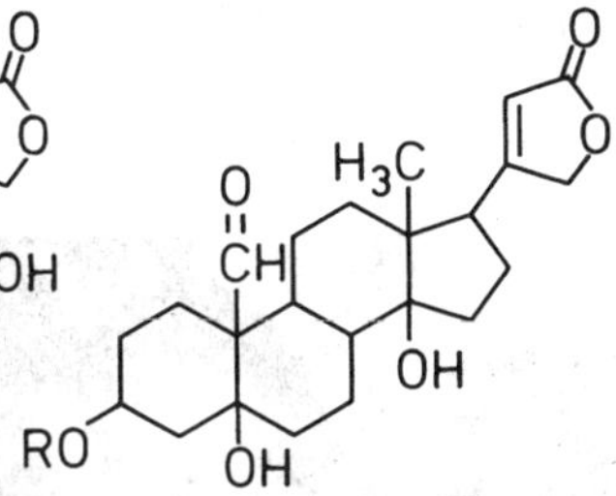

Cymarin: R = Cymarose
Strophanthidin: R = H

Dosierung: Max. Einzelgabe 1,0 g, max. Tagesgabe 3,0 g, Erg. B. 6.

Anwendung in der Homöopathie: D_0–D_2 bei Basedowherz und Cor nervosum.

Gefährlichkeitsgrad: Stark giftig + +

Vorschriften: Die Pflanze steht unter Naturschutz (A, CS, D, CH, I, YU, H).

Adonis vernalis: Monographie der Kommission D.
Adonidis herba: Monographie der Kommission E.
Verbotener Stoff der Kosmetikverordnung v. 19. 6. 1985. Anlage 1: 13 Adonis vernalis L. und seine Zubereitungen.

Literatur: B 36, F 16, G 4, H 12, K 9, M 2, M 14.

Weitere giftige Adonis-Arten [E 12]

Art	Wuchsform Blütezeit	Verbreitung
Adonis aleppica Boiss.	Einjährige Pflanze 4–6 je nach Aussaat	Kleinasien bis Palästina
Adonis annua L. emend Huds. (A. autumnalis L.)	Einjährige Pflanze 5–8 je nach Aussaat	Europa nördl. bis Süd-Schweden, Nord-Afrika, Kleinasien, Syrien, Zypern, Palästina
Adonis flammea Jacq.	Einjährige Pflanze 5–7 je nach Aussaat	Mittel- u. Süd-Europa bis Nord-Frankreich, Kleinasien, Iran, Syrien, Zypern, Ägypten
Adonis pyrenaica DC	Staude 6–7	Pyrenäen, Seealpen

Therapie:
Erste Hilfe: Kohle-Pulvis-Gabe, Erbrechen auslösen, Natriumsulfat.
Klinik: Magenspülung (evtl. mit burgunderfarbener Kaliumpermanganatlösung), Kohleinstillation (10 g Pulvis), Herzschrittmacher (prophylaktisch), Hämoperfusion, Kontrolle des Kaliumspiegels und Substitution, Phenytoin, bei ventrikulärer Extrasystolie: Lidocain (Xylocain®), bei ausgeprägter Bradykardie: Atropin oder Orciprenalin (Alupent®), bei AV-Überleitungsstörungen: Vorsicht mit Substanzen, die diese zusätzlich beeinträchtigen, d.h. mit Ajmalin, Procainamid, β-Rezeptorenblocker und Chinidin.

Aechmea fasciata (Lindl.) Bak.

Gebänderte Lanzenrosette und andere Bromeliaceen.

Familie: Bromeliaceae, Ananasgewächse.

Verbreitung, Vorkommen: Heimat: Brasilien. Häufige Zimmerpflanze.

Beschreibung: Bis 50 cm hohe Pflanze. Blätter riemenartig, derb, hart, silbergrau, gebändert, bis 50 cm lang, in einer Rosette angeordnet. Der endständige Blütenstand entsteigt der Rosette; mit dauerhaften, rosaroten Hochblättern; Blüten kurzlebig.
Weitere bekannte und oft anzutreffende Bromeliaceen mit ähnlicher Wirkung: Ananas comosa (L.) Merr. – Ananas; Guzmania spec.; Vriesea splendens (Brogn.) Lem. – Glänzende Vriesie; Tillandsien.

Giftige Pflanzenteile: Besonders die Blätter.

Hauptwirkstoffe: Calciumoxalat, proteolytische Enzyme.

Vergiftungserscheinungen: Giftig bei Einnahme.

Wirkungen auf die Haut: Schädigung der Haut bei Berührung und beim Umgang mit der Pflanze.

Gefährlichkeitsgrad: Kaum oder wenig giftig (+), hautreizend

Literatur: J 5, J 6.

Therapie:
Erste Hilfe: Haut und Augen mit Wasser oder Roticlean® spülen, nach Verschlucken Kohle-Pulvis, Cortison-Salbe (Locarcorten®).
Klinik: Nur nach Verschlucken größerer Mengen Magenspülung, Kohle-Pulvis, Plasmaexpander im Schock, Natriumbikarbonatinfusion zum Azidoseausgleich.

Aesculus hippocastanum L.

Gewöhnliche Roßkastanie (oft auch nur „Kastanie“ genannt, die echte Kastanie ist aber die Eßkastanie Castanea sativa Miller). *E:* Horse-chestnut. *F:* Châtaigner de cheval, Marronnier d'Inde. *I:* Castagne di cavalle, Ippocastano. *NL:* Paardecastanje.

EDV-Code: AECHI.

Familie: Hippocastanaceae, Roßkastaniengewächse.

Verbreitung, Vorkommen: Heimat: Balkan. Beliebter Allee- und Parkbaum in ganz Mitteleuropa, in vielen Kulturformen.

Beschreibung: Baum bis 25 m hoch. Blätter gefingert, lang gestielt, 5–7zählig, Teilblätter verkehrt-eiförmig. Blüten weiß, gelb oder rot gefleckt, 5zählig, in aufrechtstehenden Rispen. Früchte: 1–3 „Kastanien“ in igelstachliger grüner Fruchthülle.
Blütezeit: Mai–Juni.
Früchte: September–Oktober.
Weitere giftige Aesculus-Arten, die bei uns als Zier- und Alleebäume angepflanzt werden, sind [E 12]: Aesculus pavia L. – Pavie (Heimat: Nordamerika), Aesculus × carnea Hayne – Rotblütige Roßkastanie, Bastard aus Ae. hippocastanum und Ae. pavia.

Droge: Semen Hippocastani, Hippocastani semen, Roßkastaniensamen.

Blütenstand

Wirkstoffhaltige Pflanzenteile: Unreife Früchte und grüne Samenschalen. Besonders gefährdet sind 2–6jährige Kinder beim Spielen mit Roßkastanien.

Früchte

Aesculus hippocastanum

Hauptwirkstoffe: Teilweise unbekannte Stoffe, Saponine, → *Aescin*, Aescigenin. Reife, trockene Roßkastanien enthalten bis zu 28% Saponine. Untersuchungen an keimenden Samen zeigten, daß der Aescingehalt im Nährgewebe von ca. 11% während der Keimung auf ca. 4% sinkt, um anschließend auf ca. 8% anzusteigen.
Nach dem DAB 9 enthalten Roßkastaniensamen mind. 3% Triterpenglykoside, berechnet als wasserfreies Aescin.

Vergiftungserscheinungen: Erbrechen, Durchfall, starker Durst, Unruhe, Angst, Rötung des Gesichts, Pupillenerweiterung, Sehstörungen, Bewußtseinsstörungen.
Bei Kindern wurden nach dem Verzehr von grünen Schalen Vergiftungen beobachtet. Es zeigten sich Schläfrigkeit, Gesichtsrötung, Gastroenteritis, Mydriasis.
Aus den Erfahrungen der Beratungsstelle für Vergiftungserscheinungen, Berlin: 9jähr. Mädchen zeigte nach 5 Roßkastanien Übelkeit [K 40].
Nach Weilemann [W 38] werden die Früchte vorwiegend von Zwei- bis Sechsjährigen aufgenommen. Es treten bei 30% aller Fälle Symptome auf, vorwiegend Magen- und Darmbeschwerden. Es sind aber auch Müdigkeit und Pupillenveränderungen aufgetreten. Die Indikation zum Erbrechen sollte großzügig erstellt werden.

Wirkungen auf die Schleimhäute: Die Pollen der Roßkastanie verursachen eine inhalative Allergie. Obwohl insektenblütig, können bis zu 10% der Pollinosefälle im Frühjahr der Roßkastanie zugerechnet werden.

Anwendung in der Homöopathie: D_1–D_6 bei venösen Staren, Varicen, Haemorrhoiden.

Gefährlichkeitsgrad: Wenig giftig (+)

Vorschriften: Hippocastani semen: Monographie der Kommission E.
Aesculus hippocastanum: Monographie der Kommission D.

Literatur: B 36, F 16, G 4, G 31, H 12, H 17, J 5, K 9, K 12, K 40, L 10, P 6.

Therapie:
Erste Hilfe: Kohle-Pulvis 10 g, ggf. Augen spülen.
Klinik: Nach wahrscheinlich großer Giftaufnahme Magenspülung (evtl. mit burgunderfarbener Kaliumpermanganatlösung), Instillation von 10 g Kohle-Pulvis, Elektrolytsubstitution, Azidoseausgleich mit Natriumbikarbonat (Urin pH 7,5). Überwachung der Nierenfunktion, bei Krämpfen Diazepam (Valium®), gegen Koliken Atropin, ggf. Intubation und Sauerstoffbeatmung.

Aethusa cynapium L.

Hundspetersilie. *E:* Fool's parsley. *F:* Éthuse petite ciguë, faux persil. *I:* Cicuta aglina. *NL:* Hondspeterselie

EDV-Code: AETCY.

Familie: Apiaceae, Doldenblütler.

Verbreitung, Vorkommen: Europa, in Mitteleuropa verbreitet; Äcker, Wegränder, Gärten, Hecken, Wälder.

Beschreibung: Krautige Pflanze, bis 60 cm hoch. Blätter doppelt bis 3fach gefiedert, glänzend. Blüten weiß, in lockeren Dolden, Döldchen mit nach unten stehenden Hüllchen. Früchte kugelig.
Blütezeit: Juni–September.

Giftige Pflanzenteile: Die ganze Pflanze. Im Gegensatz zur Gartenpetersilie hat Aethusa eine stark glänzende Unterseite der Blätter.

Hauptwirkstoffe: Hauptbestandteil des Polyingemisches ist
→ Aethusin, weiterhin
Aethusanol A [$C_{13}H_{16}O$]
Aethusanol B [$C_{13}H_{14}O$]. Im Kraut 0,2, in der Wurzel 1% Polyine.

Vergiftungserscheinungen: Brennen im Mund, Erbrechen, blasse Haut, kalter Schweiß, beschleunigter Puls, Auftreibung des dunkelverfärbten Leibes, Pupillenerweiterung, Sehstörungen, Krämpfe, aufsteigende Lähmung, Bewußtseinstrübung, zuletzt Atemlähmung. → *Conium maculatum* L.
Tödliche Menge für Rinder 15 kg pro Tier [H 1].

Gefährlichkeitsgrad: Sehr stark giftig + + +

Vorschriften: Aethusa cynapium; Monographie der Kommission D.

Literatur: B 36, F 16, G 4, H 1, H 12, H 18, L 10, M 2.

Therapie:
Erste Hilfe: Kohle-Pulvis-Gabe, erbrechen lassen, Natriumsulfat.
Klinik: Magenspülung (evtl. mit burgunderfarbener Kaliumpermanganatlösung), Elektrolytsubstitution, Azidoseausgleich mit Natriumbikarbonat (Urin pH 7,5), Plasmaexpander, ggf. Intubation und Sauerstoffbeatmung.

Agapanthus africanus (L.) Hoffmgg.

(Agapanthus umbellatus L'Hérit.)

Schmucklilie, Blaue Amaryllis, Blaue Tuberose. *E:* African agapanthus. *F:* Tubereuse bleue.

EDV-Code: AGPAF.

Familie: Liliaceae, Liliengewächse.

Verbreitung, Vorkommen: Heimat: Kapland; Garten- und Topfpflanze.

Beschreibung: Bis 1,20 m hohe Pflanze. Blätter lineal, riemenartig, grundständig, grün. Blüten hellblau bis dunkelviolett, trichterförmig, bis 30 Blüten in einer Dolde.
Blütezeit: Juni–August.

Giftige Pflanzenteile: Zwiebel.

Hauptwirkstoffe: Agapanthus-Arten enthalten die hämolytisch wirksamen Steroidsapogenine Yuccagenin und Agapanthagenin zu 0,1% in der Zwiebel.

Vergiftungserscheinungen: Es ist anzunehmen, daß Agapanthus als saponinhaltige Pflanze Gesundheitsstörungen hervorrufen kann. Vergiftungen sind bis jetzt noch keine bekanntgeworden.
Ein Kleinkind aß eine halbe Knospe ohne Symptome.

Gefährlichkeitsgrad: Giftig +

Literatur: H 12.

Therapie:
Erste Hilfe: Kohle-Pulvis 10 g, ggf. Augen spülen.
Klinik: Nach wahrscheinlich großer Giftaufnahme Magenspülung (evtl. mit burgunderfarbener Kaliumpermanganatlösung), Instillation von 10 g Kohle-Pulvis, Elektrolytsubstitution.

Agave americana L.

Amerikanische Agave, Hundertjährige Aloe. *E:* American aloe. *F:* Agave d'Amerique. *I:* Pitta, Agave.

Familie: Agavaceae, Agavengewächse.

Verbreitung, Vorkommen: Heimat: Mexiko; im Mittelmeergebiet eingebürgert, bei uns als Kübelpflanze.

Beschreibung: Ausdauernde Pflanze. Blätter lanzettlich, dickfleischig, stachelig gezähnt, mit ca. 5 cm langem Endstachel, 1–1,5 m lang, in grundständiger Blattrosette. Blüten sind in Mitteleuropa kaum zu erwarten.

Giftige Pflanzenteile: Die ganze Pflanze, vor allem der Saft.

Hauptwirkstoffe: Saponin, scharfes ätherisches Öl, 0,4–3% Hecogenin, → *Oxalsäure.*

Wirkungen auf die Haut/Schleimhaut: Der Saft kann schwere Hautreizungen und Bindehautentzündungen verursachen. In Mexiko wird er vergoren (ca. 8% Zucker) als „Pulque" getrunken.
Nach Mitteilung einer Giftinformationsstelle aß ein Säugling ein „ganzes Blatt", ohne daß Symptome auftraten. (Diese Mitteilung wird vom Verf. bezweifelt. Wie soll ein Säugling ein derartiges Blatt überhaupt essen können?)

Gefährlichkeitsgrad: Wenig giftig (+)

Vorschriften: Agave americana: Monographie der Kommission D.

Literatur: B 36, H 12.

Therapie:
Erste Hilfe: Kohle-Pulvis trinken. Haut mit Roticlean oder Wasser und Seife spülen.
Klinik: Auf Verätzung achten. Haut lokal Locacorten-Schaum.

Aglaonema commutatum Schott

Kolbenfaden. *E:* Aglaonema. *F:* Aglaonème.

EDV-Code: AGLCM.

Familie: Araceae, Aronstabgewächse.

Verbreitung, Vorkommen: Heimat: Die immergrünen Wälder Indonesiens; dekorative Zimmerpflanze.

Beschreibung: Bis 50 cm hoher verzweigter Stamm. Blätter langgestielt, länglich, wechselständig, grün mit silbergrauen Streifen. Blüten: weißer Blütenkolben, umgeben von cremeweißem Hüllblatt. Beeren rot oder gelb.
Verwechslung besteht mit der sehr giftigen → *Dieffenbachia.*

Toxikologie: → *Arum maculatum.*

Agrostemma githago L.

Kornrade. *E:* Corn-cockle. *F:* Nielle des champs, Gerzeau. *I:* Gittaione, Mazzetone. *NL:* Bolderik.

EDV-Code: AGOGI.

Familie: Caryophyllaceae, Nelkengewächse.

Verbreitung, Vorkommen: Südeuropa, in Mitteleuropa früher häufig in Getreidefeldern, heute sehr selten.

Beschreibung: Einjährige, bis 1 m hohe Pflanze, Blätter linealisch, lang zugespitzt, gegenständig. Blüten purpur- bis violettrot, mit 5 Kronblättern, einzeln, endständig. Kapseln mit zahlreichen schwarzen Samen. Blütezeit: Juni–Juli.

Giftige Pflanzenteile: Die ganze Pflanze. Von den Samen gelten 3–5 g schon als giftig. Früher waren Vergiftungen durch mangelhafte Reinigung des Getreides häufiger. Heute ist eine Vergiftung sehr selten. Die Pflanze ist durch Herbizide fast ausgerottet.

Hauptwirkstoffe: → *Githagin* $C_{35}H_{54}O_{11}$, das Aglucon Githagenin $C_{30}H_{46}O_4$, Fp 274–276 °C und Agrostemmasäure $C_{35}H_{54}O_{10}$.

Agrostemma githago

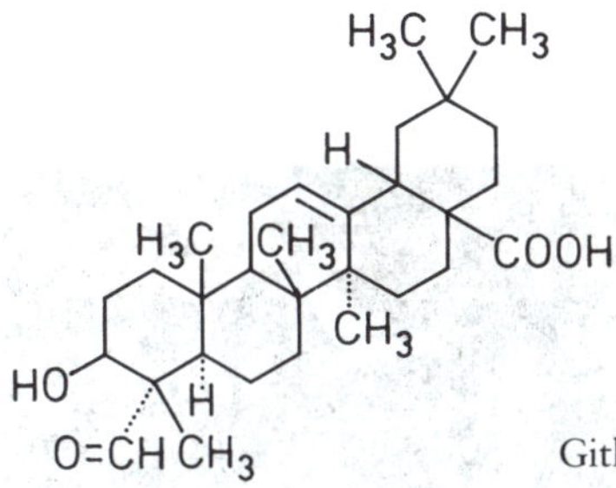

Githagenin

Vergiftungserscheinungen: Schleimhautreizung, Tränenfluß, Übelkeit, Benommenheit, Krämpfe, Kopfschmerzen, beschleunigter und „kleiner" Puls, Atemlähmung, Schock. Empfindlich gegen Kornrade sind Pferde, Schweine, Kälber; Hühner sind weniger empfindlich. Die Vergiftung bewirkt bei Rindern Freßunlust, Schlingbeschwerden, Speicheln, aussetzendes Wiederkäuen, Erbrechen, Kolik, absinkende Körpertemperatur, Lähmung, Herzschwäche [H 18, L 10]. LD für Schweine 2–5 g Samen/kg Körpergewicht [H 18].
LD für Geflügel 80 g Samen/kg Körpergewicht.

Gefährlichkeitsgrad: Stark giftig + +

Vorschriften: Agrostemma githago: Monographie der Kommission D.

Literatur: B 36, G 4, H 1, H 12, H 18, H 30, K 48, L 10.

Therapie:
Erste Hilfe: Kohle-Pulvis oder Erbrechen.
Klinik: Magenspülung, Kohle-Pulvis, Natriumsulfat, Plasmaexpander, Diazepam (Valium®) i.v. bei Krämpfen, beatmen.

Ailanthus altissima (Mill.) Swingle

[Ailanthus glandulosa (Desf.)]

Götterbaum. *E:* Tree of heaven. *F:* Vernis du Japon, Arbre du ciel. *I:* Ailanto.

EDV-Code: AILAL.

Familie: Simarubaceae, Bitterholzgewächse.

Verbreitung, Vorkommen: Heimat: China; Zierbaum in Parkanlagen, in Mittel- und Südeuropa eingebürgert.

Beschreibung: 20–25 m hoher Baum. Blätter 50–80 cm lang, unpaarig gefiedert, grün. Blüten klein, grünlichweiß, in endständigen aufrechten Rispen. Früchte mit zungenförmigem Flugblatt.
Blütezeit: Juni–Juli.

Giftige Pflanzenteile: Samen, Rinde.

Hauptwirkstoffe: Ca. 5% → *Quassin**) (Bitterstoff oder Ailanthin $C_{36}H_{50}O_{10}$ → *Quercetin*, Isoquercetin.

*) Der Verfasser bezweifelt diese Gehaltsangabe. Evtl. sind auch sehr starke örtliche Gehaltsunterschiede vorhanden.

Aus der Wurzelrinde wurden 4 Indolalkaloide isoliert.

Vergiftungserscheinungen: Ailanthusrinde wirkt in großen Dosen drastisch purgierend und ruft Übelkeit, Vertigo, Schwäche, kalte Schweiße, heftigen Kopfschmerz, Rückenschmerzen, Taubheit, Kribbeln in den Gliedern hervor. Bei Tieren lähmt sie das Gehirn und Rückenmark, wobei die Bewegungsminderung an den hinteren Extremitäten beginnt, die Herztätigkeit wird zunächst beschleunigt, dann verlangsamt, der Puls wird klein und schwach, die Atmung vermindert und schließlich der Tod durch Atemlähmung herbeigeführt [M 2].

Gefährlichkeitsgrad: Giftig +

Wirkungen auf die Haut: Der Saft ist stark hautreizend, möglicherweise auch allergieinduzierend.

Vorschriften: Ailanthus altissima: Monographie der Kommission D.

Literatur: H 12, L 10, M 2, V 4.

Therapie:
Erste Hilfe: Kohle-Pulvis trinken lassen.
Klinik: Nach wahrscheinlich großer Giftaufnahme Magenspülung. Kohle-Pulvis, Natriumsulfat. Azidoseausgleich mit Natriumbikarbonat, Plasmaexpander im Schock. Ggf. Intubation und künstl. Beatmung.

Aleurites fordii Hemsl.

Tungölbaum, Holzölbaum. *E:* Tung oil tree. *F:* Alévrite, Bois de Chine.

EDV-Code: ALEFO.

Familie: Euphorbiaceae, Wolfsmilchgewächse.

Verbreitung, Vorkommen: West- und Zentralchina; aber auch in allen warmen Ländern kultiviert oder verwildert anzutreffen.

Beschreibung: 10–20 m hoher Baum.
Weitere giftige Aleurites-Arten (Bäume), die in Südostasien beheimatet sind [E 12]:
A. cordata (Thunb.) R. Br. Steud.
A. moluccana (L.) Willd – Lichtnußbaum
A. montana (Lour.) Wils.
A. trisperma Blanco

Droge: Oleum Dryandrae, Dryandrae oleum, Tungöl, Holzöl.
Gelbe Flüssigkeit mit charakteristischem, unangenehmem Geruch.

Hauptwirkstoffe: Die Früchte enthalten außer fettem Öl ein toxisches Saponin.

Vergiftungserscheinungen: Der Genuß der Pflanze führt zu Erbrechen, Krämpfen im Unterleib und in den Beinen, zum Kollaps und ruft Schleimhautreizung hervor. Das Öl wirkt stark abführend [H 12].
In bestimmten Teilen des Baumes kommt der Welensalifaktor F_1 vor. Es wurde nachgewiesen, daß der Faktor, ebenso wie zahlreiche andere Diterpenester des Tiglian-, Ingenan- und Daphnan-Typs, in der Lage ist, bestimmte Tumor-Viren, z.B. das Epstein-Barr-Virus, zu aktivieren. Von letzterem ist bekannt, daß es mit dem in Süd-China häufigen Nasopharynx-Karzinom sowie mit dem Burkitt-Tumor in Mittelafrika assoziiert ist (H 26).

Anwendungen: Das trocknende Öl wird in der Lack- und Seifenindustrie verwendet. In China dient es zum Behandeln von Geschwüren, Schwellungen und Verbrennungen.

Gefährlichkeitsgrad: Giftig +

Literatur: G 12, H 12, H 26, M 17.

Therapie:
Erste Hilfe: Nach Verschlucken sofort Erbrechen; Kohle-Pulvis; Haut und Augen spülen, bei oberflächlicher Atmung künstliche Beatmung.
Klinik: Magenspülung, Kohle-Pulvis, Plasmaexpander im Schock, Intubation, Beatmung, bei Krämpfen Diazepam i.v., nach heftigen Durchfällen Elektrolytsubstitution.

Alisma plantago-aquatica L.

Gemeiner Froschlöffel. *E:* Water plantain. *F:* Flûteau, Plantain d'eau. *I:* Mestolaccia comune. *NL:* Grote Waterweegbree.

EDV-Code: ALSPA.

Familie: Alismataceae, Froschlöffelgewächse.

Verbreitung, Vorkommen: Europa, Asien, Nordamerika, in Mitteleuropa häufig; Ufer, Sümpfe, Gräben.

Beschreibung: 10–150 cm hohe, ausdauernde Pflanze. Blätter grundständig, langgestielt, löffelförmig, zugespitzt. Blüten weiß oder rötlich, 3zählig, in pyramidenförmiger Rispe. Blütezeit: Juni–September.

Giftige Pflanzenteile: Ganze Pflanze, besonders der Milchsaft und die Wurzel (Geruch veilchenwurzelähnlich).

Hauptwirkstoffe: Der Milchsaft enthält einen chemisch noch nicht identifizierten Stoff. In den Blättern flavonoide Verbindungen.

Vergiftungserscheinungen: Die ganze Pflanze enthält einen hautirritierenden und Blasen ziehenden Milchsaft, die Wurzel außerdem einen Bitterstoff und ein scharfes etherisches Öl. Sie riecht frisch wie Veilchenwurzel, ist jedoch giftig. Frißt das Vieh beim Weiden davon, so stirbt es. Ziegen jedoch vertragen die frische Pflanze merkwürdiger-

weise ausgezeichnet. Beim Trocknen werden die giftigen Stoffe abgebaut [N 10].

Gefährlichkeitsgrad: Wenig giftig (+)

Literatur: B 36, H 12, N 10.

> **Therapie:**
> Erste Hilfe: Kohle-Pulvis trinken lassen. Haut mit Roticlean® oder Wasser und Seife spülen.
> Klinik: Auf Verätzungen achten. Überwachung.

Alkanna tuberculata (Forssk.) Meikle

[Alkanna tinctoria (L.) Tausch]

Alkannawurzel, Färber-Alkanna, Schminkwurzel.

Familie: Boraginaceae, Rauhblattgewächse.

Verbreitung, Vorkommen: Im gesamten Mittelmeerraum verbreitet, nördlich bis östliche Slowakei; auf Ödland und am Meeresstrand.

Beschreibung: Bis 20 cm hohe Rosettenpflanze mit zahlreichen, aufsteigenden, dicht grauhaarigen Stengeln. Wurzeln bis

Alkanna tuberculata

25 cm lang, spindelförmig, braunrotviolett bis purpurrot. Blätter lanzettlich, behaart, sitzend. Blüten blau, in dichten, später in verlängerten Wickeln, den tiefgeteilten Kelch nur wenig überragend.
Blütezeit: April–Juni.

Droge: Radix Alkannae, Alkannae radix – Alkannawurzel.
Spindelförmige Wurzel, braunrot bis dunkelviolett, wenig verzweigt. Wurzelrinde leicht abblätternd, enthält den roten Farbstoff; im Holzkörper kein Alkannin.
Extractum Alkannae – Alkannaextrakt.

Wirkstoffhaltige Pflanzenteile: Wurzel.

Wirkstoffe: In der Wurzel mindestens 3 offenkettige Alkaloide: 7-Angeloylretronecin, Triangularin und Dihydroxytriangularin [R 29] sowie Alkannin.

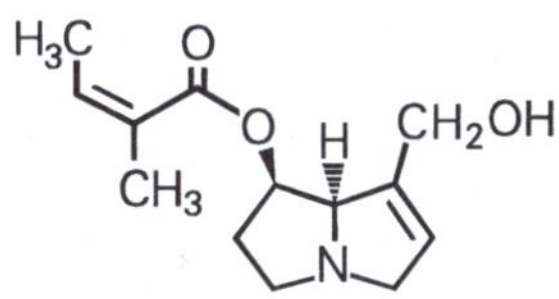

7-Angeloylretronecin

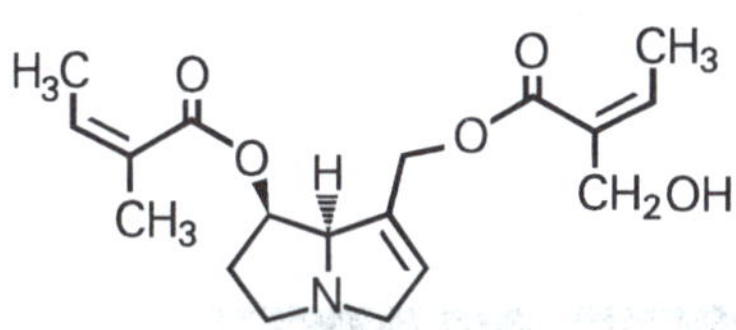

Triangularin

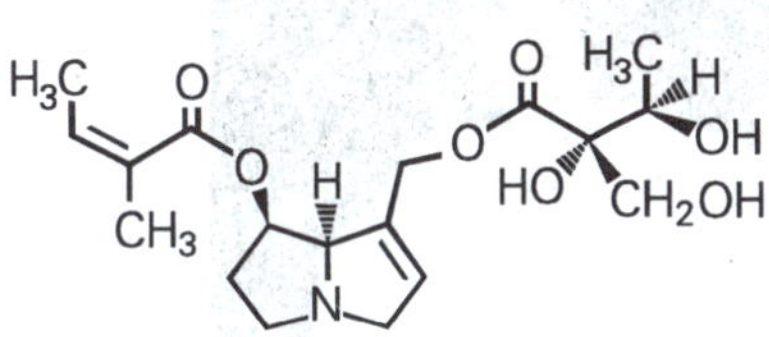

Dihydroxytriangularin

Anwendung: Die Wurzelrinde wird zur Färbung von Lebensmitteln und Kosmetika verwendet. Sie wird außerdem innerlich als Antidiarrhoikum und äußerlich bei Hautkrankheiten eingesetzt.

Hinweis: Pflanze enthält Pyrrolizidinalkaloide, die z.B. bei Dauermedikation krebserzeugend wirken können.
Drogen und Extrakte sollten wegen einer evtl. Gefährdung zum innerlichen Gebrauch nicht mehr verwendet werden. Nur alkaloidfreie Farbstoffzubereitungen sind zum Färben von Lebensmitteln und Getränken zugelassen.

Gefährlichkeitsgrad: Bei Anwendung größerer Mengen giftig +

Vorschriften: Alkanna tuberculata: Monographie der Kommission D.
Alle Arten der Gattung Alkanna (Färberkraut) sind in der „Bekanntmachung über die Zulassung und Registrierung von Arzneimitteln v. 5.6.92" aufgeführt.

Literatur: R 29, R 30.

Allium cepa L.

Küchenzwiebel. *E:* Onion. *F:* Oignon. *I:* Cipolla. *NL:* Ui.

EDV-Code: ALLCE.

Familie: Liliaceae (Alliaceae), Liliengewächse.

Verbreitung, Vorkommen: Die Heimat ist wahrscheinlich das westliche Asien. Die Zwiebel wird in zahlreichen Formen auf Äckern und in Gärten angebaut. Eine der ältesten Kulturpflanzen.

Beschreibung: 60–120 cm hohe Pflanze mit plattgedrückter oder länglicher Zwiebel mit rotgelben Häuten. Stengel und Blätter blaugrau. Stengel in der Mitte bauchig aufgeblasen. Blätter kürzer als der Blütenstengel, hohl, aufgeblasen. Blüten mit grünlichweißen Perigonblättern, in einer rundlichen Scheindolde, mit ca. 3 cm langen Stielen.
Blütezeit: Juni–August.

Wirkstoffhaltige Pflanzenteile: Die Zwiebel, Cepae bulbus.

Hauptwirkstoffe: Ätherisches Öl mit Cycloalliin, Methylalliin, Dihydroalliin, Thiopropionaldehyd-S-oxid (Tränenreizstoff). Das Vorkommen von Tuliposid A ist nicht sicher.

Vergiftungserscheinungen: Beim Umgang mit Zwiebel und Knoblauch können allergische Kontaktekzeme auftreten, die sich hauptsächlich an den Fingerkuppen 1–3 links und 1–2 rechts einstellen, was durch die typische Bearbeitung mit dem Messer zu erklären ist. Charakteristisch sind juckende, trockene, squamös-rhagadiforme Ekzeme. Dieses Erscheinungsbild ist besonders bei Köchen, Küchenpersonal, Hausfrauen und Gemüsehändlern zu beobachten. Von 1940–1985 wurden 85 solcher Fälle registriert.
Beim Verarbeiten von Zwiebel kann auch eine tränenreizende Wirkung auftreten.

Gefährlichkeitsgrad: ungiftig, aber haut- und tränenreizend.

Vorschriften: Allium cepa: Monographie der Kommission D.
Allii cepae bulbus: Monographie der Kommission E.

Literatur: H 21, K 50, L 18, M 7, R 30.

Allium sativum L.

Knoblauch. *E:* Common garlic. *F:* Ail blanc. *I:* Aglio. *NL:* Knoflook.

Allium sativum

EDV-Code: ALLSA.

Familie: Liliaceae (Alliaceae), Liliengewächse

Verbreitung, Vorkommen: Die Heimat ist Vorder- und Südasien. Kultiviert in vielen Ländern der Erde.

Beschreibung: Bis 70 cm hohe, ausdauernde Pflanze mit zusammengesetzter Zwiebel; Nebenzwiebeln rundlich-eiförmig, in weißen oder grünen Häuten eingeschlossen. Blätter breit-lineal, flach, gekielt. Blüten mit 2–3 weißlichen bis rötlichen Perigonblättern an einer reichblütigen Scheindolde, die vor dem Aufblühen mit einem trockenhäutigen Deckblatt umgeben ist. Zwischen den langgestielten Blüten zahlreiche Brutzwiebeln.
Blütezeit: Juni–August.

Droge: Die Zwiebel, Allii sativi bulbus.

Hauptwirkstoffe: Schwefelhaltige Verbindungen, hauptsächlich Diallyldisulfid, Diallyltrisulfid, Diallyltetrasulfid, Allylpropyldisulfid und → *Allicin.* Das charakteristisch riechende Allicin wird aus Alliin unter Einwirkung des Enzyms Alliinase gebildet. Allicin-Gehalt: Frische Zwiebeln 0,18–0,39%, getrocknete Zwiebeln 0,47–1,03%.

Pharmakologische Wirkung: Knoblauch kann, wie auch die Küchenzwiebel (→ *Allium cepa*), auf nüchternen Magen genommen, eine Reizung der Magenschleimhaut sowie Sodbrennen bewirken, gefolgt von Übelkeit, Schweißausbruch, Schwindelgefühl und länger anhaltenden Schmerzen.
Bei Kindern wurden schwere Vergiftungen z. B. durch Knoblaucheinläufe hervorgerufen. Gelegentlich kann Knoblauchpulver auch ein allergisches Asthma verursachen.
Frischer oder getrockneter Knoblauch, in mäßigen (therapeutischen) Dosen eingenommen, ist praktisch ohne akut-toxische Wirkung. Alle daraus hergestellten Präparationen, in denen die Wirkstoffe angereichert sind, bis hin zu den Reinsubstanzen, zeigen eine dosisabhängige Toxizität. Ob bei einem Präparat akute Giftwirkungen zu erwarten sind, ist allein eine Frage der (Über-)Dosierung (K 50).
Bei Haustieren (Hund, Katze) und Nutztieren (Rind, Pferd, Schaf, Ziege und Kaninchen) sind Vergiftungen z.T. mit tödlichem Ausgang nach Verfütterung von verschiedenen Allium-Arten vorgekommen. Vorherrschend sind einerseits Gastroenteritis mit Erbrechen und Diarrhö, andererseits Anämie mit Gelbsucht und Blutharnen.
Der Knoblauchgeruch wird bei Tieren auf die Milch und das Fleisch übertragen.
Eine gute Übersicht über toxische, allergische und unerwünschte Nebenwirkungen gibt Koch (K 50).

Gefährlichkeitsgrad: Beim Menschen nur nach Überdosierung giftig +, bei Tieren nach größeren Mengen giftig + bis stark giftig + +. Haut- und schleimhautreizend.

Vorschriften: Allium sativum: Monographie der Kommission D.
Allii sativi bulbus: Monographie der Kommission E.

Literatur: H 21, K 25, K 49, K 50, L 18, M 20.

Therapie:
Nur nach starker Überdosierung Kohle-Pulvis (10 g). Atropin oder Scopolamin (Buscopan) gegen Darmkrämpfe. Evtl. Schocktherapie nötig.

Allium ursinum L.

Bärenlauch, Bärlauch, Waldknoblauch. *E:* Ramsons, Broad-leaved garlic. *F:* Ail de bois. *I:* Aglio orsino. *NL:* Daslook.

EDV-Code: ALLUR.

Familie: Liliaceae (Alliaceae), Liliengewächse.

Verbreitung, Vorkommen: Europa, Nordasien, in Mitteleuropa zerstreut, stellenweise massenhaft; feuchte und humusreiche Au- und Laubwälder. Nach Verblühen intensiver Knoblauchgeruch.

Beschreibung: Ausdauernde, bis 50 cm hohe Zwiebelpflanze. Blätter grundständig, kurz gestielt, elliptisch-lanzettlich; Oberseite dunkelgrün, Unterseite heller. Blüten weiß, sternförmig (Perigon), in viel- oder wenigblütigen Scheindolden auf 3kantigem Stengel. Fruchtkapsel 3fächrig, mit schwarzen Samen.
Blütezeit: April–Juni.

Wirkstoffhaltige Pflanzenteile: Die ganze Pflanze.

Hauptwirkstoffe: Im Kraut ätherisches Öl mit übelriechenden Alkalisulfiden mit Alkylpolysulfiden. In den Zwiebeln Allicin $C_6H_{10}OS_2$, MG 162, 27.

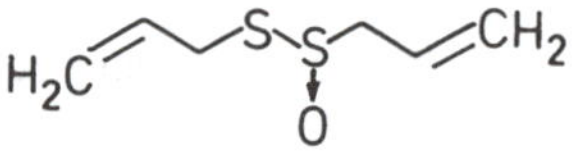

Allicin

Im Destillat der Zwiebel wurden als Hauptbestandteile Methyltrisulfid, in geringen Mengen Diallylsulfid gefunden, außerdem E-, Z-Ajoene und die Dimethyl- und Methylhomologen.
In A. ursinum ist der Gehalt an Ajoen höher als bei → *Allium sativum.*

Allicin-Gehalt:
frische Zwiebeln 0,05–0,12%
getrocknete Zwiebeln 0,18–0,43%
frische Blätter 0,005%
getrocknete Blätter 0,07%.

Pharmakologische Wirkung: Im frischen Kraut ist eine uteruswirksame Substanz enthalten, die schon zu Aborten geführt haben soll. Das im ätherischen Öl als Hauptbestandteil enthaltene Vinyldisulfid kann eine schwere Gastroenteritis hervorrufen.
Nebenwirkungen (Magenreizungen) sind bei normaler Anwendung nicht zu befürchten.

Gefährlichkeitsgrad: Nicht oder kaum giftig (+)

Vorschriften: Allium ursinum: Monographie der Kommission D.

Literatur: B 37, H 12, L 16, M 2, W 2, W 13.

Therapie:
Erste Hilfe: Nach Verschlucken Kohle-Pulvis, Haut und Augen spülen.
Klinik: Magenspülung, Kohle-Pulvis.

Aloë ferox Mill.

Aloë. *E:* Aloes. *F:* Aloés. *I:* Aloë.

Familie: Liliaceae, Liliengewächse.

Verbreitung, Vorkommen: Südliches Afrika, vor allem in Kapland. Im Mittelmeergebiet nicht selten angepflanzt.

Droge: Der eingedickte Saft. Schon 8 g wirken nach Kobert tödlich (Kobert: Kaiser Otto II. bekam nach 16 g Aloë eine tödlich endende hämorrhagische Darmentzündung).
Auszug aus der Monographie der Kommission E:
Bezeichnung des Arzneimittels
Aloe barbadensis, Curaçao-Aloe
Aloe capensis, Kap-Aloe
Gegenanzeigen
Ileus jeder Genese: während der Stillzeit nur nach Rücksprache mit einem Arzt anwenden. Wegen ihrer abortiven Wirkung soll Aloe während der Schwangerschaft nicht eingesetzt werden.

Hauptwirkstoffe: Aloine (vorwiegend wurden Barbaloin und Isobarbaloin gefunden). Außerdem enthalten sie noch freies Aloë-Emodin (0,08–1%). Der Gehalt an Anthrachinonen schwankt bei der Droge stark.

Vergiftungserscheinungen: Stark abführende Wirkung. Bei Menschen kommen nach Mißbrauch von Aloë Darmblutungen vor. Weiter verursachen große Dosen Tenesmus, Hämorrhoiden (von 100 Menschen, die dauernd Aloë als Purgans nahmen, erkrankten 30 an Hämorrhoiden), vermehrte Diurese und Hämaturie, menstruelle und Uterusblutungen (manchmal in bedrohlicher Weise). Bei dauernder Zufuhr wurden funktionelle Störungen des Genitalapparates mit Follikelatresie, Hypertrophie des interstitiellen Gewebes beobachtet. Auch kann es zum Abort kommen. Die Gallensekretion wird kräftig angeregt.
15–60 mg reines Aloin zeigen bereits eine deutlich laxierende Wirkung. 8–10 g des getrockneten Milchsaftes von Aloë kann nach Wirth und Moeschlin eine tödliche Gastroenteritis verbunden mit einer Nierenreizung hervorrufen.

Wirkungen auf die Haut: Bei der industriellen Herstellung der Droge sind Kontaktdermatitiden beobachtet worden. Als Ursache wurde Emodin angenommen. Ein experimenteller Sensibilisierungsversuch an Meerschweinchen erbrachte keinen Hinweis auf eine allergene Wirkung von Emodin (Hausen unveröff.).

Gefährlichkeitsgrad: Giftig +

Vorschriften: Aloë: Monographie der Kommission D und E.

Literatur: H 12, M 2.

Aloë ferox

Therapie:
Erste Hilfe: Kohle-Pulvis (10 g), erbrechen lassen, viel warmen Tee oder Himbeersaft trinken lassen.
Klinik: Nach wahrscheinlich großer Giftaufnahme: Magenspülung (evtl. mit burgunderfarbener Kaliumpermanganatlösung), Instillation von 10 g Kohle-Pulvis und Natriumsulfat, Elektrolytsubstitution, Azidoseausgleich mit Natriumbikarbonat (Urin pH 7,5).

Aloë variegata L.

Tigeraloë, Papageienaloë. *E:* Kannidood aloe. *F:* Aloés à gorge de perdrix.

EDV-Code: ALFVA.

Familie: Liliaceae, Liliengewächse.

Verbreitung, Vorkommen: Heimat: Südafrika; Zimmerpflanze.

Beschreibung: 20–30 cm hohe Staude. Blätter 10 cm lang, lanzettlich, beiderseits grün mit weißen Streifen und hellem Rand. Blütenstand groß, in einfacher Traube.
Blütezeit: April–Mai.

Anwendung in der Homöopathie (der versch. Aloëarten): Teep oder Dilutio D_3, D_4 bei akuter Gastroenteritis, Dysenterie, Colitis simplex, Incontinentia alvi, Hämorrhoiden, Pfortaderstauung.

Giftwirkung etc.: → *Aloë ferox.*

Alstroemeria L.-Arten und Alstroemeria-Ligtu-Hybriden

Inkalilien. *E:* Alstroemeria. *F:* Alstrémère.

Familie: Alstroemeriaceae.

Verbreitung, Vorkommen: Heimat in Südamerika, besonders Chile und Peru. Seit Anfang des Jahrhunderts in Europa bekannt, doch erst ab 1970 zunehmend als Schnittblumen beliebt.

Beschreibung: Alstroemeria ligtu L., eine variable Art, ist ca. 50 cm hoch. Blätter graugrün, lineal oder lanzettlich. Blüten rot bis blaßrosa. In Kultur nicht sehr häufig. Zunehmende Bedeutung erhalten die Ligtu-Hybriden, die in Kreuzung mit Alstroemeria haemantha Ruiz et Pav. hervorgegangen sind. Die ausdauernden und winterharten Pflanzen sind 60–80 cm hoch. Blüten korallenrosa bis lachsfarben und rosa.
Bei den angebotenen Schnittblumen handelt es sich meist um Alstroemeria-Ligtu-Hybriden.

Alstroemeria L.-Arten und Alstroemeria-Ligtu-Hybriden

Giftige Pflanzenteile: Blätter und Blüten.

Hauptwirkstoffe: Tuliposid A und B.

Wirkungen auf die Haut: Kontakt mit Alstroemerienblatt- und -blütenteilen verursacht bei Züchtern, Blumenbindern und Floristen das gleiche charakteristische klinische Bild der „Tulpenfinger", wie es bei den Tulpenzüchtern bekannt ist. Eine Dermatitis der freigetragenen Körperteile mit Befall des Gesichts- und V-Ausschnitts im Sinne einer aerogenen Kontaktdermatitis wird ebenfalls beobachtet [H 21].

Gefährlichkeitsgrad: Irritativ.

Literatur: H 21.

Therapie:
Nach (wiederholtem) Hautkontakt Haut mit Roticlean® spülen, Cortison auftragen. Weiteren Hautkontakt meiden, Handschuhe tragen.

Amaryllis belladonna L.

Belladonnalilie. *E:* Belladonna lily. *F:* Amaryllis belladonna.

EDV-Code: AMYBE.

Familie: Amaryllidaceae, Narzissengewächse.

Verbreitung, Vorkommen: Heimat: Südafrika; Zimmerpflanze.

Beschreibung: Zwiebelgewächs. Blätter riemenförmig, schmal, derb, dunkelgrün, in grundständiger Rosette. Blüten trichterförmig, mit 6 rosaroten Perigonblättern in langgestielten, doldenartigen Blütenständen. Blütezeit: August–September.

Giftige Pflanzenteile: Die ganze Pflanze, besonders die Zwiebel (tödliche Dosis 2–3 g).

Hauptwirkstoffe: → *Lycorin,* Ambellin, Caranin.

Vergiftungserscheinungen: Übelkeit, Erbrechen, Benommenheit, starker Schweißausbruch, Durchfall, Nierenschädigung. Wurde in der Heimat als Pfeilgift verwendet. Lycorin ist ein allgemeines Zytostaticum und wirkt emetisch und diuretisch.

Wirkungen auf die Haut: Kann Hautreizungen verursachen.

Gefährlichkeitsgrad: Stark giftig + +

Amaryllis belladonna

Therapie:
Erste Hilfe: Kohle-Pulvis, erbrechen lassen, viel warmen Tee trinken lassen, Natriumsulfat, Schockprophylaxe (Ruhe, Wärme).
Klinik: Magenspülung (evtl. mit burgunderfarbener Kaliumpermanganatlösung), Elektrolytsubstitution, Azidoseausgleich mit Natriumbikarbonat (Urin pH 7,5), im Schock Plasmaexpandergabe, bei Krämpfen Diazepam (Valium®) i.v., Kontrolle der Nierenfunktion, bei Atemlähmung Intubation und Sauerstoffbeatmung.

Amelanchier Medik-Arten

Felsenbirne. *E:* June-berry. *F:* Amélanchier. *I:* Pero corvino.

Amelanchier ovalis

Familie: Rosaceae, Rosengewächse.

Verbreitung, Vorkommen: 14 Arten in Europa.
Wild an Gebirgshängen, aber auch in Gärten und öffentlichen Anlagen.

Beschreibung: Niedrige bis ziemlich hohe Sträucher mit ungeteilten gezähnten oder gekerbten Blättern und linealen Nebenblättern. 5 dreieckige behaarte Kelchblätter und 5 weiße Kronblätter. Scheinfrucht klein, apfelartig, schwarz oder rot.

Inhaltsstoffe: Weitgehend unbekannt, vermutlich Cyanglykoside in den Samen.

Vergiftungserscheinungen: Vorwiegend ein- bis siebenjährige Kinder nehmen die Früchte auf. Bei zerkautem Samen wurden bei 10% Symptome, davon Magen- und Darmbeschwerden 80%, Fieber 30% beobachtet; die Symptome sind harmlos und müssen nur in Ausnahmefällen behandelt werden [W 38]. (Es ist anzunehmen, daß die „Vergiftungen" teilweise auf den Verzehr unreifer Früchte zurückzuführen sind. Anm. d. Verf.)

Gefährlichkeitsgrad: Allenfalls mindergiftig (+)

Literatur: W 38.

Therapie:
bei zerkauten Samen, Kohle pulvis; bei andauernden Beschwerden symptombezogen.

Ammi majus L.

Große Knorpelmöhre. *E:* Greater ammi. *F:* Grand ammi. *I:* Ammi capo bianco. *NL:* Akkerscherm.

EDV-Code: AMIMA.

Familie: Apiaceae, Doldenblütler.

Verbreitung, Vorkommen: Mittelmeergebiet bis Iran und Abessinien. In Nordamerika eingebürgert. In Mitteleuropa früher als Gewürzpflanze angebaut und verwildert. Heute nur noch selten auf mäßig trockenen, nährstoffreichen Ruderalstellen und Äckern.

Beschreibung: 30–100 cm hohe Pflanze, mit stumpfkantigem Stengel. Blätter 1–2fach gefiedert; die unteren breit-lazettlich, die oberen schmal-lanzettlich, stachelspitzig gesägt. Blüten weiß, in vielstrahligen Dolden; Hüllblätter zahlreich, fiederschnittig, Abschnitte schmal lanzettlich.

Blütezeit: Juni–September.

Giftige Pflanzenteile: Früchte (Kraut?).

Hauptwirkstoffe: Früchte enthalten die Furanocumarine → *Bergapten,* → *Imperatorin,* Isopimpinellin und → *Xanthotoxin.*

Wirkungen auf die Haut: Bei Einwirkung auf die Haut kann eine Photosensibilitätsreaktion auftreten.

Gefährlichkeitsgrad: Phototoxisch.

Vorschriften: Verbotener Stoff der Kosmetikverordnung v. 19.6.1985 Anlage 1: 35 Ammi majus L. und Zubereitungen.

Literatur: G 13, H 12.

Therapie:
Nach Hautkontakt Haut mit Roticlean® spülen und Sonne meiden.

Ammi visnaga (L.) Lam.

Zahnstocherkraut, Bischofskraut. *E:* Toothpick ammi, bishop's-weed. *F:* Herbe aux cure dent. *I:* Ammi visnaga. *NL:* Tandenstoter.

EDV-Code: AMIVI.

Familie: Apiaceae, Doldenblütler.

Verbreitung, Vorkommen: Im Mittelmeergebiet von Portugal bis Vorderasien. Eingebürgert in Nordamerika. Kultiviert für die pharmazeutische Industrie in Ägypten, Tunesien, Marokko, USA und Rußland.

Beschreibung: Bis 1 m hohe, ein- bis zweijährige, aufrechte Pflanze, Blätter fein zerteilt, 2–3fach gefiedert. Blüten weiß, Blütenblätter ungleich lang, zweispaltig, tief eingeschnitten, Blüten in schirmförmiger Dolde. Doldenachse zur Blüte- und Fruchtzeit auffallend verdickt; Doldenstrahlen zur Reifezeit verholzt. Bei Trockenheit nestartiges Zusammenkrümmen der Dolden. Teilfrucht mit 5 erhabenen Rippen.
Blütezeit: Juli–September.

Wirkstoffhaltige Pflanzenteile: Früchte.

Droge: Fructus Ammi visnagae, Ammeos visnagae fructus.

Hauptwirkstoffe: Früchte enthalten die Furanochromone (2–4%) → *Khellin,* Visnagin, Khellinin u. a., die Pyranocumarine (0,2–0,5%) Visnadin, Samidin, Dihydrosamidin und Spuren Furanocumarine z. B. → *Xanthotoxin,* außerdem Flavonoide und 0,02–0,03% ätherische Öle. Hauptbestandteil ist Visnagin, Khellin kommt nur in geringer Menge vor. Während der Reifezeit steigt der Furanochromon-Gehalt in Blüten und Früchten stark an.

Pharmakologische Wirkung: Bei Überdosierung oder längerer Anwendung wurden Schwindel, Übelkeit, Verstopfung, Kopfschmerzen, allergische Erscheinungen und Schlaflosigkeit beobachtet. Auch schwache phototoxische Wirkungen wurden festgestellt (W 13).
→ Khellin als Monosubstanz ruft unerwünschte Nebenwirkungen hervor, die aber bei einer entsprechenden therapeutischen Anwendung, z. B. von Ammi visnaga-Extrakten, kaum eine Rolle spielen.

Dosierung: Soweit nichts anderes verordnet: Mittlere Tagesdosis entsprechend 20 mg γ-Pyrone, berechnet als Khellin.

Gefährlichkeitsgrad: Nicht oder kaum giftig (+)

Vorschriften: Monographie des BGA (Kommission E) Nr. 50.

Ammi visnaga
Als offizinelle Heilpflanze in einem Arzneipflanzenverzeichnis der Weltgesundheitsorganisation anerkannt.
Ammi visnaga: Monographie der Kommission D.
Ammeos visnagae fructus: Monographie der Kommission E.

Literatur: G 13, W 13.

Therapie:
Nach Verschlucken nur in Extremfällen Kohle-Pulvis (10 g).

Ampelopsis brevipedunculata (Maxim.) Trautv.

Doldenrebe, Scheinrebe. *E:* Amur ampelopsis. *F:* Vigne à fruits bleus.

Familie: Vitaceae, Weinrebengewächse.

Verbreitung, Vorkommen: Heimat: Ostasien; Zierpflanze.

Beschreibung: Rankender Strauch mit gelbroten Zweigen. Blätter 3–5lappig, oberseits sattgrün, unterseits hellgrün, bis 10 cm lang, wechselständig. Blüten klein, grünlich, doldenrispig. Beeren hellblau bis violett, erbsengroß.
Blütezeit: Juli–August.
Früchte: Oktober–November.

Giftige Pflanzenteile: Die ganze Pflanze, besonders die Beeren.

Wirkungen auf die Haut: In der Literatur sind nesselartige Hautausschläge bei Berührung mit Ampelopsis japonica (Thunb.) Mak. beschrieben [L 8].

Gefährlichkeitsgrad: Wenig giftig (+)

Literatur: L 8.

Therapie:
Haut mit Roticlean® oder Wasser und Seife spülen, Locacorten-Schaum.
Nach Verschlucken Kohle-Pulvis.

Anacardium occidentale L.

Elefantenlausbaum, Acajubaum. *E:* Cashew-nut. *F:* Akaju. *I:* Anacardio.

EDV-Code: ANAOC.

Familie: Anacardiaceae, Sumachgewächse.

Verbreitung, Vorkommen: Heimat: Tropisches Zentral- und Mittelamerika; kultiviert in den asiatischen Tropenländern.

Beschreibung: Der bis 10 m hohe Baum erinnert in seinem Habitus an den Walnußbaum.

Droge: Fructus Anacardii occidentalis, Anacardii occidentalis fructus, Westindische Elefantenläuse.
Nierenförmige, zusammengedrückte Steinfrucht, 4–5 g schwer.

Hauptwirkstoffe: Die Fruchtschale enthält dunkles, scharfes Öl mit dem toxischen → *Cardol* und Anacardsäure. Die Kerne enthalten fettes Öl (Acajuöl) mit Glyceriden von Linol-, Palmitin- u.a. Fettsäuren und werden geröstet als Cashew-nuts verwendet und gegessen.

Vergiftungserscheinungen: Von Cardol und Anacardol erzeugen schon 0,1 g heftige Koliken.

Wirkungen auf die Haut: Anacardium erzeugt, ähnlich wie Canthariden, auf der Haut Dermatitiden, die Verbrennungen zweiten Grades gleichen. Nach häufigerem Kontakt kann es auch zu einer Sensibilisierung kommen (allergische Kontaktdermatitis). Ursache sind die Resorcinderivate. Zwischen Cardol und den Urushiolen aus *Rhus*-Arten besteht Kreuz-Allergenität. Auch die Nüsse (cashew-nuts) und das Nußöl enthalten die primär hautreizenden und allergen wirksamen Bestandteile und sind daher als Ursache von Kontaktdermatitiden bekannt.

Gefährlichkeitsgrad: Giftig + (Fruchtschale).

Literatur: H 12, I 5, M 2.

Therapie:
Erste Hilfe: Kohle-Pulvis-Gabe, Erbrechen auslösen, Roticlean® Natriumsulfat, viel trinken lassen. Haut- und Schleimhautblasen steril abdecken, Tetanusprophylaxe, lokal Locacorten-Schaum.
Klinik: Nach wahrscheinlich großer Giftaufnahme Magenspülung (evtl. mit burgunderfarbener Kaliumpermanganatlösung), Roticlean-, Kohle- und Natriumsulfatinstillation, gegen Koliken Atropin, Elektrolytsubstitution, Azidoseausgleich mit Natriumbikarbonat (Urin pH 7,5), Kontrolle der Nierenfunktion, bei Krämpfen Diazepam (Valium®) i.v.

Anagallis arvensis L.

Acker-Gauchheil. *E:* Scarlet pimpernel. *F:* Mouron rouge. *I:* Centonchio dei campi Bellichina. *NL:* Guichelheil.

EDV-Code: ANGAR.

Familie: Primulaceae, Primelgewächse.

Verbreitung, Vorkommen: Europa, Asien, Amerika; in Mitteleuropa häufig; Äcker, Gärten, Schutt.

Beschreibung: 5–30 cm, niederliegende, einjährige Pflanze. Blätter eiförmig, ganzrandig, kreuzweise-gegenständig, sitzend. Blüten ziegelrot, selten blau [var. azurea (Hyl.) Marsden u. Weiss], 5zählig, langgestielt, blattachselständig. Kapsel kugelig, hängend.
Blütezeit: Juni–Oktober.

Giftige Pflanzenteile: Das ganze Kraut, besonders die Wurzeln.

Hauptwirkstoffe: 2 Glykoside (eines ähnlich der Quillaia- und Polygalasäure, das andere ähnlich dem Quillaiasapotoxin), Primverase (Bitterstoff), Gerbstoff, ein proteolytisches Enzym und ätherisches Öl mit stechend scharfem, eigentümlichem Geruch. Gilt wegen des hohen Saponingehaltes als giftig. (Frisches Material hat hämolyt. Index 1:3500) [H 12].

Vergiftungserscheinungen: Starke Diurese, Zittern, breiiger und wäßriger Stuhl, Erscheinungen am Nervensystem, Gehirn und Rückenmark, Entzündung des Verdauungskanals; schwache Narkotisierung.
Ruft bei Hunden und Pferden Gastroenteritis hervor. Giftig für Geflügel und Kaninchen. Das ätherische Öl verursacht Kopfschmerzen und Nausea. Das Kraut soll diuretisch und in toxischen Mengen narkotisch wirken. Die Blätter rufen Dermatitis hervor [H 12].

Wirkungen auf die Haut: Die Blätter können eine allergische Hautdermatitis hervorrufen.

Gefährlichkeitsgrad: Giftig +

Vorschriften: Anagallis arvensis: Monographie der Kommission D.

Literatur: B 36, H 12.

Therapie:
Erste Hilfe: Kohle-Pulvis 10 g, ggf. Augen spülen.
Klinik: Nach wahrscheinlich großer Giftaufnahme Magenspülung (evtl. mit burgunderfarbener Kaliumpermanganatlösung), Instillation von 10 g Kohle-Pulvis, Elektrolytsubstitution, Azidoseausgleich mit Natriumbikarbonat (Urin pH 7,5), Überwachung der Nierenfunktion, bei Krämpfen Diazepam (Valium®), gegen Koliken Atropin, ggf. Intubation und Sauerstoffbeatmung.

Anamirta cocculus Wight et Arnott

[Anamirta paniculata Colebrooke, Menispermum cocculus L. (Wall.)]

Kokkelskörner, Fischkörner, Tollkörner. *E:* Levant berry, Cockles. *F:* Coque du Levant. *I:* Coccole di Levante.

Familie: Menispermaceae, Mondsamengewächse.

Verbreitung, Vorkommen: Heimat: Ostindien, Ceylon und die Malaiischen Inseln.

Beschreibung: Anamirta cocculus ist ein Schlingstrauch.

Droge: Fructus Cocculi, Cocculi fructus, Kokkelskörner.
Früchte bis 1 cm groß, im frischen Zustand rot, getrocknet fast kugelig, etwas nierenförmig, grau- bis schwarzbraun, runzelig einsamig [H 12].

Hauptwirkstoffe: 1,5–5% → *Pikrotoxin* (Cocculin) $C_{30}H_{34}O_{13}$, das aus Pikrotoxinin $C_{15}H_{16}O_6$ und Pikrotin $C_{15}H_{18}O_7$ besteht [H 12].

Vergiftungserscheinungen: → *Picrotoxin* wirkt erregend auf die motorischen Elemente des Zentralnervensystems, in erster Linie des verlängerten Marks und daneben des Rückenmarks. Als Charakteristikum der Picrotoxinvergiftung wird das kombinierte Auftreten von klonischen und tonischen Krämpfen angesehen. Das Vergiftungsbild durch geringe Dosen von Cocculus zeigt Kopfschmerzen, Schwindel, Nausea, allgemeine Depression, leichte Anästhesie mit Koordinationsstörungen und spasmodischen Zuckungen in der Muskulatur, während stärkere Dosen zu Schläfrigkeit, Stupor, Koma führen, manchmal auch zu Delirien mit tonisch-klonischen Krämpfen und häufigem Erbrechen [M 2].

Anwendung in der Homöopathie: Cocculus D_3–D_6 wird gegen Seekrankheit gegeben.

Picrotoxin als Gegenmittel bei Barbituratvergiftungen: Der Verfasser erlebte selbst, wie ein 58jähriger Patient, der nach Einnahme von Barbiturat-Schlafmitteln kurz vor dem Exitus stand und in der Klinik aufgegeben worden war, nach Injektion von Picrotoxin innerhalb von einer halben Stunde wieder ansprechbar war und danach noch 36 Jahre lang lebte.

Bemerkung: Kokkelskörner werden bei uns gelegentlich zum Fischen benutzt. Die Fische werden durch das Fressen der Körner betäubt und schwimmen nach Verlust des Gleichgewichts auf dem Rücken. Fischfang nach dieser Methode ist natürlich verboten.

Dosierung: Für Picrotoxin: 0,002 g pro dosi, 0,006 g pro die (Gall.); 0,01 g pro dosi, 0,02 g pro die (möglichst nicht überschreiten. Erg. B) [M 2].

Gefährlichkeitsgrad: Sehr stark giftig + + +

Vorschriften: Anamirta cocculus: Monographie der Kommission D.
Verbotener Stoff der Kosmetikverordung v. 19.6.1985, Anlage 1: 106 Früchte von Anamirta cocculus L.

Literatur: H 12, M 2.

Therapie:
Erste Hilfe: Sofort Kohle-Pulvis (10 g), Erbrechen auslösen, Natriumsulfat.
Klinik: Magenspülung (evtl. mit burgunderfarbener Kaliumpermanganatlösung), Instillation von 10 g Kohle-Pulvis, Natriumsulfat. Nach der Resorption (Krämpfe) Relaxierung und Intubation, solange das Krampfstadium anhält, nur so viel Antiepileptika wie Diazepam (Valium®) u.a. bis die Krämpfe eben unterdrückt bleiben, forcierte Diurese, bei Fieber Eiswickel, hochkalorische Infusionen (Traubenzucker), keine Phenothiazine, keine Analeptika! evtl. Sauerstoffbeatmung.

Anchusa officinalis L.

Ochsenzunge. *E:* Common bugloss. *F:* Langue de boeuf. *I:* Lingua di bue. *NL:* Gewone ossetong.

EDV-Code: ANCOF.

Familie: Boraginaceae, Rauhblattgewächse.

Verbreitung, Vorkommen: Südost- (ursprünglich) und Mitteleuropa bis Frankreich, Holland und Dänemark. In Deutschland stellenweise, in der Mitte und im Norden häufiger. Auf Äckern, Schuttplätzen und an Wegrändern.

Beschreibung: 30–80 cm hohe, zwei- und mehrjährige, rauh-dichtbehaarte, krautige Pflanze mit reichbeblättertem Stengel. Blätter lanzettlich, ganzrandig, sitzend, wechselständig. Blüten dunkelviolett, trichterförmig, 5lappig, mit samtigen, helleren Schlundschuppen, in dichtblütigen Doppelwickeln. Früchte hellbraun, schief-eiförmige Nüßchen.
Blütezeit: Mai–September.

Giftige Pflanzenteile: Kraut.

Droge: Herba Anchusae (Herba Buglossi), Anchusae herba – Ochsenzungenkraut.

Wirkstoffe: Das toxische Pyrrolizidinalkaloid Lycopsamin und die untoxischen Laburnin und Acetyllaburnin [R 29].

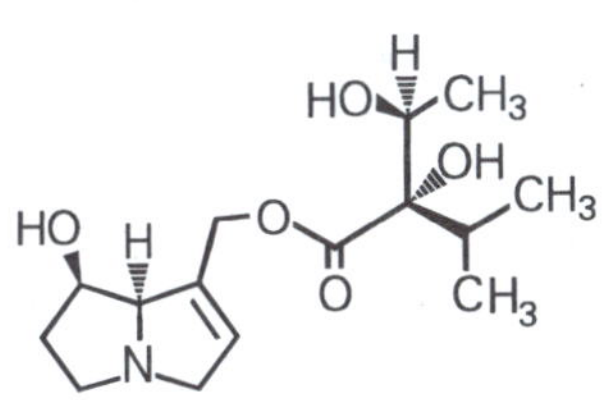

Lycopsamin

Anwendungen: Bei stumpfen Verletzungen, zu Umschlägen, Knochen- und Gelenkerkrankungen, innerlich als Expektorans. Die Pflanze enthält Pyrrolizidinalkaloide, die z. B. bei Dauermedikation krebserzeugend wirken können.

Hinweis: Da der Gehalt an toxischen Alkaloiden sehr hoch ist, sollte die Pflanze für arzneiliche Zwecke nicht mehr verwendet werden.

Vorschriften: Alle Arten der Gattung Anchusa (Ochsenzunge) sind in der „Bekanntmachung über die Zulassung und Registrierung von Arzneimitteln v. 5.6.92“ aufgeführt.

Gefährlichkeitsgrad: Bei hohen Dosen giftig +

Literatur: R 29.

Andromeda polifolia L.

Rosmarinheide, Gränke, Poleigränke, Wilder Rosmarin. *E:* Marsh Andromede, Wild Rosemary. *F:* Andromède à feuilles de Polium. *I:* Andromeda.

Familie: Ericaceae, Heidekrautgewächse.

Verbreitung, Vorkommen: Mittel-, Nord- und Osteuropa, Norddeutschland, im Süden nur in höheren Lagen; in Sümpfen und Torfmooren.

Beschreibung: Strauch bis 40 cm hoch, Blätter lanzettlich, immergrün, am Rande eingerollt. Blüten rosa oder weiß, kugelig-glockig, auf rosaroten Stielen, in nickender Doldentraube. Kapsel 5fächrig.
Blütezeit: Mai–Oktober.

Giftige Pflanzenteile: Blätter und Blüten.

Hauptwirkstoffe: → *Andromedotoxin* (aconitähnlich) $C_{31}H_{50}O_{10}$, außerdem mehrere Iridoidglykoside.
Nach neueren Angaben sollen keine Diterpene vorhanden sein [F 16].

Vergiftungserscheinungen: Brennen im Mund, Speichelfluß, Prickeln der Haut, kalter Schweiß, Schluckbeschwerden, Schwindelgefühl, rauschähnliche Zustände, Krämpfe, unregelmäßiger, schwacher Puls, Atemnot, zuletzt Atemlähmung.
Vergiftungen bei Weidetieren, insbesondere bei Schafen und Ziegen. Beim Menschen durch Verfälschung der Fol. Rosmarini oder durch den Genuß von Bienenhonig, der von andromedotoxinhaltigen Pflanzen stammt. Zwei Patienten mit Vergiftungen durch andromedotoxinhaltigen Honig wurden in österreichischen Spitälern 1981 und 1982 behandelt. Der toxinhaltige Honig wurde in beiden Fällen im türkischen Schwarzmeergebiet erworben. Bei beiden Patienten konnten schwere arterielle Hypotension, bradykarde Rhythmusstörungen, Synkopen sowie zentralnervöse Symptome beobachtet werden. Unter symptomatischer Therapie erholten sich die Patienten innerhalb von 24 Std. vollkommen [Dtsch. med. Wschr. 108].

Gefährlichkeitsgrad: Stark giftig + +

Literatur: B 36, C 11, F 16, G 4, H 12.

Therapie:
Erste Hilfe: Sofortiges Erbrechen, 10 g Kohle-Pulvis, Natriumsulfat.
Klinik: Magenspülung (evtl. mit burgunderfarbener Kaliumpermanganatlösung), Instillation von 10 g Kohle-Pulvis und Natriumsulfat, Elektrolytsubstitution, Azidoseausgleich mit Natriumbikarbonat (Urin pH 7,5), bei Krämpfen Diazepam (Valium®) i.v., ggf. Intubation und Sauerstoffbeatmung, Plasmaexpander, EKG.

Anemone nemorosa L.

Buschwindröschen, Anemone. *E:* Wood anemone. *F:* Anémone de bois. *I:* Anemone bianca. *NL:* Bosanemoon.

EDV-Code: ANMNE.

Familie: Ranunculaceae, Hahnenfußgewächse.

Verbreitung, Vorkommen: Europa, Asien, Nordamerika; in Laubwäldern, Gebüschen, auch auf Wiesen.

Beschreibung: Aus dem waagrechten Rhizom erhebt sich der 10–25 cm hohe Stengel, mit weißer, meist 6blättriger Blüte und 3 quirlständigen, mehrfach geteilten Blättern.
Blütezeit: März–April.
Weitere giftige Anemonen-Arten, die bei uns vorkommen [E 12]:
Anemone narcissiflora L. – Berghähnlein,
Anemone sylvestris L. – Wald-Windröschen.

Giftige Pflanzenteile: Alle Pflanzenteile.

Hauptwirkstoffe: → *Protoanemonin*, das anscheinend beim Trocknen unwirksam wird. Anemol und unbekannte Giftstoffe.

Vergiftungserscheinungen: Übelkeit, Durchfall, Blutungsneigung, Nierenschädigung. Tödliche Dosis: 30 Pflanzen.

Wirkungen auf die Haut: Der Saft kann eine Hautreizung verursachen.

Gefährlichkeitsgrad: Giftig +

Vorschriften: Anemone nemorosa: Monographie der Kommission D.

Literatur: B 36, E 12, F 16, G 4, H 12.

Therapie:
Erste Hilfe: Kohle-Pulvis, erbrechen lassen, viel warmen Tee trinken lassen, Natriumsulfat, Schockprophylaxe (Ruhe, Wärme), Locacorten-Schaum.
Klinik: Nach wahrscheinlich großer Giftaufnahme Magenspülung (evtl. mit burgunderfarbener Kaliumpermanganatlösung), Elektrolytsubstitution, Azidoseausgleich mit Natriumbikarbonat (Urin pH 7,5), im Schock Plasmaexpandergabe, bei Krämpfen Diazepam (Valium®) i.v., Kontrolle der Nierenfunktion, bei Atemlähmung Intubation und Sauerstoffbeatmung.

Anemone ranunculoides L.

Gelbes Windröschen. *E:* Yellow anemone. *F:* Anémone fausse. *I:* Anemone gialla.

Familie: Ranunculaceae, Hahnenfußgewächse.

Verbreitung, Vorkommen: Europa, Nordasien; in Mitteleuropa stellenweise häufig; Auwälder, Laubwälder, Gebüsch.

Beschreibung: Ausdauernde, bis 30 cm hohe Pflanze, mit quirlständigen Stengelblättern, Blätter handförmig 3–5teilig, Zipfel eingeschnitten. Blüten goldgelb mit 5 Blütenblättern, endständig, 1 (selten 2) am Stengel.
Blütezeit: März–April.

Toxikologie: → *Anemone nemorosa* L.

Angelica archangelica L.

Engelwurz. *E:* Garden-angelica. *F:* Archangélique, Angélique cultivée. *I:* Angelica arcangelica.

EDV-Code: ANKAR.

Familie: Apiaceae, Doldengewächse.

Verbreitung, Vorkommen: Nord- und Osteuropa, in Mitteleuropa an der Nord- und Ostsee, außerdem angebaut und verwildert; an feuchten Standorten.

Beschreibung: 2–4jährige, bis 3 m hohe Pflanze mit armdickem Stengel. Blätter bis 90 cm lang, 3fach gefiedert, Stiel mit aufgeblasenen Scheiden. Blüten gelblich-grün, in halbkugeligen Dolden. Frucht breit elliptisch.
Blütezeit: Juli–August.

Droge: Radix Angelicae, Angelicae radix, Engelwurz. Auszug aus der Packungsbeilage gemäß Standardzulassung:

Gegenanzeigen: Magen- oder Darmgeschwüre.
Hinweis: Für die Dauer der Anwendung von Angelikawurzelzubereitungen sollte auf längere Sonnenbäder oder intensive UV-Bestrahlung verzichtet werden.
Der kurze, bis 5 cm dicke Wurzelstock ist fein gerillt, die Wurzeln sind bis 30 cm lang, längsfurchig und querhöckerig. Farbe braungrau bis rötlichbraun. Geschmack scharf, Geruch stark würzig.

Hauptwirkstoffe: Im frischen Wurzelstock und in den Wurzeln 0,1–0,37%, getrocknet

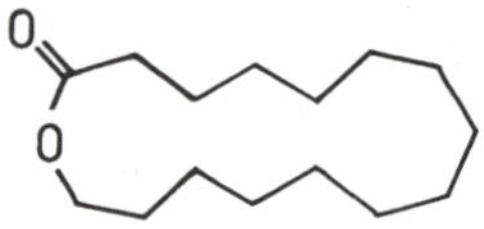

15-Oxypentadecenlacton

Angelica archangelica

0,35–1% ätherisches Öl mit 15-Oxypentadecenlacton als Hauptbestandteil.
Die Cumarine Angelicin (Isopsoralen) $C_{11}H_6O_3$, Fp. 138–140 °C,
→ *Bergapten* $C_{12}H_8O_4$, Fp. 188–191 °C,
→ *Imperatorin* $C_{16}H_{14}O_4$, Fp. 102–105 °C,
Osthol $C_{15}H_{16}O_3$, Fp. 85 °C,
Osthenol $C_{14}H_{14}O_3$, Fp. 124–125 °C,
→ *Xanthotoxin* $C_{12}H_8O_4$, Fp. 145–146 °C,
→ *Xanthotoxol* $C_{11}H_6O_4$, Fp. 249–251 °C,
Umbelliprenin $C_{24}H_{30}O_3$, Fp. 61–63 °C
[H 12].

Wirkungen auf die Haut: Die fluoreszierenden Furocumarine als phototoxische Substanzen können auf der Haut eine Dermatitis erzeugen, die unter schweren Störungen des Allgemeinbefindens verlaufen kann. Auf frisch gemähten Wiesen kann bei Berührung mit dem Saft die sog. „Badedermatitis" hervorgerufen werden. → *Heracleum spondylium.*

Pharmakologische Wirkung: Es sind Vergiftungen bei Anwendung größerer Dosen von Radix bzw. Oleum Angelicae zu Abtreibungszwecken in der Literatur erwähnt.

Gefährlichkeitsgrad: Schwach giftig (+)

Vorschriften: Angelica archangelica: Monographie der Kommission D.

Angelicae fructus/herba: Monographie der Kommission E.
Angelicae radix: Monographie der Kommission E.

Literatur: G 4, H 12.

Therapie:
Erste Hilfe: Kohle-Pulvis-Gabe, Erbrechen auslösen, Roticlean® Natriumsulfat, viel trinken lassen. Meidung von Sonnenexposition, Blasen steril abdecken, lokal Locacorten-Schaum.
Klinik: Magenspülung (evtl. mit burgunderfarbener Kaliumpermanganatlösung), Roticlean®-, Kohle- und Natriumsulfatinstillation, gegen Koliken Atropin, Elektrolytsubstitution, Azidoseausgleich mit Natriumbikarbonat (Urin pH 7,5), Kontrolle der Nierenfunktion bei Krämpfen Diazepam (Valium®) i.v., ggf. Intubation und Sauerstoffbeatmung.

Anthemis cotula L.

Stinkende Hundskamille. *E:* Stinking mayweed, dog's camomile. *F:* Camomille des chiens, Camomille puant maroute. *I:* Camomilla mezzana, Cotula fetida. *NL:* Stinkende Kamille.

EDV-Code: ANTCO.

Familie: Asteraceae, Korbblütler.

Verbreitung, Vorkommen: Fast ganz Europa, Nordwestsibirien, Nord- und tropisches Afrika, Nord- und Südamerika. In Mitteleuropa zerstreut an unbebauten Orten, Weideplätzen, besonders auf Lehm- und Sandböden.

Beschreibung: Einjährige, bis 45 cm hohe Pflanze mit stark ästigem Stengel. Blätter doppelt fiederschnittig, zerstreut behaart. Blütenköpfchen einzeln, mit goldgelben Scheiben- und weißen Zungenblüten, 12–26 mm breit, Köpfchenboden verlängert, kegelförmig mit lineal-borstlichen Spreublättern.
Blütezeit: Juli–September.

Laut Hegi gibt es zwischen der Hundskamille und der Echten Kamille auch Bastarde.

Giftige Pflanzenteile: Die ganze Pflanze.

Hauptwirkstoffe: Sesquiterpenlacton Anthecotulid (1,8–7,3%!) [1–3] als Bestandteil des ätherischen Öls.

Anthemis cotula

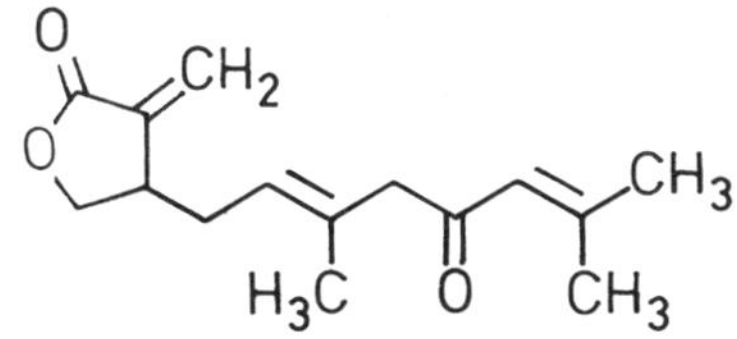

Vergiftungserscheinungen: Hundskamille (*A. cotula*) oder auch mit Hundskamille verunreinigte oder verfälschte Echte Kamille kann zu allergischen Reaktionen führen. Es wird über irritative und allergische Kontaktdermatitiden sowie über Frühreaktionen am Respirationstrakt (allergische Rhinitis, Konjunktivitis) bis zum anaphylaktischen Schock berichtet [Planta medica]. Laut Hausen et al. ist Anthecotulid ein starkes Allergen.
Bei Anwendung als Tee(!) Irritationen und Schwellungen der Schleimhäute, Magenbrennen [4], anaphylaktischer Schock [5].
Bei Hautkontakt oder äußerlicher Anwendung von Infusen schwere Hautirritationen mit vesikulären erythematösen Hautläsionen [6–8].

Gefährlichkeitsgrad: Wenig giftig (+), häufiger aber mit Nebenwirkungen (vor allem Allergien).

Unterscheidung von Echter und Hundskamille:

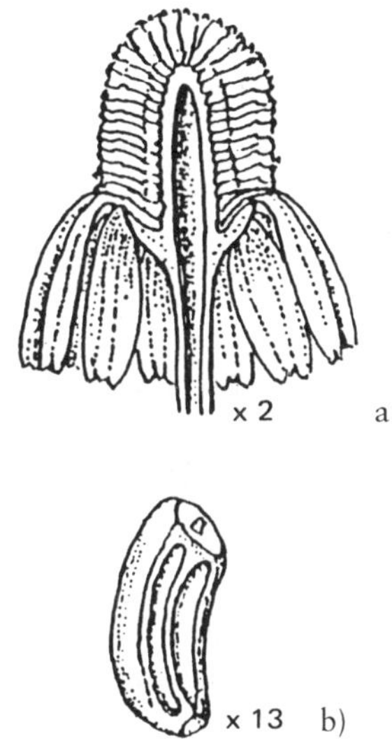

Die Echte Kamille hat einen hohlen Blütenboden (a) und geriefte Früchte (b). Geruch aromatisch.

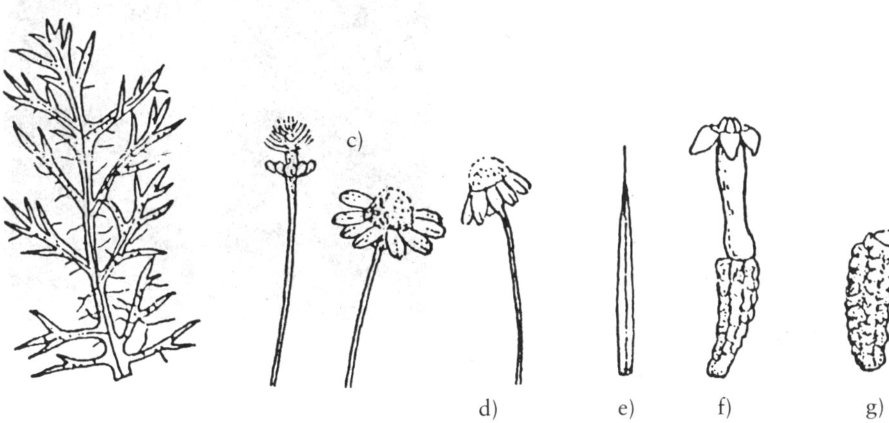

Die Hundskamille unterscheidet sich bei genauer Betrachtung durch gefüllten Blütenboden mit Spreublättern (c), warzige Früchte (f, g) und etwas andere Blattzipfel (e), Geruch unangenehm.

Anthemis cotula

Literatur: [1] Hausen, B.M., Busker, E., und Carle, R., Planta Medica (1984), S.229–234; [2] Yamazaki, H., Miyakodo, M., Mabry, I. (1982) Lloydia 45, 508; [3] Bohlmann, F., Zdero, C., Grenz, M. (1969) Tetrahedron Lett. No. 28, 2417; [4] Rowe, A.H. (1934) J. Allergy 5, 383; [5] Benner, M.H., Lee, H.J. (1973) J. Allergy Clin. Immunol. 52, 307; [6] White, J.C. (1887) Dermatitis venenata, Cupples + Hurd, Boston; [7] Sternberg, L. (1937) J. Allergy 8, 185; [8] Sequeira, J.H. (1921) Lancet 201, 560; [9] Mitchell, J.C., Fritig, B., Singh, B., Towers, G.H.N. (1970) J. Invest. Dermatol. 54, 233; [10] Hager III, 112; V, 714.

Anthoxanthum odoratum L.

Wohlriechendes Ruchgras. *E:* Sweet vernalgrass. *F:* Flouve odorante. *I:* Paleo odoroso. *NL:* Reukgras.

EDV-Code: AOXOD.

Familie: Poaceae, Gräser.

Verbreitung, Vorkommen: Europa, in Mitteleuropa verbreitet und häufig; Wiesen, Wegränder.

Beschreibung: 30–50 cm hohes Gras. Blätter schmal lanzettlich. Ährchen 1blütig mit 4 Hüllspelzen, die 2 oberen begrannt, in ährenförmiger dichter Rispe. Trockene Pflanzen mit Cumaringeruch.
Blütezeit: Mai–Juni.

Droge: Herba Anthoxanthi odorati, Anthoxanthi odorati herba, Ruchgraskraut.

Giftige Pflanzenteile: Alle Pflanzenteile.

Hauptwirkstoffe: Cumaringlykosid, das beim Welken des Grases → *Cumarin* abspaltet (Heuduft).

Vergiftungserscheinungen: → *Galium odoratum.*

Gefährlichkeitsgrad: Wenig giftig (+)

Vorschriften: Anthoxanthum odoratum: Monographie der Kommission D.

Literatur: B 36, H 12.

Therapie:
Erste Hilfe: Kohle-Pulvis-Gabe.
Klinik: Nur nach großer Giftaufnahme Magenspülung, Kohle-Pulvis, Natriumsulfat, Überwachung. Kontrolle der Blutgerinnung.

Anthriscus sylvestris (L.) Hoffm.

Wiesen-Kerbel. *E:* Cow parsley. *F:* Cerfeuil sauvage. *I:* Cerfoglio selvatico. **NL:** Fluitekruid.

EDV-Code: ANRSY.

Familie: Apiaceae, Doldengewächse.

Verbreitung, Vorkommen: Nord- und Mitteleuropa, Sibirien, Nordafrika. Allgemein verbreitet und sehr häufig auf Wiesen, an Rainen, Gebüschen und Wegrändern.

Beschreibung: 60–100 cm hohe Staude mit aufrechtem, hohlem, kantig gefurchtem Stengel und rübenartiger Pfahlwurzel. Blätter glänzend-grün, 2–3fach gefiedert. Blüten weiß, duftend, in 8–15strahligen Dolden; Döldchen mit 8–15blättrigen Hüllchen. Teilfrüchte länglich, glatt, bei der Reife glänzend.
Blütezeit: Mai–August.
Die gleiche Wirkung zeigt Anthriscus cerefolium (L.) Hoffm. ssp. cerefolium – Garten-Kerbel.

Giftige Pflanzenteile: Die ganze Pflanze.

Hauptwirkstoffe: → *Bergapten*, → *Xanthotoxin* (Wiesenkerbel), Apterin (Gartenkerbel).

Wirkungen auf die Haut: Phototoxische Reaktionen.

Gefährlichkeitsgrad: Phototoxisch.

Literatur: H 21.

Therapie:
Nach Hautkontakt Haut mit Roticlean® spülen und Sonne meiden.

Anthurium-Scherzerianum-Hybriden

(A. scherzerianum hort. non Schott. A. x hortulanum Birdsey)

Blütenschweif, Kleine Flamingoblume, Schwefelblume. *E:* Anthure, flamingoflower.

EDV-Code: AURSH.

Familie: Araceae, Aronstabgewächse.

Verbreitung, Vorkommen: Heimat: Tropisches Amerika; Zimmerpflanze.

Beschreibung: 30–40 cm hoch. Blätter grundständig, langgestielt, lanzettförmig, 15–30 cm lang, dunkelgrün. Der Blütenkolben wird von einem flachen, roten Hochblatt getragen.
Blütezeit: Februar–Juli.

Giftige Pflanzenteile: Junge Blätter.

Hauptwirkstoffe: Weitgehend unbekannt, vermutlich Calciumoxalat- „Schießkristalle" wie bei → *Dieffenbachia.* Junge Blätter sollen einen cyanogenen Stoff enthalten.

Vergiftungserscheinungen: Übelkeit, Erbrechen, Durchfall.

Wirkungen auf die Haut: Es können beim Hantieren mit der Pflanze Entzündungen der Fingernägel auftreten.

Gefährlichkeitsgrad: Giftig +

Literatur: B 36, F 16.

Therapie:
Erste Hilfe: Kohle-Pulvis-Gabe.
Klinik: Nur nach großer Giftaufnahme Magenspülung, Instillation von 40 g Calciumgluconat. Wenn kein Calciumgluconat zur Hand ist, Milch trinken lassen, 10 ml Calciumgluconatlösung 10%ig langsam i.v., Kontrolle der Nierenfunktion, Alkalisierung mit Natriumbikarbonat bis zum Urin pH 7,5, ggf. Intubation und Sauerstoffbeatmung.

Aphelandra squarrosa Nees

Glanzkölbchen. *E:* Aphelandra, zebra plant. *F:* Aphélandre.

EDV-Code: APLSQ.

Familie: Acanthaceae, Bärenklaugewächse.

Verbreitung, Vorkommen: Heimat: Brasilien; dekorative Zimmerpflanze.

Beschreibung: 50 cm hohe Pflanze mit rötlichem Stengel. Blätter eiförmig-elliptisch, 20–50 cm lang, weiße Zeichnung entlang der Nervatur. Blüten dunkelgelb, hinter gelben Hochblättern, in Blütenähren.
Blütezeit: Juni–Oktober.

Hauptwirkstoffe: Über die Inhaltsstoffe wurden keine zuverlässigen Angaben gefunden, möglich scheint Calciumoxalat. Event. Nierenschädigung.

Vergiftungserscheinungen: Ein Blatt wurde ohne Symptome gegessen (Mitteilung einer Giftinformationsstelle).

Gefährlichkeitsgrad: Wenig oder kaum giftig (+)

Therapie:
Erste Hilfe: Kohle-Pulvis.
Klinik: In Extremfällen Entgiftung und Alkalisierung.

Apium graveolens L.

Sellerie, Eppich. *E:* Celery. *F:* Céleri-rave. *I:* Sedano rapa. *NL:* Knolselderij.

EDV-Code: APUGR.

Familie: Apiaceae, Doldenblütler.

Verbreitung, Vorkommen: Europa, Westasien bis Vorderindien, Nord- und Südafrika; angebaut und verwildert. Wildwachsend an salzigen Stellen (besonders am Meeresstrand; seltener auf Wiesen und in Sümpfen).

Beschreibung: Zweijähriges (in Kultur meist einjährig), bis 1 m hohes Kraut. Kulturform mit faustgroßer Wurzelknolle. Grundblätter und untere Stengelblätter langgestielt, einfach gefiedert, glänzend. Blüten klein, weiß oder grünlich, in zahlreichen 6–12strahligen Dolden ohne Hüllchen. Teilfrüchte fast halbkreisrund, gerippt.
Blütezeit: Juni–Oktober.
Apium graveolens var. graveolens – Sumpfsellerie ist die Stammform der angebauten Varietäten:
var. dulce (Mill.) Pers. – Bleichsellerie, Stielsellerie var. rapaceum (Mill.) Gaud. – Knollensellerie, Wurzelsellerie var. secalinum Alef. – Schnittsellerie.

Wirkstoffhaltige Pflanzenteile: Die ganze Pflanze.

Droge: Fructus Apii, Apii fructus; Herba Apii, Apii herba; Radix apii, Apii radix.
Auszug aus der Monographie der Kommission E: Apium graveolens (Sellerie)
Risiken:
Sellerie kann allergische Reaktionen bis hin zum anaphylaktischen Schock auslösen (Sellerie-Karotten-Beifuß-Syndrom).
Hinweis:
Sellerie kann größere Mengen phototoxischer Furanocumarine enthalten [A 15].

Hauptwirkstoffe: Psoralen, Bergapten (5-MOP), Xanthotoxin (8-MOP), Apiin, ätherisches Öl.

Pharmakologische Wirkung: Eine Sonderstellung unter den phototoxischen Arten nimmt die Sellerie (Apium graveolens) ein. Diese Apiaceen-Art enthält in natürlichem, d. h. nicht-infiziertem Zustande nur geringste Spuren von Furocumarinen. Sie reichen gewöhnlich nicht aus, um eine phototoxische Reaktion an der Haut auszulösen. Sind die Sellerieknollen jedoch durch den Pilz *Sclerotinia sclerotiorum* infiziert, so wächst die Konzentration auf so hohe Werte an, daß phototoxische Reaktionen obligat werden können. Vergleichende Untersuchungen von Beier et al. und Ashwood et al. zeigen, daß in nichtinfizierter Sellerie der Gehalt an Furocumarinen für Psoralen bei 0,02–0,16 μg/g und für 5-MOP sowie 8-MOP bei 0,7 bis 1,2 μg/g liegt. Nach erfolgter Pilzinfektion steigt die Psoralenkonzentration um mehr als das 200fache an, bei 5-MOP und 8-MOP immerhin noch um das 20fache. Photopatchtests von Perone et al. bestätigen diesen Zusammenhang. Während sich mit nichtinfizierter Sellerie keine Reaktion im Photopatchtest erzielen läßt, fällt der gleiche Test mit infizierter Sellerie eindeutig positiv aus.

Von den Furocumarinen aus infizierter Sellerie spielen Psoralen, 5-MOP, 8-MOP die wichtigste Rolle. In England, Amerika und Italien führte die als „pink rot“ bezeichnete

Apium graveolens

infizierte Sellerie beim Erntepersonal bereits mehrfach zu krankheitsbedingten Ausfällen, da bis zu 26% der mit dem Ernten beschäftigten Personen eine schwere, z.T. bullöse Kontaktdermatitis erlitten.
Nach neueren Untersuchungen liegen bei der Karotte (→ *Daucus carota*) bezüglich der Infektion analoge Verhältnisse vor [H 12].

Vergiftungserscheinungen: Die Droge ist therapeutisch nicht zu verwenden bei: Nierenentzündung, da das ätherische Öl, wie auch andere Apiaceenöle, durch Reizung des Epithels eine Entzündung verstärken kann.

Gefährlichkeitsgrad: Phototoxisch.

Vorschriften: Apium graveolens: Monographie der Kommission D und E.

Literatur: A 15, H 13, H 21.

Therapie:
Bei Sonnenunverträglichkeit Hautkontakt und Einatmung (z. B. von Pflanzenstaub bei der Aufarbeitung von getrockneten Pflanzen) meiden.

Apocynum cannabinum L.

Hanfartiger Hundswürger, Hanfartiger Hundskohl, Amerikanischer Hanf. *E:* Canadian dog's bane, Indian hemp. *F:* Chanvre du Canada. *I:* Canapa acquatica. *NL:* Amerikaanse hennep.

EDV-Code: APCCA.

Familie: Apocynaceae, Hundsgiftgewächse.

Verbreitung, Vorkommen: In Nordamerika heimisch. In Deutschland leicht zu kultivieren.

Beschreibung: Bis 1 m hohe, ausdauernde, strauchartige Pflanze. Sie hat bis 10 cm lange schmaleiförmige Blätter. Die Kronröhre ist so lang wie der Kelch; Kronzipfel aufrecht. Charakteristisch ist an ihrem Wurzelstock die breite, gelbliche, leicht absplitternde Rinde mit zahlreichen Milchsaftschläuchen [M 2].
Eine weitere giftige Apocynum-Art [E 12]: Apocynum androsaemifolium L. (Staude), Verbreitung: Nordamerika, südlich bis Mexiko.
Blütezeit: 7–9.

Droge: Radix Apocyni cannabini, Apocyni cannabini radix.

Apocynum cannabinum

Stücke verschieden lang, 3–15 mm dick, zylindrisch walzenförmig oder infolge des Trocknens etwas verbogen [H 12].

Hauptwirkstoffe: Nach Trabert [Arzneimittel-Forsch. 10, 197 (1960)] und Trabert, Reichstein et al. [Helv. chim. Acta 42, 2418 (1959)] die herzwirksamen Glykoside: → *Cymarin* (Strophanthidin-D-cymarosid) $C_{30}H_{44}O_9$, Fp. 204 – 205 °C; Apocannosid (Cannogenin+D-Cymarose) $C_{30}H_{44}O_8$, Fp. 185–189 °C; Cynocannosid (= Substanz III), wahrscheinlich aus Cannogenin+L-Oleandrose, Fp. 166–176 °C (186 °C). Cannogenin $C_{33}H_{32}O_5$ hat die Konstitution eines 19-Oxodigitoxigenins bzw. 5-Desoxystrophanthidins [H 12].

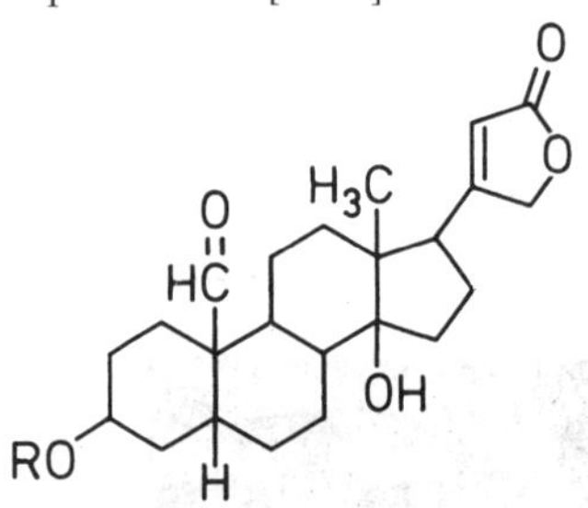

Apocannosid: R=Cymarose
Cynocannosid: R=Oleandrose
Cannogenin: R=H

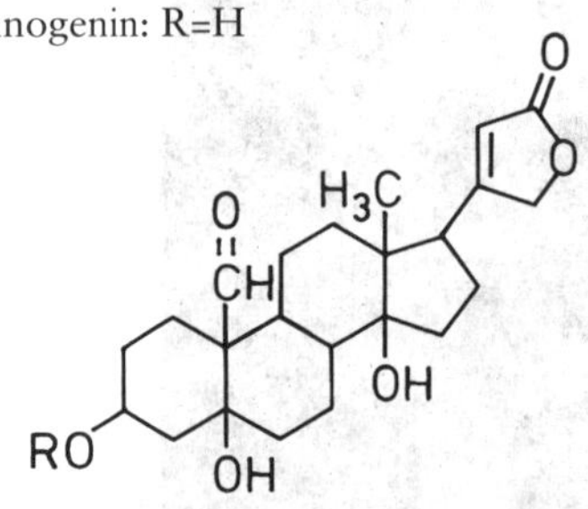

Cymarin: R=Cymarose
Strophanthidin: R=H

Vergiftungserscheinungen: Wood [J. Amer. med. Ass., sci. Ed. 43, 1904 (1953)] zeigte, daß die Droge wie Digitalis in kleineren Dosen eine Bradykardie und eine erhöhte Kontraktionsleistung des Herzens bewirkt, der Blutdruck wird erniedrigt. Nach Vagotonie wurde hingegen eine Hypertension bemerkt. Dale et al. (Proc. roy. Soc. Med., Dec. 1909) fanden, daß die Droge eine markante erregende Wirkung auf die vasomotorischen Zentren ausübt und ferner zur Diurese anregt, was vielleicht auf die vasodilatatorische Wirkung im Bereich der Nieren zurückzuführen ist. Die Reizung der Darmschleimhaut ist größer als die durch Digitalis und Strophantus; daraus resultieren Übelkeit, Erbrechen und Durchfall. Nach Marwin et al. [J. Amer. med. Ass., sci. Ed. 77, 1865 (1921)] besitzt die Droge eine geringere therapeutische Bedeutung auf das Vorhofflimmern als Digitalis, da wirksame Dosen konstant Unverträglichkeitssymptome (s. o.) hervorrufen. Gute Resultate wurden bei der Behandlung von Wassersucht und Aszites ereicht, wenn diese auf Herzinsuffizienz bzw. Leberzirrhose beruhen [H 12].

Dosierung: Durchschnittsdosis bei Herzkrankheiten 60 mg der Wurzeldroge, NF VIII. Der meist verwendete Fluidextrakt 3mal täglich zu 10–30 Tropfen, 0,3–0,6 ml einer Tinktur 1 : 10 zum gleichen Zweck wie Digitalis, Extra P. 67 [H 12].

Gefährlichkeitsgrad: Stark giftig + +

Vorschriften: Apocynum cannabinum: Monographie der Kommision D.
Verbotener Stoff der Kosmetikverordnung v. 19. 6. 1985, Anlage 1: 41 Apocynum cannabinum und seine Zubereitungen.

Literatur: E 12, H 12, M 2.

Therapie:
Erste Hilfe: Kohle-Pulvis-Gabe, Erbrechen auslösen, Natriumsulfat.
Klinik: Magenspülung (evtl. mit burgunderfarbener Kaliumpermanganatlösung), Kohleinstillation (10 g Pulvis), Herzschrittmacher (prophylaktisch), Hämoperfusion, Kontrolle des Kaliumspiegels und Substitution, Phenytoin, bei ventrikulärer Extrasystolie: Lidocain (Xylocain®), bei ausgeprägter Bradykardie: Atropin oder Orciprenalin (Alupent®), bei AV-Überleitungsstörungen: Vorsicht mit Substanzen, die diese zusätzlich beeinträchtigen, d.h. mit Ajmalin, Procainamid, β-Rezeptorenblocker und Chinidin.

Aquilegia vulgaris L.

Gemeine Akelei. *E:* Columbine. *F:* Ancoline commune. *I:* Aquilegia comune.

EDV-Code: AQIVU.

Familie: Ranunculaceae, Hahnenfußgewächse.

Verbreitung, Vorkommen: Europa, Asien, Nordafrika. Zerstreut in Mitteleuropa in lichten Laubwäldern und auf Waldwiesen; Zierpflanze in gefüllten und farbenprächtigen Formen.

Beschreibung: 40–80 cm hohe, ausdauernde, krautige Pflanze. Blätter langgestielt, doppelt 3zählig, Teilblättchen 3lappig, gekerbt. Blüten blau, überhängend, einzeln. 5 Blütenhüllblätter und 5 trichterförmige, gespornte Honigblätter. Balgfrüchte vielsamig.
Blütezeit: Mai–Juli.

Droge: Herba Aquilegiae, Aquilegiae herba, Akeleikraut.

Giftige Pflanzenteile: Die ganze Pflanze, besonders der Samen.

Hauptwirkstoffe: Die Pflanze enthält ein blausäureabspaltendes Glycosid in geringer Menge. Möglicherweise unterliegen die Wirkstoffe starken Gehaltsschwankungen.

Vergiftungserscheinungen: Nach Aussaugen des Saftes einiger Akeleiblüten traten Vergiftungserscheinungen auf, die sich in schwerer Ohnmacht, starker, mehrstündiger Benommenheit, Pupillenverengung, Atemnot und Diarrhöen äußerten. Zwei Tage lang hielt große Schwäche mit Herzklopfen und Oligurie an.
Dagegen hat der Autor als 7 Monate alter Säugling einen Teil eines Akeleistraußes gegessen und darauf nach Aussagen der besorgten Eltern, die gleich einen Arzt zugezogen hatten, lediglich etwas Durchfall bekommen.

Dosierung: In der Homöopathie wird Aquilegia D_1 3mal täglich 10 Tropfen bei Dysmenorrhoe, Hautausschlägen, Mundgeschwüren, Fisteln verwendet.

Gefährlichkeitsgrad: Giftig +

Vorschriften: Die Pflanze steht unter Naturschutz (A, CS, D, CH, I, YU, H).
Aquilegia vulgaris: Monographie der Kommission D.

Literatur: H 12, M 2.

Aquilegia vulgaris

Therapie:
Erste Hilfe: Kohle-Pulvis oder erbrechen lassen.
Klinik: Nach wahrscheinlich großer Giftaufnahme Magenspülung (evtl. mit burgunderfarbener Kaliumpermanganatlösung). In leichten Fällen, bei erhaltenem Bewußtsein: Na-Thiosulfat (10%ig, 100 ml i.v.), das als Schwefeldonator die Entgiftung des Cyanids, das in Rhodanid übergeht, beschleunigt.
Schwere Vergiftungen, bei Bewußtlosigkeit (sehr selten):
- Sofort 250 mg (3 mg/kg KG) 4-DMAP i.v. (evtl. i.m.) (Methämoglobinbildner).
- Sofort anschließend Na-Thiosulfatlösung (10%ig, 100 ml i.v.). Zugleich Azidosetherapie mit Natriumbikarbonatinfusion (Urin pH 7,5), dann Plasmaexpandergabe.

Aralia spinosa L. und andere Aralia-Arten

Aralie. *E:* Prickly ash, Hercules club. *F:* Angelique épineuse. *I:* Angelica spinosa.

EDV-Code: ARLSP.

Familie: Araliaceae, Efeugewächse.

Verbreitung, Vorkommen: Heimat: Nordamerika; Zierstrauch.

Beschreibung: Bis 5 m hoher Strauch, junge Zweige bestachelt. Blätter doppelt bis 3fach gefiedert, 50–80 cm lang, Fiederblättchen gestielt, gesägt. Blüten 5zählig, in großen Rispen. Früchte fast kugelig.
Blütezeit: Juli–August.
Eine andere, ebenfalls in Nordamerika vorkommende, auch bei uns kultivierte Pflanze ist Aralia racemosa L., die Radix Araliae racemosae (Araliae racemosae radix) liefert.

Giftige Pflanzenteile: Ganze Pflanze, besonders Rinde und Früchte.

Hauptwirkstoffe: Saponine, Triterpensapogenine und sehr wahrscheinlich andere chemisch noch nicht erfaßte toxische Stoffe.

Vergiftungserscheinungen: Giftig bei Einnahme.

Wirkungen auf die Haut: Beim Umgang mit der Pflanze können Hautschädigungen auftreten.

Gefährlichkeitsgrad: Giftig +

Aralia racemosa

Vorschriften: Aralia racemosa: Monographie der Kommission D.

Literatur: H 12, J 5.

Therapie:
Erste Hilfe: Kohle-Pulvis-Gabe oder Erbrechen.
Klinik: Nach wahrscheinlich großer Giftaufnahme Magenspülung, Kohle-Pulvis, Natriumsulfat.

Arctostaphylos uva-ursi (L.) Spreng.

(Arbutus uva-ursi L.)

Bärentraube. *E:* Common bearberry. *F:* Busserole officinale. *I:* Uva arsina.

EDV-Code: ARYUU.

Familie: Ericaceae, Heidekrautgewächse.

Verbreitung, Vorkommen: Europa, Asien, Nordamerika, in Mitteleuropa in den Alpen, Mittelgebirgen und in der Norddeutschen Tiefebene; Föhrenwälder, Zwergstrauchheiden.

Beschreibung: Niederliegender, weitkriechender Strauch, mit aufwärtsgebogenen Zweigen. Blätter immergrün, lederig, verkehrt-eiförmig, ganzrandig. Blüten weiß bis rötlich, eiförmig, in endständigen Trauben. Beeren kugelig, scharlachrot.
Blütezeit: März–Juli.

Droge: Folia Uvae ursi, Uvae ursi folium, Bärentraubenblätter.
Geruchlos, Geschmack zusammenziehend.

Auszug aus der Monographie der Kommission E:
Uvae ursi folium (Bärentraubenblätter)
Nebenwirkungen: Bei magenempfindlichen Patienten und Kindern können Übelkeit und Erbrechen auftreten.
Wechselwirkungen: Bärentraubenblätter-Zubereitungen sollen nicht zusammen mit Mitteln gegeben werden, die zur Bildung eines sauren Harns führen.

Wirkstoffhaltige Pflanzenteile: Besonders die Blätter.

Hauptwirkstoffe: 5–12% → *Arbutin,* Methylarbutin $C_{13}H_{18}O_7$, Fp. 175 – 176 °C (die im Alpenraum vorkommende Bärentraube enthält beträchtliche Mengen Methylarbutin), 0,3–0,5% freies Hydrochinon, → *Ellagsäure,* Gallussäure bis 6%.

Pharmakologische Wirkung: Magenreizungen, Erbrechen, wehenanregend bei Schwangerschaft. Bei langer fortgesetzter Anwendung der Pflanze sind Vergiftungserscheinungen wie hämolytische Anämie, Kachexie, Leberverfettung und Entfärbung der Haare durch das im Körper freiwerdende Hydrochinon bzw. das stärker wirkende Methylhydrochinon beschrieben worden.

Gefährlichkeitsgrad: Wenig giftig (+)

Vorschriften: Die Pflanze steht unter Naturschutz (A, CS, D, CH, I, YU).
Uvae ursi folium: Monographie der Kommission E.
Arctostaphylos uva ursi: Monographie der Kommission D.

Literatur: H 12, M 2, R 30, T 5.

Arctostaphylos uva-ursi

Therapie:
Erste Hilfe: Kohle-Pulvis trinken lassen.
Klinik: Nur nach großer Giftaufnahme Magenspülung. Kohle, Natriumsulfat, Blutbildkontrolle. Kontrolle der Gerinnung und Leberwerte.

Areca catechu L.

Betelnußpalme, Arecapalme, Pinangpalme. *F:* Aréquier. *E:* Arecanutpalm. I: Avellana d'India.

EDV-Code: ARMCA.

Familie: Arecaceae (Palmae, Palmen).

Verbreitung, Vorkommen: Ursprünglich wahrscheinlich auf den Sundainseln, in Indien, im südöstlichen China und dem Malaiischen Archipel kultiviert.

Beschreibung: Schlanke Palme mit einem bis 25 m hohen Stamm, der einen Schopf von ca. 2 m langen, dunkelgrünen Palmwedeln trägt. Männliche und weibliche Blüten in kolbigen Blütenständen unterhalb der Blätter. Bis 3 Fruchtstände mit je 150–200 Früchten.

Droge: Semen (Nuces) Arecae, Arecae semen, Arecanuß. *E:* Betel nut, Areca nut, *F:* Noix d'arec.
Bis 7 cm lange, eiförmige Frucht mit einem 3–10 g schweren, zimtbraunen, netzaderigen Samen.

Hauptwirkstoffe: 0,3–0,6% Alkaloide, 0,1–0,5% des Hauptalkaloids Arecolin $C_8H_{13}NO_2$, Kp. 209 °C und Arecaidin, Arecolidin, Guvacolin, sowie Guvacin. Die Rotfärbung des Speichels wird durch das Arecarot, ein durch den Kalk rot gefärbtes Phlobatannin, hervorgerufen.

Vergiftungserscheinungen: Arecolin gilt als Parasympathomimeticum. Es besitzt eine pilocarpinartige, in erhöhtem Speichelfluß zum Ausdruck kommende, sekretionsanregende sowie anthelminthische Wirkung, verursacht Bradykardie und Tremor [H 12].
Höhere Dosen (8–10 g Semen Arecae) können tödlich wirken. Der Arecolintod erfolgt durch Herz- oder Atemlähmung.
Das Öl der Arecanüsse zeigt bei Ratten antifertile Eigenschaften bei einer Dosis von 500 mg/kg Körpergewicht.

Areca catechu

Betelkauen: Verbreitet in ganz Süd- und Südostasien, im Malaiischen Archipel, Neuguinea, in den Küstenstrichen Ostafrikas und in Madagaskar. Die Zahl der Betelkauer wird auf 450 Millionen Menschen geschätzt.

Zutaten des Betelpriems sind die grünen Blätter des → *Betelpfeffers (Piper betle)*, die Samen der Areca- oder Betelnuß und gelöschter Kalk. Durch aromatische Zusätze (Gewürze) kann der Geschmack verfeinert werden.

Beim Anfänger stellen sich Schwindelgefühl, Schweißausbrüche, Brennen im Mund- und Rachenraum und Brechreiz ein. Erkenntlich sind die Betelkauer an dem roten Speichelfluß, der geschwollenen Backe und den braunen bis schwarzen Zähnen. Betelkauer erkranken relativ häufig an Krebs der Mundhöhle.

Dosierung: Dosis max. 4 g.

Gefährlichkeitsgrad: Giftig +

Vorschriften: Da Betel nicht suchterzeugend ist, wird es in keiner internationalen Suchtdrogen-Liste aufgeführt.

Literatur: B 38, G 2, H 12, H 13, S 26.

Therapie:
Erste Hilfe: Kohle-Pulvis trinken lassen. Erbrechen, ggf. beatmen.
Klinik: Nur nach großer Giftaufnahme Magenspülung (evtl. mit burgunderfarbener Kaliumpermanganatlösung), Kohle-Pulvis, Natriumsulfat. Atropin 1–2 mg i.v. als Antidot. Plasmaexpander im Schock. Beatmen.

Argemone mexicana L.

Stachelmohn. *E:* Prickly poppy, Mexican poppy. *F:* Pavot épineux. *I:* Pavero messicano.

EDV-Code: ARGME.

Familie: Papaveraceae, Mohngewächse.

Verbreitung, Vorkommen: Heimat: Mittelamerika, tropisches Amerika. Unkraut in allen wärmeren Gebieten; Gartenzierpflanze, selten verwildert.

Beschreibung: Bis 90 cm hohe, einjährige, milchsaftführende, graugrüne Pflanze. Blätter fiederteilig, am Rand borstig oder stachelig. Blüten gelb bis orange (mexikanisch „Chicalote“: möglicherweise eine Kreuzung zwischen Papaver somniferum und Argemone mex. [R 25] hat violette Blüten), bis 6 cm breit, Kelchblätter spitz, borstig. Kapsel mit kugeligen, 2,5 mm großen Samen. Blütezeit: Juli–September.

Giftige Pflanzenteile: Die ganze Pflanze, besonders der Milchsaft und die Samen.

Argemone mexicana

Hauptwirkstoffe: In Wurzel und Stengel 0,125% Alkaloide, hauptsächlich
→ *Berberin* $C_{20}H_{19}NO_5$, Fp. 144 °C und
→ *Protopin* (Fumarin, Macleyin) $C_{20}H_{19}NO_5$, Fp. 207 °C sowie
Allocryptopin $C_{21}H_{23}NO_5$,
Coptisin $C_{19}H_{14}NO_4$,
→ *Sanguinarin* $C_{20}H_{15}NO_5$,
Dihydrosanguinarin $C_{20}H_{15}NO_4$, Fp. 190–191 °C, und
→ *Chelerythrin* $C_{21}H_{19}NO_5$ [H 12].
Vermutlich enthält Chicalote die Alkaloide des Schlafmohns.

Vergiftungserscheinungen: Giftig bei Einnahme.
Reko schreibt über den Stachelmohn, der hauptsächlich von Chinesen verwendet wird: „Das Chicalote-Opium erzeugen die chinesischen Einwanderer in Mexiko fast nur für ihren eigenen Hausgebrauch. Sie formen kleine Brote daraus (Chicolate-Tamales), die etwa die Größe einer Berliner Schrippe haben und die in die violetten Blumenkelchblätter des Stachelmohns eingeschlagen und meist noch in Stanniolpapier verpackt sind. Als Aufdruck tragen sie, wie zum Hohne, das chinesische Zeichen für „langes Leben" aufgestempelt. Sie bereiten kleine, bleistiftdicke Stengelchen daraus, Culebritas genannt, an denen ihre Frauen lutschen und kauen. Sie machen schließlich Zigaretten aus Tabak und Opiumstaub, die sie in Packungen, ähnlich den amerikanischen Camel-Zigaretten, auch an Durchreisende verkaufen. Jedes Päckchen enthält 18 Zigaretten und kostet einen mexikanischen Peso. Zerbricht man so eine Zigarette über einem heißen Teller und bläst man den Tabak weg, so verraten sich die massenhaft vorhandenen geschmolzenen Opiumstäubchen leicht als gelb-braune Flecke.
So manche amerikanische Touristen nehmen sie zuerst als Kuriosität, dann, wenn sie die Wirkung fühlen, aus Bedürfnis. Und dieses „Bedürfnis" treibt sie dann in die Hände jener internationalen Händler, die es unschwer zu befriedigen verstehen."

Wirkungen auf die Haut: Beim Umgang mit der Pflanze können bei empfindlichen Personen durch den ätzenden Milchsaft Hautreizungen auftreten.

Gefährlichkeitsgrad: Giftig +

Literatur: R 25; Orozco, E., El Chicalote, La Tierra Añ I Nr. 2, p 8, 1923.

Therapie:
Erste Hilfe: Erbrechen oder Kohle-Pulvis, Haut spülen.
Klinik: In Extremfällen Magenspülung, Vitaltherapie (S. 56), Cortison-Salbe bei Hautreizung.

Aristolochia clematitis L.

Osterluzei. *E:* Birthwort. *F:* Sarrasine. *I:* Aristolochia clematite. *NL:* Echte Pijpbloem.

EDV-Code: ARPCL.

Familie: Aristolochiaceae, Osterluzeigewächse.

Verbreitung, Vorkommen: Mittelmeergebiet, in Mitteleuropa verwildert; Weinberge, Wegränder, sonnige Hügel.

Beschreibung: Ausdauernde, bis 50 cm hohe, krautige Pflanze. Blätter herzförmig, gelbgrün, langgestielt. Blüten schwefelgelb, mit gerader Röhre, in doldigen Wickeln. Frucht vielsamig.
Blütezeit: Mai–Juni.

Droge: Herba et Radix Aristolochiae, Aristolochiae herba et radix, Osterluzeikraut und Wurzel.

Giftige Pflanzenteile: Die ganze Pflanze.

Hauptwirkstoffe: 0,03% → *Aristolochiasäure* $C_{17}H_{11}NO_7$, Fp. 281–286 °C; Noraristolochiasäure $C_{16}H_9NO_6$, Fp. 269–271 °C; → *Magnoflorin* $C_{20}H_{24}NO_4$.

Vergiftungserscheinungen: Erbrechen, Gastroenteritis, Krämpfe, Pulsbeschleunigung, Blutdrucksenkung, Tod im Koma durch Atemlähmung. Nach Ergebnissen im Tierversuch (von der Firma Madaus durchgeführte Untersuchungen) kann Aristolochiasäure eine Tumorbildung auslösen, wenn 12 Monate lang 0,1 mg/kg Körpergewicht zugeführt wird. Außerdem wurde eine erbgutverändernde (mutagene) Wirkung festgestellt. Es besteht der Verdacht, daß durch Aristolochiasäure auch beim Menschen bösartige Veränderungen ausgelöst werden können. Deshalb wurde der Vertrieb von aristolochiasäurehaltigen Arzneimitteln 1982 durch das Bundesgesundheitsamt untersagt. Bei Tieren kann Appetitabnahme, Verstopfung und Nierenentzündung auftreten.

Gefährlichkeitsgrad: Giftig +

Vorschriften: Aristolochia clematitis: Monographie der Kommission D.

Literatur: B 36, G 4, H 12, L 10, M 2, R 11.

Therapie:
Erste Hilfe: Kohle-Pulvis, erbrechen lassen, Natriumsulfat.
Klinik: Nach wahrscheinlich großer Giftaufnahme Magenspülung (evtl. mit burgunderfarbener Kaliumpermanganatlösung), Elektrolytsubstitution, Azidoseausgleich mit Natriumbikarbonat (Urin pH 7,5), Plasmaexpander, ggf. Intubation und Sauerstoffbeatmung.

Arnica montana L.

Arnika, Berg-Wohlverleih. *E:* Arnica. *F:* Arnica. *I:* Arnica. *I:* Arnica. *NL:* Wolverlei

EDV-Code: ARXMO.

Familie: Asteraceae, Korbblütler.

Verbreitung, Vorkommen: Europa; in den mitteleuropäischen Gebirgen häufig, in der Ebene zerstreut; auf feuchten, torfigen Wiesen, in den Alpen auch auf trockenen Magerwiesen.

Beschreibung: 20–60 cm hohe Staude, mit Blattrosette; am Stengel 1–2 Paar lanzettliche, gegenständige Blätter. Blütenköpfe 5–7 cm breit, goldgelb, endständig, einzeln, mit Röhren- und Zungenblüten.
Blütezeit: Juni–August.
Die Asteracee Heterotheca inuloides Cass. ist die Stammpflanze der im Handel angebotenen „Flores Arnicae, mexikanisch". In Mexiko werden die Blütenköpfchen volksmedizinisch genauso angewendet wie bei uns die von Arnica montana. Hauptwirkstoff des ätherischen Öls ist Cadalin $C_{15}H_{18}$.
Arnica chamissonis Less. subsp. foliosa (Nutt.) Maguire ist im DAB 10 als weitere Stammpflanze für Arnikablüten zugelassen.

Droge: Flores Arnicae (montanae), Arnicae flos, Arnikablüten.

Entweder die vom Hüllkelch befreiten Blüten oder die ganzen völlig entfalteten Blütenkörbchen.
Auszug aus der Monographie der Kommission E:
Arnicae flos (Arnikablüten)
Gegenanzeigen: Arnika-Allergie.
Nebenwirkungen: Längere Anwendung an geschädigter Haut, z.B. bei Verletzungen oder Ulcus cruris, ruft relativ häufig ödematöse Dermatitis mit Bläschenbildung hervor. Ferner können bei längerer Anwendung Ekzeme auftreten. Bei hoher Konzentration in der Darreichung sind auch primär toxisch bedingte Hautreaktionen mit Bläschenbildung bis zur Nekrotisierung möglich.

Wirkstoffhaltige Pflanzenteile: Ganze Pflanze.

Hauptwirkstoffe: Wurzel: Bitterstoff, ätherisches Öl mit Phlorol-Isobuttersäureester und Hydrothymochinon-methylether, Gallussäure und Inulin.
Nach neuesten Untersuchungen enthalten die Blüten die Sesquiterpenlactone (0,1–0,27%) Helenalin, 11,13-Dihydrohelenalin und deren Essigsäure-, Isobuttersäure-, Methylacrylsäure-, Tiglinsäure-,

Arnica montana

Isovaleriansäure- und 2-Methylbuttersäureester sowie 13 verschiedene Flavonderivate wie → *Quercetin*, Isorhamnetin, Isoquercetin, Luteolin-7-glucosid etc.
Die Arbeit von H.J. Roth [R 11] zeigt deutlich, daß auch bei Arnica-Arten erhebliche Schwankungen je nach Herkunftsland (Standort) bestehen.

Pharmakologische Wirkung: Am Tier Wirkungen auf Nerven- und Gefäßsystem, Beschleunigung der Atmung, Vermehrung der Schleim-, Schweiß- und Harnabsonderung. Richaud [Soc. Bio. 11, 1 (1922); 21, 1 (1922)] fand, daß Arnica die Leitfähigkeit und Spinalreflexe vermindert und somit als ein typisch spinallähmendes Mittel betrachtet werden kann [H 12].
Am häufigsten sind Vergiftungen durch unverdünnte oder ungenügend verdünnte Tinktur. Aus Blüten bereitete Arnikatinktur: Starke Hautentzündungen, ödematöse Hauterytheme, eiterhaltige Blasen, Eczema rubrum, oberflächliche Gangrän und Ulzerationen.
In den Magen gebrachte Arnikaaufgüsse: Dysphagie, Auftreibung des Magens, Schmerzen, Ekelgefühl. Ruptus, Tenesmus und Diarrhöe. Drückender Kopfschmerz, Somnolenz, Vertigo, unruhiger Schlaf; Kollaps mit Fadenpuls, Kopfweh und Erschwerung der Respiration. Starkes Herzklopfen, allgemeine Kälte des Körpers, Angst, Schwindelgefühl. 3 Eßlöffel einer selbstbereiteten Tinktur führten innerhalb von 24 Std. zum Abort.
Arnica sollte wegen der beobachteten toxischen Nebenwirkungen innerlich nicht angewendet werden.

Wirkungen auf die Haut: Allergische Kontaktdermatitiden sind seit 100 Jahren bekannt, besonders nach Anwendung von Arnikatinktur unter feuchten Umschlägen. Starke, z. T. bullöse Hautentzündungen werden beschrieben. Ursache der Allergie sind die oben genannten Sesquiterpenlactone. Bei erworbener Arnikaallergie besteht gegenüber vielen anderen Arten aus der gleichen Familie (Asteraceae) aber auch ebenso gegenüber anderen sesquiterpenlactonhaltigen Spezies aus nichtverwandten Familien, wie z. B. Lorbeer, eine Kreuzreaktivität [Übersicht: Hausen, Hautarzt 31, 10 (1980)].
Die in den Blüten von Arnica chamissonis ssp. foliosa vorkommenden Sesquiterpenlactone kommen ebenfalls als potentielle Kontaktallergene in Betracht.

Dosierung: Höchstdosis nicht festgesetzt, doch cave zu große Dosen, 60–80 g der französischen Tinktur verursachten tödliche Vergiftungen. Zur Epikutantestung Tinktur 1:10 verdünnen.

Gefährlichkeitsgrad: Wenig giftig (+), aber häufig sensibilisierend.

Vorschriften: Die Pflanze steht unter Naturschutz (A, CS, D, CH, I, YU, H).
In der Roten Liste gehört sie zu den gefährdeten Pflanzen.
Arnica montana: Monographie der Kommission D.
Arnicae flos: Monographie der Kommission E.

Literatur: F 16, G 4, H 12, H 21, H 22, K 9, L 10, M 2, R 11, S 25, W 19, W 20, W 23, W 24, Z 3.

Therapie:
Erste Hilfe: Kohle-Pulvis oder erbrechen lassen.
Klinik: In Extremfällen Magenspülung, Vitaltherapie (S. 56).

Artemisia absinthium L.

Wermut. *E:* Absinth, Common wormwood. *F:* Absinthe. *I:* Assenzio vero. *NL:* Absint-alsem.

EDV-Code: ARTAB.

Familie: Asteraceae, Korbblütler.

Verbreitung, Vorkommen: Europa, Nordasien, Nordafrika, in Mitteleuropa angebaut und verwildert; Gebüsche, Abhänge, Mauern.

Beschreibung: Über 1 m hoher Halbstrauch. Blätter weißgrau, filzig, 2–3fach fiederteilig. Blütenstände hellgelb, kugelig, in einer zusammengesetzten, vielästigen Rispe. Frucht länglich, ohne Pappus.
Blütezeit: Juli–September.

Droge: Herba Absinthii, Absinthii herba, Wermutkraut.
Das getrocknete Kraut ohne dickere Stengel (nicht über 4 mm).
Auszug aus der Packungsbeilage gemäß Standardzulassung:
Gegenanzeigen: Magen- und Darmgeschwüre.
Nebenwirkungen: Bei bestimmungsgemäßer Anwendung nicht bekannt.
Hinweis: In hohen Dosen eingenommen, können Zubereitungen aus Wermutkraut Vergiftungen hervorrufen mit Erbrechen, starken Durchfällen, Harnverhaltung, Benommenheit und Krämpfen.

Wirkstoffhaltige Pflanzenteile: Die ganze Pflanze.

Hauptwirkstoffe: → *Thujon* im ätherischen Öl, Absinthin $C_{30}H_{40}O_6$, bitteres Prinzip des Wermuts und nat. Pestizide [A 15].
Vermutlich sind die Inhaltsstoffe starken örtlichen und jahreszeitlichen Schwankungen unterworfen.

Pharmakologische Wirkung: Große Dosen erzeugen Kopfschmerzen und Schwindel. Hohe Dosen haben eine krampferzeugende und lähmende Wirkung, die zu Bewußtlosigkeit und Tod führen kann.
Eigene Beobachtung: nach Zungenprobe des Bitterstoffs Absinthin Unwohlsein, eigenartige Lähmung der Brustmuskulatur, so daß es schwerfällt, die Arme zu heben.

Dosierung: Gebräuchliche Einzeldosis als Aufguß 1 g auf 1 Teetasse, ÖAB 9.

Gefährlichkeitsgrad: Wenig giftig (+) bis giftig +

Vorschriften: Wegen der Gefahr schwerer Gesundheitsstörungen (Absinthismus) ist der Vertrieb von Absinthbranntwein in fast allen Kulturländern verboten.
Aromenverordnung der Bundesrepublik Deutschland v. 22. 12. 1981 (BGBl. I. 1677–1685) verbotener Stoff des § 2, Anlage I: Wermutöl.
Artemisia absinthium: Monographie der Kommission D.
Absinthii herba: Monographie der Kommission E.

Literatur: A 15, B 36, F 16, G 4, H 12, M 2, M 17.

Artemisia absinthium

Therapie:
Erste Hilfe: Kohle-Pulvis oder erbrechen lassen.
Klinik: In Extremfällen Magenspülung, Vitaltherapie (S. 56).

Artemisia cina O. C. Berg et C. F. Schmidt

Cina, Zitwer. *E:* Santonica, Wormseed. *F:* Semencine, Barbotine.

Familie: Asteraceae, Korbblütler.

Verbreitung, Vorkommen: Kirgisische Salzsteppenpflanze. Die Pflanze wird neuerdings auch in den thüringischen Salzgebieten erfolgreich kultiviert.

Beschreibung: 30–60 cm hoher Halbstrauch. Blätter an den nichtblühenden Zweigen fiederteilig, an den blütentragenden einfach und klein. Blütenköpfchen zahlreich und mit schuppigen Hüllkelchen. Blütezeit: Juli–September.

Droge: Flores (semen) Cinae, Cinae flos (semen).
Die Zitwersamen stellen nicht die Samen, sondern vielmehr die kurz vor dem Aufblühen gesammelten Blütenköpfchen dar.

Hauptwirkstoffe: → *Santonin* $C_{15}H_{18}O_3$ 1–3% [H 12], 6–7% (Karrer); Artemisin (α-Hydroxysantonin).

Giftige Pflanzenteile: Blütenköpfchen, „Samen“ (aber wahrscheinlich stets Blütenköpfchen damit gemeint).

Vergiftungserscheinungen: Santonin greift in erster Linie am Gehirn und Rückenmark an, wo es durch Reizung der motorischen Zentren Bewußtlosigkeit, epileptiforme und Streckkrämpfe verursacht. Die Vergiftung äußert sich zunächst in Violett-, später in Gelbsehen (Xanthopsie), das wahrscheinlich als Folge einer Einwirkung auf die Retina anzusehen ist, starker Gallenbildung, Ikterus, Durchfällen; dazu treten Halluzinationen, Benommenheit, Schwindel, Pupillenerweiterung, Tränenfluß, Übelkeit mit Erbrechen und Speichelfluß, Dyspnoe, Konvulsionen der Gesichtsmuskeln, die bedingt sind durch Hyperämie des Gehirns, Delirien und Koma. Auch Albuminurie, Hämaturie, Milzschwellung und Lähmung der unteren Extremitäten wurden nach Santoninverabreichung beobachtet. Weiterhin bewirkte Santonin eine Herabsetzung der Körpertemperatur [M 2]. Durch die leichte Resorbierbarkeit des Santonins können bei unvorsichtigem Gebrauch Erbrechen, Mydriasis, Kopfweh, Krämpfe und Bewußtlosigkeit eintreten, bei sehr großen Dosen sogar Lähmungen des Atemzentrums. Schon bei gewöhnlichen Dosen kann Gelbsehen entstehen, Geruchshalluzinationen wurden beobachtet [H 12].

Wirkungen auf die Haut: Obwohl Dermatitiden nach Kontakt mit Zitwer beschrieben worden sind, kommen die verschiedenen Santonine als Ursache nicht in Frage. Mit ihnen konnte experimentell keine Sensibilisierung erzeugt werden [Hausen unveröff.].

Anwendungen: Anwendung als Vermifugum.

Dosierung: Dosierung für Santoninum 0,1 g pro dosi, 0,3 g pro Tag (DAB 6).
Für Flores Cinae gebräuchliche Einzeldosis 1–2 g, ÖAB 9.
Mit Honig oder Sirup gemischt für Kinder von 2–3 Jahren 1,5 g, von 4–5 Jahren 3 g, von 6–8 Jahren 4 g, von 9–11 Jahren 5–6 g, von 12–14 Jahren 7–8 g [H 12].

Gefährlichkeitsgrad: Stark giftig + +

Vorschriften: Artemisia cina: Monographie der Kommission D.

Literatur: H 12, M2.

Artemisia cina

Therapie: Erste Hilfe: Kohle-Pulvis-Gabe oder Erbrechen auslösen, Natriumsulfat, viel trinken lassen. Klinik: Magenspülung (evtl. mit burgunderfarbener Kaliumpermanganatlösung), Roticlean®, Kohle- und Natriumsulfatinstillation, gegen Koliken Atropin; Elektrolytsubstitution, Azidoseausgleich mit Natriumbikarbonat (Urin pH 7,5), Kontrolle der Nierenfunktion, bei Krämpfen Diazepam (Valium®) i.v., ggf. Intubation und Sauerstoffbeatmung.

Arum maculatum L.

Gefleckter Aronstab. *E:* Common arum, Lords-and-Ladies. *F:* Gouet maculé. *I:* Gigaro scuro. *NL:* Gevlekte Aronskelk.

EDV-Code: ABGMA.

Familie: Araceae, Aronstabgewächse.

Verbreitung, Vorkommen: In Süd- und Mitteleuropa zerstreut, im Norden selten oder fehlend. In schattigen und feuchten Wäldern, vor allem in Laubwäldern und unter Hecken.

Beschreibung: Krautige, 15–40 cm hohe Pflanze mit knolligem Wurzelstock. Blätter langgestielt, spieß- bis pfeilförmig, häufig gefleckt. Hochblatt grünlich-weiß, unten kesselartig erweitert (Fliegenfalle). Blütenstand mit braunrotem Kolben. Beeren scharlachrot.
Blütezeit: April–Mai.
Früchte: Juli–September.
Andere europäische Aronstabgewächse sind Arum italicum Mill. und → *Dracunculus vulgaris.*

Giftige Pflanzenteile: Alle Pflanzenteile einschließlich Beeren.

Hauptwirkstoffe: Die Frischpflanze und ihr Saft wirken stärker als getrocknete Pflanzenteile. Die Inhaltstoffe sind noch weitgehend unbekannt. Der Hauptwirkstoff soll Aroin sein (ungefähr 0,005%), in der frischen Knolle ist der Aroingehalt am größten. In jungen Schößlingen sollen auch Blausäureglykoside vorhanden sein, außerdem finden sich Spuren von Nicotin, Aminen und Oxalaten. In grünen Früchten beträgt der Oxalatgehalt 0,4%, in den roten 0,28%. In der älteren Literatur findet man auch ein conicinartiges Alkaloid erwähnt, in der neueren glykosidische Saponine.

Blütenstand mit Hochblatt

Vergiftungserscheinungen: Blätter: Heftige Konvulsionen, stark angeschwollene Zunge. Wurzel: Starkes Brennen auf der Zunge,

Arum maculatum

Hautrötung, blasenziehende Wirkung, heftigste Entzündung, namentlich der Schleimhäute, prickelnde Haut, Herzrhythmusstörungen, schließlich Schädigung und Lähmung des Zentralnervensystems, Krämpfe, starker Durst bei erhöhter Speichelabsonderung, Harnverhalten und erniedrigte Temperatur. Auffallend ist das Auftreten von Blutungen (Zahnfleisch, Magen-Darm-Kanal, Uterus). Der Saft bewirkt eine heftige Dermatitis. In neuerer Zeit wird berichtet, daß nach dem Verzehr von zwei Blättern Brennen im Mund aufgetreten sei, von einem Blatt Prickeln auf Mundschleimhaut und Brennen auf der Zunge. 20 ml Blumengießwasser wurden ohne Folge getrunken. Von Weidevieh sind tödlich verlaufende Vergiftungen nach Verzehr der frischen, saftigen Pflanze bekannt.

Nach Weilemann sind vor allem ein- bis vierjährige Kinder durch Verzehren der Früchte gefährdet. 60% der gemeldeten Fälle verliefen symptomlos, bei 40% traten Symptome auf, überwiegend (90%) Schleimhautreizungen, bei 20% waren Magen und Darm betroffen, bei 10% traten andere Symptome auf. Ein fünfjähriger Junge bekam kurze Zeit nach dem Genuß von fünf Beeren starkes Brennen in der Mundhöhle und Schleimhautreizung, die Heilung erfolgte in diesem Fall ohne Therapie [W 38].

Gefährlichkeitsgrad: Sehr stark giftig + + + (frische Pflanze). Die getrocknete Pflanze scheint – je nach Alterung – wesentlich weniger giftig zu sein.

Fruchtstand

Vorschriften: Arum maculatum: Monographie der Kommission D.

Literatur: F 16, H 12, H 13, L 10, M 2, S 6.

Therapie:
Erste Hilfe: Kohle-Pulvis-Gabe, Erbrechen auslösen, Natriumsulfat, viel warmen Tee trinken lassen. Haut- und Schleimhautblasen steril abdecken, Tetanusprophylaxe, lokal Locacorten-Schaum.
Klinik: Magenspülung (evtl. mit burgunderfarbener Kaliumpermanganatlösung), Instillation von 10 g Kohle-Pulvis, Elektrolytsubstitution, Azidoseausgleich mit Natriumbikarbonat (Urin pH 7,5), Kontrolle der Nierenfunktion, bei Krämpfen Diazepam (Valium®) i.v., ggf. Plasma(expander)gabe, bei Atemlähmung: Intubation und Sauerstoffbeatmung, EKG.

Asarum europaeum L.

Haselwurz. *E:* Asarabacca, Hazelwort. *F:* Asaret d'Europe. *I:* Baccaro comune.

Familie: Aristolochiaceae, Osterluzeigewächse.

Verbreitung, Vorkommen: Kleinasien, Sibirien, Süd- und Mitteleuropa; in Süddeutschland stellenweise häufig in humusreichen Laubwäldern und Gebüschen.

Beschreibung: Immergrünes Kraut, bis 15 cm hoch, mit kriechender, oberirdischer Sproßachse, mit langgestielten, nierenförmigen, glänzend lederartigen Blättern. Blüten kurzgestielt, glockig, 3zipfelig, dunkelbraunrot. Kapsel 6fächerig, aufspringend.
Blütezeit: März–April.

Droge: Rhizoma Asari, Asari rhizoma, Haselwurzelstock.
Mehrere Dezimeter lang, stumpf vierkantig, zart längsgestreift, innen weißlich. Geschmack pfefferartig.

Giftige Pflanzenteile: Die ganze Pflanze.

Hauptwirkstoffe: 0,7–4% ätherisches Öl mit → *α-Asaron* = Asarumkampfer (beim Trocknen leicht flüchtig). Gehalt schwankend (30–50% des Öles). Weiterhin das Selinan-Derivat *α*-Agarofuran.
Es gibt neben asaronfreien Pflanzen solche, deren ätherisches Öl bis zu 90% aus trans-Isoasaron, bzw. trans-Isoeugenol oder trans-Isoelemicin besteht. Im Hinblick auf die verschiedene Zusammensetzung des ätherischen Öls lassen sich in Europa 4 verschiedene chemische Rassen unterscheiden.

Vergiftungserscheinungen: Brennen im Mund und Schlund. Übelkeit, Erbrechen, Magenschmerzen, Gastroenteritis mit Diarrhöen und Uterusblutungen. Im Extremfall Tod durch zentrale Atemlähmung.
Beim Kauen des Rhizoms wird die Mundhöhle und Zunge vorübergehend anästhetisiert. Verantwortlich dafür sind die Phenylpropanderivate trans-Isoasaron und trans-Isoeugenolmethylester.
Die emetische Wirkung ist dem ätherischen Öl zuzuschreiben.

Gefährlichkeitsgrad: Giftig +

Vorschriften: Asarum europaeum: Monographie der Kommission D.

Literatur: B 18, B 19, B 36, G 4, G 9, H 12, L 10.

Therapie:
Erste Hilfe: Kohle-Pulvis trinken lassen. Erbrechen, Mund-zu-Mund-Beatmung.
Klinik: Nach wahrscheinlich großer Giftaufnahme Magenspülung (evtl. mit burgunderfarbener Kaliumpermanganatlösung), Kohle, Natriumsulfat. Beatmen. Azidoseausgleich mit Natriumbikarbonat, Plasmaexpander im Schock. Elektrolytausgleich (Kalium!).

Asclepias syriaca L.

(Asclepias cornuti Decne.)

Syrische Seidenpflanze. *E:* Common silk weed. *F:* Asclépiade à la soie. *I:* Albero di seta, Lino d'India. *NL:* Zijdeplant.

EDV-Code: ASCSY.

Familie: Asclepiadaceae, Schwalbenwurzgewächse.

Verbreitung, Vorkommen: Heimat: Nordamerika. Selten als Zierpflanze in Gärten.

Beschreibung: 1,5 m hohe, milchsaftführende Pflanze. Blätter eiförmig-elliptisch. Blüten fleischrot, in herabhängenden oder seitenständigen Dolden. Früchte stachlige Bälge.
Blütezeit: Juni–August.

Droge: Rhizoma Asclepiadis cornuti, Asclepiadis cornuti rhizoma, Syrische Seidenpflanzenwurzel. Der fleischige Wurzelstock schmeckt unangenehm bitter.

Giftige Pflanzenteile: Die ganze Pflanze, vor allem der Milchsaft.

Hauptwirkstoffe: Asclepiadin = eine Mischung vincetoxinähnlicher Verbindungen (α+β-Komponente), außerdem → α- und β-*Amyrin*, → *Nicotin*, → *Uzarigenin* u.a.

Vergiftungserscheinungen: Die auch technisch verwendete Faserpflanze zeigt durch den Gehalt an α- und β-Asclepiadin eine typische Digitaliswirkung.

Gefährlichkeitsgrad: Giftig +

Vorschriften: Asclepias syriaca: Monographie der Kommisson D.

Literatur: H 12.

Therapie:
Erste Hilfe: Nach Verschlucken sofort Erbrechen, Kohle-Pulvis, bei Herzrhythmusstörungen sofortige Klinikeinweisung.
Klinik: Sofort Magenspülung, Kohle-Pulvis, bei Herzrhythmusstörungen Antiarrhythmica wie Lidocain, Atropin o.ä.

Asclepias tuberosa L.

(Asclepias decumbens W.)

Knollige Seidenpflanze, Knollige Schwalbenwurz. *E:* Butterfly milkweed. *F:* Asclépiade tubéreuse. *I:* Asclepiade. *NL:* Knolzijdeplant.

EDV-Code: ASCTU.

Familie: Asclepiadaceae, Schwalbenwurzgewächse.

Verbreitung, Vorkommen: Nordamerika. Bei uns beliebte Gartenpflanze, die jedoch im Winter geschützt werden muß.

Beschreibung: Bis 60 cm hohe Staude, mit knolliger Grundachse. Blätter länglich-lanzettlich, rauhaarig, wechselständig. Blüten purpurn bis grünlich, orange oder scharlachrot.
Blütezeit: Juli–September.

Droge: Rhizoma Asclepiadis tuberosae, Asclepiadis tuberosae rhizoma.
Wurzelstock lang, dick, fleischig, meist knollenförmig oder spindelartig, verdickt, verzweigt, mit vielen starken Wurzeln besetzt. Geschmack scharf, bitter [H 12].

Hauptwirkstoffe: Asclepiadin, Asclepion, Harz, äth. Öl. Nach Pfeifer [Sci. pharm. (Wien) 20, 229 (1952)] ein Sterin mit uteruserregender und östrogener Wirkung. Ramstadt [Dt. Ap.-Zeit. 106, 41 (1966)] berichtete über die Isolierung eines neuen Glykosides Asctuberosid $C_{42}H_{68}O_{13}$, Fp. 253–254 °C, das nach Hydrolyse Asctuberigenin $C_{21}H_{32}O_4$, Fp. 198–200 °C, und 3 Mol D-Sarmentose liefert. Petričič [Arch. Pharm. (Weinheim) 299, 1007 (1966)] isolierte die Cardenolidderivate Coroglaucigenin $C_{23}H_{34}O_5$, Fp. 245–250 °C, Frugosid (Coroglaucigenin+Allomethylose) $C_{29}H_{44}O_6$ und Glucofrugosid (Coroglaucigenin+Allomethylose+Glucose) $C_{35}H_{54}O_{14}$ $3H_2O$ [H 12].

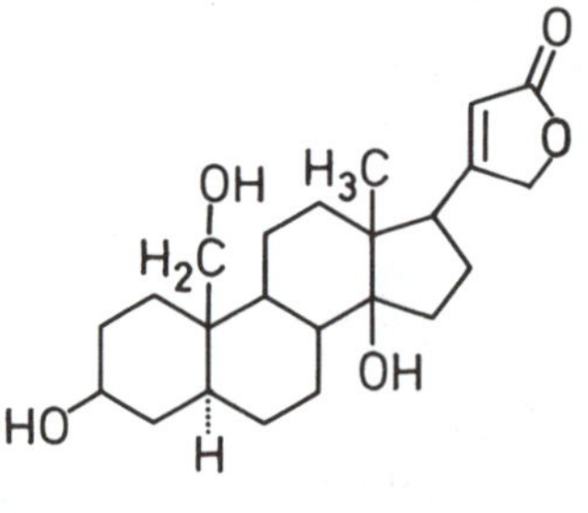

Coroglaucigenin

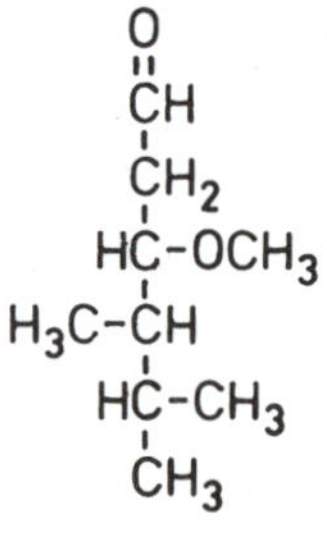

D-Sarmentose

Asclepias tuberosa

Vergiftungserscheinungen: Es wurden Wirkungen auf Herz und Kreislauf sowie eine Erregung der Schweißdrüsen festgestellt, so daß die Diaphorese deutlich angehoben wird. Ferner fand man einen stimulierenden Einfluß auf den Uterus [Costello et al.: J. Amer. pharm. Ass., Sci. Ed. 39, 233 (1950) und Hassan et al.: J. Amer. pharm. Ass., Sci. Ed. 41, 6, 298 (1952)] [H 12].

Anwendungen: Als Emeticum, Catharticum und Diaphoreticum [H 12].

Gefährlichkeitsgrad: Giftig +

Vorschriften: Asclepias tuberosa: Monographie der Kommission D.

Literatur: H 12, M 2.

Therapie:
Erste Hilfe: Kohle-Pulvis-Gabe, Erbrechen auslösen, Natriumsulfat.
Klinik: Nach wahrscheinlich großer Giftaufnahme Magenspülung (evtl. mit burgunderfarbener Kaliumpermanganatlösung), Kohleinstillation (10 g Pulvis), Herzschrittmacher (prophylaktisch), Kontrolle des Kaliumspiegels und Substitution, Phenytoin, bei ventrikulärer Extrasystolie: Lidocain (Xylocain®), bei ausgeprägter Bradykardie: Atropin oder Orciprenalin (Alupent®), bei AV-Überleitungsstörungen: Vorsicht mit Substanzen, die diese zusätzlich beeinträchtigen, d.h. mit Ajmalin, Procainamid, β-Rezeptorenblocker und Chinidin.

Asparagus officinalis L.

Spargel. *E:* Asparagus. *F:* Asperge. *I:* Asparago comune, Sparagio. *NL:* Asperge.

EDV-Code: ASPOF.

Familie: Liliaceae, Liliengewächse.

Verbreitung, Vorkommen: Europa, Nordafrika, Indien, kultiviert in Nordamerika. Sandige Standorte, an Rainen, Wegrändern etc.; als Gemüsepflanze angebaut.

Beschreibung: Ausdauernde, bis 1,5 m hohe Pflanze mit dickem Wurzelstock, der fingerdicke, fleischige, saftige Sprosse treibt, die sich zu verzweigten Stengeln entwickeln. Blätter schuppenförmig; Kurzsprosse nadelförmig. Blüten klein, zweihäusig, weiß bis grünlichgelb. Beeren erbsengroß, ziegelrot.
Blütezeit: April–Mai.
Spargelernte: Mai, Juni.
Früchte: September–November.

Droge: Rhizoma Asparagi, Asparagi rhizoma, Spargelwurzel.
Wurzelstock mit Wurzeln, Geschmack fade, süßlich.

Auszug aus der Monographie der Kommission E: Asparagi rhizoma (Spargelwurzelstock).
Gegenanzeigen: Entzündliche Nierenerkrankungen.
Hinweis: Keine Durchspülungstherapie bei Ödemen infolge eingeschränkter Herz- oder Nierenfunktion.
Nebenwirkungen: In sehr seltenen Fällen kann es zu allergischen Hautreaktionen kommen.

Giftige Pflanzenteile: Beeren.

Hauptwirkstoffe: In den Sprossen Asparagin, Tyrosin, in den blassen Sprossen Diosgenin, Jamogenin, Sarsapogenin [H 12]; in den roten Beeren Sparginin [K 40].

Vergiftungserscheinungen: Bei Ingestion von Beeren in größerer Anzahl ist eine Gastroenteritis möglich. Nach Erfahrungen einer Beratungsstelle für Vergiftungserscheinungen zeigen sich bei zwei bis sieben Beeren keine Symptome – in einem Fall erbrach sich ein Kind mehrmals.

Asparagus officinalis

Nach Weilemann werden die Beeren und Blätter vorwiegend von Einhalb- bis Vierjährigen gegessen. In 10% aller Fälle wurden Magen- und Darmbeschwerden beobachtet, die aber meist harmlos waren und nur in Ausnahmefällen behandelt werden mußten [W 38].

Wirkungen auf die Haut: In Konservenfabriken trat früher bei der Verarbeitung von Spargel öfters die Spargeldermatitis „Spargelkrätze" auf.
Zwei Fälle einer hochgradigen Spargelkontaktallergie wurden kürzlich bei Spargelanbauern beobachtet. Beide mußten ihren Beruf aufgeben.
Durch Epikutantests und tierexperimentelle Untersuchungen ließ sich nachweisen, daß das Allergen zu Beginn der Wachstumsphase in nachweisbaren Mengen im Saft des Spargels vorhanden ist. Zu Ende der Spargelsaison ist es nicht mehr nachweisbar. An der Strukturaufklärung des Allergens wird zur Zeit gearbeitet (Hausen unveröffentlicht).

Anwendungen: Die fleischigen saftigen Sprosse (Spargel) dienen als Lebensmittel.

Gefährlichkeitsgrad: Die Beeren sind kaum giftig (+)

Anwendungen in der Homöopathie: Asparagus D_2 bei Blasen- und Nierenleiden. Spargel wirkt diuretisch.

Vorschriften: Asparagus officinalis: Monographie der Kommission D.
Asparagi herba und A. rhizoma: Monographie der Kommission E.

Literatur: F 16, H 12, K 40, L 13, M 2, W 27, W 38.

Therapie:
Erste Hilfe: Bei Gastroenteritis Kohle-Pulvis-Gabe.

Aspidosperma quebracho-blanco Schlechtend.

Quebrachobaum, Weißer Quebracho. *E:* White quebracho. *I:* Quebraco blanco.

Familie: Apocynaceae, Hundsgiftgewächse.

Verbreitung, Vorkommen: Heimisch in Argentinien, Brasilien, Chile.

Droge: Cortex Quebracho, Quebracho cortex, Quebrachorinde.
Die Schnittdroge ist gekennzeichnet durch rötlichbraune bis ziegelrote, faserige Borkenstückchen und rötliche, mit hellen Punkten durchsetzte Rindenbruchstücke. Geschmack bitter.

Hauptwirkstoffe: 0,3–1,5% Alkaloide, insbesondere Quebrachin.

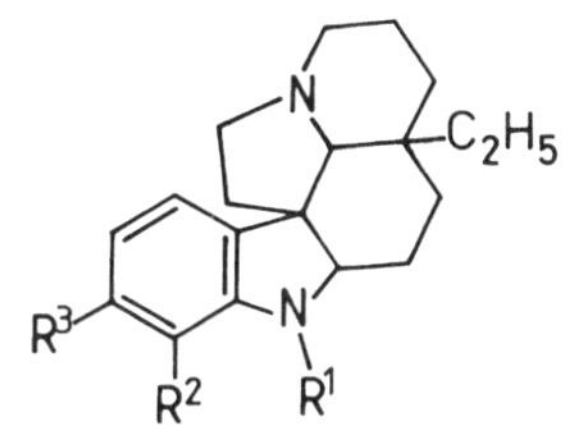

(R^1=CH_3CO; R^2=OCH_3; R^3=H): Aspidospermin
(R^1=R^2=R^3=H): Aspidospermidin
(R^1=CH_3, R^2=R^3=H): 1-Methylaspidospermidin
(R^2=OCH_3, R^1=R^3=H): Desacetylaspidospermin
(R^1=CH_3, R^2=OCH_3, R^3=H): 1-Methyldesacetylaspidospermin
(R^1=H, R^2=R^3=OCH_3): Desacetylpyrifolidin
(R^1=CH_3CO, R^2=R^3=OCH_3): (–)-Pyrifolidin

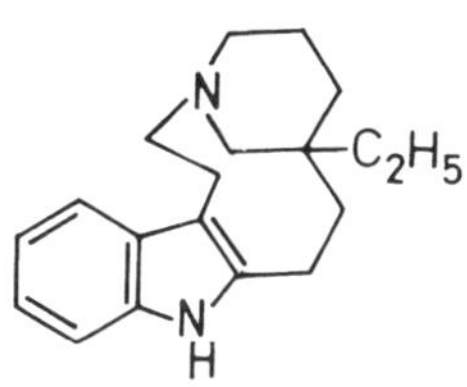

Quebrachamin

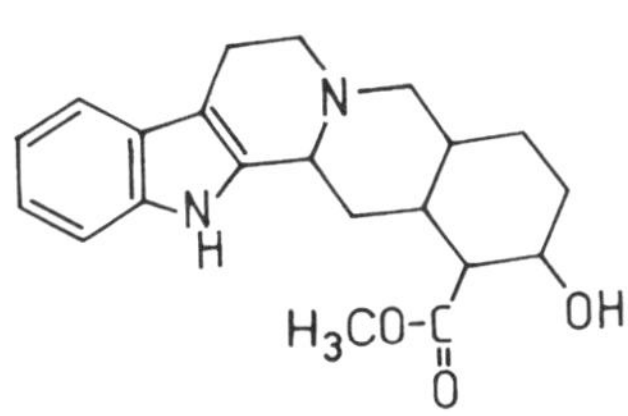

Yohimbin

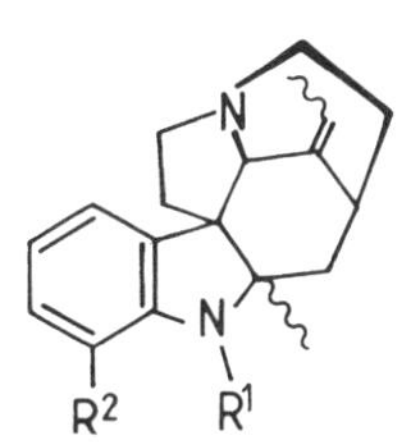

(R^1=R^2=H): Aspidospermatidin
(R^1=CH_3, R^2=H): 1-Methylaspidospermatidin
(R^1=H, R^2=OCH_3): Desacetylaspidospermatin
(R^1=CH_3CO, R^2=H): 1-Acetylaspidospermatidin
(R^1=CH_3CO, R^2=OCH_3): Aspidospermatin

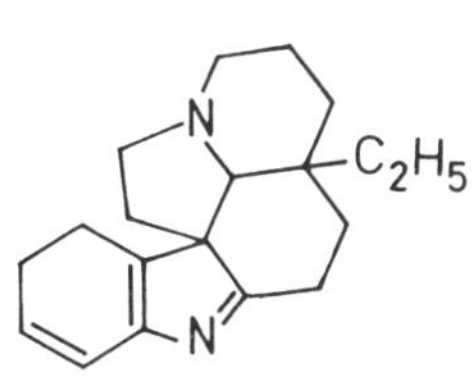

1,2-Dehydroaspidospermidin

Aspidosperma quebracho-blanco

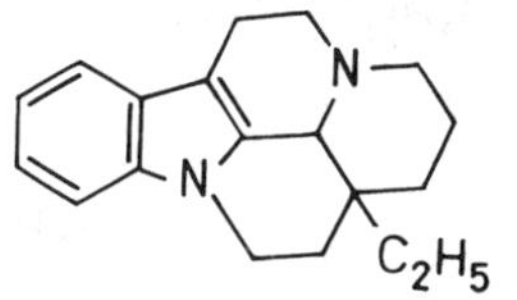

Eburnamenin

Vergiftungserscheinungen: Quebrachin, dessen chemische Identität mit Yohimbin von Spiegel [Chem. Ber. 48, 2077, 2084 (1915)] bestätigt wurde, hat nach Raymond-Hamet [C.R. Soc. Biol. (Paris) 96, 2 (1927)] wie dieses α-sympatholytische Eigenschaften; die lokal anästhesierende Wirkung ist ungefähr zweimal höher als jene des Cocains. [Comunicaz. alla Soc. Biol. 19, XII (1953)]. Quebrachamin besitzt [C.R. Acad. Sci. (Paris) 187, 142 (1928) u. C.R. Soc. Biol. (Paris) 149, 940 (1955)] einige der pharmakologischen Eigenschaften des Sparteins, also eine gefäßverengende (schwache Dosen) oder eine gefäßerweiternde (starke Dosen) Wirkung. Aspidospermin beeinflußt nach Banerjee et al. [J. Pharm. Pharmacol 7, 46 (1955)] das Verhalten der Blutgefäße dem Adrenalin gegenüber. Es besitzt außerdem eine die Atemtätigkeit stimulierende Wirkung [H 12]. In größeren Dosen emetisch.

Wirkungen auf die Haut/Schleimhaut: Beim Zersägen des Holzes kann der frische Saft eine Reizung der Haut und der Schleimhäute hervorrufen.

Anwendung: Als wirkungsvolles Linderungsmittel bei Dyspnoe und Bronchialasthma sowie als fiebersenkendes Mittel z. B. bei Malaria, auch als Bittermittel und Analepticum. Zur Gewinnung der Alkaloide und der Gerbstoffe [H 12].

Dosierung: Mittlere Einzelgabe als Einnahme 2,0 g, Erg. B. 6 [H 12].

Gefährlichkeitsgrad: Stark giftig + +
Haut/Schleimhaut: Reizungen.

Literatur: B 26, H 12, K 47, M 2.

Therapie:
Erste Hilfe: Kohle-Pulvis, Erbrechen lassen, viel warmen Tee trinken lassen, Natriumsulfat, Schockprophylaxe (Ruhe, Wärme). Haut- und Schleimhautblasen steril abdecken, Tetanusprophylaxe, lokal Locacorten-Schaum.
Klinik: Magenspülung (evtl. mit burgunderfarbener Kaliumpermanganatlösung), Elektrolytsubstitution, Azidoseausgleich mit Natriumbikarbonat (Urin pH 7,5), im Schock Plasmaexpandergabe, bei Krämpfen Diazepam (Valium®) i.v., Kontrolle der Nierenfunktion, bei Atemlähmung Intubation und Sauerstoffbeatmung.

Atropa bella-donna L.

Tollkirsche. *E:* Deadly night shade. *F:* Belladone. *I:* Belladonna. *NL:* Wolfskers.

Blüte

Frucht

EDV-Code: ATRBE.

Familie: Solanaceae, Nachtschattengewächse.

Verbreitung, Vorkommen: Europa, Asien, Nordafrika; in Mitteleuropa verbreitet; Laubwälder, Waldschläge, Waldränder.

Beschreibung: Krautige Staude, bis 1,5 m hoch, stark verästelt. Blätter groß, eiförmig, dunkelgrün, ganzrandig. Blüten einzeln, gestielt, abstehend oder hängend röhrig-glockig, braunrot. Beere kirschgroß, glänzend-schwarz.
Die Pflanze hat im Sommer gleichzeitig grüne Blütenknospen, braune Blüten, grüne unreife Beeren und schwarze reife Beeren.
Blütezeit: Juni–August.
Früchte: August–September.

Droge: Folia Belladonnae, Belladonnae folium, Tollkirschenblätter.

Atropa bella-donna

Geruch schwach, Geschmack schwach bitter, scharf.
Das Auftreten von Apoatropin und Tropanol wird als Anzeichen für alte oder unsachgemäß gelagerte Droge gewertet.
Belladonnae radix, Belladonnawurzel.
Auszug aus der Monographie der Kommission E: Atropa belladonna (Tollkirsche)
Gegenanzeigen: Tachykarde Arrhythmien, Prostataadenom mit Restharnbildung. Engwinkelglaukom, akutes Lungenödem, mechanische Stenosen im Bereich des Magendarmtraktes, Megacolon.
Nebenwirkungen: Mundtrockenheit, Abnahme der Schweißdrüsensekretion, Akkomodationsstörungen, Hautrötung und -trockenheit, Wärmestau, Tachykardie, Miktionsbeschwerden, Halluzinationen und Krampfzustände (vor allem bei Überdosierung).

Giftige Pflanzenteile: Alle Pflanzenteile. Giftaufnahme auch durch die Haut möglich. Vergiftungen meist mit Beeren, die süß und angenehm schmecken. Bei Kindern gelten 3–4 Beeren als tödlich, bei Erwachsenen 10–12. Mit Blättern sind Vergiftungen ab 0,3 g möglich.

Hauptwirkstoffe: 0,1–1,2% Gesamtalkaloide, stark abhängig von Standort, Zeitpunkt etc., → *L-Hyoscyamin* bis 70%, daneben → *Atropin*, → *Scopolamin* (Hyoscin), wenig Atropamin (Apoatropin).

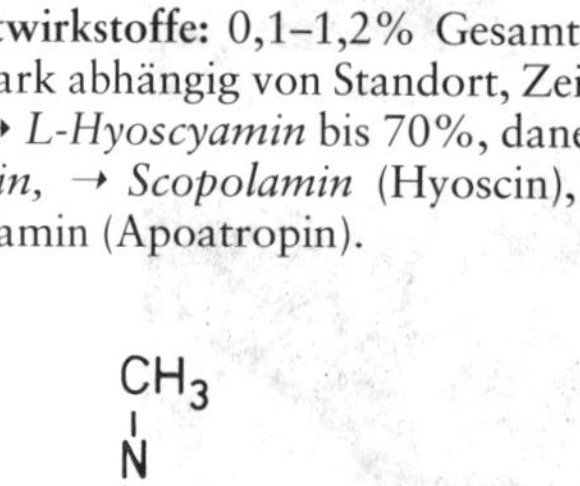

Atropamin

Vergiftungserscheinungen: Innerhalb einer viertel Stunde stellen sich folgende Vergiftungserscheinungen ein: Psychomotorische Unruhe und allgemeine Erregung, nicht selten auch in erotischer Hinsicht, Rededrang, starke Euphorie (Heiterkeit, Lachlust), aber auch Weinkrämpfe, starker Bewegungsdrang, u. a. Tanzlust, Intentionsstörungen, manirierte stereotype Bewegungen, choreatische Zustände, Ataxie, Ideenflucht, Umnebelungsgefühl, Irrereden, Schreien, Halluzinationen der verschiedensten Art; Zunahme des Erregungszustandes bis zu Anfällen von Tobsucht, Wut, Raserei, mit völliger Verkennung der Umgebung (wie bei manischer Psychose), ferner Zuckungen oder allgemeine klonische (epileptiforme) Krämpfe. Außerdem Schwindel, Übelkeit, aber nur selten und dann meist initiales, bei reiner Atropinvergiftung stets fehlendes Erbrechen, starke Beschleunigung und Vertiefung der Atmung, heftiges Herzklopfen, Klopfen der Pulse, insbesondere auffälliges Pulsieren der Carotiden, Tachykardie (bis 160 pro Min.), Blutdrucksteigerung, bei hartem und steilem Puls; maximale Erweiterung und Starre der Pupillen, dadurch bedingt Blendungsgefühl und Lichtscheu, glanzvolle Augen, langanhaltende Sehstörungen (undeutliches Sehen in der Nähe, Diplopie, Mikropie, Chromopie), in schweren Fällen völlige Aufhebung des Sehvermögens; Sprachstörungen bis zum Sprechunvermögen; scharlachrote, trockene und heiße Haut, stark erhöhte Körpertemperatur, Trockenheit im Mund, Schlund und Kehlkopf (Aphonie), Durst, dabei Wasserscheu wegen vorhandener Schluckstörungen. Allmählich tritt, oft unter zeitweiser Wiederkehr der Erregungszustände einschließlich der Krämpfe, zunehmende Bewußtlosigkeit, Erschöpfung und ein narkoseähnlicher Schlafzustand ein, in dem die bis dahin anhaltende Gesichtsröte einer durch die fortschreitende Atemschädigung zustande kommenden Cyanose Platz macht; die Körpertemperatur ist nunmehr unter die Norm gesunken. Entweder kommt es aus diesem Lähmungsstadium heraus allmählich wieder zur Erholung oder es tritt unter Fortschreiten der Lähmung und Zunehmen der Atemschädigung im Koma der Tod durch zentrale Atemlähmung ein [H 12].
Am Anfang Rauhheit, Trockenheit und Kratzen in Mund und Kehle, quälender Durst, Heiserkeit, Nausea, Schlingbe-

Atropa bella-donna

schwerden, dann Unmöglichkeit zu schlucken, zuerst Pulsverlangsamung, dann Beschleunigung, Herzklopfen, Kopfweh, Schwindel, gesteigerte Reflexe, heftige Aufregung mit hastigen Bewegungen, Zittern und schwankendem Gang, Delirien mit Halluzinationen, plötzliche Wahnsinnsanfälle, denen Krämpfe, zentrale Lähmung und Stupor folgen. Schließlich Kollaps, Koma mit äußerst beschleunigter Atmung und Asphyxie [M 2].

Tiere sollen gegenüber Tollkirschen weniger empfindlich sein als Menschen. Vergiftungen sind selten [H 18].

Nach den Erfahrungen der Beratungsstelle für Vergiftungserscheinungen in Berlin aß ein Fünfjähriger eine unbekannte Menge Tollkirschen. Es zeigten sich die typischen Symptome einer → *Atropinvergiftung*, die nach entsprechender Behandlung innerhalb von eineinhalb Tagen abklangen. Ähnliche Symptome zeigten sich bei einem Neunjährigen, der ebenfalls eine unbekannte Menge aufgenommen hatte. Bei der Magenspülung entleerten sich noch ca. 8 unbeschädigte Früchte. Nach einem halben Tag besserte sich der Zustand deutlich.

Belladonna-Extrakte wurden ab 1867 (Charcort) und vermehrt in den zwanziger Jahren (Raeff) als „bulgarische Kur" zur Behandlung der Schüttellähmung (Parkinsonismus) verwendet. Die Nebenwirkungen wie Mundtrockenheit, Sehstörungen, Harnverhalten etc. waren aber so gravierend, daß man die Behandlung oft unterbrechen oder abbrechen mußte. [Medikament u. Meinung 19.6.(1992)]

Nach Weilemann [W 38] sind durch die Früchte zweijährige und ältere Kinder besonders gefährdet. In 55% aller Fälle traten folgende Symptome auf: Erweiterte Pupille 60%, Herz-Kreislauf 50%, Magen- und Darmbeschwerden 20%, trockene Haut und Schleimhaut 50%, Psychose 20%. W. führt folgendes Fallbeispiel auf: Ein dreieinhalb Jahre alter Junge aß eine oder zwei Tollkirschen. Nach fünf Stunden traten trockene Haut und Schleimhaut, Pulsbeschleunigung, erweiterte Pupillen und Ataxie auf. Die Heilung erfolgte unter symptombezogener Therapie. Bei Verzehr von Pflanzenteilen ärztliche Entleerung des Magen- und Darmtraktes, bei typischer Atopiesymptomatik Physostigminsalicylat (Anticholium R). (Anmerkung des Verfassers: Bei einer Aufnahme von zwei Tollkirschen gegenüber einer würde es sich um 100% mehr Wirkstoffe handeln. Dies als Beispiel, daß Mengenangaben sehr genau gemacht und in der Anamnese erhoben werden sollten.)

Gefährlichkeitsgrad: Sehr stark giftig + + +

Vorschriften: Atropa belladonna: Monographie der Kommission D und E.

Verbotener Stoff der Kosmetikverordnung v. 19. 6. 1985, Anlage 1: 44 Atropa belladonna L. und ihre Zubereitungen.

Literatur: B 36, F 16, G 4, H 12, H 18, J 5, L 10, M 2, O 4, S 6, T 5, W 38, Y 3.

Therapie:
Erste Hilfe: Kohle-Pulvis-Gabe, Erbrechen auslösen, Natriumsulfat.
Klinik: Frühzeitige Magenspülung mit gut eingeöltem Schlauch (Paraffinöl, Roticlean®), Physostigmin (Anticholium) i.m. (oder langsam i.v.) (Erwachsene 2 mg, Kinder 0,5 mg), Wiederholung je nach Bedarf bei Wiederauftreten gefährlicher Symptome, Plasmaexpander bei Schock, ggf. Intubation und Sauerstoffbeatmung.

Aucuba japonica Thunb.

Japanische Goldorange. *E:* Japanese aucuba. *F:* Aucuba du Japon. *I:* Aucuba giapponese.

EDV-Code: AUCJA.

Familie: Cornaceae, Hartriegelgewächse.

Verbreitung, Vorkommen: Heimat: Japan, Korea, Formosa; Topfpflanze, in milderen Teilen Mitteleuropas auch im Freien (Rheingebiet).

Beschreibung: Immergrüner Strauch. Blätter bis 20 cm lang, länglich-eiförmig, bei Züchtungsformen goldgefleckt oder weiß panaschiert. Blüten klein, rötlich, in endständigen Rispen. Beerenfrüchte scharlachrot.
Blütezeit: März–April.

Giftige Pflanzenteile: Alle Pflanzenteile, vor allem die oberirdischen.

Hauptwirkstoffe: → *Aucubin.* Nach Trimm und Hill 1,4% in den Blättern und 3% in den Samen.

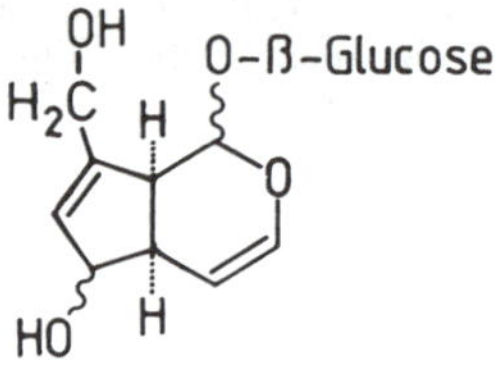

Vergiftungserscheinungen: Entzündungen im Magen-Darm-Kanal, Diarrhöen und Koliken. Bei Aufnahmen großer Mengen Blutungen im Gehirn, die schnell zum Tod führen.

Gefährlichkeitsgrad: Giftig +

Literatur: F 16, M 17.

Therapie:
Erste Hilfe: Kohle-Pulvis-Gabe, Erbrechen auslösen, Natriumsulfat, viel warmen Tee trinken lassen.
Klinik: Magenspülung (evtl. mit burgunderfarbener Kaliumpermanganatlösung), Instillation von 10 g Kohle-Pulvis, Elektrolytsubstitution, Azidoseausgleich mit Natriumbikarbonat (Urin pH 7,5), Kontrolle der Nierenfunktion, bei Krämpfen Diazepam (Valium®) i.v., ggf. Plasma(expander)gabe, bei Atemlähmung: Intubation und Sauerstoffbeatmung.

Averrhoa carambola L.

Karambolabaum, Sternfruchtbaum. *E:* Carambola tree, Star fruit tree. *F:* Carambolier vrai.

EDV-Code: AVRCA.

Familie: Oxalidaceae, Sauerkleegewächse.

Verbreitung, Vorkommen: Der in Malaysia heimische Baum ist in den Tropen oft eingebürgert und wird in Brasilien, Thailand und Israel kultiviert.

Beschreibung: Früchte bis 10 cm lang und 5 cm breit, sternförmig, mit 5–6 scharfkantigen Längsrippen. Fruchtfleisch saftig, grün, reif bernsteinfarbig. Geschmack aromatisch, säuerlich; Geruch aromatisch.

Wirkstoffhaltige Pflanzenteile: Früchte.

Hauptwirkstoffe: Außer Vitamine A und C, Calcium und Eisen haben die Früchte einen hohen Gehalt an → *Oxalsäure*. Averrhoa carambola enthält bis 1000 mg Oxalsäure/100g.

Verwendung: Als Zugabe zu Obstsalaten. In Scheiben geschnitten zur Dekoration z. B. in Getränken (Sekt). Beim Rohverzehr der Früchte kann die Haut mitgegessen werden. Sie ist bei reifen Früchten leicht abziehbar.

Vergiftungserscheinungen: → *Oxalsäure*. Da die Früchte meist nur zur Dekoration verwendet werden, ist eine Vergiftung kaum zu erwarten.

Gefährlichkeitsgrad: Giftig + nur beim Verzehr großer Mengen, sonst nicht oder nur wenig giftig (+).

Literatur: I 13

Therapie:
Erste Hilfe: Bei Unverträglichkeit Kohle. → *Oxalis acdosella.*

Banisteriopsis caapi (Spruce ex Griseb.) Morton

Yagé.

Familie: Malpighiaceae, Malpighiengewächse.

Verbreitung, Vorkommen: In den Regenwäldern Brasiliens, Ekuadors und Kolumbiens.

Beschreibung: Riesige Waldliane mit glatter, brauner Rinde. Blätter gegenständig, oval bis lanzettlich, über 17 cm lang. Blüten rosa (Blütenblätter leicht abfallend), in achselständigen Rispen. Geflügelte Frucht rötlichbraun.
Zwei weitere Arten mit ähnlicher Wirkung sind: Banisteriopsis inebrians Morton und Banisteriopsis rusbyana (Ndz) Morton.

Droge: Lignum Banisteriae, Banisteriae lignum.
Der Stengel der Liane.

Hauptwirkstoffe: In der Rinde etwa 2,2%, im Holz etwa 1,06% des Alkaloides → *Harmin* (Banisterin, Yagein, Telepathin) $C_{13}H_{12}N_2O$, Fp. 262–263 °C, ferner das Alkaloid → *Harmalin* $C_{13}H_{14}N_2O$, Fp. 238 °C, und 0,66% Saponine. Hochstein und Paradies [J. Amer. chem. Soc. 79, 5735 (1957)] isolierten ein weiteres Alkaloid D-Tetrahydroharmin $C_{13}H_{16}N_2O$, Fp. 198–200 °C, das möglicherweise die mit der Droge auslösbaren Psychosen verursacht [H 12].

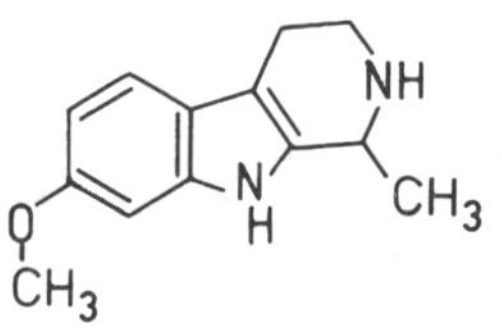

D-Tetrahydroharmin

Der Gesamtalkaloidgehalt ist in den einzelnen Pflanzenteilen sehr unterschiedlich und auch stark schwankend: Im Stamm 0,11–0,83%, in den Zweigen 0,14–0,37%, in den Blättern 0,28–0,70%, in den Wurzeln 0,71–1,95% des Trockengewichtes. Das Hauptalkaloid Harmalin ist mit 62–96% im Gesamtalkaloid enthalten [E 16].

Vergiftungserscheinungen: → *Harmin* ruft psychomotorische Exzitation mit extrapyramidalen Störungen, Mydriasis, Salivation, Defäkation, Erbrechen, Schweißausbruch hervor. Daneben treten erhebliche psychische Veränderungen, Illusionen und Pseudohalluzinationen optischer Natur, erhöhte „innere Schau", Auftauchen des Unterbewußten und erhöhte Zugänglichkeit gegenüber dem Psychotherapeuten auf. Die psychischen Effekte ähneln denen des Mescalins und LSD. Diese psychodysleptischen vegetabilischen Drogen sind an sich nicht psychotherapeutisch wirksam, sondern stellen Katalysatoren und Enthemmer unterdrückter unterbewußter Erlebnisse dar [Lemlij et al.: Rev. Sanid. Polic. (Lima) 1966, 195] [H 12].
Eine intramuskuläre Injektion von 0,2 g Banisterin hydrochlorid rief schwere Vergiftungserscheinungen mit Ohnmachtsgefühl,

Banisteriopsis caapi

Übelkeit, Tremor, Flimmern vor den Augen, kaltem Schweiß, Gedankenverwirrung und Leibschmerzen hervor [M 2].
Die Pflanze besitzt nach Schultes die drastischste Wirkung unter allen bekannten amerikanischen Halluzinogenen.

Anwendungen: Harmin bei Paralysis agitans und Parkinsonismus nach Encephalitis lethargica. Aus der Pflanze und aus anderen Arten, wie z. B. B. inebrians u. B. rusbyana, stellen die Eingeborenen ein berauschendes Getränk, den Yagé-Trank („Ayahuasca"=„Todes-Strick") oder „Natem" her: Ein Stück des der Wurzel nahen Lianenholzes wird in etwa handgroße Scheiben geschnitten. Innerhalb von 2–24 Std. wird dieses Holz abgekocht und so lange eingekocht, bis der Absud die für die Wirkung erwünschte Konzentration erreicht hat. Die Flüssigkeit wird dann abgeseiht und wieder Wasser zugefügt. Das Ganze wird weitergekocht und erneut eingedickt [H 12].

Gefährlichkeitsgrad: Stark giftig + +

Vorschriften: Banisteria caapi: Monographie der Kommission D.

Literatur: A 9, E 16, H 12, M 2, S 33

Therapie:
Erste Hilfe: Kohle-Pulvis, Ruhe, beruhigendes Zureden, beaufsichtigen, meist keine medikamentöse Therapie nötig, bei hochgradiger Erregung Doxepin (Aponal®) (50 mg oral oder i.m.), nur falls nicht anders vorhanden Diazepam (Valium®) (10–20 mg oral oder i.m.), Atemwege freihalten, evtl. Atemspende, warmhalten.
Klinik: Evtl. Magenspülung, Kohle-Pulvis und Natriumsulfatinstillation, Plasmaersatzpräparate, beatmen.

Baptisia tinctoria (L.) Vent.

Wilder Indigo. *E:* Wild indigo, Horsefly weed, Indigo broom, Indigo weed, Rattle bush, Yellow broom. *F:* Indigo sauvage. *NL:* Wilde Indigo.

EDV-Code: BAPTI.

Familie: Fabaceae, Schmetterlingsblütler.

Verbreitung, Vorkommen: In Nordamerika beheimatet. Die Pflanze gedeiht auch in deutschen Kulturen ausgezeichnet.

Beschreibung: Bis 1 m hohe Staude. Blätter blaugrün, wechselständig, dreizählig, ganzrandig, z.T. gekerbt. Blüten gelb, in endständiger oder blattgegenständiger Traube, Fahne fast so lang wie die Flügel. Hülse schwarzblau, Samen gelblichbraun, ca. 2 mm.
Blütezeit: Mai–Juli
Eine blaublühende Art Baptisia australis (L.) Br. enthält ebenfalls Cytisin.

Baptisia tinctoria

Droge: Radix Baptisiae tinctoriae, Baptisiae tinctoriae radix, Baptisiawurzel.
Die im Herbst gesammelten Wurzelstöcke sind etwa 20 cm lang und 0,7–1,2 cm dick, selten verzweigt, meist schwach gebogen, von zylindrischer Form. Geruchlos, Geschmack bitterlich [H 12].

Hauptwirkstoffe: → *Cytisin,* die Glykoside Baptisin (Baptigenin $C_{14}H_{12}O_6$+D-Rhamnose) $C_{26}H_{32}O_{14}\cdot 9H_2O$, Fp. 240 °C, und Pseudobaptisin (Pseudobaptigenin $C_{15}H_{10}O_5$+ Rhamnose+Glucose) $C_{27}H_{30}O_{10} \cdot 7{,}5\ H_2O$, Fp. 248 °C. Ferner in sehr geringer Menge Baptin. In Stengeln und Blättern die Alkaloide
→ *Cytisin* (Baptitoxin, Sophorin, Laburnin, Ulexin) $C_{11}H_{14}N_2O$, Fp. 155 °C, Methylcytisin (Caulophyllin) $C_{12}H_{16}N_2O$, Fp. 138 °C,
Anagyrin (Monolupin, Rhombinin) $C_{15}H_{20}N_2O$ (Öl) und 13-Hydroxyspartein. In den Blättern Baptisol [H 12].

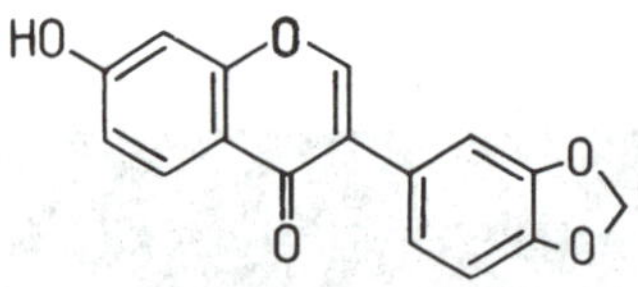

Pseudobaptigenin

Vergiftungserscheinungen: In kleinen Dosen wirkt Baptisia abführend, in großen verursacht es Vomitus, Diarrhoe und schwere Gastroenteritis. Es wirkt stimulierend auf die Leber, regt die Sekretion der Drüsenanhänge der Gastrointestinalschleimhaut an und hat eine beträchtliche antiseptische Kraft [M 2].

Anwendungen: In Amerika seit langer Zeit u.a. bei verschiedenen Infektionskrankheiten.

Gefährlichkeitsgrad: Giftig +

Vorschriften: Baptisia tinctoria: Monographie der Kommission D.

Literatur: H 12, L 1, M 2.

Therapie:
Erste Hilfe: Sofort Kohle-Pulvis-Gabe, Natriumsulfat, viel warmen Tee oder Himbeersaft trinken lassen.
Klinik: Nach wahrscheinlich großer Giftaufnahme Magenspülung (evtl. mit burgunderfarbener Kaliumpermanganatlösung). Bei Krämpfen Diazepam (Valium®) i.v., Elektrolytsubstitution, Azidoseausgleich mit Natriumbikarbonat (Urin pH 7,5), bei Atemlähmung Intubation und Sauerstoffbeatmung.

Begonia-Hybriden

Begonie, Schiefblatt. *E:* Begonia.

Familie: Begoniaceae, Schiefblattgewächse.

Verbreitung, Vorkommen, Beschreibung: Über 800 Arten mit asymetrischem (schiefem) Blattaufbau. Ursprüngliche Arten („botanische Begonien") sind fast nur in botanischen Gärten und bei Liebhabern zu finden. Unsere Zimmer- und Gartenpflanzen sind meistens mehrfache Arthybriden. Je nach der Verwendung spricht man von Blatt- oder Blütenbegonien.

Einteilung nach der Herkunft:

Rexbegonien-Hybriden: Blattbegonien (Herkunft: Asien, Begonia rex).
EDV-Code: BEGRH.

Knollenbegonien-Hybriden: Blütenbegonien (Herkunft: Südamerika).
EDV-Code: BEGKH.

Lorraine-Begonien-Hybriden: Blütenbegonien (Herkunft: Südafrika).
EDV-Code: BEGLH.

Semperflorens-Begonien-Hybriden: Blütenbegonien (Herkunft: Brasilien).
EDV-Code: BEGSH.

Giftige Pflanzenteile: Ganze Pflanze.

Hauptwirkstoffe: Calciumoxalat, gelöste → *Oxalsäure* und Leucoanthocyane. In den Knollen von Knollenbegonien neben Oxalsäure auch Cucurbitacin B [J 6].

Vergiftungserscheinungen: Begonia gracilis H.B.K. und Begonia rex Putz. reizt die Schleimhäute stark, wirkt diuretisch, brechreizerregend und abführend.

Ein Blatt und eine Blüte einer Begonienart wurde gegessen, ohne irgend eine Symptomatik hervorzurufen.

Einige Begonien-Arten sind giftig, andere aber eßbar, besonders junge Blätter als Gemüse.

Bei peroraler Aufnahme von Knollenbegonien kommt es zu drastischen und blutigen Durchfällen [J 6].

Gefährlichkeitsgrad: Je nach Art giftig + bis ungiftig.

Literatur: D 12, F 16, J 6.

Therapie:
Erste Hilfe: Kohle-Pulvis oder erbrechen lassen.
Klinik: In Extremfällen Magenspülung, Vitaltherapie (S. 56).

Beloperone guttata T.S. Brandeg.

Zimmerhopfen, Zierhopfen, Spornbüchschen. *E:* Rattlesnake beloperone.

EDV-Code: BEOGU.

Familie: Acanthaceae, Bärenklaugewächse.

Verbreitung, Vorkommen: Heimat: Tropisches Amerika, Mexiko; Zimmerpflanze.

Beschreibung: Kleiner Halbstrauch. Blätter elliptisch, zugespitzt, ganzrandig. Blüten weiß mit meist grünlichen Deckblättern, in endständigen, überhängenden, langen Ähren, Deckblätter dachziegelartig angeordnet.
Blütezeit: Fast ganzjährig.

Hauptwirkstoffe: Über die Pflanze ist wenig bekannt. Möglicherweise enthält sie Calciumoxalat. Vergiftungen sind bisher nicht bekannt geworden.

Therapie:
Erste Hilfe: Kohle-Pulvis oder erbrechen lassen.
Klinik: In Extremfällen Magenspülung, Vitaltherapie (S. 56).

Berberis vulgaris L.

Berberitze, Sauerdorn. *E:* Barberry. *F:* Vinettier. *I:* Crespino comune.

EDV-Code: BEBVU.

Familie: Berberidaceae, Sauerdorngewächse.

Verbreitung, Vorkommen: Zerstreut im gemäßigten Europa, nach Nordwesten seltener werdend; kalkliebend; an Waldsäumen und lichten Wäldern.

Beschreibung: Strauch bis 3 m hoch, mit rutenförmigen, dornigen Zweigen. Blätter länglich elliptisch, 2–4 cm lang. Blütentrauben ca. 5 cm lang, gelb. Beeren länglich, rot. Blütezeit: Mai–Juni.
Weitere bei uns häufig kultivierte Arten sind:
Berberis buxifolia Lam. ex Poir.
Berberis candidula Schneid.
Berberis julianae Schneid.
Berberis thunbergii DC.

Droge: Cortex Berberidis radicis, Berberidis radicis cortex, Berberitzenwurzelrinde.
In den Handel kommt die Rinde oder die ganze Wurzel. Geschmack stark bitter, beim Kauen färbt sich der Speichel gelb.

Giftige Pflanzenteile: Mit Ausnahme der Beeren die ganze Pflanze, besonders die Wurzel. Die Beeren sind genießbar. Während das Fruchtfleisch und die Samen von Berberis vulgaris keine Alkaloide enthalten, weisen die Samen anderer Berberis-Arten davon oft beträchtliche Mengen auf. Vor einem Verzehr der Früchte anderer Arten muß daher gewarnt werden.

Hauptwirkstoffe: Etwa 1–3% → *Berberin* $C_{20}H_{18}NO_4$, Fp. 144 °C oder 205 °C (Hydrat), 1,5% Oxyacanthin $C_{37}H_{40}N_2O_6$, Fp. 216–217 °C,

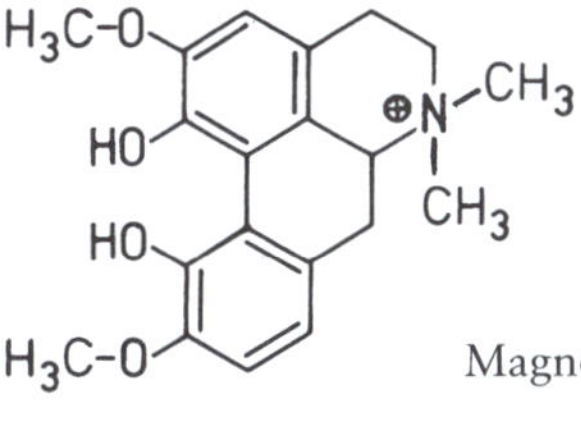

Magnoflorin

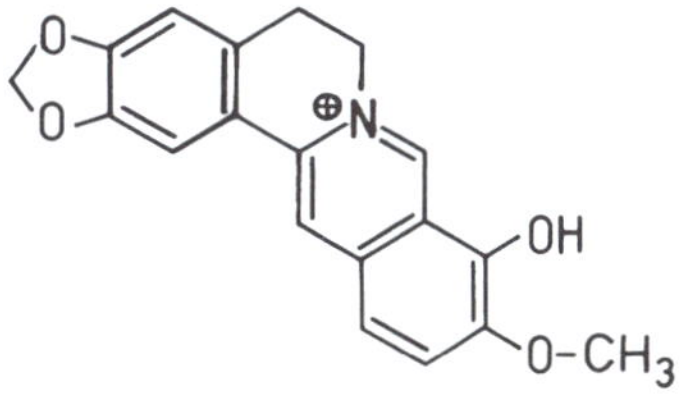

Berberrubin

Berberis vulgaris

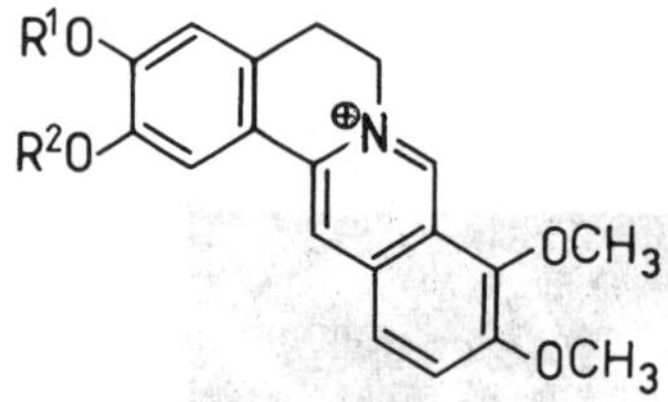

R^1=H, R^2=CH_3: Jatrorrhizin
R^1=R^2=CH_3: Palmatin
R^1=CH_3, R^2=H: Columbamin

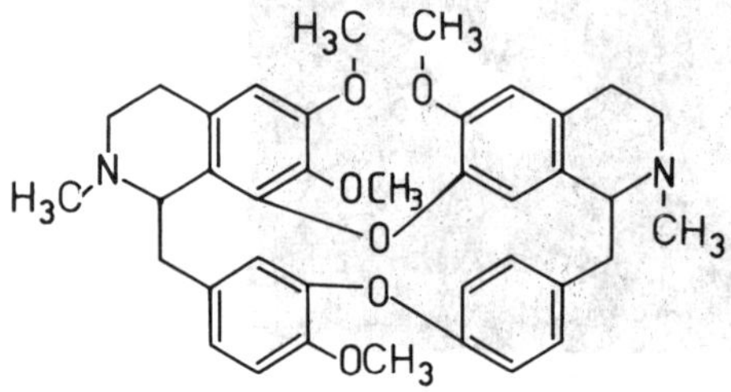

Isotetrandrin

→ *Magnoflorin* $C_{20}H_{24}NO_4$, Berberrubin $C_{19}H_{15}NO_4$, Fp. 285 °C (Hydrat), Berbamin $C_{37}H_{40}N_2O_6$, Fp. 172 °C, Jatrorrhizin (Jatrorhizin) $C_{20}H_{20}NO_4$, Columbamin $C_{20}H_{20}NO_4$, Palmatin $C_{21}H_{22}NO_4$ und Isotetrandrin $C_{38}H_{42}N_2O_6$, Fp. 182 °C [H 12].
Der Alkaloidgehalt (ca. 15%) und die Anzahl der Alkaloide ist in der Wurzelrinde am höchsten. Die meisten Berberis-Arten enthalten die oben angeführten Alkaloide.

Vergiftungserscheinungen: Übelkeit, Erbrechen, Durchfall, Nierenreizung, Nephritis. Berberin wird in therapeutischen Gaben bis 0,5 g vertragen. Ernstere Vergiftungen sind nicht bekannt.
Nach Weilemann [W 38] waren vorwiegend Ein- bis Fünfjährige in den Monaten Mai bis Januar betroffen, nur bei 10% der Kinder traten Symptome im Magen- und Darmbereich auf.

Anmerkung: Der flüssige Gesamtextrakt und einige Alkaloide zeigen eine cholagoge, choleretische, hypotensive Wirkung sowie antibiotische Eigenschaften.

Gefährlichkeitsgrad: Wenig giftig (+)

Vorschriften: Berberis vulgaris: Monographie der Kommissionen D und E.

Literatur: B 36, F 16, G 4, H 12, I 7, M 2, P 7, P 10, P 11, R 30, S 6, W 38.

Therapie:
Erste Hilfe: Kohle-Pulvis oder erbrechen lassen.
Klinik: In Extremfällen Magenspülung, Vitaltherapie (S. 56).

Borago officinalis L.

Borretsch, Garten-Borretsch, Gurkenkraut. *E:* Borage. *F:* Bourrache. *I:* Boragine, borana. *NL:* Bernagie.

EDV-Code: BOROF.

Familie: Boraginaceae, Rauhblattgewächse.

Verbreitung, Vorkommen: Alte Kulturpflanze (Gewürzpflanze), die fast in ganz Europa und Nordamerika kultiviert wird. Ihre Heimat ist wahrscheinlich im westlichen Mittelmeer zu suchen.

Beschreibung: Bis 60 cm hohes, einjähriges, nach Gurken (Name) riechendes, borstiges Kraut, mit ästigem Stengel. Untere Blätter elliptisch, gestielt, obere eiförmig-länglich, halbstengelumfassend. Blüten hellblau bis weiß, radförmig, 5zipfelig, lang gestielt. Nüßchen 7–10 mm lang, länglich-eiförmig. Blütezeit: Mai–September.

Droge: Flores Boraginis, Boraginis flos – Borretschblüten.
Herba Boraginis, Boraginis herba – Borretschkraut.
Auszug aus der Monographie der Kommission E: Borago (Borretsch).
Risiken: Borretsch enthält wechselnde Mengen toxischer Pyrrolizidinalkaloide (PA), von denen organotoxische, insbesondere hepatotoxische Wirkungen bekannt sind. Tierexperimentell wurden für PA kanzerogene Wirkungen mit einem genotoxischen Wirkungsmechanismus nachgewiesen.

Wirkstoffhaltige Pflanzenteile: Die ganze Pflanze.

Hauptwirkstoffe: Die Pyrrolizidinalkaloide Lycopsamin, Intermedin und deren Acetylderivate, Amabilin und Thesinin (nicht giftig) [R 29].

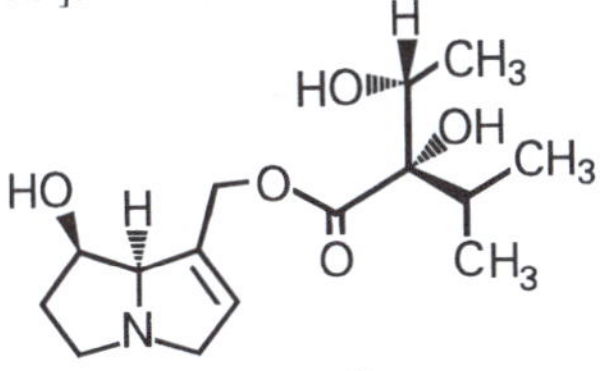

Intermedin

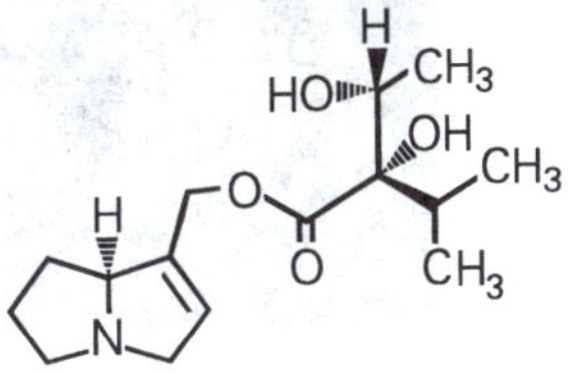

Amabilin

Pharmakologische Wirkung: Aufgrund des niedrigen Gehalts an Pyrrolizidinalkaloiden sind Vergiftungen bei gelegentlicher Verwendung nicht zu erwarten. Die kumulative Wirkung von Pyrrolizidinalkaloiden sollte trotzdem beachtet werden.

Gefährlichkeitsgrad: Nicht oder kaum giftig (+)

Vorschriften: Borago officinalis:
Monographie der Kommission D.
Alle Arten der Gattung Borago (Borretsch) sind in der „Bekanntmachung über die Zulassung und Registrierung von Arzneimitteln vom 5. 6. 1992" aufgeführt.

Literatur: F 16, R 29.

Borago officinalis

Therapie:
Nach Verschlucken nur in Extremfällen giftig: nach großen Mengen Kohle-Pulvis (10 g) oral. Längere Medikation oral und auch Hautkontakt wegen einer möglichen krebsauslösenden Wirkung meiden. Kontrolle der T-Lymphozyten (Killerzellen). In Altfällen Meidung anderer Karzinogene (Amalgam, Formaldehyd, Pentachlorphenol u.a.).

Bougainvillea glabra Choisy und Hybriden

Bougainvillea. *E:* Bougainvillea. *F:* Bougainvillier. I: Buganvillea.

Familie: Nyctaginaceae, Wunderblumengewächse.

Verbreitung, Vorkommen: Heimat: Brasilien; verbreitet im ganzen Mittelmeerraum, bei uns als Zimmerpflanze.

Beschreibung: Kletterstrauch, mit oder ohne Dornen. Blätter eiförmig, spitz, grün, wechselständig. Krone röhrenförmig, grünlich oder weiß; 3 Blüten zu einer Gruppe zusammengestellt, jede Blüte von einem herzförmigen , lila, tomatenrot oder lachsrot gefärbten Hochblatt getragen.
Blütezeit: April–Oktober.

Hauptwirkstoffe: Von Bougainvillea sind keine gefährlichen Inhaltsstoffe bekannt.

Gefährlichkeitsgrad: Praktisch ungiftig.

Therapie:
Kohle-Pulvis-Gabe nach vermutlich größerer Aufnahme.

Bowiea volubilis Harv. ex Hook.

[Schizobasopsis volubilis (Harv. ex Hook. f.) Macbr.]

Familie: Liliaceae, Liliengewächse.

Verbreitung, Vorkommen: Süd- und Südostafrika. Wird in Gewächshäusern wegen des bizarren Aussehens gehalten.

Beschreibung: Im Frühstadium mit kleinen, weißen, im Alter mit grünen, großen Zwiebeln. Stengel dünn, reich verzweigt, windend. Blätter lineal, früh abfallend. Blüten lang gestielt, einzeln, grün, Blütenblätter zurückgeschlagen. Samen schwarz.
Blütezeit: Juli–September.

Giftige Pflanzenteile: Hauptsächlich Zwiebeln, aber auch Blätter und Blüten.

Hauptwirkstoffe: Mehrere herzwirksame Glykoside (Monoside) vom Scillarentyp, also Bufodianolide: 0,01% Bovosid A, $C_{31}H_{44}O_9$, Fp. 244–251 °C (aus Methanol-Ether-Chloroform); 0,022% Glucobovosid A, $C_{37}H_{54}O_{14} \cdot 1{,}5$ Pyridin, Fp. 188–196 °C (aus Pyridin-Ether); 0,0002% Bovosid B, $C_{33}H_{44}O_{13}$, Fp. 297–301 °C (dec.); 0,01–0,01% Bovosid C, $C_{31}H_{42-44}$, Fp. 266–271 °C (aus Methanol-Wasser) [H 12] u. a.

Bowiea volubilis

Der Wirkstoffgehalt der Zwiebeln ist während der Ruhezeit im Juli (während der Ernte) am höchsten.

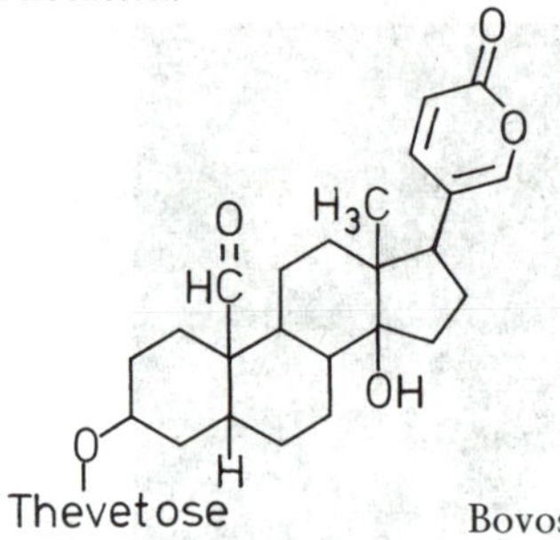

Bovosid A

Vergiftungserscheinungen: Die Glykoside aus Bowiea volubilis besitzen Digitaliswirkung, die Kumulation ist ähnlich wie die des Digoxins. Bovosid A besitzt die gleiche biologische Aktivität wie k-Strophanthin. Die Bowieazwiebel hat aber auch eine hautreizende Wirkung und ist gegenüber Ratten toxisch, ähnlich der Meerzwiebel [H 12]. Eine Vergiftung äußert sich in Übelkeit, Erbrechen, Durchfall, Speichelfluß, krampfartigen Schmerzen und Herzstillstand [K 27].

Gefährlichkeitsgrad: Stark giftig + +

Literatur: F 16, H 12, K 27.

Therapie:
Therapie → *Urginea maritima.*

Brassica nigra (L.) W.D.J. Koch

Schwarzer Senf. *E:* Black mustard. *F:* Moutarde noire. *I:* Senape-nera. *NL:* Zwarte mosterd.

Brassica napus

EDV-Code: BRSNI.

Familie: Brassicaceae, Kreuzblütler.

Verbreitung, Vorkommen: Eurasien, Mittelmeergebiet, Südafrika, Amerika und Australien. In Mitteleuropa angebaut und verwildert an Flußufern, Dämmen, Rainen, Wegrändern, Brachfeldern etc.

Beschreibung: Einjährige, bis 1,50 m hohe Pflanze. Blätter gestielt, obere ganzrandig, lanzettlich, untere leierförmig-fiederspaltig

Brassica nigra

oder -fiederlappig. Blüten lebhaft gelb, in end- und achselständigen, halbkugeligen Blütenständen; Kelchblätter abstehend. Frucht aufrechte Schote, bis 25 mm lang; Samen kugelig, dunkelrotbraun, netziggrubig.
Blütezeit: Juni–September.

Droge: Semen Sinapis (nigra), Sinapis (nigra) semen, Senfsamen.

Wirkstoffhaltige Pflanzenteile: Die ganze Pflanze, vor allem die Samen.

Hauptwirkstoffe: In den Samen das Glykosid Sinigrin $C_{10}H_{16}KNO_9S_2$, Fp. 127–129 °C, das in Kaliumbisulfat, Glucose und Allylsenföl C_4H_5NS gespalten wird. Außerdem Sinapin (bis 1,2%), ein Ester des Cholins mit Sinapinsäure. Gehalt in Blättern und Stengeln geringer.

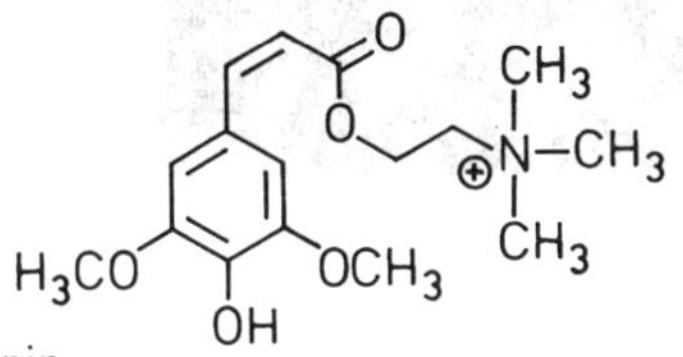

Sinapin

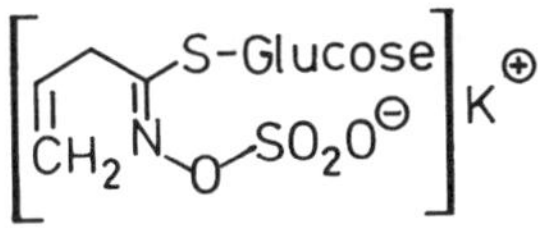

Sinigrin

Vergiftungserscheinungen: Durch Genuß übermäßiger Mengen Speisesenf: Magenschmerzen, Übelkeit, Erbrechen und Durchfall. In schweren Fällen Lähmung des Zentralnervensystems, Verlangsamung der Herz- und Atemtätigkeit, selbst Tod im Koma.
Bei Tieren sind Vergiftungen häufiger, vor allem aber durch Sinapis alba L. – Weißer Senf und Brassica napus L. – Kohlrübe (Rapskuchen und Kuchenmehl).
Aufnahme frischer Pflanzen führt zu einer Gastroenteritis, Entzündung der Nieren, Kolik und Durchfall. Besondere Gefährdung von Pferden und Wiederkäuern. Tödliche Dosis für Rinder 3 g Allylsenföl (in 300–400 g Senfschrot enthalten). Allylsenföl kann in der Milch nachgewiesen werden.Brassica Arten enthalten natürliche Pestizide [A 15].

Wirkungen auf die Haut: Bei nicht fachgemäßer Anwendung von Senfwickeln und Senfspiritus können oft Hautentzündungen und Gewebeschädigungen beobachtet werden. Neben primär irritativen Kontaktdermatiden kann gelegentlich auch eine allergische Kontaktdermatitis entstehen, als deren Ursache in erster Linie das Allylisothiocyanat anzusehen ist.

Gefährlichkeitsgrad: Für Menschen nur bei großer Aufnahme schädlich (+), bei Tieren insbesondere als Futter giftig +.

Vorschriften: Die Verfütterung von Brassica nigra und Preßrückständen ist verboten.
Brassica nigra: Monographie der Kommission D.

Literatur: A 15, H 1, H 12, H 18, K 9, L 10, W 13.

Therapie:
Erste Hilfe: Kohle-Pulvis (10 g) schlucken oder erbrechen lassen, evtl. beatmen, Schocklagerung.
Klinik: Nur in Extremfällen Magenspülung, Medizinalkohle, Natriumsulfat. Plasmaexpander im Schock, Azidoseausgleich mit Natriumbikarbonat. Künstliche Beatmung, evtl. Herzmassage.

Brunfelsia pauciflora var. calycina (Benth.) J.A. Schmidt

[B. calycina Benth., Franciscea calycina (Benth.) Hook.]

Brunfelsie. E: Brazil raintree.

EDV-Code: BRFPC.

Familie: Solanaceae, Nachtschattengewächse.

Verbreitung, Vorkommen: Heimat: Brasilien; dekorative Pflanze.

Beschreibung: Strauch, bis 60 cm hoch. Blätter immergrün, oval, spitz, wechselständig. Blüten groß, blau, mit 5 Blütenblättern und langer Kronröhre, einzeln oder in Trugdolden.
Blütezeit: Januar–Juni.

Toxikologie: → *Brunfelsia uniflora.*

Brunfelsia uniflora (Pohl) D. Don

[B. hopeana (Hook.) Benth., Franciscea hopeana Hook.]

Familie: Solanaceae, Nachtschattengewächse.

Verbreitung, Vorkommen: Heimat: Äquatoriales Amerika (Brasilien, Antillen); Topf- und Kübelpflanze.

Beschreibung: Bis 2 m hoher, locker wachsender Strauch. Blätter lanzettlich oder verkehrt eiförmig, dunkelgrün, unten heller. Blüten einzeln oder paarweise, hellviolettblau, im Verblühen weiß, Kronröhre gekrümmt, fast weiß, 2,5 cm lang (kleinste Blüten der Gattung).
Blütezeit: Januar–August.

Droge: Radix Manaca (Radix Brunfelsiae), Manakawurzel.
Hauptwurzeln ungleich lang, 1–3 cm dick, schwarz bis rostbraun, mit Nebenwurzeln. Geruch- und geschmacklos.

Giftige Pflanzenteile: Die ganze Pflanze, besonders die Wurzel.

Hauptwirkstoffe: Alkaloide Manacin $C_{22}H_{32}N_2O_{10}$ und Manacein $C_{15}H_{26}N_2O_9$, ferner Äsculetin. In der Rinde ca. 0,08% Manacin.

Vergiftungserscheinungen: Manacin reizt die Sekretion der Drüsen und tötet durch Atemstillstand. Manacein ist von ähnlicher Wirkung.

Gefährlichkeitsgrad: Giftig +

Vorschriften: Brunfelsia uniflora: Monographie der Kommission D.

Literatur: H 12.

Therapie:
Erste Hilfe: Kohle-Pulvis, Erbrechen lassen.
Klinik: Nur nach großer Giftaufnahme Magenspülung (evtl. mit burgunderfarbener Kaliumpermanganatlösung), Kohle-Pulvis, Natriumsulfat, Elektrolytsubstitution, Azidoseausgleich mit Natriumbikarbonat (Urin pH 7,5), im Schock Plasmaexpandergabe, bei Krämpfen Diazepam (Valium®) i.v., Kontrolle der Nierenfunktion, bei Atemlähmung Intubation und Sauerstoffbeatmung.

Bryonia alba L.

Weiße Zaunrübe. *E:* White bryony. *F:* Bryone blanche. *I:* Brionia bianca. *NL:* Witte Heggerank.

EDV-Code: BYOAL.

Familie: Cucurbitaceae, Kürbisgewächse.

Verbreitung, Vorkommen: Südeuropa, in Mitteleuropa besonders im Nordosten, fehlt im Westen und Südwesten; Gebüsche, Hecken, Zäune.

Beschreibung: Im Habitus Bryonia dioica ähnlich, jedoch einhäusig. Beeren schwarz, kugelig, erbsengroß. Die Pflanze führt einen scharfen Milchsaft.
Blütezeit: Juni–Juli.
Früchte: August–September.

Droge: Radix Bryoniae, Bryoniae radix, Zaunrübenwurzel.
Frische Wurzel riecht widerlich, getrocknet geruchlos, Geschmack ekelhaft bitter und scharf.
Auszug aus der Monographie der Kommission E: Bryoniae radix (Zaunrübenwurzel)
Risiken: Bei der Einnahme von Zubereitungen aus Zaunrübenwurzeln wurden die folgenden Wirkungen beobachtet: Schwindel, Erbrechen, heftige Koliken, starke dünnflüssige, zum Teil auch blutige Diarrhoen, Nierenschäden, Abort, Erregungszustände und Krämpfe.
Zaunrübenwurzel enthält Cucurbitacine, die teilweise stark zytotoxisch wirken.

Giftige Pflanzenteile: Alle Pflanzenteile, besonders Beeren und Wurzeln. 40 Beeren gelten für Erwachsene und 15 Beeren für Kinder als tödliche Dosis, nach 6–8 Beeren traten Vergiftungserscheinungen auf.

Hauptwirkstoffe: Bryonidin, Bryonin $C_{48}H_{66}O_{18}$ (Aglucon Bryogenin $C_{30}H_{48}O_3$, Fp. 157 °C).

Vergiftungserscheinungen: Bei Einnahme: Übelkeit, Erbrechen, Erregung, Schwindel, blutiger Durchfall, heftige Koliken, tetanusartige Krämpfe, Nierenschädigung, rascher Puls, zuletzt Atemlähmung.

Wirkungen auf die Haut: Bei Berührung Hautreizung mit Rötung und Blasenbildung.

Gefährlichkeitsgrad: Stark giftig + +

Vorschriften: Bryoniae radix: Monographie der Kommission E.

Literatur: B 36, F 16, G 4, H 12, M 2.

Bryonia alba

Therapie:
Erste Hilfe: Kohle-Pulvis-Gabe, Erbrechen auslösen, Natriumsulfat, viel warmen Tee trinken lassen. Haut- und Schleimhautblasen steril abdecken, Tetanusprophylaxe, lokal Locacorten-Schaum.
Klinik: Magenspülung (evtl. mit burgunderfarbener Kaliumpermanganatlösung), Instillation von 10 g Kohle-Pulvis, Natriumsulfat, Elektrolytsubstitution, Azidoseausgleich mit Natriumbikarbonat (Urin pH 7,5), Kontrolle der Nierenfunktion, bei Krämpfen Diazepam (Valium®) i.v., ggf. Plasma(expander)gabe, bei Atemlähmung: Intubation und Sauerstoffbeatmung.

Bryonia cretica L. ssp. dioica (Jacq.) Tutin

(Bryonia dioica Jacq.)

Rote Zaunrübe. *E:* Red bryony. *F:* Bryone dioïque. *I:* Brionia comune. *NL:* Heggerank.

EDV-Code: BYODI.

Familie: Cucurbitaceae, Kürbisgewächse.

Verbreitung, Vorkommen: Europa, in Mitteleuropa im Westen häufig; Zäune, Hecken, Gebüsche.

Beschreibung: Krautige, zweihäusige Kletterpflanze, bis 3 m lang, mit rübenförmiger Wurzel. Blätter lappig, rauh. Blüten 5zipflig, klein, blattachselständig, gelblichweiß. Beeren erbsengroß, zuletzt scharlachrot. Pflanze führt scharfen Milchsaft.
Blütezeit: Juni–September.
Früchte: August–September.

Hauptwirkstoffe: Bryonicin $C_{10}H_{17}NO_2$, Fp. 81–83 °C (dec.), und Bryonol $C_{22}H_{34}O_2(OH)_2$, Fp. 210–212 °C (dec.), Tetrahydrodrocucurbitacin I [H 12].
Außerdem Saponin, Kaffeesäure, → *Cucurbitacine.*

Blüten

Vergiftungserscheinungen: Aus den Erfahrungen der Beratungsstelle für Vergiftungserscheinungen, Berlin: Bis zu 4 Beeren wurden ohne Symptome vertragen; 8jähr. Knabe bot nach 6–8 Beeren 3maliges Erbrechen; 2¾jähr. Mädchen hatte Bauchschmerzen nach 1 Std. ohne Symptome; im

Bryonia cretica

Früchte

Erbrochenen (Ipecac.) rote Fruchtschalen [K 40].

Gefährlichkeitsgrad: Stark giftig + +

Vorschriften: Bryonia cretica: Monographie der Kommission D.

Bryoniae radix: Monographie der Kommission E.

Literatur: B 36, D 13, F 16, G 4, K 40, S 6, S 45.

Therapie: → *Bryonia alba.*

Buddleja davidii Franch.

Sommerflieder, Schmetterlingsstrauch. *E:* Orange-eye butterfly bush. *F:* Buddléia de David. *I:* Buddleja.

Buddleja davidii

EDV-Code: BUDDA.

Familie: Buddlejaceae.

Verbreitung, Vorkommen: Heimat: China; in Europa häufiger Zierstrauch mit zahlreichen Züchtungen in Gärten und Parks.

Beschreibung: Strauch 3–5 m hoch. Blätter lanzettlich, kurzgestielt, gegenständig, unterseits weißfilzig. Blüten trichterförmig, lila, auch weiß, in endständigen, bis 30 cm langen Rispen.

Blütezeit: Juli–Oktober.

Giftige Pflanzenteile: Ganze Pflanze, besonders Blätter und Samen.

Hauptwirkstoffe: Nach Untersuchungen von Duff enthalten die Blätter von Buddleja-Arten die beiden Glykoside Catalpol und Methylcatalpol [H 12], nach Jaspersen-Schib Aucubin und Saponine [J 5].

Gefährlichkeitsgrad: Wenig giftig (+)

Literatur: H 12, J 5.

> **Therapie:**
> Erste Hilfe: Kohle-Pulvis-Gabe.
> Klinik: Beobachtung der Herz-Kreislauf-Funktion. Nach wahrscheinlich großer Giftaufnahme Magenspülung.

Buphane disticha (L.f.) Herb.

(Buphane toxicaria Herb.)

Familie: Amaryllidaceae, Narzissengewächse.

Verbreitung, Vorkommen: Heimat: Südafrika.

Giftige Pflanzenteile: Kraut und Zwiebel (in der Heimat zur Herstellung von Pfeilgift).

Hauptwirkstoffe: 0,3% Alkaloide. In den Zwiebeln Buphanidrin $C_{18}H_{21}NO_4$, Buphanamin $C_{17}H_{19}NO_4$, Buphanitin $C_{17}H_{21}NO_5$, → *Lycorin* $C_{16}H_{17}NO_4$ u.a.

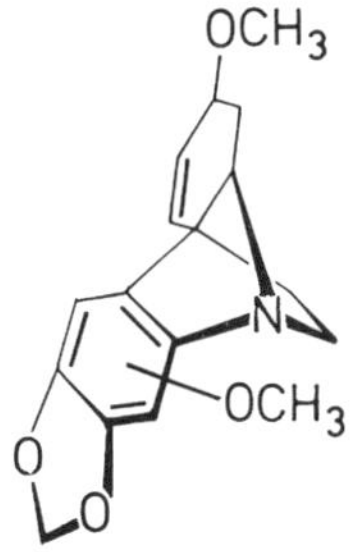

Buphanidrin

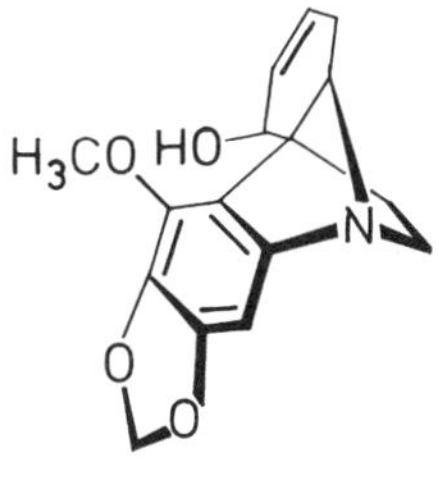

Buphanamin

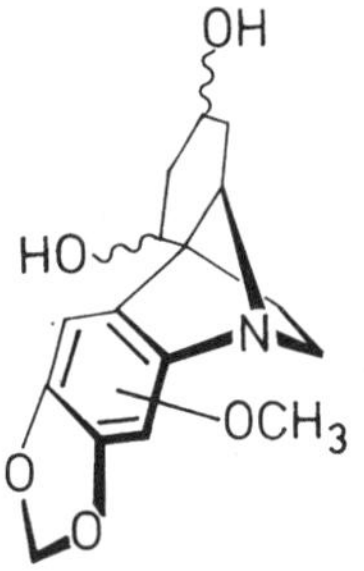

Buphanitin

Vergiftungserscheinungen: Durch Einnahme können Trockenheit des Mundes, Erregungszustände, Delirium und Pupillenerweiterung auftreten.
Die Pflanze wird von den Bewohnern der südöstlichen Kalahari als Pfeilgift benutzt.

Gefährlichkeitsgrad: Giftig +

Literatur: G 12, H 12, N 8.

> **Therapie:**
> Erste Hilfe: Sofort Kohle-Pulvis oder Erbrechen.
> Klinik: Magenspülung, Kohle-Pulvis. Bei anticholinerger Symptomatik, Antidot Physostigminsalicylat (Erw. 2 mg i.m., i.v.).

Buxus sempervirens L.

Buchsbaum. *E:* Common box tree. *F:* Buis bénit. *I:* Bosso comune, bossolo.

EDV-Code: BUXSE.

Familie: Buxaceae, Buchsbaumgewächse.

Verbreitung, Vorkommen: Westeuropa und westliches Südeuropa; Nordostgrenze in Südwestdeutschland. Zierstrauch, in Hecken gepflanzt oder einzeln.

Beschreibung: Immergrüner, bis 4 m hoher Strauch. Blätter lederartig, länglich eiförmig, bis 2 cm lang. Blüten unscheinbar, gelblichweiß, blattachselständig.
Früchte: 3fächerig.
Blütezeit: März–Mai.

Giftige Pflanzenteile: Blätter und Früchte.

Hauptwirkstoffe: Die früher als Inhaltsstoffe beschriebenen Alkaloide Buxin, Parabuxin, Buxinidin, Parabuxinidin und Buxinamin werden in der neueren Literatur nicht mehr erwähnt. Bei Hager [H 12] werden folgende Alkaloide angegeben:
Alkaloid A, $C_{25}H_{42}N_2O$, Fp. 247 °C (→ *Cyclobuxin D*);
Alkaloid B, $C_{24}H_{42}N_2O$, Fp. 205–207 °C;
Alkaloid C, $C_{24}H_{42}N_2O$, Fp. 212–214 ° C;
Alkaloid D, $C_{29}H_{50}N_2O$, Fp. 182–183 °C;
Alkaloid L, $C_{27}H_{48}N_2$, Fp. 198–203 °C;
Alkaloid M, $C_{27}H_{26}N_2O$, Fp. 203–204 °C;
Alkaloid N, $C_{22}H_{35}NO_2$, Fp. 178–179 °C .

Vergiftungserscheinungen: Die Alkaloide wirken zunächst erregend, dann lähmend und blutdrucksenkend. Übelkeit, Erbrechen, Schwindel, Durchfall, Krämpfe, Kollaps.
Sie erzeugen ohne Reflexerregbarkeitssteigerung heftige klonische Krämpfe, denen zentrale Lähmung, auch Atemlähmung (Todesursache) folgen. Einige Alkaloide wirken zytotoxisch [H 12].
Erfahrungen der Beratungsstelle für Vergiftungserscheinungen, Berlin: 1jähr. Knabe aß unbekannte Menge Blätter, war kurzzeitig apathisch, dann übererregt, leicht gesteigerte MER, 1× Erbrechen [K 40].
In neuerer Zeit wurde ein Fall bekannt, bei dem Schweine bis zu 500 g abgeschnittene Zweige gefressen hatten, plötzliche Atembeschwerden bekamen, umfielen und tonisch-klonische Krämpfe, anscheinend mit erheblichen Schmerzen, bekamen. Mehrere Tiere starben an der Vergiftung.
750 g frische Buchsbaumblätter sind für Pferde tödlich [H 18].

Buxus sempervirens

Ein Gartenbesitzer aus Rheine hatte nach einem Heckenschnitt seine Buchsbaumzweige in freier Natur an einem Feldweg abgeladen. Zwölf Jungrinder eines Bauern, die davon gefressen hatten, erkrankten und 2 davon verendeten. Obwohl der Gartenbesitzer die Gefährlichkeit nicht kannte, mußte er DM 1000,– an den Bauern zahlen. [BNN, 31, 1992; Aktenzeichen 6 U 143/89]

Wirkungen auf die Haut/Schleimhaut: Mehrere Fälle von irritativen Kontaktdermatitiden sind beschrieben worden; möglicherweise fungieren die Alkaloide dabei als Histaminliberatoren. Asthma wurde mehrfach beobachtet, wenn man den Holzstaub zum Putzen und Polieren von Edelmetallen (Gold-, Silberwerkstätten) einsetzte [Hausen].

Gefährlichkeitsgrad: Stark giftig + +

Literatur: B 36, F 16, G 4, G 28, H 12, H 18, J 12, K 40.

Therapie:
Erste Hilfe: Sofort Kohle-Pulvis (10 g), Erbrechen auslösen, Natriumsulfat.
Klinik: Magenspülung (evtl. mit burgunderfarbener Kaliumpermanganatlösung), Instillation von 10 g Kohle-Pulvis, Natriumsulfat. Nach der Resorption (Krämpfe) Relaxierung und Intubation, solange das Krampfstadium anhält, nur so viel Antiepileptika wie Diazepam, Barbital u.a., bis die Krämpfe eben unterdrückt bleiben; Infusionstherapie, bei Fieber Eiswickel, hochkalorische Infusionen (Traubenzucker), keine Phenothiazine, keine Analeptika! evtl. Sauerstoffbeatmung.

Caladium-Bicolor-Hybriden

[C. x hortulanum Birdsey, C.bicolor hort. non (Ait) Vent.]

Kaladie-, Buntwurzhybriden. *E:* Caladium. *F:* Caladion à deux couleur.

EDV-Code: CLFBH.

Familie: Araceae, Aronstabgewächse.

Verbreitung, Vorkommen: Heimat: Tropisches Amerika; farbenprächtige Blattpflanze (Zimmerpflanze).

Beschreibung: Ausdauernde Knollenpflanze. Blätter pfeilförmig, an langen Stielen, Blattnerven dunkelgrün, dazwischen weiße und rote Flecken. Auch Pflanzen mit roten Blattnerven, s. Abb. unten, werden bei uns als Zimmerpflanzen gezogen. Blütenstand weißgelber Kolben mit grünem Hochblatt.
Blütezeit: April–Mai.

Giftige Pflanzenteile: Ganze Pflanze.

Hauptwirkstoffe: Calciumoxalat und scharfer, ätzender Saft.

Caladium-Bicolor-Hybriden

Vergiftungserscheinungen: Ruft in größeren Mengen Darmentzündungen hervor. Wurzeln und Blätter sollen gekocht eßbar sein.

Gefährlichkeitsgrad: Giftig +

Literatur: D 12, H 12.

Therapie:
Erste Hilfe: Kohle-Pulvis-Gabe oder Erbrechen auslösen.
Klinik: Nach wahrscheinlich großer Giftaufnahme Magenspülung (evtl. mit burgunderfarbener Kaliumpermanganatlösung), Instillation von 10 g Kohle-Pulvis, Natriumsulfat, Elektrolytsubstitution, Azidoseausgleich mit Natriumbikarbonat (Urin pH 7,5), Kontrolle der Nierenfunktion, bei Krämpfen Diazepam (Valium®) i.v., ggf. Plasma(expander)gabe, bei Atemlähmung: Intubation und Sauerstoffbeatmung.

Calla palustris L.

Drachenwurz, Schlangenkraut. *E:* Water arum. Dragontea. *F:* Anguine, Calle de marais. *NL:* Slangewortel.

EDV-Code: CAFPA.

Familie: Araceae, Aronstabgewächse.

Verbreitung, Vorkommen: Europa, Sibirien, Nordamerika; in Mitteleuropa zerstreut; Sümpfe, Torfmoore, Erlenbrüche.

Beschreibung: Ausdauernde, 15–30 cm hohe, krautige Pflanze, mit kriechender, grüner Grundachse. Blätter grundständig, langgestielt, herzförmig, zugespitzt. Blüten klein, in einem vielblütigen Kolben, von einem Hochblatt (innen weiß, außen grün) getragen. Beeren dichtgedrängt, reif scharlachrot.
Blütezeit: Mai–Juli.
Früchte: Juli–August.

Giftige Pflanzenteile: Alle Pflanzenteile, besonders Blätter und Beeren.

Hauptwirkstoffe: Die Calla scheint ähnliche Inhaltsstoffe (Scharfstoffe) wie Aronstab zu besitzen, jedoch sind von ihr kaum Vergiftungen bekannt. Sie enthält in den Beeren auch nur einzelne Oxalatraphiden.

Vergiftungserscheinungen: Vergiftungen beim Menschen sind kaum zu befürchten. Nach großen Mengen Durchfall, Herzanfälle und Lähmungen des Zentralnervensystems. Unter den Tieren sind besonders Rinder gefährdet [L 10].

In Schweden und Rußland wurden früher die stärkereichen Wurzelstöcke gemahlen und dem Brotteig zugesetzt. Durch den Backprozeß wurden die Giftstoffe unwirksam.

Wirkungen auf die Haut: Die Pflanze ist hautreizend, besonders die Wurzeln.

Calla palustris

Gefährlichkeitsgrad: Giftig +

Vorschriften: Die Pflanze steht unter Naturschutz (A, CS, D, CH, YU, H).

In der Roten Liste ist die Pflanze als gefährdet eingestuft.

Literatur: B 36, F 16, G 4, H 12, L 10.

Therapie:
Erste Hilfe: Kohle-Pulvis-Gabe oder Erbrechen auslösen.
Klinik: Nach wahrscheinlich großer Giftaufnahme Magenspülung (evtl. mit burgunderfarbener Kaliumpermanganatlösung), Instillation von 10 g Kohle-Pulvis, Natriumsulfat, Elektrolytsubstitution, Azidoseausgleich mit Natriumbikarbonat (Urin pH 7,5), Kontrolle der Nierenfunktion, bei Krämpfen Diazepam (Valium®) i.v., ggf. Plasma(expander)gabe, bei Atemlähmung: Intubation und Sauerstoffbeatmung.

Caltha palustris L.

Sumpf-Dotterblume. *E:* Common marsh marigold. *F:* Pacoteure. *I:* Calta palustre. *NL:* Dotterbloem.

EDV-Code: CTAPA.

Familie: Ranunculaceae, Hahnenfußgewächse.

Verbreitung, Vorkommen: Europa, Asien, Nordamerika; in Mitteleuropa verbreitet und häufig; Sümpfe, sumpfige Wiesen, Gräben, Ufer.

Beschreibung: Ausdauernde, krautige Pflanze, bis 30 cm hoch. Blätter herz- bis nierenförmig, untere langgestielt, obere sitzend. Blüten einzeln, endständig, mit 5 dottergelben Blütenblättern. Sammelbalgfrucht sternförmig. Blütezeit: April–Mai.

Droge: Herba (et Flores) Calthae palustris, Calthae palustris herba (et flos), Sumpfdotterblumenkraut.
Die Droge soll nicht aufbewahrt werden, es ist nur frisches, blühendes Kraut zu verwenden.

Giftige Pflanzenteile: Die ganze Pflanze.

Caltha palustris

Hauptwirkstoffe: → *Protoanemonin* und Flavonglykoside. Die Angaben in der Literatur sind widersprechend. Buff gibt → *Magnoflorin* an, Liebenow Magnoflorin in den Wurzeln und Saponine im Kraut [B 36, L 10].

Vergiftungserscheinungen: Gastroenteritis, Brechreiz, Ohrensausen, Schwindel, schwacher Puls. Vergiftungen können vorkommen durch Verwendung der Blätter als Salat oder der Blütenknospen als Kapern (letzteres wurde auch in einer Fernsehsendung empfohlen!!). Vor dem Genuß aber sollte auf jeden Fall gewarnt werden.
Auf die Frage „Woher kommen Kapern?" wurde in einer Kundenzeitschrift u.a. folgende Antwort gegeben: Bei dem im Handel ebenfalls angebotenen Kapernersatz handelt es sich um Knospen bei uns heimischer Pflanzen (Hahnenfuß, Sumpfdotterblume, Kapuzinerkresse), die aber geschmacklich nicht an echte Kapern heranreichen.
Wegen des scharfen Geschmacks wird die Pflanze von Tieren kaum gefressen. Vergiftungen bei Schafen und Ziegen wurden beobachtet. Die Folge: Gastroenteritis, Kolik, Nephritis.

Wirkungen auf die Haut: Reizung der Haut. Nach 4–5 Std. Anschwellung des Gesichtes und pemphigusartiger Ausschlag.
Innerlich: Schleimhautreizung.

Gefährlichkeitsgrad: Giftig +

Vorschriften: Caltha palustris: Monographie der Kommission D.

Literatur: B 36, F 16, G 4, H 12, H 18, L 10, M 2.

Therapie:
Erste Hilfe: Kohle-Pulvis-Gabe oder Erbrechen auslösen.
Klinik: Nach wahrscheinlich großer Giftaufnahme Magenspülung (evtl. mit burgunderfarbener Kaliumpermanganatlösung), Instillation von 10 g Kohle-Pulvis, Natriumsulfat, Elektrolytsubstitution, Azidoseausgleich mit Natriumbikarbonat (Urin pH 7,5), Kontrolle der Nierenfunktion, bei Krämpfen Diazepam (Valium®) i.v., ggf. Plasma(expander)gabe, bei Atemlähmung: Intubation und Sauerstoffbeatmung.

Calycanthus floridus L.

Wohlriechender Gewürzstrauch, Weinröschen. *E:* Hairy straw-berry shrub. *F:* Arbre aux anémones.

Calycanthus floridus

Familie: Calycanthaceae, Gewürzstrauchgewächse.

Verbreitung, Vorkommen: Heimat: Nordamerika; bei uns Zierstrauch in Gärten.

Beschreibung: Bis 3 m hoher, Strauch. Blätter oval, zugespitzt, 5–12 cm lang. Blüten weinig oder nach Erdbeeren duftend rotbraun, ca. 4 cm breit, Blütenblätter schmallineal und zahlreich. Frucht eine Nuß.
Blütezeit: Mai–Juli.

Giftige Pflanzenteile: Die ganze Pflanze, besonders die Samen.

Hauptwirkstoffe: Nach Robinson die Alkaloide Calycanthin $C_{22}H_{26}N_4$, Fp. 245 °C,

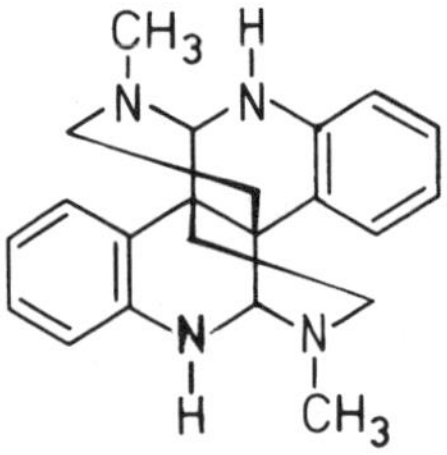

Calycanthin

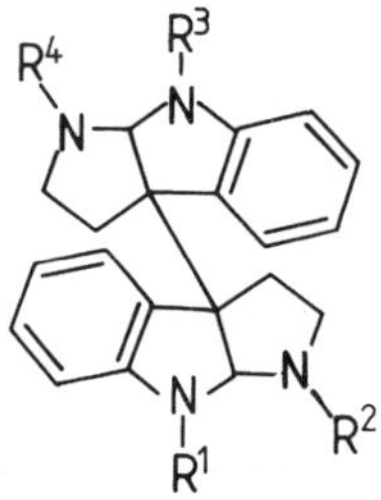

Folicanthin: $R^1=R^2=R^3=R^4=CH_3$
Chimonanthin: $R^1=R^3=H$; $R^2=R^4=CH_3$
Calycanthidin: $R^3=H$; $R^1=R^2=R^4=CH_3$

Folicanthin $C_{24}H_{30}N_4$, Fp. 118–119 °C, Calycanthidin $C_{23}H_{28}N_4$, Fp. 142 °C, Chimonanthin $C_{22}H_{26}N_4$, Fp. 188–189 °C [H 12].

Vergiftungserscheinungen: Calycanthin zeigt eine ähnliche physiologische Wirkung wie Strychnin [C 13].
Aus Tennessee wurden Vergiftungen von Rindern und Schafen bekannt, die Früchte gefressen hatten [C 13].

Gefährlichkeitsgrad: Wenig giftig (+)

Literatur: C 13, H 12.

Therapie:
Erste Hilfe: Kohle-Pulvis trinken lassen.
Klinik: Nur nach großer Giftaufnahme Magenspülung. Kohle-Pulvis, Natriumsulfat. Überwachung.

Calystegia sepium (L.) R. Br.

(Convolvulus sepium L.)

Zaunwinde. *E:* Hedge-bindweed. *F:* Grande vrillée. *I:* Villucchio bianco, Campanelle. *NL:* Haagwinde.

EDV-Code: CAGSE.

Familie: Convolvulaceae, Windengewächse.

Verbreitung, Vorkommen: Fast Kosmopolit; in Mitteleuropa verbreitet; Gebüsche, Zäune, Hecken.

Beschreibung: Krautige, bis 3 m lange Kletterpflanze, Stengel windend. Blätter pfeilförmig, gestielt, wechselständig. Blüten weiß, groß, trichterförmig, am Grunde mit 2 großen Tragblättern. Kapselfrucht.
Blütezeit: Juli–Oktober.

Convolvulus arvensis L., Ackerwinde mit ähnlicher Wirkung.

Giftige Pflanzenteile: Die ganze Pflanze.

Hauptwirkstoffe: 2–7% eines jalapinartigen Harzglykosides, am meisten in der Wurzel, am wenigsten in den Blättern.

Vergiftungserscheinungen: Laxierende Wirkung.

Gefährlichkeitsgrad: Wenig giftig (+)

Literatur: G 4, H 12, M 2.

Therapie:
Erste Hilfe: Kohle-Pulvis oder erbrechen lassen.
Klinik: In Extremfällen Magenspülung, Vitaltherapie (S. 56).

Camellia sinensis (L.) O. Kuntze

(Thea sinensis L.)

Teestrauch. *E:* Tea-shrub. *F:* Arbre à thé. *I:* Tè. *NL:* The.

EDV-Code: CAHSI.

Familie: Theaceae, Teegewächse.

Verbreitung, Vorkommen: Der strauchig gezogene Teebaum war ursprünglich im Länderdreieck Südchina, Assam und Kambodscha beheimatet. Anbaugebiete: China, Japan, Vorder- und Hinterindien, Ceylon, Java, Natal, Südbrasilien, Kaukasus und neuerdings auch in Ostafrika.

Beschreibung: Der bis 10 m hohe Baum wird in Kultur als Strauch von ca. 1,5 m gezogen. Blätter elliptisch, gezähnt, lederig, 4–10 cm lang, Blüten weiß, gewöhnlich einzeln. Frucht eine Kapsel. Geerntet wird das ganze Jahr alle 10–14 Tage in den sogenannten „flush-Perioden".

Droge: Folia Theae, Theae folium, Tee.
Nach dem Bearbeitungs-Verfahren unterscheidet man unfermentierten oder grünen Tee; fermentierten oder schwarzen Tee, halbfermentierten oder Oolong Tee. Er ist in zahlreichen Sorten im Handel. Die beste Qualität liefern die ganz jungen Blättchen von Pflanzen, die in Höhenlagen angebaut werden (Darjeeling).

Hauptwirkstoffe: 0,9–5% → *Coffein* (Thein) frei oder glykosidartig gebunden, Theobromin (0,05%) $C_7H_8N_4O_2$, Theophyllin $C_7H_8N_4O_2$, 5–27% Gerbstoffe u.a.
1 Teebeutel auf 160 ml Wasser (1 Tasse) ergibt 60 mg Coffein, während dieselbe Menge Blattee nur 40 mg ergibt. *Gegen Coffein empfindliche Personen sollten zweckmäßigerweise Blattware verwenden.*

Pharmakologische Wirkung: Akute und chronische Vergiftungen häuptsächlich durch übermäßigen Gebrauch als anregendes Genußmittel. Durch → *Coffein* starke Erregungszustände, auch Schock ist möglich (→ *Coffea arabica*). Gerbstoffe wirken stark gerbend bzw. astringierend. Tee hat eine langsamer einsetzende und länger anhaltende Wirkung als Kaffee, da das Coffein von der Bindung an Gerbstoffe gelöst werden muß.

Gefährlichkeitsgrad: Beliebtes Getränk, das gelegentlich bei kleinen Kindern oder herzgeschädigten Personen Vergiftungserscheinungen hervorruft. Sonst nur bei Mißbrauch schädlich.

Vorschriften: Camellia sinensis: Monographie der Kommission D.

Literatur: H 12, I 2, K 9, R 11, S 20.

Camellia sinensis

Therapie:
Erste Hilfe: Bei starkem Erregungszustand Kohle-Pulvis.
Klinik: Bei Herzrhythmusstörungen Vorgeschädigter EKG-Überwachung und evtl. Antiarrhythmika.

Cannabis sativa L.

Hanf. *E:* Hemp. *F:* Chanvre. *I:* Canapa. *NL:* Hennep.

EDV-Code: CNISA.

Familie: Cannabaceae, Hanfgewächse.

Verbreitung, Vorkommen: Heimat: Iran, Indien; zur Faser- und Ölgewinnung angebaut.

Beschreibung: Bis 2,5 m hohe 1jährige Pflanze, Blätter 5–9zählig, gefingert, langgestielt, gesägt. Blüten zweihäusig, achsel- und endständig, unscheinbar grünlich. Frucht eiförmiges Nüßchen.
Blütezeit: Juli–August.

Hauptwirkstoffe: Harz der weiblichen Pflanze (Haschisch) von Cannabis sativa ssp. indica (Lam.) Small et Cronq.
Die Hauptwirkstoffe von C. s. ssp. indica haben ein phenolisches C_{21} Grundgerüst (Cannabinoide). Hiervon gibt es zahlreiche Isomere (Terpenteil).
Wildpflanzen, die in Indien in einer Höhe über 2000 m gesammelt wurden, enthielten 1,33% Cannabinoide, während solche unter 2000 m 2,74% aufwiesen.
Die halluzinogene Wirkung ist von der Höhe des Gehalts an isomeren Tetrahydrocannabinolen abhängig. Marihuana enthält 0,5 – 2%, Haschisch 2 – 8% und Haschischöl bis 60% THC.
In Tierversuchen haben sich nur geringe Unterschiede in der Aktivität männlicher und weiblicher Pflanzen gezeigt.

Vergiftungserscheinungen: Rauschzustand, der sich durch Euphorie, Sinnestäuschungen, ohne völlige Aufhebung des Bewußtseins äußert. Typische körperliche Zeichen sind stark gerötete Bindehäute, vergrößerte Pupillen und ein beschleunigter Puls.
Cannabis sativa (non indica) enthält meist keine narkotischen Bestandteile. Es ist anzunehmen, daß Cannabis s. in südlichen Län-

Cannabinol

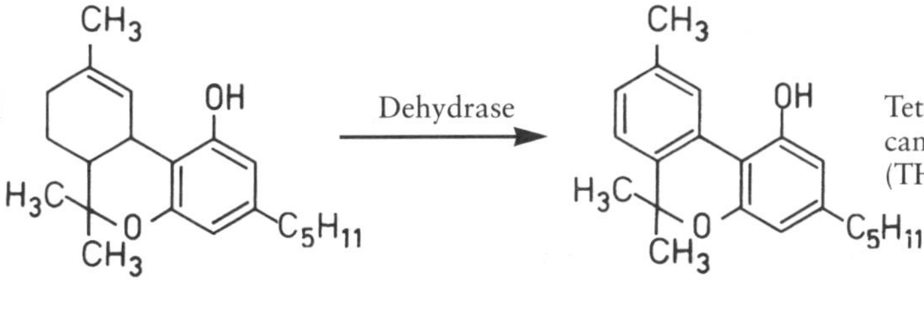

Tetrahydrocannabinol (THC)

Cannabis sativa

dern mehr wirksame Stoffe enthält als in Mitteleuropa.
Marihuana (getrockneter Hanf) wird gegessen, getrunken und geraucht. Letztere Anwendungsart ist die häufigste, doch soll die Wirkung des gegessenen Präparates weitaus heftiger und nachhaltiger sein.
M. gehört zu den Rauschgiften, die süchtig machen. Wer sich ihm einmal verschrieben hat, kommt aus eigenen Kräften kaum mehr los, obwohl die Entwöhnung mit weitaus weniger Schwierigkeiten und viel geringeren Abstinenzerscheinungen verbunden ist als etwa die von Heroin oder Kokain. Der Rausch, den der Genuß von Marihuana bewirkt, ist dadurch gekennzeichnet, daß der Berauschte selbst in den wildesten Halluzinationen immer noch bei Bewußtsein ist, sich bloß in einem Zustand befindet, aus dem er sich, wenn nötig, mit einem Ruck befreien kann. Er weiß, daß seine Träumereien nur Träumereien sind und kann – energisch angeschrieen – sich soweit zusammennehmen, daß er nüchtern erscheint. Für die während des Marihuana-Rausches auftretenden Halluzinationen ist es charakteristisch, daß sie immer an etwas Wirkliches, etwas Vorhandenes anknüpfen, dieses aber vergrößern. Je nach dem Bildungsgrad und dem Charakter zeigt sich die Wirkung in Wutanfällen, fantastischen Schwelgereien über Naturwunder, in lasziven Träumen und geschlechtlichen Erregungen. Jeder größere Eindruck von angenehmer Art wird vergrößert, verfeinert, jeder unangenehme herabgemindert. Schwierigkeiten zu überwinden, scheint eine Kleinigkeit, Beschränkungen von Zeit und Raum verschwinden. Dem Rausch folgt ein Stadium der Depression und dann Schlaf. Der eine wacht ohne jedes Unbehagen auf, der andere hat einen abscheulichen Katzenjammer.
Da sich oft eine Tollwut nach dem Genuß von Marihuana einzustellen pflegt, wurde in Mexiko der Hanfanbau allgemein verboten; weitere ausführliche Berichte finden sich bei Reko S.40–60 [R 25].

Cannabis am Steuer und der Führerschein
Gerichtsmediziner haben festgestellt: Ist THC im Blut nachweisbar, liegt Fahruntüchtigkeit vor. Dieser Nachweis ist heute aufgrund verbesserter Meßmethoden auch bei Aufnahme geringer Mengen möglich.

- Das Reaktionsvermögen wird herabgesetzt: Dadurch verlängert sich der Anhalteweg.
- Das Zeitgefühl geht verloren, Entfernungen und Geschwindigkeiten werden falsch eingeschätzt.
- Man fährt und fährt und glaubt doch nicht weiter zu kommen; der Fußgänger auf dem Zebrastreifen scheint noch weit weg zu sein, in Wahrheit ist man schon dicht vor ihm.
- Konzentration und Aufmerksamkeit werden gestört: Man läßt sich leicht ablenken und hält unscheinbare Dinge am Straßenrand für wichtiger als den Verkehrsfluß.
- Verwirrtheit tritt ein: Trotz bekannter Fahrtstrecke verfährt man sich leicht.
- Bewegungen werden falsch aufeinander abgestimmt: Unsichere Fahrweise ist die Folge.
- Auch Sinnestäuschungen sind möglich („Elefanten auf der Fahrbahn").

Wie lange hält die THC-Wirkung an?
Man kann nicht vorherberechnen, wie lange der Wirkstoff THC wirkt.
Fest steht: Auch nach dem Abklingen des High-Gefühls dauern die beschriebenen Beeinträchtigungen mindestens noch 6–8 Stunden fort [B 44].
(Aber auch noch nach 1–3 Monaten kann ein plötzlicher „Black-out" eintreten.)

Wirkungen auf die Haut/Schleimhaut: Beim Erntepersonal können Haut- und Schleimhautentzündungen auftreten. Eine Sensibilisierung wird für wahrscheinlich gehalten, auch bei Marihuana-Abhängigen.

Gefährlichkeitsgrad: Giftig +

Vorschriften: Betäubungsmittelgesetz, Anlage I.
Cannabis (Marihuana): Pflanzen und Pflanzenteile der zur Gattung Cannabis gehörenden Pflanzen – ausgenommen

a) deren Samen,
b) wenn sie als Schutzstreifen bei der Rübenzüchtung gepflanzt und vor der Blüte vernichtet werden oder
c) wenn der Verkehr mit ihnen (ausgenommen der Anbau) zur Gewinnung oder Verarbeitung der Fasern für gewerbliche Zwecke dient – .

Cannabis sativa

Cannabisharz (Haschisch): Das abgesonderte Harz der zur Gattung Cannabis gehörenden Pflanzen.

Literatur: B 44,G 4, H 12, K 32, L 10, M 2, M 9, M 23, R 25, S 23, T 1, T 15.

Therapie:
Erste Hilfe: Kohle-Pulvis trinken lassen. Beruhigen. Evtl. Aponal®forte Dragees.
Klinik: Nach Aufnahme großer Giftmenge Magenspülung, evtl. beatmen. Plasmaexpander. Überwachen.

Capparis spinosa L.

Kapernstrauch. *E:* Caper bush. *F:* Câprier. *I:* Cappero. *NL:* Kapperstruik.

EDV-Code: CPPSP.

Familie: Capparidaceae, Kaperngewächse.

Verbreitung, Vorkommen: Mittelmeergebiet, Südwestasien bis westliches Zentralasien, Kaukasus, wild und angebaut.

Beschreibung: Dorniger, niederliegender, bis 1 m hoher Strauch mit rutenartigen Ästen. Blätter rundlich-oval; Nebenblätter klein, meist in Dornen umgewandelt. Blüten weiß bis rosa, im Durchmesser 5–7 cm, mit 4 Kronblättern und vielen Staubblättern, einzeln in den Blattachseln. Kapsel beerenartig, länglich, birnenförmig.
Blütezeit: Juli–September.
Als Gewürz im Handel sind die fest geschlossenen, olivgrünen, meist in Essig, Salz oder Wein eingelegten Blütenknospen. Verfälschung besonders in früheren Zeiten mit bedenklichen und giftigen Knospen von → *Caltha palustris,* → *Cytisus scoparius,* → *Ficaria verna* und → *Tropaeolum majus.*

Wirkstoffhaltige Pflanzenteile: Die ganze Pflanze.

Hauptwirkstoffe: Lauchöle, Senfölglykoside.

Pharmakologische Wirkung: Beim Umgang mit der Pflanze können Hautreizungen auftreten.

Gefährlichkeitsgrad: Irritativ.

Literatur: H 21.

Therapie:
Bei Hautreizungen weiteren Hautkontakt meiden.

Capsicum annuum L.

Paprika; Spanischer Pfeffer. *E:* Spanish pepper. *F:* Poivre de Guinée. *I:* Capsico, Peperone. *NL:* Spaanse peper.

EDV-Code: CPSAN.

Familie: Solanaceae, Nachtschattengewächse.

Verbreitung, Vorkommen: Heimat: Südamerika, in Mitteleuropa angebaut.

Beschreibung: Krautige, ca. 50 cm hohe Pflanze. Blätter dunkelgrün, elliptisch oder eiförmig, gestielt. Blüten schmutzig weiß, 5–6zählig, einzeln. Frucht 5–12 cm lang, reif, gelb oder rot, länglich kegelförmig.
Blütezeit: Juni–September.
Früchte: August–September.

Droge: Fructus Capsici, Capsici fructus, Spanischer Pfeffer.
Fast geruchlos, von sehr scharfem und brennendem Geschmack. Staub reizt heftig zum Niesen. Es gibt auch ganz milde Sorten.

Fructus Capsici acer (Capsici fructus acer), Cayennepfeffer (Chilies).
Die reifen Früchte von Capsicum frutescens L. Geschmack, Schärfe, Farbe und Größe sehr verschieden. Schärfeskala reicht von 1–120.

Giftige Pflanzenteile: Früchte.

Hauptwirkstoffe: → *Capsaicin* (0,01–0,02%). Dihydrocapsaicin, Nordihydrocapsaicin, Homodihydrocapsaicin, Caprylsäurevanillylamid und weitere Capsaicinoide.

Frucht

Vergiftungserscheinungen: In geringen Dosen steigert Capsaicin die Salzsäuresekretion im Magen des Menschen, große Dosen lähmen die Sekretionstätigkeit. Ferner för-

Blüte

Capsicum annuum

dert es die Magen- und Darmperistaltik. Toxische Capsaicin-Dosen parenteral oder peroral gegeben, verursachen eine tödlich ausgehende Hypothermie und dem anaphylaktischen Schock ähnliche Symptome. Chronische Vergiftungen infolge Mißbrauchs (Überdosierung als Gewürz) gehen mit Appetitlosigkeit, chronischer Gastritis, Nieren- und Leberschädigung einher. Paprika kann eine Nahrungsmittelallergie (Gewürzallergie) im Sinne einer allergischen Frühreaktion verursachen.

Wirkungen auf die Haut/Schleimhaut: Auf der Schleimhaut bewirkt Capsaicin schon in kleiner Menge Brennen, Hitzegefühl und Schmerzen, und auf der Haut Rötung, Wärmegefühl, Brennen, nach längerer Einwirkung pustulöse Dermatitis, Blasen- und Geschwürbildung [H 12].

Dosierung: 0,05 g Jug. II; 30–120 mg Extra P. 67; 3mal tägl. 60 mg, USD 60 [H 12].

Gefährlichkeitsgrad: Wenig giftig (+)

Vorschriften: Capsicum annuum: Monographie der Kommission D.
Capsicum: Monographie der Kommission E.

Literatur: B 8, G 4, H 12, J 9, J 10, M 2.

Therapie:
Erste Hilfe: Erbrechen oder Kohle-Pulvis, Haut spülen.
Klinik: In Extremfällen Magenspülung, Vitaltherapie (S. 56), Cortison-Salbe bei Hautreizung.

Caragana arborescens Lam.

Erbsenstrauch. *E:* Pea-tree. *F:* Acacia jaune, Arbre aux pois. *I:* Albero dei piselli.

EDV-Code: CRAAR.

Familie: Fabaceae, Schmetterlingsblütler.

Verbreitung, Vorkommen: Heimat: Sibirien, Mandschurei, in Frankreich eingebürgert; Zierstrauch in Gärten und Parks.

Beschreibung: Bis 4 m hoher Strauch. Blättchen in 4–6 Paaren, elliptisch, stachelspitzig. Blüten gelb, einzeln oder zu mehreren an den Zweigen. Hülsen ca. 5 cm lang. Blütezeit: Mai.

Giftige Pflanzenteile: Alle Pflanzenteile.

Hauptwirkstoffe: Sehr wahrscheinlich ein unerforschter toxischer Inhaltsstoff. Zweifelhaft ist das Vorkommen von → *Cytisin* in den Samen.

Vergiftungserscheinungen: Da sich die Literaturangaben widersprechen, erscheint es

Caragana arborescens

möglich, daß der Erbsenstrauch in verschiedenen Varietäten vorkommt, die in den Inhaltsstoffen, evtl. auch je nach Reifegrad variieren.

Anwendungen: Hegi schreibt: Die erbsenartigen, Fett enthaltenden Samen geben ein gutes Geflügelfutter und sind auch schon als menschliche Notnahrung empfohlen worden.

Gefährlichkeitsgrad: Wenig giftig (+)

Literatur: B 36, F 16, H 27.

Therapie:
Erste Hilfe: Kohle-Pulvis oder erbrechen lassen.
Klinik: In Extremfällen Magenspülung, Vitaltherapie (S. 56).

Carica papaya L.

Melonenbaum, Papayabaum, Mamabaum. *E:* Common Papaw. *F:* Papayer. *I:* Papajo. *NL:* Papaja.

EDV-Code: CIAPA.

Familie: Caricaceae, Papayagewächse.

Verbreitung, Vorkommen: Der Baum soll ursprünglich in Südamerika, vielleicht auch in Indien heimisch sein. Heute wird er in der ganzen Tropenwelt bis 30° nördl. und südl. Breite kultiviert.

Beschreibung: 4–6 m hoher, in der Regel unverzweigter Baum, mit zylindrischem Stamm, der von Narben abgefallener Blätter bedeckt ist. Er wird von einem Schopf langgestielter, handförmig gelappter Blätter gekrönt. Blüten zweihäusig. Die eßbaren, gelblich-grünen bis orangefarbenen, länglich-ovalen, birnen- oder walzenförmigen Früchte sind ca. 30 cm lang, 15 cm dick und können ein Gewicht von 2–5 kg erreichen. Die schwarzen, pfefferartig schmeckenden, ungenießbaren Samen liegen im Hohlraum auf der ca. 5 cm starken, wohlschmecken-

Carica papaya

den Fruchtschicht. Alle Teile des Baumes enthalten einen Milchsaft, der bitter schmeckt.

Droge: Papain.
Der getrocknete Latex, der als pulverisierte pflanzliche Handelsware ein Gemisch mannigfaltiger, enzymatischer und nichtenzymatischer Inhaltsstoffe darstellt.
Papain (MG 23000) ist auch der Name für ein in kristallisierter Form erhaltenes, proteolytisches Enzym [H 12].

Wirkstoffhaltige Pflanzenteile: Milchsaft, frische Blätter.

Hauptwirkstoffe: In den Blättern die Alkaloide → *Carpain* (0,1–0,15%) und Pseudocarpain (0,01%) $C_{14}H_{25}NO_2$, Fp. 121 °C, Saponine und das Glykosid Carposid [H 12].

Pharmakologische Wirkung: Papain ist proteolytisch dem Kathepsin ähnlich. Seine Aktivität erstreckt sich auf Eiweiß, Kohlenhydrate und Fette bei pH 3–12 und 10 °C bis zu einem Optimum bei 70 °C, die auch beim Erhitzen auf 100 °C erhalten bleibt. Durch Oxydation wird es inaktiviert. Papain zeigt synthetische Aktivität, es koaguliert Blut oder Plasma (es enthält ein Phytothrombin), zerstört einige andere Enzyme (Urease, Antiurease), verstärkt die Diastasewirkung von Malzextrakt; Cyanidpapain (wie auch Pepsin) zerstört die Infektiosität von Virusaufschwemmungen, löst Taenien und Ascariden auf und H_2S-aktiviertes Papain inaktiviert letale Dosen von Tetanustoxin, Ricin und von Strychnin [H 12].
Das Öl der Pflanze zeigt bei Ratten antifertile Eigenschaften bei einer Dosis von 500 mg/kg Körpergewicht.

Wirkungen auf die Haut/Schleimhaut: Rohpapain wird als Mittel zur Förderung der Verdauung, Verflüssigung von Schleim und als Antiphlogistikum in der Tierheilkunde eingesetzt. Das aus ihm isolierte und gereinigte Chymopapain findet man auch in Zahnpasta, Kontaktlinsenreinigern, Bier, in einigen Kosmetika, die die Haut weicher machen sollen, sowie als Fleischzartmacher ("meat tenderizer"). Bei der Herstellung von Rohpapain für die Tiermedizin beobachtete Nava (1970) allergische Erkrankungen bei 12% der Arbeiter (Asthma, Urtikaria, Quincke-Ödem). Unter den Patienten, bei denen Chymopapain zur Chemonukleolyse des lumbalen Bandscheibenvorfalls angewandt wird, ist mit allergischen Reaktionen bei 0,4–1% zu rechnen [Brock, 1984].

Gefährlichkeitsgrad: Giftig + (Milchsaft, frische Blätter).

Vorschriften: Carica papaya: Monographie der Kommission D.
Caricae papayae folium: Monographie der Kommission E.

Literatur: E 14, G 2, H 12, K 21, M 2.

Therapie:
Erste Hilfe: Kohle-Pulvis, erbrechen lassen, viel warmen Tee trinken lassen, Natriumsulfat, Schockprophylaxe (Ruhe, Wärme).
Klinik: Nach wahrscheinlich großer Giftaufnahme Magenspülung (evtl. mit burgunderfarbener Kaliumpermanganatlösung), Kohle-Pulvis, Natriumsulfat, Elektrolytsubstitution, Azidoseausgleich mit Natriumbikarbonat (Urin pH 7,5), im Schock Plasmaexpandergabe, bei Krämpfen Diazepam (Valium®) i.v., Kontrolle der Nierenfunktion, bei Atemlähmung Intubation und Sauerstoffbeatmung.

Carum carvi L.

Kümmel, Wiesenkümmel. *E:* Caraway. *F:* Carvi, cumin. *I:* Carvi. *NL:* Echte karwij.

EDV-Code: CRYCA.

Familie: Apiaceae, Doldenblütler.

Vorkommen: Europa, Nordafrika, Nordamerika. In Mitteleuropa häufig, auf Wiesen, Grasplätzen, Wegrändern, von der Ebene bis in die Gebirge ansteigend; auch angebaut.

Beschreibung: 2jährige, bis 1 m hohe Pflanze mit kantig gerieftem Stengel. Blätter doppelt bis 3fach gefiedert, untere gestielt, obere auf Scheiden sitzend. Blüten weiß bis rötlich, in 8–16strahligen Dolden. Früchte länglich elliptisch, gerippt, sichelförmig gebogen. Blütezeit: Mai–Juli (zuweilen Herbst).

Droge: Ätherisches Öl.

Hauptwirkstoffe: 95% des ätherischen Öles bestehen aus (+)-Carvon und → (–)-*Limonen*. Wesentliche Geruchskomponente ist (+)-Carvon.

Hautwirkung: Keine Reizwirkung durch die Pflanze, dagegen Reizung der Haut durch das ätherische Öl.
In der Literatur über allergische Erkrankungen ist Kümmelöl mehr als 5× aufgeführt.
Kümmel enthält natürliche Pestizide [A 15].

Vergiftungserscheinungen: Bei chronischem Mißbrauch von kümmelhaltigen Branntweinen können, neben dem Alkohol, Schädigungen insbesondere der Leber durch Kümmelöl auftreten.

Vorschriften: Carum carvi: Monographie der Kommission E.
Carvi aetheroleum und C. fructus: Monographie der Kommission E.

Gefährlichkeitsgrad: Wenig oder kaum giftig (+), hautreizend.

Literatur: A 15, H 12.

Therapie:
Bei allergischen Reaktionen jeden weiteren Kontakt meiden.

Cassia senna L.
(Cassia acutifolia Delile)

Cassia angustifolia Vahl

Senna, Ägyptische Sennes. *E:* Senna. *F:* Séné.

Cassia senna

Cassia angustifolia

Familie: Caesalpiniaceae, Johannisbrotgewächse.

Verbreitung, Vorkommen: Die Pflanze ist einheimisch im tropischen Afrika. Weiteres Vorkommen: Vorderindien. Kultiviert in Ostindien.

Droge: Folia Sennae, Sennae folium, Sennesblätter.

Cassia senna

Die Fiederblättchen sind graugrün, dünn, brüchig, lanzettlich, stachelspitzig, am Grunde ungleichhälftig, 20–40 mm lang und etwa 5–15 mm breit, unterhalb der Mitte am breitesten. Die schwach gewellte Blattspreite zeigt eine fein behaarte Ober- und Unterseite mit feinen, kurzen Haaren und eine fiedrige Nervatur, die besonders unterseits hervortritt. Die mit dem Mittelnerv einen Winkel von etwa 60° bildenden Seitennerven anomostosieren am Rande (Pharm. Eur. I).

Fructus Sennae, Sennae fructus (Folliculi Sennae), Sennesfrüchte.

Die Droge hat einen schwachen Geruch und Geschmack. Sie besteht aus flachen, nierenförmigen, tiefbraunen, am Rande bräunlichgelben Hülsenfrüchten, die 40–50 mm lang und mindestens 20 mm breit sind. Eines der Enden läuft in einen kurzen Stielansatz, das andere in einen Griffelansatz aus. Die Hülsen enthalten 6–7 grüne bis hellbraune, flache, umgekehrt eiförmige Samen. Die Samenschale zeigt ein Netz hervortretender Falten (Pharm. Eur. I).

Die Wirkung der Früchte ist milder als die der Blätter. Stabilitätsprüfungen an Blättern, Früchten und deren Trockenextrakte ergaben keine signifikanten Wirkstoffverluste innerhalb einer dreijährigen Lagerzeit bei Raumtemperatur und im Brutschrank bei 37 °C.

Auszug aus der Packungsbeilage gemäß Standardzulassung für Sennesblätter und Sennesfrüchte:

Gegenanzeigen: Sennesblätterzubereitungen sind nicht anzuwenden bei Vorliegen von Darmverschluß, während der Schwangerschaft und der Stillzeit.

Nebenwirkungen: Bei bestimmungsgemäßem Gebrauch nicht bekannt.

Bei häufiger und langdauernder Anwendung oder bei Überdosierung ist ein erhöhter Verlust von Wasser und Salzen, insbesondere von Kaliumsalzen, möglich. Weiterhin kann es zur Ausscheidung von Eiweiß (Albuminurie) und Blut (Hämaturie) im Urin kommen sowie zur Pigmenteinlagerung in der Darmschleimhaut (Melanosis coli). Schädigungen von Darmnerven (Plexus myentericus) können ebenfalls auftreten.

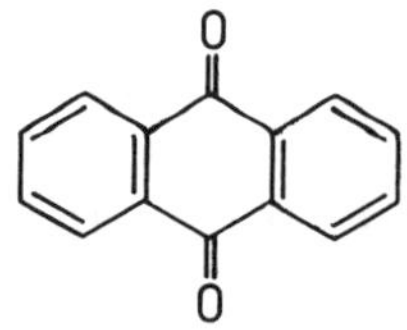

Anthrachinon

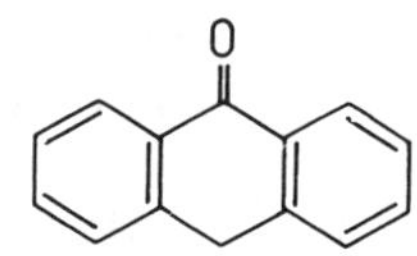

Anthron

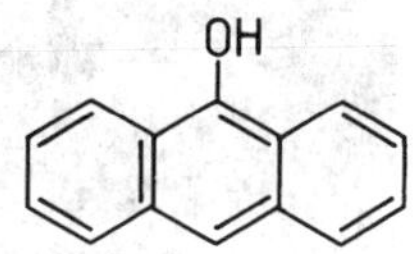

Anthranol

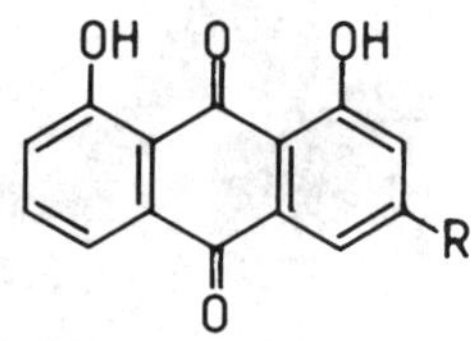

Chrysophanol R=CH_3
Aloë-Emodin R=CH_2OH
Rhein R=COOH

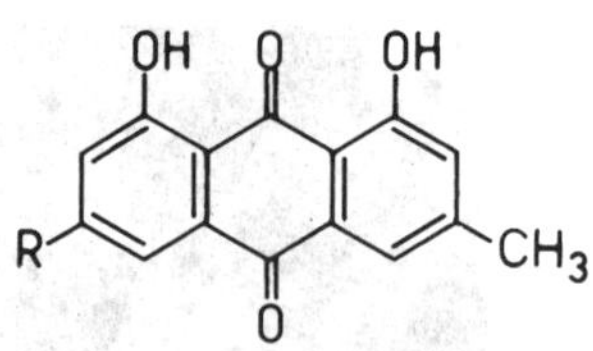

Frangula – (Rheum-)emodin R=OH
Physcion R=OCH_3

Wechselwirkung mit anderen Mitteln: Aufgrund erhöhter Kaliumverluste kann die Wirkung von Herzglykosiden verstärkt werden.

Hauptwirkstoffe: Etwa 3% Anthracenderivate, die in reduzierter Form als Anthron- bzw. Anthranolverbindungen und in oxydierter Form als Anthrachinonverbindungen vorliegen.

Sie sind genuin glykosidisch gebunden.

Die Umwandlung der Glykoside in die Dianthronform findet während des Trocknens statt.

Cassia senna

Eine Droge guter Qualität enthält nach Kußmaul u. Becker [Helv. chim. Acta 30, 59 (1947)] max. 1% freies hydrogencarbonatlösliches Rhein. Hauptglykoside sind die Dihydrodianthronglykoside → *Sennosid* A ($C_{44}H_{38}O_{20}$, Fp. 200–240 °C (dec.) und → *Sennosid* B $C_{44}H_{38}O_{20}$, Fp. 180–186 °C (dec.). Ihre Aglykone → *Sennidin* A und → *Sennidin* B.

Der höchste Sennosidgehalt wurde in Blüten (>4%) und in Blättern und Früchten (>2%) gefunden.

Der Gesamtgehalt der Anthrachinonglykoside, Rhein und Nicht-Rhein berechnet auf 100 Blättchen und 100 Hülsen zeigte, daß er sich mit zunehmendem Alter erhöhte und seinen Höchstgehalt bei voller Reife erlangte.

Wirkungen auf die Schleimhäute: Sennesblätter verursachen eine inhalative Allergie. Reaktionen können beim Trocknen der Droge, Abwiegen und Abfüllen auftreten (Apotheker, pharm.-techn. Assist.).

Anwendungen: Eines der gebräuchlichsten Abführmittel, vor allem bei akuter Obstipation; 1–2 Blätter wirken ohne Beschwerden, in Gaben von 2–10 g erzeugen sie leicht Leibschmerzen, selbst Erbrechen. Sie werden innerlich in Form verschiedener galenischer Präparate gegeben, bisweilen auch als Klistier [H 12].

Die Anwendung der Sennesblätter und Früchte bei Wöchnerinnen ist nach den heutigen Erkenntnissen nicht mehr zu vertreten, da die Anthracenderivate in die Muttermilch übergehen und dadurch zu Säuglingsdurchfällen führen.

Dosierung: Nach ÖAB 9 gebräuchliche Einzeldosis 0,5–2,0 g; nach Jap. 61 täglich etwa 3–6 g als Infus [H 12].

Gefährlichkeitsgrad: Wenig giftig (+)

Vorschriften: Senna: Monographie der Kommission D und E.

Literatur: A 12, B 24, G 1, H 12, H 38, L 5, L 6, M 2, P 4, R 11.

Therapie:
Erste Hilfe: Kohle-Pulvis (10 g), erbrechen lassen, viel warmen Tee oder Himbeersaft trinken lassen.
Klinik: Nach wahrscheinlich großer Giftaufnahme: Magenspülung (evtl. mit burgunderfarbener Kaliumpermanganatlösung), Instillation von 10 g Kohle-Pulvis und Natriumsulfat, Elektrolytsubstitution, Azidoseausgleich mit Natriumbikarbonat (Urin pH 7,5).

Catalpa bignonioides Walt.

Gemeiner Trompetenbaum. *E:* Catarobatree, southern catalpa. *F:* Catalpe commun. *I:* Catalpa americana.

EDV-Code: CTLBI.

Familie: Bignoniaceae, Bignoniengewächse.

Verbreitung, Vorkommen: Heimat: Nordamerika. Bei uns als Zierbaum in Parks und Gärten.

Beschreibung: 5–15 m hoher Baum. Blätter herzförmig, zugespitzt, bis 30 cm lang. Blüten weiß, mit gelben und purpurvioletten Zeichnungen auf der Unterlippe, in aufrechten Rispen. Früchte schotenartig, bis 30 cm lang. Blütezeit: Mai–Juli.

Giftige Pflanzenteile: Die ganze Pflanze.

Hauptwirkstoffe: Catalpin, das in allen Organen, außer in den Samen vorkommt. In den Blättern 1,5% → *p-Cumarsäure,* → *Ursolsäure,* → *Kaffeesäure.*

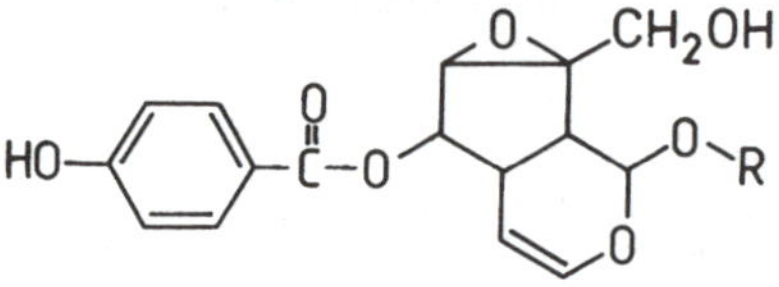

Catalpin (Catalposid) R=Glucose.

Wirkungen auf die Haut: Das Holz enthält eine oder mehrere chinoide Verbindungen, die als Kontaktallergene wirksam werden können [Hausen unveröff.].

Gefährlichkeitsgrad: Wenig giftig (+)

Literatur: H 12.

Therapie:
Erste Hilfe: Kohle-Pulvis trinken lassen.
Klinik: Überwachung.

Catha edulis (Vahl) Forssk. ex Endl.

(Celastrus edulis Vahl)

Kathstrauch, Katstrauch.

Familie: Celastraceae, Spindelbaumgewächse.

Verbreitung, Vorkommen: Die Hauptanbaugebiete liegen in Äthiopien und in den bergigen Gegenden des Jemen in Höhen von 900–1200 m. Der Strauch wächst außerdem in West- und Südafrika, Arabien, Palästina, Turkestan und Afghanistan. Die erste Blatternte erfolgt nach 3–4 Jahren.

Droge: Kath-Tee, Abessinischer Tee.
Wird hauptsächlich in den Ursprungsländern in verschiedenen Handelssorten, getrocknet oder frisch, in Bündeln zu 25–40 Trieben von ca. 40 cm Länge und 8–10 cm Ø verkauft.

Hauptwirkstoffe: 0,09% Alkaloide; Cathinon, das beim Welken der Blätter in Cathin $C_9H_{13}NO$, Fp. 78 °C übergeht, Cathinin, Cathidin, L-Ephedrin und Edulin. Cathin wurde als D-nor-iso-Ephedrin identifiziert. Ätherisches Öl in Spuren.

Vergiftungserscheinungen: Kath wirkt zentralerregend und verursacht Erregungen, Berauschung, Verminderung des Schlafbedürfnisses, Energieauffrischung, Unterdrückung des Hungergefühls, danach Ermüdung und Erschlaffung. Eine Sucht tritt erst nach 15–90 Tagen auf. Sie führt zur Herabsetzung der Widerstandskraft des Körpers und zum körperlichen und geistigen Zusammenbruch. Es bewirkt auch Störung des Verdauungssystems, Obstipation und Kreislaufstörungen. Nur grüne Blätter haben stimulierende Wirkung. Die Wirkung von Kath entspricht denen des Amphetamins.

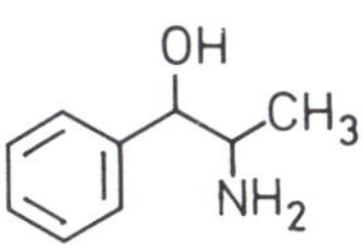

Cathin

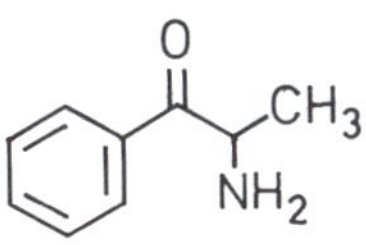

Cathinon

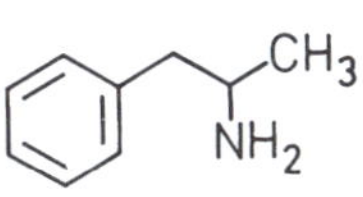

Amphetamin

Catha edulis

Pharmakologische Wirkungen von Kath und Cathinon [K 1]

Wirkungen des Kathkauens beim Menschen	Wirkungen von Cathinon im Tierversuch
Appetitlosigkeit	Verringerte Nahrungsaufnahme
Nervosität, Schlaflosigkeit	Unruhe, Irritierbarkeit
Hyperaktivität	Gesteigerte Bewegungsaktivität
Erregung	Stereotype Bewegung
Euphorie, Redesucht	
Erhöhte Körpertemperatur	Erhöhte Körpertemperatur
Beschleunigte Atmung	Beschleunigte Atmung
Pupillenerweiterung	Pupillenerweiterung
Blutdruckanstieg	Blutdruckanstieg
Zwanghafter Kathkonsum	

Anwendungen: Erlaubt ist der Genuß von Kath in der Arabischen Republik Jemen, in Südjemen ist der Verbrauch auf das moslemische Wochenende beschränkt, während in Saudiarabien und in Somalia der Konsum ganz verboten ist. Mehrere Blätter werden vom Kathbündel gepflückt und als kleiner Kloß in die Backentaschen gesteckt, dazu wird viel getrunken und nach ca. 15 min, wenn die Blätter ausgesogen sind, ausgespuckt. 100–200 g Droge werden pro Person konsumiert.

In Südafrika bereitet man mit 5–15 g Kath auf 1 l Wasser einen Tee.
Als Paste wird es in Äthiopien (trockenes Kath, Honig, wenig Wasser) und in Tanganjika (gemahlenes Kath, Zucker, Gewürze) zubereitet und gegessen.
Im Jemen wird auch das trockene, gemahlene Kath zu Zigaretten gedreht und geraucht.

Gefährlichkeitsgrad: Giftig +

Literatur: H 12, K 1, K 2, Q 1, Q 2, R 2.

Therapie:
Erste Hilfe: Kohle-Pulvis (10 g) schlucken lassen. Evtl. beatmen.
Klinik: Nach größerer Giftaufnahme Magenspülung, Kohle-Pulvis, Natriumsulfat. Evtl. beatmen; Monitorkontrolle. Bei Erregung oder Krämpfen Diazepam i.v.

Catharanthus roseus (L.) G. Don

[Vinca rosea L., Lochnera rosea (L.) Rchb.]

Madagaskar-Immergrün. *E:* Madagascar periwinkle. *F:* Pervenche de Madagascar.

EDV-Code: CTURO.

Familie: Apocynaceae, Hundsgiftgewächse.

Verbreitung, Vorkommen: Heimat: Wahrscheinlich Madagaskar, verbreitet über die tropischen Gebiete; bei uns als Zierpflanze.

Beschreibung: 40–80 cm hoher Halbstrauch, am Grunde holzig. Blätter 3–8 cm lang, eiförmig, gestielt, gegenständig. Blüten violett, rosa oder weiß, mit 5 Blütenblättern. Bälge bis 4 cm lang, mit 12–20 Samen.

Blütezeit: März–Oktober.

Giftige Pflanzenteile: Die ganze Pflanze, besonders die Wurzeln.

Hauptwirkstoffe: Über 60 Alkaloide, darunter → *Ajmalicin* $C_{21}H_{24}N_2O_3$, Fp. 253–254 °C;

Catharanthus roseus

Catharanthin $C_{21}H_{24}N_2O_2$, Fp. 126–128 °C, Leurosin $C_{46}H_{58}N_4O_9$, Fp. 200–205 °C, Tetrahydroalstonin $C_{21}H_{24}N_2O_3$; Vindolin $C_{25}H_{32}N_2O_4$, Fp. 154 –155 °C; Vindolin(hydrochlorid) $C_{21}H_{24}N_2O_2 \cdot HCl$, Fp. 210–212 °C (dec.); Lochnerin $C_{20}H_{24}N_2O_2$, Fp. 202–203 °C sowie Flavone etc.

Vergiftungserscheinungen: Vincaalkaloide sind Mitosehemmer wie Colchicin, aber etwa 10fach stärker. Die Pflanzeninhaltsstoffe von Catharanthus werden zur Krebsbekämpfung eingesetzt, sie haben aber erhebliche Nebenwirkungen bei Überdosierung oder zu langer Behandlung.

Es treten auf:
Erbrechen, Fieber, Exanthem, neuromuskuläre, vegetative Störungen, Wirkungen auf das ZNS und die Psyche, Apoplexie und Leukopenie, irreversible Paresen und Atrophien; an der Erythropoese Bildung von megaloplastischen Zellpopulationen [H 12].

Anwendungen: Die Vincaalkaloide stellen phasenspezifisch-wirkende Zytostatika dar. Klinische Verwendung finden heute vor allem Vinblastin, Vincristin und Vindesin (Zeitschr. f. Phytother. 6, 1983)

Gefährlichkeitsgrad: Stark giftig + +

Literatur: E 4, H 12, L 10, L 17, W 26.

Therapie:
Erste Hilfe: Sofort erbrechen lassen, Kohle-Pulvis-Gabe. Natriumsulfat, Schocklagerung, Wärme, warmen Tee oder Kaffee trinken lassen, Frischluft.
Klinik: Magenspülung (evtl. mit burgunderfarbener Kaliumpermanganatlösung), Kohle-Pulvis, Natriumsulfat, Elektrolytsubstitution, Azidoseausgleich mit Natriumbikarbonat (Urin pH 7,5). Plasma(expander)gabe, bei Krämpfen Diazepam (Valium®) i.v., gegen Darmspasmen Atropin (1 mg 2stdl. s.c.), kein Opium, ggf. Intubation und Sauerstoffbeatmung. Blutbildkontrolle.

Caulophyllum thalictroides (L.) Michx.

(Leontice thalictroides L.)

Blauer Hahnenfuß, Löwenblatt. *E:* Blue cohosh, leontice. *F:* Cohosh bleu, leontice. *I:* Caulofillo.

Familie: Berberidaceae, Berberitzengewächse.

Verbreitung, Vorkommen: Heimisch in feuchten Wäldern Nordamerikas.

Droge: Radix Caulophylli, Caulophylli radix. Wurzelstock etwa 8 cm lang und bis 1 cm

Caulophyllum thalictroides

dick, reich bewurzelt, hin und her gewunden, runzelig, geringelt, verästelt, vielköpfig, mit zahlreichen aufrechten Knoten [H 12].

Hauptwirkstoffe: N-Methylcytisin, Baptifolin, ca. 0,1% Saponine.

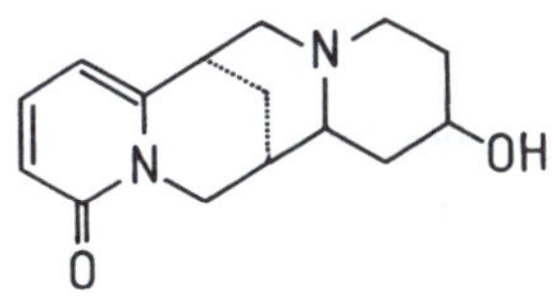

Baptifolin

Vergiftungserscheinungen: Über allergische Kontaktdermatitiden wurde berichtet. Bei Gravidität wird auf die Gefahr der Auslösung einer Fehlgeburt aufmerksam gemacht. Östrogener und spasmolytischer Effekt [H 12].

Anwendungen in der Homöopathie: D_4 bei Metrorrhagie, drohendem Abort, erschwerter Geburt, uterinen Schwangerschaftsbeschwerden; D_1–D_3 bei Rheumatismus der kleinen Gelenke (nicht bei Schwangeren).

Gefährlichkeitsgrad: Giftig +, gelegentlich allergen

Vorschriften: Caulophyllum thalictroides: Monographie der Kommission D.

Literatur: D 9, H 12, M 2, M 27.

Therapie:
Erste Hilfe: Kohle-Pulvis-Gabe, Natriumsulfat, viel warmen Tee oder Himbeersaft trinken lassen.
Klinik: Nach wahrscheinlich großer Giftaufnahme Magenspülung (evtl. mit burgunderfarbener Kaliumpermanganatlösung), Kohle-Pulvis, Natriumsulfat. Bei Krämpfen Diazepam (Valium®) i.v., Elektrolytsubstitution, Azidoseausgleich mit Natriumkarbonat (Urin pH 7,5), bei Atemlähmung Intubation und Sauerstoffbeatmung.

Centella asiatica (L.) Urban

(Hydrocotyle asiatica L., Hydrocotyle lunata Lam.)

Wassernabel. *E:* Indian hydrocotyle, Indian pennywort. *F:* Hydrocotyle asiatique. *I:* Idrocotile.

Centella asiatica

EDV-Code: CLLAS.

Familie: Apiaceae, Doldenblütler.

Verbreitung, Vorkommen: Das kriechende Kraut ist in allen tropischen Ländern anzutreffen.

Droge: Herba Hydrocotylis asiaticae, Hydrocotylis asiaticae herba, Asiatisches Wassernabelkraut.
Die Droge besteht aus dem zur Blütezeit gesammelten ganzen Kraut oder nur aus den Blättern, teilweise auch Früchte und Teile vom Wurzelstock enthaltend [H 12]. Das getrocknete Kraut besitzt einen tabakblattähnlichen Geruch und einen leicht bitteren Geschmack.

Hauptwirkstoffe: Das Alkaloid Hydrocotylin $C_{22}H_{33}NO_8$, das Triterpensaponin der α-Amyrinreihe Asiaticosid $C_{48}H_{78}O_{19}$ [Asiatsäure-O-α-L-rhamnosyl (1 → 4)-O-β-D-glucosyl (1 → 6)-O-β-D-glucosid], Fp. 235–238 °C [H 12].

Vergiftungserscheinungen: Hydrocotyle verursacht erst ein Gefühl der Wärme und des Prickelns der Haut, besonders der Hände und der Füße. Nach einigen Tagen stellt sich Hitzegefühl ein, das oft kaum zu ertragen ist. Die Kapillarzirkulation wird beschleunigt, und nach einer Woche fängt der Appetit an sich zu bessern, die Haut wird allmählich weicher, ihre Verdickungen werden abgestoßen und sie erlangt wieder die Fähigkeit der Transpiration [M 2].

Dosierung: 0,33–0,68 g Ind. P.C. 53 [H 12].

Anwendungen in der Homöopathie: D_1–D_6 oder Teep 0,025 g bei Hauterkrankungen, Ausschlägen, Afterjucken.

Gefährlichkeitsgrad: Giftig +

Vorschriften: Centella asiatica: Monographie der Kommission D.

Literatur: H 12, M 2, M 3, M 27.

R. Izu et al.: Allergic contact dermatitis from a cream containing Centella asiatica extract. Contact Dermatitis 26, 192–213 1992.

T. Kartnig: Clinical applications of Centella asiatica (L.) Urb. Herbs, Spices Med. Plants 3, 145–174, 1988.

A. Aguirre et al.: Allergic contact dermatitis due to plant extracts in a multisensitized patient. Contact Dermatitis 28, 186, 1993.

T. K. Chatterjee et al.: Effects of plant extract Centella asiatica (Linn.) on cold restraint stress ulcer in rats. Indian J. Exp. Biol. 30, 889–891, (1992).

H. Chul Eun et al.: Contact dermatitis due to madecassol. Contact Dermatitis 13, 310–313, 1986.

Therapie:
Erste Hilfe: Kohle-Pulvis, erbrechen lassen, viel warmen Tee trinken lassen, Natriumsulfat, Schockprophylaxe (Ruhe, Wärme).
Klinik: Magenspülung (evtl. mit burgunderfarbener Kaliumpermanganatlösung), Elektrolytsubstitution, Azidoseausgleich mit Natriumbikarbonat (Urin pH 7,5), im Schock Plasmaexpandergabe, bei Krämpfen Diazepam (Valium®) i.v., Kontrolle der Nierenfunktion, bei Atemlähmung Intubation und Sauerstoffbeatmung.

Cephaëlis ipecacuanha (Brot.) Tussac

[Uragoga ipecacuanha (Brot.) Baill.]

Brechwurzel, Ruhrwurzel. *E:* Ipecacuanha root, ipecacuan. *F:* Ipéca. *I:* Ipecacuana.

Familie: Rubiaceae, Rötegewächse.

Verbreitung, Vorkommen: Das bis 40 cm hohe Kraut ist in Brasilien heimisch.

Droge: Radix Ipecacuanhae, Ipecacuanhae radix, Brechwurzel.
Die Wurzelstöcke sind etwa 1–3 mm dick und haben eine längsrillige, bräunliche oder graubraune Außenseite. Der Querbruch ist glatt [H 12].

Hauptwirkstoffe: Hauptalkaloide sind → *Emetin* und Cephaëlin. Alkaloidgehalt 2–3,5%.

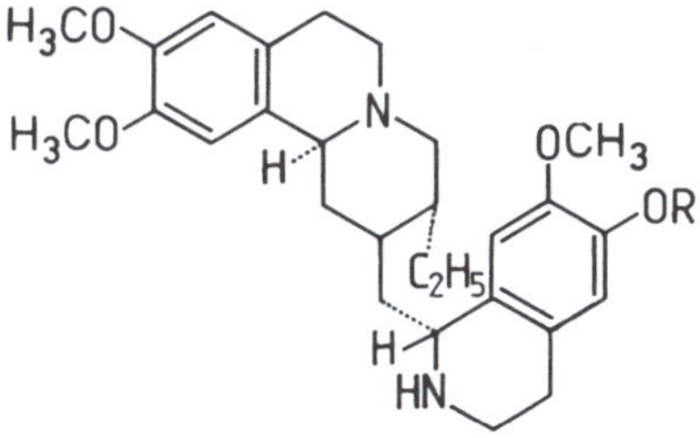

I. (–)-Emetin: R=CH_2
II. (–)-Cephaëlin: R=H

Vergiftungserscheinungen: Die Brechwurzel mit den beiden Alkaloiden Emetin und Cephaëlin greift vor allem die Schleimhäute an, deren Gefäßkapillaren sie lähmt. Profuser Schnupfen, Husten, Heiserkeit, bei Überempfindlichen sogar asthmatische Anfälle sowie Lungenödem und katarrhalische Pneumonie wurden beobachtet. Durch reflektorische Wirkung von der Magenschleimhaut aus kommt es zu Nausea und heftigem Erbrechen, zu Gastroenteritis, Diarrhöe, Schmerzen, Abgeschlagenheit, Pulsverlangsamung, Dyspnoe, Hypotension, Muskellähmung, Anurie. Die Magen- und Dünndarmschleimhaut zeigt starke Blutfülle, schleimig-eitrige Exsudation und Ulzerationen; auch rote Hepatisation wurde beobachtet. Der Tonus der glatten Muskulatur wird durch Emetin herabgesetzt. Durch Erregung der Nervenendigungen der Drüsen wird die Speichel-, Schweiß- und Darmsekretion vermehrt [M 2].
Die Wirkung nach Einnahme von 1–2 g Drogenpulver tritt nach einem unangenehmen Vorstadium (Nausea) erst nach 30–60 min. ein. Die Droge wird daher als Emeticum nicht verwendet [K 9].

Cephaëlis ipecacuanha

Emetin und Cephaëlin wirken stark emetisch, das Cephaëlin jedoch doppelt so stark wie das Emetin. Beide Alkaloide führen durch Herzparalyse zum Tod. Zopf stellte als letale Dosis für Cephaëlin 0,032 g und für Emetin 0,057 g pro kg Körpergewicht fest.

Wirkungen auf die Haut/Schleimhaut: Äußerlich verursacht sie heftige Konjunktivitis und Entzündung des Naseneingangs. Auf der Haut ruft der Staub heftig juckende Bläschen, bulböse Dermatiden und masern- und scharlachartige Exantheme hervor. Emetin ist ein Histaminliberator. Eine sensibilisierende Wirkung konnte experimentell nicht nachgewiesen werden [Hausen, unveröff.].

Anwendungen: Seit Jahrhunderten wird die Droge in Südamerika als Spezificum gegen die Amöbenruhr (Erreger: Entamoeba histolytica s. tetragena) verwendet. Auch hierfür ist das (–)-Emetin verantwortlich. Es tötet die Amoeben (allerdings nur im vegetativen Stadium) in einer Verdünnung von 1:100 000 in vivo. Brossi und Mitarbeiter zeigten an synthetischen Isomeren, daß die amoebicide Wirkung und Toxizität der Emetine von der sterischen Konfiguration abhängt; das „künstliche" (+)-Emetin hat keine amoebicide Wirkung [K 9].

Anwendungen in der Homöopathie: D_3–D_6 bei Bronchitis, Husten, Asthma bronchiale, Gastritis durch verdorbene oder zu kalte Speisen, Sommerdurchfälle, Konjunktivitis.

Dosierung: Cephaëlin-hydrochlorid 0,005–0,01 g; Emetin-hydrochlorid größte Einzelgabe 0,05 g, größte Tagesgabe 0,1 g (DAB 7).

Gefährlichkeitsgrad: Sehr stark giftig + + +

Vorschriften: Cephaëlis ipecacuanha: Monographie der Kommission D.
Verbotene Stoffe der Kosmetikverordnung v. 19. 6. 1985, Anlage 1: 215 Cephaëlis ipecacuanha A. Richard, Wurzeln und ihre Zubereitungen.
75 Emetinmethylether (Cephaëlin) und seine Salze.

Literatur: D 9, H 2, H 3, H 12, K 9, K 34, M 2, M 27.

Therapie:
Erste Hilfe: Kohle-Pulvis, viel warmen Tee trinken lassen, Natriumsulfat, Schockprophylaxe (Ruhe, Wärme).
Klinik: Magenspülung (evtl. mit burgunderfarbener Kaliumpermanganatlösung), Kohle-Pulvis, Natriumsulfat, Elektrolytsubstitution, Azidoseausgleich mit Natriumbikarbonat (Urin pH 7,5), im Schock Plasmaexpandergabe, bei Krämpfen Diazepam (Valium®) i.v., Kontrolle der Nierenfunktion, bei Atemlähmung Intubation und Sauerstoffbeatmung.

Cestrum parqui L'Hérit.

Chilenischer Hammerstrauch. *E:* Green cestrum.

EDV-Code: CEMPA.

Familie: Solanaceae, Nachtschattengewächse.

Verbreitung, Vorkommen: Heimat Südamerika, im Mittelmeer eingebürgert. Bei uns selten als Zierpflanze.

Beschreibung: Ca. 1,50 m hoher Strauch. Blätter lanzettlich, beiderseits verschmälert, mattgrün. Blüten röhrenförmig, 5zipfelig, gelb, stark riechend.
Blütezeit: Oktober–November.
Als weitere Cestrum-Arten, die besonders in Botanischen Gärten gezogen werden, sind noch zu erwähnen: Cestrum aurantiacum Lindl. u. Cestrum elagens (Brongn. ex Neum.) Schlecht.

Giftige Pflanzenteile: Besonders Blätter und Früchte. Früchte sind 10mal giftiger als Blätter.

Hauptwirkstoffe: Nach Merciers et al. das strychnin- und atropinähnlich wirkende Alkaloid Parquin $C_{21}H_{39}O_8$. In den grünen Beeren, in Blättern, im Stamm und in Blütenblättern Saponine, deren Sapogenine Gitoxigenin und Digitogenin sind; außerdem Solasonin. In den Früchten zusätzlich 3 unbekannte Alkaloide [H 12].

Vergiftungserscheinungen: Toxisch für Tiere sind Blätter, wenn sie 0,5% des Körpergewichtes betragen. Vergiftungserscheinungen: Fieber, Gastroenteritis [H 12].

Nach Schultes und Hofmann rauchen die Seeleute entlang der Küstengebiete Süd-Brasiliens die Blätter einer Cestrum-Art, bei der es sich vermutlich um Cestrum laevigatum Schlecht. handelt, als Ersatz für Marihuana oder Maconha. Da die Inhaltsstoffe keine halluzinogene Wirkung besitzen, ist noch ungeklärt, ob damit richtige Halluzinationen verbunden sind [S 33].

Gefährlichkeitsgrad: Giftig +.
Alle Cestrum-Arten sind giftig +

Literatur: H 12, S 33.

Therapie:
Nach extremer Giftaufnahme durch Verschlucken Kohle-Pulvis (10 g), evtl. Schocktherapie und Beatmung.

Chaerophyllum temulum L.

Hecken-Kälberkropf, Taumelkerbel. *E:* Rough chervil. *F:* Cerfeuil puant. *I:* Anacio, pastricciani. *NL:* Dolle kervel.

EDV-Code: CHPTE.

Familie: Apiaceae, Doldenblütler.

Verbreitung, Vorkommen: Europa, Nordafrika; in Mitteleuropa häufig; Wegränder, Hecken, Schuttplätze; fehlt in Gebirgen.

Beschreibung: Einjährige, bis 1 m hohe Pflanze mit rauhaarigem Stengel, an den Knoten verdickt, mit dunkelroten Flecken. Blätter einfach bis doppelt gefiedert. Blüten klein, weiß bis rötlich, in Dolden, 6–8 Döldchen.
Blütezeit: Mai–Juni.
Eine ähnlich aussehende Pflanze: Chaerophyllum bulbosum L. – Knolliger Kälberkropf. Früchte sollen Kopfschmerzen und Schwindel erzeugen [K 9].

Giftige Pflanzenteile: Kraut und Früchte.

Hauptwirkstoffe: Ein flüchtiges Alkaloid (Chaerophyllin?).

Vergiftungserscheinungen: Vergiftungen wurden bisher nur beim Vieh beobachtet. Bei Aufnahme größerer Mengen mit dem Grünfutter Taumeln, Mydriasis, Durchfall, Pupillenerweiterung, Lähmungen (erinnert an Lolchvergiftung). Schweine sollen stärker reagieren als Wiederkäuer [H 18, L 10].

Gefährlichkeitsgrad: Wenig Giftig (+)

Literatur: F 16, G4, H 1, H 12, H 18, K 9, L 10.

Therapie:
Erste Hilfe: Kohle-Pulvis trinken lassen.
Klinik: Nach wahrscheinlich großer Giftaufnahme Magenspülung, Kohle-Pulvis, Natriumsulfat. Beatmen.

Choenomeles japonica (Thunb.) Lindl. ex Spach und Hybriden

Zierquitte, „Pyrus" der Gärtner. *E:* Japanese flowering quince. *F:* Cognasier du Japon. *I:* Cotogno giapponese.

EDV-Code: CNMJA.

Familie: Rosaceae, Rosengewächse.

Verbreitung, Vorkommen: Heimat: Japan; Zierstrauch.

Beschreibung: Buschiger, dorniger, bis 2 m hoher Strauch. Blätter eiförmig, lederig. Blüten rot, ca. 3 cm breit, 5zählig, in Büscheln zu 2–6. Früchte apfelähnlich, gelb, rot punktiert.
Blütezeit: März–April.
Früchte: Herbst.

Giftige Pflanzenteile: Samen.

Hauptwirkstoffe: → *Cyanogene Glykoside.*

Gefährlichkeitsgrad: Wenig giftig (+)

Literatur: H 12.

Therapie:
Erste Hilfe: Kohle-Pulvis oder erbrechen lassen.
Klinik: In Extremfällen Magenspülung, Vitaltherapie (S. 56).

Chamaecyparis Spach-Arten

Scheinzypressen-Arten.

Familie: Cupressaceae, Zypressengewächse.

Verbreitung, Vorkommen: Die Gattung Chamaecyparis ist in Nordamerika und Ostasien heimisch. In Mitteleuropa werden einige Arten angepflanzt.

Beschreibung: Bei den Chamaecyparis-Arten ist der Gipfeltrieb meist überhängend, während dieser bei den Thuja-Arten aufrecht ist. Die Zapfen sind kugelig, mit nebeneinander liegenden schildförmigen Schuppen.
Chamaecyparis nootkatensis ist ein 2–30 m hoher Baum, mit schlaff herabhängenden Ästen. Schuppenblätter mit scharfen Spitzen, die vom Zweig abspreizen. Zweige unterseits ohne weiße Flecken. Männliche und weibliche Blüten unscheinbar. Reife Zapfen kaum 1 cm dick, kugelig, bläulich bereift. Blütezeit: April– Mai.

In Gärten und Parks sind folgende Arten zu finden:
Chamaecyparis obtusa (Sieb. et Zucc.) Sieb. et Zucc. ex Endl., Feuerzeder, Heimat: Japan;
Chamaecyparis nootkatensis (D. Don) Spach, Nootkatzypresse, Heimat: Nordamerika;
Chamaecyparis lawsoniana (Murr.) Parl., Oregonzeder, Heimat: Nordamerika;
Chamaecyparis pisifera (Sieb. et Zucc.) Sieb. et Zucc. ex Endl., Sawarazeder, Heimat: Japan.

Giftige Pflanzenteile: Ganze Pflanze.

Hauptwirkstoffe: → *Sabinen,* → *Thujen,* → *Pinen* und andere Terpene.

Chamaecyparis nootkatensis

Vergiftungserscheinungen: → *Thuja occidentalis.*

Wirkungen auf die Schleimhäute: Die Pollen können eine inhalative Allergie hervorrufen.

Gefährlichkeitsgrad: Giftig +

Literatur: G 5, J 5.

Therapie:
Erste Hilfe: Kohle-Pulvis (10 g), erbrechen lassen, viel warmen Tee oder Himbeersaft trinken lassen.
Klinik: Nach wahrscheinlich großer Giftaufnahme: Magenspülung (evtl. mit burgunderfarbener Kaliumpermanganatlösung), Instillation von 10 g Kohle-Pulvis und Natriumsulfat, Elektrolytsubstitution, Azidoseausgleich mit Natriumbikarbonat (Urin pH 7,5).

Cheiranthus cheiri L.

[Erysimum cheiri (L.) Crantz]

Goldlack. *E:* Wallflower. *F:* Giroflée jaune. *I:* Violaciocca gialla. *NL:* Gele muurbloem.

EDV-Code: CHUCH.

Familie: Brassicaceae, Kreuzblütler.

Verbreitung, Vorkommen: Heimat: Mittelmeergebiet, Westasien; in Mitteleuropa als Zierpflanze in Gärten, selten verwildert.

Beschreibung: Halbstrauch, 20–60 cm hoch. Blätter grün, lanzettlich, in den Stiel verschmälert, wechselständig. Blüten in dichter Traube, verschiedene Farbvariationen.
Blütezeit: Mai–Juni.

Droge: Flores et Semen Cheiri, Cheiri flos et semen, Goldlackblüten und -samen.

Giftige Pflanzenteile: Alle Pflanzenteile, besonders die Samen.

Hauptwirkstoffe: Sinapin, 1,6–1,7% Cheirolin $C_5H_9NO_2S_2$ (3-Methylsulfonylpropylisothiocyanat), etwa 1,5% → *Glucocheirolin,* 0,009–0,040% Cheirotoxin (Strophanthidin+Gulomethylose+D-Glucose) [CAS 7044-33-9] $C_{35}H_{52}O_{15}$, Fp. 210–211 °C, 0,6% Glucocheirolin, 0,045% Glucoiberin, 0,021–0,040% Cheirosid A.

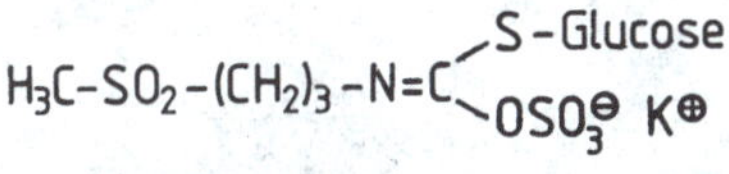

Glucocheirolin

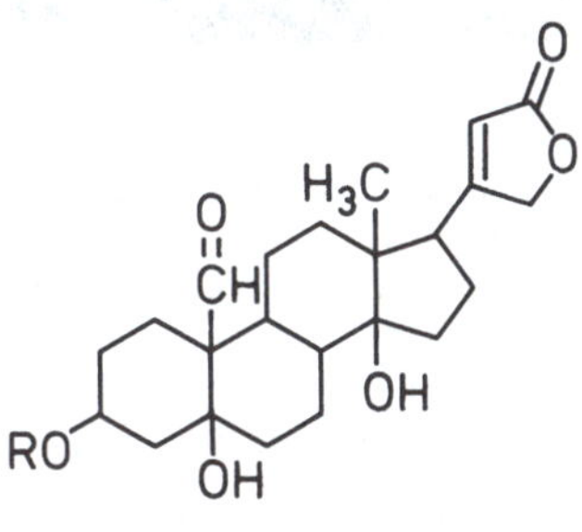

R=Gulomethylose-D-Glucose: Cheirotoxin

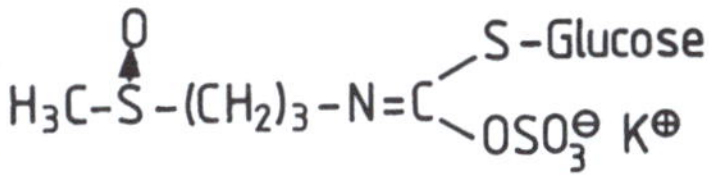

Glucoiberin

Vergiftungserscheinungen: Cheirotoxin und Cheirosid A sind toxische Herzglykoside von digitalisähnlicher Wirkung [H 12].
Letale Dosis Katze: 0,1185 mg Cheirotoxin/kg

Wirkungen auf die Haut: Obligat hautreizend.

Gefährlichkeitsgrad: giftig +

Vorschriften: Cheiranthus cheiri: Monographie der Kommission D.

Cheiranthus cheiri

Literatur: B 36, G 4, H 12, M 2.

Ausführlicher bei: M. Rothschild: A Strophanthidin Glycoside in Siberian Wallflower Cheiranthus x allionii (Erysimum scoparium). A Contact Deterrent for the Large White Butterfly, Phytochem. 27, 101–108, 1988.

Therapie:
Erste Hilfe: Erbrechen oder Kohle-Pulvis, Haut spülen.
Klinik: In Extremfällen Magenspülung, Vitaltherapie (S. 56), Cortison-Salbe bei Hautreizung.

Chelidonium majus L.

Schöllkraut. *E:* Celandine. *F:* Eclaire. *I:* Celidonia, Erba di porri. *NL:* Stinkende gouwe

EDV-Code: CHQMA.

Familie: Papaveraceae, Mohngewächse.

Verbreitung, Vorkommen: Europa, Nordasien; in Mitteleuropa häufig; Wegränder, Raine, Hecken, Gebüsch.

Beschreibung: Bis 50 cm hohe krautige Pflanze, mit orangefarbenem Milchsaft. Blätter 1fach gefiedert, mit gelappten und gekerbten Teilblättchen, oben grün, unten blaugrün. Krone goldgelb, 4teilig, Blüten in langgestielten Dolden. Frucht 2–5 cm lang, zweiklappig aufspringend.
Blütezeit: April–Oktober.

Droge: Herba (Radix) Chelidonii, Chelidonii herba (radix), Schöllkraut und Schöllkrautwurzel.
Den höchsten Alkaloidgehalt soll die im Spätsommer und Herbst gesammelte Droge haben. Die Wurzel hat einen bitteren Geschmack.

Giftige Pflanzenteile: Die ganze Pflanze, besonders der orangegelbe Milchsaft. Giftwirkung geht beim Trocknen verloren.

Hauptwirkstoffe: Frohne ermittelte im frischen Kraut 0,25–0,5%, in der frischen Wurzel 0,5–2% Alkaloide wie → *Chelidonin*, → *Chelerythrin*, → *Sanguinarin*. Bis zu 1,5% Alkaloide in Radix Chelidonii.

Nach einer neuen Arbeit, veröffentlicht in DAZ 12, 24. 3. 1994, ist das Hauptalkaloid von Schöllkraut Coptisin. Neben Coptisin sind außer den oben erwähnten Wirkstoffen Stylopin, Berberin, Protopin und Alocryptopin enthalten. Der Gesamtalkaloidgehalt wurde mit 0,01 bis 1% angegeben. Bei Ende Oktober geernteten Pflanzenteilen von Schöllkraut ergaben sich folgende prozentuale Alkoloidgehalte (Fulde, Wichtl, DAZ 12, 1031 ff, 1994):

Chelidonium majus

Alkaloid	Wurzel	Rhizom	Blätter
Coptisin	0,33	0,59	1,07
Chelidonin	1,14	1,28	0,07
Berberin	0,07	0,07	0,11
Chelerythrin	0,77	1,06	0,04
Sanguinarin	0,14	0,37	0,01

Vergiftungserscheinungen: Chelerythrin gilt als wirksamstes Schöllkrautalkaloid.
Chelidonin und Sanguinarin wirken zentral sedierend, spasmolytisch und schwach narkotisch.
Nach Kreitmair [Pharmazie 5, 85 (1950)] und Kwasniewski [Pharmazie 13, 363 (1958)] ergibt sich für das Schöllkraut folgende Gesamtwirkung: es wirkt leicht betäubend, führt aber zu keiner eigentlichen Hypnose oder Narkose; es erschlafft die glatte Muskulatur des Darmes, der Bronchien, der Herzkranzgefäße und wahrscheinlich der Gallengänge, es regt die Herztätigkeit an, erhöht den Blutdruck, erweitert die Herzkranzgefäße und senkt den Blutzuckerspiegel. Nach Kim et al. [J. pharm. Sci. 58, 372 (1969)] wirken Coptisin und Alkaloid CM-1 zytotoxisch [H 12].
Innerlich Entzündungen und Brennen im Mund, Lähmungen, Harndrang, Benommenheit, Herzrhythmusstörungen, Schock, Reizwirkung auf den gesamten Verdauungskanal, Blut im Stuhl, Pulsverlangsamung, Blutdruckabfall, zuletzt Tod im Kollaps.
Wegen des unangenehmen Geruchs und Geschmacks der Pflanze kommen Vergiftungen bei Haustieren nur selten vor [H 18].

Wirkungen auf die Haut: Bei Hautkontakt kann es zu Hautentzündung kommen.

Anwendungen in der Homöopathie: D_1–D_6 bei Hepatopathie, Ikterus, Cholecystopathie, Gallensteine.

Dosierung: Mittlere Einzelgabe als Einnahme 0,5 g, Erg. B. 6 [H 12].

Gefährlichkeitsgrad: Stark giftig + +

Vorschriften: Chelidonium majus: Monographie der Kommission D.

Chelidonii herba: Monographie der Kommission E.

Literatur: B 36, D 9, F 10, F 12, F 16, G 4, H 12, H 18, L 10, M 2, M 27.

Therapie:
Erste Hilfe: Kohle-Pulvis-Gabe, Erbrechen auslösen, Natriumsulfat, Haut- und Schleimhautblasen steril abdecken, Tetanus-Prophylaxe, lokal Locacorten-Schaum.
Klinik: Nach wahrscheinlich großer Giftaufnahme: Magenspülung (evtl. mit burgunderfarbener Kaliumpermanganatlösung), Instillation von 10 g Kohle-Pulvis, Natriumsulfat, Überwachung von Elektrolyten und Nierenfunktion, Alkalisierung mit Natriumbikarbonatinfusionen (Urin pH 7,5), ggf. Intubation und Sauerstoffbeatmung.

Chenopodium ambrosioides var. anthelminticum (L.) A. Gray

Amerikanisches Wurmkraut, Wurmtreibender Gänsefuß. *E:* Wormseed goosefoot, American worm-seed. *F:* Chénopode anthelmintique. *I:* Farinello aromatico. *NL:* Wormdrijvende ganzevoet.

EDV-Code: CHEAA.

Familie: Chenopodiaceae, Gänsefußgewächse.

Verbreitung, Vorkommen: Mittelamerika, Südamerika. Kulturversuche haben bis jetzt nur in Nordamerika Erfolg gehabt.

Beschreibung: Chenopodium anthelminticum wird als Varietät von Chenopodium ambrosioides L. aufgefaßt und unterscheidet sich von diesem durch die dichtblütigen, blattlosen Blütenstände, durch die mehrjährige Wurzel und den mehr baldrianähnlichen Geruch. Form und Größe der Blattzähne sind ziemlich veränderlich [M 2].

Giftige Pflanzenteile: Frisches, blühendes Kraut. Samen, Samenöl.

Hauptwirkstoffe: Etwa 0,2–0,3% ätherisches Öl, Oleum Chenopodii, mit wechselndem Gehalt an
→ *Ascaridol* $C_{10}H_{16}O_2$, Fp.97 °C, 57% L-Pinocarvon $C_{10}H_{14}O$, Fp.222–223 °C,
und 0,5–5% Aritason $C_{20}H_{28}O_2$, Fp. 105–106 °C. Takemoto et al. [J. Pharm. Soc. Japan 77, 1157 (1957)] isolierten aus japanischen Pflanzen 0,33% ätherisches Öl mit 24% → *α-Pinen,* 57% Pinocarvon, 1% Ascaridol und 7% Aritason; Fester et al. [Chem. Abstr. 45, 4760 (1951)] aus argentinischen Pflanzen 0,2% ätherisches Öl mit 20% Ascaridol und 40% p-Cymol; Dusinsky et al. [Chem. Zvesti 29, 701 (1962)] aus Pflanzen aus der ehemaligen Tschechoslowakei (dünnschichtchromatographisch) 2% ätherisches Öl mit 40% Ascaridol [H 12].

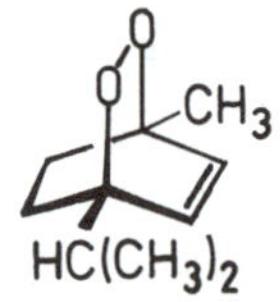

Ascaridol

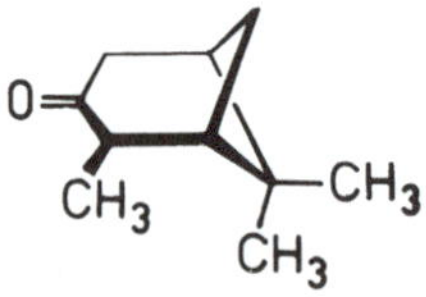

Pinocarvon

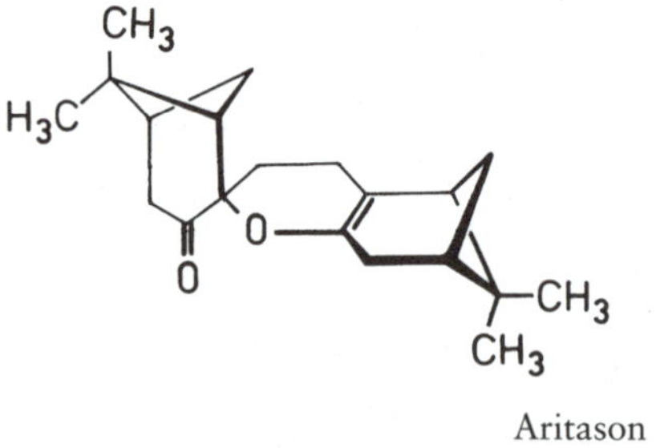

Aritason

Chenopodium ambrosioides

Vergiftungserscheinungen: Das Chenopodiumöl verursacht Störungen des Zentralnervensystems, Bewußtlosigkeit, Krämpfe, Lähmungserscheinungen, Blutdrucksenkung, ausgesprochene Blutungsbereitschaft mit Pachymeningitis haemorrhagica, Blutungen und Entzündungen am Darm, hämorrhagisch-geschwollene Gekröselymphknoten, so daß dadurch schwere Anämie entsteht. Besonders beachtenswert ist die Schädigung des Nervus cochlearis durch Chenopodiumöl, wodurch in einigen Fällen Ohrensausen und Schwerhörigkeit verursacht wurde. Das Öl ist das einzige bisher bekannte Gift, das nur den Nervus cochlearis schädigt, auf den Nervus vestibularis dagegen nicht einwirkt. Es wurde ein Fall von Chenopodiumvergiftung beobachtet, in dem das Ohrensausen noch nach einem Jahr anhielt. In einem mitgeteilten Fall blieben die Gehörstörungen noch 1½ Jahre bestehen. Leber, Nieren und Milz reagieren mit Verfettung. Außerdem beobachtete man Schwund der Muskelzellen und elastischen Fasern. Bei chronischer Vergiftung traten Stauungserscheinungen auf: Ödem, Hyperämie, Lungenemphysem. Interessant ist auch folgende schwere Chenopodiumvergiftung. Ein Mann hatte 10–12 ccm Chenopodiumöl eingenommen und wurde etwa 3–4 Std. später in das Hospital eingeliefert. Er machte den Eindruck eines stark Betrunkenen und machte häufig Brechbewegungen. Am nächsten Tag zeigten sich vermehrte Gleichgewichtsstörungen, ataktische Bewegungen, leichter Spasmus der Arm- und Beinmuskeln, keine volle Lähmung, erhöhte Temperatur. In den folgenden Tagen verstärkten sich die Gesichts- und Gehörstörungen, die Pupillen waren maximal erweitert, der Puls verlangsamt, die Sehnenreflexe erhöht, Anzeichen von Lungenödem. Am vierten Tag nach der Einlieferung lag der Patient in tiefster Bewußtlosigkeit und völlig gelähmt. Stuhl und Harn gingen ständig ab. Hochgestellter Urin, Lungenödem in voll ausgeprägtem Bild. Vom zehnten Tag an trat langsame Besserung ein. Nach 6 Monaten war der Patient wieder arbeitsfähig, doch wiesen der linke Arm und das linke Bein spastische Paresen auf, der Gang war der eines Apoplektikers, und im Vergleich zu früher war die Geistestätigkeit wesentlich langsamer geworden.
Die stark erregende Wirkung des Chenopodiumöls auf den Darm beruht wohl größtenteils auf Ascaridol [M 2].
Das getrocknete Kraut wurde von den Jesuiten im 17. Jahrhundert nach Europa gebracht. Es ist in der Folgezeit als Tinctura Botryos mexicanae oder als „Jesuitentee" als Abortivum mißbraucht worden.

Wirkungen auf die Haut/Schleimhaut: Das Öl ist obligat hautreizend.
Die Pollen der Gänsefußarten zählen zu den wichtigsten Erregern des Heuschnupfens (bis 30% aller Pollinosisfälle).

Dosierung: 0,5 g pro dosi, 1 g pro die Oleum Chenopodii anthelmintici (DAB. 6).

Gefährlichkeitsgrad: Stark giftig + + (Öl)
Giftig + (Pflanze)

Vorschriften: Chenopodium ambrosioides var. anthelminticum: Monographie der Kommission D.
Verbotener Stoff der Kosmetikverordnung v. 19. 6. 1985, Anlage 1: 76 Ätherisches Öl aus Chenopodium ambrosioides.

Literatur: H 12, M 2.

Therapie:
Erste Hilfe: Kohle-Pulvis-Gabe, Erbrechen auslösen, Roticlean®, Natriumsulfat, viel trinken lassen.
Klinik: Nach wahrscheinlich großer Giftaufnahme Magenspülung (evtl. mit burgunderfarbener Kaliumpermanganatlösung), Kohle- und Natriumsulfatinstillation, gegen Koliken Atropin, Elektrolytsubstitution, Azidoseausgleich mit Natriumbikarbonat (Urin pH 7,5), Kontrolle der Nierenfunktion, bei Krämpfen Diazepam (Valium®) i.v., Plasmaexpander im Schock, ggf. Intubation und Sauerstoffbeatmung.

Chenopodium vulvaria L.

Stinkender Gänsefuß. *E:* Stinking goosefoot. *F:* Arroche puante. *I:* Farinello puzzolente. *NL:* Stinkganzevoet.

EDV-Code: CHEVU.

Familie: Chenopodiaceae, Gänsefußgewächse.

Verbreitung, Vorkommen: Mittel- und Südeuropa, Nordafrika; in Mitteleuropa unbeständig; Schuttplätze, Mauern, Wegränder.

Beschreibung: Meist einjährige, graugrüne, bis 40 cm hohe, ekelhaft riechende Pflanze. Blätter eirund-rautenförmig, lang gestielt. Blüten klein, gelblichgrün, endständig, in rispig gehäuften Scheinähren.
Blütezeit: Mai–September.

Giftige Pflanzenteile: Die ganze Pflanze.

Hauptwirkstoffe: Mono-, Di- und Trimethylamin, 1,14% Betain.

Vergiftungserscheinungen: Trimethylamin verursacht in größeren Dosen cerebrale Krämpfe, die in wirklichen Tetanus übergehen können. Steigerung der Reflexerregbarkeit, stärkste Beschleunigung der Respiration, Blutdrucksteigerung. Tod durch Atemstillstand.
Da die Pflanze wenig Trimethylamin enthält und sehr unangenehm schmeckt, ist eine

Vergiftung unwahrscheinlich. (Anm. d. Verf.)

Wirkungen auf die Schleimhäute: → *Chenopodium anthelminticum.*

Gefährlichkeitsgrad: Wenig giftig (+)

Literatur: H 12, M 2.

Therapie: Erste Hilfe: Kohle-Pulvis oder erbrechen lassen. Klinik: In Extremfällen Magenspülung, Vitaltherapie (S. 56).

Chimonanthus praecox (L.) Link

(Calycanthus praecox L.)

Winterblüte. *E:* Wintersweet. *F:* Calycanthe d'hiver. *I:* Calicanto d'inverno.

Blätter

Blüten

EDV-Code: CHSPR.

Familie: Calycanthaceae, Gewürzstrauchgewächse.

Verbreitung, Vorkommen: Heimat: China; bei uns seltener Zierstrauch.

Beschreibung: Blätter ungeteilt, gegenständig. Blüten gelblichweiß, einzeln, achselständig, wohlriechend, vor den Blättern erscheinend. Einsamige Nüsse.
Blütezeit: Januar–März.

Giftige Pflanzenteile: Blätter.

Hauptwirkstoffe: In den Blättern 0,076% des Alkaloides Chimonanthin, ferner Scylitt

Chimonanthus praecox

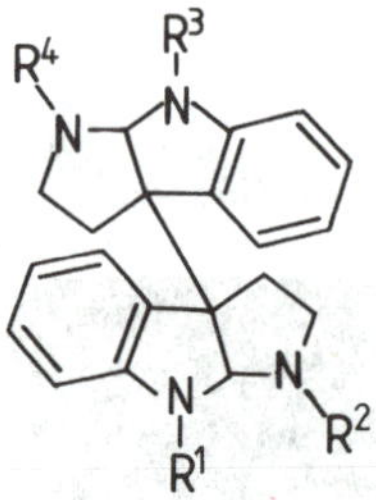

Chimonanthin: $R^1=R^3=H$; $R^2=R^4=CH_3$

(Cocosit, Scyllo-inositol, Quercin) $C_6H_{12}O_6$, Fp.352 °C und → *Calycanthin.*

Im hydrolysierten Blattextrakt → *Quercetin,* → *p-Cumarsäure,* → *Ferulasäure,* ein scopoletinartiges Cumarin und cyanogene Heteroside unbekannten Baues [H 12].

Gefährlichkeitsgrad: Wenig giftig (+)

Literatur: H 12.

Therapie:
Erste Hilfe: Kohle-Pulvis trinken lassen.
Klinik: Nach großer Giftaufnahme Magenspülung, Kohle-Pulvis, Natriumsulfat. Natriumthiosulfat (100 ml 10% i.v.). Kontrolle der Blutgerinnung.

Chlorophytum comosum (Thunb.) Jacques

[Chlorophytum sternbergianum (Schult. et Schult. f.) Steud.]

Grünlilie, Brautschleppe, Fliegender Holländer.

Chlorophytum comosum

Familie: Liliaceae, Liliengewächse.

Verbreitung, Vorkommen: Heimat: Südafrika; Ampelpflanze in Zimmern.

Beschreibung: Ausdauernde Pflanze mit 20–40 cm langen, bis 2,5 cm breiten, herabhängenden, grundständigen Blättern, mit weißer Mittelrippe. Ausläufer mit Blattbüscheln (als Ableger verwendbar). Blüten klein, weiß, sternförmig, in Trauben.

Blütezeit: März–Juli.

Giftige Pflanzenteile: Besonders die Samen.

Hauptwirkstoffe: Die Samen enthalten Saponine.

Vergiftungserscheinungen: Eine Blüte (Blütenstand?) wurde ohne Symptome vertragen.

Gefährlichkeitsgrad: Wenig giftig (+)

Therapie:
Erste Hilfe: Kohle-Pulvis oder erbrechen lassen.
Klinik: In Extremfällen Magenspülung, Vitaltherapie (S. 56).

Chrysanthemum cinerariifolium (Trevir.) Vis.

(Pyrethrum cinerariifolium Trevir., Tanacetum cinerariifolium (Trevir.) Schultz Bip.)

Dalmatinische Insektenblume. *E:* Pyrethrum. *F:* Pyrèthre de Dalmatie. *I:* Piretro di Dalmatia.

Chrysanthemum cinerariifolium

EDV-Code: CHYCI.

Familie: Asteraceae, Korbblütler.

Verbreitung, Vorkommen: Jugoslawien, Albanien, in Südosteuropa und im östlichen Mitteleuropa eingebürgert. Angebaut in vielen Ländern der Erde.

Beschreibung: Ausdauernde, aromatisch duftende, bis 1 m hohe Pflanze. Blätter fiederspaltig, grauseiden behaart, meist grundständig. Blütenstengel schwach beblättert; Blütenköpfchen mit gelben Scheiben- und weißen Zungenblüten. Früchte 5rippig.
Blütezeit: Juni–Juli.

Droge: Flores Pyrethri, Pyrethri flos, Insektenblüten.
Stammpflanzen: Chrysanthemum cinerariifolium, Chrysanthemum coccineum Willd., Chrysanthemum marshallii Aschers.

Hauptwirkstoffe: Pyrethrine und Cinerine. Die Droge enthält ~0,69% → *Pyrethrin I und* 0,65% → *Pyrethrin II.*

Vergiftungserscheinungen: Die insektiziden Blüten sind für Warmblütler in Mengen von 1–2 g ungiftig. Eingeatmet kann der Staub beim Menschen Kopfschmerzen, Ohrensausen, Gesichtsblässe, Schmerzen im Epigastrium, Übelkeit und synkopeartige Erscheinungen, auch Asphyxie, bewirken. Nach Einnahme einer größeren Menge des Pulvers wurden Bewußtlosigkeit und Albuminurie, ferner Blässe, Kollaps, langsamer und schwacher Herzschlag, Atmungsstörungen und Erbrechen festgestellt [H 12].
Nach neueren Untersuchungen sind die künstlichen Pyrethroide, weil sie Nervensysteme blockieren, gefährlicher als die Pyrethrine. Sie werden im Deutschen Ärzteblatt *88*, 42 (1991) den neurotoxischen Stoffen zugerechnet und speichern sich im Gehirn von Versuchstieren (Hühner, Kühe, Affen).

Dem Verfasser der Arbeit, Prof. Dr. Müller-Mohnssen, GSF, Neuherberg, sind 320 Fälle von P.-Vergiftungen namentlich bekannt. Nach einer mündlichen Mitteilung werden Pyrethroide oftmals zur Behandlung von Zierpflanzen, z. B. Weihnachtsstern, verwendet, die dann hierdurch sekundär giftiger werden. Langzeitgift mit curareartiger Wirkung, das zu irreversiblen Nervenschäden führt. Vor allem durch eingeatmete Pyrethrumpräparate sind Erkrankungen und Todesfälle verursacht worden. [S 75]

Anwendungen: In Form von Sprays gegen Fliegen und im Pflanzenschutz gegen schädliche Insekten.

Gefährlichkeitsgrad: giftig +

Literatur: B 3, F 7, H 12, S 75

Therapie:
Erste Hilfe: Kohle-Pulvis oder erbrechen lassen.
Klinik: In Extremfällen Magenspülung, Vitaltherapie (S. 56).

Chrysanthemum-Indicum-Hybriden

(Chrysanthemum indicum hort. non L., Chrysanthemum x hortorum L. H. Bailey)

Winteraster, Gärtner-Chrysanthemen. *E:* Mother chrysanthemum. *F:* Chrysanthème de la Chine. *I:* Crisantemo.

EDCV-Code: CHYIN.

Familie: Asteraceae, Korbblütler.

Verbreitung, Vorkommen: Heimat: Indien, China; Zierpflanze in Gärten und Gewächshäusern.

Beschreibung: 40–100 cm hoch, mit ästigem Stengel. Blätter wechselständig, buchtig-fiederlappig, schlaff oder lederartig. Blütenköpfe in einer Vielfalt von Formen und Farben.
Blütezeit: September–Dezember.

Giftige Pflanzenteile: Die ganze Pflanze.

Hauptwirkstoffe: Sesquiterpenlactone.

Vergiftungserscheinungen: Vergiftungen durch Chrysanthemen sind nicht beschrieben. In Japan, Korea und China werden junge Chrysanthemenblätter seit Jahrtausenden als Salat gegessen. Möglicherweise führt der Genuß von Chrysanthemenblättern zu einer Toleranz, da aus diesen Ländern praktisch keine Chrysanthemenallergie bekannt ist.

Wirkungen auf die Haut/Schleimhaut: Der berufsbedingte Umgang mit Chrysanthemen kann bei Gärtnern, Floristen, Blumenbindern u.a. zu einer allergischen Kontaktdermatitis führen. Betroffen werden hauptsächlich die Hände, Unterarme und das Gesicht. Im norddeutschen Raum sind bis zu 30% der Blumenzüchter gegenüber Chrysanthemen sensibilisiert. Ursächlich verantwortlich zeichnen die Sesquiterpenlacton-Inhaltsstoffe, unter denen das Arteglasin A als Hauptkontaktallergen nachgewiesen wurde. Gegenüber anderen sesquiterpenlactonhaltigen Arten, besonders aus der gleichen Familie (Asteraceae) bestehen ausge-

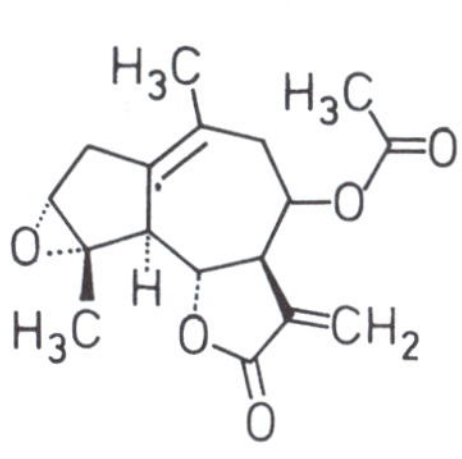

Arteglasin A

Chrysanthemum-Indicum-Hybriden

prägte Kreuzreaktivitäten. Einige Chrysanthemen können auch ein allergisches Asthma hervorrufen [Hausen, Allergologie 2, 143, 1979 (Übersicht)].

Gefährlichkeitsgrad: ungiftig, aber sensibilisiernd)

Literatur: F 16, H 12.

> **Therapie:**
> Erste Hilfe: Kohle-Pulvis oder erbrechen lassen.
> Klinik: In Extremfällen Magenspülung, Vitaltherapie (S. 56).

Chrysanthemum vulgare (L.) Bernh.

(Tanacetum vulgare L.)

Rainfarn. *E:* Tansy, *F:* Tanaisie. *I:* Erba-amara selvatica, tanaceto. *NL:* Boerenwormkruid.

EDV-Code: CHYVU.

Familie: Asteraceae, Korbblütler.

Verbreitung, Vorkommen: Europa, Nordasien; in Mitteleuropa häufig, in den Alpen fehlend; Raine, Wegränder, Schutt, Ödland.

Beschreibung: 60–120 cm hohe, ausdauernde Pflanze, mit dicht beblättertem Stengel. Blätter wechselständig, einfach bis doppelt fiederspaltig. Blüten goldgelb, nur Röhrenblüten, Köpfchen in dichter Schirmrispe.
Blütezeit: Juli–September.

Droge: Herba Tanaceti, Tanaceti herba, Wurmfarnkraut.
Die getrockneten, während der Blütezeit gesammelten oberirdischen Teile der Pflanze. Geruch kampferartig, Geschmack bitter, würzig.

Auszug aus der Monographie der Kommission E: Chrysanthemum vulgare (Rainfarn)
Bezeichnung des Arzneimittels: Chrysanthemi vulgaris flos, Rainfarnblüten, Chrysanthemi vulgaris herba, Rainfarnkraut.
Risiken: Rainfarn enthält ätherisches Öl, das in der Regel thujonhaltig ist. Thujone besitzen neurotoxische Eigenschaften.
Bei mißbräuchlicher Verwendung großer Mengen der Droge oder des ätherischen Öls

als Abortivum wurden die folgenden Vergiftungssymptome beobachtet: Erbrechen, Leibschmerzen, Gastroenteritis, starke Rötung des Gesichts, dann bei völliger Bewußt-

Chrysanthemum vulgare

losigkeit starke klonisch-tonische Krämpfe, starke Beschleunigung der Atmung und unregelmäßige Herztätigkeit, Mydriasis und Pupillenstarre, Uterusblutungen, u.U. Abort, Nierenschädigung, Leberschädigung.
Bei unkontrollierter Anwendung von Rainfarn können in Abhängigkeit von der verwendeten Droge Thujonmengen aufgenommen werden, die auch bei normaler Dosierung toxisch sind. Untersuchungen zur Toxizität der thujonfreien Chemotypen liegen nicht vor.

Giftige Pflanzenteile: Alle Pflanzenteile.

Hauptwirkstoffe: 0,1–0,6% ätherisches Öl (im frischen Kraut) mit ca. 70% → *Thujon*, → *Thujylalkohol* etc. In den Blüten Sesquiterpenlactone, Flavonoide.

Vergiftungserscheinungen: Erbrechen, Leibschmerzen, Gastroenteritis, starke Rötung des Gesichtes, dann bei völliger Bewußtlosigkeit starke klonische, aber auch tonische Krämpfe (auch mit Trismus und Opisthotonus), starke Beschleunigung der Atmung und der unregelmäßig werdenden Herztätigkeit, Mydriasis und Pupillenstarre, Uterusblutungen, u. U. auch Abort, Nierenschädigung, auch Nierenblutungen, schwere Leberschädigung. Bei Aufnahme großer Dosen etherischen Öles tritt der Tod durch Kreislauf- und Atemstillstand, nach kleineren letalen Gaben wohl infolge der schweren, degenerativen Organveränderungen, insbesondere der Leberatrophie und der sich daraus ergebenden schädlichen Stoffwechselstörungen ein. Für die toxische und letale Wirkung des ätherischen Öles ist in erster Linie das Thujon verantwortlich zu machen. Dosis letalis des ätherischen Öles beim Menschen 15–30 g. Der Tod tritt nach 1–3½ Std. ein [H 12].
Bei Rindern Reizung der Schleimhäute und Nieren, aber auch Leberschäden. Im allgemeinen wird die Pflanze gemieden [L 10].

Wirkungen auf die Haut: Der Rainfarn gehört wie die Chrysanthemen zu den Korbblütlern mit stark kontaktsensibilisierender Wirkung. Verantwortlich für die Allergie sind die Sesquiterpenlactone Tanacetin, Reynosin und 1-β-Hydroxyarbuscilin A und andere. Neben Floristen und Blumenzüchtern können auch solche Personen allergisch werden, die Kosmetika und Hygieneartikel mit Rainfarnextrakten selbst herstellen oder benutzen. Kreuzreaktionen auf andere Asteraceen werden häufig beobachtet [Hausen, Allergologie 2, 275, 1979].

Dosierung: Mittlere Einzelgabe als Einnahme 2,0 g (als Aufguß), Erg. B. 6.

Vorschriften: Aromenverordnung der Bundesrepublik Deutschland v. 22. 12. 1981 (BGBl I, 1677–1685) verbotener Stoff des § 2, Anlage I: Rainfarnkraut (Wurmkraut, Herba Tanaceti).
Chrysanthemum vulgare: Monographie der Kommission D und E.

Gefährlichkeitsgrad: Giftig +

Literatur: G 4, H 12, L 10, M 2, O 1, R 30.

Therapie:
Erste Hilfe: Kohle-Pulvis-Gabe, Erbrechen auslösen, Roticlean®, Natriumsulfat, viel trinken lassen. Haut- und Schleimhautblasen steril abdecken, Tetanusprophylaxe, lokal Locacorten-Schaum.
Klinik: Magenspülung (evtl. mit burgunderfarbener Kaliumpermanganatlösung), Kohle- und Natriumsulfatinstillation, gegen Koliken Atropin, Elektrolytsubstitution, Azidoseausgleich mit Natriumbikarbonat (Urin pH 7,5), Kontrolle der Nierenfunktion, bei Krämpfen Diazepam (Valium®) i.v. oder Metamizol (Novalgin®) i.v., ggf. Intubation und Sauerstoffbeatmung.

Cicuta virosa L.

Wasserschierling. *E:* Water-hemlock, Cow bane. *F:* Ciguë aquatique. *I:* Cicuta acquatica. *NL:* Waterscheerling.

EDV-Code: CIUVI.

Familie: Apiaceae, Doldenblütler.

Verbreitung, Vorkommen: Europa, Nordasien, Nordamerika; in Norddeutschland verbreitet, sonst zerstreut; Sümpfe, Teichränder, Gräben.

Beschreibung: Circa 1 m hohe Pflanze, mit dickem, innen gefächertem Wurzelstock, Stengel hohl. Blätter 2–3fach gefiedert, Blattscheiden blasig aufgetrieben. Blüten weiß, in zusammengesetzter Dolde.
Blütezeit: Juli–August.

Droge: Herba Cicutae virosae, Cicutae virosae herba, Wasserschierlingskraut;
Fructus Cicutae virosae, Cicutae virosae fructus, Wasserschierlingsfrüchte;
Radix Cicutae virosae, Cicutae virosae radix, Wasserschierlingswurzel.

Giftige Pflanzenteile: Alle Pflanzenteile, besonders Stengel und Wurzelstock. 2–3 Rhizome für Rinder tödlich [H 1], Pferde und Rinder verenden nach einem walnußgroßen Stück vom frischen Rhizom [H 18]. Die Giftwirkung bleibt auch nach dem Trocknen bestehen.

Hauptwirkstoffe: In allen Organen (frisch 0,2%, trocken bis 3,5%, besonders reichlich im Saft des gefächerten Wurzelstocks, das amorphe, bitter schmeckende, sehr giftige Cicutoxin $C_{17}H_{22}O_2$, Fp. 54 °C, und das in noch größerer Menge vorliegende, aber nicht so toxische
Cicutol $C_{17}H_{22}O$, Fp. 66 °C, beides Acetylenverbindungen [H 12].

Vergiftungserscheinungen: Die Vergiftung durch das typische Krampfgift Cicutoxin ähnelt einer Picrotoxinvergiftung. Es wirkt primär lähmend auf das Großhirn. Symptome meist schon innerhalb 20 min. Brennen im Mund und Rachen, Übelkeit und Erbrechen, Krämpfe mit Zähneknirschen und Schaumabsonderung, Kopfschmerzen, Magenschmerzen, Erweiterung der Pupillen, Schock, Bewußtlosigkeit, Atemnot, zuletzt Atemlähmung.
Aus den Erfahrungen der Beratungsstelle für Vergiftungserscheinungen, Berlin:
2½ jähr. Knabe lutschte an den Blüten, zeigte keine Symptome. 20 jähr. Mann aß Wurzelteile, hatte tonisch-klonische Krämpfe [K 40].
Symptome bei Tieren sind ähnlich wie beim Menschen, und sie treten ebenfalls sehr rasch auf. In der 2. Phase Sehstörungen,

Cicuta virosa

Brüllen, Muskelzucken, krankhaftes Absetzen von Kot und Harn, zuerst erhöhte Herz- und Atemfrequenz, danach erniedrigt. Tod durch Lähmung, unterbrochen von Krämpfen, meistens innerhalb von 24 Std.

Anwendungen in der Homöopathie: 2,5 mg bei Epilepsie; D_6 bei hysterischen Krämpfen.

Gefährlichkeitsgrad: Sehr stark giftig + + +

Vorschriften: Cicuta virosa: Monographie der Kommission D.

Literatur: B 36, F 16, G 4, H 1, H 12, H 18, K 40, K 48, L 10, M 2, M 27.

Therapie:
Erste Hilfe: Sofort Kohle-Pulvis (10 g), Erbrechen auslösen, Natriumsulfat.
Klinik: Magenspülung (evtl. mit burgunderfarbener Kaliumpermanganatlösung), Instillation von 10 g Kohle-Pulvis, Natriumsulfat. Nach der Resorption (Krämpfe) Relaxierung und Intubation, solange das Krampfstadium anhält, nur so viel Antiepileptika wie Diazepam, Barbital u.a., daß die Krämpfe eben unterdrückt bleiben; Forcierte Diurese, bei Fieber Eiswickel, hochkalorische Infusionen (Traubenzucker), keine Phenothiazine, keine Analeptika(!), evtl. Sauerstoffbeatmung.

Cimicifuga racemosa (L.) Nutt.

Wanzenkraut, Langtraubiges Christophskraut, Nordamerikanische Schlangenwurzel, Schwarze Schlangenwurzel, Trauben-Silberkerze. *E:* Black snake-root, black cohosh, bug-bane, deer-weed, rattleroot, rattlesnake root, rattleweed, richweed, squawroot. *F:* Actée à grappes. *I:* Cimicifuga.

Familie: Ranunculaceae, Hahnenfußgewächse.

Verbreitung, Vorkommen: Die Pflanze ist im atlantischen Nordamerika, und zwar vorwiegend im Blue-Ridge-Gebirge (von Alabama bis Pennsylvanien), anzutreffen.

Droge: Radix (Rhizoma) Cimicifugae, Cimicifugae radix (rhizoma).
Wurzelstock bis 15 cm lang und bis 2 cm dick, dunkelbraun, längsfurchig, rauh, stark knotig, etwas geringelt und unregelmäßig gestaltet. Geruch eigenartig; Geschmack bitter und scharf, zusammenziehend.

Hauptwirkstoffe: 15–20% Harze und Bitterstoffe, unter der Bezeichnung Cimi(ci)fugin oder Macrotin, besser Resina

Cimicifuga racemosa

Cimicifugae, bekannt; ferner nach Schindler [Arzneimittel-Forsch. 2, 547 (1952)] Isoferulasäure (Hesperetinsäure) $C_{10}H_{10}O_4$, Fp. 228 °C; Corsano et al. [Atti Accad. Nazl. Lincei, Rend., Classe Sci., Fis. Mat. Nat. 32, 601 (1962); Chem Commun. 1965, S. 185] isolierten aus der Wurzel 2 Triterpenglykoside: Actein $C_{37}H_{56}O_{11}$, Fp. 246–250 °C, und das Glykosid $C_{35}H_{56}O_9$, Fp. 261–264 °C, mit dem Aglykon Cimigenol. Actein läßt sich auf fermentativem Wege in Xylose und das Aglykon Acetylacteol $C_{32}H_{48}O_7$, Fp. 255–257 °C, spalten [H 12].

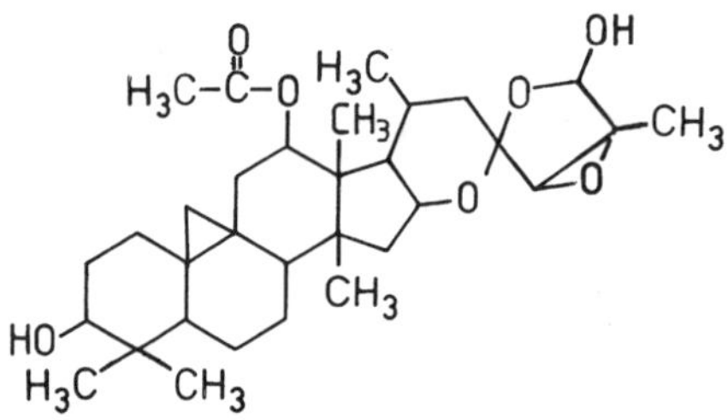

Acetylacteol

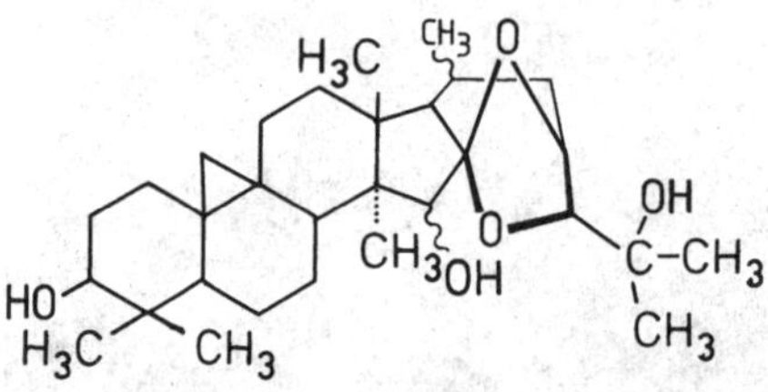

Cimigenol

Vergiftungserscheinungen: Große Gaben (des Fluidextraktes?) verursachen heftigen Kopfschmerz, Steifheit und Zittern der Glieder und starken Priapismus.
Innerlich Gastroenteritis, Dyspnoe und Delirien [M 2].

Wirkungen auf die Haut: Cimicifugin verursacht auf der Haut Rötung und Blasenbildung.

Anwendungen: In den USA zur Behandlung bei Chorea, chronischem Rheuma, Ohrensausen und Schwindel sowie als bitteres Tonicum. In der Homöopathie als wichtiges Stimulans bei Funktionsstörungen der weiblichen Geschlechtsorgane: Menorrhagien, Dysmenorrhoe, Amenorrhoe; bei klimakterischen Beschwerden, Arthrosen und Rheumatismus auf klimakterischer Grundlage. Schwangerschaftsmittel zur Geburtserleichterung [H 12].

Dosierung: Mittlere Einzelgabe als Einnahme 1,0 g, Erg. B. 6; 1 – 3 mal täglich 1 g des Drogenpulvers, USD 55. 0,5 – 1 g; BPC 34.

Anwendungen in der Homöopathie: D_2–D_{15} bei Frauenleiden aller Art und klimakterischen Beschwerden, 0,12 g bei Ohrensausen.

Gefährlichkeitsgrad: Giftig +

Vorschriften: Cimicifuga racemosa: Monographie der Kommission D.
Cimicifugae racemosae rhizoma: Monographie der Kommission E.

Literatur: D 9, H 12, J 3, M 2, M 27.

Therapie:
Erste Hilfe: Erbrechen oder Kohle-Pulvis, Haut spülen.
Klinik: In Extremfällen Magenspülung, Vitaltherapie (S. 56), Cortison-Salbe bei Hautreizung.

Cinchona pubescens Vahl

(Cinchona succirubra Pav. ex Klotzsch)

Chinarindenbaum. *E:* Peruvian bark tree. *F:* Quinquina.

Familie: Rubiaceae, Rötegewächse.

Verbreitung, Vorkommen: Heimat: Das westliche Ecuador und das nördliche Peru, wo der Baum in Höhenlagen von 600–1500 m vorkommt. Heute vielfach auch in anderen tropischen Ländern angebaut.

Droge: Cortex Chinae, Chinae cortex, Chinarinde.
Die Droge hat einen schwachen, charakteristischen Geruch und einen intensiv bitteren, etwas zusammenziehenden Geschmack.
Die Stammrinde bildet röhrenförmige oder verbogene, bis über 30 cm lange und ungefähr 2–6 mm dicke Stücke; die äußere Oberfläche ist matt bräunlichgrau oder grau und oft mit Flechten besetzt, meistens rauh mit Querrissen und in Längsrichtung gefurcht oder runzelig und von Rissen durchzogen. Bei einigen Varietäten spaltet die Außenrinde ab. Die innere Oberfläche ist längsgestreift und dunkel rötlichbraun. Der Bruch ist außen kurz und innen faserig.
Die Wurzelrinde bildet 2–7 cm lange, unregelmäßig rillige, gebogene oder verdrehte Fragmente. Die äußere Oberfläche ist etwas schuppig und die innere Oberfläche mehr oder weniger gestreift. Die Farbe beider Oberflächen entspricht derjenigen der Innenseite der entsprechenden Stammrinde. Der Bruch ist faserig [E 13].
Die meisten Arzneibücher lassen ausschließlich die getrocknete Rinde verwenden.

Auszug aus der Monographie der Kommission E: Cinchonae cortex (Chinarinde)
Gegenanzeigen: Schwangerschaft, Überempfindlichkeit gegen Cinchona-Alkaloide wie Chinin oder Chinidin.
Nebenwirkungen: Gelegentlich können nach Einnahme von chininhaltigen Arzneimitteln Überempfindlichkeitsreaktionen wie Hautallergien oder Fieber auftreten. In seltenen Fällen ist eine erhöhte Blutungsneigung durch Verminderung der Blutplättchen zu beobachten (Thrombocytopenie). In diesen Fällen ist sofort ein Arzt aufzusuchen.

Hauptwirkstoffe: Die wichtigsten Alkaloide sind: 1–3% → *Chinin* $C_{20}H_{24}N_2O_2$, Fp. 117 °C; bis 4% → *Chinidin* (Conchinin, β-Chinin) $C_{20}H_{24}N_2O_2$, Fp. 173 °C; 2–8% → *Cinchonin* $C_{19}H_{22}N_2O$, Fp. 264 °C; 1,25–8% → *Cinchonidin* (α-Chinidin) $C_{19}H_{22}N_2O$, Fp. 205 °C. Ferner Chinamin $C_{19}H_{24}N_2O_2$, Fp. 185–186 °C; Conchinamin (Epichinamin) $C_{19}H_{24}N_2O_2$, Fp. 121 °C;

Cinchona pubescens

Hydrocinchonin (Dihydrocinchonin, Cinchotin, Pseudocinchonin, Cinchonifin) $C_{19}H_{24}N_2O$, Fp. 268 °C; Hydrocinchonidin (Dihydrocinchonidin, Cinchamidin) $C_{19}H_{24}N_2O$, Fp. 232 °C; Epichinidin $C_{20}H_{24}N_2O_2$, Fp. 113 °C; Epichinin $C_{20}H_{24}N_2O_2$, ölig; Chinicin (Chinotoxin) $C_{20}H_{26}N_2O_2$, amorph; Heterochinin $C_{20}H_{24}N_2O_2$, Fp. 167 °C; Hydrochinidin (Dihydrochinidin, Hydroconchinin) $C_{20}H_{26}N_2O_2$, Fp. 169 °C; Hydrochinin (Dihydrochinin) $C_{20}H_{26}N_2O_2$, Fp. 173 °C; Paricin $C_{16}H_{18}N_2O$, Fp. 136 °C; Chinamin $C_{19}H_{24}N_2O_2$, Fp. 185–186 °C; Cinchophyllamin $C_{31}H_{36}N_4O_2$, Fp. 230 °C; Isocinchophyllamin $C_{31}H_{36}N_4O_2$, Fp. 152 °C; Cinchophyllin $C_{31}H_{36}N_4O_2$, Fp. 175 °C. Nach Quadrat-i-Khuda et al. [Chem. Abstr. 63, 12004 (1965)] noch Succirubrin $C_{19}H_{24}N_2O_2$, Fp. 80–81 °C, und Methylsuccirubrin $C_{20}H_{26}N_2O_3$, Fp. 171–172 °C. Die in älterer Literatur aufgeführten Alkaloide wie z. B. Cuscamin, Cuscanoidin, Homocinchonin, Javanin, Dicinchonin (Dicinchonicin), Diconchinin (Dichinicin) und Pericin sind fragliche Substanzen, deren Existenz nicht hinreichend geklärt ist. Der überwiegende Teil dieser Alkaloide ist an organische Säuren oder Gerbstoffe gebunden. 5–8% → *Chinasäure* (6-Methoxycinchoninsäure) $C_7H_{12}O_6$, Fp. 161,5 °C [H 12].

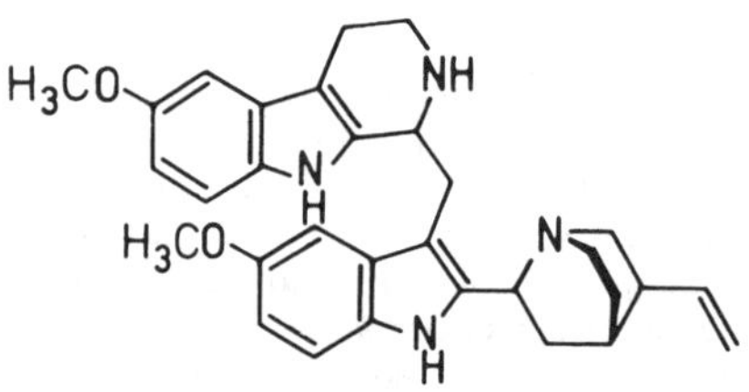

Chinchophyllamin

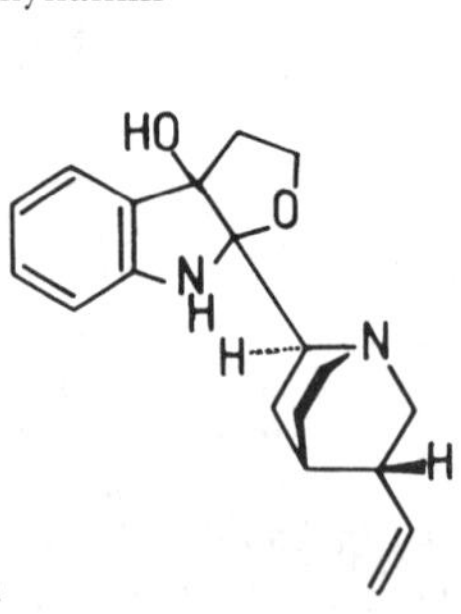

Chinamin

Pharmakologische Wirkung: Schon nach sehr kleinen Chininmengen kann Chininfieber auftreten, z. B. nach 0,06g, das einem Wechselfieberparoxysmus ähnelt. Nach **0,1 g Chininhydrochlorid* stellten sich Sopor, große Schwäche, Schüttelfrost und Temperaturanstieg im Rektum bis 40,3 °C ein, nach dem 21. Löffel eines China-Dekokts (30,0:200,00) Schüttelfrost, Fieber und Hautausschlag. Diesem Fieber können sich Ikterus und Hämaturie zugesellen. Das Chinin besitzt aber noch andere unangenehme, gelegentlich auftretende Nebenwirkungen. So zerstört es die Erythrozyten und bewirkt, besonders bei Malaria-Patienten und Schwangeren, die sogenannte „Chininhämolyse", die als Ursache des Schwarzwasserfiebers gedeutet wird und sich in folgenden Erscheinungen äußert: Blässe, Frösteln, kalte Schweiße, Lendenschmerzen, galliges Erbrechen, Fieber, Durchfall, schwere Blutzersetzung (Hämolyse), Hämaturie, Dyspnoe, Blutungen und Ikterus. Letzterer kann auch fehlen. Der Harn nimmt eine dunkelrote Färbung an. Der Tod erfolgt in der zweiten Woche. Ganz allgemein ist die Chininidiosynkrasie nicht selten. So kann schon nach **1 g Chinin* der sogenannte Chininrausch auftreten, der sich in Ohrensausen, Schwerhörigkeit, Schwindel, Kopfschmerzen und Erbrechen äußert. Bei allgemeiner Blutungsneigung erzeugt Chinin Blutergüsse in Muskulatur, Brusthöhle, Herzbeutel, Blutaustritte in Bauchfell, Gekröse, Netz, Darmaußenhaut mit teilweiser Unterwühlung der Gewebe, Blutaustritte auch in Schleimhäuten der oberen Luftwege und im Lungenparenchym, in Mund- und Magenhaut.

Größere Gaben verursachen die sogenannte Chininblindheit durch Blutstarre infolge Verengung der Zentral- und Uvealgefäße bis zu Gefäßverdickungen und -thromben. In den meisten Fällen kehrt allerdings nach Tagen bis höchstens Wochen wenigstens quantitatives Sehvermögen zurück, länger anhaltende Blindheit kommt nur in den schwersten Fällen vor. Die Chinintaubheit, der hef-

Cinchona pubescens

tiges Ohrensausen vorausgeht, wird durch Blutüberfüllung, Exsudation und Blutergüsse im Mittel- und Innenohr verursacht. Auch Sprachverlust – mit heftigem Kopfweh, ödematösem Gesicht und leichtem Schwindel – wurde beobachtet.
Kleine Dosen Chinin verstärken bei direkter Einwirkung Automatie und Tonus des Uterus, größere lähmen sie. Bei Arbeiterinnen in Chininfabriken wurden Steigerung bzw. Hervorrufung uteriner Hämorrhagien, häufige Aborte und Neigung zu rezidivierenden Aborten festgestellt. Bei Chininidiosynkrasie der Mutter verursachte Chinin, als Wehenmittel nach normaler Schwangerschaft verabreicht, die Geburt eines toten Kindes. Allgemeinsymptome der Chininvergiftung sind: Salivation, Vomitus, Leibschmerzen, Brechdurchfall, Gliederlähmung, Schüttelfröste, kalte Schweiße, Somnolenz, geistige Störungen, Ikterus, Albuminurie, Fieber, Zyanose, bei chronischer Vergiftung Abmagerung und Kachexie. Die Todesursache ist in erster Linie Atemstillstand. Durch künstliche Atmung ist eine kurze Verlängerung des Lebens möglich. Endlich steht auch das Herz in diastolischer Lähmung still. Chinidin erzeugt häufig Nausea und Vomitus, wobei der Brechreflex wohl vom Zwerchfell ausgelöst wird. Es sind zahlreiche Vergiftungsfälle durch Chinin bekanntgeworden [M 2].
Es gibt eine ganze Reihe von chininhaltigen Genußmitteln (Tonic water, Bitterliköre etc). Bei Auftreten der obengenannten Symptome muß bei der Diagnose auch an Genußmittel, die eine leichte Chininvergiftung hervorgerufen haben, oder an eine Chininidiosynkrasie gedacht werden.

Wirkungen auf die Haut/Schleimhaut: Häufiger beobachtete Folgen von Chininidiosynkrasie sind auch Hauterscheinungen wie Pruritus, Ekzeme und Erytheme. Auf der Haut verursacht Chinin Erytheme, Ödeme, Quaddeln, Roseolen, skarlatinöse Exantheme, Hautblutungen, Chininpurpurea, im Anschluß an Chininexanthem Xanthelasma, bei örtlicher Einwirkung Dermatitis und Chininkrätze.

Dosierung: Einzelmaximaldosis Chinindihydrochlorid *0,5 g. Tagesmaximaldosis Chinindihydrochlorid 2,0 g, Einzeldosis Cinchonin 0,25–0,5 g, Einzeldosis Chinidin 0,3 g, Tagesmaximaldosis Chinidin 0,9 g.

Anwendungen in der Homöopathie: D_2–D_3 bei Magenschwäche und Blähungen; D_3–D_6 bei Menière; 0,2 mg Gesamtalkaloide bei Erschöpfung und Blutarmut.

Gefährlichkeitsgrad: Giftig +

Vorschriften: Aromenverordnung der Bundesrepublik Deutschland v. 22. 12. 1981 (BGBl I, 1677–1685). Beschränkt verwendbare Stoffe des § 2, Anlage I: Chinarinde, Chinin. Verwendung: Höchstmenge Trinkbranntweine 300 mg Chinin, alkoholfreie Erfrischungsgetränke 85 mg Chinin in 1 l des verzehrfertigen Getränks.
Cinchona succirubra: Monographie der Kommission D.
Cinchonae cortex: Monographie der Kommission E.

Literatur: E 13, H 12, H 46, M 2, M 27.

* Der Verfasser hat bezüglich der obigen Mengenangaben oder Bezeichnungen Bedenken. Er nimmt an, daß in der Originalliteratur Fehler vorhanden sind.

Therapie:
Erste Hilfe: Kohle-Pulvis-Gabe.
Klinik: Nach Aufnahme großer Mengen Magenspülung, Kohle-Pulvis, Natriumsulfat, Plasmaexpander im Schock. Natriumbikarbonat zum Azidoseausgleich. Atropin oder Alupent bei Bradykardie. Phenytoin oder Lidocain bei tachykarden Herzrhythmusstörungen. Evtl. Intubation, Beatmung, Kontrolle der Blutgerinnung.

Cinnamomum camphora (L.) J.S. Presl

Kampferbaum, Kampferlorbeer. *E:* Camphor tree. *F:* Camphrier du Japon. *I:* Laurocanfora. *NL:* Kamferboom.

EDV-Code: CINCA.

Familie: Lauraceae, Lorbeergewächse.

Verbreitung, Vorkommen: In den chilenischen Bergwäldern, auf Formosa und den südlichen Inseln des japanischen Archipels.

Beschreibung: Sehr großer bis 50 m hoher und 5 m dicker Baum.

Hauptwirkstoffe: Ätherisches Öl, bestehend aus Safrol, Acetaldehyd, Kampfer, Terpineol, Eugenol, Cineol, D-Pinen, Phellandren, Dipenten, Cadinen.

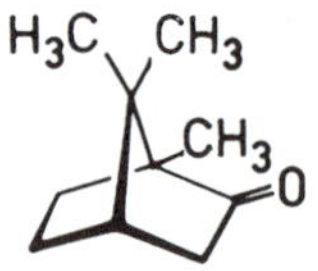

Kampfer

Vergiftungserscheinungen: Ein Mann, der versehentlich 3,7 g Camphora auf einmal nahm, bekam Schwindel, Kälte der Extremitäten, heftige Angst, kalten Schweiß, leichte Delirien, Somnolenz und matten Puls, bald darauf große Hitze, schnellen Puls und roten Urin.

Nach lange Zeit fortgesetzten sehr großen Kampfergaben wurde eine von oben nach unten fortschreitende cerebrospinale Paralyse mit Lähmung der oberen und unteren Extremitäten, Impotenz und Schwäche der Intelligenz bei ungestörten Sinnesfunktionen beobachtet. Bei wiederholten Kampfereinspritzungen kommt es infolge der großen Ölmengen, welche lange unter der Haut liegen, trotz aller Asepsis nicht ganz selten zur Abszedierung (Kampferabszeß). Kampfer wirkt erregend auf das Herz, indem er die Schlagleistung der Kammermuskulatur fördert; in größeren Gaben wirkt er, durch nachteilige Beeinflussung von Reizbildung und -leitung und schließlich Lähmung narkotisch und schwächend. In toxischen Dosen übt er eine depressive Wirkung auf das Nervensystem aus und kann bei Hysterischen und Fiebernden kollapsartige Zustände herbeiführen [M 2].

Wirkungen auf die Haut/Schleimhaut: Therapeutisch nicht zu verwenden: Äußerlich bei geschädigter Haut, bei Säuglingen und Kleinkindern im Bereich des Gesichts, speziell der Nase.
Kampfer verursacht entzündlich geschwürige Affektionen der Magenschleimhaut, bei

Cinnamomum camphora

subkutaner Injektion Ödeme in Haut und Unterhaut, hämorrhagische Abszesse, thrombosierte Gefäße, Nekrosen; entzündliches Granulationsgewebe zeigt sich. Örtlich bewirkt Kampfer Brennen, Schmerzen und Entzündung.
Kampfer induziert keine Allergie, Kampferöl ist möglicherweise allergenwirksam.
Als mögliche Nebenwirkung werden in der Monographie der Kommission E des BGA Kontaktekzeme aufgeführt.

Dosierung: Einzeldosis 1 g (subkutan oder intramuskulär), in 24 Std. 5 g (subkutan oder intramuskulär) Hisp. IC. – 120–130 mg BPC 68. – Äußerlich in 0,1%igen Zubereitungen zum Gebrauch auf der Haut, USP XVII. – Für subkutane Injektionen 100–300 mg in 1–2 ml eines sterilisierten fetten Öles gelöst, USD 60. – Gebräuchliche Dosis für eine Kur: oral 50–200 mg, gebräuchliche Einzeldosis: oral 150–600 mg, intramuskulär 200 mg bis 1 g, Ned. 6; 60–200 mg bei Injektionen, Extra P. 67 [H 12].

Anwendungen in der Homöopathie: D_0–D_3 (auf Zucker) bei Koliken und Krämpfen sowie bei Schnupfen im allerersten Stadium; bei Kollaps.

Gefährlichkeitsgrad: Wenig giftig (+)

Vorschriften: Camphora: Monographie der Kommission D und E.
Aromenverordnung der Bundesrepublik Deutschland v. 22. 12. 1981 (BGBl I, 1677–1685), verbotener Stoff des § 2, Anlage I: Campherholz (Lignum Camphora, Stammpflanze Cinnamomum camphora), Safrol enthaltende Campheröle.

Literatur: D 9, H 12, M 2, M 17, M 27, T 6.

Therapie:
Erste Hilfe: Kohle-Pulvis-Gabe, Erbrechen auslösen, Natriumsulfat, viel trinken lassen.
Klinik: Nach Aufnahme großer Mengen Magenspülung (evtl. mit burgunderfarbener Kaliumpermanganatlösung), Roticlean®-, Kohle- und Natriumsulfatinstillation, gegen Koliken Atropin, Elektrolytsubstitution, Azidoseausgleich mit Natriumbikarbonat (Urin pH 7,5), Kontrolle der Nierenfunktion, bei Krämpfen Diazepam (Valium®) i.v., ggf. Intubation und Sauerstoffbeatmung.

Cinnamomum verum J. S. Presl

(DAB 10: Cinnamomum zeylanicum Nees)

Ceylonesischer Zimtbaum. *E:* Cinnamom. *F:* Canellier, Cannelle de Ceylan. *I:* Cannella di Ceylon. *NL:* Kaneelboom.

EDV-Code: CINZE.

Familie: Lauraceae, Lorbeergewächse.

Verbreitung, Vorkommen: 10 m hoher Baum. In den Gebirgsgegenden Ceylons von 900 bis über 2000 m. In den Tropen oft kultiviert.

Droge: Cortex Cinnamomi ceylanici, Cinnamomi ceylanici cortex, Zimtrinde.
Rindenstücke 1–3 mm dick und meist 2–5 cm breit, je nach der Schälung von der Korkschicht befreit, hellbraun (zimtbraun) und zu Röhren oder Halbröhren von etwa 30–60 cm Länge eingerollt [H 12].

Hauptwirkstoffe: Mindestens 2,5 (bis 4%) ätherisches Öl mit ca. 75% Zimtaldehyd. Ceylonzimt enthält bis zu 6,62% Calciumoxalat.

Pharmakologische Wirkung: Das Zimtöl wirkt in größeren Dosen erregend auf das kardiovaskuläre System, auf Nerven und Muskeln, insbesondere auf den Uterus. Werden größere Mengen von Zimt genommen, wie es häufig zu abortiven Zwecken geschieht, so können grobe Methämoglobinämie und Hämatinämie und dadurch Nephritis entstehen [M 2].
Mittlere Dosen bewirken Erregung, Anstieg der Herzfrequenz, der Atemtätigkeit, der Darmperistaltik, der Schweißsekretion, der Tränen- und Nasensekretion und außerdem einen leichten Anstieg der Temperatur. Diesem Exzitationsstadium folgt eine zweite Phase, die sich in Symptomen zentraler Lähmung äußert wie Depression und Schläfrigkeit. Hohe Dosen bewirken krampfähnliche Effekte. Das ätherische Öl hat außerdem eine beachtliche antiseptische und antimykotische Wirkung. Ferner stellte man eine anthelmintische Wirksamkeit fest [H 12].
Es gibt Zimtsorten, die geraucht (Canel-Zigaretten) in den 30er Jahren ähnliche Erscheinungen wie Marihuana bei Hollywood-Mädchen hervorgerufen haben [R 25].

Wirkungen auf die Haut: Das etherische Öl sowie Zimtaldehyd sind als wichtige Kontaktallergene bekannt (allergische Reaktionen auf Nahrungsmittel, Aromen, Parfüm).

Dosierung: 0,3–1,2 g Ind.P.C. 53; 1 g Jug.II [H 12].

Gefährlichkeitsgrad: Wenig oder kaum giftig (+), aber öfter initativ.

Vorschriften: Cinnamomum zeylanicum: Monographie der Kommission D.
Cinnamomi ceylanici cortex und C. c. flos: Monographie der Kommission E.

Literatur: H 12, M 2, R 25.

Cinnamomum verum

Therapie:
Erste Hilfe: Erbrechen oder Kohle-Pulvis, Haut spülen.
Klinik: In Extremfällen Magenspülung, Vitaltherapie (S. 56), Cortison-Salbe bei Hautreizung.

Citrullus colocynthis (L.) Schrader

Koloquinte, Pomaquinte, Alhandal, Koloquintenkürbis, Purgiergurke, Teufelsapfel. *E:* Bitter apple. *F:* Coloquinthe. *I:* Coloquintide.

EDV-Code: CITCO.

Familie: Cucurbitaceae, Kürbisgewächse.

Verbreitung, Vorkommen: In den Wüstengebieten Westafrikas heimisch, im Mittelmeergebiet, in Afrika und Indien kultiviert.

Beschreibung: Ausdauernde Pflanze mit krautigen, niederliegenden Stengeln und langgestielten, herzförmigen Blättern mit stumpfen oder buchtig gezähnten Lappen. Die bitter schmeckende Frucht mit schwammigem Fruchtfleisch erreicht die Größe eines Apfels (bis 10 cm). Schale und Samen fest, „Panzerbeere".

Droge: Fructus Colocynthidis, Colocynthidis fructus, Koloquinten.
Die geschälten Früchte sind kugelig, 5–10 cm im Durchmesser, schnee- bis gelblichweiß, sehr leicht. Sie bestehen nur aus dem weichen, schwammigen Gewebe der inneren Fruchtwand und den Plazenten und enthalten zahlreiche Samen [H 12].
Auszug aus der Monographie der Kommission E: Colocynthidis fructus
Risiken: Koloquinthen enthalten bis zu 3% Cucurbitacine. Für die Droge und ihre Zubereitungen sind nach Einnahme starke Reizwirkungen auf die Schleimhäute des Magen-Darm-Traktes bis hin zu blutigen Durchfällen beschrieben. Teilweise Resorption kann zu Nierenschädigung und einer hämorrhagischen Cystitis führen. Eine abortive Wirkung ist bekannt.
Cucurbitacine wirken cytotoxisch und antimitotisch. Sie treten in die Muttermilch über.

Citrullus colocynthis

Hauptwirkstoffe: Citrullol, Cucurbitacin-E-2-D-glucopyranosid $C_{38}H_{54}O_{13}$, Fp. 158–160 °C [Aglucon Cucurbitacin E (= α-Elaterin) $C_{32}H_{44}O_8$, Fp. 233 °C]; nach Auterhoff et al. [Dtsch. Apoth.-Ztg. 107, 1353 (1967) u. 108, 1191 (1968)] Cucurbitacin-J-glucosid $C_{36}H_{52}O_{12}$, Fp. 145–160 °C [Aglucon Cucurbitacin J (= Elaterin B) $C_{30}H_{42}O_7$, Fp. 149 °C]. Nach Lavie et al. [Phytochemistry 3, 51 (1964)] Cucurbitacin-L-Glykosid (Aglykon Dihydroelatericin B) H 12].
Der höchste Glykosidgehalt (0,22) wurde im Fruchtfleisch, der niedrigste in den Wurzeln (0,049) gefunden. Samen, Stengel, Blätter und Rinde enthalten je 0,18, 0,17, 0,15, 0,08%. Reife, geschälte, an der Sonne getrocknete Früchte bringen den besten Glykosidgehalt [H 12].

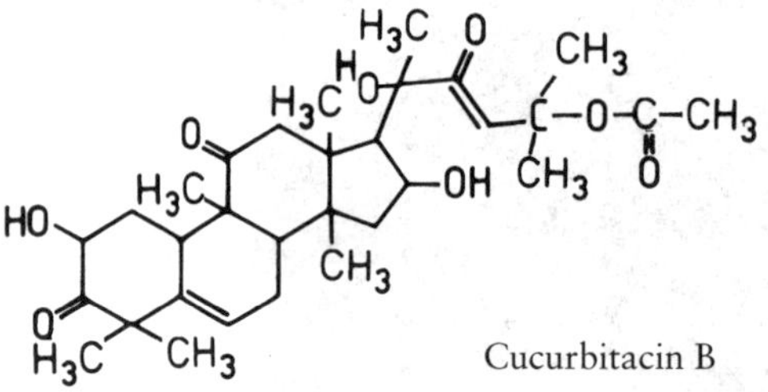

Cucurbitacin B

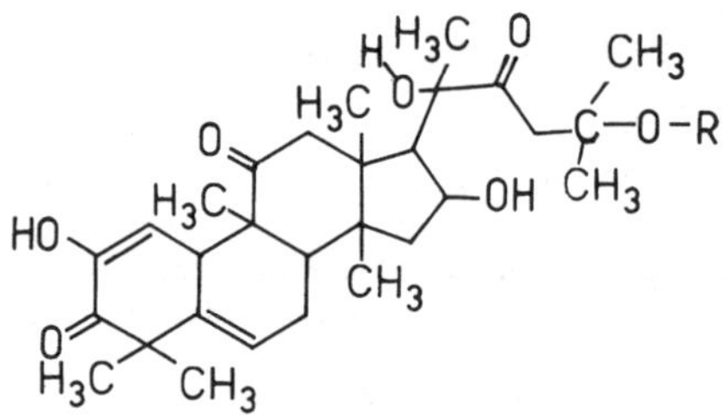

Cucurbitacin E: R=CO-CH_3
Cucurbitacin J: R=H

Vergiftungserscheinungen: Die Droge bewirkt eine starke Flüssigkeitsabsonderung in den Darm und eine heftige Reizung der Darmschleimhaut. Die wirksamen Bestandteile werden im Urin sowie in der Milch stillender Frauen ausgeschieden. Belkin et al. [J. nat. Cancer Inst. 13, 139 (1952)] und später Faust et al. [J. Amer. pharm. Ass., sci. Ed. 47, 1 (1958)] erkannten tumornektrotisierende Eigenschaften des Fruchtextraktes [H 12].
Ein Mann, der 90 g Koloquinten einnahm, bekam reichliches Erbrechen, heftige Schmerzen im Epigastrium, kopiöse Stuhlentleerungen, Sehstörungen, Delirium und Schwindel [O 5].
Leschke beschreibt den Vergiftungsfall einer Frau, die in selbstmörderischer Absicht ein großes Likörglas mit Koloquintenabkochung getrunken hatte. Es stellten sich schleimige Stuhlentleerungen mit geringer Blutbeimengung, Leib- und Kopfschmerzen sowie eine Druckempfindlichkeit des Leibes ein. Nach einigen Tagen waren alle Beschwerden wieder verschwunden.
Dagegen berichtet Fordyce von einer Frau, die 30 Jahre lang an Koliken litt, weil sie einen Aufguß von Koloquintenmark genommen hatte.
Koloquinten sind bei Gravidität kontraindiziert. Sie gehören zu den Drastika, die in größerer Dosis eine Gastroenteritis hervorrufen. Es kommt bei Koloquintenvergiftung zu blutigen Durchfällen, Geschwüren, Wanddurchbrüchen, Peritonitis und Verwachsungen. Die Niere zeigt stärkste Hyperämie und zahlreiche Blutaustritte, die Harnblasenschleimhaut ist entzündet. Oft treten Hyperämie im Gehirn, Delirien und Kollaps auf [M 2].

Dosierung: Durchschnittsdosis 120 mg, NF XI. – 120–130 mg Ind.P.C. 53. – Einzeldosis 0,3 g, Tagesdosis 0,6 g Hung. V. – Einzeldosis 0,3 g, Tagesdosis 1,0 g DAB 6, Helv. V, Norv. V, Dan. IX [H 12].

Anwendungen in der Homöopathie: D_3–D_6 bei Durchfall und Darmkatarrh; 0,25 g bei chronischem Darmkatarrh.

Gefährlichkeitsgrad: Stark giftig + +

Vorschriften: Citrullus colocynthis: Monographie der Kommission D.
Colocynthidis fructus: Monographie der Kommission E.

Literatur: D 3, H 12, M 2, M 27, O 5.

Citrullus colocynthis

Therapie: Erste Hilfe: Kohle-Pulvis-Gabe, Erbrechen auslösen, Natriumsulfat, viel warmen Tee trinken lassen. Klinik: Magenspülung (evtl. mit burgunderfarbener Kaliumpermanganatlösung), Instillation von 10 g Kohle-Pulvis, Elektrolytsubstitution, Azidoseausgleich mit Natriumbikarbonat (Urin pH 7,5), Kontrolle der Nierenfunktion, bei Krämpfen Diazepam (Valium®) i.v., ggf. Plasma(expander)gabe, bei Atemlähmung: Intubation und Sauerstoffbeatmung.

Citrus aurantium L. ssp. aurantium

(Citrus aurantium ssp. amara Engl.)

Pomeranze, Bigarade, Bittere Orange. *E:* Bitter Seville orange. *F:* Orange amère, Bigaradier. *I:* Arancio. *NL:* Oranjeappelboom.

EDV-Code: CIDAU.

Familie: Rutaceae, Rautengewächse.

Verbreitung, Vorkommen: Der am Südabhang des Himalaja heimische, jetzt im Mittelmeergebiet und in anderen wärmeren Gebieten zahlreich angebaute Baum ist auch oft als Alleebaum angepflanzt, z. B. in Griechenland.

Beschreibung: Der Baum oder Strauch hat hellgrüne Sprößlinge. Blätter tiefgrün, lanzettlich mit geflügelten Blattstielen. Blüten weiß, meist zwittrig, wohlriechend. Früchte orangefarben, 8–12fächerig, kugelig, mit bitterer Flavedoschicht und saurer Pulpa.

Bekannte Citrus-Gewächse sind:
Bergamotte – Citrus bergamia Risso et Poit.
Citrus deliciosa Ten. – Mandarine
Citrus limon (L.) Burm. f. – Zitrone
Citrus maxima (Burm.) Merr. – Pampelmuse
Citrus medica L. – Zitronatzitrone
Citrus x paradisi Macfad. – Grapefruit
Citrus tangerina hort. ex Tanaka-Mandarine
Citrus sinensis (L.) Osbeck – Apfelsine.

Droge: Pericarpium Aurantii amari, Aurantii amari pericarpium, Bitterorangenschale. Die Droge besteht aus 5–8 cm langen, 3–5 cm breiten und etwa 1,5 mm dicken, elliptischen, beiderseits zugespitzten, mehr oder weniger verbogenen oder bauchig ge-

Citrus aurantium

wölbten Stücken. Die äußere Oberfläche ist gelblich- bis rötlichbraun [H 12].
Folia Aurantii amari, Bitterorangenblätter. Die Ganzdroge besteht aus den länglich-eiförmigen, 10–15 cm langen und bis 7 cm breiten, ganzrandigen oder schwach und entfernt gekerbten Laubblättern [H 12].

Hauptwirkstoffe: Früchte mit ca. 1,25–2,5% ätherischem Öl (ca. 92% Terpene, bes. → *D-Limonen*). Blätter etwa 0,3% ätherisches Öl, 0,1% Stachydrin $C_7H_{13}NO_2$, Fp. (dec.) 235 °C, und Hesperidin $C_{28}H_{34}O_{15}$ (Hesperetin-7-rutinosid), Fp. 257–261 °C [H 12].

Pharmakologische Wirkung: Das in der Schale enthaltene limonenhaltige ätherische Öl wirkt antispasmodisch, regt die Darmperistaltik und die Tätigkeit von Herz, Niere und Haut an. Bei Arbeiterinnen, die mit der Verarbeitung beschäftigt waren, rief es Kopfschmerzen, Schwindel, Benommensein, auf der Haut Bläschen und Erysipel hervor. Auch über eine schwere Hautentzündung, die nach Anwendung des Bergamotteöls aufgetreten ist, wird berichtet. Es entstand eine bis zur Schorfbildung führende Dermatitis unter Hinterlassung einer langdauernden, braunen Pigmentierung. Auch nach Citronenöl kann eine Dermatitis auftreten [M 2].
Zwei Frauen aßen im Frühjahr 1983 in Griechenland eine Pomeranze, die von einem Baum gefallen war. Sie waren enttäuscht, daß die wohlriechende und schön gefärbte Frucht so sauer ist. Kurz darauf bekamen sie starken Durchfall, der etwa 24 Std. anhielt. Der Autor selbst hatte nur einen kleinen Schnitz gegessen und blieb beschwerdefrei (eigene Beobachtung).

Wirkungen auf die Haut: Alle Citrusfrüchte können eine Kontaktallergie hervorrufen. Man unterscheidet allergische Reaktionen auf den Saft und auf das ätherische Öl. Zwischen beiden bestehen keine Kreuzreaktivitäten. Im ätherischen Öl sind die Terpene vor allem aber deren Hydroperoxide als Sensibilisatoren verantwortlich zu machen. Die schweren Hautentzündungen, die nach Anwendung von Bergamotteöl aufgetreten sind, stellen eine Sonderform dar, da es sich hierbei nicht um allergische, sondern um phototoxische Reaktionen handelt. Für die Berlock- oder berloque-Dermatitis sind Furocumarine verantwortlich, z. B. 5-Methoxypsoralen.
Eine 18jährige Patientin erkrankte einen Tag nach ihrem Urlaub in einem mediterranen Club-Dorf an einer streifigen, hyperpigmentierten, streng symmetrisch angeordneten Dermatitis an der Innenseite beider Oberschenkel. Sie hatte an einem Gesellschaftsspiel teilgenommen, bei dem Limonen zwischen den Oberschenkeln gerollt und balanciert wurden. Ursache waren die in der Limonenschale vorkommenden Furocumarine (Ärztliche Praxis).

Anwendungen: Als Aromaticum und als appetitförderndes Mittel, besonders bei Störungen des Gastrointestinaltraktes sowie bei Magenkrämpfen und Erbrechen, aber auch nervösen und spastischen Verdauungsstörungen. Als Geschmackskorrigens, zu Gewürzextrakten, als Fleisch- und Fischkonservengewürz, in der Likörindustrie. Zur Gewinnung des ätherischen Öles [H 12].

Dosierung: Tagesdosis 1 g, Jug. II. Tagesdosis 3 g (als Abkochung), Jap. 61 [H 12].

Gefährlichkeitsgrad: Kaum giftig

Vorschriften: Aurantii pericarpium: Monographie der Kommission E.
Citrus aurantium: Monographie der Kommission D.
Citrus limon: Monographie der Kommission D.
Citri sinensis pericarpium: Monographie der Kommission E.

Literatur: H 12, M 2.

Therapie:
Erste Hilfe: Erbrechen oder Kohle-Pulvis, Haut spülen.
Klinik: In Extremfällen Magenspülung, Vitaltherapie (S. 56), Cortison-Salbe bei Hautreizung.

Cladonia stellaris (Opiz.) Použ. et Vežda

[Cladonia alpestris (L.) Rabenh.]

Silbermoos.

Familie: Cladoniaceae.

Verbreitung, Vorkommen: Die Flechte kommt hauptsächlich aus Skandinavien und wird bei uns zu Grab-, Wandschmuck, Modellbäumchen etc. verarbeitet. In der Bundesrepublik ist die vom Aussterben bedrohte Flechte nur noch selten in Mittelgebirgen und im Allgäu zu finden.

Beschreibung: Sehr dicht verzweigte, kuppelförmig gewölbte (fast blumenkohlartig), blaß-gelblichgraue bis gelbliche Flechte, mit nicht gebräunten Endzweigen. Verzweigung geht von einem Punkt aus; Zweige mehr oder weniger gleichmäßig entwickelt, ohne deutliches Hauptstämmchen, zu 4–6, sternförmig, allseits gebogen bis fast aufrecht.

Giftige Pflanzenteile: Die ganze Flechte.

Hauptwirkstoffe: (–) und (+)-Usninsäure, Perlatolsäure, Fumarprotocetrarsäure in Spuren.

Wirkungen auf die Haut: Während in Skandinavien, besonders Nordfinnland, beim Sammeln der Flechten bis zu 10% der damit beschäftigten Sammler an Handekzemen erkranken (Salo et al.), sieht man bei uns nur gelegentlich eine Silbermoos-Kontaktallergie bei einem (Friedhofs-)Gärtner oder Floristen (Denzer-Fürst et al.). Der Kontakt mit Weihnachts- und Modelleisenbahndekorationsmaterial führt ebenfalls nur gelegentlich zu einer Sensibilisierung (Mitchell, Dahlquist). Mehrfach wurde der Flechte ein phototoxischer, bzw. sogar photoallergener Effekt zugeschrieben (Thune). Bisher unveröffentlichte Untersuchungen im Modellversuch zeigten nur eine schwache photoallergene Wirkung für Atranorin, (–)- und (+)-Usninsäure (priv. Mitt. Th. Maurer, Basel) [H 21].

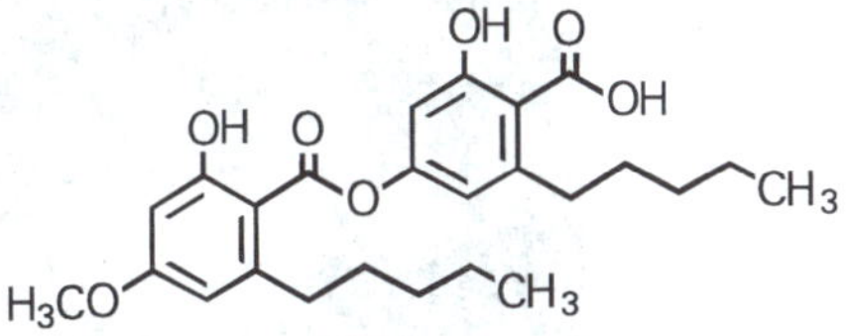

Perlatolsäure

Vorschriften: Alle heimischen Cladonia-Arten stehen unter Naturschutz (BArt-SchV v. 18. 9. 1989). Cl. stellaris ist in der Roten Liste als stark gefährdet eingestuft.

Gefährlichkeitsgrad: Allergen.

Literatur: H 21, J 12, R 30, W 36.

Cladonia stellaris

> **Therapie:**
> Bei Sonnenunverträglichkeit Hautkontakt und Einatmung (z. B. von Pflanzenstaub bei der Aufarbeitung von getrockneten Pflanzen) meiden.

Clematis alpina (L.) Mill.

(Atragene alpina L.)

Alpen-Waldrebe. *E:* Alpine clematis. *F:* Atragène des Alpes. *I:* Clematide alpina.

Blüte

Früchte

Clematis alpina

Familie: Ranunculaceae, Hahnenfußgewächse.

Verbreitung, Vorkommen: Europa, v. a. Alpen, Sibirien, Mandschurei; Nadelwälder, Zwergstrauchheiden.

Beschreibung: 2–3 m langer Kletterstrauch. Blätter einfach bis doppelt gefiedert, gegenständig. Blüten einzeln, blattachselständig, gestielt, blauviolett, glockig. Früchte mit verlängerten, federigen Griffeln.
Blütezeit: Mai–August.

Vorschriften: Die Pflanze steht unter Naturschutz.

Giftwirkung etc. → *Clematis recta* L.

Clematis recta L.

Aufrechte Waldrebe. *E:* Upright virgin's bower. *F:* Clématide droite. *I:* Clematide eretta.

Familie: Ranunculaceae, Hahnenfußgewächse.

Verbreitung, Vorkommen: Europa; trockene Wiesen, Waldränder, Abhänge.

Beschreibung: Ausdauernde, bis 1,5 m hohe aufrechte Pflanze. Blätter blaugrün, gegenständig, unpaarig gefiedert, Teilblättchen eiförmig, zugespitzt. Blüten milchweiß, 4zählig, in endständigen Trugdolden. Früchte mit verlängerten, federigen Griffeln.
Blütezeit: Juni–Juli.

Droge: Herba Clematidis rectae, Clematidis rectae herba, Waldrebenkraut.
Zur Blütezeit gesammeltes, getrocknetes Kraut.

Giftige Pflanzenteile: Die ganze Pflanze. Die getrocknete Pflanze ist frei von hautreizenden Stoffen.

Hauptwirkstoffe: → *Protoanemonin,* Anemonin, nach älteren Angaben Anemonol.

Vergiftungserscheinungen: Gastroenteritis, Reizerscheinungen der Niere und des Nervensystems, die sich durch Krämpfe und Lähmungen kundtun.

Wirkungen auf die Haut: Blasenziehende Wirkung.
In früheren Zeiten nutzten Bettler die hautreizende und blasenziehende Wirkung, um Mitleid zu erregen.

Anwendungen in der Homöopathie: D_2–D_6: Ulcus cruris, Hodenentzündung, Prostatitis, Lymphdrüsenentzündung, Tripperfolgen.

Gefährlichkeitsgrad: Giftig +

Vorschriften: Clematis recta: Monographie der Kommission D.

Literatur: B 36, D 9, F 16, G 4, G 22, H 12, H 24, M 2, M 27.

Clematis recta

Therapie:
Erste Hilfe: Kohle-Pulvis.
Klinik: In Extremfällen Entgiftung und Alkalisierung.

Clematis vitalba L.

Gemeine Waldrebe. *E:* Old man's beard. *F:* Clématide des haies. *I:* Clematide vitalba. *NL:* Bosrank.

EDV-Code: CLVVT.

Familie: Ranunculaceae, Hahnenfußgewächse.

Verbreitung, Vorkommen: Süd-, West- und Mitteleuropa; Wälder, Hecken, Auwälder.

Beschreibung: Blattstiel-Kletterstrauch, bis 15 m lang. Blätter meist 5zählig, Teilblättchen herzförmig, Blattstiele rankend. Blüten 4zählig, außen grünlich, innen weiß, in end- und blattachselständigen Rispen. Früchte mit verlängerten, federigen Griffeln.

Blütezeit: Juni–September.

Vergiftungserscheinungen: Einige 12jährige Buben, die Clematis vitalba-Stengel als „Zigaretten" geraucht hatten, bekamen anschließend starke Leibschmerzen und sehr heftigen Durchfall, der nach ca. zwei Tagen abklang (eigene Beobachtung).

Giftwirkung etc. → *Clematis recta* L.

Vorschriften: Clematis vitalba: Monographie der Kommission D.

Therapie: → *Clematis recta*

Cleome spinosa Jacq.

(Cleome pungens Willd.)

Spinnenpflanze. *E:* Spider flower. *F:* Cléome épineuse. *I:* Cleome comune.

EDV-Code: CLESP.

Familie: Capparidaceae, Kaperngewächse.

Verbreitung, Vorkommen: Heimat: Südamerika, in vielen wärmeren Ländern verwildert. Gartenzierpflanze.

Beschreibung: Krautige bis 1,5 m hohe Pflanze, mit behaartem, drüsigem Stengel. Blätter handförmig, mit 5–7 Teilblättchen; wechselständig. Blüten langgestielt, in reichblütigen Trauben, purpurrosa bis weiß. Einzelblüten mit 6 langen Staubblättern (wie Spinnenbeine, Name!). Frucht bis 12 cm lang und 4 mm dick.
Blütezeit: Juli–September.

Giftige Pflanzenteile: Besonders die Samen.

Hauptwirkstoffe: Glucocapparin $C_8H_{14}O_9 \cdot NS_2K$, Fp. 208–210 °C und andere Senfölglykoside sowie alkaloidartige [H 12] und furocumarinähnliche Verbindungen [H 21]

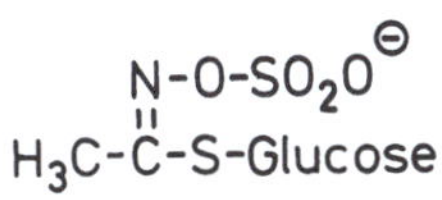

Glucocapparin

Vergiftungserscheinungen: Eingenommen wirkt der Samen giftig [J 4].

Wirkungen auf die Haut: Beim Umgang mit der Pflanze können Hautschädigungen auftreten [J 4].

Gefährlichkeitsgrad: Giftig +

Literatur: H 12, H 21, J 4.

Therapie:
Erste Hilfe: Erbrechen oder Kohle-Pulvis, Haut spülen.
Klinik: In Extremfällen Magenspülung, Vitaltherapie (S. 56), Cortison-Salbe bei Hautreizung.

Clivia miniata Regel

Klivie, Riemenblatt. *E:* Scarlet kaffirlily. *F:* Clivie vermillon.

EDV-Code: CLJMI.

Familie: Amaryllidaceae, Narzissengewächse.

Verbreitung, Vorkommen: Heimat: Südafrika; Zimmerpflanze.

Beschreibung: Bis 60 cm hohe Zwiebelpflanze. Blätter dunkelgrün, riemenartig, grundständig, zweireihig angeordnet. Blüten mennigrot, trichterförmig, ca. 20 Blüten doldenförmig an einem Blütenschaft.
Blütezeit: Februar–Mai.

Giftige Pflanzenteile: Alle Pflanzenteile, besonders der (von Blattscheiden umgebene) Zwiebelstamm.

Hauptwirkstoffe: Die Blätter enthalten einen gelben Milchsaft mit folgenden Alkaloiden bei einem Gesamtgehalt von 0,06%: 47% → *Lycorin,* 25% Clivimin und 3% Clivatin.
Die getrocknete Pflanze enthält 0,43% Lycorin.

Vergiftungserscheinungen: Kleinere Mengen Lycorin erzeugen Speichelfluß, Erbrechen, Diarrhoe, in größerer Dosis zentrale Lähmung und Kollaps.

Aus den Erfahrungen der Beratungsstelle für Vergiftungserscheinungen, Berlin:
ein 6monat. und ein 8jähr. Kind aßen Früchte, Blatt- und Blütenteile und zeigten Übelkeit, Husten [K 40].

Gefährlichkeitsgrad: Giftig +

Literatur: A 8, F 16, I 8, K 40.

Therapie:
Erste Hilfe: Kohle-Pulvis oder Erbrechen.
Klinik: Nur nach großer Giftaufnahme Magenspülung, Kohle-Pulvis, Natriumsulfat, Plasmaexpander im Schock. Natriumbikarbonat zum Azidoseausgleich, ggf. Intubation und Beatmung.

Cnicus benedictus L.

Kardobenedikte, Benediktendistel, Benediktenkraut, Benediktenwurz, Bitterdistel, Bernhardinerwurzel, Bornwurz. *E:* Blessed thistle, carduus plant, cursed thistle, lovely thistle, spotted thistle, *F:* Chardon bénit. *I:* Cardo benedetto. *NL:* Gezegende distel.

EDV-Code: CXDBE.

Familie: Asteraceae, Korbblütler.

Verbreitung, Vorkommen: Mittelmeergebiet, Nordamerika, Südafrika. In Mitteleuropa angebaut und stellenweise verwildert.

Beschreibung: 40 cm hohes, stark verästeltes Kraut, distelartig. Blütenköpfchen mit stacheligen Hüllblättern und gelben Röhrenblüten. Gerippte Früchte.

Blütezeit: Juni–August.

Droge: Herba Cardui benedicti, Cardui benedicti herba.
Die getrockneten, zur Blütezeit gesammelten Blätter und blühenden Zweige.

Hauptwirkstoffe: Der Bitterstoff Cnicin (Cynisin, Centaurin) $C_{20}H_{26}O_7$, Fp. 143 °C, ein ungesättigtes Sesquiterpendihydroxylacton vom Germacrantyp [H 12].

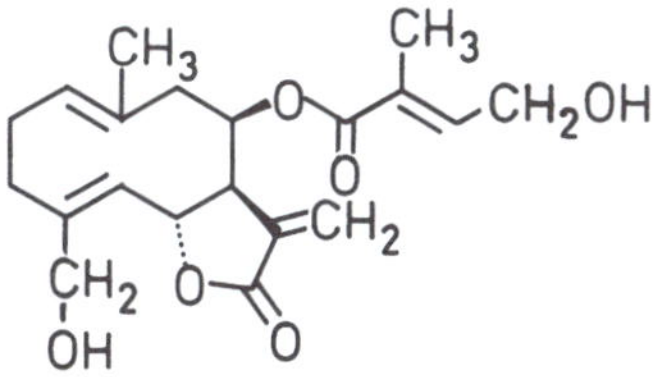

Cnicin

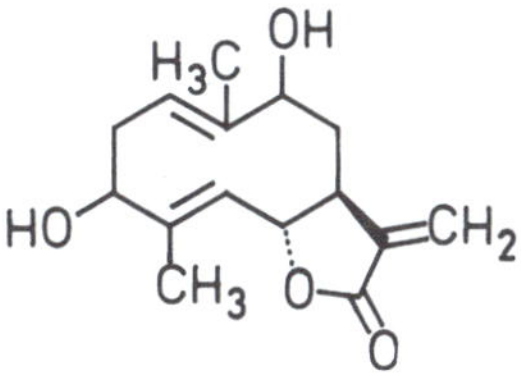

Salonitenolid

Cnicus benedictus

Pharmakologische Wirkung: Cnicin verursacht in kleinen Dosen Hitze und Brennen im Schlund und Oesophagus, weiter Vomitus, Kolik, Diarrhoe und gelegentlich einen 2–3stündigen, febrilen Zustand; größere Mengen Pflanzeninfus verursachen Vomitus und Diarrhoe. Das ätherische Öl besitzt antibiotische Eigenschaften.
Beim Sortieren und Pulverisieren der Pflanze verstärktes Hungergefühl.
Bei Tieren wurden keine Vergiftungen beobachtet.

Wirkungen auf die Haut: Cnicus benedictus kann allergische Kontaktdermatitiden verursachen. Verantwortlich sind die beiden Sesquiterpenlactone Cnicin und Salonitenolid. Das experimentell ermittelte Sensibilisierungsvermögen ist als stark einzustufen [Zeller W. et al.: Arch. Derm. Res. 277, 28, 1985].

Dosierung: Gebräuchliche Einzeldosis als Aufguß oder Abkochung 1,5 g auf 1 Teetasse, ÖAB 9. Als appetitanregendes Mittel in Mengen von 1 bis 2 g als Pulver oder 5 bis 10 g auf 150 g Wasser als Infus oder als Dekokt. Vorsicht! Größere Gaben wirken brechenerregend [H 12].

Gefährlichkeitsgrad: Kaum giftig aber sensibilisierend.

Vorschriften: Benediktenkraut ist im DAC enthalten.
Cnicus benedictus: Monographie der Kommission D.
Cnici benedicti herba: Monographie der Kommission E.

Literatur: H 12, H 22, L 10, M 2, V 1.

Therapie:
Erste Hilfe: Kohle-Pulvis.
Klinik: In Extremfällen Entgiftung und Alkalisierung.

Codiaeum variegatum pictum (Lodd.) Muell. Arg.

Kroton, Wunderstrauch, Krebsblume. *E:* Ornamental croton. *F:* Croton panaché.

EDV-Code: CDIVP.

Familie: Euphorbiaceae, Wolfsmilchgewächse.

Verbreitung, Vorkommen: Indien, Malaysia; Zimmerpflanze.

Beschreibung: Blattpflanze mit buschigem Wuchs, bis 1 m hoch, in vielen Variationen. Blätter lanzettlich oder gelappt, grün, gelbrötlich gemustert, gestielt, wechselständig. Blüten unscheinbar.
Blütezeit: Frühjahr bis Sommer.

Giftige Pflanzenteile: Die ganze Pflanze.

Hauptwirkstoffe: Der farblose Saft enthält vermutlich Phorbolester, evtl. Toxalbumine.

Vergiftungserscheinungen: Aus den Erfahrungen der Beratungsstelle für Vergiftungserscheinungen, Berlin:
In einem Fall kam es zu Erbrechen und Durchfall, als ein Kind an Blättern lutschte.

Wirkungen auf die Haut: Der Saft kann bei häufigem Umgang zu einer allergischen Kontaktdermatitis führen [Hausen et al.: Contact Derm. 3, 289, 1977].

Gefährlichkeitsgrad: giftig +

Literatur: B 36, D 12, F 16, J 6, K 40.

Therapie:
Erste Hilfe: Kohle-Pulvis trinken oder Erbrechen. Haut mit Roticlean® oder Wasser und Seife abspülen.
Klinik: Magenspülung (evtl. mit burgunderfarbener Kaliumpermanganatlösung), Kohle-Pulvis, Natriumsulfat, Plasmaexpander im Schock. Natriumbikarbonatinfusion zum Azidoseausgleich.

Coffea arabica L.

Kaffeebaum. *E:* Coffee tree. *F:* Caféier d'Arabie. *I:* Caffé (arbusto). *NL:* Arabische Koffieboom.

EDV-Code: COFAR.

Familie: Rubiaceae, Rötegewächse.

Verbreitung, Vorkommen: Heimat: Äthiopien; fast in allen tropischen Ländern kultiviert; bei uns als Zimmerpflanze.

Beschreibung: Strauch oder Baum. Blätter länglich-elliptisch, lederig, gegenständig, mit gewelltem Rand, Blüten klein, weiß, 4–5 teilig, büschelig in den Blattachseln. Steinfrüchte kirschgroß, zuletzt violettschwarz, zweisamig.
Blütezeit: September.
Von den 70 Coffea-Arten haben außerdem noch 2 weitere Arten wegen des Genußwertes ihrer „Bohnen" praktische Bedeutung erlangt: 70% der Welterzeugung von Kaffee entfallen auf Coffea arabica, 30% auf Coffea canephora Pierre ex Froehn. – Kongokaffee, während Coffea liberica Bull. ex Hiern – Liberiakaffee kaum noch gefragt ist [S 64].

Droge: Semen Coffeae tostae, Coffeae tostae semen, geröstete Kaffeebohnen.

Giftige Pflanzenteile: Samen (Kaffeebohnen). Über die Giftigkeit der Pflanze selbst ist nichts bekannt.

Hauptwirkstoffe: Rohkaffee enthält lt. Hager [H 12] und eigenen Feststellungen folgende Wirkstoffe:
0,6–3% → *Coffein* (Trimethylxanthin) $C_8H_{10}N_4O_2$, Fp. 235 °C (an Chlorogensäure gebunden),
0,3–1,3% Trigonellin (Coffearin), ein N-Methylbetain der Nicotinsäure, $C_7H_7NO_2$, Fp. 218 °C, 2–6% → *Chlorogensäure* (Helianthsäure), eine Caffeoyl-3-chinasäure, $C_{16}H_{18}O_9$, Fp. 207 bis 208 °C (als Kaliumsalz bzw. Kaliumcoffeinsalz vorliegend).
Durchschnittlicher Coffeingehalt von 1 Tasse Kaffee 70–80 mg bei einem Aufguß von 5 g gutem Filterkaffee mit 300 ml Wasser.[7)]
Die Chlorogensäure ist vor allem für den „Säuregehalt" des Kaffees und damit für die Magenverträglichkeit verantwortlich.
Beim Rösten treten bei allen Inhaltsstoffen Verluste auf, die je nach Röstart und Kaffeesorte verschieden sind.

Pharmakologische Wirkung: Madaus [M 2] zitiert:
Die Kaffeewirkung ist im wesentlichen eine Wirkung des Coffeins. Rohe Kaffeebohnen enthalten 0,8–2,43% Coffein. In Bohnen, die im Gewächshaus gezogen worden wa-

Coffea arabica

ren, konnte ich nur 0,75% nachweisen. Auf die Frage der Wirkung der Röstprodukte, die bei der Beurteilung coffeinarmer oder coffeinfreier Kaffees eine Rolle spielt, soll hier nicht eingegangen werden. Die Coffeinwirkung ist komplexer Natur. Einzelheiten aus der älteren Literatur siehe bei Bock[1]. – Am Zentralnervensystem wird die Reflexerregbarkeit erhöht, eine Wirkung, die sich beim Menschen in Aufregung, Schlaflosigkeit und Herzklopfen äußert[2], in kleinen Dosen in der Anregung geistiger Vorgänge. Die Coffeinwirkung auf den Kreislauf setzt sich zusammen aus einer Erregung des Vasomotorenzentrums, einer Erregung der zentralen Organe des Vagus, einer Erregung der Ganglien des Reizleitungssystems, einer Wirkung auf die Herzmuskulatur und einer Erweiterung der Coronargefäße[3]. Daraus erklärt sich die mögliche Blutdrucksteigerung, die Wirkung auf die Herzaktion, die beschleunigt oder verlangsamt sein kann. Das Pulsvolumen wird nicht vergrößert, doch vermag das Herz einen größeren Maximaldruck zu überwinden[4]. Das Coffein kann einmal durch die Verbesserung der Herzaktion die Diurese vermehren; wesentlich ist aber vor allem die Wirkung an der Niere selbst[5]. In meinem Laboratorium verglich ich die Menge der Harnausscheidung nach Filterkaffee oder türkischem Kaffee an mehreren Versuchspersonen[6]. Unter türkischem Kaffee versteht man bekanntlich einen höchst dispers gemahlenen mit Zucker aufgekochten Kaffee, bei welchem der größte Teil des Bodensatzes mitgenossen wird, unter Filterkaffee dagegen einen vom Bodensatz befreiten Kaffee. Bei meinen Versuchen wurde folgendes festgestellt:

1. Zeitlich gesehen, ist die Harnausscheidung beim Genuß türkischen Kaffees schneller als beim Filterkaffee (vgl. Fig. 1–3, 3 Versuchspersonen). Der Effekt tritt nach 1–1½ Std. übereinstimmend bei allen drei

Harnausscheidung nach Einnahme von Wasser, Filterkaffee und türkischem Kaffee.

Fig. 1-3: Die jeweils ausgeschiedenen Harnmengen.

Fig. 4-6: Die vom Versuchsbeginn an insgesamt ausgeschiedenen Harnmengen.

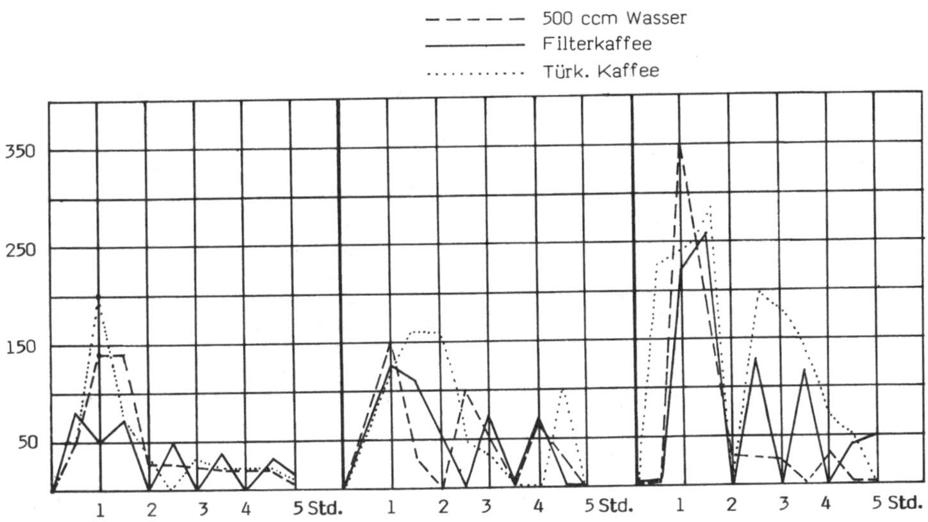

Fig. 1 Fig. 2 Fig. 3

Coffea arabica

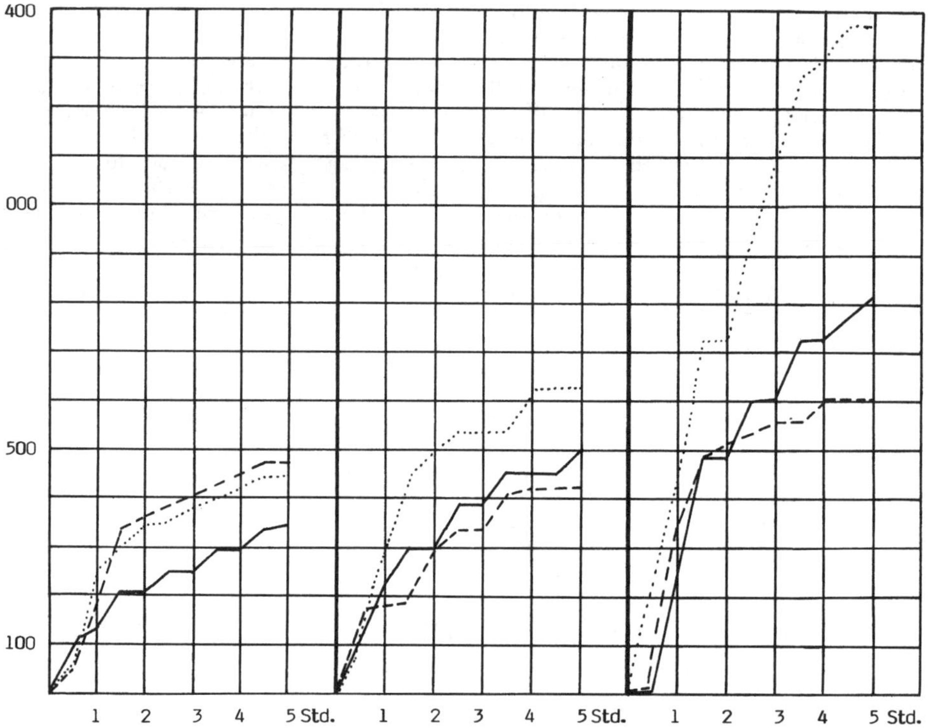

Fig. 4 Fig. 5 Fig. 6

Versuchspersonen ein. Die erste Person hat nach 1 Std. ein Maximum der Harnausscheidung, die zweite auch nach 1 Std., die dritte nach 1½ Std. Der türkische Kaffee hat also die Harnausscheidung beschleunigt.

2. Die Gesamtharnmenge, die innerhalb 5 Std. von allen drei Versuchspersonen ausgeschieden wurde, ist beim türkischen Kaffee wesentlich größer als beim Filterkaffee. Die Vermehrung beträgt bei der ersten Person 27%, bei der zweiten 28%, bei der dritten 60%. Der hohe diuretische Effekt des türkischen Kaffees, der von der gleichen Stärke war wie der Filterkaffee (0,08 g Coffein in der aufgenommenen Menge im Versuch mit der ersten Person, 0,20 g Coffein in den Versuchen mit den beiden anderen Personen), kann logischerweise nur den Ballaststoffen zugeschrieben werden. Es erscheint einleuchtend, daß mit der Verstärkung der Diurese eine verkürzte Verweilzeit des Coffeins im Organismus bedingt wird; möglich ist auch eine Beschleunigung der Oxydation oder einer sonstigen Veränderung des Coffeins. Damit wird aber derjenige Bestandteil schneller eliminiert, der die unangenehmen Begleiterscheinungen des Kaffees veranlaßt, so daß diese Nebenerscheinungen möglicherweise gar nicht erst auftreten, indem jede Kumulation des Coffeins verhindert ist. Die angeblich gute Verträglichkeit des türkischen Kaffees kann somit als Wirkung der Ballaststoffe der Kaffeebohne durch Beschleunigung und Verstärkung der Nierenausscheidung verstanden werden.

Daß bei Tieren das Coffein anders wirkt als ein Kaffeeaufguß, kann man ausgezeichnet am Süßwasserpolypen zeigen. Das Coffein bringt die einzelnen Zellen zur Quellung

Coffea arabica

und zum Zerfall, während der Kaffeeauszug das gesamte Tier mehr gerbt [M 2].
Coffein besitzt in vitro ab einer bestimmten Konzentration mutagene Wirkungen. Diese hohen Konzentrationen werden aber in vivo nicht erreicht, zudem werden durch den Röstprozeß entstehende mutagen wirkende Stoffe im Körper inaktiviert.
Im Tierexperiment kann Coffein in sehr hohen Dosen embryotoxisch wirken, auch diese Dosen werden durch Kaffeekonsum niemals erreicht. Epidemiologische Untersuchungen haben keinerlei Hinweise auf eine teratogene Wirkung von Kaffee ergeben [N 15].

Dosierung: (Coffein) Gebräuchliche Einzeldosis 0,1–0,3 g; Einzelmaximaldosis 0,5 g; Tagesmaximaldosis 1,5 g (ÖAB 9).

Anwendungen in der Homöopathie: D_{12} bei Schlaflosigkeit, Migräne und Folgen von Kaffeeabusus; nervöses Herz.

Gefährlichkeitsgrad: Giftig +

Vorschriften: Coffea arabica und Coffea arabica tosta: Monographie der Kommission D.

Literatur: A 15, B 20, D 9, H 12, I 2, K 9, M 2, M 27, N 15, S 17, S 64.

1) Bock, in Heffter-Heubners Handb. d. exp. Phar., Bd. 2, 1, S. 508 ff.
2) Curschmann, D. Klinik 1983.
3) Sollmann u. Pichler, J. of Pharm. and Therap. 1911, Bd. 3, S. 1.
4) Meyer-Gottlieb, Exp. Pharm., 9. Aufl., S. 393 u. 511.
5) v. Schröder, Arch. f. exp. Path. u. Pharm. 1887, Nr. 22, S. 39; Bauer u. Aschner, D. Arch. f. klin. Medizin, 1922, S. 138. Über diese Frage besteht eine ausgedehnte Literatur.
6) Madaus Jahrbuch 1933, S. 36.
7) Dt. Ap. Zeit. 126, 329–330, 1986.

Therapie:
Erste Hilfe: Kohle-Pulvis trinken lassen.
Klinik: Nur nach großer Giftaufnahme Magenspülung, Kohle-Pulvis, Natriumsulfat. Überwachung des Elektrolyt- und Säure-Basen-Haushaltes. Sedieren mit Diazepam oder Doxepin. Monitorkontrolle.

Cola acuminata (P. Beauv.) Schott et Endl.

Kolabaum, Kolanuß, Gurunuß, Ombenenuß. *E:* Cola tree. *F:* Kolatier, noix de cola. *I:* Albero della cola.

Samen (Nuß)

EDV-Code: COHAC.

Familie: Sterculiaceae.

Verbreitung, Vorkommen: Der bis 20 m hohe Baum wächst an den Küstenländern Westafrikas und wird in Westindien, Südamerika und Asien kultiviert.
Weitere Stammpflanzen der Kolanuß sind: Cola nitida (Vent.) Schott et Endl. und Cola verticillata (Thonn.) Stapf ex A. Chev.

Droge: Semen Colae, Colae semen, Kolanüsse.
Die Samen bestehen aus zwei großen, 2,5–4 cm langen und 3 cm breiten Keimlappen mit gewölbter Außenfläche. Sie sind bis 4 cm lang, 3 cm breit und ebenso dick, durchschnittlich 20 g schwer [H 12].

Hauptwirkstoffe: Die Nüsse enthalten bis zu 3,5% Coffein, laut [H 12] 1,5–2% und

Cola acuminata

bis zu 0,1% Theobromin, sowie Catechin und Epicatechin.

Pharmakologische Wirkung: Die Wirkungen des Catechin-Coffeins (Colanin) sind gegenüber dem reinen Coffein etwas modifiziert. Beim Colanin ist die meist störende Erhöhung der Herzfrequenz und auch der diuretische Effekt des Coffeins abgeschwächt. Seine zentral erregende Wirkung ist damit besonders ausgeprägt. Die Resorption des Coffein-Catechinkomplexes aus dem Magen-Darm-Kanal soll schnell und zuverlässig sein.

Anwendungen: Cola ist ein kräftiges Anregungsmittel bei Ermüdung und Abgespanntheit. Die pharmazeutischen Zubereitungen aus Colanüssen können nur dann Anspruch auf Vollwertigkeit erheben, wenn sie Colacatechin und Coffein-Catechin in unveränderter Form enthalten. Man muß daher als Ausgangsprodukt für die Zubereitungen „stabilisierte" Nüsse verwenden [H 12].

Die Eingeborenen dagegen schätzen die frischen Samen. Reiseschilderungen lenkten im letzten Jahrhundert die Aufmerksamkeit auf die Pflanze, deren Samen die Strapazen von Expeditionen erleichterten.

Dosierung: Mittlere Einzelgabe 1–3 g BPC 34, 4 g USD 50, 2,0 g Erg. B. 6, Hisp. IX (zugleich Tagesmaximaldosen) [H 12].

Gefährlichkeitsgrad: Wenig giftig.

Vorschriften: Cola semen: Monographie der Kommission E.

Cola: Monographie der Kommission D.

Literatur: H 12, K 9, M 2.

Therapie:
Erste Hilfe: Kohle-Pulvis oder erbrechen lassen.
Klinik: In Extremfällen Magenspülung, Vitaltherapie (S. 56).

Colchicum autumnale L.

Herbstzeitlose. *E:* Meadow saffron. *F:* Colchique d'automne. *I:* Colchico d'autunno. *NL:* Herfsttijdloos.

Blüte

EDV-Code: CXHAU.

Familie: Liliaceae, Liliengewächse.

Verbreitung, Vorkommen: Süd-, West- und Mitteleuropa; feuchte Wiesen.

Beschreibung: Ausdauernde Knollenpflanze. Blüten lilarosa, mit 6 Perigonblättern. Blätter breitlanzettlich, 25–40 cm lang, erscheinen im Frühjahr mit der Frucht. Frucht eine länglich-eiförmige Kapsel mit zahlreichen Samen.
Blütezeit: September–Oktober.
Früchte: Mai–Juni.

Droge: Semen Colchici (autumnalis), Colchici (autumnalis) semen, Herbstzeitlosensamen.
Bis 3 mm dick, fast kugelig, hart. Oberfläche braun, matt, körnig-höckerig.
Geruchlos, Geschmack bitter und scharf.
Auszug aus der Monographie der Kommission E:
Colchicum autumnale (Herbstzeitlose)
Bezeichnung des Arzneimittels:
Colchici semen, Herbstzeitlosensamen
Colchici tuber, Herbstzeitlosenknollen

Frucht

Colchicum autumnale

Weitere giftige Colchicum-Arten [E 12]

Art	Wuchsform Blütezeit	Verbreitung
Colchicum arenarium Waldst. et Kit.	Staude 9 – 10	Östliches Mitteleuropa
Colchicum byzantinicum Ker.-Gawl.	Staude 9	Taurus
Colchicum haussknechtii Boiss.	Staude 10	Iran
Colchicum laetum Stev.	Staude 9 – 10	Kaukasus
Colchicum pannonicum Griseb. et Schenk	Staude 9	Südost-Europa
Colchicum sibthorpii Bak.	Staude 9 – 10	Süd-Balkan, Kreta
Colchicum speciosum Stev.	Staude 9 – 10	Syrien, Iran, Kaukasus, Kleinasien
Colchicum troodi Kotschy	Staude 9 – 1	Syrien, Israel
Colchicum variegatum L.	Staude 8	Griechenland, Kreta

Colchici flos, Herbstzeitlosenblüten
Gegenanzeigen: Schwangerschaft.
Hinweis: Vorsicht bei alten und geschwächten Patienten sowie bei solchen mit Herz-, Nieren- oder gastrointestinalen Erkrankungen.
Nebenwirkungen: Durchfall, Übelkeit, Erbrechen, Bauchschmerzen, Leukopenie, bei längerem Gebrauch Hautveränderungen, Agranulozytose, aplastische Anämie, Myopathie und Alopezie.

Giftige Pflanzenteile: Alle Pflanzenteile, besonders Knolle und Samen. Von den Samen gelten 5 g (ca. 20 mg Colchicin) für einen Erwachsenen und 1,2–1,5 g (ca. 5 mg) für ein Kind als tödlich.

Hauptwirkstoffe: → *Colchicin;* Gehalt stark schwankend 0,25–1,23%. Als Nebenalkaloide β-Lumicolchicin, γ-Lumicolchicin, Demecolcin u.a.
Mit der Reife nimmt der Alkaloidgehalt zu, während er mit zunehmender Höhenlage des Standorts abnimmt. Beim Trocknen (Heu) bleibt die Giftwirkung erhalten.

Vergiftungserscheinungen: Zellgift, Symptome oft erst 2–6 Std. nach Einnahme. Übelkeit, Benommenheit, Schock, heftiger Harndrang, kolikartige Magenschmerzen, Krämpfe, Lähmungen, Herzrhythmusstörungen, blutiger Durchfall, Blaufärbung der Lippen, rascher Puls, Atemlähmung.
9jähriges Kind zeigte nach Einnahme von 3–4 Samen Übelkeit und erbrach.
10jähriges Kind bekam nach Aussaugen einer Blüte Kollaps, Tachykardie, Schweißausbruch, Übelkeit.
Vergiftungen bei Tieren im Sommer durch die Pflanze mit Kapseln und Samen, im Herbst durch Blüten. Pferd und Schwein sind wesentlich empfindlicher als Rind und Schaf.
Als Symptome treten auf: Verweigerung der Nahrung, kaum Wiederkäuen (Rinder), Speicheln, Erbrechen, Schweißausbruch, Kolik, blutiger Durchfall, der zur Abmagerung führt, Kreislaufstörungen, Lähmung, Tod kann nach 1–3 tägiger Dauer durch Atemlähmung eintreten. Ausscheidung der Gifte auch über die Milch laktierender Tiere [M 18].
Tödliche Dosis bei Rindern 1500–2500 g frische Blätter und grüne Kapseln oder 2000 bis 2500 g getrocknete Pflanzen.

Anwendungen in der Homöopathie: D_2–D_4 bei Gicht; D_2–D_6 bei akuter Herzentzündung, Darmtenesmus.

Colchicum autumnale

Anwendungen: → *Colchicin* und seine Derivate werden heute vorwiegend in der Therapie von Hauterkrankungen eingesetzt.
Es dient in der Pflanzenzüchtung zur Mutationsauslösung.

Gefährlichkeitsgrad: Sehr stark giftig + + +

Vorschriften: Herbstzeitlosensamen sind im DAC enthalten; es werden 0,4% Colchicin gefordert.

Colchicum autumnale e seminibus: Monographie der Kommission D.
Colchicum autumnale: Monographie der Kommission D und E.
Verbotener Stoff der Kosmetikverordnung v. 19. 6. 1985. Anlage 1: 104 Colchicum autumnale L. und seine Zubereitungen.

Literatur: B 36, D 9, F 16, G 3, G 4, G 24, H 1, H 12, H 18, L 10, M 2, M 8, M 27, R 30, S 7, S 69, T 5, T 6.

Therapie:
Erste Hilfe: Sofort erbrechen lassen, Kohle-Pulvis-Gabe, Natriumsulfat, Schocklagerung, Wärme, warmen Tee oder Kaffee trinken lassen, Frischluft.
Klinik: Magenspülung (evtl. mit burgunderfarbener Kaliumpermanganatlösung), Elektrolytsubstitution, Azidoseausgleich mit Natriumbikarbonat (Urin pH 7,5), Plasma(expander)gabe, bei Krämpfen Diazepam (Valium®) i.v., gegen Darmspasmen Atropin (1 mg 2stdl. s.c.), ggf. Intubation und Sauerstoffbeatmung.

Coleus-Blumei-Hybriden

(Coleus blumei Benth.)

Buntnessel-Hybriden. *E:* Common coleus. *F:* Coleus scutellaire.

Coleus pumilus

Coleus-Blumei-Hybriden

Coleus-Blumei-Hybride

EDV-Code: CXUBL.

Familie: Lamiaceae, Lippenblütler.

Beschreibung: Farbenprächtige Zimmerpflanze.
Krautige, 30–80 cm hohe Pflanze. Blätter kreuzgegenständig, eiförmig, zugespitzt, gesägt, mehrfarbig (grün, gelb, rot, braun). Blüten klein, mit weißer Oberlippe und blauer Unterlippe, in endständiger Traube.
Blütezeit: Juni–September.
Eine weitere dekorative Art ist Coleus pumilus Blanco, Hängende Buntnessel, Heimat: Borneo.
Blütezeit: November–Januar.

Giftige Pflanzenteile: Blätter.

Hauptwirkstoffe: Die Blätter von Coleus amboinicus Lour. enthalten ätherische Öle mit ca. 43% Carvacrol, außerdem Oxalessigsäure.

Vergiftungserscheinungen: Die Blätter der südafrikanischen Coleus-Arten werden officinell genutzt. In Asien und Afrika werden einige Arten wegen ihrer eßbaren Knollen angebaut. Coleus blumei und C. pumilus werden von den Mazatec-Indianern in Mexico als Narkotika zu rituellen Handlungen verwendet.

Gefährlichkeitsgrad: Wenig giftig (+)

Literatur: H 12, S 23.

Therapie:
Erste Hilfe: Kohle-Pulvis.
Klinik: In Extremfällen Entgiftung und Alkalisierung.

Colutea arborescens L.

Gelber Blasenstrauch. *E:* Bladder senna. *F:* Baguenaudier. *I:* Vesicaria.

EDV-Code: CXIAR.

Familie: Fabaceae, Schmetterlingsblütler.

Verbreitung, Vorkommen: Mittelmeergebiet; in Mitteleuropa selten (Südwestdeutschland im Rheingebiet); Zierpflanze in Gärten und Parks.

Beschreibung: Reichverzweigter Strauch, bis 2 m hoch. Blätter gefiedert, 7–13zählig, Blättchen kurz gestielt, breit elliptisch. Blütenstände blattachselständig, mit 2–8 gelben, rotbraun gezeichneten Blüten. Hülsen blasenförmig.
Blütezeit: Mai–August.

Droge: Folia Coluteae, Coluteae folium, Blasenstrauchblätter.
Gelegentlich werden Sennesblätter damit verfälscht.

Giftige Pflanzenteile: Samen und Blätter.

Hauptwirkstoffe: In Blättern und Hülsen Coluteasäure; in den Blättern und Samen ein chemisch noch nicht erforschter Bitterstoff. Im Samen ferner noch etwa 1% Canavanin $C_5H_{12}H_4O_3$, Fp. 182–184 °C (dec.) [H 12].
In der Literatur wird verschiedentlich behauptet, daß Colutea das Alkaloid → *Cytisin* enthält. In neueren Arbeiten wird das aber bestritten und ein noch nicht erforschter Bitterstoff für die laxierende Wirkung verantwortlich gemacht.

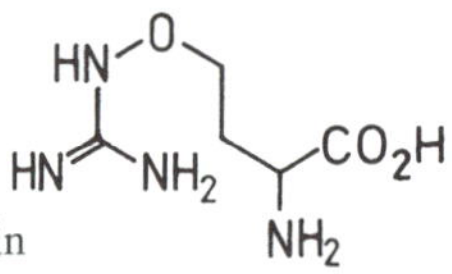

Canavanin

Vergiftungserscheinungen: Durchfall, gelegentlich Erbrechen.
Vergiftungen durch Zweige sind bei Tieren (Pferde) selten [L 10].

Gefährlichkeitsgrad: Giftig +

Vorschriften: Colutea arborescens steht in der Roten Liste unter den potentiell gefährdeten Pflanzen.

Literatur: B 36, F 16, G 4, H 12, L 10.

Therapie:
Erste Hilfe: Kohle-Pulvis oder erbrechen lassen.
Klinik: In Extremfällen Magenspülung, Vitaltherapie (S. 56).

Conium maculatum L.

Gefleckter Schierling. *E:* Hemlock. *F:* Ciguë tachée. *I:* Cicuta maggiore. *NL:* Gevlekte Scheerling.

EDV-Code: COIMA.

Familie: Apiaceae, Doldenblütler.

Verbreitung, Vorkommen: Asien, Europa, Nordafrika, in Mitteleuropa stellenweise fehlend; Ufergebüsche, Ruderalstellen, Wegränder.

Beschreibung: 2jährige, bis 2 m hohe Pflanze mit blaubereiftem, meist rotbraun geflecktem, kahlem Stengel. Blätter 2- bis 3fach gefiedert, Abschnitte fiederspaltig. Blüten unscheinbar, trübweiß, in 10–15strahligen Dolden. Pflanze beim Zerreiben mit widerlichem, mäuseharnartigem Geruch.
Blütezeit: Juni–September.

Droge: Herba Conii (maculati), Conii maculati herba, Fleckenschierlingskraut.
Die im zweiten Jahr zur Blütezeit gesammelten, getrockneten Blätter und blühenden Stengelspitzen ohne dickere Stengel und Äste.

Giftige Pflanzenteile: Die ganze Pflanze. Beim Trocknen nimmt der Alkaloidgehalt nur langsam ab.

Hauptwirkstoffe: Gesamtalkaloidgehalt der Pflanze kurz vor der Reife ca. 2%, besonders hohe Konzentrationen in den Früchten (bis 3,5%). Durch das Trocknen verliert die Droge Alkaloide, so daß getrocknetes Schierlingskraut nur noch 0,7% enthält, die im Laufe der Zeit verringert werden.
2 Hauptalkaloide: → *Coniin* (ca. 90% des Gesamtalkaloidgehalts), γ-Conicein (ca. 9% des Gesamtalkaloidgehalts), 3 Nebenalkaloide: Conhydrin, Pseudoconhydrin, Methylconiin.

Vergiftungserscheinungen: Schnelle und leichte Aufnahme durch die Schleimhäute und sogar durch die unverletzte Haut. Zuerst Brennen im Mund, Lähmung der Zunge und Erbrechen, danach aufsteigende Lähmung, Kälte und Gefühlslosigkeit, zuletzt Tod durch Atemlähmung, meist bei vollem Bewußtsein. Als Dosis let. gelten beim Menschen oral 0,5–1 g Coniin → *Historischer Überblick.*
Ein 3jähriges Kind, das eine unbekannte Menge Wurzeln gegessen hatte, erbrach 6mal (Tachykardie 140/min.).
Aus den Erfahrungen der Beratungsstelle für Vergiftungserscheinungen, Berlin:
3 jähr. Mädchen zeigte nach 1 Bissen von der Wurzel 6 mal heftiges Erbrechen, Puls 140/min., Mydriasis bei normaler Lichtreaktion [K 40].
Heu, das Schierling enthält, soll ungiftig sein. Vermutlich ist das flüchtige Alkaloid nach intensivem Trocknen in der Sonne großenteils verdunstet. Ob getrockneter Schierling nach dem Monographieentwurf längere Zeit wirksam ist, müßte deshalb im Einzelfall überprüft werden. (Anm. d. Verf.)
Frischpflanzen werden von Tieren im allgemeinen gemieden. Nach der Aufnahme werden die Alkaloide schnell resorbiert, und es sind folgende Symptome zu beobachten: Speicheln, glotzender Blick, Freßunlust, Aussetzen des Wiederkäuens, Puls verlang-

Conium maculatum

samt, dann beschleunigt, aufsteigende Lähmung, beim Erreichen des Atemzentrums Tod durch Atemlähmung.
Rinder und Schweine sind besonders gefährdet, während Schafe und Ziegen ziemlich resistent sein sollen. LD für Rinder 4 kg frische Pflanzen. Sauen werfen nach überstandener Vergiftung mißgebildete Ferkel.

Anwendung in der Homöopathie: D_6–D_{12} bei Hypochondrie insbes. auf sexuellem Gebiet sowie bei nervösen Störungen durch unbefriedigten Trieb; D_3–D_6 bei Emphysem und Pruritus.

Gefährlichkeitsgrad: Sehr stark giftig + + +

Vorschriften: Conium maculatum: Monographie der Kommission D.
Verbotener Stoff der Kosmetikverordnung v. 19. 6. 1985. Anlage 1: 99 Conium maculatum L. (Früchte, Pulver und Zubereitungen).

Literatur: B 36, C 2, F 16, G 4, H 12, H 18, K 40, K 48, L 10, M 1, M 2, M 27, R 10.

Therapie:
Erste Hilfe: Kohle-Pulvis oder erbrechen lassen.
Klinik: Sofort Magenspülung (evtl. mit burgunderfarbener Kaliumpermanganatlösung), Kohle-Pulvis, Natriumsulfat, Plasmaexpander im Schock. Natriumbikarbonatinfusion zum Azidoseausgleich, ggf. Intubation und Beatmung.

Consolida regalis S.F. Gray

(Delphinium consolida L.)

Feld-Rittersporn. *E:* Forking larkspur, Branching larkspur. *F:* Daphinette consoude. *I:* Speronella consolida. *NL:* Veldridderspoor.

EDV-Code: CNSRE.

Familie: Ranunculaceae, Hahnenfußgewächse.

Verbreitung, Vorkommen: Europa, Kleinasien; Getreidefelder, Brachäcker; durch Herbizide seltener geworden.

Beschreibung: Einjährige, 20–40 cm hohe Pflanze. Blätter wechselständig, 2–3fach geteilt, mit langen Zipfeln. Blüten blauviolett, mit 5 Blütenhüllblättern, das obere gespornt, in lockeren Trauben. Balg ca. 2 cm lang.
Blütezeit: Mai – August.

Droge: Semen Calcatrippae, Calcatrippae semen, Ritterspornsamen.

Consolida regalis

Geschmack scharf und bitterlich.
Flores Delphinii consolidae (Flores Calcatrippae), Rittersspornblüten.

Giftige Pflanzenteile: Alle Pflanzenteile, besonders die Samen.

Hauptwirkstoffe: Die Samen enthalten 1% Alkaloide. Die wichtigsten sind Delcosin $C_{24}H_{39}NO_7$, Delsonin $C_{24}H_{41}NO_6$, Lycoctonin $C_{25}H_{41}NO_7$. In den Blüten Delphinin*, ein blaues Anthocyanglykosid; Aglucon Delphinidin ($C_{15}H_{11}Cl\ O_7$) Im Kraut soll Calcatrippin enthalten sein.
* Darf nicht mit dem Alkaloid Delphinin ($C_{23}H_{45}NO_8$) verwechselt werden.

Vergiftungserscheinungen: Übelkeit, Herzrhythmusstörungen, Erregung, Krämpfe, Atmungslähmung, Schock. Wirkung aconitinähnlich, aber schwächer.
In größeren Mengen besonders für Rinder giftig. Die Folgen sind Speichelfluß, Gastroenteritis, Bewegungsstörungen, selbst Tod durch Atemlähmung. Durch den starken Rückgang der Pflanze sind Vergiftungen kaum noch möglich [H 18].

Gefährlichkeitsgrad: Giftig +

Vorschriften: Delphinii flos: Monographie der Kommission E.

Literatur: B 36, F 16, G 4, H 12, H 18, L 10.

Therapie:
Erste Hilfe: 10 g Kohle-Pulvis, Natriumsulfat.
Klinik: Nur nach großer Giftaufnahme Magenspülung (evtl. mit burgunderfarbener Kaliumpermanganatlösung), Instillation von 10 g Kohle-Pulvis und Natriumsulfat, Elektrolytsubstitution, Azidoseausgleich mit Natriumbikarbonat (Urin pH 7,5), bei Krämpfen Diazepam (Valium®) i.v., ggf. Intubation und Sauerstoffbeatmung.

Convallaria majalis L.

Maiglöckchen. *E:* Lily of the valley. *F:* Muguet. *I:* Mughetto, Giglio delle convalli. *NL:* Lelietje-van-Dalen.

Blüte

Convallaria majalis

Früchte

EDV-Code: CNKMA.

Familie: Liliaceae (Convallariaceae), Liliengewächse.

Verbreitung, Vorkommen: Europa, Nordasien, Nordamerika; in Mitteleuropa häufig in schattigen Laubwäldern.

Beschreibung: Ca. 30 cm hohe Pflanze mit kriechendem Wurzelstock, Stengel mit 2 elliptischen, parallelnervigen Blättern. Blüten glockenförmig, weiß, duftend, in einseitswendiger Traube. Beere erbsengroß, rot.
Blütezeit: April–Mai.
Beeren: Juli–August.

Droge: Herba (Folia) Convallariae (majalis), Convallariae herba (folium), Maiglöckchenkraut.
Die getrockneten, während der Blütezeit gesammelten oberirdischen Teile der Pflanze.
Das Kraut ist geruchlos. Geschmack süßlich-bitter, etwas scharf.
Auszug aus der Monographie der Kommission E: Convallariae herba (Maiglöckchenkraut).
Gegenanzeigen: Therapie mit Digitalis-Glykosiden; Kalium-Mangelzustände.
Nebenwirkungen: Übelkeit, Erbrechen, Herzrhythmusstörungen.

Giftige Pflanzenteile: Alle Pflanzenteile, besonders Blüten und Frucht.

Hauptwirkstoffe: Der Gesamtglykosidgehalt von Drogen verschiedener europäischer Herkunft schwankt zwischen 0,12% und 0,68%. Späte Ernte bringt höchsten Glykosidgehalt. 38 Glykoside wurden in der Pflanze gefunden, die sich von 9 Aglykonen ableiten lassen.
→ *Convallatoxin* (Strophanthidin-β-L-rhamnosid) $C_{29}H_{42}O_{10}$, Fp. 236–242 °C;
Convallatoxol (Strophanthidol-β-L-rhamnosid) $C_{29}H_{44}O_{10}$, Fp. 170–172 °C;
Convallosid (3-[D-Glucosido-L-rhamnosido]-strophanthidin) $C_{35}H_{52}O_{15}+2H_2O$, Fp. 201–205 °C;
Desgluco-cheirotoxin (Substanz C_1; B_3; Komponente VI; Strophanthidin-3-β-gulomethylosid) $C_{29}H_{42}O_{10}$, Fp. 184–185 °C, [H 12].

Vergiftungserscheinungen: Bei Berührung Haut- und Augenreizung. Bei Aufnahme durch den Mund Übelkeit, Durchfall, Herzrhythmusstörungen, Schwindel, Brustbeklemmung. Zunächst hoher Blutdruck, rascher Puls; später verminderter Blutdruck, sehr langsame und tiefe Atmung, schließlich Herzstillstand.
Nach Genuß von 1–5 Beeren sind höchstens kurzzeitige Sinusarrhythmien beobachtet worden, meist keine Symptome. Bei größeren Mengen muß wie bei einer Überdigitalisierung behandelt werden. → *Digitalisglykoside.*

Convallaria majalis

Aus den Erfahrungen der Beratungsstelle für Vergiftungserscheinungen, Berlin:
In der Regel wurden Beeren ingestiert: gastrointestinale Erscheinungen als Folge; nur in zwei Fällen wurde bei unbekannter Menge Beeren eine leichte Sinusarrhythmie beobachtet. Beim Kauen der Blätter wurden 3mal Erbrechen, 2mal Durchfall beobachtet.
Nach Weilemann [W 38] sind durch Beeren, Blüten und Blätter vorwiegend Ein- bis Dreijährige gefährdet. Bei mehr als einer halben Handvoll Beeren sollte der Arzt eingreifen. Die Beschwerden bei Kindern sind Erbrechen und Durchfall (90%) und Schwindel (20%).
Schwere Vergiftungen bei Tieren können bei der Waldmast auftreten. Auch Geflügel ist gefährdet.

Anwendungen in der Homöopathie: D_2 bei nervösen Herzstörungen ohne erkennbare Praeinsuffizienz; Tbl. 0,25 g bei Herzschwäche; Herzinsuffizienz mit Oedemen.

Gefährlichkeitsgrad: Sehr stark giftig + + +

Vorschriften: Die Pflanze steht unter Naturschutz.
Convallaria majalis: Monographie der Kommission D.
Convallariae herba: Monographie der Kommission E.

Literatur: B 36, D 9, F 16, G 4, H 12, H 33, K 30, K 40, L 10, M 2, M 3, R 9, R 30, S 4, S 7.

Therapie:
Erste Hilfe: Kohle-Pulvis-Gabe, Erbrechen auslösen, Natriumsulfat.
Klinik: Magenspülung (evtl. mit burgunderfarbener Kaliumpermanganatlösung), Kohleinstillation (10 g Pulvis), Herzschrittmacher (prophylaktisch), Hämoperfusion, Kontrolle des Kaliumspiegels und Substitution, Phenytoin, bei ventrikulärer Extrasystolie: Lidocain (Xylocain®), bei ausgeprägter Bradykardie: Atropin oder Orciprenalin (Alupent), bei AV-Überleitungsstörungen: Vorsicht mit Substanzen, die diese zusätzlich beeinträchtigen, d.h. mit Ajmalin, Procainamid, β-Rezeptorenblocker und Chinidin.

Copaifera reticulata Ducke

*Hauptlieferant (70%) und andere Copaifera-Arten. *E:* Copaiba. *F:* Copal, Copahu. *I:* Copaiba.

Copaifera reticulata

Familie: Caesalpiniaceae. Johannisbrotgewächse.

Verbreitung, Vorkommen: Große weitverzweigte Bäume, die einen riesigen Stamm besitzen, heimisch in den südamerikanischen Staaten.

Droge: *Balsamum Copaivae (paranum), Copaivae balsamum, Kopaivabalsam.
Klare, sirupähnliche, gelbbräunliche, nur schwach fluoreszierende (manche dunklere Kopaivabalsame zeigen deutliche Fluoreszenz) Flüssigkeit [H 12].

Hauptwirkstoffe: Paracopaivasäure $C_{20}H_{32} \cdot O_3$, Fp. 145–148 °C,
Homoparacopaivasäure $C_{18}H_{28}O_3$, Fp. 111–112 °C, beide aus Para-Balsam;
β-Metacopaivasäure ($C_{11}H_{16}O_2$, $C_{16}H_{24}O_3$ oder $C_{22}H_{32}O_4$), Fp. 89–90 °C;
Illurinsäure $C_{20}H_{28}O_3$, Fp. 128–129 °C, aus Maracaibobalsam (+)-Hardwick- und (+)-7-Hydroxy-hardwicksäure und Copaivasäure [H 12].
Außerdem α- und β-Caryophyllen, Cadinen und Copaën (besonders aus Surinam Copaivabalsam) [K 9].

Pharmakologische Wirkung: Ein Teil der wirksamen Stoffe wird durch den Urin ausgeschieden und wirkt in den Harnwegen bakterizid. In größeren Dosen wirkt der Balsam nierenreizend [H 12].
Kopaivabalsam reizt auch die Magendarmschleimhaut, erzeugt Aufstoßen, Magendrücken, Nausea, Vomitus, Koliken, Diarrhoe und Anschwellung mit Tenesmus vesicae, Schmerzen beim Harnlassen, Albuminurie, selten Anurie, Prostatitis und Hämaturie. Als Nachwirkung einer sehr langen Kur mit hohen Dosen können Schwäche der Genitalien und Mangel an Libido auftreten. Auch Fieber, Schüttelfrost, Zittern, Muskelschwäche, Kopfschmerzen wurden beobachtet, nach größeren Dosen Lähmungen mit Konvulsion und tetanische Erscheinungen [M 2].

Dosierung: Durchschnittliche Dosis bei innerlicher Anwendung 1 ml, NF IX. Einzelgabe 1–2 g, in 24 Std. 5–10 g, Hisp. VIII.

Gefährlichkeitsgrad: Schwach giftig (+)

Literatur: H 12, K 9, M 2.

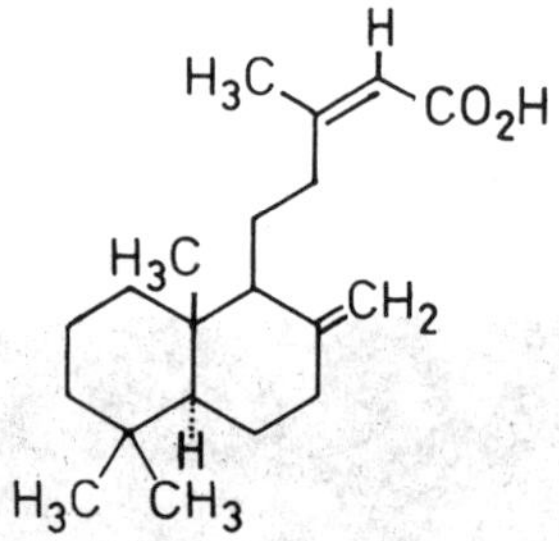

Copaivasäure

Therapie: Erste Hilfe: Kohle-Pulvis. Klinik: In Extremfällen Entgiftung und Alkalisierung.

Coriaria myrtifolia L.

Gerberstrauch, Lederbaum. *E:* Mealy tree, Curriers sumac. *F:* Redoul, Redou. *I:* coriaria.

Familie: Coriariaceae, Gerberstrauchgewächse.

Verbreitung, Vorkommen: Süd- und Südwesteuropa, West- und Nordafrika.

Beschreibung: Bis 1,4 m hoher, fast winterharter Strauch mit kantigen Zweigen. Blätter bis 5,5 cm lang, dunkelgrün, unten hellgrün, länglich-eiförmig, zugespitzt; derb. Blüten grünlich, in Blütentrauben. Sammelfrucht beerenartig.
Blütezeit: April–Mai.

Droge: Folia Coriariae myrtifoliae, Coriariae myrtifoliae folium, Gerberstrauchblätter.
Geschmack adstringierend (beobachtet als Fälschungsmittel von Folia Sennae).

Giftige Pflanzenteile: Wurzelstock, Beeren (Verwechslung mit Maul- und Brombeeren) und Blätter.

Hauptwirkstoffe: Nach älteren Angaben ein Alkaloid Coriarin. In Blättern, Zweigen und Früchten das Glykosid Coriamyrtin $C_{15}H_{18}O_5$, Fp. 228–230 °C. LD_{50}: Ratten 700 μg (i.v.)/kg; Mensch 1 mg (i.v.)/kg.
In den jungen Trieben Pyrogallol.

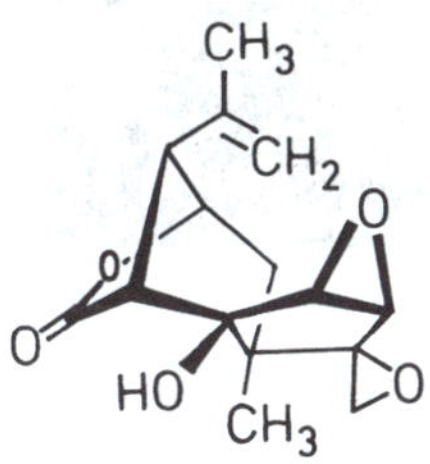

Coriamyrtin

Vergiftungserscheinungen: Nach USD 60 ähnelt Coriamyrtin in seiner physiologischen Wirkung dem Pikrotoxin. Kleine Gaben erhöhen Blutdruck und Atmungstätigkeit, größere verursachen Krämpfe und heben die Wirkung von Barbituraten auf [H 12].
Durch Aufnahme des Giftes treten bereits nach 15 Minuten folgende Symptome auf: heftigste Krämpfe (tetanusähnlich), starke Salivation, Erbrechen, Mydriasis, Tod kann nach wenigen Stunden eintreten [B 33].

Anwendungen: Als Lieferant von Sumach zum Schwarzfärben und Gerben.

Gefährlichkeitsgrad: Giftig +

Vorschriften: Coriaria myrtifolia: Monographie der Kommission D.

Literatur: B 33, H 12, H 27, L 10.

Therapie:
Erste Hilfe: Sofort Erbrechen oder Kohle-Pulvis. Künstliche Beatmung.
Klinik: Sofort Magenspülung, Kohle-Pulvis, Intubation, Beatmung, Plasmaexpander im Schock.

Cornus sanguinea L.

Roter Hartriegel. *E:* Common dogwood, Dogberry. *F:* Cornouiller sauvage. *I:* corniolo sanguinello. *NL:* Rode kornoelje.

Blüten

Früchte

EDV-Code: CRWSA.

Familie: Cornaceae, Hartriegelgewächse.

Verbreitung, Vorkommen: Europa. In Mitteleuropa verbreitet, im Norden zerstreut. An Waldrändern, trockenen Abhängen, an Ufern und Gebüschen.

Beschreibung: 2–5 m hoher Strauch, mit blutroten Zweigen. Blätter eiförmig bis elliptisch, gegenständig, hellgrün, im Herbst rot. Blüten weiß, duftend, in schirmförmigen Blütenständen. Steinfrüchte 5–8 mm, schwarz-violett, weiß punktiert.
Blütezeit: Mai–Juni.
Früchte: August–Herbst (Winter).

Cornus sanguinea

Als häufige Zierpflanze: Cornus sericea L. (Cornus stolonifera Michx.) – Weißer Hartriegel.

Giftige Pflanzenteile: Früchte und Blätter. Für Kinder sind die Früchte besonders verlockend.

Hauptwirkstoffe: In Blüten und Blättern ein Flavonglykosid, Gallus- und Ellagsäure. Im frischen Blätterdestillat Salicylsäure. Wurzel und Zweige enthalten Verbenalin. In der frischen Frucht ein Anthocyankomplex [H 12].

Vergiftungserscheinungen: Die als giftverdächtig geltenden Früchte sind roh fast ungenießbar und können bei Kindern höchstens eine Gastroenteritis bewirken [K 40].

Wirkungen auf die Haut: Reizerscheinungen treten nach Berührung der Blätter an empfindlichen Hautstellen auf. Die Wirkung ist den mit Calciumcarbonat inkrustierten Blatthaaren zuzuschreiben.

Gefährlichkeitsgrad: Früchte ungenießbar, höchstens schwach giftig (+), leicht hautreizend.

Literatur: F 16, H 12, K 40, L 10.

Therapie:
Erste Hilfe: Nach Verschlucken roher Beeren durch Kinder Kohle-Pulvis.
Haut und Augen mit Wasser oder Roticlean® spülen. Örtlich Cortisonsalbe bei Hautentzündungen.

Coronilla varia L.

Bunte Kronwicke. *E:* Crown-vetch. *F:* Coronille bigarrée. *I:* Cornetta ginestrina. *NL:* Bont kroonkruid.

Coronilla varia

EDV-Code: CZRVA.

Familie: Fabaceae, Schmetterlingsblütler.

Verbreitung, Vorkommen: Süd- und Mitteleuropa; sehr häufig, Wiesen, Wegränder, Abhänge.

Beschreibung: Niederliegende, krautige Pflanze, bis 1 m lang. Blätter unpaarig gefiedert, Teilblättchen (11–15) länglich oder verkehrt eiförmig. Blüten in Doldentrauben, Fahne rosa, Schiffchen weiß.
Blütezeit: Juni–September.
Eine weitere giftige Coronilla-Art [E 12]: Coronilla scorpioides (L.) W. D. J. Koch (Staude, Verbreitung: Mittelmeergebiet).

Giftige Pflanzenteile: Ganze Pflanze, besonders die Samen.

Hauptwirkstoffe: Coronilla-Glykoside mit digitalisartiger Wirkung, → *Psoralen.*

Vergiftungserscheinungen: Übelkeit, Erbrechen, Würgen, Diarrhoen, Krämpfe, kann auch zum Tode führen.
Betroffen sind meistens Tiere, Wiederkäuer weniger, da diese in der Lage sein sollen, die Giftstoffe abzubauen.

Gefährlichkeitsgrad: Giftig +

Literatur: B 36, E 12, F 16, G 4, H 12.

Therapie:
Erste Hilfe: Kohle-Pulvis-Gabe.
Klinik: Nur nach großer Giftaufnahme Magenspülung, Kohle-Pulvis, Natriumsulfat. Plasmaexpander im Schock. Natriumbikarbonatinfusion zum Azidoseausgleich. Ggf. Intubation und Beatmung.

Corydalis cava (L.) Schweigg. et Koerte

Hohler Lerchensporn. *E:* Hollow root. *F:* Corydale bulbeuse. *I:* Colombina cava.

Familie: Papaveraceae (Fumariaceae), Mohngewächse.

Verbreitung, Vorkommen: Europa; in Mitteleuropa stellenweise häufig, im Nordwesten selten; Auwälder, Gebüsche, Hecken.

Beschreibung: Ausdauernde, krautige, bis 30 cm hohe Pflanze, mit hohler Knolle, 2 Blätter am Stengel. Blätter doppelt 3spaltig, wechselständig, gestielt. Blüten zweiseitig symmetrisch, rot oder weiß, in endständiger Traube. Hochblätter ganzrandig. Kapsel vielsamig. Blütezeit: März – Mai.
Von ähnlichem Aussehen und Wirkung ist Corydalis solida (L.) Clairv., Gefingerter Lerchensporn (Knolle nicht hohl).

Droge: Tubera Aristolochiae cavae, Aristolochiae cavae tuber (Rhizoma Corydalidis cavae), Lerchensporn(wurzel)knolle. Geruchlos, Geschmack bitter.

Giftige Pflanzenteile: Alle Pflanzenteile, besonders alkaloidreich ist die Knolle.

Corydalis cava

Hauptwirkstoffe: Je nach Standort variierend. In der Knolle (getrocknet) 5–6%, (frisch) über 2% Alkaloide. Der höchste Alkaloidgehalt wurde beim Beginn der Blütezeit festgestellt. Hauptalkaloid ist das → *Corydalin* mit ca. 20 weiteren Verbindungen, u. a. → *Bulbocapnin*, Corybulbin, Isocorybulbin, Corypalmin, Tetrahydropalmatin.

Vergiftungserscheinungen: Bulbocapnin erzeugt eine katalepsieartige Bewegungsarmut bis hin zur Aufhebung der willkürlichen und reflektorischen Bewegungen ohne Erstarrung der Muskulatur. Die Aufnahmefähigkeit für sensible Reize bleibt erhalten. Eine größere Dosis wirkt außerdem hypnotisch. Tetrahydropalmatin besitzt nach neueren Untersuchungen sedativ-tranquillierende Eigenschaften.

Gefährlichkeitsgrad: Giftig +
Da die Knolle tief im Erdreich sitzt, ist die Vergiftungsgefahr gering.

Vorschriften: Corydalis cava: Monographie der Kommission D.

Literatur: B 36, F 16, G 4, H 12, M 2, N 2, V 6.

Therapie:
Erste Hilfe: Kohle-Pulvis-Gabe, Erbrechen auslösen, Natriumsulfat.
Klinik: Nach wahrscheinlich großer Giftaufnahme: Magenspülung (evtl. mit burgunderfarbener Kaliumpermanganatlösung), Instillation von 10 g Kohle-Pulvis, Überwachung von Elektrolyten und Nierenfunktion, Alkalisierung mit Natriumbikarbonatinfusionen (Urin pH 7,5), ggf. Intubation und Sauerstoffbeatmung. Monitorkontrolle.

Cotinus coggygria Scop.

(Rhus cotinus L.)

Perückenstrauch, Fisetholz. *E:* Common smoke tree. *F:* Arbre à peruques. *I:* Sommacco selvatico.

Cotinus coggygria

Familie: Anacardiaceae, Sumachgewächse.

Verbreitung, Vorkommen: Mittelmeergebiet bis Mittelchina, südliches Mitteleuropa, sonst nur gepflanzt; Zierstrauch in Parks.

Beschreibung: Bis 3 m hoch, sommergrün. Blätter eiförmig, grün bis weinrot, im Herbst orangefarben, 3–8 cm lang, gestielt, wechselständig. Blüten unscheinbar, in 15–20 cm langen endständigen Rispen. Auffällig dichtwollige Fruchtrispen, „Perücken". Blütezeit: Juni–Juli.

Giftige Pflanzenteile: Die ganze Pflanze.

Hauptwirkstoffe: Gallussäure-methylester, Myricetin, → *Quercetin*; im Stammholz → *Fisetin*, (–)-Fustin, Sulphuretin.

Wirkungen auf die Haut: Obwohl der Perückenstrauch zur Familie der Anacardiaceae gehört und daher verdächtigt wird, Hautentzündungen bei Berührung hervorzurufen, konnte bisher keines der in verwandten Giftsumacharten weit verbreiteten sensibilisierenden Urushiole (substituierte Brenzkatechine) nachgewiesen werden [Ippen H: Derm. Beruf Umwelt 31, 140–148, 1983].

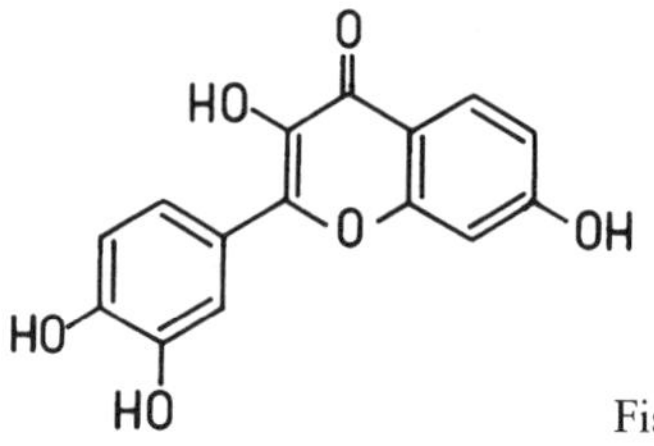

Fisetin

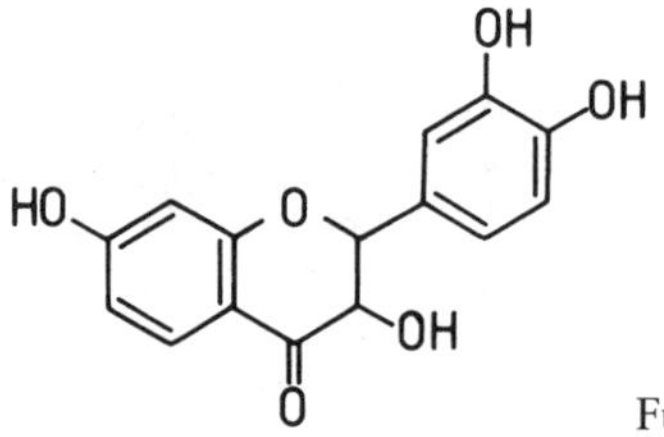

Fustin

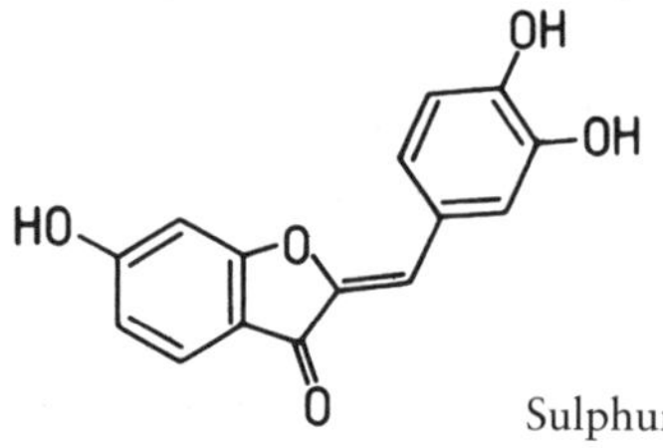

Sulphuretin

Gefährlichkeitsgrad: Kaum giftig (+)

Literatur: H 12, I 5, R 21 (Fisetin), R 30.

Therapie:
Erste Hilfe: In Extremfällen Kohle-Pulvis (10 g), erbrechen lassen. Örtlich Cortison.

Cotoneaster Medicus-Arten

Zwergmispel-Arten. *E:* Cotoneaster. *F:* Néflíer-cotonnier. *I:* Cotognastro.

Cotoneaster horizontalis

Cotoneaster dammeri

Familie: Rosaceae, Rosengewächse.

Beschreibung: Zahlreiche Zwergmispelarten haben als Strauch oder Bodendecker Eingang in unsere Gärten gefunden. Es sind aufrechte oder niederliegende Sträucher mit kleinen, weißen bis rötlichen Blüten. Die Blätter mancher Arten sind winterhart. Besonders attraktiv sind die roten, selten schwarzen beerenartigen Scheinfrüchte, die bei einigen Arten noch im Winter zu finden sind. Heimat der angepflanzten Ziersträucher ist China und das Himalaya-Gebiet.
Häufige bodendeckende Arten:
Cotoneaster praecox Bois et Berthault, Buchsblättrige Zwergmispel (1772 ppm HCN/100 g Trockenfrüchte).

Cotoneaster

Cotoneaster horizontalis Decne., Fächer-Zwergmispel.
Cotoneaster microphyllus Wall. ex Lindl., Kleinblättrige Zwergmispel.
Cotoneaster dammeri Schneid., Teppich-Zwergmispel.
Häufige aufrechte Arten:
Cotoneaster franchetii Bois, Franchets Zwergmispel.
Cotoneaster multiflorus Bunge, Reichblütige Zwergmispel.
Cotoneaster salicifolius Franch., Weidenblättrige Zwergmispel.
Cotoneaster integerrimus Medik., Gemeine Zwergmispel, wildwachsend und kultiviert (15 ppm HCN/100 g Trockenfrüchte).

Wirkstoffhaltige Pflanzenteile: Die ganze Pflanze, besonders die Früchte, da diese für Kinder sehr verlockend sind.

Hauptwirkstoffe: In Blättern, Rinde und Blüten ist → *Prunasin* enthalten, in den Früchten außerdem → *Amygdalin.* Der Glykosidgehalt der Früchte ist aber geringer. Die cyanogenen Glykoside sind mehr im Fruchtfleisch, weniger in den Samen zu finden.
Frohne geht davon aus, daß Mengen ab 20 mg HCN/100 g frischen Pflanzenmaterials als gefährlich anzusehen sind. Die meisten Cotoneaster-Arten enthalten jedoch sehr viel weniger HCN.

Vergiftungserscheinungen: Selbst beim Verzehr größerer Mengen an Zwergmispelfrüchten sind Symptome einer Blausäurevergiftung nur in abgeschwächter Form zu erwarten → *Blausäure-Glykoside.*
Durch Verzehr zahlreicher Früchte, besonders bei Kindern, kann es zu Brennen im Mund, Lippenschwellung und Gastroenteritis kommen.
Aus den Erfahrungen der Beratungsstelle für Vergiftungserscheinungen, Berlin:
7jähr. erbrach nach unbekannter Menge Früchten mehrfach, Übelkeit, kurzfristig Kollaps [K 40].
Nach Weilemann [W 38] sind durch die Früchte vorwiegend Ein- bis Dreijährige gefährdet. In 10% aller Fälle traten Magen- und Darmbeschwerden (64%), Fieber (18%), andere Symptome (18%) auf. Die Ursache des Fiebers ist unklar.

Gefährlichkeitsgrad: Wenig giftig (+)

Literatur: B 36, F 16, G 4, J 5, K 40, R 9, W 38.

Therapie:
Nur in Extremfällen Erbrechen oder rechtzeitig Kohle-Pulvis.

Cotyledon orbiculata L.

E: Pig's ear. *F:* Cotylédon.

Familie: Crassulaceae, Dickblattgewächse.

Verbreitung, Vorkommen: Heimat: Südafrika. Selten als Zierpflanze.

Beschreibung: Bis 80 cm hoher sukkulenter Strauch. Blätter gegenständig, rundlich bis verkehrt eiförmig, fleischig, mit wachsartigem Überzug. Blüten rot, in Trugdolden.
Blütezeit: Juli–August.
Ebenfalls als seltene Zierpflanze, Cotyledon decussata Sims.

Giftige Pflanzenteile: Die ganze Pflanze, besonders die Blätter.

Hauptwirkstoffe: Cotyledontoxin $C_{32}H_{28}O_7$ (farblose, bittere, kristalline Substanz).

Cotyledon orbiculata

Vergiftungserscheinungen: In Südafrika verursacht die Pflanze beim Vieh, besonders bei Ziegen und Schafen, die „Krimpsiekte" oder „Cotyledonosis". Menschen, die Fleisch von vergiftetem Vieh gegessen haben, können ebenfalls erkranken. Cotyledontoxin wirkt auf das Nervensystem; es treten Krämpfe und Lähmungen auf. Bei Versuchen am Tier zeigt Cotyledontoxin digitalisartige Wirksamkeit in abgeschwächter Form sowie Reizungen des Vagus und Atemzentrums [K 27].

Anwendungen in der Homöopathie: Bei Epilepsie und Herzbeschwerden.

Gefährlichkeitsgrad: Stark giftig + +

Literatur: H 12, K 27.

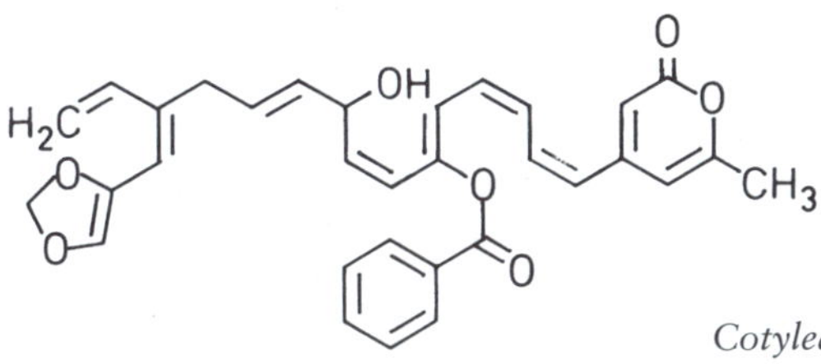

Cotyledontoxin

Therapie:
Erste Hilfe: Sofort Erbrechen, Kohle-Pulvis. Bei oberflächlicher Atmung Mund-zu-Mund-Beatmung.
Klinik: Sofort Magenspülung, Kohle-Pulvis, Intubation, Beatmung, Plasmaexpander im Schock. Monitorkontrolle.

Crocus vernus (L.) Hill und andere Crocus-Arten

Frühlings-Krokus. *E:* Purple crocus. *F:* Safran printanier. *I:* Zafferano alpino.

Crocus spec.

Familie: Iridaceae, Schwertliliengewächse.

Verbreitung, Vorkommen: Alpen, Voralpen verbreitet; Wiesen, Mulden, Gräben; in Gärten und Parks in zahlreichen Formen.

Beschreibung: 8–15 cm hohe Pflanze mit einer nährstoffreichen, unterirdischen Knolle, die von bräunlichen Niederblättern umhüllt ist. Blätter linealisch, schmal, so lang oder kürzer als die Blüte. Blüten 1 oder 2, weiß bis violett. Perigon in langer Röhre auslaufend. Fruchtkapsel bis 20 Samen.

Blütezeit: Februar–Mai.

Häufig kultivierte Arten:

Crocus flavus West.; Heimat: Ungarn, Balkan; gelb.

Crocus laevigatus Bory et Chaub.; Heimat: Griechenland, Kreta; purpurviolett.

Crocus speciosus M.B.; Heimat: Südrußland, Vorderasien; violett.

Toxikologie → *Crocus sativus* L.

Crocus sativus L.

Echter Safran. *E:* Saffron. *F:* Safran. *I:* Zafferano vero. *NL:* Safraan.

EDV-Code: CVOSA.

Familie: Iridaceae, Schwertliliengewächse.

Verbreitung, Vorkommen: Südlicher Balkan, Kleinasien, Persien. Kultiviert in Südeuropa.

Kultur: Spanien, Italien, Griechenland, Marokko, Iran, Kaschmir (Indien), Pakistan (Versuche), Volksrepublik China, Aserbeidschan, Safranbolu (Türkei), Holland (Knollenzucht), Mund (Wallis), nahe Orléans (Frankreich), seit 1992 nach 550 Jahren Rekultivierung in Ilbesheim (Rheinland-Pfalz).

Beschreibung: Aus der von netzfaserigen Scheidenresten umgebenen Knolle (sog. Knollzwiebel), bilden sich schmallineale Blätter und eine oder mehrere Blüten, die aus 6 blaßvioletten Perigonblättern bestehen und zu einer ca. 15 cm langen Röhre verwachsen sind. Der aus dem Inneren kommende Griffel teilt sich in 3 Narbenschenkel, die aus der Blüte herausragen (s. Abb.).
Blütezeit (Mitteleuropa):
September–Oktober.

Droge: Stigmata Croci, Croci stigma, Safran.
Die Droge stellt die getrockneten etwa 2 cm, aufgeweicht etwa 3–3,5 cm langen, am oberen freien Rand 3–4 mm breiten, gelbroten, zusammengedrückten Narbenschenkel dar [H 12]. Beim Kauen wird der Speichel orangegelb gefärbt.
Anmerkung: Um ~1 g Safran zu erhalten, benötigt man ca. 120–130 Krokusblüten. 0,1 g Safran färben 10 l Wasser noch deutlich gelb.

Auszug aus der Monographie der Kommission E:
Risiken: Bei einer maximalen Tagesdosis von 1,5 g sind bislang keine Risiken dokumentiert.
Die letale Dose beträgt 20,0 g, die Abortivdosis 10,0 g Safran.
Als Wirkungen bei der Anwendung der Droge als Abortivum wurden beobachtet: Schwere Purpura nach 5 g Safran (in Milch aufgelöst) mit tiefschwarzer Nekrose der Nase bei einer Thrombozytopenie von 24 000, einer Hypothrombinämie von 41% und schwerem Kollaps mit Urämie [M 24].

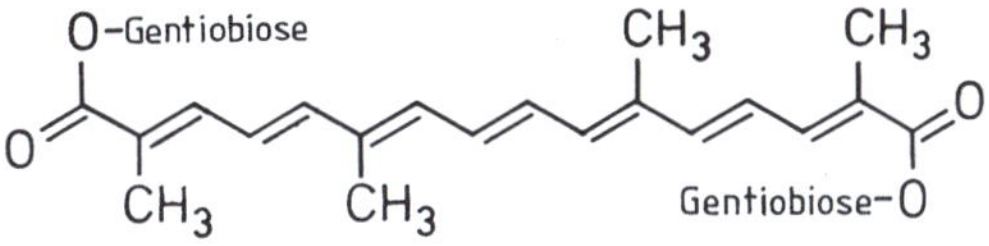

Crocin

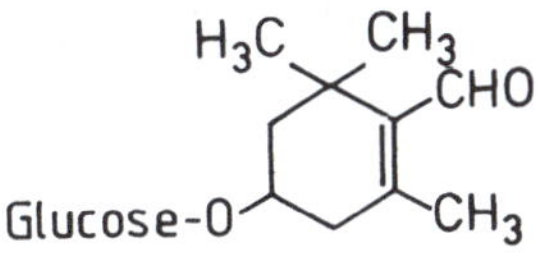

Picrocrocin

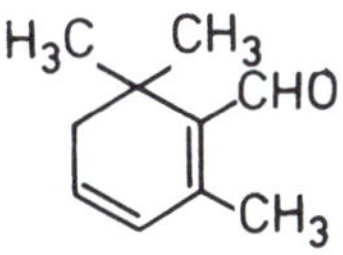

Safranal

Crocus sativus

Ansonsten: Erbrechen, Uterusblutungen, blutige Durchfälle, Haematurie, Blutungen der Nasen-, Lippen- und Lidhaut, ferner Schwindelanfälle, Benommenheit. Es kommt zu Gelbfärbung von Skleren, Haut und Schleimhaut, so daß ein Ikterus vorgetäuscht werden kann.

Hauptwirkstoffe: In den getrockneten Narbenschenkeln: Crocin, Picrocrocin, → *Safranal.*

Vergiftungserscheinungen: Kleine Kinder: in großen Dosen schwere toxische Erscheinungen, die mit dem Tode enden können.
Nach einem kurzen Erregungsstadium folgt ein längeres der verminderten Reaktion. Im Erregungsstadium zeigt sich ein unbändiger Lachreiz. Im zweiten Stadium zeigen sich Beschleunigung des Pulses, Herzklopfen, Kopfweh, Schwindel, Hirnhyperämie, Appetitlosigkeit, Erbrechen, Delirien, Sinnestäuschungen, anschließend Lethargie, Betäubung, Lähmung des Zentralnervensystems und schließlich Exitus. Beim Pflücken von Safrannarben können Frauen ohnmächtig werden und Uterusblutungen bekommen, andere wieder geschwollene Hände und Beine.
Ausdünstungen: betäubende Wirkung auf das Gehirn, schlafbringend, erzeugen Kopfschmerzen, heitere Delirien und lähmen die motorischen Nerven. Blindheit. Eigentümlicher Orgasmus.
Nach längerem Crocus-Genuß Geburt ikterischer Kinder; auch Fruchtwasser und Plazenta-Inneres goldgelb verfärbt.
Nach Genuß einer stark safranhaltigen Soße in einem französischen Restaurant traten folgende Symptome auf: Unruhe, rascher, unregelmäßiger Puls, allgemeines Unwohlsein, unruhiger Schlaf. Nach etwa 15 Std. waren die Beschwerden, die symptomatisch behandelt wurden, abgeklungen [eigene Beob.].

Dosierung: Mittlere Einzeldosis 0,1 g, Jug. II.

Anwendungen in der Homöopathie: D_3–D_6 bei Menorrhagie, Metrorrhagie.
Crocus sativus wird von alters her als Färbepflanze verwendet. Zum Färben werden nur die Narben verwendet. Nach einer mündlichen Mitteilung an die Verfasser genügen 1 bis 2 Gramm Safran, um ein Kilo Wolle zu färben. Insofern ist die Angabe in dem Buch „Färbepflanzen“ zu berichtigen [R 31].

Gefährlichkeitsgrad: Giftig +

Vorschriften: Crocus sativus: Monographie der Kommission D.
Croci stigma: Monographie der Kommission E.

Literatur: D 9, C 19, H 12, K 9, M 2, M 24, R 31.

Therapie:
Erste Hilfe: Kohle-Pulvis-Gabe, Erbrechen auslösen, Natriumsulfat, viel trinken lassen.
Klinik: Nach großer Giftaufnahme Magenspülung, Kohle- und Natriumsulfatinstillation, gegen Koliken Atropin, Elektrolytsubstitution, Azidoseausgleich mit Natriumbikarbonat (Urin pH 7,5), Kontrolle der Nierenfunktion, der Leberfunktion, der Blutgerinnung und des Blutbildes. Bei Krämpfen Diazepam (Valium®) i.v., ggf. Intubation und Sauerstoffbeatmung.

Croton tiglium L.

(Tiglium officinale Klotzsch)

Croton, Crotonölbaum. *E:* Purging croton. *F:* Croton revulsif. *I:* Crotone.

EDV-Code: CVNTI.

Familie: Euphorbiaceae, Wolfsmilchgewächse.

Verbreitung, Vorkommen: Heimat des 4–6 m hohen Baumes ist Indien.

Droge: Semen Crotonis (tiglii), Crotonis semen, Crotonsamen, Purgierkörner.
Samen im Umriß eiförmig, beiderseits stumpf, einseitig etwas abgeplattet, 10–13 mm lang und 6–9 mm breit, matt rötlichbraun, auch mehr gelblich, stellenweise matt, schwärzlich, unregelmäßig gesprenkelt oder auch gänzlich dunkel [H 12].

Hauptwirkstoffe: 30–50% fettes Öl, Oleum Crotonis, mit freien Fettsäuren, Neutralfett

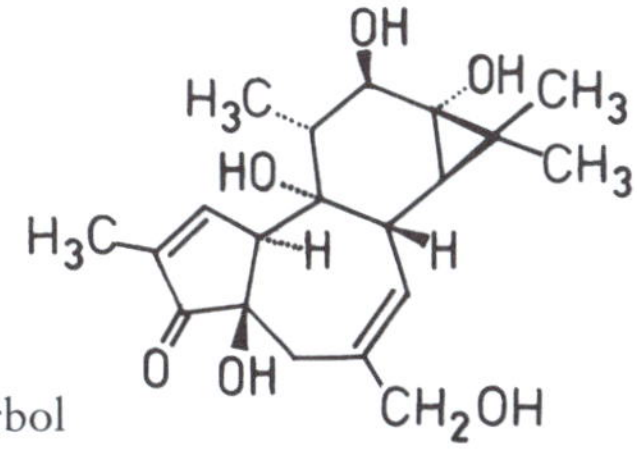

Phorbol

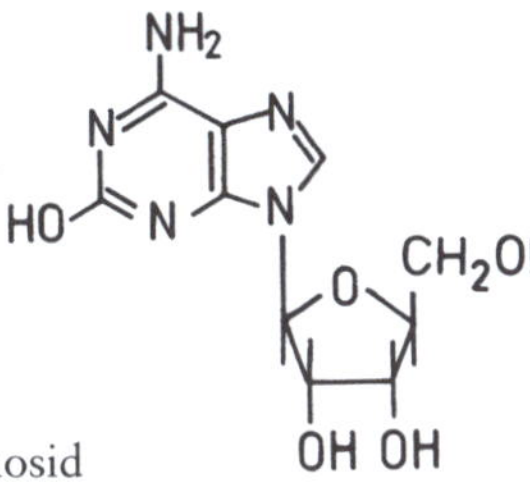

Crotonosid

und Crotonharz. Letzteres enthält als giftiges Prinzip Polyester des Diterpenalkohols Phorbol $C_{20}H_{28}O_6$ sowie Tiglinsäure. Im geschälten Samen 1–3,8% Crotonosid $C_{10}H_{13}N_5O_5$, Fp. 248 °C (dec.), ein Isoguaninribosid [H 12].

Vergiftungserscheinungen: Die sehr giftigen Samen wirken aufgrund des Gehaltes an Crotonöl drastisch abführend. Schon 4 Samen können einen Menschen, etwa 15 Stück ein Pferd töten. Die ersten Symptome treten nach 5–10 Min. ein. Ein alkoholischer Extrakt zeigt antibakterielle Wirkung gegen Staphylococcus aureus und Escherichia coli, der wäßrige Extrakt nur gegen E. coli. Crotonosid wirkt blutdrucksen-

Croton tiglium

kend, setzt den Tonus von isoliertem Darm herab und stimuliert isoliertes Uterusgewebe.

Brennen und Kratzen im Mund, Erbrechen, Beklemmung und Unruhe, wäßrige, schmerzhafte Stuhlentleerung, Benommenheit, Schwindel, Kollaps. Die Glieder sind kühl und mit kaltem Schweiß bedeckt. Im Tierversuch erwiesen sich das toxische und entzündungserregende Crotonöl bzw. die Phorbolester als hochwirksame Cocarcinogene. Die Samen zeigen ichthyotoxische Wirkung [H 12].

Wirkungen auf die Haut: Der Milchsaft ist obligat hautreizend.

Dosierung: Übliche Tagesdosis 0,1 g, maximale Tagesdosis 0,3 g, Jap. 62. Gaben für ein Pferd 4–8(!) Samen in Kleie [H 12].

Anwendungen in der Homöopathie: D_4–D_{12} bei akutem Magendarmkatarrh mit starken wäßrigen Stühlen, bei akutem Bläschenekzem an den äußeren Genitalien.

Gefährlichkeitsgrad: Sehr stark giftig + + +

Vorschriften: Croton tiglium: Monographie der Kommission D.

Verbotener Stoff der Kosmetikverordnung v. 19. 6. 1985. Anlage 1: 107 Fettes Öl von Croton tiglium.

Literatur: D 9, F 18, H 12, M 2, M 27.

Therapie:
Erste Hilfe: Kohle-Pulvis-Gabe, Erbrechen auslösen, Natriumsulfat, viel warmen Tee trinken lassen. Haut- und Schleimhautblasen steril abdecken, Tetanusprophylaxe, lokal Locacorten-Schaum.
Klinik: Magenspülung (evtl. mit burgunderfarbener Kaliumpermanganatlösung), Instillation von 10 g Kohle-Pulvis, Elektrolytsubstitution, Azidoseausgleich mit Natriumbikarbonat (Urin pH 7,5), Kontrolle der Nierenfunktion, bei Krämpfen Diazepam (Valium®) i.v., ggf. Plasma(expander)gabe, bei Atemlähmung: Intubation und Sauerstoffbeatmung.

Cucubalus baccifer L.

Früchte

Taubenkropf, Hühnerbiß. *E:* Berry catchfly. *F:* Coulichon. *I:* Erba Cucco.

Familie: Caryophyllaceae, Nelkengewächse.

Verbreitung, Vorkommen: Mittel-, Süd- und Osteuropa, Zentralasien bis Japan. In Mitteleuropa besonders im mittleren und östlichen Teil, sonst selten. In Auen, feuchten Gebüschen, in Hecken und an Straßenrändern.

Beschreibung: Ausdauernde, bis 1,50 m hohe, kurz behaarte Pflanze, mit kletterndem Stengel. Blätter eiförmig bis länglich, zugespitzt. Blüten grünlichweiß, glockig, Kronblätter ausgebreitet, in armblütigen Trugdolden. Frucht beerenartig, zuletzt schwarz. Blütezeit: Juli–September.

Giftige Pflanzenteile: Die ganze Pflanze, vor allem die Beeren.

Hauptwirkstoffe: Nach Liebenow ätherisches Öl.

Blüten

Vergiftungserscheinungen: Die Beeren können eine Gastroenteritis bewirken. Durch die verlockenden Beeren sind besonders Kinder gefährdet.

Vergiftungen bei Tieren sind nicht bekannt.

Gefährlichkeitsgrad: Wenig oder kaum giftig (+)

Literatur: L 10, L 13.

Therapie:
Erste Hilfe: Kohle-Pulvis.
Klinik: In Extremfällen Entgiftung und Alkalisierung.

Cycas revoluta Thunb.

Palmfarn. *E:* Sago cycas. *F:* Sagou du Japon.

Familie: Cycadaceae, Farnpalmen, Palmfarne.

Verbreitung, Vorkommen: Heimat: Ostasien, kultiviert in Japan und Taiwan. Bei uns seltene Zierpflanze, jedoch in Botanischen Gärten fast immer zu finden.

Beschreibung: Palmenähnliche, bis 3 m hohe Pflanze, mit walzenförmigem Stamm. Blätter 50–200 cm lang, dunkelgrün. Blättchen schmal, linealisch, am Rande zurückgerollt und dicht gestellt. Blüten zweihäusig, Blütenzapfen groß und endständig.

Giftige Pflanzenteile: Besonders Samen und Wurzeln.

Hauptwirkstoffe: → *Cycasin.* Der Gehalt hängt von der Jahreszeit ab und schwankt bei den Species zwischen 0,02–2,5%. In den Samen von Cycas revoluta 0,2–0,3% → *Cycasin,* außerdem Neocycasin A und B, Macrozamin und Sotetsuflavon.

Vergiftungserscheinungen: Die Cycas-Toxine rufen akut blutige Diarrhoe und Erbrechen hervor. Bei chronischer bzw. subchronischer Gabe wurden Leberschäden und neurotoxische Symptome beobachtet. Cycasin zeigt nach oraler Gabe bei Ratten carcinogene Effekte, nicht aber bei parenteraler Anwendung.

Gefährlichkeitsgrad: Giftig +

Literatur: H 12, J 5, P 14.

Therapie:
Erste Hilfe: Medizinalkohle (Kohle-Pulvis, 10 g), schwarzen Tee trinken lassen.
Klinik: Magenspülung, Medizinalkohle, Natriumsulfat. Auf Leber- und Nierenfunktion achten. Azidoseausgleich mit Natriumbikarbonat. Kontrolle der Leberwerte.

Cyclamen persicum Mill.

Alpenveilchen. *E:* Ivy-leaved cyclamen. *F:* Cyclamen de Perse.

EDV-Code: CYZPE.

Familie: Primulaceae, Primelgewächse.

Verbreitung, Vorkommen: Heimat: Vorderer Orient, Kleinasien. Bei uns eine der beliebtesten Zimmerpflanzen.

Beschreibung: Ausdauerndes Kraut mit unterirdischer Knolle. Blätter grundständig, herzförmig, auf langen, rötlichblassen Stielen. Blattfarbe meist dunkelgrün mit heller Zeichnung. Blüte mit 5 nach hinten gebogenen Blütenblättern, die glatte, gefranste oder gewellte Ränder haben, an ca. 20 cm langen Stengeln. Blütenfarben: In den verschiedensten Farbvariationen, meist weiß, rot, lachsfarben oder auch zweifarbig.
Blütezeit: August – April.

Cyclamen persicum

Giftige Pflanzenteile: Vor allem die Knolle. Der Saft der Knolle ist hautreizend. Schon bei ca. 0,2 g wirkt die Knolle giftig. 8 g gelten als tödliche Dosis.

Hauptwirkstoffe: Saponine, davon besonders das Triterpensaponin→ *Cyclamin* $C_{56}H_{96}O_{29}$ in glykosidischer Bindung.

Vergiftungserscheinungen: Übelkeit, Erbrechen, Durchfall, starke Magenschmerzen, Blutzersetzung, Schweißausbruch, Kreislaufstörungen, Krämpfe, Atemlähmung. Beim Hantieren Kribbeln an den Händen. Nach Angabe einer Giftinformationszentrale aß ein Kind eine Blüte, ohne irgendwelche Symptome zu zeigen.
Auf Fische wirkt das Cyclamin ebenfalls toxisch. Schon geringe Konzentrationen betäuben und lähmen die Tiere, und das wissen zum Beispiel die Fischer auf Sizilien: Sie setzen das Gift zum Fischfang ein [G 27].

Gefährlichkeitsgrad: Giftig +

Literatur: F 16, G 27, H 12, M 2.

Therapie:
Erste Hilfe: Kohle-Pulvis 10 g, ggf. Augen spülen. Auf die Haut lokal Locacorten-Schaum.
Klinik: Nur nach großer Giftaufnahme Magenspülung (evtl. mit burgunderfarbener Kaliumpermanganatlösung), Instillation von 10 g Kohle-Pulvis, Elektrolytsubstitution, Azidoseausgleich, Kontrolle der Nierenfunktion, bei Krämpfen Diazepam (Valium®), gegen Koliken Atropin, ggf. Intubation und Sauerstoffbeatmung. Blutbildkontrolle.

Cyclamen purpurascens Mill.

(Cyclamen europaeum auct. non L.)

Europäisches Alpenveilchen. *E:* Sowbread. *F:* Pain de pourceau. *I:* Ciclamino delle Alpi.

Familie: Primulaceae, Primelgewächse.

Verbreitung, Vorkommen: Europa in den Alpen und Karpaten; in lichten Wäldern und Gebüschen.

Beschreibung: Ausdauernde, 5–20 cm hohe, immergrüne Pflanze. Blätter nieren- bis herzförmig, mit silbriger Zeichnung, langgestielt, grundständig. Blüten karminrot, mit 5 zurückgeschlagenen Blütenblättern, einzeln, auf langen Stielen.
Blütezeit: Juni–September.

Anwendungen: Früher wurde Rhizoma Cyclaminis von Cyclamen purpurascens Mill. als drastisches Abführmittel verwendet.

Anwendungen in der Homöopathie: Nur bei Frauen D_3–D_{15} Migräne, Menorrhagie, zu späte und aussetzende Regel, bei Rhinitis vasomotorica 2–3 Monate D_{15}.

Cyclamen purpurascens

Wirkung etc. → *Cyclamen persicum* Mill.

Gefährlichkeitsgrad: Giftig +

Vorschriften: Die Pflanze steht unter Naturschutz (A, CS, D, CH, I, YU, H). Sie ist in der Roten Liste unter den potentiell gefährdeten Pflanzen aufgeführt.
Cyclamen europaeum: Monographie der Kommission D.

Literatur: D 9, J 6.

Therapie:
Erste Hilfe: Kohle-Pulvis 10 g, ggf. Augen spülen. Auf die Haut lokal Locacorten-Schaum.
Klinik: Nur nach großer Giftaufnahme Magenspülung (evtl. mit burgunderfarbener Kaliumpermanganatlösung), Instillation von 10 g Kohle-Pulvis, Elektrolytsubstitution, Azidoseausgleich, Kontrolle der Nierenfunktion, bei Krämpfen Diazepam (Valium®), gegen Koliken Atropin, ggf. Intubation und Sauerstoffbeatmung. Blutbildkontrolle.

Cynoglossum officinale L.

Hundszunge. *E:* Hound's tongue. *F:* Langue de chien. *I:* Lingua canina. *NL:* Hondstong.

EDV-Code: CYWOF.

Familie: Boraginaceae, Rauhblattgewächse.

Verbreitung, Vorkommen: Fast ganz Europa, Nord- und Südwestasien, in Nordamerika eingebürgert. In Mitteleuropa zerstreut an steinigen, sandigen und sonnigen Plätzen.

Beschreibung: Zweijährige, 30–80 cm hohe, aufrechte, dichtbeblätterte Pflanze, mit spindelförmiger Wurzel. Untere Blätter elliptisch, obere lanzettlich, wechselständig, sitzend, graufilzig behaart. Blüten dunkelviolett, dann braunrot, trichterförmig, den Kelch überragend, in achselständigen Wickeln. Klettfrüchte, abgeflachte Nüßchen, hellbraun.
Blütezeit: Mai–Juli.

Droge: Herba Cynoglossi und Radix Cynoglossi heute nicht mehr offizinell. Die Toxizität soll beim Lagern verschwinden.
Auszug aus der Monographie der Kommission E:
Cynoglossi herba (Hundszungenkraut).

Risiken: Cynoglossum officinale enthält große Mengen lebertoxischer Pyrrolizidinalkaloide.

Giftige Pflanzenteile: Die ganze Pflanze.

Cynoglossum officinale

Hauptwirkstoffe: Gehalt an 1,2-ungesättigten Pyrrolizidinalkaloiden im getrockneten Kraut/Wurzeln bis zu 14 g/kg = 14 700 ppm. Im Kraut 1,72% Gesamtalkaloide mit 62% Heliosupin. In der Wurzel nach älteren Angaben Cynoglossin, Consolidin, und dessen Spaltbasen Consolicin, Cynoglossidin [H 12].

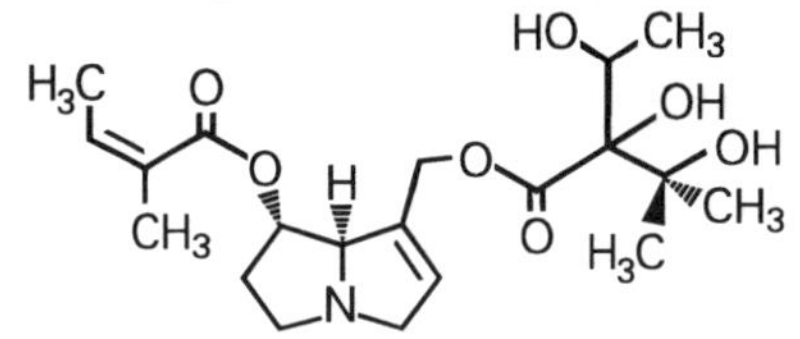

Heliosupin

Vergiftungserscheinungen: Beim Menschen sind Vergiftungen kaum zu erwarten. Nach älteren Angaben wirkt Cynoglossin beim Frosch curareartig lähmend auf die peripheren Nervenendungen, während Consolidin und Consolicin lähmende Wirkung auf das Zentralnervensystem besitzen [H 12]. Warmblütler sind nicht so empfindlich. Die Giftwirkung der Blätter auf kleinere Nagetiere ist umstritten. Bei Rindern zeigen sich großer Durst und Bewegungsstörungen der Hinterbeine [L 10].

Gefährlichkeitsgrad: Giftig +
Vergiftungsgefahr nur bei Tieren.

Vorschriften: Cynoglossum officinale: Monographie der Kommission D.
Cynoglossi herba: Monographie der Kommission E.
Alle Arten der Gattung Cynoglossum (Hundszunge) sind in der „Bekanntmachung über die Zulassung und Registrierung von Arzneimitteln vom 5. 6. 1992“ aufgeführt.

Literatur: F 16, H 12, L 10.

Therapie:
Nach extremer Giftaufnahme durch Verschlucken Kohle-Pulvis (10 g), evtl. Schocktherapie und Beatmung.

Cytisus scoparius (L.) Link

[Sarothamnus scoparius (L.) Wimm. ex W.D.J. Koch]

Besenginster. *E:* Broom. *F:* Gênet à balais. *I:* Citiso scopario, Ginestra dei carbonai. *NL:* Bezemstruik, brem.

Blüten

Früchte

EDV-Code: SAOSC.

Familie: Fabaceae, Schmetterlingsblütler.

Verbreitung, Vorkommen: Europa, Vorderindien, Japan; in den Alpen fehlend; verbreitet auf Lehm- und Sandböden; auf Heiden, an Waldrändern, Waldlichtungen.

Beschreibung: Strauch bis 2 m hoch. Blättchen meist 3zählig, mit kurzem Stiel, spiralständig. Blüten leuchtend gelb, ca. 2 cm lang, meist einzeln an Kurztrieben. Hülse flach mit schwarzen Samen.
Blütezeit: Mai–Juni.
Früchte: Juli–Winter.

Cytisus scoparius

Droge: Herba Spartii scoparii, Sarothamni (spartii) scoparii herba, Besenginsterkraut. Die Ganzdroge besteht aus holzigen Sprossen mit Zweigen, Blättern und Blüten. Geschmack stark bitter.

Giftige Pflanzenteile: Die ganze Pflanze.

Hauptwirkstoffe: → *D-Spartein* (Pachycarpin), $Kp._1$ 135 °C, → *L-Spartein* (Lupinidin), $Kp._1$ 135 °C und
→ *DL-Spartein* $C_{15}H_{26}N_2$, $Kp._1$ 145 °C, ferner L-α-Isospartein („Genistein") $C_{15}H_{26}N_2$, Fp. 96–117 °C, Oxyspartein, Sarothamnin $C_{30}H_{50}N_4$, Fp. 173–174 °C, D-Lupanin, Fp. 44 °C, L-Lupanin, Fp. 44 °C und
DL-Lupinin $C_{15}H_{24}N_2O$, Fp. 99 °C, Hydroxylupanin (Octalupin) $C_{15}H_{24}N_2O$, Fp. 173–174 °C (und Spuren anderer Alkaloide, Anm. d. Verf.) [H 12].

Vergiftungserscheinungen: Die Gesamtwirkung des Besenginsters bei oraler Anwendung wird durch die Alkaloide und das Scoparin bestimmt. Herz und Gefäße werden durch Spartein und auch Scoparin, wesentlich weniger durch D-α-Isospartein beeinflußt. Spartein hemmt die pathologisch beschleunigte Reizbildung im Vorhof, dämpft die gesteigerte Reiz- und Erregbarkeit im Reizleitungssystem, verbessert den venösen Rückfluß, die Diastole wird verlängert. Spartein hat im Gegensatz zu Digitalis keinen inotropen und keinen diuretischen Effekt. Die Diurese wird vor allem durch Scoparin und die harzigen Substanzen gesteigert. Der isolierte Darm und der Uterus werden durch Spartein erregt. Die Tonuszunahme beim menschlichen Uterus ist nur in der Gravidität nachweisbar.
Vergiftungserscheinungen sind ähnlich der durch Nicotin. Beobachtet wurden Kreislaufkollaps mit Tachykardie und paralytischer Ileus, Erbrechen, Durchfall, Schwindel und Kopfschmerzen [H 12].
Eine therapeutische Anwendung ist während der Schwangerschaft kontraindiziert, da es beim graviden Uterus zu einer Tonussteigerung kommen kann. Auch bei Bluthochdruck sollte der Gebrauch wegen der leicht hypertonisierenden Wirkung unterbleiben [W 13].
Eigenartig ist die Hemmung von Schlangengiften durch Spartein in vitro. Schafe, die Besenginster fressen, sind gegen Schlangengifte weniger empfindlich.
Ginster sollte nicht am Rande eines Goldfischteiches gepflanzt werden, da die Fische verenden können, wenn Samen ins Wasser fallen.

Gefährlichkeitsgrad: Giftig +

Vorschriften: Besenginsterkraut ist im DAC enthalten. Gehalt mind. 0,8% Alkaloide, berechnet als Spartein und bezogen auf die getrocknete Droge.
Cytisus scoparius: Monographie der Kommission D.
Cytisi scoparii herba und C.s. flos: Monographie der Kommission E.

Literatur: B 36, G 4, G 29, F 16, H 12, S 45, W 13.

Therapie:
Erste Hilfe: Sofort viel trinken und erbrechen lassen, Kohle-Pulvis-Gabe, Natriumsulfat, Haut und Augen spülen, Frischluft, Schockvorsorge (Ruhe, Wärme).
Klinik: Magenspülung (evtl. mit burgunderfarbener Kaliumpermanganatlösung), Instillation von 10 g Kohle-Pulvis und Natriumsulfat, bei Krämpfen Diazepam (Valium®) i.v., ggf. Beatmen, Herzdruckmassage, Orciprenalin (Alupent®) i.v.

Daphne cneorum L.

Heideröschen, Rosmarinseidelbast. *E:* Garland-flower. *F:* Petit thymélée. *I:* Dafne odorosa.

Familie: Thymelaeaceae, Seidelbastgewächse.

Verbreitung, Vorkommen: Europa, v. a. Alpen; in Deutschland im Süden und Westen; trockene Wälder, Trockenrasen, Felshänge.

Beschreibung: 10–30 cm hoher Strauch. Blätter immergrün, ledrig. Blüten wohlriechend, rot, kurzgestielt, in endständigen Büscheln. Beeren rotgelb.
Blütezeit: Mai–Juni.

Giftige Pflanzenteile: Alle Pflanzenteile. 10–12 Beeren gelten für Kinder als tödliche Dosis.

Hauptwirkstoffe: In den Laubknospen ca. 22% Daphnin, → *Mezerein,* → *etherische Öle.* Wird auch als Fischgift verwendet.

Vergiftungserscheinungen: Übelkeit, Erbrechen, Krämpfe, Schock, Lähmungen, Brennen im Mund, Blut im Stuhl, Nierenschäden, blutiges Erbrechen, verlangsamter Puls, Schwindelgefühl, Durst, Atemnot.

Gefährlichkeitsgrad: Sehr stark giftig + + +

Vorschriften: Die Pflanze steht unter Naturschutz (A, CS, D, CH, I, YU, H). Sie gehört in der Roten Liste zu den stark gefährdeten Pflanzen.
Literatur: B 36, E 12, F 16, G 4, H 12.

Therapie:
Siehe Daphne mezereum

Daphne gnidioides Jaub. et Spach.

Familie: Thymelaeaceae, Seidelbastgewächse.

Verbreitung, Vorkommen: In der ägäischen Region und Südanatolien.

Beschreibung: Aufrechter Strauch mit kräftigen Zweigen. Blätter 25–40 mm lang und 4–7 mm breit, länglich-oval, ledrig, bereift, sitzend. Blüten rosa oder weiß, fast sitzend, in endständigen, 5–8blütigen, deckblattlosen Köpfchen. Rote Steinftucht mit ledrifem, kaum fleischigem Exokarp.

Inhaltsstoffe: Weitgehend unbekannt.

Literatur: R 30.

Daphne mezereum L.

Gemeiner Seidelbast, Kellerhals. *E:* Mezereon. *F:* Mézeréon, Bois-jentil. *I:* Dafne mezereo.

EDV-Code: DAPME.

Familie: Thymelaeaceae, Seidelbastgewächse.

Verbreitung, Vorkommen: Europa, Kleinasien, Nordasien; in Mitteleuropa zerstreut im mittleren und südlichen Teil; schattige feuchte Wälder; Zierstrauch in Gärten.

Beschreibung: Strauch, bis 1,50 m hoch. Blätter verkehrteiförmig, ganzrandig, hellgrün, kurzgestielt. Blüten röhrig, 4teilig, rot, selten weiß, vor den Blättern erscheinend. Beeren eiförmig, scharlachrot.
Blütezeit: Februar–April.
Früchte: Juni–August.

Droge: Cortex Mezerei, Mezerei cortex, Seidelbastrinde.
Vor dem Blühen gesammelte Rinde der Stämme und dickeren Zweige.

Giftige Pflanzenteile: Alle Pflanzenteile, besonders die roten Beeren und die Rinde. Für Erwachsene gelten 10–12 Beeren als tödlich, für Kinder entsprechend weniger. Die Samen sind ganz besonders giftig. Der Giftgehalt wird durch Trocknung nicht beeinflußt.

Hauptwirkstoffe: Daphnin (7-Glucosido-7,8-dioxycumarin) $C_{15}H_{16}O_9$, Umbelliferon, 0,02% Daphnetoxin, Fp. 194–196 °C, Mezerein $C_{38}H_{38}O_{10}$, Fp. 265–269 °C (hautreizend und cocarcinogen).

Daphne mezereum

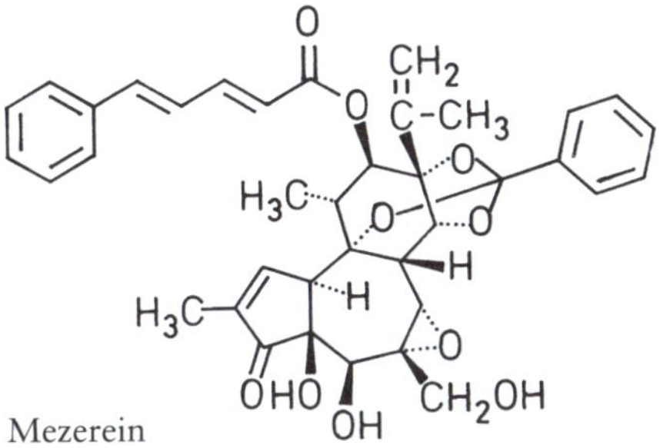

Mezerein

Blüten

Vergiftungserscheinungen: Niesen, Übelkeit, Fieber, Krämpfe, Lähmungen, Nierenschädigung, Schock, Gastroenteritis mit Nekrose der Magenschleimhaut, zuletzt Kreislaufkollaps.
Aus den Erfahrungen der Beratungsstelle für Vergiftungserscheinungen, Berlin:
Ein 18jähr. zeigte einen geröteten Mund, nachdem er einen Zweig im Mund hatte.
2jähr., der max. 3 Blätter aß, war 24 Std. später apathisch, erbrach mehrfach und hatte enge Pupillen.
Bei einem 1½jähr. wurden Benommenheit und Krämpfe beobachtet [K 40].
Bei Tieren besondere Gefährdung von Schwein, Rind und Pferd. Tödliche Dosis beim Schwein 3–5 Beeren, beim Pferd ca. 30 g Rinde [M 18].

Wirkungen auf die Haut: Bei äußerlicher Einwirkung (z. B. Auflegen der frischen Rinde oder Applikation des Saftes) Entzündung der Haut: Rötung, Blasenbildung, bei längerer Einwirkung geschwüriger Zerfall der Haut.

Anwendungen in der Homöopathie: D_3–D_4 bei Ekzemen, Erythem, Pruritus, Impetigo, Herpes zoster, Neuralgien.

Früchte

Gefährlichkeitsgrad: Sehr stark giftig + + +
Weitere giftige Seidelbast-Arten [E 12]: D. alpina L.-Alpenseidelbast (Verbreitung: Gebirge in Mittel- und Südeuropa, Klein-Asien, Nordafrika). D. Laureola L.-Lorbeerseidelbast (Verbreitung: West-, Mittel-, Südeuropa, Nordafrika, Azoren).

Vorschriften: Die Pflanze steht unter Naturschutz (A, CS, D, CH, I, YU, H).
Daphne mezereum: Monographie der Kommission D.

Literatur: B 36, D 9, E 12, F 16, G 4, H 1, H 12, H 18, K 40, L 10, M 2, R 9, S 6.

Therapie:
Erste Hilfe: Kohle-Pulvis-Gabe, Erbrechen auslösen, Natriumsulfat, viel warmen Tee trinken lassen. Haut- und Schleimhautblasen steril abdecken, Tetanusprophylaxe, lokal Locacorten-Schaum.
Klinik: Magenspülung (evtl. mit burgunderfarbener Kaliumpermanganatlösung), Instillation von 10 g Kohle-Pulvis, Elektrolytsubstitution, Azidoseausgleich mit Natriumbikarbonat (Urin pH 7,5), Kontrolle der Nierenfunktion, bei Krämpfen Diazepam (Valium®) i.v., ggf. Plasma(expander)gabe, bei Atemlähmung: Intubation und Sauerstoffbeatmung.

Daphne striata Tratt.

Steinröschen, Gestreifter Seidelbast, Alpenflieder. *I:* Dafne rosea.

Familie: Thymelaeaceae, Seidelbastgewächse.

Verbreitung, Vorkommen: Mittel- und Südeuropa, Alpengebiet; Felsschutt, steinige Matten.

Beschreibung: Zwergstrauch, bis 35 cm hoch. Blätter immergrün, linealisch, keilförmig, büschelig an den Zweigenden. Blüten rosa, röhrig, 4teilig in endständigen Büscheln. Beeren zuletzt bräunlich.
Blütezeit: Mai–Juni.

Vorschriften: Die Pflanze steht unter Naturschutz (A, D, CH, I, YU).

Giftwirkung etc. → *Daphne mezereum* L.

Datura stramonium L.

Gemeiner Stechapfel. *E:* Thorn apple. *F:* Stramoine. *I:* Stramonio comune. *NL:* Doornappel.

Datura stramonium: Frucht

EDV-Code: DATST.

Familie: Solanaceae, Nachtschattengewächse.

Verbreitung, Vorkommen: Europa, Asien, Afrika, Nordamerika; in Mitteleuropa zerstreut; Schuttplätze, Ödland, Wegränder.

Beschreibung: Einjährige, bis 1 m hohe krautige Pflanze. Blätter im Umriß eiförmig, zugespitzt, Oberseite dunkelgrün, unten heller, buchtig gezähnt, gestielt. Blüten trichterförmig, 5zipfelig, weiß, achsel- oder endständig. Kapsel stachelig, 4fächrig. Samen braunschwarz, bis 3,5 mm lang.
Blütezeit: Juni–September.
Datura stramonium var. tatula (L.) Torr., Sprosse, Blattstiele und Blattnerven violett angelaufen, Blüten hellviolett, Früchte bestachelt.
In Südeuropa findet man gelegentlich die in subtropischen und tropischen Gebieten heimische Datura metel L. (D. alba Nees), Blütezeit Juni bis Juli. D. metel wird sowohl als Heilpflanze wie auch als halluzinogene Pflanze in ihren Heimatländern verwendet.

Droge: Folia (semen) Stramonii, Stramonii folium (semen), Stechapfelblätter, Stechapfelsamen.

Geruch der Blätter schwach, Geschmack schwach salzig und bitter. Der Samen riecht beim Zerreiben widerlich und schmeckt bitter und scharf.
Das Auftreten von Apoatropin und Tropanol wird als Anzeichen für alte oder unsachgemäß gelagerte Droge gewertet.
Auszug aus der Monographie der Kommission E: Stramonii folium (Stramoniumblätter) Stramonii semen (Stramoniumsamen)
Risiken: Stramoniumblätter und -samen enthalten 0,1–0,6% Alkaloide. Hauptalkaloide sind L-Hyoscyamin und L-Scopolamin.
Vergiftungsfälle mit tödlichem Ausgang sind beschrieben. Die Menge der applizierten Alkaloide bei der inhalativen Anwendung der Droge in Räucherpulvern und „Asthmazigaretten" ist unkalkulierbar.
Wegen der Rauschtauglichkeit der Droge ist die Gefahr eines Mißbrauchs und der Abhängigkeit gegeben.

Giftige Pflanzenteile: Alle Pflanzenteile, besonders Wurzel und Samen. Mengen ab 0,3 g wirken giftig.

Hauptwirkstoffe: → *L-Hyoscyamin,* → *Atropin,* → *L-Scopolamin.* Alkaloidgehalt je nach Standort und Witterung schwankend. Blätter im allgemeinen 0,2–0,5%, Sa-

Datura stramonium

men 0,3–0,5%. Junge Pflanzen enthalten überwiegend Scopolamin, ältere überwiegend Hyoscyamin.

Vergiftungserscheinungen: Zunächst allgemeine Erregung von Heiterkeit bis Tobsucht, Sinnestäuschung, starke Hautreizung, Übelkeit, weite Pupillen, Sehstörungen, Benommenheit, zuletzt Atemlähmung. Nach Weilemann [W 38] treten häufig (75%) Symptome auf. Sie sind ernster Natur (Pupille 45%, Psyche 40%, Bewußtsein 10%, Herz 20%). Der Arzt sollte die Therapie sofort mit der Entleerung des Magen- und Darmtrakts beginnen.
Aus den Erfahrungen der Beratungsstelle für Vergiftungserscheinungen, Berlin:
9 Monate altes Kind biß in 1 Blatt, nach 1½ Std. Temperaturanstieg auf 38,6 °C, trockene Zunge, Mydriasis, euphorisch, nach 4 Std. klangen die Symptome ab, Kind war unauffällig [K 40].
Vergiftungen von Haustieren kommen nur selten vor, da diese weniger empfindlich gegen Stechapfel-Alkaloide reagieren als der Mensch. Die Vergiftungserscheinungen ähneln einer Tollkirschenvergiftung, bei der die Scopolaminvergiftung mit zentralnervösen Depressionen im Vordergrund steht [H 18].
Bei Pferden und Rindern Vergiftungen nach Sojaschrot mit 0,3% und mehr Stechapfelsamen [L 10].
Manche Datura-Arten sind seit frühen Zeiten als Gifte und Rauschmittel verwendet

Datura stramonium: Blüte

worden. Sie haben besonders bei den Indianern Nord- und Südamerikas in religiöse und magische Riten Eingang gefunden. So z. B. Datura tatula L., die unter dem mexikanischen Namen Toloachi von Dorfhexen zu Racheakten verwendet wurde. Eine

Datura metel: Blüten

Datura stramonium

mehrmalige Vergiftung ruft eine Verblödung hervor.

Anwendungen in der Homöopathie: D_3–D_6 bei manischen Zuständen, Halluzinationen, Nymphomanie, Keuchhusten, Stottern.

Gefährlichkeitsgrad: Sehr stark giftig + + +

Vorschriften: Datura stramonium: Monographie der Kommission D.

Stramonii folium/semen: Monographie der Kommission E.

Verbotener Stoff der Kosmetikverordnung v. 19. 6. 1985. Anlage 1: 301 Datura stramonium L. und seine Zubereitungen.

Literatur: B 36, D9, F 16, G 4, H 12, H 18, K 9, K 40, L 10, M 2, M 12, O 4, R 25, W 38.

Therapie:
Erste Hilfe: Kohle-Pulvis-Gabe, Erbrechen auslösen, Natriumsulfat.
Klinik: Frühzeitige Magenspülung mit gut eingeöltem Schlauch (Paraffinöl, Roticlean®), Physostigmin (Anticholium) i.m. (oder langsam i.v.) (Erwachsene 2 mg, Kinder 0,5 mg), Wiederholung je nach Bedarf bei Wiederauftreten gefährlicher Symptome, Plasmaexpander bei Schock, ggf. Intubation und Sauerstoffbeatmung.

Datura suaveolens Humb. et Bonpl. ex Willd.

Engelstrompete. *E:* Angel-tears datura, Angel's trumpet. *F:* Stramoine odorante.

Datura sanguinea

Datura suaveolens

Datura suaveolens

Familie: Solanaceae, Nachtschattengewächse.

Verbreitung, Vorkommen: Heimat: Brasilien; Kübelpflanze.

Beschreibung: Strauch, bis 5 m hoch, Blätter wechselständig, eiförmig mit gewelltem Rand. Blüten 20–30 cm lang, weiß, auch gelbrot, trompetentrichterförmig.
Blütezeit: August–Oktober.
Eine andere Zierpflanze ist Datura sanguinea Ruiz et Pav., die von Januar bis März blüht.

Giftige Pflanzenteile: Alle Pflanzenteile.

Hauptwirkstoffe: → *Scopolamin* (ca. 80%), → *Hyoscyamin,* → *Atropin.*
Der Gesamtalkaloidgehalt beträgt in den Blättern 0,33–0,56%, im Stamm 0,19–0,33%. Der höchste Gehalt ist während der Blütezeit.

Vergiftungserscheinungen: → *Datura stramonium.* Schon der Duft der Blüten soll narkotisierende Eigenschaften besitzen und Kopfschmerzen sowie Nausea hervorrufen (von den Indios als Rauschdroge verwendet). Wie aus Schilderungen von Lampe hervorgeht, dauern Vergiftungen mit Datura im allgemeinen sehr lange; das am längsten bestehende Symptom ist die Mydriasis.

Ein 54jähriger gesunder Mann stellte sich mit einer Sehstörung am rechten Auge, die er erstmals beim Heben eines schweren Blumentopfs bemerkt hatte, in der Nothilfe vor. Er nahm keine Medikamente ein, und bei der Untersuchung stellte man nur eine Mydriasis des rechten Auges mit Ophthalmoplegia interna fest. Die Sehstörung verschwand nach 48 Stunden spontan.
Auf näheres Befragen erzählte der Mann, er habe kurz vor Auftreten der Sehstörung *„Engelstrompeten" (Datura suaveolens)* zugeschnitten.
Ein Expositionsversuch mit einem Tropfen vom Saft der Engelstrompete des Blumenfreundes führte im Selbstversuch eines der beteiligten Neurologen zu einer prompten Mydriasis, die sechs Tage lang anhielt. (Münch. med. Woch. 1992)
Kinder sind wegen des Atropingehaltes und der daraus folgenden Hyperpyrexie gefährdeter als Erwachsene.
Zu dieser Pflanze kann Brugsch wiederum fünf Todesfälle angeben, die wahrscheinlich aufgrund einer unzureichenden Behandlung der Atropinvergiftung erfolgten.

Gefährlichkeitsgrad: Sehr stark giftig + + +

Literatur: E 12, E 13, G 20, H 12, J 6, M 25.

Weitere giftige Datura-Arten [E 12]

Name	Wuchsform Blütezeit	Verbreitung
Datura aurea (Lagerh.) Saff.	Strauch/Baum 7–9	Anden: Mittel-Kolumbien bis Süd-Kolumbien
Datura ceratocaula Ort.	Einjährige Pflanze 8	Mexiko
Datura ferox L.	Einjährige Pflanze 7–8	China, im Mittelmeergebiet eingebürgert
Datura innoxia Mill.	Einjährige Pflanze 8–10	Südwest-USA, Mexiko, Süd-Amerika, im Mittelmeergeb. u. nordöstl. USA
Datura metel	Einjährige Pflanze 6–9	Subtropisches u. tropisches Asien und Afrika, in vielen trop. u. subtrop. Gebieten eingebürgert
Datura quercifolia H. B. K	Einjährige Pflanze 7	Texas bis New Mexiko, Nord-Mexiko
Datura sanguinea Ruiz et Pav.	Strauch 1–3	Kolumbien bis Chile
Datura versicolor (Lagerh.) Saff.	Strauch 7–9	Equador: Becken von Guayaquil

Datura suaveolens

Therapie:
Erste Hilfe: Kohle-Pulvis-Gabe, Erbrechen auslösen, Natriumsulfat.
Klinik: Frühzeitige Magenspülung mit gut eingeöltem Schlauch (Paraffinöl, Roticlean®), Physostigmin (Anticholium) i.m. (oder langsam i.v.) (Erwachsene 2 mg, Kinder 0,5 mg), Wiederholung je nach Bedarf bei Wiederauftreten gefährlicher Symptome, Plasmaexpander bei Schock, ggf. Intubation und Sauerstoffbeatmung.

Daucus carota L. und ssp. sativus (Hoffm.) Schübl. et G. Martens

Möhre, Mohrrübe, Karotte, Gelbe Rübe. *E:* Carrot. *F:* Carotte. *I:* Carota. *NL:* Peen.

EDV-Code: DAUCA.

Familie: Apiaceae, Doldengewächse.

Verbreitung, Vorkommen: Die ssp. sativus nur als Kulturpflanze bekannt. Nach Rothmaler stammt die Gartenmöhre von asiatischen Wildformen ab. Seit über 200 Jahren als Gemüse im gemäßigten und subtropischen Gebieten angebaut. Die wildwachsende Pflanze ist in Mitteleuropa allgemein verbreitet und häufig an Wegen- und auf Wiesen zu finden.

Beschreibung: Zweijährige (in Kultur einjährige) Pflanze mit starker, fleischiger Pfahlwurzel, je nach Züchtung weiß, gelb, orange oder rot. Grundblätter mehrfach gefiedert. Stengel aufrecht, gefurcht, behaart. Blüten gelblich (Kulturpflanze), weiß (Wildpflanze), in endständigen Dolden, die zur Fruchtreife nestartig vertieft sind. Teilfrüchte bis 4 mm lang, mit Widerhaken besetzt. Blütezeit: Mai–August.

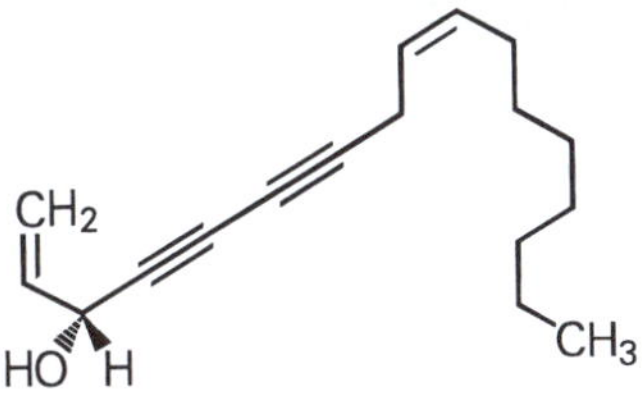

Falcarinol

Daucus carota L.

Wirkstoffhaltige Pflanzenteile: Die Wurzel.

Hauptwirkstoffe: β-Carotin, Carotin-4,4-dipalmitat, Acetylcholin, Myristicin, Porphyrine, Protoporphyrin, 3 Polyacetylene mit der Hauptkomponente Falcarinol sowie natürliche Pestizide [A 15].

Daucus carota

Pharmakologische Wirkung: Bei allen Fällen einer Kontaktdermatitis nach Umgang mit Karotten handelt es sich um eine irritative bzw. phototoxische Reaktion. Nach neueren Untersuchungen liegen bezüglich der Infektion analoge Verhältnisse wie bei → *Apium graveolens* vor [H 21].

Gefährlichkeitsgrad: Gelegentlich irritativ, phototoxisch.

Vorschriften: Daucus carota: Monographie der Kommission D.

Literatur: A 15, H 21.

> **Therapie:**
> Bei allergischen Reaktionen jeden weiteren Kontakt vermeiden. Sonnenexposition meiden.

Delphinium elatum L. und Hybriden

Hoher Rittersporn. *E:* Bee larkspur. *F:* Dauphinette élevée. I: Speronella elevata.

Familie: Ranunculaceae, Hahnenfußgewächse.

Verbreitung, Vorkommen: Alpen, Pyrenäen, Rußland, Sibirien; in Gärten häufig kultiviert, selten verwildert.

Beschreibung: 60–150 cm hohe, meist unverzweigte Pflanze. Blätter handförmig, 3–7teilig, Teilblättchen stark gesägt, wechselständig. Blüten blau, mit Sporn, in lockerer Traube.
Blütezeit: Juni–Juli.

Hauptwirkstoffe: Die Delphiniumalkaloide sind häufig von ähnlicher Grundstruktur wie Delphinin. Der Vielzahl wegen soll hier nur auf dieses Hauptalkaloid von → *Delphinium staphisagria* verwiesen werden.

Literatur: F 16, H 12.

Delphinium-Hybride

> **Therapie:**
> Erste Hilfe: Sofortiges Erbrechen, 10 g Kohle-Pulvis, Natriumsulfat.
> Klinik: Magenspülung (evtl. mit burgunderfarbener Kaliumpermanganatlösung, Instillation von 10 g Kohle-Pulvis und Natriumsulfat, Elektrolytsubstitution, Azidoseausgleich mit Natriumbikarbonat (Urin pH 7,5), bei Krämpfen Diazepam (Valium®) i.v., ggf. Intubation und Sauerstoffbeatmung.

Delphinium staphisagria L.

Stephanskraut, Läusesamen. *E:* Stavesacre. *F:* Dauphinelle, staphysaigre. *I:* Speronella staphisagria.

EDV-Code: DELSG.

Familie: Ranunculacea, Hahnenfußgewächse.

Verbreitung, Vorkommen: Ursprünglich in Italien und Griechenland, heute im ganzen Mittelmeergebiet.

Beschreibung: Bis 1 m hohe, meist 2jährige, wenig verzweigte Pflanze. Blätter gestielt, 3- bis 7teilig. Blüten violett, außen behaart, in lockerer Blütentraube. Bälge gelbbraun, aufgeblasen.
Blütezeit: Juni–Juli.

Giftige Pflanzenteile: Semen Staphisagriae, Staphisagriae semen, Stephanskörner.
Bis 7 mm lange, mannigfach geformte, meist unregelmäßig tetraedrische, kantige, häufig verbogene, harte Samen [H 12].

Hauptwirkstoffe: 1,1 bis 1,3% Alkaloide. Als Hauptalkaloid
→ *Delphinin* (Staphisagrin) $C_{33}H_{45}NO_9$, Fp. 197–198 °C (dec.). Ferner Delphisin, Delphinoidin, Staphisagroin $C_{40}H_{46}N_2O_7$, Fp. 275–277 °C,
Staphisin $C_{21}H_{31}NO$ oder $C_{42}H_{60}N_2O$, Fp. 205–208 °C, sowie eine unbenannte Alkaloidbase $C_{20}H_{29}NO_5$, Fp. 286–290 °C [H 12].

Vergiftungserscheinungen: Das Delphinin ähnelt dem Aconitin (→ *Aconitum*) und erzeugt schlaffe Lähmung der Herzmuskulatur[1], ist aber ohne Einfluß auf das Auge[2]. Die Beeinflussung der Gefäße durch Delphinin ist nach Sherck[3] ungleich stärker als die durch Aconitin und beruht auf einer Wirkung auf das Rückenmark oder die peripheren Gefäßnerven, ist aber unabhängig vom Vasomotorenzentrum. Die durch Staphisagria beobachtete Atemnot ist nach Sherck außer auf Delphinin auch auf das andere, in Staphisagria enthaltene Alkaloid, das Staphisgrin, zu beziehen. Über die Wirkungen des Aconitins und Delphinins vgl. auch St. Mayer[4].

Bei einem Hunde, dem man Stephanskörner verabreicht hatte, traten Würgen, Verlust des Bewegungsvermögens und der Stimme, Muskelzuckungen, unfreiwilliger Harnabgang, Diarrhoe, dann völlige Unempfindlichkeit, allgemeine Muskelschwäche und schließlich der Tod ein. Magen, Därme und andere Eingeweide waren entzündet [M 2].

Wirkungen auf die Haut: Äußerlich verursacht es starke Entzündung der Haut; die durch Staphisagria bewirkte Entfernung der Krätzmilben und deren Eier beruht also auf einer sekundären mechanischen Abschuppung der Haut.

Anwendungen in der Homöopathie: Teep 2,5 mg bei Hagelkorn, geschwüriger Mund, Schleimhautentzündung; D_6 bei Hypotonie; Neurasthenie.

Gefährlichkeitsgrad: Sehr stark giftig + + +

Delphinium staphisagria

Vorschriften: Delphinium staphisagria: Monographie der Kommission D.

Literatur:

[1] Meyer-Gottlieb, Exp. Pharm., S.472.
[2] Kobert, Lehrb. d. Intoxik., S.658.
[3] Sherck, J., Beiträge zur Kenntnis des Delphinins, Inauguraldissertat. Dorpat 1874.
[4] St. K. Mayer, Biologische Heilkunst 1933, S.134.
D 9, H 12, M 2, M 3, M 27.

Therapie:
Erste Hilfe: Sofortiges Erbrechen, 10 g Kohle-Pulvis, Natriumsulfat.
Klinik: Magenspülung (evtl. mit burgunderfarbener Kaliumpermanganatlösung), Instillation von 10 g Kohle-Pulvis und Natriumsulfat, Elektrolytsubstitution, Azidoseausgleich mit Natriumbikarbonat (Urin pH 7,5), bei Krämpfen Diazepam (Valium®) i.v., ggf. Intubation und Sauerstoffbeatmung.

Derris elliptica (Sweet) Benth.

Tubawurzel. *E:* Tuba root.

EDV-Code: DRREL.

Familie: Fabaceae, Schmetterlingsblütler.

Verbreitung, Vorkommen: Heimisch im tropischen Asien.

Beschreibung: Die Gattung Derris zählt ca. 40 Arten; meist strauchartige Kletterpflanzen.

Droge: Radix Derridis, Derridis radix, Derriswurzel.
Die bis 8 cm dicken Wurzeln hängen bisweilen noch an dem kurzen Wurzelstock; sie sind hart und zäh. Die Außenseite ist graubraun bis rotbraun und längsgefurcht [H 12].

Hauptwirkstoffe: Etwa 16% → *Rotenon* (Derrin, Tubotoxin) $C_{23}H_{22}O_6$, Fp. 163,5–164,5 °C; Elippton (Derrid) $C_{20}H_{16}O_6$, Fp. 160 und 172 °C;
Malaccol $C_{20}H_{16}O_7$, Fp. 225 und 244 °C; Deguelin $C_{23}H_{22}O_6$, Fp. 167–172 °C;

Derris elliptica

Dehydrodeguelin $C_{23}H_{20}O_6$, Fp. 232–233 °C; DL- und L-Toxicarol (Toxicarin) $C_{23}H_{22}O_7$, Fp. 219–220 °C und 125–127 °C; Dehydrotoxicarol (Dehydrotoxicarin) $C_{23}H_{20}O_7$, Fp. 234 °C; Tephrosin $C_{23}H_{22}O_7$, Fp. 197–198 °C [H 12]. Nach Weber Gehalt 0,5 bis 10% (Durchschnitt 5%).

Vergiftungserscheinungen: Beim Kauen schmeckt die Wurzel eigentümlich metallisch und schwach säuerlich-aromatisch und verursacht auf der Zunge nach 1/2 Std. eine stundenlang andauernde Betäubung, die sich bis in den Schlund fortsetzt. Auf Malakka dient ein Stückchen der Wurzel als Abortivum. Die Wirkung des Giftes besteht in einer allgemeinen Lähmung der Muskeln und kommt wohl dadurch zustande, daß die Nervenenden an den Muskeln außer Tätigkeit gesetzt werden, so daß jede willkürliche oder unwillkürliche Bewegung aufhört. Nach einiger Zeit oder rascher noch bei Verwendung größerer Giftmengen werden auch Gehirn und Rückenmark gelähmt [M 2].

→ *Rotenon* soll bei Oxyuriasis wirksam sein, außerdem als Fischgift, indem es durch Zerstörung des Kiemenepithels die Sauerstoffaufnahme verhindert. Die insektizide Wirkung soll in Gemischen mit Pyrethrum, → *Nerium oleander*, → *Nicotiana tabacum* und Picrasma excelsa verstärkt sein. Durch die feinen Staubteilchen des Pulvers werden die Tracheen der Insekten verstopft. Rotenon erregt die Nerven; es treten Krämpfe auf, aus denen Nervenlähmungen resultieren, die schließlich zum Exitus führen [nach Berger]. Bei Verwendung von Mineralölen oder fetten Ölen kann die Giftigkeit von Derrispulver auf das Zwanzigfache gesteigert werden. – Für Warmblütler ist Derriswurzel nur in höheren Dosen tödlich, jedoch wirken kleinere Dosen bereits schleimhaut- und blutschädigend [H 12].

Gefährlichkeitsgrad: Stark giftig + +

Literatur: H 12, K 9, M 2.

Therapie:
Erste Hilfe: Sofort viel trinken und erbrechen lassen, Kohle-Pulvis-Gabe, Natriumsulfat, Haut und Augen spülen, Frischluft, Schockvorsorge (Ruhe, Wärme, warme Getränke).
Klinik: Magenspülung (evtl. mit burgunderfarbener Kaliumpermanganatlösung), Instillation von 10 g Kohle-Pulvis und Natriumsulfat, bei Krämpfen Diazepam (Valium®) i.v., Beatmen, Herzdruckmassage, Orciprenalin (Alupent) i.v.

Dicentra spectabilis (L.) Lem.

Flammendes Herz, Tränendes Herz. *E:* Show dicentra. *F:* Coeur de Marie.

Familie: Papaveraceae, Mohngewächse.

Verbreitung, Vorkommen: Heimat: Ostasien; Zierpflanze in Gärten.

Beschreibung: 60–90 cm hohe Staude. Blätter langgestielt, unterseits graugrün, doppelt oder mehrfach 3zählig. Blüten rot, äußere Kronblätter halbherzförmig, gespornt; in überhängender Traube. Kapsel vielsamig.
Blütezeit: April–Mai.

Giftige Pflanzenteile: Alle Pflanzenteile, vor allem die Wurzeln.

Hauptwirkstoffe: Isochinolinalkaloide, besonders → *Protopin* und → *Cularin.* Lt. Gessner [G 4] (Wurzel) → *Sanguinarin,* → *Protopin* und → *Chelerythrin.* Alkaloidgehalt des Krautes 0,17%, der Wurzeln 0,76%.

Vergiftungserscheinungen: → *Isochinolinalkaloide.*

Gefährlichkeitsgrad: Giftig +

Literatur: B 36, F 16, G 4, S 3.

Therapie:
Erste Hilfe: Kohle-Pulvis-Gabe, Erbrechen auslösen, Natriumsulfat.
Klinik: Nach wahrscheinlich großer Giftaufnahme: Magenspülung (evtl. mit burgunderfarbener Kaliumpermanganatlösung), Instillation von 10 g Kohle-Pulvis, Überwachung von Elektrolyten und Nierenfunktion, Alkalisierung mit Natriumbikarbonatinfusionen (Urin pH 7,5), ggf. Intubation und Sauerstoffbeatmung.

Dictamnus albus L.

Diptam, Flammender Busch. *E:* Dittany. *F:* Dictame blanc. *I:* Dittamo bianco, Frassinella.

Familie: Rutaceae, Rautengewächse.

Verbreitung, Vorkommen: Mittel-, Süd- und südliches Osteuropa, Sibirien, Nordchina, Himalaya. In Mitteleuropa sehr zerstreut, an sonnigen, trockenen Plätzen. Auch als Gartenzierpflanze.

Beschreibung: 60–120 cm hohe, stark duftende, drüsige, aufrechte Pflanze. Untere Blätter einfach, obere unpaarig gefiedert und drüsig behaart. Blüten mit 5 Kronblättern, rosa, dunkeladrig, bis 2,5 cm lang, in einfacher, aufrechter Traube. Sammelbalgfrucht 1 cm lang, mit 5 Teilfrüchtchen. Blütezeit: Mai – Juni.

Droge: Folia Dictamni, Dictamni folium, Diptamblätter.
Radix Dictamni, Diptamwurzel.

Giftige Pflanzenteile: Die ganze Pflanze.

Hauptwirkstoffe: In der Wurzel die Furochinolinalkaloide Dictamnin (ca. 0,05%) $C_{12}H_9NO_2$ und γ-Fagarin (ca. 0,003%) $C_{13}H_{11}NO_3$, ätherisches Öl. In den Blättern Skimmianin (β-Fagarin) $C_{13}H_{11}NO_4$ und Spuren von Dictamnin, ätherisches Öl [H 12].

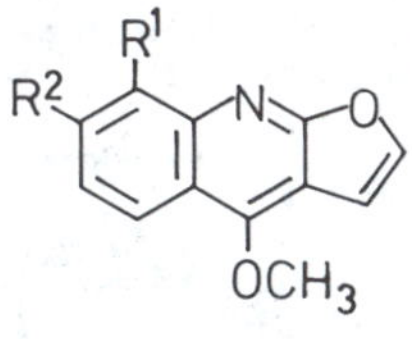

Dictamnin: $R_1 = R_2 = H$
Skimmianin: $R_1 = R_2 = OCH_3$
Fagarin: $R_1 = OCH_3$, $R_2 = H$

Wirkungen auf die Haut: Bei empfindlichen Personen können beim Umgang mit der Pflanze Hautveränderungen auftreten. Durch die Furochinolinalkalkoide besitzt

Dictamnus albus

die Pflanze phototoxische Eigenschaften, die für die Dermatitis verantwortlich gemacht werden.

Anwendungen: Dictamnus albus wurde im Mittelalter als Wundheilmittel, ferner zur Verstärkung der Monatsblutung und Austreibung der Nachgeburt eingesetzt.

Anwendungen in der Homöopathie: Starke Monatsblutung, Menorrhagie, Fluor albus D_4–D_6 (Blähungen, vermehrte Stühle, Verstopfung, als Symptome der Verdauungsorgane).

Gefährlichkeitsgrad: Wenig giftig (+)

Vorschriften: Wildwachsende Pflanzen sind geschützt (A, CS, D, CH, I, YU, H). Dictamnus albus: Monographie der Kommission D.

Literatur: B 36, H 12, K 40, L 10, M 2, T 12.

Therapie:
Erste Hilfe: Haut mit Wasser oder Roticlean® spülen, Augen mit Isogutt-Augenflasche spülen.
Klinik: Cortisonsalbe auf die Haut, antiallergische Augentropfen (Opticrom®).

Dieffenbachia Schott

Dieffenbachie, Schweigrohr. *E:* Damp cane. *F:* Pédiveau vénéneux.

Familie: Araceae, Aronstabgewächse.

Verbreitung, Vorkommen: Heimat: Tropisches Amerika; eine beliebte Zimmerpflanze.

Beschreibung: Blattpflanze, bis zu 1 m hoch. Blätter bis 25 cm lang, länglich-oval, dunkelgrün, mit unregelmäßigen weißen Flecken, lang gestielt, gegenständig. Blütenkolben von einem gelben Hochblatt umgeben.
Blütezeit: März.
Dieffenbachia-Arten zu unterscheiden ist sehr schwierig!
Alle Dieffenbachia-Arten sind giftig [E 12].

Giftige Pflanzenteile: Alle Pflanzenteile, besonders der Stamm.

Hauptwirkstoffe: Ähnlich wie bei anderen Araceaen sind die Wirkstoffe bis heute nicht eindeutig geklärt. Es werden ebenso cyanogene Glykoside, Alkaloide wie Saponine genannt. Als erwiesen kann heute gelten, daß in allen Organen der Pflanzen Calciumoxalatnadeln (Raphiden) teilweise in sog. Schießzellen an der Wirkung der Pflanze beteiligt sind. Die Calciumoxalatnadeln haben ähnlich wie der Giftzahn einer Schlange Rinnen, in denen sowohl lösliche Oxalate

Dieffenbachia

als auch andere Stoffe in die entstehende feine Wunde, vor allen Dingen der Mund- und Rachenschleimhäute eindringen können. Es erscheint aber wenig wahrscheinlich, daß nur Calciumverbindungen an der Giftigkeit der Pflanze beteiligt sind, wahrscheinlicher ist ein Zusammenwirken verschiedener Stoffe mit den Calciumoxalatkristallen. Von den Blättern sollen 3–4 g tödlich wirken, auch das abgeflossene Gießwasser soll stark giftig sein.

Vergiftungserscheinungen: Übelkeit, Schwellung der Zunge, Herzrhythmusstörungen, Benommenheit, Lähmung.
Arena beschreibt bei absichtlichen Vergiftungen mit D.-Arten an Versuchstieren eine Dyspnoe, die in schweren Fällen eine Tracheotomie notwendig macht.
Schwellungen des Pharynx sind auf das Calciumoxalat zurückzuführen. Die Dyspnoe wird eindeutig von den im Saft vorhandenen Proteasen verursacht: Versuchstiere, denen man mit Trypsin vorbehandelten Dieffenbachiasaft in den Pharynx spritzte, bekamen nur eine Schleimhautschwellung, nicht aber eine Dyspnoe. Die Dyspnoe konnte mit subkutanen Injektionen von Diphenhydraminhydrochlorid (Antihistaminikum), Epinephrine oder Cortison in leichteren Fällen verhindert werden.
Es gibt jedoch mehr oder weniger giftige Arten. So sah man in der Klinik nach Genuß von Dieffenbachia seguine erhebliche Schleimhautverletzungen, selbst wenn nur kleine Blatteile probiert wurden. Ein vierzehn Monate altes Kleinkind bekam von einer weniger giftigen Art nur eine Diarrhoe. Moeschlin [M 24] möchte diese Pflanze wegen ihrer Giftigkeit ganz aus dem Handel verbannt sehen.
Nach Lewin [L 8] sollen 3–4 g von Dieffenbachia seguine (Jacq.) Schott für einen Menschen tödlich sein. Heute gibt es keine solche Erfahrung der Giftinformationszentralen.
Bei einem 6jährigen Kind, das in eine Pflanze biß, zeigte sich Bläschenbildung im Mund und Brennen im Hals.
Stammsaft: LD_{50} (Meerschweinchen) 600–900 mg/Tier in 24 Std. p.o.

Wirkungen auf die Haut: Der Saft ist stark hautreizend. Augenverätzungen mit Hornhautläsion sind bei Benetzen mit dem Saft möglich.

Anwendungen in der Homöopathie: (Dieffenbachia seguine) D_0–D_2 bei Pruritus vulvae et vaginae, Ejaculatio praecox, Impotentia coeundi et generandi.

Gefährlichkeitsgrad: Sehr stark giftig + + +

Vorschriften: Dieffenbachia seguine: Monographie der Kommission D.

Literatur: B 36, D 9, D 12, E 12, F 16, H 12, K 46.

Therapie:
Erste Hilfe: Kohle-Pulvis, Erbrechen, lokal Cortison. Augen spülen. Haut- und Schleimhautblasen steril abdecken, Tetanusprophylaxe.
Klinik: Auxiloson-Spray oder Cortison i. v., Magenspülung mit Zusatz von reichlich Calciumgluconat oder -lactat zum Spülwasser, Instillation von 40 g Calciumgluconat. Wenn kein Calciumgluconat zur Hand ist, sofortiges Trinken lassen von Milch, evtl. mit Zusatz von pulverisierter Kreide. Wiederholt 20 ml Calciumgluconatlösung 20%ig langsam i.v., Kontrolle der Nierenfunktion, Alkalisierung mit Natriumbikarbonat bis zum Urin pH 7,5, evtl. Hämodialyse, ggf. Intubation und Sauerstoffbeatmung.

Digitalis grandiflora Mill.

(Digitalis ambigua Murr.)

Großblütiger Fingerhut. *E:* Large yellow-fox-glove. *F:* Digitale à grandes fleurs. *I:* Digitale gialla grande.

Familie: Scrophulariaceae, Rachenblütler.

Verbreitung, Vorkommen: Mittel- und Südeuropa, Südrußland, von der Ebene bis in die Krummholzregion; besiedelt Bergwälder, Lichtungen, Zwergstrauchheiden.

Beschreibung: 50–130 cm hohe Pflanze. Blätter länglich, gesägt. Blüten schwefelgelb, 3–4,5 cm lang, in einseitswendiger Traube.
Blütezeit: Juni–September.

Droge: Folia Digitalis grandiflorae, Digitalis grandiflorae folium.

Hauptwirkstoffe: Die Mengenangaben für diese Spezies differieren erheblich, so daß man eine große Variabilität, ähnlich wie bei *Digitalis purpurea* annehmen muß. Auffällig ist das reichliche Vorkommen von Neoverbindungen.

Neo-Digitalinum verum	0,06 bis 0,08%
Neo-Glucodigifucosid	0,03 bis 0,15%
Glucoevatromonosid	0,06 bis 0,12%
Neo-Odorobiosid G	0,05 bis 0,08%
Lanatosid A	0,01 bis 0,08%

[W 14]

Vergiftungserscheinungen: Giftwirkung etc. → *Digitalis purpurea.*

Digitalis grandiflora wirkt wie D. purpurea, wird aber besser vertragen. Sunam et al. [J. Pharm. Istanbul 5, 27 (1969)] fanden eine größere biologische Aktivität als bei Digitalis purpurea pro g Droge [H 12].

Vorschriften: Die Pflanze steht unter Naturschutz (A, CS, D, CH, I, YU, H).

Literatur: B 36, G 4, H 12, W 14.

Therapie:
Siehe *Digitalis purpurea*

Digitalis lanata Ehrh.

Wolliger Fingerhut. *E:* Woolly fox-glove. *F:* Digitale laineuse. *I:* Digitale lanata.

Familie: Scrophulariaceae, Rachenblütler.

Verbreitung, Vorkommen: Heimat: Südosteuropa; in Mitteleuropa zur Herstellung von Arzneimitteln kultiviert.

Beschreibung: Bis 1 m hohe Pflanze. Blätter lineal-lanzettlich, kahl, grund- und stengelständig und spiralig angeordnet. Blüten weißlich mit braunen Adern, röhrigglockig, wollig behaart.
Blütezeit: Juni–Juli.

Droge: Folia Digitalis lanatae, Digitalis lanatae folium, Wollfingerhutblätter.

Hauptwirkstoffe: Ca. 1% Herzglykoside. Die Primärglykoside Lanatosid A, B, C, D und E sowie andere Glykoside. Mehr als 70 Cardenolide wurden isoliert, die sich von 5 Aglykonen ableiten lassen. Die genuinen Glykoside in der frischen Pflanze werden während einer sehr langsamen Trocknung bei niederen Temperaturen nicht gespalten, sondern erhöht.
Diese ist mit Abstand die bestuntersuchte Art der ganzen Gattung und zugleich auch die wichtigste Digitalis-Art überhaupt, was die therapeutische Verwendung betrifft. Zugleich ist es die einzige Digitalis-Spezies, bei der Digoxigeninglykoside mengenmäßig vorherrschen.

Lanatosid C	0,10 bis 0,30%
Lanatosid A	0,05 bis 0,25%
Digitalinum verum	0,02 bis 0,12%
Glucogitorosid	0,02 bis 0,10%
Glucodigifucosid	0,01 bis 0,15%
Glucoverodoxin	0,01 bis 0,14%
Glucolanadoxin	0,01 bis 0,12%
Glucoevatromonosid	0,01 bis 0,05%
Lanatosid B	0,01 bis 0,05%

[W 14]

Vergiftungserscheinungen: Giftwirkung etc. → *Digitalis purpurea.* Die Blätter sind viermal wirksamer als die von Digitalis purpurea.

Vorschriften: Digitalis lanata: Monographie der Kommission D.

Literatur: B5, B 36, F 16, G 4, H 12, H 17, K 4, K 9, L 10, S 7, S 27, W 14, W 32.

Therapie:
Siehe *Digitalis purpurea*

Digitalis lutea L.

Gelber Fingerhut. *E:* Small yellow foxglove. *F:* Digitale jaune. *I:* Digitale gialla piccola.

Familie: Scrophulariaceae, Rachenblütler.

Verbreitung, Vorkommen: Von den Seealpen bis Vorarlberg und Südtirol; lichte Waldstellen und Zwergstrauchheiden (kalkliebend).

Beschreibung: 50–100 cm hohe Pflanze. Blätter länglich, gesägt. Die hellgelben 2–2,5 cm langen glockigen Blüten in einseitswendiger Traube.
Blütezeit: Juni–August.

Hauptwirkstoffe: Ca. 0,25% Cardenolide. Geringer Gesamtgehalt.

Lanatosid A	0,02 bis 0,10%
Acetyldigitoxin	0,01 bis 0,08%
Digitoxin	0,01 bis 0,02%

[W 14]

Vergiftungserscheinungen: Giftwirkung etc. → *Digitalis purpurea.* Bezüglich der Herzwirkung gleichwertig, bezüglich der diuretischen Wirkung soll sie der Digitalis purpurea überlegen sein.
Greeff [G 11] gibt eine gute Übersicht über die „Herzwirksamen Glykoside".

Vorschriften: Die Pflanze steht unter Naturschutz (A, D, CH, I).

Literatur: G 4, G 11, H 12, S 7, W 14.

Therapie:
Siehe *Digitalis purpurea*

Digitalis purpurea L.

Roter Fingerhut. *E:* Purple fox-glove. *F:* Digital pourprée. *I:* Digitale rossa. *NL:* Vingerhoedskruid.

EDV-Code: DIKPU.

Familie: Scrophulariaceae, Rachenblütler.

Verbreitung, Vorkommen: West- und Mitteleuropa in Gebirgslagen häufig; lichte Wälder, Waldschläge (kalkmeidend); Zierpflanze in Gärten.

Beschreibung: Zweijährig; 40–120 cm hoch. Stengelblätter wechselständig eilanzettlich. Die 4–5 cm langen, bauchig-glockigen purpurroten Blüten stehen in einseitswendigen Trauben. Kapselfrucht.
Blütezeit: Juni–August.

Droge: Folia Digitalis purpureae, Digitalis purpureae folium, Digitalis-purpurea-Blätter, Fingerhutblätter.
Digitalis purpurea pulvis normatus, eingestelltes Digitalis-purpurea-Pulver.
Bevorzugt werden heute Drogensorten aus Kulturen. In zahlreichen Arzneibüchern ist noch die eingestellte Droge *Folia Digitalis titrata* aufgeführt.

Giftige Pflanzenteile: Alle Pflanzenteile, schon 0,3 g getrocknete Blätter für Erwachsene giftig.

Hauptwirkstoffe: Der mittlere Cardenolidgehalt in der Droge beträgt etwa 0,16% (max. 0,4%). [H 12].
Eine der bestuntersuchten Arten, aber ziemlich variabel, sowohl was den Gesamtgehalt als auch die Zusammensetzung anlangt.

Purpureaglykosid A	0,02 bis 0,12%
Glucogitaloxin	0,01 bis 0,10%
Purpureaglykosid B	0,02 bis 0,08%
Digitalinum verum	0,01 bis 0,04%
Glucoverodoxin	0,01 bis 0,04%

[W 14]
Die Cardenolidmuster von Freilandpflanzen sind etwas weniger reichhaltig und auch der Glykosidgehalt liegt unter dem von Glashauspflanzen.

Vergiftungserscheinungen: Die typische Herzwirkung der Droge kommt durch die graduell recht verschieden wirkenden Digitalisglykoside zustande. Sie wird durch eine Reihe von „Ballaststoffen" günstig beeinflußt. Bei einer Leistungsverminderung der linken Herzseite (z. B. durch Herzmuskelschwäche, Reizleitungsstörung, unvollständigen Klappenverschluß) ist die Versorgung mit dem sauerstoffreichen arteriellen Blut mangelhaft. Durch die gleichzeitige Erhöhung des venösen Blutdrucks kann es zur Ödembildung kommen („Herzwassersucht").
Unter dem genau dosierten Einfluß der Digitaliswirkstoffe wird die Kontraktion der Herzventrikel (Systole) verstärkt, der arterielle Blutdruck steigt, die Schlagfrequenz des Herzens wird normalisiert und dessen Eigenversorgung verbessert. Der venöse Blutdruck sinkt infolge der verlängerten Diastole (Ausdehnungsphase), und es kommt zur Ausschwemmung des in den Ödemen gespeicherten Wassers (starke Diurese). Die Empfindlichkeit des Herzens gegen Digitalis ist stark vom Grad der Schädigung abhän-

Digitalis purpurea

gig. Deshalb ist in jedem Falle eine individuelle Dosierung mit standardisierten Präparaten erforderlich. Hinzu kommt die geringe therapeutische Breite; bereits eine 60%ige Überdosierung kann zu toxischen Erscheinungen führen. Größere Dosen (2,5–5 g Droge) führen nach starker „Pulsverlangsamung“ und anderen Begleiterscheinungen zum systolischen Herzstillstand. Im Gegensatz zum Strophantin („Herzpeitsche“) tritt bei der Digitalistherapie die Wirkung langsam ein und hält länger an. Diese Haftfestigkeit ist einerseits erwünscht, führt aber andererseits bei unsachgemäßer Dauerbehandlung durch Kumulation in den toxischen Bereich [K 9].

Die tödliche Dosis der getrockneten Digitalisblätter beträgt für Pferde etwa 25 g, die der frischen Blätter 100–200 g; Rinder vertragen mehr als 150 g der getrockneten Blätter. Für Hunde sind 5 g tödlich [H 18]. Über Digitalis-Arten und deren Inhaltsstoffe gibt es sehr viele wissenschaftliche Arbeiten. Eine gute Zusammenfassung befindet sich in Hager IV, Seite 553–619 und bei Greeff Med. Mo. Pharm., 7. Jahrgang, Heft 2, 84. Der Fingerhut war die erste Arzneipflanze, die gezielt nach modernen therapeutischen Gesichtspunkten eingesetzt wurde. Das Buch „The Foxglove“ von William Withering, Birmingham 1785, ca. 200 S., gibt eine erstaunlich genau beobachtete Wirkung wieder.

Wirkungen auf die Haut: Digitalisglykoside können eine allergische Reaktion im Sinne eines Arzneimittelexanthems verursachen.

Anwendungen in der Homöopathie: Teep D_2–D_3 bei dekompensiertem hypertrophischem Herz mit Wassersucht; Herzblock.

Gefährlichkeitsgrad: Sehr stark giftig + + +

Vorschriften: Digitalis purpurea: Monographie der Kommission D.

Literatur: B 36, D 9, F 16, G 4, H 12, H 18, K 9, L 10, M 27, R 30, S 7, S 24, S 27, W 14.

Therapie:
Erste Hilfe: Kohle-Pulvis-Gabe, Erbrechen auslösen, Natriumsulfat.
Klinik: Magenspülung (evtl. mit burgunderfarbener Kaliumpermanganatlösung), Kohleinstillation (10 g Pulvis), Herzschrittmacher (prophylaktisch), Hämoperfusion, Kontrolle des Kaliumspiegels und Substitution, Phenytoin, bei ventrikulärer Extrasystolie: Lidocain (Xylocain®), bei ausgeprägter Bradykardie: Atropin oder Orciprenalin (Alupent), bei AV-Überleitungsstörungen: Vorsicht mit Substanzen, die diese zusätzlich beeinträchtigen, d.h. mit Ajmalin, Procainamid, β-Rezeptorenblocker und Chinidin. Antidot Digitalis BM.

Dipladenia A. DC.-Arten u. Hybriden

Dipladenia-Arten.

Familie: Apocynaceae, Hundsgiftgewächse.

Verbreitung, Vorkommen: Heimat: Tropisches Amerika; Zimmerpflanzen.

Beschreibung: Schlingende Blütenpflanzen mit vielen Hybriden. Als Zimmerpflanzen sind folgende Arten zu erwähnen:
Dipladenia atropurpurea DC., mit purpurroten Blüten, Schlund grünlich.
Dipladenia boliviensis Hook. hat weiße Blüten, Schlund gelb.
Dipladenia eximia Hemsl., Blüten rosa, in Trauben.
Dipladenia sanderi Hemsl., rankt stark, Blüten weiß oder rosa mit gelbem Schlund.
Dipladenia splendens (Hook.) A. DC. hat ähnliche Blüten, Blätter größer.

Hauptwirkstoffe: In den Dipladenia-Arten kommt ein Alkaloid Melonin B vor, das auch in der Brechnuß (Strychnos-Arten) vorhanden ist.

Gefährlichkeitsgrad: Giftig +

Dipladenia-Hybride

Therapie:
Erste Hilfe: Kohle-Pulvis (10 g), erbrechen lassen, viel warmen Tee oder Himbeersaft trinken lassen.
Klinik: Nach wahrscheinlich großer Giftaufnahme: Magenspülung (evtl. mit burgunderfarbener Kaliumpermanganatlösung), Instillation von 10 g Kohle-Pulvis und Natriumsulfat, Elektrolytsubstitution, Azidoseausgleich mit Natriumbikarbonat (Urin pH 7,5). Ggf. Intubation und Beatmung.

Dipteryx odorata (Aubl.) Willd. und Dipteryx oppositifolia (Aubl.) Willd.

Tonkabohnenbaum. *E:* Tongo bean. *F:* Fève de Tonca. *I:* Fava Tonca.

Familie: Fabaceae, Schmetterlingsblütler.

Verbreitung, Vorkommen: Der Baum ist heimisch in Venezuela, Guayana und Brasilien.

Droge: Semen Tonca, Tonca semen, Tonkabohnen.
D. odorata liefert holländische Tonkabohnen.
D. oppostifolia liefert englische Tonkabohnen.
Samen schwarz, länglich, flachgedrückt, beiderseits abgerundet. 25–50 mm lang, 7–12 mm breit, mehr oder weniger mit Cumarinkristallen bedeckt.

Hauptwirkstoffe: 1–3%, in selteneren Fällen bis 10% → *Cumarin* [H 12].

Vergiftungserscheinungen: → *Cumarin.*

Gefährlichkeitsgrad: Wenig giftig (+) bis giftig +

Vorschriften: Aromenverordnung der Bundesrepublik Deutschland v. 22.12.1981 (BGBl I, 1677 – 1685). Verbotener Stoff des § 2, Anlage I: Tonkabohne (Semen Toncae).

Literatur: B 15, H 12.

Therapie:
Erste Hilfe: Kohle-Pulvis trinken oder erbrechen lassen.
Klinik: Kontrolle der Blutgerinnung.

Dracunculus vulgaris Schott

(Arum dracunculus L.)

Gemeine Schlangenwurz, Drachenwurz. *E:* Dragon's root. *F:* Serpentaire. *I:* Erba serpona, Dragontea.

EDV-Code: DCUVU.

Familie: Araceae, Aronstabgewächse.

Verbreitung, Vorkommen: Im Mittelmeergebiet an buschigen Stellen.

Beschreibung: Ausdauernde, bis 1,5 m hohe, am Grunde gefleckte Pflanze mit dickfleischigem Wurzelstock. Blätter langgestielt, fußförmig zerschnitten, 13–15teilig. Spatha tütenförmig, dunkelpurpurrot, bis über 80 cm lang, am Rande gewellt, Kolben bis 75 cm lang, dunkelviolett, herausragender Teil kegelförmig (eigene Beobachtung auf Rhodos/Gr.).
Blütezeit: Mai.

Anwendungen: Früher wurde die Wurzel getrocknet als Radix Dracunculi in der Volksheilkunde verwendet.

Wirkung etc. → *Arum maculatum* L.

Vorschriften: Dracunculus vulgaris: Monographie der Kommission D.

Literatur: H 12.

Therapie:
Erste Hilfe: Kohle-Pulvis-Gabe, Erbrechen auslösen, Natriumsulfat, viel warmen Tee trinken lassen. Haut- und Schleimhautblasen steril abdecken, Tetanusprophylaxe, lokal Locacorten-Schaum.
Klinik: Magenspülung (evtl. mit burgunderfarbener Kaliumpermanganatlösung), Instillation von 10 g Kohle-Pulvis, Elektrolytsubstitution, Azidoseausgleich mit Natriumbikarbonat (Urin pH 7,5), Kontrolle der Nierenfunktion, bei Krämpfen Diazepam (Valium®) i.v., ggf. Plasma(expander)gabe, bei Atemlähmung: Intubation und Sauerstoffbeatmung.

Drosera rotundifolia L.

Rundblättriger Sonnentau. *E:* Round-leaved sundew. *F:* Rossolis à feuillesrondes. *NL:* Zonnedauws.

Drosera anglica

EDV-Code: DRSIN (D. intermedia).

Familie: Droseraceae, Sonnentaugewächse.

Verbreitung, Vorkommen: Europa, Nordasien bis Japan, gemäßigtes und arktisches Nordamerika. In Mitteleuropa zerstreut, im Alpengebiet und in Norddeutschland häufiger auf Mooren.

Beschreibung: 10–20 cm hohe Blütenstengel, mit grundständiger Blattrosette. Blätter langgestielt, kreisrund, etwas ausgehöhlt, mit reizbaren, roten, beweglichen Tentakeln, die einen klebrigen Saft zum Insektenfang ausscheiden. Blütenstengel mit kleinen weißen Blüten, in ährenförmigen Wickeln. Frucht eine einfächrige Kapsel mit zahlreichen Samen.
Blütezeit: Juli–August.
In Mitteleuropa noch außerdem: Drosera intermedia Hayne – Mittlerer Sonnentau und Drosera anglica Huds. – Langblättriger Sonnentau.
In Südafrika: Drosera ramentacea Burck. ex Harv. et Sond.

Droge: Droserae rotundifoliae herba – Sonnentaukraut.

Wirkstoffhaltige Pflanzenteile: Besonders die Blätter mit eiweißspaltenden Enzymen.

Hauptwirkstoffe: Naphthochinone vom Typ Droseron und Plumbagin.

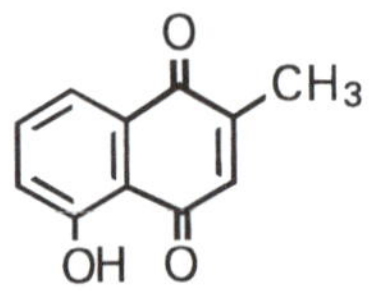

Plumbagin

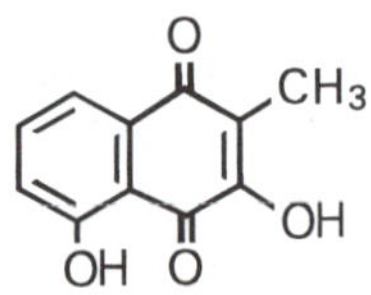

Droseron

Pharmakologische Wirkung: Beide Wirkstoffe sind stark hautreizend, aber äußerst schwach allergen. Gelegentlich wird in der Literatur auf die hautreizenden Eigenschaften hingewiesen [H 21].
Die Drüsenhaare der Blätter können bei längerer Einwirkung Rötungen, Entzündungen der Haut und der Schleimhäute hervorrufen. Drosera ramentacea hat bei normaler Dosis (1 g/Tasse) keine Nebenwirkung. Bei Überdosis kann es zu Entzündungen in Mund und Rachen, Erbrechen, Geschwüren in den Verdauungsorganen und blutigen Durchfällen kommen.

Vorschriften: Alle einheimischen Sonnentau-Arten stehen unter Naturschutz. In der

Drosera rotundifolia

„Roten Liste ist Drosera anglica unter den stark gefährdeten und Drosera intermedia sowie Drosera rotundifolia unter den gefährdeten Pflanzen eingestuft.
Durch das Washingtoner Artenschutzabkommen sind sie nicht mehr im Handel. Dafür wird heute das Kraut von Drosera ramentacea aus Südafrika angeboten.

Gefährlichkeitsgrad: Irritativ, schwach allergen.

Vorschriften: Drosera: Monographie der Kommission D.
Droserae herba: Monographie der Kommission E.

Literatur: H 21, H 40, K 48, S 21.

Therapie:
Nur in Extremfällen Kohle-Pulvis (10 g) oral. Haut spülen.

Dryopteris filix-mas (L.) Schott

[Aspidium filix-mas (L.) Sw.]

Gemeiner Wurmfarn. *E:* Male fern. *F:* Fougère male. *I:* Felce maschio. *NL:* Mannetjesvaren.

EDV-Code: DYOFM.

Familie: Aspidiaceae, Schildfarne.

Verbreitung, Vorkommen: Europa, Nordasien, Nordamerika; in Mitteleuropa verbreitet; schattige Wälder, Gebüsche.

Beschreibung: Bis 1 m hoher Farn, mit fleischigem Wurzelstock. Blätter in trichterförmigen, lockeren Büscheln, gefiedert, Fiederblättchen ohne Stachelspitze, auf der Unterseite Sori mit nierenförmigem Schleier.
Sporenbildung: Juli–September.

Droge: Rhizoma Filicis, Filicis rhizoma, Farnwurzel.
Das im Herbst gesammelte, getrocknete, ungeschälte Rhizom mit den Blattbasen.
Geruch bei der frischen Droge stark, Geschmack süßlich, etwas herb und kratzend.

Dryopteris filix-mas

Giftige Pflanzenteile: Wurzelstock und Blattstiele, besonders aber junge Pflanzen.

Hauptwirkstoffe: Butanonphloroglucide (mehr oder weniger instabile Verbindungen der Butter- oder Isobuttersäure mit Phloroglucin bzw. seinen Homologen). Sie sind in den inneren Drüsenhaaren lokalisiert.

Vergiftungserscheinungen: Übelkeit, Erbrechen, Leibschmerzen, Diarrhoen, Ohnmachtsanfälle. Steigerung der Reflexe, Sehstörungen, Herzschwäche, Schädigung der Atmung. Bei tödlichen Vergiftungen tritt der Tod während der Krämpfe im Tetanus oder durch Atemlähmung ein.
Vergiftungen kommen fast ausschließlich durch Überdosierung oder durch zu schnelle Wiederholung einer mißlungenen Wurmkur vor.
Nach oraler Aufnahme bei Tieren: Gastroenteritis, Lähmung des Gehirns und des Rückenmarks, unterbrochen durch Erregung mit Zwangsbewegungen.
25 g Wurmfarn tödlich für Schafe nach wenigen Stunden, 100 g für Rinder nach ca. 4 Std [H 18].

Dosierung: 4–8 g gepulverte Droge pro Tag.

Gefährlichkeitsgrad: Giftig +

Vorschriften: Dryopteris filix-mas: Monographie der Kommission D.

Literatur: B 36, F 16, G 4, H 12, H 18, L 10, M 2.

Therapie:
Erste Hilfe: Sofort Kohle-Pulvis (10 g), Erbrechen auslösen, Natriumsulfat.
Klinik: Magenspülung (evtl. mit burgunderfarbener Kaliumpermanganatlösung), Instillation von 10 g Kohle-Pulvis, Natriumsulfat. Nach der Resorption (Krämpfe) Relaxierung und Intubation, solange das Krampfstadium anhält, nur so viel Antiepileptika wie Diazepam, Barbital u.a., daß die Krämpfe eben unterdrückt bleiben; Forcierte Diurese, bei Fieber Eiswickel, hochkalorische Infusionen (Traubenzucker), keine Phenothiazine, keine Analeptika! Evtl. Sauerstoffbeatmung.

Duboisia myoporoides R. Br.

(Notalaea ligustrina Sib.) und andere Duboisia-Arten.

Duboisia. *E:* Corkwood duboisia. *F:* Duboisie.

Duboisia myoporoides

EDV-Code: DUBMY.

Familie: Solanaceae, Nachtschattengewächse.

Verbreitung, Vorkommen: Im Busch Australiens.

Beschreibung: Bis 12 m hoher Strauch oder Baum. Blätter 4–12 cm lang, bis 3 cm breit, gestielt, lanzettlich, ganzrandig. Blüten weiß, klein, glockenförmig, in endständigen Rispen. Frucht eine runde, schwarze Beere.

Droge: Folia Duboisiae, Duboisiae folium, Duboisiablätter.

Hauptwirkstoffe: In den Blättern über 2% Alkaloide von – je nach geographischer Lage – unterschiedlicher Zusammensetzung. Hauptalkaloid ist in der Regel
→ *Scopolamin* (Hyoscin) $C_{17}H_{21}NO_4$; selten
→ *Hyoscyamin* (Duboisin ist ein Gemisch aus Scopolamin und Hyoscyamin). Nebenalkaloide sind:
Tigloidin $C_{13}H_{21}NO_2$ (Tiglylester des Pseudotropins);
Valeroidin $C_{13}H_{23}NO_3$, Fp. 85 °C (Isovalerylester des Dioxytropans);
Poroidin $C_{12}H_{21}NO_2$ (Isovaleriansäureester des Nortropins);
Isoporoidin (D-α-Methylbuttersäureester des Nortropins);
Norhyoscyamin (Pseudohyoscyamin, Solandrin) $C_{16}H_{21}NO_3$ (L-Tropasäureester des Nortropins);
L-Anabasin $C_{10}H_{14}N_2$, DL-Isopelletierin $C_8H_{15}NO$;
→ *Nicotin* $C_{10}H_{14}N_2$;
Nornicotin $C_9H_{12}N_2$, Fp. 266–268 °C. Coulsen u. Griffin [Planta med. (Stuttg.) 15, 495 (1967) u. 16, 174 (1968)] fanden in jungen Blättern vor allem
Valtropin $C_{13}H_{23}NO_2$ (D-α-Methylbuttersäureester des Tropins), Scopolamin, weniger Tigloyltropin, Valeroidin und Hyoscyamin, in älteren Blättern noch
Butropin $C_{12}H_{21}NO_2$ (Isobuttersäureester des Tropins), Poroidin, Isoporoidin, Acetyltropin, Norhyoscyamin, Tropin und Apohyoscin [H 12].

Vergiftungserscheinungen: Tigloidin ist als ZNS-Sedativ bekannt; Tigloidinhydrobromid zeigt sich im Tierversuch als wirksames Mittel gegen Parkinsonismus [Sanghoi et al.: Europ. J. Pharmacol 4, 246 (1968)] [H 12].
In großen Dosen ruft es (d.i. Duboisin) Schwindel, Zittern, Sprachstörungen, psychische Erregung, Pupillenerweiterung, Nausea, Erbrechen, Herzklopfen hervor.

Dosierung: Dosierung nicht festgesetzt, doch können größere Gaben Vergiftungserscheinungen hervorrufen [M 2].

Gefährlichkeitsgrad: Stark giftig + +

Vorschriften: Duboisia myoporoides: Monographie der Kommission D.

Literatur: C 16, H 12, I 1, M 2.

Therapie:
Erste Hilfe: Kohle-Pulvis-Gabe, Erbrechen auslösen, Natriumsulfat.
Klinik: Frühzeitige Magenspülung mit gut eingeöltem Schlauch (Paraffinöl, Roticlean), Physostigmin (Anticholium) i.m. (oder langsam i.v.) (Erwachsene 2 mg, Kinder 0,5 mg), Wiederholung je nach Bedarf bei Wiederauftreten gefährlicher Symptome, Plasmaexpander bei Schock, ggf. Intubation und Sauerstoffbeatmung.

Ecballium elaterium (L.) A. Rich.

Springgurke, Spritzgurke, Eselsgurke. *E:* Wild squirting cucumber. *F:* Momordique, Concombre sauvage, Concombre d'âne. *I:* Cocomero asinino.

EDV-Code: ECAEL.

Familie: Cucurbitaceae, Kürbisgewächse.

Verbreitung, Vorkommen: Mittelmeergebiet, Kaukasus, Schwarzes Meer, Vorderasien. Kultiviert in England und Frankreich. An dürren steinigen Orten.

Beschreibung: Bis 2 m lange, niederliegende, einhäusige Staude, mit fleischiger Wurzel. Blätter herzförmig, fleischig. Blüten schmutzig-gelb. Früchte länglich oval, 4–6 cm lang, Ø 1,5–2,5 cm, gelbgrün, weichstachelig. Bei der Reife lösen sich die Früchte ab und verspritzen durch die entstandene Öffnung den Saft und die Samen meterweit.
Blütezeit: Juni–September.

Droge: Elaterium album.
Eingedickter Fruchtsaft. In Mexiko ist die Droge unter dem Namen „Cohombrillo" verbreitet (Lit.: [R 21], S.171).

Giftige Pflanzenteile: Besonders der Fruchtsaft.

Hauptwirkstoffe: Elaterin. Dieses ist nach neueren Untersuchungen ein Gemisch verschiedener Stoffe, vor allem mit den Wirkstoffen → *Cucurbitacin* E und *I*, außerdem Steringlykoside, die während des Wachstums qualitativ und quantitativ verschieden sind. Sie entstehen wahrscheinlich in der Wurzel und werden in den Blättern abgelagert.

Vergiftungserscheinungen: Beim Menschen treten nach oraler Gabe folgende Vergiftungssymptome auf: Durchfälle mit Kolikschmerzen, Salivation, Erbrechen, Kopfschmerzen, auch stark beschleunigter Puls und nach größeren Dosen Konvulsionen. Die Vergiftung kann tödlich verlaufen [H 12].
Darmreizung und wäßrige Stühle. Auch blutige Stühle, anhaltende Nausea, Vomitus, Magenschmerzen, kolikartige Schmerzen, Kopfschmerzen und fieberhafter Puls. Bei Berührung mit anderen Schleimhäuten kann E.e. entzündungserregend wirken, selbst die intakte Haut wird bis zur Entzündung gereizt. Gastroenteritis und schwere Erschöpfung.
Nach Lavie et al. [J. Amer. chem. Soc. 80, 707, 7810 (1985)] besitzen α-Elaterin, β-Elaterin, Elateridin und Elatericin A und B

Ecballium elaterium

carcinolytische Eigenschaften. Außerdem wirken sie stark abführend und wassertreibend [H 12].
Dosen über 0,6 g des frischen Saftes können den Tod verursachen [L 9].

Wirkungen auf die Haut: Der eingetrocknete Milchsaft der Frucht (Elaterium) ruft nach längerer Einwirkung auf der Haut Entzündungen hervor.
Einer 60jährigen Frau spritzte bei einer Besichtigung der Ruinen von Troja etwas Saft ins Gesicht. Sie hatte daraufhin mehrere Tage einen sehr lästigen Ausschlag (eigene Beobachtung, 1985).

Dosierung: Als drastisches Abführmittel zu 0,003–0,015 g.

Gefährlichkeitsgrad: Stark giftig + +

Vorschriften: Ecballium elaterium: Monographie der Kommission D.

Literatur: H 12, H 41, L 9, M 2, R 21.

Therapie:
Erste Hilfe: Kohle-Pulvis-Gabe, Erbrechen auslösen, Natriumsulfat, viel warmen Tee trinken lassen. Haut- und Schleimhautblasen steril abdecken, Tetanusprophylaxe, lokal Locacorten-Schaum.
Klinik: Magenspülung (evtl. mit burgunderfarbener Kaliumpermanganatlösung), Instillation von 10 g Kohle-Pulvis, Elektrolytsubstitution, Azidoseausgleich mit Natriumbikarbonat (Urin pH 7,5), Kontrolle der Nierenfunktion, bei Krämpfen Diazepam (Valium®) i.v., ggf. Plasma(expander)gabe, bei Atemlähmung: Intubation und Sauerstoffbeatmung.

Echium vulgare L.

Gemeiner Natternkopf, Blaue Ochsenzunge. *E:* Viper's grass, blue weed. *F:* Vipérine, herbe aux vipères. *I:* Erba rogna, echio comune. *NL:* Gewoon slangekruid.

EDV-Code: EHIVU.

Familie: Boraginaceae, Rauhblattgewächse.

Verbreitung, Vorkommen: Im größten Teil Europas und Kleinasiens. In Mitteleuropa als Archaeophyt überall verbreitet an Wegrändern, Bahndämmen, Äckern, Schuttplätzen, sandigen und steinigen Stellen.

Beschreibung: Bis 1 m hohe, 2jährige Pflanze, mit aufrechtem, borstig behaartem Stengel. Blätter lineal-lanzettlich, bis 10 cm lang, steifhaarig, in den Stiel verschmälert. Blüten anfangs rosa, später blau, trichterförmig, 5spaltig, mit herausragenden Staubblättern und Griffeln; in abstehenden Wickeln. In den Fruchtständen zahlreiche 3kantige, rauhe, an den Kanten gezähnte Früchtchen.
Blütezeit: Mai–Oktober.

Echium vulgare

Giftige Pflanzenteile: Die ganze Pflanze.

Hauptwirkstoffe: In der Wurzel 1,2% Allantoin. Nach Bull, Dick und Culvenor Heliosupin. Die Pflanze gilt aufgrund des Consolidin-Gehaltes als giftig [H 12].

Vergiftungserscheinungen: In Australien wurden durch Echium plantagineum L. bei Schafen Vergiftungen mit Leberschädigungen beobachtet.

Gefährlichkeitsgrad: Giftig + für Tiere, beim Menschen besteht kaum Vergiftungsgefahr.

Literatur: H 12.

Therapie:
Nur in Extremfällen Kohle-Pulvis oral.

Empetrum nigrum L.

Krähenbeere. *E:* Black crow berry. *F:* Camarine noire. *I:* Moretta palustre.

Familie: Empetraceae, Krähenbeerengewächse.

Verbreitung, Vorkommen: Nord-, West- und Mitteleuropa; an Küsten und in Gebirgen, Heiden und Mooren.

Beschreibung: Niederliegender bis aufsteigender, immergrüner Zwergstrauch. Blätter linealisch, wechsel- bis quirlständig. Blüten zweihäusig, klein, rosa (männliche), purpurn (weibliche). Beeren kugelig, glänzend schwarz.

Blütezeit: April–Mai.
Früchte: Juli–August.

Giftige Pflanzenteile: Das ganze Kraut. Die Beeren gelten in den skandinavischen Ländern und Nordrußland roh und verarbeitet als eßbar.

Hauptwirkstoffe: → *Ursolsäure,* → *Rutin,* → *Quercetin,* Isoquercitrin, Ellagsäure. Nach Gessner soll → *Andromedotoxin* in der Pflanze vorkommen. Nach anderen Au-

Empetrum nigrum

toren sollen weder Alkaloide noch Andromedotoxin vorhanden sein. Strelnikova fand im Kraut 0,03 – 0,07% Alkaloide. Vermutlich sind bei den örtlichen Rassen starke Schwankungen der Inhaltsstoffe vorhanden.

Bienenhonig von Empetrum kann im Extremfall Gastroenteritis und kardiale Komplikationen hervorrufen [L 10].

Gefährlichkeitsgrad: Wenig giftig (+)

Literatur: F 16, G 4, H 12, H 27, L 10.

Therapie:
Erste Hilfe: Kohle-Pulvis oder erbrechen lassen.
Klinik: In Extremfällen Magenspülung, Vitaltherapie (S. 56).

Ephedra distachya L.

(Ephedra vulgaris L. C. Rich.)
und andere Ephedra-Arten.

Familie: Ephedraceae, Meerträubelgewächse.

Verbreitung, Vorkommen: Eurasien, Küsten Westfrankreichs und des Mittelmeergebiets. Trockene Standorte in Steppen und Wüstengebieten.

Beschreibung: Schachtelhalmähnliche Sträucher mit rutenartigen Zweigen. Meist völlig blattlos. Blüten unscheinbar.

Droge: Herba Ephedrae, Ephedrae herba, Ephedrakraut, Meerträubelkraut.
Ganzdroge. Sie besteht aus den jungen Rutenzweigen, die besenartig aus kurzen, holzigen, knorrigen Achsenstückchen wachsen. Die grau- bis bräunlichgrünen Zweige sind knotig gegliedert, fein längsgerillt, 1–2 mm dick, zylindrisch, meist breitgedrückt [H 12]. Den Höchstgehalt an Alkaloiden hat die Pflanze im Herbst.
Auszug aus der Monographie der Kommission E: Ephedrae herba (Ephedrakraut)
Gegenanzeigen: Angst- und Unruhezustände, Bluthochdruck, Engwinkelglaukom, Hirndurchblutungsstörungen, Prostataadenom mit Restharnbildung, Phäochromocytom, Thyreotoxikose.
Nebenwirkungen: Schlaflosigkeit, motorische Unruhe, Reizbarkeit, Kopfschmerzen, Übelkeit, Erbrechen, Miktionsstörungen, Tachykardien.
In höherer Dosierung:
drastischer Blutdruckanstieg, Herzrhythmusstörungen, Entwicklung einer Abhängigkeit.

Ephedra distachya

Hauptwirkstoffe: Die wichtigsten Inhaltsstoffe sind Alkaloide, deren Gehalt stark wechselt. Die chinesische Droge „Ma Huang" mit ihren Stammpflanzen E. equiseta und E. sinica liefert bis zu 3,3% Alkaloide, sonst werden 0,5–2% gefunden. Die wichtigste Base ist das → *L-Ephedrin* $C_{10}H_{15}NO$, ferner D-Pseudoephedrin, L-N-Methylephedrin, L-Norephedrin, D-N-Methylpseudoephedrin und D-Norpseudoephedrin. Die Ephedra-Arten des Mittelmeergebietes enthalten kein L-Ephedrin, sondern das weniger wirksame Pseudoephedrin [H 12].

Vergiftungserscheinungen: Zu große Dosen der Medizin bewirken sehr starken Schweißausbruch. Bei Injektion: Dilatiert die Bronchien und die Pupillen und kontrahiert infolge der Erregung der glatten Muskulatur den Darm. Erregung des Atemzentrums, ebenso des Uterus. Gesteigerter Blutzuckerwert. Nach längerer Zeit Schlaflosigkeit, auch Harnverhaltung und Obstipation.

Anwendungen in der Homöopathie: 1,5 mg bei Asthma bronchiale, erniedrigtem Blutdruck, Bronzekrankheit, Allergien.

Gefährlichkeitsgrad: Giftig +

Vorschriften: Ephedra distachya: Monographie der Kommission D.
Ephedrae herba: Monographie der Kommission E.

Literatur: H 12, M 2.

Therapie:
Erste Hilfe: Kohle-Pulvis oder erbrechen lassen.
Klinik: In Extremfällen Magenspülung, Vitaltherapie (S. 56).

Epimedium L.-Arten

Sockenblumen-Arten. *E:* Barren-wort. *F:* Chapeau-d'Evêque. *I:* Capello di vescovo, Epimedio.

Epimedium alpinum

Epimedium

Familie: Berberidaceae, Berberitzengewächse.

Beschreibung: Schattenpflanzen in Gärten: Epimedium youngianum Fisch. et Mey. Epimedium macranthum Morr. et Descn. aus Japan, Epimedium pinnatum Fisch. aus Persien.

Giftige Pflanzenteile: Die ganze Pflanze, besonders die oberirdischen Teile.

Hauptwirkstoffe: Im Kraut von Epimedium macranthum
0,2% Icariin $C_{33}H_{42}O_{16}$, Fp. 231,5 °C (dec.); in der Wurzel etwa 1% Des-O-methylicariin $C_{32}H_{40}O_{16}$, Fp. 235–237 °C (dec.) (Kämpferolderivate) [H 12].
In manchen Arten auch → *Magnoflorin.*

Gefährlichkeitsgrad: Wenig giftig (+)

Literatur: H 12.

Therapie:
Erste Hilfe: Kohle-Pulvis oder erbrechen lassen.
Klinik: In Extremfällen Magenspülung, Vitaltherapie (S. 56).

Equisetum palustre L.

Sumpf-Schachtelhalm. *E:* Marsh horsetail. *F:* Prèle de marais. *I:* Equiseto palustre.

EDV-Code: EQUPA.

Familie: Equisetaceae, Schachtelhalmgewächse.

Verbreitung, Vorkommen: Europa, gemäßigtes Asien, Nordamerika; in Mitteleuropa häufig; Sümpfe, nasse Wiesen, Ufer.

Beschreibung: 20–60 cm hohe, ausdauernde Pflanze. Fruchtbare und unfruchtbare Sprosse von gleicher Gestalt und gleichzeitig erscheinend. Stengel gefurcht, mit 4–10 rauhen Rippen. Scheiden locker anliegend, grün, oben schwarzbraun mit weißem Rand. Sporen: Juni–Oktober.
Als giftig gelten auch:
Equisetum fluviatile L. – Teich-Schachtelhalm
Equisetum hyemale L. – Winter-Schachtelhalm

Equisetum palustre

Equisetum sylvaticum L. – Wald-Schachtelhalm [T 19]
außerdem:
Equisetum telmateja Ehrh. – Riesen-Schachtelhalm [F 16].

Giftige Pflanzenteile: Die ganze Pflanze.

Hauptwirkstoffe: Die Alkaloide → *Palustrin* (0,01%–0,3%) und Palustridin, Thiaminase (Enzym), Aconitsäure, Spuren von → *Nicotin,* Kieselsäure und Oxalsäure.
In allen Equisetum-Arten wurden Spuren von Nicotin (1–2 ppm), weiter Indannon-Derivate, Saponine und Thiaminase gefunden [T 19].

Vergiftungserscheinungen: Besonders bei Tieren. Vergiftungserscheinungen bei Pferden werden als „Taumelkrankheit" bezeichnet: Schreckhaftigkeit, Zuckungen der Gesichtsmuskeln, Taumeln, Hinstürzen, Verenden in völliger Erschöpfung. Bei leichteren Fällen Abmagerung und allgemeine Schwäche.
Bei Rindern Abnahme des Milchertrages und Lähmungserscheinungen [H 18].

Gefährlichkeitsgrad: Giftig +

Vorschriften: Equisetum palustre soll in Teemischungen nicht enthalten sein.

Literatur: B 6, F 16, G 4, H 12, H 18, L 10, T 19, W 31.

Therapie:
Erste Hilfe: Kohle-Pulvis oder erbrechen lassen.
Klinik: In Extremfällen Magenspülung, Vitaltherapie (S. 56).

Eranthis hyemalis (L.) Salisb.

(Eranthis hiemalis)

Winterling. *E:* Winter aconite. *F:* Hellébore d'hiver. *I:* Piè di gallo. *NL:* Winterakoniet.

EDV-Code: ETHHI.

Familie: Ranunculaceae, Hahnenfußgewächse.

Verbreitung, Vorkommen: Heimat: Südeuropa; Zierpflanze in Gärten, zuweilen verwildert.

Beschreibung: Ausdauernde Pflanze, 5–15 cm hoch, mit knollenartigem Wurzelstock. Blätter langgestielt, 5–7 teilig, nach der Blüte erscheinend. Blüten gelb, einzeln, von grünen, handförmig geteilten, quirlständigen Hochblättern umgeben.
Balgfrüchte 6–7, braun.
Blütezeit: Februar–April.
Weitere giftige Eranthis-Arten [E 12]:
Eranthis cilicica Schott et Kotschy (Staude, Blütezeit: 3, Verbreitung: Anatolien bis Syrien).
Eranthis x tubergenii Bowl. Bastard aus E. cilicica u. E. hyemalis.

Giftige Pflanzenteile: Die ganze Pflanze, besonders die Knolle.

Hauptwirkstoffe: Herzglykoside aus der Gruppe der Bufadienolide, Eranthin A und B.

Vergiftungserscheinungen: Übelkeit, Erbrechen, Koliken, unregelmäßiger, verlangsamter Puls, Herzschwäche, Sehstörungen, Atemnot, bei letaler Dosis Herzstillstand im Kollaps.

Gefährlichkeitsgrad: Stark giftig + +

Literatur: B 36, E 12, G 4, J 5.

Therapie:
Erste Hilfe: Kohle-Pulvis-Gabe, Erbrechen auslösen, Natriumsulfat.
Klinik: Magenspülung (evtl. mit burgunderfarbener Kaliumpermanganatlösung), Kohleinstillation (10 g Pulvis), Herzschrittmacher (prophylaktisch), Hämoperfusion, Kontrolle des Kaliumspiegels und Substitution, Phenytoin, bei ventrikulärer Extrasystolie: Lidocain (Xylocain®), bei ausgeprägter Bradykardie: Atropin oder Orciprenalin (Alupent), bei AV-Überleitungsstörungen: Vorsicht mit Substanzen, die diese zusätzlich beeinträchtigen, d.h. mit Ajmalin, Procainamid, β-Rezeptorenblocker und Chinidin.

Erysimum crepidifolium Rchb.

Bleicher Schöterich, Gänsesterbe.

Familie: Brassicaceae, Kreuzblütler.

Verbreitung, Vorkommen: Mittel- und Südosteuropa; in Mittel- und Süddeutschland zerstreut an Felsen, auf Felsschutt, an trockenen Hängen, Wegrändern etc.

Beschreibung: 2- bis mehrjährige, bis 60 cm hohe Pflanze mit aufrechtem Stengel. Grundblätter rosettenförmig angeordnet, lineal-lanzettlich, am Rand buchtig oder geschweift. Untere Stengelblätter gezähnt, obere ganzrandig, grau. Blüten schwefelgelb, in dichttraubigen Blütenständen. Schoten mit braunen, glatten Samen. Blütezeit: April–Juli.

Giftige Pflanzenteile: Die ganze Pflanze, besonders die Samen.

Hauptwirkstoffe: In den Samen mindestens 20 Cardenolidglykoside (3,5%). Hauptglykosid Erysimosid (ca. 2,3%), aus dem durch Abspaltung der Glucose das Sekundärglykosid → *Helveticosid* (0,5–1,2%) entsteht. Höchster Gehalt an Erysimosid und Helveticosid zur Reifezeit und während der Trocknung.

Vergiftungserscheinungen: Vergiftungen beim Menschen traten bisher noch nicht auf, während Massensterben von Gänsen bekannt wurden. Gefährdet sind auch Kaninchen. Nach Hilbrich [H 30] soll die Pflanze für Hühner nicht giftig sein. Als Symptome treten auf: Unruhe, Zittern, Krämpfe, Atemnot und Herzversagen.

Anwendungen: Selten als Cardiacum.

Gefährlichkeitsgrad: Stark giftig + + (Gänse).

Literatur: H 12, H 30, L 10.

Therapie:
Erste Hilfe: Kohle-Pulvis oder erbrechen lassen.
Klinik: Nur nach großer Giftaufnahme Magenspülung, Medizinalkohle (Kohle-Pulvis), Natriumsulfat, ggf. Intubation und Beatmung.

Erysimum diffusum Ehrh.

(Erysimum canescens Roth)

Graublättriger Hederich, Grauer Schöterich. *E:* Hoary erysimum. *I:* Violaciocca meridionale. *F:* Velar gris.

EDV-Code: ERYDI.

Familie: Brassicaceae, Kreuzblütler.

Verbreitung, Vorkommen: Steppengebiete Südosteuropas und Kleinasiens, in Deutschland eingeschleppt, besonders im Elbegebiet.

Beschreibung: Ausdauernde oder 2jährige, bis 50 cm hohe Pflanze. Blätter schmal-lineal-lanzettlich, ganzrandig, grau. Blüten hellgelb, in reichblütiger Traube, Früchte 3–7 cm lang.
Blütezeit: Juni–Juli.

Droge: Herba Erysimi canescentis.

Giftige Pflanzenteile: Die ganze Pflanze.

Hauptwirkstoffe: Hauptglykosid Erysimosid und → *Helveticosid* und weitere Nebenglykoside.

Vergiftungserscheinungen: Ähnlich der des → *Convallatoxins,* jedoch etwas schwächer.

Gefährlichkeitsgrad: Giftig +

Literatur: B 26, H 12.

Therapie:
Erste Hilfe: Kohle-Pulvis oder erbrechen lassen.
Klinik: In Extremfällen Magenspülung, Vitaltherapie (S. 56).

Erythrina crista-galli L.

Korallenstrauch, Hahnenkamm. *E:* Cockspur coral tree. *F:* Erythrine crête-de-coq. *Mex:* Colorines (Erythrina ssp.), Tzompanquahuitl (Zompantlibaum).

EDV-Code: ERZCG.

Familie: Fabaceae, Schmetterlingsblütler.

Verbreitung, Vorkommen: Brasilien, Schattenbaum in Kaffeeplantagen. Bei uns als Zier- und Kübelpflanze. In Parks und Gärten im Mittelmeergebiet öfter anzutreffen.

Beschreibung: Buschiger Strauch. Blätter 3zählig, bestachelt oder kahl. Blüten ca. 4 cm groß, fleischig, leuchtend rot, in aufrechten oder hängenden langen Trauben. Samen leuchtend rot.
Blütezeit: Juli–Oktober.
Eine weitere giftige Erythrina-Art [E 12]: Erythrina corallodendron L. (Strauch, Blütezeit: 8–9, Verbreitung: Brasilien).

Giftige Pflanzenteile: Die ganze Pflanze, besonders die Samen. Verwechslungsmöglichkeit mit den Samen von → *Abrus precatorius* (mit schwarzem Nabelfleck).

Hauptwirkstoffe: In den Samen:
Erythratin $C_{18}H_{21}NO_4$, Fp. 170–171 °C,
Erythralin $C_{18}H_{19}NO_3$, Fp. 106–107 °C,
Erythramin $C_{18}H_{21}NO_3$, Fp. 103–104 °C,
Hypaphorin $C_{14}H_{18}N_2O_2$, Fp. 254–255 °C,
Erysopin $C_{17}H_{19}NO_3$, Fp. 242–243 °C,
Erysodin $C_{18}H_{21}NO_3$, Fp. 204–205 °C,
Erysovin $C_{18}H_{21}NO_3$, Fp. 178–179 °C,
Erysonin $C_{17}H_{19}NO_3$, Fp. 241–243 °C,
Erysothiopin $C_{19}H_{21}NO_7S$, Fp. 168 °C,
Erysothiovin $C_{20}H_{23}NO_7S$, Fp. 187 °C,
β-Erythroidin $C_{16}H_{19}NO_3$, Fp. 242–243 °C [H 12].

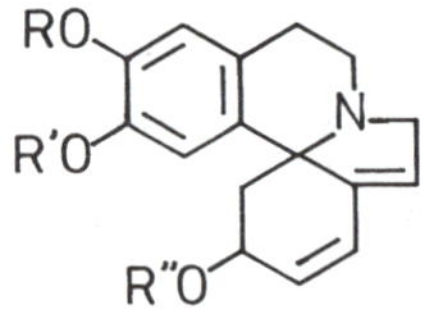

Erysopin:	R=H, R´=H, R″=CH_3
Erysonin(?):	R=H, R´=CH_3, R″=H
Erysodin:	R=H, R´=CH_3, R″=CH_3
Erysovin:	R=CH_3, R´=H, R″=CH_3
Erythralin:	R+R´=CH_2, R″=CH_3
Erysothiopin:	R=H, R´=HOOC – CH_2 – SO_2, R″=CH_3
Erysothiovin:	R=CH_3, R´=HOOC – CH_2 – SO_2, R″=CH_3

Vergiftungserscheinungen: Die Samen der Gattung Erythrina (über 100 Arten) enthalten mehr oder weniger Alkaloide mit ähnli-

Erythrina crista-galli

cher Wirkung wie Curare. Während Curare nur bei parenteraler Zufuhr (d.h. durch Injektion oder über die verletzte Haut aufgenommen) wirksam ist, zeigen die Erythrina-Alkaloide auch bei oraler Aufnahme volle Wirkung.

Der Genuß schon einer kleinen Menge von „Colorines“ ruft eine außerordentliche Blutdruckerhöhung hervor. Die Indianer in der Sierra von Tlaltizepam (Michoacan) benutzen sie deshalb in Extraktform zu Racheakten, wenn sie wollen, daß jemand der „Schlag“ treffen soll.

Die Nachrichten über Vergiftungen durch Zompantlibohnen oder Colorines sind überaus widerspruchsvoll, was wohl daher kommen mag, daß man unter diesen Namen wieder einmal alles mögliche zusammengeworfen hat (vgl. bei Noriega: Historia de las Drogas, wie viele und verschiedene „Colorines“ da aufgezählt werden). Die Giftigkeit dieser verschiedenen roten Bohnen ist sicherlich nicht gleich und wahrscheinlich gibt es auch ungiftige Erythrina-spezies unter ihnen. Altamirano und Dominguez nennen die Colorines geradezu „mexikanisches Curare“. Ein Extrakt aus den Bohnen hatte derart lähmende Wirkungen, daß sie ihn bei Vivisektionen gebrauchen konnten. Dr. Ramirez und Dr. Rivero beschreiben die brutale Wirkung von Erythrina americana auf die motorischen Nerven. Arze-Bahnken kommt zu dem Schluß, daß dieselben Samen, peroral einverleibt, gar nicht giftig seien, gibt aber in einem Atemzuge an, daß 0,49 g des Pulvers dieser Samen, pro Kilogramm Meerschweinchen, tödliche Wirkung habe. Nach neuesten Versuchen wird vermutet, daß der Giftstoff der Colorines bei unverletzter Schleimhaut des Mundes und des Magens relativ harmlos sei, bei Eintritt in den Körper durch Schleimhautverletzungen aber stark giftig wirke, injiziert immer Lähmung der motorischen Nerven und Nekrose hervorrufe [R 25].

Es folgen die Schilderungen mehrerer Vergiftungsfälle, die alle auffallend übereinstimmen. In allen Fällen zeigt sich nach der Einverleibung der roten Bohnen erst unmäßige Heiterkeit, dann Irrereden, Schwanken wie bei Trunkenen und erhöhte Libido. Hitziges Fieber und Hautrötung wie bei Scharlach. Dann fallen die Vergifteten in einen tiefen Schlaf, in dem sie in 2–3 Tagen sterben können.

Gefährlichkeitsgrad: Stark giftig + +

Literatur: E 12, H 12, R 25, R 26.

Therapie:
Erste Hilfe: Sofort viel trinken und erbrechen lassen, Kohle-Pulvis, bei oberflächlicher Atmung sofort Mund-zu-Mund-Beatmung, Notarzt verständigen.
Klinik: Durch den Notarzt am Unfallort falls erforderlich Intubation, künstliche Beatmung, sofortige Magenspülung, Plasmaexpander im Schock, Natriumkarbonatinfusion zum Azidoseausgleich, EKG-Kontrolle.

Erythrophleum suaveolens (Guill. et Perrott.) Brenan

(Erythrophleum guineense G. Don)

Rotwasserbaum. *E:* Red water tree, sassy. *F:* Bouvane des floupes.

Familie: Fabaceae, Schmetterlingsblütler.

Verbreitung, Vorkommen: An der Westküste und im Innern von Äquatorialafrika.

Beschreibung: 15–40 m hoher Baum, mit rötlicher Rinde. Blätter doppelt gefiedert. Blüten in Trauben. Frucht lederig, länglich, 2klappig, aufspringend. Die Gattung Erythrophleum umfaßt ca. ein Dutzend Arten, wobei die Eingruppierung von 4 Arten nicht ganz gesichert ist.

Droge: Cortex Sassy, Erythrophlei cortex – Rotwasserbaumrinde. Durch die Engländer unter dem Namen „Rotwasserbaum" bekannt, so bezeichnet nach dem wäßrigen, roten Extrakt.

Hauptwirkstoffe: Hauptalkaloid ist Cassain. Aufgrund der unterschiedlichen Substitution lassen sich 3 Gruppen von Erythrophleum-Alkaloiden unterscheiden: Cassain-Gruppe (Cassain, Cassaidin, Coumingin etc.); Erythrophlamin-Gruppe (Erythrophlamin); Cassamin-Gruppe (Cassamin, Cassamidin, Erythrophleguin etc.). Bemerkung: 1876 Isolierung eines amorphen Alkaloids aus der Rinde von E. suaveolens durch Gallois und Hardy, das sie „Erythrophlein" nannten. 1935 erstes Reinalkaloid Cassain durch Dalma, danach Isolierung weiterer Alkaloide.

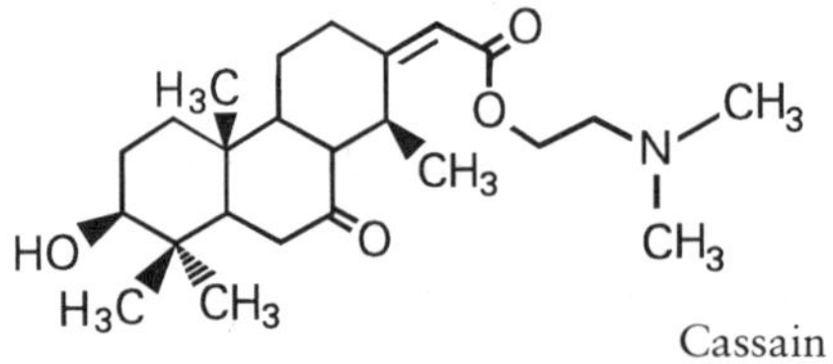

Cassain

Vergiftungserscheinungen: Die Erythrophleum-Alkaloide wirken wie die Herzglykoside positiv inotrop, obwohl sie ihrer chemischen Konstitution nach keine Beziehungen zu den Digitaloiden haben. Der Tod erfolgt nach Erythrophleum-Vergiftung durch Herzstillstand in Systole. Die Herzwirksamkeit des Coumingins erreicht sogar jene des Scillarens A. Neben der Wirkung auf das Herz besitzen die Alkaloide noch lokalanästhetische Eigenschaften. Vergiftungen äußern sich in Erbrechen, Durchfall, Blutdrucksteigerung. Der Tod tritt häufig durch Lähmung des Atemzentrums ein [H 12]. Rindenextrakte wurden von den Eingeborenen zu Gottesurteilen, für verbrecherische Zwecke und zur Herstellung von Pfeilgiften verwendet.

Gefährlichkeitsgrad: Sehr stark giftig + + +

Literatur: H 12, H 24, N 8.

Therapie:
Soforttherapie: Sofort viel trinken, erbrechen lassen, Kohle-Pulvis oral.
Kliniktherapie: Magenspülung, Kohle-Pulvis, evtl. Sauerstoffbeatmung. Monitorkontrolle.

Erythroxylum coca Lam.

Kokastrauch. *E:* Peruvian tabacco, Coca shrub. *F:* Cocaier, Arbre à coca. *I:* Coca boliviana.

EDV-Code: EYTCO.

Familie: Erythroxylaceae, Kokagewächse.

Verbreitung, Vorkommen: Der Strauch ist wahrscheinlich heimisch in Peru und wird in vielen tropischen Ländern kultiviert.

Beschreibung: 1–2 m hoher, dicht belaubter Strauch. Blätter elliptisch, ganzrandig, 4–7 cm lang. Blüten weiß, klein, achselständig. Orangerote Steinfrucht.

Droge: Folia Cocae, Cocae folium, Kokablätter.
Geruch und Geschmack schwach teeartig.

Hauptwirkstoffe: In den Blättern 0,5–1,4% Alkaloide, vor allem → *Cocain.* Alkaloidgehalt stark schwankend. Die Droge enthält zwei Gruppen von Alkaloiden:

A) Tropin- und Tropincarbonsäurederivate: Tropacocain (Tropinderivat), Cocain (Methylester des Benzoylecgonins), Cinamylcocain, Benzoylecgonin und Truxilline.

B) Pyrrolidinderivate:
Hygrin, Cuskhygrin und Nicotin.

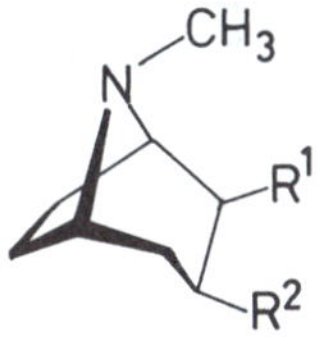

Strukturformel einiger Alkaloide aus der Cocaingruppe

Namen der Alkaloide	R_1	R_2
Tropin	–H	–OH
Tropacocain	–H	$-OCOC_6H_5$
Ecgonin	–COOH	–OH
Benzoylecgonin	–COOH	$-OCOC_6H_5$
Cocain	$-COOCH_3$	$-OCOC_6H_5$
Cinnamylcocain	$-COOCH_3$	$-OCOCHCHC_6H_5$
Truxilline	$-COOCH_3$	–O-Truxillsäureester

Vergiftungserscheinungen: Cocablätter, mit Kalk oder alkalischer Pflanzenasche gekaut, unterdrücken das Hunger- und Durstgefühl

Erythroxylum coca

und erhöhen die körperliche Leistungsfähigkeit. Die Speichelsekretion wird verringert, die Empfindlichkeit der Mund-, Rachen- und Magenschleimhaut herabgesetzt, Hunger- und Durstgefühl werden beseitigt und ein Anstieg der Diurese bewirkt. Außerdem werden gesteigerter Puls und gesteigerte Atmung beobachtet sowie cerebrale Erregung, Aufhebung der Müdigkeit, Kopfschmerzen und ein allgemeines Wärmegefühl. Die Cocablätter stimulieren durch ihre zentrale Wirkung und Erhöhung der Ansprechbarkeit des peripheren sympathischen Systems. Nach Nieschulz u. Schmersahl [Planta med. (Stuttg.) 17, 178 (1969)] wird durch den Zusatz von alkalischen Substanzen das freigesetzte Cocain schon während des Kauprozesses weitgehend zu Ecgonin abgebaut. Es besteht die Möglichkeit, daß Ecgonin maßgeblich an den (oben genannten) Auswirkungen des Cocablätter-Genusses beteiligt ist. Cuskhygrin wird durch Alkalizusatz nicht verändert. Vorbehandlung von Mäusen mit Ecgonin, dem Endprodukt des Cocain-Abbaus, förderte das Lernvermögen und erhöhte das Aktivitätsniveau. Die körperliche Leistungsfähigkeit von Mäusen wurde gesteigert [H 12].

Die Einwohner der Andenländer sind zu einem beträchtlichen Anteil Cocakonsumenten. Im Durchschnitt werden täglich 30–50 g Blätter gekaut, was etwa 1–6,5 g Cocain, je nach Gehalt der Blätter, entspricht.

Bei einem täglichen Konsum von mehr als 100 g Cocablättern bildet sich ein amotivationales Syndrom (AMS) aus, → *Cocain.* Untersuchungen von Bardales im Zentrum für Anden-Biologie in Lima deuten darauf hin, daß Coca-Alkaloide die Atmung in großer Höhe günstig beeinflussen und die Eingeborenen in den Anden an das reduzierte Sauerstoffangebot anpassen. (New Scientist 117, 31, 1988).

Geschichte: Cocablätter waren schon lange vor der Entdeckung Amerikas durch die Europäer als Genußmittel im Gebrauch, wie Funde kleiner, mit Cocablättern gefüllter Körbchen in den peruanischen Grabstätten des alten Inkareiches zeigen. Die erste direkte Nachricht über die Cocablätter und ihre Wirkung stammt zwar bereits von 1499, doch verdanken wir erst Monardes ausführlichere Berichte. Auch heute noch wird eine außerordentlich große Menge Cocablätter in den Heimatländern der Pflanze verbraucht, da dort die Sitte des Cocakauens ebenso verbreitet ist, wie in den Malaienländern das Betelkauen. Das Blatt wird unter Zusatz von Asche aus Chenopodium quinoa-Stengeln, Kalk und Wasser zu Kügelchen geformt, die gekaut werden, wobei das an Tannin und Pflanzensäuren gebundene Cocain langsam frei wird. Cocain wurde 1860 im Laboratorium Wöhlers von Niemann rein dargestellt und seine lokalanästhesierende Eigenschaft beschrieben. Erst 1884 erkannte der Wiener Augenarzt Koller seine medizinische Bedeutung und führte es in die Medizin ein. Durch Schleich und Bier fand es in der Chirurgie Eingang. Es war das erste stark wirksame Lokalanästhetikum und Vorbild für eine Reihe der heutigen Synthetika [K 9].

Dosierung: Folia Cocae:
Dosis max. simpl. 3,0 g.

Gefährlichkeitsgrad: Stark giftig + +

Vorschriften: Cocablätter dürfen nach dem Betäubungsmittelgesetz nicht verschrieben werden.

Literatur: B 26, H 12, K 9, N 11, T 2.

Therapie:
Erste Hilfe: Ruhe, beruhigendes Zureden, beaufsichtigen, meist keine medikamentöse Therapie nötig, keine intravenösen Injektionen(!) (Bahnung einer Spritzensucht), bei hochgradiger Erregung Doxepin (Aponal®) (50 mg oral oder i.m.), nur falls nicht anders vorhanden Diazepam (Valium®) (10 bis 20 mg oral oder i.m.), nach oraler Überdosierung erbrechen lassen, Atemwege freihalten, evtl. Atemspende, warmhalten.
Klinik: Evtl. Magenspülung, Kohle-Pulvis und Natriumsulfatinstillation, Plasmaersatzpräparate, beatmen.

Eschscholzia californica Cham.

Goldmohn, Schlafmützchen. *E:* Californian poppy. *F:* Pavot de Californie, Globe du soleil. *I:* Escolzia di California. *NL:* Goudpapaver.

EDV-Code: ESHCA.

Familie: Papaveraceae, Mohngewächse.

Verbreitung, Vorkommen: Heimat: Californien; Gartenzierpflanze, manchmal verwildert.

Beschreibung: Einjährige oder ausdauernde, 30–60 cm hohe, blaugrüne Pflanze. Blätter fein zerteilt, linealisch, Blüten leuchtend gelb, bis 3,5 cm im Durchmesser, lang gestielt. Blütezeit: Juni–September.

Giftige Pflanzenteile: Die ganze Pflanze.

Hauptwirkstoffe: Nach älteren Angaben → *Eschscholzin* $C_{21}H_{19}NO_5$ (0,25% in der Wurzel); Ionidin $C_{19}H_{25}N_4O_4$; β-Allocryptopin (Homochelidonin) $C_{21}H_{23}NO_5$;
→ *Protopin* $C_{20}H_{19}NO_5$;
→ *Sanguinarin* $C_{20}H_{15}NO_5$;
→ *Chelerythrin* $C_{21}H_{19}NO_5$;
Cryptopin (Cryptocarin) $C_{21}H_{23}NO_5$ und weitere seltene Alkaloide.
Alkaloidgehalt der Wurzel 2,7%, des Krautes 0,06–0,29% [B 36].

Vergiftungserscheinungen: Der Pflanze wird eine schwach narkotische, spasmolytische und schmerzlindernde Wirkung zugeschrieben. Cryptopin wirkt in einer Verdünnung von 1:1000 000 stimulierend auf den Uterus des Meerschweinchens [H 12].

Gefährlichkeitsgrad: Giftig +

Vorschriften: Eschscholzia californica: Monographie der Kommission D.

Literatur: B 36, H 12, N 2.

Therapie:
Erste Hilfe: Kohle-Pulvis oder erbrechen lassen.
Klinik: In Extremfällen Magenspülung, Vitaltherapie (S. 56).

Eucalyptus globulus Labill.

Eukalyptus, Fieberbaum, Blaugummibaum. *E:* Blue gum-tree, Fever-tree. *F:* Eucalyptus, Gommier bleu de Tasmania, Arbre à la fièvre. *I:* Eucalipto globoso.

EDV-Code: EUCGL.

Familie: Myrtaceae, Myrtengewächse.

Verbreitung, Vorkommen: Heimat ist das südliche Australien und Tasmanien. In Mittelmeerländern häufig gepflanzt.

Beschreibung: Bis 70 m hoher Baum, Blätter dimorph, Jugendblätter oval-herzförmig, Folgeblätter länglich elliptisch, dicklederig, ganzrandig. Blüten einzeln in den Blattachseln. Fruchtkapsel kreiselförmig, mit 2–4 Fächern. In den Mittelmeerländern werden noch folgende Arten kultiviert:
Eucalyptus amygdalina Labill., Eu. camaldulensis Dehnh., Eu. cornuta Labill., Eu. robusta Sm., Eu. viminalis Labill.

Droge: Folia Eucalypti globuli, Eucalypti globuli folium, Eucalyptusblätter.
Oleum Eucalypti, Eucalypti aetheroleum, Eucalyptusöl.
Auszug aus der Monographie der Kommission E: Eucalypti aetheroleum (Eucalyptusöl).
Gegenanzeigen: Innere Anwendung: Entzündliche Erkrankungen im Magen-Darmbereich und im Bereich der Gallenwege, schwere Lebererkrankungen.
Äußere Anwendung: Bei Säuglingen und Kleinkindern sollten Eucalyptus-Zubereitungen nicht im Bereich des Gesichts, speziell der Nase, aufgetragen werden.
Nebenwirkungen: In seltenen Fällen können nach Einnahme von Eucalyptus-Zubereitungen Übelkeit, Erbrechen und Durchfall auftreten.

Hauptwirkstoffe: Das in den Blättern enthaltene ätherische Öl (0,5–3,5%) ist eine farblose, kampferartig riechende Flüssigkeit, mit dem Hauptbestandteil Cineol (Eucalyptol) $C_{10}H_{18}O$. Je nach Art kann der Hauptbestandteil aber auch aus Phellandren oder Piperiton bestehen.

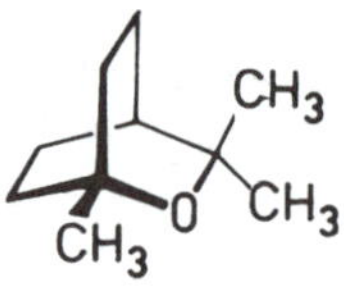
Cineol

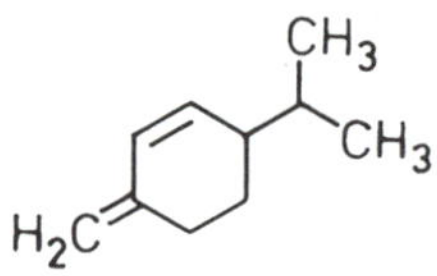
Phellandren

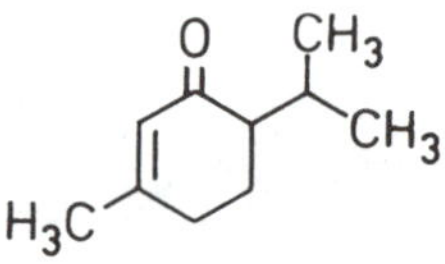
Piperiton

Eucalyptus globulus

Vergiftungserscheinungen: Das ätherische Öl regt die Absonderung von Speichel, Magensaft und die Darmsekretion an und steigert den Appetit. In größeren Dosen wirkt es lähmend auf die Nervenzentren, senkt Blutdruck, Temperatur und Atemfrequenz, verursacht Verdauungsstörungen, Erbrechen, Diarrhoe, Kreislaufstörungen, Herzschwäche und Kollaps. Bei fortgesetztem Gebrauch reizt es die Stellen, durch die es ausgeschieden wird: Haut, Bronchialschleimhaut und Nieren und erzeugt einen fieberhaften Zustand mit zerebralen Kongestionen wie auch konstitutionellen Störungen. In toxischen Dosen ist es ein narkotisches Gift, das u. U. Atemlähmung infolge direkter Beeinflussung des Respirationszentrums der Medulla verursacht [M 2].

Wirkungen auf die Haut: Das ätherische Öl ruft auf der Haut heftig juckende Exantheme hervor.

Dosierung: Mittlere Einzelgabe (Blätter) 2,0 g Erg. B. 6.

Anwendungen in der Homöopathie: Teep 0,05 g bei Grippe, Lungenentzündung, D_0–D_2 bei Nierenbeckenkatarrhen.

Gefährlichkeitsgrad: Wenig giftig (+)

Vorschriften: Eucalypti aetheroleum (Eucalyptusöl) und Eucalypti folium: Monographie der Kommission E.
Eucalyptus globulus: Monographie der Kommission D.

Literatur: B 26, D 9, H 12, K 9, M 2, M 3, M 27, R 30, T 5.

Therapie:
Erste Hilfe: Kohle-Pulvis oder erbrechen lassen.
Klinik: In Extremfällen Magenspülung, Vitaltherapie (S. 56).

Euonymus atropurpurea Jacq.

Nordamerikanischer Spindelbaum, Purpurblütiger Spindelbaum. *E:* Purple spindletree. *F:* Fusain noir pourpré. *I:* Fusano.

EDV-Code: EUOAT.

Familie: Celastraceae, Spindelbaumgewächse.

Verbreitung, Vorkommen: Heimat: Nordamerika.

Beschreibung: Der bis 7,5 m hohe Strauch oder Baum, mit 13 cm langen, elliptischen Laubblättern und dunkelpurpurfarbenen Blüten ist auch in Mitteleuropa mancherorts ein beliebter winterharter Zierstrauch. Blütezeit: Mai–Juni.

Droge: Cortex Euonymi atropurpurei (radicis), Euonymi atropurpurei cortex, Pfaffenhütchenrinde.
Die Rinde der Wurzel wie auch der jungen Zweige. Bis 20 cm lange, bis 1 cm breite, halbrinnenförmige, röhrige oder wurmförmige, bis 3 mm dicke Stücke, außen uneben, gefurcht, rissig und aschgrau oder gelblichgrau, innen glatt und weißlich, gelblich oder blaßbräunlich [H 12].

Hauptwirkstoffe: In den Wurzeln mindestens 7 Cardenolide der Digitoxigeninreihe, u.a. das genuine Glykosid
Eu(v)atrosid (Digitoxigenin+Arabinose+Glucose) und sein Sekundärglykosid
Eu(v)atromonosid (Digitoxigenin+Ara-

Euonymus atropurpurea

binose) $C_{29}H_{44}O_7$, Fp. 181–186 °C, in der älteren Literatur Evonymin (Glykosid) [H 12].

Vergiftungserscheinungen: Größere Dosen Rinde sind herzwirksam, rufen beträchtliche gastro-intestinale Reizerscheinungen hervor und wirken emetisch.
Das Evonymin verursacht aber auch Leibschmerzen und ist laxierend. Es soll Digitaliswirkung und podophyllinähnliche Wirkung besitzen.

Gefährlichkeitsgrad: Giftig +

Vorschriften: Euonymus atropurpurea: Monographie der Kommission D.

Literatur: H 12, M 2.

Therapie:
Erste Hilfe: Kohle-Pulvis-Gabe, Erbrechen auslösen, Natriumsulfat.
Klinik: Magenspülung (evtl. mit burgunderfarbener Kaliumpermanganatlösung), Kohleinstillation (10 g Pulvis), Herzschrittmacher (prophylaktisch), Hämoperfusion, Kontrolle des Kaliumspiegels und Substitution. Phenytoin, bei ventrikulärer Extrasystole: Lidocain (Xylocain®), bei ausgeprägter Bradykardie: Atropin oder Orciprenalin (Alupent), bei AV-Überleitungsstörungen: Vorsicht mit Substanzen, die diese zusätzlich beeinträchtigen, d.h. mit Ajmalin, Procainamid, β-Rezeptorenblocker und Chinidin.

Euonymus europaea L.

Pfaffenhütchen, Spindelstrauch. *E:* Spindle-tree. *F:* Fusain d'Europe. *I:* Fusaria comune. *NL:* Kardinaalsmuts.

Blüten

Euonymus europaea

Früchte

EDV-Code: EUOEU.

Familie: Celastraceae, Spindelbaumgewächse.

Verbreitung, Vorkommen: Europa, Asien. In Mitteleuropa verbreitet; Waldränder, Hecken, Raine, Abhänge.

Beschreibung: Baum oder Strauch, bis 3 m hoch. Blätter eiförmig-lanzettlich, gegenständig. Blüten klein, gelblichgrün, in achselständigen Scheindolden. Samen mit orangerotem Samenmantel, in 4fächriger karminroter Kapsel.
Blütezeit: Mai–Juni.
Früchte: September–Oktober.
In Süddeutschland kommt auch Euonymus latifolia L. (Mill.) vor.
Weitere giftige Euonymus-Arten [E 12]:
Euonymus alata (Thunb.) Sieb. (Strauch, Blütezeit: 5–6, Verbreitung: Ostasien)
Euonymus verrucosa Scop. (Strauch, Blütezeit: 5–6, Verbreitung: Südöstliches Mittel- u. Ost-Europa/Kaukasus).

Droge: Fructus Euonymi, Euonymi fructus, Pfaffenhütchenfrüchte.
Samen und orangeroter Samenmantel.

Giftige Pflanzenteile: Alle Pflanzenteile, vor allem die Früchte (36 Früchte sollen für Erwachsene tödlich sein).

Hauptwirkstoffe: In den Samen
Evonosid $C_{41}H_{64}O_{19}$, Fp. 202–208 °C; Evobiosid $C_{35}H_{54}O_{13}$, Fp. 202–206 °C; → *Evomonosid* $C_{29}H_{44}O_8$, Fp. 238–240 °C, Triacetin. In den Blättern außerdem Triterpene. Neuerdings wurde aus E. ein anti-H- und anti-B-Lectin isoliert. Für die insektiziden Eigenschaften dürfte Evonin verantwortlich sein.

Vergiftungserscheinungen: Vergiftungssymptome oft erst nach 12–18 Std. Übelkeit, Krämpfe, Schock, Temperaturanstieg, blutiger Durchfall mit Kolik, Leber- und Nierenschädigung, Herzrhythmusstörungen, Lähmung der Kaumuskulatur, tonisch-klonische Krämpfe, Tod in Bewußtlosigkeit.
Nur 2 Früchte verursachten bei einem 7jährigen Kind einen schweren dreitägigen Vergiftungsverlauf.
Nach Weilemann [W 38] kommt es bei 35% vorwiegend Ein- bis Dreijähriger durch die Aufnahme von Samen insbesondere zu Magen- und Darmbeschwerden. Dadurch, daß bei Pfaffenhütchen relativ häufig Erkrankungen auftreten, sollte die Indikation zum Erbrechen großzügig erstellt werden.
Aus den Erfahrungen der Beratungsstelle für Vergiftungserscheinungen, Berlin:
Bei einem Dreijähr. kam es 3 Std. später zu Erbrechen und Bauchschmerzen; in 2 Fällen wurde nach Gabe von Ipecac. unzerkauter Samen erbrochen, sonst unauffälliger Verlauf [K 40].
Das Pulver der getrockneten Früchte tötet Insekten. Tiere sind besonders durch das

Euonymus europaea

Fressen von Zweigen und Zweigspitzen gefährdet.

Gefährlichkeitsgrad: Stark giftig + +

Vorschriften: Euonymus europaea: Monographie der Kommission D.

Literatur: B 36, E 12, F 16, G 4, H 12, J 5, K 40, P 5, S 6, S 34.

Therapie:
Erste Hilfe: Kohle-Pulvis, Erbrechen lassen, viel warmen Tee trinken lassen, Natriumsulfat, Schockprophylaxe (Ruhe, Wärme).
Klinik: Magenspülung (evtl. mit burgunderfarbener Kaliumpermanganatlösung), Elektrolytsubstitution, Azidoseausgleich mit Natriumbikarbonat (Urin pH 7,5), im Schock Plasma(expander)gabe, bei Krämpfen Diazepam (Valium®) i.v., Kontrolle der Nierenfunktion, bei Atemlähmung Intubation und Sauerstoffbeatmung.

Euonymus japonica L.f.

Japanisches Pfaffenhütchen. *E:* Evergreen euonymus. *F:* Fusain du Japon. *I:* Evonimo del Giappone.

EDV-Code: EUOJA.

Familie: Celastraceae, Spindelbaumgewächse.

Verbreitung, Vorkommen: Heimat: Ostasien; Zierstrauch in Gärten und Parkanlagen.

Beschreibung: Bis 8 m hoher Strauch. Blätter eirund bis länglich, gegenständig, immergrün. Blüten grünlichweiß, in 5 oder mehrblütigen Blütenständen. Samen rot in hellkarminroter Kapsel.
Blütezeit: Mai–Juli.

Giftwirkung etc. → *Euonymus europaea.*

Eupatorium cannabinum L.

Wasserdost, Kunigundenkraut, Wasserhanf. *E:* Hemp-agrimony. *F:* Eupatoire chanvrine. *I:* Canapa aquatica. *NL:* Leverkruid.

EDV-Code: EUPCA.

Familie: Asteraceae, Korbblütler.

Verbreitung, Vorkommen: Europa, Asien, Nordafrika. In Mitteleuropa verbreitet und häufig; auf feuchten Böden, an Gräben, Flußufern, in Auwäldern und Holzschlägen.

Beschreibung: Ausdauernde, bis 1,50 m hohe Pflanze mit aufrechtem Stengel. Blätter gegenständig 3–5schnittig, Abschnitte lanzettlich, gezähnt. Blüten hellrosa, Köpfchen 4–6-blütig, in schirmförmigen Doldentrauben. Frucht länglich, mit Pappus.
Blütezeit: Juli–September.

Droge: Herba Eupatorii cannabini, Eupatorii cannabini herba, Kunigundenkraut.
Geruch würzig; Geschmack bitter, etwas scharf.

Giftige Pflanzenteile: Die ganze Pflanze.

Hauptwirkstoffe: Euparin $C_{13}H_{12}O_3$, Fp. 118,5–121 °C; Eupatoriopikrin $C_{20}H_{26}O_6$, Fp. 157–161 °C u. a. Außerdem die Pyrrolizidinalkaloide Echinatin und Supinin.

Euparin

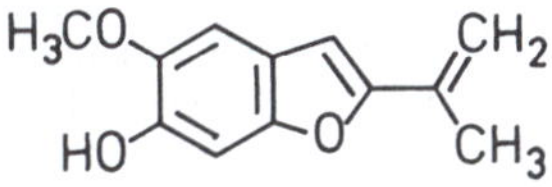

Vergiftungserscheinungen: Durch die Pyrrolizidinalkaloide ist eine carcinogene Wirkung bei großer Einnahme möglich.
Akute Toxizität von Eupatoriopikrin bei Mäusen 20–40 mg/kg Körpergewicht, intraperitoneal. Weit höher bei intravenöser Applikation, einmalige Injektion von 40, 60 oder 80 mg/kg wurde von Mäusen überlebt [W 30].

Wirkungen auf die Haut: Der Wasserdost gehört zu jenen Pflanzen, denen aufgrund ihrer Sesquiterpenlacton-Inhaltsstoffe sowohl eine hautreizende als auch kontaktallergie-induzierende Wirkung zugeschrieben werden muß. Fallbeschreibungen liegen zwar nicht vor, jedoch ergaben Epikutantests mit Etherextrakten des Wasserdost häufiger bei Kompositenallergikern eine Kreuzreaktion [Hausen].

Anwendungen in der Homöopathie: Bei Erkrankungen der Leber, Milz und Galle sowie bei grippalem und intermittierendem Fieber D_1.

Gefährlichkeitsgrad: Giftig + (bei hochdosierter Einnahme).

Vorschriften: Eupatorium cannabinum: Monographie der Kommission D.
Alle Arten der Gattung Eupatorium außer E. perfoliatum (Kunigundenkraut) sind in der „Bekanntmachung über die Zulassung und Registrierung von Arzneimitteln vom 5. 6. 1992“ aufgeführt.

Literatur: H 12, W 30.

Therapie:
Erste Hilfe: Nach Verschlucken größerer Mengen Kohle-Pulvis (10 g) und Natriumsulfat (20 g).

Eupatorium perfoliatum L.

Durchwachsener Wasserhanf. *E:* Hemp weed, boneset. *F:* Eupatoire perfoliée. *I:* Eupatoria.

EDV-Code: EUPPE.

Familie: Asteraceae, Korbblütler.

Verbreitung, Vorkommen: Im mittleren Nordamerika beheimatete Staude, am Rande von Gewässern und Sumpfgebieten vorkommend. In Europa selten kultiviert, meist in Botanischen Gärten.

Beschreibung: 1–1,5 m hohe, aufrechte Pflanze mit stumpfkantigem, behaartem, am Grunde rot gefärbtem Stengel, der oben stark verzweigt ist. Blätter 10–15 cm lang, lanzettlich, gegenständig, gesägt; untere Blattpaare verwachsen und stengelumfassend; obere sitzend, nicht verwachsen. Blüten weiß, glockig; Köpfchen in doldenartigen, endständigen Blütenständen. Frucht glatt, eirund, mit borstigem Pappus.
Blütezeit: Juli–Oktober.

Droge: Herba Eupatorii perfoliati, Eupatorii perfoliati herba.
Eupatorium NF VI sind die getrockneten Blätter und blühenden Zweigspitzen.

Hauptwirkstoffe: In den oberirdischen Teilen Sesquiterpenlactone wie Euperfolin, Euperfolitin, Eufoliatorin, Eufoliatin und Dihydroeuperfolid. Weiter wurden die Flavonole Kämpferol, → *Quercetin,* → *Eupatorin* und die Flavonolglykoside Astragalin, → *Rutin,* → *Kämpferol-3-rutinosid* sowie → *Hyperosid* gefunden. Pyrrolizidinalkaloide wurden bisher nicht nachgewiesen [W 37].

Vergiftungserscheinungen: Eupatorin hat zytotoxische Eigenschaften [H 12].
Das Kraut erzeugt in größeren Dosen Schweiß und Vomitus [M 2].

Wirkungen auf die Haut: Die Pflanze enthält mindestens 6 Sesquiterpenlactone, die als Ursache von allergischen Kontaktdermatitiden anzusehen sind, die durch Eupatorium-Arten hervorgerufen werden können. Bei Routine-Epikutantests an Kompositenallergikern findet man häufiger eine Kreuzreaktion auf den Wasserhanf [Hausen, pers. Mitt.].

Anwendungen in der Homöopathie: D_2–D_4 bei Grippe, Erkältungskrankheiten, Reizblase, akute Gastritis, bei fieberhaften Infekten.

Gefährlichkeitsgrad: Wenig giftig (+)

Vorschriften: Eupatorium perfoliatum: Monographie der Kommission D.

Literatur: D 9, H 12, M 2, W 37.

Therapie:
Erste Hilfe: Kohle-Pulvis oder erbrechen lassen.
Klinik: In Extremfällen Magenspülung, Vitaltherapie (S. 56).

Euphorbia cyparissias L.

Zypressenwolfsmilch. *E:* Cypress spurge. *F:* Tithymale, Euphorbe petit cyprès. *I:* Euforbia cipressina. *NL:* Cypreswolfsmelk.

EDV-Code: EPHCY.

Familie: Euphorbiaceae, Wolfsmilchgewächse.

Verbreitung, Vorkommen: Europa, Asien; in Mitteleuropa häufig; Äcker, Triften, trockene Wiesen, Waldlichtungen, Wegränder.

Beschreibung: 15–30 cm hohe, ausdauernde, milchsaftführende Pflanze. Blätter schmal-linealisch, wechselständig, in dichter Folge am Stengel. „Blüten" sind gelbgrüne Blütenstände, die sich an vielstrahligen Trugdolden befinden.
Blütezeit: April–Mai.

Giftige Pflanzenteile: Alle Pflanzenteile, die Milchsaft enthalten. Giftstoffgehalt wird durch Lagerung und Trocknung nicht verändert.

Hauptwirkstoffe: Euphorbon, Phorbolester und unbekannte Wirkstoffe.

Vergiftungserscheinungen: Bei oraler Aufnahme Magenschmerzen, blutiger Durchfall, Pupillenerweiterung, Herzrhythmusstörungen, Schwindel, Delirien, Nierenentzündung, Bewußtseinsstörungen, in schweren Fällen Tod nach 1–3 Tagen.
Bei einem Dreijährigen kam es nach Verschlucken eines Zypressen-Wolfsmilch-Stengels zu einem Krampfanfall; das Kind war benommen, desorientiert und tobte, die Pupillen waren erweitert und zeigten eine träge Lichtreaktion. Nach wenigen Stunden war die Symptomatik wieder abgeklungen [Ärztliche Praxis].
Aus den Erfahrungen der Beratungsstelle für Vergiftungserscheinungen, Berlin:
3jähr. Mädchen sog an einer unbekannten Menge Wolfsmilchsaft: Läsionen im Mund, nach 24 Std. generalisierte Urtikaria; 9jähr. Mädchen: Erbrechen, Mydriasis, Unruhe, Magenkrämpfe, 24 Std. später unauffällig,

aufgenommene Menge unklar; Erw., der mit verletztem Finger mit Milchsaft in Berührung kam: Schmerzen bis zum Handgelenk [K 40].
Die Pflanze wird von Tieren wegen des scharfen Geruchs und Geschmacks weitgehend gemieden. Bei Rindern können Vergiftungen durch Heu vorkommen, wenn die Pflanze in größeren Mengen darin enthalten ist. Es kann zu einer hämorrhagischen Gastroenteritis mit Kolik, blutigen Durchfällen, Leberschädigung, Krämpfen und Lähmungen führen. Kuhmilch wird geschmacklich verändert.

Wirkungen auf die Haut: Bei Hautkontakt Blasenbildung, im Auge gefährliche Binde- und Hornhautentzündung.

Gefährlichkeitsgrad: Stark giftig + +

Vorschriften: Euphorbia cyparissias: Monographie der Kommission D.

Literatur: B 36, F 16, G 4, H 12, H 18, K 20, K 40, L 10, M 2.

Euphorbia cyparissias

Therapie:
Erste Hilfe: Kohle-Pulvis-Gabe, Erbrechen auslösen, Natriumsulfat, viel warmen Tee trinken lassen. Haut- und Schleimhautblasen steril abdecken, Tetanusprophylaxe, lokal Locacorten-Schaum.
Klinik: Magenspülung (evtl. mit burgunderfarbener Kaliumpermanganatlösung), Instillation von 10 g Kohle-Pulvis, Elektrolytsubstitution, Azidoseausgleich mit Natriumbikarbonat (Urin pH 7,5), Kontrolle der Nierenfunktion, bei Krämpfen Diazepam (Valium®) i.v., ggf. Plasma(expander)gabe, bei Atemlähmung: Intubation und Sauerstoffbeatmung.

Euphorbia fulgens Karw. ex Klotzsch

Leuchtende Wolfsmilch, Korallenranke.

Familie: Euphorbiaceae, Wolfsmilchgewächse.

Verbreitung, Vorkommen: Heimat: Mexiko; Zimmerpflanze.

Beschreibung: Immergrüner Strauch, mit langen gebogenen Zweigen. Blätter grün, lanzettlich, wechselständig. „Blüten" orange, ca. 1 cm Durchmesser (Hochblätter), blattachselständig.

Blütezeit: Dezember–Januar.

Wirkungen auf die Schleimhäute: Die Pollen sind hochpotente Sensibilisatoren. Sie verursachen eine inhalative Allergie, die besonders bei der kommerziellen Anzucht beobachtet wird [Hausen et al.: Deutsch. med. Wochenschr. 101, 567, 1976].

Giftwirkung etc. → *Euphorbia pulcherrima.*

Therapie:
Erste Hilfe: Kohle-Pulvis oder erbrechen lassen.
Klinik: In Extremfällen Magenspülung, Vitaltherapie (S. 56).

Euphorbia helioscopia L.

Sonnen-Wolfsmilch. *E:* Sun spurge. *F:* Euphorbe reveille-matin. *I:* Euforbia calenzuola. *NL:* Kroontjeskruid.

EDV-Code: EPHHE.

Familie: Euphorbiaceae, Wolfsmilchgewächse.

Verbreitung, Vorkommen: Europa, in Mitteleuropa verbreitet; Äcker, Wegränder, Schuttplätze.

Beschreibung: Einjährige, 10–30 cm hohe, milchsaftführende Pflanze. Blätter verkehrteiförmig, wechselständig, am Grunde der Blütendolde 5 Hüllblätter. Blüten unscheinbar, in endständiger 5 strahliger Scheindolde. Blütezeit: Juni–Oktober.

– Giftwirkung etc. → *Euphorbia cyparissias.*

Literatur: K 20, P 12.

Euphorbia lathyris L.

Kreuzblättrige Wolfsmilch. *E:* Caper spurge. *F:* Euphorbe épurge. *I:* Euforbia catapuzia.

EDV-Code: EPHLA.

Familie: Euphorbiaceae, Wolfsmilchgewächse.

Verbreitung, Vorkommen: Heimat: Östliches Mittelmeer, Westasien; gepflanzt und manchmal verwildert.

Beschreibung: 20–100 cm hohe, zweijährige, milchsaftführende Pflanze. Blätter gekreuzt gegenständig, länglich-linealisch. Blüten in 2–4strahligen Scheindolden. Blütezeit: Juni–August.

Hauptwirkstoffe: Ingenol und Ingenolester.

Wirkungen auf die Haut: Ingenol und Verbindungen können auf der Haut Entzün-

Euphorbia lathyris

dungen mit Oedemen und Hyperplasien hervorrufen.

Gefährlichkeitsgrad: Giftig +

Vorschriften: Euphorbia lathyris: Monographie der Kommission D.

Literatur: E 14, F 18, K 20, S 29.

Therapie:
Erste Hilfe: Medizinalkohle (10 g) schlucken oder erbrechen lassen, Kortison auf die Haut.
Klinik: Magenspülung, auf Atmung achten, Kontrolle der Nierenfunktion.

Euphorbia marginata Pursh

(E. variegata Sims)

Schnee-auf-dem-Berge. *E:* Snow-on-the-mountain.

EDV-Code: EPHMG.

Familie: Euphorbiaceae, Wolfsmilchgewächse.

Verbreitung, Vorkommen: Beheimatet in Nordamerika, von Minesota bis Colorado, südlich bis Texas und New Mexico. Bei uns als dekorative Gartenpflanze.

Beschreibung: Einjährige, 40–80 cm hohe, aufrechte, stark verzweigte Pflanze. Blätter grün, obere weiß gerandet, während der Blütezeit stärker gefleckt, länglich-oval, spitz, gegenständig. Blüten unscheinbar, 0,5–1 cm groß, von einer milch- oder grünlichweißen Hülle umgeben.

Blütezeit: Juli–September.

Giftige Pflanzenteile: Milchsaft.

Vergiftungserscheinungen, Wirkung auf die Haut: Der Milchsaft verursacht auf Haut und Schleimhäuten starke Reizungen und Entzündungen. Nach Angaben eines Gärtners ist die Wirkung stärker als bei anderen Wolfsmilchgewächsen, die in unseren Gärten vorkommen und angepflanzt werden. Die Giftwirkung dürfte den anderen Arten entsprechen.

Gefährlichkeitsgrad: Giftig +, hautreizend.

Therapie:
Haut spülen. Nach Verschlucken großer Mengen Kohle-Pulvis.

Euphorbia milii Desmoulins

(Euphorbia splendens Boj. ex Hook.)

Christusdorn, Dornenkrone. E: Crown-of-thorns.

EDV-Code: EPHML.

Familie: Euphorbiaceae, Wolfsmilchgewächse.

Verbreitung, Vorkommen: Heimat: Madagaskar; Zimmerpflanze.

Beschreibung: Dorniger, bis 90 cm hoher Strauch; Blätter länglich oval, hellgrün, wechselständig, quirlig oder gegenständig; Blütenstände mit 2 zinnoberroten Hochblättern, endständig, doldig angeordnet. Blütezeit: November–April.

Giftige Pflanzenteile: Milchsaft.

Hauptwirkstoffe: Triterpene, Diterpenester des Ingenols, Milliamine A–G.

Vergiftungserscheinungen: Kopfschmerz, Benommenheit, Schock, Nierenschädigung.
Bei einem Erwachsenen, der den Milchsaft auf seinem Finger abgeleckt hatte, traten am nächsten Tag folgende Symptome auf: Bläschenbildung und Trockenheit im Mund, Schwitzen, stark geschwollene Augen, Blepharitis, Konjunktivitis, verminderter Tränenfluß und Jucken im Gesicht. Erst nach einwöchiger Behandlung war dem Patienten das Lesen wieder möglich [J 6].

Gefährlichkeitsgrad: Giftig + und hautreizend.

Literatur: H 12, J 6, K 20, M 10.

Therapie:
Haut spülen. Nach Verschlucken großer Mengen Kohle-Pulvis

Euphorbia pulcherrima Willd. ex Klotzsch

Weihnachtsstern, Adventsstern, Poinsettie. *E:* Christmas flower. *F:* Euphorbe superbe. *NL:* Prachtwolfsmelk.

EDV-Code: EPHPU.

Familie: Euphorbiaceae, Wolfsmilchgewächse.

Verbreitung, Vorkommen: Heimat: Mexiko; beliebte Zimmerpflanze.

Beschreibung: Strauchige Pflanze. Blätter länglich eiförmig, ganzrandig oder gelappt, lang gestielt, wechselständig. Blütenstände unscheinbar, weißlich-gelb, mit leuchtend roten, rosa oder weißen Hochblättern.
Blütezeit: November–März.
Fast alle Euphorbia-Arten sind giftig [E 12].

Giftige Pflanzenteile: Die ganze Pflanze, vor allem der Milchsaft.

Hauptwirkstoffe: Der Milchsaft soll nach älteren Angaben Diterpene enthalten, die aber nach neueren Untersuchungen nicht nachgewiesen werden konnten. Es wurden Ester von β-Amyrin und Germanicol festgestellt.

Vergiftungserscheinungen: Zittern, Erbrechen, Durchfall, Schläfrigkeit, Benommenheit.
Arnold beschreibt die Pflanze als hochgiftig. Dagegen stehen die Angaben der Giftinformationszentralen München und Freiburg, wonach in mehreren Fällen Kleinkinder einige Hochblätter aßen, ohne daß Symptome zu bemerken waren.

Aus den Erfahrungen der Beratungsstelle für Vergiftungserscheinungen, Berlin:

Kinder boten unterschiedl. Symptome: 5mal Erbrechen; nach 4 Std. Durchfall; nach 6–7 Std. Erbrechen, Durchfall, Schläfrigkeit, leichte Benommenheit; nach 6 Blättern 9 Mon. altes Kind nach 3 Tagen Erbrechen, Durchfall, Temperaturanstieg. Tiere scheinen empfindlicher zu sein. Meerschweinchen: verstarb (Verätzungen im Magen); Katze: Durchfall, Hypothermie, Lungenödem; Katze: Zittern [K 40].
Nach Weilemann [W 38] werden die Blätter und Hochblätter (das sind die roten oder weißlichen Blätter) vorwiegend von Halb- bis Zweijährigen aufgenommen. Es kann zu starken Reizungen der Haut und Schleimhäute kommen. Beschwerden können ernster Natur sein. Ein viereinhalbjähriges Mädchen nahm den Saft der Blätter zu sich. Nach vier Stunden kam es zu Bauchschmerzen, Müdigkeit, die Heilung verlief komplikationslos. Bei mehr als einem Blatt oder

Euphorbia pulcherrima

Hochblatt sollte der Arzt zugezogen werden.
Es gibt auch untoxische und weniger toxische Zuchtformen, die sich aber in ihrem Habitus nicht von einander unterscheiden.

Wirkungen auf die Haut/Schleimhaut: Bei der gewerbsmäßigen Anzucht des Weihnachtssterns kann es durch die Pollen zu einer inhalativen Allergie kommen.

Darüber hinaus gibt es Beobachtungen von kontaktallergischen Reaktionen, die durch den Milchsaft hervorgerufen werden. Für letzteres besteht der Verdacht, daß Kreuzreaktivitäten zu Croton bestehen (→ *Codiaeum variegatum*).

Gefährlichkeitsgrad: Giftig +

Literatur: B 1, B 36, F 16, G 4, H 12, J 6, J 12, K 20, K 40, W 38.

Therapie:
Erste Hilfe: Kohle-Pulvis oder erbrechen lassen.
Klinik: In Extremfällen Magenspülung, Vitaltherapie (S. 56).

Euphorbia resinifera Berger

Familie: Euphorbiaceae, Wolfsmilchgewächse.

Verbreitung, Vorkommen: In Marokko an den Abhängen des Atlasgebirges. In Nordamerika und auf den Kanarischen Inseln. Seltene Zierpflanze.

Beschreibung: Kaktusähnliche, bis 2 m hohe, sukkulente Pflanze. Stamm und Zweige 4kantig, an den Kanten 5–6 mm lange Dornen, in 5–10 mm breiten Abständen. Blätter zwischen den Dornen sehr klein, 3eckig, bald abfallend. Blüten männlich und weiblich in 3köpfigen Blütenständen.

Wirkstoffhaltige Pflanzenteile: Der Milchsaft.

Droge: Euphorbium, Euphorbiumgummi. Nach Einschnitten an der Pflanze erhärteter Milchsaft, unregelmäßige, schmutziggelbe bis bräunliche, zerbrechliche Stücke mit eingeschlossenen Pflanzenteilen. Geschmack brennend scharf, Geruch schwach aromatisch.

Hauptwirkstoffe: Nach älteren Angaben Harz (ca. 40%) und Euphorbon (20–40%) ein Gemisch von α- und β-Euphorbol, sowie der Triterpenalkohol Euphol $C_{30}H_{50}O$, Fp. 11–117 °C.

Pharmakologische Wirkung: Euphorbiumpulver ruft auf Schleimhäuten Reizung, z. B. Niesen und evtl. Nasenbluten, auch Bronchialblutungen, Konjunctivitis, Hornhautschädigung hervor [H 12].

Gefährlichkeitsgrad: Wenig giftig (+), schleimhautreizend.

Literatur: H 12, K 9.

Therapie:
Haut spülen. Nach Verschlucken großer Mengen Kohle-Pulvis.

Fabiana imbricata Ruiz et Pav.

Fabiane. *E:* Peru false heath. *F:* Fabiane imbriquée.

Familie: Solanaceae, Nachtschattengewächse.

Verbreitung, Vorkommen: Heimat: Chile; Zierpflanze, Kalthauspflanze.

Beschreibung: Immergrüner, bis 2 m hoher, sehr stark ästiger Strauch. Blätter klein, schuppenförmig sitzend, dachziegelartig. Blüten weiß, röhrig-trichterförmig, 5lappig, einzeln.
Blütezeit: Mai–Juli.

Droge: Herba Fabianae, Fabianae herba, Pichi-Pichi Kraut.

Giftige Pflanzenteile: Die ganze Pflanze.

Hauptwirkstoffe: Alkane, Fettsäuren, Fabianin (Alkaloid) $C_{14}H_{21}NO$, Anthrachinone. In den Zweigen Scopoletin. Getrocknete Sproßspitzen sind die südamerikanische Rauschdroge „Pichi-Pichi".

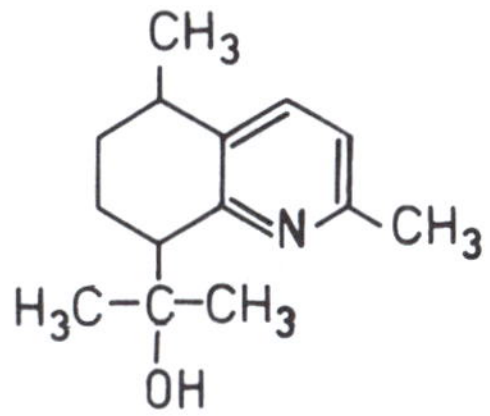

Fabianin

Gefährlichkeitsgrad: Giftig +

Vorschriften: Fabiana imbricata: Monographie der Kommission D.

Literatur: H 12.

Therapie:
Erste Hilfe: Kohle-Pulvis oder erbrechen lassen.
Klinik: In Extremfällen Magenspülung, Vitaltherapie (S. 56).

Fagopyrum esculentum Moench

Buchweizen. *E:* Buckwheat. *F:* Renouée, Sarrasin. *I:* Grano Saraceno comune. *NL:* Boekweit.

EDV-Code: FAGES.

Familie: Polygonaceae, Knöterichgewächse.

Verbreitung, Vorkommen: Heimat: Turkestan, Nordchina; in Mitteleuropa angebaut und stellenweise verwildert.

Beschreibung: Einjährige, bis 60 cm hohe, wenig ästige Pflanze, Stengel oft rot. Blätter herzpfeilförmig, untere langgestielt, obere sitzend. Blüten 4–5 mm, rosa oder weiß, in blattwinkel- und endständigen Scheintrauben. Frucht 5–6 mm lang, 3kantig, kastanienbraun.
Blütezeit: Juli–Oktober.

Giftige Pflanzenteile: Das Kraut.

Hauptwirkstoffe: Im Kraut 1–5% → *Rutin,* Cyanidin, Leucocyanidin, → *Chlorogensäure,* Fagopyrin $C_{42}H_{36}N_2O_{10}$, ein dem → *Hypericin* verwandtes Dianthron.

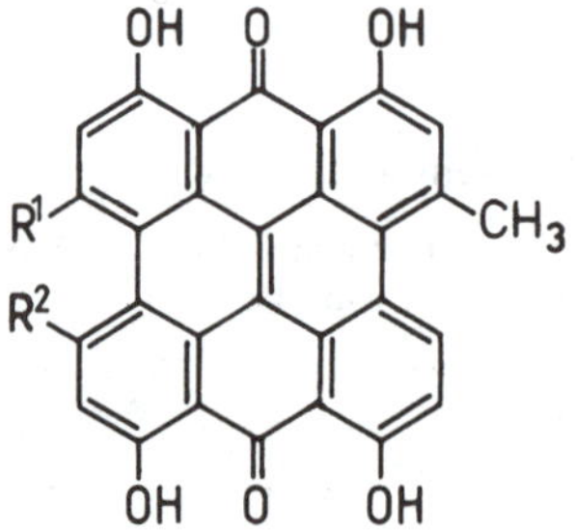

R^1+R^2=$C_{12}H_{20}O_4N_2$
Fagopyrin

Wirkungen auf die Haut/Schleimhaut: Fagopyrin wirkt phototoxisch und wahrscheinlich auch photosensibilisierend.
Bei Schweinen, Schafen und anderen Tieren sind Hautentzündungen, Durchfall und Krämpfe (Fagopyrismus) beobachtet worden [H 12] → *Hypericum perforatum.*

Nach Genuß von Buchweizen wurden allergische Sofortreaktionen im Sinne einer Nahrungsmittelallergie beobachtet. Das Stroh vom Buchweizen führte zu Asthma und Rhinitis.* Eine phototoxische Wirkung auf Candida albicans konnte mit dem Samen vom Buchweizen nicht nachgewiesen werden.**

Anwendungen in der Homöopathie: D_2–D_4 bei Pruritus, Ekzem, Urticaria, Photosensibilität.

Gefährlichkeitsgrad: Schwach giftig (+), phototoxisch

Vorschriften: Fagopyrum esculentum: Monographie der Kommission D.

Literatur: D 9, H 12.

* Matsumura T et al.: J. Asthma Res. *1*, 219, 1964.
** Mitchell MR et al.: Botanical Dermatology Greengras, Vancouver, 1979.

Fagopyrum esculentum

Therapie:
Erste Hilfe: Kohle-Pulvis oder erbrechen lassen.
Klinik: In Extremfällen Magenspülung, Vitaltherapie (S. 56).

Fagus sylvatica L.

(Fagus silvatica L.)

Buche, Rotbuche. *E:* Beech. *F:* Hêtre. *I:* Faggio. *NL:* Beuk.

EDV-Code: FAUSY.

Familie: Fagaceae, Buchengewächse.

Verbreitung, Vorkommen: Fast ganz Europa, Persien, Kleinasien; in Mitteleuropa häufig in Wäldern.

Beschreibung: 25–30 m hoher Baum, mit glatter, weißgrauer Rinde, Blätter eiförmig, wellig gerandet, gestielt. Blüten einhäusig, männliche hängend, langgestielt, weibliche aufrecht. Früchte=Bucheckern 3kantig, in stacheligem Fruchtbecher.
Blütezeit: Mai.
Früchte: September–Oktober.

Droge: Fructus Fagi, Fagi fructus, Bucheckern.

Wirkstoffhaltige Pflanzenteile: Früchte. Nach dem Genuß von ca. 50 Bucheckern traten bei empfindlichen Personen Beschwerden ein.

Hauptwirkstoffe: Saponine und ein relativ hoher Gehalt an → *Oxalsäure*.

Vergiftungserscheinungen: Es wurde über Vergiftungen durch Bucheckern berichtet, die beim Menschen u. a. zu Magen- und Darmbeschwerden, Erbrechen, Diarrhoen, Krämpfen und Lähmungserscheinungen führten. Die Giftigkeit der Bucheckern scheint aber verschieden stark zu sein, meist kam es nur zu örtlichen Reizerscheinungen wie Magendrücken, Aufstoßen, Übelkeit und Brechreiz. Bei Haustieren (besonders bei Pferden und

Blüten

Fagus sylvatica

Frucht

Kälbern, nicht aber bei Schweinen) wurden Taumeln, Zittern, Dyspnoe, Paresen der hinteren Extremitäten, Zuckungen u. a. beobachtet. Bei Meerschweinchen traten nach großen Dosen strychninartige Krämpfe und Dyspnoe auf, bei der Sektion fanden sich regelmäßig wie Magenulcera aussehende Epitheldefekte. Diese Auswirkungen sind vermutlich auf den Oxalsäuregehalt zurückzuführen; das Öl ist ungiftig [H 12].
Es ist aber auch vorstellbar, daß die auf dem feuchten Waldboden oft mit Schimmelpilzen befallenen Bucheckern durch Mycotoxine wie Aflatoxine sekundär giftig wirkten (Anm. d. Verf.).
Bucheckern und Ölkuchen besonders giftig für Pferde und Kälber. Ölkuchen nicht über 1 kg/Tag verfüttern. Durch Kochen und Abgießen des Kochwassers kann der Ölkuchen aber von den wasserlöslichen Giftstoffen (Saponinen, Oxalsäure) befreit werden [H 18].

Wirkungen auf die Schleimhäute: Buchenpollen gehören zu den Ursachen des im Frühjahr auftretenden Heuschnupfens (Rhinitis, Konjunktivitis).

Gefährlichkeitsgrad: Wenig giftig (+)

Vorschriften: Buchenholzstaub fällt unter die „Eindeutig als krebserzeugend ausgewiesenen Arbeitsstoffe" III A 1 (MAK-Werte-Liste).

Literatur: B 36, F 16, G 4, H 1, H 12, H 18, L 10.

Therapie:
Erste Hilfe: Kohle-Pulvis oder erbrechen lassen.
Klinik: In Extremfällen Magenspülung, Vitaltherapie (S. 56).

Fatsia japonica (Thunb. ex Murr.) Decne. et Planch.

Zimmeraralie, Bergangelika. *E:* Japanese fatsia. *F:* Aralie du Japon.

EDV-Code: FATJA.

Familie: Araliaceae, Araliengewächse.

Verbreitung, Vorkommen: Heimat: Japan; Zimmerpflanze.

Beschreibung: Immergrüner Strauch. Blätter handförmig, 5–9lappig, lederig, Blüten grünlichweiß, doldenartig, in endständiger Traube. Beeren schwarz.

Blütezeit: August–September.

Giftige Pflanzenteile: Die ganze Pflanze.

Hauptwirkstoffe: Die Blätter enthalten ein Saponingemisch aus Arolein, → *Oleanolsäure,* Hederagenin, β-Profastin. In der Wurzel Saponine, Oleanolsäure. Beeren: Cyanidin-3-galactosid (Idaein).

Gefährlichkeitsgrad: Giftig +

Therapie:
Erste Hilfe: Kohle-Pulvis oder erbrechen lassen.
Klinik: In Extremfällen Magenspülung, Vitaltherapie (S. 56).

Ferula assa-foetida L.

Asant, Stinkasant, Teufelsdreck. *E:* Assafetida. *F:* Ase fétide. *I:* Assa fetida.

Familie: Apiaceae, Doldenblütler.

Verbreitung, Vorkommen, Beschreibung: In den Stein- und Salzwüsten Afghanistans. Verwandte Arten Ferula communis L. und F. chiliantha Rech (Steckenkraut) sind auch in Südeuropa heimisch. Es sind auffallend große, bis 4 m hohe Doldenblütler mit fast meterlangen Blättern von feiner Teilung (wie Dill). Die Pflanzen führen einen weißen Milchsaft.

Droge: Asa foetida, Asant, Stinkasant.
Starke Abweichungen im Schwefelgehalt und in der optischen Drehung weisen darauf hin, daß noch weitere Ferula-Arten Asant liefern.

Hauptwirkstoffe: Etwa 24–65% Harz (Asaresin) mit etwa 60% Ferulasäureester des Asaresitannols, 0,6% freies Asaresitannol; etwa 25–30% bassorinartiges Gummi, bestehend aus Glucuronsäure, Galaktose, Arabinose, Rhamnose u. a., etwa 6–20% äth. Öl, Oleum Asae foetidae mit einem Disulfid $C_7H_{14}S_2$ als Hauptbestandteil [H 12].

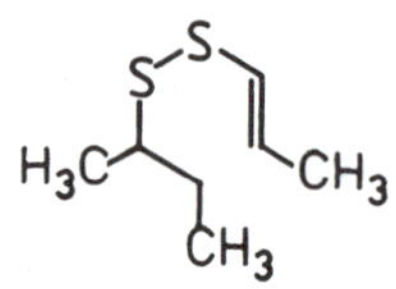

Vergiftungserscheinungen: Nach größeren Dosen des Mittels wurden Schwellungen der Lippen, Störungen des Verdauungskanals mit stinkendem Aufstoßen, mit Meteorismus und Diarrhoe beobachtet; auch Benommenheit, Kopfschmerzen, Schwindel und Erhöhung des Geschlechtstriebes können durch Assa erzeugt werden, 0,05–0,1 g sollen bei nervösen Menschen Konvulsionen verursachen. Lewin berichtet, daß nach Auflegen von Assa foetida-Pflastern auf den Unterleib bei Männern starke Hodenschwellung, bei Frauen Entzündung und Schwellung der Genitalien und der Mammae, in einem Falle mit starker Absonderung milchiger Flüssigkeit, entstanden seien [M 2].

Ferula communis

Dosierung: Durchschnittsdosis 0,4 g NF X; 0,3–1 g (5–15 Körner) Ind. P. C. 53; 0,3–1 g (in Mixturen oder Pillen) BPC 49 [H 12].

Anwendungen in der Homöopathie: Teep 0,25 mg bei Globus hystericus; D_3 bei Bronchitis foetida, Ozaena, Hypochondrie.

Gefährlichkeitsgrad: Giftig +

Vorschriften: Asa foetida: Monographie der Kommission D.

Literatur: D 9, H 12, K 9, M 2, M 27, S 1.

Therapie:
Erste Hilfe: Kohle-Pulvis oder erbrechen lassen.
Klinik: In Extremfällen Magenspülung, Vitaltherapie (S. 56).

Ficaria verna Huds.

(Ranunculus ficaria L.)

Scharbockskraut. *E:* Lesser celandine, Figwort. *F:* Pot au beurre. *I:* Ranuncolo favagello. *NL:* Speenkruid.

EDV-Code: FICVE.

Familie: Ranunculaceae, Hahnenfußgewächse.

Verbreitung, Vorkommen: Europa, Nord- und Mittelasien; in Mitteleuropa verbreitet; Wiesen, Ufer, Wälder.

Beschreibung: 8–15 cm lange, niederliegende, ausdauernde Pflanze, mit keulenförmigen Wurzelknollen. Blätter glänzend-grün, rundlich herzförmig, langgestielt. Blüten goldgelb, einzeln, endständig, sternförmig.

Blütezeit: März–Mai.

Giftige Pflanzenteile: Alle Pflanzenteile, besonders Wurzelstock und Brutknöllchen.

Hauptwirkstoffe: → *Protoanemonin* und unbekannte Stoffe.

Vergiftungserscheinungen: Übelkeit, Erbrechen, Durchfall.

Gefährlichkeitsgrad: Giftig +

Literatur: B 36, G 4, H 12.

Therapie:
Erste Hilfe: Kohle-Pulvis oder erbrechen lassen.
Klinik: In Extremfällen Magenspülung, Vitaltherapie (S. 56).

Ficus (L.)-Arten

Feigenbaum-Arten.

Familie: Moraceae, Maulbeerbaumgewächse.

Verbreitung, Vorkommen, Beschreibung: Allen Ficus-Arten ist gemeinsam, daß sie Milchsaft führen, ganzrandige Blätter in wechselständiger Stellung besitzen.
Charakteristisch sind die Blüten, die im Inneren einer fleischigen, birnenförmigen Scheinfrucht angelegt sind.
Bekannte Arten, die auch als Zimmerpflanzen Verwendung finden, sind:
Ficus benghalensis L., Banyanbaum, Heimat: Indien.
Ficus elastica Roxb., Gummibaum, Heimat: Malakka, Malaiische Inseln. Beliebte Topf- und Zimmerpflanze.
Ficus pumila L., Heimat: Ostasien.
Ficus religiosa L., Bobaum, Pepulbaum, Heimat: Indien.
Ficus magnolioides, ein meterdicker Baum, und Ficus carica L. (Feigenbaum) kommen in den Mittelmeerländern vor.

Giftige Pflanzenteile: Die ganze Pflanze (auch unreife Früchte).

Hauptwirkstoffe: Der Milchsaft der Ficus-Arten besteht hauptsächlich aus Harz, Kautschuk, Furocumarinen, flavonoiden Verbindungen und Proteinen. Diese Ficus-Proteine sind zum Teil papainartig wirkende Enzyme und finden unter dem Namen Ficin eine anthelmintische Verwendung.

Vergiftungserscheinungen: Die Rinde von Ficus benghalensis besitzt oral eine hypoglykämische Wirkung.
Ein Blatt von Ficus elastica wurde von einem 2jährigen Kind ohne Symptomatik vertragen. Bei Versuchen mit Mäusen und Ratten waren die Blätter von Ficus elastica nicht giftig.
3–4 Blätter von Ficus pumila, die ein Zwerghase fraß, führten zu Krämpfen, Lähmungen und schließlich zum Tode.
Aus den Erfahrungen der Beratungsstelle für Vergiftungserscheinungen, Berlin:
Erbrechen, Würgen, Bauchschmerzen nach Essen von Blatteilen von Ficus elastica. Feigen, vor allem wenn sie beschädigt sind, weisen oft Mycotoxine auf. Feigenpasten sollte man meiden (persönl. Mitteilung an den Verfasser).

Ficus elastica

Wirkungen auf die Haut: Der Milchsaft von Ficus-Arten ruft bei gleichzeitiger Einwirkung von Sonnenlicht auf der Haut irritative und bullöse Reaktionen hervor (Photo-Kontaktdermatitis). Ursache dieser Erscheinungen sind Furocumarine vom Typ des Psoralens [Zaynoun ST et al.: Contact Derm. 11, 21, 1984].

Gefährlichkeitsgrad: Wenig giftig (+)

Vorschriften: Ficus carica: Monographie der Kommission D.
Ficus religiosa: Monographie der Kommission D.

Literatur: D 2, D 12, H 12, I 4, K 40, M 12.

Ficus

Therapie:
Erste Hilfe: Kohle-Pulvis oder erbrechen lassen.
Klinik: In Extremfällen Magenspülung, Vitaltherapie (S. 56).

Frangula alnus Mill.

(Rhamnus frangula L.)

Faulbaum, Pulverholz. *E:* Alder buckthorn. *F:* Frangule. *I:* Frangola comune, Alno nero. *NL:* Sporkenhout.

EDV-Code: RHAFR.

Familie: Rhamnaceae, Kreuzdorngewächse.

Verbreitung, Vorkommen: Eurasien, Nordafrika, Nordamerika; feuchte bis trockene Wälder, vorzugsweise an Waldrändern, auch in Parkanlagen.

Beschreibung: 1–4 m hoher Baum oder Strauch. Rinde mit grauweißen Korkwarzen. Blätter eiförmig-elliptisch, ganzrandig. Blüten grünlichweiß, in achselständigen Trugdolden. Beerenähnliche Steinfrucht rot, dann schwarz.
Blütezeit: Mai–Juli.
Früchte: August–September.

Droge: Cortex Frangulae, Frangulae cortex, Faulbaumrinde.
Braunrot bis graubraune flache oder nach innen gebogene Stücke. Geruch eigenartig. Die getrocknete Rinde muß 1 Jahr gelagert werden.
Auszug aus der Monographie der Kommission E: Frangulae cortex (Faulbaumrinde)
Gegenanzeigen: Ileus jeder Genese, während der Schwangerschaft und Stillzeit nur nach Rücksprache mit einem Arzt anwenden.

Giftige Pflanzenteile: Beeren, Blätter, Rinde.

Hauptwirkstoffe: Hauptglykoside: Glucofrangulin A (Frangulaemodin-rhamnoglu-

Frangula alnus

cosid) $C_{27}H_{30}O_{14}$, Glucofrangulin B, → *Frangulin A* (Frangulosid, Frangulaemodinrhamnosid, Cascarin) $C_{21}H_{20}O_9$, Fp. 228 °C und → *Frangulin B* $C_{21}H_{20}O_9$, Fp. 196 °C [H 12].

Pharmakologische Wirkung: Vergiftungen sind selten und werden durch Verzehren (meist bei Kindern) der Früchte, oder zu großer Mengen der frischen Rinde als Abführ- und Abtreibungsmittel verursacht. Durch Lagerung der Rinde werden die Brechreizerregenden Anthranolglykoside bes. das Frangularosid abgebaut. Vergiftungen bewirken Übelkeit, Erbrechen, heftige Leibschmerzen, wäßrige und auch blutige Diarrhoen. Rinder können durch Beweiden des ganzen Strauches erkranken.

Dosierung: Gebräuchliche Einzeldosis 0,5–3,0 g, gebräuchliche Einzeldosis als Abkochung 1 g auf 1 Teetasse. ÖAB 9 [H 12].

Gefährlichkeitsgrad: Giftig + bei unsachgemäßer Anwendung.

Vorschriften: Frangulae cortex: Monographie der Kommission E.
Rhamnus frangula: Monographie der Kommission D.

Literatur: B 36, D 7, F 16, G 4, H 12, L 5, L 10, R 11, R 19, R 30, T 5.

Therapie:
Erste Hilfe: Kohle-Pulvis oder erbrechen lassen.
Klinik: In Extremfällen Magenspülung, Vitaltherapie (S. 56).

Fritillaria imperialis L.

Kaiserkrone. *E:* Imperial crown. *F:* Couronne impériale. *I:* Meleagride imperiale, Corona imperiale.

Fritillaria imperialis

Familie: Liliaceae, Liliengewächse.

Verbreitung, Vorkommen: Heimat: Persien bis Westhimalaya; Gartenpflanze.

Beschreibung: Ausdauernde bis 1 m hohe Pflanze, mit kräftigem Stengel, bis zur Mitte reich beblättert. Blätter lineal-lanzettlich. Blüten groß, glockenförmig, quirlartig in einer Dolde, von Hochblättern überragt. Frucht bis 4 cm, 6kantig.
Blütezeit: April–Mai.

Giftige Pflanzenteile: Zwiebel.

Hauptwirkstoffe: → *Imperialin,* Fritillin, Fritillarin (herzwirksame Steroidalkaloide), Tulipalin A.

Vergiftungserscheinungen: Erbrechen, Krämpfe, Blutdrucksenkung, Herzstillstand.

Wirkungen auf die Haut: Die Kaiserkrone enthält in Blüte, Blättern und Stengeln das Kontaktallergen Tulipalin A (→ *Tulipa gesneriana*), so daß bei häufigerem Berühren eine Sensibilisierung induziert werden kann [unveröff. Untersuchungsergebnisse].

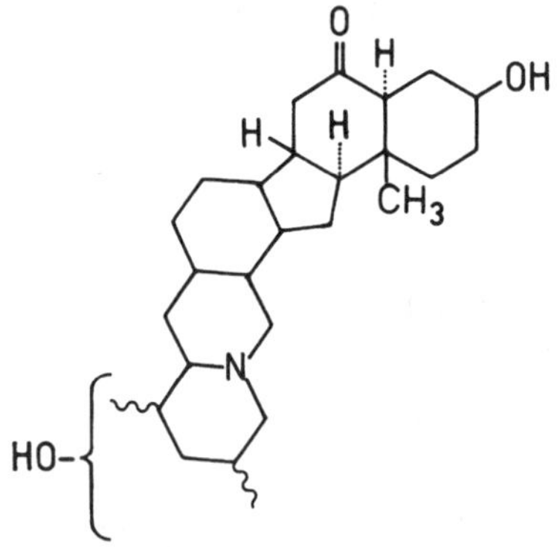

Imperialin

Gefährlichkeitsgrad: Giftig +

Literatur: B 36, G 4, G 21, H 12, L 10.

Therapie:
Erste Hilfe: Kohle-Pulvis oder erbrechen lassen.
Klinik: In Extremfällen Magenspülung, Vitaltherapie (S. 56). Monitorkontrolle.

Fritillaria meleagris L.

Schachbrettblume, Kiebitzblume. *E:* Snake's head. *F:* Damier.

Familie: Liliaceae, Liliengewächse.

Verbreitung, Vorkommen: West-, Mittel- und Südeuropa. In Mitteleuropa sehr zerstreut, teilweise fehlend. In der Ebene auf sumpfigen Wiesen und überschwemmten Gebieten. Als Gartenzierpflanze in zahlreichen Sorten.

Beschreibung: Ausdauernde, bis 30 cm hohe Zwiebelpflanze mit aufrechtem Stengel. Blätter lineal, rinnig, graugrün. Blüten ca. 3,5 cm lang, überhängend, bauchig glockig. Perigonblätter mit eckigen Flecken und purpurroten Adern. Frucht eine kugelige bis 1,5 cm große Kapsel.
Blütezeit: April–Mai.

Giftige Pflanzenteile: Vorwiegend die Zwiebel.

Hauptwirkstoffe: → *Imperialin,* nach Gessner 0,08–0,12% in der Zwiebel.

Vergiftungserscheinungen: → *Fritillaria imperialis.*

Vorschriften: Die Pflanze steht unter Naturschutz (A, D, I).

Literatur: B 36, G 4, G 21, H 12, L 10.

> **Therapie:**
> Erste Hilfe: Kohle-Pulvis oder erbrechen lassen.
> Klinik: In Extremfällen Magenspülung, Vitaltherapie (S. 56). Monitorkontrolle.

Fuchsia-Arten

Fuchsien-Arten.

Familie: Oenotheraceae, Nachtkerzengewächse.
Die bekannte Zimmer-, Balkon- und Gartenpflanze ist praktisch ungefährlich. Nach Weilemann treten bei Ein- bis Vierjährigen nur in 5% aller Fälle harmlose Magen- und Darmbeschwerden auf, die nur in Ausnahmefällen behandelt werden müssen. Bei mehreren Blüten oder Blättern sollte man Kohleaufschwemmung trinken lassen.

Literatur: W 38.

Fumaria officinalis L.

Erdrauch. *E:* Common fumatory. *F:* Fumeterre. *I:* Fumaria comune. *NL:* Gewone duivekervel.

EDV-Code: FUMOF.

Familie: Papaveraceae (Fumariaceae), Mohngewächse (Erdrauchgewächse).

Verbreitung, Vorkommen: Europa, West- und Nordasien, Nordafrika; in Mitteleuropa häufig; Gärten, Äcker, Schuttplätze.

Beschreibung: 10–30 cm hohe, einjährige, graugrünbereifte Pflanze. Blätter 2–3fach gefiedert, mit lanzettlichen Zipfeln, wechselständig, gestielt. Blüten purpurrot, mit stumpfem Sporn, in vielblütigen Trauben. Früchte kugelige Nüßchen.
Blütezeit: Mai–Oktober.

Droge: Herba fumariae, Fumariae herba, Erdrauchkraut.
Ohne Geruch, von bitterem, salzigem Geschmack.

Wirkstoffhaltige Pflanzenteile: Die ganze Pflanze.

Hauptwirkstoffe: Die Alkaloide Fumarin (→ *Protopin*) $C_{20}H_{19}NO_5$, Fp. 207 °C; Cryptocavin (Cryptopin) $C_{21}H_{23}NO_5$,

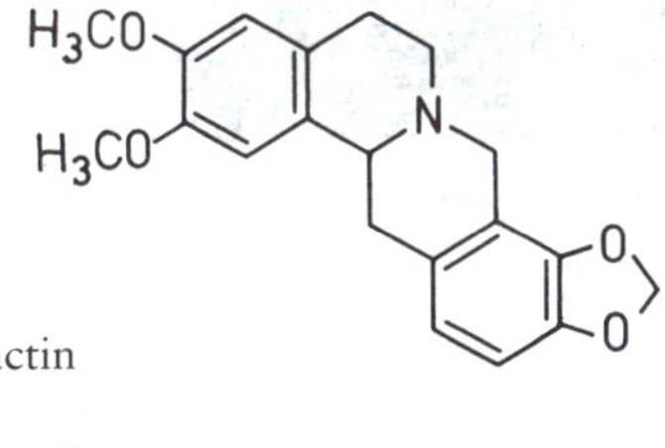

Sinactin

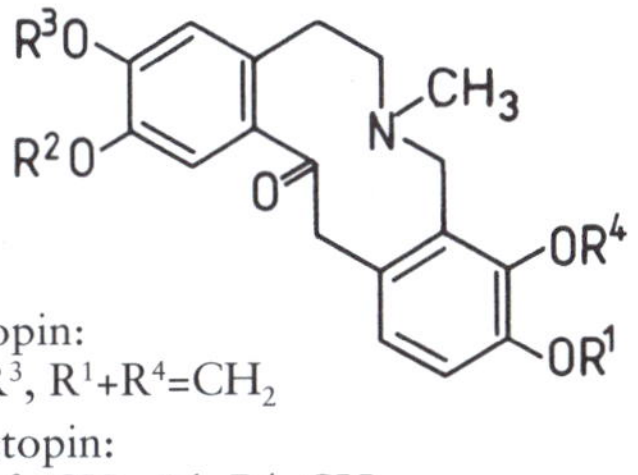

Protopin:
R^2+R^3, $R^1+R^4=CH_2$
Cryptopin:
$R^2+R^3=CH_3$; $R^1+R^4=CH_2$

Fp. 221 °C; Aurotensin [(–)- und (±)-Scoulerin] $C_{19}H_{21}NO_4$, Fp. 128 °C; (±)-Tetrahydrocoptisin (Stylopin) $C_{19}H_{18}NO_4$; (±)- und (–)-Sinactin $C_{20}H_{21}NO_4$, Fp. 170° bzw. 176 °C [H 12], sowie weitere unbekannte Alkaloide.

Vergiftungserscheinungen: Fumarin wirkt nach Kreitmair [Pharmazie 4, 242 (1949)] bei verschiedenen Tierarten und je nach Dosierung verschieden, betäubend oder erregend. Anfangs bewirkt Fumarin eine Kräftigung, später eine Hyposthenie. Subcutan und auch äußerlich wirkt Fumarin anaesthesierend. Bei Warmblütern erhöhen kleine Dosen den Blutdruck, große senken ihn. Toxische Dosen führen zum Tod durch Atemlähmung. Fumarin besitzt eine amphocholeretische Wirkung, d.h. eine pathologisch gesteigerte Gallenabsonderung wird reduziert und eine zu geringe Gallenabsonderung gesteigert; dieser Einfluß soll durch eine kräftige Relaxation am Sphincter Oddi ergänzt werden. Vergiftungen sind wegen der Unscheinbarkeit der Pflanze kaum zu befürchten [H 12].

Fumaria officinalis

Gefährlichkeitsgrad: Giftig +

Vorschriften: Fumariae herba: Monographie der Kommission E.

Fumaria officinalis: Monographie der Kommission D.

Literatur: G 4, H 12.

Therapie:
Erste Hilfe: Kohle-Pulvis-Gabe, Erbrechen auslösen, Natriumsulfat.
Klinik: Nach wahrscheinlich großer Giftaufnahme: Magenspülung (evtl. mit burgunderfarbener Kaliumpermanganatlösung), Instillation von 10 g Kohle-Pulvis, Überwachung von Elektrolyten und Nierenfunktion, Alkalisierung mit Natriumbikarbonatinfusionen (Urin pH 7,5), ggf. Intubation und Sauerstoffbeatmung.

Galanthus nivalis L.

Schneeglöckchen. *E:* Snowdrop. *F:* Perce-neige. *I:* Bucaneve, Foraneve. *NL:* Sneeuwklokje.

EDV-Code: GAXNI.

Familie: Amaryllidaceae, Narzissengewächse.

Verbreitung, Vorkommen: Mittel- und Südeuropa; schattige, feuchte Laubwälder; Zierpflanze in Gärten, oft verwildert.

Beschreibung: Ausdauernde Zwiebelpflanze, bis 35 cm hoch. Blätter lineal, grundständig. Blüten meist einzeln am Stengel, hängend, mit 3 äußeren weißen Perigonblättern, Spitze der inneren Perigonblätter mit gelbgrünem Fleck, Samenkapsel kugelförmig, grün.
Blütezeit: Februar–April.

Giftige Pflanzenteile: Alle Pflanzenteile.

Hauptwirkstoffe: In den Zwiebeln etwa 0,09% Alkaloide wie → *Galanthamin,* → *Lycorin* (Narcissin, Galanthidin) $C_{16}H_{17}NO_4$.

Vergiftungserscheinungen: Galanthamin wirkt ähnlich wie Physostigmin. Übelkeit, Erbrechen, Durchfall, enge Pupillen. Ein Kleinkind aß zwei Blüten, keine Symptome. Ein anderes Kleinkind trank ein halbes Glas Blumenwasser und zeigte ebenfalls keine Symptome. Nach Aufnahme einer unbekannten Menge Schneeglöckchenzwiebel wurde leichter Durchfall beobachtet.

Galanthus nivalis

Nach Weilemann [W 38] werden die Blüten, aber auch die Zwiebeln vorwiegend von Ein- bis Siebenjährigen verzehrt. In 25% aller bekannten Fälle traten Magen- und Darmbeschwerden auf, die aber nur in Ausnahmefällen einer ärztlichen Behandlung bedurften.

Gefährlichkeitsgrad: Giftig +

Vorschriften: Die Pflanze steht unter Naturschutz und ist in der Roten Liste unter den potentiell gefährdeten Pflanzen aufgeführt (A, CS, D, CH, I, YU, H).

Literatur: F 16, G 4, H 12, W 38.

Therapie:
Erste Hilfe: Kohle-Pulvis oder erbrechen lassen.
Klinik: In Extremfällen Magenspülung, Vitaltherapie (S. 56).

Galega officinalis L.

Geißraute, Geißklee. *E:* Goat's rue, French honeysuckle. *F:* Rue de Chèvre. *I:* Capraggine. *NL:* Geiteklaver.

EDV-Code: GAGOF.

Familie: Fabaceae, Schmetterlingsblütler.

Verbreitung, Vorkommen: Ost- und Südeuropa, Nordasien, Algerien, in Westeuropa eingebürgert. In Mitteleuropa vielfach kultiviert und stellenweise verwildert; in Auen, feuchten Wiesen und auf Schuttplätzen.

Beschreibung: 60–100 cm hohe, aufrechte, ausdauernde Pflanze, mit rübenförmiger Pfahlwurzel und gerieftem, hohlen Stengel. Blätter unpaarig gefiedert, Blättchen elliptisch bis lanzettlich, stachelspitzig. Blüten in blattachselständigen Trauben, weiß bis bläulich. Hülsen bis 3 cm lang, Samen abgeflacht, braun.
Blütezeit: Juli–August.

Droge: Herba Galegae officinalis, Galegae officinalis herba, Geißrautenkraut.
Geschmack bitter, herb. Speichel wird hellgrün gefärbt.
Semen Galegae, Galegae semen, Geißkleesamen.

Giftige Pflanzenteile: Die ganze Pflanze, besonders die Samen.

Galega officinalis

Hauptwirkstoffe: Das Guanidinderivat Galegin $C_6H_{13}N_3$, Fp. 60–65 °C, (+)-Peganin $C_{11}H_{12}N_2O$, Fp. 170–173 °C, Saponine, Bitterstoff.

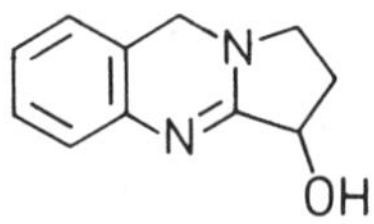

Galegin

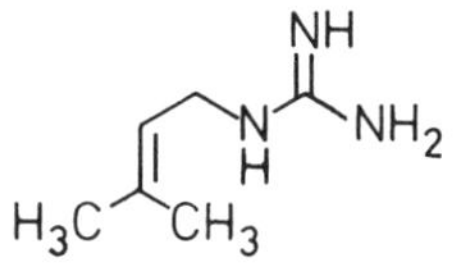

Peganin

Vergiftungserscheinungen: Beim Menschen sind kaum Vergiftungen zu erwarten. Da die Pflanze zur Blütezeit viel Galegin enthält, können in dieser Zeit bei Weidetieren Intoxikationen auftreten. Wegen des scharfen Geschmacks wird die Pflanze fast nur von Schafen gefressen. Ausfluß aus Maul und Nase, Husten und Lähmungen können auftreten [L 10].

Gefährlichkeitsgrad: Giftig +

Vorschriften: Galega officinalis: Monographie der Kommission D.

Literatur: H 12, L 10, M 2.

Therapie:
Erste Hilfe: Kohle-Pulvis nach oraler Aufnahme.
Klinik: Nur nach extremer Giftaufnahme kann Magenspülung erforderlich sein. Auf Atmung achten.

Galipea officinalis Hancock

Angustura. *E:* Angostura. *F:* Angusture de Columbie.

Familie: Rutaceae, Rautengewächse.

Verbreitung, Vorkommen: Heimat: Tropisches Südamerika.

Droge: Cortex Angosturae, Angosturae cortex, Angosturarinde.
Ganzdroge: Bis 15 cm lang, bis 3 cm breite, selten über 3 mm dicke, vorwiegend röhren- oder rinnenförmige, seltener flache Stücke, welche außen mit einem lockeren, gelblichgrauen Kork und stellenweise einem hellockerfarbenen, mehligen Überzug aus Korkzellen bedeckt sind [H 12].

Hauptwirkstoffe: 1,0–1,9% äth. Öl (Oleum Angosturae, Angosturarindenöl) mit 14% des Sesquiterpenalkohols Galipol $C_{15}H_{26}O$ (Geruchsstoff), den Sesquiterpenen (–)-Cadinen $C_{15}H_{24}$ und Galipen $C_{15}H_{24}$ sowie einem Terpen $C_{10}H_{16}$. An Alkaloiden ca. 1,06% Cusparin $C_{19}H_{17}NO_3$, Fp. 91–92 °C, ca. 0,35% Galipin $C_{20}H_{21}NO_3$, Fp. 115 °C, Galipolin $C_{19}H_{19}NO_3$, Fp. 193 °C, Cusparein $C_{20}H_{25}NO_2$, Fp. 56 °C, und Galipoidin $C_{19}H_{15}NO_4$, Fp. 233 °C; weiterhin Cusparidin $C_{19}H_{17}NO_3$, Galipidin(?) $C_{19}H_{19}NO_3$, und ein weiteres Alkaloid $C_{21}H_{26}N_2O_3$, ein Isomeres des Yohimbins, Chinolin C_9H_7N, die Chinolinderivate Chinaldin (2-Methylchinolin) $C_{10}H_9N$, Kp. 247 °C, N-Methylchinolon-(2) $C_{10}H_9NO$, Fp. 74 °C, 2-n-Amylchinolin $C_{14}H_{17}N$, $Kp._{11}$ 150–155 °C, 4-Methoxy-2-n-amylchinolin $C_{15}H_{19}NO$, Öl. Ferner der Bitterstoff Angosturin $C_9H_{12}O_5$, ein Glykosid, 1,128 mg-% Vit. B_1 [H 12] und Calciumoxalat.

Galipea officinalis

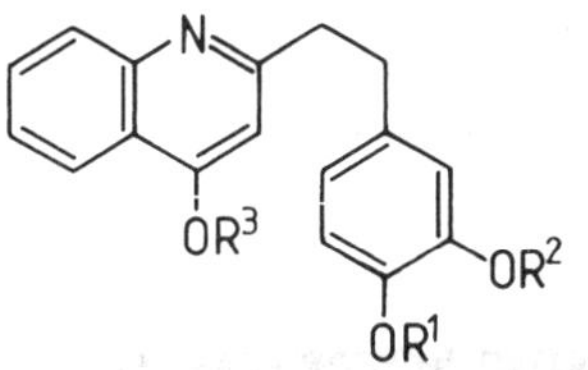

Cusparin: $R_1+R_2=CH_2$; $R_3=CH_3$
Galipin: R_1, $R_2=CH_3$, $R_3=CH_3$
Galipolin: R_1, $R_2=CH_3$; $R_3=H$

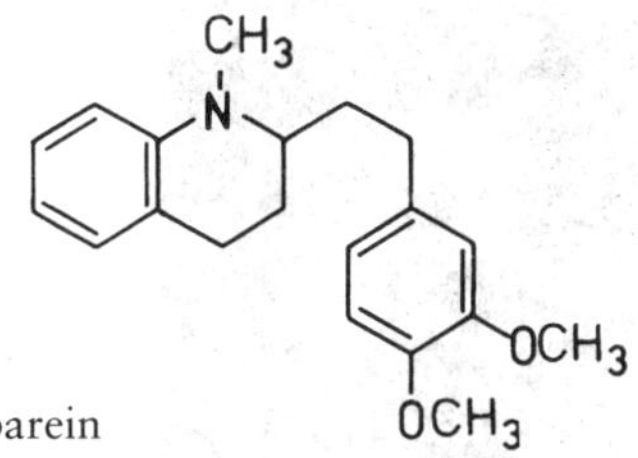

Cusparein

Vergiftungserscheinungen: Angostura ist ein Amaro-Aromaticum. Binet et al. [Thérapie 8, 669 (1953)] wiesen eine respirationsanregende Wirkung der Alkaloidtotalextrakte nach. Sie zeigt sich in einem Anstieg der Frequenz und der Tiefe der Atemzüge, in einer Verbesserung der Lungenventilation und in einer Herabsetzung des Gesamt-CO_2-Gehaltes im arteriellen Blut, jedoch ohne Anstieg des pH-Wertes. Die Dauer einer solchen Respirationshyperaktivität ist nur kurz, kann aber durch Injektion von höheren Dosen verlängert werden. Außerdem soll Cusparin eine sympaticomimetische Wirkung haben. In größeren Dosen rufen Angosturarinde und ihre Präparate Übelkeit und Erbrechen hervor [H 12].

Anwendungen: Angosturarinde wird in der Likörindustrie als appetitanregender Zusatz verwendet.

Anwendungen in der Homöopathie: Als Teep 2,5 mg bei akuter Wurzelhautentzündung, Beinkrämpfen.

Gefährlichkeitsgrad: Schwach giftig (+)

Vorschriften: Galipea officinalis: Monographie der Kommission D.

Literatur: H 12, M 2, M 3.

Therapie:
Erste Hilfe: Kohle-Pulvis oder erbrechen lassen.
Klinik: In Extremfällen Magenspülung, Vitaltherapie (S. 56).

Galium odoratum (L.) Scop.

(Asperula odorata L.)

Waldmeister. *E:* Woodruff-asperule. *F:* Aspérule odorante. *I:* Caglio odoroso. *NL:* Lievevrouwebedstro.

EDV-Code: GALOD.

Familie: Rubiaceae, Rötegewächse.

Verbreitung, Vorkommen: Nord- und Mitteleuropa, Sibirien; schattige Laubwälder, Gebüsche, in dichten Beständen.

Beschreibung: 10–20 cm hohe Pflanze mit kriechender Sproßachse. Blätter lanzettlich, in 6–8zähligen Quirlen, sitzend. Blüten weiß oder rötlich, klein, trichterförmig, in Doldentrauben. Früchte mit hakigen Borsten. Blütezeit: Mai.

Droge: Herba Asperulae odoratae, Galii odoratae herba, Waldmeisterkraut.
Das vor der Blütezeit gesammelte, getrocknete Kraut. Geruch nach Cumarin, Geschmack würzig, bitter, herb.

Wirkstoffhaltige Pflanzenteile: Die ganze Pflanze.

Hauptwirkstoffe: Cumaringlykoside, 0,28% Asperulosid im frischen Kraut. Beim Welken wird → *Cumarin* frei.

Pharmakologische Wirkung: → *Cumarin.* Nach Genuß von Waldmeisterzubereitungen können Kopfschmerzen auftreten, z. B. bei der „Waldmeister"-Bowle, die – richtig zubereitet – nur durch Übergießen des angewelkten Waldmeisters [F 3] in einem Sieb hergestellt wird (nicht etwa einweichen).
Geht man davon aus, daß frisches Waldmeisterkraut im Schnitt 1,06% Cumarin/Trockenmasse freisetzt und daß es eine durchschnittliche Trockenmasse von 14,5% aufweist, dann sollte man zum Ansatz für 1 Liter Bowle nicht mehr als etwa 3 g frisches Kraut nehmen [L 3].

Dosierung: Mittlere Einzelgabe 1,0 g Erg. B.6.

Gefährlichkeitsgrad: Wenig giftig (+) oder kaum giftig.

Vorschriften: Galium odoratum: Monographie der Kommission D.
Aromenverordnung der Bundesrepublik Deutschland v. 22. 12. 1981 (BGBl. I, 1677–1685), Verbotener Stoff des § 2, Anlage I: Waldmeister (Asperula odorata).

Literatur: B 36, F 3, G 4, H 12, L 3.

Galium odoratum

Therapie:
Meidung von Sonnenexposition. Kohle-Pulvis.

Gardenia jasminoides Ellis

(Gardenia florida L., Gardenia radicans Thunb.)

Blumengardenie. *E:* Gardenia. *F:* Gardénie.

EDCV-Code: GADJA.

Familie: Rubiaceae, Rötegewächse.

Verbreitung, Vorkommen: Heimat: Ostasien; Zimmerpflanze.

Beschreibung: Immergrüner, bis 180 cm hoher Strauch. Blätter oval, zugespitzt, grün, glänzend, gegenständig. Blüten weißlichgelb, bis 10 cm groß, wohlriechend. Blütezeit: Juli–Oktober.

Giftige Pflanzenteile: Besonders die Früchte.

Hauptwirkstoffe: → *Crocin* $C_{44}H_{64}O_{24}$, Fp. 186 °C (dec.); Methylanthranilat, die Iridoidglucoside Gardenosid, Geniposid, Genipin-1-β-gentiobiosid, Shanzhisid u.a.

Vergiftungserscheinungen: Durch den Gehalt an Iridoidglucosiden hat die Frucht eine purgative Wirkung. Der wäßrige Extrakt zeigt eine toxischere Wirkung als der alkoholische.

Gefährlichkeitsgrad: Wenig giftig (+)

Literatur: C 8, H 12, Y 1, Y 2.

Therapie:
Erste Hilfe: Kohle-Pulvis oder erbrechen lassen.
Klinik: In Extremfällen Magenspülung, Vitaltherapie (S. 56).

Gaultheria procumbens L.

Amerikanisches Wintergrün, Kanadischer Tee, Labradortee. *E:* Winter-green, Boxberry, Mountain-tea, Partridge-berry. *F:* Gaulthérie, thé de Jersey, Thé de montagne. *I:* Gaulteria.

Blüten

Früchte

EDV-Code: GAHPR.

Familie: Ericaceae, Heidekrautgewächse.

Verbreitung, Vorkommen: Die Pflanze liebt Berg-Nadelwälder. Heimat: Nordamerika von den Neuenglandstaaten bis Minnesota und südlich bis Georgia und Alabama.

Beschreibung: Niederliegender, immergrüner Strauch mit etwas drüsig behaarten Zweigen. Blätter (→ Droge). Blüten weiß oder rosa, krugförmig, nickend, achselständig, einzeln. Früchte rot, dann blauschwarz, fünffächerig.
Blütezeit: Juli–August.

Gaultheria procumbens

Droge: Folia Gaultheriae, Gaultheriae folium, Wintergrünblätter.
Die Blätter sind rundlich bis verkehrt eiförmig oder eiförmig-länglich, in den kurzen Blattstiel verschmälert, kurzstachelspitzig, bis 5,5 cm lang, meist aber nur bis 2,5 cm breit, glatt, kahl, lederartig [H 12].

Hauptwirkstoffe: Der wirksame Bestandteil des aus Wintergrün hergestellten Öles (0,55–0,8%) ist der Salicylsäuremethylester (bis zu 99%). Außerdem Gaultherin.

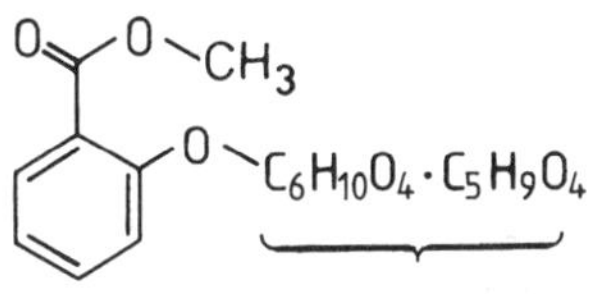

Gaultherin Primverose

Vergiftungserscheinungen: Durch Salicylsäuremethylester, der in hohen Dosen Magen- und Nierenreizung (in einem Fall verursachten 30 g Öl eine so heftige Gastritis, daß der Tod eintrat), Kollaps, Kongestionen der Genitalorgane, akutes Lungenödem, nervöse Erscheinungen wie Ohrensausen, Taubheit, Gesichtshalluzinationen, Delirien, lokale Hautreizung, Schädigung des Gefäßsystems, verstärkte Neigung zu Blutungen hervorruft [M 2].

Anwendungen: Wintergrünöl wird häufig zur Aromatisierung von Zahnpasten, Kaugummi etc. verwendet.

Gefährlichkeitsgrad: Wenig giftig (+)

Vorschriften: Gaultheria procumbens und G. aetheroleum: Monographie der Kommission D.

Literatur: H 12, M 2.

Therapie:
Erste Hilfe: Kohle-Pulvis oder erbrechen lassen.
Klinik: In Extremfällen Magenspülung, Vitaltherapie (S. 56).

Gelsemium sempervirens (L.) Jaume St.-Hil.

(Gelsemium nitidum Michx.)

Wilder Jasmin. *E:* Yellow jasmine, false jessamine, wild yellow jessamine. *F:* Jasmin jaune. *I:* Gelsemio giallo.

EDV-Code: GELSE.

Familie: Loganiaceae, Strychnosgewächse.

Verbreitung, Vorkommen: In den südlichen Staaten des atlantischen Nordamerikas.

Beschreibung: Der Schlingstrauch trägt lanzettliche Blätter und zeichnet sich durch große, blattachselständige, trichterförmige, leuchtend gelbe, wohlriechende Blüten aus.

Droge: Rhizoma Gelsemii, Gelsemii rhizoma, Gelsemiumwurzel.
Der bisweilen verzweigte Wurzelstock ist sehr hart, holzig, bis 15mm, seltener bis 30 mm dick, walzenförmig, meist hin- und hergebogen, an einzelnen Stellen angeschwollen und trägt etwa 2 mm dicke, violettbraune Stengelreste und bis 8 mm dicke, starre Wurzeln [H 12].

Gelsemium sempervirens

Auszug aus der Monographie der Kommission E: Gelsemii rhizoma (Gelsemiumwurzelstock)
Risiken: Wegen der geringen therapeutischen Breite sind zahlreiche Vergiftungsfälle, auch mit tödlichem Ausgang, aufgetreten.
Gegenanzeigen: Herzschwäche.
Verwendung bei Schwangerschaft und Laktation.
Überdosierung: Als charakteristische Symptome der Überdosierung werden beschrieben:
Schwindel; Verlust der Sprache; Unvermögen, die Zunge zu bewegen und zu schlucken; Trockenheit im Mund; Augenlidlähmung; Sehschwäche oder Doppelsehen; Pupillenerweiterung; Zittern der Glieder; Schwäche oder Starre der Muskeln; Senkung des Unterkiefers.

Hauptwirkstoffe: Die Indolalkaloide
→ *Gelsemin* $C_{20}H_{22}N_2O_2$, Fp. 178 °C,

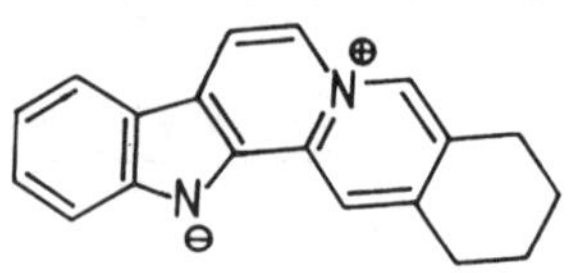

Sempervirin

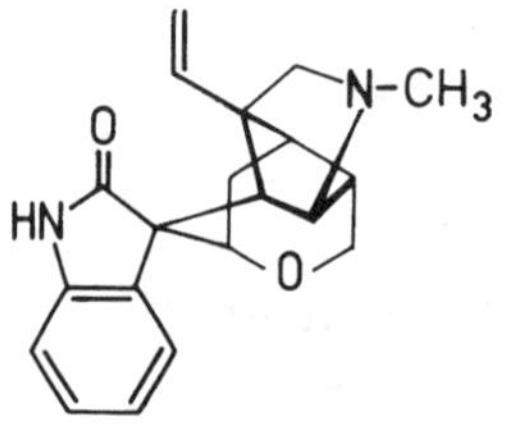

Gelsemin

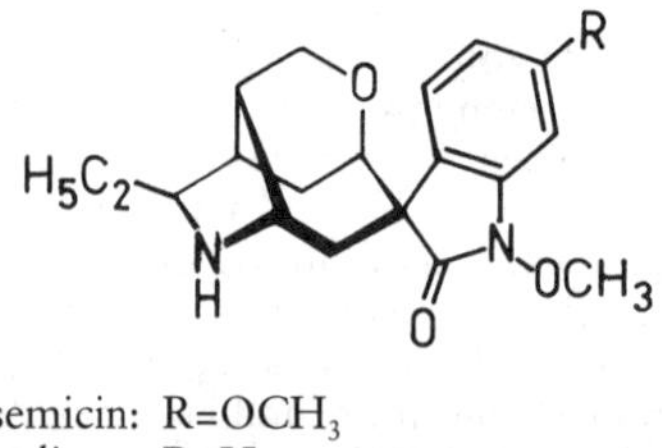

Gelsemicin: R=OCH_3
Gelsedin: R=H

Gelsemicin $C_{20}H_{26}N_2O_4$, Fp. 171 °C,
Gelsidin $C_{19}H_{24}N_2O_3$, Fp. 173–174 °C,
Gelsevirin $C_{21}H_{24\text{-}26}N_2O_3$, Fp. 259–262 °C (Öl),
→ *Sempervirin* $C_{19}H_{16}N_2$, Fp. 258–260 °C (Nitrat). Ferner in der Wurzel β-Methylaesculetin (Gelsemiumsäure, → *Scopoletin,* Chrysatropasäure, 7-Oxy-6-methoxy-cumarin) $C_{10}H_8O_4$, Fp. 204–205 °C [H 12].

Vergiftungserscheinungen: Hager schreibt: Sie äußern sich vor allem am zentralen Nervensystem, das anfangs angeregt, dann gedämpft wird. Hohe Dosen senken die Herztätigkeit und den Blutdruck. Tod durch Atemlähmung. Die schmerzlindernde Wirkung erhöht sich in Kombination mit Salicylamid und Phenacetin. Sempervirin verursacht strychninartige Krämpfe. Gelsemicin ist das giftigste aller Alkaloide, es wirkt auf Atemzentrum, Darm und Uterus erregend, in größeren Dosen lähmend, erweitert die Bronchien, setzt den Blutdruck herab und ruft Mydriasis hervor. Auf ein kurzes Stadium der Erregung folgt bei Gelsemium-Alkaloiden bald ein Zustand der Lähmung, vor allem der Ringmuskulatur, z. B. der Pupillen, des Schließmuskels des Afters und der Blase, aber auch des Gefäßsystems der Bronchien und des Darmes [H 12].
Madaus führt aus: Das Gelseminin lähmt das Zentralnervensystem und die motorischen Nervenenden und den Nervus vagus. Dem Sempervirin kommt ein wichtiger Anteil an der physiologischen Gelsemiumwirkung zu. Es hat vasokonstriktorische Wirkung und ruft eine vollständige, aber verhältnismäßig schnell reversible Lähmung sowohl der Empfangsmechanismen des Vagus wie auch des Sympathikus hervor. Durch giftige Gelseminingaben werden beim Menschen große Muskelschwäche, ataktischer Gang, Temperatursenkung, Diplopie, Nebelsehen, Schielen, Kopfschmerz, Schwindel, profuser Schweiß, Irismus und Konvulsionen beobachtet. Der Tod erfolgt auch beim Menschen durch Asphyxie infolge Atemlähmung. Das Bewußtsein und die Schmerzempfindung bleiben, wenigstens in manchen Fällen, bis kurz vor dem Tode erhalten. Faßt man die Symptome einer cha-

Gelsemium sempervirens

rakteristischen Vergiftung wie Schwindel, Sprachverlust, Unvermögen, die Zunge zu bewegen und zu schlucken, Ptosis, Sehschwäche und Doppeltsehen, Pupillenerweiterung, Zittern der Glieder, Schwäche und Starre der Muskeln zusammen, so erinnern sie an die des Botulismus [M 2].
Für den Menschen sind oral schon 5 mg des getrockneten Wurzelstockes/kg Körpermasse tödlich.
Es gibt Personen, die für das Gift bei gleicher Dosis ganz verschieden empfänglich sind. Eine Menge, die in einem Falle vollkommen anstandslos vertragen wurde, rief in einem anderen die schwersten Vergiftungserscheinungen hervor. Dies zeigte sich sehr deutlich bei der historischen Massenvergiftung in Topolobampo, Staat Sinaloa, wo in der Osterwoche 1932 durch ein, von irgendeinem Schmuggeldampfer gestohlenes Fäßchen Schnaps, der mit Gelsemiumrinde versetzt war, eine wahre Vergiftungsepidemie ausbrach. 32 Leute, die davon getrunken hatten, starben noch am gleichen Abend, etwa 100 lagen wochenlang schwer krank darnieder. Einige wenige aber, die nachweisbar nicht allzu bescheidene Quanten genommen hatten, blieben vollkommen gesund [R 25].

Dosierung: 15–60 mg [H 12].

Anwendungen in der Homöopathie: D_3–D_6 bei Migräne, Lähmung der Augenmuskeln oder des Gaumensegels, akutem Stirnhöhlenkatarrh bei Grippe, krampfartige Schmerzen der Gebärmutter.

Gefährlichkeitsgrad: Sehr stark giftig + + +

Vorschriften: Gelsemium sempervirens: Monographie der Kommission D.
Gelsemii rhizoma: Monographie der Kommission E.

Literatur: D 9, H 12, M 2, M 27, N 2, L 10, R 25.

Therapie:
Erste Hilfe: Kohle-Pulvis, erbrechen lassen, viel warmen Tee trinken lassen, Natriumsulfat, Schockprophylaxe (Ruhe, Wärme).
Klinik: Magenspülung (evtl. mit burgunderfarbener Kaliumpermanganatlösung), Elektrolytsubstitution, Azidoseausgleich mit Natriumbikarbonat (Urin pH 7,5), im Schock Plasma(expander)gabe, bei Krämpfen Diazepam (Valium®) i.v., Kontrolle der Nierenfunktion, bei Atemlähmung Intubation und Sauerstoffbeatmung.

Genista germanica L.

Deutscher Ginster. *E:* Cat-whin. *F:* Gênet épineux. *I:* Ginestra spinosa.

EDV-Code: GENGE.

Familie: Fabaceae, Schmetterlingsblütler.

Verbreitung, Vorkommen: Europa; in Mitteleuropa zerstreut; in Küstennähe selten, fehlt im Alpengebiet; trockene Wälder, Magerrasen, sandige Wiesen.

Beschreibung: Sommergrüner, ästiger, dornentragender, 30–60 cm hoher Strauch (blättertragende Ästchen oben dornenlos). Blätter elliptisch, 1–2 cm lang. Blüten gelb, in endständiger Traube. Hülsen länglich-oval. Blütezeit: Mai–Juni.

Hauptwirkstoffe: 0,2–0,3% → *Spartein,* in den Samen → *Cytisin*, daneben noch Bitterstoff, Scoparin (Farbstoff) [H 12].

Giftwirkung etc. → *Cytisus scoparius.*

Literatur: B 36, G 4, H 12.

Therapie:
Erste Hilfe: Sofort Kohle-Pulvis-Gabe, Erbrechen auslösen, Natriumsulfat, viel warmen Tee oder Himbeersaft trinken lassen.
Klinik: Magenspülung (evtl. mit burgunderfarbener Kaliumpermanganatlösung), bei Krämpfen Diazepam (Valium®) i.v., Elektrolytsubstitution, Azidoseausgleich mit Natriumbikarbonat (Urin pH 7,5), bei Atemlähmung Intubation und Sauerstoffbeatmung.

Genista tinctoria L.

Blüten

Färber-Ginster. *E:* Dyer's greenweed. *F:* Genêt pâtard. *I:* Ginestra minore.

EDV-Code: GENTI.

Familie: Fabaceae, Schmetterlingsblütler.

Verbreitung, Vorkommen: Europa, Asien; in Mitteleuropa verbreitet; lichte Wälder, Waldränder, Raine, trockene Wiesen.

Beschreibung: 30–60 cm hoher, sommergrüner, dornenloser Strauch. Blätter schmal, elliptisch. Die goldgelben Blüten in endständiger Traube. Hülsen lineal mit 6–10 dunklen, rundlichen Samen.
Blütezeit: Juni–August.

Giftige Pflanzenteile: Die ganze Pflanze.

Hauptwirkstoffe: Etwa 0,3% Alkaloide: Anagyrin (Thermopsin, Monolupin, Rhombinin) $C_{15}H_{20}N_2O$ (Öl), → *Cytisin* (Ulexin, Baptitoxin, Sophorin) $C_{11}H_{14}N_2O$, Fp. 155 °C (besonders in den Samen), N-Methylcytisin (Caulophyllin) $C_{12}H_{16}N_2O$, Fp. 138 °C, Lupanin $C_{15}H_{24}N_2O$, Isospartein $C_{15}H_{26}N_2$ [H 12].

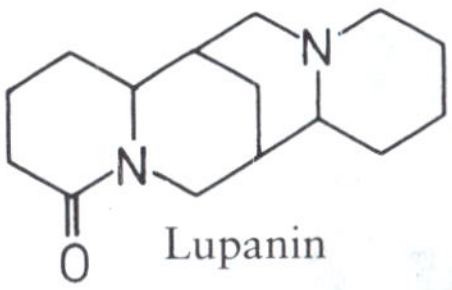

Lupanin

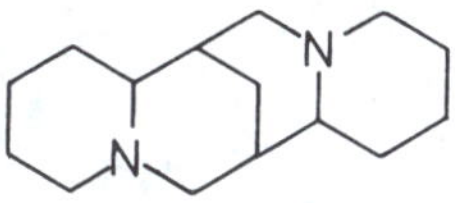

Spartein

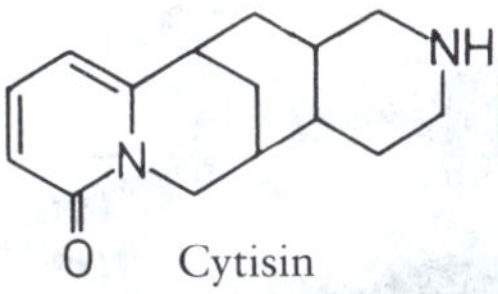

Cytisin

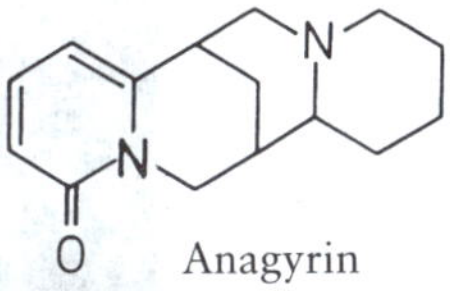

Anagyrin

Früchte

Genista tinctoria

Vergiftungserscheinungen: → *Cytisus scoparius.* Einige Alkaloide aus Genista-Arten zeigen halluzinogene Wirkung [H 12].

Gefährlichkeitsgrad: Stark giftig + +

Vorschriften: Genista tinctoria: Monographie der Kommission D.

Literatur: B 36, G 4, G 29, H 12, R 30.

Therapie:
Erste Hilfe: Sofort Erbrechen auslösen, Kohle-Pulvis-Gabe, Natriumsulfat, viel warmen Tee oder Himbeersaft trinken lassen.
Klinik: Magenspülung (evtl. mit burgunderfarbener Kaliumpermanganatlösung), bei Krämpfen Diazepam (Valium®) i.v., Elektrolytsubstitution, Azidoseausgleich mit Natriumbikarbonat (Urin pH 7,5), bei Atemlähmung Intubation und Sauerstoffbeatmung.

Ginkgo biloba L.

Ginkgo-Baum, Fächertanne. *E:* Ginkgo, maiden hair tree. *F:* Ginkgo bilobe. *I:* Ginco Giaponese. *NL:* Japaneese noteboom.

EDV-Code: GIKBI.

Familie: Ginkgoaceae, Ginkgogewächse.

Verbreitung, Vorkommen: Heimat Ostasien. In China hat der Baum religiöse Bedeutung und wird in der Nähe von Tempeln gepflanzt. Bei uns als Park- und Alleebaum, der in der letzten Zeit immer häufiger anzutreffen ist.

Beschreibung: 10–40 m hoher Baum. Blätter zweilappig, fächrig geadert, lederartig, gelbgraugrün. Blüten zweihäusig; männliche kätzchenförmig, weibliche unscheinbar, langgestielt. Der Samen, fälschlich als Frucht bezeichnet, ist mirabellengroß, hellgrün bis gelb gefärbt, im Reifezustand mit unangenehmem Geruch. Deshalb sind in Mitteleuropa meist nur männliche Bäume anzutreffen.

Ginkgo biloba
Blütezeit: April–Juni.
Früchte: September/Oktober.

Giftige Pflanzenteile: Fleischige Samenschale.

Hauptwirkstoffe: Im fleischigen Teil der Samenschale potentiell allergisierende Stoffe wie z. B. Ginkgol, Ginkgolsäure, Bilobol und übel riechende Säuren, u. a. Buttersäure.

Wirkungen auf die Haut: Die fleischige Samenschale kann Hautirritationen hervorrufen. Aus den USA wurde von massenhaft aufgetretenen allergischen Dermatitiden berichtet, die durch heruntergefallene Ginkgofrüchte ausgelöst worden waren.

Anwendungen: Blattextrakte werden wegen gefäßerweiternden und durchblutungsfördernden Eigenschaften im peripheren und zentralen Bereich verwendet. Die pharmakologische Wirkung ist hauptsächlich auf den Gehalt von Flavonoiden und Terpenen zurückzuführen.

Gefährlichkeitsgrad: Hautreizend.

Vorschriften: Ginkgo biloba: Monographie der Kommission D.

Literatur: F 16, S 9, S 63.

> **Therapie:**
> Erste Hilfe: Nach Verschlucken großer Mengen Kohle-Pulvis. Klinik: evtl. Monitorkontrolle.

Glaucium flavum Crantz

Gelber Hornmohn. *E:* Yellow hornet poppy. *F:* Pavot cornu. *I:* Papavero cornuto. *NL:* Gele hoornpapaver.

EDV-Code: GUCFL.

Familie: Papaveraceae, Mohngewächse.

Verbreitung, Vorkommen: Mittelmeergebiet, Schuttplätze, Sandfelder, Mauern, oft in Strandnähe; in Mitteleuropa als Zierpflanze und stellenweise verwildert.

Beschreibung: Zwei- und mehrjährige, bis 50 cm hohe, blaugrün bereifte Pflanze. Blät-

Glaucium flavum

ter dick, fiederteilig, gezähnt und gelappt. Blüten zitronengelb, groß, 4zählig. Früchte bis 22 cm lang, lineal.
Blütezeit: Juni–September.

Giftige Pflanzenteile: Die ganze Pflanze.

Hauptwirkstoffe: Im Kraut (+)-Glaucin; O,O-Dimethylglaucin, → *Magnoflorin* und Glauflavin. In der Wurzel die Alkaloide Allocryptopin, → *Protopin*, → *Chelerythrin*, → *Sanguinarin*, Chelirubin, Isocorydin und → *Magnoflorin* [H 12].

Vergiftungserscheinungen: Aleshinskaya et al. [Farmakol. i Toksikol. 29, 611 (1966)] fanden bei Mäusen einen Antagonismus von Glaucin gegenüber Adrenalin und antitussive Wirkung, die der von Codein gleichkommen soll; Glaucin übt im Gegensatz zu Codein keine hemmende Wirkung auf die Atmung aus [H 12].

Gefährlichkeitsgrad: Giftig +

Literatur: F 16, H 12.

Therapie:
Erste Hilfe: Kohle-Pulvis oder erbrechen lassen.
Klinik: In Extremfällen Magenspülung, Vitaltherapie (S. 56).

Glechoma hederacea L.

[Nepeta hederacea (L.) Trev.]

Gundelrebe, Gundermann. *E:* Ground ivy. *F:* Lierre terrestre. *I:* Edera terrestre. *NL:* Hondsdraf.

EDV-Code: GLEHE.

Familie: Lamiaceae, Lippenblütler.

Verbreitung, Vorkommen: Fast ganz Europa. Asien bis Japan, in Nordamerika eingebürgert. In Mitteleuropa häufig in Hecken, Wäldern, Gebüsch, Wiesen und an Mauern.

Glechoma hederacea

Beschreibung: Ausdauernde Pflanze mit 20–40 cm langem, aufsteigendem Stengel. Nach der Blütezeit mit bis über 1 m langen Ausläufern. Blätter nieren- bis herzförmig, gekerbt, langgestielt. Blüten 1–2 cm lang, blauviolett, selten weiß. Oberlippe ausgerandet, Unterlippe länger; 3lappig, achselständig (2–6 Blüten). Frucht ein Nüßchen, 0,8 mm lang.
Blütezeit: April–Juni.

Droge: Herba Hederae terrestris, Hedereae terrestris herba, Gundelrebenkraut.
Geschmack würzig, bitter bis herb, Geruch schwach, angenehm.

Wirkstoffhaltige Pflanzenteile: Die ganze Pflanze.

Hauptwirkstoffe: Etwa 0,03–0,06% ätherisches Öl mit (–)-Pinocamphon, (–)-Menthon, (–)-Pulegon, α-Pinen, β-Pinen, Limonen, p-Cymen, Isomenthon, Isopinocamphon, Linalool, Menthol und α-Terpineol. Weiterhin 3–7% Gerbstoffe, Glechomin (unerforschter Bitterstoff), Marrubiin, Saponin.

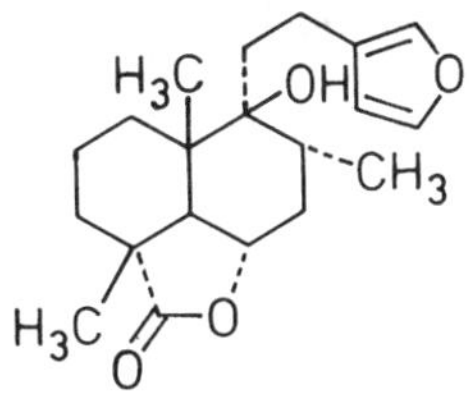

Marrubiin

Vergiftungserscheinungen: Vergiftungen beim Menschen sind nicht bekannt. Nur bei Tieren (besonders giftig bei Pferden) wurden Vergiftungserscheinungen beobachtet [H 12].

Anwendungen in der Homöopathie: Bei Hämorrhoiden.

Gefährlichkeitsgrad: Wenig giftig (+)

Vorschriften: Glechoma hederacea: Monographie der Kommission D.

Literatur: H 12, M 2.

Therapie:
Erste Hilfe: Kohle-Pulvis nach Verschlucken.
Klinik: Nach extremer Aufnahme kann evtl. Magenspülung und anschließende Kohlegabe erforderlich sein.

Gleditsia triacanthos L.

Christusdorn, Gleditschie. *E:* Honey locust tree. *F:* Arbre des escargots, Carouge à miel. *I:* Spino di Giuda.

EDV-Code: GLITR.

Familie: Caesalpiniaceae.

Verbreitung, Vorkommen: Heimat: Nordamerika. In Mitteleuropa Alleebaum und Zierbaum in Parks.

Beschreibung: 20–40 m hoher Baum, mit rotbraunen Dornen am Stamm, an Ästen und Zweigen. Blätter gefiedert, wechselständig. Blüten unscheinbar, grünlich, an 4–5 cm langen Trauben. Früchte flach, bis 40 cm lange Hülsen mit linsenförmigen Samen.
Blütezeit: Juni–Juli.
Früchte: September–Winter.

Giftige Pflanzenteile: Blätter (Samen und Früchte eßbar) [H 12].

Hauptwirkstoffe: In den Blättern ca. 0,5% Triacanthin $C_8H_{10}O_4$, Fp. 228 °C, LD_{50} Maus: 147 mg/kg i.v.

Vergiftungserscheinungen: Triacanthin kann Krämpfe, Atem- und Kreislaufstörungen bewirken [B 33].
Vergiftungen mit Blättern sind nicht bekannt. Über die Samen sind widersprüchliche Angaben vorhanden. In Nordamerika dienen sie (wie Linsen) als Nahrungsmittel.

Gefährlichkeitsgrad: Blätter giftig +, Samen nicht giftig.

Literatur: B 33, H 12, L 10.

Therapie:
Erste Hilfe: Kohle-Pulvis nach Aufnahme von Blättern.
Klinik: Auf Atmung achten, evtl. künstliche Beatmung. Nur in Extremfällen Magenspülung und Kohle-Pulvis erforderlich. Diazepam (Valium®) i.v. bei Krämpfen.

Globularia punctata Lapeyr.

(G. aphyllanthes Crantz p.p., G. willkommii Nym., G. elongata Hegetschw.)

Gemeine Kugelblume. *E:* Globe flower. *F:* Marguerite bleue globulaire. *I:* Vedovelle dei prati.

Familie: Globulariaceae, Kugelblumengewächse.

Verbreitung, Vorkommen: Süd- und Mitteleuropa; in Süddeutschland auf Trockenwiesen und steinigen Abhängen.

Beschreibung: 5–30 cm hohe, krautige, aufrechte Pflanze mit beblättertem Stengel. Grundblätter langgestielt, spatelförmig, in Rosetten, Stengelblätter sitzend. Blüten violettblau, in endständigen, von Hüllblättern umgebenen Köpfchen. Nüßchen länglich. Blütezeit: Mai–Juni.
Ähnliche Wirkung ist bei den einheimischen alpinen Arten Globularia cordifolia L., Herzblättrige Kugelblume und G. nudicaulis L., Nacktstengelige K. zu erwarten.

Giftige Pflanzenteile: Die ganze Pflanze.

Hauptwirkstoffe: Bitteres Globularin (=Alypin) $C_{15}H_{20}O_8$.

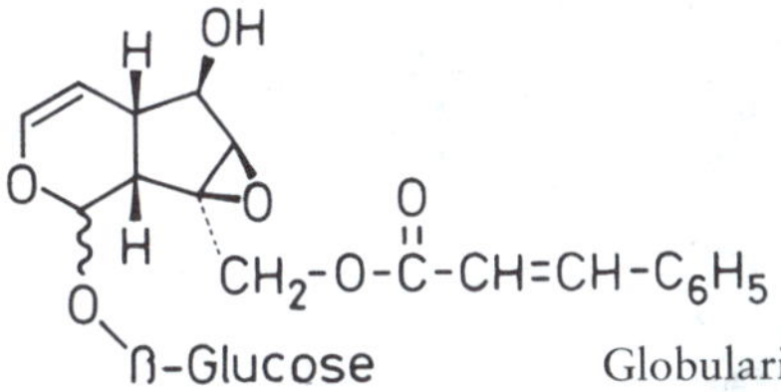

Globularin

Vergiftungserscheinungen: Globularin erzeugt beim Menschen Erbrechen, Koliken, Diarrhoen, Schwindel und Kollapserscheinungen. Über die hierfür erforderliche Dosis schwanken die Angaben.

Gefährlichkeitsgrad: Giftig +

Vorschriften: G. punctata steht in der Roten Liste unter den potentiell gefährdeten Pflanzen. Alle Globularia-Arten sind geschützt.

Literatur: G 4, H 12.

Therapie:
Erste Hilfe: Kohle-Pulvis oder erbrechen lassen.
Klinik: In Extremfällen Magenspülung, Vitaltherapie (S. 56).

Gloriosa superba L.

Ruhmeskrone, Prachtlilie. *E:* Malabar glory lily. *F:* Lis de Malabar.

Gloriosa superba

Gloriosa rothschildiana

Familie: Liliaceae, Liliengewächse.

Verbreitung, Vorkommen: Heimat: Asien, Afrika; Zimmerpflanze.

Beschreibung: Kletterpflanze mit knolligem Rhizom. Blätter länglichoval, grün, mit Ranken, stengelumfassend, gegenständig. Blüten auf langen Stielen, mit 6 zurückgeschlagenen Blütenblättern, am Rande gekraust, erst grün, dann gelb, zuletzt rot.

Blütezeit: Juni–August.
Ebenfalls als Zimmerpflanze Gloriosa rothschildiana O'Brien (Synonym v. G. superba, in [E 12]).

Droge: Tubera Gloriosae, Gloriosae tuber, Gloriosaknollen.

Giftige Pflanzenteile: Besonders die Knolle.

Hauptwirkstoffe: In der getrockneten Knolle 0,3%, im Samen kultivierter Pflanzen

Gloriosa superba

0,9% → *Colchicin,* sowie verwandte Alkaloide. In Gloriosa superba aus Zentralafrika wurde der höchste Gehalt in jungen Blättern mit 2,36% und in den Blüten mit 1,18% Colchicin gefunden [S 69].

Vergiftungserscheinungen: → *Colchicum autumnale* L. Die Pflanze besitzt eine abortive Wirkung.
Nach einer Meldung des Tox-Zentrums in Zürich hatte ein 6jähriges Mädchen eineinhalb Stunden vorher an einer Gloriosa-Knolle geknabbert. Neben Übelkeit und Bauchschmerzen war das Kind verwirrt, erregt, hatte kalte Extremitäten, eine graue Hautfarbe und Tachykardie [J 6].
Eine Verwechslung mit Ipomoea batatas (L.) Lam. – Süßkartoffeln – wurde beschrieben, wobei die typischen Colchicin-Vergiftungssymptome auftraten.

Gefährlichkeitsgrad: Stark giftig + +

Literatur: F 16, G 35, H 12, J 6, S 69, T 3.

Therapie:
Erste Hilfe: Sofort erbrechen lassen, Kohle-Pulvis-Gabe, Natriumsulfat, Schocklagerung, Wärme, warmen Tee oder Kaffee trinken lassen, Frischluft.
Klinik: Magenspülung (evtl. mit burgunderfarbener Kaliumpermanganatlösung), Elektrolytsubstitution, Azidoseausgleich mit Natriumbikarbonat (Urin pH 7,5), Plasma(expander)gabe, bei Krämpfen Diazepam (Valium®) i.v., gegen Darmspasmen Atropin (1 mg 2stdl. s.c.), ggf. Intubation und Sauerstoffbeatmung.

Glycyrrhiza glabra L.

Süßholzstrauch. *E:* Sweetwort. *F:* Bois doux. *I:* Liquirizia. *NL:* Zoethout.

EDV-Code: GYCGL.

Familie: Fabaceae, Schmetterlingsblütler.

Verbreitung, Vorkommen: Heimat: Steppen des Mittelmeergebietes; dort und in Mitteleuropa lokal angebaut und verwildert.

Beschreibung: 1–3 m hohe Staude mit kräftiger Grundachse („Süßholzwurzel"). Blätter unpaarig gefiedert, 10–20 cm lang. Blüten lila, in achselständigen, ährenförmigen Blütenständen. Hülsen bis 2,5 cm lang.
Blütezeit: Juni–September.

Droge: Radix Liquiritiae glabrae, Liquiritiae radix, Süßholz.
Alle Arzneibücher fordern süßschmeckende Drogen.
Succus Liquiritiae, Liquiritiae succus, Lakritze(nsaft)

Glycyrrhiza glabra

Schwarze, harte, glänzende Stangen. Hergestellt durch Kochen der Wurzeln mit Wasser. Auszug aus der Monographie der Kommission E: Liquiritiae radix (Süßholzwurzel)
Der Abschnitt „Gegenanzeigen“ wird geändert in: „Cholestatische Lebererkrankungen, Leberzirrhose, Hypertonie, Hypokaliämie, schwere Niereninsuffizienz, Schwangerschaft.“
Der Abschnitt „Nebenwirkungen“ wird geändert in: „Bei längerer Anwendung und höherer Dosierung können mineralcorticoide Effekte in Form einer Natrium- und Wasser-Retention, Kaliumverlust mit Hochdruck, Ödeme und Hypokaliämie und in seltenen Fällen Myoglobinurie auftreten.

Hauptwirkstoffe: Glycyrrhizin(säure) 2–9%, Triterpenoide.
Lakritze enthält 12–30% Glycyrrhizin(säure), die eine 50fach stärkere Süßkraft als Rohrzucker besitzt.

Pharmakologische Wirkung: Hauptwirkstoffe sind die Flavonoide und Triterpensäuresaponine. Radix Liquiritiae wirkt schleimverflüssigend und expektorierend, vor allem dank des Gehaltes an Glycyrrhizin, das als Calcium- und Kaliumsalz mit einem Gehalt von 2,5 bis über 20% in der Droge vorliegt. Sie wirkt leicht laxierend, diuretisch und besitzt günstige Eigenschaften bei Magengeschwüren. Während Liquiritin in vitro keine spasmolytische Wirkung zeigt, erweisen sich Liquiritigenin und besonders die mit ihm im Gleichgewicht stehende Chalkonform, das Isoliquiritigenin, am isolierten Kaninchendarm (1‰ $BaCl_2$ als Spasmogen) als ähnlich stark wirksam wie Papaverin. Da also lediglich die Aglykone wirksam sind, ist Succus Liquiritiae spasmolytisch um so wirksamer, je größer der bei der Eindickung hydrolysierte Glykosidanteil ist [H 12].
Neigung zu Wasserretention und Hypokaliämie wie bei Desoxycorticosteron, jedoch nicht so ausgeprägt. Manchmal leichter Schwindel und Kopfschmerzen auch bei therapeutischen Dosen. Eine Perforation ist bei üblicher Dosis nicht zu befürchten.
Als Nebenwirkungen werden in der zweiten Verordnung zur Änderung der Verordnung über Standardzulassungen angegeben:
Bei längerer Anwendung und höherer Dosierung von Zubereitungen aus Süßholzwurzel kann eine vermehrte Wassereinlagerung mit leichten Schwellungen, besonders im Bereich von Gesicht und Fußgelenken, auftreten. Die Natriumausscheidung wird vermindert und die Kaliumausscheidung ist erhöht. Eine Erhöhung des Blutdruckes ist ebenfalls möglich.
Die Adhoc-Arbeitsgruppe der Senatskommission in Holland zur Beurteilung der gesundheitlichen Unbedenklichkeit von Lebensmitteln (20. 4. 1990) hält es für vorstellbar, durch Verbraucherinformation sicherzustellen, daß im Mittel nicht mehr als 100 mg Glycyrrhizin(säure) pro Tag und pro Lakritz-Konsument aufgenommen werden [B 42].

Gefährlichkeitsgrad: Praktisch ungiftig.

Vorschriften: Glycyrrhiza glabra: Monographie der Kommission D.
Liquiritiae radix: Monographie der Kommission E.

Literatur: B 26, B 42, E 2, H 12, H 40, R 11, R 30, T 15.

Therapie:
Nur in Extremfällen Kohle.

Gomphocarpus fruticosus (L.) R. Br.

(Asclepias fruticosa L.)

Milchbusch. *E:* Narrowleaf Cottonbush, Swanbush. *F:* Gomphocarpe. *I:* Albero della seta.

EDV-Code: GOPFR.

Familie: Asclepiadaceae, Schwalbenwurzgewächse.

Verbreitung,: Heimat ist Südafrika. Im Mittelmeergebiet eingebürgert an Ufern und Wasserrändern. Als Zierpflanze in Gärten.

Beschreibung: 1–3 m hoher Strauch, Blätter 5–15 cm lang, lineal-lanzettlich mit langen Spitzen, am Rande eingerollt. Blüten 0,5 cm groß; Blütenblätter zurückgeschlagen; Hörner der Nebenkrone stumpf, aufrecht. Blütenstände in achselständigen Trugdolden, die von Blättern überragt werden. Frucht bis 6 cm lang, eiförmig-spitz, mit bis zu 1 cm langen borstigen Haaren. Samen 2,3 cm lang, netzig, seidig behaart.
Blütezeit: April–September.

Giftige Pflanzenteile: Die ganze Pflanze.

Vergiftungserscheinungen: Brecherregend und purgativ (P 13).

Gefährlichkeitsgrad: Giftig (+).

Literatur: P 13.

Gossypium herbaceum L.

Baumwolle. *E:* Cotton plant. *F:* Cotonnier. *I:* Cotone asiatico.

EDV-Code: GOSHE.

Familie: Malvaceae, Malvengewächse.

Verbreitung, Vorkommen: Die im tropischen Asien heimische Art wird in Ägypten, Kleinasien, Indien und China kultiviert.

Weitere Arten, die Baumwolle liefern, sind: Gossypium barbadense L., Gossypium hirsutum L. u.a.

Droge: Cortex Gossypii radicis, Gossypii radicis cortex, Baumwollrinde.

Gossypium herbaceum

Semen Gossypii, Gossypii semen, Baumwollsamen.
Die eiförmigen, 3–7 mm langen Samen sind matt, braun bis schwärzlich, längsgeadert und stark behaart.

Giftige Pflanzenteile: Vor allem die Samen.

Hauptwirkstoffe: In den Farbstoffdrüsen der Samen → *Gossypol,* ein Farbstoff, der auch für die schwarzrote bis dunkelrote Farbe des Öles verantwortlich ist. Der Gehalt schwankt je nach Stammpflanze zwischen 0,12–9,25%.

Vergiftungserscheinungen: Bei Vergiftungen: Atemnot, Krämpfe, Zyanose, selbst der Tod kann eintreten.
Bei Ratten, intraperitoneal gespritzt, führen 20 mg/kg Gossypol und Derivate innerhalb von 20 Std. bis zu 20 Tagen zum Tod [H 12]. Obduktionsbefunde zeigten: Organblutungen, Ergüsse in Pleura, Peritoneum und Perikard, Vergrößerung der Leber mit fettiger Degeneration, akute Nephritis, Enteritis, wunde Stellen am Auge, degenerative Veränderungen am Myokard, Lungenödem [K 27].
Darmverklebungen weisen auf chronische Vergiftungen hin.
Vergiftungen bei Tieren kommen in Europa lediglich durch Verfütterung von Baumwollsamenkuchen und Baumwollsamenmehl vor. Eine chronische Gossypolvergiftung tritt nach einigen Wochen auf, wenn täglich mehr als 3 kg an Rinder und mehr als 0,5 kg an Schweine verfüttert werden. Die Vergiftung äußert sich in Durchfall, Polyurie mit Albuminurie und Hämaturie und in zentralnervösen Lähmungserscheinungen [H 18].
Nach Verfütterung von nicht genügend entfetteten Baumwollsaatmehlen treten beim Geflügel grün-bräunliche Eidotter auf.

Wirkungen auf die Haut: Die Baumwolle enthält ein Chinon – p-Hemigossypolon $C_{15}H_{14}O_5$, Fp. 166,5–169 °C –, das erst in der Pflanze auftaucht, seit man *Verticillium albo-atrum*-resistente Linien züchtet. Dieses Chinon hat fungizide Wirkungen und ist gleichzeitig ein Kontaktallergen. Fälle von allergischen Kontaktdermatitiden sind in amerikanischen Baumwoll-Mühlen beobachtet worden (priv. Mitt. Univ. South Carolina). Im Tierexperiment am Meerschweinchen konnte die sensibilisierende

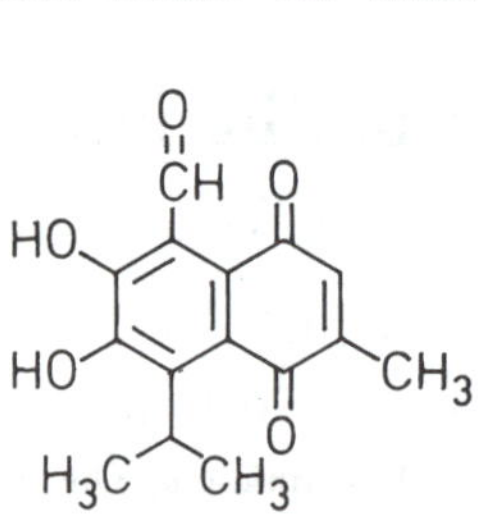

p-Hemigossypolon

Gossypium herbaceum

Wirkung des p-Hemigossypolons bestätigt werden [Hausen unveröff.].

Anwendungen in der Homöopathie: Besondere Beziehungen zu den weiblichen Geschlechtsorganen.
Ø-D_6: Dysmenorrhoe, Sterilität und sekundäre Amenorrhoe, Atonie der Gebärmutter, Neigung zu Fehlgeburten (habitueller Abort) oder Zurückbleiben der Nachgeburt, Schwangerschaftsbeschwerden mit Erbrechen.

Gefährlichkeitsgrad: giftig +

Vorschriften: Gossypium herbaceum: Monographie der Kommission D.

Literatur: H 12, H 18, H 21, H 30, J 12, K 27, M 2.

Therapie:
Erste Hilfe: Nach Verschlucken von Samen sofort viel trinken und erbrechen lassen, Kohle-Pulvis, bei oberflächlicher Atmung sofort Mund-zu-Mund-Beatmung. Notarzt verständigen.
Klinik: Durch den Notarzt am Unfallort falls erforderlich Intubation, künstliche Beatmung, sofortige Magenspülung, Plasmaexpander im Schock, Natriumkarbonatinfusion zum Azidoseausgleich, EKG-Kontrolle.

Gratiola officinalis L.

Gottesgnadenkraut. *E:* Hedge hyssop. *F:* Gratiole. *I:* Graziona, Fossicaria.

Familie: Scrophulariaceae, Rachenblütler.

Verbreitung, Vorkommen: Europa, Zentralasien, Nordamerika; fehlt in höheren Gebirgslagen; Sumpfwiesen, Teichränder, feuchte Orte.

Beschreibung: 15–30 cm hohe Pflanze, aufrecht, Stengel 4kantig. Blätter lanzettlich, gezähnt, kreuzgegenständig. Blüten einzeln, blattachselständig, gestielt, trichterförmig, weiß bis gelblich. Frucht vielsamige Kapsel. Blütezeit: Juni–August.

Droge: Herba Gratiolae, Gratiolae herba, Gottesgnadenkraut.
Die zur Blütezeit gesammelten und getrockneten oberirdischen Teile der Pflanze. Geruchlos, Geschmack bitter und brennend.

Giftige Pflanzenteile: Alle Pflanzenteile.

Hauptwirkstoffe: Das tetracyclische Triterpen Gratiogenin, Fp. 202–203 °C, Gratiogeninmonoglucosid, Fp. 282–286 °C, → *Gratiosid* (Gratiolin) $C_{42}H_{68}O_{14}$, Fp. 286–289 °C, 16-Hydroxygratiogenin,

Gratiola officinalis

Fp. 244–250 °C, Cucurbitacin I. Nach älteren Angaben Gratiotoxin [H 12].
In frischen Blättern 0,08% → *Cucurbitacin E* und 0,02% → *Cucurbitacin I.*

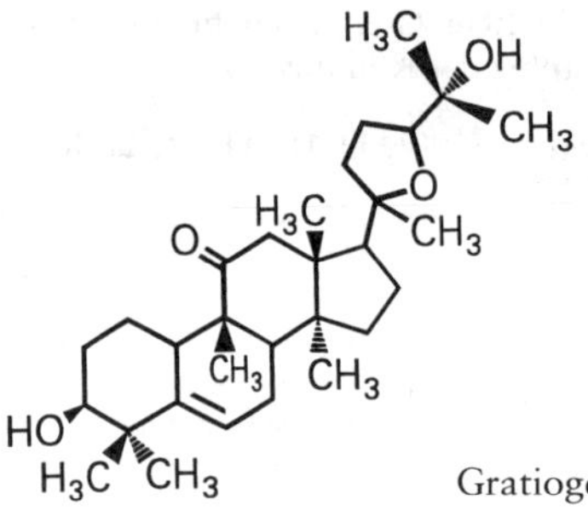

Gratiogenin

Vergiftungserscheinungen: Übelkeit, Speichelfluß, Erbrechen, Koliken, blutige Diarrhoen, Nierenreizung, Brennen in den Harnwegen, Krämpfe, Störung der Herztätigkeit und Atmung. In letalen Fällen erfolgt der Tod im Kollaps, vielleicht durch Atemlähmung. Beachtenswert ist auch die Beeinträchtigung des Sehvermögens und der Farbempfindung.

Örtlich reizend, resorptiv erst zentral erregend, dann lähmend. Dem Gratiotoxin wird eine starke digitalisartige Wirkung zugeschrieben. Als Nebenwirkungen wurden blutige Darmentleerungen, bei Schwangeren Abort, heftige Krämpfe, starkes Erbrechen und Störungen der Herz- und Atemtätigkeit beobachtet [H 12].
Bei Tieren vereinzelte Vergiftungen. Das giftige Gratiosid wird über die Milch ausgeschieden und so sind weitere Vergiftungen möglich.

Anwendungen in der Homöopathie: Teep 0,025 g bei Juckreiz.

Gefährlichkeitsgrad: Stark giftig + +

Vorschriften: Die Pflanze steht unter Naturschutz (A, CS, D, CH, I, YU, H). In der Roten Liste gehört sie zu den vom Aussterben bedrohten Pflanzen.
Gratiola officinalis: Monographie der Kommission D.

Literatur: B 36, F 16, G 4, H 1, H 12, L 10, M 2, M 3.

Therapie:
Erste Hilfe: Kohle-Pulvis-Gabe, Erbrechen auslösen, Natriumsulfat, viel warmen Tee trinken lassen.
Klinik: Magenspülung (evtl. mit burgunderfarbener Kaliumpermanganatlösung), Instillation von 10 g Kohle-Pulvis, Elektrolytsubstitution, Azidoseausgleich mit Natriumbikarbonat (Urin pH 7,5), Kontrolle der Nierenfunktion, bei Krämpfen Diazepam (Valium®) i.v., ggf. Plasma(expander)gabe, bei Atemlähmung: Intubation und Sauerstoffbeatmung.

Grevillea robusta A. Cunn ex R. Br.

Australische „Silbereiche“. *E:* Silky oak. *F:* Fougère en arbre. *I:* Grevillia.

Familie: Proteaceae.

Verbreitung, Vorkommen: Heimat Ostaustralien. Heute über die ganze Tropenzone verbreitet. Als Schattenbaum in höher gelegenen Kaffee- und Teeplantagen. Bei uns als Zimmerpflanze.

Beschreibung: 25–50 m hoher Baum. Blätter fiederteilig, unterseits filzig, silbrig. Blüten goldgelb, leuchtend, in kammartigen Blütenständen; Blütenblätter bleiben lange verbunden.

Hauptwirkstoffe: Alkylresorcinol-Verbindungen wie Grevillol (5-Tridecyl-resorcinol) und 5-(Pentadec-10-enyl)-resorcinol (in Grevillea banksii R. Br.)

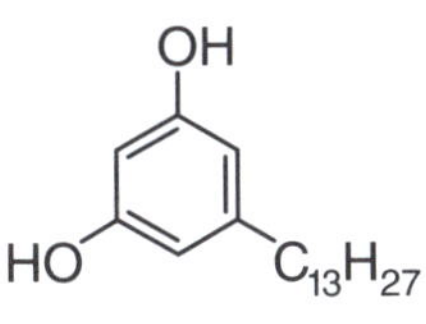

Grevillol

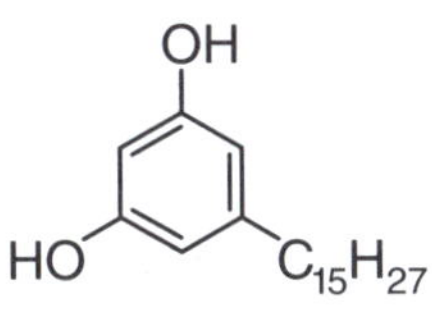

5-(Pentadec-10-enyl)-resorcinol

Wirkungen auf die Haut: Es ist anzunehmen, daß die im Holz als Hautreizstoffe und Kontaktallergene bereits identifizierten Alkylresorcinol-Verbindungen vom Typ Grevillol und 5-(Pentadec-10-enyl)-resorcinol auch bei den häufig beobachteten Fällen einer Kontaktdermatitis nach Umgang mit Grevillea-Arten ätiologisch eine Rolle spielen.
Seit Einführung der Grevillea-Kultursorten in Australien im Jahre 1975 sind Dutzende von Fällen vor allem bei Frauen beschrieben worden (Menz 1985, 1986). Die Autorin Menz vermutet, daß es sich dabei nur um die Spitze eines Eisbergs handelt. Bereits wesentlich früher, d. h. vor der Einführung der Topf- und Gartenkultivare, sind Kontaktdermatitiden bereits von Cleland in Australien und Arnold auf Hawaii nach zufälliger Berührung von wildwachsenden Grevillea-Arten mitgeteilt worden [H 21].

Gefährlichkeitsgrad: Allergen.

Literatur: H 21, O 6.

Therapie:
Bei Hautreizungen oder Asthma jeden weiteren Kontakt meiden.

Guajacum officinale L.

Guajakholzbaum, Pockholz. *E:* Guajacum. *F:* Gayac, Gaiac. *I:* Guaiaco.

Familie: Zygophyllaceae, Jochblattgewächse.

Verbreitung, Vorkommen: Wächst an trokkenen Orten Südamerikas und Westindiens.

Beschreibung: 5–10 m hoher Baum. Blätter breit elliptisch, paarig gefiedert, 4–8 cm lang. Blüten leuchtend blau, mit 5 Blütenblättern. Früchte flach oval, schwach geflügelt. Blüten und Früchte erscheinen das ganze Jahr hindurch.

Droge: Lignum Guajaci, Guajaci lignum, Pockholz, Franzosenholz.
Bis 30 cm dicke, schwere (Spez. Gew. 1,3) von der Rinde befreite Stamm- und Zweigstücke. Geruch würzig.

Hauptwirkstoffe: Etwa 5–6% äth. Öl mit Guajol, Guajazulen und Guajoxid, etwa 20% Harz (im Kernholz 15–25, im Splintholz 2–3%) = Resina Guajaci (im wesentlichen aus α- und β-Guajakonsäure bestehend), Guttin (Guajaguttin, das dem Viscin ähnlich ist), Saponine (Guajaksaponin, Aglykon = → *Oleanolsäure*), bassorinartiges Gummi von scharfem Geschmack und benzolartigem Geruch.

Vergiftungserscheinungen/Wirkungen auf die Haut: Größere Dosen (von Lignum Guajaci) bewirken Gastroenteritis mit Flatulenz, Kolik und Diarrhoe; sie sollen die Menstrualblutung verstärken und Herzklopfen, Benommenheit und Schwindel hervorrufen. Auch masernartige Exantheme wurden danach beobachtet [M 2].

Anwendungen: Früher vielfach als Antisyphiliticum verwendet (in Form der homöopathischen Urtinktur).

Anwendungen in der Homöopathie: D_1–D_4 bei Gelenkrheumatismus, trockener Angina und Pleuritis; Pharyngo-Laryngitis.

Gefährlichkeitsgrad: Giftig +

Vorschriften: Guajaci lignum: Monographie der Kommission E.
Guaiacum: Monographie der Kommission D.

Literatur: D 9, H 12, K 9, M 2, M 27.

Therapie:
Erste Hilfe: Kohle-Pulvis oder erbrechen lassen.
Klinik: In Extremfällen Magenspülung, Vitaltherapie (S. 56).

Gymnema sylvestre (Retz.) Schulte

Familie: Asclepiadaceae, Schwalbenwurzgewächse.

Verbreitung, Vorkommen: Die Liane kommt in Südwest-, Mittel- und Nordafrika vor.

Droge: Folia Gymnemae silvestris, Gymnemae silvestris folium, Gymnemablätter.
Die bis 8 cm langen, elliptischen bis eiförmigen, ledrigen Blätter schmecken anfangs bitter, später schwach sauer.

Hauptwirkstoffe: Ca. 6% Gymnemasäure als Kaliumsalz, ein Gemisch von mindestens 9 nahe verwandten Säureglykosiden [H 12].

Vergiftungserscheinungen: Das Blatt ist giftig mit folgenden Symptomen: Appetitmangel, Schwäche, Fieber, Diarrhöe und Tod durch Atemlähmung. Versuche mit Blattpräparaten ergaben Reizung des Kardiovascular-Systems, vermehrte Urinausscheidung, Reizung des Uterus, Verminderung des Blutzuckers. Die Hypoglykämie hält aber nicht sehr lange an [K 27].
Anmerkung: Die Geschmacksempfindung für süß wird durch Kauen der Blätter aufgehoben, für bitter aber nur wenig beeinflußt.

Gefährlichkeitsgrad: Giftig +

Literatur: H 12, K 27.

Therapie:
Erste Hilfe: Kohle-Pulvis nach Verschlucken.
Klinik: Atmung und Kreislauf überwachen. Nur in Extremfällen Magenspülung und Kohle-Pulvis erforderlich.

Gynura scandens O. Hoffm.

Klettergynure. *E:* Velvet plant. *F:* Gunure.

Gynura spec.

Gynura scandens

Familie: Asteraceae, Korbblütler.

Verbreitung, Vorkommen: Heimat: Trop. Ostafrika; Zimmerpflanze, Ampelgewächs.

Beschreibung: Rankender Halbstrauch. Blätter ca. 10 cm lang, gesägt, Oberseite violettgrün, Unterseite violett, wechselständig. Blüten gelb bis orange, zylindrig, körbchenförmig.
Blütezeit: April–September.

Giftige Pflanzenteile: Die ganze Pflanze.

Hauptwirkstoffe: Nach neueren Untersuchungen wurden 2 Pyrrolizidinalkaloide, Gynuramin und Acetylgynuramin gefunden [W 16].

Vergiftungserscheinungen: Wegen ihrer Strukturen können die beiden Pyrrolizidinalkaloide als hepatotoxisch eingestuft werden. Die Pflanze wird in Afrika medizinisch verwendet [W 16].

Gefährlichkeitsgrad: Giftig +

Literatur: W 16, W 35.

Therapie:
Erste Hilfe: Kohle-Pulvis oder erbrechen lassen.
Klinik: In Extremfällen Magenspülung, Vitaltherapie (S. 56).

Hagenia abyssinica (Bruce) J.F. Gmelin

(Brayera anthelmintica Kunth, Bankesia abyssinica Brune)

Koso. *E:* Kousso, Koosso, Cusso. *F:* Kousso.

Familie: Rosaceae, Rosengewächse.

Verbreitung, Vorkommen: Der bis 20 m hohe Baum bewohnt die höheren Stufen der ostafrikanischen Hochgebirge.

Droge: Flores Koso, Koso flos, Kosoblüten. Die nach dem Verblühen gesammelten und getrockneten, rötlichen, weiblichen Blüten.

Hauptwirkstoffe: Die Phloroglucinderivate Kosotoxin und Protokosin sowie die Zersetzungsprodukte α-Kosin $C_{25}H_{32}O_8$ und β-Kosin $C_{25}H_{32}O_8$ [H 12].

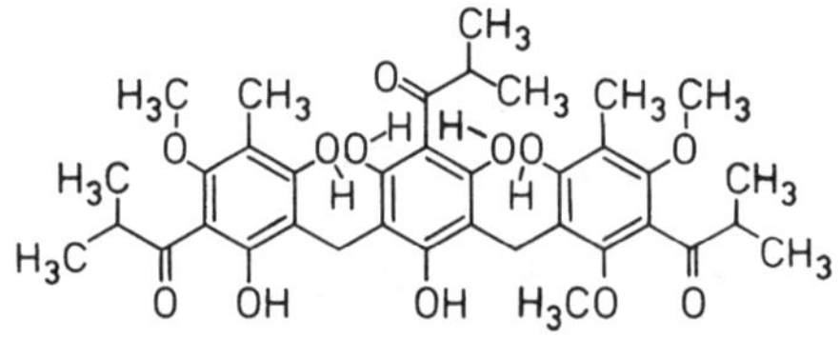

Protokosin

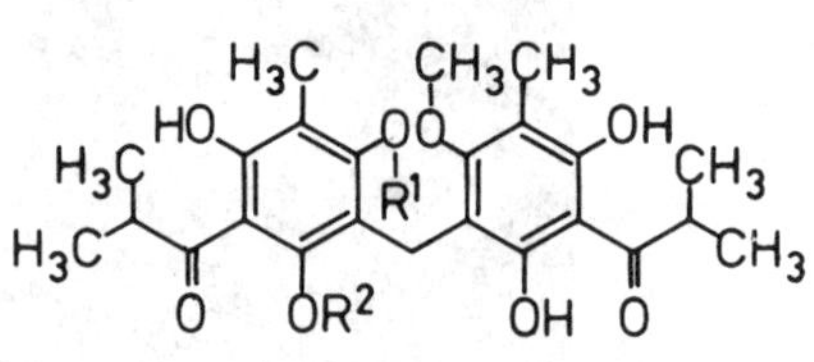

α-Kosin: $R^1=CH_3$; $R^2=H$
β-Kosin: $R^1=H$; $R^2=CH_3$

Vergiftungserscheinungen: Die Kosoinhaltsstoffe sind typische Muskelgifte für niedere Tiere. Kosotoxin lähmt am Warmblüter Muskeln und die motorischen Nervenenden; der Tod tritt durch Atemlähmung ein. Auch auf den Herzmuskel erstreckt sich die Wirkung. Beim Menschen sind lokale Reizungen des Magen- und Darmkanals, Speichelfluß, Übelkeit und Brechdurchfall sowie schwere Kollapszustände und Sehstörungen beobachtet worden [H 12].
Koso verlangsamt die Herztätigkeit und gibt zu sehr unangenehmen Symptomen An-

Hagenia abyssinica

laß. Kontraindiziert ist es besonders bei Schwangeren.
Schon 1615 erwähnte der Jesuit N. Godinko die Kosoblüten als Bandwurmmittel.

Dosierung: Die frische Droge ist ein sicheres Bandwurmmittel. Durchschnittlich 8–16 g als Infus, BPC 49. Nach Braun Erwachsene 20–30 g, Kinder 10–15 g der pulverisierten Droge, mit Zitronensaft oder Rotwein verrührt [H 12].

Gefährlichkeitsgrad: Giftig +

Literatur: H 12, M 2.

> **Therapie:**
> Erste Hilfe: Sofortiges Erbrechen, 10 g Kohle-Pulvis, Natriumsulfat.
> Klinik: Magenspülung (evtl. mit burgunderfarbener Kaliumpermanganatlösung), Instillation von 10 g Kohle-Pulvis und Natriumsulfat, Elektrolytsubstitution, Azidoseausgleich mit Natriumbikarbonat (Urin pH 7,5), bei Krämpfen Diazepam (Valium®) i.v., ggf. Intubation und Sauerstoffbeatmung.

Hedeoma pulegioides (L.) Pers.

(Cunila pulegioides L., Zizyphora pulegioides Desf.)

Amerikanischer Polei. *E:* Penny royal, Squaw mint.

EDV-Code: HEDPU.

Familie: Lamiaceae, Lippenblütler.

Verbreitung, Vorkommen: Das minzartig riechende Kraut ist in Nordamerika heimisch.

Droge: Herba Hedeomae, Hedeomae herba, Flohkraut.

Hauptwirkstoffe: In der frischen Pflanze etwa 0,6–1%, in der getrockneten 1,3–3% ätherisches Öl (Oleum Hedeomae, Hedeomae aetheroleum, Amerikanisches Poleiöl, Pennyroyal oil mit → *Pulegon* [H 12].

Vergiftungserscheinungen: Wie bei vielen ätherischen Ölen werden bei der Ausscheidung die Harnwege gereizt, gleichzeitig auch Dickdarm und Genitalsystem, und man beobachtet nach mäßigen Dosen Hyperämie, nach größeren Dosen Ausschwitzungen und Blutungen in diesen Gebieten. Potter beobachtete nach dem Genuß einer zu starken Dosis einen Todesfall unter narkotischen Erscheinungen [M 2].
Nach Einnahme eines Teelöffels etherischen Öles beobachtete man Bewußtlosigkeit, Kälte der Glieder, Zittern, tetanische Krämpfe und nach der Wiederherstellung noch einige Zeit Muskelschwäche [H 12].

Gefährlichkeitsgrad: Giftig +

Vorschriften: Hedeoma pulegioides: Monographie der Kommission D.

Literatur: H 12, M 2.

> **Therapie:**
> Erste Hilfe: Kohle-Pulvis-Gabe, Erbrechen auslösen, Natriumsulfat, viel trinken lassen.
> Klinik: Magenspülung (evtl. mit burgunderfarbener Kaliumpermanganatlösung), Kohle- und Natriumsulfatinstillation, gegen Koliken Atropin, Elektrolytsubstitution, Azidoseausgleich mit Natriumbikarbonat (Urin pH 7,5), Kontrolle der Nierenfunktion, bei Krämpfen Diazepam (Valium®) i.v., ggf. Intubation und Sauerstoffbeatmung.

Hedera helix L.

Efeu. *E:* Ivy. *F:* Lierre commun. *I:* Edera. *NL:* Klimop.

Blüten

Früchte

EDV-Code: HEEHE.

Familie: Araliaceae, Efeugewächse.

Verbreitung, Vorkommen: Eurasien, Nordamerika; an Bäumen, Mauern, in Gärten, Parkanlagen, lichten Wäldern.

Beschreibung: Kletternder oder kriechender Strauch, 20–50 m lang. Blätter immergrün mit 3–5 Lappen oder ganzrandig. Blütendolden grünlich-gelb. Beeren blauschwarz, kugelig.
Blütezeit: August–Oktober.
Früchte: (reif) Frühjahr.

Droge: Folia (Herba) Hederae helicis, Hederae helicis folium, Efeublätter(kraut). Geschmack bitter, schwach kratzend.

Giftige Pflanzenteile: Blätter, schwarze Beeren (sehr bitter), besonders das Fruchtfleisch.

Hedera helix

Hauptwirkstoffe: In den Blättern (Gesamtsaponingehalt 2,5–5,7%) die Saponine → *α-Hederin* (Helixin) $C_{41}H_{66}O_{12}$, Fp. 256–259 °C, das durch Hydrolyse Hederagenin (Hederidin, Kaulosapogenin, Melanthigenin) $C_{30}H_{48}O_4$, Fp. (dec.) 332–334 ° C, 1 Mol Arabinose und 1 Mol Rhamnose liefert, und β-Hederin (α-L-Rh 1 → Δ α-L-Ar 1 → 3 Oleanolsäure), außerdem Hederacosid B und C; kürzlich identifiziert Hederasaponin X. [H 12].
Die Sesquiterpene Germacren B, β-Elemen und Elixen.

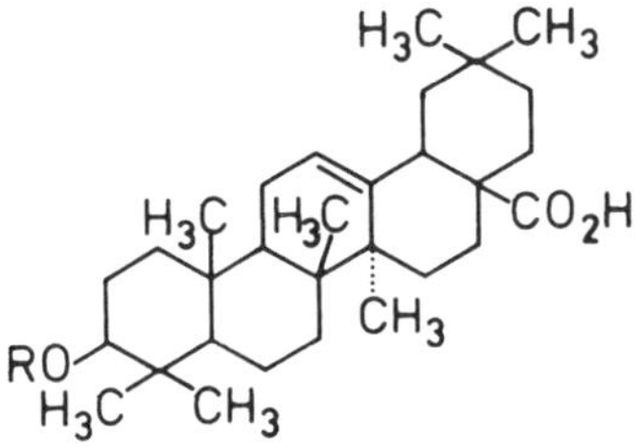

Hederagenin: R=H
α-Hederin: R=Rhamnose (1 → 2); Arabinose (1 → 3)

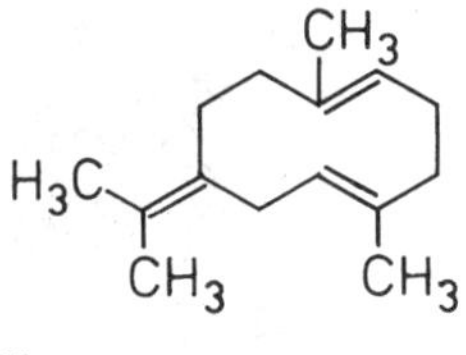

Germacren

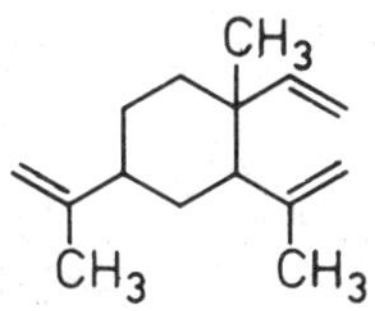

β-Elemen

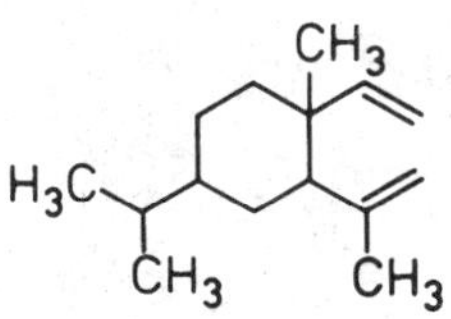

Elixen

Vergiftungserscheinungen: Das Hederin soll eine beträchtliche gefäßverengende und hämolytische (HI=150000) Wirkung besitzen, auch sollen Reizeigenschaften auf die Schleimhäute des Magen-Darm-Trakts festgestellt worden sein. Extrakte aus Efeublättern und -stielen können den von Acetylcholin hervorgerufenen Bronchialkrampf verzögern und abschwächen; Extrakte aus dem Xylem wirken ferner entzündungshemmend. Das Fruchtfleisch der Beeren gilt als besonders toxisch, es können schwere Vergiftungen, besonders bei Kindern, vorkommen [H 12].
Übelkeit, Erbrechen, Kopfschmerzen, schneller hüpfender Puls, scharlachartiger Ausschlag, zuerst an den Beinen, dann an Gesicht und am Rücken, Benommenheit bis zum Delirium, Atemstillstand, Schock, Temperaturerhöhung, tödlicher Ausgang bei großen Mengen möglich.
Es wird berichtet, daß ein Säugling und ein 5jähriges Kind 1 Blatt ohne Beschwerden gegessen haben.
Ein 3jähriges Kind aß eine größere Menge und bekam Halluzinationen, Hautausschlag, Mydriasis und erhöhte Temperatur.
Vergiftungen durch Efeubeeren bei Hühnern sind in neuerer Zeit beschrieben worden.
Nach Berichten aus dem Schweizerischen Toxikologischen Informationszentrum traten bei 4 Kindern, nach Einnahme von 2–3 Efeubeeren, folgende Symptome auf: Bauchkrämpfe, Erbrechen und Gesichtsrötung. In 2 Fällen waren die Kinder somnolent [J 12].
Nach Weilemann [W 38] sind vorwiegend halb- bis dreijährige Kinder betroffen; es wurden nur bei 13% aller Fälle Magen- und Darmbeschwerden beobachtet.
Da es bei Efeu auch Berichte über schwerwiegende Vergiftungen gibt, ist anzunehmen, daß bei Efeu wie bei vielen Pflanzen starke Schwankungen der Inhaltsstoffe auftreten.

Wirkungen auf die Haut: Beim Zurückschneiden des Efeus kommt es häufiger zu primär irritativen und auch zu allergischen Kontaktdermatitiden. In der Literatur sind mehr als 120 Fälle beschrieben. Die allergieinduzierende Potenz des Efeus konnte vor

Hedera helix

kurzem experimentell gesichert werden. Das aus den Blättern isolierte Kontaktallergen ist eine relativ labile Verbindung, die auch im Winter in der Pflanze enthalten ist. Dadurch erklären sich auch einige Fallbeschreibungen, die im Winter zur Beobachtung kamen. Die zur Zeit durchgeführten Untersuchungen zur Strukturaufklärung weisen auf eine Verbindung aus der Gruppe der Polyine (Polyacetylene) (mehrere C-Dreifachbindungen) [Bröhan, Faasch, Hausen, Publ. in Vorber.].

Anwendungen in der Homöopathie: Teep D_2 bei Thyreotoxikosen, Asthma bronchiale der Kinder.

Gefährlichkeitsgrad: Giftig +

Vorschriften: Hedera helix: Monographie der Kommission D.
Hederae helicis folium: Monographie der Kommission E.

Literatur: B 36, F 16, G 4, H 12, J 5, J 12, L 10, M 2, M 3, M 27, W 3, W 38.

Therapie:
Erste Hilfe: Kohle-Pulvis 10 g, ggf. Augen spülen. Lokal Locacorten®-Schaum.
Klinik: Magenspülung (evtl. mit burgunderfarbener Kaliumpermanganatlösung), Instillation von 10 g Kohle-Pulvis, Elektrolytsubstitution, Azidoseausgleich der Nierenfunktion, bei Krämpfen Diazepam (Valium®), gegen Koliken Atropin, ggf. Intubation und Sauerstoffbeatmung.

Heliotropium arborescens L.

Sonnenwende, Vanilleblume. *E:* Garden heliotrope. *F:* Fleur des Dames. *I:* Eliotropio, Girasole del Peru.

EDV-Code: HEOAR.

Familie: Boraginaceae, Rauhblattgewächse.

Verbreitung, Vorkommen: Heimat: Peru; Gartenzierpflanze.

Beschreibung: Immergrüner Halbstrauch, bis 1,2 m hoch. Blätter lanzettlich, bis 12 cm lang, kurzgestielt, runzelig. Blüten 3–6 cm lang, violett, in doldentraubig zusammengesetzten Wickeln, starker Vanilleduft.
Blütezeit: Mai–September.
Eine in Mitteleuropa und Südeuropa heimische Art ist Heliotropium europaeum L.

Giftige Pflanzenteile: Die ganze Pflanze.

Hauptwirkstoffe: → *Pyrrolizidin-Alkaloide* 0,9% (tert. Basen und N-oxide) in Heliotropium europaeum, Hauptalkaloid Heliotrin sowie Cynoglossin.

Heliotropium arborescens

Vergiftungserscheinungen: Cynoglossin steigert die Herzfrequenz, erweitert die Pupillen, lähmt das Atemzentrum und kann den Tod durch Herzstillstand in der Diastole hervorrufen.
Besonders bei Tieren kann es durch Beimengungen von Heliotropium-Samen zu Vergiftungen kommen, die auch zum Tode führen können [F 16].

Gefährlichkeitsgrad: Giftig +

Vorschriften: Heliotropium arborescens: Monographie der Kommission D.
Alle Arten der Gattung Heliotropium (Sonnenwendkraut) sind in der „Bekanntmachung über die Zulassung und Registrierung von Arzneimitteln vom 5. 6. 1992" aufgeführt.

Literatur: F 16, H 12.

Therapie:
Erste Hilfe: Sofort Kohle-Pulvis (10 g), Erbrechen auslösen, Natriumsulfat.
Klinik: Magenspülung (evtl. mit burgunderfarbener Kaliumpermanganatlösung), Instillation von 10 g Kohle-Pulvis, Natriumsulfat. Nach der Resorption (Krämpfe) Relaxierung und Intubation, evtl. Sauerstoffbeatmung.

Helleborus foetidus L.

Stinkende Nieswurz. *E:* Setter wort, Stinking hellebore. *F:* Pied de griffon. *I:* Elleboro puzzolente. *NL:* Stinkend nieskruid.

EDV-Code: HLLFO.

Familie: Ranunculaceae, Hahnenfußgewächse.

Verbreitung, Vorkommen: Westliches und südliches Europa, in Deutschland nur im mittleren und südwestlichen Teil; Wälder, Waldränder, Abhänge.

Beschreibung: 30–50 cm hohe, ausdauernde, buschige Pflanze, Stengel von unten an beblättert. Blätter 7–9teilig, untere gestielt. Blüten nickend, 5 Kronblätter, grün, rot gerandet. Balgfrucht vielsamig.
Blütezeit: März–April.

Hauptwirkstoffe, Vergiftungserscheinungen: In den Blütenblättern Ranunculosid. Wirkung etc. → *Helleborus niger.*

Helleborus niger L.

Schwarze Nieswurz, Christrose. *E:* Christmas-rose. *F:* Rose de Noël. *I:* Elleboro nero, Rosa di Natale.

EDV-Code: HLLNI.

Familie: Ranunculaceae, Hahnenfußgewächse.

Verbreitung, Vorkommen: Südeuropa, südliches Mitteleuropa, Alpengebiet; in Wäldern, Gebüschen. Als Gartenzierpflanze.

Beschreibung: Ausdauernde, 20–30 cm hohe Pflanze. Blätter grundständig, langgestielt, 4–9teilig, ledrig, dunkelgrün. Blüten meist einzeln, endständig, hängend, weiß. Balgfrucht vielsamig.
Blütezeit: Dezember–Februar.

Droge: Rhizoma Hellebori nigri, Hellebori nigri rhizoma, Schwarze Nieswurzel.
Der getrocknete Wurzelstock mit Wurzeln. Geruch schwach, Geschmack stark bitter, dann scharf und brennend.

Giftige Pflanzenteile: Alle Pflanzenteile.

Hauptwirkstoffe: In den unterirdischen Teilen „Helleborin“, ein Saponingemisch, das hauptsächlich aus Steroidsaponinen besteht. Hellebrin wurde nach neueren Untersuchungen nicht festgestellt.
In Blüte, Stengel und Blatt Ranuncosid.

Vergiftungserscheinungen: Entzündung des Mundes, Übelkeit, Durchfall, Gefäßkrämpfe, erweiterte Pupillen, Atemnot, brennender Durst, Herzrhythmusstörungen, Erscheinungen wie bei → *Digitalis,* Tod durch Atemlähmung.
Brugsch berichtet von einer schweren Vergiftung nach nur 3 reifen Samenkapseln. 2 Kinder bekamen Schleimhautreizungen.
Todesfälle durch Verwendung von Helleborus als Wurmmittel sind im vorigen Jahrhundert beschrieben worden. Intoxikationen auch durch Niespulver → *Veratrum album.*
Auf Bergweiden können Vergiftungen bei Pferden und Wiederkäuern auftreten. Als Folge stellen sich akute Gastroenteritis, zentralnervöse Erregungen, Lähmungen und digitalisähnliche Herzwirkungen ein.

Anwendungen in der Homöopathie: D_3 bei Wassersucht, Schrumpfniere, Nierenentzündung. Tbl. 2,5 mg bei Harnvergiftung; Herzschwäche mit Ödemen.

Gefährlichkeitsgrad: Sehr stark giftig + + +

Vorschriften: Die Pflanze steht unter Naturschutz (A, CS, D, CH, I, YU). Sie gehört in der Roten Liste zu den potentiell gefährdeten Pflanzen.
Helleborus niger: Monographie der Kommission D.
Spielwaren- und Scherzartikelverordnung, Anlage (zu § 1 Abs.1): Pulver aus der Wurzel der Christ-, Weihnachtsrose (Helleborus niger) Schwarze Nieswurz verbotener Stoff im Niespulver.

Literatur: B 36, D 9, E 12, F 16, G 4, H 12, H 18, J 12, M 2, M 11, M 12, M 27, T 17.

Helleborus niger

Therapie:
Erste Hilfe: Sofortiges Erbrechen, 10 g Kohle-Pulvis, Natriumsulfat.
Klinik: Magenspülung (evtl. mit burgunderfarbener Kaliumpermanganatlösung), Instillation von 10 g Kohle-Pulvis und Natriumsulfat, Elektrolytsubstitution, Azidoseausgleich mit Natriumbikarbonat (Urin pH 7,5), bei Krämpfen Diazepam (Valium®) i.v., ggf. Intubation und Sauerstoffbeatmung.

Helleborus viridis L.

Grüne Nieswurz. *E:* Bear's foot, Green hellebore. *F:* Herbe à la bosse, Héllebore vert. *I:* Elleboro verde.

Familie: Ranunculaceae, Hahnenfußgewächse.

Verbreitung, Vorkommen: Westeuropa, Mitteleuropa zerstreut; Gebirgswälder; Zierpflanze in Gärten.

Beschreibung: Ausdauernde, 20–40 cm hohe, krautige Pflanze, Blätter langgestielt, 7–9teilig. Blüten grün, meist 5 Kronblätter, endständig, 3–5blütig. Balgfrucht vielsamig. Blütezeit: März–April.

Droge: Rhizoma Hellebori viridis, Hellebori viridis rhizoma, Grüne Nieswurzel.
Der getrocknete Wurzelstock mit Wurzeln. Geschmack intensiv bitter, dann scharf und brennend, der frisch rettichartige Geruch verschwindet beim Trocknen.

Giftige Pflanzenteile: Die ganze Pflanze.

Hauptwirkstoffe: Etwa 0,1% Helleborin, → *Hellebrin,* die Alkaloide Celliamin $C_{21}H_{45}NO_2$, Fp. 127–131 °C,

Helleborus viridis

Weitere giftige Helleborus-Arten [E 12]

Art	Wuchsform	Blütezeit	Verbreitung
Helleborus antiquorum A. Br.	Staude	3–4	Nordwest-Kleinasien
Helleborus cyclophyllus Boiss.	Staude	4–5	Balkan
Helleborus dumetorum Waldst. et Kit.	Staude	4–5	Jugoslawien
Helleborus lividus Ait.	Staude	3–4	Korsika, Sardinien, Balearen
Helleborus multifidus Vis.	Staude	4–5	Jugoslawien, Albanien
Helleborus odorus Waldst. et Kit.	Staude	2–3	Ost- u. Süd-Europa
Helleborus orientalis Lam.	Staude	2–4	Griechenland, Türkei
Helleborus purpurascens Waldst. et Kit.	Staude	3–4	Ungarn, Jugoslawien

Sprintillamin $C_{28}H_{45}NO_4$, Fp. 228–229 °C, Sprintillin $C_{25}H_{41}NO_3$, Fp. 141–142 °C [H 12].
In den Wurzeln außerdem Desglucohellebrin und das Bufadienolid 14-Hydroxy-3-oxo-1,4,20,22-bufatetraenolid.

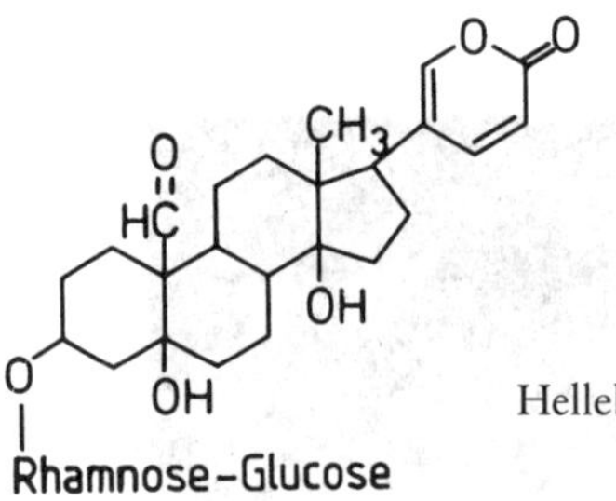

Hellebrin

Vergiftungserscheinungen: Die Alkaloide stehen in ihrer Wirkung dem Cevadin (Veratrin), Aconitin und Delphinin sehr nahe. Die pharmakologische Hauptwirkung ist eine Erregung motorischer Hirnzentren (zuerst der Atmung, dann Unruhe und Krämpfe, endlich Lähmung, insbesondere Atemlähmung); am Herzen erzeugen die Viridis-Alkaloide Bradycardie und negative Inotropie. Celliamin und Sprintillamin töten wahrscheinlich durch eine unmittelbare Schädigung des Atemzentrums [H 12].

Gefährlichkeitsgrad: Sehr stark giftig + + +

Vorschriften: Die Pflanze steht unter Naturschutz (A, CS, D, CH, I, H).
Helleborus viridis: Monographie der Kommission D.
Spielwaren- und Scherzartikelverordnung, Anlage (zu § 1 Abs.1): Pulver aus der Wurzel des Bärenfußes (Helleborus viridis) – Grüne Nieswurz verbotener Stoff im Niespulver.

Literatur: B 36, E 12, F 16, G 4, H 12, W 29.

Therapie:
Erste Hilfe: Sofortiges Erbrechen, 10 g Kohle-Pulvis, Natriumsulfat.
Klinik: Magenspülung (evtl. mit burgunderfarbener Kaliumpermanganatlösung), Instillation von 10 g Kohle-Pulvis und Natriumsulfat, Elektrolytsubstitution, Azidoseausgleich mit Natriumbikarbonat (Urin pH 7,5), bei Krämpfen Diazepam (Valium®) i.v., ggf. Intubation und Sauerstoffbeatmung. Atropin bzw. Orciprenalin bei Bradykardie. EKG-Monitorkontrolle.

Hepatica nobilis Mill.

(Anemone hepatica L.)

Leberblümchen. *E:* Lever leaf. *F:* Hépathique. *I:* Erba trinità.

Familie: Ranunculaceae, Hahnenfußgewächse.

Verbreitung, Vorkommen: Fast ganz Europa; Mitteleuropa zerstreut oder fehlend; Laubwälder, kalkliebend.

Beschreibung: Ausdauernde, krautige, bis 15 cm hohe Pflanze. Blätter 3lappig, lederartig, grundständig, nach der Blüte erscheinend. Blüten himmelblau, endständig, auf 3 grünen Hochblättern 6–8 Blütenblätter. Blütezeit: Februar–April.

Droge: Herba Hepaticae (nobilis), Hepaticae (nobilis) herba, Edelleberkraut.

Giftige Pflanzenteile: Die ganze Pflanze.

Hauptwirkstoffe: → *Protoanemonin* (weniger als in → *Anemone nemorosa*).

Vergiftungserscheinungen: Toxikologie → *Anemone nemorosa.*

Vorschriften: Pflanze steht unter Naturschutz.
Hepatica nobilis (Hepatica triloba): Monographie der Kommission D.

Literatur: B 36, F 16, G 4, H 12, M 2.

Therapie:
Erste Hilfe: Kohle-Pulvis-Gabe, Erbrechen auslösen, Natriumsulfat, viel warmen Tee trinken lassen. Lokal Locacorten-Schaum.
Klinik: Magenspülung (evtl. mit burgunderfarbener Kaliumpermanganatlösung), Instillation von 10 g Kohle-Pulvis, Elektrolytsubstitution, Azidoseausgleich mit Natriumbikarbonat (Urin pH 7,5), Kontrolle der Nierenfunktion, bei Krämpfen Diazepam (Valium®) i.v., ggf. Plasma(expander)gabe, bei Atemlähmung: Intubation und Sauerstoffbeatmung.

Heracleum mantegazzianum Somm. et Levier

Riesen-Bärenklau, Herculeskraut. *E:* Giant hogweed. *F:* Grande berse.

EDV-Code: HERMZ.

Familie: Apiaceae, Doldengewächse.

Verbreitung, Vorkommen: Heimat: Kaukasus; Zierpflanze, oft verwildert in Waldschneisen, an Wald- und Wegrändern.

Beschreibung: Bis 3,5 m hohe Pflanze, mit im Grunde ca. 10 cm dickem, rot gesprenkeltem Stengel. Blätter gefiedert, Einzelblätter zugespitzt. Blüten weiß, in bis zu 50 cm breiten Dolden.
Blütezeit: Juli–September.

Giftige Pflanzenteile: Die ganze Pflanze, besonders der Saft.

Hauptwirkstoffe: 6,7-Furocumarine wie 8-Methoxypsoralen, → *Bergapten,* → *Imperatorin* mit phototoxischen Eigenschaften. Nach Knudsen wird der Höchstgehalt an photosensibilisierenden Substanzen im April/Mai erreicht [F 16].

Wirkungen auf die Haut: Bei Berührung und gleichzeitiger Sonneneinstrahlung kommt es zu stark juckenden Hautentzündungen, die häufig mit bemerkenswert starker Blasenbildung einhergehen. Die Hautveränderungen gleichen Verbrennungen dritten Grades und heilen gewöhnlich erst nach Wochen unter Hinterlassung von Narben und Pigmentveränderungen ab.
Die Pflanze ist häufig Verursacher der „Bullösen Wiesendermatitis". Sie tritt nicht nur auf, wenn man unbekleidet mit der Pflanze in Berührung kommt und anschließend ein Sonnenbad nimmt, sondern auch, wenn Rasenmäher mit Schlagkreuzmessern den Saft dieser Pflanzen versprühen, so daß er auf die unbekleidete Haut kommt, die anschließend der Sonne ausgesetzt wird.
Der sicherste Weg zur Verhütung solcher Reaktionen ist, diese Pflanzen bei sonnigem Wetter zu meiden oder entsprechende Kleidung zu tragen.
Interessanterweise ist die Berührung mit dem Saft in den Morgenstunden gefährdender als in den Abendstunden. Anscheinend ist die Haut für eine Photosensibilisierung nach der Nachtruhe im Dunkeln empfänglicher.
Ippen beschreibt den Fall eines $3^1/_2$jährigen Mädchens, das im Juni wegen entzündlichen bullösen Hautveränderungen in die Klinik eingewiesen wurde. Das Kind hatte nackt im Garten bei strahlender Sonne gespielt. In der Nacht erschienen zunächst fast schmerzlose rote Streifen und Flecken, auf denen im Verlauf der darauffolgenden 24 Std. Blasen aufschossen. Der Mutter wurden mehrere in Betracht kommende Pflanzen gezeigt. Sie konnte dann aussagen, daß in ihrem Garten zahlreiche Bärenklaupflanzen als „Unkraut" wachsen würden. Die Hautveränderungen wurden mit Mercurochrom und Puder rasch unter Kontrolle gebracht.***

Heracleum mantegazzianum

Die Frankfurter Rundschau meldete am 24. Juli 1974 unter der Überschrift „Pflanzensaft verletzte Kinder“: „Nicht Industriesäure, sondern der ätzende Saft der Wiesenkräuter Bärenklau und Herkulesstaude (Riesen-Bärenklau) hat vor einigen Wochen die Hautschädigungen bei acht zwischen 6 und 14 Jahren alten Hagener Kindern verursacht. Zuerst war angenommen worden, daß Industrieabwässer in dem Flüßchen Volme, in dem die Kinder gespielt hatten, die Ursache für die schweren Hautschädigungen seien“ [H 42].

Ursache der phototoxischen Reaktionen sind Verbindungen vom Psoralentyp wie z. B. Bergapten (5-Methoxypsoralen), Isopimpinellin (5,8-Dimethoxypsoralen), Sphondin (6-Methoxyangelicin) etc., deren gemeinsames UV-Absorptionsmaximum bei 310–320 nm liegt.* Experimentelle Untersuchungen (auch eigene) belegen, daß Furocumarine nur äußerst selten photosensibilisierende Wirkung haben.** Die klinischen Bilder der phototoxischen Wirkung der Furocumarine werden in der Literatur häufig unter dem Begriff der „Wiesendermatitis“ beschrieben. Blatt- und Wurzelöle sind ohne dermatotoxische Aktivität.

Nach eigener Beobachtung muß es Pflanzen geben, deren Saft keine oder nur geringe Hautwirkung besitzt. Vielleicht hat der Saft auch im Verlauf der Vegetationsperiode eine verschiedene Wirksamkeit. Der Verfasser und seine Familienangehörigen kamen im eigenen Garten mit den zahlreichen dort wachsenden Pflanzen und beim Zurückschneiden auch mit deren Saft häufiger in Berührung, ohne daß irgendwelche Hautreizungen beobachtet wurden.

Gefährlichkeitsgrad: Giftig +, phototoxisch und hautschädigend.

Literatur: B 14, F 16, H 42, I 6, J 2, Z 3.

* Kavli G et al.: Contact Derm. 9, 27 und 257, 1983.

** Chung CW et al.: J. invest. Derm. 55, 396, 1970.

*** Ippen H: Derm. Beruf Umwelt 32, 134, 1984 (Falldemonstration mit Farbaufnahmen).

Therapie:
Meidung von direkter Haut- und dann Sonnenexposition. Lokal Cortison. Nach Verschlucken Kohle-Pulvis (10 g), dann ärztliche Überwachung.

Heracleum sphondylium L.

Wiesen-Bärenklau. *E:* Common cowparsnip. *F:* Fausse branc-ursine. *I:* Panace comune. *NL:* Bereklauw.

EDV-Code: HERSP.

Familie: Apiaceae, Doldengewächse.

Verbreitung, Vorkommen: Europa, West- und Nordasien, westl. Nordafrika. In Mitteleuropa häufig auf Wiesen und an Weg- und Waldrändern.

Beschreibung: Ausdauernde, krautige, 80–150 cm hohe Pflanze mit kantig gefurchtem Stengel. Blätter gefiedert, Blattscheiden bauchig aufgeblasen. Blüten weiß, in flacher zusammengesetzter Dolde.
Blütezeit: Juni–Oktober.

Giftige Pflanzenteile: Ganze Pflanze, hauptsächlich unreife Früchte.
Phototoxizität zeigen die Früchte aller Subspecies, die Blätter mit Ausnahme von Subsp. sphondylium und sibiricum, die Wurzeln außer Subsp. alpinum. Bei den Populationen der einzelnen Unterarten treten stark variierende Wirkungen auf [W 9].

Hauptwirkstoffe: Furocumarine. In den Wurzeln Pimpinellin, Isopimpinellin, Sphondin, → *Bergapten;* in den Früchten außerdem → *Xanthotoxin,* → *Imperatorin.* Unreife Früchte besitzen den höchsten Furocumaringehalt.

Vergiftungserscheinungen: Die Furocumarine → *Bergapten,* → *Xanthotoxin* und Isopimpinellin zeigen mutagene Wirkungen.

Wirkungen auf die Haut: → *Heracleum mantegazzianum.*
Nach Weilemann [W 38] sind vor allem Kinder (von beiden Arten, d. Herausg.) im Sommer betroffen. Bei 85% aller bekanntgewordenen Fälle traten Symptome auf, die zu 90% in Hautreizungen bestanden.

Aus den Erfahrungen der Beratungsstelle für Vergiftungserscheinungen, Berlin:
Nach Berührung der Pflanze kam es in 9 Fällen zur Rötung und Schwellung der Haut sowie zur Blasenbildung (wie Verbrennungen I. u. II. Grades).

Gefährlichkeitsgrad: Wenig giftig (+), hautreizend.

Vorschriften: Heracleum sphondylium: Monographie der Kommission D.

Literatur: A 4, F 16, G 4, H 12, K 40, M 2, W 9, W 38.

Therapie:
Meidung von Sonnenexposition. Lokal Cortison.

Hesperis matronalis L.

Nachtviole. *E:* Dame's violet, Queen's gilliflowers. *F:* Giroflée des dames. *I:* Viola ciocca antoniana, Esperide. *NL:* Damastbloem.

EDV-Code: HEVMA.

Familie: Brassicaceae, Kreuzblütler.

Verbreitung, Vorkommen: Europa, in Mitteleuropa kultiviert, verwildert und eingebürgert; Wegränder, Schuttplätze, Gebüsche, Raine.

Beschreibung: Zweijährige bis ausdauernde, 40–80 cm hohe Pflanze. Blätter eiförmig bis lanzettlich, zugespitzt, gezähnt. Blüten violett oder lila, gestielt, in reichblütigen Trauben. Früchte lineal, 3–4 cm lang.
Blütezeit: Mai–Juli.

Giftige Pflanzenteile: Die ganze Pflanze, vor allem die Samen.

Hauptwirkstoffe: Cardenolid-glykoside und Senföl-glykoside.

Gefährlichkeitsgrad: Wenig giftig (+)

Literatur: H 12.

Therapie:
Erste Hilfe: Kohle-Pulvis oder erbrechen lassen.
Klinik: In Extremfällen Magenspülung, Vitaltherapie (S. 56).

Hierochloë odorata (L.) P. Beauv.

Wohlriechendes Mariengras, Duft-Mariengras, Vanillegras. *E:* Sweet grass, holy grass. *F:* Houlque odorante. *NL:* Veenreukgras.

EDV-Code: HIROD.

Familie: Poaceae, Gräser.

Verbreitung, Vorkommen: Nord-, Mittel- und Osteuropa, Nordasien, Nordamerika. Bei uns im nördlichen Deutschland und in Bayern, an Gräben, Ufern, sumpfigen Wiesen und in Gebüschen.

Beschreibung: 30–50 cm hohes Gras mit kriechendem Erdsproß und langen Ausläufern. Oberstes Blatt mit langer Scheide und kurzer Spreite. Ährchen bräunlich-gelb, 3blütig; männliche Blüten unbegrannt; Blütenstand in lockeren Rispen, bis 15 cm lang, mit geschlängelten Ästen.
Blütezeit: Mai–Juni.
Hierochloë australis (Schrad.) R. et Sch. – Südliches Mariengras kommt bei uns lokal in Bayern und Sachsen vor. Pflanze ohne Ausläufer, Rispe bis 6 cm lang.

Wirkstoffhaltige Pflanzenteile: Die ganze Pflanze.

Hauptwirkstoffe: 0,2% → *Cumarin* im frischen Kraut, das erst beim Trocknen entsteht. Weiterhin → *Cumarsäure* und → *Ferulasäure.*

Toxikologie: → *Galium odoratum.*

Vorschriften: Aromenverordnung der Bundesrepublik Deutschland v. 22. 12. 1981 (BGBl. I, 1677–1685). Beschränkt verwendbare Stoffe des § 2, Anlage I: Cumarinhaltige Gräser wie Büffelgras (Hierochloë australis) und Mariengras (Hierochloë odorata).
Verwendung: Trinkbranntwein mit einem Alkoholgehalt von mind. 38% Vol. Höchstmenge in 1 l des verzehrfertigen Getränks: 10 mg Cumarin.
In der „Roten Liste“ sind beide Arten als gefährdet aufgeführt.

Literatur: H 12.

Therapie:
Nur nach wiederholtem Extremgenuß (als Schnaps) auf Blutgerinnung achten (Quick).

Hippeastrum vittatum (L'Hérit.) Herb.

(Amaryllis vittata L'Hérit.)

EDV-Code: HPSVI.

und

Hippeastrum-Hybriden

(Hippeastrum × hortorum Maatsch)

Ritterstern, „Amaryllis". *E:* Barbados lily. *F:* Amaryllis à bandes.

Hippeastrum-Hybride

EDV-Code: HPSHY.

Familie: Amaryllidaceae, Narzissengewächse.

Verbreitung, Vorkommen: Heimat: Anden Perus (Hippeastrum vittatum). Zimmerpflanzen meist als Hybriden.

Beschreibung: Unter Hippeastrum-Hybriden faßt man alle Sorten zusammen, die durch Kreuzung mehrerer Arten entstanden sind.
Mehrjährige Zwiebelpflanze. 2–6 Blätter, riemenförmig, oben nach außen gebogen. Blüten bis 12 cm Durchmesser, auf 50–90 cm hohem Stiel. Trichterförmig, nickend, weiß, rosa, rot, auch gestreift.
Blütezeit: Januar–April.

Giftige Pflanzenteile: Besonders die Zwiebel.

Hauptwirkstoffe: Die Amaryllidaceen-Alkaloide Lycorin, Tazzettin, Haemanthamin, Hippeastrin, Galanthamin, Montanin, Hippacin, Pancracin.

Vergiftungserscheinungen: → *Amaryllis belladonna.*
Nach Meldungen des Tox-Zentrums in Zürich wurden bei verschiedenen Vergiftungsfällen von Kindern Blätter, Blüten, Teile einer Frucht eingenommen. In 2 Fällen kam es zu Erbrechen und Durchfall [J 6].

Gefährlichkeitsgrad: Stark giftig + +

Literatur: E 7, H 12, J 5, J 6.

Therapie:
→ *Amaryllis belladonna.*

Hippomane mancinella L.

Manzinellenbaum. *E:* Manchineel, Manchioneal. *F:* Figuier vénéneux.

Familie: Euphorbiaceae, Wolfsmilchgewächse.

Verbreitung, Vorkommen: Der stattliche Manzinellenbaum ist einheimisch in Westindien. Weiteres Vorkommen: Brasilien.

Droge: Mancinella.
Frische Blätter, Rinde und Früchte zu gleichen Teilen [H 40].

Giftige Pflanzenteile: Der scharfe Milchsaft, der auch als Pfeilgift verwendet wird, außerdem Blätter, Blüten und Früchte.

Hauptwirkstoffe: Hippomanin A und B ($C_{27}H_{22}O_{18}$), → *Physostigmin (0,02%) und Brevifolin.*

Vergiftungserscheinungen: Die Ausdünstung des Saftes, z. B. beim Fällen der Bäume, soll schädliche Wirkungen, wie Schwellungen und Fieber, ausüben können. So wurden in Guayana, auf Martinique und den Allerheiligeninseln Hautschädigungen und schwere Augenreizungen durch Regentropfen, die von Manzinellenbäumen auf die Haut getropft waren, beobachtet. Wenn nur ein kleiner Tropfen des Saftes oder der Rauch eines brennenden Manzinellenbaumes ins Auge gerät, so kann dies Erblinden zur Folge haben. In frischem Zustand ist der Milchsaft ätzend, ein Tropfen macht in kurzer Zeit eine große, hohe Blase. Auf die Haut gebracht, erregt der Saft schwere Hauterkrankungen; es stellen sich heftiges Brennen, Entzündung und ein aus kleinen Bläschen bestehender Ausschlag mit nachfolgender Abschuppung der Oberhaut ein. Innerlich verursacht er Cystitis, Diurese, Diarrhoen, heftigen Vomitus und Eklampsie. Schwere Magen- und Darmentzündungen, ferner Fieber, Lähmungen und Tod wurden auch nach Aufnahme der Früchte beobachtet [M 2].
Toxische Dosis von Hippomanin A und B für Mäuse 40–60 mg/kg intraperitoneal.
Ursache der schweren Haut- und Schleimhautveränderungen sind die Phorbolester Huratoxin und ein Derivat. Beide Verbindungen sind auch hochgradig cocarcinogen (→ *Phorbol*) [Adolf W & E Hecker: Tetrahedron lett No 19, 1587, 1975].

Gefährlichkeitsgrad: Sehr stark giftig + + +

Vorschriften: Hippomane mancinella: Monographie der Kommission D.

Literatur: H 12, H 40, M 2, R 1.

Therapie:
Erste Hilfe: Haut und Augen spülen. Kohle-Pulvis-Gabe, Erbrechen auslösen, Natriumsulfat, viel warmen Tee trinken lassen. Haut- und Schleimhautblasen steril abdecken, Tetanusprophylaxe, lokal Locacorten®-Schaum.
Klinik: Magenspülung (evtl. mit burgunderfarbener Kaliumpermanganatlösung), Instillation von 10 g Kohle-Pulvis, Elektrolytsubstitution, Azidoseausgleich mit Natriumbikarbonat (Urin pH 7,5), Kontrolle der Nierenfunktion, bei Krämpfen Diazepam (Valium®) i.v., ggf. Plasma(expander)gabe, bei Atemlähmung: Intubation und Sauerstoffbeatmung.

Humulus lupulus L.

Hopfen, Gemeiner Hopfen. *E:* Hop. *F:* Houblon. *I:* Luppolo. *NL:* Hop.

EDV-Code: HUMLU.

Familie: Cannabaceae, Hanfgewächse.

Verbreitung, Vorkommen: Kultiviert und verbreitet in allen Ländern der gemäßigten Zone der Erde. In Mitteleuropa kultiviert und nicht selten in Auwäldern, Erlenbrüchen, Hecken und an Zäunen. In Kulturen werden ausschließlich weibliche Pflanzen vegetativ gezogen.

Beschreibung: 6–8 m langes ausdauerndes, rechtswindendes Schlinggewächs. Blätter 3–5lappig, am Grunde herzförmig, langgestielt, gegenständig, Nebenblätter verwachsen. Pflanzen zweihäusig, männliche Blüten rispenartig, weibliche in Scheinähren. Fruchtzapfen 2–4 cm lang, eiförmig, gelbgrün, mit Drüsenhaaren.
Blütezeit: Juli–August.
Fruchtzapfen: September–Oktober.

Giftige Pflanzenteile: Frische Hopfenzapfen.

Droge: Strobuli Lupuli, Lupuli strobuli, Hopfenzapfen, Hopfenblüten.
Fruchtstände der weiblichen Pflanze. Die Inhaltsstoffe werden laufend abgebaut, daher sollte die Droge nicht länger als 1 Jahr gelagert werden.

Hauptwirkstoffe: 15–30% Harze, die Bittersäuren Humulon und Lupulon, ätherisches Öl mit Mono- und Sesquiterpenen.

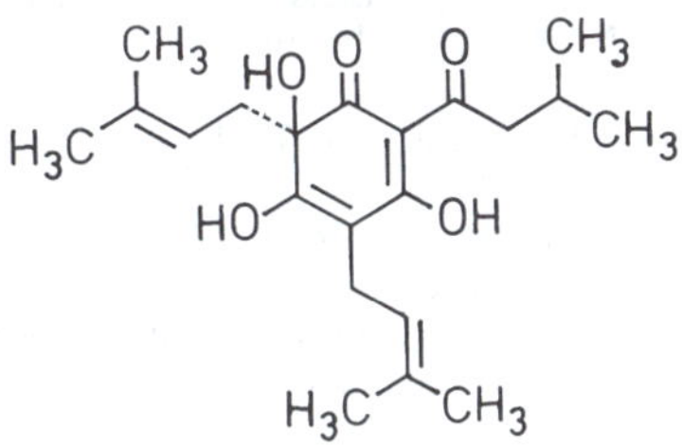

Humulon

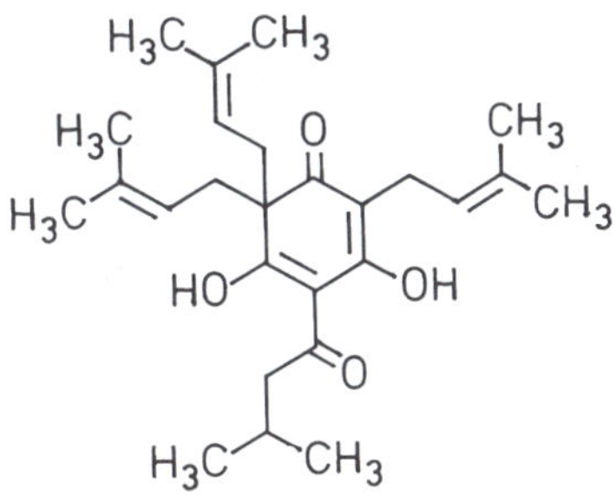

Lupulon

Humulus lupulus

Wirkungen auf die Haut/Schleimhaut: Durch Berührung mit frischen Hopfenzapfen kann eine Dermatitis (sog. Hopfenpflückerkrankheit) und eine Conjunctivitis (Hopfenauge) auftreten. In schweren Fällen kommt es noch zu Erbrechen, Fieber, Dypnose, Brachykardie und Schweißausbrüchen.

Anwendungen: Als Sedativum und schwaches Hypnoticum.

Gefährlichkeitsgrad: Hautreizend, kaum giftig.

Vorschriften: Lupuli strobulus: Monographie der Kommission E.
Humulus lupulus: Monographie der Kommission D.

Literatur: B 33, G 4, H 6, H 9, H 12, N 2, W 27.

Therapie:
Erste Hilfe: Erbrechen oder Kohle-Pulvis, Haut spülen.
Klinik: In Extremfällen Magenspülung, Vitaltherapie (S. 56), Cortison-Salbe bei Hautreizung.

Huperzia selago (L.) Bernh. ex Schrank et Mart.

(Lycopodium selago L.)

Tannen-Bärlapp, Teufelsklaue. *E:* Fir clubmoss. *I:* Licopodio abietino.

Familie: Lycopodiaceae, Bärlappgewächse.

Verbreitung, Vorkommen: Fast Kosmopolit, fehlt in trockenen Gebieten. In Mitteleuropa vorwiegend in der montanen Region, häufig in feuchten Wäldern und an Abhängen.

Beschreibung: Sprosse 5–20 cm hoch, aufrecht, gabelig verzweigt. Blätter dunkelgrün, lineal-lanzettlich, abstehend oder anliegend, meist in 8 Zeilen. Sporangienähren in der Mitte der Jahrestriebe (Juli–Oktober).

Giftige Pflanzenteile: Die ganze Pflanze.

Hauptwirkstoffe: Im Kraut etwa 0,1–0,9% Alkaloide („Selagin" genannt) mit Lycopodin, Acrifolin, Pseudoselagin (Isolycodolin) $C_{16}H_{25}NO_2$, Fp. 163 °C, Lycodolin, Selagin $C_{15}H_{18}NO_2$, Fp. 224–226 °C [H 12].

Huperzia selago

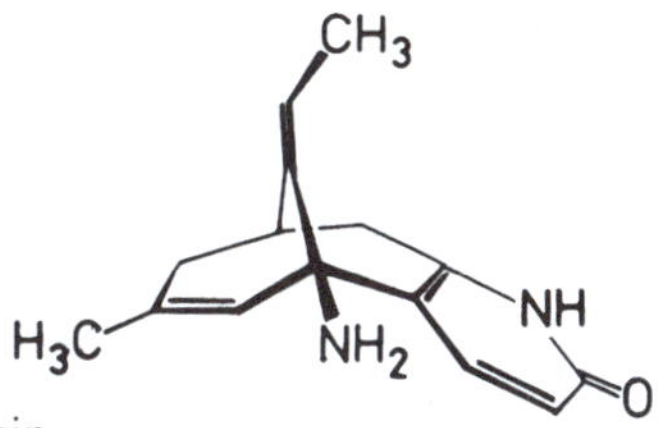

Selagin

Vergiftungserscheinungen: Vergiftungserscheinungen beim Menschen sind Schlundreiz, Erbrechen, Schwindel, Taumeln und Bewußtlosigkeit [H 12].
Der Tannenbärlapp wirkt stärker als der Keulenbärlapp → *Lycopodium clavatum* und hat schon bei Pferden zum Tode geführt.

Gefährlichkeitsgrad: Giftig +

Vorschriften: Die Pflanze steht unter Naturschutz (A, CS, D, CH, I, YU, H).

Literatur: G 4, H 12.

Therapie:
Erste Hilfe: Sofort Kohle-Pulvis (10 g), Erbrechen auslösen, Natriumsulfat.
Klinik: Magenspülung (evtl. mit burgunderfarbener Kaliumpermanganatlösung), Instillation von 10 g Kohle-Pulvis, Natriumsulfat. Nach der Resorption (Krämpfe) Relaxierung und Intubation, evtl. Sauerstoffbeatmung.

Hura crepitans L.

Sandbüchsenbaum. *E:* Sand box tree. *F:* Sablier.

Familie: Euphorbiaceae, Wolfsmilchgewächse.

Verbreitung, Vorkommen: Tropisches Amerika und Indien.

Hura crepitans

Beschreibung: Baum mit stacheligem Stamm. Blätter herzförmig, bis 30 cm lang. Blüten unscheinbar, rötlich. Früchte groß, kugelig-flachgedrückt, gefurcht, holzig, springen mit deutlich hörbarem Knall auf, dabei werden die ca. 7 g schweren, linsenförmigen Samen bis 14 m weggeschleudert.

Giftige Pflanzenteile: Insbesondere der Saft.

Hauptwirkstoffe: Im Saft Hurin (cardolähnlich), Huratoxin $C_{34}H_{48}O_8$, MG 488; ein Monoester eines tricyclischen Diterpens.

Vergiftungserscheinungen: Der ätzende Saft führt zu Reizungen und Entzündungen der Haut. Im Auge zu Hornhautschädigungen, auch zu Erblindung. Huratoxin ist als Fischgift zehnmal stärker als → *Rotenon.* Insektizide Eigenschaften zeigen Früchte und Samen wie auch die ganze Pflanze.

Gefährlichkeitsgrad: Stark giftig + + und ätzend.

Vorschriften: Hura crepitans: Monographie der Kommission D.

Literatur: F 18, H 12.

Huratoxin

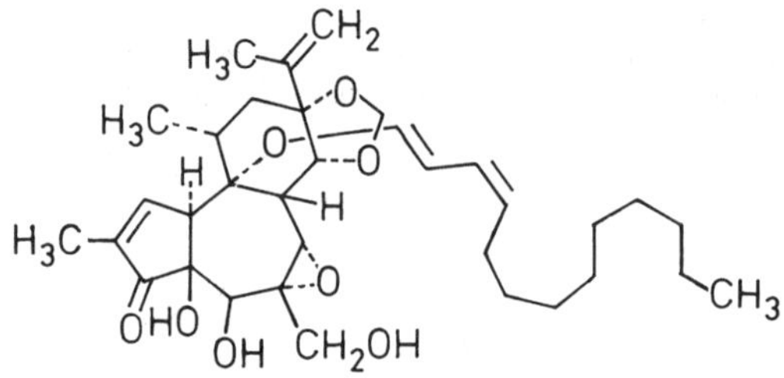

Therapie:
Erste Hilfe: Augen und Haut sofort spülen, nach Verschlucken sofort irgendeine Flüssigkeit zur Verdünnung trinken, Medizinalkohle (10 g), Erbrechen.
Klinik: Magenspülung, Medizinalkohle (10 g). Evtl. beatmen, Augenarzt, Cortison-Salbe auf die Haut. Nach schweren Vergiftungen Spätkontrolle der Leber- und Nierenwerte.

Hyacinthus orientalis L.

Garten-Hyazinthe. *E:* Oriental hyacinth. *F:* Jacinthe orientale. *I:* Giacinto.

EDV-Code: HYAOR.

Familie: Liliaceae, Liliengewächse.

Verbreitung, Vorkommen: Im östlichen Mittelmeer und Südwestasien beheimatet. Zuchthyazinthen stammen vielleicht von Wildformen ab, die noch in Griechenland und Kleinasien anzutreffen sind. Vor etwa 400 Jahren kam die Hyazinthe zu uns und wurde in zahlreichen Formen gezogen.

Beschreibung: Der 20–40 cm hohe, runde, kahle Stengel trägt eine dicht gedrängte Blütentraube mit gefüllten oder ungefüllten, wohlriechenden Blüten. Das Perigon ist 2–3 cm breit, trichterförmig, glockig, mit etwas abstehenden oder zurückgebogenen Zipfeln. Je nach Züchtung ist die Farbe verschieden, z.B. weiß (l'Innocence), azurblau (Grand Maître), strohgelb (City of Haarlem), zartrosa (Lady Derby), rot (Jan Bos). Die grundständigen Laubblätter sind bis 30 cm lang, lineal bis lanzettlich.
Blütezeit: Weihnachten (in Hyazinthengläsern) bis April.

Giftige Pflanzenteile: Die ganze Pflanze.

Hauptwirkstoffe: Calciumoxalat bis zu 6% und andere Scharfstoffe.

Wirkungen auf die Haut: Unter den Begriffen „Hyacinth itch" und „Lily rash" (deutsch: Hyazinthenkrätze) bezeichnet man in den angelsächsischen Ländern irritative Veränderungen durch Hyazinthen und andere Liliengewächse, die meist berufsbedingt auftreten [H 21].

Ott vermutet, daß durch die nadelförmigen Calcium-Oxalatkristalle initiale Hautschäden verursacht werden. Dadurch wird anderen Substanzen die Penetration in die Epidermis erleichtert [O 6].

Gefährlichkeitsgrad: Irritativ.

Literatur: H 21, O 6.

Therapie:
Bei Hautirritationen jeden weiteren Kontakt (auch inhalativ) meiden.

Hydnocarpus kurzii (King) Warb.

(Taraktogenos kurzii King)

Chaulmoogra. *E:* Chaulmoogra tree, Spongeberry tree. *F:* Hydnocarpe.

Familie: Flacourtiaceae.

Verbreitung, Vorkommen: In Indien, Bengalen, Assam und Burma.

Beschreibung: Bis 15 m hoher Baum mit glatter, grauer Rinde. Die Frucht ist eine große, einer Orange nicht unähnliche Kapsel mit holziger Rinde und zahlreichen haselnußähnlichen Samen.

Droge: Oleum Hydnocarpi, Hydnocarpi oleum, Hydnocarpusöl, Chaulmoograöl. Bräunliches Öl oder gelbliches, salbenartiges Fett von charakteristischem Geruch und scharf saurem Geschmack [H 12].

Hauptwirkstoffe: Die Samen, Semen Chaulmoograe, enthalten etwa 30–40%, die Kerne etwa 55–60% fettes Öl, Oleum Chaulmoograe (Oleum Hydnocarpi) mit den Hauptwirkstoffen Chaulmoogra- und Hydnocarpus-Säure. Ferner 24% Proteine und ein cyanogenes Glykosid. In der Rinde Gerbstoff [H 12].

Vergiftungserscheinungen: Zeichen der nach starken Dosen auftretenden Herdsymptome sind: Verstärkung der Anschwellungen, Verstärkung der Entzündungserscheinungen, Geschwürbildung, mehr oder weniger anhaltende Temperatursteigerung, Übelkeit, Erbrechen, Gewichtsverlust, Auftreten neuer Läsionen. Zeichen der Überdosierung sind: Dyspnoe, Husten, Larynxspasmen, Brennen auf der Brust, Nierenschädigungen, Trockenheit der Haut, Augenstörungen und Beeinträchtigung des Sehvermögens, Kopf- und Muskelschmerzen. (Diese Erscheinungen treten vor allem nach Darreichung der Methylesterinjektionen auf.) Das Fett ist erheblich schlechter verträglich als die gepulverten Samen. Örtlich wirkt es schwach reizend, per os genommen, verursacht es in großen Dosen Appetitlosigkeit, Erbrechen, Diarrhoe, zuerst Erregung, dann Lähmung des Zentralnervensystems. Kleine Dosen erregen die glatte und die quergestreifte Muskulatur, erhöhen den Blutdruck und vermindern die Pulszahl [M 2].

Anwendungen: Früher angewendet bei Lepra (Öl) 3×täglich 0,3 ml per os.

Gefährlichkeitsgrad: Giftig +

Literatur: H 12, M 2.

Therapie:
Erste Hilfe: Kohle-Pulvis-Gabe, Erbrechen auslösen, Natriumsulfat, viel trinken lassen.
Klinik: Magenspülung (evtl. mit burgunderfarbener Kaliumpermanganatlösung), Roticlean-, Kohle- und Natriumsulfatinstillation, Elektrolytsubstitution, Azidoseausgleich mit Natriumbikarbonat (Urin pH 7,5), Kontrolle der Nierenfunktion, bei Krämpfen Diazepam (Valium®) i.v., ggf. Intubation und Sauerstoffbeatmung.

Hydrangea arborescens L.

(Hydrangea vulgaris Pursh)

Baumartige Hortensie. *E:* Tree-like hydrangea, Seven barks. *F:* Hortensia arborescent. *I:* Idrangea.

EDV-Code: HYEAR.

Familie: Saxifragaceae, Steinbrechgewächse.

Verbreitung, Vorkommen: Heimat des bis 3 m hohen Strauches ist das atlantische Nordamerika.

Droge: Rhizoma Hydrangeae, Hydrangeae rhizoma.

Hauptwirkstoffe: Hydrangea enthält das Glykosid Hydrangin $C_{34}H_{25}O_{11}$, Fp. 225–228 °C, Hydrangenol sowie Saponine.

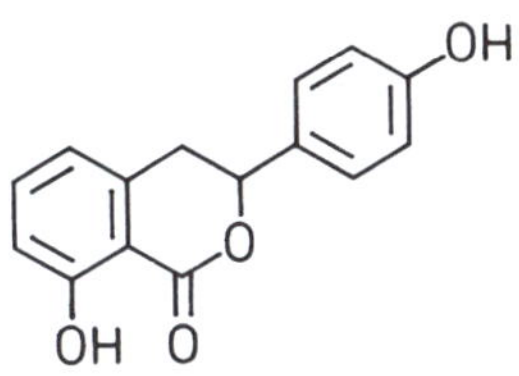

Hydrangenol

Vergiftungserscheinungen: In größeren Dosen verursacht es Vertigo, Oppressionen in der Brust und zerebrale Störungen [M 2].

Wirkungen auf die Haut: Beim berufsbedingten Umgang mit der Garten-Hortensie Hydrangea sp. kann es gelegentlich zur Induzierung einer Kontaktallergie kommen. Der verantwortliche Sensibilisator ist das Isocumarin Hydrangenol [Hausen BM et al.: akt derm 8, 141, 1982].

Anwendungen: In der Medizin als Diureticum, in der Homöopathie gegen Blasensteine.

Gefährlichkeitsgrad: Wenig giftig (+), allergen.

Vorschriften: Hydrangea arborescens: Monographie der Kommission D.

Literatur: H 12, M 2.

Therapie:
Erste Hilfe: Erbrechen oder Kohle-Pulvis, Haut spülen.
Klinik: In Extremfällen Magenspülung, Vitaltherapie (S. 56), Cortison-Salbe bei Hautreizung.

Hydrastis canadensis L.

Kanadische Gelbwurz, Kanadisches Wasserkraut. *E:* Canadian orange root, Golden seal. *F:* Hydrastis. *I:* Idraste.

Familie: Ranunculaceae, Hahnenfußgewächse.

Verbreitung, Vorkommen: Heimat: Nordamerika. In Europa in manchen Ländern versuchsweise angebaut.

Beschreibung: Ausdauerndes, bis 30 cm hohes Kraut, mit kriechendem Rhizom und zwei gestielten 5lappigen Blättern. Blüten 3teilig, grünlich-weiß, klein, Frucht einer Himbeere ähnlich, hochrot.
Blütezeit: Juni–Juli.

Droge: Rhizoma Hydrastis, Hydrastis rhizoma, Kanadische Gelbwurzel.
Der Wurzelstock ist knotig, hin- und hergebogen, zuweilen fast knollig, meist einköpfig, nur selten in gleichwertige Zweige gespalten, hart, 3–5 cm lang und bis 8, meist 5–6 mm dick [H 12].

Hauptwirkstoffe: Alkaloide der Isochinolingruppe: 1,5–4% → *Hydrastin* $C_{21}H_{21}NO_6$, Fp. 132 °C, 0,5–6% → *Berberin,* etwa 0,5% (–)-Canadin (Tetrahydroberberin) $C_{20}H_{21}\cdot NO_4$, Fp. 133 °C, Berberastin $C_{20}H_{17}NO_5$; das Oxydationsprodukt des Hydrastins, Hydrastinin $C_{11}H_{13}NO_3$ sowie nach Monkovic et al. [J. Amer. chem. Soc. 87, 1137 (1965)] ein biogenetischer Vorläufer des Berberins, 5-Hydroxytetrahydroberberin. Ferner Meconin $C_{10}H_{10}O_4$ [H 12].

Vergiftungserscheinungen: Hydrastis besitzt ähnlich wie die Mutterkornalkaloide (jedoch schwächer) eine erregende Wirkung auf die Uterusmuskulatur. Ob die Auslösung der Uteruskontraktionen durch direkte oder zentrale Erregung geschieht, ist noch nicht entschieden. Für die hämostyptische Wirkung kommt ein gefäßkontraktierender Effekt in Betracht. Die behauptete blutstillende Wirkung auf andere Organe ist nicht bewiesen. Akute Nachgeburtsblutungen sind keine Indikation für Hydrastis. – Hydrastin bewirkt eine mäßige Verlangsamung der Herztätigkeit als Folge einer sympathicolytischen Wirkung. In großen Dosen wirkt es lähmend auf das Zentralnervensystem und bewirkt eine allgemeine schlaffe Lähmung der Muskulatur. Berberin gilt als Spezificum gegen Leishmannia tropica (Erreger der Orientbeule) [H 12].
Wird Hydrastisextrakt längere Zeit genommen, dann ruft er leichte Verdauungsstörun-

Hydrastis canadensis

gen und Obstipation hervor und hemmt die Bewegung der weißen Blutkörperchen. Nach größeren Dosen wurden Aufregungszustände und geistige Trägheit, Depression, Halluzinationen mit schwachem, frequentem Puls, Delirien mit kurz dauernder Bewußtlosigkeit, Erbrechen, Druck in der Herzgegend, Zyanose, erweiterte Pupillen und subnormale Temperaturen beobachtet [M 2].

Dosierung: 1 g pro dosi, 4 g pro die des Fluidextraktes (Internationaler Vorschlag); 0,05 g pro dosi, 0,15 g pro die Hydrastinum chloratum (DAB.VI) [M 2].

Anwendungen in der Homöopathie: D_1–D_4 bei chronischen Nasenkatarrhen; Uterusblutungen, Fluor albus; als tonisierendes Mittel bei kachektischen Zuständen.

Gefährlichkeitsgrad: Stark giftig + +

Vorschriften: Hydrastis canadensis: Monographie der Kommission D.

Literatur: D 4, D 9, H 12, M 2, M 27.

Therapie:
Erste Hilfe: Kohle-Pulvis-Gabe, erbrechen lassen, Natriumsulfat.
Klinik: Magenspülung (evtl. mit burgunderfarbener Kaliumpermanganatlösung), Elektrolytsubstitution, Azidoseausgleich mit Natriumbikarbonat (Urin pH 7,5), Plasmaexpander, ggf. Intubation und Sauerstoffbeatmung. EKG-Monitorkontrolle.

Hyoscyamus niger L.

Schwarzes Bilsenkraut. *E:* Belene, Henbane. *F:* Jusquiame noire. *I:* Guisquiamo (nero). *NL:* Bilzekruid.

EDV-Code: HSYNI.

Familie: Solanaceae, Nachtschattengewächse.

Verbreitung, Vorkommen: Nord- und Westasien, Nordamerika, Australien, Mittelmeergebiet; in Mitteleuropa zerstreut an Wegrändern und Schuttplätzen.

Beschreibung: Meist 2jährige, bis 80 cm hohe, klebrig-zottige Pflanze, mit widerlichem Geruch. Blätter mattgrün, buchtig, gezähnt, wechselständig. Blüten fast sitzend, in einseitswendigen Wickeln, trichterförmig, schwefelgelb, mit netzartigem Geäder. Frucht eine Deckelkapsel.
Blütezeit: Juni–September.
Eine weitere giftige Hyoscyamus-Art [E 12]: Hyoscyamus muticus L. (ein- bis zweijährige Pflanze; Blütezeit: 7–9; Verbreitung: Nordafrika, Arabien, Iran).

Hyoscyamus niger

Droge: Folia Hyoscyami, Hyoscyami folium, Bilsenkrautblätter.
Die zur Blütezeit gesammelten Blätter oder die Blätter mit blühenden Triebspitzen von kultivierten oder wildwachsenden Pflanzen. Das Auftreten von Apoatropin und Tropanol wird als Anzeichen für alte oder unsachgemäß gelagerte Drogen gewertet.
Auszug aus der Monographie der Kommission E: Hyoscyami folium (Hyoscyamusblätter)
Gegenanzeigen: Tachykarde Arrhythmien, Prostataadenom mit Restharnbildung, Engwinkelglaukom, akutes Lungenödem, mechanische Stenosen im Bereich des Magen-Darm-Traktes, Megakolon.
Nebenwirkungen: Mundtrockenheit, Akkomodationsstörungen, Tachykardie, Miktionsstörungen.

Giftige Pflanzenteile: Alle Pflanzenteile, besonders Wurzeln und Samen. Blätter in Mengen über 0,5 g sind giftig.
Ca. 15 Samen wirken bei Kindern tödlich [L 10].

Hauptwirkstoffe: In den Blättern 0,06–0,17%, Wurzeln 0,08%, Samen 0,05–0,3% Gesamtalkaloide. → *Atropin*, → *(–)-Hyoscyamin, (–)-Hyoscin*, → *Scopolamin* (bis zu 40% der Gesamtalkaloide) sowie weitere Alkaloide wie Apoatropin, Cuskhygrin etc.
Mehltaupilze senken den Alkaloidgehalt [L 10].

Vergiftungserscheinungen: Die Alkaloide (–)-Hyoscyamin und (–)-Hyoscin wirken parasympathikolytisch durch Verdrängung von Acetylcholin, das bei der Erregung postganglionärer, parasympathischer Nerven als Überträgerstoff freigesetzt wird, von seinem Receptor. Nach dem gleichen Wirkungsmechanismus blockieren sie in höheren Dosen vegetative Ganglien und im Stammhirn cholinerge Nerven (Antiparkinsonwirkung) [H 12].
(–)-Hyoscyamin in höheren Dosen führt zu Erregung (Krämpfe, Halluzinationen), während (–)-Hyoscin schon im therapeutischen Bereich nur dämpfend wirkt (Dämmerschlaf). Auftreten des Babinski-Reflexes. Zunächst Erregung von Heiterkeit bis Tobsucht, Sinnestäuschungen, starke Hautrötung, heftiger Durst, meist Übelkeit und Erbrechen, weite Pupillen, Benommenheit, Kopfschmerzen, Schock, Schluck- und Sprechstörung, Herzrasen, zuletzt Bewußtlosigkeit und Atemlähmung.
Gelegentlich hat der Mißbrauch als angeblich halluzinogene Droge schon übel geendet. Kap. I 2; 1,3.
Bei örtlicher Anwendung von Hyoscyamus niger können Hauterscheinungen auftreten.
Vergiftungen durch die Blätter verlaufen ähnlich wie bei → *Atropa Belladonna*- bzw. → *Atropinintoxikationen*, mit dem Unterschied, daß der Vergiftete somnolent ist.
Die minimale toxische Dosis liegt bei einer Drogenmenge, die etwa 5 mg Alkaloiden entspricht. Es kommt bereits nach 10 min. zu Verwirrung und Unruhe; die Pupillen sind weit und starr, das ganze Verhalten ist das eines Betrunkenen [H 12].
Aus den Erfahrungen der Beratungsstelle für Vergiftungserscheinungen, Berlin:
9 jähriger Knabe zeigte neben Durchfällen Halluzinationen, Taumeln, Bradykardie, dann mäßige Tachykardie, Gesichtsröte, trockene Schleimhäute. Mydriasis bestand für 4 Tage [K 40].
Vergiftungen bei Tieren kommen nur selten vor, da diese weniger empfindlich gegenüber Bilsenkraut sein sollen als der Mensch.

Anwendungen in der Homöopathie: D_1–D_2 bei Kitzelhusten; D_4–D_6 bei Blasenlähmung, schizoiden Zuständen.

Gefährlichkeitsgrad: Sehr stark giftig + + +

Vorschriften: Die Pflanze steht in der Roten Liste unter den gefährdeten Pflanzen.
Hyoscyamus niger: Monographie der Kommission D.
Hyoscyami folium: Monographie der Kommission E.
Verbotener Stoff der Kosmetikverordnung v. 19. 6. 1985, Anlage 1: 211 Hyoscyamus niger L., Blätter, Samen und ihre Zubereitungen.

Literatur: B 36, D 9, E 12, F 16, G 4, H 12, H 13, H 18, K 40, L 10, M 27, O 4, S 38.

Hyoscyamus niger

Therapie: Erste Hilfe: Kohle-Pulvis-Gabe, Erbrechen auslösen, Natriumsulfat. Klinik: Frühzeitige Magenspülung mit gut eingeöltem Schlauch (Paraffinöl, Roticlean®), Physostigmin (Anticholium) i.m. (oder langsam i.v.) (Erwachsene 2 mg, Kinder 0,5 mg), Wiederholung je nach Bedarf bei Wiederauftreten gefährlicher Symptome, Plasmaexpander bei Schock, ggf. Intubation und Sauerstoffbeatmung.

Hypericum perforatum L.

Johanniskraut Hartheu, Tüpfel-Johanniskraut, Tüpfel-Hartheu. *E:* Common Saint Johns wort. *F:* Millepertuis. *I:* Erba di S. Giovanni comune. *NL:* Sint-janskruit.

EDV-Code: HYPPE.

Familie: Hypericaceae, Johanniskrautgewächse, Hartheugewächse.

Verbreitung, Vorkommen: Europa, Westasien, Nordafrika, eingebürgert in Ostasien, Nord- und Südamerika, Australien; in Mitteleuropa häufig; lichte Wälder, Gebüsche, Wegränder.

Beschreibung: Bis 60 cm hohe, ausdauernde Pflanze mit ästiger Wurzel. Stengel rund mit 2 Längskanten. Blätter elliptisch-eiförmig, sitzend oder kurzgestielt, durchscheinend punktiert, am Rande mit schwarzen Drüsen. Blüten goldgelb mit schwarzen Punkten oder Strichen, auf meist schwarzdrüsigen Stielen, in trugdoldigem Blütenstand. Frucht breit bis schmal eiförmig, mit Drüsen.
Blütezeit: Juni–September.
In Mitteleuropa heimische Arten mit ähnlicher Wirkung sind:
Hypericum elegans Steph.ex Willd., Zierliches Johanniskraut.
Hypericum hirsutum L., Behaartes Johanniskraut.
Hypericum humifusum L., Niederliegendes Johanniskraut.
Hypericum maculatum Crantz (H.quadrangulum L.), Geflecktes Johanniskraut.
Hypericum montanum L., Berg-Johanniskraut.
Hypericum pulchrum L., Schönes Johanniskraut.

Hypericum perforatum enthält helle und dunkle Sekretblätter

Hypericum tetrapterum Fr. (H.acutum Moench), Flügel-Johanniskraut.

Droge: Herba Hyperici, Hyperici herba, Johanniskraut.
Das getrocknete, kurz vor oder während der Blütezeit gesammelte Kraut. Geschmack herb, bitter.

Giftige Pflanzenteile: Die ganze Pflanze.

Hauptwirkstoffe: Hypericin, begleitet von schwierig abzutrennenden Farbstoffen. Ge-

Hypericum perforatum

Hypericum calycinum enthält nur helle Sekretblätter

halt an → *Hypericin* und hypyericinähnlichen Stoffen ca. 0,1% im getrockneten Kraut. 0,5–1% Flavonoide mit dem Hauptbestandteil → *Hyperosid*. Außerdem 0,05–0,3% ätherisches Öl, Gerbstoffe, antibiotisch wirksame Verbindungen und Phenolcarbonsäuren.
Neuerdings wurde das sechsfach prenylierte Phloroglucin „Hyperforin" aus Johanniskraut isoliert. Es zeigt antimikrobielle Aktivität gegen Staphylokokken und Streptokokken. (Bis jetzt nur in Hypericum perforatum nachgewiesen und unstabil.)

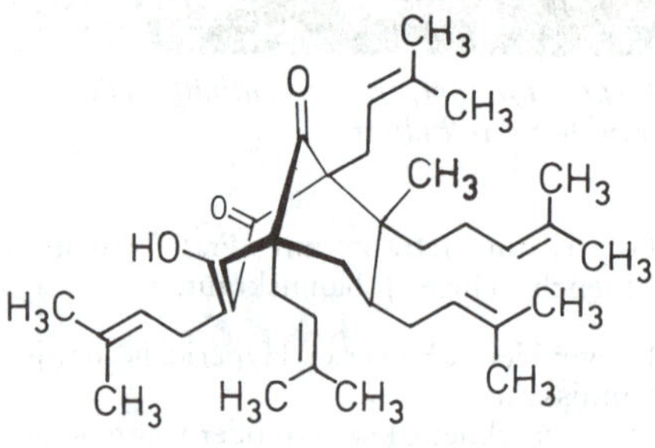

Hyperforin

Wirkungen auf die Haut: Erytheme, Geschwüre und Nekrosen bei unpigmentierten Hautstellen von Weidetieren durch Photosensibilisierung hervorgerufen durch → *Hypericin* [24].

Anwendungen: Oleum Hyperici zur Behandlung von Verbrennungen und Wunden.

Anwendungen in der Homöopathie: D_0–D_4 bei photosensiblen Dermatosen, funktionellen und arteriosklerotischen Depressionen, Zuständen nach Commotio Cerebri, Rückenmarkserschütterungen.

Gefährlichkeitsgrad: Wenig giftig (+), phototoxisch.

Vorschriften: Johanniskraut ist im DAC aufgeführt. Gehalt mind. 0,05% Hypericin, berechnet auf die getrocknete Droge.
Hypericum perforatum: Monographie der Kommission D.
Hyperici herba: Monographie der Kommission E.

Literatur: B 16, F 11, K 41, N 1, R 23, W 12; [1–26]: siehe S. 407.

Therapie:
Erste Hilfe: Sonne und starkes Licht meiden! Lokal Kortisonsalbe.
Klinik: Nur nach großer Giftaufnahme Kohle-Pulvis. Vitaltherapie: S. 56.

Hypericum-Arten

Es gibt etwa ebensoviele Hypericum-Arten, die dunkle Sekretbehälter in den oberirdischen Pflanzenteilen enthalten, wie solche ohne dunkle Sekretbehälter. Ausführliche Darstellungen über die Verbreitung von dunklen Sekretbehältern in den Hypericum-Arten finden sich bei Roth, L. „Hypericum – Hypericin", ecomed 1990 und Robson, N. K. B. „Studies in the Genus Hypericum L." Bull of the British Museum (Natural History) Botany London **5** (6) (1977), **8** (2) (1981), **12** (4) (1985), **16** (1) (1987).

Tabelle 1: Hypericingehalt von Hypericum perforatum L. und verschiedenen selbstgezogenen Johanniskrautarten

Erntedatum	Artname	Herkunft der Samen	extrahierter Pflanzenteil	Hypericin %
20. 4. 51	perforatum L.	Karlsruhe	junge Triebe ohne Blüten ca. 15 cm lang	0,245
28. 6. 51	perforatum L.	Karlsruhe	ganzes Kraut mit Blüten	0,195
2. 10. 50	perforatum L.	Karlsruhe	ganzes Kraut mit Blüten und Früchten	0,105
unbekannt	perforatum L.	unbekannt	Handelsware, Herba Hyperici concis	0,176
10. 7. 51	perforatum L.	Karlsruhe	Blüten und Kelche	0,488
20. 7. 52	perforatum L.	Karlsruhe	Staubblätter	0,820
15. 8. 51	acutum Moench	Bremen	ganzes Kraut mit Blüten und Früchten	0,150
11. 9. 51	Degenii[1] Bornm.	Mainz	ganzes Kraut mit Blüten und Früchten	0,183
15. 7. 51	hirsutum L.	Karlsruhe	Blüten und Blätter ohne Stengel	0,124
8. 11. 51	maculatum Crantz	Oldenburg	Im Herbst abgewelktes Kraut	0,111
27. 8. 52	maculatum	Bremen	ganzes Kraut mit Blüten	0,290
15. 7. 51	montanum L.	Mainz	ganzes Kraut mit Blüten	0,170
5. 5. 51	olympicum L.	Heidelberg	ganzes Kraut mit Blüten	0,218
5. 9. 50	olympicum L.	Heidelberg	ganzes Kraut mit Blüten und Früchten	0,138
1. 6. 52	olympicum L.	Heidelberg	Blüten und Kelche	0,093
8. 5. 52	orientale L.	Stockholm	ganzes Kraut mit Blüten	0,0
10. 6. 52	pulchrum L.	Bern	ganzes Kraut mit Blüten	0,099
19. 6. 52	quadrangulum L.[3]	Karlsruhe	Blüten und Kelche	0,150
5. 11. 51	Rhodopeum[2]	Karlsruhe	ganzes Kraut ohne Blüten	0,083
15. 7. 51	tetrapterum Fr.	Bremen	Kraut mit Blüten	0,332
20. 9. 51	tomentosum L.	Freiburg	Stengel und Blätter	0,222

[1] heute: H. annulatum Moris
[2] heute: H. cerastoides (Spach) N. K. B. Robson
[3] heute: Synonym von H. maculatum

Hypericum perforatum

Der Gehalt an Wirkstoffen – Eine Untersuchung über die Gattung Hypericum (Hypericaceae): Es fällt auf, daß in der Literatur über Giftpflanzen sowohl über die Giftwirkung als auch über den Gehalt an wirksamen Stoffen sehr widersprüchliche Angaben vorliegen. Um festzustellen, ob der Wirkstoffgehalt starken Schwankungen unterworfen sein kann, wurde eine Pflanzengattung daraufhin genau untersucht. Besonders geeignet sind hierfür Pflanzen, deren Wirkstoff schon mit bloßem Auge erkannt werden kann.

Die Johanniskrautgewächse erfüllen diese Bedingungen, denn sie weisen neben hellen Sekretbehältern mit etherischen Ölen teilweise auch dunkle mit → *Hypericin* auf. Dieser phototoxische Farbstoff ist der eigentliche Wirkstoff, der auch zu Vergiftungen führen kann. In Lösung fluoresziert Hypericum ziegelrot.

In den Herbarien von München, Florenz, Genf und Kew Gardens wurden zahlreiche Hypericum-Arten untersucht. Hierbei zeigte sich, daß die Hypericin-enthaltenden Sekretbehälter bei vielen Johanniskrautarten überhaupt nicht vorhanden sind. Aber auch die Arten, die dunkle Sekretbehälter enthalten, sind nicht einheitlich. Bei manchen sind an allen oberirdischen Pflanzenteilen farbstoffhaltige Sekretbehälter ausgebildet, bei anderen aber nur an den Blättern oder Blüten.

Die qualitative Prüfung für Hypericin wird in folgender Weise vorgenommen: Alle Teile der betreffenden Herbarpflanzen werden genau daraufhin betrachtet, ob sie dunkle punkt- oder strichförmige Sekretbehälter aufweisen. Diese Sekretbehälter sind meist ziemlich klein, aber doch in jedem Fall groß genug, um bei geringer Übung sofort mit dem bloßen Auge bei guterhaltenen Pflanzen erkannt zu werden. Bei alten, sehr dunklen Herbarpflanzen und bei Exemplaren, bei denen infolge des großen Alters auch die hellen Sekretbehälter eine dunklere Farbe angenommen haben, sowie zu Kontrollzwecken wird die Chloralhydratprobe gemacht. Hierzu wird von dem betreffenden Pflanzenteil ein kleines Stück, das solche dunklen Pünktchen aufweist, mit der Pinzette abgebrochen und auf einen Objektträger in einen Tropfen Chloralhydrat gelegt. Sind die dunklen Punkte Sekretbehälter, die roten Farbstoff enthalten, so bildet sich nach wenigen Minuten um den dunklen Sekretbehälter eine deutlich erkennbare purpurrote Zone. Man kann den Farbaustritt beschleunigen, wenn man sofort nach dem Einlegen in Chloralhydrat mit einer Präpariernadel den Sekretbehälter ansticht. Dann bilden sich kleine purpurrote Schlieren. Auf diese Weise wurden die Hypericum- Arten auf das Vorkommen von roten Sekretbehältern untersucht (26) (Hypericin ist an der Luft vollkommen beständig, so konnte im Münchner Staatsherbar an einem 1822 gesammelten Hypericum perforatum der Farbstoff genauso wie bei einer frischen Pflanze mit Chloralhydrat herausgelöst werden).

Die Anzahl und Größe der Sekretbehälter kann ebenfalls großen Schwankungen unterliegen. Bei 230 Arten konnte einwandfrei geklärt werden, ob und wo sie hypericinhaltige Sekretbehälter aufweisen. Von 23 Arten waren nur beschädigte, unvollständige Herbarexemplare vorhanden, immerhin wiesen auch davon 16 Arten mindestens in zwei und 2 Arten in einem Pflanzenteil dunkle Sekretbehälter auf.

Aus Tabelle 1 ist ersichtlich, daß der Hypericingehalt einem jahreszeitlichen Wechsel unterliegt. Auch enthalten die verschiedenen Pflanzenteile nicht den gleichen Prozentgehalt.

Aus den Untersuchungen geht zweifelsfrei hervor, daß der Wirkstoffgehalt zumindest bei Hypericum-Arten großen Schwankungen unterliegt. Es bleibt aber die Frage offen, ob ähnliche Verhältnisse auch bei anderen Pflanzenfamilien vorliegen. Ein weites Arbeitsfeld für Pharmakognosten!

Die Arbeit (23) von Berghöfer und Höhl gibt eine gute Übersicht über die Inhaltsstoffe von H. barbatum, H. hirsutum, H. maculatum, H. montanum, H. perforatum, H. tetrapterum. Mit den darin geschilderten Methoden lassen sich auf Grund der artspezifischen Inhaltsstoffe Protohypericin, 4-4'Hypericin, Pseudoprotohypericin, 4-4'Pseudohypericin, Hyperforin, Luteolin, Kielcorin,

Hypericum perforatum

I3 II8 Biapigenin, Kämpferol, Quercetin, Chlorogensäure etc. Verfälschungen nachweisen.

Literatur:

1. Hegi, Flora von Mitteleuropa 1906 IV 1, 498.
2. Roth, Zeitschr. f. ätherische Öle 6 (1952), 137–139.
3. P. Dioscorides, Buch III, Cap. 161–165.
4. Döbereiner, Deutsches Apothekerbuch 1842, 407.
5. Lange, Berliner Tierärztl. Wschr. 1922, 22.
6. Wolff, Pharm. Zentralhalle 36 (1895), 193; zit. n. Brockmann.
7. Dietrich, Pharm. Zentralhalle 32 (1891), 683; zit. n. Brockmann.
8. Cerny, Zeitschr. für phys. Chemie 73 (1911), 370.
9. Siersch, Planta 3 (1927), 481.
10. Joannides, Compt. R. Soc. biol. 105 (1930), 349.
11. Jerzmanowska, Wiad. farm. 64 (1937), 527.
12. Haschad, Liebigs Annalen 553 (1942), 1–52.
13. Hausmann, Strahlentherapie 41 (1931), 145–154.
14. Karsten und Weber, Lehrb. d. Pharmakognosie 1949, 207.
15. Mutschler, Arzt und Patient 63 (1950), Heft 1.
16. Roth, DAZ 36 (1953), 653–656.
17. Mezger, 366.
18. DHU, 164.
19. Hapke, 128.
20. Dt. Ap. Zeit. 124 (1984), 2383–2386.
21. Volksheilkunde 38 (1986), 182–200.
22. Zeitschr. f. Phytotherapie 7 (1986), 87–90.
23. Dt. Ap. Zeit., 126, 2569–2573, 1986.
24. Falk et al. (1992), Monatshefte für Chemie 123, 277–284.
25. Roth, L., Hypericum-Hypericin (1990) (Monographie) ecomed.
26. Roth, Chr., (1992) Zellkulturversuche mit Hypericin und verwandten Stoffen im Anwendungsbereich der HIV-Infektion. C. Roth, Karlsruhe.

Iberis amara L.

(Iberis coronaria hort.)

Bittere Schleifenblume. *E:* Wild candytuft, Bitter candytuft. *F:* Iberis amer. *I:* Iberide bianca. *NL:* Bittere Scheefbloem.

EDV-Code: IBEAM.

Familie: Brassicaceae, Kreuzblütler.

Verbreitung, Vorkommen: Westliches Süd- und Mitteleuropa. Äcker, Brachfelder, in Gärten als Zierpflanze kultiviert und verwildert.

Beschreibung: 10–40 cm hohe, einjährige Pflanze. Blätter länglich-keilförmig, sitzend mit 2 oder 4 stumpfen Zähnen. Blüten weiß, langgestielt, in lockeren Trauben. Früchte fast kreisrund, oben ausgerandet.
Blütezeit: Mai–August.

Giftige Pflanzenteile: Die ganze Pflanze, vor allem die Samen.

Hauptwirkstoffe: Im Kraut Glucoiberin, → *Cucurbitacin.* In den Samen 1,4% → *Glucoiberin,* → *Glucocheirolin,* Cucurbitacin E, I, J und K.

Vergiftungserscheinungen: Die Glucosinolate wirken bakteriostatisch, die Cucurbitacine zytotoxisch [H 12].

Anwendungen in der Homöopathie: Iberis amara gehört zu den herzwirksamen Kreuzblütlern. Empfohlen bei Herzirregularität, Angina pectoris, Hypertonie des Herzmuskels, beim Hypertonikerherz und der Präinsuffizienz (außerdem bei hypotonen Herz- und Kreislaufmitteln), als Kreislauftonikum, bei toxischer Herzmuskelschädigung nach Infektion, beim Altersherz und bei der Koronarsklerose. Dosis: D_1 oder D_2.

Gefährlichkeitsgrad: Giftig +

Vorschriften: In der Roten Liste gehört die Pflanze zu den vom Aussterben bedrohten Arten.
Iberis amara: Monographie der Kommission D.

Literatur: H 12, J 5, M 2.

Therapie:
Erste Hilfe: Kohle-Pulvis, Erbrechen.
Klinik: Magenspülung, Kohle-Pulvis. Kontrolle der Leber- und Nierenwerte bis zum 8. Tag nach der Giftaufnahme.

Ilex aquifolium L.

Stechpalme, Hülse. *E:* Holly. *F:* Houx. *I:* Agrifolio.

EDV-Code: ILEAQ.

Familie: Aquifoliaceae, Stechpalmengewächse.

Verbreitung, Vorkommen: West- und Mitteleuropa, Nordamerika, Japan. In Mitteleuropa nur im Westen (Unterholz in Wäldern), Zierpflanze in Gärten.

Beschreibung: Baum oder Strauch, bis 6 m hoch, immergrün. Blätter eiförmig, bis 7 cm lang, lederartig, wellig, dornig bezahnt, gestielt. Blüten klein, weiß, achselständig. Steinfrucht rot, erbsengroß.
Blütezeit: Mai–Juni.
Früchte: Herbst–Winter.

Droge: Folia Aquifolii, Aquifolii folium, Stechpalmenblätter.
Geruchlos, von etwas widerlich herbem Geschmack.

Giftige Pflanzenteile: Rote Beeren und Blätter. Für Erwachsene gelten 20–30 Beeren als tödlich, für Kinder entsprechend weniger.

Hauptwirkstoffe: → *Rutin,* → *Ursolsäure,* Ilicin (Gerbstoff?), wenig → *Theobromin,* α-Amyrin, → β-*Amyrin,* Bauerenol, Uvaol, Farbstoffe und unbekannte Giftstoffe.

Vergiftungserscheinungen: Übelkeit, Erbrechen, Herzrhythmusstörungen, Lähmungen, Nierenschädigung, Durchfall, Magenentzündung, Schläfrigkeit. Mehr als 2 Früchte können bei Kindern Erbrechen hervorrufen.
Bei Kindern ist Gastroenteritis mit tödlichem Ausgang beobachtet worden (Beeren). Nach Weilemann [W 38] werden die Früchte hauptsächlich von Ein- bis Sechsjährigen verzehrt. In 15% aller Fälle traten Magen-, Darmbeschwerden und Fieber auf. Ein einjähriges Kind aß fünf Früchte und bekam nach 20 Stunden Erbrechen und Fieber. Die Heilung verlief komplikationslos. Bei mehr als einer halben Handvoll Früchte sollte der Arzt die Therapie übernehmen.
Ernsthafte Vergiftungen sind bei Tieren nicht zu erwarten.
Stechpalmenzweige sind ein häufiger Weihnachtsschmuck wie auch die Zweige von Ilex verticillata (L.) A. Gray, die in Bodenvasen für Kinder leicht erreichbar sind. Die Früchte beider Arten enthalten die gleichen Wirkstoffe.
Unter den Indianern Nordamerikas im Apalachen-Bergland war Ilex vomitoria Ait. die „Brechhülse“, unter der lateinischen Be-

Ilex aquifolium

zeichnung Folia Apalachinis – Apalachentee, bekannt. Sie stellten als Rauschmittel den „black drink" her, um sich durch seine berauschende Wirkung Mut für den Kriegspfad zu holen [S 19].

Gefährlichkeitsgrad: Stark giftig + +

Vorschriften: Die Pflanze steht unter Naturschutz.
Ilex aquifolium: Monographie der Kommission D.

Literatur: B 36, C 3, F 16, G 4, G 37, H 12, J 5, J 12, L 10, M 2, S 6, S 19, W 38.

Therapie:
Erste Hilfe: Kohle-Pulvis-Gabe, Erbrechen auslösen, Natriumsulfat, viel warmen Tee trinken lassen.
Klinik: Magenspülung (evtl. mit burgunderfarbener Kaliumpermanganatlösung), Instillation von 10 g Kohle-Pulvis, Elektrolytsubstitution, Azidoseausgleich mit Natriumbikarbonat (Urin pH 7,5), Kontrolle der Nierenfunktion, bei Krämpfen Diazepam (Valium®) i.v., ggf. Plasma(expander)gabe, bei Atemlähmung: Intubation und Sauerstoffbeatmung. Antiemetikum Triflupromazin, Monitorkontrolle.

Ilex paraguariensis St.-Hil.

(Ilex paraguensis D. Don, Ilex paraguayensis Hook.)

Mate-Teestrauch. *E:* Paraguay tea. *F:* Thé du Paraguay. *I:* Te del Paraguay.

EDV-Code: ILEPA.

Familie: Aquifoliaceae, Stechpalmengewächse.

Verbreitung, Vorkommen: Südliches Brasilien und Paraguay. Größter Erzeuger und Verbraucher ist heute Argentinien.

Beschreibung: Immergrüner Strauch oder bis 7 m hoher Baum. Blätter elliptisch, kerbig gesägt, ledrig, wechselständig, bis 8 cm lang. Blüten klein, weiß, 4zählig, in achselständigen Büscheln. Steinfrucht kugelig, rötlich.
Pflanzen in Kulturen werden alle 2 Jahre zurückgeschnitten.
Erntezeit: Mai–September.

Droge: Folia Mate, Mate folium, Matetee.
Die ledrigen Blattstückchen schmecken aromatisch, herb und rauchig.
Die Aufbereitung erfolgt durch kurzes, kräftiges Erhitzen (zapekieren). Dabei findet eine Inaktivierung der Enzyme statt, da sonst die Blätter schwarz werden. Die Aktivität der Polyphenoloxidasen führt zu einer Ver-

Ilex paraguariensis

netzung der in beachtlichen Mengen enthaltenen Caffeoyl-chinasäure-ester (Chlorogensäure). Man bedient sich dabei rotierender Metallröhren, die durch Holzfeuerung sehr stark erhitzt werden.
Eine alternative Methode stellt das „Blanchieren“ dar. Durch Aufkochen in Wasser zerstört man die Blattenzyme. Richtig behandelte Blätter besitzen eine hellgrüne Farbe [S 19].

Hauptwirkstoffe: Coffein, Gehalt schwankend 0,34–1,72%, Theobromin 0,096–0,19%, Theophyllin, Gerbstoffe 4–16% [H 12].

Pharmakologische Wirkung: Wirkt durch seinen Coffeingehalt anregend auf das Zentralnervensystem und auf die Darmmotorik. Matetee ist weniger adstringierend als schwarzer Tee.
Mate soll den Stoffwechsel aktivieren, Hunger bremsen, Herz und Kreislauf schonen und ohne Nebenwirkungen helfen, Stimmungs- und Ermüdungserscheinungen aufzufangen.

Gefährlichkeitsgrad: Nur bei Mißbrauch wenig giftig (+) bis giftig +

Vorschriften: Ilex paraguariensis: Monographie der Kommission D.
Mate folium: Monographie der Kommission E.

Literatur: H 12, K 9, O 2, S 19.

Therapie:
Erste Hilfe: Nach Aufnahme extremer Mengen Gabe von Kohle-Pulvis.
Klinik: Bei Erregungszuständen und Herzrhythmusstörungen Diazepam i.v., Monitorüberwachung.

Illicium anisatum L.

(Illicium religiosum Sieb. et Zucc.)

Shikimibaum, Japanischer Sternanis. *E:* Japanese anise tree. *F:* Badianier du Japon.

EDV-Code: ILLAN.

Familie: Illiciaceae.

Verbreitung, Vorkommen: Japan, Korea. Als heiliger Baum des Buddhismus wird er besonders in Tempelnähe und auf Friedhöfen angepflanzt.

Droge: Früchte, Samen. Shikimifrüchte riechen balsamisch, nicht anisartig und schmecken bitter, sauer, widerlich scharf, adstringierend. Sternanisfrüchte sind im Geruch würzig anisähnlich. Geschmack süß, aromatisch und scharf nach Anis. Zur eindeutigen Unterscheidung siehe [W 13].

Hauptwirkstoffe: Die giftigen Sesquiterpenlactone Anisatin (früher in verschiedener Reinheit als Shikimin, Sikimin, Hananomin etc. bezeichnet), Neoanisatin, ätherisches Öl (0,5–1%) mit Mono- und Sesquiterpenen und Spuren von Anethol.

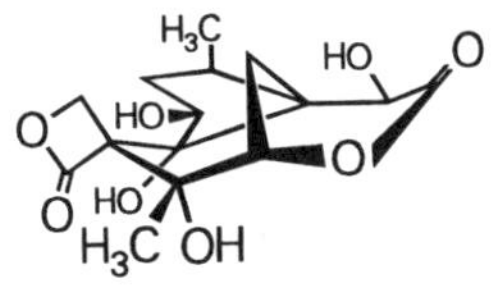

Anisatin

Illicium anisatum

Vergiftungserscheinungen: Shikimifrüchte wie auch Anisatin führen zu Erbrechen, Durchfall und evtl. zum Tod. Schon ca. 1,5 g der Früchte können Speichelfluß und Erbrechen hervorrufen.
LD_{50} (Maus): Shikimifruchtpulver 1 g/kg, Perikarp 0,5 g/kg, Samen 2,2 g/kg.
Als Vergiftungserscheinungen treten auf: Erbrechen, Durchfälle, tonische und klonische Krampfanfälle mit Atemstillstand, stark schwankender Puls, Harnflußversagen, teilweise oder vollständig.
Shikimiextrakte ergeben beim Kaninchen eine stark verkürzte Blutgerinnungszeit.
Anisatin LD_{50} (weiße Mäuse): 0,7–1 mg/kg (Literaturangabe).
Todesfälle gab es schon mehrmals in Japan. In Mitteleuropa wurden durch Anislieferungen, die bis 70% Illicium-Früchte enthielten, zuerst 1880, dann in den folgenden Jahren Vergiftungen bekannt. Ob dabei Früchte von Illicium anisatum oder andere toxische Illicium-Arten schuld waren, ist bis heute nicht geklärt. Von den in Süd- und Mittelchina vorkommenden Illicium-Arten besitzen außer Illicium verum (Sternanis) noch 9 weitere Arten sehr ähnlich aussehende Früchte.

Gefährlichkeitsgrad: Giftig + bis stark giftig + +

Literatur: H 40, W 13, Z 1, Z 2.

Therapie:
Soforttherapie: Nach Verschlucken sofort Kohle-Pulvis oder viel trinken und erbrechen.
Klinik: Magenspülung, Kohle-Pulvis. Künstliche Beatmung falls erforderlich. Monitorkontrolle.

Impatiens balsamina L.

Garten-Balsamine. *E:* Garden-balsamine. *F:* Balsamine des jardins. *I:* Balsamina coltivata. *NL:* Balsemien.

EDV-Code: IPABA.

Familie: Balsaminaceae, Springkrautgewächse.

Verbreitung, Vorkommen: Heimat: Ostindien; Zierpflanze in Gärten, zahlreiche Kulturformen.

Beschreibung: Einjährige, bis 60 cm hohe Pflanze mit dickfleischigem Stengel. Blätter lanzettlich, gesägt, untere gegenständig. Blüten groß, verschiedene Farbvariationen, blattachselständig, einzeln oder zu mehreren, meist gefüllt blühende Sorten.
Blütezeit: Juni – September.
Eine sehr beliebte Zierpflanze ist Impatiens x walleriana Hook., Fleißiges Lieschen.
Wildwachsend in feuchten Laubwäldern Impatiens noli-tangere L., Großes Springkraut, Rührmichnichtan. In feuchten Wäldern außerdem I. parviflora DC. An Fluß-

Impatiens balsamina

und Bachläufen in Ausbreitung begriffen (I. glandulifera Royle).

Giftige Pflanzenteile: Die ganze Pflanze.

Hauptwirkstoffe: p-Hydroxybenzoesäure, Gentisin-, → *Ferula-*, → *p-Cumar-*, Sinapin- und → *Kaffeesäure*, → *Scopoletin* und ein bisher unbekanntes Phenol. Im Kraut und in den Blüten 2-Methoxy-1,4-naphthochinon (Lawsonmonomethylether) $C_{11}H_8O_3$, Fp. 183,5 °C, und → 2-Hydroxy-1,4-naphthochinon (Lawson) $C_{10}H_6O_3$, Fp. 192–195 °C [H 12].

Vergiftungserscheinungen: Der Genuß des Krautes kann Übelkeit, Erbrechen, Diarrhoe und Schwindel verursachen.

Wirkungen auf die Haut: Den beiden Chinonen Lawson und Lawsonmethylether wird eine sensibilisierende Wirkung nachgesagt. Experimentelle Untersuchungen belegen aber deutlich, daß beiden Verbindungen so gut wie keine allergieinduzierende Wirkung zukommt. Bei Anwendung der zur Zeit stärksten Methode ließ sich nur bei einem von 10 Meerschweinchen mit Lawsonmethylether eine ganz schwache Sensibilisierung erzielen [unveröff. Ergebnis].

Gefährlichkeitsgrad: Wenig giftig (+)

Literatur: H 12.

Therapie:
Erste Hilfe: Kohle-Pulvis oder erbrechen lassen.
Klinik: In Extremfällen Magenspülung, Vitaltherapie (S. 56).

Inula helenium L.

Echter Alant. *E:* Elecampane. *F:* Grande aunée. *I:* Elenio, Enula campana. *NL:* Griekse Alant.

EDV-Code: INUHE.

Familie: Asteraceae, Korbblütler.

Verbreitung, Vorkommen: Ursprünglich in Zentralasien, in Mitteleuropa angebaut und verwildert; Wiesengräben, Ufer, feuchte Orte.

Beschreibung: 1–1,5 m hohe Staude mit zottig behaartem Stengel. Blätter unten länglich-elliptisch, oben herzförmig, zugespitzt. Korbblüten gelb, 6–7 cm breit, mit Scheiben- und Zungenblüten. Früchte mit Pappus.
Blütezeit: Juli–August.

Droge: Rhizoma Helenii, Helenii rhizoma, Alantwurzel.
Geruch aromatisch, Geschmack würzig, bitter.

Inula helenium

Auszug aus der Monographie der Kommission E:
Risiken: Die in Alantwurzeln enthaltenen Sesquiterpenlactone (Hauptkomponente ist Alantolacton) reizen die Schleimhäute. Sie wirken sensibilisierend und rufen allergische Kontaktdermatitiden hervor.
Alantolacton wird als Hapten an Hautproteine gebunden; das Addukt induziert eine Überempfindlichkeit gegenüber Alantolacton und anderen α-Methylen-γ-Lacton-Systemen (Kreuzreaktion).
Größere Gaben der Droge führen zu Erbrechen, Durchfall, Krämpfen und Lähmungserscheinungen.
Bewertung: Da die Wirksamkeit der Droge und ihrer Zubereitungen bei den beanspruchten Anwendungsgebieten nicht ausreichend belegt ist, kann angesichts des Risikos einer Allergie die therapeutische Anwendung nicht befürwortet werden.

Wirkstoffhaltige Pflanzenteile: Wurzelstock.

Hauptwirkstoffe: 1–3% ätherisches Öl mit den Hauptbestandteilen Alantolacton $C_{15}H_{20}O_2$, Fp. 78–79 °C, und Isoalantolacton.

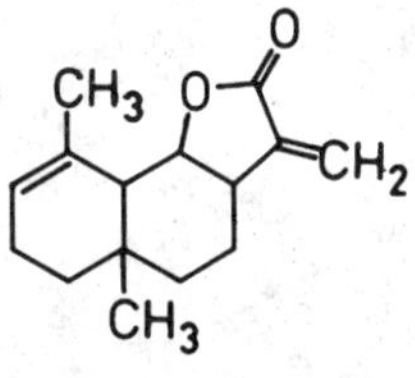

Alantolacton

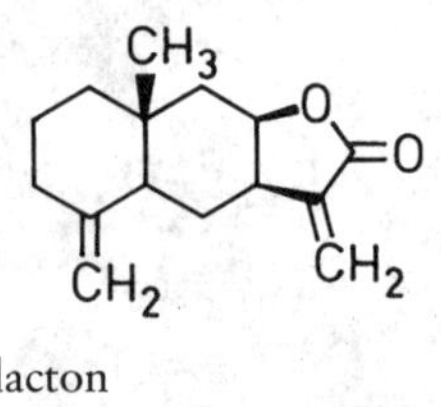

Isoalantolacton

Pharmakologische Wirkung: Alantolactone haben eine antibiotische Wirkung. „Helenin" wird ebenso wie die Wurzel als Wurmmittel verwendet.
Nach größeren Dosen: Leibschmerzen, Nausea, Vomitus, Diarrhoe, vereinzelt eitrige Ausschläge.

Wirkungen auf die Haut: Inula helenium gehört zu den Kompositenpflanzen mit bekannter allergieinduzierender Wirkung. Verantwortlich zeichnet eine Vielzahl von Sesquiterpenlactonen (bisher wurden 20 gefunden), unter denen dem Alantolacton und Isoalantolacton die größte Bedeutung zukommt, da sie den Hauptanteil der Inhaltsstoffe darstellen. Ein aus der Pflanze isoliertes Gemisch aus Alantolacton, Isoalantolacton und Dihydroisoalantolacton ist im Handel unter der Bezeichnung „Helenin" erhältlich. Unter experimentellen Bedingungen zeigt der Gesamtextrakt eine hohe Sensibilisierungspotenz (unveröff. Ergebnisse), die auf das starke Sensibilisierungsvermögen der beiden Sesquiterpenlactone Alantolacton und Isoalantolacton zurückzuführen ist. Alantolacton bzw. das Gemisch „Helenin" wird in einigen allergologischen Abteilungen der Dermatologie als Indikatorsubstanz für eine Kompositenallergie verwendet [Stampf J-L et al.: Contact Derm. 8, 16, 1982].

Anwendungen in der Homöopathie: Teep 0,0025 g bei chronischem Bronchialkatarrh, Atemnot, Asthma bronchiale, Lungenerweiterung.

Gefährlichkeitsgrad: Praktisch ungiftig, aber allergieinduzierend.

Vorschriften: Inula helenium: Monographie der Kommission D.
Helenii radix: Monographie der Kommission E.

Literatur: H 12, M 2, M 3.

Therapie:
Nur in Extremfällen Erbrechen oder rechtzeitig Kohle-Pulvis.

Ipomoea purga (Wender.) Hayne

[Exogonium purga (Wender.) Benth.]

Jalapenwinde. *E:* Jalap bindweed. *F:* Jalap. *I:* Gialappa.

Familie: Convolvulaceae, Windengewächse.

Verbreitung, Vorkommen: Heimisch in den ostmexikanischen Kordilleren, kultiviert in Indien und Südamerika.

Droge: Tubera Jalapae, Jalapae tuber, Jalapenknolle.
Die Wurzeln sind einfach oder zu mehreren vereinigt, im oberen Teil knollig verdickt, kugelig, birnenförmig oder länglich-spindelförmig, bis 200 g schwer, sehr hart. Die Seitenwurzeln, die verlängerte Wurzelspitze und die Achsenteile sind entfernt [H 12].
Die rübenartige Hauptwurzel ist stark milchsaftabsondernd.

Hauptwirkstoffe: Nach Auterhoff u. Demleitner [Arzneimittel-Forsch. 5, 402 (1955)] enthält das Harz 55% etherunlösliches Convolvulin, 7%, etherlösliches Jalapin und 10–15% flüchtige Säuren.

Vergiftungserscheinungen: Die drastisch abführende Wirkung beruht auf dem Harzgehalt und ist an die unversehrten Glykosidmoleküle gebunden. Selbst die höhermolekularen Glykosidsäuren sind wirkungslos [H 12]. Beim Menschen wird nach der Einnahme von Jalapa nach 15–30 min leichtes Schmerzgefühl in der Magengegend, oft Ekel, ja selbst Erbrechen beobachtet. Darauf macht sich Kollern im Leib bemerkbar, und nach 1½–3 Std. kommt es zur flüssigen Ausleerung, meistens ohne Kolikschmerzen. Nach größeren Dosen können sich diese Entleerungen sechs- bis achtmal wiederholen. Übersteigt man die Dosen von 1 g für die Jalapenknolle und 0,3 g für das Harz, so sind Leibschmerzen, Tenesmus und Übelkeit die gewöhnlichen Folgen [M 2].

Wirkungen auf die Haut/Schleimhaut: Jalapenpulver (in geringerem Maße auch das Jalapenharz) entfaltet lokal eine reizende und entzündende Wirkung auf die Schleimhäute, aber von individuell verschiedener Intensität, es kommt zu Räuspern, Niesen und Husten. Auf die intakte Haut wirkt Jalapenharz nicht ein, während bei Hautwunden Brennen, Schmerzhaftigkeit und Eiterung mit anschließender Lymphangitis hervorgerufen wird.

Gefährlichkeitsgrad: Giftig +

Vorschriften: Ipomoea purga: Monographie der Kommission D.
Literatur: H 12, M 2.

Therapie:
Erste Hilfe: Kohle-Pulvis (10 g), erbrechen lassen, viel warmen Tee oder Himbeersaft trinken lassen.
Klinik: Nach wahrscheinlich großer Giftaufnahme: Magenspülung (evtl. mit burgunderfarbener Kaliumpermanganatlösung), Instillation von 10 g Kohle-Pulvis und Natriumsulfat, Elektrolytsubstitution, Azidoseausgleich mit Natriumbikarbonat (Urin pH 7,5).

Ipomoea tricolor Cav.

(Ipomoea rubrocaerulea Hook., Ipomoea violacea Lunan et auct. mult., non. L.)

Trichterwinde, Prachtwinde. *E:* Morning glory. *F:* Ipomée. *Mex:* Coatlxoxouhqui.

EDV-Code: IPOTO.

Familie: Convolvulaceae, Windengewächse.

Verbreitung, Vorkommen: Heimat: Mexico; Gartenzierpflanze.

Beschreibung: 2–3 m hohe, windende Pflanze mit verzweigten Stengeln. Blätter ei-herzförmig, zugespitzt. Blüten anfangs rot, nach Erblühen himmelblau, Schlund weiß, 8–10 cm breit, gestielt.
Blütezeit: Juli–September.

Droge: Semen Ipomoeae violaceae, Ipomoeae violaceae semen, Ololiuqui.
Längliche, schwarze Samen.

Hauptwirkstoffe: Lysergsäurederivate, (+)-Lysergsäureamid, (+)-Isolysergsäureamid, Chanoclavin, Elymoclavin und Ergometrin. Vermutlich stark wechselnder Gehalt.

Vergiftungserscheinungen: Psychomimetisch. Besitzt halluzinogene Wirkung. Die LD_{50} an Ratten etwa 164–214 mg/kg, bei Menschen etwa 1–2 g [H 12].

Anwendungen: Bei den Indianern Mexikos als Rauschgift und für magisch-medizinische Zwecke [H 12].

Die mexikanischen Windenarten werden seit alten Zeiten von den Eingeborenen für verschiedene Zwecke benutzt, wobei es offenbar auf die Art, den Reifezustand und die Zubereitungsart ankommt. Auch konnte von allen Forschern bisher die Stammpflanze des Ololiuqui (oder Mantecón oder Manta) nicht eindeutig geklärt werden. Die lateinischen Namen, die in diesem Zusammenhang genannt wurden, sind:
Rivea corymbosa (L.) Hall. f. [Turbinia corymbosa (L.) Raf., Ipomoea burmanni Choisy, Ipomoea sidaefolia (H.B.K.) Choisy].
Die Pflanze wird als blaublühend (Hofmann) oder weißblühend mit herzförmigen Blättern geschildert (Ximenez, Cuatrolibros de la naturaleza, 1790). Die kleinen Samen werden frisch gesammelt, zerquetscht und in „Pulque“ oder „Tepache“ gequollen. Dieses „Piule“ genannte Getränk ergibt einen eigenartigen Rausch, der einer Hypnose ähneln kann. Die Versuchenden erinnern sich an lang zurückliegende Begebenheiten, führen Gespräche mit Verstorbenen und geben auf Befragen durch geschulte „Piuleros“ Auskünfte über bisher Verschwiegenes, so daß man in der Gegend von Oaxaca

Ipomoea tricolor

den „Piule" als Wahrheitstrank und Giftorakel benutzt.
Die alten Beobachtungen konnten durch einen modernen Forscher wie Hofmann teilweise bestätigt werden, er fand neben anderen Lysergsäure-derivaten auch noch Lysergsäure-hydroxyethylamid.

Gefährlichkeitsgrad: Stark giftig + +

Literatur: H 12, J 5, R 25, S 23.

Therapie:
Erste Hilfe: Medizinalkohle (Kohle-Pulvis), beruhigen, evtl. beatmen.
Klinik: Magenspülung nach Anfeuchten des Schlauches. Bei anticholinerger Symptomatik Antidot Physostigmin, Anticholium® (Erw. 2 mg i.m., i.v.), 24 Std. beobachten. Sedieren mit Diazepam.

Iris pseudacorus L.

Sumpf-Schwertlilie. *E:* Yellow flag. *F:* Flambe d'eau. *I:* Giaggiolo acquatico. *NL:* Gele lis.

EDV-Code: IRIPS.

Familie: Iridaceae, Schwertliliengewächse.

Verbreitung, Vorkommen: Europa, Vorderasien, Nordafrika, in Mitteleuropa stellenweise häufig; Gräben, Sümpfe, Ufer, Auwälder.

Beschreibung: 50–100 cm hohe, ausdauernde Pflanze. Blätter lineal bis schwertförmig, grasgrün. Blüten langgestielt, Perigonblätter hellgelb. Fruchtkapsel walzenförmig, hängend.

Blütezeit: Mai–Juni.

Giftige Pflanzenteile: Die ganze Pflanze, besonders das Rhizom.

Hauptwirkstoffe: Unerforschter, scharfer Stoff, der auch nach dem Trocknen erhalten bleibt, sowie das Glykosid Iridin.
Iris versicolor L., die Buntfarbige Schwertlilie, enthält ähnliche Stoffe, ist aber weniger giftig. Verwendet wird der frische Wurzelstock (äth. Öl, Iridin, Isophthalsäure).

Iris pseudacorus

Vergiftungserscheinungen: Der brennend scharfe Saft erzeugt Schluckbeschwerden, heftige Reizungen der Schleimhäute, Erbrechen und Diarrhoen, auch Herzstörungen. Bei Tieren können nach dem Fressen von Blättern blutige Diarrhoen auftreten.

Wirkungen auf die Haut: Der Saft erzeugt auf der Haut eine irritative Kontaktdermatitis. Es bestehen Hinweise darauf, daß in äußerst seltenen Fällen auch einmal eine Kontaktallergie induziert werden kann. Die Ursache ist unbekannt.

Anwendungen in der Homöopathie: D_2–D_3 bei psychider, depressiver Migräne (Sonntagsmigräne), Hyperemesis mit Säurebeschwerden, Erbrechen saurer Massen; Trigeminus-Neuralgie.

Gefährlichkeitsgrad: Giftig +, hautreizend.

Verordnungen: Alle Iris-Arten sind geschützt

Literatur: B 36, D 9, F 16, G 4, G 33, L 10.

Therapie:
Erste Hilfe: Erbrechen oder Kohle-Pulvis, Haut spülen.
Klinik: In Extremfällen Magenspülung, Vitaltherapie (S. 56), Cortison-Salbe bei Hautreizung.

Jatropha curcas L.

Purgiernußbaum. *E:* Physic nut tree, Barbadoes nut tree, Purging nut tree. *F:* Médicinier, Pignon d'Inde. *I:* Giatrofa catarcita. *NL:* Purgeernoot.

EDV-Code: IATCU.

Familie: Euphorbiaceae, Wolfsmilchgewächse.

Verbreitung, Vorkommen: Heimat: Tropisches Amerika. Heute in allen wärmeren Gegenden als Hecken und Stützpflanze.

Beschreibung: Bis 3 m hoher Strauch. Blätter efeuartig. Blüten klein, grünlich, in Doldentrauben. Früchte kugelig, fleischig mit bohnengroßen Samen.
Als Zierpflanze ist gelegentlich Jatropha podagrica Hook. anzutreffen.

Droge: Semen Jatrophae curcadis, Jatrophae curcadis semen, Purgierstrauchsamen.
Die eiförmigen Samen erreichen eine Länge von 17 mm. Sie sind auf der Rückenseite ge-

Jatropha curcas

wölbt; die Bauchseite ist dagegen durch die deutlich vortretende Raphe dachartig. Die schwarzen Samen sind mit feinen, gelben Streifen durchzogen, während sich an einem Ende ein weißlicher Fleck befindet [H 12].

Hauptwirkstoffe: Die Pflanze enthält einen ätzenden Milchsaft. In den Samen finden sich 30–48% eines fetten, purgierenden Öles. Weiterhin enthalten die Samen das sehr giftige Toxalbumin Curcin, das dem → *Ricin* ähnlich ist und beim Erhitzen über 50 °C unwirksam wird.

Vergiftungserscheinungen: Laxierend, Samenextrakte wirken im Tierversuch dämpfend auf das isolierte Herz, führen zu Entspannung und Lähmung des isolierten Darmes, Blutdrucksenkung, rufen Polypnoe, gefolgt von Apnoe, hervor, die zum Tod führt. Die Samen führen, besonders bei Kindern, zu Blähungen, Erbrechen, Diarrhoe, Schwindel, Bewußtlosigkeit, Kollaps und Tod. Geröstet sind sie eßbar [H 12].

Im Jahre 1923 erkrankten in Le Havre Hafenarbeiter, die irrtümlicherweise die Samen von Jatropha curcas für Erdnüsse gehalten hatten, an folgenden Vergiftungserscheinungen: heftige Diarrhoe, Erbrechen, Delirium, Schwindel, Abnahme des Sehvermögens, Schwächung des Gedächtnisses und Muskelzuckungen. Ein einziger Samen (etwa 17 mm lang) führt oft zu zehnmaligem Erbrechen und doppelt häufigen Stuhlgängen [M 2].

Wirkungen auf die Haut/Schleimhaut: Auf der Haut und den Schleimhäuten verursacht der Milchsaft eine obligate Entzündungsreaktion.

Anwendungen: In Venezuela werden Purgiernüsse als Fischgift verwendet.

Gefährlichkeitsgrad: Stark giftig + +

Vorschriften: Jatropha curcas: Monographie der Kommission D.

Literatur: H 12, M 2, K 16.

Therapie:
Erste Hilfe: Kohle-Pulvis-Gabe, Erbrechen auslösen, Natriumsulfat, viel warmen Tee trinken lassen. Haut- und Schleimhautblasen steril abdecken, Tetanusprophylaxe, lokal Locacorten-Schaum.
Klinik: Magenspülung (evtl. mit burgunderfarbener Kaliumpermanganatlösung), Instillation von 10 g Kohle-Pulvis, Elektrolytsubstitution, Azidoseausgleich mit Natriumbikarbonat (Urin pH 7,5), Kontrolle der Nierenfunktion, bei Krämpfen Diazepam (Valium®) i.v., ggf. Plasma(expander)gabe, bei Atemlähmung: Intubation und Sauerstoffbeatmung. EKG-Monitorkontrolle.

Juniperus communis L.

Wacholder. *E:* Common juniper. *F:* Genévrier commun. *I:* Ginepro comune. *NL:* Jeneverboom.

EDV-Code: IUPCO.

Familie: Cupressaceae, Zypressengewächse.

Verbreitung, Vorkommen: Europa, Nordasien, Nordafrika, in Mitteleuropa stellenweise häufig; Schafweiden, Heiden, steinige Hänge.

Beschreibung: Immergrüner, spitzkegelförmiger, einhäusiger Strauch, bis 10 m hoch. Nadeln 10–15 mm lang, stechend, bläulichgrün. Blüten klein, männliche kätzchenartig, weibliche knospenartig. Beerenzapfen schwarz, blaubereift, erbsengroß.
Blütezeit: April–Mai.

Droge: Fructus Juniperi, Juniperi fructus, Wacholderbeeren.
Reife, im 2. Jahr gesammelte, getrocknete Früchte. Geruch eigenartig würzig, Geschmack süßlich und aromatisch.
Auszug aus der Monographie der Kommission E.
Gegenanzeigen: Schwangerschaft und entzündliche Nierenerkrankungen.
Nebenwirkungen: Bei langdauernder Anwendung oder bei Überdosierung können Nierenschäden auftreten.

Wirkstoffhaltige Pflanzenteile: Beeren.

Hauptwirkstoffe: 0,2–2% ätherisches Öl mit 26,5 α-Pinen, 1,7% Terpineol-4, 8,8% → *Sabinen,* 9% Myrcen sowie zahlreiche andere ätherische Ölbestandteile in geringer Menge. Unreife Früchte enthalten bis 2,9% ätherisches Öl, das anscheinend etwas anders zusammengesetzt ist.
Zwischen den Ölen ein- und dreijähriger Früchte scheinen signifikante Unterschiede zu bestehen.

Pharmakologische Wirkung: Bei Überdosierung Reizung der Niere. Beeren und Juniperuspräparate während der Schwangerschaft meiden. Außerdem besitzen sie antifertile Eigenschaften.
Innerlich Nierenschmerzen, Harndrang, Diuresesteigerung, Veilchengeruch des Harns, Herztätigkeit und Atmung beschleunigt, selten Krämpfe.
Aus den Erfahrungen der Beratungsstelle für Vergiftungserscheinungen, Berlin:
Bei der Aufnahme von Früchten und Nadeln wurden leichte gastroenteritische Symptome beobachtet.

Wirkungen auf die Haut/Schleimhaut: Bei äußerlicher Einwirkung kann es zu einer Entzündung der Haut mit Blasenbildung

Juniperus communis

kommen (irritative Kontaktdermatitis). In einem Fall wurde ein allergisches Kontaktekzem und ein allergisches Asthma durch berufsbedingten Umgang mit Wacholderbeeröl beobachtet [Rothe A et al.: Berufsdermatosen 21, 11, 1973].
Die verschiedenen Juniperus-Arten erzeugen eine große Menge an Pollen, die aber allergologisch von untergeordneter Bedeutung sind (inhalative Allergie gegenüber Frühjahrsblühern).

Dosierung: Gebräuchliche Einzeldosis 2 g auf 1 Tasse Infus DAB 7 [H 12].

Anwendungen in der Homöopathie: Teep 0,05 g bei Wassersucht und chronischen Nierenerkrankungen.

Gefährlichkeitsgrad: Ungiftig bis schwach giftig (+); hautreizend.

Vorschriften: Die Pflanze steht unter Naturschutz.
Juniperus communis: Monographie der Kommission D.
Juniperi fructus: Monographie der Kommission E.
Aromenverordnung der Bundesrepublik Deutschland v. 22. 12. 1981 (BGBl I, 1677–1685). Verbotener Stoff des § 2, Anlage I: Wacholderteeröl (Oleum Juniperi empyreumaticum).

Literatur: A 6, F 16, G 4, H 12, H 35, K 40, M 2, M 3, R 31, T 5.

Therapie:
In Extremfällen Cortisonsalbe. Kontakt meiden – auch beim Einatmen.

Juniperus sabina L.

Sadebaum, Sevibaum, Stink-Wacholder. *E:* Savin. *F:* Genévrier sabine. *I:* Ginepro sabino. *NL:* Zevenboom.

EDV-Code: IUPSA.

Familie: Cupressaceae, Zypressengewächse.

Verbreitung, Vorkommen: Süd- und Mitteleuropa, Nordasien, wild in Mitteleuropa nur in den Alpen; sonst angepflanzt und verwildert.

Beschreibung: Immergrüner Strauch oder Baum (bis 3 m). Blätter überwiegend schuppenförmig, dachziegelartig anliegend. Blüten 2häusig, männliche eiförmig, gelb, weibliche grünlich unscheinbar. Beerenzapfen erbsengroß, blaubereift.
Blütezeit: April–Mai.

Droge: Herba (Summitates) Sabinae, Sabinae herba, Sadebaumspitzen.
Die getrockneten jüngsten Zweigspitzen. Geruch stark würzig, herb; Geschmack scharf würzig, bitter.

Giftige Pflanzenteile: Alle Pflanzenteile, vor allem Zweigspitzen. Mengen über 1 g frische Zweigspitzen sind giftig; 5–20 g können schon tödlich sein.

Hauptwirkstoffe: 3–5% ätherisches Öl mit 20% → *Sabinen* und 40% Sabinylacetat, → *Thujon;* Bitterstoff (Pinipicrin), 0,12% Savinin, Gerbstoffe.

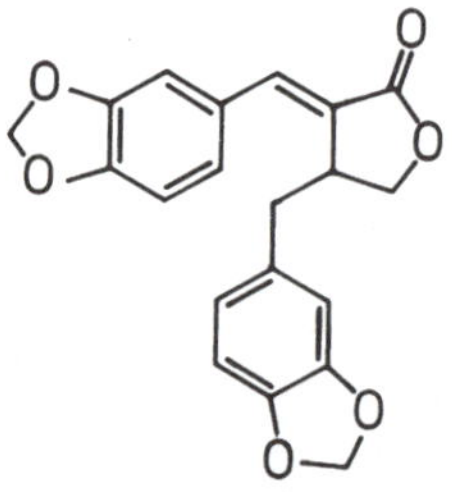

Savinin

Vergiftungserscheinungen: Bei Einnahme: Übelkeit, Erregung, Herzrhythmusstörungen, Krämpfe, Atemlähmung, Nierenschädigung, blutiger Urin, Gebärmutterkrämpfe, Leberschäden, starke Blutungen vermutlich aus den Nieren und Abort. Der Tod erfolgt im Zustand zentraler Lähmung und tiefer Bewußtlosigkeit meist erst nach 10 Std. bis mehreren Tagen.
Vom Öl gelten 6 Tropfen als tödliche Dosis.
Aus den Erfahrungen der Beratungsstelle für Vergiftungserscheinungen, Berlin:
$1^1/_4$ Jahre altes Kind aß Schuppenblätter: keine Symptome; 2jähr. Junge zeigte nach Fruchtgenuß eine mäßige Tachykardie.

Juniperus sabina

Pferde können größere Mengen aufnehmen, während Hunde und Wiederkäuer besonders gefährdet sind. Die Vergiftungserscheinungen bestehen in Gastroenteritis mit Kolik, Tympanie, Durchfall, Nephritis, tetanischen Krämpfen und anschließender zentralnervöser Lähmung [H 18].

Wirkungen auf die Haut: Das Öl ist stark hautreizend und blasenziehend. Bei Hautkontakt kann es zu Hautentzündungen bis zur Nekrose kommen.

Dosierung: Einzelmaximaldosis 0,5 g; Tagesmaximaldosis 1,0 Helv. V, CF 49, Brasil. 1. Dosis 0,3–0,6 g, Extra P. 67. Mittlerer Gehalt als Hautsalbe 50% Erg. B. 6 [H 12].

Anwendungen in der Homöopathie: D_4 bei Sehstörungen; bei Beschwerden der Beckenorgane bes. Uterus; Abortus imminens.

Gefährlichkeitsgrad: Sehr stark giftig + + +

Vorschriften: Juniperus sabina: Monographie der Kommission D.
Verbotene Stoffe der Kosmetikverordnung v. 19. 6. 1985 Anlage 1: 294 Juniperus sabina L., Zweigspitzen, ätherisches Öl und Zubereitungen.

Literatur: B 36, F 16, G 4, H 12, H 18, D 9, L 10, K 40, M 2, M 27.

Therapie:
Erste Hilfe: Kohle-Pulvis-Gabe, Erbrechen auslösen, Natriumsulfat, viel trinken lassen. Hautblasen steril öffnen und verbinden, Tetanusprophylaxe. Lokal Locacorten®-Schaum.
Klinik: Magenspülung (evtl. mit burgunderfarbener Kaliumpermanganatlösung), Roticlean®-, Kohle- und Natriumsulfatinstillation, gegen Koliken Atropin, Elektrolytsubstitution, Azidoseausgleich mit Natriumbikarbonat ((Urin pH 7,5), Kontrolle der Nierenfunktion, bei Krämpfen Diazepam (Valium®) i.v., ggf. Intubation und Sauerstoffbeatmung. Kontrolle der Blutgerinnung und Leberwerte.

Juniperus virginiana L.

Virginische Zeder. *E:* Virgin cedar. *F:* Cèdre de Virginie. *I:* Ginepro della Virginia.

EDV-Code: IUPVI.

Familie: Cupressaceae, Zypressengewächse.

Verbreitung, Vorkommen: Heimat: Nordamerika; Zierstrauch in vielen Sorten wie „Fastgiata“, „Glauca“ u.a.

Juniperus virginiana

Beschreibung: Bis 12 m hoher, immergrüner Strauch mit abstehenden Ästen. Blätter schuppenförmig, scharf zugespitzt. Blüten unscheinbar. Beerenzapfen aufrecht, erbsengroß, braunviolett, blauweiß bereift.
Blütezeit: April–Mai.

Giftige Pflanzenteile: Alle Pflanzenteile.

Hauptwirkstoffe: In den Nadeln ca. 0,2% ätherisches Öl mit den Hauptkomponenten → *Sabinen*, → *α-Pinen*, γ-Terpinen, → *Limonen* (Verdacht auf krebserzeugende Wirkung) etc.

Vergiftungserscheinungen: Krämpfe, Atemnot, Kreislaufkollaps, zuletzt Bewußtlosigkeit und Tod.
Nach Sabinenkontakt erfolgte ein signifikanter Anstieg der Häufigkeit spontaner Tumore durch Verwendung von Holzspänen als Streu in Käfigen mit empfindlichen Mäusestämmen [H 13].

Gefährlichkeitsgrad: Sehr stark giftig + + +

Vorschriften: Juniperus virginiana: Monographie der Kommission D.

Literatur: B 36, H 12, H 13.

Therapie:
Erste Hilfe: Kohle-Pulvis-Gabe, Erbrechen auslösen, Haut und Augen spülen, Roticlean®, viel trinken lassen. Lokal Locacorten®-Schaum.
Klinik: Magenspülung (evtl. mit burgunderfarbener Kaliumpermanganatlösung), Roticlean-, Kohle- und Natriumsulfatinstillation, gegen Koliken Atropin, Elektrolytsubstitution, Azidoseausgleich mit Natriumbikarbonat (Urin pH 7,5), Kontrolle der Nierenfunktion, bei Krämpfen Diazepam (Valium®) i.v., ggf. Intubation und Sauerstoffbeatmung.

Kalanchoë blossfeldiana v. Poelln.

Flammendes Kätchen. *E:* Flaming katy.

EDV-Code: KANBL.

Familie: Crassulaceae, Dickblattgewächse.

Verbreitung, Vorkommen: Beheimatet in den verhältnismäßig kühlen Hochebenen Madagaskars. 1928 kam die heute sehr beliebte Zimmerpflanze durch einen Berliner Samenhändler nach Europa.
Die Gattung Kalanchoë ist im tropischen Afrika und Asien mit ca. 150 Arten vertreten.

Beschreibung: Ca. 30 cm hohe Pflanze. Blätter dunkelgrün, fleischig, oval, am Rande gekerbt und aufgebogen, kurz gestielt oder sitzend, in Rosetten. Blüten klein, mit 4 Blütenblättern, leuchtend rot, orange oder gelb, in doldigen, gestielten Blütenständen.
Blütezeit: Ursprünglich von Februar–April. Im Handel blühend von Januar bis Juni.

Hauptwirkstoffe: Nicht bekannt.

Vergiftungserscheinungen: Immer wieder wird Kalanchoë blossfeldiana mit giftigen Kalanchoë-Arten in Verbindung gebracht. Jaspersen-Schib schreibt:
Im Gegensatz zu den meisten anderen Crassulaceen ist die Kalanchoë toxisch. Am besten untersucht sind Kalanchoë-Arten, welche in Afrika wild vorkommen. In diesen Arten wurden Bufadienolide nachgewiesen, allerdings nur in sehr geringer Menge; ferner enthalten sie das Cotyledontoxin. Dieses führte bei Tieren in Afrika nach Vergiftungen mit Kalanchoë zur sogenannten Cotyledonosis, auch Krimpsiekrankheit genannt mit spastischer Kontraktion der Muskeln und neurologischen Symptomen. Möglich wäre es, daß unsere *Kalanchoë blossfeldiana* auch Cotyledontoxin enthalten; auf jeden Fall muß diese Pflanze, auch wenn sie noch ungenügend erforscht ist, als toxisch betrachtet werden. Über eine Vergiftung mit *Kalanchoë blossfeldiana* bei einem Kleinkind berichtete F. Guth. Bei diesem Kind kam es nach peroraler Aufnahme von Kalanchoë zu Erbrechen und Durchfall.

Gefährlichkeitsgrad: Wenig giftig (+), afrikanische Arten giftig +.

Literatur: J 6.

Therapie:
In Extremfällen Kohle-Pulvis trinken oder erbrechen lassen.

Kalmia latifolia L.

Berglorbeer. *E:* American laurel. *F:* Kalmie à larges feuilles. *I:* Calmia a foglie larghe. *NL:* Breedbladige Lepelboom.

Kalmia latifolia

Kalmia angustifolia

EDV-Code: KAMLA.

Familie: Ericaceae, Heidekrautgewächse.

Verbreitung, Vorkommen: Heimat: Östliches Nordamerika; bei uns in Gärten als Zierpflanze.

Beschreibung: Immergrüner Strauch, bis 1 m hoch. Blätter lorbeerartig, wechselständig, 5–10 cm lang, spitz, kurzgestielt. Blüten rot oder weißlich, in vielblütigen, blattachselständigen Scheinwirteln. Fruchtkapsel kugelig, vielsamig.

Kalmia latifolia

Blütezeit: Mai–Juni.
Ein weiterer Zierstrauch unserer Gärten ist Kalmia angustifolia L., Schmalblättrige Lorbeerrose, die eine ähnliche Wirkung zeigt.

Droge: Folia Kalmiae, Kalmiae folium, Berglorbeerblätter.

Giftige Pflanzenteile: Blätter.

Hauptwirkstoffe: Die Blätter sollen → *Andromedotoxin* und → *Arbutin* enthalten. Nach neueren Angaben handelt es sich wahrscheinlich um Acetylandromedol. In Mitteleuropa kultivierte Pflanzen enthalten den Wirkstoff nicht oder nur in Spuren.

Vergiftungserscheinungen: Starke Speichelsekretion, Übelkeit, Erbrechen, Durchfall, Schwindel.
Der Honig soll für den Menschen ebenfalls schädlich sein.
Kalmia latifolia ist den Farmern in Amerika als Schafstod bekannt, da beim Vieh, besonders aber bei Schafen, nach dem Fressen folgende Vergiftungserscheinungen auftreten können: Erbrechen, mühsames Atmen, Zittern, Schwäche und Stolpern; diesem folgen klonische Spasmen, die immer heftiger werden, zu einem späteren Zeitpunkt setzen Sehverlust und meningeale Reizzustände ein, der Kopf wird zurückgezogen, die Pupillen verdrehen sich nach oben, und die Gliedmaßen werden steif. Falls das Tier überlebt, wird es für die Dauer von ein oder zwei Wochen schwach und hinfällig sein, dies später gefolgt von einem Schwanken [K 42].

Wirkungen auf die Haut: Brennen und Juckreiz auf der Haut.

Anwendungen in der Homöopathie: D_2–D_4 bei akuten Herzentzündungen und akutem Gelenkrheumatismus; Neuralgien bei Herzleiden.

Gefährlichkeitsgrad: Giftig +

Vorschriften: Kalmia latifolia: Monographie der Kommission D.

Literatur: D 9, F 16, G 6, H 12, K 42, M 2, M 3.

Therapie:
Erste Hilfe: Kohle-Pulvis-Gabe, Erbrechen auslösen, Natriumsulfat, viel warmen Tee trinken lassen. Lokal Locacorten-Schaum.
Klinik: Magenspülung (evtl. mit burgunderfarbener Kaliumpermanganatlösung), Instillation von 10 g Kohle-Pulvis, Elektrolytsubstitution, Azidoseausgleich mit Natriumbikarbonat (Urin pH 7,5), Kontrolle der Nierenfunktion, bei Krämpfen Diazepam (Valium®) i.v., ggf. Plasma(expander)gabe, bei Atemlähmung: Intubation und Sauerstoffbeatmung.

Kerria japonica (L.) DC

Nesselröschen, Goldröschen. *E:* Japanese kerria. *F:* Korête du Japon. *I:* Kerria del Giappone.

Blüten

gefüllt-blühende Form

EDV-Code: KERJA.

Familie: Rosaceae, Rosengewächse.

Verbreitung, Vorkommen: Heimat: Japan; Zierstrauch in Gärten, auch verwildert.

Beschreibung: 1–3 m hoher Strauch. Blätter eilanzettlich, zugespitzt, doppelt gesägt, kurzgestielt. Blüten gelb, 5zählig, einzeln, endständig, meist in gefülltblühender Form, bis 3 cm groß.
Blütezeit: April–Mai.

Hauptwirkstoffe: Im Samen → *Blausäure-Glykoside.*

Gefährlichkeitsgrad: Wenig giftig (+)

Kerria japonica

Therapie:
Erste Hilfe: Kohle-Pulvis.
Klinik: In Extremfällen Entgiftung und Alkalisierung.

Koelreuteria paniculata Laxm.

Blasenbaum, Blasenesche. *E:* Panicled gold rain tree. *F:* Koelreutérie paniculée. *I:* Albero della vernice.

EDV-Code: KOTPA.

Familie: Sapindaceae, Seifenbaumgewächse.

Verbreitung, Vorkommen: Heimat: China; bei uns Zierbaum in Gärten und Anlagen.

Beschreibung: Sommergrüner, bis ca. 12 m hoher Baum. Blätter gefiedert, mit Stiel bis 35 cm lang, Teilblättchen gekerbt bis lappig. Blüten gelb, Krone 4teilig, nach oben zurückgeschlagen, in endständigen, bis 40 cm langen Rispen. Früchte mit blasiger Hülle.
Blütezeit: Juli–August.
Früchte: Schon im August–September.

Hauptwirkstoffe: Saponine in der ganzen Pflanze und → *cyanogene Stoffe,* vor allem in den Samen.

Gefährlichkeitsgrad: Wenig giftig (+)

Therapie:
Erste Hilfe: Kohle-Pulvis.
Klinik: In Extremfällen Entgiftung und Alkalisierung.

Laburnum anagyroides Medikus

(Cytisus laburnum L.)

Goldregen, Bohnenbaum. *E:* Golden chain, Golden rain. *F:* Aubur. *I:* Avorniello, Maggiociendolo comune.

EDV-Code: LABAN.

Familie: Fabaceae, Schmetterlingsblütler.

Verbreitung, Vorkommen: Süd- und Südosteuropa; in Mitteleuropa Zierstrauch in Gärten und Parkanlagen, selten verwildert.

Beschreibung: Sommergrüner, bis 6 m hoher Strauch oder Baum. Blätter büschelig, dreizählig, kleeähnlich. Blüten goldgelb in reichblütigen, hängenden Trauben. Hülsen länglich, braun.
Blütezeit: Mai–Juni.
Früchte: Juli–Winter.
Ein häufig bei uns vorkommender Zierstrauch ist außerdem Laburnum x wateri (Kirchner) Dipp., eine Hybride aus Laburnum alpinum und Laburnum anagyroides.

Giftige Pflanzenteile: Die ganze Pflanze, vor allem die bohnenähnlichen Hülsen. Auch getrocknete Pflanzenteile sind giftig. Tödliche Dosis für Kleinkinder 3–4 Früchte (Hülsen) bzw. 15–20 Samen, für Pferde 0,5 g Samen pro kg und 6 g pro kg für Hühner und Tauben.

Hauptwirkstoffe: In den reifen Samen 1,5–3%, in den Blättern 0,3%, in den Blüten 0,2% Alkaloide, in reifen Samen fast ausschließlich → *Cytisin.* Neben dem Hauptalkaloid Cytisin noch N-Methylcytisin, Laburnin, Laburnamin und Chinolizidinalkaloide. Der Cytisin-Gehalt steigt mit der Samenreife und erreicht im Spätherbst seinen Höhepunkt.
Die Samen der Hybride Laburnum x wateri (Kirchner) Dipp. enthalten 0,7–1,6% Cytisin und höchstens Spuren von N-Methylcytisin [S 43].
In den Blüten ist ein höherer Cytisingehalt nachgewiesen worden als in den Blättern. [Tschirch, DAZ, 131 (1991), 1878].

Vergiftungserscheinungen: Meist bei Kindern durch Zerkauen und Verschlucken der Samen, Kauen an den Zweigen oder an der wie Süßholz schmeckenden Wurzel (hierdurch Massenvergiftung), ferner durch Verwendung der Blüten anstelle der zum Würzen benutzten (weißen, ungiftigen) Blüten der falschen Akazie (→ *Robinia pseudacacia*). Die Vergiftungserscheinungen gleichen in vielem denen der Nicotinvergiftung und

Laburnum anagyroides

setzen sehr schnell, meist schon nach ¼–1 Std., selten später ein: Brennen im Mund und im Rachen, Speichelfluß, Durst, Übelkeit, Würgen und vor allem zentral bedingtes und u. U. stundenlang anhaltendes, gelegentlich auch blutiges Erbrechen; ferner Schweißausbrüche, Mydriasis, Schwindel, Schwäche in den Gliedern, selbst Lähmungen (z. B. bei einem achtjährigen Kind nach dem Genuß von 20 Samen). Entsprechend der zentral-erregenden Wirkung des Cytisins kommen aber nicht selten auch Aufregungs- und Verwirrungszustände (mit Halluzinationen, Delirien), Muskelzuckungen und auch allgemeine klonisch-tonische Krämpfe an den Extremitäten vor. Bei letalen Vergiftungen tritt unter zunehmender allgemeiner Lähmung und Somnolenz im Kollaps innerhalb 1–9 Std., manchmal auch erst nach einigen Tagen der Tod durch Atemlähmung ein [H 12]. Die Prognose ist nach Gessner für Erwachsene günstiger als für Kinder.

Am 22. Juni 1990 ging diese Meldung durch die Medien: „Sechs Kinder haben in Kiel eine schwere Goldregenvergiftung überlebt. Die türkischen und deutschen Kinder im Alter zwischen 6 und 13 Jahren hatten nach den bisherigen Ermittlungen der Polizei beim Spielen auf einem Hinterhof in Gaarden von den Schoten gegessen. Nachdem die ersten Vergiftungssymptome festgestellt worden waren, wurden die Spielkameraden nach und nach ermittelt und ebenfalls in ärztliche Behandlung gebracht. Nach Abklingen der schweren Symptome befanden sich die Kinder nach entsprechender Behandlung in der Universitätsklinik einige Tage später außer Lebensgefahr." [H 42]

Vergiftungen mit Goldregen nehmen eine Spitzenstellung ein. Die Berliner Vergiftungszentrale registrierte 550 Fälle in 15 Jahren.

Für eine Vergiftung bei Pferden ist der Schweißausbruch charakteristisch. Cytisin wird bei milchgebenden Kühen und Ziegen mit der Milch ausgeschieden, und es sind Sekundärvergiftungen beim Konsumenten möglich [H 18].

Nach Weilemann [W 38] sind hauptsächlich Ein- bis Zehnjährige gefährdet, die die Früchte zum Spielen nehmen (Bohnen). Ein neunjähriger Junge aß eine unbekannte Menge Hülsen. Nach 30 Minuten kam es zu Übelkeit, Bauchkrämpfen, Pulsbeschleunigung und Blutdruckabfall. Die Heilung erfolgte unter symptombezogener Behandlung. 65% der Fälle verliefen deshalb ohne Symptome, weil sie schnell ärztlich behandelt wurden. Bei mehr als einer Hülse ist klinische Überwachung angezeigt.

Anwendungen in der Homöopathie: D_3–D_6 bei Seekrankheit, nervöser Schlaflosigkeit mit Depressionen, Migräne.

Gefährlichkeitsgrad: Sehr stark giftig + + +

Vorschriften: Laburnum anagyroides: Monographie der Kommission D.

Literatur: B 36, F 16, G 4, G 7, G 29, H 12, H 18, H 42, L 10, M 2, M 27, S 7, S 43, S 57, W 38.

Therapie:
Erste Hilfe: Sofort Erbrechen auslösen, Kohle-Pulvis-Gabe, Natriumsulfat, viel warmen Tee oder Himbeersaft trinken lassen.
Klinik: Magenspülung (evtl. mit burgunderfarbener Kaliumpermanganatlösung). Bei Krämpfen Biperiden (Akineton®) oder Diazepam (Valium®) i.v., Elektrolytsubstitution, Azidoseausgleich mit Natriumbikarbonat (Urin pH 7,5), bei Atemlähmung Intubation und Sauerstoffbeatmung.

Lactuca virosa L.

Gift-Lattich, Stinksalat. *E:* Pricklylettuce. *F:* Laitue vireuse. *I:* Lattuga velenosa.

EDV-Code: LACVI.

Familie: Asteraceae, Korbblütler.

Verbreitung, Vorkommen: Eurasien, Nordafrika, in Mitteleuropa selten bis zerstreut; steinige, trockene Orte, Waldlichtungen.

Beschreibung: Zweijährige, milchsaftführende, bis 1,50 m hohe Pflanze. Blätter stengelumfassend, waagrecht abstehend, meist ungeteilt, umgekehrt eiförmig. Blüten zungenförmig, gelb; Korbblüten in pyramidenförmiger Rispe. Früchte mit Pappus. Blütezeit: Juli–August.

Droge: Lactucarium germanicum, Giftlattichsaft ist der eingedickte Milchsaft.

Giftige Pflanzenteile: Die ganze Pflanze, besonders der Milchsaft.

Hauptwirkstoffe: Im Milchsaft → *Lactucin* $C_{15}H_{16}O_5$, Fp. 228–233 °C (dec.), → *Lactu(co)picrin* $C_{23}H_{22}O_7$, Fp. 152,5 °C, Taraxasterol u. a.

Vergiftungserscheinungen: Intoxikationen kamen früher durch den Genuß der Blätter als Salat (Verwechslung mit Kopfsalat) oder durch Überdosierung des heute obsoleten Lactucariums vor. Durch das seltene Vorkommen der Pflanze ist eine Vergiftungsgefahr gering.
Als Symptome zeigen sich Schweißausbruch, Atmungsbeschleunigung, Zunahme der Herztätigkeit, Pupillenerweiterung, Schwindel, Kopfschmerzen, Sehstörungen, gesteigertes Schlafbedürfnis.
Bei Aufnahme durch Tiere Schweißausbruch, Schwindel und Aufregung.
Nach Krienke und Mühlendahl spielte diese Pflanze bei Giftberatungen bisher keine Rolle [K 48].

Wirkungen auf die Haut: Der eßbare Salat Lactuca sativa L. mit allen seinen marktgän-

gigen Zuchtformen enthält ebenfalls die beiden Sesquiterpenlaktone Lactucin und Lactucopicrin. Diese sind die Ursache der bei Köchen und Hausfrauen gelegentlich auftretenden allergischen Handekzeme.
In experimentellen Untersuchungen zeigen beide Verbindungen ein niedriges Sensibilisierungsvermögen [Hausen u. Helander, Publik. in Vorbereit.].

Dosierung: (Lactucarium) größte Einzelgabe 0,3 g, Tagesgabe 1,0 g.

Anwendungen in der Homöopathie: D_0–D_3 bei Reizhusten und Schlaflosigkeit; Teep 0,12 g bei Blasenkrämpfen und nervöser Erregbarkeit.

Gefährlichkeitsgrad: Stark giftig + +

Vorschriften: Lactuca virosa: Monographie der Kommission D.

Literatur: B 36, F 16, G 4, H 12, K 48, L 10, M 2, M 27.

Lactuca virosa

Therapie:
Erste Hilfe: Sofort Kohle-Pulvis (10 g), Erbrechen auslösen, Natriumsulfat.
Klinik: Magenspülung (evtl. mit burgunderfarbener Kaliumpermanganatlösung), Instillation von 10 g Kohle-Pulvis, Natriumsulfat. Nach der Resorption (Krämpfe) Relaxierung und Intubation. Bei anticholinerger Wirkung Antidot Physostigmin (Anticholium® 2 mg i.m.). evtl. Sauerstoffbeatmung. EKG-Monitorkontrolle.

Lantana camara L. und Lantana-Camara-Hybriden

Wandelröschen, Bergsalbei und Hybriden. *E:* Lantana, Wild sage. *F:* Lantanier. I: Camara, Viburno americano.

Blüten

Früchte

Lantana camara

EDV-Code: LANCA.

Familie: Verbenaceae, Eisenkrautgewächse.

Verbreitung, Vorkommen: Heimat: Tropisches Südamerika; Zierpflanze.

Beschreibung: 30–90 cm hoher Strauch. Blätter länglich oval, spitz, mit runzeliger Oberfläche, Blattrand gesägt, gegenständig. Blüten orange, Farbwechsel während des Blühens (daher Wandelröschen), in doldigen Köpfchen. Früchte beerenartig, mit hartem Kern, blauschwarz.
Blütezeit: Juni–September.
Früchte: September–Oktober.

Droge: Herba Camarae, Camarae herba, Wandelröschenkraut.

Giftige Pflanzenteile: Die ganze Pflanze, besonders die unreifen und reifen beerenartigen Früchte.
Lantana camara ist die giftigste Art der Gattung.

Hauptwirkstoffe: Im Blatt 0,3–0,7% Lantaden A (Lantanin) $C_{35}H_{52}O_5$, Fp. 295–300 °C (dec.) (ein pentacyclisches Triterpen), 0,2% Lantaden B $C_{35}H_{52}O_5$, Fp. 293–294 °C (dec.), Icterogenin, 0,05–0,2% etherisches Öl mit Citral und anderen Sesquiterpenen [H 12], sowie Triterpene.

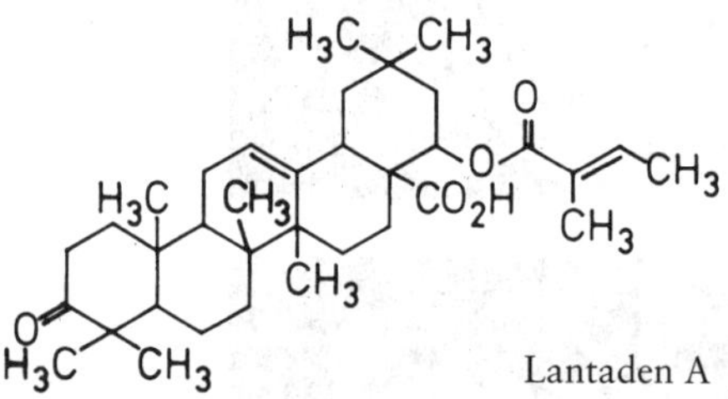

Lantaden A

Vergiftungserscheinungen: Die Symptome ähneln z. T. einer Tollkirschenvergiftung (Pupillenerweiterung).
Die Pflanze verursacht phototoxische Reaktionen bei Schafen. Eine ausgedehnte bibliographische Untersuchung zeigte, daß die ikterogene Wirkung der Pflanze die Grundlage der Vergiftung ist. Vergiftungen bei Kindern, die Beeren aßen, hatten eine ikterogene Auswirkung. Rehmannsäure $C_{35}H_{52}O_5$, Fp. 295–300 °C (dec.), zeigte sich als ein Triterpenoid, das auf die Durchlässigkeit der Leberzellen wirkt, hauptsächlich durch die Blockade der Ausscheidung von Gallenfarbstoffen (besonders Bilirubin und Phylloerythrin). Dadurch wird Gelbsucht und abnormale Lichtempfindlichkeit hervorgerufen. Wolfson beschreibt 17 Beereningestionsunfälle bei Kindern. 13 Kindern wurde 20 Min. bis 1½ Std. nach Giftaufnahme der Magen gespült. Sie blieben frei von jeglichen Symptomen.
3 Kinder zeigten nach einer Latenzzeit von 2½–5 Std., trotz Magenspülung, folgende Krankheitszeichen: Erbrechen, Lichtscheu, Diarrhoe, Ataxie, Zyanose, Dyspnoe und eine Mydriasis.
Ein 2½jähriges Mädchen verstarb als einzige, da es erst 6 Std. nach Giftaufnahme erkrankte und eine Magenspülung unterlassen worden war.

Gefährlichkeitsgrad: Giftig +

Literatur: A 7, B 36, D 12, F 16, H 12, L 10.

Therapie:
Erste Hilfe: Kohle-Pulvis-Gabe, Erbrechen auslösen, Natriumsulfat, viel warmen Tee trinken lassen. Sonnenexposition meiden.
Klinik: Magenspülung (evtl. mit burgunderfarbener Kaliumpermanganatlösung), Instillation von 10 g Kohle-Pulvis, Antidot Physostigmin (Anticholium®), Kontrolle der Leber- und Nierenfunktion, bei Krämpfen Diazepam (Valium®) i.v., ggf. Plasma(expander)gabe, bei Atemlähmung Intubation und Sauerstoffbeatmung.

Lathraea squamaria L.

Schuppenwurz. *E:* Toothworth. *F:* Clandestine écailleuse. *I:* Latrea comune. *NL:* Grote Schubwortel.

EDV-Code: LATSQ.

Familie: Scrophulariaceae, Rachenblütler.

Verbreitung, Vorkommen: Europa, gemäßigtes Asien; in feuchten Wäldern, Auen, als Schmarotzer auf Wurzeln von Erlen, Buchen, Haselnußsträuchern etc.

Beschreibung: Ausdauernde, chlorophyllfreie, bis 25 cm hohe Schmarotzerpflanze. Stengel aufrecht, dick, saftig, kahl, weiß bis rötlich, mit bleichen Schuppen. Blüten 2lippig, bis 17 mm lang, mit schuppenartigen Tragblättern, in dichter einseitswendiger Traube. Samen klein, braunschwarz. Blütezeit: April–Mai.

Giftige Pflanzenteile: Die ganze Pflanze.

Hauptwirkstoffe: → *Aucubin.*

Vergiftungserscheinungen: Vergiftungen sind beim Menschen kaum zu erwarten. → *Aucuba japonica.*

Gefährlichkeitsgrad: Wenig giftig (+)

Literatur: B 36, G 4, H 12.

Therapie:
Erste Hilfe: Kohle-Pulvis-Gabe.
Klinik: In Extremfällen Magenspülung. 24 Std. beobachten.

Lathyrus odoratus L.

Wohlriechende Platterbse, Gartenwicke. *E:* Sweet pea. *F:* Pois de senteur. *I:* Pisello d'odore, Cicerchia odorosa.

EDV-Code: LTHOD.

Familie: Fabaceae, Schmetterlingsblütler.

Verbreitung, Vorkommen: Heimat: Süditalien, Sizilien; in Gärten gezogen und nur gelegentlich verwildert.

Beschreibung: Rankende Pflanze. Die gefiederten Blätter bestehen aus 2 Nebenblättern mit Ranke. Blüten verschiedenartig (rot, lila, weiß, blau), Hülse mit braunen Samen. Blütezeit: Juli–September.

Giftige Pflanzenteile: Besonders die Samen.

Hauptwirkstoffe: N-β-Oxalyl-L-α,β-Diaminopropionsäure, α-Oxalylamino-β-aminopropionsäure (je 0,5%), N-α-L-Arabinosyl-N-β-glucopyranosyl-α,β-diaminopropionitril, β-Aminonitril.

Vergiftungserscheinungen: Verschiedene Arten der Platterbse können Menschen und Tiere vergiften (sog. Lathyrismus), → *Lathyrus sativus*. Die Ursache dafür ist noch nicht genau bekannt. Für die neurotoxische Wirkung werden die oben genannten Propionsäurederivate verantwortlich gemacht. Bericht der Ludolf-Krehl-Klinik (Heidelberg), Nervenabteilung – 1947: Infolge einseitiger Ernährung durch „Kichererbsen" in der Kriegsgefangenschaft (Südfrankreich) bekam der Patient eine spastische Parese der Beine mit Einschluß der Hüftmuskulatur und der Peronäusmuskulatur sowie Blasenstörungen, aber keine sensiblen Ausfälle. Doppelbilder beim Blick nach links, die Lähmungen hatten sich langsam innerhalb von 4 Wochen entwickelt. Der Patient war bis Oktober 1946 in Kriegsgefangenschaft. Befund 1987: Im wesentlichen unverändert, vor allem auffällig der Adduktorenspasmus. Eigene Angaben 1987: Wir wurden wochenlang mit braunen Erbsen ernährt. 9 von 20 Kameraden bekamen das gleiche Leiden, die Lähmungen entwickelten sich langsam innerhalb von 4 Wochen. Am stärksten betroffen war der Koch, bei ihm zeigte sich das Leiden auch an den Armen. Abgesehen von einer leichten Besserung blieb das Leiden unverändert [H 12].

Gefährlichkeitsgrad: Giftig +

Literatur: B 36, F 16, H 12.

Therapie:
Erste Hilfe: Sofort Kohle-Pulvis (10 g), Erbrechen auslösen, Natriumsulfat.
Klinik: Magenspülung (evtl. mit burgunderfarbener Kaliumpermanganatlösung), Instillation von 10 g Kohle-Pulvis, Natriumsulfat. Nach der Resorption (Krämpfe) Relaxierung und Intubation, evtl. Sauerstoffbeatmung. Antiemetikum Triflupromazin.

Lathyrus sativus L.

Saat-Platterbse. *E:* Chickling vetch. *F:* Gesse cultivée. *I:* Cicerchia comune. *NL:* Zaailathyrus.

EDV-Code: LTHSA.

Familie: Fabaceae, Schmetterlingsblütler.

Verbreitung, Vorkommen: In Europa nirgends heimisch, im Mittelmeergebiet eingebürgert; in Mitteleuropa selten angebaut, auch verwildert.

Beschreibung: Einjährige, niederliegende oder kletternde Pflanze, mit breit geflügeltem Stengel. Blätter mit geflügeltem Stiel, Nebenblättern und Ranken. Blüten in wechselnder Größe und Farbe, meist weiß, bläulich geadert. Samen beilförmig, 5–9 mm, braun gefleckt.
Blütezeit: Mai–Juni.

Giftige Pflanzenteile: Besonders die Samen.

Hauptwirkstoffe: 1,5–2,5% Allantoin, ca. 1,74% → *Arbutin* sowie das Neurotoxin β-(N-γ-glutamyl)-aminopropionitril.

Vergiftungserscheinungen: Vergiftungen (Lathyrismus) mit angebauten Lathyrus-Arten kamen früher häufig bei Pferden und Rindern vor.
Symptome bei Pferden: Kehlkopfpfeifen, Schreckhaftigkeit, Aufregung, spinale Lähmung, besonders der Hinterextremität. Diese Erscheinungen zeigen sich besonders bei bewegten Tieren, während ruhende Tiere einen gesunden Eindruck machen, Krankheitsverlauf über mehrere Tage und Wochen.
Skelettveränderungen wurden bei Rindern beobachtet [H 18].

Anwendungen in der Homöopathie: Teep 0,025 g (Samen) bei Schüttellähmung und multipler Sklerose.

Gefährlichkeitsgrad: Giftig +

Vorschriften: Lathyrus sativus: Monographie der Kommission D.

Literatur: H 12, H 18, G 4, M 3.

Therapie:
Erste Hilfe: Sofort Kohle-Pulvis (10 g), Erbrechen auslösen, Natriumsulfat.
Klinik: Magenspülung (evtl. mit burgunderfarbener Kaliumpermanganatlösung), Instillation von 10 g Kohle-Pulvis, Natriumsulfat. Nach der Resorption (Krämpfe) Relaxierung und Intubation, evtl. Sauerstoffbeatmung. Antiemetikum Triflupromazin.

Laurus nobilis L.

Lorbeerbaum. *E:* Sweet bay. *F:* Laurier. *I:* Alloro, Lauro. *NL:* Laurierboom.

EDV-Code: LURNO.

Familie: Lauraceae, Lorbeergewächse.

Verbreitung, Vorkommen: Heimat: Mittelmeergebiet. In Mitteleuropa als Kübelpflanze.

Beschreibung: Bis 10 m hoher Strauch oder Baum. Blätter ledrig, dunkelgrün, kurzgestielt, wechselständig, lanzettlich, zugespitzt, am Rande wellig. Blüten weiß, 2häusig, in kurzgestielten Blütenständen. Früchte tiefschwarz, eiförmig.
Blütezeit: April–Mai.

Droge: Fructus Lauri, Lauri fructus, Lorbeeren – Folia Lauri, Lauri folium, Lorbeerblätter.

Wirkstoffhaltige Pflanzenteile: Besonders Früchte und Blätter.

Hauptwirkstoffe: In den Blättern 1–3%, in den Früchten 1 bis ca. 4% ätherisches Öl, das mehrere Sesquiterpenlactone, u.a. Costunolid, Eremanthin und Laurenobiolid enthält.

Wirkungen auf die Haut: Sesquiterpenlactone sind als Kontaktallergene bekannt. Bereits seit 1904 weiß man von der hautreizenden und sensibilisierenden Wirkung des Lorbeeröls. Dennoch wurde es zwischen 1929 und 1962 als Appretur für Hut- und Stirnbänder und bis in jüngster Zeit in „grünen Salben“ und Abszeßsalben verwendet. Noch vor 25 Jahren betrug die Häufigkeit der Lorbeer-Allergie, die sich besonders oft als „Hutband- und Stirnband-Dermatitis“ manifestierte, 3,1–3,6% [Bandmann et al.: Münch. med. Wschr. 102, 680, 1960]. Seit man andere Glättungsmittel einsetzt, ist die Lorbeer-Allergie zurückgegangen. Im Zuge des gegenwärtigen Trends „zurück zur Natur“ ist jedoch dem Lorbeeröl als altem Hausmittel gegen rheumatische Beschwerden, Lipome, und andere Krankheitserscheinungen eine Renaissance zuteil geworden, die kürzlich in mehr als 20 Fällen zu schweren ekzematischen Veränderungen führte. Da Kreuzreaktionen auf eine große Zahl von anderen Pflanzen, vorwiegend aus der Familie der Korbblütler, beobachtet wurden, die Inhaltsstoffe der gleichen Substanzklasse (Sesquiterpenlactone) enthalten, müssen Lorbeerallergiker auch eine ganze Reihe anderer Arten meiden (vor allem in Extraktform in Kosmetik- und Hygiene-Artikeln), die sie vorher ohne weiteres berühren konnten [Hausen BM: Dtsch. med. Wschr. 101, 634–638, 1985].

Laurus nobilis

Anwendungen in der Homöopathie: Bei Schwangerschaftsbeschwerden, Dysmenorrhoe, Amenorrhoe, oft auch als Wechselmittel zu Pulsatilla D_1 und D_2.

Gefährlichkeitsgrad: Wenig oder kaum giftig (+), hautreizend, allergieinduzierend.

Verbotener Stoff der Kosmetikverordnung v. 19. 6. 1985, Anlage 1: 359 Laurus nobilis L, Öl (Oleum Lauri).

Vorschriften: Laurus nobilis: Monographie der Kommission D.

Literatur: H 12, H 20, H 22.

Therapie:
Antiallergische Haut- (Cortison) und Augensalbe (Opticrom®).

Lavandula angustifolia Mill.

(Lavandula officinalis Chaix)

Lavendel. *E:* Lavender. *F:* Lavande. *I:* Lavanda vera.

Familie: Lamiaceae, Lippenblütler.

Verbreitung, Vorkommen: Heimat: Mittelmeergebiet, in Mitteleuropa angebaut und z. T. verwildert.

Beschreibung: Bis 60 cm hoher Halbstrauch. Blätter schmal-lanzettlich, untere weißfilzig, obere graugrün. Blüten violett, ca. 1 cm lang, Blütenstände in 6–10blütigen Scheinquirlen, Blütenstiele flaumig.
Blütezeit: Juni–August.

Droge: Flores Lavandulae, Lavandulae flos, Lavendelblüten.
Geruch blumig würzig, Geschmack bitter.

Wirkstoffhaltige Pflanzenteile: Die ganze Pflanze.

Hauptwirkstoffe: Frische Blüten 0,5–1% ätherisches Öl, getrocknete Blüten 1–3% ätherisches Öl.
In den Blättern 0,7% → *Ursolsäure,* in der frischen Pflanze 0,1–0,15% → *Cumarin* und 0,02–0,025% → *Herniarin.*

Pharmakologische Wirkung: In größeren Dosen (über 1 g) ruft das Öl Somnolenz hervor.

Wirkungen auf die Haut: Das Lavendelöl verursacht gelegentlich eine allergische Kontaktdermatitis.

Gefährlichkeitsgrad: Praktisch ungiftig.

Vorschriften: Lavandula angustifolia: Monographie der Kommission D.
Lavandulae flos: Monographie der Kommission E.

Literatur: B 26, H 12.

Lavandula angustifolia

Therapie:
Nur in Extremfällen Erbrechen oder rechtzeitig Kohle-Pulvis.

Ledum palustre L.

Sumpfporst, Porst. *E:* Wild Rosemary. *F:* Lédon des marais. *I:* Ledo. *NL:* Moerasrozenmarijn.

EDV-Code: LEDGR.

Familie: Ericaceae, Heidekrautgewächse.

Verbreitung, Vorkommen: Nord- und Mitteleuropa, Nord- und Mittelasien; Hoch- und Übergangsmoore.

Beschreibung: Strauch, bis 1,50 m hoch, ästig. Blätter immergrün, lanzettlich, ganzrandig, am Rande umgerollt. Blüten weiß, 5zählig in endständigen Doldentrauben. Kapselfrüchte eiförmig, überhängend. Blütezeit: Mai–Juni.

Droge: Herba Ledi palustris, Ledi palustris herba, Sumpfporstkraut.
Das getrocknete blühende Kraut. Geruch frisch würzig, beim Trocknen fast verschwindend. Geschmack gewürzhaft, bitter, etwas campherartig.
Auszug aus der Monographie der Kommission E: Ledi palustris herba (Sumpfporstkraut)
Risiken: Vergiftungen mit Sumpfporstkraut infolge meist mißbräuchlicher Anwendung z. B. als Abortivum werden wiederholt berichtet.
Das ätherische Öl bewirkt oral aufgenommen eine heftige Reizung des Magen-Darm-Traktes mit Erbrechen und Diarrhoe sowie eine Reizung bzw. Schädigung der Nieren und ableitenden Harnwege.
Daneben werden Schweißausbrüche, Muskel- und Gelenkschmerzen, zentrale Erregung mit rauschartigen Zuständen und anschließender Lähmung beschrieben.
Zur Toxizität geringer Dosen Sumpfporstkraut liegen keine Untersuchungen vor.
Während der Schwangerschaft ist die Anwendung von Sumpfporstkraut kontraindiziert.

Giftige Pflanzenteile: Blätter, junge Sprosse.

Hauptwirkstoffe: → *Ledol* $C_{15}H_{26}O$, Fp. 104–105 °C, Palustrol, Myrcen, → *Quercetin*, → *Hyperosid*, → *Arbutin*, Spuren von Alkaloiden.
In der ganzen Pflanze etherisches Öl (in den Blättern 0,5–1%) mit Ledol, Palustrol u.a.

Vergiftungserscheinungen: Rauschartige Zustände, auch Krämpfe mit nachfolgender Lähmung, heftige Reizung des Magen- und Darmkanals. Das Öl bewirkt dosisabhängige Verminderung der Bewegung und Balan-

Ledum palustre

cefähigkeit. Wegen der Seltenheit der Pflanze sind Vergiftungen kaum zu erwarten, sonst nur nach Mißbrauch zu Abtreibungszwecken.
Nach Krienke und Mühlendahl spielte diese Pflanze bei Giftberatungen bisher keine Rolle [K 48].

Anwendungen in der Homöopathie: D_3–D_6 bei Gelenkrheumatismus, Ischias, Muskel- und Schulterrheuma, Quetschungen, Insektenstichen.

Gefährlichkeitsgrad: Giftig +

Vorschriften: Die Pflanze steht unter Naturschutz (A, CS, D).
Ledi palustris herba: Monographie der Kommission E.
Ledum palustre: Monographie der Kommission D.

Literatur: B 36, D 9, F 16, G 4, H 12, K 48, M 2, M 27, S 45, T 4.

Therapie:
Erste Hilfe: Kohle-Pulvis oder erbrechen lassen.
Klinik: In Extremfällen Magenspülung, Vitaltherapie (S. 56).

Letharia vulpina (L.) Vain.

Fuchsflechte, Wolfsflechte.

Familie: Usneaceae, Bartflechten.

Verbreitung, Vorkommen: In den Mittelgebirgen Europas sehr selten, häufiger in den Zentralalpen und Skandinavien. Auf verbautem Holz und der Rinde von Nadelbäumen (besonders Lärchen und Zirbelkiefern).

Beschreibung: 2–12 cm lange strauchige Flechte. Abstehend oder hängend, strauchig verzweigt, furchig-kantig, stark zitronengelb.
Aus dieser Gattung auch noch Letharia columbiana in Nordamerika.

Giftige Pflanzenteile: Die ganze Pflanze.

Hauptwirkstoffe: → *Vulpinsäure* $C_{19}H_{14}O_5$, Fp. 146–148 °C.

Vergiftungserscheinungen: Schon 30 mg → *Vulpinsäure* pro kg Körpergewicht wirken tödlich. Der hochwirksame Flechtenstoff greift das Nervensystem an und führt zu Kreislauf- und Atemstillstand.

Anwendungen: Früher zum Vergiften von Füchsen und Wölfen (der Flechtenstoff ist an-

Letharia vulpina

geblich nur bei Fleischfressern wirksam). Der gelbe Farbstoff wurde lange Zeit zum Einfärben von Wolle und Textilien verwendet.

Gefährlichkeitsgrad: Stark giftig + +

Literatur: J 1, K 36, R 31.

> **Therapie:**
> Erste Hilfe: Haut und Augen sofort mit Wasser oder Roticlean® spülen. Nach Verschlucken sofort erbrechen, Kohle-Pulvis, Mund-zu-Mund-Beatmung, evtl. Herzdruckmassage.
> Klinik: Sofort Magenspülung, Kohle-Natriumsulfat. Am Unfallort evtl. Intubation, Beatmung, Plasmaexpander im Schock. Natriumbikarbonatinfusion zum Azidoseausgleich. EKG-Kontrolle, evtl. Reanimation. Kontrolle der Leber- und Nierenwerte bis 8 Tage nach der Giftaufnahme.

Leucanthemum vulgare Lam. DC.

(Chrysanthemum leucanthemum L.)

Margerite, Wiesen-Margerite, Wiesen-Wucherblume. *E:* Oxeye-daisy. *F:* Grande marguerite. *I:* Occhio di bove margherita comune. *NL:* Grote margriet.

EDV-Code: CHYLE.

Familie: Asteraceae, Korbblütler.

Verbreitung, Vorkommen: Europa bis zum Altaigebirge. In Nordamerika eingebürgert. Auf Fettwiesen, an Wegrändern und Rainen. In Mitteleuropa allgemein verbreitet und häufig. In Gärten als Zierpflanze.

Beschreibung: 30–60 cm hohe Staude. Untere Blätter gestielt, spatelförmig, gekerbt: obere sitzend, länglich-keilförmig, grob gesägt. Blütenköpfchen meist einzeln, endständig; Zungenblüten weiß, Röhrenblüten gelb. Blütezeit: Juni–Oktober.

Giftige Pflanzenteile: Die ganze Pflanze.

Hauptwirkstoffe: Polyacetylene. Sesquiterpenlaktone wurden bisher nicht gefunden.

Wirkungen auf die Haut: Bei Kompositenallergikern, besonders solchen, die durch Chrysanthemen oder nah verwandte Arten sensibilisiert sind (z. B. Mutterkraut, Astern, Rainfarn) werden häufig positive Testreaktionen auf Margerite beobachtet (unveröff.). Auch experimentell lassen sich solche Kreuzreaktivitäten nachweisen (Zeller et al.).
Bemerkungen: Die Margerite zählt zu jenen Kompositenarten, die am Zustandekommen der aerogenen Kontaktdermatitis mit Sicherheit beteiligt sind (Mensing et al., Senff et al.). Dafür spricht ganz besonders ihre *phototoxische* Wirkung (hervorgerufen durch Polyacetylene), die auch experimentell nachweisbar ist (Camm et al.) [H 21].
Leucanthemumarten gehören mit zu den stärksten wildwachsenden einheimischen Kontaktsensibilisatoren. Das Allergen ist noch nicht bekannt.
Weitaus intensiver werden für floristische Zwecke die Abkömmlinge der aus Ostchina und Japan stammenden Chrysanthemenarten genutzt, die man unter dem Namen *Chrysanthemum* × *hortorum* oder besser *Dendranthema* × *hortorum* zusammenfaßt [O 6].

Gefährlichkeitsgrad: Nicht giftig, aber stark sensibilisierend.

Literatur: H 21, O 6.

> **Therapie:**
> Bei Photosensibilität Hautkontakt und Einatmen meiden.

Leucojum vernum L.

Frühlings-Knotenblume, Märzenbecher. *E:* Spring snow-flake. *F:* Nivéole printanière. *I:* Campanelle comuni.

Familie: Amaryllidaceae, Narzissengewächse.

Verbreitung, Vorkommen: Nördliches Südeuropa, Mitteleuropa; in Laubwäldern, beliebte Zierpflanze in Gärten.

Beschreibung: 10–30 cm hohe Zwiebelpflanze. Blätter riemenartig, dunkelgrün. Blüten einzeln, glockenförmig, mit 6 milchweißen, an der Spitze grün getupften Perigonblättern. Kapsel mit zahlreichen Samen. Blütezeit: Februar–April.

Giftige Pflanzenteile: Zwiebel und Blätter.

Hauptwirkstoffe: Die herzwirksamen Alkaloide → *Lycorin* (Narcissin, Galanthidin) $C_{16}H_{17}NO_4$, Fp. 280–281 °C; → *Galanthamin* (Lycoremin) $C_{17}H_{21}NO_3$, Fp. 127–129 °C; Homolycorin (Narcipoetin) $C_{18}H_{21}NO_4$, Fp. 175 °C; Tazettin $C_{18}H_{21}NO_5$.

Vergiftungserscheinungen: Übelkeit, Erbrechen, Durchfall, Herzrhythmusstörungen. Bei einem 4jährigen Kind zeigten sich nach Einnahme einer unbekannten Menge der Pflanze folgende Symptome: Somnolenz, 4 Std. später Erbrechen, nicht ansprechbar,

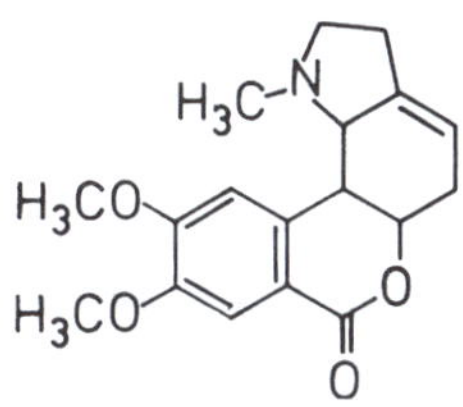

Homolycorin

Tazettin

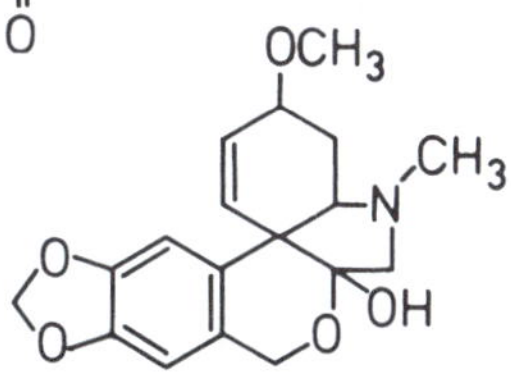

extrapyramidale Erscheinungen. Ein sechsjähriges Kind bekam nach Genuß Bauchschmerzen und Durchfall.
Ähnliche Wirkung zeigt die heimische, sehr seltene und manchmal in Gärten kultivierte Leucojum aestivum L., Sommer-Knotenblume.

Gefährlichkeitsgrad: Giftig +

Vorschriften: Die Pflanze steht unter Naturschutz (A, CS, D, CH, I, YU, H).

Literatur: G 4, H 12, L 10.

Leucojum vernum

Therapie:
Erste Hilfe: Kohle-Pulvis trinken lassen.
Klinik: Nur nach großer Giftaufnahme Magenspülung, Kohle-Pulvis, Natriumsulfat. Antiemetikum Triflupromazin. Plasmaexpander im Schock. Natriumbikarbonat zum Azidoseausgleich, ggf. Intubation und Beatmung. Atropin bzw. Alupent bei Bradykardie; Phenytoin bzw. Lidocain bei tachykarden Herzrhythmusstörungen. Evtl. passag. Herzschrittmacher.

Levisticum officinale W. D. J. Koch

Liebstöckel, Maggikraut. *E:* Lovage. *F:* Livèche. *I:* Levistico. *NL:* Lavas.

EDV-Code: LEWOF.

Familie: Apiaceae, Doldenblütler.

Verbreitung, Vorkommen: Ursprünglich im Iran. In Europa und Nordamerika als Küchengewürz angebaut und manchmal verwildert.

Beschreibung: Bis 1,5 m hohe, nach Maggi (Name) riechende Pflanze, mit rundem gestreiftem Stengel und fleischigem Wurzelstock. Untere Blätter doppelt, obere einfach gefiedert; Fiederblättchen breit-eiförmig, dreilappig, gestielt oder sitzend. Blüten blaßgelb, in vielstrahligen, zusammengesetzten Dolden.
Blütezeit: Juli–August.

Droge: Herba Levistici. Levistici herba, Liebstöckelkraut, Radix Levistici, Levistici radix, Liebstöckelwurzel.
Auszug aus der Monographie der Kommission E: Levistici radix (Liebstöckelwurzel)
Gegenanzeigen: Zubereitungen aus Liebstöckelwurzeln sollten bei akuten entzündlichen Erkrankungen des Nierenparenchyms sowie bei eingeschränkter Nierenfunktion nicht angewendet werden.
Keine Durchspülungstherapie bei Ödemen infolge eingeschränkter Herz- oder Nierenfunktion.

Wirkstoffhaltige Pflanzenteile: Die Wurzel.

Hauptwirkstoffe: Im Kraut ätherisches Öl und Bitterstoff. In der Wurzel 0,06% Falcarindiol, bis 2% ätherisches Öl, Cumarine, Harz u.a. Aromaträger ist Ligustilid. Außerdem sind noch die phototoxisch wirkenden Substanzen → *Psoralen* und → *Bergapten* vorhanden.

Pharmakologische Wirkung: Liebstöckelöl wirkt lokal reizend.

Levisticum officinale

Gefährlichkeitsgrad:
Wurzel kaum giftig (+), phototoxisch.

Vorschriften: Levisticum officinale: Monographie der Kommission D.

Levistici radix: Monographie der Kommission E.

Literatur: F 19, H 21, J 11, V 11.

Therapie:
In Extremfällen Kohle-Pulvis trinken oder erbrechen lassen.

Ligustrum vulgare L.

Liguster, Rainweide, Tintenbeere. *E:* Privet. *F:* Troëne. *I:* Ligustro comune.

EDV-Code: LIGVU.

Familie: Oleaceae, Ölbaumgewächse.

Verbreitung, Vorkommen: Europa, in Mitteleuropa häufig; Wälder, Waldränder; viel zu Schnitthecken gepflanzt.

Beschreibung: Strauch bis 5 m hoch. Blätter lederartig, länglich-lanzettlich, gegenständig, kurzgestielt. Blüten klein, weiß in endständigen Rispen. Beeren erbsengroß, schwarz.
Blütezeit: Juni–Juli.
Früchte: September–Winter.

Ligustrum vulgare

Giftige Pflanzenteile: Beeren, Blätter, Rinde.

Hauptwirkstoffe: In der älteren Literatur sind als Inhaltsstoffe Ligustron (Rinde und Blätter), Syringin (Blätter) beschrieben. Nach neueren Untersuchungen von Willems wurden als Hauptinhaltsstoffe Ligstrosid, Oleuropein, Nüzhenid und das dimere Secoiridoid-glucosid LF8 isoliert. Reife Früchte enthalten 8,85% Secoiridoid-Glucoside [W 25].

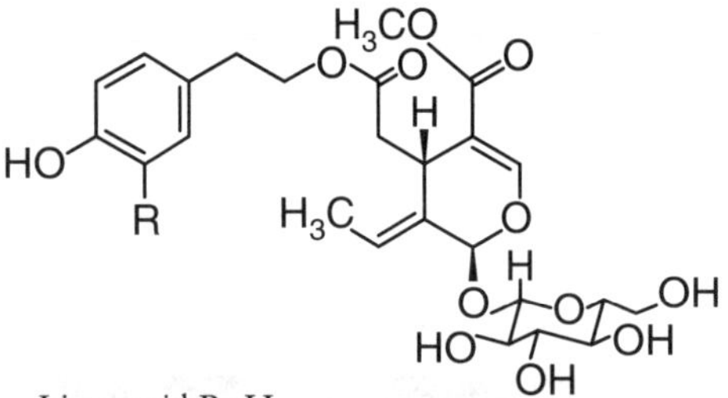

Ligstrosid R=H
Oleuropein R=OH

Vergiftungserscheinungen: Übelkeit, Erbrechen, Benommenheit, Kopfschmerzen, Durchfall, Kreislauflähmung, schwere Gastroenteritis, Schock. Aufnahmemengen bis zu 10 Beeren sind symptomlos vertragen worden.

Wirkungen auf die Haut/Schleimhaut: Sowohl Kontaktdermatitiden (Ligusterekzem; ob allergischer Natur ist bis heute nicht geklärt) als auch Ligusterpollenallergien (inhalative Allergie) kommen vereinzelt zur Beobachtung.

Gefährlichkeitsgrad: Giftig +

Literatur: B 36, F 16, G 4, H 12, J 5, K 48, L 10, S 6, W 25.

Therapie:
Erste Hilfe: Kohle-Pulvis-Gabe, Erbrechen auslösen, Natriumsulfat, viel warmen Tee trinken lassen. Lokal Locacorten®-Schaum.
Klinik: Nur nach großer Giftaufnahme Magenspülung (evtl. mit burgunderfarbener Kaliumpermanganatlösung), Instillation von 10 g Kohle-Pulvis, Antiemetikum Triflupromazin, Elektrolytsubstitution, Azidoseausgleich mit Natriumbikarbonat (Urin pH 7,5), Kontrolle der Nierenfunktion, bei Krämpfen Diazepam (Valium®) i.v., ggf. Plasma(expander)gabe, bei Atemlähmung Intubation und Sauerstoffbeatmung.

Linum usitatissimum L.

[Linum crepitans (Boenningh.) Dumort.]

Lein, Flachs. *E:* Flax. *F:* Lin. *I:* Lino coltivato. *NL:* Vlas.

EDV-Code: LIUUT.

Familie: Linaceae, Leingewächse.

Verbreitung, Vorkommen: Alte Kulturpflanze, Heimat unbekannt. Angebaut in allen Erdteilen. Nirgends wildwachsend, nur verwildert, aber unbeständig.

Beschreibung: Bis 1 m hohe, meistens einjährige Pflanze, mit aufrechtem, dichtbeblättertem Stengel. Blätter blaugrün, lanzettlich bis lineal-lanzettlich, wechselständig, sitzend. Blüten himmelblau, 2–3 cm breit, mit 5 Blütenblättern. Frucht eine kugelige Kapsel, Samen braun, flach, elliptisch.
Blütezeit: Juni–August (Blüte vormittags geöffnet).
Linum catharticum L., Purgierlein, eine in Mitteleuropa verbreitete Pflanze, zeigt abführende, erbrechenerregende und dem Lein ähnliche Wirkung.

Droge: Semen Lini, Lini semen, Leinsamen.
Auszug aus der Packungsbeilage der Standardzulassung:
Gegenanzeigen: Darmverschluß
Hinweis: Bei entzündlichen Darmerkrankungen soll Leinsamen nur im vorgequollenem Zustand angewendet werden.

Wirkstoffhaltige Pflanzenteile: Samen (Schale) und Keimpflanzen. Blausäuregehalt nimmt beim Lagern ab.

Hauptwirkstoffe: In den Samen und auch in den anderen Organen die cyanogenen Glykoside Linamarin $C_{10}H_{17}NO_6$, Fp. 142–143 °C, und Lotaustralin, die durch das Enzym Linamarase im schwach sauren Milieu

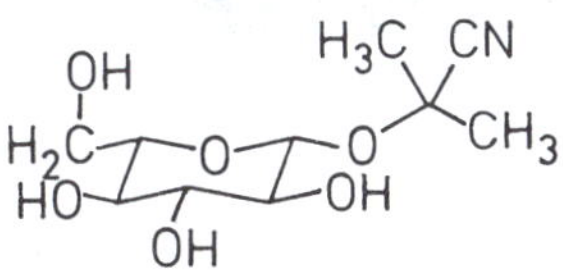

Linamarin

in Aceton, Blausäure und Glukose gespalten werden.
(Wahrscheinlich bestehen örtlich erhebliche Unterschiede im Glykosidgehalt.)
Der Gehalt an freigesetzter Blausäure hängt im wesentlichen vom Zerkleinerungsgrad des Samens ab (HCN auf 100 g: 2 mg unzerkleinert, 7 mg aufgebrochen, 25 mg fein vermahlen).

Pharmakologische Wirkung: Vergiftungen beim Menschen sind nicht bekannt.
Neuere Untersuchungen zeigen, daß die Einnahme von Leinsamen zu keinen gesundheitlichen Risiken führt.
Bei Tieren Blausäurevergiftungen durch Naßverfütterung zu großer Mengen von Leinsamen und Leinsamenkuchen. Vergiftungen erfolgen unter Krämpfen und Lähmungen. Der Tod kann durch die typischen Erstickungssymptome der Blausäure eintreten. Akute Vergiftungen sind jedoch selten [H 18].

Wirkungen auf die Schleimhäute: Häufiger Umgang mit Leinsamen (z. B. Pharm.-Techn.

Linum usitatissimum

Ass.) oder deren Genuß kann zu einer Allergie vom Frühtyp führen. Nach Genuß kommt es dann zu Nesselfieber (Urtikaria), Rhinitis, gelegentlich auch Atemnot, Lippenschwellungen (Quincke-Ödem) und Magenbeschwerden.

Anwendung in der Medizin: 1–2 Teelöffel ganzen Leinsamen kurz mit Wasser quellen lassen als Stuhlregulierung.

Gefährlichkeitsgrad: Giftig + für Tiere bei Verfütterung zu großer Samenmengen. Bei richtiger Dosierung für den Menschen ungiftig, gelegentlich allergieerzeugend.

Vorschriften: Linum usitatissimum: Monographie der Kommission D.
Lini semen: Monographie der Kommission E.

Literatur: H 12, H 18, L 10, S 12.

Therapie:
Nur in Extremfällen Erbrechen oder rechtzeitig Kohle-Pulvis.

Liriodendron tulipifera L.

Tulpenbaum. *E:* Tulip tree. *F:* Tulipier. *I:* Liriodendro, tulipifero americano.

EDV-Code: LIRTU.

Familie: Magnoliaceae, Magnoliengewächse.

Verbreitung, Vorkommen: Heimat: Nordamerika; in Parkanlagen.

Beschreibung: 20–30 m hoher Baum. Blätter hellgrün, lappig, langgestielt. Blüten grünlich-weiß mit orangefarbigen Flecken, ca. 10 cm Durchmesser, einzeln, endständig. Blütezeit: Mai–Juni.

Liriodendron tulipifera

Giftige Pflanzenteile: Ganze Pflanze, besonders Holz und Rinde.

Hauptwirkstoffe: Im Holz → *(+)-Glaucin,* Liriodenin. Digitaloide Stoffe, besonders in der Rinde. In den Blättern saponinartige und cyanogene Stoffe.

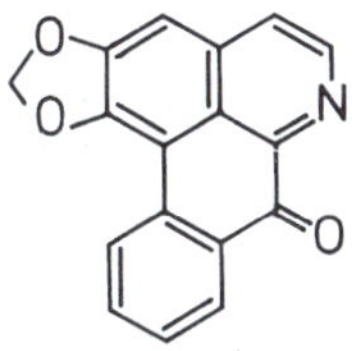

Liriodenin

Wirkungen auf die Haut: Der beim Schälen der Rinde austretende Saft verursachte bei einem Klavierbauer ein allergisches Kontaktekzem. Als Ursache konnte dünnschichtchromatographisch ein Chinon nachgewiesen werden, dessen Struktur aber unidentifiziert blieb [Hausen BM & KH Schulz: Derm. Beruf Umwelt 28, 158, 1980].

Gefährlichkeitsgrad: Wenig giftig (+)

Literatur: H 12.

> **Therapie:**
> Erste Hilfe: Kohle-Pulvis (10 g), erbrechen lassen, viel warmen Tee oder Himbeersaft trinken lassen.
> Klinik: Nach wahrscheinlich großer Giftaufnahme: Magenspülung (evtl. mit burgunderfarbener Kaliumpermanganatlösung), Instillation von 10 g Kohle-Pulvis und Natriumsulfat, Elektrolytsubstitution, Azidoseausgleich mit Natriumbikarbonat (Urin pH 7,5).

Lithospermum officinale L.

Echter Steinsame. *E:* Common gromwell. *F:* Herbe aux perles. *I:* Migliarino. *NL:* Glad parelzaad.

EDV-Code: LITOF.

Familie: Boraginaceae, Rauhblattgewächse.

Verbreitung, Vorkommen: Europa, Mittelmeergebiet, West-Asien bis Japan, im nordöstlichen Nordamerika eingebürgert. In

Lithospermum officinale

Süddeutschland verbreitet bis zerstreut an sonnigen Hügeln, in Kiefern-Steppen- und Trockenwaldgesellschaften.

Beschreibung: 30–60 cm hohe Staude. Stengel und Blätter angedrückt-steifhaarig, rauh. Blätter lanzettlich, mit deutlichen Seitennerven. Blüten grünlich oder gelblichweiß, mit kurzer Röhre. Früchte weiß, glatt, glänzend.
Blütezeit: Mai–Juli.
Weitere bei uns vorkommende Arten: Lithospermum arvense L. – Acker-Steinsame
Lithospermum purpuro caeruleum L. – Blauroter Steinsame.
Die beiden Arten werden jetzt zur Gattung Buglossoides gestellt. Der wissenschaftliche Name lautet:
Buglossoides arvensis (L.) Johnst. und
Buglossoides purpurocaerulea (L.) Johnst.

Droge: Semen Milii solis.

Wirkstoffhaltige Pflanzenteile: Samen.

Wirkstoffe: Octatetraensäure, Lithospermsäure (α-Hydroxydihydrokaffeesäure) [H 40], Pyrrolizidinalkaloide.

Anwendungen: Volksheilmittel bei Nieren- und Blasenleiden. Die Droge soll gonadotrope und antithyreotrope Wirkungen aufweisen [H 40].

Gefährlichkeitsgrad: Kaum giftig (+), enthält aber Pyrrolizidinalkaloide.

Vorschriften: Alle Arten der Gattung Lithospermum sind in der „Bekanntmachung über die Zulassung und Registrierung von Arzneimitteln v. 5. 6. 92“ aufgeführt.

Literatur: H 40.

Therapie:
Nach Verschlucken nur in Extremfällen giftig: nach großen Mengen Kohle-Pulvis (10 g) oral. Längere Medikation oral und auch Hautkontakt wegen einer krebsauslösenden Wirkung meiden. Kontrolle der T-Lymphozyten (Killerzellen). In Altfällen Meidung anderer Karzinogene (Amalgam, Formaldehyd, Pentachlorphenol u.a.).

Lobelia inflata L.

Aufgeblasene Lobelie, Indianer-Tabak. *E:* Indian tobacco. *F:* Lobélie inflée. *NL:* Gezwollen lobelia.

EDV-Code: LOBIN.

Familie: Campanulaceae (Lobeliaceae), Glockenblumengewächse (Lobeliengewächse).

Verbreitung, Vorkommen: Heimat ist Nordamerika, auch in Europa angepflanzt.

Beschreibung: Einjähriges, bis 60 cm hohes Kraut. Blätter elliptisch bis oval. Blüten blaßviolett. Fruchtkapsel aufgeblasen.
Blütezeit: Juli–August.
Weitere giftige Lobelia-Arten [E 12]:
Lobelia dortmanna L. – Wasser-Lobelie (Staude; Blütezeit: 7–8; Verbreitung: Nordamerika, Europa, Nordafrika, Kleinasien).
Lobelia tuba L. (Staude, Blütezeit: 9–10, Verbreitung: Chile).

Droge: Herba Lobeliae (inflatae), Lobeliae inflatae herba, Lobelienkraut.
Die gegen Ende der Blütezeit gesammelten oberirdischen Teile der Pflanze; im Handel in stark zusammengepreßten, papierumwickelten, backsteinförmigen, kleinen Paketen, die Bruchstücke des Stengels und der Blätter, gemischt mit Blüten und Früchten, enthalten. Das Kraut schmeckt unangenehm scharf und tabakähnlich [H 12].

Hauptwirkstoffe: Der Gehalt des Lobelienkrautes an Piperidin-Alkaloiden liegt zwischen 0,2 und 0,6%. Das therapeutisch wichtigste Hauptalkaloid ist das L-Lobelin, daneben sind 14 weitere Lobelia-Basen bekannt. Man ordnet sie nach H. Wieland in folgende Gruppen [K 9]:

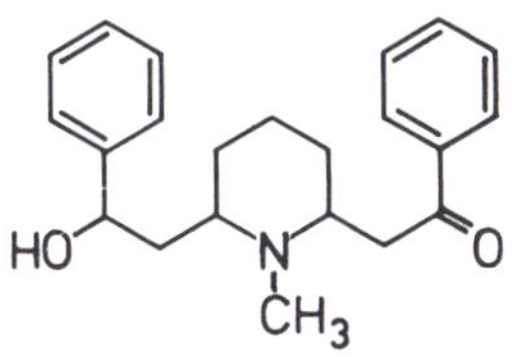

Lobelin

1. Lobelingruppe (mit → *Lobelin,* → *Lobelanin,* → *Lobelanidin* und den Nor-Verbindungen)
2. Lelobingruppe und
3. Lobiningruppe (mit Isolobinin u.a.).

Vergiftungserscheinungen: Herba Lobeliae und Lobelin (in Reinsubstanz isoliert oder synthetisch) erregen die Atmung; durch große Dosen wird sie gelähmt. Die Erregung erfolgt im therapeutischen Bereich hauptsächlich indirekt über eine Erhöhung der Ansprechbarkeit der Chemorezeptoren im Glomus caroticum gegenüber ihrem spezifischen Reiz, dem Sauerstoffdruck des Blutes, in höheren Dosen auch durch direkten Angriff am Atemzentrum selbst. Auch andere Zentren können durch das Alkaloid erregt oder gelähmt werden, so scheint bei manchen Menschen das Brechzentrum mit erregbar zu sein. Lobelin gehört zur Gruppe der krampferregenden Stoffe, es besitzt jedoch infolge seiner schnellen Elimination durch Metabolisierung im Vergleich zu anderen, als zentrale Analeptica gebrauchten

Lobelia inflata

Krampfgiften eine größere therapeutische Breite. Bei höheren Dosen sind Bradykardie, Blutdrucksenkung und Herzarrhythmien zu beobachten. Vergiftungssymptome sind Übelkeit, Erbrechen (zentral ausgelöst), ferner Diarrhoe mit Darmspasmen, Angstgefühl, Harndrang. Nach Krampfanfällen kann der Tod durch Atemlähmung erfolgen. Von den übrigen Alkaloiden bewirkt Lobelanin ebenfalls eine Steigerung der Atemfrequenz, Lobelanidin wirkt dagegen auf das Brechzentrum. Die antiasthmatische Wirkung wird wahrscheinlich ausschließlich durch das Alkaloid Isolobinin bedingt. Isolobinin wirkt bei oraler Applikation stark schleimhautreizend und führt durch Reizung der Magenschleimhaut reflektorisch zu einer vermehrten Sekretbildung und -absonderung der Bronchien. In größeren Dosen ist Isolobinin emetisch wirksam. Die Gesamtalkaloide der Lobelia inflata sind hinsichtlich Weckwirkung und Verträglichkeit dem reinen Lobelin überlegen. Eine broncholytische Wirkung kommt Herba Lobeliae bei oraler Anwendung nicht zu [H 12].

Dosierung: Gebräuchliche Einzeldosis 0,05 g ÖAB 9, 0,2–0,6 g BBC 68. Maximale Einzelgabe 0,1 g, Tagesgabe 0,3 g DAB 6, ÖAB 9, Helv. V [H 12].

Anwendungen in der Homöopathie: D_1–D_2 bei Asthma, D_3–D_6 bei Hyperemesis, Übelkeit mit Todesangst und kaltem Schweiß.

Gefährlichkeitsgrad: Stark giftig + +

Vorschriften: Lobelia inflata: Monographie der Kommission D.
Verbotene Stoffe der Kosmetikverordnung v. 19. 6. 1985 Anlage 1: 218 Lobelia inflata L. und ihre Zubereitungen.

Literatur: D 9, E 12, H 12, K 9, L 10, M 2, M 27.

Therapie:
Erste Hilfe: Sofort viel trinken und erbrechen lassen, Kohle-Pulvis-Gabe, Natriumsulfat, Haut und Augen spülen, Frischluft, Schockvorsorge (Ruhe, Wärme).
Klinik: Magenspülung (evtl. mit burgunderfarbener Kaliumpermanganatlösung), Instillation von 10 g Kohle-Pulvis und Natriumsulfat, bei Krämpfen Diazepam (Valium®) i.v., bei Kindern Chloralhydrat-Rektiole, Beatmen, Herzdruckmassage, Orciprenalin (Alupent®) i.v.

Lolium temulentum L.

Taumel-Lolch. *E:* Bearded darnel. *F:* Ivraie enivrante. *I:* Loglio ubriacante. *NL:* Dolik.

EDV-Code: LOLTE.

Familie: Poaceae, Gräser.

Verbreitung, Vorkommen: Europa, Asien, Nordafrika; in Mitteleuropa zerstreut; Getreidefelder, Wegränder, Ödland.

Beschreibung: Gras, bis 1 m hoch. Blätter schmal, oben rauh, unten glatt. Ährchen einzeln an der Hauptachse, in 20 cm langer Ähre, Hüllspelzen 2–4mal länger als Deckspelzen. Frucht länglich, braun.
Blütezeit: Juni–August.

Droge: Fructus Lolii temulenti, Lolii temulenti fructus, Taumellolchfrüchte.

Giftige Pflanzenteile: Besonders die Früchte.

Hauptwirkstoffe: Hauptsächlich Temulin, eine konstitutionell wenig aufgeklärte Pyridinbase. Gehaltsangaben schwanken zwischen 0–0,06%. Ob die Alkaloide vom Pilz Endoconidium temulentum Prill et Del. oder von der Pflanze selbst gebildet werden, ist nicht ganz geklärt.

Vergiftungserscheinungen: Trunkenheit, Taumeln, Kopfschmerzen, Trübung des Denkvermögens, Sehstörungen, heftiges Erbrechen, Koliken, Schläfrigkeit oder Schlafsucht, Tod durch Atemlähmung. Tödlicher Ausgang ist selten, die zentralen Störungen können aber tagelang anhalten.
Durch Lolchfrüchte im Getreide traten früher Massenvergiftungen auf.
Bei Tieren führt erst die Aufnahme mehrerer Kilogramm der Pflanze und der Früchte zu Vergiftungen. Bedroht sind Pferde, Schweine und Geflügel, Wiederkäuer weniger. Dabei kommt es zu Taumeln, Ataxie, Lähmungen, unterbrochen durch Krämpfe, selten aber zu Todesfällen [H 18].

Wirkungen auf die Schleimhäute: Die nah verwandte ungiftige Art *Lolium perenne* L. (Deutsches Weidelgras, Englisches Raygras, Lolch) zählt zu den wichtigsten und potentesten Erregern der Graspollenallergie.

Gefährlichkeitsgrad: Giftig +

Vorschriften: Lolium temulentum gehört in der Roten Liste zu den vom Aussterben bedrohten Pflanzen.
Lolium temulentum: Monographie der Kommission D.

Literatur: B 36, G 4, H 12, H 18, L 10.

Therapie:
Erste Hilfe: Sofort Kohle-Pulvis (10 g), Erbrechen auslösen, Natriumsulfat.
Klinik: Magenspülung (evtl. mit burgunderfarbener Kaliumpermanganatlösung), Instillation von 10 g Kohle-Pulvis, Natriumsulfat. Nach der Resorption (Krämpfe) Relaxierung und Intubation, solange das Krampfstadium anhält, nur so viel Antiepileptika wie Diazepam, Barbital u.a., daß die Krämpfe eben unterdrückt bleiben; bei Fieber Eiswickel, hochkalorische Infusionen (Traubenzucker), keine Phenothiazine, keine Analeptika(!), evtl. Sauerstoffbeatmung.

Lonicera caprifolium L.

Gartengeißblatt, Jelängerjelieber. *E:* Goatsleafs, Perfoliate honeysuckle. *F:* Chèvrefeuille des jardins. *I:* Caprifoglio comune, Abraccioboscо.

Familie: Caprifoliaceae, Geißblattgewächse.

Verbreitung, Vorkommen: Heimat: Südeuropa; in Mitteleuropa in Gärten und daraus verwildert.

Beschreibung: Schlingpflanze. Blätter gegenständig, elliptisch, ganzrandig, obere Blätter am Grunde verwachsen. Blütenquirle sitzen auf dem oberen Blattpaar, Blüten gelblichweiß. Beeren kirschrot.
Blütezeit: Mai–Juli.
Früchte: August–September.

– Giftwirkung etc. → *Lonicera xylosteum*.

Therapie:
Erste Hilfe: Kohle-Pulvis (10 g), erbrechen lassen, viel warmen Tee oder Himbeersaft trinken lassen.
Klinik: Nach wahrscheinlich großer Giftaufnahme: Magenspülung (evtl. mit burgunderfarbener Kaliumpermanganatlösung), Instillation von 10 g Kohle-Pulvis und Natriumsulfat, Elektrolytsubstitution, Azidoseausgleich mit Natriumbikarbonat (Urin pH 7,5).

Lonicera nigra L.

Schwarze Heckenkirsche. *E:* Black-fruited honey suckle. *F:* Camérisier noir. *I:* Caprifoglio nero.

Familie: Caprifoliaceae, Geißblattgewächse.

Verbreitung, Vorkommen: Europa; Gebirgswälder, Schluchtwälder, gelegentlich angepflanzt.

Beschreibung: Strauch bis 150 cm hoch. Blätter länglich-eiförmig, gegenständig. Blüten paarweise, trübrotweiß, auf 2–4 cm langem Stiel. Frucht blauschwarze Beere. Blütezeit: Mai–Juni. Früchte: Juli–August.

– Giftwirkung etc. → *Lonicera xylosteum.*

Therapie:
Erste Hilfe: Kohle-Pulvis (10 g), erbrechen lassen, viel warmen Tee oder Himbeersaft trinken lassen. Klinik: Nach wahrscheinlich großer Giftaufnahme: Magenspülung (evtl. mit burgunderfarbener Kaliumpermanganatlösung), Instillation von 10 g Kohle-Pulvis und Natriumsulfat, Elektrolytsubstitution, Azidoseausgleich mit Natriumbikarbonat (Urin pH 7,5).

Lonicera periclymenum L.

Waldgeißblatt, Wald-Heckenkirsche. *E:* Woodbine. *F:* Chèvrefeuille des bois. *I:* Caprifoglio atlantico. *NL:* Wilde Kamperfoelie.

Blüten

Früchte

EDV-Code: LONPE.

Familie: Caprifoliaceae, Geißblattgewächse.

Verbreitung, Vorkommen: West- und Mitteleuropa; lichte Wälder, Waldränder, Hecken.

Beschreibung: Rechtswindender, sommergrüner Schlingstrauch. Blätter gegenständig, elliptisch, ganzrandig. Blüten in kurzgestielten, blattlosen Köpfchen, gelblich-weiß. Beeren rot.
Blütezeit: Mai–Juli.
Früchte: August–September.

– Giftwirkung etc. → *Lonicera xylosteum.*

Lonicera periclymenum

Therapie:
Erste Hilfe: Kohle-Pulvis (10 g), erbrechen lassen, viel warmen Tee oder Himbeersaft trinken lassen.
Klinik: Nach wahrscheinlich großer Giftaufnahme: Magenspülung (evtl. mit burgunderfarbener Kaliumpermanganatlösung), Instillation von 10 g Kohle-Pulvis und Natriumsulfat, Elektrolytsubstitution, Azidoseausgleich mit Natriumbikarbonat (Urin pH 7,5).

Lonicera xylosteum L.

Gemeine Heckenkirsche. *E:* Fly honeysuckle. *F:* Chèvrefeuille des buissons. *I:* Caprifoglio peloso. *NL:* Rode Kamperfoelie.

Familie: Caprifoliaceae, Geißblattgewächse.

Verbreitung, Vorkommen: Europa, Nordasien, in Mitteleuropa verbreitet (kalkliebend); Waldsäume, Hecken.

Beschreibung: 2–3 m hoher Strauch. Blätter gegenständig, breitelliptisch. Blüten paarweise, auf 1–2 cm langen Stielen, weiß bis gelb. Früchte paarig, teilweise verwachsen, scharlachrote glänzende Beeren.
Blütezeit: Mai–Juni.
Früchte: Juli–August.
Vermutlich sind alle Lonicera-Arten giftig [E 12].

Giftige Pflanzenteile: Beeren.

Hauptwirkstoffe: Xylostein, → *cyanogene Glykoside* (gering), Xylostosidin $C_{18}H_{25}O$, Fp. 190–191 °C, Saponine.

Vergiftungserscheinungen: Übelkeit, Erregung, Herzrhythmusstörungen, Gesichtsröte, blutiger Durchfall, Krämpfe, Pupillenerweiterung, Atemlähmung, Nierenschädigung.
Beobachtete Symptome: Bis 2 Beeren im allgemeinen keine, gelegentlich aber schon Erbrechen, erhöhte Temperatur, Bauchschmerzen. Bei 5 Beeren Fieber bis 39,5 °C, Brustschmerzen, Erbrechen. Bei größeren Mengen Übelkeit, Leibschmerzen, Erbrechen, Zittern, kalter Schweiß, Schwindel, Cyanose, Tachykardie, Pollakisurie.
Über die Giftigkeit sind so widersprüchliche Angaben vorhanden, daß mit starken Wirkungsschwankungen gerechnet werden muß. Die Toxizität frischer Früchte von L. xylosteum ist nach oraler Verabreichung widersprüchlich dargestellt:

Lonicera xylosteum

1. Kaninchen zeigten bei einer Dosis von 25 g (Tr.-Gew.)/kg Körpergewicht innerhalb 24 Std. als einzige Vergiftungssymptome Durchfall und leichten Bewegungsmangel [F 16].
2. Am Kaninchen führen 5–7 frische Beeren unter Diuresesteigerung, Diarrhoen, Krämpfen und anschließender Lähmung in einigen Stunden zum Tode [H 12].

Gefährlichkeitsgrad: Giftig +

Literatur: B 36, E 12, F 16, G 4, H 12, J 5, S 6, S 35.

Therapie:
Erste Hilfe: Kohle-Pulvis-Gabe, Erbrechen auslösen, Roticlean®, Natriumsulfat, viel trinken lassen.
Klinik: Magenspülung (evtl. mit burgunderfarbener Kaliumpermanganatlösung), Roticlean®-, Kohle- und Natriumsulfatinstillation, gegen Koliken Atropin, Elektrolytsubstitution, Azidoseausgleich mit Natriumbikarbonat (Urin pH 7,5), Kontrolle der Nierenfunktion, bei Krämpfen Diazepam (Valium®) i.v., ggf. Intubation und Sauerstoffbeatmung.

Lophophora williamsii (Lem. ex Salm-Dyck) Coult.

[Anhalonium williamsii (Lem. ex Salm-Dyck) Lem.]

Peyotl, Schnapskopf. *E:* Mescal buttons, Devils root, Dumpling cactus.

Die mexikanische Bezeichnung „Peyote" oder „Peyotl" bezieht sich nicht nur auf Lophophora williamsii, sondern umfaßt einen Komplex, der alle anderen mexikanischen Kakteen-Arten mit vermuteten halluzinogenen oder psychoaktiven Eigenschaften einschließt.

Familie: Cactaceae, Kakteen.

Verbreitung, Vorkommen: Heimat: Mexiko. Zierpflanze, wird von Kakteenliebhabern gehalten.

Beschreibung: Stachelloser Kaktus mit rübenförmiger Wurzel, halbkugelig, etwas abgeflacht, grün, am Scheitel eingesenkt. Durchmesser bis 8 cm. Rippen 5–12. Auf den unregelmäßigen Warzen Areolen mit

Lophophora williamsii

pinselförmigem Haarschopf. Blüten bis 2,5 cm breit, außen grün, innen weiß bis blaßrot, mit Mittelstreifen.
Blütezeit: Mai–Juli.

Ein weiterer Kaktus, der → *Mescalin* enthält, ist Trichocereus pachanoi Britt. et Rose – San-Pedro-Kaktus; Heimat: Anden Ekuadors, Perus und Boliviens.

Giftige Pflanzenteile: Der ganze Kaktus. Kopf alkaloidreich, Wurzel alkaloidarm.

Droge: Anhalonium, Mescal buttons.
Braune rundliche Scheiben, Durchmesser 2,9–4,5 cm, Dicke etwa 0,5 cm. An der Unterseite in der Mitte eine helle, runde Narbe. Die Mescal Buttons besitzen einen widerlichen und sehr bitteren Geschmack, schwellen beim Kauen im Mund an und hinterlassen nach dem Kauen ein Gefühl von Stechen im Hals [H 12].

Hauptwirkstoffe: Gesamtalkaloidgehalt der Köpfe 4,5–7%. Neben dem Hauptwirkstoff → *Mescalin* sind noch 50 weitere Phenylalkylderivate und Tetrahydroisochinolinalkaloide enthalten wie z. B. Anhalonin, Anhalonidin, Lophophorin, Pellotin (Peyotin). [H 12, S 74].
Trichocereus pachanoi enthält im Frischgewicht 0,12%, im Trockengewicht 2% Mescalin und weitere Phenylethylamine [S 74].

Vergiftungserscheinungen: Nach Henry zeigen Mescalin, Anhalonidin und Lophophorin qualitativ ähnliche pharmakologische Eigenschaften. Mescalin wirkt beim Frosch wie beim Warmblüter lähmend auf das Zentralnervensystem; in großen Dosen erzeugt es Blutdruckabfall, Bradykardie, Atemdepression und Vasodilatation, in Konzentrationen über 0,2% ruft es fortschreitende Lähmung hervor. Anhalonidin ist in gleicher Weise, jedoch nicht so stark wirksam wie Anhalonin und ähnelt in der Wirksamkeit dem Pellotin; Lophophorin ist das am stärksten toxische Alkaloid dieser Gruppe. Die bekannteste Wirkung der Droge am Menschen ist die Erzeugung visueller farbiger Halluzinationen, Veränderung der Sinneseindrücke, Beeinträchtigung des Denkens, der Urteilsfähigkeit, der Emotionen bis zur Bewußtseinsspaltung, Verlust des Zeit- und Raumgefühls, die üblicherweise mit Bradykardie, Pupillenerweiterung, Übelkeit, Schwäche und Kopfschmerzen einhergehen. Diese Wirkungen sind nach Hefter allein durch das Mescalin bedingt. Das Mescalkauen (10 bis 12 Stück Mescal-Button) ruft nach einem Vorstadium mit Übelkeit, Kopfschmerz Visionen hervor, die denen des indischen Hanfs ähnlich sind, jedoch folgt dem Rausch kein Schlaf, sondern Schlaflosigkeit. Die experimentelle Erzeugung von derartigen Halluzinationen hat sich in der Diagnose bestimmter Psychosen als wertvoll erwie-

Lophophora williamsii

sen. Zu hohe Dosen können zu einer Leberschädigung führen [H 12].
Eine Mißbrauchgefahr von Kakteen ist gering, da sie abscheulich schmecken. Für einen Rausch sind mehrere Exemplare notwendig und so ist Erbrechen oft nur das einzige Erlebnis [S 74].
Für die Rauschwirkung soll ein Lebereiweiß-Mescalinkomplex von Bedeutung sein. Untersuchungen zeigten, daß der Höhepunkt der halluzinogenen Wirkung der Droge mit dem Maximalgehalt dieses Leberkomplexes zusammenhängt [B 10].
Smolska sah ausgedehnte Blutungen in der Marksubstanz, Hyperämie, Veränderungen in Mark und Rinde der Nebennieren, Fettinfiltrationen und Degeneration, Veränderungen in den Leberzellen. Lewin nimmt an, daß bei gewohnheitsmäßigem Gebrauch eine Verschlechterung der Gehirnfunktionen eintritt.
Eine ausführliche Schilderung der Droge und ihrer Wirkungen findet sich bei Reko [R 25], S. 17–39 (einschl. vieler Lit.-Zitate).

Anwendungen: Im Süden der USA und in Mexiko vielfach als Rauschgift und Phantasticum. Therapeutisch als Herzanregungsmittel, bei Angina pectoris, Fieber, Hustenreiz. Der Saft äußerlich gegen Vipernbisse, Verbrennungen, Wunden und Rheumatismus. Der Kaktus soll auch ganz allgemein kräftigende Wirkung ausüben, Hunger und Durst stillen und die Sinne wach halten [H 12].

Anwendungen in der Homöopathie: D_3–D_6 bei Psychosen, Verwirrungszuständen, peripheren Durchblutungsstörungen und bei nächtlichen Mißempfindungen wie Kribbeln.

Gefährlichkeitsgrad: Stark giftig + +

Vorschriften: Lophophora williamsii: Monographie der Kommission D.

Literatur: B 10, B 34, D 9, H 12, M 2, R 25, S 74.

Therapie:
Erste Hilfe: Ruhe, beruhigendes Zureden, beaufsichtigen, meist keine medikamentöse Therapie nötig, keine intravenösen Injektionen! (Bahnung einer Spritzensucht), bei hochgradiger Erregung Doxepin (Aponal®) (50 mg oral oder i.m.), nur falls nicht anders vorhanden Diazepam (Valium®) (10–20 mg oral oder i.m.), nach oraler Überdosierung Kohle-Pulvis oder erbrechen lassen, Atemwege freihalten, evtl. Atemspende, warmhalten.
Klinik: Evtl. Magenspülung, Kohle-Pulvis und Natriumsulfatinstillation, Plasmaersatzpräparate, beatmen.

Lupinus polyphyllus Lindley

Vielblättrige Lupine, Wolfsbohne. *E:* Lupine. *F:* Lupin. *I:* Lupino. *NL:* Lupine.

EDV-Code: LUPPO.

Familie: Fabaceae, Schmetterlingsblütler.

Verbreitung, Vorkommen: Nordamerika, in Europa häufig als Wildfutter gepflanzt und verwildert; Zierpflanze in Gärten.

Beschreibung: Mehrjährige, bis 1,50 m hohe Pflanze. Blätter gefingert, 12- bis mehrzählig, Teilblätter lanzettlich. Blüten meist blau, in 30–50 cm langen Trauben. Hülse dicht behaart, vielsamig.
Blütezeit: Juni–August.
Außerdem werden gelegentlich angebaut:
Lupinus albus L., Weiße Lupine.
Lupinus angustifolius L., Schmalblättrige Lupine.
Lupinus luteus L., Gelbe Lupine.
Alle 3 Arten stammen aus dem Mittelmeergebiet.

Lupinus polyphyllus

Giftige Pflanzenteile: In den Samen befindet sich die größere Giftmenge, in den Blättern nur wenig. Der Alkaloidgehalt schwankt stark.

Hauptwirkstoffe: In Lupinen wurden folgende giftige Stoffe nachgewiesen: → *Lupanin,* 13-Hydroxylupanin, Angustifolin, 13-Tigloyloxylupanin, Albin, Multiflorin, α-Isolupanin, 4-Hydroxylupanin, Ammodendrin, → *Anagyrin,* → *Spartein.*

Lupinus albus

Lupinus polyphyllus

Vergiftungserscheinungen: Speichelfluß, Erbrechen Schluckbeschwerden, Herzrhythmusstörungen, von den Beinen aufsteigende Lähmung, Tod durch Atemlähmung.
Die Aufnahme einzelner Samen blieb in mehreren Fällen symptomlos. Vergiftungen beim Menschen sind selten. Sie können aber zunehmen, da Lupinensamen vor allem in Asien zunehmend Verwendung als Sojaersatz bei der Herstellung von Tofu und Temphe finden.
Die weitaus meisten Vergiftungen treten bei Tieren auf, die mit Lupinen gefüttert werden. So enthalten z. B. die Lupinenarten L.sericeus und L. caudatus mehr als 0,14% Anagyrin in der Trockensubstanz. Bekamen Kühe zwischen dem 30. und 80. Tag der Trächtigkeit mindestens einen Monat lang Mengen von mehr als 0,6 kg, so führte dies bei den Muttertieren zu leichten Vergiftungen und bei 2–25% der Kälber zu Skelettmißbildungen, die in den USA als „Croked Calf Disease" bezeichnet werden. Entsprechende Mißbildungen bei Kälbern und Ziegen werden auch durch L.formosus hervorgerufen. Die teratogene Wirkung führt man bei dieser Art auf das Pyridinalkaloid Ammodendrin zurück [H 18].
Bei den alkaloidarmen Süßlupinen kann die „Lupinose", eine Mykotoxikose, durch den Pilz Phomopsis rossiana hervorgerufen werden. Der Lupinose fielen früher tausende von Schafen zum Opfer.

Anmerkung: Die Lupine besitzt nach neuesten Erkenntnissen, so Professor Führ, Jülich, ein Alkaloid, das auf die zehnfache Konzentration steigt, wenn ein Insektenangriff erfolgt [Gesundheitspol. Umschau].

Lupinus luteus

Gefährlichkeitsgrad: Mäßig bis stark giftig + +

Literatur: B 36, G 4, H 12, H 18, J 5, K 40, Y 4.

Therapie:
Erste Hilfe: Kohle-Pulvis-Gabe, erbrechen lassen, Natriumsulfat.
Klinik: Magenspülung (evtl. mit burgunderfarbener Kaliumpermanganatlösung), Elektrolytsubstitution, Azidoseausgleich mit Natriumbikarbonat (Urin pH 7,5), Plasmaexpander, ggf. Intubation und Sauerstoffbeatmung. Orciprenalin bzw. Lidocain bei Herzrhythmusstörungen.

Lycium barbarum L.

(Lycium halimifolium Mill.)

Gemeiner Bocksdorn. *E:* Duke of Argyll's tea plant, Bastard jasmin. *F:* Jasminoide. *I:* Spina santa die Barberia.

EDV-Code: LYUHA.

Familie: Solanaceae, Nachtschattengewächse.

Verbreitung, Vorkommen: Mittelmeergebiet; in Mitteleuropa als Zierstrauch und auch zur Befestigung von Dämmen und Abhängen gepflanzt.

Beschreibung: 1–3 m hoher Strauch mit herabhängenden Zweigen. Blätter lanzettlich. Blüten 5zipfelig, purpurlila, zu 1–5 in den Blattachseln. Früchte länglich, rot.
Blütezeit: Juni–September.
Früchte: August–Oktober.

Giftige Pflanzenteile: Alle Pflanzenteile einschließlich der roten Beeren.

Hauptwirkstoffe: → *Hyoscyamin* und andere Alkaloide.

Vergiftungserscheinungen: Zunächst allgemeine Erregung von Heiterkeit bis Tobsucht, Durst, weite Pupillen, Sinnestäuschungen, Herzrasen, zuletzt Atemlähmung. Die Vergiftungserscheinungen sind ähnlich denen der Tollkirsche.

Blüten

Von der Pflanze sind tödliche Vergiftungen von Kamelen bekannt geworden, die größere Mengen gefressen hatten.

Gefährlichkeitsgrad: Stark giftig + +

Literatur: B 36, F 16, G 4, H 12, L 10.

Früchte

Lycium barbarum

Weitere giftige Lycium-Arten [E 12]

Name	Wuchsform Blütezeit	Verbreitung
Lycium chinense Mill.	Strauch (Fruchtschmuck) 6–10	Nord-China, in West-, Mittel- u. Südeuropa stellenweise eingebürgert
Lycium europaeum L.	Strauch, Kriechpflanze	Mittelmeergebiet, Portugal
Lycium pallidum Miers	Strauch, (Fruchtschmuck) 5–8	USA: New Mexico bis Utah
Lycium ruthenicum Murr.	Strauch 7–8	Mittel- und Vorderasien
Lycium turcomanicum Turcz.	Strauch 6–8	Turkestan, Nordchina

Therapie:
Erste Hilfe: Kohle-Pulvis-Gabe, Erbrechen auslösen, Natriumsulfat.
Klinik: Frühzeitige Magenspülung mit gut eingeöltem Schlauch (Paraffinöl, Roticlean®), Physostigmin (Anticholium) i.m. (oder langsam i.v.) (Erwachsene 2 mg, Kinder 0,5 mg), Wiederholung je nach Bedarf bei Wiederauftreten gefährlicher Symptome, Plasmaexpander bei Schock, ggf. Intubation und Sauerstoffbeatmung.

Lycopodium clavatum L.

Keulen-Bärlapp. *E:* Common clubmoss. *F:* Jalousie. *I:* Licopodio clavato. *NL:* Grote wolfsklauw.

EDV-Code: LYOCL.

Familie: Lycopodiaceae, Bärlappgewächse.

Verbreitung, Vorkommen: Kosmopolit; in Mitteleuropa von der Ebene bis in die alpine Region. Auf trockenen Wiesen, Mooren, in trockenen Wäldern.

Beschreibung: Stengel kriechend, verästelt, bis 1 m lang. Blätter lineal, klein, gelblichgrün, anliegend, vielreihig. An den Stielen (bis 18 cm hoch) sitzen 2–3 Sporangienähren.
Sporen: Juli–August.
Eine weitere giftige Lycopodium-Art [E 12]: Lycopodium annotinum L. – Sprossender Bärlapp (Staude, Verbreitung: Arktische und nördlich gemäßigte Zone).

Giftige Pflanzenteile: Die ganze Pflanze.

Lycopodium clavatum

Hauptwirkstoffe: Ca. 0,2% (nach [H 40] 0,12%)antipyretisch wirkende Alkaloide, die oft vereinfacht „Clavatin" genannt werden, mit Clavatin $C_{16}H_{25}NO_2$, Fp. 212–213 °C, Lycopodin $C_{16}H_{25}NO$, Fp. 116 °C (Hauptalkaloid), und Clavatoxin $C_{17}H_{27}NO_2$, Fp. 185–186 °C, das nach Rodewald et al. [Chem. Abstr. 68, 69166 (1968)] einen Komplex von Clavatin und Lycodolin darstellt; auch Nikotin und 5% Hydrokaffeesäure wurden gefunden. Anscheinend sind große Schwankungen der Inhaltsstoffe je nach Standort und Rasse vorhanden.

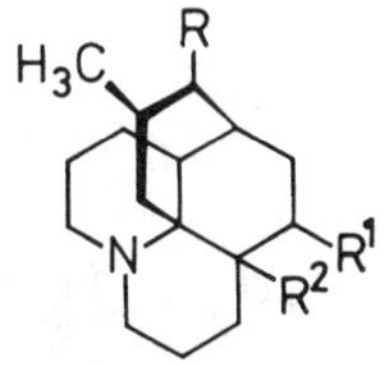

Lycopodin		
R=H;	R^1=O;	R^2=H
Clavatin		
R=H;	R^1=O;	R^2=OH
Clavolonin		
R=OH;	R^1=O;	R^2=H
Fawcettiin		
R=OH;	R^1=H, OCOCH3;	R^2=H
Lycoclavin		
R=H;	R^1=O, CO, CH3, H;	R^2=OH

Vergiftungserscheinungen: Die Vergiftungserscheinung ist ähnlich wie bei Curare. 0,2 g des Krautes sind für Mäuse und Frösche tödlich.
Bei längerer Anwendung ist durch die toxischen Alkaloide mit einer Reizwirkung zu rechnen [W 13].
Ähnliche Wirkung zeigt Tannenbärlapp → *Huperzia selago*.

Wirkungen auf die Schleimhäute: Die Sporen können ein allergisches Asthma verursachen.

Anwendungen in der Homöopathie: D_3–D_{30} bei chronischen Ekzemen, Krampfadergeschwüren; Tbl. 2,5 mg Lycopodium bei Harnverhaltung, Hämorrhoiden, Schließmuskellähmung; D_3–D_6 bei chronischem Rachenkatarrh und Tonsillitis.

Gefährlichkeitsgrad: Giftig +

Vorschriften: Alle Lycopodium-Arten stehen unter Naturschutz (A, CS, D, CH, I, YU, H).
Lycopodium clavatum: Monographie der Kommission D.

Literatur: A 10, D 9, G 4, H 12, H 40, K 9, M 2, M 27, W 13.

Therapie:
Erste Hilfe: Sofort Kohle-Pulvis (10 g), Erbrechen auslösen, Natriumsulfat.
Klinik: Magenspülung (evtl. mit burgunderfarbener Kaliumpermanganatlösung), Instillation von 10 g Kohle-Pulvis, Natriumsulfat. Nach der Resorption (Krämpfe) Relaxierung und Intubation, evtl. Sauerstoffbeatmung.

Macleaya cordata (Willd.) R. Br.

Federmohn. *E:* Plume poppy. *F:* Bacconie.

EDV-Code: MCYCO.

Familie: Papaveraceae, Mohngewächse.

Verbreitung, Vorkommen: Heimat: Ostasien. Bei uns als Gartenzierpflanze.

Beschreibung: Bis 3 m hohe, blaubereifte Staude mit safrangelbem Milchsaft und prächtiger Belaubung. Blüten weißlich, in vielblütiger, endständiger, bis 25 cm langer Traube. Kapsel flach verkehrt-eiförmig. Blütezeit: Juni–August.

Giftige Pflanzenteile: Die ganze Pflanze.

Hauptwirkstoffe: Vermutlich Isochinolinalkaloide, besonders → *Protopin*, → *Berberin* und Allocryptopin.

Gefährlichkeitsgrad: Giftig +

Literatur: J 5, S 3.

Therapie:
Erste Hilfe: Kohle-Pulvis (10 g), erbrechen lassen, viel warmen Tee oder Himbeersaft trinken lassen.
Klinik: Nach wahrscheinlich großer Giftaufnahme: Magenspülung (evtl. mit burgunderfarbener Kaliumpermanganatlösung), Instillation von 10 g Kohle-Pulvis und Natriumsulfat, Elektrolytsubstitution, Azidoseausgleich mit Natriumbikarbonat (Urin pH 7,5).

Magnolia x soulangiana Soul.-Bod. und **Magnolia-Soulangiana-Hybriden**

Tulpen-Magnolie. *E:* Magnolia. *F:* Magnolier. *I:* Magnolia.

EDV-Code: MAGSO.

Familie: Magnoliaceae, Magnoliengewächse.

Verbreitung, Vorkommen: Bei uns in Gärten und Gartenanlagen die häufigste Magnolie.

Beschreibung: 3–6 m hoher Baum. Blätter verkehrt eiförmig (1) oder spitz zulaufend (2). Blüten rosa oder purpurviolett überlaufend, einzeln, meist mit den Blättern erscheinend.
Blütezeit: April–Mai.
(1) Magnolia x soulangiana ist eine Kreuzung aus Magnolia denudata (Yülan-Magnolie) und Magnolia liliiflora (Purpur-Magnolie), die beide aus Mittelchina stammen. Wichtige Magnolia-Soulangiana-Hybriden sind z.B. 'Amabilis', 'Lennei', 'Rustica', und 'Speciosa'.
Zur gleichen Zeit blüht auch (2) Magnolia stellata (Sieb. et Zucc.) Maxim.-Stern-Magnolie (Heimat Japan), die in unseren Gärten auch häufig angepflanzt wird.

Giftige Pflanzenteile: Die ganze Pflanze, vor allem Holz und Rinde.

Hauptwirkstoffe: → *Magnoflorin* und andere Alkaloide.

Wirkungen auf die Haut: Durch den Umgang mit der Pflanze können Hautschädigungen auftreten, als deren Ursache die Sesquiterpenlactone anzusehen sind.

Gefährlichkeitsgrad: Wenig giftig (+)

Literatur: H 12, J 5.

Therapie:
Erste Hilfe: Erbrechen oder Kohle-Pulvis, Haut spülen.
Klinik: In Extremfällen Magenspülung, Vitaltherapie (S. 56), Cortison-Salbe bei Hautreizung.

Mahonia aquifolium (Pursh) Nutt.

Mahonie, Fieder-Berberitze. *E:* Oregon grape. *F:* Mahonia à feuilles de houx. *I:* Maonia comune.

Blüten

Früchte

EDV-Code: MAHAQ.

Familie: Berberidaceae, Berberitzengewächse.

Verbreitung, Vorkommen: Heimat: Westliches Nordamerika; Zierpflanze in Gärten und Parks.

Beschreibung: Wintergrüner Strauch, 50–200 cm hoch. Blätter unpaarig gefiedert, 5–9teilig, lederartig, dornig-gezähnt. Blüten gelb, in aufrechten Trauben. Beeren erbsengroß, blau bereift.
Blütezeit: April–Mai.
Früchte: August–Winter.

Droge: Radix (Cortex) Mahoniae aquifolii, Mahoniae aquifolii radix, Mahonienwurzel.

Mahonia aquifolium

Giftige Pflanzenteile: Alle Pflanzenteile, besonders die Wurzelrinde.

Hauptwirkstoffe: → *Berberin,* Oxyacanthin, Berbamin. Der Alkaloidgehalt soll in der Frucht 0,06%, in der Wurzelrinde Anfang Mai ca. 4,5%, Mitte Oktober ca. 5%, Januar bis Mitte Juli ca. 2,5% betragen.

Vergiftungserscheinungen: → *Berberis vulgaris* L. Bei über 100 Fällen, in denen Beeren gegessen wurden, traten nur bei zwei Fällen Symptome auf, Erbrechen und Tachykardie bzw. Bauchschmerzen.
Aus den Erfahrungen der Beratungsstelle für Vergiftungserscheinungen, Berlin:
Als durstlöschendes Mittel haben ausländische Kinder in Berlin täglich bis zu 100 Beeren ohne Symptomatik gegessen [K 40].
Nach Weilemann [W 38] werden vorwiegend Ein- bis Dreijährige zum Essen der blaubereiften Beeren verleitet. 15% der gemeldeten Fälle hatten hauptsächlich Magen-, Darmbeschwerden und Übelkeit, aber auch Fieber. Die Beschwerden verliefen harmlos.

Anwendungen in der Homöopathie: D_2–D_6 bei Samenstrangneuralgien, Rheumatismus, Ischias; 2,5 mg bei Schüttellähmung.

Gefährlichkeitsgrad: Giftig + (Wurzel), Beeren nicht oder kaum giftig (+)

Vorschriften: Mahonia aquifolium: Monographie der Kommission D.

Literatur: B 36, F 16, G 4, H 12, K 40, M 27, R 31, S 6, W 38.

Therapie:
Erste Hilfe: Kohle-Pulvis, erbrechen lassen.
Klinik: Nur nach großer Giftaufnahme (Wurzeln) Magenspülung (evtl. mit burgunderfarbener Kaliumpermanganatlösung), Elektrolytsubstitution, im Schock Plasma(expander)gabe, bei Krämpfen Diazepam (Valium®) i.v., Kontrolle der Nierenfunktion, bei Atemlähmung Intubation und Sauerstoffbeatmung.

Maianthemum bifolium (L.) F.W. Schmidt

(Convallaria bifolia L.)

Schattenblume. *E:* May-flower. *F:* Fleur de mai. *I:* Gramigna di Parnasso.

Blüten

Maianthemum bifolium

EDV-Code: MNHBI.

Familie: Liliaceae, Liliengewächse.

Verbreitung, Vorkommen: Europa, Nordasien; in Mitteleuropa stellenweise häufig; schattige Wälder.

Beschreibung: 5–15 cm hohe, ausdauernde Pflanze. Stengel mit 2 wechselständigen, gestielten, herzförmigen Blättern. Blüten klein, weiß, 4teilig, in endständiger Traube. Beeren erbsengroß, rot.
Blütezeit: Mai–Juni.
Früchte: Juli–August.

Giftige Pflanzenteile: Alle Pflanzenteile, besonders Beeren.

Hauptwirkstoffe: Die Blätter enthalten nach älteren Angaben Digitalisglykoside sowie etwas → *Cumarin*. In den Beeren Cyanidinglykoside.
Die eigentlichen Wirkstoffe sind möglicherweise herzwirksame Glykoside. Sie sind aber noch unbekannt.

Vergiftungserscheinungen: Die Beeren zeigen eine ähnliche Wirkung wie andere Liliaceen-Früchte → *Convallaria majalis*.

Gefährlichkeitsgrad: Giftig +

Literatur: B 36, F 16, H 12.

Früchte

Therapie:
Erste Hilfe: Kohle-Pulvis (10 g), erbrechen lassen, viel warmen Tee oder Himbeersaft trinken lassen.
Klinik: Nach wahrscheinlich großer Giftaufnahme: Magenspülung (evtl. mit burgunderfarbener Kaliumpermanganatlösung), Instillation von 10 g Kohle-Pulvis und Natriumsulfat, Elektrolytsubstitution, Azidoseausgleich mit Natriumbikarbonat (Urin pH 7,5). Evtl. Antidot Natriumthiosulfat (100 ml 10%ig i.v.).

Mallotus philippinensis (Lam.) Müll. Arg.

(Rottlera tinctoria Rosb. Croton philippinensis Lam.)

Kamala.

Familie: Euphorbiaceae, Wolfsmilchgewächse.

Verbreitung, Vorkommen: Das Verbreitungsgebiet des Baumes erstreckt sich über ganz Indien, Ceylon, den ostindischen Archipel bis nach Australien.

Droge: Kamala, Glandulae Rottlerae, Rottlerae glandula.
Der aus Drüsen und Büschelhaaren der Epidermis bestehende, von den etwa 1 cm großen Früchten abgeriebene, dichte, drüsighaarige Überzug. Ein leichtes, feines, weiches, ungleichförmiges, nicht klebendes Pulver von braunroter, mit Grau gemischter Färbung. Mit dem Finger auf Papier zerrieben, färbt es dieses gelb [H 12].

Hauptwirkstoffe: Kamala, 47–80% rote und gelbe Harze mit den Phloroglucinderivaten Rottlerin (Mallotoxin, Kamalin) (10–12%) $C_{20}H_{28}O_8$, Fp. 206–207 °C, sowie Isorottlerin, Fp. 180–182 °C, wenig Homorottlerin, Fp. 192–193 °C. In den Samen Cardenolide [H 12].

Vergiftungserscheinungen: Kamala wirkt als Wurmmittel etwas milder als → *Dryopteris filix-mas*. Im Gegensatz zu Dryopteris zeigen Kamalahaare eine stärkere Abführwirkung. In größeren Dosen verursachen sie heftige Gastro-Enteritiden, Diarrhoen und Erbrechen.

Dosierung: Gebräuchliche Einzeldosis 5,0– 10,0 g [H 12].

Anwendung in der Medizin: 0,8 g bei Bandwurm (Kleinkinder), 1,6–2,4 g (größere Kinder), 4 g (Erwachsene), je zweimal zu nehmen.

Gefährlichkeitsgrad: Wenig giftig (+)

Vorschriften: Kamala: Monographie der Kommission D.

Literatur: H 12, K 9, L 12, M 2, W 15.

Therapie:
Erste Hilfe: Erbrechen oder Kohle-Pulvis, Haut spülen.
Klinik: In Extremfällen Magenspülung, Vitaltherapie (S. 56), Cortison-Salbe bei Hautreizung.

Malus Mill.-, Pyrus L.-, Cydonia Mill. Arten

Kernobst. *E:* Kernel-Fruit. *F:* Fruits à pépins.

Familie: Rosaceae, Rosengewächse.

Beschreibung: Wichtige Arten mit vielen Kultursorten: Malus domestica Borkh., Apfelbaum.
Pyrus communis L., Birnbaum.
Cydonia oblonga Mill., Quittenbaum.

Giftige Pflanzenteile: Die im Kerngehäuse enthaltenen Samen (Kerne).

Hauptwirkstoffe: Apfelkerne enthalten → *Amygdalin,* Quittenkerne → *cyanogene Glykoside,* Birnenkerne sollen frei von cyanogenen Glykosiden sein.

Vergiftungserscheinungen: → *Amygdalin,* → *Cyanogene Glykoside.* Bei Frohne ist ein Fall beschrieben, in dem eine Tasse Apfelkerne (vermutlich geschrotet) mit tödlichem Ausgang gegessen wurde [F 16].

Wirkungen auf die Schleimhäute: Äpfel, Birnen und andere Früchte aus der Familie der Rosengewächse zählen zu den häufigsten Ursachen einer Nahrungsmittelallergie. Zu Birkenpollen bestehen Kreuzreaktivitäten [Halmepuro L. et al.: Int. Arch. Allergy 74, 235, 1984].

Gefährlichkeitsgrad: Die Kerne sind, je nach Art, nicht giftig bis giftig +

Literatur: F 16, H 12.

Therapie:
Nur nach großer Giftaufnahme von Kernen primäre Entgiftung durch Erbrechen und Magenspülung (evtl. mit burgunderfarbener Kaliumpermanganatlösung). In leichten Fällen, bei erhaltenem Bewußtsein: Natriumthiosulfat (10%ig, 100 ml i.v.), das als Schwefeldonator die Entgiftung des Cyanids, das in Rhodanid übergeht, beschleunigt. Schwere Vergiftungen, bei Bewußtlosigkeit:
- Sofort 3 mg/kg KG 4-DMAP i.v. (evtl. i.m.) (Methämoglobinbildner).
- Sofort anschließend Natriumthiosulfatlösung (10%ig, 100 ml i.v.). Zugleich Azidosetherapie mit Natriumbikarbonatinfusion (Urin pH 7,5), dann Plasma(expander)gabe.

Mandragora officinarum L.

Alraune. *E:* Mandrake. *F:* Mandragore. *I:* Mandragora primaverile.

Mandragora officinarum

Familie: Solanaceae, Nachtschattengewächse.

Verbreitung, Vorkommen: Südeuropa (Mittelmeergebiet). In milden Gegenden Mitteleuropas winterhart.

Beschreibung: Bis 60 cm lange, fleischige, dicke Wurzel. Kurzgestielte, eiförmig-längliche, oft gekerbt-gezähnte Blätter. Blüten einzeln, gestielt; Kelch 5spaltig; Krone grüngelb; Frucht eine gelbe kugelige Beere, im Durchmesser 2–4 cm.
Blütezeit: Frühjahr und Herbst. Die Herbstblüten sind kleiner.
Eine weitere giftige Mandragora-Art [E 12]: Mandragora autumnalis Bertol. (Staude; Blütezeit: Mai; Verbreitung: Norditalien, Westjugoslawien).

Droge: Radix Mandragorae, Mandragorae radix, Alraunwurzel. Mandragorawurzel, Zauberwurzel.
Wurzel fleischig, spindel- bis möhrenförmig, einfach oder verzweigt, meist zweiteilig. Getrocknet außen graubraun, gefurcht und runzelig, innen gelblichweiß [H 12].

Hauptwirkstoffe: 0,3–0,4% Alkaloide: (L)- und → *(D,L)-Scopolamin*, → *Atropin*, → *L-Hyoscyamin* $C_{17}H_{23}NO_3$, Fp. 108–111 °C, Cuskhygrin (Bellaradin) $C_{13}H_{24}N_2O$, Fp. 40–41 °C (Hydrat), Nor-Hyoscyamin (Solandrin) $C_{16}H_{21}NO_3$, Fp. 140 °C, Mandragorin $C_{15}H_{19}NO_2$, Fp. 124–126 °C [H 12].

Vergiftungserscheinungen: Wirkung ähnlich Tollkirsche → *Atropa belladonna.*
Alraune ist eine alte Heilpflanze, wegen ihrer oft menschenähnlichen Wurzelgestalt aber mit viel Aberglauben behaftet. Heute kaum noch medizinisch verwendet.

Dosierung: 15 bis 30 Tr. der Tinktur [H 12].

Anwendungen in der Homöopathie: Tbl. 2,5 mg bei Bettnässen, Blasenkrampf, Schüttellähmung, Schlaflosigkeit; D_3–D_6 bei Heiserkeit, Husten mit Auswurf.

Gefährlichkeitsgrad: Stark giftig + +

Vorschriften: Mandragora ex herba: Monographie der Kommission D.
Mandragora e radice siccato: Monographie der Kommission D.

Literatur: D 9, E 12, H 12, H 13, M 2, M 3.

Therapie:
Erste Hilfe: Kohle-Pulvis-Gabe, Erbrechen auslösen, Natriumsulfat.
Klinik: Frühzeitige Magenspülung mit gut eingeöltem Schlauch (Paraffinöl, Roticlean®), Physostigmin (Anticholium®) i.m. (oder langsam i.v.) (Erwachsene 2 mg, Kinder 0,5 mg), Wiederholung je nach Bedarf bei Wiederauftreten gefährlicher Symptome, Plasmaexpander bei Schock, ggf. Intubation und Sauerstoffbeatmung.

Mangifera indica L.

Mangobaum. *E:* Common mango. *F:* Mangier. *I:* Mango. *NL:* Mangaboom.

Frucht

EDV-Code: MNGIN.

Familie: Anacardiaceae, Sumachgewächse.

Verbreitung, Vorkommen: Heimat ist Indien. In den Tropen allgemein als Fruchtbaum kultiviert.

Beschreibung: 15–20 m hoher Baum; Stamm bis 1 m stark. Blätter länglich, lederartig. Blüten klein, weiß, wohlriechend. Frucht eine fleischige, annähernd nierenförmige Steinfrucht.
Bei vielen Mangosorten variiert die Schalenfarbe von grün über gelb bis rot mit dunklen Flecken. Je reifer, um so aromatischer im Duft. Fruchtfleisch gelb, leicht faserig, Kern nicht eßbar. Die Frucht ist druckempfindlich, und der Saft hinterläßt schwer entfernbare Flecken.

Wirkstoffhaltige Pflanzenteile: Schalen der Früchte.

Hauptwirkstoffe: Im Fruchtfleisch die Vitamine A und C. In den Schalen Urushiole.
Die Hauptkomponente des Mango-Latex ist Cardol, ein Resorcinol mit der Kette R_9. Die strukturelle Ähnlichkeit zu den Urushiolen der Toxicodendronarten macht die relativ häufigen Kreuzallergien verständlich. Mango-Latex ist in Blättern, Holz, den langen Fruchtstielen und der Fruchtschale enthalten. Geschälte Früchte sind frei von diesem Allergen und können daher unbedenklich auch von Toxikodendron-Allergikern gegessen werden [O 6].

Pharmakologische Wirkung: Die allergenen Verbindungen in der Schale können eine Sensibilisierung verursachen oder bei bereits Sensibilisierten eine Reaktion auslösen [H 21].
In den Tropenländern (Indonesien, China, Hawai), in denen frische Früchte geerntet werden, kommt es oft massenweise zur peroral ausgeprägten „Mango Dermatitis". Eine besondere Gefährdung ergibt sich, wenn Mangos mit dem Milchsaft des Baumes verunreinigt sind und dann nicht geschält und ausgelutscht werden [I 5].

Gefährlichkeitsgrad: Allergen, hautreizend.

Literatur: H 21, I 5, O 6.

Therapie:
Bei Allergie Hautkontakt und Einatmen meiden.

Marrubium vulgare L.

Gemeiner Andorn. *E:* White hoarhound. *F:* Marrube blanc. *I:* Marrubio comune, robbio.

EDV-Code: MAQVU.

Familie: Lamiaceae, Lippenblütler.

Verbreitung, Vorkommen: Europa, Asien, Nordamerika; in Mitteleuropa sehr zerstreut; Wegränder, Schutt, Ödland.

Beschreibung: Bis 60 cm hohe Pflanze, mit wollfilzigem, stumpf-vierkantigem Stengel. Blätter rundlich-eiförmig, gekerbt, weichhaarig. Blüten weiß, klein, in reichblütigen Quirlen.
Blütezeit: Juli–September.

Droge: Herba Marrubii albi, Marrubii albi herba, Andornkraut.
Die Schnittdroge ist gekennzeichnet durch die knäuelig zusammenhaftenden, schmutzig-weißfilzigen, netzaderigen Blattstückchen, durch die vierkantigen, weich-wollig behaarten, weißgrünen Stengelstücke [H 12].

Giftige Pflanzenteile: Die ganze Pflanze.

Hauptwirkstoffe: Marrubiin (0,3–1%) $C_{20}H_{28}O_4$, Fp. 158–160 °C, sowie ein weiteres Diterpenoid Marrubenol, Cholin und Betonicin.

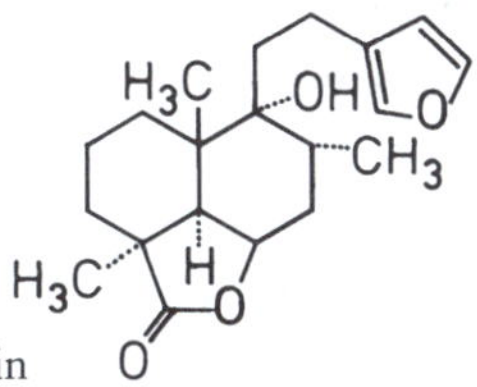

Marrubiin

Vergiftungserscheinungen: Die Drüsen der Atemwege werden durch Marrubiin zur Sekretion angeregt. Dies erfolgt ohne Brechreiz, was als Vorzug vor Rad. Ipecac. angesehen wird. Die durch Öffnen des Lactonringes entstehende Marrubiinsäure wirkt stark choleretisch. Marrubiin soll bei extrasystolischer Arrhythmie günstig wirken, während es in großen Gaben Herzrhythmusstörungen erzeugt, die durch Atropin unterdrückt werden können [H 12].

Gefährlichkeitsgrad: Wenig giftig (+)

Vorschriften: Marrubium vulgare steht in der Roten Liste unter den vom Aussterben bedrohten Arten.
Marrubium vulgare: Monographie der Kommission D.
Marrubii herba: Monographie der Kommission E.

Literatur: G 4, H 12, H 16, M 2.

Therapie:
Erste Hilfe: Kohle-Pulvis oder erbrechen lassen.
Klinik: In Extremfällen Magenspülung, Vitaltherapie (S. 56). Antidot-Atropin

Marsdenia cundurango Rchb. fil.

Condurango. *E:* Condor plant. *I:* Condurango.

Familie: Asclepiadaceae, Schwalbenwurzgewächse.

Verbreitung, Vorkommen: Eine im tropischen Mittelamerika und an den Westhängen der Kordilleren heimische Liane. In Ostafrika wird sie kultiviert.

Beschreibung: Kletterstrauch (Liane) mit einem Stammdurchmesser bis 10 cm. Blätter derb, spießförmig, 8–10 cm lang, 5–8 cm breit, stark behaart, kreuzgegenständig. Blüten klein, glockenförmig, 5zählig, in doldenförmigen Blütenständen. Balgfrucht, Samen mit Haarschöpfen.

Droge: Cortex Condurango, Condurango cortex, Condurangorinde.
Die Rinde bildet 2–7 mm dicke, 5–10 cm lange, 1–3 cm breite, meistens etwas gebogene, röhren- oder rinnenförmige Stücke, die von den oberirdischen Achsen stammen [H 12].

Hauptwirkstoffe: Die Rinde enthält als hauptsächlich wirksame Substanz das Ester-Glykosid Condurangin (1,0–2,26%).
Eine Verdünnung des Condurangins von 1:20 000 schmeckt gerade noch bitter.
Neben wenig ätherischem Öl (0,01%) enthält die Droge Condurit (=Tetrahydrotetrahydroxybenzol), β-Amyrinzimtsäureester, organische Säuren, Harze, kautschukartige Substanzen und viel Stärke [K 9].

Vergiftungserscheinungen: Durch Vergiftung mit Condurangin wurden Speichelfluß, Erbrechen, Steifigkeit der Glieder, Krampfanfälle mit Gesichtsmuskelzuckungen und Lähmung des Respirationszentrums hervorgerufen. Diese auch im Tierexperiment beobachteten Vergiftungserscheinungen traten nach intravenöser Verabreichung schon nach $^1/_4$–$^1/_2$ Std., bei subkutaner und stomachaler Anwendung dagegen erst nach mehreren Stunden auf [M 2].
Die Dosis letalis für Hunde und Katzen wird mit 0,02–0,024 g Condurangin/kg Körpergewicht (i.v. Verabreichung), 0,03 g (s.c.) bzw. 0,04–0,045 g/kg Körpergewicht (p.o.) angegeben. Die Vergiftungserscheinungen treten erst nach einigen Stunden (s.c., p.o.) auf; bei i.v. Injektion schon nach $^1/_4$ bis $^1/_2$ Stunde [K 26].

Anwendungen: Als Stomachicum bei Appetitlosigkeit (Bitterdroge).

Dosierung: Gebräuchliche Einzeldosis als Mazerat 1,5 g auf 1 Teetasse [H 12].

Anwendungen in der Homöopathie: D_0–D_3 bei Appetitlosigkeit und schmerzhaftem Magenleiden wie Gastritis; Lippenrhagaden.

Gefährlichkeitsgrad: Wenig giftig (+)

Vorschriften: Cundurango cortex: Monographie der Kommission E.
Marsdenia cundurango: Monographie der Kommission D.

Literatur: H 12, K 9, K 26, M 2.

Therapie:
Erste Hilfe: Kohle-Pulvis oder erbrechen lassen.
Klinik: In Extremfällen Magenspülung, Vitaltherapie (S. 56).

Matricaria recutita L.

[Chamomilla recutita (L.) Rauschert, Matricaria chamomilla L.]

Echte Kamille. *E:* Wild chamomile. *F:* Camomille vraie. *I:* Camomilla comune. *NL:* Echte kamille.

EDV-Code: MATCH.

Familie: Asteraceae, Korbblütler.

Verbreitung, Vorkommen: Europa, Asien, Nordamerika und Australien auf Äckern, Ödland, unter Getreide, an Wegen, auf Schutt.

Beschreibung: Einjährige, bis 50 cm hohe Pflanze mit aufrechtem Stengel. Blätter 2–3 fach fiederteilig, schmal-lineal. Blüten in Köpfchen, mit gelben Röhren- und weißen Zungenblüten. Köpfchenboden konisch-kugelförmig, hohl, ohne Spreublätter. Frucht 0,8–2 mm, stielrundlich, ohne Pappus.
Blütezeit: Mai–November.
Verwechslungsgefahr mit Hundskamille (→ *Anthemis cotula*).

Droge: Flores Chamomillae (vulgaris), Chamomillae flos, Kamillenblüten.
Die getrockneten Blütenköpfchen mit höchstens 2 cm langen Stielchen. Geruch aromatisch, Geschmack aromatisch schleimig.

Hauptwirkstoffe: Ätherisches Öl (0,29–0,65%) mit (–)α-Bisabolol, α-Bisabololoxid A und B, Azulen, geringe Mengen Anthecotulid u.a. Außerdem Flavonoide.
Örtliche Kamillenrassen, z.B. in Argentinien, haben einen wesentlich höheren Gehalt an allergieinduzierendem Anthecotulid als europäische Kamillen; deshalb werden dort heute vielfach europäische Sorten gepflanzt.

Wirkungen auf die Haut/Schleimhaut: Arzneiliche, kosmetische und andere Extraktzubereitungen aus der Echten Kamille können zu unterschiedlichen allergischen Reaktionen führen. In der Weltliteratur sind 10 Arbeiten über allergische Kontaktdermatitiden verzeichnet, drei weitere Publikationen berichten über urtikarielle und anaphylaktische Reaktionen (inhalative Allergie). Als Kontaktallergen ist das lineare Sesquiterpenlakton Anthecotulid identifiziert worden. In handelsüblichen Präparaten wie z. B. Kamillosan® ist es nicht nachweisbar. Geringe Mengen finden sich in Kamillenhandelsmustern argentinischer und chilenischer Provenienz.
Die für die inhalative Allergie verantwortliche Noxe ist wahrscheinlich ein Polysaccharid, an dessen Strukturaufklärung zur Zeit gearbeitet wird.
Gemessen an der Millionenzahl von Individuen, die mit Kamillenextrakten in Berührung kommen oder diese inhalieren, ist die Zahl der bisher beobachteten Allergiefälle außerordentlich gering.

Anwendungen in der Homöopathie: D_6 bei Dentitio difficilis der Kinder, Blähungskolik, nächtlicher Reizhusten, Magenkrampf; Tbl. 0,05 g als schmerzstillendes und beruhigendes Mittel.

Matricaria recutita

Gefährlichkeitsgrad: Ungiftig (gelegentlich aber mit Nebenwirkungen, vor allem Allergien).

Vorschriften: Chamomilla recutita: Monographie der Kommission D.

Matricariae flos: Monographie der Kommission E.

Literatur: D 9, H 12, H 22, L 14, M 2, M 3, Z 3.

Therapie:
Nur in Extremfällen Erbrechen oder rechtzeitig Kohle-Pulvis.

Melampyrum L.-Arten

Wachtelweizen-Arten. *E:* Cow-wheat. *F:* Mélampyre. *I:* Melampiro, Spigarola.

Familie: Scrophulariaceae, Rachenblütler.

Verbreitung, Vorkommen: Eurasien, Nordamerika; Wiesen, Wälder, Äcker, Abhänge.

Beschreibung: Einjährige Halbschmarotzer. Blätter ungeteilt, ganzrandig, gegenständig. Blüten gelb, Röhre nach oben erweitert, Oberlippe helmartig, Unterlippe flach, in Trauben mit Deckblättern. Fruchtkapsel flachspaltig, mit 2samigen Fächern.
Häufige Art: Melampyrum pratense L., Wiesen-Wachtelweizen.

Giftige Pflanzenteile: Alle Pflanzenteile.

Hauptwirkstoffe: → *Aucubin,* nach Braecke in Melampyrum arvense. 1,5%, Melampyrum pratense 1,9%.
In Melampyrum sylvaticum L. wurden außerdem die Iridoidglykoside Mussaenosid, Globularifolin, Catalpol und Monomelitosid gefunden.
Nach neueren Untersuchungen wurden aus Melampyrum pratense L. – Wiesen-Wachtelweizen die Pyrrolizidinalkaloide Seneciphyllin und Senecionin isoliert, der Alkaloidgehalt in 9 kg Pflanzenmaterial betrug 0,00017% [R 30].

Melampyrum pratense

Vergiftungserscheinungen: → *Aucuba japonica.* Vergiftungen früher durch Samen im Brotgetreide, das Brot wird durch den Aucubingehalt von Melampyrum blau.

Gefährlichkeitsgrad: Wenig giftig (+)

Literatur: B 36, C 6, F 16, H 12, R 30.

Therapie:
Nur in Extremfällen Erbrechen oder rechtzeitig Kohle-Pulvis.

Melia azedarach L.

(Melia japonica G. Don)

Persischer Flieder, Paternosterbaum, Chinesischer Holunder, Zedrachbaum. *E:* Persian lilac tree. *F:* Lilas des Indes. I: Albero da rosari.

EDV-Code: MEIAZ.

Familie: Meliaceae, Zedrachgewächse.

Verbreitung, Vorkommen: Heimat: Himalaya-Gebiet. In den Tropen und Subtropen und im Mittelmeergebiet, vor allem in Griechenland und der Türkei als Zierbaum.

Beschreibung: Bis über 10 m hoher, sommergrüner Baum. Blätter mehrfach gefiedert, bis 50 cm lang, wechselständig. Blüten hellviolett, 5–6zählig, in Rispen, mit schwachem Fliederduft. Früchte weißlichgelb, bis 1 cm groß, mit holzigem, mehrkantigem Kern.
Blütezeit: April–Juni.

Giftige Pflanzenteile: Alle Pflanzenteile, besonders die Früchte.

Hauptwirkstoffe: In der Rinde Saponine, Bitterstoffe (Mangrovin), (±) Catechin, Vanillinsäure (anthelmintisch wirkend), etwa 0,02% äth. Öl, etwa 0,04% Alkaloide, darunter Azaridin (Margosin) und Paraisin, Harz sowie die tetracyclischen Triterpene Kulinon (16-Hydroxybutyrospermon), Kulacton $C_{30}H_{44}O_3$, Fp. 163–164,5 °C, Kulolacton $C_{30}H_{46}O_3$. In den Früchten die Triterpene Melianon, Fp. 223–224 °C und 232–233 °C, Melianol, Meliantriol (fraßabschreckender Faktor für Heuschrecken), toxische Bitterstoffe, darunter Bakayanin, Fp. 85–118 °C [H 12].

Vergiftungserscheinungen: Hauptsächlich nach übermäßigem Genuß der Früchte treten Vergiftungen auf mit Übelkeit, Erbrechen, Durchfall, starkem Durst, kalten Schweißausbrüchen und Krämpfen [H 12].
Im Verbreitungsgebiet werden die Samen zu Rosenkränzen (daher Paternosterbaum) und zu Schmuckketten verarbeitet. Dadurch sind besonders Kinder gefährdet.
Nach Liebenow soll in Extremfällen der Tod nach 6–8 Früchten möglich sein. Blätter, Rinde und Früchte werden als Insektizid verwendet [L 10].

Gefährlichkeitsgrad: Giftig +

Literatur: B 33, H 12, L 10, S 32

Melia azedarach

Therapie: Erste Hilfe: Erbrechen und/oder Kohle-Pulvis, evtl. Mund-zu-Mund-Beatmung. Klinik: Magenspülung, Kohle-Pulvis. In Extremfällen Intubation, Beatmung; Plasmaexpander im Schock; Natriumbikarbonatinfusion zum Azidoseausgleich.

Melilotus officinalis (L.) Pallas

Echter Steinklee. *E:* Field-melilot. *F:* Melilot jaune. *I:* Meliloto comune. *NL:* Akkerhoningklaver.

EDV-Code: MEUOF.

Familie: Fabaceae, Schmetterlingsblütler.

Verbreitung, Vorkommen: Europa, Asien bis Westchina; in Mitteleuropa teilweise häufig; Weg- und Ackerränder, Schuttplätze, Dämme.

Beschreibung: 30–100 cm hohe, zweijährige Pflanze. Blätter 3teilig, gestielt, Teilblättchen breit-lanzettlich, gezähnt. Blüten gelb, klein, in Trauben. Früchte 1samige, eiförmige Hülsen.
Blütezeit: Mai–September.
Melilotus altissima Thuill., Hoher Steinklee, eine ähnliche Art.
Melilotus alba Medik., Weißer Steinklee, eine weißblühende Art.

Droge: Herba Meliloti, Meliloti herba, Steinkleekraut.
Getrocknete Blätter und blühende Zweige. Geruch nach Cumarin, Geschmack schleimig, bitterlich, etwas scharf.

Giftige Pflanzenteile: Alle Pflanzenteile.

Hauptwirkstoffe: Cumaringlykoside, ca. 0,9% → *Cumarin,* 3,4-Dihydrocumarin, Melilotosid (~ 0,2%) vorwiegend im Kraut.

Vergiftungserscheinungen: Beim Menschen erzeugen 4 g Melilotusextrakt Nausea, Erbrechen, Kopfschmerzen und Schwäche. Nach Aufnahme cumarinhaltiger Pflanzen (z. B. nach Genuß von Waldmeister) oder nach längerem Aufenthalt in stark duftendem Heu können starke Kopfschmerzen und Benommenheit auftreten [H 12].

Vergiftungen bei Kaninchen, Rind, Schaf, Schwein und Pferd, als „sweet clover disease" (Kleekrankheit) bekannt, äußern sich in Verlangsamung der Blutgerinnungszeit, so daß bereits bei kleinster Schädigung der Blutgefäße infolge Anstoßen, Schlagen usw. der Tiere tödliche innere Blutungen entstehen [L 10].

Anwendungen in der Homöopathie: D_0–D_4 bei Kopfschmerzen mit häufigem Blutandrang, evtl. auch Nasenbluten.

Melilotus officinalis

Gefährlichkeitsgrad: Wenig giftig (+)

Vorschriften: Meliloti herba: Monographie der Kommission E.
Melilotus officinalis: Monographie der Kommission D.
Aromenverordnung der Bundesrepublik Deutschland v. 22. 12. 81 (BGBl I, 1677–1685). Verbotener Stoff des § 2, Anlage I: Steinklee (Melilotus officinalis).

Literatur: B 36, G 4, H 12, L 10, M 2, M 27, R 31.

Therapie:
Nur in Extremfällen Erbrechen oder rechtzeitig Kohle-Pulvis.

Mentha pulegium L.

Poleiminze. *E:* Penny royal. *F:* Menthe pouliot. *I:* Menta puleggia. *NL:* Polei.

EDV-Code: MENPU.

Familie: Lamiaceae, Lippenblütler.

Verbreitung, Vorkommen: Stromtäler Europas und Asiens; in Mitteleuropa im Rhein- und Donaugebiet; Flüsse, Seen, Teiche, auch kultiviert und verwildert.

Beschreibung: Aufsteigende, selten aufrechte Pflanze. Blätter elliptisch, kurz gestielt. Blüten klein, violett, in kugeligen, blattachselständigen Scheinquirlen.
Blütezeit: Juli–September.
Verwechslungsmöglichkeit besteht mit der Pfefferminze (Mentha x piperita L.).

Droge: Herba Pulegii, Pulegii herba, Poleiminzenkraut.
Geruch minzenartig, Geschmack würzig scharf.

Giftige Pflanzenteile: Die ganze Pflanze.

Hauptwirkstoffe: 1–2% ätherisches Öl mit 80–94% → *Pulegon,* sowie → *Piperiton,* → *(–)-Limonen* etc.

Vergiftungserscheinungen: Würgen, Erbrechen, Blutdrucksteigerung, zentrale, narkoseartige Lähmung, nach größeren Dosen Tod durch zentrale Atemlähmung. Vergiftungen wurden nach Mißbrauch als Abortivum bekannt (für die Giftwirkung dürfte Pulegon verantwortlich sein).

Mentha pulegium

Gefährlichkeitsgrad: Wenig giftig (+) bis giftig.

Vorschriften: Mentha pulegium steht in der Roten Liste unter den stark gefährdeten Pflanzen.
Mentha pulegium: Monographie der Kommission D.
Aromenverordnung der Bundesrepublik Deutschland v. 22. 12. 1981 (BGBl I 1677–1685). Verbotener Stoff des § 2, Anlage I: Poleyminze (Herba Pulegii).

Literatur: B 36, F 16, G 4, H 12, M 2, R 31.

Therapie:
Erste Hilfe: Kohle-Pulvis-Gabe, Erbrechen auslösen, Natriumsulfat, viel trinken lassen.
Klinik: Nur nach großer Giftaufnahme Magenspülung (evtl. mit burgunderfarbener Kaliumpermanganatlösung), Roticlean®-, Kohle- und Natriumsulfatinstillation, gegen Koliken Atropin, Elektrolytsubstitution, Azidoseausgleich mit Natriumbikarbonat (Urin pH 7,5), Kontrolle der Nierenfunktion, bei Krämpfen Diazepam (Valium®) i.v., ggf. Intubation und Sauerstoffbeatmung.

Menyanthes trifoliata L.

Bitterklee. *E:* Common bog bean. *F:* Trèfle de marais. *I:* Trifoglio fibrino. *NL:* Waterdrieblad.

EDV-Code: MEYTR.

Familie: Menyanthaceae, Bitterkleegewächse.

Verbreitung, Vorkommen: Europa, gemäßigtes Asien, Nordamerika, in Mitteleuropa zerstreut; sumpfige, torfige Wiesen, Gräben.

Beschreibung: Ausdauernde, 15–30 cm hohe Pflanze. Blätter grundständig, langgestielt, 3teilig. Teilblätter verkehrt-eiförmig. Blüten rötlich-weiß, trichterförmig, 5zipfelig, in dichten Trauben. Samenkapsel rundlich.
Blütezeit: Mai–Juni (August).

Droge: Folia Trifolii fibrini, Trifolii fibrini folium, Bitterkleeblätter.

Fast geruchlos, von bitterem Geschmack.

Wirkstoffhaltige Pflanzenteile: Die ganze Pflanze.

Menyanthes trifoliata

Hauptwirkstoffe: Alkaloide wie Gentianin. Bitterwert 1:5000–1:9000.

Pharmakologische Wirkung: Unangenehme Kopfschmerzen. Große Dosen: Erbrechen und Durchfall (nur bei Mißbrauch des alten Volksheilmittels anzunehmen).

Dosierung: Dosis 1 g.

Anwendungen in der Homöopathie: D_1–D_3 bei Neuralgien und Trigeminusneuralgie; 0,05 g Tabletten bei Tabakmißbrauch.

Gefährlichkeitsgrad: Kaum giftig (+)

Vorschriften: Menyanthes trifoliata steht unter Naturschutz (A, CS, D, CH, I, YU, H) und gehört in der Roten Liste zu den gefährdeten Pflanzen.
Menyanthes trifoliata: Monographie der Kommission D.
Menyanthis folium: Monographie der Kommission E.

Literatur: G 4, H 12, M 2, M 27.

Therapie:
Nur in Extremfällen Erbrechen oder rechtzeitig Kohle-Pulvis.

Mercurialis perennis L.

Wald-Bingelkraut, Bingelkraut. *E:* Dog's Mercury. *F:* Mercuriale vivace. *I:* Mercorella bastarda. *NL:* Overblijvend bingelkruid.

EDV-Code: MERPE.

Familie: Euphorbiaceae, Wolfsmilchgewächse.

Verbreitung, Vorkommen: Eurasien, Nordafrika; in Mitteleuropa im nördlichen Teil selten, in schattigen Wäldern auf mäßig feuchten Böden stellenweise häufig.

Beschreibung: Bis 40 cm hohe Staude, mit 4- kantigem Stengel. Blätter länglich eiförmig, gekerbt-gesägt, kurz gestielt. Pflanze 2häusig, männliche Blüten in Scheinähren, weibliche achselständig. Samen 3 mm, kugelig.
Blütezeit: April–Mai.
Eine verwandte, in Mitteleuropa häufige Art ist Mercurialis annua L., Einjähriges Bingelkraut.

Droge: Herba Mercurialis perennis, Mercurialis perennis herba, Wald-Bingelkraut.

Mercurialis perennis

Mercurialis perennis

Das Kraut ist dunkelbraun, Geruch unangenehm, Geschmack salzig bitter. Wird zusammen mit M. annua meist als Herba Mercurialis gehandelt.

Giftige Pflanzenteile: Die ganze Pflanze; zur Zeit der Fruchtreife höchster Wirkstoffgehalt. Das getrocknete Kraut soll ohne Wirkung sein.

Hauptwirkstoffe: Saponine, Methylamin, Trimethylamin.

Vergiftungserscheinungen: Die laxierende Wirkung ist den Saponinen zuzuschreiben. Vergiftungen beim Menschen sind kaum zu erwarten.
Durch Aufnahme von Mercurialis-Arten kann es bei Pferden, Schweinen und Wiederkäuern zu einer Gastroenteritis und Schädigung der Nieren und der Leber kommen. Als Symptome treten vielfach erst nach einigen Tagen auf: Speicheln, Freßunlust, Teilnahmslosigkeit, Stöhnen, als charakteristisches Merkmal Torticollis (schiefe Halsstellung), steigende, dann sinkende Temperatur, Rotblaufärbung des Harns (bei Wiederkäuern auch der Milch), pochender Herzschlag mit frequentem, kleinem Puls, zunehmende Schwäche. Auch der Tod kann eintreten.

Wirkungen auf die Schleimhäute: Mercurialis annua produziert eine relativ große Menge an Pollen, die zwischen September und November als fast alleinige Pollenart in der Luft nachweisbar sind. Bingelkrautpollen sind nicht sehr stark allergen wirksam, können aber in dem genannten Zeitraum, in dem kaum andere Pollen fliegen, Ursache von Pollinosisbeschwerden sein.

Mercurialis annua

Gefährlichkeitsgrad: Wenig giftig (+)

Vorschriften: Mercurialis perennis: Monographie der Kommission D.

Literatur: B 36, F 16, H 1, H 12, H 18, L 10, M 2, R 31.

Therapie:
Erste Hilfe: Kohle-Pulvis oder erbrechen lassen.
Klinik: In Extremfällen Magenspülung, Vitaltherapie (S. 56).

Mesembryanthemum crystallinum L.

Mittagsblume. *E:* Ice plant. *F:* Ficoide cristalline. *I:* Erba cristallina comune. *NL:* Ijsplantje.

EDV-Code: MEKCR.

Familie: Aizoaceae, Eiskrautgewächse.

Verbreitung, Vorkommen: Heimat: Südafrika; Zierpflanze in Gärten.

Beschreibung: Dicht verzweigte, am Boden kriechende, einen geschlossenen Teppich bildende, etwas sukkulente Pflanze. Blätter mit unzähligen Warzen. Blüten unscheinbar, rötlich bis gelblich.
Blütezeit: August–September.

Giftige Pflanzenteile: Die ganze Pflanze.

Hauptwirkstoffe: → *Oxalsäure* und noch nicht erforschte Alkaloide. Eine verwandte Art Mesembryanthemum (Sceletium) tortuosum L., die in Südafrika heimisch ist, enthält 0,7% Mesembrin $C_{17}H_{23}NO_3$, das cocainähnlich wirkt (Kanna der Hottentotten).

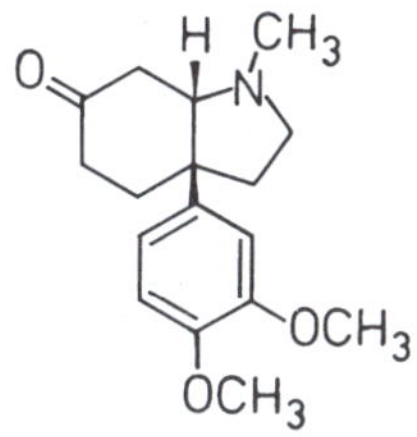

Mesembrin

Gefährlichkeitsgrad: Giftig +

Literatur: H 12, J 5, S 23, S 28.

Therapie:
Erste Hilfe: Kohle-Pulvis oder erbrechen lassen.
Klinik: In Extremfällen Magenspülung, Vitaltherapie (S. 56).

Monstera deliciosa Liebm.

(Philodendron pertusum Kunth et Bouché)

Fensterblatt. *E:* Ceriman. *F:* Monstera.

EDV-Code: MOSDE.

Familie: Araceae, Aronstabgewächse.

Verbreitung, Vorkommen: Heimat: Mexiko; Zierpflanze in Zimmern, Empfangshallen, Wintergärten.

Beschreibung: Kletterstrauch mit Luftwurzeln. Blätter 40–80 cm lang, dunkelgrün, gelöchert oder eingeschnitten, an 30–50 cm langen Blattstielen. Blüten nur an älteren Pflanzen. Hüllblatt weiß mit gelbem Blütenkolben.
Monstera obliqua (Miq.) Walp., seltener als vorige Art.

Hauptwirkstoffe: Das Aronstabgewächs hat um das Fruchtfleisch der eßbaren (?) Blütenzapfen kleine nadelförmige Kristalle (vermutlich Oxalatraphiden), die im Mund Verletzungen hervorrufen. Der Wurzelstock enthält einen scharfen Saft mit hautreizenden Eigenschaften wie → *Arum maculatum*.

Vergiftungserscheinungen: Bei Versuchen wurde Toxizität bei Ratten und Mäusen festgestellt.

Gefährlichkeitsgrad: Giftig +

Literatur: D 12.

Therapie:
Erste Hilfe: Kohle-Pulvis-Gabe, Erbrechen auslösen, Natriumsulfat, viel warmen Tee trinken lassen.
Klinik: Magenspülung (evtl. mit burgunderfarbener Kaliumpermanganatlösung), Instillation von 10 g Kohle-Pulvis, Elektrolytsubstitution, Azidoseausgleich mit Natriumbikarbonat (Urin pH 7,5), Kontrolle der Nierenfunktion, bei Krämpfen Diazepam (Valium®) i.v., ggf. Plasma(expander)gabe, bei Atemlähmung: Intubation und Sauerstoffbeatmung.

Mucuna pruriens (L.) DC.

(Dolichos pruriens L.)

Juckbohne, Kuhkrätze. *E:* Cowhage, Cowitch. *F:* Pois à gratter, pois Pouillieux. *NL:* Jeukboontje.

EDV-Code: MUCPR.

Familie: Fabaceae, Schmetterlingsblütler.

Verbreitung, Vorkommen: Heimat: Ost- und Westindien. In den Tropen kultivierte Schlingpflanze.

Beschreibung: Kletterpflanze mit scharfkantigem Stengel. Blätter länglich oder eiförmig, auf beiden Seiten dicht behaart. Blüten 2–3 cm lang, bläulich bis dunkelpurpur, in kurzen, hängenden Trauben. Hülsenfrucht 4–10 cm lang und 1 cm dick, mit langen, steifen Haaren (→ *Droge*).

Droge: Setae (Pubes, Lanugo) Stizolobii (Siliquae hirsutae), Fruchthülsenhaare.
Sie sind einzellig, vierseitig-prismatisch, 1–2,5 mm lang und fein zugespitzt, ohne endständiges Köpfchen, an der oberen Hälfte mit kurzen, rückwärts gebogenen, spitzen Widerhaken besetzt und mit einer braunroten Flüssigkeit gefüllt.

Hauptwirkstoffe: Gallussäure; ein Glucosid; die Alkaloide Mucunin, Fp. 220 °C; Mucunadin, Fp. 201 °C; Prurienin $C_6H_{12}N_2O_2$, Fp. 263 °C; Prurieninin $C_8H_{16}N_2O_2$, Fp. 213 °C; Prurienidin, Fp. 287–288 °C; → *Nicotin* sowie fünf weitere Alkaloide; Base P $C_{17}H_{26}NO_6$, Kp. 118–119 °C; Base Q, Kp. 220 °C; Base R, $C_{23}H_{35}NO_4$, Kp. 320 °C; Base S, Kp. 320 °C; Base X, $C_{11}H_{25}NO_3$, Fp. 94–95 °C [H 12].

Vergiftungserscheinungen: Prurienin zeigt an Fröschen eine Verlangsamung der Herztätigkeit, Erweiterung der Blutgefäße, Blutdrucksenkung und Anregung der Darm-Peristaltik, wobei die Blutdrucksenkung über eine Histaminfreisetzung zustande kommt (ebenso Prurienidin). Die Indolbasen bewirken Spasmolyse der glatten Muskulatur; 5-Methoxy-N,N-dimethyltryptamin und die 5-Oxy-indol-3-alkylamine rufen neuromuskuläre Blockierung hervor (ebenso 3-Alkylamin) und an Hunden schwere Atemdepressionen, Bronchospasmen und Blutdruckabfall; nach wiederholten Dosen tritt Gewöhnung ein (Ghosal et al., l.c.) [H 12].

Wirkungen auf die Haut: Die Haare bewirken sofort unerträgliches Jucken. Bei Enthaltung von Kratzen treten nach 5–10 min. Erytheme und kleine punktförmige Papeln von ödematösem Charakter, also wie Lichen urticatus oder Urticaria papulosa, auf. Meist sind aber Kratzeffekte dazwischen; das Exanthem ist gewöhnlich lokalisiert, gelegentlich gibt es ausgebreitetere Eruptionen bei den Arbeitern, die Zuckerrohrfelder bestellen [M 2].
Das aktive juckreizerzeugende Prinzip ist das proteolytische Enzym Mucunain [Arthur, R.P.; Shelley, W.B.: J. invest. Derm. 25, 341, 1955; Arch. Derm. 72, 399, 1955].

Anwendungen in der Homöopathie: D_4 bei Pruritus verschiedener Genese.

Gefährlichkeitsgrad: Giftig +

Vorschriften: Mucuna pruriens: Monographie der Kommission D.

Literatur: D 9, E 14, H 12, M 2.

Mucuna pruriens

> **Therapie:**
> Erste Hilfe: Gabe von 10 g Kohle-Pulvis, Erbrechen auslösen, Natriumsulfat, lokal Locacorten®-Schaum.
> Klinik: Nur nach großer Giftaufnahme Magenspülung (evtl. mit burgunderfarbener Kaliumpermanganatlösung), Instillation von 10 g Kohle-Pulvis. Nach der Resorption (Krämpfe!) Relaxierung und Intubation. Solange das Krampfstadium anhält so viel Antiepileptika wie Diazepam, Barbital u.a., daß die Krämpfe eben unterdrückt bleiben. Corticoide lokal und parenteral.

Myrica gale L.

[Gale palustris (Lam.) Chev.]

Gagelstrauch. *E:* Sweet gale, Bog-myrtle. *F:* Bois sentbon.

Familie: Myricaceae, Gagelstrauchgewächse.

Verbreitung, Vorkommen: Westliches, mittleres und nördliches Europa, Sibirien und nördliches Nordamerika. In Mitteleuropa im Norden stellenweise, in Heidemooren, Torfbrüchen etc.

Beschreibung: Bis 1,50 m hoher, sehr ästiger Strauch. Blätter sommergrün, länglich, verkehrt-eiförmig, wechselständig, gesägt. Pflanze 2häusig, Blüten in achsel- und endständigen Ähren (männliche 1–2,5 cm, weibliche 5–6 mm). Steinfrucht trocken mit Harzdrüsen.
Blütezeit: April–Mai (vor den Blättern).

Giftige Pflanzenteile: Die ganze Pflanze, vor allem die Blätter.

Hauptwirkstoffe: In den Blättern 0,4–0,7% äth. Öl, das bei 12,5 °C vollständig erstarrt, mit 17% α-Pinen, 13% δ- und γ-Cadinen, Limonen, β-Myrcen, α- und β-Phellandren, Cineol, Nerolidol, p-Cymen, α-Copaën, β-Caryophyllen, α-Terpineol, Calamenen $C_{15}H_{46}O$, Guaja-3,7-dien u.a. In den Zweigen (0,08%) und Blütenkätzchen (0,4–0,6%) äth. Öl [H 12].

Vergiftungserscheinungen: Das aromatische ätherische Öl ist giftig und war früher Bestandteil von Kräuterlikören. Die Pflanze selbst wurde im Mittelalter bei der Bierher-

Myrica gale

stellung eingesetzt. Die Folge waren, unabhängig vom Alkohol, schwere Räusche mit Tobsuchtsanfällen.
Einnahme der Blätter bewirken Kopfweh und Schwindel [B 33].
Öl LD intraperitoneal beim Meerschweinchen 1 ccm/kg [nach Chevalier].

Wirkungen auf die Schleimhäute: Die beliebte Verwendung des Gagelstrauches als Bindegrün zu Tulpen- und Narzissensträußen in der Osterzeit war bis vor 20 Jahren üblich, wurde dann aber wegen der ernsthaften Gefährdung der Pflanze eingestellt, als diese in die Liste der unter Naturschutz zu stellenden Arten aufgenommen wurde. Seit ca. 2 Jahren ist der Gagelstrauch wieder zugelassen. Die Pollen, die der Strauch in großen Mengen produziert, verursachen eine inhalative Allergie (allergische Rhinitis, allergische Konjunktivitis).
Seit Wiederzulassung des Gagelstrauches im Zierpflanzengewerbe sind mehrere Fälle allergischer Reaktionen nach Verwendung des Bindegrüns in Ostersträußen beobachtet worden. Auffällig ist dabei die Antigengemeinschaft zu den Pollen von Birke, Erle und Haselnuß (typische Frühblüher) [Hausen BM et al.: Allergologie 7, 457–460, 1984].

Gefährlichkeitsgrad: Schwach giftig (+) bis giftig +, allergieerzeugend.

Literatur: B 33, B 36, G 4, G 5, H 12.

Therapie:
Erste Hilfe: Kohle-Pulvis-Gabe.
Klinik: Nur in Extremfällen Magenspülung.

Myristica fragrans Houtt.

Muskatnußbaum. *E:* True nutmegtree. *F:* Muscadier. *I:* Noce moscata (albero). *NL:* Nootmuskaatboom.

EDV-Code: MYIFR.

Familie: Myristicaceae, Muskatnußgewächse.

Verbreitung, Vorkommen: Heimisch auf den Molukken, wird in vielen tropischen Gebieten gepflanzt.

Beschreibung: 5–18 m hoher, immergrüner Baum, mit kegeliger Krone. Stamm und Zweige sind glatt, Rinde grünlichgrau bis olivfarben. Blätter elliptisch, 8–12 cm lang. Pflanze zweihäusig (auf Plantagen werden vorwiegend weibliche Bäume gezogen). Steinfrucht rund, hängend (→ *Droge*).

Droge: Macis (Arillus Myristicae), Muskat-„blüte“.
Der frische Samenmantel ist fleischig, prächtig karminrot, an der Basis ganz, nach oben durch fast bis zum Grund reichende

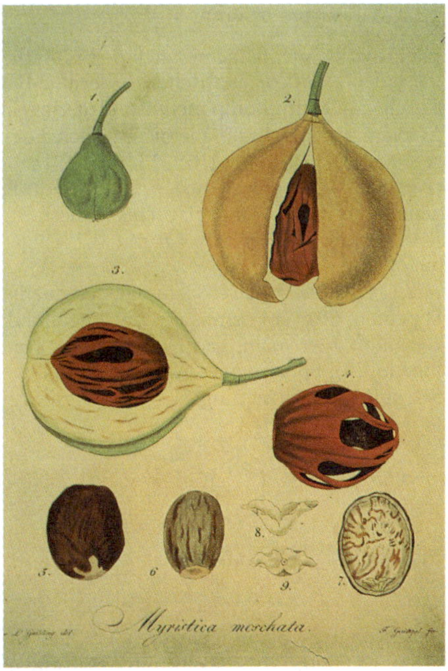

Myristica fragrans

Einschnitte in breite Lappen geteilt [H 12].
Semen Myristicae (Nux Moschata), Myristicae semen, Muskatnuß.
Die Kerne sind stumpf-eiförmig, rundlich-eiförmig oder annähernd kugelig, 2–3,3 cm lang, bis 2 cm dick. Die Farbe ist bräunlich, durch das Kalken weißlich [H 12].
Auszug aus der Monographie der Kommission E: Myristica fragrans (Muskatnußbaum)
Bezeichnung des Arzneimittels: Myristicae semen, Muskatsamen; Myristicae arillus, Muskatblüte.
Risiken: Die Einnahme von etwa 5 g Muskatsamen führt zu einer Reihe von psychischen Störungen, die sich in leichten Bewußtseinsveränderungen bis hin zu intensiven Halluzinationen äußern können.
Bei der Einnahme von 9 Teelöffeln Muskatsamenpulver pro Tag wurde eine atropinartige Wirkung beobachtet.
In größerer Menge eingenommen wirkt die Droge abortiv.
Das im ätherischen Öl enthaltene Safrol wirkt mutagen und im Tierversuch kanzerogen.
Für etherisches Muskatöl sind keine mutagene Wirkungen bekannt.

Hauptwirkstoffe: Samenmantel: 4–15% äth. Öl mit 7–18% aromatischen Ethern (Myristicin als Hauptkomponente und geringen Mengen an Safrol und Elemicin); nach Forrest et al. [J. Chromatog. 69, 115 (1972)] mit etwa 87,5% Monoterpenen, 5,5% Monoterpenalkoholen, 6,5% aromatischen Ethern. Muskatnuß: 7–16% äth. Öl mit 0,2% Eugenol und Isoeugenol, etwa 80% → *(+)-α* und *(+)-β-Pinen* und (+)-Camphen, etwa 8% Dipenten, 6% (–)-Borneol, (±)-Terpineol und Geraniol, Myristicin, geringen Mengen Terpinenol-(4), Spuren eines Aldehyds, 0,6–3% Safrol [H 12]. Dosierung: 0,3–0,6 g.

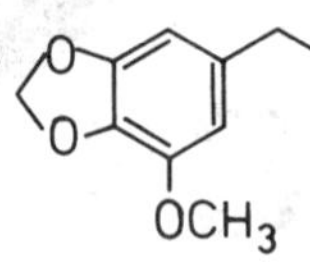

Myristicin

Vergiftungserscheinungen: Größere Dosen (5–30 g) von Muskatnußpulver können halluzinogen wirken; 2–5 Std. nach der Einnahme setzt die Wirkung ein, die sich von einer leichten Bewußtseinsveränderung bis zu intensiven Halluzinationen erstrecken kann. Während visuelle Halluzinationen weniger häufig sind als bei LSD- oder Mescalin-Intoxikationen, kommt es zu deutlichen Veränderungen des Zeit- und Raumgefühls. Die psychotropen Wirkstoffe sind verschiedene Phenylallylderivate, wie Myristicin, Elemicin, Safrol u. a., deren biologische Umwandlungsprodukte mescalin- und amphetaminähnliche Strukturen besitzen. Pharmakologisch gesichert ist die Monoaminooxydasehemmung von Myristicin, während die anderen flüchtigen Bestandteile des Samens wie Borneol, Geraniol und Safrol in hohen Dosen das ZNS stimulieren. Als Nachwirkung kommt es oft zu einer Aversion gegen den Muskatgeschmack, so daß die Droge nur ein- oder zweimal als Rauschdroge verwendet wird [H 12].
In größeren Dosen erzeugt die Muskatnuß Gastroenteritis und wirkt auf die Schleimhaut der Harnwege irritativ, auch Herzklopfen, Niesen und Ohnmachtsanwandlungen wurden beobachtet, in einem Falle Hyperhidrosis, Erythem und Ödem des Gesichts. Das Muskatöl wirkt in großen Dosen narkotisch; Mitscherlich sah starke Pulsfrequenz, leichte Atembeschleunigung, Hämaturie und schließlich komatöse Symptome. Durch Versuche wurde festgestellt, daß die narkotische Wirkung der ganzen Nuß die des Öls bei weitem übertrifft. Das Zentralnervensystem reagierte auf große Dosen Muskatnuß mit Kopfschmerzen, Vertigo, Stupor, Geistesstörung, einem dem alkoholischen ähnlichen Delirium, Spasmen, Anästhesie und Angina pectoris; sogar letaler Ausgang der Vergiftung soll beobachtet worden sein. In einem Falle traten für zwei Tage Verlust des Sehvermögens und der Sprache auf [M 2].
Bereits der Genuß einer halben Muskatnuß kann zu Vergiftungserscheinungen führen.

Wirkungen auf die Haut/Schleimhaut: Neben primär irritativen Reaktionen kann die Muskatnuß bzw. das Muskatnußöl sowohl allergische Kontaktdermatitiden und Sto-

Myristica fragrans

matitiden durch äußere Einwirkung als auch urtikarielle und exanthematische Reaktionen nach Genuß verursachen. Diskutiert werden als verantwortliche Allergene Eugenol, Isoeugenol, Dipenten, Geraniol, Isopropylmyristat und Myristicin [Joost T van et al.: Ned. Tijdschr. Geneesk. 123, 2019, 1980].

Anwendungen: Als Aromaticum, bei Dyspepsien und Koliken, hauptsächlich als Küchengewürz.

Dosierung: Mittlere Einzelgabe als Einnahme 0,3 g, Erg.B.6. Größere Mengen wirken giftig! [H 12].

Anwendungen in der Homöopathie: D_3; D_4 bei akuter Gastritis, Gastro-duodenitis und -enteritis; Neurasthenie.

Gefährlichkeitsgrad: Bei Mißbrauch giftig +

Vorschriften: Myristica fragrans: Monographie der Kommission D und E.

Literatur: D 9, H 12, M 2, S 23, S 44, S 45.

Therapie:
Erste Hilfe: Kohle-Pulvis-Gabe, Erbrechen auslösen, beruhigen, viel trinken lassen.
Klinik: Magenspülung (evtl. mit burgunderfarbener Kaliumpermanganatlösung), Kohle- und Natriumsulfatinstillation, gegen Koliken Atropin, Elektrolytsubstitution, Azidoseausgleich mit Natriumbikarbonat (Urin pH 7,5), Kontrolle der Nierenfunktion, bei Krämpfen oder Erregung Diazepam (Valium®) i.v., ggf. Intubation und Sauerstoffbeatmung.

Myroxylon balsamum (L.) Harms var. perreirae (Royle) Harms

Peruanischer Balsambaum. *E:* Balsam of Peru, Quinquino. *F:* Baume de Pérou. *I:* Balsamo del Perù.

Myroxylon balsamum

Familie: Fabaceae, Schmetterlingsblütler.

Verbreitung, Vorkommen: Heimisch im nördlichen Südamerika und in Zentralamerika bis Mexiko.

Beschreibung: Ca. 15 m hoher Baum. Blätter unpaarig gefiedert, wechselständig; Blättchen oval-länglich, spitz. Blüten bläulich-weiß, nickend, stark riechend, in hängenden Trauben. Kelch tassenförmig, gezähnt. Hülsenfrucht gelblichbraun.

Droge: Balsamum Peruvianum (nigrum), Perubalsam.
Sirupdicke, klare Flüssigkeit, braunrot bis dunkelrotbraun, in dünner Schicht gelbbraun durchscheinend, nicht klebrig oder fadenziehend, an der Luft nicht erhärtend. Geruch eigenartig balsamisch, vanilleartig, Geschmack anfangs mild, dann kratzend und bitterlich gewürzhaft [H 12].

Hauptwirkstoffe: Die Qualität des Perubalsams wird durch den Cinnameingehalt bestimmt. Ein gutes Handelsprodukt enthält etwa 70% Cinnamein neben 20–28% Harzsubstanzen (hauptsächlich Zimtsäureester der Peruresinotannolsäure). Vom DAB. 6. werden mindestens 56% Cinnamein gefordert. Dieses ist keine einheitliche Substanz, sondern besteht aus Benzoesäure- und Zimtsäurebenzylester in wechselnden Mengen; jedoch überwiegt immer der erstere im Gemisch [M 2].

Vergiftungserscheinungen, Wirkungen auf die Haut: Nach innerlichem und äußerlichem Gebrauch von Perubalsam wurden schwere Nierenschädigungen beobachtet: urämisches Koma, ödematöse Gliedmaßen, schlaffe, vergrößerte, stark verfettete Nieren, desquamative Nephritis, Nekrosen der Kanälchenepithelien, Blutungen in den Kanälchen, außerdem Schädigungen der Magen-Darmschleimhaut und allergische Hauterkrankungen wie Erythem, Ekzem, Urtikaria. Bei einer Urtikaria mit stark juckenden Quaddeln nach einmaligem Einreiben von 8 g Balsam stellten sich auch noch Nausea, Frieren und Kongestionen zur Lunge ein, die einen Hustenanfall auslösten. Lohaus berichtet von der tödlichen Vergiftung eines Säuglings, der an eine mit Perubalsam bestrichen gewesene Brustwarze angelegt wurde und daraufhin Unruhe, Zyanose der Lippen, fliegenden Puls, enge Pupillen bekam [M 2].
Eine Überempfindlichkeit gegen Perubalsam ist bei direktem Hautkontakt größer als bei oraler Anwendung. Kontaktallergene sind im einzelnen noch nicht bekannt, doch scheinen die Ester des Coniferylalkohols eine große Rolle zu spielen.
Perubalsam ist im Epikutantest eines der auffallendsten Allergene [E 1].

Dosierung: Als Einzelgabe 0,25 g, in 24 Std. 1 g, Hisp. IX; 0,3–1 ml. USD 60. Bei größeren Dosen ist Vorsicht geboten, da Vergiftungen vorgekommen sind [H 12].

Gefährlichkeitsgrad: Schwach giftig (+), allergieerzeugend.

Vorschriften: Balsamum peruvianum: Monographie der Kommission D und E.

Literatur: E 1, H 12, K 9, M 2.

Therapie:
Erste Hilfe: Kohle-Pulvis.
Klinik: In Extremfällen Entgiftung und Alkalisierung.

Myrtus communis L.

Myrte, Brautmyrte. *E:* True myrtle. *F:* Myrte commun. *I:* Mirto. *NL:* Mirt.

EDV-Code: MYVCO.

Familie: Myrtaceae, Myrtengewächse.

Verbreitung, Vorkommen: Heimat: Mittelmeergebiet; Topf- und Zimmerpflanze.

Beschreibung: Immergrüner, buschiger Strauch. Blätter eirund bis lanzettlich, zugespitzt, lederartig, ganzrandig, gegenständig. Blüten weiß, 4–5zählig, meist einzeln, blattachselständig. Früchte erbsengroß, bläulich oder weiß, eßbar.
Blütezeit: Juni–Herbst.

Droge: Folia Myrti, Myrti folium, Myrtenblätter.

Giftige Pflanzenteile: Blätter.

Hauptwirkstoffe: In den Blättern 0,3 – 0,5% ätherisches Öl, das eingenommen den Urin violett verfärbt und in größeren Mengen (über 10 g!) Vergiftungssymptome hervorruft. Außerdem ca. 14% Gerbstoffe, Myricetin, Myricitrin, Ellagsäure.

Vergiftungserscheinungen: Vergiftungssymptome wie Kopfschmerzen, Übelkeit, Verdauungsstörungen.

Gefährlichkeitsgrad: Wenig giftig (+)

Vorschriften: Myrtus communis: Monographie der Kommission D.

Literatur: E 9, H 12, V 2.

Therapie:
Nur in Extremfällen Erbrechen oder rechtzeitig Kohle-Pulvis.

Narcissus pseudonarcissus L.

Gelbe Narzisse, Osterglocke. *E:* Daffodil. *F:* Chaudron. *I:* Narciso trombone.

EDV-Code: NARPS.

Familie: Amaryllidaceae, Narzissengewächse.

Verbreitung, Vorkommen: Ursprünglich Südwesteuropa; Zierpflanze in Gärten und Parkanlagen, in vielen Zuchtformen.

Beschreibung: 15–40 cm hohes Zwiebelgewächs, Blätter 3–6, lineal, grundständig. Blüten einzeln, auf blattlosem Stengel, hellgelb, glockig, trichterförmig, mit Nebenkrone. Blütezeit: März–April.

Giftige Pflanzenteile: Alle Pflanzenteile, besonders die Zwiebel, auch das Blumenwasser.

Hauptwirkstoffe: Die Alkaloide → *Lycorin* (Galanthidin, früher auch Narcissin genannt, womit man heute ein Flavonglykosid bezeichnet) $C_{16}H_{17}NO_4$, Fp. 280–281 °C; Hämanthamin (Natalensin) $C_{17}H_{19}NO_4$, Fp. 200–201 °C; Tazettin $C_{18}H_{21}NO_5$, Fp. 208–209 °C; Homolycorin (Narcipoetin) $C_{18}H_{21}NO_4$, Fp. 175 °C; Lycorenin $C_{18}H_{23}NO_4$, Fp. 199–200 °C; Narcissidin $C_{18}H_{23}NO_5$, Fp. 218–219 °C; Magnarcin (Base M) $C_{17}H_{21}NO_4$, Fp. 221 °C; Anhydromethylpseudolycorin $C_{17}H_{17}NO_2$; Methylpseudolycorin $C_{17}H_{21}NO_4$, Fp. 228–233 °C; Fiancin $C_{17}H_{19}NO_4$, Fp. 239–241 °C; Narcissamin, ein quasiracemisches Alkaloid [H 12].

Vergiftungserscheinungen: Übelkeit, Durchfall, Schock. Nach Berichten der Giftinformationszentralen traten bei allen Vergiftungsfällen Symptome auf. Bei Stengeln und Blättern meist Erbrechen und Durchfall.
Eine Familie, die versehentlich eine Narzissenzwiebel anstelle einer Küchenzwiebel (→ *Allium cepa L.*) verzehrt hatte, litt an mehrfachem Erbrechen, Durchfall, Schweregefühl in den Beinen. Narcissus poeticus L., Weiße Narzisse, scheint ähnliche aber stärkere Wirkung zu haben; so berichtet Moeschlin von einem 4jährigen Mädchen, das durch den Blütenstielsaft starb.
Vergiftungen bei Schweinen und Wiederkäuern selten. Die lokal entzündungserregenden Alkaloide führen zu Erbrechen, Kolik und Durchfall, nach Resorption zu zentralnervösen Störungen [H 18].

Nach Weilemann [W 38] treten vor allem durch die Zwiebeln Beschwerden auf. Sie können ernster Natur sein. Bei 50% der Symptome werden Magen- und Darmbeschwerden beobachtet. Bei mehr als einer Zwiebel Behandlung durch den Arzt (unbedingt!).

Wirkungen auf die Haut: Die „Narzissendermatitis“ ist eine der häufigsten Berufserkrankungen bei Floristen, Gärtnern und deren Hilfskräften, die jedes Jahr zur Zeit der Narzissensteck- und -blütezeit auftritt. Sie führt nicht selten zu einer längeren Arbeitsunfähigkeit. In mehr als 95% der Fälle handelt es sich um eine primär irritative Kontaktdermatitis, mit zum Teil bullösen Reaktionen, die bevorzugt an den ersten beiden

Narcissus pseudonarcissus

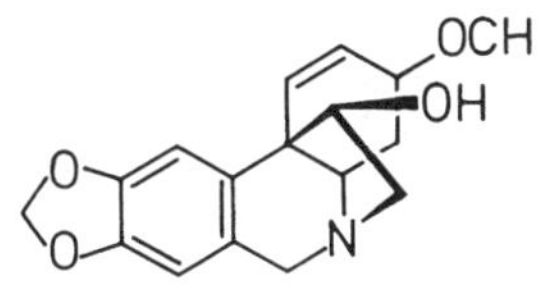

Hämanthamin

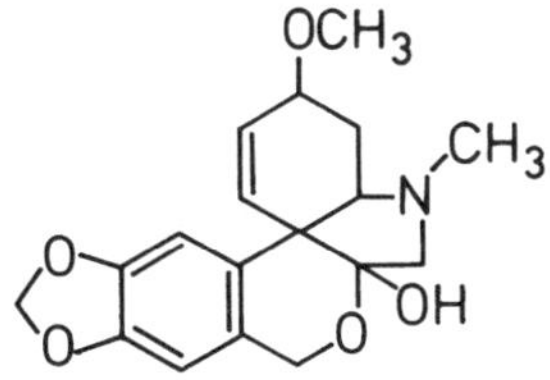

Tazettin

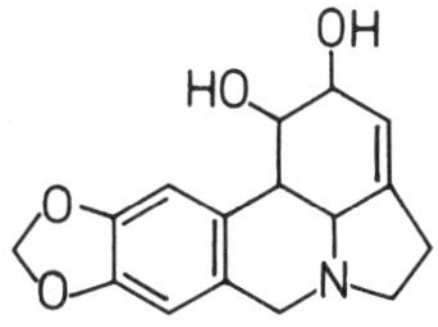

Lycorin

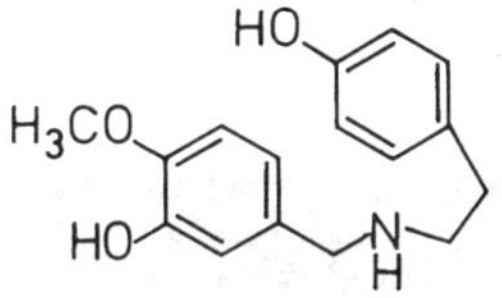

O-Methyl-norbelladin

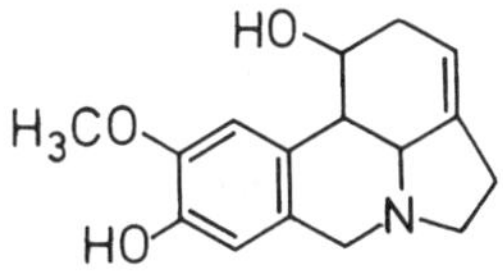

Norpluviin

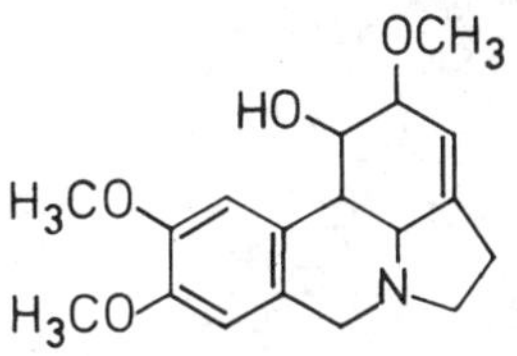

Galanthin

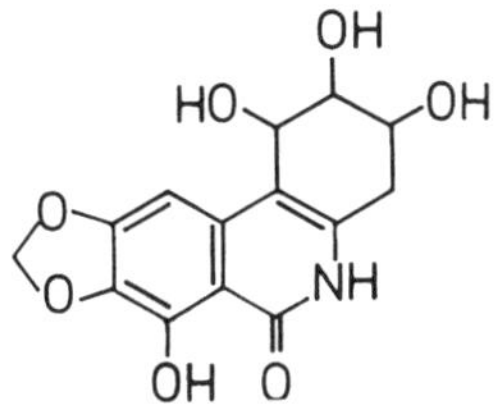

Narciclasin

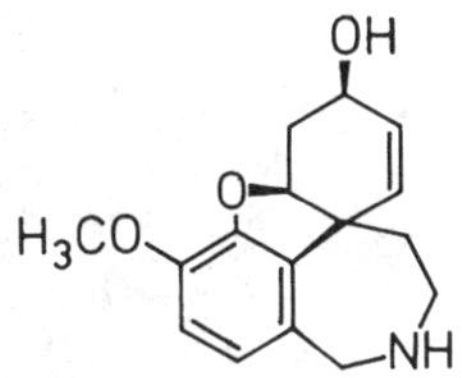

I

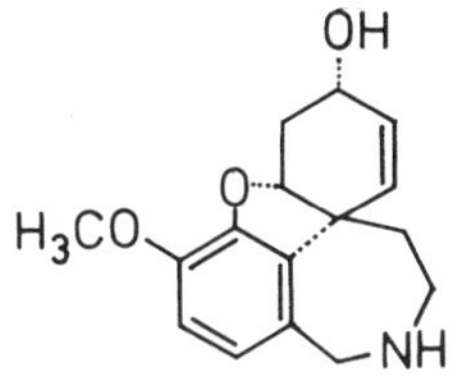

II

Narcissamin

Fingern der Arbeitshand in Erscheinung tritt. Epikutantests mit dem Saft fallen fast immer positiv aus, wobei die Applikationsstelle die typischen Zeichen einer toxischen, d.h. nicht-allergischen Reaktion aufweist. Verdünnungen des Narzissensaftes auf 10% bleiben jedoch in der Regel negativ. Eine echte Narzissenallergie ist daher äußerst selten nachzuweisen.

Als Ursache der „Narzissendermatitis" sind die cytotoxischen Alkaloide anzusehen [Lüders, G.: Hautarzt 28, Suppl. II, 49, 1977].

Gefährlichkeitsgrad: Giftig +

Vorschriften: Die Pflanze steht unter Naturschutz (A, CS, D, CH, I, YU, H), wie alle wildwachsenden Narcissus-Arten.

Narcissus pseudonarcissus: Monographie der Kommission D.

Literatur: F 16, G 4, H 12, H 18, L 10, M 2, W 38.

Narcissus pseudonarcissus

Therapie:
Erste Hilfe: Kohle-Pulvis (10 g), erbrechen lassen, viel warmen Tee oder Himbeersaft trinken lassen. Ekzeme etc. frühzeitig behandeln, evtl. Cortisonsalbe.
Klinik: Nach wahrscheinlich großer Giftaufnahme: Magenspülung (evtl. mit burgunderfarbener Kaliumpermanganatlösung), Instillation von 10 g Kohle-Pulvis und Natriumsulfat, Elektrolytsubstitution, Azidoseausgleich mit Natriumbikarbonat (Urin pH 7,5).

Narthecium ossifragum (L.) Huds.

Beinbrech. *E:* Bog asphodel. *F:* Narthèce.

Familie: Liliaceae, Liliengewächse.

Verbreitung, Vorkommen: Westeuropa bis Skandinavien und Großbritannien; in Deutschland im Nordwesten; Heidemoore.

Beschreibung: 10–30 cm hohe, ausdauernde Pflanze. Grundblätter linealisch, kürzer als der Stengel, Stengelblätter klein. Blüten mit 6 Perigonblättern, außen grün, innen gelb, in endständigen Trauben.
Blütezeit: Juli–August.

Giftige Pflanzenteile: Die ganze Pflanze.

Hauptwirkstoffe: Ein Saponin.

Vergiftungserscheinungen: Die Pflanze enthält ein Saponin, das sich vor allem in der Spitze befindet. Es schädigt bei weißen Lämmern die Leber, während schwarze Lämmer seltsamerweise nicht betroffen werden. Dieser Stoff, der sich im Blattgrün der Pflanze befindet, wandert ins Blut und beeinträchtigt die Funktion der Leber. Als Folge kommt es zu Lichtempfindlichkeit (Photosensibilität) und Wasserstauungen, vor allem im Kopf, häufig jedoch auch in den Kniegelenken. Wegen der Schwellung in der Augengegend können die Tiere die Augen nicht schließen, die Hornhaut nimmt Schaden, und sie erblinden. Beinbrech hat in Norwegen und Schottland bei vielen Tieren Krankheit und Tod verursacht. Zitiert nach [N 10].

Gefährlichkeitsgrad: Giftig +

Vorschriften: Narthecium ossifragum steht unter Naturschutz (D) und gehört in der Roten Liste zu den stark gefährdeten Pflanzen.

Literatur: F 16, N 10.

Therapie:
Erste Hilfe: Kohle-Pulvis (10 g), erbrechen lassen, viel warmen Tee oder Himbeersaft trinken lassen.
Klinik: Nach wahrscheinlich großer Giftaufnahme: Magenspülung (evtl. mit burgunderfarbener Kaliumpermanganatlösung), Instillation von 10 g Kohle-Pulvis und Natriumsulfat, Elektrolytsubstitution, Azidoseausgleich mit Natriumbikarbonat (Urin pH 7,5).

Nasturtium officinale R. Br.

[Rorippa nasturtium-aquaticum (L.) Hayek]

Brunnenkresse. *E:* Water-cress. *F:* Cresson des fontaines. *I:* Cressone di sorgenti. *NL:* Witte waterkers.

EDV-Code: NAAOF.

Familie: Brassicaceae, Kreuzblütler.

Verbreitung, Vorkommen: Kosmopolit. Im östlichen Amerika nur eingebürgert. Bestandsbildend in Quellen, Bächen und Gräben mit klarem Wasser.

Beschreibung: 30–80 cm hohe, krautige Pflanze, mit aufsteigendem, selten flutendem, kantigem, hohlem Stengel. Blätter grasgrün, etwas fleischig, unpaarig gefiedert, untere 1–3, obere 5–9zählig. Blüten weiß mit gelben Staubbeuteln, in endständigen, traubenähnlichen Blütenständen. Schoten ca. 2 cm lang, sichelförmig, vielsamig, in lockeren Fruchtständen.
Blütezeit: Mai–September.

Verwechslung: Kann verwechselt werden mit Cardamine amara L. – Bitteres Schaumkraut. Unterscheidungsmerkmal sind die violetten Staubbeutel und der markige Stengel.

Droge: Herba Nasturtii, Nasturtii herba. Geruch und Geschmack des frischen Krautes gehen beim Trocknen verloren.

Auszug aus der Monographie der Kommission E: Nasturtii herba (Brunnenkressenkraut).
Gegenanzeigen: Magen- und Darmulcera, entzündliche Nierenerkrankungen. Keine Anwendung bei Kindern unter 4 Jahren.
Nebenwirkungen: In seltenen Fällen Magen-Darm-Beschwerden.

Wirkstoffhaltige Pflanzenteile: Das Kraut. Es riecht und schmeckt scharf und etwas bitter.

Hauptwirkstoffe: Senfölglykoside.

Verwendung: Die aromatisch und leicht bitter schmeckenden Blätter werden als Salat gegessen. Sehr beliebt auch zusammen mit anderen Wildpflanzen als Frühjahrskur. In der Volksheilkunde gilt die Pflanze als blutreinigend und stoffwechselfördernd.

Pharmakologische Wirkung: Über längere Zeit und in großen Mengen sollte Brunnenkresse, bedingt durch die Senfölglykoside, nicht verwendet werden, da sonst mit einer Magenschleimhaut- und Nierenreizung zu rechnen ist.

Nasturtium officinale

Gefährlichkeitsgrad: Nur bei größeren Mengen wenig giftig (+).

Vorschriften: Nasturtium officinale: Monographie der Kommission D.

Nasturtii herba: Monographie der Kommission E.

Literatur: H 12, W 13, W 19.

Therapie: Nur in Extremfällen Kohle-Pulvis oral und viel trinken.

Nerium oleander L.

Oleander, Rosenlorbeer. *E:* Oleander. *F:* Laurier rose. *I:* Oleandro. *NL:* Oleander.

EDV-Code: NEROL.

Familie: Apocynaceae, Hundsgiftgewächse.

Verbreitung, Vorkommen: Mittelmeergebiet; in Mitteleuropa als Topf- und Kübelpflanze.

Beschreibung: Baum oder Strauch, bis 5 m hoch. Blätter lanzettlich, lederartig, immergrün, quirl- oder gegenständig. Blüten groß, 5spaltig, rot oder weiß, in trugdoldigen Rispen. Kapseln schotenartig.
Blütezeit: Juli–Oktober.

Droge: Folia Oleandri, Oleandri folium, Oleanderblätter.
Geschmack schwach.
Auszug aus der Monographie der Kommission E: Oleandri folium (Oleanderblätter)
Risiken: Bei der akzidentellen Einnahme von Teilen von Nerium oleander sowie der Einnahme eines Teeaufgusses aus Oleanderblättern sind Vergiftungen mit z. T. letalem Ausgang aufgetreten.

Giftige Pflanzenteile: Alle Pflanzenteile frisch oder getrocknet, gelegentlich auch der Honig von den Blüten.

Hauptwirkstoffe: In den Samen 28 Cardenolidglykoside,
darunter → *Strospesid,* Fp. 230–240 °C; Digistrosid, Fp. 172 °C und 205–208 °C; → *Oleandrin,* Fp. 250 °C. Cardenolidgehalt der Blätter ca. 1%, Hauptglykosid Oleandrin.
Der Cardenolidgehalt soll allgemein in Pflanzen mit roten Blüten höher sein als in solchen mit weißen Blüten. Höchster Gehalt zur Blütezeit.

Vergiftungserscheinungen: Bei Aufnahme durch den Mund: Zunge und Rachen gefühllos, Übelkeit, Erbrechen, Krämpfe, Herzrhythmusstörungen, Atemlähmungen,

Nerium oleander

Schock, verlangsamter Puls, Pupillenerweiterung, Atemnot, blaue Lippen und Hände. Der Tod kann schon nach 2–3 Std. nach Aufnahme eintreten. Vergiftungen sind schon bei Benutzung des Holzes als Fleischspieß vorgekommen.
Nach Weilemann sind geringe Mengen (weniger als ein Blatt oder Blütenblatt) harmlos. Bei größeren Mengen kommt es zu Bewußtseinseintrübungen, Herzrhythmusstörungen [W 38].
Vergiftungen mit Honig, der überwiegend von Oleanderblüten stammte, sollen vorgekommen sein.
Besonders aus den USA liegen Berichte über regelmäßig auftretende Vergiftungen bei Personen vor, die Äste von Oleandersträuchern an den Autobahnen in Californien und Florida abbrechen, um sie für ihren „barbecue“ zu benutzen [Hausen BM: Woods injurious to human health. de Gruyter, Berlin, New York, 1981].
Alle Farbvarietäten sind gleich giftig bei Ratten und Mäusen.

LD der grünen Oleanderblätter: 15–20 g für Pferde, 10–20 g für Rinder, 1–5 g für Schafe [H 18].

Anwendungen in der Homöopathie: Tbl. 0,25 g bei Herzschwäche; D_2–D_3 bei Angina pectoris; cardiale Dekompensationszustände, Extrasystolie.

Gefährlichkeitsgrad: Stark giftig + +

Vorschriften: Oleanderblätter sind im DAC enthalten. Gehalt mind. 1,5% Cardenolide, berechnet als → *Oleandrin* und bezogen auf die getrocknete Droge.
Nerium oleander: Monographie der Kommission D.
Oleandri folium: Monographie der Kommission E.

Literatur: B 36, D 9, D 12, F 16, G 4, H 12, H 18, J 6, L 10, M 2, M 3, M 27, S 7, S 36, S 45, W 38.

Therapie:
Erste Hilfe: Kohle-Pulvis-Gabe, Erbrechen auslösen, Natriumsulfat.
Klinik: Magenspülung (evtl. mit burgunderfarbener Kaliumpermanganatlösung), Kohleinstillation (10 g Pulvis), Herzschrittmacher (prophylaktisch), Hämoperfusion, Kontrolle des Kaliumspiegels und Substitution, Phenytoin, bei ventrikulärer Extrasystolie: Lidocain (Xylocain®), bei ausgeprägter Bradykardie: Atropin oder Orciprenalin (Alupent®), bei AV-Überleitungsstörungen: Vorsicht mit Substanzen, die diese zusätzlich beeinträchtigen, d.h. mit Ajmalin, Procainamid, β-Rezeptorenblocker und Chinidin.

Nertera granadensis (Mutis ex L. f.) Druce

Korallenmoos, Korallenbeere. *E:* Bead plant. *F:* Nertère humble.

Familie: Rubiaceae, Rötegewächse.

Verbreitung, Vorkommen: Heimat: Südamerika; Topfpflanze.

Beschreibung: Kriechendes Kraut. Blätter gegenständig, grün, 7 mm lang, eiförmig. Blüten sternartig, grünweiß, winzig. Beeren rot, zahlreich.
Blütezeit: April–Mai.
Früchte: August.

Hauptwirkstoffe: Bisher unbekannt.

Vergiftungserscheinungen: Aus den Erfahrungen der Beratungsstelle für Vergiftungserscheinungen, Berlin:
Ein 2½jähr. aß 20 Beeren: keine Symptome; sonst unterschiedl. Symptome wie Müdigkeit, Bauchschmerzen, Erbrechen; in 1 Fall 12 Std. später Erbrechen, Temperaturanstieg [K 40].

Gefährlichkeitsgrad: Wahrscheinlich wenig giftig (+)

Literatur: K 40.

Therapie:
Nur in Extremfällen Erbrechen oder rechtzeitig Kohle-Pulvis.

Nicandra physalodes (L.) Gaertn.

Giftbeere. *E:* Apple of Peru. *F:* Belladonne de pais. *I:* Nicandra. *NL:* Giftbes.

Blüten

Früchte

EDV-Code: NICPH.

Familie: Solanaceae, Nachtschattengewächse.

Verbreitung, Vorkommen: Heimat: Südamerika (Peru); Zierpflanze in Gärten, verwildert auf Schuttplätzen.

Beschreibung: Einjährig, ästig, 30–130 cm hoch, Blätter eiförmig oder elliptisch, buchtig gelappt, Blüten einzeln, blattachselständig, gestielt, hängend, glockig-trichterig, 5lappig. Beere vom Kelch eingeschlossen, braun.
Blütezeit: Juli–Oktober.

Nicandra physalodes

Giftige Pflanzenteile: Alle Pflanzenteile, vor allem die Wurzel.

Hauptwirkstoffe: In den Wurzeln etwa 0,1% des Hauptalkaloides → *Hygrin* $C_8H_{15}NO$, Kp. 195 °C, sowie zwei weitere Alkaloide, darunter Tropinon $C_8H_{13}NO$, Fp. (Pikrat) 208–210 °C (dec.) [H 12].

Vergiftungserscheinungen: Wirkung und Symptome ähneln einer Hyoscyaminvergiftung, treten jedoch in schwächerer Form auf.

Gefährlichkeitsgrad: Giftig +

Literatur: B 36, F 16, H 12, L 10.

Therapie:
Erste Hilfe: Kohle-Pulvis-Gabe, Erbrechen auslösen, Natriumsulfat.
Klinik: Frühzeitige Magenspülung mit gut eingeöltem Schlauch (Paraffinöl, Roticlean®), Physostigmin (Anticholium) i.m. (oder langsam i.v.) (Erwachsene 2 mg, Kinder 0,5 mg), Wiederholung je nach Bedarf bei Wiederauftreten gefährlicher Symptome, Plasmaexpander bei Schock, ggf. Intubation und Sauerstoffbeatmung.

Nicotiana glauca Graham

Picietel, Piz-yetl (Mexikan.). *E:* Tobacco tree. *F:* Tabac en arbre. *I:* Tabacco glauco, Tabacco orecchiuto.

EDV-Code: NIOGL.

Familie: Solanaceae, Nachtschattengewächse.

Verbreitung, Vorkommen: Heimat: Südamerika; im Mittelmeergebiet eingebürgert, selten adventiv in Mitteleuropa; Schutt, Felsen, Mauern.

Beschreibung: 2–5 m hoher, kahler Strauch. Blätter ganzrandig, oval-elliptisch, blaugrün. Blüten gelb, schmal-trichterig, 3–4 cm lang mit stumpfen, außen behaarten Zipfeln, in endständigen Rispen. Frucht: zweiklappige Kapsel.
Blütezeit: August–Oktober.

Nicotiana glauca

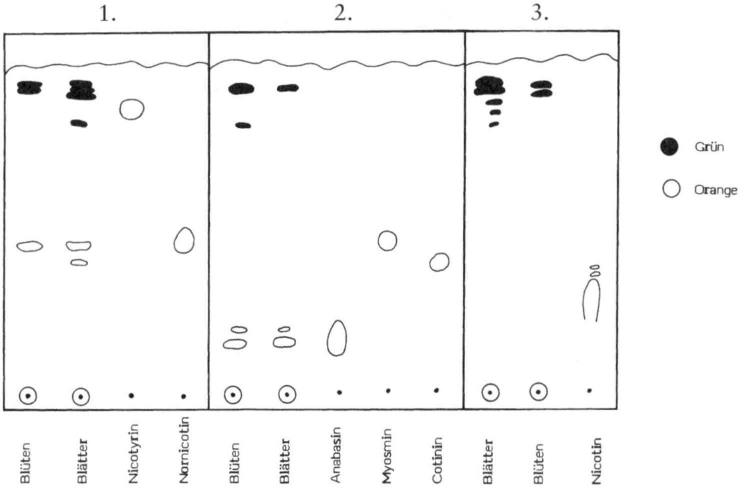

Abb.: Chromatogramme von Nicotiana glauca

Giftige Pflanzenteile: Die ganze Pflanze, besonders Blätter und Blüten.
In Mexiko wird Nicotiana glauca als Tabak geraucht. Er soll sehr stark sein und wird Marihuana, gelegentlich auch Macuchi genannt.
Mit dem Produkt aus Cannabis sativa hat diese Art Marihuana natürlich nichts zu tun.

Hauptwirkstoffe: → *Anabasin,* → *Nornicotin.*
In der uns zugängigen Literatur war über die Inhaltsstoffe der Nicotiana glauca wenig zu finden. Es wurden deshalb im Oktober 1983 in Kreta frische Blüten und Blätter gesammelt.
Zur qualitativen Bestimmung der Alkaloide wurden jeweils 3 g Blüten und 3 g Blätter in frischem Zustand zerrieben und in je 200 ml Methanol eine halbe Stunde gerührt. Von den so gewonnenen Extrakten wurden folgende Dünnschichtchromatogramme angefertigt:
1. Prüfung auf → *Nicotyrin* und → *Nornicotin*
Fließmittel: Chloroform (85); Methanol (15); Ammoniakwasser konzentriert (1);
Sprühreagenzien: Munier → *orange.*
2. Zur Prüfung auf → *Anabasin,* Myosmin und → *Cotinin*
Fließmittel: Ethanol (1); n-Butanol (4); 0,5-n-Ammoniakwasser (1);
Sprühreagenzien: Munier → *orange.*
3. → *Nicotin*
Fließmittel: Chloroform (90); Ethanol (10);
Sprühreagenzien: Munier → *orange.*
Jeweils Merck DC Plastikfolie, Kieselgel 60 F_{254}.
Durch die obige Untersuchung wurde festgestellt, daß Nicotin, Myosmin und Cotinin in der Pflanze nicht nachgewiesen werden konnten. Dagegen waren deutlich Nornicotin und Anabasin sowohl in den Blüten als auch in den Blättern in etwa gleichen Anteilen nachzuweisen.
R_f-Bereiche: Nornicotin 0,5, Anabasin 0,2.
Die kristallinen Tabakalkaloide Myosmin und Cotinin sind verhältnismäßig beständig und können unter Stickstoff- und Lichtausschluß mehrere Monate gelagert werden, ohne daß im Dünnschichtchromatogramm anschließend Zersetzungsprodukte sichtbar sind.
Die Tabakalkaloide Anabasin, Nornicotin und Nicotyrin zeigen schon nach wenigen Wochen, auch unter Stickstoff- und Lichtausschluß, einen erheblichen Anteil an Zersetzungsprodukten im Dünnschichtchromatogramm. Eine Lagerung als Salz ist daher zweckmäßig. Die günstigen Salzarten sind: Anabasinsulfat, Nicotyrintartrat, Nornico-

Nicotiana glauca

tinsalicylat. Die Lösungen der Alkaloidsalze können gaschromatographisch verwendet werden, ohne daß die Base freigesetzt werden muß.

Vergiftungserscheinungen: Als Symptome treten auf:
Depression, Speichelfluß, Schweißausbruch, leichte Krämpfe der Augenlider, Lippen, verschiedener Muskelgruppen bis zu allgemeinem Körperzittern. Die Atmung wird keuchend, Atemnot tritt ein und Erstickung. Die Sektion zeigt Blutfülle in der Lunge, Blutungen in Herz-, Lunge- und Dünndarmschleimhaut, erweiterte Herzkammern, allgemeine Zyanose [K 27].

Gefährlichkeitsgrad: Stark giftig + +

Literatur: K 27, R 25.

Therapie:
Erste Hilfe: Sofort viel trinken und erbrechen lassen, Kohle-Pulvis-Gabe, Natriumsulfat, Haut und Augen spülen, Frischluft, Schockvorsorge (Ruhe, Wärme).
Klinik: Magenspülung (evtl. mit burgunderfarbener Kaliumpermanganatlösung), Instillation von 10 g Kohle-Pulvis und Natriumsulfat, bei Krämpfen Diazepam (Valium®) i.v., bei Kindern Chloralhydrat-Rektiole, Beatmen, Herzdruckmassage, Orciprenalin (Alupent®) i.v.

Nicotiana tabacum L.

Virginischer Tabak. *E:* American tobacco. *F:* Tabac de Virginie. *I:* Tabacco Virginia. *NL:* Tabak.

EDV-Code: NIOTA.

Familie: Solanaceae, Nachtschattengewächse.

Verbreitung, Vorkommen: Heimat: Mittelamerika; in Europa kultiviert ebenso in vielen Ländern der Erde.

Beschreibung: Einjährige, bis 2 m hohe Pflanze. Blätter länglich-elliptisch, groß. Blüten glockig-trichterförmig, mit grünem Kelch, Blumenkrone karminrot.
Blütezeit: Juli–September.
Ähnliche Wirkung zeigt Nicotiana rustica L., Bauern-Tabak (Blütenkrone grünlichgelb).

Droge: Folia Nicotianae, Nicotianae folium, Tabakblätter.
An der Luft getrocknete Laubblätter. Geruch eigenartig, betäubend, Geschmack widerlich, bitterlich-salzig.
Wichtige deutsche Handelssorten: Virgin, Burley.

Giftige Pflanzenteile: Alle Pflanzenteile (außer den reifen Samen).

Hauptwirkstoffe: → *Nicotin,* → *Nornicotin* und weitere Alkaloide. Gehalt stark schwankend 0,05–4%. Nicotiana rustica enthält bis zu 7,5% Nicotin. Aus ihm wird der „Ma-

Nicotiana tabacum

chorka" hergestellt. Tödliche Dosis von Nicotin 40–60 mg für den Erwachsenen.
Mehr als 1500 chemische Verbindungen sind bis heute im Tabak und Tabakrauch festgestellt worden.

Vergiftungserscheinungen: Brennen im Mund, Übelkeit, Erbrechen, Herzrhythmusstörungen, Herzrasen, blasse Haut, Krämpfe, Schock, kalter Schweiß, Sehstörungen, verengte Pupillen, zuletzt Atemlähmung. Leichtere Tabakvergiftungen sind bei Personen, die wenig rauchen, aber auch bei „passiven Mitrauchern" häufig. Auf die umfangreiche Literatur über die chronischen Erscheinungen bei Rauchern wie Angina pectoris, Gefäßverengung in den Extremitäten, erhöhte Krebsrate (der Lunge) soll ebenfalls hingewiesen werden. Nach neueren Untersuchungen ist auch bei „Passivrauchern" eine deutlich erhöhte Krebsrate festzustellen.
Nach Weilemann [W 38] werden durch zubereiteten Tabak vorwiegend Halb- bis Dreijährige zum Essen verführt (Zigaretten). In 10% aller Fällen wurden Symptome beobachtet: Magen und Darm 70%, Bewußtsein 20%, Herz-Kreislauf 15%. Es wird empfohlen, bei mehr als einer halben Zigarette oder einer Kippe eine ärztliche Behandlung einzuleiten.
Der Oberste Gerichtshof in Schweden hat zum ersten Mal passives Rauchen als Todesursache anerkannt, und es ist in Schweden mit einer Verschärfung des Rauchverbots in öffentlichen Räumen zu rechnen.
Mit dem Rauch von 20 Filterzigaretten steigern Raucher ihre Cadmiumbelastung im Vergleich zu Nichtrauchern um 50%. Außerdem nehmen sie 15 µg Nitrosamine auf, was ein Vielfaches der durchschnittlichen Aufnahme bedeutet.
Eine Untersuchung im Auftrag einer Versicherungsgruppe über „Vergiftungen im Kindesalter" ergab, daß Vergiftungen mit Nicotin (u. a. das Essen von Zigaretten) an 2. Stelle stehen.
Im Straßenverkehr kann sich das Rauchen negativ auf das Fahrverhalten auswirken und zwar durch höhere Risikobereitschaft und durch Reizung der Schleimhäute im Bereich der Augen und Atemwege.
Die Folgen des Rauchens sind in der nachstehenden Zusammenfassung übersichtlich dargestellt.

Das Rauchen steht an erster Stelle der Gefährdung des Kreislaufes. Die im Tabakqualm vorhandenen toxischen Substanzen, die auf den Kreislauf wirken, sind Nikotin, Kohlenmonoxid, Blausäure, Stickstoffmonoxid, Cadmium und Teerprodukte. In Untersuchungen an der Maus konnte durch Nikotin ein enormer Blutdruckanstieg, Rigidität der Muskulatur bis hin zur Körperstarre und Exophthalmus ausgelöst werden.
Durch verschiedene Studien ist belegt, daß Rauchen Hauptrisikofaktor für die arterielle Verschlußkrankheit ist. Schäden an den Gefäßen wurden nicht nur im Bereich der Extremitäten, sondern auch am Gehirn und am Herzen festgestellt.
Kohlenmonoxid, das eine dreihundertfach stärkere Affinität zu Hämoglobin hat als Sauerstoff, schädigt vor allem Organe, die einen hohen Sauerstoffverbrauch haben (Gehirn, Herz). Mit einer einzigen Zigarette werden bereits 30 mg Kohlenmonoxid inhaliert.
Die gefährlichste Substanz bei den Autoabgasen ist das Kohlenmonoxid, die Konzentration ist jedoch erheblich geringer als im Tabakrauch.
Quelle: N. Klüken, Herz und Gefäße 6, 197.
Die Deutsche Forschungsgemeinschaft hat seit neuerer Zeit immer umfangreichere Anmerkungen über die Gefährdung durch Rauchen am Arbeitsplatz in der jährlich erscheinenden MAK-Werte-Liste veröffentlicht.
Bei Tieren sind Vergiftungen in Gegenden mit Tabakanbau möglich. Es treten gastrointestinale Störungen, Muskelschwäche, Muskelzuckungen und Krämpfe auf. Tod durch Atemlähmung.
Tödliche Mengen der getrockneten Tabakblätter: 300–500 g für Pferde und Rinder, 30 g für Schafe und Ziegen, 5–25 g für Hunde und Katzen [H 18].

Wirkungen auf die Haut/Schleimhaut: In der Literatur wird häufig über ein „Tabakekzem" berichtet. Auch allergische Reaktionen vom Soforttyp (Urtikaria, Asthma) sind häufig beschrieben worden. Über die hierfür verantwortlichen Stoffe ist wenig bekannt. Übereinstimmend geben die Autoren an, daß Nicotin als Allergen nicht in Frage kommt. Kontaktekzeme an den Fingern

Nicotiana tabacum

konnten in einigen Fällen auf eine Kolophonium-, Parfüm- oder Aromastoffallergie zurückgeführt werden. Bei einem eigenen Fall wurde eine echte allergische Spätreaktion auf unbehandelten Tabak gefunden. Der mehrfach wiederholte Test wurde erst nach drei Tagen positiv [Publ. in Vorber.].
Das Brennen der Augen wird durch den im Tabakrauch enthaltenen Formaldehyd verursacht.

Anwendungen in der Homöopathie: D_6–D_{30} bei üblen Folgen von Tabakrauchern, auch bei Brennen der Augen von Nichtrauchern; D_4–D_6 bei gastrocardialem Symptomkomplex, Angina pectoris.

Gefährlichkeitsgrad: Sehr stark giftig + + +

Vorschriften: Jede Zigarettenpackung trägt zwingend die Aufschrift: Der Gesundheitsminister: Rauchen gefährdet Ihre Gesundheit.
Nicotiana tabacum: Monographie der Kommission D.
In Belgien besteht seit 1. Sept. 1987 Rauchverbot in öffentlichen Gebäuden.

Literatur: B 36, D 9, F 16, G 4, H 12, H 18, J 8, L 10, M 22, M 23, M 27, N 7, W 38.

Therapie:
Erste Hilfe: Sofort viel trinken und erbrechen lassen, Kohle-Pulvis-Gabe, Natriumsulfat, Haut und Augen spülen. Frischluft, Schockvorsorge (Ruhe, Wärme).
Klinik: Magenspülung (evtl. mit burgunderfarbener Kaliumpermanganatlösung), Instillation von 10 g Kohle-Pulvis und Natriumsulfat, bei Krämpfen Diazepam (Valium®) i.v., bei Kindern Chloralhydrat-Rektiole, Beatmen, Herzdruckmassage, Orciprenalin (Alupent®) i.v.

Nigella damascena L.

Damascener Schwarzkümmel, Jungfer im Grünen. *E:* Love-in-amist. *F:* Barbiche. *I:* Damigella scapigliata, Anigella.

EDV-Code: NIGDA.

Familie: Ranunculaceae, Hahnenfußgewächse.

Verbreitung, Vorkommen: Heimat: Mittelmeergebiet; Gartenzierpflanze mit zahlreichen Sorten.

Beschreibung: Bis 50 cm hohe Pflanze. Blätter mehrfach fiederteilig, Abschnitte pfriemlich. Blüten hellblau oder weiß, groß, von nadelartigen Hochblättern umgeben. Fruchtkapseln blasenartig.
Blütezeit: Juni–Herbst.

Droge: Semen Nigellae damascenae, Nigellae damascenae semen, Ananaskümmel. Riecht beim Zerreiben nach Erdbeeren.

Giftige Pflanzenteile: Ganze Pflanze, besonders die Samen.

Frucht

Nigella damascena

Blüte

Hauptwirkstoffe: Im Samen 0,4–0,5% ätherisches Öl mit 9% des Alkaloides Damascenin $C_{10}H_{13}NO_3$, Fp. 27–29 °C, Damascinin.

Vergiftungserscheinungen: Damascenin wirkt spasmolytisch und bewirkt eine kurzdauernde Blutdrucksenkung.

Gefährlichkeitsgrad: Wenig giftig (+)

Literatur: G 4, H 12, T 9.

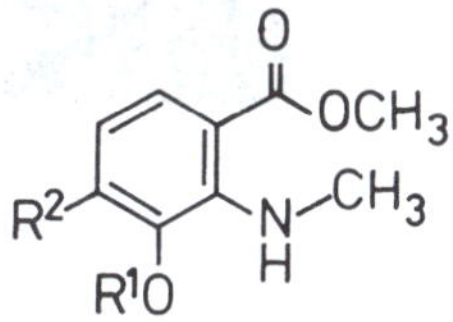

Damascenin:
R^1=CH_3; R^2=H

Damascinin:
R^1=H; R^2=$NHCH_3$

Therapie:
Erste Hilfe: Kohle-Pulvis oder erbrechen lassen.
Klinik: In Extremfällen Magenspülung, Vitaltherapie (S. 56).

Nuphar lutea (L.) Sibth. et Sm.

Gelbe Teichrose. *E:* Yellow water-lily. *F:* Nuphar jaune. *I:* Ninfea gialla. *NL:* Gele plomp.

EDV-Code: NUPLU.

Familie: Nymphaeaceae, Seerosengewächse.

Verbreitung, Vorkommen: Europa, Asien; in Mitteleuropa verbreitet; stehende und langsam fließende Gewässer.

Beschreibung: Ausdauernde Pflanze mit Schwimmblättern. Blätter oval, herzförmig, langgestielt. Blüten groß, dottergelb, einzeln, die Schwimmblätter überragend. Kapselfrucht flaschenförmig.
Blütezeit: Juni–August.

Droge: Rhizoma Nupharis lutei, Nupharis lutei rhizoma, Teichrosenwurzel.

Giftige Pflanzenteile: Die ganze Pflanze, besonders der Wurzelstock.

Hauptwirkstoffe: Nach älteren Angaben 0,4% „Nupharin" und β-Nupharidin, Hauptalkaloid Desoxynupharidin (α-Nupharidin) $C_{15}H_{23}NO$, Fp. 129 °C.

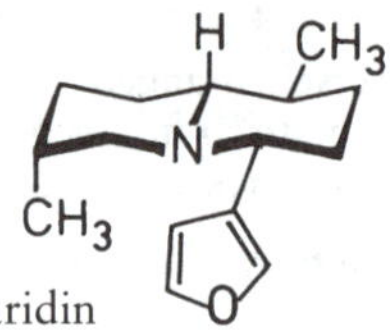

Desoxynupharidin

Vergiftungserscheinungen: Nupharin hat im Tierversuch einen atropin- und papaverinähnlichen, spasmolytischen und einen blutdrucksenkenden Effekt, Desoxynupharidin dagegen wirkt tonisch und führt zu erhöhtem Blutdruck [H 12].

Gefährlichkeitsgrad: Giftig +

Vorschriften: Die Pflanze steht unter Naturschutz, wie alle einheimischen Nymphaeaceen (A, CS, D, CH, YU).
Nuphur lutea: Monographie der Kommission D.

Literatur: B 36, G 4, H 12.

Therapie:
Erste Hilfe: Kohle-Pulvis (10 g), erbrechen lassen, viel warmen Tee oder Himbeersaft trinken lassen.
Klinik: Nach wahrscheinlich großer Giftaufnahme: Magenspülung (evtl. mit burgunderfarbener Kaliumpermanganatlösung), Instillation von 10 g Kohle-Pulvis und Natriumsulfat, Elektrolytsubstitution, Azidoseausgleich mit Natriumbikarbonat (Urin pH 7,5).

Nymphaea alba L.

Weiße Seerose. *E:* White water-lily. *F:* Nénuphar blanc. *I:* Ninfea comune.

Familie: Nymphaeaceae, Seerosengewächse.

Verbreitung, Vorkommen: Europa, Asien; in Mitteleuropa zerstreut; stehende Gewässer, Weiher, Teiche.

Beschreibung: Ausdauernde Schwimmpflanze, Blätter eirund, am Grunde herzförmig, auf dem Wasser ausgebreitet, Blüten weiß, Kronblätter ca. 20, Staubblätter zahlreich. Früchte halbkugelig.
Blütezeit: Juni–September.

Droge: Radix Nymphaeae albae, Nymphaeae albae radix, Seerosenwurzel.
Wurzeln ohne Geruch, etwas salzigem, dann bitterem Geschmack.

Giftige Pflanzenteile: Alle Pflanzenteile.

Hauptwirkstoffe: Die Wirkstoffe sind nicht genau bestimmt, nach älteren Angaben Nupharin (Alkaloid), Nymphalin (Glykosid). Im Rhizom Ellagsäure.

Vergiftungserscheinungen: Erregungszustände, Atemlähmung.

Gefährlichkeitsgrad: Giftig +

Vorschriften: Die Pflanze steht unter Naturschutz (A, CS, D, CH, I, YU).

Literatur: B 36, G 4, H 12.

Therapie:
Erste Hilfe: Kohle-Pulvis, erbrechen lassen, viel warmen Tee trinken lassen, Natriumsulfat, Schockprophylaxe (Ruhe, Wärme).
Klinik: Magenspülung (evtl. mit burgunderfarbener Kaliumpermanganatlösung), Elektrolytsubstitution, Azidoseausgleich mit Natriumbikarbonat (Urin pH 7,5), im Schock Plasma(expander)gabe, bei Krämpfen Diazepam (Valium®) i.v., Kontrolle der Nierenfunktion, bei Atemlähmung Intubation und Sauerstoffbeatmung.

Oenanthe aquatica (L.) Poir.

(Phellandrium aquaticum L., Oenanthe phellandrium Lam.)

Wasserfenchel, Wasser-Rebendolde. *E:* Waterfennel. *F:* Phellandre, Ciguë aquatique. *I:* Finocchio-acquatico cicutario. *NL:* Watertorkruid.

EDV-Code: OENAQ.

Familie: Apiaceae, Doldengewächse.

Verbreitung, Vorkommen: Europa, Westasien und Sibirien. In Nordamerika eingeschleppt. In Mitteleuropa teilweise häufig in stehenden und seichten Gewässern.

Beschreibung: 30–150 cm hohe, ein- bis zweijährige Pflanze mit hohlem, gerilltem Stengel. Blätter 2–5fach gefiedert, Blattscheiden schmal. Blüten weiß, in 6–15strahligen Dolden. Früchte bis 5 mm lang, eiförmig-länglich.
Blütezeit: Juni–August.
Mit ähnlicher Wirkung Oenanthe fistulosa L., Röhren-Wasserfenchel.

Droge: Fructus Phellandri, Phellandri fructus, Wasserfenchelfrüchte.

Giftige Pflanzenteile: Die ganze Pflanze, besonders das Kraut.

Hauptwirkstoffe: Nach Liebenow [L 10] soll das Kraut Oenanthotoxin mit Cicutoxinwirkung enthalten. Nach Hager [H 12] 1–2,5% ätherische Öle.

Vergiftungserscheinungen: Vergiftungen sind beim Menschen nicht bekannt.
Empfindlich reagieren Pferd, Rind und Schwein. Aufnahme der Pflanze führt zu Gastroenteritis mit Durchfall und Krämpfen [H 18]. → *Cicuta virosa*, Verlauf allgemein milder [L 10].

Gefährlichkeitsgrad: Giftig +

Vorschriften: Oenanthe aquatica: Monographie der Kommission D.

Literatur: B 33, B 36, F 16, H 12, H 18, L 10.

> **Therapie:**
> Erste Hilfe: Kohle-Pulvis-Gabe.
> Klinik: In Extremfällen Atmung und Kreislauf beobachten. → *auch Cicuta virosa.*

Oenanthe crocata L.

Giftige Rebendolde. *E:* Hemlock water-dropwort. *F:* Oenanthe safranée. *I:* Finocchio-acquatico con foglie di Prezzemolo.

EDV-Code: OENCR.

Familie: Apiaceae, Doldengewächse.

Verbreitung, Vorkommen: Südfrankreich, Iberische Halbinsel, Marokko; feuchtigkeitsliebend.

Droge: Radix Oenanthe, Oenanthe radix, Rebendoldenwurzel.
Der Wurzelstock ist kurz, dick, geringelt, mit 5–6 teils stark verdickten, teils weniger verdickten, fleischigen, gelblichen Wurzeln [H 12].

Giftige Pflanzenteile: Vor allem ist der Wurzelstock giftig, das Kraut anscheinend weniger.
Die knollig verdickten, nach Pastinak schmeckenden Wurzeln scheiden an den Schnittstellen einen goldgelben Saft aus, der an der Luft nachdunkelt. Die Polyine des Sekrets werden an der Luft schnell zerstört, bleiben aber im Innern der Wurzeln länger erhalten [F 16].
Den höchsten Gehalt an Polyinen weisen die Wurzeln „Dead men's fingers" im Winter und zeitigen Frühjahr auf [F 16].

Hauptwirkstoffe: Das giftige Polyin → *Oenanthotoxin* $C_{17}H_{22}O_2$, Fp. 87 °C sowie zwei wenig giftige Acetylenverbindungen Oenanthetol $C_{17}H_{22}O$, Fp. 71 °C, und Oenantheton $C_{17}H_{20}O$, Fp. 46 °C. Im Spätherbst enthalten die Wurzeln fast ausschließlich Oenanthotoxin, im Frühjahr hauptsächlich Oenanthetol neben erheblich

Oenanthetol

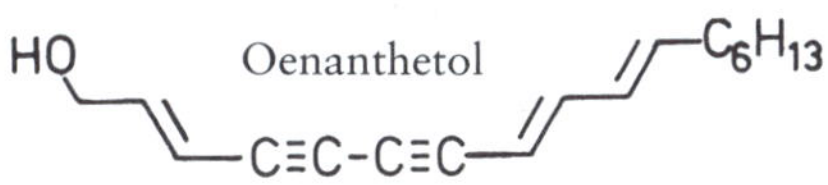

Oenantheton

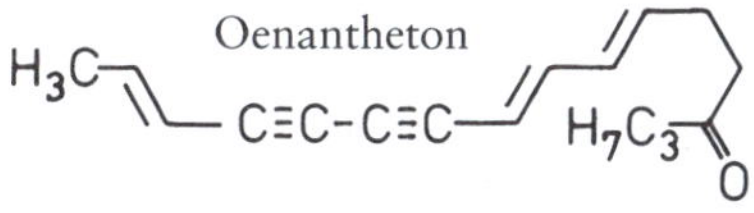

weniger Oenanthotoxin und Spuren von Oenantheton [H 12].

Vergiftungserscheinungen: Entzündung und Blasenbildung im Munde, entzündliche Reizung des Verdauungstraktes, Vertigo, Koma, stundenlang anhaltende Krämpfe mit blutigem Schaum vor dem Mund, Mydriasis. Steifheit und Krämpfe der Beine und epileptiforme Krämpfe des ganzen Körpers. Mitunter langanhaltende Krämpfe sowie Trismus bei erweiterten Pupillen und bisweilen verlangsamter Herztätigkeit. Manchmal besteht allgemeine Empfindungslosigkeit. In Genesungsfällen kehrt allmählich das Bewußtsein wieder. Die Erinnerung an das Vorgefallene kann fehlen. Restitution ist nach 2–3 Tagen möglich.
Durch Aufnahme der Pflanze verendet Weidevieh unter Krämpfen.
Nach Frohne [F 16] sind seit Beginn des Jahrhunderts mindestens 10 Fälle von Vergiftungen bei Menschen mit tödlichem Ausgang bekannt geworden.

Oenanthe crocata

Dosierung: Nicht festgesetzt, doch treten in der Homöopathie bei größeren Dosen (unter D_3) Vergiftungserscheinungen auf.

Anwendungen in der Homöopathie: D_3–D_4 bei Epilepsie, Delirien, Schwindel. Zustände nach Meningitis und Apoplexie.

Gefährlichkeitsgrad: Giftig +

Vorschriften: Oenanthe crocata: Monographie der Kommission D.

Literatur: B 33, D 9, F 16, H 12, M 2.

Therapie:
Erste Hilfe: Gabe von 10 g Kohle-Pulvis, Erbrechen auslösen, Natriumsulfat.
Klinik: Magenspülung (evtl. mit burgunderfarbener Kaliumpermanganatlösung), Instillation von 10 g Kohle-Pulvis. Nach der Resorption (Krämpfe!) Relaxierung und Intubation. Solange das Krampfstadium anhält so viel Antiepileptika wie Diazepam, Barbital u.a., daß die Krämpfe eben unterdrückt bleiben.

Ornithogalum longibracteatum

(Ornithogalum caudatum Ait.)

Falsche Meerzwiebel, Milchstern. *F:* Fausse scille.

Familie: Liliaceae, Liliengewächse.

Verbreitung, Vorkommen: Heimat: Südafrika; Zimmerpflanze.

Beschreibung: Immergrüne Zwiebelpflanze mit oberirdischer Zwiebel und grünen Häuten. Blätter ca. 60 cm lang, linealisch, grün, grundständig. Blüten weiß, grün gebändert, in Trauben.
Blütezeit: Juli–September.

Verwechslung besteht mit → *Urginea maritima.*
Urginea hat rote oder weiße, Ornithogalum grüne Zwiebelhäute.

Giftige Pflanzenteile: Zwiebel.

Hauptwirkstoffe: In den Zwiebeln von Ornithogalum longibracteatum wurden herzwirksame Stoffe gefunden sowie in Ornithogalum magnum in den Zwiebeln

Ornithogalum longibracteatum

Cardenolide, darunter Rhodexin A und Ornithogalosid $C_{28}H_{42}O_9$, Fp. 227–234 °C, ein 3β-O-(α-Arabinopyranosyl) - 11α, 14β - dioxy - 5β - card - 20 (22)-enolid [Komissarenko, Chem. Abstr. 71, 360 (1969)], ferner Rhodexin B, Rhodexosid und Ornithogalin [Chem. Abstr. 75, 6237 (1971) und 77, 149 662 (1972)] [H 12].

Anwendungen: Die Blätter enthalten einen Saft, der kleine Brandwunden ohne Blasenbildung ausheilen läßt.

Gefährlichkeitsgrad: Wenig giftig (+)

Literatur: H 12.

Therapie:
Nur in Extremfällen Erbrechen oder rechtzeitig Kohle-Pulvis.

Ornithogalum umbellatum L.

Doldiger Milchstern, Stern von Bethlehem. *E:* Star of Bethlehem. *F:* Dame d'onze heures. *I:* Latte di gallina comune, Cipollone bianco. *NL:* Gewone Vogelmelk.

EDV-Code: OTGUM.

Familie: Liliaceae, Liliengewächse.

Verbreitung, Vorkommen: Südeuropa, Kaukasus, Vorderasien und Nordafrika. In Mittel- und Nordeuropa sowie Nordamerika eingebürgert. Stellenweise auf Wiesen, Äckern, an Wegrändern, in Weinbergen etc.

Beschreibung: Ausdauernde, bis 30 cm hohe Zwiebelpflanze. Blätter 6–9, grundständig, linealisch, weißgestreift. Blütenblätter (Perigon) weiß, mit grünem Rückenstreifen, in doldentraubigem Blütenstand. Fruchtstiele waagrecht abstehend mit keulenförmiger Fruchtkapsel.
Blütezeit: Mai–Juni.

Ornithogalum umbellatum

Giftige Pflanzenteile: Besonders die Zwiebeln.

Hauptwirkstoffe: In den Zwiebeln die Cardenolide Convallatoxin (0,04%) und Convallosid [H 12].

Vergiftungserscheinungen: Digitalisglykosidähnliche, jedoch stärkere Herzwirkung. Die biologische Aktivität ist in den Zwiebeln zur Hochblüte am höchsten.

Nach Aufnahme tritt beim Vieh vermehrter Speichelfluß, Blähungen, Schwäche auf (auch mit tödlichem Ausgang).

Gefährlichkeitsgrad: Giftig +

Vorschriften: Ornithogallum umbellatum: Monographie der Kommission D.

Literatur: B 36, H 12.

Therapie:
Erste Hilfe: Sofort Medizinalkohle (10 g) oder erbrechen.
Klinik: Magenspülung, Medizinalkohle. Monitorkontrolle des EKG. Antiarrhythmika bei Bedarf. Gegebenenfalls künstliche Beatmung.

Oxalis acetosella L.

Hain-Sauerklee. *E:* Wood sorrel. *F:* Surelle petit oxalide. *I:* Acetosella dei boschi. *NL:* Witte Klaverzuring.

Oxalis acetosella

EDV-Code: OXAAC.

Familie: Oxalidaceae, Sauerkleegewächse.

Verbreitung, Vorkommen: Eurasien, Nordamerika, Nordafrika; in Mitteleuropa häufig; schattige Wälder.

Beschreibung: Ausdauernde, zarte Pflanze, 8–15 cm hoch mit kriechender Sproßachse. Blätter grundständig, langgestielt, 3zählig, Teilblättchen herzförmig. Blüten weiß, violett geadert, mit 5 Kronblättern. Fruchtkapsel 5kantig.

Oxalis acetosella

Oxalis pes-caprae

Blütezeit: April–Mai.
Eine gelbblühende Art, Oxalis pes-caprae L., in Südeuropa ein weit verbreitetes Unkraut, blüht von Februar–April und enthält ebenfalls Oxalate.

Giftige Pflanzenteile: Die ganze Pflanze.

Hauptwirkstoffe: 0,3–1,25% saure Alkalioxalate, → *Oxalsäure.*

Vergiftungserscheinungen: Die in der älteren Literatur erwähnten tödlichen Vergiftungen bei Kindern [G 4] sind anzuzweifeln, sofern die Kinder nicht sehr große Mengen gegessen haben.
Kleiner, unregelmäßiger Puls, sinkender Blutdruck, Krämpfe, zentrale Lähmung und Kreislaufschwäche. Tod im Koma.
Größere Sauerkleemengen können meistens nur bei Schafen Vergiftungen hervorrufen.

Gefährlichkeitsgrad: Giftig +

Vorschriften: Oxalis acetosella: Monographie der Kommission D.

Literatur: G 4, H 12, L 10, M 2.

Therapie:
Erste Hilfe: Kohle-Pulvis trinken, erbrechen.
Klinik: Nur nach großer Giftaufnahme Magenspülung evtl. mit Zusatz von reichlich Calciumgluconat oder -lactat zum Spülwasser, Instillation von 40 g Calciumgluconat. Wiederholt 20 ml Calciumgluconatlösung 20%ig langsam i.v., Kontrolle der Nierenfunktion, Alkalisierung mit Natriumbikarbonat bis zum Urin pH 7,5, evtl. Hämodialyse, ggf. Intubation und Sauerstoffbeatmung.

Oxalis deppei Lodd. ex Sweet

(Oxalis esculenta Otto et A. Dietr.)

„Glücksklee“, Eßbarer Sauerklee.

Familie: Oxalidaceae, Sauerkleegewächse.

Verbreitung, Vorkommen: In Mexiko beheimatet. Wird um die Neujahrszeit in Blumengeschäften und Kaufhäusern als Glücksbringer angeboten.

Beschreibung: Ca. 25 cm hohe Staude. Blätter langgestielt, vierzählig, fast kahl, Blättchen verkehrt herzförmig oder verkehrt eirund, oben leicht ausgerandet, in der Mitte mit einer verwischten, purpurbraunen Binde. Blüten ca. 2 cm breit, purpurrosenrot, am Grunde gelb, in doldenartigem Blütenstand; Blütenschaft so lang oder länger als die Blätter.
Blütezeit: Sommer

Giftige Pflanzenteile: Die ganze Pflanze mit Ausnahme der eßbaren rübenförmigen Wurzel.

Hauptwirkstoffe: Nach Jaspersen-Schib [J 6] Kaliumoxalat und freie → *Oxalsäure.*

Vergiftungserscheinungen: Reizung der Schleimhäute und des Magen-Darmkanals, es kann auch zu Erbrechen und Durchfall kommen.

Gefährlichkeitsgrad: Giftig +

Literatur: J 6.

Therapie:
In Extremfällen Kohle-Pulvis oral, viel trinken. Bei Nierenerkrankungen Kontrolle der Nierenfunktion (Kreatinin), auch nach 10 Tagen.

Pachypodium lamerei Drake

Madagaskarpalme.

EDV-Code: PQPLA.

Familie: Apocynaceae, Hundsgiftgewächse.

Verbreitung, Vorkommen: Süd- und Südwestmadagaskar; bei uns als Zimmerpflanze.

Beschreibung: Sukkulente Pflanze mit kegeligem, kaum oder wenig verästeltem, stacheligem Stamm. Blätter ca. 25 cm lang, 3 cm breit, linealisch, mit 3–4 cm langem Stiel, dunkelgrün, mit hellen Mittelrippen, wechselständig, schopfartig, da die unteren Blätter abfallen. Blüten weiß, trichterförmig, 5zählig. Bei Zimmerpflanzen sind Blüten selten.

Giftige Pflanzenteile: Die ganze Pflanze.

Hauptwirkstoffe: Die Südafrikanische Pachypodium lealii Welw. enthält das Glykosid „Pachypodin“ mit digitalisartiger Wirkung. Es wird zur Herstellung von Pfeilgiften benutzt [K 27].

Vergiftungserscheinungen: Inhaltsstoffe sind in der uns bekannten Literatur nicht zu finden. Es muß mit Symptomen wie bei anderen Apocynaceen gerechnet werden. → *Vincetoxicum hirundinaria*, → *Apocynum cannabinum*.

Anwendungen: In trockenen Gegenden Madagaskars wird das Mark der Pflanze in kleine Stücke geschnitten, um damit das Gesicht zu erfrischen. Es soll ein zartes Aussehen verleihen.

Gefährlichkeitsgrad: Giftig +

Literatur: E 12, K 27.

Therapie:
Erste Hilfe: Kohle-Pulvis-Gabe oder Erbrechen lassen.
Klinik: Sofort Magenspülung, Medizinalkohle. EKG-Monitorkontrolle. Bei bradykarden Herzrhythmusstörungen Atropin oder Orciprenalin.

Pachysandra terminalis Sieb. et Zucc.

Ysander. *E:* Pachysandra, Japanese Spurge. *F:* Pachysandre.

EDV-Code: PCHTE.

Familie: Buxaceae, Buchsbaumgewächse.

Verbreitung, Vorkommen: Heimat: Japan; bei uns in Gärten und Parks.

Beschreibung: Zwergstrauch, 10–30 cm hoch. Blätter lanzettlich, grobgezähnt, gestielt. Blüten weiß, in dichten, endständigen, bis 5 cm langen Ähren. Früchte eiförmig, glasig weiß.
Blütezeit: April–Mai.

Giftige Pflanzenteile: Die ganze Pflanze.

Hauptwirkstoffe: → *Cyclobuxin* (Alkaloid), nach anderer Angabe Pachysandrin und weitere Buxus-Alkaloide.

Vergiftungserscheinungen: → *Buxus sempervirens.*

Gefährlichkeitsgrad: Giftig +

Literatur: B 36, F 16.

Therapie:
Erste Hilfe: Sofort Kohle-Pulvis (10 g), Erbrechen auslösen, Natriumsulfat.
Klinik: Magenspülung (evtl. mit burgunderfarbener Kaliumpermanganatlösung), Instillation von 10 g Kohle-Pulvis, Natriumsulfat. Nach der Resorption (Krämpfe) Relaxierung und Intubation, evtl. Sauerstoffbeatmung.

Paeonia officinalis L.

Pfingstrose. *E:* Peony. *F:* Pivoine. *I:* Peonia selvatica.

EDV-Code: PAOOF.

Familie: Paeoniaceae, Pfingstrosengewächse.

Verbreitung, Vorkommen: Heimat: Mittelmeergebiet; Zierpflanze in Gärten.

Beschreibung: Ausdauernde, krautige, bis 50 cm hohe Pflanze. Blätter doppelt 3zählig, Oberseite dunkelgrün, Unterseite hellgrün. Blüten purpurrot, einzeln, Kronblätter 5–8 cm lang. Balgfrüchte mit runden Samen.
Blütezeit: April–Mai.

Paeonia officinalis

Droge: Radix (Flores, Semen) Paeoniae, Paeoniae radix (flos, semen), Pfingstrosenwurzel, Blüten und Samen.

Giftige Pflanzenteile: Die ganze Pflanze.

Hauptwirkstoffe: Nach älteren Angaben Peregrinin. Der Wirkungsträger ist jedoch nicht bekannt.

Vergiftungserscheinungen: Blüten und Samen können Gastroenteritis mit Erbrechen, Kolikschmerzen und Diarrhoen hervorrufen.

Anwendungen in der Homöopathie: D_2–D_3 bei Hämorrhoiden und schmerzhaften Analfissuren; Krampfdiathese der Kinder, Cystitis.

Gefährlichkeitsgrad: Wenig giftig (+)

Vorschriften: Paeonia: Monographie der Kommission D.
Paeonia officinalis: Monographie der Kommission E.

Literatur: B 36, D 9, G 4, H 12, M 2, M 27.

Therapie:
Erste Hilfe: Kohle-Pulvis (10 g).

Panax ginseng C. A. Mey

(Panax schinseng Th. Nees)

Ginseng, Allheilkraut. *E:* Ginseng. *F:* Ginseng. *I:* Ginseng.

EDV-Code: PNXGI.

Familie: Araliaceae, Efeugewächse.

Verbreitung, Vorkommen: Heimat sind die Gebirgswälder Ostasiens.
Heute auf großen Plantagen in China, Korea, Japan, Kanada und den USA kultiviert.

Beschreibung: 40–60 m hohe perennierende Staude. Blätter 5zählig, gefingert, an quirlig angeordneten Blattstielen. Blütenstände doldenförmig an der Sproßspitze; erscheinen erst nach 3 Jahren. Früchte erbsengroß, leuchtend rot.

Droge: Radix Ginseng, Ginseng radix, Ginsengwurzel.
Geruchlos, Geschmack aromatisch.
Koreanischer Ginseng in 2 Handelssorten: „Weißer Ginseng“ mit SO_2 gebleicht, „Roter Ginseng“ mit heißem Wasserdampf behandelt.

Panax ginseng

Panax quinquefolius L., heimisch in Nordamerika, liefert Amerikanische Ginsengwurzel.

Hauptwirkstoffe: Die getrocknete Wurzel und deren Extrakte enthalten als Aglucon Protopanaxadiol bzw. -triol, die sich auch von der Oleanolsäure bzw. dem Dammarol ableiten. Die Glykosidfraktionen der bisdesmosidischen Steroidsaponine Panaxoside I bis VIII.
Ginsenosid Rc $C_{53}H_{90}O_{22}$, Fp. 192–194 °C, Ginsenosid Rb_1 $C_{54}H_{92}O_{23}$, Fp. 197–198 °C, Ginsenosid Rb_2 $C_{53}H_{90}O_{22}$, Fp. 198–201 °C (dec.). Ferner Ginsenosid Rg_1 (Panaxosid A), Fp. 194–196 °C [H 12].
Der Gehalt an Ginsenosiden ist am höchsten in Wurzeln, die im Sommer (Mai–August) geerntet werden.

Pharmakologische Wirkung: Toxische Effekte in Tierexperimenten nur bei extrem hohen Dosen.
Beim Neugeborenen einer 30jährigen Amerikanerin traten folgende Anomalien auf: dichte schwarze Haare auf Stirn und in Schamgegend, geschwollene und gerötete Brustwarzen. Die Mutter hatte während der Schwangerschaft zweimal täglich Ginseng-Tabletten zu 650 mg (das Doppelte der vom Hersteller empfohlenen Dosis) eingenommen. [J. Am. Med. Ass. 264 (1990) 2866, zit. in Ärztl. Praxis 29 (1991)].
In einer großangelegten Studie konnten neben den bekannten positiven Wirkungen zahlreiche Nebenwirkungen bei der Einnahme registriert werden wie Diarrhoe, Schlaflosigkeit, Hypertonie, Euphorie, Ödembildung usw. Eine Summation verschiedener Nebenwirkungen führt zum sog. „Ginseng-Abusus-Syndrom". Bei älteren weiblichen Personen können nach Einnahme von Ginseng-Präparaten über längere Zeiträume hin Mastodynien und postklimakterische Blutungen auftreten [Dt. Ap. Zeit.].
Die einzelnen Ginsenoside zeigen unterschiedliche, teilweise antagonistische Wirkung:
Wirkung auf das ZNS:
Rg_1 Stimulierung des ZNS,
Rb_1 zentraldämpfende Wirkung.
Wirkung auf den Blutdruck:
Rg_1 hypertone Wirkung,
Rb_1 hypotone Wirkung [S 48].

Anwendungen in der Homöopathie: D_0–D_3 bei Schwächezuständen aller Art, Depressions-Zuständen, Gedächtnisschwäche, Neurasthenie.

Gefährlichkeitsgrad: Kaum oder nur wenig giftig (+)

Vorschriften: Panax quinquefolius: Monographie der Kommission D.
Ginseng radix: Monographie der Kommission E.

Literatur: C 1, D 9, H 12, K 18, N 5, R 11, S 47, S 48, S 49, S 50, S 70.

Panax ginseng

Therapie: Erste Hilfe: Kohle-Pulvis oder erbrechen lassen. Klinik: In Extremfällen Magenspülung, Vitaltherapie (S. 56).

Pancratium maritimum L.

Meeres-Narzisse, Meeresstrand-Trichterlilie. *E:* Sea daffodil. *F:* Narcisse de mer. *I:* Narciso marino.

EDV-Code: PNZMA.

Familie: Amaryllidaceae, Narzissengewächse.

Verbreitung: An Sandstränden Südeuropas.

Beschreibung: Blütenschaft bis 60 cm hoch, zusammengedrückt. Blätter ca. 2 cm breit, blaugrün, dick, flach, länger als der Blütenschaft. Blüten weiß, duftend, mit 5–12 cm langer Blütenröhre und bis 6 cm langen Blütenblättern, in 3–15 doldigen Blütenständen, mit zweiblättriger Blattscheide. Nebenkrone mit 12 regelmäßigen Zähnen. Blütezeit: Juli–September.

Giftige Pflanzenteile: Die Zwiebel.

Vergiftungserscheinungen: → *Narcissus pseudonarcissus*.

Gefährlichkeitsgrad: Schwach giftig

Literatur: P 13.

Papaver rhoeas L.

Klatschmohn. *E:* Field-poppy, Corn-poppy. *F:* Coquelicot. *I:* Papavero comune, Rosolaccio. *NL:* Gewone klaproos.

EDV-Code: PAPRH.

Familie: Papaveraceae, Mohngewächse.

Verbreitung, Vorkommen: Europa, Nordasien, Nordafrika; in Mitteleuropa häufig; Äcker, Raine, Wegränder, Schuttplätze.

Papaver rhoeas

Beschreibung: 30–90 cm hohe, einjährige Pflanze mit steifhaarigem Stengel. Blätter einfach oder doppelt fiederspaltig. Blüten scharlachrot, mit 4 Kronblättern. Kapseln verkehrt eiförmig, mit 8–14 Narbenstrahlen. Pflanze mit weißem Milchsaft.
Blütezeit: Mai–Juli.
Weitere einheimische, weniger häufige Arten sind:
Papaver dubium L., Papaver argemone L. und Papaver hybridum L.

Droge: Flores Rhoeados, Rhoeados flos, Klatschmohnblüten.
Geschmack bitter, etwas schleimig.

Giftige Pflanzenteile: Die ganze Pflanze, besonders der Milchsaft.

Hauptwirkstoffe: Zahlreiche Alkaloide (0,11–0,12%), Hauptalkaloid ist → *Rhoeadin* (0,06%) $C_{21}H_{21}NO_6$, Fp. 252–254 °C.

Vergiftungserscheinungen: Früher kamen bei Kindern häufiger Vergiftungen mit Klatschmohn vor. Anscheinend besitzt Rhoeadin eine krampferregende Wirkung.
Aus den Erfahrungen der Beratungsstelle für Vergiftungserscheinungen, Berlin:
7jähr.: 1 grüne Kapsel, nach 2 Std. Erbrechen, wackelig, müde; 9jähr.: 1 Kapsel, nach 8 Std. Bauchschmerzen; 6- und 10jähr.: Stengel, Blüten, Blätter, nach 7 Std. Erbrechen; 4jähr.: 1 Stengel, Blässe [K 40].
Nehmen Wiederkäuer, Pferde und Schweine während der Blütezeit und Samenbildung zu große Mengen ein, kann es zu Vergiftungen kommen. Es zeigen sich folgende Symptome: zentralnervöse Erregung, Gastroenteritis, Unruhe, Schrecken, dann Raserei, epileptiforme Krämpfe und Bewußtlosigkeit [H 18].

Gefährlichkeitsgrad: Giftig +

Vorschriften: Papaver rhoeas: Monographie der Kommission D.
Rhoeados flos: Monographie der Kommission E.

Literatur: B 36, F 16, G 4, H 12, H 18, K 40, K 48, L 10.

Therapie:
Erste Hilfe: Kohle-Pulvis-Gabe, Erbrechen auslösen, Natriumsulfat.
Klinik: Nach wahrscheinlich großer Giftaufnahme: Magenspülung (evtl. mit burgunderfarbener Kaliumpermanganatlösung), Instillation von 10 g Kohle-Pulvis, Überwachung von Elektrolyten und Nierenfunktion, Alkalisierung mit Natriumbikarbonatinfusionen (Urin pH 7,5), ggf. Intubation und Sauerstoffbeatmung.

Papaver somniferum L.

Schlafmohn. *E:* Garden-poppy. *F:* Pavot des jardins, Pavot somnifère. *I:* Papavero indiano, Papavero sonnolente. *NL:* Slaapbol.

Blüte

EDV-Code: PAPSO.

Familie: Papaveraceae, Mohngewächse.

Verbreitung, Vorkommen: Zentralasien, Kleinasien, Mittelmeergebiet; in Mitteleuropa als Zierpflanze.

Beschreibung: Bis 1 m hohe, einjährige Pflanze mit weißem Milchsaft. Blätter länglich-eiförmig, buchtig, gezähnt, stengelumfassend. Blüten meist weiß mit violettem Fleck am Grunde, groß, 4blättrig. Frucht eine Porenkapsel.
Blütezeit: Juni–August.
Früchte: Juli–September.
Ebenfalls milchsaftführende, rotblühende, nahe verwandte Gartenzierpflanzen sind Papaver bracteatum Lindl. und Papaver orientale Fedde mit Hybriden und Rassen.

Hauptwirkstoffe: Der Milchsaft enthält die gleichen Alkaloide wie → *Opiumalkaloide.* Der Gehalt ist je nach Rasse verschieden und stark schwankend, so wurde z. B. Oripavin, ein neues Opiumalkaloid, in einer Varietät gefunden, die in Tasmanien kultiviert wird. In Papaver bracteatum dominiert Thebain und kann in den Wurzeln 98% bei einem Alkaloidgehalt von 1% erreichen. Als weitere wichtige Alkaloide wurde in den 3 Arten Isothebain, Alpinigenin und Oripavin gefunden.

Vergiftungserscheinungen: → *Opiumalkaloide.*

Giftige Pflanzenteile: Die ganze Pflanze, besonders die Kapseln. Zur Gewinnung von 1 kg Opium müssen 20 000 Mohnkapseln in 200–300 Arbeitsstunden einzeln mit einem Messerchen angeritzt werden.

Wirkungen auf die Haut: Allergische Kontaktdermatitiden sind bei Personen beschrieben worden, die beruflich viel mit Opium, Morphin, Ethylmorphin und anderen Morphinderivaten hantieren, wie z. B. Arbeiter in pharmazeutischen Fabriken und Krankenschwestern. Die Papaverinhaltsstoffe zählen zu den wenigen Alkaloiden, die eine Kontaktallergie induzieren können (→ *Morphin*).

Anwendungen in der Homöopathie: Opium D_4–D_6 bei Kongestions- und Reizzuständen

Papaver somniferum

des ZNS. Bei allen Beschwerden des Alters. Bei Störungen infolge von Schreck und Aufregung.

Gefährlichkeitsgrad: Stark giftig + +

Vorschriften: Papaver somniferum und Papaver orientale L. mit Varietäten fallen unter das „Gesetz über den Verkehr mit Betäubungsmitteln". Es dürfen nicht mehr als 10 Quadratmeter privat und 1000 Quadratmeter gewerblich bepflanzt werden. Dazu ist aber eine Ausnahmegenehmigung erforderlich, die beim Bundesgesundheitsamt, Thielallee 88/92, 14195 Berlin, beantragt werden kann (bga-pressedienst, 8. 3. 1993).
Angaben: Anschrift, Art und Zahl der Pflanzen, Lage der Anbaufläche mit Grundstücksnummer.
Betäubungsmittelgesetz Anlage II:
Papaver orientale (Papaver bracteatum): Pflanzen und Pflanzenteile, ausgenommen der Samen, der zur Art Papaver orientale gehörenden Pflanzen, dienen diese Zierzwecken, so finden betäubungsmittelrechtliche Vorschriften nur Anwendung auf die Einfuhr, Ausfuhr und Durchfuhr.
Betäubungsmittelgesetz Anlage III:
→ *Opium:* Der geronnene Saft der zur Art Papaver somniferum gehörenden Pflanzen.
Papaver somniferum: Pflanzen und Pflanzenteile, ausgenommen die Samen, der zur Art Papaver somniferum gehörenden Pflanzen; dienen diese zu Zierzwecken und wurde ihnen nach einem vom Bundesgesundheitsamt zugelassenen Verfahren das Morphin entzogen, so finden die betäubungsmittelrechtlichen Vorschriften nur Anwendung auf die Einfuhr, Ausfuhr und Durchfuhr, den Anbau und die Gewinnung.
In der BRD dürfen seit 1984 nur noch entgiftete Mohnkapseln im Blumenhandel angeboten werden.
Mohnkapseln sind in Dänemark zu Dekorationszwecken seit 1986 nicht mehr zugelassen.

Frucht

Literatur: B 36, D 9, E 3, F 1, F 15, F 16, G 4, H 12, H 13, J 12, L 10, N 2, N 9, N 13, S 31, S 39, T 11.

Therapie:
Erste Hilfe: Sofort Kohle-Pulvis trinken lassen, Beatmen.
Klinik: Sofort Magenspülung, Kohle-Pulvis, Natriumsulfat. Plasmaexpander im Schock. Natriumbikarbonat zum Azidoseausgleich, ggf. Intubation und Beatmung oder Antidot Naloxon i.v., Wiederholung bei Bedarf.

Paphiopedilum Pfitz. - Arten

Venusschuh.

Paphiopedilum spec.

Familie: Orchidaceae, Orchideen.

Verbreitung, Vorkommen: Heimat: tropische und subtropische Gebiete Asiens; Zimmerpflanzen.

Beschreibung: Erdbewohnende, immergrüne Orchideen, mit ca. 60 Arten. Blätter grundständig, breitlanzettlich, marmoriert. Blüten mit schuhförmiger Lippe.
Blütezeit: Winter.

Giftige Pflanzenteile: Alle Pflanzenteile, vor allem Blatt und Stengel.

Hauptwirkstoffe: Kristallisiertes Calciumoxalat.

Vergiftungserscheinungen: Übelkeit, Erbrechen, Durchfall.

Wirkungen auf die Haut: Der Venusschuh enthält wie viele andere Arten, die früher zur Gattung Cypripedium gerechnet wurden, chinoide Verbindungen, die als Kontaktallergene wirksam werden [Hausen BM: Arch. Derm. 116, 327, 1980].

Gefährlichkeitsgrad: Wenig giftig (+)

Therapie:
Erste Hilfe: Erbrechen oder Kohle-Pulvis, Haut spülen.
Klinik: In Extremfällen Magenspülung, Vitaltherapie (S. 56), Cortison-Salbe bei Hautreizung.

Paris quadrifolia L.

Einbeere, Wolfsbeere. *E:* One berry. *F:* Herbe à Paris. *I:* Erba-crociola, Uva di volpe.

Familie: Trilliaceae, Einbeerengewächse.

Verbreitung, Vorkommen: Europa, Kleinasien; in Auwäldern, etwas feuchten Laubwäldern und Erlenbrüchen.

Beschreibung: 15–30 cm hohe, krautige Pflanze mit kriechendem Rhizom. Stengel mit 4 quirlständigen Blättern, die von der grünen Blüte überragt werden. Frucht ist eine schwarze, kirschgroße Beere.
Blütezeit: Mai–Juni.
Früchte: Juli–September.

Giftige Pflanzenteile: Die ganze Pflanze, besonders die Beeren. Die Statistiken weisen wenige Vergiftungen mit der Einbeere auf. Gelegentlich wird sie von Kindern mit Heidelbeeren verwechselt.

Hauptwirkstoffe: Die Saponine Paridin und Paristyphnin. Gesamtsaponine ~1%.

Vergiftungserscheinungen: Übelkeit, enge Pupillen, Schädigung der Nieren und des Zentralnervensystems (nur bei größeren Mengen zu befürchten), schmerzhafte Darm- und Blasenentleerung.
Die schlecht schmeckenden Beeren werden meist nur einzeln verzehrt, und es kann bei Kindern zu Übelkeit kommen.

Blüte

Anwendung in der Homöopathie: D_3–D_6 bei katarrhalischer Reizung der Augen, Glaukom.

Gefährlichkeitsgrad: Giftig +

Frucht

Paris quadrifolia

Vorschriften: Paris quadrifolia: Monographie der Kommission D.

Literatur: B 36, F 16, G 4, H 12, H 31, J 5, L 10, M 2, M 27.

Therapie:
Erste Hilfe: Kohle-Pulvis (10 g), Erbrechen.
Klinik: Magenspülung (evtl. mit burgunderfarbener Kaliumpermanganatlösung), Instillation von 10 g Kohle-Pulvis, Elektrolytsubstitution, Azidoseausgleich der Nierenfunktion, bei Krämpfen Diazepam (Valium®), gegen Koliken Atropin, ggf. Intubation und Sauerstoffbeatmung.

Parthenocissus quinquefolia (L.) Planch. emend. Rehd.

Fünfblättrige Jungfernrebe, Wilder Wein. *E:* Virginia creeper. *F:* Vigne-vierge à 5 folioles. *I:* Vite del Canadà comune. *NL:* Haagwijnrank.

EDV-Code: PRTQU.

Familie: Vitaceae, Weinrebengewächse.

Verbreitung, Vorkommen: Heimat: Nordamerika; Zierpflanze an Zäunen, Mauern, Lauben und Häusern.

Beschreibung: Rankender Strauch, bis 12 m lang, mit Haftscheiben. Blätter 3–5zählig, gefingert, im Herbst tiefrot gefärbt. Blüten in Trugdolden. Frucht eine erbsengroße, blauschwarze Beere.

Blütezeit: Juli–August.
Früchte: Herbst.
Ebenfalls als Zierpflanze Parthenocissus tricuspidata (Sieb. et Zucc.) Planch. (Blätter 3lappig).

Giftige Pflanzenteile: Alle Pflanzenteile, besonders die Beeren. Bei Tieren teilweise ohne Giftwirkung.

Hauptwirkstoffe: 2,1% lösliches Oxalat in den unreifen und 1,7% in den reifen Früchten (Schwarte, zit. nach Frohne) [F 16].

Parthenocissus quinquefolia

Vergiftungserscheinungen: → *Oxalsäure* und Oxalate.

Gefährlichkeitsgrad: Kaum giftig (+)

Vorschriften: Parthenocissus quinquefolia: Monographie der Kommission D.

Literatur: B 36, F 16, H 12, L 10.

Therapie: Erste Hilfe: Kohle-Pulvis. Klinik: In Extremfällen Entgiftung und Alkalisierung.

Passiflora caerulea L.

Blaue Passionsblume. *E:* Blue passion vine. *F:* Grenadille bleue. *I:* Fiore di passione.

EDV-Code: PAQCO.

Familie: Passifloraceae, Passionsblumengewächse.

Verbreitung, Vorkommen: Heimat: Brasilien; beliebte Zimmerpflanze.

Beschreibung: Kletterstrauch. Blätter herzförmig, 5–7lappig, gestielt, wechselständig. Blüten weiß, 7–9 cm groß, mit vielen blauen Fäden, verlängerte Blütenachse mit 3 Griffeln und 5 Staubblättern. Früchte hühnereigroß, gelb (bei Zimmerpflanzen kaum zu erwarten).
Blütezeit: Juni–September.

Giftige Pflanzenteile: Die ganze Pflanze, ohne die eßbaren und wohlschmeckenden reifen Früchte.

Hauptwirkstoffe: In den Blättern cyanogene Verbindungen. Frische Blätter von Passifloraceen enthalten nach der ersten Fruchtreife bis zu 6 mg HCN pro 100 g. In

Passiflora caerulea

der ganzen Pflanze Harman, das aber nach neueren Untersuchungen nicht nachgewiesen wurde. Vermutlich gibt es örtliche oder artbedingte Unterschiede bei den Inhaltsstoffen.

Vergiftungserscheinungen: → *Blausäureglykoside.*

Gefährlichkeitsgrad: Giftig +

Literatur: K 24, L 11, L 15.

Therapie:
Primäre Entgiftung durch Erbrechen und Magenspülung (evtl. mit burgunderfarbener Kaliumpermanganatlösung). In leichten Fällen bei erhaltenem Bewußtsein: Natriumthiosulfat (10%ig, 100 ml i.v.), das als Schwefeldonator die Entgiftung des Cyanids, das in Rhodanid übergeht, beschleunigt.
Schwere Vergiftungen, bei Bewußtlosigkeit:
- Sofort 3 mg/kg KG 4-DMAP i.v. (Methämoglobinbildner).
- Sofort anschließend Natriumthiosulfatlösung (10%ig, 100 ml i.v.). Zugleich Azidosetherapie mit Natriumbikarbonatinfusion (Urin pH 7,5), dann Plasma(expander)gabe.

Passiflora incarnata L.

Fleischfarbige Passionsblume. *E:* Rose colored passion flower. *F:* Fleure de la passion. *I:* Fioredi Passione, Passiflora.

EDV-Code: PAQIN.

Familie: Passifloraceae, Passionsblumengewächse.

Verbreitung, Vorkommen: Heimat: USA; in wärmeren Gebieten Mitteleuropas auch im Freien.

Beschreibung: Bis 10 m hohe Kletterstaude. Blätter 3–5lappig, feingesägt, wechselständig, in den Blattachseln Ranken. Blüten weiß oder blaßlavendelfarben, Durchmesser 6–8 cm, mit vielen außen purpurnen Fäden, verlängerte Blütenachse mit 3 Griffeln und 5 Staubblättern. Frucht gelblich, apfelgroß. Blütezeit: Mai–Juli.

Droge: Herba Passiflorae (incarnatae), Passiflorae (incarnatae) herba, Passionsblumenkraut.

Passiflora incarnata

Wirkstoffhaltige Pflanzenteile: Die ganze Pflanze, reife Früchte sind aber eßbar.

Hauptwirkstoffe: Gesamtalkaloidgehalt (Treibhauspflanzen) 0,025–0,032% mit → *Harman*, → *Harmol*, Harmin, → *Harmalin*, außerdem Flavonoide (Droge 1,5–2,2%) und Saponine.
Nach neueren Angaben soll die Pflanze kein Harmol, Harmin und Harmalin enthalten, lediglich Harman (55 µg/100 g Droge).

Pharmakologische Wirkung: Man stellte am Kaninchendarm eine lähmende Wirkung fest und zeigte, daß der Papaverineffekt synergistisch verstärkt wurde. Es ist also eine lähmende Wirkung auf die glatte Muskulatur vorhanden.
Die Indolalkaloide vom Harmantyp wirken in geringen Dosen zentral stimulierend, in größeren (ca. 10–20 mg) sedierend und bei weiterer Dosissteigerung sogar halluzinogen [N 2].

Anwendungen in der Homöopathie: D_0–D_1 bei Schlaflosigkeit infolge nervöser Unruhe; D_2 bei vegetativer Nervosität.

Gefährlichkeitsgrad: Giftig +

Vorschriften: Passiflorae herba: Monographie der Kommission E.
Passiflora incarnata: Monographie der Kommission D.

Literatur: B 26, D 9, H 12, L 11, L 15, M 2, M27, N 2, S 18.

Therapie:
Erste Hilfe: Kohle-Pulvis trinken lassen.
Klinik: Nur nach großer Giftaufnahme Magenspülung, Kohle-Pulvis, Natriumsulfat. Plasmaexpander im Schock. Natriumbikarbonat zum Azidoseausgleich, ggf. Intubation und Beatmung.

Pastinaca sativa L.

Pastinak. *E:* Parsnip. *F:* Panais, pastenade. *I:* Pastinaca. *NL:* Pastinaak.

EDV-Code: PAVSA.

Familie: Apiaceae, Doldengewächse.

Verbreitung, Vorkommen: Eurasien, in Nordamerika eingebürgert. In Mitteleuropa verbreitet und häufig auf Wiesen, Ödland, an Wegrändern und Böschungen von der Ebene bis ins Gebirge.

Beschreibung: Zweijährige, 40–100 cm hohe Pflanze, mit kantig gefurchtem Stengel. Blätter einfach gefiedert, oberseits glänzend; Fiederblättchen gelappt, ungleich kerbig gesägt. Blüten gelb, in zusammengesetzten, 8–12strahligen Dolden, meist ohne Hülle und Hüllchen. Teilfrüchte 5–7 mm lang, zusammengedrückt, mit schmalem Flügelrand. Blütezeit: Juli–September.
Die Kulturform mit dicken Wurzeln und zartem, süßlichem Fleisch. Geruch nach Möhren.

Pastinaca sativa
Wilder Pastinak eignet sich wegen der verholzten Wurzeln und dem bitteren Geschmack kaum für die Küche.

Wirkstoffhaltige Pflanzenteile: Die ganze Pflanze.

Hauptwirkstoffe: → *Bergapten*, → *Xanthotoxin*, → *Imperatorin*, Früchte: ätherisches Öl und Calciumoxalat.

Pharmakologische Wirkung: Beim Umgang mit der Pflanze können phototoxische Reaktionen auftreten.

Gefährlichkeitsgrad: Phototoxisch.

Vorschriften: Pastinaca sativa: Monographie der Kommission D.

Literatur: H 21.

Therapie:
Bei Phototoxizität jeden Hautkontakt meiden. In Extremfällen nach Verschlucken Kohle-Pulvis.

Paullinia cupana H.B.K.

„Guarana".

Familie: Sapindaceae, Seifenbaumgewächse.

Verbreitung, Vorkommen, Beschreibung: Immergrüne, ausdauernde Kletterpflanze, größtenteils wild, heute teilweise auch kultiviert. Heimisch im Orinoko- und Amazonasgebiet sowie in Pará (Nordbrasilien). Guarana wird aus mehreren Paullinia-Arten gewonnen.

Droge: Die Samen sind fast kugelig, bis zentimetergroß, glänzend dunkelbraun mit weißem Nabel, haben eine dünne, zerbrechliche Schale und ein Gewicht von 0,5 bis 0,8 Gramm. Sie werden in Wasser gelegt, um Schale leichter abzulösen, nach dem Enthülsen am Feuer getrocknet und noch am gleichen Tage geröstet (ähnlich Kaffee). Dann werden sie in hölzernen Mörsern zerstampft und unter Zusatz von etwas kaltem Wasser zusammengeknetet, bis die Masse plastisch geworden ist und in Form gebracht werden kann. Die Zubereitung geschieht, wie früher bei den Indianern, nur mit der Hand, nicht mit Maschinen. Im Handel sind sie meist in Form sehr harter, dunkel-rotbrauner, vier bis fünf Zentimeter dicker und 10–20 cm langer, an den Enden abgerundeter, fester und schwerer Stangen, außen etwas glänzend, im Bruch muschelig, rotbraun, mit eingesprengten weißlich-grauen Körnern durchsetzt. Der Geschmack ist bitterlich, schwach adstringierend, an Tabak erinnernd.
Die Droge ist unter dem Namen „Pasta Guaranae" oder „Pasta seminum Paulliniae" im Handel, die in der letzten Zeit als „Inkakraft", „Muntermacher" etc. als Keks oder Saft angeboten wird.

Wirkstoffe: Guarana enthält 3–8% Coffein, Gerbstoffe und 3% Saponin. Jedoch liegen keine neueren Analysen vor.

Pharmakologische Wirkung: Die Langzeitwirkung ist vermutlich dem Gerbsäure-Coffein-Komplex zuzuschreiben, aus dem das Coffein nach und nach freigesetzt wird und so der stimulierende Effekt 3–6 Stunden anhält.

Gefährlichkeitsgrad: Nur bei Mißbrauch giftig +

Literatur: F 20, H 12, H 40.

Therapie:
Erste Hilfe: Kohle-Pulvis oder erbrechen lassen.
Klinik: In Extremfällen Magenspülung, Vitaltherapie (S. 56).

Pausinystalia johimbe (K. Schum.) Pierre ex Beille

Yohimbe. *E:* Yohimbe. *F:* Yohimbéhé. *I:* Yohimbe.

Familie: Rubiaceae, Rötegewächse.

Verbreitung, Vorkommen: Ein bis 30 m hoher Baum, der in Westafrika heimisch ist.

Droge: Cortex Yohimbe, Yohimbe cortex, Yohimberinde.
Bis etwa 75 cm lange, mehr oder weniger eingerollte, z. T. auch flache, 2–10 mm, meist 4–8 mm dicke Rindenstücke [H 12].
Auszug aus der Monographie der Kommission E: Yohimbehe cortex (Yohimbeherinde)
Risiken: Bei therapeutischer Anwendung von Yohimbin können Erregungszustände, Tremor, Schlaflosigkeit, Angst, Blutdruckerhöhung, Tachykardie sowie Übelkeit und Erbrechen auftreten. Bei vorhandenen Leber- und Nierenerkrankungen sollen Yohimbeherindenzubereitungen nicht angewendet werden.
Wechselwirkungen mit Psychopharmaka sind beschrieben. Entsprechende Beobachtungen sind für Drogenzubereitungen nicht dokumentiert.

Hauptwirkstoffe: → *Ajmalicin* $C_{21}H_{24}N_2O_3$, Fp. 254–256 °C, Alloyohimbin (Dihydroyohimbin) $C_{21}H_{26}N_2O_3$, Fp. 135–140 °C, Corynanthein $C_{22}H_{26}N_2O_3$, Fp. 172–174 °C, Dihydro-corynanthein $C_{22}H_{28}N_2O_3$, Fp. 177–178 °C, → *Corynanthin* (Rauhimbin) $C_{21}H_{26}N_2O_3$, Fp. 225–226 °C, Pseudoyohimbin $C_{21}H_{26}N_2O_3$, Fp. 293 °C, → *Yohimbin* (Quebrachin) $C_{21}H_{26}N_2O_3$, Fp. 241–243 °C, α-Yohimbin (Corynanthidin, Isoyohimbin, Mesoyohimbin, → *Rauwolscin*), Fp. 243–244 °C, β-Yohimbin (Amsonin), Fp. 246–249 °C, Tetrahydromethylcorynanthein $C_{21}H_{28}N_2O_3$, Fp. 216 °C [H 12].

α-Yohimbin

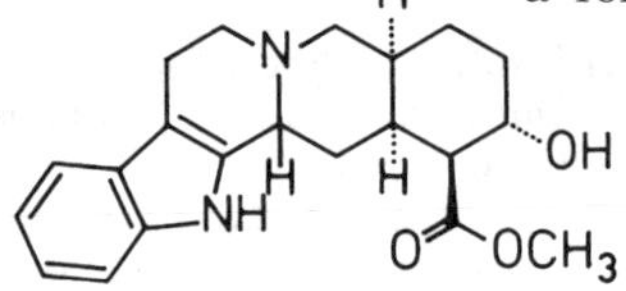

β-Yohimbin

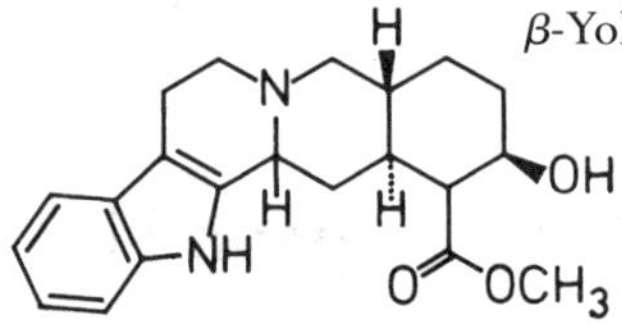

Corynanthin

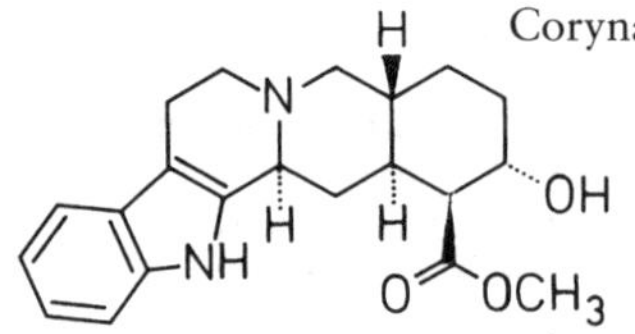

Allo-Yohimbin

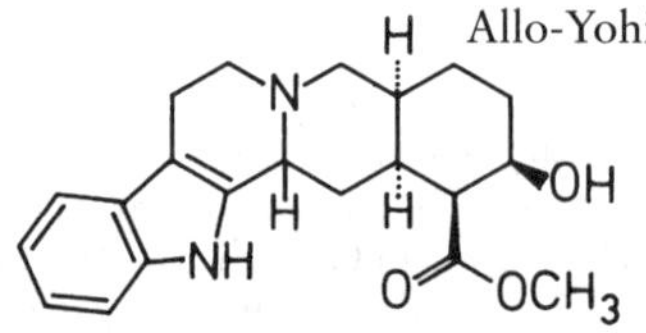

Dihydrositsirikin

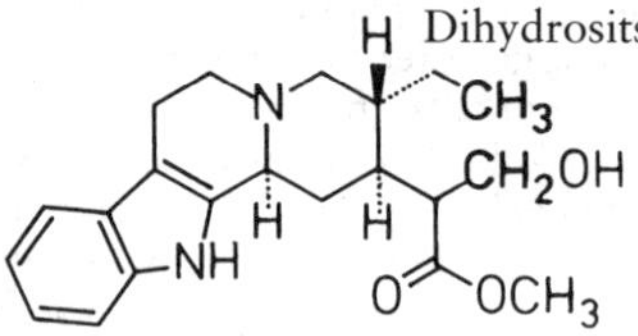

Yohimbin

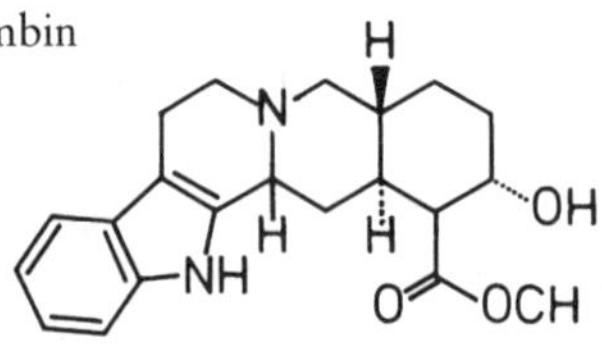

Corynanthein

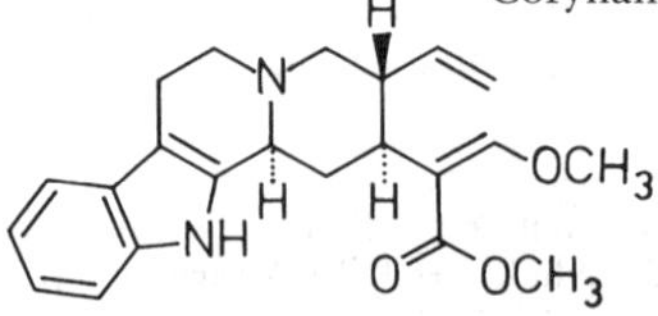

Pausinystalia johimbe

Der Gesamtalkaloidgehalt schwankt zwischen 5% und 9%, der Gehalt an Yohimbin zwischen 1,67% und 3,4%.

Vergiftungserscheinungen: Die Wirkung der Yohimberinde beruht hauptsächlich auf der des Yohimbins. Als Sympathicolyticum erweitert es peripher die Gefäße und senkt den Blutdruck. Die Wirkung als Aphrodisiacum wird mit einer Blutgefäßerweiterung der Genitalorgane und mit erhöhter Reflexerregbarkeit im Sakralmark erklärt. Resorptive Vergiftungserscheinungen äußern sich in Speichelfluß, Atmungserregung und Defäkation, Abnahme des Blutdrucks, Störungen in der Reizleitung zwischen den verschiedenen Teilen des Herzens und Abnahme der Leistungsfähigkeit des Herzmuskels [H 12].

In kleinen Dosen verursacht Yohimbin Lebhaftigkeit, Hyperämie peripherer Teile, Turgor in den Testes und Erektionen, nach großen Dosen Aufregung mit lange anhaltenden Erektionen, Muskelzittern, Salivation, Diarrhöe und Krämpfe, auch Störungen der Herztätigkeit und schließlich Herzlähmung durch Schädigung des Herzmuskels. Bei Injektion starker Dosen erfolgte Atemlähmung. Yohimbin wirkt auch lokalanästhetisch und ruft insbesondere Pupillenerweiterung und Anästhesie der Konjunktiva und Kornea hervor [M 2].

Wirkungen auf die Haut/Schleimhaut: Lokal auf die Schleimhäute appliziert, rufen Yohimbinpräparate eine Anästhesie hervor, die gelegentlich in der Ophthalmologie ausgenutzt wird. Nach Schleimhautpinselungen zwecks Anästhesierung traten Salivation und Hyperämie, die leicht zu sekundären Blutungen führten, auf, und subkutane Injektionen verursachten Frostgefühl oder Schweißausbruch mit Schwächegefühl. Auch roseolaähnliches Erythem mit nachfolgender Abschuppung wurde beobachtet.

Anwendungen: Als Aphrodisiacum, bei psychischer Impotenz, bei Menstruationsunregelmäßigkeiten, bei Prostatitis mit Blasenbeschwerden, bei Stillschwäche der Frauen, äußerlich als Lokalanästheticum in der Augenpraxis, bei Nasen- und Mittelohroperationen. In der Veterinärmedizin. Zur Darstellung des Yohimbins und seiner Salze [H 12].

Dosierung: Yohimbinum hydrochloricum 0,03 g pro dosi, 0,1 g pro die (DAB. VI).

Gefährlichkeitsgrad: Stark giftig + +

Vorschriften: Pausinystalia johimbe: Monographie der Kommission D.
Yohimbehe cortex: Monographie der Kommission E.

Literatur: H 12, M 2.

Therapie:
Erste Hilfe: Kohle-Pulvis-Gabe, erbrechen lassen, Natriumsulfat.
Klinik: Magenspülung (evtl. mit burgunderfarbener Kaliumpermanganatlösung), Elektrolytsubstitution, Azidoseausgleich mit Natriumbikarbonat (Urin pH 7,5), Plasmaexpander, ggf. Intubation und Sauerstoffbeatmung. Lidocain oder Orciprenalin bei Herzrhythmusstörungen. Evtl. Physostigmin bei anticholinerger Wirkung.

Pedicularis (L.)-Arten

Läusekraut-Arten. *E:* Lousewort. *F:* Pédiculaire. *I:* Pedicolare.

Familie: Scrophulariaceae, Rachenblütler.

Verbreitung, Vorkommen: Eurasien, Nordamerika; Wiesen, Moore, Weiden, Triften.

Beschreibung: Ausdauernde Halbschmarotzer, mit einfachem, selten ästigem Stengel. Blätter fiederspaltig. Blüten 2lippig, mit nach oben erweiterter Röhre, rot, weiß oder gelb, meist in endständigen Ähren oder Trauben. Oberlippe helmförmig. Fruchtkapsel zusammengedrückt.
Verbreitete Art: Pedicularis palustris L., Sumpf-Läusekraut.

Giftige Pflanzenteile: Alle Pflanzenteile, besonders die Samen.

Hauptwirkstoffe: → *Aucubin.*

Vergiftungserscheinungen: → *Aucuba japonica.*

Gefährlichkeitsgrad: Giftig +

Vorschriften: Alle Pedicularis-Arten stehen unter Naturschutz. Die meisten Pedicularis-Arten sind in der roten Liste in verschiedenen Gefährdungsgraden aufgeführt.

Pedicularis palustris

Literatur: B 36, G 4, H 12.

Therapie:
Erste Hilfe: Kohle-Pulvis (10 g), erbrechen lassen, viel warmen Tee oder Himbeersaft trinken lassen.
Klinik: Nach wahrscheinlich großer Giftaufnahme: Magenspülung (evtl. mit burgunderfarbener Kaliumpermanganatlösung), Instillation von 10 g Kohle-Pulvis und Natriumsulfat, Elektrolytsubstitution, Azidoseausgleich mit Natriumbikarbonat (Urin pH 7,5).

Pedilanthus tithmaloides (L.) Poit.

(Pedilanthus carinatus Spreng.)

Schuhblüte. *E:* Slipper plant. *F:* Pedilanthe.

Familie: Euphorbiaceae, Wolfsmilchgewächse.

Verbreitung, Vorkommen: Südmexiko, Mittelamerika; Zimmerpflanze.

Beschreibung: Sukkulenter Strauch. Blätter grün (var. variegata: Blätter weiß gerandet), ca. 12 cm lang, ca. 6 cm breit, oval, zugespitzt, Unterseite mit keilförmig vorspringender Mittelrippe, wechselständig. Blüten unscheinbar, zwittrig, mit roten Hochblättern.

Giftige Pflanzenteile: Die ganze Pflanze, besonders der Milchsaft.

Hauptwirkstoffe: Wolfsmilchsaft.

Vergiftungserscheinungen: Spangenberg und Schubert erwähnen den giftigen Wolfsmilchsaft, der Hautreizungen und Erbrechen verursacht.
Lampe beschreibt besonders die durch den Saft hervorgerufenen Augenschäden. Der Samen oder der Milchsaft bewirkt langandauerndes Erbrechen und zu Elektrolytstörungen führende Diarrhöen [Zit. nach Lampe].

Gefährlichkeitsgrad: Giftig +

Literatur: Lampe, K. F., System. plant pois., Pediatries 54 (3), 1974.

Therapie:
Erste Hilfe: Haut mit Wasser oder Roticlean® waschen, Augen mit Isogutt oder Wasser spülen. Nach Verschlucken Kohle-Pulvis-Gabe.
Klinik: Antiallergische Hautsalbe (Cortison) und Augensalbe (Opticrom®). Infusionen zum Elektrolytausgleich.

Peganum harmala L.

Steppenraute, Wilde Raute. *E:* Syrian rue. *F:* Peganum harmala. *I:* Pégano.

EDV-Code: PEGHA.

Familie: Zygophyllaceae, Jochblattgewächse.

Verbreitung, Vorkommen: Zentralasien, Indien, vorderer Orient, Balkan, Süditalien, Spanien, Nordafrika; Wüsten und Steppen.

Beschreibung: Ausdauernde, bis 50 cm hohe Staude, mit büschelig verzweigter Wurzel. Blätter vielspaltig, mit linearen Abschnitten. Blüten einzeln, langgestielt, in den Achseln der Laubblätter. Frucht dreifächerige, vielsamige Kapsel.
Blütezeit: Juli–August.

Droge: Semen Harmalae, Harmalae semen, Harmalasamen.
Samen bis 3 mm groß, braun bis schwarzrot mit violettem Anflug, unregelmäßig dreikantig-nierenförmig, fein grubig punktiert. Der Embryo grünlich. Geruch widerlich stark, Geschmack harzig, bitter und beißend [H 12].

Hauptwirkstoffe: Etwa 2–6% einer Reihe nahverwandter Alkaloide.
a) Abkömmling des Harmans, eines Carbolinderivates: → *Harmin,* → *Harmalin,* Harmalol, Harmidin,
b) Chinazolin-Alkaloide (–)-Vasicin, (±)-Vasicin, Vasicinon, Pegalin, Tetrahydroharman.

Vergiftungserscheinungen: Harmin und Harmalin sind reversible Monoaminoxydase (MAO)-Hemmstoffe mit sehr hoher Aktivität in vitro. Sie vermögen demnach u.a. die Wirkung von Serotonin zu verlängern. Harmin ist aber gleichzeitig auch ein partieller Serotoninantagonist [H 12].
Bei Parkinsonismus-Patienten mindert Harmin die übergroße Erregbarkeit des parasympathischen Systems, erhöht die geringe Erregbarkeit des sympathischen Systems, fördert auch die Erregbarkeit des vestibulären Apparates und versetzt die Kranken in einen Zustand der Euphorie, der ihnen hilft, ihr Leiden besser zu ertragen.
Die Samen werden als Gewürz und als Rauschmittel verwendet. Die halluzinogene Wirkung der Samen beruht hauptsächlich auf Harmin und Harmalin. Über 4 mg/kg (oral) der beiden Substanzen wirken beim Menschen halluzinogen.

Dosierung: Als Infus (1:20) 15–30 ml, als Tinktur (1:10) 2–4 ml.

Gefährlichkeitsgrad: Stark giftig + +

Literatur: H 12, M 2, S 23.

Peganum harmala

Therapie:
Erste Hilfe: Kohle-Pulvis, erbrechen lassen, viel warmen Tee trinken lassen, Natriumsulfat, Schockprophylaxe (Ruhe, Wärme).
Klinik: Magenspülung (evtl. mit burgunderfarbener Kaliumpermanganatlösung), Elektrolytsubstitution, Azidoseausgleich mit Natriumbikarbonat (Urin pH 7,5), im Schock Plasma(expander)gabe, bei Krämpfen Diazepam (Valium®) i.v., Kontrolle der Nierenfunktion, bei Atemlähmung Intubation und Sauerstoffbeatmung.

Pernettya mucronata (L. fil.) Gaudich. ex Spreng.

Torfmyrte. *E:* Pernettya, Arrayan. *F:* Pernettye.

Familie: Ericaceae, Heidekrautgewächse.

Verbreitung, Vorkommen: Heimat: Chile; Zierpflanze, kälteempfindlich.

Beschreibung: Niedriger, immergrüner Strauch. Blätter eiförmig mit Dornspitze, scharf gesägt. Blüten weiß, rötlich überhaucht, kugelig, nickend, einzeln, achselständig. Beerenfrucht kugelig.
Blütezeit: Mai–Juni.
Früchte: Oktober–November.
Als giftig gilt auch der aus Chile stammende Strauch Pernettya furens (Hook. et Arn.) Klotzsch [E 12, F 16].

Hauptwirkstoffe: → *Acetylandromedol* = Andromedotoxin.
Hosozawa et al. isolierten aus Blättern und Zweigen von Pernettya furens verschiedene Sesquiterpene [F 16].

Vergiftungserscheinungen: Vergiftungen durch Früchte von P. mucronata sind bis heute aus Mitteleuropa nicht bekannt geworden. Früchte von P. furens sollen nach Ingestion Halluzinationen und psychische Veränderungen bewirken [F 16].

Gefährlichkeitsgrad: Giftig +

Literatur: E 12, F 16.

Therapie:
→ Andromeda polifolia.

Petasites hybridus (L.) Ph. Gärtn., B. Mey. et Scherb.

(Petasites officinalis Moench)

Gemeine Pestwurz. *E:* Butter bur. *F:* Pétasite hybride. *I:* Farfaraccio maggiore. *NL:* Groot hoefblad.

EDV-Code: PEDHY.

Familie: Asteraceae, Korbblütler.

Verbreitung, Vorkommen: Europa, in Nordamerika eingeführt. Häufig und verbreitet in Mitteleuropa; auf Schwemmböden, an Ufern, an Flüssen und Aufschüttungen.

Beschreibung: Ausdauernde zweihäusige Pflanze. Blätter rhabarberähnlich, unterseits graubehaart, Durchmesser bis 1 m. Blüten rötlich-weiß bis schmutzig-rot, in endständiger Traube, auf 10–40 cm hohem, hohlen Stengel. Früchte ca. 2 mm lang, mit Pappus.
Blütezeit: März–Mai (die Blüten erscheinen vor den Blättern).

Droge: Folia Petasitidis, Petasitidis folium, Pestwurzblätter.
Rhizoma Petasitidis, Petasitidis rhizoma, Pestwurz.
Auszug aus der Monographie der Kommission E: Petasites hybridus (Pestwurz)
Petasitidis folium (Pestwurzblätter)
Risiken: Pestwurz enthält in allen Pflanzenteilen stark wechselnde Mengen toxischer Pyrrolizidinalkaloide (PA), von denen organotoxische, insbesondere hepatotoxische Wirkungen bekannt sind. Tierexperimentell wurden für PA kanzerogene Wirkungen mit einem genotoxischen Wirkungsmechanismus nachgewiesen.

Giftige Pflanzenteile: Besonders Wurzeln und Blätter.

Hauptwirkstoffe: Sesquiterpenartige Kohlenwasserstoffe, Petasiten $C_{15}H_{24}$, β-Elemen, α- und β-Humulen, außerdem die → *Pyrrolizidinalkaloide* Senecionin, Integerrinin, → *Senkirkin.*
Der Gehalt an 1,2-ungesättigten Pyrrolizidinalkaloiden ist in getrockneten Wurzeln 2–350 mg/kg.

Vergiftungserscheinungen: Eine carcinogene Wirkung ist bei großer Einnahme durch die Pyrrolizidinalkaloide möglich.

Gefährlichkeitsgrad: Giftig + (bei hochdosierter Einnahme).

Vorschriften: Petasites hybridus: Monographie der Kommission D.

Petasites hybridus

Petasitides herba und P. rhizoma: Monographie der Kommission E.
Alle Arten der Gattung Petasites (Pestwurz) sind in der „Bekanntmachung über die Zulassung und Registrierung von Arzneimitteln vom 5.6.1992" aufgeführt.

Literatur: H 12, R 29.

> **Therapie:**
> Erste Hilfe: Nach Verschlucken größerer Mengen Kohle-Pulvis (10 g) und Natriumsulfat (20 g).

Petroselinum crispum (Mill.) Nyman ex A. W. Hill

Petersilie. *E:* Parsley. *F:* Persil. *I:* Prezzemolo. *NL:* Peterselie.

EDV-Code: PARCR.

Familie: Apiaceae, Doldengewächse.

Verbreitung, Vorkommen: Heimat: Mittelmeergebiet; in Mitteleuropa angebaut und manchmal verwildert.

Beschreibung: Zweijährige Pflanze mit würzigem Geruch. Wurzel spindel- bis rübenförmig. Blätter 3–5schnittig, Grundblätter langgestielt. Blüten grünlichgelb, klein, in langgestielten, endständigen Dolden. Frucht breit eiförmig.
Blütezeit: Juni–Juli.
Verwechslungsgefahr besteht mit der giftigen Hundspetersilie, → *Aethusa cynapium.*

Droge: Fructus Petroselini, Radix Petroselini, Herba Petroselini, Petroselini fructus (radix, herba), Petersilienfrucht, -wurzel und -kraut.
Auszug aus der Monographie der Kommission E: Petroselini fructus (Petersilienfrüchte)
Risiken: Das ätherische Öl der Petersilienfrüchte und das darin enthaltene Phenylpropanderivat Petersilien-Apiol rufen in hoher Dosierung vaskuläre Kongestionen hervor und bewirken eine gesteigerte Kontraktilität der glatten Muskulatur der Blase, des Darms und besonders des Uterus.
Petersilienfrüchte und Petersilienöl werden daher häufig zu abortiven Zwecken verwendet.
Die Nierenepithelien werden nach Einnahme von Zubereitungen aus Petersilienfrüchten gereizt oder geschädigt; daneben werden Herzarrhythmien beschrieben.
Größere Dosen Petersilien-Apiol können zu Leberverfettung, Abmagerung, ausgedehnten Schleimhautblutungen und hämorrhagisch-entzündlichen Infiltrationen im Magen-Darm-Trakt, Hämolyse, Methämoglobinurie und Anurie führen.

Petroselinum crispum

Das im ätherischen Öl enthaltene Myristicin wird im Tierversuch an Mäuseleber-DNA gebunden.
Hepatokanzerogene Effekte wurden weder bei Myristicin noch bei Petersilien-Apiol beobachtet.
Das toxikologische Risiko wäßriger Extrakte aus Petersilienfrüchten ist aufgrund des geringen Gehaltes an ätherischem Öl geringer.

Wirkstoffhaltige Pflanzenteile: Die ganze Pflanze, besonders die Früchte.

Hauptwirkstoffe: Ätherisches Öl (2,7% in den Samen) mit Apiol, Myristin, → *Apiin* (0,2–0,3%), → *Bergapten* u.a.
In frischen und getrockneten Blättern die photoaktiven Furocumarine Imperatorin, Isoimperatorin, Isopimpinellin, 5- und 8-Methoxypsoralen, Psoralen, Oxypeucedanin.

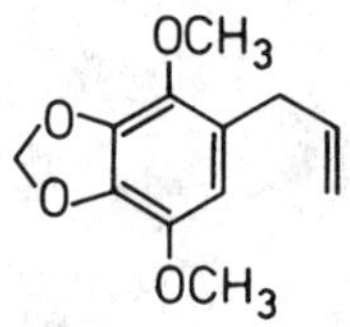

Apiol

Pharmakologische Wirkung: Apiol ruft vaskuläre Kongestionen hervor und bewirkt gesteigerte Kontraktilität der glatten Muskelfasern der Blase, des Darms und besonders des Uterus. Infolgedessen wird es häufig zu abortiven Zwecken benützt. Von den zahlreichen Schädigungen, die durch den Gebrauch zu großer Dosen von Apiol verursacht werden können, seien genannt: starke Leberverfettung, Abmagerung, blutige Stühle, ausgedehnte Schleimhautblutungen und hämorrhagisch entzündliche Infiltrate im Magen-Darm-Trakt, Hämolyse, Methämoglobinurie und Anurie. Die nach Einnehmen von Apiolpräparaten häufig auftretende schwere Polyneuritis mit irreparablen Lähmungen der Hände und Füße ist allerdings nicht dem Apiol, sondern der Beimengung von Trikresylphosphat zuzuschreiben [M 2].
Die Nierenepithelien werden durch Petersilienfrüchte geschädigt, Herzarrhythmien sind auch aufgetreten. Toxische Wirkung ist bei der üblichen Dosierung nicht zu erwarten.

Wirkungen auf die Haut: Die Furocumarine der Petersilie rufen gelegentlich phototoxische Reaktionen an der Haut hervor, die aber selten so stark ausgeprägt sind wie bei Arten aus der Gattung → *Heracleum.*

Dosierung: Dosis Fructus 1 g.

Anwendungen in der Homöopathie: D_2–D_6 bei Reizzuständen der Harnröhre und des Blasenhalses mit plötzlichem unwiderstehlichem Harndrang, Urina spastica, Urethritis, Hepatopathie.

Gefährlichkeitsgrad: Kaum giftig (+), phototoxisch (selten).

Vorschriften: Petroselinum crispum: Monographie der Kommission D.
Petroselini fructus und P. herba/radix: Monographie der Kommission E.

Literatur: C 4, D 9, H 12, M 2, M 27.

Therapie:
Nur in Extremfällen Erbrechen oder rechtzeitig Kohle-Pulvis.

Peumus boldus Molina

(Peumus fragrans Pers., Boldea fragrans Juss., Boldon fragrans Lindl., Ruizia fragrans Ruiz et Pav.)

Boldo. *E:* Boldo tree. *F:* Boldo. *I:* Boldo.

Familie: Monimiaceae.

Verbreitung, Vorkommen: Heimat des bis 6 m hohen Baumes oder Strauches ist Chile.

Droge: Folia Boldo, Boldo folium, Boldoblätter.
Die Blätter sind 3–6 cm lang, 2–4 cm breit, kurzgestielt, eiförmig oder länglich, oben zugespitzt oder abgerundet, ganzrandig, lederartig, steif und brüchig, blaßgraugrün, oberseits rauh, unterseits glatt. Geruch brennend würzig, Geschmack bitter [H 12]. Vor Licht geschützt aufbewahren.

Hauptwirkstoffe: Nach älteren Angaben das Glucosid Boldoglucin $C_{30}H_{52}O_8$, das bisher noch nicht rein dargestellt werden konnte, Zucker, Gerbstoff, Gummi und Spartein. Nach späteren Untersuchungen kein Spartein, jedoch 0,4–0,5% Alkaloide, davon 0,1% Boldin $C_{19}H_{21}NO_4$, Fp. 162–163 °C, je 0,03% Isocorydin $C_{20}H_{23}NO_4$, Fp. 184–185 °C, Norisocorydin $C_{19}H_{21}NO_4$, Fp. 203–205 °C (Hydrobromid), und N-Methyllaurotetanin $C_{20}H_{23}NO_4$, Fp. 223–224 °C (Hydrobromid), Reticulin, Isocorydin-N-oxid und Cholin, Isoboldin, Laurotetanin $C_{19}H_{21}NO_4$, Fp. 124–134 °C (Hydrat), Isorhamnetin, 3α-L-arabinopyranosid-7α-L-rhamnopyranosid.

Substituenten am C-Atom

Alkaloid	R	1	2	3	4	5	6
Boldin	CH_3	–	OH	OCH_3	–	OCH_3	OH
Laurotetanin	H	–	OH	OCH_3	–	OCH_3	OCH_3
N-Methyllaurotetanin	CH_3	–	OH	OCH_3	–	OCH_3	OCH_3
Norisocorydin	H	–	–	OCH_3	OH	OCH_3	OCH_3
Isocorydin	CH_3	–	–	OCH_3	OH	OCH_3	OCH_3

Peumus boldus

Ferner äth. Öle mit 30% p-Cymol, 30% Cineol und 40% → *Ascaridol* [H 12].

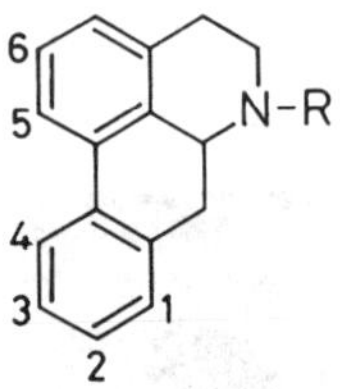

Vergiftungserscheinungen: Boldin ruft bei Tieren Krämpfe hervor und wirkt auf die quergestreifte Muskulatur wie Coffein. Wasicky berichtet, daß Boldin die Gallen- und Magensekretion anrege, den Appetit und die Harnstoffausscheidung steigere. Größere Dosen rufen Lähmungen hervor, während kleine gegen Ohrensausen und -klingen gute Dienste leisten. Einem in den Blättern enthaltenen Glykosid werden appetitanregende und hypnotische Wirkungen zugeschrieben. Es trat bei einem Ehepaar, das mehrere Monate Boldin Houdé in therapeutischen Dosen genommen hatte, eine Vergiftung mit schwerer seelischer Verstimmung, Farben- und Tonhalluzinationen ein, bei der Frau auch partielle, motorische Aphasie [M 2].

Dosierung: Mittlere Einzelgabe 1,0 g, Erg. B. 6. Einzeldosis 2 g als Plv. oder Aufguß, Helv. VI [H 12].

Gefährlichkeitsgrad: Giftig +

Vorschriften: Boldoblätter (Boldo folium) sind im DAC enthalten, Gehalt mind. 0,1% Gesamtalkaloide, berechnet als Boldin und bezogen auf die getrocknete Droge.
Peumus boldus: Monographie der Kommission D.
Boldo folium: Monographie der Kommission E.

Literatur: B 22, H 12, M 2.

Therapie:
Erste Hilfe: Kohle-Pulvis, erbrechen lassen, viel warmen Tee trinken lassen, Natriumsulfat, Schockprophylaxe (Ruhe, Wärme).
Klinik: Magenspülung (evtl. mit burgunderfarbener Kaliumpermanganatlösung), Elektrolytsubstitution, Azidoseausgleich mit Natriumbikarbonat (Urin pH 7,5), im Schock Plasma(expander)gabe, bei Krämpfen Diazepam (Valium®) i.v., Kontrolle der Nierenfunktion, bei Atemlähmung Intubation und Sauerstoffbeatmung.

Phacelia tanacetifolia Benth.

Rainfarnblättriges Büschelschön, Borstiger Bienenfreund. *E:* Tansy phacelia. *F:* Phacélie à feuilles de tanaisie. *I:* Facelia.

EDV-Code: PHCTA.

Familie: Hydrophyllaceae, Wasserblattgewächse.

Verbreitung, Vorkommen: Heimat ist Kalifornien. Als Futter- und Bienenpflanze seit Jahrzehnten angebaut, in der neueren Zeit auch als Gründünger und für die Silage.
Öfters verwildert an Straßen- und Wegrändern, Bahndämmen, auf Schutthalden und Äckern.

Beschreibung: Einjähriges, bis 70 cm hohes Kraut mit hohlem Stengel. Blätter gefiedert, angedrückt behaart, kaum gestielt, am Grunde scheidig-umfassend. Blüten hellblau bis blauviolett, sitzend, glockig-radförmig, Staubfäden weit herausragend; Blütenstände einseitswendig, endständig, schneckenförmig eingerollt. Kapsel ellipsoidisch, 4samig, 2klappig.
Alle Pflanzenteile sind mit feinen Drüsenhaaren (Trichomen) besetzt.
Blütezeit: Mai–Oktober.
10 weitere Phacelia-Arten im südwestlichen Nordamerika und in Mexiko, darunter
Phacelia minor (Harvey) Thell.
Phacelia crenulata Torr.

Giftige Pflanzenteile: Die ganze Pflanze.

Hauptwirkstoffe: Geranylbenzochinon, Geranylhydrochinon, Geranylgeranylhydrochinon, 1-Oxo-farnesylhydrochinon u. a.

Wirkungen auf die Haut: Als Ursache der hautreizenden und vor allem sensibilisierenden Wirkung ist eine Gruppe von prenylierten phenolischen Verbindungen verantwortlich, die den Namen Phacelioide erhielt (Reynolds 1986). Als stärkstes Kontaktallergen dieser Gruppe erwies sich das Geranylbenzochinon. Es ist 30mal stärker wirksam als seine Vorstufe Geranylhydrochinon. Die Sensibilisierungspotenz des Geranylbenzochinons ist der des 3-Pentadecylcatechols aus → *Toxicodendron quercifolium* gleichzusetzen. Die anderen Phacelioide sind etwas schwächer wirksam, aber zählen insgesamt zu den stärksten Kontaktallergenen, die wir in der Natur kennen [H 21].
Daß Phacelien schwere Kontaktallergieen verursachen können, ist seit Jahrzehnten bekannt.

Allergene: Phacelioide, das sind Phenole mit verschieden langen C10, C15 oder C20-Prenylketten.
Die stärksten Kontaktallergene unter den Phacelioiden sind: Geranylbenzochinon, Hauptallergen der *P. crenulata,* und seine Vorstufe Geranylhydrochinon, ferner Farnesylhydrochinon, aus *P. minor,* Geranylgeranylhydrochinon, ebenfalls in *P. minor* enthalten.
Die Phacelioide sind aber auch starke Irritantien. Eine 4%ige Zubereitung von Ge-

Phacelia tanacetifolia

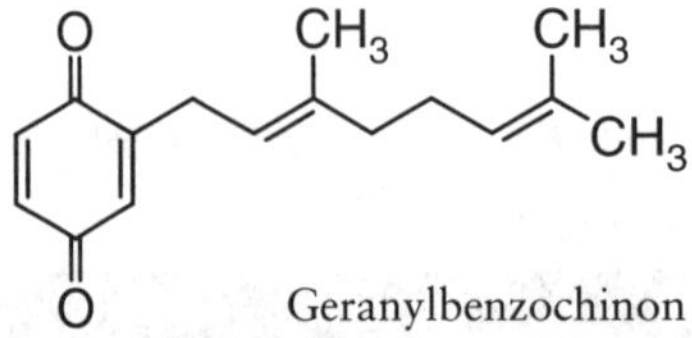

Geranylbenzochinon

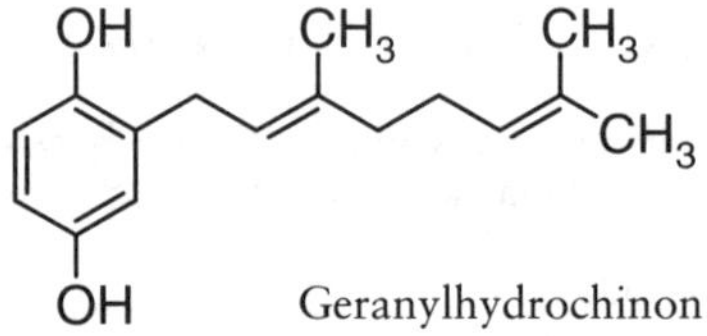

Geranylhydrochinon

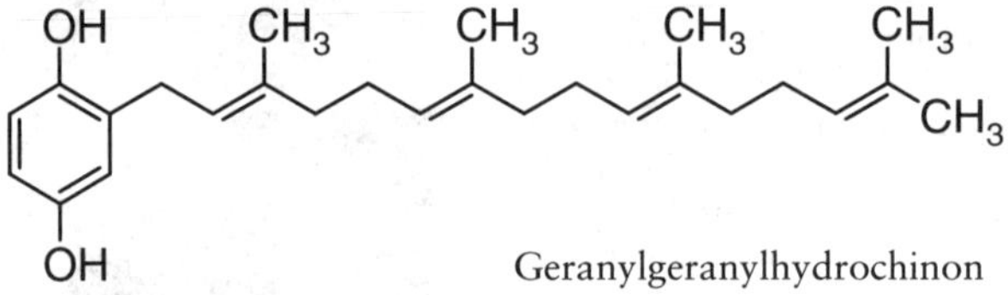

Geranylgeranylhydrochinon

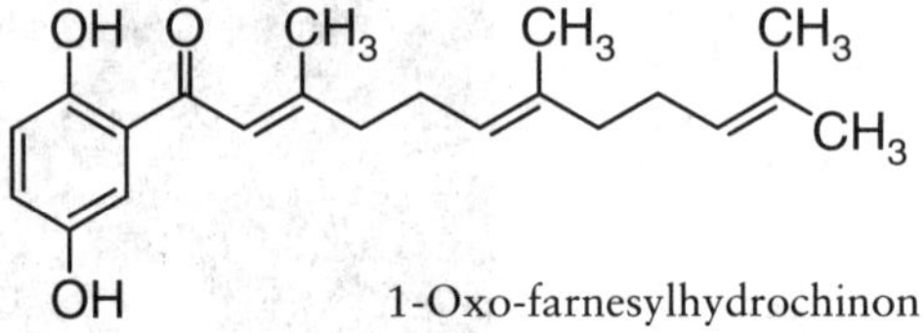

1-Oxo-farnesylhydrochinon

ranylhydrochinon in Vaseline führt zu toxischen bullösen Reaktionen bei fast allen Testpersonen.
In den USA tritt die Kontaktdermatitis bei Personen, die oft durch Wiesen oder durch das Grün an Straßenrändern laufen, an Füßen und Unterschenkeln auf, wenn diese nicht ausreichend geschützt sind. Denn durch Berührung werden aus den Trichomen ölige Tröpfchen freigesetzt, die dann an den Berührungsstellen ihre toxische und sensibilisierende Wirkung entfalten können.
In Europa ist noch kein Fall einer allergischen Kontaktdermatitis durch Phacelien bekannt geworden. Hausen hat in dünnschichtchromatographischen Untersuchungen bei hiesigen Pflanzen in den grünen Pflanzenteilen keine und in Samen nur geringe Mengen von Phacelioiden nachweisen können. Wahrscheinlich spielen auch hierbei wieder Klima- und Standortbedingungen eine ausschlaggebende Rolle bei der Allergenproduktion [O 6].

Gefährlichkeitsgrad: Sensibilisierungspotenz: Stark bis sehr stark.

Literatur: H 21, O 6.

Therapie:
Bei Allergie Hautkontakt und Einatmen meiden.

Phaseolus coccineus L.

Feuerbohne. *E:* Scarlet bean. *F:* Haricot écarlat. *I:* Fasolone, Fagiuolo americano. *NL:* Pronkboon.

EDV-Code: PHSCO.

Familie: Fabaceae, Schmetterlingsblütler.

Verbreitung, Vorkommen: Heimat: Südamerika; Gartenpflanze.

Beschreibung: Mehrere Meter lange, linkswindende Schlingpflanze. Blätter grün, dreizählig, gestielt, wechselständig. Blüten rot oder weiß, in lockeren Trauben, blattachselständig. Hülse mit dunkel gezeichneten Samen.
Blütezeit: Juni–September.

Giftwirkung etc. → *Phaseolus vulgaris.* Bei der Feuerbohne scheint die Giftwirkung aber stärker zu sein.

Phaseolus vulgaris L. ssp. vulgaris

Gartenbohne, Grüne Bohne. *E:* Bean. *F:* Haricot. *I:* Fagiuolo comune. *NL:* Boon.

Phaseolus vulgaris ssp. nana

Phaseolus vulgaris

EDV-Code: PHSVV.

Familie: Fabaceae, Schmetterlingsblütler.

Verbreitung, Vorkommen: Heimat: Tropisches und subtropisches Amerika, nur in Kultur bekannt; bei uns in Gärten angebaut.

Beschreibung: Einjährige, windende (var. vulgaris, Stangenbohne) oder aufrechte (var. nanus, Buschbohne) Pflanze. Blätter 3zählig, Teilblättchen eiförmig, zugespitzt, mit langen Stielen. Blüten gelblichweiß bis violett, in achselständigen langgestielten Blütenständen. Hülsenfrüchte lang, hängend. Blütezeit: Juni–September.

Giftige Pflanzenteile: Früchte (roh).

Hauptwirkstoffe: → *Phasin* (Toxalbumin).

Vergiftungserscheinungen: Phasin ruft Erbrechen, Diarrhöen und Absorptionsstörungen im Darm hervor. Es kann zu schweren, evtl. tödlichen hämorrhagischen Gastroenteritiden führen, weiter zu tonischen Krämpfen, Schock, Hypokaliämie und als Folge davon zu Veränderungen im Elektrokardiogramm [Rainer: Med. Klin. 57, 270 (1962)]. Phasin wird durch Kochen zerstört. Ähnlich giftig wirken auch größere Mengen roher grüner Bohnen [H 12].
Nach Weilemann [W 38] treten schon bei mehr als einer rohen Bohne heftige Magen- und Darmbeschwerden auf. Ein vierjähriges Kind bekam eine Stunde nach dem Essen roher Bohnen andauerndes Erbrechen (achtmal) sowie krampfartige Bauchschmerzen. Unter symptombezogener Behandlung erfolgte die Heilung.

Wirkungen auf die Haut: Grüne Bohnen erzeugen bei Menschen, die dazu disponiert sind, eine Dermatitis, die als „Bohnenkrätze" in Konservenfabriken bekannt ist.

Phaseolus vulgaris ssp. vulgaris

Anwendung in der Homöopathie: Teep mit 50% Phaseolus bei Nierenleiden, Wassersucht.

Gefährlichkeitsgrad: Stark giftig + + (rohe Bohnen)

Vorschriften: Bohnenhülsen sind im DAC aufgeführt.
Phaseolus vulgaris var. nana: Monographie der Kommission D.
Phaseoli fructus sine semine: Monographie der Kommission E.

Literatur: B 36, F 16, H 12, M 3.

Therapie:
Erste Hilfe; Kohle-Pulvis, erbrechen lassen, Natriumsulfat.
Klinik: Magenspülung (evtl. mit burgunderfarbener Kaliumpermanganatlösung), Elektrolytsubstitution, Azidoseausgleich mit Natriumbikarbonat (Urin pH 7,5), Flüssigkeitszufuhr, Kontrolle der Nierenfunktion, bei Krämpfen Diazepam (Valium®) i.v., ggf. Plasmaexpander.

Philodendron scandens Koch et Sello

und andere Philodendron-Arten

Philodendron, Baumfreund, Baumlieb. *E:* Heart-leaf philodendron.

EDV-Code: PIOSC.

Familie: Araceae, Aronstabgewächse.

Verbreitung, Vorkommen: Heimat von Ph. scandens ist Jamaika (in Europa seit 1793 bekannt). Die über 270 Arten der Gattung kommen in den Regenwäldern Süd- und Mittelamerikas vor. Bei uns sind einige Arten (über 20) beliebte Zimmerpflanzen.

Beschreibung: Die bekannteste Art, Ph. scandens, mit länglich-herzförmigen, ganzrandigen Blättern wird an Stäben und in Ampeln gehalten und ist sehr pflegeleicht.
Als ebenfalls kletternde Pflanze mit gefiederten oder gelappten Blättern ist Philodendron elegans Krause – Zierlicher Baumfreund – zu nennen.
In ihrer Heimat sind Philodendron-Arten strauchige oder kletternde Pflanzen, aber auch stammlose und niedrige Kräuter, mit oder ohne Luftwurzeln, immergrün, einfarbig oder bunt. Jugend- und Altersformen sind oft verschieden gestaltet. Blütenbildung ist nur selten zu beobachten.

Wirkstoffhaltige Pflanzenteile: Die Blätter. Das Hauptallergen befindet sich in der Epidermis der Blätter.

Hauptwirkstoffe: Hauptallergen der allergologisch wichtigsten Art Ph. scandens ist 5-Heptadecatri 8(Z), 11(Z), 14(Z) enylresorcinol [H 21].

Vergiftungserscheinungen: Nach Meldungen aus dem Tox-Zentrum in Zürich lutschte ein 7 Monate altes Kind an einem Philodendron-Blatt. Es erbrach wiederholt und litt an einer Mundschleimhautentzündung. Nach einem weiteren Bericht biß ein Erwachsener in einen Stengel und bekam darauf ein starkes Brennen im Mund, Hypersalivation, Bläschen an den Lippen und am Zahnfleisch. Eine Überempfindlichkeit im Bereich der Lippen dauerte noch 12 Tage.
Auch Tiervergiftungen von mehreren Katzen und eines Papageis liegen vor [J 6].

Wirkungen auf die Haut: Alle Berichte über Kontaktdermatitiden beziehen sich ausschließlich auf Ph. scandens [H 21].
Personen, die regelmäßig mit der Pflanze umgehen, sind besonders gefährdet.

Gefährlichkeitsgrad: Reizend und allergieinduzierend.

Literatur: F 16, H 21, J 6.

Therapie:
Nur in Extremfällen Erbrechen oder rechtzeitig Kohle-Pulvis.

Physalis alkekengi L.

Judenkirsche, Lampionblume. *E:* Alkakengy, Cape gooseberry. *F:* Alkékenge. *I:* Alchechengi, Palloncini. *NL:* Jodenkers.

EDV-Code: PHYAL.

Familie: Solanaceae, Nachtschattengewächse.

Verbreitung, Vorkommen: Eurasien, in Nordamerika eingeschleppt; Gebüsche, Wälder, Halden, in Gärten angepflanzt und daraus verwildert.

Beschreibung: 25–60 cm hohe Pflanze mit kriechender Grundachse. Blätter eiförmig, gestielt. Blüten einzeln in den Blattachseln, radförmig, schmutzig-weiß, gestielt. Frucht eine kirschgroße, rote Beere, von aufgeblasenem orangefarbenem Kelch umgeben.
Blütezeit: Juni–Juli.
Früchte: September–November.

Giftige Pflanzenteile: Die ganze Pflanze, mit Ausnahme der Beeren.
(Ob die Beeren immer ungiftig sind, wird vom Verfasser bezweifelt. Siehe weiter unten.)

Hauptwirkstoffe: Das bittere Physalin A, das weniger bittere Physalin B und Physalin C.

Vergiftungserscheinungen: Bis heute keine sicheren Angaben vorhanden.

Physalis alkekengi

In einer Südfrüchtehandlung wurde ein Schälchen Physalisfrüchte (vermutlich ausländischer Herkunft) gekauft. Nach Genuß von 10–15 Beeren traten Übelkeit und Herzbeschwerden sowie kalte Schweißausbrüche auf. Als hierüber in einem Symposium be-

Physalis peruviana

Physalis alkekengi

richtet wurde, bestätigte eine anwesende Apothekerin, daß ihr ebenfalls nach Genuß einer etwas größeren Menge sehr übel geworden sei (eigene Beobachtung).
Es handelte sich in beiden Fällen um die „Kap-Stachelbeere" Physalis peruviana.
Zwei unabhängig voneinander durchgeführte Untersuchungen (vom Herausgeber sowie von der Bundesforschungsanstalt für Ernährung) ergaben, daß die mit Phosphormolybdänsäure nachweisbaren Solanum-Alkaloide hier nicht nachgewiesen werden konnten. Eine Mitarbeiterin der Bundesanstalt, die selbst an Vergiftungserscheinungen litt, hält eine harzige Substanz im Fruchtansatz hierfür verantwortlich.

Im Schweizerischen Toxikologischen Informationszentrum wurden, neben vielen symptomlosen Physalis-Beratungsfällen, auch 3 Fälle von Kleinkindern mit Durchfall, Übelkeit und Bauchkrämpfen registriert. Unklar war der Reifegrad der Früchte [J 12].

Wirkungen auf die Haut: Blätter und unreife Früchte sollen beim Menschen lokale Reizwirkung haben.

Gefährlichkeitsgrad: Giftig +

Vorschriften: Physalis alkekengi: Monographie der Kommission D.

Literatur: B 36, F 16, G 4, H 12, J 12, L 10, M 2.

Therapie:
Erste Hilfe: Kohle-Pulvis trinken lassen.
Klinik: Nur nach großer Giftaufnahme Magenspülung, Kohle-Pulvis, Natriumsulfat. Plasmaexpander im Schock. Natriumbikarbonat zum Azidoseausgleich, ggf. Intubation und Beatmung. Atropin oder Orciprenalin bei Bradykardie; Phenytoin bzw. Lidocain bei tachykarden Herzrhythmusstörungen, evtl. passag. Herzschrittmacher.

Physostigma venenosum Balf.

Calabar, Calabarbohne, Gottesurteilsbohne. *E:* Calabar bean, Ordeal bean of Old Calabar, Chop-nut. *F:* Fève de Calabar. *I:* Fava del Calabar.

Familie: Fabaceae, Schmetterlingsblütler.

Verbreitung, Vorkommen: Die bis 15 m lange Liane ist an der afrikanischen Westküste verbreitet.

Droge: Semina Physostigmatitis, Physostigmatitis semen, Kalabarbohnen.
Die Ganzdroge besteht aus dem eiförmigen oder schwach nierenförmig gebogenen, etwas flachgedrückten, bis 3 cm langen, bis 1,5 cm dicken und bis 2 cm breiten, außen dunkelrot- bis schwarzbraunen, mattglänzenden, gegen den Rand zu etwas helleren, feinkörnelig gerunzelten Samen [H 12].

Hauptwirkstoffe: 0,3–0,5% Alkaloide mit 0,15% → *Physostigmin* $C_{15}H_{21}N_3O_2$, Fp. 106–107 °C, und 0,1% Geneserin (Eseridin) $C_{15}H_{21}N_3O_3$, Fp. 128–129 °C, als Hauptalkaloide sowie die Nebenalkaloide Eseramin $C_{16}H_{22}N_4O_3$, Fp. 240–242 °C, und Physovenin $C_{14}H_{18}N_2O_3$, Fp. 123 °C. Der früher Calaborin genannte Bestandteil stellt eine Mischung von Spaltprodukten dar, eine Identität mit Isophysostigmin konnte nicht bestätigt werden. Döpke [Naturwissenschaften 50, 713 (1963)] isolierte 2 weitere Alkaloide: Calabatin $C_{17}H_{25}N_3O_2$, Fp. 119 °C, und Calabacin C $C_{17}H_{25}N_3O_3$, Fp. 138 °C [H 12].

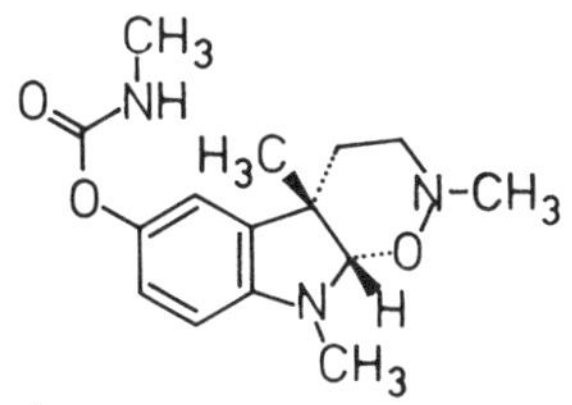

Geneserin

Physostigma venenosum

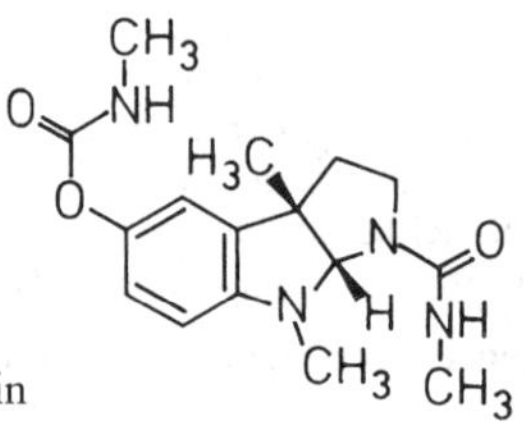

Eseramin

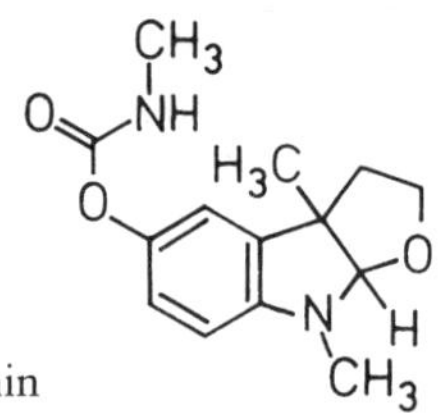

Physovenin

Vergiftungserscheinungen: Die Wirkung der Kalabarbohnen beruht auf ihrem Gehalt an Alkaloiden. Nach Robinson [J. Pharm. Pharmacol. 20, 213 (1968)] hemmen das Physostigmin und das Physovenin die Acetylcholinesterase, während Geneserin und Eseramin unter denselben unwirksam sind [H 12].
Nach Einstäubung einer zu großen Dosis von Physostigmin in den Bindehautsack beobachtete Mader an sich selbst eine allgemeine Physostigminvergiftung mit starkem Unwohlsein, Schweißausbruch, Zittern der Glieder und beschleunigter Herztätigkeit. Am nächsten Tage waren diese Symptome abgeklungen, doch zeigten sich als weitere Folgen Entzündung und Katarrh der ganzen Luftwege, Membranen an den Bindehäuten beider Augen und am Kehlkopf, dementsprechend Heiserkeit. Vergiftungen mit Physostigmin sind nur selten bekannt geworden. Dimitrijevič beschreibt eine durch Injektion von 0,1 g Eserinsulfat hervorgerufene Vergiftung. Einige Minuten nach Verabreichung der Injektion stellten sich Krämpfe in den Beinen und Armen ein, und das Gesicht zeigte Muskelzuckungen. Im Laufe einiger weiterer Minuten wurde der Patient blau, die Atmung wurde immer seltener und schwieriger, ½ Std. nach der Injektion hörten Atmung und Herztätigkeit auf [M 2].

Dosierung: 0,02 g pro dosi, 0,06 g täglich des Calabarextraktes (Erg. B. 6).

Gefährlichkeitsgrad: Sehr stark giftig + + +

Vorschriften: Physostigma venenosum: Monographie der Kommission D.
Verbotener Stoff der Kosmetikverordnung v. 19. 6. 1985 Anlage 1:281 Physostigma venenosum Balf.

Literatur: H 12, M 2, N 8.

Therapie:
Erste Hilfe: Sofort Kohle-Pulvis-Gabe, erbrechen lassen, Natriumsulfat, beatmen, Herzmassage, Speichel absaugen, Schockprophylaxe (Ruhe, Wärme).
Klinik: Magenspülung (evtl. mit burgunderfarbener Kaliumpermanganatlösung), Antidot Atropin (1–2 mg langsam i.v. oder i.m.), laufend wiederholen (Mydriasis, trockene Haut), bei Krämpfen Diazepam (Valium®) i.v., Plasma(expander)gabe.

Phytolacca americana L.
(P. decandra L.)

Kermesbeere. *E:* Virginian poke, Pokeweed. *F:* Raisin d'Amérique. *I:* Cremesina Ura-turca. *NL:* Karmozijnbes.

EDV-Code: PHTAM.

Familie: Phytolaccaceae, Kermesbeerengewächse.

Verbreitung, Vorkommen: Heimat: Nordamerika; Zierpflanze in Gärten, stellenweise verwildert.

Beschreibung: Ausdauernde, bis 3 m hohe Pflanze, mit rübenförmiger Wurzel. Blätter eiförmig-elliptisch, ganzrandig, kurz gestielt. Blüten weiß, in endständigen Trauben. Frucht flache, dunkelrote bis schwarze Beere.
Blütezeit: Juni–September.
Früchte: August–Oktober.
Eine weitere Zierpflanze in unseren Gärten ist Phytolacca acinosa Roxb., die aufrechte Blüten- und Fruchtstände besitzt, während diese bei Ph. americana abstehen oder hängen.

Droge: Radix (Fructus) Phytolaccae, Phytolaccae radix (fructus), Kermeswurzeln und Beeren.
Die gepulverte Wurzel reizt stark zum Niesen, rötet die Haut und wirkt blasenziehend.

Giftige Pflanzenteile: Die ganze Pflanze, hauptsächlich Wurzeln und Samen. Intoxikationen sind fast ausschließlich von den Beeren zu erwarten. Bis 10 Beeren gelten für Erwachsene und ältere Kinder als unbedenklich, während bei Kleinkindern ernste Vergiftungen auftreten können.

Hauptwirkstoffe: Phytolaccatoxin, eine wasserlösl. Saponinmischung, die nach Hydrolyse → *Phytolaccagenin* $C_{31}H_{40}O_7$, Glucose und Xylose liefert [H 12], außerdem Mitogene und weitere Saponine.

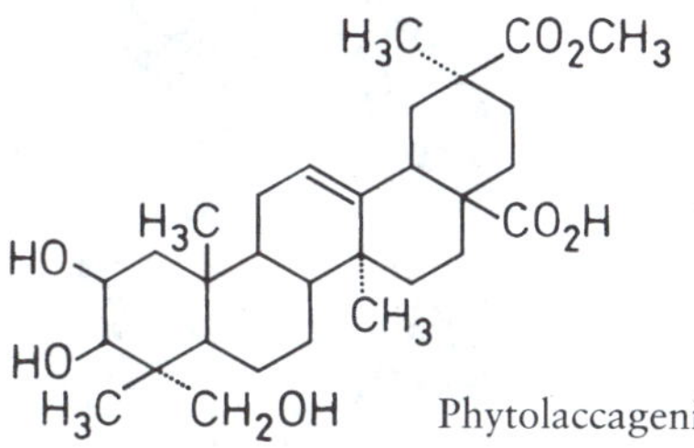

Phytolaccagenin

Vergiftungserscheinungen: Krämpfe, gastrointestinale Beschwerden, Erbrechen, Diar-

Phytolacca americana

rhöe. Nach einer größeren Menge Beeren klagte ein 8jähriger Knabe über heftige Magenschmerzen. Starkes Erbrechen stellte sich ein, die Kehle war rot entzündet, die Mandeln geschwollen. Als das Erbrechen nachließ, setzte Diarrhöe ein, der Stuhl war braun und dünn, der Magen gegen jeden Druck äußerst empfindlich, und die Zunge zeigte weißen Belag. Später stellte sich starkes Kneifen in der Nabelgegend und krampfhaftes Zucken der Arme und Beine ein. Bei einem anderen Knaben, der „zwei oder drei Drachmen“ (2–3 × 3,55cm^3) der Wurzeltinktur getrunken hatte, zeigten sich nicht diese Symptome, sondern vollkommener Tetanus. Am nächsten Tage war er jedoch wieder hergestellt. Daneben sind aber auch tödliche Vergiftungen bekannt geworden.

Die Toxizität der Droge beruht vornehmlich auf ihrem Gehalt an Mitogenen, die vielleicht durch die lokal reizenden Eigenschaften der Saponoide verstärkt wird.

Anwendungen in der Homöopathie: D_1–D_4 bei akutem (fokaltoxischem) Gelenkrheumatismus, Grippe und Angina. Teep 0,025 g bei Brustdrüsenentzündung.

Gefährlichkeitsgrad: Giftig +

Vorschriften: Phytolacca americana: Monographie der Kommission D.
Verbotene Stoffe der Kosmetikverordnung v. 19. 6. 1985 Anlage 1: 374 Phytolacca subspec. und ihre Zubereitungen.

Literatur: B 36, D 9, F 16, H 8, H 12, K 3, L 10, M 2, M 3, M 27.

Therapie:
Erste Hilfe: Kohle-Pulvis (10 g), erbrechen lassen, viel warmen Tee oder Himbeersaft trinken lassen.
Klinik: Nach wahrscheinlich großer Giftaufnahme: Magenspülung (evtl. mit burgunderfarbener Kaliumpermanganatlösung), Instillation von 10 g Kohle-Pulvis und Natriumsulfat, Elektrolytsubstitution, Azidoseausgleich mit Natriumbikarbonat (Urin pH 7,5). Monitorkontrolle.

Pieris japonica (Thunb.) D. Don ex G. Don

(Andromeda japonica Thunb.)

Japanische Lavendelheide. *E:* Japanese pieris. *F:* Andromède du Japon.

Pieris japonica
EDV-Code: PIRJA.

Familie: Ericaceae, Heidekrautgewächse.

Verbreitung, Vorkommen: Heimat: Ostasien; Zierstrauch in Gärten und Anlagen.

Beschreibung: Bis 9 m hoher, winterharter Baum oder Strauch. Blätter immergrün, eiförmig bis lanzettlich, wechselständig. Blüten weiß, klein, 0,5 cm Durchmesser, in endständiger, hängender Rispe. Frucht eine Kapsel.
Blütezeit: März–Mai.
Bei uns wird auch die ähnlich wirkende Pieris floribunda (Pursh ex Sims) Benth. et Hook. – Amerikanische Lavendelheide angepflanzt.

Giftige Pflanzenteile: Die ganze Pflanze.

Hauptwirkstoffe: Im Blatt, im Holz und in den Blüten Asebotoxin, Asebotin (Monomethylether des Phlorizins), Quercetrin, → *Quercetin,* → β-*Amyrin,* → *Ursol-* und → *Oleanolsäure,* Phlorizin.

Vergiftungserscheinungen: Giftig, besonders für Tiere. Asebotoxin bewirkt Erbrechen, Krämpfe und Tod durch Lähmung des Atemzentrums.

Anwendungen: In Japan früher als Insektizid und Vermifugum, äußerlich bei Skabies.

Gefährlichkeitsgrad: Giftig +

Literatur: G 6, H 12, H 31.

Therapie:
Erste Hilfe: Kohle-Pulvis (10 g), erbrechen lassen, viel warmen Tee oder Himbeersaft trinken lassen.
Klinik: Nach wahrscheinlich großer Giftaufnahme: Magenspülung (evtl. mit burgunderfarbener Kaliumpermanganatlösung), Instillation von 10 g Kohle-Pulvis und Natriumsulfat, Elektrolytsubstitution, Azidoseausgleich mit Natriumbikarbonat (Urin pH 7,5).

Pilocarpus jaborandi Holmes

Jaborandi. *E:* Jaborandi shrub. *F:* Jaborandi. *I:* Jaborandi.

Familie: Rutaceae, Rautengewächse.

Verbreitung, Vorkommen: Kleine Bäume oder Sträucher. Heimat: Nordbrasilien.

Pilocarpus jaborandi

Droge: Folia Jaborandi, Jaborandi folium, Jaborandiblätter.
Die Handelsqualitäten bestehen meist aus Mischungen verschiedener Arten, die im europäischen Handel vorkommenden Waren hauptsächlich aus den Blättern von Pilocarpus microphyllus Stapf [H 12].
Es sind noch außerdem zu nennen: Pilocarpus pennatifolius Lem. und Pilocarpus racemosus Vahl.

Hauptwirkstoffe: In allen Arten das Hauptalkaloid → *Pilocarpin* $C_{11}H_{16}N_2O_2$, die Nebenalkaloide variieren. In P. microphyllus über 1% Pilocarpin, daneben Isopilocarpin („Pilocarpidin") $C_{11}H_{16}N_2O_2$, Fp. 161 °C (Pikrat), und → *Pilosin* (Carpilin, Isopilosin) $C_{16}H_{18}N_2O_3$, Fp. 187 °C. P. jaborandi enthält bis 1%, durchschnittlich 0,6–0,7% Pilocarpin, außerdem Pilocarpidin $C_{10}H_{14}N_2O_2$ (Öl) und Isopilocarpin. P. pennatifolius ca. 0,2–0,4% Pilocarpin und Isopilocarpin [H 12].

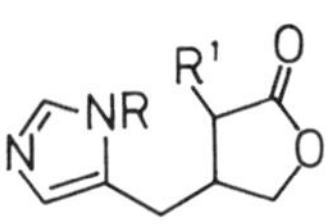

Pilocarpidin	R=H, $R^1=C_2H_5$
Pilocarpin, Isopilocarpin	R=CH_2, $R^1=C_2H_5$
Pilosin, Isopilosin	R=CH_3, R^1=CHOH-C_6H_5

Vergiftungserscheinungen: Die Sekretion der Darmdrüsen wird durch Pilocarpin gesteigert, so daß wäßrige Stühle entleert werden. Da schließlich auch Tränendrüsen, Nasenschleimhautdrüsen, Drüsen des Pharynx, des Larynx, des Magens, des Pankreas usw. an der verstärkten Sekretion beteiligt sind, wird der Körper rasch wasserarm. Am Uterus treten Kontraktionen auf, die zum Abort führen können. Die Herztätigkeit wird verlangsamt, durch größere Dosen geschwächt. Das Blutbild weist Leukozytose auf. Die Hautgefäße werden erweitert, Symptome der Pilocarpin-Vergiftung sind außer der Salivation und Hidrosis Tränenfluß, starke Nasensekretion, Nausea, Erbrechen, Diarrhöe, Pupillenverengung, Akkommodationskrampf, Herzklopfen, Konvulsionen, Zittern, Dyspnoe, erst Steigen, dann Sinken des Blutdrucks, Arrhythmie, Stechen der Urethra, Tenesmus vesicalis, Kopfschmerz, Vertigo [M 2].

Dosierung: (Blätter) Mittlere Einzelgabe 0,5 g Erg. B. 6, maximale Einzeldosis 2 g.

Anwendungen in der Homöopathie: D_3–D_6 bei Hitzewallungen der Wechseljahre; Teep 1 mg (als Pilocarpin berechnet) bei Atemnot, Schnupfen und als schweißtreibendes, expektorierendes Mittel, D_3 bei Nachtschweiß.
D_6 bei verminderter Akkommodationsfähigkeit der Augen.

Gefährlichkeitsgrad: Sehr stark giftig + + +

Vorschriften: Pilocarpus jaborandi: Monographie der Kommission D.
Verbotene Stoffe der Kosmetikverordnung v. 19. 6. 1985, Anlage 1: 311 Pilocarpus jaborandi Holmes und seine Zubereitungen.

Literatur: D 9, H 12, M 2, M 3, M 27.

Therapie:
Erste Hilfe: Sofort Kohle-Pulvis-Gabe, erbrechen lassen, Natriumsulfat, beatmen, Herzmassage, Speichel absaugen, Schockprophylaxe (Ruhe, Wärme).
Klinik: Magenspülung (evtl. mit burgunderfarbener Kaliumpermanganatlösung), Antidot Atropin (1–2 mg langsam i.v. oder i.m.). laufend wiederholen (Mydriasis, trockene Haut), bei Krämpfen Diazepam (Valium®) i.v., Plasmae(expander)gabe.

Pinus sylvestris L.

Gemeine Kiefer, Föhre, Forle. *E:* Scotch pine. *F:* Pin sylvestre ou commun. *I:* Pino silvestre.

EDV-Code: PIUSI.

Familie: Pinaceae, Kieferngewächse.

Vorkommen, Verbreitung: Mittel- und Nordeuropa, Nordasien. In Norddeutschland große Waldbestände. Häufiger Waldbaum besonders in der Ebene auf sandigen, nährstoffarmen Böden.

Beschreibung: Bis 40 m hoher, ein-, selten zweihäusiger Baum, zuletzt mit schirmförmiger Krone. Nadeln 4–6 cm lang, büschelig, paarig, blaugrün. Männliche Blüten in großer Zahl an Stelle von Kurztrieben, weibliche an der Spitze von jungen Trieben. Zapfen gestielt, kegelförmig, rötlich, herabgekrümmt.
Blütezeit: Mai (Juni).

Giftige Pflanzenteile: Ätherisches Öl, das hauptsächlich im ausfließenden Harz (Terpentin) enthalten ist.

Zapfen

Droge: Oleum Terebinthinae, Terebinthinae aetheroleum, Terpentinöl. Frisches Öl farblos, später durch Autooxidation gelblich verfärbt.
Herkunft: Verschiedene Pinus-Arten, außer der beschriebenen Art besonders Pinus palustris Miller, Pinus pinaster Solander, Pinus nigra Arnold.
Auszug aus der Monographie der Kommission E: Pini aetheroleum (Kiefernnadelöl)
Gegenanzeigen: Asthma bronchiale, Keuchhusten.

Blüten

Pinus sylvestris

Nebenwirkungen: An Haut und Schleimhäuten können verstärkte Reizerscheinungen auftreten.
Bronchospasmen können verstärkt werden.

Hauptwirkstoffe: Hauptbestandteile des Öls α-Pinen und β-Pinen.

Wirkungen auf die Haut/Schleimhaut: Das Öl wirkt auf die Haut reizend. Bei längerer Einwirkung treten schmerzhafte Hautentzündungen mit Blasenbildung, geschwürige Veränderungen und tiefgreifende Gewebezerstörung auf. Hierfür wird besonders Δ-Caren verantwortlich gemacht.

Vergiftungserscheinungen: Nach oralen Gaben (meist Folge von Überdosierung) Brennen im Mund und Rachen, Leibschmerzen und Diarrhöen, Benommenheit, Schwindel, Blutdrucksenkung, Gesichtsblässe, selbst Bewußtlosigkeit. Veilchengeruch der Atemluft, des Schweißes und des Harnes. Die tödliche Menge liegt sehr hoch, 40–120 g wurden überstanden.

Gefährlichkeitsgrad: Wenig giftig (+) aber hautreizend.

Vorschriften: Pinus sylvestris: Monographie der Kommission D.
Pini aetheroleum und P. turiones: Monographie der Kommission E.
Terpentinöl ist in der Gefahrstoffverordnung aufgeführt, EG-Nr. 650-002-00-6 Xn R:10-20/21/22 S: 2
Terebinthinae aetheroleum rect.: Monographie der Kommission E.

Literatur: B 33, G 4, H 12, T 5, W 27.

> **Therapie:**
> Nur in Extremfällen Erbrechen oder rechtzeitig Kohle-Pulvis.

Piper betle L.

Betelpfeffer. *E:* Betel pepper. *F:* Bétel. *I:* Betel.

EDV-Code: PIPBE.

Familie: Piperaceae, Pfeffergewächse.

Verbreitung, Vorkommen: Heimisch im indomalaischen Gebiet.

Beschreibung: Kletternder Halbstrauch. Blätter glänzend (im Gegensatz zu anderen Piper-Arten), fleischig, oval, 10–14 cm lang. Männliche Blütenähren zylindrisch, weibliche bis 4 cm lang. Frucht eine Steinfrucht.

Piper betle

Droge: Folia Piperis betle, Piperis betle folium, Betelpfefferblätter.
Frische oder getrocknete Blätter. Sie sind ledrig, kahl oder spärlich behaart, zugespitzt, breit herzförmig mit starker Nervatur.

Hauptwirkstoffe: Ätherisches Öl 0,2–2,6% mit den phenolischen Bestandteilen: Eugenol, Allylpyrocatechol, Chavicol, Carvacrol und den nichtphenolischen Anteilen Cineol, Cadinen, α-Caryophyllen.

Vergiftungserscheinungen: Die Blätter besitzen anregende, antibiotische und carminative Eigenschaften [H 12].
Verwendet werden sie beim Betelkauen. → *Areca catechu.*

Gefährlichkeitsgrad: Wenig giftig (+)

Literatur: H 12, M 17.

Therapie:
Erste Hilfe: In Extremfällen Kohle-Pulvis-Gabe.
Klinik: Nach heftigen Durchfällen evtl. Elektrolytausgleich.

Piper cubeba L.

(Cubeba officinalis Miquel)

Kubebenpfeffer. *E:* Cubebs, cubebs pepper. *F:* Cubebe. *I:* Cubebe.

Familie: Piperaceae, Pfeffergewächse.

Verbreitung, Vorkommen: Der Kletterstrauch ist auf den Sundainseln und in Ostasien heimisch.

Droge: Fructus Cubebae, Cubebae fructus, Kubeben, Kubebenpfeffer.
Nahezu kugelige, am Scheitel leicht zugespitzte, nicht über 5 mm breite Früchte, durch Eintrocknen der Fleischschicht geschrumpft und außen netzig-runzelig. Die Fruchtwand ist dunkelgrau- bis schwarzbraun, 0,25 mm dick. Der Geschmack ist aromatisch, scharf bitter, nicht brennend, der Geruch eigentümlich, balsamisch [H 12].

Hauptwirkstoffe: 10–20% äth. Öl, 2,5% Cubebin $C_{20}H_{20}O_6$, Fp. 131–132 °C, etwa 1% weiße, amorphe Cubebensäure $C_{13}H_{14}O_7$, Fp. 56 °C [H 12].

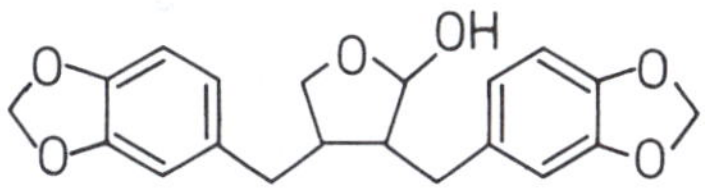

Cubebin

Vergiftungserscheinungen: In großen Dosen bewirken die Cubebenfrüchte (insbesondere aber die Tinktur, Anm. d. Verf.) Reizung der Harnwege, Nieren- und Blasenschmerzen,

Piper cubeba

Albuminurie, krampfhafte Harnverhaltung, beschleunigten Puls, Kardialgien, Aufstoßen, Ekel bis zum Erbrechen, Diarrhöe und Hautausschläge. Lewin sah auch Störungen des Zentralnervensystems, wie Kopfschmerzen, Angstzustände und sogar bei vorhandenem Fieber Delirien.

Wirkungen auf die Haut: Nach dem inneren Gebrauch sieht man Schwellung des Gesichtes bis zur Unkenntlichkeit und der Hände bis zur Unbeweglichkeit der Finger und endlich der Zunge, die steinhart wird. Unter starken Allgemeinerscheinungen treten polymorphe Arzneiexantheme auf, wie: rubeolaartige Erythemflecke, papulöser Ausschlag, öfter mit dazu tretendem Fleckenausschlag, so daß er masern- oder durch Konfluenz scharlachartig aussieht, ausnahmsweise Urtikaria, öfter Mischformen von Quaddeln und Knötchen, ganz vereinzelt ein Bläschenausschlag [M 2].

Dosierung: Einzeldosis 2 g, Tagesdosis 10 g, Hisp. IX [H 12].

Gefährlichkeitsgrad: Giftig +

Vorschriften: Piper cubeba: Monographie der Kommission D.

Literatur: H 12, M 2.

Therapie:
Erste Hilfe: Kohle-Pulvis-Gabe, Erbrechen auslösen, Natriumsulfat, viel trinken lassen.
Klinik: Magenspülung (evtl. mit burgunderfarbener Kaliumpermanganatlösung), Roticlean®-, Kohle- und Natriumsulfatinstillation, gegen Koliken Atropin, Elektrolytsubstitution, Azidoseausgleich mit Natriumbikarbonat (Urin pH 7,5), Kontrolle der Nierenfunktion, bei Krämpfen Diazepam (Valium®) i.v., ggf. Intubation und Sauerstoffbeatmung.

Piper methysticum G. Forst.

(Macropiper methysticum Miq.)

Rauschpfeffer, Kawa, Kawa-Kawa-Wurzel. *E:* Kava-kava, Ava, Kawa. *F:* Kawa.

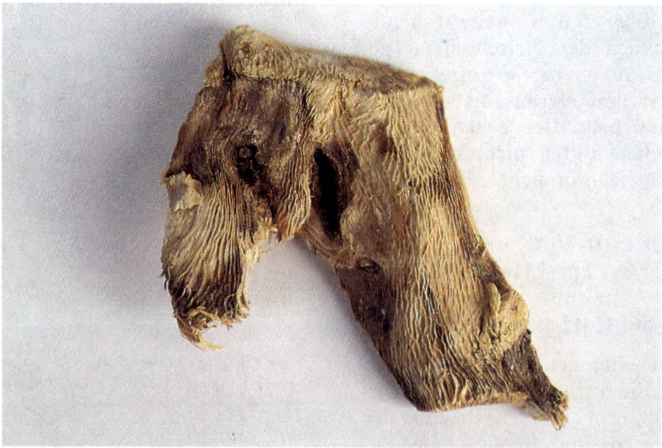

Wurzelstock (Teilstück)

Piper methysticum

Familie: Piperaceae, Pfeffergewächse.

Verbreitung, Vorkommen: Heimisch in Polynesien, Neu-Guinea bis zu den Sandwichinseln.

Beschreibung: 1,5–4 m hoher Strauch. Blätter herzförmig-oval, 13–22 cm lang und fast ebenso breit. Blüten 2häusig, in dichten Ähren.

Droge: Rhizoma Kava-Kava, Kawa-Wurzel, Rauschpfefferwurzel.
Die Droge ist der geschälte, geschnittene Wurzelstock ohne die Wurzel und Würzelchen. Frisch besteht der Wurzelstock aus 1–2 kg schweren, sehr saftigen, reich verästelten Stücken [H 12].
Auszug aus der Monographie der Kommission E: Piperis methystici rhizoma (Kava-Kava-Wurzelstock)
Gegenanzeigen: Schwangerschaft, Stillzeit, endogene Depressionen.
Hinweis: Bei länger dauernder Einnahme kann es zu einer vorübergehenden Gelbfärbung der Haut und Hautanhangsgebilde kommen. In diesem Fall ist von einer weiteren Einnahme dieses Medikaments abzusehen. In seltenen Fällen können allergische Hautreaktionen auftreten. Weiterhin werden Akkommodationsstörungen, Pupillenerweiterungen sowie Störungen des okulomotorischen Gleichgewichts beschrieben.
Dieses Arzneimittel kann auch bei bestimmungsgemäßem Gebrauch die Sehleistung und das Reaktionsvermögen im Straßenverkehr oder bei der Bedienung von Maschinen beeinflussen.

Hauptwirkstoffe: Die charakteristischen Inhaltsstoffe sind die substituierten sechsgliedrigen Lactone [H 12]. Die Rhizome enthalten 5,5–8,3% Gesamtpyrone.
A. Kawa-Lactone (α-Pyrone, Derivate der Piperetinsäure?) [H 12].

	R^1	R^2
Yangonin	H	OCH_3
Desmethoxyyangonin (= 5,6-Dehydrokawain)	H	H
11-Methoxyangonin	OCH_3	OCH_3
11-Methoxynoryangonin	OCH_3	OH

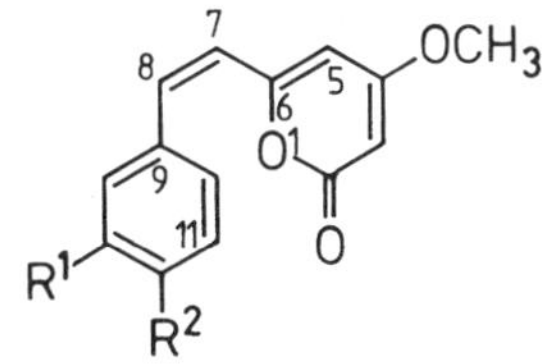

	R^1	R^2
Kawain	H	H
Methysticin	$O–CH_2–OH$	

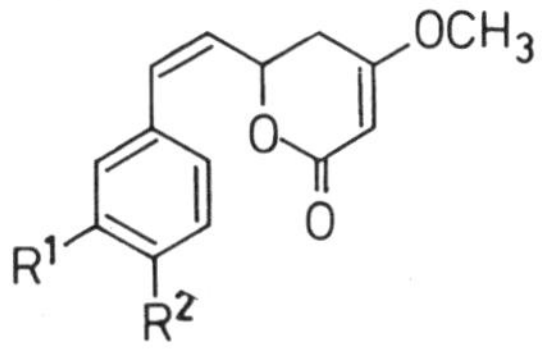

	R^1	R^2
Dihydrokawain (= Marindinin)	H	H
Dihydromethysticin	$O–CH_2–O$	

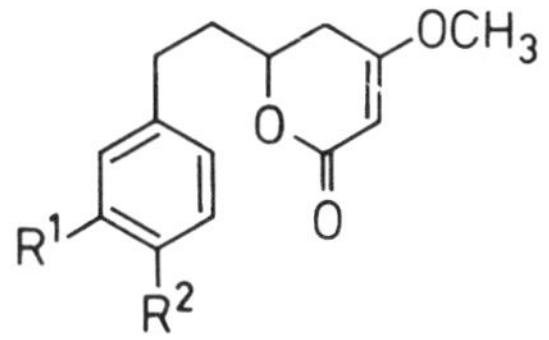

B. Chalkone:

Flavokawin A: $R=OCH_3$
Flavokawin B: R=H

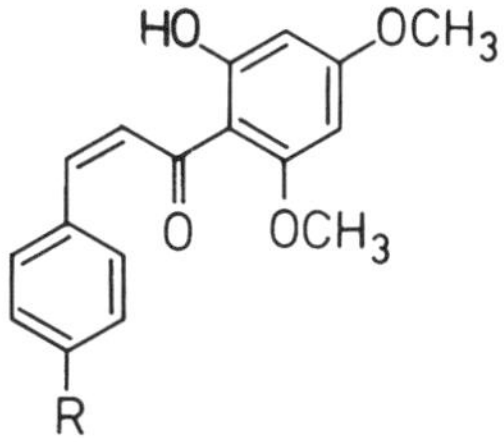

Piper methysticum

Vergiftungserscheinungen: Während die Dienolide (Yangoninderivate) pharmakologisch schwach wirksam sind, zeigen die Enolide (Kawainderivate) eine ganze Reihe auffallender Wirkungen. An erster Stelle erwähnenswert sind ihre zentrallähmenden Eigenschaften. Es bestehen hinsichtlich Sedation, Verlängerung der Barbituratnarkose und Senkung der N_2O-Narkoseschwelle Parallelen zu Verbindungen aus der Wirkstoffklasse der Ataraktica und Hypnotica. Dihydrokawain und Dihydromethysticin wirken antikonvulsiv und muskelrelaxierend. In Wirkungsweise und Wirkungsintensität sind sie dem Diphenylhydantoin vergleichbar [H 12].
In der Heimat der Pflanze wird aus der Wurzel ein berauschendes Getränk von den Eingeborenen hergestellt.
Das Kawa-Getränk wirkt tonisierend, leicht stimulierend, geist- und appetitanregend, kann aber auch Nausea, Vomitus und Diarrhöe verursachen. Wurden mäßige Mengen des Getränkes genossen, hat der Trinkende nach 1–2 Std. das Gefühl glücklicher Sorglosigkeit und Zufriedenheit, wobei die Sprache leicht und die Sinnesreflexe geschärft sind. Diese Euphorie klingt nach 2–3 Std. wieder ab. Nach größeren Mengen stellt sich Mattigkeit der Glieder, unsicheres Gehen und Nachlassen des Perzeptionsvermögens ein, schließlich kommt es zu überwältigender Ermattung, Somnolenz und rauschähnlichem Schlaf mit häufig erotischen Träumen, der 2–8 Std. bei herabgesetzter Sensibilität anhalten kann. Die narkotischen Wirkungen des Kawa-Getränkes treten namentlich dann auf, wenn Wurzelteile und bestimmte Harzmengen mit in die Trinkflüssigkeit gelangen; wird diese dagegen gut filtiert, so wirkt sie nur als teeartiges Getränk ohne hervorstechende Eigenschaften. Bei chronischem Kawa-Gebrauch sollen geistige Schwäche, Abmagerung, Sehstörungen und Abschuppungen bis Atrophie der Haut zu beobachten sein [M 2].
Nach anderen Angaben wurde keine narkotische Wirkung und auch keine Rauschwirkung beobachtet. „Rauschpfeffer" wäre demnach eine unglückliche Bezeichnung.

Dosierung: EP 67. Erg. B. 6: Mittlere Einzelgabe als Einnahme 0,5 g. Als Extrakt 1:1 2–4 ml [H 12].

Gefährlichkeitsgrad: Giftig +

Vorschriften: Piper methysticum: Monographie der Kommission D.
Piperis methystici rhizoma: Monographie der Kommission E.

Literatur: H 7, H 12, M 2, N2.

Therapie:
Erste Hilfe: Ruhe, beruhigendes Zureden, beaufsichtigen, meist keine medikamentöse Therapie nötig, bei hochgradiger Erregung Doxepin (Aponal®) (50 mg oral oder i.m.), nur falls nicht anders vorhanden Diazepam (Valium®) (10–20 mg oral oder i.m.), nach oraler Überdosierung erbrechen lassen, Atemwege freihalten, evtl. Atemspende, warmhalten.
Klinik: Evtl. Magenspülung, Kohle-Pulvis und Natriumsulfatinstillation, Plasmaersatzpräparate, beatmen.

Piscidia piscipula (L.) Sargent

[Piscidia erythrina (Loefl.) L.]

Piscidie, Gemeiner Fischfänger. *E:* Jamaica-dogwood. *F:* Piscidie. *I:* Piscidia.

Familie: Fabaceae, Schmetterlingsblütler.

Verbreitung, Vorkommen: Westindien, besonders Florida, Mexiko und Jamaica sind die Heimat des 6–8 m hohen Baumes.

Droge: Cortex Piscidiae, Piscidiae cortex, Fischrinde.
Diese kommt in bis 1 m langen, oft bis 8 cm breiten, beinahe flachen, rinnen- oder auch röhrenförmigen, oft verbogenen, harten Stücken vor, die bis 3 mm dick sind [H 12].

Hauptwirkstoffe: Die Isoflavone Jamaicin $C_{22}H_{18}O_6$, Fp. 193–194 °C, Muneton, 0,25% Ichthynon $C_{21}H_{11}O_5$, Fp. 202–203,5 °C, ferner → *Rotenon* $C_{23}H_{22}O_6$, Fp. 163,5–164,5 °C.

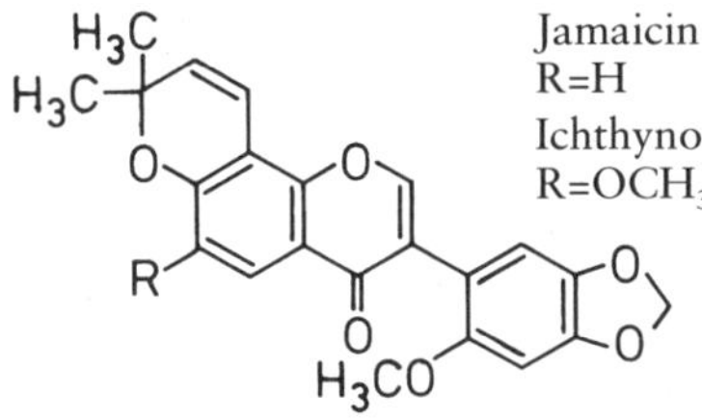

Jamaicin R=H
Ichthynon R=OCH₃

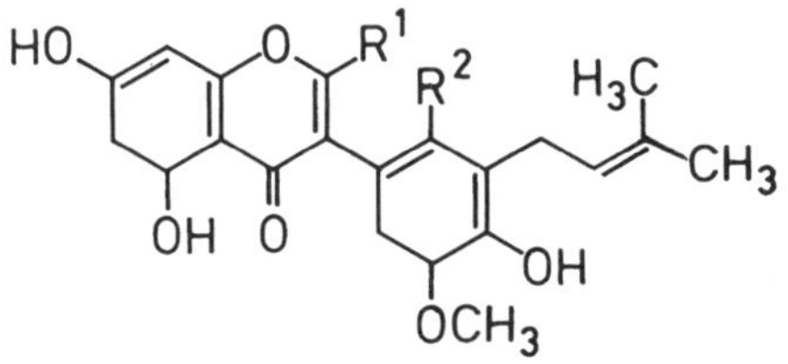

Piscerythron R^1=H, R^2=OH
Lisetin R^1+R^2=-O-

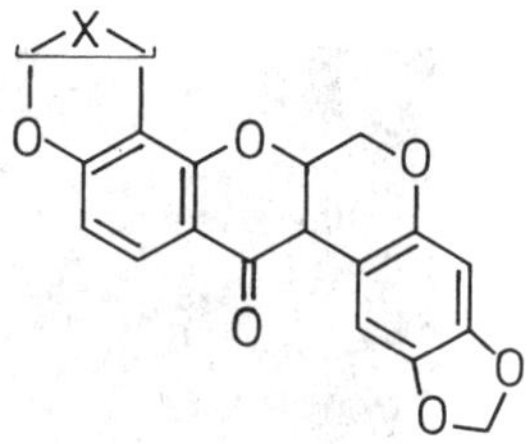

Milletton X=

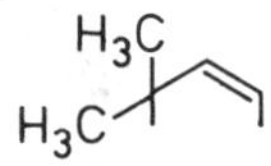

Isomilletton X=

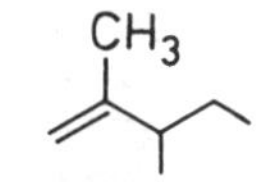

Nach Falshaw et al. enthält die Droge Sumatrol, Lisetin, Piscerythron, Piscidon und drei neue Rotenoide Milletton, Isomilletton und Dehydromilletton [H 12].

Vergiftungserscheinungen: Nach Genuß zu großer Mengen der alkoholischen Tinktur wurde Erbrechen, Speichelfluß, Schweißausbruch, Benommensein und Zittern beobachtet [H 12].
Ott stellte fest, daß durch Piscidia die Zentralnerven gelähmt werden, die Respiration wird erst gesteigert, um plötzlich abzunehmen; die Herztätigkeit wird vermindert, bis Lähmung der Herzmuskeln eintritt [M 2].

Dosierung: Mittlere Einzelgabe als Einnahme 2,0 g, Erg. B. 6.

Gefährlichkeitsgrad: Giftig +

Vorschriften: Piscidia piscipula: Monographie der Kommission D.

Literatur: H 12, M 2.

Therapie:
Erste Hilfe: Sofortiges Erbrechen, 10 g Kohle-Pulvis, Natriumsulfat.
Klinik: Magenspülung (evtl. mit burgunderfarbener Kaliumpermanganatlösung), Instillation von 10 g Kohle-Pulvis und Natriumsulfat, Elektrolytsubstitution, Azidoseausgleich mit Natriumbikarbonat (Urin pH 7,5), bei Krämpfen Diazepam (Valium®) i.v., ggf. Intubation und Sauerstoffbeatmung.

Pittosporum tobira (Thunb.) Ait.

Pechsame, Klebsame. *E:* Pittosporum. *F:* Pittospore. *I:* Pittosporo.

EDV-Code: PTUTO.

Familie: Pittosporaceae, Klebsamengewächse.

Verbreitung, Vorkommen: Heimat: China, Japan; häufig als Zierpflanze im Mittelmeergebiet.

Beschreibung: Bis 3 m hoher Strauch. Blätter länglich, ganzrandig, lederig, kurzgestielt. Blüten weiß, endständig, doldig gehäuft. Duft ähnlich der Orangenblüte, Frucht eiförmig, gelblichbraun.

Blütezeit: März–Mai.

Vergiftungserscheinungen: Von Pittosporum-Arten wurden folgende Giftwirkungen bekannt:
Javanische Art: Fischgift.
Pittosporum floribundum Wight et Arn. soll narkotisch wirken.

Gefährlichkeitsgrad: Wenig giftig (+)

Literatur: H 12.

Therapie:
Erste Hilfe: Kohle-Pulvis oder erbrechen lassen.
Klinik: In Extremfällen Magenspülung, Vitaltherapie (S. 56).

Plumbago europaea L.

(Plumbago angustifolia Spach)

Bleiwurz, Zahnwurz. *E:* Leadwort. *F:* Dentelaire, Malherbe. *I:* Caprinella, Piombaggine.

Familie: Plumbaginaceae, Bleiwurzgewächse.

Verbreitung, Vorkommen: Im Mittelmeergebiet auf steinigen Böden.

Beschreibung: Bis 1 m hoher Halbstrauch, mit krautigem Stengel. Blätter lanzettlich, schwach gezähnt, stengelumfassend, wechselständig. Blüten weiß, in Trauben.
Blütezeit: September.

Droge: Herba Plumbaginis europaeae, Plumbaginis europaeae herba, Zahnkraut. Geschmack scharf, erst etwas süßlich, dann stark brennend.

Hauptwirkstoffe: 0,5% → *Plumbagin* (α-Methyl-8-oxynaphthochinon), Plumbagol (Phytonzid) und etwa 7% Gerbstoff, Europetin (7-Methylmyricetin)-3-rhamnosid, 5-Methylmyricetin-glucosid. In den Blüten Europinidin (5,3′-Di-O-methyldelphinidin) als 3-Glucosid vorliegend(?) [H 12].

Wirkungen auf die Haut: Plumbagin weist in erster Linie blasenziehende Eigenschaften auf. Eine sensibilisierende Wirkung ließ sich in experimentellen Untersuchungen am Meerschweinchen nicht nachweisen [Hausen, Garbe, unveröff.].

Gefährlichkeitsgrad: Wenig giftig (+)

Literatur: H 12, M 2.

Therapie:
Meidung von Sonnenexposition. Blasen steril abdecken, Tetanusprophylaxe, lokal Locacorten®-Schaum.

Podophyllum peltatum L.

Fußblatt, Maiapfel, Wilde Limone. *E:* May-apple, mandrake (Amerika), Umbrella plant. *F:* Podophylle. *I:* Podofillo.

Familie: Berberidaceae, Sauerdorngewächse.

Verbreitung, Vorkommen: Heimat: Wälder des atlantischen Nordamerika. Zierpflanze, die in neuerer Zeit immer mehr in Gärten Eingang findet.

Beschreibung: Aus dem reichverzweigten Rhizom erheben sich je ein steriler und fertiler bis 30 cm hoher Stengel. Der fertile Stengel gabelt sich und trägt 2 fünf- bis siebenlappige Blätter, die sich schirmartig entfalten. 1 Blüte in der Gabelung, nickend, mit 6–9 weißen Blütenblättern. Frucht zitronengelbe Beere.
Blütezeit: Mai.
Eine weitere giftige Podophyllum-Art [E 12]:
Podophyllum pleianthum Hance (Staude; Blütezeit: 5; Verbreitung: China, Taiwan).

Droge: Rhizoma Podophylli (peltati), Podophylli (peltati) rhizoma, Maiapfelwurzel.
Bis 1 m lang und 6–10 mm im Durchmesser, mit dünner brauner Rinde. Im Handel in 10–20 cm langen Stücken.

Hauptwirkstoffe: 3–6% Harz, Podophyllin. Die frische Droge soll kein Harz enthalten, da dieses sich erst nach dem Trocknen bildet. Höchstgeh. an Harz nach 2 Jahren. Nach Kuznetsova et al. [Chem. Abst. 74, 1085 (1971)] werden 60% des Podophyllotoxins während der Knospung, 32% während der Blüte gebildet; das meiste α- und β-Peltatin wurde in Wurzeln und Blättern während der Fruchtreife gefunden. Daneben Podophyllotoxinglucosid, 4´-Dimethylpodophyllotoxinglucosid, α-Peltatinglucosid, β-Peltatinglucosid [H 12].

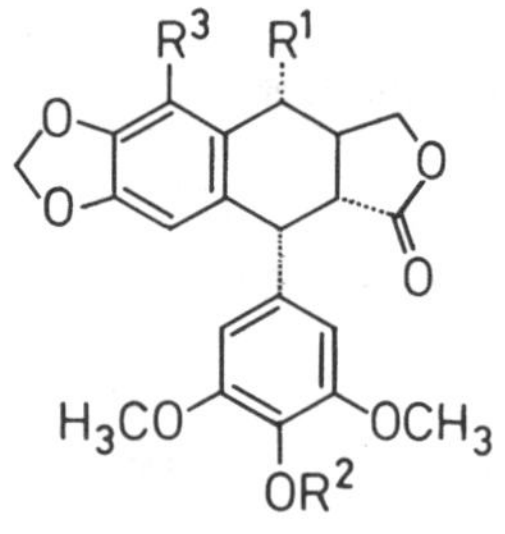

Podophyllotoxin-β-glucosid:
R^1=O-Glucose, R^2=CH_3, R^3=H
α-Peltatin-β-glucosid:
R^1=R^2=H, R^3=O-glu
β-Peltatin-β-glucosid:
R^1=H, R^2=CH_3, R^3=O-glu

Podophyllum peltatum

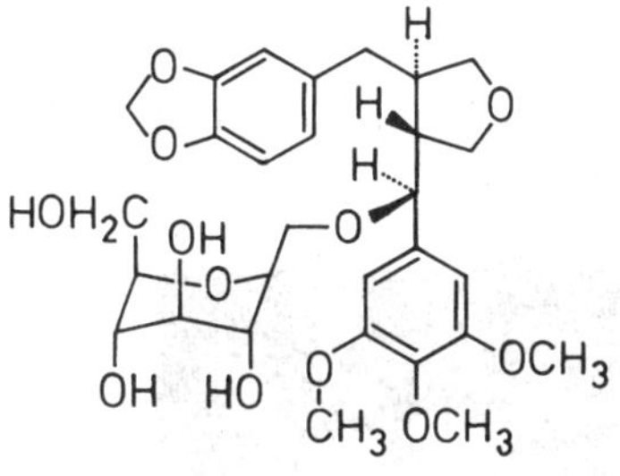

Podorhizol-βD-glucosid

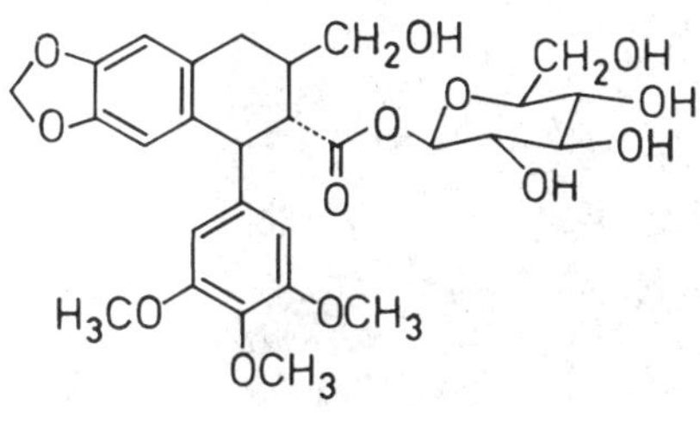

Desoxypodophyllinsäure

Vergiftungserscheinungen: In großen Dosen verursacht Podophyllin hämorrhagische Gastroenteritis, blutigwäßrige Diarrhöen, Koordinationsstörungen, Krämpfe, Koma, diphtherische Geschwüre und Nephritis. Der Tod erfolgt durch Atemlähmung. Nach Podophyllininjektionen in alkoholischer Lösung in den Arm kam es zur Rötung und ödematösen Schwellung, zur Nekrose an der Injektionsstelle und einem nur langsam abheilenden Ulkus. Beim Arbeiten mit der Droge und mit Podophyllin kann der Staub leicht Schleimhautentzündungen hervorrufen [M 2].

Anwendungen: Obsolet, da heute das daraus gewonnene Harz verwendet wird. Als starkes Laxans, Wurmmittel und Diureticum. In der Homöopathie bei Leberleiden, Gallensteinen [H 12].
Verschiedene Podophyllotoxin-Derivate finden in der Therapie maligner Neoplasien Verwendung. Über Wirkung und Nebenwirkungen bei der Behandlung von spitzen Kondylomen mit Podophyllin [siehe auch Übersichtsarbeit Hausen, BM: Hautarzt 34, 477, 1983].

Dosierung: Als Abführmittel 0,5–1,5 g, als Brechmittel 1,5–2,5 g. Einzeldosis 0,05 g CF 37; Tageshöchstdosis 0,2 g CF 37 [H 12].

Anwendungen in der Homöopathie: D_1–D_4 bei Verstopfung mit Gallenstockung; D_3–D_6 bei Colitis und chronischem Magendarmkatarrh; Tbl. 0,25 mg bei Afterschließmuskelschwäche; D_2–D_4 bei Hämorrhoiden.

Gefährlichkeitsgrad: Giftig + oder stark giftig + +, je nach Gehalt.

Vorschriften: Podophyllwurzelstock ist im DAC aufgeführt. Es werden mind. 4,0% Podophyllin gefordert.
Podophyllum peltatum: Monographie der Kommission D.
Podophylli peltati rhizoma resina: Monographie der Kommission E.

Literatur: D 9, D 14, E 14, H 12, M 2, M 3, M 27, S 22, S 52.

Therapie:
Erste Hilfe: Kohle-Pulvis, erbrechen lassen, viel warmen Tee trinken lassen, Natriumsulfat, Schockprophylaxe (Ruhe, Wärme).
Klinik: Magenspülung (evtl. mit burgunderfarbener Kaliumpermanganatlösung), Elektrolytsubstitution, Azidoseausgleich mit Natriumbikarbonat (Urin pH 7,5), im Schock Plasma(expander)gabe, bei Krämpfen Diazepam (Valium®), i.v., Kontrolle der Nierenfunktion, bei Atemlähmung Intubation und Sauerstoffbeatmung.

Polygonatum multiflorum (L.) All.

Vielblütige Weißwurz. *E:* Eurasian Salomon's-seal. *F:* Sceau de Salomon multiflore. *I:* Sigillo di Salomone maggiore. *NL:* Veelbloemig salomoszegel.

Blühende Pflanze

Früchte

EDV-Code: PGTMU.

Familie: Liliaceae, Liliengewächse.

Verbreitung, Vorkommen: Europa, gemäßigtes Asien, Nordamerika. In Mitteleuropa verbreitet; schattige, feuchte Wälder, Gebüsche.

Beschreibung: Ausdauernde Pflanze, 30–80 cm hoch, mit rundem, übergebogenem Stengel. Blätter zweireihig, eiförmig, wechselständig. Blüten grünlichweiß, glockenförmig, in den Blattachseln zu 3–5 Blüten, hängend. Beeren zuletzt blauschwarz, bereift, kugelig.
Blütezeit: Mai–Juni.
Früchte: August–September.
– Giftwirkung etc. → *Polygonatum odoratum.*

Polygonatum odoratum (Mill.) Druce

(Polygonatum officinale All.)

Wohlriechende Weißwurz, Salomonssiegel. *E:* Salomon's seal. *F:* Sceau de Salomon. *I:* Sigillo di Salomone comune. *NL:* Duinsalomonszegel.

EDV-Code: PGTOD.

Familie: Liliaceae, Liliengewächse.

Verbreitung, Vorkommen: Europa, Nordasien. In Mitteleuropa zerstreut; trockene, lichte Wälder. Gebüsche.

Beschreibung: 15–40 cm hohe Staude mit kantigem Stengel. Blätter eiförmig, zugespitzt, zweizeilig, wechselständig. Blüten glockenförmig, weiß, Saum grün, einzeln oder zu zweit in den Achseln der Blätter. Beeren zuletzt schwarzblau, bereift, kugelig.
Blütezeit: Mai–Juni.
Früchte: August–September.

Droge: Rhizoma (Radix) Polygonati, Polygonati rhizoma (radix), Salomonssiegelwurzel.
Die geruchlose Droge schmeckt kratzend, saponinähnlich.

Giftige Pflanzenteile: Die ganze Pflanze, vor allem Beeren.

Hauptwirkstoffe: Acetidin-2-carbonsäure („Homoserinlacton") $C_4H_7NO_2$ und Chelidonsäure (Schöllsäure, Jervasäure) $C_7H_4O_6$, Fp. 262 °C (dec.), Steroid-Saponine, sowie weitere, teilweise unbekannte Stoffe.
Herzaktive Glukoside kommen nach neueren Untersuchungen nicht vor.

Vergiftungserscheinungen: Übelkeit, Diarrhöe, Erbrechen. Die russische Volksmedizin verwendet die zerstampfte Wurzel als Brechmittel. Der hohe Saponingehalt der Samen kann möglicherweise die Ursache von Vergiftungen sein. Im allgemeinen kommt es nur zu leichteren Vergiftungen.

Anwendungen in der Homöopathie: Rote und braune Hautflecken, Sommersprossen.

Gefährlichkeitsgrad: Giftig +

Literatur: B 36, F 16, G 4, H 12, L 10, M 2, M 3.

Therapie:
Erste Hilfe: Kohle-Pulvis 10 g, ggf. Augen spülen.
Klinik: Magenspülung (evtl. mit burgunderfarbener Kaliumpermanganatlösung), Instillation von 10 g Kohle-Pulvis, Elektrolytsubstitution, Azidoseausgleich der Nierenfunktion, bei Krämpfen Diazepam (Valium®), gegen Koliken Atropin, ggf. Intubation und Sauerstoffbeatmung.

Polygonatum verticillatum (L.) All.

Quirlblättrige Weißwurz. *E:* Whorled Salomon's-seal. *F:* Sceau de Salomon verticillé. *I:* Sigillo di Salomone verticillato.

Familie: Liliaceae, Liliengewächse.

Verbreitung, Vorkommen: Europa, schattige Wälder, Gebüsche, Bergwiesen.

Beschreibung: 30–70 cm hohe, ausdauernde Pflanze. Blätter lanzettlich, ca. 10 cm lang, in 3–8zähligen Quirlen. Blüten weißgrün, krugförmig, gestielt, hängend, blattachselständig. Beeren zuletzt schwarzblau.
Blütezeit: Mai–Juni.
Früchte: August–September.

– Giftwirkung etc. → *Polygonatum odoratum.*

Primula auricula L.

Alpenaurikel, Aurikel, Gamswurz. *E:* Auricula. *F:* Auricule, Oreille d'ours. *I:* Orecchio d'orso.

EDV-Code: PRIAU.

Familie: Primulaceae, Primelgewächse.

Verbreitung, Vorkommen: Alpengebiet, Schwarzwald. An kalkhaltigen Felsentriften und Felsenspalten, bis 2900 m hoch, in alpinen Rasen, selten auf Moorwiesen.

Beschreibung: Ausdauernde, bis 25 cm hohe, mit Drüsenhaaren bedeckte, bepuderte Pflanze, mit kräftigem walzigem Wurzelstock. Blätter dick, fleischig, nach vorne eingerollt, dunkel- bis graugrün, rundlich oder verkehrteiförmig, ganzrandig oder gezähnt, in grundständiger Rosette. Blüten hellgelb, wohlriechend, trichterförmig, an einem Blütenschaft in einseitswendiger Dolde. Fruchtkapsel kugelig, mit braunschwarzen Samen. Blütezeit: April–Juni.

Wirkstoffhaltige Pflanzenteile: Die ganze Pflanze.

Hauptwirkstoffe: In der Wurzel Saponine und 0,8% Öl, hauptsächlich mit Paeonol, Primin und Spuren von Estern. Im Kraut Myrisetin, Cyanin, 3´,4´-Dihydroxyflavon und Kämpferol. Im Mehlstaub ein Flavon. Die bei uns weitverbreiteten Arten Primula elatior (L.) Hill – Hohe Schlüsselblume und Primula veris L. – Wiesen-Schlüsselblume enthalten in der Wurzel vorwiegend Saponine.

Pharmakologische Wirkung: Kann Dermatitis (Rötung, Bildung von zunächst mit klarem, später trübem Inhalt gefüllten Bläschen) hervorrufen. Diese bei Berührung auftretenden Erscheinungen werden anscheinend durch ein (Pollen-?)Allergen bewirkt, jedenfalls durch eine Substanz, die nichts mit dem bekannten Primelgift ostasiatischer Arten (siehe P. obconica) zu tun hat. Im Gegensatz zur Dermatis durch Giftprimeln fehlt hier der Juckreiz vollständig, auch tritt bei nach längerer Zeit wiederholter Einwirkung keine stärkere, sondern eine bedeutend schwächere Reaktion als bei der ersten Einwirkung ein [H 12].
Primulaceen können Primin enthalten, wenn auch in geringeren Mengen als → *Primula obconica,* so daß die Konzentration zur Sensibilisierung nicht ausreicht, wohl aber bei Primelallergikern zur Auslösung ei-

Primula auricula

nes Kontaktekzems. Ferner könnten Primelallergiker durch Kreuzreaktion auf verschiedene tropische Hölzer, die Chinone enthalten, gefährdet sein. Hausen konnte in Seeigelstacheln Primin und verwandte chinoide Substanzen nachweisen [O 6].

Vorschriften: Die Pflanze steht unter Naturschutz. In Bayern gehört sie zu den „attraktiven Arten", die mit Sammelverbot belegt sind.

Literatur: H 12, O 6.

Therapie:
Bei Allergie Hautkontakt und Einatmen meiden.

Primula obconica Hance

Becherprimel, Giftprimel. *E:* Top primrose. *F:* Primevère à coupes.

EDV-Code: PRIOP.

Familie: Primulaceae, Primelgewächse.

Verbreitung, Vorkommen: Heimat: China; Zimmerpflanze.

Beschreibung: Krautige Pflanze mit langgestielten Blättern in grundständiger Rosette. Blüten mit becherförmigem Kelch, in Dolden oder Quirlen, auf ca. 25 cm hohem Blütenschaft, rot, rosa oder weiß.
Blütezeit: Das ganze Jahr (in ihrer Heimat: Juni–Juli).

Giftige Pflanzenteile: Ganze Pflanze, besonders die Drüsenhaare.

Hauptwirkstoffe: Am reichlichsten in Kelch und Blütenstielen und vor allem in Trichomen gelblich-grünes, flüssiges Sekret mit Primel-Wirkstoff → *Primin* $C_{12}H_{16}O_3$, Fp. 62–63 °C.
Die Konfiguration des kristallinen Primins konnte mittels Röntgenbeugungsanalyse bestimmt werden [6]. Sie zeigt, daß die Seitenkette mit der Ebene des Chinonringes einen Winkel von etwa 13° bildet.

Primula obconica

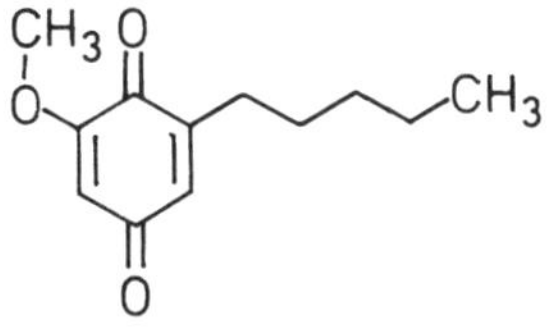

Primin

Wirkungen auf die Haut: Die Becherprimel gehört zu jenen Pflanzen, deren hautreizende und sensibilisierende Wirkung am weitesten bekannt ist und schon vor 100 Jahren beschrieben wurde. Die Weltliteratur verzeichnet fast 500 Publikationen mit Tausenden von Fallbeschreibungen [1]. Der ätiologisch verantwortliche Inhaltsstoff wurde bereits 1900 in kristalliner Form unter dem Mikroskop beobachtet [2], im Jahre 1927 Primin getauft [3] und erst 1967 in seiner Struktur als 2-Methoxy-6-pentyl-1,4-benzochinon identifiziert [4].
Primin ist das stärkste Kontaktallergen chinoider Struktur, das in der Natur zur Zeit bekannt ist. Seine Konzentration in der Becherprimel schwankt zwischen Spurenmengen und 1%(!) in Abhängigkeit von Luftfeuchtigkeit, Lichteinfluß, Bodenbeschaffenheit, Wärme und Kälte. Generell gilt: Je wärmer und feuchter eine Primel steht und je mehr Stickstoff und Kalk in der Düngung vorhanden ist, desto größer ist die Priminkonzentration. Ab einem Gehalt von 0,1% ist Primin ein obligat hautreizender Stoff. Einmaliger Kontakt mit Primeln, die 0,1% oder mehr an Primin enthalten, kann zu einer (meist stummen) Sensibilisierung führen. Die sichere Testkonzentration für die Diagnose einer Primelallergie liegt bei 0,01%.
Epikutantests mit dem Pflanzenmaterial (d. h. Stengel, Blüte, Blatt) sollten unbedingt unterbleiben, damit nicht durch den Test eine Allergie induziert wird.
Auch sog. priminfreie Primelsorten enthalten noch Primin, wenn auch nur in geringen Mengen. Sonnenexposition hat keinen Einfluß auf die Primeldermatitis, da Primin weder phototoxisch noch photosensibilisierend wirkt.
Auch in anderen Primelarten kommt Primin vor, jedoch grundsätzlich in geringeren Mengen, die für eine Sensibilisierung in der Regel nicht ausreichen. Rezidive von Primeldermatitiden ergeben sich daher bei Kontakt mit anderen Primelarten nur bei Individuen, die bereits eine Priminallergie erworben haben und nun auf geringste Mengen reagieren [5]. Die Beobachtung, daß hochgradige Primelallergiker bereits beim Betreten eines Raumes, in dem Primeln stehen, nach kurzer Zeit einen Rückfall erleiden, ist auf den unsichtbaren Anflug der feinen priminhaltigen Trichomen zurückzuführen, die beim Verwelken von der Pflanze abfallen und mit dem Staub hochgewirbelt werden.
Priminanaloge Verbindungen mit verlängerter Seitenkette, wie z. B. Hexyl- bis Decylseitenketten in 6-Stellung sind noch wesentlich stärker wirksam als Primin selbst (Borrmann, Hausen, unveröff.).

Gefährlichkeitsgrad: Giftig +. Je nach Sorte sehr stark allergieauslösend.

Vorschriften: Primula obconica: Monographie der Kommission D.

Literatur: [1] Hausen BM: Materia Med. Nordmark 31, 57, 1979 (mit 426 Literaturstellen); [2] Nestler A: Ber. dtsch. Bot. Ges. 18, 189 u. 327, 1900; [3] Bloch B u. P Karrer: Vierteljahr. schr. naturforsch. Ges. Zürich 72, Beiblatt Nr. 13, 1, 1927; [4] Schildknecht H et al.: Z. Naturforsch. 22b, 36 und 287, 1967; [5] Hausen BM: Arch. Derm. Res. 261, 311, 1978; [6] Schmalle H et al.: Acta cryst. C 40, 1084, 1984. F 16, G 4, G 19, H 12, J 6.

Therapie:
Erste Hilfe: Nach Verschlucken Kohle-Pulvis-Gabe, lokal Cortison.
Klinik: Bei schwerer allergischer Reaktion Corticoide wiederholt parenteral und lokal.

Prunus L.-Arten

Steinobst. *E:* Stone-fruit. *F:* Fruits à noyaux.

Familie: Rosaceae, Rosengewächse.
Häufig kultivierte Steinobstarten:
Prunus armeniaca L., Aprikosenbaum.
Prunus avium (L.) L., Süßkirschenbaum.
Prunus cerasus L., Sauerkirschenbaum.
Prunus domestica L., Pflaumen-, Zwetschgenbaum.
Prunus dulcis (Mill.) D. A. Webb var. amara (DC.) Buchheim, Bittermandelbaum.
Prunus dulcis var. dulcis Focke, Mandelbaum.
Prunus persica (L.) Batsch, Pfirsichbaum.
Wildwachsend:
Prunus spinosa L., Schlehdorn.

Giftige Pflanzenteile: Die im Kern enthaltenen Samen.

Hauptwirkstoffe: → *Amygdalin,* → *Blausäure – Glykoside.*

Art	% Amygdalin
Prunus armeniaca	bis 8
Prunus domestica	bis 2,5
Prunus persica	bis 6
Prunus dulcis var. amara	bis 5
Prunus dulcis var. dulcis	gering

Als letale Dosis gelten 60 bittere Mandeln beim Erwachsenen und 6–10 Stück bei Kindern.
Mehr als 20 Aprikosenkerne können bei Erwachsenen zu schweren Vergiftungen führen.

Vergiftungserscheinungen: → *Blausäure,* → *Amygdalin – Glykoside.*

Wirkungen auf die Haut/Schleimhaut: Alle genannten Steinobstarten können eine Nahrungsmittelallergie (Allergie vom Soforttyp) verursachen.

Anwendungen in der Homöopathie: (Prunus spinosa): D_0–D_2 bei leichter Herzinsuffizienz, Ödemneigung, Ciliarneuralgie.

Gefährlichkeitsgrad: Giftig + bis stark giftig + + (nur die Samen mit Ausnahme von Prunus dulcis var. dulcis).

Vorschriften: Prunus spinosa: Monographie der Kommission D.
Aromenverordnung der Bundesrepublik Deutschland v. 22. 12. 1981 (BGBl I 1677–1685). Verbotener Stoff des § 2, Anlage I: Bittermandelöl mit einem Gehalt an freier oder gebundener Blausäure.

Literatur: D 9, F 16, H 12, J 5.

Therapie:
Erste Hilfe: Viel trinken und sofort erbrechen lassen.
Klinik: Primäre Entgiftung durch Erbrechen und Magenspülung (evtl. mit burgunderfarbener Kaliumpermanganatlösung). In leichten Fällen, bei erhaltenem Bewußtsein: Natriumthiosulfat (10%ig, 100 ml i.v.), das als Schwefeldonator die Entgiftung des Cyanids, das in Rhodanid übergeht, beschleunigt.
Schwere Vergiftungen, bei Bewußtlosigkeit:
- Sofort 3 mg/kg KG 4-DMAP i.v. (Methämoglobinbildner).
- Sofort anschließend Natriumthiosulfatlösung (10%ig, 100 ml i.v.). Zugleich Azidosetherapie mit Natriumbikarbonatinfusion (Urin pH 7,5), dann Plasma(expander)gabe.

Prunus laurocerasus L.

Kirschlorbeer, Lorbeerkirsche. *E:* Laurel-cherry. *F:* Laurier-cerise. *I:* Lauroceraso. *NL:* Laurierkerseboom.

Blüten

Früchte

EDV-Code: PRNLR.

Familie: Rosaceae, Rosengewächse.

Verbreitung, Vorkommen: Heimat: Südbalkan, Kleinasien; Zierstrauch in Parkanlagen und Gärten.

Beschreibung: 2–3 m hoher Strauch. Blätter immergrün, bis 15 cm lang, elliptisch. Blüten weiß, 5zählig, klein, in vielblütigen Trauben. Steinfrüchte kugelig, unter 1 cm, schwarzpurpurn.
Blütezeit: April–Mai.
Früchte: August–September.

Giftige Pflanzenteile: Alle Pflanzenteile, besonders Samen und Blätter.

Prunus laurocerasus

Hauptwirkstoffe: In den frischen Blättern 1–1,5% → *Prunasin* $C_{14}H_{17}NO_6$, Fp. 147–148 °C.
Der Samen enthält 0,16% Blausäure. Im Fruchtfleisch ist praktisch kein Prunasin enthalten, in den Samen dagegen ziemlich viel. Es ist also nur nach Verzehr von Samen oder Blättern mit ernsten Vergiftungen zu rechnen.

Vergiftungserscheinungen: Erregung, rotes Gesicht, verstärkte Atmung, Kratzen im Hals, Kopfschmerzen, Atemstillstand, Herzstillstand.
Aus den Erfahrungen der Beratungsstelle für Vergiftungserscheinungen, Berlin:
Die eingenommene Menge schwankte zwischen 1–10 bis zu unbekannter Menge Früchten, selten Blütenknospen, Blätter. Unbekannt blieb, ob Same ausgespuckt, geschluckt oder zerkaut wurde. Von den 272 Fällen kam es 11mal zu Erbrechen, 2mal zu Bauchschmerzen, 1mal zu Übelkeit [K 40].

Anwendungen in der Homöopathie: D_0–D_2 bei chronischer Herzinsuffizienz, bes. Rechtsinsuffizienz mit Cyanose, Stauungshusten.

Gefährlichkeitsgrad: Giftig +

Vorschriften: Prunus laurocerasus: Monographie der Kommission D.
Verbotener Stoff der Kosmetikverordnung v. 19. 6. 1985, Anlage 1: 291 Prunus laurocerasus L., wäßriges Destillat der Blätter (Kirschlorbeerwasser).

Literatur: B 36, D 9, F 16, G 4, G 26, H 12, K 40, M 2, S 6.

Therapie:
Erste Hilfe: Sofort viel trinken und erbrechen lassen. Kohle-Pulvis.
Klinik: Sofort Magenspülung. Antidot Natriumthiosulfat (100 ml 10%ig i.v.) in leichten Fällen. Bei Bewußtlosigkeit sofort 4-DMAP (3 mg/kg i.v.), anschließend Natriumthiosulfat und Glukose i.v. Natriumbikarbonat zum Azidoseausgleich. Plasmaexpander im Schock.

Prunus padus L.

(Padus avium Mill.)

Trauben-Kirsche. *F:* Bird-cherry. *F:* Putiet. *I:* Pado, *NL:* Vogelkerseboom.

Früchte

Prunus padus

EDV-Code: PRNPA.

Familie: Rosaceae, Rosengewächse.

Verbreitung, Vorkommen: Europa, Asien. In Mitteleuropa verbreitet; Auwälder und Bruchwälder.

Beschreibung: 5–12 m hoher Strauch oder Baum. Blätter elliptisch, gestielt. Blüten weiß mit 5 Kronblättern, in hängenden Trauben. Steinfrucht erbsengroß, schwarzglänzend.
Blütezeit: April–Mai.
Früchte: Juli–August.

Droge: Cortex Pruni padi, Pruni padi cortex, Traubenkirschenrinde.
Geschmack bitter zusammenziehend, gewürzhaft.

Giftige Pflanzenteile: Ganze Pflanze, besonders Rinde und Samen.

Hauptwirkstoffe: In den Blättern, der Rinde und Samen das Cyanglykosid → *Amygdalin*.

Vergiftungserscheinungen: → *Prunus laurocerasus*.

Anwendungen: In nördlichen Ländern werden die Früchte zu alkoholischen Getränken vergoren.

Gefährlichkeitsgrad: Wenig giftig (+)

Blüten

Vorschriften: Prunus padus e cortice und P. p. e foliis: Monographie der Kommission D.

Literatur: F 16, G 4, H 12.

Therapie:
Erste Hilfe: Viel trinken und sofort erbrechen lassen.
Klinik: Primäre Entgiftung durch Erbrechen und Magenspülung (evtl. mit burgunderfarbener Kaliumpermanganatlösung). In leichten Fällen, bei erhaltenem Bewußtsein: Natriumthiosulfat (10%ig, 100 ml i.v.), das als Schwefeldonator die Entgiftung des Cyanids, das in Rhodanid übergeht, beschleunigt.
Schwere Vergiftungen, bei Bewußtlosigkeit:
- Sofort 3 mg/kg KG 4-DMAP i.v. (Methämoglobinbildner).
- Sofort anschließend Natriumthiosulfatlösung (10%ig, 100 ml i.v.). Zugleich Azidosetherapie mit Natriumbikarbonatinfusion (Urin pH 7,5), dann Plasma(expander)gabe.

Prunus serotina Ehrh.
(Prunus virginiana L. p. p.)

Späte Traubenkirsche. *E:* Black cherry tree. *F:* Cerisier noir. *I:* Pruno virginiano. *NL:* Amerikaanse vogelkerseboom.

EDV-Code: PRNSO.

Familie: Rosaceae, Rosengewächse.

Verbreitung, Vorkommen: Heimat: Nordamerika; in Mitteleuropa gepflanzt und verwildert.

Beschreibung: Baum oder Strauch, 5–12 m hoch. Blätter elliptisch, glänzend. Blüten weiß, in hängenden Trauben. Steinfrüchte schwarz, erbsengroß.
Blütezeit: Mai–Juni.
Früchte: August–September.

Droge: Cortex Pruni virginianae, Pruni virginianae cortex, Virginianische Traubenkirschenrinde.

Nach USP XVIII die im Herbst gesammelte Rinde, von der Borke befreit.

Giftige Pflanzenteile: Ganze Pflanze, besonders Rinde und Samen.

Hauptwirkstoffe: In der Rinde das Cyanglykosid → *Prunasin,* p-Cumarsäure, → *Scopoletin.* Wechselnder Blausäuregehalt.

Vergiftungserscheinungen: → *Prunus laurocerasus.*

Gefährlichkeitsgrad: Giftig +

Literatur: F 16, H 12.

Therapie:
Erste Hilfe: Viel trinken und sofort erbrechen lassen.
Klinik: Primäre Entgiftung durch Erbrechen und Magenspülung (evtl. mit burgunderfarbener Kaliumpermanganatlösung). In leichten Fällen, bei erhaltenem Bewußtsein: Natriumthiosulfat (10%ig, 100 ml i.v.), das als Schwefeldonator die Entgiftung des Cyanids, das in Rhodanid übergeht, beschleunigt.
Schwere Vergiftungen, bei Bewußtlosigkeit:
- Sofort 3 mg/kg KG 4-DMAP i.v. (Methämoglobinbildner).
- Sofort anschließend Natriumthiosulfatlösung (10%ig, 100 ml i.v.). Zugleich Azidosetherapie mit Natriumbikarbonatinfusion (Urin pH 7,5), dann Plasma(expander)gabe.

Psoralea corylifolia L.

Familie: Fabaceae, Schmetterlingsblütler.

Verbreitung, Vorkommen: Krautige Pflanze, heimisch in Arabien, Persien, Ostindien, auf Ceylon und in China.

Droge: Fructus Psoraleae, Psoraleae fructus. Die Früchte sind dunkelbraun bis fast schwarz, 3,5–4,5 mm lang und 2–3 mm breit, eiförmig länglich oder bohnenförmig, etwas zusammengedrückt, glatt, abgerundet oder mit stacheliger Spitze, dicht getüpfelt [H 12].

Hauptwirkstoffe: Etwa 20% ätherisches Öl, Kp. 180–190 °C, mit → *Psoralen* (Ficusin) $C_{11}H_6O_3$, Fp. 161–163 °C, und Isopsoralen (Angelicin) (0,05% aus den Samen), Fp. 138–140 °C. Im Pericarp der Früchte Psoralidin $C_{18}H_{12}O_3$ [H 12].

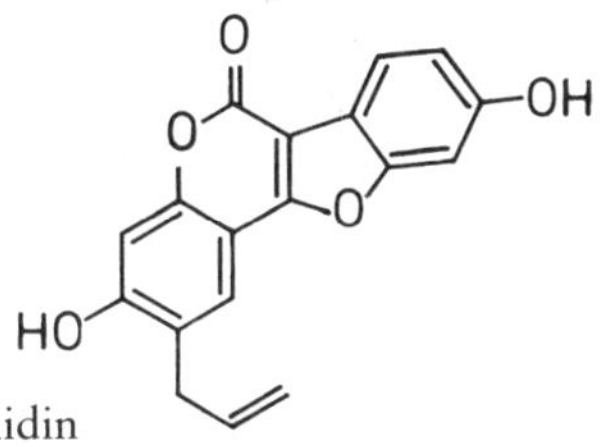

Psoralidin

Vergiftungserscheinungen: Das ätherische Öl besitzt durch seinen Gehalt an → *Psoralen* und Isopsoralen eine kräftige Wirkung gegen Hautstreptokokken. Gaind et al. [J. pharm. Sci. 53, 1428 (1964)] wiesen mit einem Petroletherauszug der Samen eine deutliche wachstumshemmende Wirkung gegen Staphylococcus aureus nach, die wohl auf eine Aldehydverbindung $C_{12}H_{16}O$ zurückzuführen ist [H 12].

Wirkungen auf die Haut: Das Öl wirkt stark reizend und blasenziehend auf Haut und Schleimhaut, wobei die Kapillaren erweitert und die Melanoblasten gereizt werden, so daß eine vermehrte Pigmentablagerung die Folge ist, → *Heracleum.* Eine wesentliche Rolle in der hautsensibilisierenden Wirkung spielt Psoralen, während Isopsoralen nur geringe Aktivität besitzt.

Anwendungen: Innerlich als Stomachicum, Tonicum, Aphrodisiacum, Laxans, Anthelminticum, Diureticum, bei Menstruationsstörungen sowie als schweißtreibendes Mittel bei fieberhaften Erkrankungen. Äußerlich gegen Leukodermie, Psoriasis und bei Lepra [H 12].

Gefährlichkeitsgrad: Wenig giftig (+), stark hautreizend.

Literatur: H 12, I 3, M 2.

Therapie:
Erste Hilfe: Erbrechen oder Kohle-Pulvis, Haut spülen.
Klinik: In Extremfällen Magenspülung, Vitaltherapie (S. 56), Cortison-Salbe bei Hautreizung.

Ptelea trifoliata L.

Kleeblatt-Lederstrauch, Hopfenstrauch. *E:* Hop tree. *F:* Orme à trois feuilles. *I:* Olmo di samaria.

EDV-Code: PTATR.

Familie: Rutaceae, Rautengewächse.

Verbreitung, Vorkommen: Heimat: Nordamerika.
Bei uns als Zierstrauch.

Beschreibung: Bis 5 m hoher Strauch. Blätter gestielt, 3zählig, Teilblättchen länglich eiförmig. Blüten 2häusig, klein, 4–5zählig, in doldenähnlichen Rispen. Frucht ulmenartig.
Blütezeit: Juni–Juli.

Giftige Pflanzenteile: Die ganze Pflanze.

Hauptwirkstoffe: Chinolinalkaloide, Furocumarine und Flavone.

Wirkungen auf die Haut: Beim Umgang mit der Pflanze können Hautreizungen auftreten, deren Ursache die phototoxischen Furocumarine sind.

Anwendungen in der Homöopathie: D_1–D_6 bei Leberstörungen, Cholecystopathie.

Gefährlichkeitsgrad: Wenig giftig (+), hautreizend.

Vorschriften: Ptelea trifoliata: Monographie der Kommission D.

Literatur: H 12, M 27.

Therapie:
Erste Hilfe: Erbrechen oder Kohle-Pulvis, Haut spülen.
Klinik: In Extremfällen Magenspülung, Vitaltherapie (S. 56), Cortison-Salbe bei Hautreizung.

Pteridium aquilinum (L.) Kuhn

Adlerfarn. *E:* Bracken fern. *F:* Fougère aigle. *I:* Felce aquilina. *NL:* Adelaarsvaren.

EDV-Code: PTEAQ.

Familie: Polypodiaceae (Hypolepidaceae), Tüpfelfarne (Adlerfarngewächse).

Verbreitung, Vorkommen: Kosmopolit. In Mitteleuropa häufig in lichten Wäldern, an Waldrändern, von der Ebene bis in die Bergregion.

Beschreibung: Bis 2 m hoher Farn, mit kriechender Grundachse. Blätter hellgrün, derb, 2–3fach gefiedert, Blattfläche bogenförmig geneigt, obere Fiedern sitzend, untere gestielt; Blattrand eingerollt.
Sporenbildung: Juli–September.

Giftige Pflanzenteile: Die ganze Pflanze. Die oberirdischen Teile auch nach dem Trocknen. Höchster Wirkstoffgehalt in jungen Pflanzen.

Hauptwirkstoffe: Das Enzym Thiaminase, Blausäureglykoside und das Saponin Pteridin.

Vergiftungserscheinungen: In manchen Gegenden der USA, Japans und Neuseelands werden die jungen Blätter als Salat gegessen. Da der Adlerfarn carcinogene Stoffe enthält, könnte er für die dort auftretenden Tumoren mitverantwortlich sein. Auch die große Häufigkeit des Ösophagus- und Magenkarzinoms in Japan wird damit in Zusammenhang gebracht [S 65].
Bei Pferden und Schweinen besitzt die Thiaminase eine Vitamin B_1-zerstörende Wirkung. Dabei stehen zentralnervöse Störungen im Vordergrund, die sich in Ataxie und anderen motorischen Störungen äußern. 3 kg Farnkraut (vermutlich frisch) täglich verfüttert, kann bei Pferden noch nach 30 Tagen tödlich wirken.
Krankheitserscheinungen bei Wiederkäuern werden wahrscheinlich durch die anderen toxischen Substanzen verursacht. Wichtigste Erkrankungsform ist das „Stallrot“, das auf der äußeren Haut „Blutschwitzen“ hervorruft. Symptome: Blutungen aus Maul- und Nasenhöhle, blutiger Durchfall, Blutharnen. Bei längerer Farnverfütterung können die Krankheitserscheinungen auch erst nach einem Jahr auftreten. Toxische Dosis für Rinder ca. 500 g getrocknetes Farnkraut.
Schafe sollen gegen Adlerfarn unempfindlicher sein [H 18].

Gefährlichkeitsgrad: Giftig +

Literatur: H 12, H 18, L 10, P 14, S 65.

Pteridium aquilinum

Therapie:
Erste Hilfe: Nach Verschlucken sofort Erbrechen, Kohle-Pulvis, evtl. beatmen.
Klinik: Magenspülung, Kohle-Pulvis (10 g), Natriumsulfat (20 g) instillieren. Kontrolle der Leber- und Nierenfunktion sowie der Blutgerinnung auch nach einigen Tagen.

Pulsatilla pratensis (L.) Mill.

(Anemone pratensis L.)

Nickende Küchenschelle, Wiesenküchenschelle. *E:* Meadow windflower. *F:* Pulsatille des prés.

Familie: Ranunculaceae, Hahnenfußgewächse.

Verbreitung, Vorkommen: Europa, Nordasien. In Mitteleuropa zerstreut; lichte Kiefernwälder, Wiesen- und Waldsteppen.

Beschreibung: 20–50 cm hohe Pflanze. Blätter 2–3fach fiederspaltig, unter den Blüten quirlig; Blüten einzeln, endständig, nickend, purpur bis schwarzviolett, glockenförmig. Fruchtstand schopfartig.
Blütezeit: April–Mai.

Hauptwirkstoffe: Ranunculin in der Frischpflanze, das sich fermentativ in Glucose und Protoanemonin spaltet.

– Toxikologie etc. → *Pulsatilla vulgaris.*

Anwendungen in der Homöopathie: D_0–D_{12} bei Amenorrhöe, Dysmenorrhöe, Infantilismus, Sterilität, Klimakterium, Wehenschwäche, Fluor albus, Venostasen, etc.

Vorschriften: Die Pflanze steht unter Naturschutz (A, CS, D, H). Sie gehört in der Roten Liste zu den vom Aussterben bedrohten Pflanzen.
Pulsatilla pratensis: Monographie der Kommission D.
Pulsatillae herba: Monographie der Kommission E.

Literatur: D 9, H 12, L 10.

Therapie: → Pulsatilla vulgaris

Pulsatilla vulgaris Mill.

(Anemone pulsatilla L.)

Gemeine Küchenschelle. *E:* Pasque flower. *F:* Pulsatille. *I:* Pulsatilla.

Familie: Ranunculaceae, Hahnenfußgewächse.

Verbreitung, Vorkommen: Europa, Nordasien; in Mitteleuropa zerstreut, Trockenrasen, sonnige Hügel, kalkliebend.

Beschreibung: 10–50 cm hohe Staude, anfangs dicht behaart, später verkahlend. Blätter 2–3 fach gefiedert, unter der Blüte quirlig. Blüten einzeln, endständig, aufrecht, hellviolett, glockenförmig, später ausgebreitet. Fruchtstand schopfartig, zottig.
Blütezeit: März–Mai.

Droge: Herba Pulsatillae, Pulsatillae herba, Küchenschellenkraut. Nach Erg. B. 6 die getrockneten oberirdischen Teile von Pulsatilla vulgaris und → *P. pratensis.*
Auszug aus der Monographie der Kommission E: Pulsatillae herba (Küchenschellenkraut)
Risiken: Bei Anwendung von Zubereitungen aus frischen Pflanzen sowie von Protoanemonin treten heftige Reizerscheinungen an Haut und Schleimhäuten mit Jucken, Rötungen und Blasenbildung (Hahnenfußdermatitis) auf.
Bei innerer Anwendung treten bei höherer Dosierung Reizungen der Niere und der ableitenden Harnwege auf.
Bei Schwangeren ist die Anwendung absolut kontraindiziert.

Giftige Pflanzenteile: Alle Pflanzenteile.

Hauptwirkstoffe: → *Protoanemonin* (Alkaloid), Saponin, Glykoside (Anemol), ätherische Öle.

Vergiftungserscheinungen: Zuerst Erregung, dann Lähmung des ZNS, Übelkeit, Benommenheit, Atemlähmung, Nierenschädigung, Schock.

Wirkungen auf die Haut: Bei Berührung starke Hautreizung, vor allem Reizung der Schleimhäute, Giftaufnahme durch die Haut.

Anwendungen in der Homöopathie: Bei vielen Krankheiten z. B. D_0–D_3 bei unterdrückter Regel, D_4–D_{12} bei Katarrhen aller Art [M 3, M 27].

Gefährlichkeitsgrad: Giftig +

Vorschriften: Die Pflanze steht unter Naturschutz (A, D, CH, I). Sie gehört in der Roten Liste zu den gefährdeten Pflanzen.

Pulsatilla vulgaris

Pulsatillae herba: Monographie der Kommission E.

Literatur: B 36, F 16, G 4, H 12, M 2, M 3, M 27, T 5.

Therapie:
Erste Hilfe: Kohle-Pulvis-Gabe oder Erbrechen auslösen, Natriumsulfat, viel warmen Tee trinken lassen. Haut spülen, lokal Cortison.
Klinik: Magenspülung (evtl. mit burgunderfarbener Kaliumpermanganatlösung), Instillation von 10 g Kohle-Pulvis, Elektrolytsubstitution, Azidoseausgleich mit Natriumbikarbonat (Urin pH 7,5), Kontrolle der Nierenfunktion, bei Krämpfen Diazepam (Valium®) i.v., ggf. Plasma(expander)gabe, bei Atemlähmung: Intubation und Sauerstoffbeatmung.

Punica granatum L.

Granatapfelbaum. *E:* Pomegranate tree. *F:* Grenadier. *I:* Melograno, Pomo granato. *NL:* Granaatappelboom.

EDV-Code: PUNGR.

Familie: Punicaceae, Granatapfelgewächse.

Verbreitung, Vorkommen: Heimat: Pakistan, Indien, China; in den Mittelmeergebieten und anderen warmen Ländern kultiviert und verwildert.

Beschreibung: Baum oder Strauch, bis 5 m hoch. Blätter lederartig, länglich-lanzettlich, zugespitzt. Kelch- und Kronblätter scharlachrot. Frucht kugelig, apfelgroß, gefächert, mit rötlicher bis lederbrauner Schale. Blütezeit: Juni–Juli.

Droge: Cortex Granati, Granati cortex, Granatbaumrinde.

Die getrocknete Stamm-, Ast- und Wurzelrinde enthält viele Oxalatdrusenzellen.

Hauptwirkstoffe: 0,1–0,7% Alkaloide (nach USD 60 in der Stammrinde 0,35–0,6%, in der Wurzelrinde 0,6–3,0%) vom Pyridin- und Piperidin-Typ, an Gerbsäure gebunden: Pseudopelletierin $C_9H_{15}NO$ (Hauptalkaloid), Kp.64–65 °C, L-Isopelletierin $C_8H_{15}NO$ (Pikrat, Fp.131–132 °C), früher als Pelletierin bezeichnet, DL-Isopelletierin, Kp.94 °C, DL-Methylisopelletierin $C_9H_{17}NO$, Kp.108 °C, die Alkaloide C_7H_9NO (Pikronolat, Fp.155–158 °C), $C_9H_{17}NO_2$ (Pikronolat, Fp.162–166 °C), $C_{10}H_{19}NO_2$ (Pikronolat, Fp.190–193 °C);

Punica granatum

2-(2´-Propenyl)1-piperidein. Daneben etwa 25% Gerbstoff, der bei Hydrolyse viel Ellagsäure, wenig Gallussäure und Glucose liefert, 0,15% Betulinsäure $C_{30}H_{48}O_3$, Fp. 305 °C, → *Friedelin* und *β*-Sitosterin [H 12].

Vergiftungserscheinungen: Gerbung des Magens, adstringierend und taenizid, auf Spulwürmer und auf den Zwergbandwurm hat die Rinde jedoch fast keine Wirkung.
Häufig Nausea und Vomitus, vereinzelt nach Blutbrechen. Magen-Darmstörungen, Magenschleimhautblutungen, Sehschwäche, Sehnervenzerstörung. Erregung des Zentralnervensystems. Schwindel, Erbrechen, Sehstörungen, Schwächegefühl, Paresen, allgemeine Prostration, Pulsverlangsamung, Schweißausbruch, Kollaps, Muskelsteifigkeit und Konvulsionen. In größeren Mengen wirkt sie als Krampfgift. Todesfälle erfolgten unter Lähmung des Atemzentrums.

Anwendungen: Als Bandwurmmittel v. a. in Abkochungen; als Adstringens und Gurgelmittel, als Emmenagogum [H 12].

Dosierung: 1–2 g täglich, vier- bis sechsmal in eineinhalbstündigen Pausen [H 12].

Gefährlichkeitsgrad: Giftig + (Das Fruchtmark ist wohlschmeckend und eßbar.)

Vorschriften: Punica granatum: Monographie der Kommission D.

Literatur: H 12, M 2.

Therapie:
Erste Hilfe: Kohle-Pulvis oder erbrechen lassen, viel warmen Tee trinken lassen, Natriumsulfat, Schockprophylaxe (Ruhe, Wärme).
Klinik: Magenspülung (evtl. mit burgunderfarbener Kaliumpermanganatlösung), Elektrolytsubstitution, Azidoseausgleich mit Natriumbikarbonat (Urin pH 7,5), im Schock Plasma(expander)gabe, bei Krämpfen Diazepam (Valium®) i.v., Kontrolle der Nierenfunktion, bei Atemlähmung Intubation und Sauerstoffbeatmung.

Pyracantha coccinea M. J. Roem.

[Cotoneaster pyracantha (L.) Spach]

Europäischer Feuerdorn. *E:* Scarlet fire thorn. *F:* Buisson ardent. *I:* Agazzino.

Pyracantha coccinea

EDV-Code: PYECO.

Familie: Rosaceae, Rosengewächse.

Verbreitung, Vorkommen: Heimat: Mittelmeergebiet; Zierpflanze in Parkanlagen, Gärten und an Straßenböschungen.

Beschreibung: Dornstrauch, 1–2,5 m hoch. Blätter immergrün, elliptisch, gekerbt. Blüten weiß, in Doldentrauben. Früchte kugelig, scharlachrot, Durchmesser ca. 1 cm.
Blütezeit: Mai–Juni.
Früchte: Herbst und Winter.

Giftige Pflanzenteile: Samen. Fruchtfleisch und die anderen Pflanzenteile sind frei von cyanogenen Glykosiden.

Hauptwirkstoffe: → *Cyanogene Glykoside* in geringen Mengen. In den Blättern → *Rutin,* → *Chlorogensäure* etc.

Vergiftungserscheinungen: Leichte gastrointestinale Beschwerden, ernste Intoxikationen wurden bisher nicht beobachtet. → *Blausäure – Glykoside.*
Bei Kleinkindern, die eine bzw. mehrere Früchte gegessen hatten, war Übelkeit und ein Erythem an Oberschenkeln und Armen zu beobachten, wobei bei letzterem der Zusammenhang nicht eindeutig gesichert war.
Nach Weilemann [W 38] nehmen vorwiegend Ein- bis Fünfjährige die Früchte auf, es treten aber nur in 10% aller Fälle Symptome auf, überwiegend Magen- und Darmbeschwerden, so aß ein 18 Monates altes Kind 10 Früchte. Nach zwölf Stunden kam es zu Blässe, Durst und Durchfall. Eine Behandlung war nicht erforderlich.

Gefährlichkeitsgrad: Kaum oder nur wenig giftig (+)

Literatur: B 36, F 16, H 12, J 5, S 6, W 38.

Therapie:
Erste Hilfe: Kohle-Pulvis oder erbrechen lassen.
Klinik: In Extremfällen Magenspülung, Vitaltherapie (S. 56).

Quassia amara L.

Quassiabaum. *E:* Quassia wood. *F:* Quassie amère. *I:* Quassia del Surinam.

Quassia amara

Familie: Simaroubaceae, Bitterholzgewächse.

Verbreitung, Vorkommen: Der 2–5 m hohe Baum ist von Guayana, dem nördlichen Brasilien bis Panama heimisch.

Beschreibung: 2–5 m hoher Strauch oder Baum. Blätter unpaarig gefiedert; Blättchen lanzettlich, zugespitzt, ganzrandig, Unterseite heller. Blüten hellpurpurrot in aufrechten, endständigen Trauben. Früchte leicht zusammengedrückt, zuerst rot dann schwarz.

Droge: Lignum Quassiae, Quassiae lignum, Quassiaholz, Surinam-Quassiaholz.
Geruchlos, Geschmack anhaltend bitter.
Die meisten Arzneibücher nennen außerdem noch das Holz von Picrasma excelsa (Sw.) Planch. (Jamaika-Quassiaholz).

Hauptwirkstoffe: 0,1–0,2% → *Quassin* (Nigakilacton D) $C_{22}H_{28}O_6$, Fp. 222 °C. Das Quassin des Handels ist ein Gemisch aus Neoquassin, Isoquassin und 18-Hydroxyquassin.

Vergiftungserscheinungen: Die Droge regt als Amarum die Magensekretion an und wirkt appetitanregend und verdauungsfördernd, aber bei höheren Dosen reizt sie den Magen und führt zu Erbrechen. Wegen seiner kontrahierenden Wirkung auf Organe mit glatter Muskulatur ist Quassiaholz während der Schwangerschaft kontraindiziert.
Quassiaholz besitzt einen Bitterwert von 1:40 000 bis 1:50 000.

Dosierung: Nach NF X Tagesdosis 500 mg.

Anwendungen in der Homöopathie: D_2 bei Anschwellungen der Leber; Teep 2,5 mg bei Wassersucht durch Leberinsuffizienz, D_3 bei Leberzirrhose.

Gefährlichkeitsgrad: Wenig giftig (+)

Vorschriften: Aromenverordnung der Bundesrepublik Deutschland v. 22. 12. 1981 (BGBl I, 1677–1685). Beschränkt verwendbarer Stoff des § 2, Anlage I: Quassiaholz (Lignum Quassiae). Verwendung: Trinkbranntweine. Höchstmenge in 1 l des verzehrfertigen Getränks: 50 mg.
Quassia amara: Monographie der Kommission D.

Literatur: D 9, H 12, M 2, M 3, M 27, N 14.

Therapie:
Erste Hilfe: Kohle-Pulvis oder erbrechen lassen.
Klinik: In Extremfällen Magenspülung, Vitaltherapie (S. 56).

Quercus robur L.

(Quercus pedunculata Ehrh.)

Stiel-Eiche, Sommereiche. *E:* Common oak. *F:* Chêne commun. *I:* Quercia commune. *NL:* Zommereik.

EDV-Code: QUERO.

Familie: Fagaceae, Buchengewächse.

Verbreitung, Vorkommen: Fast ganz Europa, Kleinasien und Nordafrika. In Mitteleuropa verbreiteter Waldbaum.

Beschreibung: Über 50 m hoher Baum mit graubrauner, rissiger Borke und knorrigen Ästen. Blätter bis 14 cm lang und bis 8 cm breit, derb, buchtig-gelappt, mit kurzem Stiel. Männliche Kätzchen lockerblütig, hängend; weibliche bis 5blütig, kurz gestielt. Frucht (Eichel) in einem langgestielten Becher.
Blütezeit: April, Mai.
Außerdem heimisch in unseren Wäldern Quercus petraea (Mattuschka) Liebl., Stein-Eiche, mit kurzgestielten Früchten und langgestielten Blättern.
Seltener ist Quercus pubescens Willd., Flaum-Eiche, an sonnigen Abhängen anzutreffen.
Die aus Nordamerika stammenden Quercus palustris Münchh., Sumpf-Eiche, und Quercus rubra L., Rot-Eiche, fallen im Herbst durch ihre tief scharlachrote Blattfärbung auf. Aus südeuropäischen Ländern wären noch Quercus cerris L., Zerr-Eiche, und Quercus ilex L., Grün-Eiche, zu erwähnen. Durch den hohen Gerbstoffgehalt ist bei allen genannten Quercus-Arten eine ähnliche Wirkung zu erwarten.

Droge: Cortex Quercus, Quercus cortex, Eichenrinde.
Semen Quercus, Quercus semen, Eicheln.
Auszug aus der Monographie der Kommission E: Quercus cortex (Eichenrinde).
Gegenanzeigen: Innere Anwendung: Keine bekannt.
Äußere Anwendung: Großflächige Hautschäden.
Vollbäder:
Vollbäder sind unabhängig von den jeweiligen wirksamen Bestandteilen nicht anzuwenden bei
- nässenden, großflächigen Ekzemen und Hautverletzungen,
- fieberhaften und infektiösen Erkrankungen,
- Herzinsuffizienz Stadium III und IV (NYHA),
- Hypertonie Stadium IV (WHO).

Quercus robur

Wirkstoffhaltige Pflanzenteile: Früchte, Blätter und Rinde.

Hauptwirkstoffe: In der Rinde bis 20%, in den Blättern und grünen Früchten 15% Gerbstoffe.

Vergiftungserscheinungen: Intoxikationen beim Menschen sind nicht oder kaum zu erwarten, höchstens bei hochdosierter Anwendung.
Rinder und Pferde sind durch Aufnahme großer Eichel- und Eichenblattmengen besonders gefährdet, weniger Schweine. Bei Rindern tritt die „Eichelkrankheit“ nach 3–5 Tagen durch den hohen Gehalt an Gerbstoffen auf. Apathisches Verhalten, Verweigerung des Futters, vermehrter Durst, Verstopfung, dann übelriechender, blutiger Durchfall, verstärkte Harnabsonderung, Puls klein und hart, zunehmende Mattigkeit und Taumeln sind die Folge [H 18, L 10].
Weilemann [W 38] erwähnt, daß 80% der vorwiegend Zwei- bis Sechsjährigen symptomlos waren, bei 20% traten Symptome auf, überwiegend Magen- und Darmbeschwerden, bei 25% hiervon auch Fieber.

Gefährlichkeitsgrad: Giftig + (Rind, Pferd); nicht oder kaum giftig für Menschen (+)

Vorschriften: Eichenholzstaub fällt unter die „Eindeutig als krebserzeugend ausgewiesenen Arbeitsstoffe“ III A 1.
Quercus cortex: Monographie der Kommission E.

Literatur: H 1, H 12, H 18, L 10, M 30, W 38.

Therapie:
Erste Hilfe: Nach Verschlucken Medizinalkohle (10 g).
Bei Rindern: Behandlung: Aufnahme von Eichenzweigen und Eicheln unterbinden, Medizinalkohle 100 g, evtl. Pansensaftübertragung, bei wertvollen Rindern auch Ruminotomie und Ausräumen des Vormageninhaltes; Heudiät; reichlich schleimig-einhüllende Mittel sowie 50–100 g Natriumbikarbonat oder Calciumkarbonat. Milde Laxantien sind nur im anfänglichen Stadium der Verstopfung angezeigt; wiederholte parenterale Flüssigkeitszufuhr, Stimulantien und Leberschutztherapie.

Quillaja saponaria Mol.

Seifenrindenbaum. *E:* Soapbark tree. *F:* Quillai savonneux.

Familie: Rosaceae, Rosengewächse.

Verbreitung, Vorkommen: Südamerika, besonders in Bolivien, Chile und Peru.

Beschreibung: Immergrüner, bis ca. 15 m hoher Baum. Blätter ledrig, derb, ganzrandig, leicht gewellt. Blüten weiß, 5zählig, in achselständigen Doldentrauben. Frucht aus 5 sternförmig angeordneten Balgfrüchten mit zahlreichen Samen.

Droge: Cortex Saponariae, Quillaiae cortex – Panamarinde. Außenseite grob längsgestreift, weißlich oder hellbraun, innen glatt und heller.

Giftige Pflanzenteile: Die Rinde.

Hauptwirkstoffe: In der Rinde ein Gemisch aus Triterpensaponinen (8–10%) mit Quillajasäure als Aglykon, außerdem bis zu 11% Calciumoxalat.

Vergiftungserscheinungen: Beim Abwiegen und beim Umgang mit der Droge kann der dabei auftretende Staub heftig zum Niesen reizen. Eine Überdosierung als Expektorans kann zu gastrointestinalen Beschwerden mit Magenschmerzen und Durchfall führen.

Anwendungen: Früher beliebtes Reinigungs- und Waschmittel für empfindliche wollene und farbige Stoffe (100 g Rinde auf 500 g Stoff). Als Expektorans weitgehend durch andere Drogen ersetzt. Eine gewisse Bedeutung besteht noch als Schaumbildner in Haarwasch- und Mundpflegemitteln.

Gefährlichkeitsgrad: Schleimhautreizend, evtl. schwach giftig (+).

Vorschriften: Verbotener Stoff der Spielwaren- und Scherzartikelverordnung, Anlage (zu § 1,Abs.1): Pulver aus der Panamarinde (Quillaia saponaria), ihre Saponine und deren Derivate.

Literatur: H 12, H 40, T 17, W 13.

Therapie:
In Extremfällen Kohle-Pulvis oral.

Ranunculus acris L.

Scharfer Hahnenfuß, Butterblume. *E:* Meadow buttercup. *F:* Bassinet d'or, Bouton d'or. *I:* Piè corvino, Ranuncalo comune. *NL:* Scherpe boterbloem.

EDV-Code: RANAC.

Familie: Ranunculaceae, Hahnenfußgewächse.

Verbreitung, Vorkommen: Eurasien, Nordamerika. In Mitteleuropa gemein; Wiesen, Grasplätze, Wegränder.

Beschreibung: Bis 1 m hohe Pflanze, stark verästelter Stengel. Blätter handförmig, 5–7teilig, langgestielt, nach oben kürzer werdend. Blüten gelb, 5blättrig, glänzend, langgestielt. Frucht: einsamiges Nüßchen. Blütezeit: Mai–September.

Giftige Pflanzenteile: Alle Pflanzenteile, besonders die Wurzeln.

Hauptwirkstoffe: Ranunculin $C_{11}H_{16}O_8$, Fp. 141–142 °C, → *Protoanemonin* (Ranunculol, Anemonol) $C_5H_4O_2$, $Kp._{1,5}$ 45 °C, $Kp._8$ 68 °C, das sich beim Trocknen sehr rasch zu dem weniger aktiven Anemonin $C_{10}H_8O_4$, Fp. 158 °C dimerisiert [H 12].

Ranunculin → Protoanemonin → Anemonin →

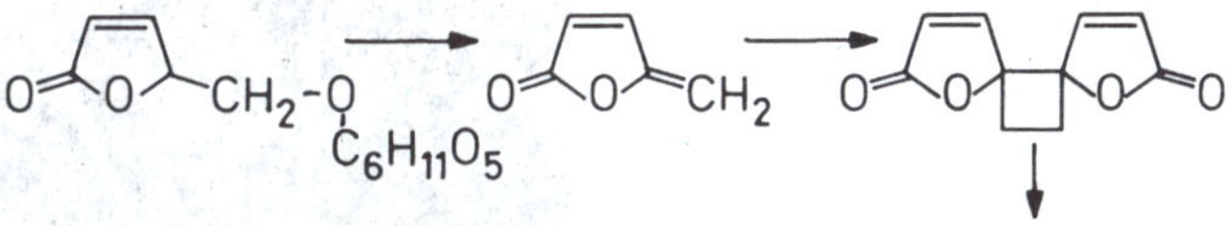

Anemoninsäure

Vergiftungserscheinungen: Ähnlich wie bei → *Pulsatilla vulgaris.* Protoanemonin und Anemonin sind vermizid und besitzen antibiotische Wirksamkeit. Anemonin wirkt spasmolytisch. Vergiftungen sind beim Menschen verhältnismäßig selten. Eingenommen verursacht der Saft Brennen im Mund, Brechen, Magen- und Leibschmerzen, Durchfälle, allgemeine Körperschmerzen, konvulsivische Anfälle, Betäubung, Schwindel, Abnahme der Herzleistung und Dyspnoe.

Beim Vieh Vergiftungen gewöhnlich nur bei massenhaftem Auftreten der Pflanze im Weidegras oder durch Verfütterung hahnenfußreichen Grases in frischem Zustand. Die getrocknete Pflanze (z.B. im Heu) ist durch die Dimerisation des Protoanemonins praktisch unwirksam und daher auch in großen Mengen für das Vieh unschädlich [H 12] → *Ranunculus sceleratus.*

Wirkungen auf die Haut/Schleimhaut: Der Saft der frischen Pflanze verursacht auf der

Ranunculus acris

Haut Rötung, Schwellung, Blasenbildung. Geschwür- und Gangränartige Reaktionen können auftreten. Es handelt sich dabei um eine primär irritative, d.h. nicht-allergische Erscheinung. Entzündungen an den Schleimhäuten der Nase und der Augen sind dagegen durch die Pollen der Hahnenfußgewächse verursacht und zählen wie der Heuschnupfen zu den Erscheinungen der inhalativen Allergie (Allergie vom Soforttyp).

Gefährlichkeitsgrad: Giftig +

Vorschriften: Ranunculus acris: Monographie der Kommission D.

Literatur: B 36, F 16, H 12, H 18.

Therapie:
Erste Hilfe: Kohle-Pulvis, erbrechen lassen, viel warmen Tee trinken lassen, Natriumsulfat, Schockprophylaxe (Ruhe, Wärme). Haut- und Schleimhautblasen steril abdecken, Tetanusprophylaxe, lokal Cortison.
Klinik: Magenspülung (evtl. mit burgunderfarbener Kaliumpermanganatlösung), Elektrolytsubstitution, Azidoseausgleich mit Natriumbikarbonat (Urin pH 7,5), im Schock Plasma(expander)gabe, bei Krämpfen Diazepam (Valium®) i.v., Kontrolle der Nierenfunktion, bei Atemlähmung Intubation und Sauerstoffbeatmung.

Ranunculus bulbosus L.

Knolliger Hahnenfuß. *E:* Bulbous buttercup. *F:* Renoncule bulbeuse. *I:* Ranunculo bulboso. *NL:* Knolboterbloem.

EDV-Code: RANBU.

Ähnlich wirkende Arten sind in Europa:

Ranunculus arvensis L.
Acker-Hahnenfuß
EDV-Code: RANAR.

Ranunculus auricomus L.
Goldschopf-Hahnenfuß
EDV-Code: RANAU.

Ranunculus muricatus L.
Stachelfrüchtiger Hahnenfuß
EDV-Code: RANMU.

Ranunculus parviflorus L.
Kleinblütiger Hahnenfuß
EDV-Code: RANPF.

Ranunculus repens L.
Kriechender Hahnenfuß
EDV-Code: RANRE.

Ranunculus sardous Crantz
Sardinischer Hahnenfuß
EDV-Code: RANSA.

Familie: Ranunculaceae, Hahnenfußgewächse.

Ranunculus bulbosus

Verbreitung, Vorkommen: Europa. In Mitteleuropa verbreitet; Wiesen, Grasplätze, Wegränder.

Beschreibung: 15–30 cm hoch, Stengel am Grunde knollig verdickt. Blätter unten langgestielt, 3zählig, Teilblättchen 3spaltig. Blüten goldgelb, einzeln, endständig, 5 Kronblätter, Kelchblätter zurückgeschlagen.
Blütezeit: Mai–Juli.

Giftwirkung etc. → *Ranunculus acris.*

Anwendungen in der Homöopathie: Von D_3 aufwärts bei Intercostalneuralgie, Pleuritis sicca und exsudativa; Schreibkrampf; Herpes zoster.

Vorschriften: Ranunculus bulbosus: Monographie der Kommission D.

Literatur: D 9, M 27.

Therapie: → *Ranunculus acris*

Ranunculus sceleratus L.

Gift-Hahnenfuß. *E:* Celery-leaved crowfoot. *F:* Renoncule scelerate, Mort aux vaches. *I:* Ranuncolo tossico. *NL:* Blaartrekkende boterbloem.

EDV-Code: RANSC.

Familie: Ranunculaceae, Hahnenfußgewächse.

Verbreitung, Vorkommen: Ganze nördliche Halbkugel; in der Ebene und Bergregion, an Gräben, Teichufern und Sumpfwiesen.

Beschreibung: 20–50 cm hohe, einjährige Pflanze mit hohlem, reichverzweigtem Stengel. Blätter fleischig, glänzend, handförmig, 3–5teilig. Blüten gelb, einzeln, ca. 1 cm breit. Früchte walzige Ähren.
Blütezeit: Mai–November.

Giftige Pflanzenteile: Alle Pflanzenteile. Geschmack scharf.

Hauptwirkstoffe: → *Ranunculin,* Anemonin, → *Protoanemonin.*

Vergiftungserscheinungen: Schwere Allgemeinerscheinungen wie Betäubung, Schwindel, Schwere im Kopf, Ohnmachten, schneller, kleiner Puls. Pemphigusartige Exantheme nach innerem Gebrauch. Heftige Magenschmerzen. Tod.

Heu bei Tieren ungefährlich, tödliche Vergiftungen nur bei massenhaftem Auftreten im Weidegras. Dabei kann es, wie bei allen Ranunculus-Arten, zu einer Gastroenteritis, hämorrhagischen Nephritis, zu zentralner-

Ranunculus sceleratus

vösen Erregungen und zu Krämpfen kommen. Ungewöhnlich große Aufnahme führt zum Tod infolge Herz- und Atemlähmung [H 18].

Wirkungen auf die Haut: Hautreizende Wirkung, die sich in Jucken, Röte, Schwellung, Blasenbildung mit einem Bläschenkranz darum äußert. Schmerzhafte Furunkel und mehr oder weniger tiefgehende Gewebezerstörungen. Ganze Glieder sehen aus wie nach einer Verbrennung 2. Grades und können brandig werden.
Anmerkung: Die dänische Bezeichnung „Bettler-Hahnenfuß“ kommt daher, daß sich Bettler an sichtbaren Körperstellen mit dem Pflanzensaft einrieben, um dadurch mitleiderregende Wunden und Ausschlag hervorzurufen [N 10].

Anwendungen in der Homöopathie: D_1–D_6 bei Hautaffektionen, Geschwüren, Herpes zoster, Erysipel mit Blasenbildung.

Gefährlichkeitsgrad: Giftig +

Vorschriften: Ranunculus sceleratus: Monographie der Kommission D.

Literatur: H 12, H 18, H 29, L 10, M 2, M 5, M 27, N 10.

→ Historischer Überblick „Antike“.

Therapie:
Erste Hilfe: Kohle-Pulvis-Gabe, Erbrechen auslösen, Natriumsulfat, viel warmen Tee trinken lassen. Haut- und Schleimhautblasen steril abdecken, Tetanusprophylaxe, lokal Cortison.
Klinik: Magenspülung (evtl. mit burgunderfarbener Kaliumpermanganatlösung) Instillation von 10 g Kohle-Pulvis, Elektrolytsubstitution, Azidoseausgleich mit Natriumbikarbonat (Urin pH 7,5), Kontrolle der Nierenfunktion, bei Krämpfen Diazepam (Valium®) i.v., ggf. Plasma(expander)gabe, bei Atemlähmung: Intubation und Sauerstoffbeatmung.

Rauvolfia serpentina (L.) Benth.

Schlangenwurzel, Rauwolfia. *E:* Snakewood. *F:* Arbre aux serpents. *I:* Segno serpentino.

Rauvolfia serpentina

Familie: Apocynaceae, Hundsgiftgewächse.

Verbreitung, Vorkommen: Heimisch in Indien und dem Malaiischen Archipel.

Beschreibung: Bis 1 m hoher Strauch. Blätter länglich elliptisch, 7–25 cm lang, gewöhnlich in 3zähligen Quirlen. Blütenröhre rötlich. Steinfrucht kugelig, schwarz.

Droge: Radix Rauvolfiae, Rauvolfiae radix, Indische Schlangenwurzel.
Nach Ind. P. C. soll die Wurzel eine unverletzte Rinde haben und von 3–4jährigen Pflanzen stammen. Im indischen Handel sind 5 Sorten.

Hauptwirkstoffe: Rauvolfia enthält 0,8–1,5% Alkaloide. Es gibt über 30 verschiedene aus folgenden Gruppen:

A. Quaternäre Anhydronium-Basen: → *Serpentin* u.a. (stark basisch, gelb).
B. Tertiäre Indol-Basen: → *Reserpin* (0,04–0,05% in Rauvolfia serpentina), → *Rescinnamin* (=Reserpinin), → *Ajmalicin* (=Raubasin), Sarpagin (=Raupin), → *Yohimbin* und Isomere usw. (schwach basisch, farblos).
C. Tertiäre Indolin-Basen: → *Ajmalin*, Isoajmalin u.a. (schwach bis mäßig basisch, farblos).

Die in Afrika vorkommende Rauvolfia vomitoria Afzel weist den doppelten Reserpingehalt auf.

Vergiftungserscheinungen: Die Wirkung der Droge wird zum einen durch die vornehmlich zentral angreifenden, sedativ wirkenden Alkaloide Reserpin und Rescinnamin (Deserpidin) bestimmt und zum anderen durch die peripher angreifenden Alkaloide vom Typ des Ajmalins, Sarpagins und Yohimbins. Hierdurch ergeben sich die zwei Hauptanwendungsgebiete:
1. Zur Beruhigung des Nervensystems und der glatten Muskulatur des Verdauungstraktes.
2. Zur allgemeinen Gefäßerweiterung, z. B. bei essentieller Hypertonie. An dieser blutdrucksenkenden Wirkung sind wohl eine ganze Reihe von Alkaloiden beteiligt, u. a. auch die sedativ wirkenden.
Für die günstige Wirkung der Droge bei Herzrhythmusstörungen scheint vor allem das Ajmalin verantwortlich zu sein [K 9].
In hoher Dosis bradykarde Herzrhythmusstörungen bis hin zum Herzstillstand, Azidose, Schock.
Therapeutisch nicht zu verwenden bei: Depressionen, Ulkus-Krankheit, Phäochromozytom, Schwangerschaft, Stillzeit [T 5].

Anwendungen in der Homöopathie: D_1–D_2 bei Habitus apoplecticus, kongestive Cephalgie, Hypertonie und Hitzewallungen, Stenokardie.

Gefährlichkeitsgrad: Stark giftig + +

Vorschriften: Rauvolfiae radix: Monographie der Kommission E.
Rauvolfia serpentina: Monographie der Kommission D.
Stoff der Kosmetikverordnung v. 19. 6. 1985 Anlage 1: 15 Alkaloide aus Rauvolfia serpentina und ihre Salze.

Literatur: C 17, D 9, H 12, K 9, L 10, N 2 T 5.

Therapie:
Erste Hilfe: Kohle-Pulvis-Gabe oder Erbrechen auslösen, Natriumsulfat.
Klinik: Magenspülung (evtl. mit burgunderfarbener Kaliumpermanganatlösung), Kohleinstillation (10 g Pulvis), Plasmaexpander bzw. Dopamin im Schock, Kontrolle des Kaliumspiegels und Substitution, Phenytoin, bei Herzstillstand Adrenalin intracardial, bei ausgeprägter Bradykardie: Atropin oder Orciprenalin (Alupent®), bei AV-Überleitungsstörungen: Vorsicht mit Substanzen, die diese zusätzlich beeinträchtigen, d.h. mit Ajmalin, Procainamid, β-Rezeptorenblocker und Chinidin.

Rhamnus catharticus L.

Kreuzdorn. *E:* Common buckthorn. *F:* Nerprun purgatif. *I:* Ranno catartico, Spinocervino.

EDV-Code: RHACT.

Familie: Rhamnaceae, Kreuzdorngewächse.

Verbreitung, Vorkommen: Eurasien, Nordafrika. In Mitteleuropa verbreitet; Waldsäume, lichte Wälder, Trockenhänge.

Beschreibung: 3–6 m hoher Strauch, Zweige in einen Dorn auslaufend. Blätter gegenständig, elliptisch. Blüten klein, gelbgrün, in achselständigen Büscheln. Früchte erbsengroß, schwarz.
Blütezeit: Mai–Juni.
Früchte: August–Oktober.

Droge: Fructus Rhamni cathartici, Rhamni cathartici fructus, Kreuzdornbeeren.
5–8 mm groß, kugelig, schwarz, glänzend; getrocknet: stark runzelig, eingefallen.
Auszug aus der Packungsbeilage gemäß Standardzulassung:
Gegenanzeigen: Kreuzdornbeerenzubereitungen sind nicht anzuwenden bei Vorliegen von Darmverschluß sowie während der Schwangerschaft und der Stillzeit.
Nebenwirkungen: Bei bestimmungsgemäßem Gebrauch nicht bekannt.
Bei häufiger und langdauernder Anwendung oder bei Überdosierung ist ein erhöhter Verlust von Wasser und Salzen, insbesondere von Kaliumsalzen, möglich. Weiterhin kann es zu Pigmenteinlagerungen in der Darmschleimhaut (Melanosis coli) kommen.
Wechselwirkungen mit anderen Mitteln: Auf Grund erhöhter Kaliumverluste kann die Wirkung von Herzglykosiden verstärkt werden.

Giftige Pflanzenteile: Unreife Beeren und Rinde.

Hauptwirkstoffe: Emodinglykoside. Früchte: ca. 0,75% (unreife Früchte), Rinde: 2–2,5% Saponine. In den Kernen ist mit 2% der höchste Anthracenderivatgehalt.

Vergiftungserscheinungen: Unreife Beeren können Übelkeit, Erbrechen, Diarrhöe und Nierenreizung verursachen. Wirkung ähnlich → *Frangula alnus.*
Aus den Erfahrungen der Beratungsstelle für Vergiftungserscheinungen, Berlin:
5jähr. erbrach nach „vielen" Früchten, andere Kinder waren nach „einigen Beeren" symptomlos [K 40].

Dosierung: Einzeldosis 3,0–5,0 g. Mittlere Einzelgabe als Einnahme 2,0 g, Erg. B. 6; 0,6–1,2 g USD 60.

Anwendungen in der Homöopathie: Teep 0,12 g bei Verstopfung.

Rhamnus catharticus

Gefährlichkeitsgrad: Giftig +

Vorschriften: Rhamnus catharticus: Monographie der Kommission D.

Rhamni cathartici fructus: Monographie der Kommission E.

Literatur: B 36, F 16, G 4, H 12, K 40, M 2, M 3, R 3.

Therapie:
Erste Hilfe: Kohle-Pulvis (10 g) oder erbrechen lassen, viel warmen Tee oder Himbeersaft trinken lassen.
Klinik: Nach wahrscheinlich großer Giftaufnahme: Magenspülung (evtl. mit burgunderfarbener Kaliumpermanganatlösung), Instillation von 10 g Kohle-Pulvis und Natriumsulfat, Elektrolytsubstitution, Azidoseausgleich mit Natriumbikarbonat (Urin pH 7,5).

Rhamnus purshianus DC.

(Frangula purshiana Coop., Rhamnus alnifolia Pursh)

Erlenblätteriger Kreuzdorn. *E:* Sacred bark tree. *F:* Nerprun de pursh. *I:* Purshiana.

EDV-Code: RHAPU.

Familie: Rhamnaceae, Kreuzdorngewächse.

Verbreitung, Vorkommen: Ein dornenloser, winterharter, nordamerikanischer Strauch oder bis 18 m hoher Baum, der vorwiegend Flußufer und Nadelwälder besiedelt.

Droge: Cortex Rhamni purshiani, Rhamni purshiani cortex, Cortex Cascarae sagradae, Cascararinde.

Rindenstücke röhrenförmig, rinnenförmig oder fast flach, normalerweise 1–5 mm dick, in Länge und Breite sehr unterschiedlich. Außenseite mit fast glatter Korkschicht bedeckt [H 12].
Die Rinde muß mindestens 2 Jahre gelagert sein.
Auszug aus der Monographie der Kommission E:
Gegenanzeigen: Ileus jeder Genese, während der Schwangerschaft und Stillzeit nur

Rhamnus purshianus

nach Rücksprache mit einem Arzt anwenden.

Nebenwirkungen: Keine bekannt. Bei chronischem Gebrauch/Mißbrauch: Elektrolytverluste, insbesondere Kaliumverluste. Pigmenteinlagerung in die Darmmucosa (Melanosis coli).

In frischem Zustand enthält die Droge Anthrone und muß deshalb vor Verwendung mindestens 1 Jahr gelagert oder unter Luftzutritt und Erwärmen künstlich gealtert werden.

Bei nichtbestimmungsgemäßem Gebrauch, z. B. frische Droge, starkes Erbrechen, evtl. mit Spasmen einhergehend.

Geschichte: In ihrer Heimat ist die Droge gebräuchlich unter dem Namen Cascara sagrada, einer spanischen Bezeichnung, die heilige, aber auch verwünschte Rinde bedeutet, denn spanische Geistliche lernten in Kalifornien zuerst bei den dortigen Indianern die Verwendung der Rinde kennen. Seit 1883 gelangt die amerikanische Faulbaumrinde reichlicher nach Europa und wird neben der einheimischen Faulbaumrinde benutzt. Die Pflanze ist benannt nach dem aus Sachsen stammenden Botaniker Friedrich Traugott Pursch, der in Nordamerika lebte und sich später Pursh schrieb [K 9].

Hauptwirkstoffe: Der Gesamtgehalt an wirksamen Anthracenderivaten ist geringer als bei der Frangularinde, 1,4–4,0%, die Zahl der Derivate ist jedoch größer (bis 18). Im Vergleich zu den Frangulaglykosiden steht nach O. Schindler bei einem wichtigen Cascaraglykosid der Zucker in 9-Stellung. An Glykosiden wurden weiter ein Rhabarberonglykosid, → *Frangulin* (=Emodin + Rhamnose), Barbaloin und ein dem Aloin ähnliches, kompliziert gebautes Glykosid gefunden [K 9].

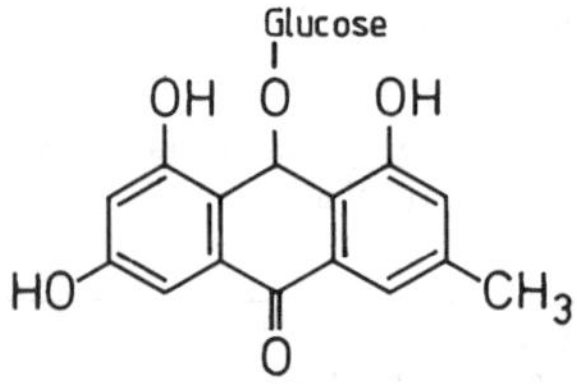

Cascara-Oxanthronglucosid

Nach Kinget wurden folgende „Homoio"- und „Heterobianthrone" gefunden: Emodin Bianthron, Palmidin A, B und C.

Pharmakologische Wirkung: Die Cascararinde ruft beim Kauen Gelbfärbung des Speichels hervor. Nicht abgelagerte Rinde erzeugt Nausea, Vomitus, Leibschmerzen, die sich durch brennende Schmerzen äußern mit choleraartigen, auch blutigen Stühlen [M 2].

Der Mensch ist gegen Cascarapräparate etwa 130mal empfindlicher als die Maus.

Dosierung: Mittlere Einzelgabe als Einnahme 1,0 g (10 g Abkochung 10%) Erg. B. 6.

Gefährlichkeitsgrad: Giftig + bei unsachgemäßer Anwendung.

Vorschriften: Rhamni purshiani cortex: Monographie der Kommission E.

Rhamnus purshianus: Monographie der Kommission D.

Literatur: H 12, K 9, K 19, M 2, R 11, T 5.

Therapie:

Erste Hilfe: Kohle-Pulvis (10 g), erbrechen lassen, viel warmen Tee oder Himbeersaft trinken lassen.

Klinik: Nach wahrscheinlich großer Giftaufnahme: Magenspülung (evtl. mit burgunderfarbener Kaliumpermanganatlösung), Instillation von 10 g Kohle-Pulvis und Natriumsulfat, Elektrolytsubstitution, Azidoseausgleich mit Natriumbikarbonat (Urin pH 7,5), bei Koliken Atropin.

Rheum palmatum L.

Rhabarber, Medizinal-Rhabarber. *E:* Sorel rhubarb. *F:* Rhubarbe palmée. *I:* Rabarbaro palmato.

Familie: Polygonaceae, Knöterichgewächse.

Verbreitung, Vorkommen: Heimat: Zentral- und Ostasien; bei uns kultiviert.

Beschreibung: Großblättrige Staude. Blätter handförmig gelappt. Blüten klein, in büschelförmigen Wickeln, letztere rispig angeordnet.
Blütezeit: Juni.
Rheum rhabarbarum L. ähnlich der obigen Art, nur Blätter ganzrandig, am Rande gewellt.

Droge: Radix Rhei, Rhei radix, Rhabarberwurzel.
Die getrockneten unterirdischen Organe von Rheumarten, besonders von Rh. palmatum, nicht von Rheum rhaponticum und Rheum rhabarbarum L. (DAB 7).
Auszug aus der Monographie der Kommission E: Rhei radix (Rhabarber)
Berichtigung: Der Abschnitt Gegenanzeigen wird geändert in: Ileus jeder Genese, während der Schwangerschaft und Stillzeit nur nach Rücksprache mit einem Arzt anzuwenden.
Der Abschnitt Nebenwirkungen wird geändert in: Keine bekannt.
Bei chronischem Gebrauch/Mißbrauch: Elektrolytverluste, insbesondere Kaliumverluste; Pigmenteinlagerung in die Darmmucosa (Melanosis coli).

Wirkstoffhaltige Pflanzenteile: Die ganze Pflanze, besonders die Wurzeln.

Hauptwirkstoffe: An Hauptwirkstoffen enthält die Wurzel hauptsächlich die laxierend wirkenden Anthracenderivate, die Sennoside A, B, C und D, daneben adstringierende Gerbstoffe. Der Gesamtgehalt an Anthracenderivaten beträgt ca. 2–3%. Als Begleitstoff amorphes Harz, das stark abführend wirkt.
Pakistanische Rhabarberwurzeln enthalten nicht die typischen Hydroxyanthracenderivate Rhein und Aloe-Emodin.

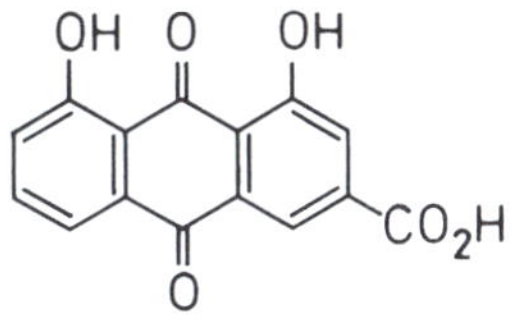

Rhein

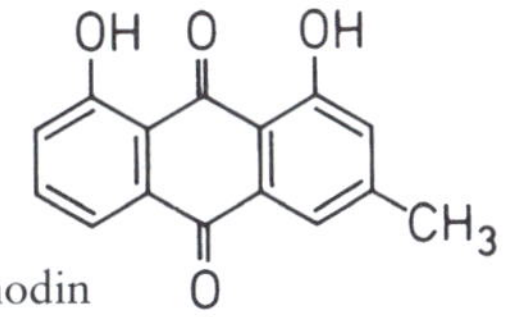

Aloe-Emodin

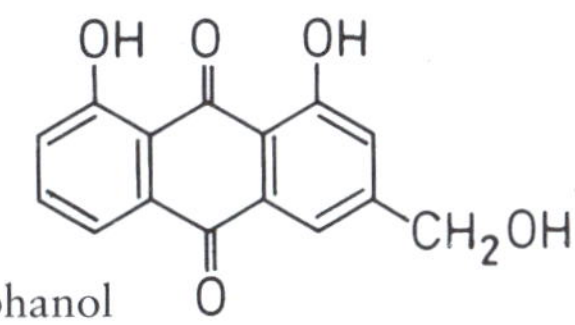

Chrysophanol

Pharmakologische Wirkung: In kleinen Dosen (0,05–0,5 g) wirkt der Medizinal-Rha-

Rheum palmatum

barber aufgrund seines Gerbstoffgehaltes antidiarrhöisch. Die laxierende Wirkung der Droge tritt bei Gaben von 1–3 g nach etwa 6–10 Std. ein [M 2].
Man nimmt neuerdings an, daß sie im Dickdarm zur Anthranolform reduziert werden und dort direkt wirken.
Der Urin färbt sich nach Rheumgaben gelbbraun und wird bei Zusatz von Alkali rot (Bornträger-Reaktion auf Anthrachinone). In der Milch stillender Frauen wurde eine Sekretion z. B. von Chrysophansäure beobachtet. Die Blattstiele von Rheum rhabarbarum L. werden in verschiedenen Zubereitungen gekocht und wegen des angenehm säuerlichen Geschmackes gegessen. Sie enthalten Calcium- und Magnesiumoxalat.
Durch Genuß von rohem Speiserhabarber (Rheum rhabarbarum) kommen bes. bei Kindern immer wieder Intoxikationen vor, wenn diese größere Mengen roher und unreifer Rhabarberstengel essen. Es kann dann zum schweren Nierenversagen führen, was neben der → *Oxalsäure* auf die in den Pflanzen enthaltenen Anthrachinone zurückgeführt wird. Durch Oxalsäure kommt es zu einer Fällung von Calciumionen zu unlöslichen Oxalaten mit nachfolgender Tubulus-Schädigung. Die toxische Dosis der Oxalsäure liegt für Erwachsene zwischen 1–5 g. Der Gehalt des Rhabarbers an Oxalat schwankt zwischen 0,3–0,7%. Bei Kleinkindern kann der Genuß selbst weniger Rhabarberstengel schon nephrotoxisch wirken [H 12]! Die höchste purgative Wirkung ist den Sennosiden zuzuschreiben.

Anwendungen in der Homöopathie: D_2–D_3 bei Diarrhöen von Kindern und Säuglingen mit sauren Stühlen und nervöser Unruhe. Auch beim „Zahnen“ Gärungsdyspepsien.

Gefährlichkeitsgrad: Wenig giftig (+)

Vorschriften: Rheum: Monographie der Kommission D.
Rhei radix: Monographie der Kommission E.

Literatur: C 10, D 9, H 12, K 9, L 10, M 27, S 59, T 5, Z 5.

Therapie:
Nur in Extremfällen Erbrechen oder rechtzeitig Kohle-Pulvis.

Rhinanthus L.-Arten

Klappertopf-Arten. *E:* Rattle. *F:* Cocriste. *I:* Cresta di gallo.

EDV-Code: RHIAL (Rh. alectorolophus)
RHIMI (Rh. minor).

Familie: Scrophulariaceae, Rachenblütler.

Verbreitung, Vorkommen: Europa, Asien; Wiesen, Äcker, Wegränder, Triften, Matten.

Beschreibung: Einjährige Halbschmarotzer, mit 4 kantigem Stengel. Blätter länglich bis lanzettlich, gesägt, sitzend, gegenständig, mit walziger Röhre, zweilippig, Oberlippe helmartig, in Ähren mit gegenständigen Tragblättern. Kapsel seitlich zusammengedrückt.
Häufige Arten: Rh. minor L., Kleiner Klappertopf.
Rh. alcetorolophus Pollich (Rh. major L.), Zottiger Klappertopf.

Giftige Pflanzenteile: Alle Pflanzenteile.

Hauptwirkstoffe: → *Aucubin* (Rh. minor 1,1% nach Bracke).

Vergiftungserscheinungen: → *Aucuba japonica.*

Gefährlichkeitsgrad: Wenig giftig (+)

Literatur: B 36, F 16, G 4, H 12.

Rhinanthus minor

Therapie:
Nur in Extremfällen Erbrechen oder rechtzeitig Kohle-Pulvis.

Rhododendron chrysanthum Pall.

(Rhododendron officinale Salisb., Rhododendron aureum Georg)

Goldgelbe Alpenrose, Gichtrose, Sibirische Alpenrose. *E:* Siberian rhododendron, Yellow snowrose. *F:* Rhododendron jaune doré.

Familie: Ericaceae, Heidekrautgewächse.

Verbreitung, Vorkommen: Heimat: Nordostasien. Bei uns gelegentlich als Zierstrauch in Gärten und Anlagen.

Beschreibung: Immergrüner, bis 60 cm hoher Strauch. Blätter länglich verkehrt-eiförmig, lederartig, ganzrandig, wechselständig. Blüten weit glockig, gelb, zu 5–10 am Ende der Zweige. Frucht eine zylindrische Kapsel. Blütezeit: Juni–Juli.

Droge: Herba (Folia) Rhododendri chrysanthi, Rhododendri chrysanthi herba.
Die rhabarberähnlich riechenden Blätter schmecken bitter, scharf-herb und wirken narkotisch.

Hauptwirkstoffe: Rhododendrin (Betulosid) $C_{16}H_{24}O_7$, Fp. 190 °C, und dessen Aglykon Rhododendrol (Betuligenol) $C_{10}H_{14}O_2$, Fp. 81,5 °C, sowie → *Andromedotoxin* $C_{22}H_{36}O_7$ (Acetylandromedol) [H 12].

Vergiftungserscheinungen: Andromedotoxin wirkt namentlich auf den Vagus ein und ruft Krämpfe, Salivation, Vomitus und Lähmung des Respirationszentrums hervor.
Starke Aufgüsse wirken berauschend, erzeugen Fieber, Brennen im Schlund, Erbrechen, Durchfall, Gliederschmerzen, Hautjucken. Acetylandromedol senkt den systolischen und diastolischen Blutdruck und zeigt positiv inotrope Herzwirkung. Die toxische Wirkung ist vielschichtig und ähnelt in mancher Hinsicht der des Veratrins, des Aconitins oder des Atropins [H 12].
Die Tartaren stellten einen Tee von den Blüten her. Zuviel von diesem Tee (mehr als zehn Blätter) ruft Rauschzustände, Fieber, Gliederschmerzen und Erbrechen hervor.

Anwendungen in der Homöopathie: D_0–D_6 bei Hoden- und Nebenhodenentzündung; D_1–D_2 bei Gelenkrheuma, D_2–D_4 bei Rheumatismus der kleinen Gelenke.

Gefährlichkeitsgrad: Giftig +

Literatur: D 9, H 12, M 2, M 27, S 36.

Therapie:
Erste Hilfe: Kohle-Pulvis-Gabe, Erbrechen auslösen, Natriumsulfat, viel warmen Tee trinken lassen. Lokal Cortison.
Klinik: Magenspülung (evtl. mit burgunderfarbener Kaliumpermanganatlösung), Instillation von 10 g Kohle-Pulvis, Elektrolytsubstitution, Azidoseausgleich mit Natriumbikarbonat (Urin pH 7,5), Kontrolle der Nierenfunktion, bei Krämpfen Diazepam (Valium®) i.v., ggf. Plasma(expander)gabe, bei Atemlähmung: Intubation und Sauerstoffbeatmung.

Rhododendron ferrugineum L.

Rostblättrige Alpenrose. *E:* Rusty-leaved alpenrose. *F:* Rhododendron ferrugineux. *I:* Rododendro rosso.

Familie: Ericaceae, Heidekrautgewächse.

Verbreitung, Vorkommen: Alpen zwischen 1500–2300 m, als Unterholz in gelichteten Wäldern, Felsen, Gehängeschutt.

Beschreibung: Immergrüner Strauch, bis 1 m hoch, reichverzweigt. Blätter länglich-lanzettlich, lederartig, am Rande umgerollt. Unterseite rostbraun. Blüten purpurn, trichterförmig, 5zipfelig, in Dolden. Frucht eine Kapsel.
Blütezeit: Juli–August.
Eine ebenfalls in Mitteleuropa einheimische Art, Rhododendron hirsutum L., Behaarte Alpenrose, soll ungiftig sein.
Rhododendron-Arten sind als Ziergewächse sehr beliebt. → *Rhododendron simsii.*

Droge: Folia Rhododendri ferruginei, Rhododendri ferruginei folium, Alpenrosenblätter.
Die derb-lederartigen Blätter.
Auszug aus der Monographie der Kommission E: Rhododendri ferruginei folium (Rostrote Alpenrosenblätter)
Risiken: Rhododendron-Arten können toxische Diterpene mit Andromedan-Grundgerüst enthalten. Über das Vorkommen von Andromedan-Derivaten in Rhododendron ferrugineum existieren widersprüchliche Angaben. Fallberichte über Vergiftungen von Weidevieh durch Rhododendron ferrugineum deuten darauf hin, daß Verbindungen dieser Substanzgruppe tatsächlich in den Blättern enthalten sein können. Symptome einer akuten Grayanotoxinvergiftung sind Blutdruckabfall, Bradykardie, Krämpfe, später Herzversagen und Atemstillstand. Die chronische Toxizität der Verbindungen ist im Tierreich relativ gering. Beim Menschen wurden u. a. nach Genuß von Grayanotoxinhaltigem Honig die folgenden Vergiftungssymptome beobachtet: Erbrechen, Durchfall, Schmerzen und Krämpfe im Magen-Darm-Bereich, Gliederschmerzen, Gleichgewichtsstörungen, Atemnot, zentrale Erregungszustände, Lähmungen sowie Brennen und Juckreiz auf Haut und Schleimhäuten.
Bei langdauernder Einnahme besteht darüber hinaus durch das in der Droge enthaltene Arbutin die Möglichkeit einer chronischen Intoxikation durch Hydrochinon.
Berichte über schwere Vergiftungen nach der in der Volksmedizin früher üblichen Anwendung als Teeaufguß (Tagesdosis 5–6 g Droge) liegen nicht vor.

Giftige Pflanzenteile: Blätter.

Hauptwirkstoffe: → *Ursolsäure,* Acetylandromedol, → *Arbutin,* Rhododendrin.

Vergiftungserscheinungen: Der Honig, wie auch das Essen oder Aussaugen der Blüten ruft Vergiftungserscheinungen hervor. Folgen sind Erbrechen, Leibschmerzen, Bradykardie.

Rhododendron ferrugineum

Schafe und Ziegen, aber auch Pferde und Rinder sind besonders gefährdet. Durch Aufnahme der Pflanze Gastroenteritis mit starker Salivation, Krämpfe, zentralnervöse Störungen, terminale Lähmungen, Tod durch Atemlähmung [H 18].
Nach Geroulanos et al. ist der Honig von folgenden Rhododendronarten giftig:
Rhododendron ponticum L.
Rhododendron luteum Sweet (Azalea pontica)
Rhododendron occidentale (Torr. et A. Gray) A. gray
Rhododendron albiflorum

Lit. Honigbedingte Intoxikationen, Schweiz. Rundschau Med. (PRAXIS) 81 (1992) 535–540.

Gefährlichkeitsgrad: Stark giftig + +

Vorschriften: Alle einheimischen Rhododendron-Arten stehen unter Naturschutz (A, D, CH, I, YU).
Rhododendron ferrugineum: Monographie der Kommission D.
Rhododendri ferruginei folium: Monographie der Kommission E.

Literatur: B 36, H 12, H 18, L 10, S 36.

Therapie:
Erste Hilfe: Kohle-Pulvis-Gabe, Erbrechen auslösen, Natriumsulfat, viel warmen Tee trinken lassen.
Klinik: Magenspülung (evtl. mit burgunderfarbener Kaliumpermanganatlösung), Instillation von 10 g Kohle-Pulvis, Elektrolytsubstitution, Azidoseausgleich mit Natriumbikarbonat (Urin pH 7,5), Kontrolle der Nierenfunktion, bei Krämpfen Diazepam (Valium®) i.v., ggf. Plasma(expander)gabe, bei Atemlähmung: Intubation und Sauerstoffbeatmung.

Rhododendron simsii Planch.

(Stammform der Topfazaleen, in der Gärtnersprache: Azalea indica)

Azalee. *E:* Azalea. *F:* Azalée.

EDV-Code: RHOSI.

Familie: Ericaceae, Heidekrautgewächse.

Rhododendron simsii

Verbreitung, Vorkommen: Heimat: Ostasien; beliebte Topfpflanze.

Beschreibung: Kurzstämmiger Strauch. Blätter länglich-oval, grün, quirlig angeordnet. Blüten fünfblättrig, endständig, einzeln oder büschelig, in roten Farbnuancen.
Blütezeit: Dezember–Mai.

Giftige Pflanzenteile: Die ganze Pflanze. Siehe auch Rhododendron ferrugineum. Es gibt Hunderte von Züchtungen. Deshalb ist anzunehmen, daß bedingt durch Erbgut, Aufzuchtsbedingungen, Klima etc. die Inhaltsstoffe und damit auch die Giftigkeit sehr verschieden sein können.

Hauptwirkstoffe: Acetylandromedol, → *Ursolsäure* (Triterpen).

Vergiftungserscheinungen: Übelkeit, Durchfall, Benommenheit, Kopfschmerzen, Krämpfe.
Schon Xenophon berichtet über eine Vergiftung durch Rhododendron ponticum; von dieser hatten seine Soldaten Honig gegessen, den die Bienen hauptsächlich von Rhododendron ponticum gesammelt hatten.
Aus den Erfahrungen der Beratungsstelle für Vergiftungserscheinungen, Berlin:
Aufnahme von Blättern und Blüten: nur in 1 Fall kam es bei einem 8 Monate alten Kind zu spontanem Erbrechen [K 40].

Gefährlichkeitsgrad: Giftig +

Literatur: F 16, J 6, K 40, L 8.

Therapie:
Erste Hilfe: Kohle-Pulvis-Gabe, Erbrechen auslösen, Natriumsulfat, viel warmen Tee trinken lassen.
Klinik: Magenspülung (evtl. mit burgunderfarbener Kaliumpermanganatlösung), Instillation von 10 g Kohle-Pulvis, Elektrolytsubstitution, Azidoseausgleich mit Natriumbikarbonat (Urin pH 7,5), Kontrolle der Nierenfunktion, bei Krämpfen Diazepam (Valium®) i.v., ggf. Plasma(expander)gabe, bei Atemlähmung: Intubation und Sauerstoffbeatmung.

Rhodotypos scandens (Thunb.) Mak.

Scheinkerrie, Kaimastrauch. *E:* Black jet bead. *F:* Rhodotype, Faux kerria.

Familie: Rosaceae, Rosengewächse.

Verbreitung, Vorkommen: Heimat: Japan; Zierstrauch.

Rhodotypos scandens

Beschreibung: Bis 2,5 m hoher Strauch. Blätter zugespitzt, doppelt gesägt, gegenständig, kurzgestielt, Blüten weiß, 4 zählig, einzeln, endständig. Frucht eiförmig, mit harter Schale.
Blütezeit: Mai–Juni.
Früchte: Ausdauernd, teilweise noch zur Blütezeit.

Hauptwirkstoffe: → *Blausäure – Glykoside,* besonders in den Samen.

Gefährlichkeitsgrad: Wenig giftig (+)

Literatur: J 5.

Therapie:
Erste Hilfe: Kohle-Pulvis oder erbrechen lassen.
Klinik: In Extremfällen Magenspülung, Vitaltherapie (S. 56).

Rhus typhina L.

Essigbaum, Hirschkolbensumach. *E:* Staghorn sumac. *F:* Vinaigrier. *I:* Sommacco maggiore.

EDV-Code: RHUTY.

Familie: Anacardiaceae, Sumachgewächse.

Verbreitung, Vorkommen: Heimat: Nordamerika; häufiger Zierstrauch oder Baum in Gärten und Parks, gelegentlich verwildert auf Schutthalden.

Beschreibung: 3–6 m hoher Baum oder Strauch. Blätter 20–30 cm lang, unpaarig gefiedert, mit 11–31 gesägten oder zerschlitzten Teilblättchen, im Herbst leuchtend rot. Blüten in aufrechten Kolben, zweihäusig, männliche Blüten gelbgrün, weibliche rot. Fruchtstand kolbenartig, rot, filzig, mit rundlichen Nüßchen. Blütezeit: Juni/Juli.

Giftige Pflanzenteile: Alle Teile, besonders der milchige Saft.

Rhus typhina

Hauptwirkstoffe: Gerbstoffe, → *Ellagsäure*, stark saurer Zellsaft, Urushiole nicht nachweisbar.

Vergiftungserscheinungen: Orale Aufnahme führt zu Magen- und Darmbeschwerden.

Wirkungen auf die Haut: Milchsaft soll Hautentzündungen, Spritzer in die Augen Binde- und Hornhautentzündungen verursachen.

Gefährlichkeitsgrad: Giftigkeit fraglich, höchstens bei größeren Mengen gegeben.

Literatur: B 36, F 16, G 25, H 12, I 5, K 35.

Therapie:
Nur in Extremfällen Erbrechen oder rechtzeitig Kohle-Pulvis.

Ribes sanguineum Pursh

und andere Ribes-Arten

Blutjohannisbeere und andere Johannisbeerarten. *E:* Redflowered currant. *F:* Groseillier sanguin. *I:* Ribes sanguineo.

EDV-Code: RIBSA.

Familie: Grossulariaceae, Stachelbeergewächse.

Verbreitung, Vorkommen: Heimisch in Nordamerika. In Europa seit 1826. Bei uns seit einigen Jahren eine häufige, dekorative Zierpflanze.

Beschreibung: 1,5–2,5 m hoher Strauch. Blätter beim Zerreiben mit unangenehmem Geruch, 2- bis 5lappig, Blattnerven gut ausgeprägt. Blüten hell- bis tiefrot, in hängenden Trauben, meist mit mehr als 15 Blüten. Früchte blauschwarz, weiß bereift, mit vertrockneten Kelchblattresten; Geschmack schwach süßlich, fad.
Blütezeit: Apri–Mai. Früchte: Herbst/Winter.
Stachelbeere, Rote und Schwarze Johannisbeere sind wohlbekannte Fruchtsträucher unserer Gärten. Weniger bekannt ist Ribes aureum Pursh – Gold-Johannisbeere mit gelben Blüten und schwarzen, gut schmeckenden Beeren.

Inhaltsstoffe: Die meisten Ribes-Arten enthalten Fruchtsäuren und Vitamin C, daneben Gerb- und Farbstoffe, evtl. Spuren von cyanogenen Stoffen und ätherisches Öl, das teilweise das strenge Aroma von Früchten und Blättern hervorruft.

Ribes sanguineum

Verwendung: Die Beeren einiger Arten zu Marmeladen, Fruchtsäften, Likören und Fruchtgetränken.

Hinweis: Beeren, die unreif oder in größeren Mengen verzehrt werden, können bei empfindlichen Personen Magen- und Darmbeschwerden verursachen. Bei Giftberatungsstellen sind sie oft Anlaß zu Anfragen.

Ribes sanguineum haben wir wegen den auffälligen Beeren, die noch im Herbst und Winter an den Sträuchern hängen, hier besonders herausgestellt.

Gefährlichkeitsgrad: Die Beeren aller Johannisbeerarten sind **ungiftig,** teils wohlschmeckend, teils weniger oder nicht genießbar.

Therapie:
Nur in Extremfällen Erbrechen oder rechtzeitig Kohle-Pulvis.

Ricinus communis L.

Wunderbaum, Christuspalme. *E:* Castor plant. *F:* Ricin. *I:* Ricino, Palma Christi. *NL:* Wonderboom.

Blühende Pflanze

EDV-Code: RIICO.

Familie: Euphorbiaceae, Wolfsmilchgewächse.

Verbreitung, Vorkommen: Heimat: Wahrscheinlich Indien oder tropisches Afrika, nur in Kultur bekannt, in allen tropischen Ländern angebaut; in Mitteleuropa als Zierpflanze in Gärten. In Südeuropa oft verwildert auf Schuttplätzen.

Beschreibung: In Mitteleuropa bis 2 m hoch. Blätter groß, wechselständig, handförmig, 5–7lappig. Blüten in endständigen Rispen, männliche Blüten unten, weibliche oben. Fruchtkapseln 3fächerig, stachelig, mit gefleckten Samen.
Blütezeit: August–Oktober.

Droge: Semen Ricini, Ricini semen, Ricinussamen.
Oval, abgeplattet, glatt, gesprenkelt, gefleckt oder marmoriert. Größe verschieden (Länge 9–22 mm, Breite 6–15 mm). Geruchlos, Geschmack kratzend.

Giftige Pflanzenteile: Samen: für Kinder schon 5–6 Samen tödlich, für Erwachsene 10–20 Samen.
Die Samen sind auch in indischen und afrikanischen Schmuckketten enthalten.

Ricinus communis

Samen

Hauptwirkstoffe: → *Ricin* (Toxalbumin), Ricinin (Nitril), $C_8H_8N_2O_2$, MG 164, 16.

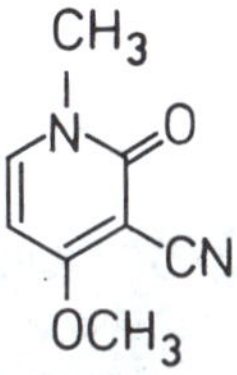

Ricinin

Vergiftungserscheinungen: Die Samen sind durch ihren Gehalt an Ricin sehr giftig. Ricin gehört zu den toxischsten Eiweißkörpern überhaupt. Es genügen zu einer tödlichen Vergiftung 0,179 g Rizinussamen pro kg Körpergewicht, für einen erwachsenen Menschen von 75 kg demnach 13,4 g Samen oder 0,03 g Ricin innerlich bzw. subkutan [H 12].
Die Folgen einer Vergiftung sind Übelkeit, blutiges Erbrechen, blutiger Durchfall, Nierenentzündung, Leberschaden, kleiner, frequenter Puls, zuletzt Kreislaufkollaps.
Aus den Erfahrungen der Beratungsstelle für Vergiftungserscheinungen, Berlin:
4 jähr. zeigte nach Verschlucken von 3 nicht voll zerkauten Samen Bauchschmerzen, Erbrechen und urtikarielles Exanthem; 3 jähr. Mädchen aß 7 Samen, nach 2–3 Std. Magenspülung, danach Erbrechen, Benommenheit; 50 jähr. Frau aß 12 Samen: Gastroenteritis; 8 jähr. Junge nach Schrot im Gesicht: Quaddeln und Schwellung des Gesichts [K 40].
Durch Verfütterung von Ölkuchen, die mit Ricinusrückständen verfälscht wurden, können bei Tieren Vergiftungen auftreten. Ricin bewirkt eine hämorrhagische Gastroenteritis mit Kolik und starkem Durchfall, Schwäche, Konvulsionen und Koma. Nur ein geringer Teil wird enteral resorbiert, und so kann es auch während des Ausscheidungsprozesses zu Nephritis und Lebernekrosen kommen.
Ricinussamen: Tödliche Dosis für Pferde und Gänse 0,2 g/kg, für andere Haustiere 1–2 g/kg Körpergewicht. 20 g unentgiftete Ricinusrückstände sind für Rinder toxisch. Bei mehrtägiger Verfütterung tritt eine kumulative Wirkung auf [H 18].

Wirkungen auf die Schleimhäute: Das nach der Ölgewinnung verbleibende Ricinusschrot findet weltweit als Düngemittel Verwendung. Inhalation von Staubpartikeln im Umkreis von Ricinusmühlen, Umgang mit Ricinusbohnen und Ricinusschrot (Rasendünger) hat in vielen Fällen zu schweren respiratorischen Allergien (Soforttyp) geführt. Die Sensibilisierungsquote soll – da das Ricinusantigen hochpotent ist – bei mehr als 40% der Betroffenen zu einer allergischen Erkrankung führen. Beim Meerschweinchen konnte mit Ricinusstaub ein anaphylaktischer Schock provoziert werden [Pevny I: Derm. Beruf Umwelt 27, 159, 1979].

Ricinus communis

Gefährlichkeitsgrad: Sehr stark giftig + + +

Vorschriften: Ricinus communis: Monographie der Kommission D.
Aromenverordnung der Bundesrepublik Deutschland v. 22. 12. 1981 (BGBl I, 1677–1685). Verbotener Stoff des § 2, Anlage I: Ricinusöl (Oleum ricini).

Literatur: B 17, B 36, F 16, H 12, H 18, K 40, L 10, M 2.

Therapie:
Erste Hilfe: Sofort Kohle-Pulvis oder erbrechen lassen, Natriumsulfat.
Klinik: Sofort Magenspülung (evtl. mit burgunderfarbener Kaliumpermanganatlösung), Elektrolytsubstitution, Azidoseausgleich mit Natriumbikarbonat (Urin pH 7,5), Flüssigkeitszufuhr, Kontrolle der Nierenfunktion, bei Krämpfen Diazepam (Valium®) i.v., ggf. Plasmaexpander. Kontrolle der Leber- und Nierenfunktion sowie der Blutgerinnung.

Robinia pseudoacacia L.

(Robinia pseudacacia L.)

Robinie, Falsche Akazie. *E:* False acacia. *F:* Faux acacia. *I:* Robinia. *NL:* Robinia, schotdoorn.

EDV-Code: ROBPS.

Familie: Fabaceae, Schmetterlingsblütler.

Verbreitung, Vorkommen: Heimat: Nordamerika; in Europa und Asien verbreitet; zur Bodenbefestigung angepflanzt, Raine, Hänge, Dämme.

Beschreibung: 10–25 m hoher dorniger Baum. Blätter unpaarig gefiedert, mit 9–19 eiförmigen Teilblättchen. Blüten wohlriechend, weiß, in hängenden, blattachselständigen Trauben. Hülsenfrüchte lang, bohnenförmig, flach.
Blütezeit: Mai–Juni.
Früchte: Herbst, Winter.

Robinia pseudoacacia

Droge: Cortex Robiniae pseudacaciae, Robiniae pseudacaciae cortex, Robinienrinde. Geruch und Geschmack angenehm, süßlich.

Giftige Pflanzenteile: Die ganze Pflanze, besonders die Rinde und die Früchte.

Hauptwirkstoffe: In der Rinde: ca. 1,6% → *Robin*, → *Phasin*, Syringin, 2–7% Protocatechingerbstoff.
In den Blättern: Indican, Asparagin, ca. 0,01% äther. Öl, Acacetin.
In den Blüten: Robinin, Acaciin, Kämpferol, Acacetin.
In den Samen: Lectine.

Vergiftungserscheinungen. Immunologische Wirkungen: Robin und Phasin sind sehr giftig. Beide Substanzen sind wie andere Toxalbumine echte Antigene und wirken agglutinierend auf rote Blutkörperchen und gewebezerstörend; durch Erhitzen geht die Toxizität des Robins verloren. Auch natürliche Immunität gegen diese Antigene ist möglich. Innerhalb einer Stunde Erbrechen, Schlafsucht, Mydriasis, krampfhafte Zuckungen. Bei Pferden treten Erregungszustände, dann Apathie und zeitweise krampfhafte Zuckungen auf [H 12].
Durch das Einatmen des beim Holzdrechseln entstandenen Staubes sowie durch den Genuß der Samen und das Kauen der Wurzeln sind öfters Vergiftungen, zum Teil mit tödlichem Ausgang aufgetreten.
Die Giftinformationszentralen berichten über Fälle, bei denen schon nach Aufnahme von 4–5 Samen Vergiftungserscheinungen auftraten, 30 Samen aber auch schon symptomlos vertragen wurden. Anscheinend können die Wirkstoffe stark schwanken. Bei Vergiftungen mit Samen stellten sich folgende Beschwerden ein: Blässe, Bauchschmerzen, Übelkeit, ein- bis mehrmaliges Erbrechen, Schwindel, Müdigkeit, Temperaturanstieg, Sehstörungen.
Nach dem Bericht eines Kosmoslesers gingen im März 1941, bei einer Feldartillerie-Batterie in Rumänien, 32 von etwa 120 Pferden in einer Nacht verloren. Die Pferde nagten die Robinienhölzer ab, mit denen die Ställe gebaut waren. Schon nach 2 Stunden kolikartige Erscheinungen, Wälzen, Stöhnen, Umsichschlagen. Nach 4 Stunden waren die ersten Pferde tot.

Wirkungen auf die Schleimhäute: Die Pollen der Robinie gehören zu den Erregern des Heuschnupfens. Ihre Bedeutung als inhalative Allergene wird aber überschätzt, da die Pollen nur über kurze Strecken vom Wind getragen werden und nur im direkten Bereich von Robinienbäumen bzw. -baumgruppen den Weg bis auf die Schleimhaut finden.

Anwendungen in der Homöopathie: D_3–D_6 bei Magenkatarrh, Sodbrennen, saurem Aufstoßen, Migräne.

Gefährlichkeitsgrad: Stark giftig + +

Vorschriften: Robinia pseudoacacia: Monographie der Kommission D.

Literatur: B 36, D 9, F 16, G 4, G 17, G 30, H 12, H 44, L 10, M 2, M 27.

Therapie:
Erste Hilfe: Sofort Kohle-Pulvis, erbrechen lassen, Natriumsulfat.
Klinik: Sofort Magenspülung (evtl. mit burgunderfarbener Kaliumpermanganatlösung), Elektrolytsubstitution, Azidoseausgleich mit Natriumbikarbonat (Urin pH 7,5), Flüssigkeitszufuhr, Kontrolle der Nierenfunktion, bei Krämpfen Diazepam (Valium®) i.v., ggf. Plasmaexpander.

Rosmarinus officinalis L.

Rosmarin. *E:* Rosemary. *F:* Rosmarin. *I:* Rosmarino. *NL:* Rozemarijn.

EDV-Code: RMSOF.

Familie: Lamiaceae, Lippenblütler.

Verbreitung, Vorkommen: Heimat: Mittelmeergebiet; Kultur- und Zierpflanze (Topfpflanze).

Beschreibung: Bis 2 m hoher, immergrüner Strauch. Blätter schmal-lineal, lederig, sitzend, kreuzgegenständig. Blüten klein, blau, in Scheinquirlen.
Blütezeit: Juli–August.

Droge: Folia Rosmarini, Rosmarini folium, Rosmarinblätter.
Geruch campherartig, Geschmack bitter, aromatisch.
Auszug aus der Packungsbeilage gemäß Standardzulassung:
Gegenanzeigen: Zubereitungen aus Rosmarinblättern sollen während der Schwangerschaft nicht eingenommen werden.

Wirkstoffhaltige Pflanzenteile: Die ganze Pflanze, besonders Blätter.

Hauptwirkstoffe: 1–2,5% ätherisches Öl mit Campher, Borneol, Bornylacetat, → α- und *β-Pinen,* 1,8-Cineol, außerdem Flavone, Saponine, Carnosinsäure.
Die Zusammensetzung des ätherischen Öls wird stark verändert während der Entwicklung von der Blattknospe zum Blatt.

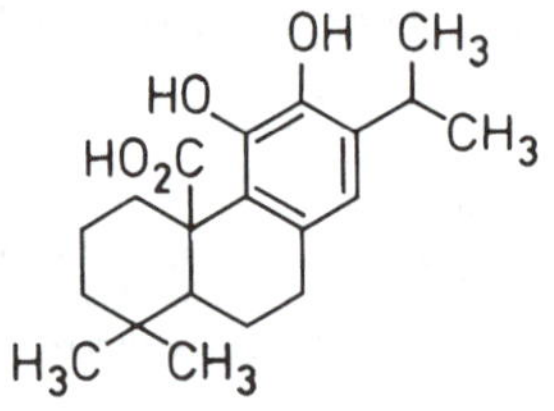

Carnosinsäure

Pharmakologische Wirkung: Große Mengen Rosmarin (z. B. zu Abtreibungszwecken) führen zu tiefem Koma, zu klonisch-tonischen Krämpfen, Abschwächung, dann Steigerung der Patellarreflexe, Abschwächung der Pupillenreflexe, außerdem zu Erbrechen, gastroenteritischen Symptomen, Gebärmutterblutungen, Leukozytose, Nierenreizung (Albuminurie), in schweren Fällen unter Lungenödem zum Tode [H 12].

Wirkungen auf die Haut: Rosmarin kann gelegentlich eine Kontaktallergie hervorrufen, wofür die Terpene und Diterpene verantwortlich gemacht werden.

Dosierung: Dosis 1,5 g.

Gefährlichkeitsgrad: Wenig giftig (+)

Vorschriften: Rosmarinblätter sind im DAC enthalten, und es wird ein Mindestgehalt von 1,2% ätherischem Öl gefordert.
Rosmarinus officinalis: Monographie der Kommission D.
Rosmarini folium: Monographie der Kommission E.

Literatur: H 12, K 6, M 2.

Therapie:
Nur in Extremfällen Erbrechen oder rechtzeitig Kohle-Pulvis.

Rubia tinctorum L.

Krapp, Färberröte. *E:* Common madder. *F:* Garance sauvage. *I:* Rubia. *NL:* Meekrap.

EDV-Code: RBITI.

Familie: Rubiaceae, Rötegewächse.

Verbreitung, Vorkommen: Südfrankreich, Spanien, Griechenland, Kleinasien, Mittelasien, in Nordafrika eingebürgert. Früher bei uns als Färbepflanze angebaut.

Beschreibung: Ausdauernde, bis 80 cm hohe, aufrechte Pflanze mit rotem, gegliedertem Wurzelstock. Stengel vierkantig, geflügelt, an den Kanten glatt, kahl. Blätter lanzettlich, einnervig, Mittelnerv rauh, kurz gestielt, 4–6quirlig. Blüten honiggelb, vierzählig, in lockeren, blattachselständigen Trugdolden. Frucht erbsengroße, rotbraune Steinbeere.
Blütezeit: Juni–August.

Droge: Radix Rubiae tinctorum, Rubiae tinctorum radix – Krappwurzel.
Auszug aus dem „Widerruf der Zulassung für krappwurzelhaltige Arzneimittel“: Krappwurzel enthält Anthrachinone. Diese zählen zu den natürlicherweise in manchen Pflanzengattungen vorkommenden Inhaltsstoffen. Zu den Abkömmlingen dieser Anthrachinone gehören Lucidin und Rubiadin, die in größeren Mengen in der Krappwurzel enthalten sind. In tierexperimentellen Studien und in Untersuchungen an Bakterienstämmen konnte gezeigt werden, daß Lucidin und Rubiadin krebserzeugende und genverändernde Wirkungen haben. So wurden gut- und auch bösartige Tumoren z. B. im Nieren- und Blasenbereich gesehen. Da es keine Hinweise darauf gibt, daß sich beim Menschen grundlegend andere Stoffwechselvorgänge vollziehen, kann im Sinne des gesundheitlichen Verbraucherschutzes eine Anwendung dieser Arzneimittel nicht mehr vertreten werden. Auch unter Berücksichtigung der Tatsache, daß bei den beanspruchten Indikationen eine Langzeitbehandlung durchaus im Rahmen der üblichen Therapie liegen kann, ist dieses Risiko im Verhältnis zum beschriebenen fraglichen Nutzen nicht akzeptabel.

Hauptwirkstoffe: In den Wurzeln die Anthrachinone Lucidin und Rubiadin, außerdem Farbstoffe mit dem Hauptbestandteil Alizarin.

Vergiftungserscheinungen: → *Droge.*

Vorschriften: Rubiae tinctorum radix: Monographie der Kommission E.
Widerruf der Zulassung für krappwurzelhaltige Arzneimittel vom 15. 3. 93 des BGA (davon betroffen sind 71 pharmazeutische Unternehmer mit 159 Arzneimitteln).

Literatur: bga-pressedienst, 17. 3. 93.

Therapie:
Nur in Extremfällen Erbrechen oder rechtzeitig Kohle-Pulvis.

Rumex acetosa L.

Großer Sauerampfer. *E:* Common sorrel. *F:* Oseille commune. *I:* Rómice acetosa. *NL:* Veldzuring.

EDV-Code: RUMAC.

Familie: Polygonaceae, Knöterichgewächse.

Verbreitung, Vorkommen: Eurasien, Nordamerika. In Mitteleuropa gemein; Wiesen, Grasplätze.

Beschreibung: Ausdauernde, krautige Pflanze, bis 100 cm hoch. Blätter pfeilförmig, langgestielt, obere sitzend. Blüten klein, rötlich, in lockeren Rispen. Früchte 3kantig, grün oder braunrot.
Blütezeit: Mai–Juli.
Ähnliche Wirkung zeigt der ebenfalls häufige Kleine Sauerampfer, Rumex acetosella L. EDV-Code: RUMAA.

Droge: Herba Rumicis acetosae, Rumicis acetosae herba, Sauerampferkraut.

Giftige Pflanzenteile: Die ganze Pflanze.

Hauptwirkstoffe: Primäres Kaliumoxalat, freie → *Oxalsäure.*

Vergiftungserscheinungen: Der relativ hohe Gehalt an primärem Kaliumoxalat führt, besonders bei Kindern, durch reichlichen Genuß von Blättern zu ausgeprägter Oxalatvergiftung. → *Oxalis acetosella.*
Ebenso sind Vergiftungen beim Weidevieh nicht selten. Schafe sind besonders empfindlich, Rinder widerstandsfähiger [H 18].

Wirkungen auf die Schleimhäute: Die Pollen der verschiedenen Ampferarten zählen zu den Erregern des Heuschnupfens (inhalative Allergie).

Gefährlichkeitsgrad: Wenig giftig (+)

Vorschriften: Rumex acetosa: Monographie der Kommission D.

Literatur: D 9, F 16, G 4, H 12, H 18, L 10, M 2, M 3, M 27.

Therapie:
Erste Hilfe: Kohle-Pulvis oder Erbrechen.
Klinik: Nur nach großer Giftaufnahme Magenspülung. Kontrolle der Nierenfunktion, Alkalisierung mit Natriumbikarbonat bis zum Urin pH 7,5.

Rumex crispus L.

Krauser Ampfer. *E:* Curled dock. *F:* Rumex crépu. *I:* Rómice crespo. *NL:* Krulzuring.

EDV-Code: RUMCR.

Familie: Polygonaceae, Knöterichgewächse.

Verbreitung, Vorkommen: Europa, Nordasien. In Mitteleuropa verbreitet und häufig; Sumpfwiesen, Weiden, Grasplätze, Schutt.

Beschreibung: Ausdauernde, bis 1 m hohe Pflanze, mit kantigem Stengel. Blätter lanzettlich, gestielt, Rand wellig-kraus. Blüten grün, in blattlosen, ästigen Scheintrauben. Blütezeit: Juli–August.

Giftige Pflanzenteile: Die ganze Pflanze.

Hauptwirkstoffe: Im Rhizom sollen bis zu 20% Gerbstoffe und 0,6% Anthrachinone enthalten sein. → *Oxalsäure* und → *Oxalate* finden sich im krautigen Teil der Pflanze. In R. crispus und R. obtusifolius L. Chrysophansäure $C_{15}H_{10}O_4$, Fp. 193–196 °C, Emodin $C_{15}H_{10}O_5$, Fp. 254–256 °C, Physcion (Emodin-monomethylether) $C_{16}H_{12}O_5$, Fp. 203–207 °C, Oxymethylanthrachinon. Aloe-emodin, Rheochrysin, Lapathinsäure $C_{20}H_{18}O_{11}$, Fp. 228–229 °C [H 12].

Vergiftungserscheinungen: Schwere Herzschädigung, kleiner und unregelmäßiger Puls. Sinkender Blutdruck, es folgen tonische Krämpfe mit Trismus und allgemeinem Tetanus und unter zunehmender zentraler Lähmung Kreislaufschwäche, schließlich Tod im Koma. Nierenschädigung, die zu Anurie und tödlicher Urämie führen kann [M 2].
R. crispus kann Dermatitis und Magenbeschwerden verursachen und führt bei Schafen und Pferden zu Vergiftungen. Größere

Dosen rufen Erbrechen hervor. Extrakte aus den Früchten und dem Kraut wirken antibakteriell [H 12].

Anwendungen in der Homöopathie: D_1–D_3 bei Magen- und Darmkatarrhen, morgendlichen Durchfällen, Teep 0,12 g bei Bronchialkatarrh und hartnäckiger Altersbronchitis.

Gefährlichkeitsgrad: Giftig + bis wenig giftig (+) (je nach Standort).

Vorschriften: Rumex crispus: Monographie der Kommission D.

Literatur: D 9, F 16, G 4, H 12, M 2.

Therapie:
Erste Hilfe: Kohle-Pulvis, Erbrechen.
Klinik: Magenspülung mit Zusatz von Calciumgluconat, -lactat, Milch oder Kohle zum Spülwasser. Diazepam i.v. bei Krämpfen. Kontrolle der Nierenfunktion, Alkalisierung mit Natriumbikarbonat bis zum Urin pH 7,5, evtl. Hämodialyse bei Niereninsuffizienz, ggf. Intubation und Sauerstoffbeatmung.

Ruscus aculeatus L.

Stechender Mäusedorn, Dornmyrte. *E:* Butcher's broom. *F:* Petit houx. *I:* Bruscolo.

EDV-Code: RUCAC.

Familie: Liliaceae, Liliengewächse.

Verbreitung, Vorkommen: West-, Süd- und südliches Mitteleuropa, Mittelmeergebiet und Schwarzes Meer. Im Mittelmeergebiet weit verbreitet in Gebüschen, Wäldern, an warmen, trockenen steinigen Abhängen.

Beschreibung: 20–80 cm hoher, immergrüner, aufrechter, holziger Halbstrauch. Blätter (eigentliche Laubblätter) schuppenartig, klein, dreieckig bis lanzettlich. Phyllokladien (Flachsprosse) länglich, bis ca. 2,5 cm lang, mit einer Stachelspitze, zweizeilig angeordnet. Blüten klein, grünlich-weiß, einzeln oder wenig büschelig gehäuft, in der Achsel eines kleinen Hochblattes, auf der Oberseite der Phyllokladien. Beeren rot, 1–1,4 cm ø, 1–2samig.
Blütezeit: März–April.

Giftige Pflanzenteile: Die roten Beeren. Beerentragende Ruscus-Zweige in Gestecken werden in Blumengeschäften besonders zur Weihnachtszeit angeboten.

Hauptwirkstoffe: In den Beeren Saponine, besonders Ruscogenin, $C_{27}H_{42}O_4$.

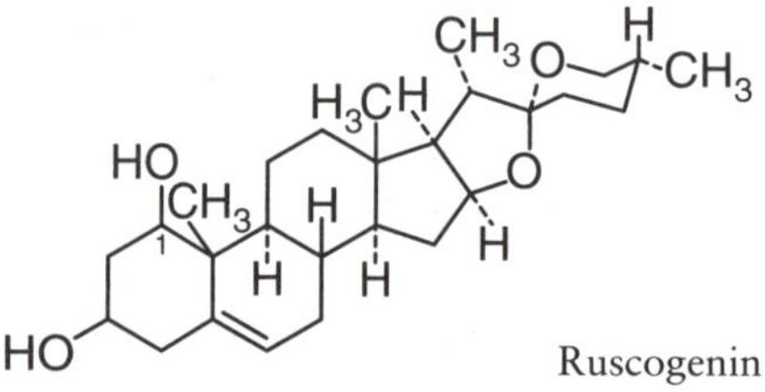

Ruscogenin

Vergiftungserscheinungen: Vergiftungen bei Kindern nach Ingestion von Beeren mit gastrointestinalen Symptomen z. T. mit Somnolenz. Beobachtungen liegen besonders in den Toxzentren Frankreichs und der Schweiz vor.
Bei einer Katze trat nach dem Fressen von 4–5 Beeren wiederholtes Erbrechen, Durchfall und Apathie auf [J 12].

Gefährlichkeitsgrad: Wenig giftig (+) bis giftig +

Literatur: F 16, J 12.

Therapie:
In Extremfällen und bei Kindern nach Verschlucken Kohle-Pulvis oral, Atmungskontrolle ca. 4 Stunden.

Ruta graveolens L.

Gartenraute, Weinraute. *E:* Garden rue. *F:* Rue des jardins. *I:* Ruta comune. *NL:* Wijnruit.

EDV-Code: RUAGR.

Familie: Rutaceae, Rautengewächse.

Verbreitung, Vorkommen: Heimat: Südeuropa; Gartenpflanze, manchmal verwildert.

Beschreibung: 1–2 m hohe Staude, Stengel unten holzig, oben krautig. Blätter fiederteilig, wechselständig, drüsig punktiert. Blüten grünlich-gelb, 4–5zählig, in Trugdolden. Kapselfrucht mit nierenförmigen Samen. Blütezeit: Juni–Juli.
Sehr ähnlich ist die in Südeuropa häufige Art Ruta chalepensis L. mit gefransten Blütenblättern. Blütezeit: März–Juni.

Droge: Folia (Herba) Rutae, Rutae folium (herba), Gartenrautenkraut.
Geruch eigenartig würzig, Geschmack würzig-bitterlich.
Auszug aus der Monographie der Kommission E: Ruta graveolens (Raute)
Risiken: Rautenöl kann beim Menschen zu Kontaktdermatitis führen. Weiterhin sind phototoxische Reaktionen im Sinne der Entstehung von Lichtdermatosen beschrieben. Schwere Leber- und Nierenschäden durch Rautenöl sind ebenfalls dokumentiert.
Die in der Droge enthaltenen Furanocumarine wirken phototoxisch und mutagen.
Bei der Anwendung als Abortivum wird über Todesfälle bei Schwangeren berichtet.
Bei therapeutischer Dosierung kann es zum Auftreten folgender unerwünschter Wirkungen kommen: melancholische Stimmung, Schlafstörungen, Müdigkeit, Schwindelgefühl und Krampfzustände.
Der Saft der frischen Blätter kann zu schmerzhaften Magen-Darm-Reizungen, Ohnmacht, Schläfrigkeit, Pulsschwäche, Abort, Schwellung der Zunge sowie kalter Haut führen.

Wirkstoffhaltige Pflanzenteile: Die ganze Pflanze.

Hauptwirkstoffe: 0,2–0,7% ätherisches Öl (im frischen Kraut 0,06–0,09%) mit Methylketonen und deren Carbinolen bzw. Carbinylacetaten, außerdem → *Rutin*, → *Bergapten*, → *Psoralen*, sowie die Alkaloide Kokusagenin, Skimmianin, Rutamin, Graveolin, Graveolinin und Dictamin. Die Cumarinderivate Rutamarin, Gravelliferon, Daphnoretin und Daphnoretin-methylether. In den Wurzeln die Furocumarine → *Bergapten*, Isopimpinellin, Rutamarin und → *Xanthotoxin*.

Pharmakologische Wirkung: Ruta graveolens – in frischem, feuchtem Zustand – erzeugt bei oraler Zufuhr Anschwellen der Zunge, Speichelfluß und Gastroenteritis.
Frischer Blättersaft: Reizung der Magendarmschleimhaut, verstärkte Haut- und Nierensekretion, in starken Gaben auch narkotische Erscheinungen. Auch Störungen des Zeugungsvermögens.
Ätherisches Rautenöl: leicht narkotische, entzündungserregende, darmreizende Wirkung, verursacht in leichteren Fällen An-

Ruta graveolens

schwellung der Zunge, Speichelfluß, ferner Gastroenteritis und Reizung der weiblichen Genitalien; infolge Hyperämie der Beckenorgane abortive Wirkung. Schwere Vergiftungen können tödlich enden. Auch Verengung der Pupille, Abnahme des Sehvermögens und Hämaturie wurden beobachtet. Der Gesamtalkaloidextrakt zeigt abortive und spasmolytische Wirkung [H 12].

Wirkungen auf die Haut: In frischem, feuchtem Zustand wirkt Ruta graveolens blasenziehend auf der Haut, v. a. bei gleichzeitiger Sonnenbestrahlung. Die phototoxische Wirkung beruht auf den Furocumarinen, v. a. dem → *Psoralen* und kann zur Ursache einer Lichtdermatitis werden [H 12].
Berühren der Laubblätter kann heftiges Hautjucken und Ausschlag hervorrufen.
Kraut: Auf der Haut juckende und brennende Dermatitis, welche oft erst nach mehreren Wochen mit Desquamation abheilt.

Dosierung: Mittlere Einzelgabe als Einnahme 0,5 g, max. Tagesdosis 1,0 g, Erg. B. 6 [H 12].

Anwendungen in der Homöopathie: D_1–D_3 bei Quetschungen und stumpfen Verletzungen; Teep 0,05 g bei Augenschwäche, Überanstrengung der Augen.

Gefährlichkeitsgrad: Giftig +, hautreizend, phototoxisch.

Vorschriften: Ruta graveolens Monographie der Kommission D und E.
Aromenverordnung der Bundesrepublik Deutschland v. 22. 12. 1981 (BGBl I, 1677–1685). Verbotener Stoff des § 2, Anlage I: Rautenkraut (Herba Rutae).

Literatur: D 9, H 10, H 12, K 22, M 3, M 21, M 27, N 12, R 5, R 6, T 12, V 3.

Therapie:
Erste Hilfe: Kohle-Pulvis-Gabe, Erbrechen auslösen, Roticlean®, Natriumsulfat, viel trinken lassen. Haut- und Schleimhautblasen steril abdecken, Tetanusprophylaxe, lokal Cortison.
Klinik: Magenspülung (evtl. mit burgunderfarbener Kaliumpermanganatlösung), Roticlean®-, Kohle- und Natriumsulfatinstillation, gegen Koliken Atropin, Elektrolytsubstitution, Azidoseausgleich mit Natriumbikarbonat (Urin pH 7,5), Kontrolle der Nierenfunktion, bei Krämpfen Diazepam (Valium®) i.v., ggf. Intubation und Sauerstoffbeatmung.

Salsola kali L.

Kali-Salzkraut, Gemeines Salzkraut. *E:* Common saltwort. *F:* Soude. *I:* Salsola Erbacali. *NL:* Loogkruid.

EDV-Code: SASKA.

Familie: Chenopodiaceae, Gänsefußgewächse.

Verbreitung, Vorkommen: Süd- und Mitteleuropa, Nordafrika und Sibirien. In Nordamerika und Neuseeland eingeschleppt. Verbreitet am Meeresstrand, auf Dünen oder Strandwiesen. Im Binnenland zerstreut auf Sandfelsen, an sandigen Wegrändern, Rainen etc.

Beschreibung: Einjährige, bis 60 cm hohe, fleischige, graugrüne oder rot überlaufene, meist vom Grunde an verzweigte Pflanze. Blätter sitzend, lineal-pfriemenförmig, stachelspitzig, am Grunde verbreitert. Blüten weiß, dünnhäutig, zu 1–3, blattachselständig. Vorblätter länger als die Blüten. Frucht einsamig, gekielt oder geflügelt.
Blütezeit: Juli–September.

Giftige Pflanzenteile: Die ganze Pflanze.

Hauptwirkstoffe: Die Tetrahydroisochinolinalkaloide → *Salsolin* und Salsolidin $C_{12}H_{17}NO_2$, Fp. 47–48 °C, die als razemisches Gemisch vorliegen. Weiterhin → *Oxalsäure* und Natriumoxalat.

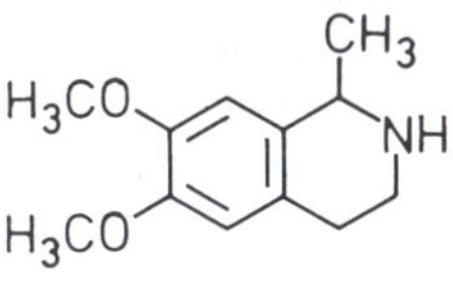

Salsolidin

Vergiftungserscheinungen: Salsolin ähnelt in seiner Wirkung auf die Gefäße dem Papaverin, in seiner Wirkung auf die glatte Muskulatur des Uterus dem Hydrastinin. Nach Krylov et al. wirken Salsolin und bes. Salsolidin gefäßerweiternd. Bei höheren Dosen kommt es zu einer starken Abnahme des Blutdrucks. Beide regen die Atmung an, aber bei höheren Dosen treten nach 10–15 min. Herzrhythmusstörungen auf [H 12].

Gefährlichkeitsgrad: Giftig +

Literatur: H 12.

Therapie:
Erste Hilfe: Kohle-Pulvis oder erbrechen lassen.
Klinik: Nach wahrscheinlicher großer Giftaufnahme Magenspülung, Instillation von Kohle-Pulvis (10 g), Plasmaexpander im Schock, EKG-Kontrolle, evtl. Atiarrhythmica, ggf. Intubation und Beatmung.

Salvia officinalis L.

Gartensalbei. *E:* Shop-sage. *F:* Sauge. *I:* Salvia domestica. *NL:* Echte Salie.

EDV-Code: SALOF.

Familie: Lamiaceae, Lippenblütler.

Verbreitung, Vorkommen: Heimat: Südeuropa, in Mitteleuropa angebaut und verwildert, teilweise eingebürgert.

Beschreibung: Wintergrüner, bis 80 cm hoher Halbstrauch. Blätter länglich-lanzettlich, gekerbt, graufilzig, gegenständig. Blüten hellviolett, in 4–12blütigen Scheinquirlen. Blütezeit: Juni–Juli.

Droge: Folia Salviae, Salviae folium, Salbeiblätter.
Die zur Blütezeit gesammelten Blätter. Geschmack aromatisch, bitter und zusammenziehend.
Auszug aus der Monographie der Kommission E:
Gegenanzeigen: Während der Schwangerschaft sollen das reine ätherische Öl und alkoholische Extrakte nicht eingenommen werden.
Nebenwirkungen: Bei längerdauernder Einnahme von alkoholischen Extrakten und des reinen ätherischen Öls können epileptiforme Krämpfe auftreten.
Wechselwirkungen: Keine bekannt.

Wirkstoffhaltige Pflanzenteile: Die ganze Pflanze, besonders die Blätter.

Hauptwirkstoffe: 0,5–2,5% ätherisches Öl mit ca. 50% → *(–)-Thujon,* 15% Cineol, Triterpenen und Campher. In den Blättern außerdem Flavone.

Pharmakologische Wirkung: Salbei besitzt eine klinisch und experimentell erwiesene Hemmung der Schweißsekretion. Eine durch Pilocarpin hervorgerufene Hyperhidrosis wird beinahe völlig aufgehoben. Dabei scheint eine Hemmung an den peripheren Nervenenden der Schweißdrüsen einzutreten. Das Wirkprinzip ist bisher unbekannt. Innerlich und äußerlich wirkt Salbei durch den Synergismus von äth. Öl und Gerbstoff schwach bakterizid und adstringierend. Der Extrakt ist gegen Tbc-Bazillen wirksam. In seltenen Fällen wurde beim

Gurgeln mit Infusum Salviae Stomatitis und Ödem des Gaumenzäpfchens beobachtet. Das ätherische Öl hat auch spasmolytische Eigenschaften. Weiterhin besitzt Salbei eine menstruationsfördernde, eine milchsekretionshemmende sowie in geringem Maße eine den Blutzuckerspiegel senkende Wirkung [H 12].

Dosierung: Gebräuchliche Einzeldosis als Aufguß 1,5 g auf 1 Teetasse. Zur Mundspülung 2,5 g auf 100 ml Wasser als Aufguß. Mittlere Einzeldosis 0,5 g [H 12].

Anwendungen in der Homöopathie: Teep 0,05 g zur Hemmung der Schweiß- und Milchsekretion.

Gefährlichkeitsgrad: Wenig oder kaum giftig (+)

Vorschriften: Salvia officinalis: Monographie der Kommission D.
Salviae folium: Monographie der Kommission E.

Literatur: B 28, B 29, B 30, G 4, H 12, M 2, M 3, T 5.

Salvia officinalis

Therapie:
Nur in Extremfällen Erbrechen oder rechtzeitig Kohle-Pulvis.

Sambucus ebulus L.

Zwergholunder, Attich. *E:* Danewort, Dwarf elder. *F:* Petit sureau. *I:* Sambuco minore, Lebbio, Ebbio. *NL:* Kruidvlier.

Blüten

Früchte

Sambucus ebulus

EDV-Code: SAMEB.

Familie: Caprifoliaceae, Geißblattgewächse.

Verbreitung, Vorkommen: Europa, Westasien, Nordafrika; in Deutschland im Süden und in der Mitte verbreitet; Waldlichtungen, Abhänge, Gebüsche (gesellig).

Beschreibung: Bis 2 m hohe, krautige Pflanze. Blätter gefiedert. Blüten rötlich-weiß, stark duftend, in flachen Trugdolden. Früchte schwarz.
Blütezeit: Juni–Juli.
Früchte: August–September.

Droge: Fructus (Radix, Folia) Ebuli, Ebuli fructus (radix, folium), Attichbeeren, -wurzeln, -früchte.

Giftige Pflanzenteile: Die ganze Pflanze, besonders der Samen der schwarzen Früchte.

Hauptwirkstoffe: In den Früchten giftiger Bitterstoff, mit 2 neuen Esteriridoidglykosiden, Ebulosid und Isoswerosid (strukturelle Ähnlichkeit mit dem antileukämisch wirksamen Penstemid); Kaffeesäure, p-Cumarsäure, Spuren eines Blausäureglykosids.
Aus dem methanolischen Extrakt der Wurzeln wurden 14 Stubstanzen isoliert, u. a. Ebulosid $C_{21}H_{32}O_{10}$, 7-Hydroxyebulosid, 6′-O-β-D-Apiofuranosylebulosid, Isoswerosid $C_{16}H_{22}O_9$, Secoebulosid $C_{21}H_{32}O_{11}$, Morronisid $C_{17}H_{26}O_{11}$, Koaburasid.

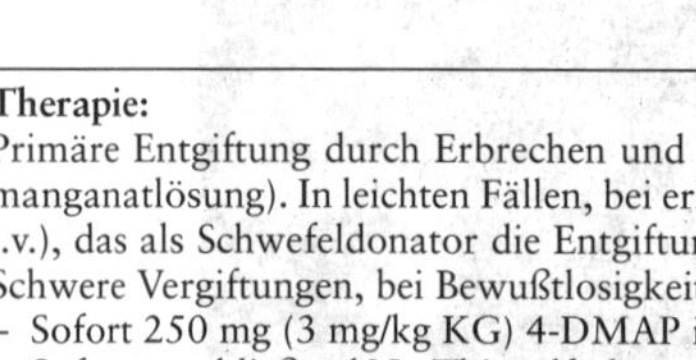

Ebulosid

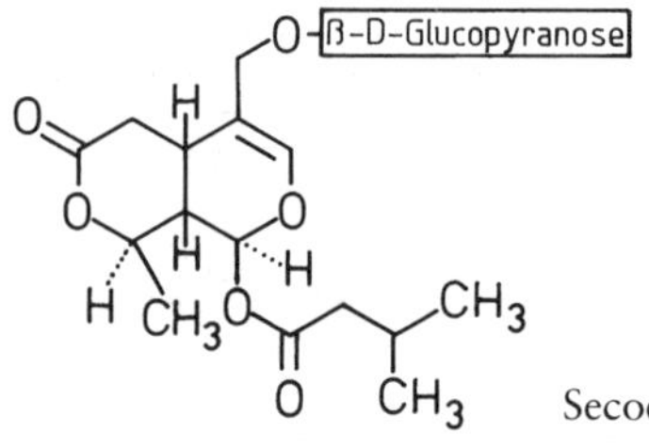

Secoebulosid

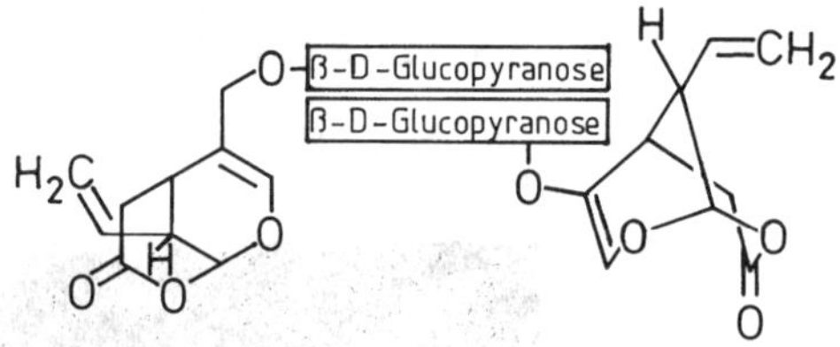

Isoswerosid

Vergiftungserscheinungen: Übelkeit, Erbrechen, Kratzen im Hals, Schwindelgefühl, Kopfschmerzen, Ohrensausen, Pupillenerweiterung, blutiger Durchfall, hellrote Lippen, Sehstörungen, Herzbeschwerden, auch tödliche Vergiftungen sind bekannt.
Die akute Toxizität der Wurzel liegt im ungefährlichen Bereich und ist während der Blütezeit am größten.
Erfahrungen der Beratungsstelle für Vergiftungserscheinungen, Berlin:
Bei Aufnahme von Früchten (Menge unbekannt) traten spontanes Erbrechen, Übelkeit, Durchfall auf.

Gefährlichkeitsgrad: Giftig +

Vorschriften: Sambucus ebulus: Monographie der Kommission D.

Literatur: B 36, C 9, F 16, G 4, G 15, H 12, K 40, L 10, M 2.

Therapie:
Primäre Entgiftung durch Erbrechen und Magenspülung (evtl. mit burgunderfarbener Kaliumpermanganatlösung). In leichten Fällen, bei erhaltenem Bewußtsein: Natriumthiosulfat (10%ig, 100 ml i.v.), das als Schwefeldonator die Entgiftung des Cyanids, das in Rhodanid übergeht, beschleunigt. Schwere Vergiftungen, bei Bewußtlosigkeit, ggf. Intubation, Beatmung, Elektrolytsubstitution.
- Sofort 250 mg (3 mg/kg KG) 4-DMAP i.v. (evtl. i.m.) (Methämoglobinbildner).
- Sofort anschließend Na-Thiosulfatlösung (10%ig, 100 ml i.v.). Zugleich Azidosetherapie mit Natriumbikarbonatinfusion (Urin pH 7,5), dann Plasma(expander)gabe.

Sambucus nigra L.

Schwarzer Holunder. *E:* Elder, Bour-tree. *F:* Grand sureau. *I:* Sambuco nero. *NL:* Gewone Vlier.

Blüten

Früchte

EDV-Code: SAMNI.

Familie: Caprifoliaceae, Geißblattgewächse.

Verbreitung, Vorkommen: Europa, Westasien. In Mitteleuropa verbreitet und häufig; Gärten, Hecken, Waldränder, Waldlichtungen.

Beschreibung: 3–6 m hoher Strauch. Zweige mit weißem Mark. Blätter unpaarig gefiedert, mit 3–7 Blättchen. Blüten gelblichweiß, klein, in endständigen flachen Blütenständen. Beeren schwarz, mit rotem Saft.

Blütezeit: Juni–Juli.
Früchte: September–Oktober.

Droge: Flores (Folia, Cortex) Sambuci (nigrae), Sambuci (nigrae) flos (cortex, folium), Holunder-Blüten, -Blätter, -Rinde.

Wirkstoffhaltige Pflanzenteile: Besonders Blätter, unreife Früchte und frische Rinde. Die Blüten und reifen Früchte sind eßbar.

Hauptwirkstoffe: → *Sambunigrin* (cyanogenes Glykosid), 0,1% in den oben genannten

Sambucus nigra

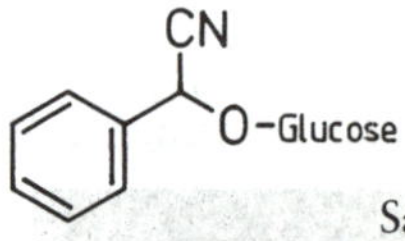

Sambunigrin

Pflanzenteilen. In den Früchten außerdem Chlorogensäure.

Pharmakologische Wirkung: Bei Aufnahme größerer Mengen (Früchte) kann Erbrechen und Diarrhöe auftreten. Der Genuß roher Früchte sollte vermieden werden. → *Blausäure-Glykoside.* Frische Rinde kann zu Brechdurchfall führen.

Wirkungen auf die Schleimhäute: Obwohl die Sambucus-Arten insektenblütig sind, gehören ihre Pollen zu den Erregern des Heuschnupfens. Gefährdet sind die Betroffenen jedoch nur, wenn sie sich in der Nähe von blühenden Holunderbüschen aufhalten.

Anwendungen in der Homöopathie: D_0–D_3 bei Schnupfen, besonders der Säuglinge und Kleinkinder, Muskel- und Gelenkrheumatismus; Tbl. 0,05 g als schweißtreibendes Mittel.

Gefährlichkeitsgrad: Kaum giftig (+)

Vorschriften: Sambucus nigra: Monographie der Kommission D.
Sambuci flos: Monographie der Kommission E.

Literatur: B 36, C 9, D 9, F 16, H 12, L 10, M 3, M 27, S 6.

Therapie:
Erste Hilfe: Kohle-Pulvis (10 g), erbrechen lassen, viel warmen Tee oder Himbeersaft trinken lassen.
Klinik: Nach wahrscheinlich großer Giftaufnahme: Magenspülung (evtl. mit burgunderfarbener Kaliumpermanganatlösung), Instillation von 10 g Kohle-Pulvis und Natriumsulfat. Bei erhaltenem Bewußtsein Antidot Natriumthiosulfat (100 ml 10%ig i.v.), bei Bewußtlosigkeit vorher 4-DMAP (3 mg/kg KG i.v.).

Sambucus racemosa L.

Trauben-Holunder, Bergholunder. *E:* Red-berried elder. *F:* Sureau à grappes. *I:* Sambuco rosso. *NL:* Bergvlier.

Blüten

Sambucus racemosa

Früchte

EDV-Code: SAMRA.

Familie: Caprifoliaceae, Geißblattgewächse.

Verbreitung, Vorkommen: Europa, Nordasien, Nordamerika. In Mitteleuropa nicht selten; Kahlschläge, Waldlichtungen, unterholzbildend.

Beschreibung: Strauch, 1–3 m hoch. Zweige mit hellbraunem Mark. Blätter unpaarig gefiedert, meist 5 Teilblättchen. Blüten grünlichweiß, klein, in eiförmiger Rispe. Beeren scharlachrot, kugelig.
Blütezeit: April–Mai.
Früchte: Juli–September.

– Giftwirkung, Therapie → *Sambucus nigra.*

Literatur: G 23.

Sanguinaria canadensis L.

Kanadische Blutwurzel. *E:* Blood-root, Puccoon, Red root, Tetterwort, Indian paint. *F:* Sanguinaire canadienne. *I:* Sanguinaria del Canada.

Familie: Papaveraceae, Mohngewächse.

Verbreitung, Vorkommen: Atlantisches Nordamerika von Quebec bis Florida, in lichten Wäldern.

Beschreibung: 9–18 cm hohe Pflanze, mit 1–2 Blättern am rötlichen Stiel. Blätter im Umriß rundlich, am Grunde tief herz-nierenförmig, in 7–9 stumpfgezahnte Lappen gespalten, oben blaßgrün bereift, unten grünlichweiß, langgestielt. Blüten weiß, 2–3 cm im Durchmesser, mit zahlreichen gelben Staubblättern. Frucht eine 3–5 cm lange, vielsamige Kapsel. Wurzel, Rhizom, Blätter und Stengel führen einen orangefarbigen Milchsaft.
Blütezeit: April – Mai.

Droge: Rhizoma (Radix) Sanguinariae canadensis, Sanguinariae canadensis rhizoma, Kanadische Blutwurzel.

Im Handel in deutlich geringelten, runzeligen, bis 10 cm langen, bis 12 und mehr mm dicken, außen tief rotbraunen Stücken, die häufig Reste der zahlreichen kurzen, dünnen, spröden Wurzeln oder deren Ansatzstellen zeigen [H 12].

Hauptwirkstoffe: Im Rhizom etwa 4–7%, in der Wurzel etwa 1,8% Alkaloide (sie finden sich auch in → *Chelidonium majus*): → *Chelerythrin* (Toddalin, Alkaloid P 61) $C_{12}H_{18}NO_4OH$, Fp. 282–283 °C (Ae.), 207–208 °C (A.); → *Sanguinarin* (Pseudochelerythrin) $C_{20}H_{14}NO_4OH$, Fp. 266–267 °C (Ae.), 210–211 °C (C+A); Oxysanguinarin $C_{20}H_{13}NO_5$, Fp. 360–361 °C; → *Berberin* $C_{20}H_{18}NO_4$, Fp. 144 °C oder 205 °C (Hydr.); → *Protopin* (Macleyin, Fumarin) $C_{20}H_{19}NO_5$, Fp. 207 °C; Coptisin $C_{19}H_{14}NO_4$;

Sanguinaria canadensis

α- und β-Allocryptopin (β- und γ-Homochelidonin, α-Fagarin) $C_{21}H_{23}NO_5$, Fp. 160 °C (α-Form), 170 °C (β-Form, 1/2 H_2O); Sanguirubin $C_{23}H_{20}NO_5OH$, Fp. 252–253 °C (Ae.), 224–225 °C (A.); Sanguilutin $C_{23}H_{24}NO_5OH$, Fp. 253–254 °C (Ae.), 211–212 °C (C+A); Chelilutin $C_{23}H_{24}NO_5OH$, Fp. 229–230 °C (Ae.), 202–203 °C (C+A); Chelirubin $C_{20}H_{18}NO_5OH$, Fp. 257–258 °C oder 212–213 °C (Ae.), 230–231 °C (C+A) [H 12].

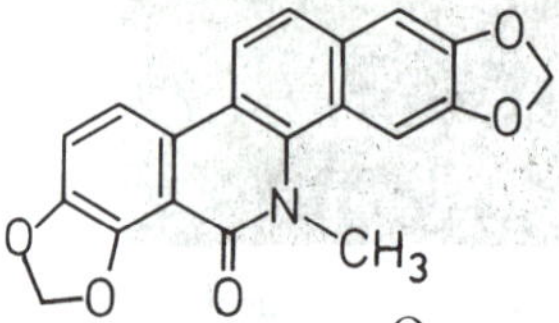

Oxysanguinarin

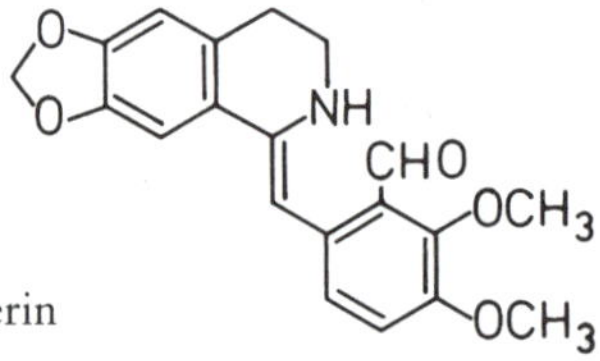

Berberin

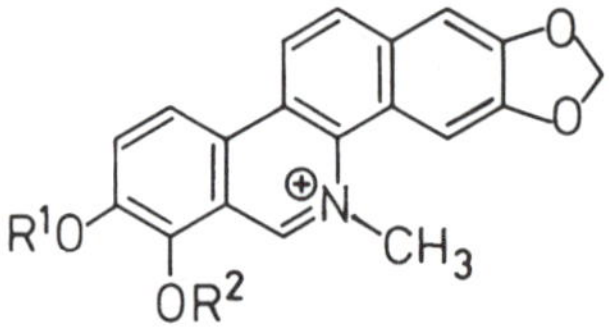

Chelerythrin: $R^1=R^2=CH_3$
Sanguinarin: $R^1+R^2=CH_2$

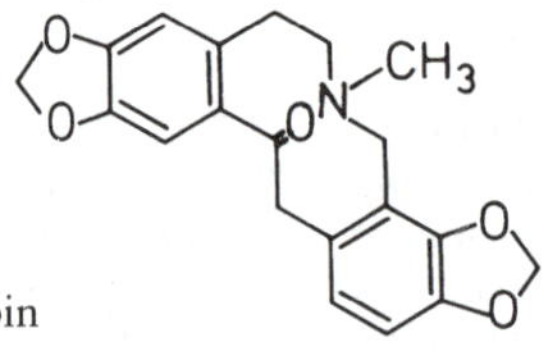

Protopin

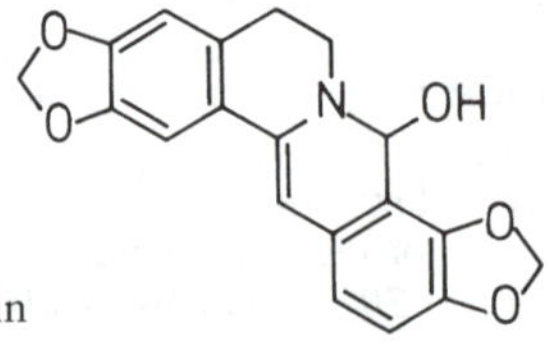

Coptisin

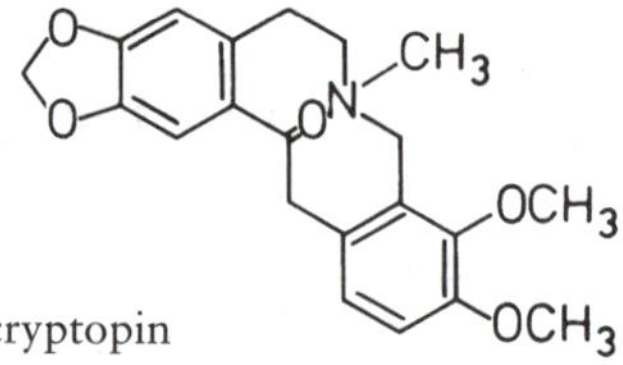

Allocryptopin

Vergiftungserscheinungen: Die Droge wirkt ähnlich wie → *Chelidonium majus.*
Pharmakologische Untersuchungen des Sanguinarins an Tieren ergaben, daß das Alkaloid die Aktivität der Acetylcholinesterase herabsetzt und die Empfindlichkeit gegenüber Acetylcholin erhöht. Ferner bewirkt das Alkaloid eine Erhöhung des Tonus der glatten Muskulatur des Darms und der Gebärmutter. Die LD_{50} bei intravenöser Injektion beträgt bei weißen Mäusen 19,4 mg/ kg. – Chelerythrin bewirkt Lähmung von Motorik und Atmung, Muskelstarre, Erregung der sensiblen Nervenenden. Chelerythrin und Sanguinarin besitzen keine Mitosegiftwirkung, verstärken aber die Colchicinwir-

Sanguinaria canadensis

kung, wahrscheinlich durch die Fähigkeit, die Zellatmung zu hemmen.
Die Wurzel wirkt entzündungserregend, färbt beim Menschen den Speichel rot und erzeugt in großen Dosen vorübergehende Paralyse, Erbrechen, Durchfall, Leibschmerzen und Kollaps [H 12].

Wirkungen auf die Haut: Chelerythrin reizt, wie der Milchsaft der Pflanze, Schleimhäute, Wunden und auch die gesunde Haut bis zur Blasenbildung.

Dosierung: Innerlich 0,03–0,3 g, als Emeticum in Abkochung und Plv. 0,4–0,8 g [H 12].

Anwendungen in der Homöopathie: D_2–D_6 bei rechtsseitiger Migräne, Menstruationsmigräne, Wallungen der Wechseljahre, Gebärmutterblutungen der Wechseljahre; Laryngitis mit Krampfhusten.

Gefährlichkeitsgrad: Stark giftig + +

Vorschriften: Sanguinaria canadensis: Monographie der Kommission D.

Literatur: D 9, H 12, H 45, M 2, M 27, S 3.

Therapie:
Erste Hilfe: Kohle-Pulvis-Gabe, Erbrechen auslösen, Natriumsulfat. Haut und Augen spülen.
Klinik: Magenspülung (evtl. mit burgunderfarbener Kaliumpermanganatlösung), Instillation von 10 g Kohle-Pulvis, Überwachung von Elektrolyten und Nierenfunktion, Alkalisierung mit Natriumbikarbonatinfusionen (Urin pH 7,5), ggf. Intubation und Sauerstoffbeatmung. Bei Speichelfluß, Bradykardie Antidot Atropin i.v. Lokal Cortison.

Sansevieria trifasciata Prain

Bajonettpflanze, Bogenhanf, Sansevierie.
E: Sanseviera. *F:* Sansevière.

EDV-Code: SAHTR.

Familie: Agavaceae, Agavengewächse.

Verbreitung, Vorkommen: Heimat: Tropisches Afrika; beliebte Topf- und Zimmerpflanze.

Beschreibung: Stammlose Blattpflanze. Blätter 30–100 cm lang, linear-lanzettlich, grün mit weißgrünen Querbändern (var. laurentii: goldgelbe Randstreifen). Blüten grünlich-weiß, rispig angeordnet (selten blühend).

Giftige Pflanzenteile: Alle Pflanzenteile.

Hauptwirkstoffe: Organische Säuren, ein hämolytisch wirkendes Sapogenin.

Vergiftungserscheinungen: Übelkeit, Erbrechen, Blutzersetzung. Ratten und Mäuse, die von der Pflanze gefressen hatten, starben nach kurzer Zeit.

Gefährlichkeitsgrad: Giftig +

Literatur: B 36.

Sanseveria trifasciata

Therapie:
Erste Hilfe: Kohle-Pulvis 10 g, ggf. Augen spülen.
Klinik: Magenspülung (evtl. mit burgunderfarbener Kaliumpermanganatlösung), Instillation von 10 g Kohle-Pulvis, Elektrolytsubstitution, Azidoseausgleich mit Natriumbikarbonat (Urin pH 7,5), Überwachung der Nierenfunktion, Blutbildkontrolle.

Santalum album L.

Weißes Sandelholz. *E:* White sandal wood. *F:* Santal blanc, Sandal. *I:* Sandalo bianco.

EDV-Code: SNAAL.

Familie: Santalaceae, Sandelholzgewächse.

Verbreitung, Vorkommen: Heimat: das östliche Asien, verbreitet in Vorderindien, teils wild, teils kultiviert.

Beschreibung: Der bis 10 m hohe Baum mit einem Umfang von 1–2 m ist ein Halbschmarotzer, der seine Nahrung teilweise aus den Wurzeln seiner Wirtspflanzen zieht, aber auch ohne sie leben kann.

Droge: Lignum Santali albi, Santali albi lignum, Weißes Sandelholz.
Die Ganzdroge besteht aus hellgelben, gegen den Splint hin dunkleren, schweren, dichten und doch leicht spaltbaren Holzstücken.
Auszug aus der Monographie der Kommission E:
Santali albi lignum (Weißes Sandelholz)
Gegenanzeigen: Erkrankungen des Nierenparenchyms.
Nebenwirkungen: Übelkeit, gelegentlich Hautjucken.

Hauptwirkstoffe: 3–6% ätherisches Öl mit 91–98% α-Santalol $C_{15}H_{24}O$, Kp_{10} 159–160 °C und β-Santalol, Kp_{10} 168–169 °C, sowie weitere ätherische Ölbestandteile.

α-Santalol

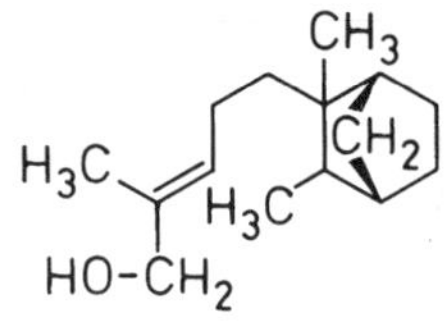

β-Santalol

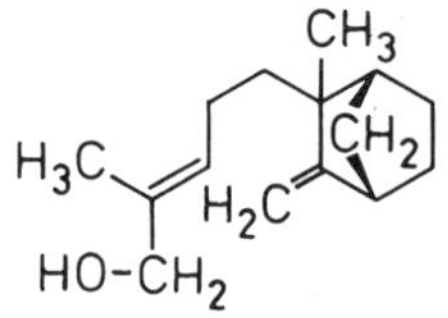

Vergiftungserscheinungen: Das ätherische Öl greift die Nieren an und verursacht gastroenteritische Erscheinungen und Hautausschläge. So beobachtete Jullien eine schmerzhaft juckende Urticaria, starkes Durstgefühl und Ructus. Auch Druck und Brennen im Magen, Dyspepsie, Diarrhöe, schmerzhaftes Urinieren, sogar Hämaturie können auftreten [M 2].

Wirkungen auf die Haut: Sandelholzöl kann eine Kontaktallergie hervorrufen.

Dosierung: Mittlere Einzelgabe als Einnahme 5,0 g Erg. B. 6.

Gefährlichkeitsgrad: Giftig +, hautreizend.

Vorschriften: Santalum album und Santali aetheroleum: Monographie der Kommission D.
Santali albi lignum: Monographie der Kommission E.

Literatur: H 12, M 2.

Therapie:
Erste Hilfe: Kohle-Pulvis-Gabe, Erbrechen auslösen, Kohle, Natriumsulfat, viel trinken lassen. Lokal Cortison.
Klinik: Magenspülung (evtl. mit burgunderfarbener Kaliumpermanganatlösung), Roticlean®-, Kohle- und Natriumsulfatinstillation, gegen Koliken Atropin, Elektrolytsubstitution, Azidoseausgleich mit Natriumbikarbonat (Urin pH 7,5), Kontrolle der Nierenfunktion, bei Krämpfen Diazepam (Valium®) i.v., ggf. Intubation und Sauerstoffbeatmung.

Saponaria officinalis L.

Seifenkraut. *E:* Soapwort. *F:* Saponaire, savonière. *I:* Saponaria comune. *NL:* Zeepkruid.

EDV-Code: SAWOF.

Familie: Caryophyllaceae, Nelkengewächse.

Verbreitung, Vorkommen: Asien, Südeuropa. In Mitteleuropa zerstreut; Auen, Böschungen, Raine, Mauern, Schuttplätze.

Beschreibung: 30–80 cm hohe ausdauernde Pflanze mit stark verzweigtem Wurzelstock. Blätter länglich-lanzettlich, kreuzgegenständig. Blüten hellrosa, 5teilig, in Büscheln, end- oder blattachselständig. Fruchtkapsel aufspringend.
Blütezeit: Juni–September.

Droge: Radix Saponariae rubrae, Saponariae rubrae radix, Seifenkrautwurzel.
Geschmack süßlich, kratzend.
Auszug aus der Monographie der Kommission E: Saponariae herba (Seifenkraut)
Risiken: Triterpensaponine aus Saponaria officinalis rufen in höherer Dosierung Schleimhautreizungen hervor. Bei der Anwendung bei Hauterkrankungen ist bei höherer Dosierung ebenfalls mit Reizerscheinungen zu rechnen.

Giftige Pflanzenteile: Die ganze Pflanze, besonders die Wurzel.

Hauptwirkstoffe: Saponine (2,5–5%), in der Wurzel (in der älteren Literatur als Sapotoxine bezeichnet), sowie ein Vitexinglucosid. Der Saponingehalt ist am höchsten vor der Blüte.

Vergiftungserscheinungen: Per os: Zittern, Trockenheit im Mund, Räuspern, Kratzen, Übelkeit, Erbrechen, Leibschmerzen, Diarrhöe. In kleinen Dosen expektorierende, in größeren emetische Wirkung. Ernste Vergiftungen sind bei Mensch und Tier kaum zu erwarten.

Wirkungen auf die Haut/Schleimhaut: Sehr lokale Reizwirkung. Reizung der Schleimhäute, Entzündungen, starke Sekretion der Nase mit Niesen und Konjunktivitis.

Gefährlichkeitsgrad: Wenig giftig (+), schleimhautreizend.

Vorschriften: Rote Seifenwurzel ist im DAC enthalten.
Saponaria officinalis: Monographie der Kommission D.
Sapaonariae herba und Saponariae rubrae radix: Monographie der Kommission E.

Literatur: G 4, H 12, L 10, M 2.

Therapie:
Erste Hilfe: Erbrechen oder Kohle-Pulvis, Haut spülen.
Klinik: In Extremfällen Magenspülung, Vitaltherapie (S. 56), Cortison-Salbe bei Hautreizung.

Sarcococca saligna (D. Don) Muell. Arg.

Schleimbeere.

Familie: Buxaceae, Buchsbaumgewächse.

Verbreitung, Vorkommen: Heimat: Ostasien; Zierstrauch.

Beschreibung: Bis 1 m hoch. Blätter schmallanzettlich, 10–16 cm lang, kurz gestielt, oberseits dunkelgrün, unterseits hellgrün. Blüten nach Jasmin duftend.
Blütezeit: November–Frühling.

Zu weiteren, gelegentlich kultivierten Arten gehört noch Sarcococca humilis (Rchd. et Wils.) Stapf ex Sealy, ein ca. 50 cm hoher Strauch mit erbsengroßen, kugeligen, blauschwarzen Beeren.

Hauptwirkstoffe: Buxusalkaloide.

Vergiftungserscheinungen: → *Buxus sempervirens,* wahrscheinlich weniger giftig.

Literatur: F 16, J 4.

Sassafras albidum (Nutt.) Th. Nees

(Laurus sassafras L.; Sassafras officinale Th. Nees et Eberm.)

Fenchelholzbaum. *E:* Sassafras. *F:* Sassafras. *I:* Sassafraso.

EDV-Code: SSAAL.

Familie: Lauraceae, Lorbeergewächse.

Verbreitung, Vorkommen: Der Baum hat seine Heimat in Nordamerika von Kanada bis nach Florida und Missouri.

Droge: Lignum (Radix) Sassafras, Sassafras lignum, Sassafrasholz.

Bis 20 cm dicke, ästige, knorrige und holzige Wurzeln, mit oder ohne Rinde, im Großhandel in zylindrischen Stücken, im Kleinhandel geraspelt geschnitten oder in kleine Würfel zersägt. Das Holz ist leicht, weich, etwas schwammig. Geruch aromatisch, fenchelartig [H 12].

Hauptwirkstoffe: Ätherisches Öl (1–2%) mit ca. 80% → *Safrol,* → *α-Pinen,* Phellandren, Campher und Eugenol.

Sassafras albidum

Safrol 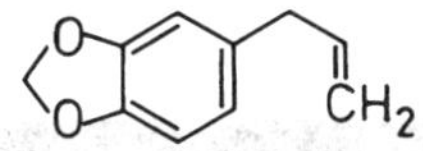

Vergiftungserscheinungen: Das → *Safrol* reizt die Nieren und entfaltet in großen Dosen eine phosphorartige Giftwirkung.
Lewin berichtet, daß nach größeren Gaben des Öls Bewußtlosigkeit mit Kälte und Blässe der Haut, gefolgt von einige Zeit anhaltender Schwäche und Mattigkeit in den Gliedern, nicht selten auch bläschenförmige Exantheme beobachtet wurden [M 2].
Neuere Arbeiten bestätigen die hepatotoxische Wirkung von → *Safrol.*

Gefährlichkeitsgrad: Giftig +

Vorschriften: Auf Anordnung der Food and Drug Administration (USA) ist das → *Safrol* seit einiger Zeit wegen erwiesener schwach kanzerogener Wirkung zum Aromatisieren von Lebensmitteln nicht mehr zugelassen.
Sassafras albidum var. molle: Monographie der Kommission D.
Aromenverordnung der Bundesrepublik Deutschland v. 22. 12. 81 BGBl I, 1677–1785). Verbotene Stoffe des § 2, Anlage I: Sassafrasholz (Lignum Sassafras), Sassafrasblätter (Folia Sassafras), Sassafrasrinde (Cortex Sassafras), Sassafrasöl (Oleum Sassafras).

Literatur: H 12, M 2.

Therapie:
Erste Hilfe: Kohle-Pulvis-Gabe, Erbrechen auslösen, Roticlean®, Natriumsulfat, viel trinken lassen. Lokal Cortison.
Klinik: Magenspülung (evtl. mit burgunderfarbener Kaliumpermanganatlösung), Kohle- und Natriumsulfatinstillation, gegen Koliken Atropin, Elektrolytsubstitution, Plasmaexpander im Schock, Kontrolle der Nieren- und Leberfunktion sowie der Blutgerinnung, ggf. Intubation und Sauerstoffbeatmung.

Sauromatum guttatum (Wall.) Schott.

[Sauromatum venosum (Ait.) Kunth]

Eidechsenschwanz. *E:* Lizard arum. *F:* Sauromate.

Familie: Araceae, Aronstabgewächse.

Verbreitung, Vorkommen: Heimat: Subtropisches Asien, Sudan, Malawi; Zimmerpflanze.

Beschreibung: Trockenblüher (die Knollen entwickeln auch ohne Wasser und Erde ihren Blütenstand). Blätter fleischfarben, mit schwarzen Sprenkeln, breit herzförmig, tief eingeschnitten, Einzelabschnitte länglich zugespitzt; langgestielt. Typische Araceenblüte, Hochblatt innen grüngelb, außen purpurrot gefleckt.
Blütezeit: Winter oder Frühjahr.

Vergiftungserscheinungen: → *Arum maculatum.*

Schinus terebinthifolius Raddi

Brasilianischer Pfefferbaum, Rosa Pfeffer. *E:* Pink pepper, Brasilia pepper. *F:* Faux poivrier. *I:* Pimentero falso.

EDV-Code: SCITE.

Familie: Anacardiaceae, Sumachgewächse.

Verbreitung, Vorkommen: Die Gattung Schinus L. umfaßt 30 Arten. Die immergrünen Bäume oder Sträucher kommen ursprünglich in Amerika von Mexiko bis Argentinien vor. Sie werden jedoch heute in vielen warmen Klimazonen der Welt als Zierbäume bzw. -sträucher angebaut und verwildern schnell [S 55].
Die derzeit unter verschiedenen Bezeichnungen angebotenen, ungeschälten rosa bis roten Früchte sind 3,5–5,0 mm groß und entsprechen somit in der Größe dem schwarzen Pfeffer (4,2–5,0 mm) [S 55].
Die Früchte von Schinus molle L. – Peruanischer Pfefferbaum – sind erbsengroß und karminrosa.

Hauptwirkstoffe: 3,3–5,2% ätherisches Öl. Dieses besteht vorzugsweise aus den Monoterpenen α- und β-Phellandren, → *Limonen,* p-Cymen, Silvestren, Myrcen, → *a-Pinen,* trans-Terpin, Perillaaldehyd, Carvacrol und dem Sesquiterpen β-Spatulen. Ferner kommen harzartige Bestandteile vor [S 55].

Schinus terebinthifolius

Nach neueren Untersuchungen sind 4 Cardanole (0,03% in Früchten von Réunion und 0,05% in solchen von Florida), Phellandren und Δ^3-Caren enthalten.

Schinus molle

Schinus terebinthifolius

Wirkungen auf die Schleimhäute: Der rosa und rote „Pfeffer“ hat seinen Namen aufgrund des Fehlens eines Scharfstoffs vom Typ des Piperins oder des Capsaicins zu unrecht. Er schmeckt zunächst süßlich und danach kräftig terpenartig und schwach aromatisch. Erst nach einiger Zeit tritt je nach Menge eine mehr oder weniger starke schleimhautreizende Wirkung auf [S 55].
Kopfschmerzen, geschwollene Augenlider, Atmungsschwierigkeiten etc. werden vermutlich durch die Dämpfe der Früchte verursacht.
Ein Hauttest mit Cardanol 15:1 zeigte starke hautreizende Wirkung mit einer relativ langen Latenzzeit. Es wird vermutet, daß Cardanol 15:1 verantwortlich für die Symptome von Rosa Pfeffer in Kombination mit einigen Bestandteilen des ätherischen Öls, besonders von Phellandren und Δ^3-Caren ist.
Die zu erwartenden gesundheitsschädlichen Wirkungen sind ein zwingender Grund, von diesem „Gewürz“ abzuraten. Wacholderbeeren ergeben nahezu die gleichen, süßlichen, terpenartigen, aromatischen Geschmackseindrücke [S 55].
Nach Schwenker und Skopp führten Selbstversuche und freizügige Verwendung als Gewürz nicht zu einer allergischen Reaktion. (Dt. Ap. Zt, 125, 1345–1346, 1987)

Gefährlichkeitsgrad: Stark giftig + +

Literatur: S 55, S 58.

Therapie:
Erste Hilfe: Kohle-Pulvis-Gabe. Lokal Cortison.
Klinik: Magenspülung (evtl. mit burgunderfarbener Kaliumpermanganatlösung), Kohle- und Natriumsulfatinstillation, gegen Koliken Atropin, Elektrolytsubstitution, Kontrolle der Nierenfunktion, bei Krämpfen Diazepam (Valium®) i.v., ggf. Intubation und Sauerstoffbeatmung.

Schoenocaulon officinale (Cham. et Schlechtend.) A. Gray

[Sabadilla officinalis (Cham. et Schlechtend.) Brandt

Mexikanisches Läusekraut, Sabadilla, Läusesamen. *E:* Cebadilla, Cevadilla. *F:* Cévadille. *I:* Sabadiglia.

Familie: Liliaceae, Liliengewächse.

Verbreitung, Vorkommen: Die bis 2 m hohe Zwiebelpflanze ist auf den Bergwiesen Mittelamerikas heimisch.

Beschreibung: Aus der Zwiebel entspringen 1–1,25 m lange, grasartige, glatte und kahle, oberseits rinnige Blätter. Der aufrechte 1–2 m hohe Stengel endet in einer ca. 4,5 cm langen Blütentraube mit gelben Blüten. Kapselfrucht 3fächerig, mit länglichen Samen → *Droge.*

Droge: Semen Sabadillae, Sabadillae semen, Läusesamen.
Samen länglich oder lanzettlich, lang zugespitzt, bisweilen verbogen, durch gegenseitigen Druck in der Frucht unregelmäßig kantig, bis 9 mm lang, bis 2 mm dick, glänzend schwarzbraun, runzelig. Geschmack anhaltend bitter und scharf [H 12].

Hauptwirkstoffe: In den Samen 1–5%, durchschnittlich 4% Sterin-Alkaloide, die als „Veratrin“ bezeichnet werden und zu 90% gut etherlösl. sind. „Veratrin“ besteht hauptsächlich aus 75% Cevadin (ein Angelicasäureester des Veracevins) $C_{32}H_{49}NO_9$, Fp. 213–214 °C, und aus 25% → *Veratridin* (ein Veratrumsäureester des Veracevins)

Schoenocaulon officinale

$C_{36}H_{51}NO_{11}$, Fp. 160–180 °C (amorph). Daneben Cevacin (Essigsäureester des Veracevins) $C_{29}H_{45}\cdot NO_9$, Fp. 205–207 °C, und Vanilloylveracevin (Vanillinsäureester des Veracevins) $C_{35}H_{40}NO_{11}$, Fp. 258 °C, Veracevin (Protocevin) $C_{27}H_{43}NO_8$, Fp. 181–183 °C, ist das genuine Alkamin der Veratrin-Ester-Alkaloide. Ferner Neosabadin $C_{27}H_{43}NO_8$ (amorph), Sabadin (Essigsäureester des Neosabadins) $C_{29}H_{45}NO_9$, Fp. 258–260 °C, geringe Mengen Hydroalkamin S, $C_{27}H_{45}NO_8$, Fp. 248–250 °C, Sabatin (Essigsäureester des Sabins $C_{27}H_{45-47}NO_7$) $C_{29}H_{47-49}NO_8$, Fp. 256–258 °C, Veragenin $C_{31}H_{53-57}NO_{13}$, Fp. 262–264 °C. Nach Svoboda et al. [J. pharm. Sci. 52, 772 (1963)] Sabadillin I, II (Fp. 235–252 °C) und III und Sabaden [H 12].

Vergiftungserscheinungen: Das Veratrin des Handels besteht hauptsächlich aus Cevadin und Veratridin, es ist ein ausgeprochenes Nerven- und Muskelgift.
Es beeinflußt das Zentralnervensystem und erzeugt psychische Erregung, Krämpfe, Tobsucht, schließlich Lähmung der Zentren der Medulla oblongata. Veratrindosen, die noch keine Krämpfe verursachen, bedingen trotzdem Schwindel, Gesichtsfeldverdunkelung, Marasmus, Hypothermie, Pulsverlangsamung, Dyspnoe und Magendarmreizung. Die Schädigung der quergestreiften Muskulatur zeigt sich in eigenartigen, spastisch erschwerten Bewegungen [M 2].

Wirkungen auf die Haut/Schleimhaut: Auf der Haut ruft es starke Rötung, varizellen- und bläschenartige Exantheme, die auch bei innerlicher Anwendung zu beobachten sein sollen, sowie brennende Schmerzen und nachfolgende Anästhesie hervor; durch Schleimhautreizung, Niesen, Salivation, Tränen- und Nasenfluß, Vomitus, kopiöse Diarrhöen, fibrinöse Bronchitis.

Dosierung: Nicht festgesetzt, doch größere Dosen vermeiden. Vergleiche Wirkung. 0,002 g pro dosi, 0,005 g pro die Veratrinum [M 2].

Anwendungen in der Homöopathie: D_3–D_{12} bei Psychosen, Hysterie, Migräne, Kollapsneigung, Heufieber, Fließschnupfen, Muskelkrämpfe.

Gefährlichkeitsgrad: Stark giftig + +

Vorschriften: Schoenocaulon officinale: Monographie der Kommission D.
Verbotene Stoffe der Kosmetikverordnung v. 19. 6. 1985. Anlage 1: 332 Schoenocaulon officinale seine Samen und Zubereitungen.

Literatur: D 9, H 12, H 16, M 2.

Therapie:
Erste Hilfe: Sofortiges Erbrechen, 10 g Kohle-Pulvis, Natriumsulfat, lokal Cortison, beruhigen.
Klinik: Magenspülung (evtl. mit burgunderfarbener Kaliumpermanganatlösung, Instillation von 10 g Kohle-Pulvis und Natriumsulfat, Elektrolytsubstitution, Azidoseausgleich mit Natriumbikarbonat (Urin pH 7,5), bei Krämpfen Diazepam (Valium®) i.v., ggf. Intubation und Sauerstoffbeatmung.

Scilla bifolia L.

Zweiblättriger Blaustern. *F:* Scille à deux feuilles. *I:* Giacinto acceso, Scilla Silvestre.

Familie: Liliaceae, Liliengewächse.

Verbreitung, Vorkommen: Europa. In Mitteleuropa im süd- und westdeutschen Raum zerstreut, im Norden fehlend; Auwälder, Wiesen, auch als Gartenzierpflanze.

Beschreibung: Ausdauernde, 10–20 cm hohe Zwiebelpflanze, mit einem Blütenstengel und zwei Blättern. Blätter lineal-lanzettlich. Blüten hellblau, sternförmig, in lockerer Traube. Fruchtkapsel 3kantig.
Blütezeit: März–April.
Eine ähnlich wirkende Art ist Scilla nonscripta (L.) Hoffmgg. et Link, Hasenglöckchen, als Zierpflanze in Gärten.

Giftige Pflanzenteile: Die ganze Pflanze, besonders Zwiebeln und Samen.

Hauptwirkstoffe: Saponine und in einigen Arten herzaktive Glykoside.

Wirkungen auf die Haut: Der Saft kann bei empfindlichen Personen Hautreizungen hervorrufen.

Gefährlichkeitsgrad: Giftig +

Vorschriften: Die Pflanze steht unter Naturschutz (A, CS, D, CH, I, YU, H).

Literatur: B 36, H 12.

Therapie:
Erste Hilfe: Kohle-Pulvis-Gabe, Erbrechen auslösen, Natriumsulfat.
Klinik: Magenspülung (evtl. mit burgunderfarbener Kaliumpermanganatlösung), Kohleinstillation (10 g Pulvis), EKG-Monitorkontrolle, Kontrolle des Kaliumspiegels und Substitution, Phenytoin, bei ventrikulärer Extrasystolie: Lidocain (Xylocain®), bei ausgeprägter Bradykardie: Atropin oder Orciprenalin (Alupent®), bei AV-Überleitungsstörungen: Vorsicht mit Substanzen, die diese zusätzlich beeinträchtigen, d.h. mit Ajmalin, Procainamid, β-Rezeptorenblocker und Chinidin.

Scindapsus pictus Hassk.

Efeutute. *E:* Ivy arum. *F:* Scindapse.

Epipremnum aureum

Scindapsus pictus

Familie: Araceae, Aronstabgewächse.

Verbreitung, Vorkommen: Heimat: Tropisches Asien; Zimmerpflanze.

Beschreibung: Kletternder Strauch. Blätter schief oval, zugespitzt, dunkelgrün, mit unregelmäßigen weißen Flecken, langgestielt, scheidig (var. argyraeus hat eine silberige Blattmusterung). Blüten sind in Zimmerkultur keine zu erwarten.

Eine ähnlich aussehende Art ist Epipremnum aureum (Lind. et André) Bunting [Scindapsus aureus (Lind. et André) Engl.].

Vergiftungserscheinungen: Über die Pflanze ist wenig bekannt.
Nach Weilemann [W 38] sind vorwiegend halb- bis zweijährige Kinder betroffen; 80% der Fälle verliefen symptomlos, bei 20% der Fälle traten Symptome auf (des Magens und Darms bei 60%, der Schleimhaut bei 60%),

Scindapsus pictus

d. h. bei einigen Kindern waren sowohl Magen-Darm, als auch die Schleimhaut betroffen. Die Haut- und Schleimhautreizungen verliefen harmlos und mußten nur in Ausnahmefällen behandelt werden.
Vermutlich ist die Pflanze in ähnlicher Weise wie andere Araceen gefährlich.
Eine verwandte Art, Scindapsus officinalis, wird in Bengalen als Anthelminticum verwendet und enthält die Pigmentglykoside Scindapsin A und B.

Wirkungen auf die Haut: In einigen Fällen ist bei Gärtnern und Floristen nach häufigem Hantieren eine Kontaktdermatitis beobachtet worden. Tierexperimentelle Untersuchungen haben gezeigt, daß Scindapsus sowohl hautreizende als auch sensibilisierende, d. h. kontaktallergie-induzierende Eigenschaften hat. Der verantwortliche Inhaltsstoff konnte zwar isoliert, aber noch nicht in der Struktur aufgeklärt werden [Hausen, unveröff.].

Gefährlichkeitsgrad: Giftig +

Literatur: F 16, W 38..

Therapie:
Erste Hilfe: Kohle-Pulvis-Gabe oder Erbrechen auslösen, Natriumsulfat, viel warmen Tee trinken lassen, lokal Cortison.
Klinik: Magenspülung (evtl. mit burgunderfarbener Kaliumpermanganatlösung), Instillation von 10 g Kohle-Pulvis, Elektrolytsubstitution, Azidoseausgleich mit Natriumbikarbonat (Urin pH 7,5), Kontrolle der Nierenfunktion, bei Krämpfen Diazepam (Valium®) i.v., ggf. Plasma(expander)gabe, bei Atemlähmung: Intubation und Sauerstoffbeatmung, Monitorkontrolle.

Scopolia carniolica Jacq.

Krainer Tollkraut, Glockenbilsenkraut. *E:* Russian belladonna. *F:* Scopolie. *I:* Scopolia.

Familie: Solanaceae, Nachtschattengewächse.

Verbreitung, Vorkommen: Heimat: Ost- und Südosteuropa bis Kärnten; in Mitteleuropa verwildert; Laubwälder, steinige, waldige Abhänge.

Scopolia carniolica

Beschreibung: 30–60 cm hoch, Stengel aufrecht, am Grunde mit schuppenförmigen Niederblättern. Blätter trübgrün, verkehrt-eiförmig, ganzrandig, kahl. Blüten röhrigglockig, 1–2 cm lang, braun (grün, gelb), einzeln, achselständig, gestielt, nickend. Frucht eine 2fächerige Kapsel.
Blütezeit: April–Mai.

Droge: Rhizoma et Folia Scopoliae carniolicae, Scopoliae carniolicae rhizoma et folium, Tollwurzel und Scopoliablätter.
Wurzelstock zylindrisch, mehr oder weniger gekrümmt, außen grau, hell- oder dunkelbraun, Bruch grauweiß. Blätter ähneln den Belladonnablättern.
Auszug aus der Monographie der Kommission E: Scopoliae rhizoma (Glockenbilsenkrautwurzelstock)
Gegenanzeigen: Engwinkelglaukom, Prostata-Adenom mit Restharn, Tachykardien, mechanische Stenosen im Bereich des Magen-Darm-Kanals, Megacolon.
Nebenwirkungen: Mundtrockenheit, Schweißverminderung, Hautrötung, Akkomodationsstörungen, Wärmestau, Tachykardie, Miktionsbeschwerden, ein Glaukomanfall kann ausgelöst werden.

Giftige Pflanzenteile: Alle Teile, vor allem die Wurzel.

Hauptwirkstoffe: 0,3–0,8% Gesamtalkaloide (der Gehalt ist am höchsten am Anfang der Blütezeit und während der Fruchtentwicklung), bis 0,4% → *L-Hyoscyamin,* bis 0,03% → *Atropin,* → *Scopolamin* in Spuren, sowie weitere Alkaloide in kleinsten Mengen. Ferner → *Scopoletin* und → *Chlorogensäure* [H 12].

Vergiftungserscheinungen: → *Atropa belladonna.*

Gefährlichkeitsgrad: Sehr stark giftig + + +

Vorschriften: Scopoliae rhizoma: Monographie der Kommission E.

Literatur: G 4, H 12.

Therapie:
Erste Hilfe: Kohle-Pulvis-Gabe, Erbrechen auslösen, Natriumsulfat.
Klinik: Frühzeitige Magenspülung mit gut eingeöltem Schlauch, Physostigmin (Anticholium®) i.m. (oder langsam i.v.) (Erwachsene 2 mg, Kinder 0,5 mg), Wiederholung je nach Bedarf bei Wiederauftreten gefährlicher Symptome, Plasmaexpander bei Schock, ggf. Intubation und Sauerstoffbeatmung.

Sedum acre L.

Scharfer Mauerpfeffer. *E:* Wall-pepper. *F:* Poivre de muraille. *I:* Borracina acre. *NL:* Muurpeper.

EDV-Code: SEDAC.

Familie: Crassulaceae, Dickblattgewächse.

Verbreitung, Vorkommen: Europa, Nordasien, Nordafrika; Sandfelder, sonnige Hügel, Mauern, Felsen.

Beschreibung: 5–10 cm hohe ausdauernde Pflanze, mit brennendem Geschmack. Blätter eiförmig, dick, fleischig, dichtgedrängt. Blüten sternförmig, 5zählig, gelb, in wenigblütigen Trugdolden.
Blütezeit: Juni–Juli.

Droge: Herba Sedi acris, Sedi acris herba, Mauerpfeffer.
Der scharfe Geschmack geht beim Trocknen verloren.

Giftige Pflanzenteile: Die ganze Pflanze, beim Kauen pfefferartig, scharf.

Hauptwirkstoffe: Die Piperidinalkaloide (–)-Sedamin $C_{14}H_{21}NO$, Fp. 61–62 °C oder 74–75 °C, (±)-Sedamin, Fp. 89–90 °C, Sedinin $C_{17}H_{25}NO_2$, Fp. 121 °C, Sedinon $C_{17}H_{25}NO_2$, Fp. 93 °C, (+)-Sedridin $C_8H_{17}NO$, Fp. 83–84 °C, Isopelletierin $C_8H_{15}NO$, die in Menge und Zusammensetzung stark schwanken [H 12].

Nach neueren Untersuchungen außerdem Hydroxysedamin, Sedacrin, Hydroxysedinon, Lelobanidin, Lobelanidin u.a.

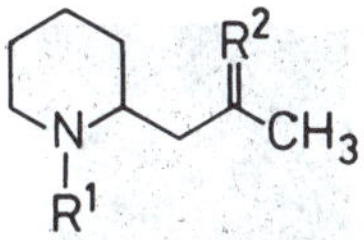

Sedridin: R^1=H; R^2=H, OH
Isopelletierin: R^1=H; R^2=O

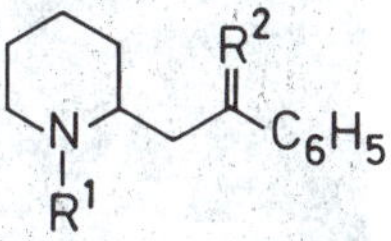

Sedamin: R^1=CH_3; R^2=H, OH

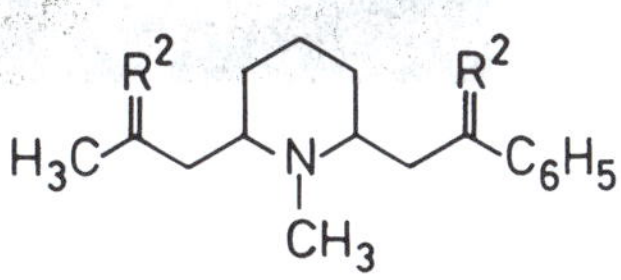

Sedinin: R^1=R^2=H, OH
Sedinon: R^1=O; R^2=H, OH

Sedum acre

Vergiftungserscheinungen: Starke Reizungen im Mund, Erbrechen, führt (auch bei getrockneten Pflanzen) zu resorptiver Vergiftung mit zunächst Erregung und Krämpfen, dann Betäubungserscheinungen, Lähmung und Atemstillstand. Verantwortlich ist wahrscheinlich ein unerforschter Wirkstoff, während das Sedamin (bei der Katze) einen langanhaltenden narkotischen Zustand, erhöhte Speichelsekretion und Darmtätigkeit erzeugt und blutdrucksenkend wirkt.

Gefährlichkeitsgrad: Giftig +

Vorschriften: Sedum acre: Monographie der Kommission D.

Literatur: F 9, F 16, G 4, H 12, K 29, M 2.

Therapie:
Erste Hilfe: Sofort Kohle-Pulvis (10 g), Erbrechen auslösen, Natriumsulfat.
Klinik: Magenspülung (evtl. mit burgunderfarbener Kaliumpermanganatlösung), Instillation von 10 g Kohle-Pulvis, Natriumsulfat. Nach der Resorption (Krämpfe) Relaxierung und Intubation, evtl. Sauerstoffbeatmung nach Intubation. Plasmaexpander im Schock.

Selenicereus grandiflorus (L.) Britt. et Rose

[Cereus grandiflorus (L.) Mill.]

Königin der Nacht. *E:* Night-blooming cereus, Large flowered torch thistle. *F:* Vierge à grandes fleurs.

Familie: Cactaceae, Kaktusgewächse.

Verbreitung, Vorkommen: Heimat: Mexiko. Zierpflanze, auch in Gewächshäusern kultiviert.

Beschreibung: Stengel ästig, bis 10 m lang, schlangenförmig, kletternd oder kriechend, kantig. An den Längsrippen Gruppen von 4–8 Stacheln. Blüten bis 25 cm breit, nach Vanille duftend; Blütenblätter lanzettlich,

Selenicereus grandiflorus

äußere braungelb, mittlere hellgelb, innere weiß. Blüte nur einmal abends geöffnet. Morgens verblüht. Frucht eine hühnereigroße stachelige Beere.
Blütezeit: Juni–Juli.

Droge: Herba Cacti grandiflori, Cacti grandiflori herba, Flores Cacti grandiflori, Cacti grandiflori flos, Kaktuskraut, Kaktusblüten.
Im Handel sind unter dieser Bezeichnung entweder nur die Blüten oder eine Mischung von Stengeln und Blüten [H 12].

Giftige Pflanzenteile: Besonders der Saft der frischen Pflanze.

Hauptwirkstoffe: Betacyane, Isorhamnetin-3-glucosid. In den Blüten Flavonglykoside wie Narcissin, Rutin, Cacticin, Grandiflorin, digitalisartigwirkende Stoffe.

Vergiftungserscheinungen: Die Pflanze soll digitalisartig wirken, aber frei sein von einer kumulativen Wirkung. Sie stimuliert das Herz, erweitert Coronar- und periphere Gefäße und erregt die motorischen Neuronen des Rückenmarks. Sie führt nach großen Dosen oder bei empfindlichen Personen zu Herzrhythmusstörungen. Der frische Saft ruft im Mund Brennen, Übelkeit, Erbrechen und Durchfälle hervor [H 12].

Wirkungen auf die Haut: Durch den frischen Saft auf der Haut Jucken und Pusteln.

Gefährlichkeitsgrad: Giftig +

Vorschriften: Selenicereus grandiflorus: Monographien der Kommission D und E.

Literatur: H 16, M 2.

Therapie:
Erste Hilfe: Erbrechen und/oder Kohle-Pulvis. Bei Herzrhythmusstörungen Notarzt rufen.
Klinik: Magenspülung, Kohle-Pulvis, EKG-Kontrolle. Bei Herzrhythmusstörungen Antiarrhythmika (Atropin, Lidocain). Kaliuminfusionen.

Semecarpus anacardium L. f.

(Anacardium orientale)

Ostindischer Tintenbaum, Ostindischer Elefantenlausbaum, Ostindische Herzfrucht. *E:* Kidney bean of Malacca.

Familie: Anacardiaceae, Sumachgewächse.

Verbreitung, Vorkommen: Die Heimat des 10 m hohen Baumes ist das tropische Indien bis zum Himalaja. In den Tropen vielfach kultiviert.

Droge: Fructus Anacardii orientalis, Anacardii orientalis fructus, Elefantenlaus.
Die Früchte sind herzförmig, stumpf viereckig, manchmal eiförmig-länglich, platt gedrückt, 2,5–3 g schwer, ohne den Fruchtstiel etwa 2–2,5 cm lang, an der Basis 1,5–2 cm breit und 1–1,3 cm dick, braun bis schwarzbraun, glänzend. Die Oberfläche ist feingrubig punktiert, durch das Eintrocknen schwach längsfurchig [H 12].

Hauptwirkstoffe: Die Fruchtschale enthält als wichtigsten Bestandteil → *Cardol* $C_{21}H_{32}O_2$, ferner einen scharfen öligen Saft mit schwarzfärbender Substanz („Tintennüsse"), Brenzkatechin, Anacardiasäure, Fp. 22 °C, und ein scharfes Phenol, Anacardol $C_{18}H_{30}O$, Kp. 220–223 °C.

Semecarpus anacardium

Die Anacardiasäure zeigt anthelmintische Eigenschaften, das Öl kann gegen Termiten verwendet werden.

Vergiftungserscheinungen: Übelkeit, Erbrechen, Durchfall, evtl. blutige Brechdurchfälle, Schock, Atemdepression nach großer Giftmenge.

Wirkungen auf die Haut: Ausgedehnte Hauterkrankungen nach dem Gebrauch von Anacardium. So entwickelte sich z. B. bei einer Frau, die sich wegen Zahnschmerzen eine halbe Bohne ins Ohr gesteckt hatte, ein riesiges Erysipel: aufgedunsenes Gesicht, serös infiltrierte Augenlider, Schwellung und Rötung von Ohr, Wange, vorderer Halsgegend bis zur Clavicula, blasige Abhebungen am äußeren Gehörgang, an der Ohrmuschel und den umgebenden Hautpartien. In einem anderen Falle verursachte eine wegen Brustschmerzen aufgelegte Bohne ein Erysipel, das sich über die ganze Brustwand, die Mammae und die Schultergegend bis zum Unterkiefer erstreckte und zahlreiche Blasen aufwies [M 2].
Die phenolischen Verbindungen verursachen in der gleichen Weise wie die Urushiole (→ *Toxicodendronquercifolium*) irritative Kontaktdermatitiden, die gelegentlich Verbrennungen zweiten Grades gleichen, und eine Kontaktsensibilisierung.

Dosierung: Nicht festgesetzt, vgl. Prüfung am Gesunden. 0,1 g Cardol erzeugt heftige Koliken [M 2].

Anwendungen in der Homöopathie: D_3–D_6 bei Ulcus duodeni, pemphiginösen Exanthemen, nervöser Obstipation.

Gefährlichkeitsgrad: Stark giftig + +

Vorschriften: Semecarpus anacardium: Monographie der Kommission D.

Literatur: D 9, H 12, M 2.

Therapie:
Erste Hilfe: Kohle-Pulvis-Gabe, Erbrechen auslösen, Natriumsulfat. Haut- und Schleimhautblasen steril abdecken, Tetanusprophylaxe, lokal Cortison.
Klinik: Nach wahrscheinlich großer Giftaufnahme: Magenspülung (evtl. mit burgunderfarbener Kaliumpermanganatlösung), Instillation von 10 g Kohle-Pulvis, Überwachung von Elektrolyten und Nierenfunktion, Alkalisierung mit Natriumbikarbonatinfusionen (Urin pH 7,5), ggf. Intubation und Sauerstoffbeatmung.

Senecio-Cruentus-Hybriden

(Cineraria hybrida Willd. non Bernh., Senecio x hybridus Hyl.)

Cinerarie, Lausblume, Aschenblume. *E:* Common cineraria. *F:* Cinéraire hybride.

Familie: Asteraceae, Korbblütler.

Verbreitung, Vorkommen: Topf- und Zimmerpflanze.
Senecio cruentus (Masson ex L'Herit.) DC. ist auf den Kanarischen Inseln heimisch. Als Topf- und Zimmerpflanzen werden die Hybriden in vielen Sorten angeboten.

Beschreibung: 40–60 cm hohe Staude. Blätter herzförmig, gestielt, mit gezähntem Rand, wechselständig. Blütenköpfchen weiß, blau oder purpur, in endständigen Doldentrauben.
Blütezeit: Februar–April.

Giftige Pflanzenteile: Die ganze Pflanze.

Hauptwirkstoffe: Besonders in den Samen die Alkaloide Jacobin, → *Senecionin,* Otosenin und 0,4% Seneciophyllin sowie 3 nicht identifizierte Alkaloide. In den oberirdischen Teilen die Pyrrolizidin-Alkaloide Senecionin, Seneciophyllin, Retrorsin und Riddelin.

Vergiftungserscheinungen: Vergiftungen sind wenig bekannt. Durch den Gehalt an → *Pyrrolizidin-Alkaloiden,* die eine hepatotoxische Wirkung haben, ist bei der Leber mit Störungen zu rechnen. Pyrrolizidinalkaloide sind carcinogen. Vergiftungen durch Senecio-Arten werden vor allem bei Weidetieren beobachtet.

Gefährlichkeitsgrad: Giftig +

Literatur: A 11, H 12.

Therapie:
Erste Hilfe: Kohle-Pulvis, erbrechen lassen, viel warmen Tee trinken lassen, Natriumsulfat, Schockprophylaxe (Ruhe, Wärme).
Klinik: Magenspülung (evtl. mit burgunderfarbener Kaliumpermanganatlösung), Elektrolytsubstitution, Azidoseausgleich mit Natriumbikarbonat (Urin pH 7,5), im Schock Plasma(expander)gabe, bei Krämpfen Diazepam (Valium®) i.v., Kontrolle der Leber- und Nierenfunktion, der Blutgerinnung, bei Atemlähmung Intubation und Sauerstoffbeatmung.

Senecio jacobaea L.

Jakobs-Kreuzkraut, Jakobs-Greiskraut. *E:* Tansy ragwort. *F:* Herbe St. Jaques. *I:* Senecione di San Giacome. *NL:* Jakobskruiskruid.

Senecio nemorensis

Senecio jacobaea

EDV-Code: SENJA.

Familie: Asteraceae, Korbblütler.

Verbreitung, Vorkommen: Eurasien, in Mitteleuropa zerstreut bis verbreitet; Wegränder, sonnige Hänge, Wiesen.
Die Gattung Senecio L. ist bei uns mit vielen Arten vertreten, die z. T. massenhaft vorkommen. Zu erwähnen wäre noch S. nemorensis L. ssp. fuchsii (C. C. Gmel.) Čelak. Fuchs'Kreuzkraut, das in Wäldern verbreitet ist.

Beschreibung: 30–100 cm hohe Pflanze. Blätter fiederteilig. Blütenköpfchen mit Scheiben- und Strahlenblüten, goldgelb, in aufrechten Doldentrauben.
Blütezeit: Juli–August.

Droge: Herba Senecionis jacobaeae, Senecionis jacobaeae herba, Jakobskraut.
Auszug aus der Monographie der Kommission E: Senecionis herba (Fuchskreuzkraut)
Risiken: Fuchskreuzkraut enthält wechselnde Mengen toxischer Pyrrolizidinalkaloide (PA), von denen organotoxische, insbesondere hepatotoxische Wirkungen bekannt sind. Tierexperimentell wurden für PA kanzerogene Wirkungen mit einem genotoxischen Wirkungsmechanismus nachgewiesen. Die Anwendung eines unwirksamen Mittels bei Diabetes mellitus stellt darüber hinaus ein erhebliches gesundheitliches Risiko dar.

Giftige Pflanzenteile: Die ganze Pflanze. Die Alkaloide sind auch im Heu und in Silage wirksam.

Senecio jacobaea

Hauptwirkstoffe: → *Pyrrolizidinalkaloide,* hauptsächlich Jacobin und Senecionin, die auch im Honig und in der Milch von Kühen durch die Futterpflanze auftreten können, sowie Oxalate.
Gehalt an 1,2-ungesättigten Pyrrolizidinalkaloiden im getrockneten Kraut von Senecio nemorensis ssp. nemorensis (Hainkreuzkraut) 1 g/kg=1000 ppm. Senecio nemorensis ssp. fuchsii (Fuchs'Kreuzkraut) ca. 0,01 g/kg=10 ppm.

Vergiftungserscheinungen: Hepatotoxisch. Vergiftungen gefährlicher Art sind nur beim Vieh zu erwarten. „Seneziose" oder „Schweinsberger Krankheit" bei Pferd, Rind, Schaf, Ziege, Schwein und Geflügel. Wiederkäuer widerstandsfähiger! Vergiftungen meist nach Heuverfütterung, da frische Pflanzen auf der Weide nur in Notzeiten aufgenommen werden [D 10].
In einem über 2 Jahre dauerndem Langzeitversuch mit Senecio nemorensis konnten in einem Tierversuch an weiblichen Ratten mit standardisierten Extrakten Lebertumore induziert werden.

Wirkungen auf die Haut: Mit Extrakten aus Senecio-Arten können im Tierexperiment Kontaktallergien induziert werden. Kompositenallergiker reagieren häufig positiv auf Senecio-Extrakte [Hausen, unveröff.].
Eine weitere Art findet Anwendungen in der Homöopathie: D_0–D_2 bei Blasenbeschwerden, Fluor albus etc. (Senecio aureus L.) [D 9].

Gefährlichkeitsgrad: Giftig +

Vorschriften: Alle Arten der Gattung Senecio (Kreuzkraut) sind in der „Bekanntmachung über die Zulassung und Registrierung von Arzneimitteln vom 5. 6. 1992" aufgeführt.
Senecio nemorensis: Monographie der Kommission D.
Senecionis herba: Monographie der Kommission E.

Literatur: D 9, D 10, F 16, G 4, H 1, H 4, H 12, H 18, L 7, L 10, M 27, R 11, R 14, W 13, W 17.

Therapie:
Erste Hilfe: Kohle-Pulvis trinken lassen, evtl. erbrechen lassen.
Klinik: Nur nach großer Giftaufnahme Magenspülung. Kohle-Pulvis, Natriumsulfat. Plasmaexpander im Schock. Natriumbikarbonat zum Azidoseausgleich, ggf. Intubation und Beatmung. Kontrolle der Blutgerinnung und der Leberwerte.

Silybum marianum (L.) Gaertn.

Mariendistel. *E:* Milk thistle. *F:* Silybe, Chardon marie. *I:* Cardo mariano, Cardo di S. Maria. *NL:* Mariadistel.

EDV-Code: SLYMA.

Familie: Asteraceae, Korbblütler.

Verbreitung, Vorkommen: Heimat: Mittelmeergebiet; angebaut und verwildert.

Beschreibung: Ein- oder zweijährige, bis 1,50 m hohe Pflanze. Blätter weißgefleckt, länglich-elliptisch, buchtig gelappt, mit Dornen, stengelumfassend. Blüten 4–5 mm lang, purpurn in kugeligen Köpfchen, aufrecht, endständig, Hüllblätter mit Stacheln. Blütezeit: Juni–September.

Droge: Fructus Cardui mariae, Cardui mariae fructus, Mariendistelfrüchte.
Vom Pappus befreite Früchte. Im Handel sind weiße, graue und schwarze Früchte.

Wirkstoffhaltige Pflanzenteile: Samen.

Hauptwirkstoffe: Silymarin $C_{25}H_{22}O_{10}$, MG 482,46, ein Isomerengemisch aus 50% Silybinin, 25% Silydianin und 25% Silycristin. Im handelsüblichen Präparat Silymarin ist noch Taxifolin enthalten.

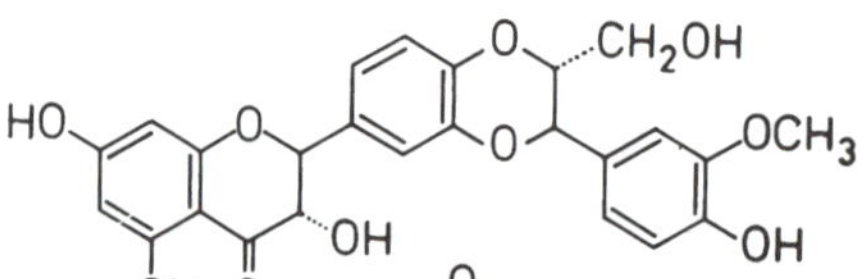

Silybinin

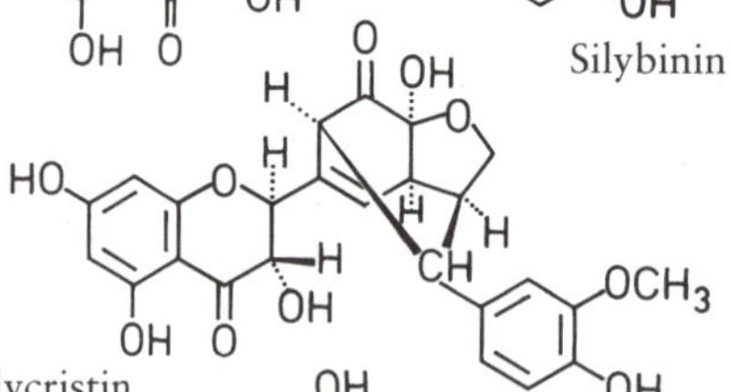

Silycristin

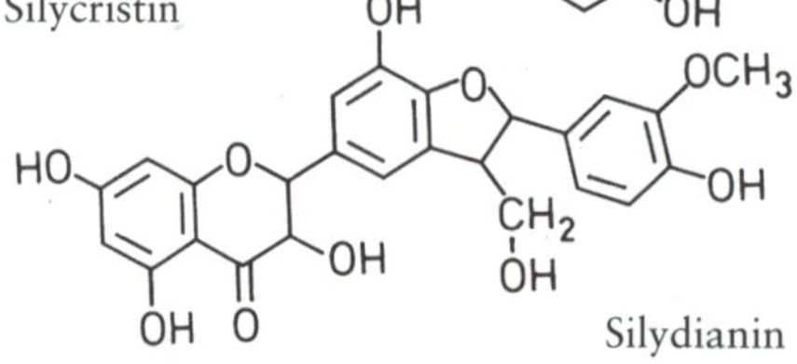

Silydianin

Anwendungen: Therapeutische Anwendung bei Knollenblätterpilzvergiftungen. Nach experimentellen Ergebnissen beruht der Wirkungsmechanismus des Silybinins auf der Hemmung der Aufnahme des Giftes durch die Leber.

Dosierung: Dosis 1 g.

Anwendungen in der Homöopathie: D_0–D_2 bei Gallenblasenentzündung; Teep 0,025 g bei Unterschenkelgeschwüren.

Gefährlichkeitsgrad: Praktisch ungiftig, 20 g/kg Körpergewicht wurden von Mäusen vertragen.

Vorschriften: Silybum marianum: Monographie der Kommission D.
Curdui mariae fructus u. C. m. herba: Monographie der Kommission E.

Literatur: H 12, M 2, M 3, M 27, V 9.

Silybum marianum

Therapie:
Erste Hilfe: Kohle-Pulvis (10 g) oder erbrechen lassen.
Klinik: Nach wahrscheinlich großer Giftaufnahme Kontrolle der vitalen Funktionen. Kontrolle der Leberwerte.

Simaba cedron Planch.

(Simaruba cedron)

Cedron. *E:* Cedrone, Rattlesnake beans. *F:* Cédron.

Familie: Simaroubaceae, Bitterholzgewächse.

Verbreitung, Vorkommen: An Küsten und Flußufern Südamerikas wachsender, 5 m hoher Baum.

Droge: Semen Cedronis, Cedronis semen, Cedronsamen.
Die bis 10 cm lange und 8 cm breite Frucht ist eiförmig und enthält einen großen, bis 4 cm langen und 2,5 cm breiten, etwas nierenförmigen Samen [H 12].

Hauptwirkstoffe: Cedrin (Valvidin) $C_{15}H_{18}O_6$, Fp. 266 °C, Cedronin, Cedronolin, Cedronylin, → *Quassin* [H 12].

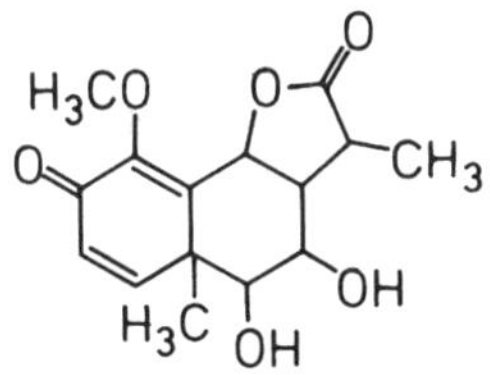

Cedrin

Pharmakologische Wirkung: Der Bitterstoff Cedrin bewirkt schon in kleinen Dosen bei Menschen und Tieren Erbrechen. Die reifen Samen besitzen eine Wirkung auf die peripheren Nerven und den Sympathicus und wirken antiinflammatorisch [H 12].

Anwendungen: Als Febrifugum. Die Keimblätter dienen in der Eingeborenenmedizin gegen Schlangenbisse und Tollwut. Zur Gewinnung des fetten Öls [H 12].

Anwendungen in der Homöopathie: D_6 bei Trigeminusneuralgie und Neuralgie in allen Nerven. D_3–D_4 bei periodischen Fieberzuständen (Malaria) zur Erleichterung.

Gefährlichkeitsgrad: Wenig giftig (+)

Vorschriften: Simaruba cedron: Monographie der Kommission D.

Literatur: D 9, H 12, M 2, M 27.

Therapie:
Nur in Extremfällen Erbrechen oder rechtzeitig Kohle-Pulvis.

Sisymbrium officinale (L.) Scop.

Wegrauke. *E:* Hedge mustard. *F:* Herbe au chantre. *I:* Erisimo medicale, Erba cornacchia comune. *NL:* Gewone raket.

EDV-Code: SSYOF.

Familie: Brassicaceae, Kreuzblütler.

Verbreitung, Vorkommen: Europa, Westasien, westliches Nordafrika, in allen Erdteilen eingebürgert. In Mitteleuropa häufig; Wegränder, Dämme, Schutt.

Beschreibung: Einjährige, 30–60 cm hohe Pflanze mit abstehenden Ästen. Blätter fiederspaltig, oberste länglich-lanzettlich. Blüten blaßgelb, in endständigen, ährenförmigen Blütenständen. Früchte pfriemlich-kugelförmig.
Blütezeit: Mai–Oktober.

Droge: Herba Erysimi, Erysimi herba, Wildes Senfkraut.
Geruch kresseartig, Geschmack etwas scharf.

Giftige Pflanzenteile: Die ganze Pflanze.

Hauptwirkstoffe: Senfölglykoside, digitaloidartiges Glykosid. Das frische Kraut enthält Rhodanwasserstoff.

Vergiftungserscheinungen: Bei Überdosierung digitalisähnliche Wirkung.

Dosierung: Einzeldosis 0,5–1 g Droge.

Gefährlichkeitsgrad: Giftig + bis wenig giftig (+)

Vorschriften: Sisymbrium officinale: Monographie der Kommission D.

Literatur: B 26, G 4, H 12.

Therapie:
Erste Hilfe: Kohle-Pulvis-Gabe, Erbrechen auslösen, Natriumsulfat.
Klinik: Magenspülung (evtl. mit burgunderfarbener Kaliumpermanganatlösung), Kohleinstillation (10 g Pulvis), Kontrolle vitaler Funktionen. EKG-Monitorkontrolle.

Sium latifolium L.

Breitblättriger Merk, Großer Merk. *E:* Water parsnip. *F:* Grand berle aquatique. *I:* Sedano d'acqua. *NL:* Grote Watereppe.

EDV-Code: SIULA.

Familie: Apicaceae, Doldenblütler.

Verbreitung, Vorkommen: Im größten Teil Europas, in Mitteleuropa stellenweise häufig; in Sümpfen, stehenden Gewässern, Tümpeln.

Beschreibung: 1–1,50 m hohe, ausdauernde Pflanze. Stengel hohl. Blätter unpaarig gefiedert, mit 4–9 Paaren. Blüten weiß, in endständigen, bis 30strahligen Dolden. Teilfrucht im Querschnitt sternförmig-5eckig. Blütezeit: Juli–August.
Eine verwandte, kleinere Art ist Berula erecta (Huds.) Coville, Aufrechter Merk, mit ähnlicher Giftwirkung.

Giftige Pflanzenteile: Wurzeln und Früchte.

Hauptwirkstoffe: In der Frucht 6–7% ätherisches Öl mit 80% → *Limonen,* → α- und *β-Pinen,* β-Bisabolon und α-Curcumen.
Giftig wirkende Polyacetylene [L 10].

Vergiftungserscheinungen: In Afrika (Kenia) wurde beobachtet, daß die Droge bei Schafen toxisch wirkte (akute Gastro-Enteritis), und bei Kühen Betäubung, Erregung, Gastro-Enteritis und manchmal plötzlicher Tod eintrat. Auch bei Kindern soll Gastro-Enteritis bewirkt worden sein. Beim Erwachsenen erzeugt die Wurzel Erbrechen, Diarrhöen, Schwäche, Schwindel, Bradykardie und Muskellähmungen. Der Samenextrakt zeigt antibakterielle Wirksamkeit [H 12].

Gefährlichkeitsgrad: Giftig +

Literatur: B 36, H 12, H 18, L 10, N 10.

Therapie:
Erste Hilfe: Kohle-Pulvis (10 g), erbrechen lassen, viel warmen Tee oder Himbeersaft trinken lassen.
Klinik: Nach wahrscheinlich großer Giftaufnahme: Magenspülung (evtl. mit burgunderfarbener Kaliumpermanganatlösung), Instillation von 10 g Kohle-Pulvis und Natriumsulfat, Elektrolytsubstitution, Azidoseausgleich mit Natriumbikarbonat (Urin pH 7,5).

Skimmia japonica Thunb.

(Skimmia oblata T. Moore, Skimmia fragrans Carr.)

Skimmie. *E:* Japanese skimmia. *F:* Skimmie du Japon.

Familie: Rutaceae, Rautengewächse.

Verbreitung, Vorkommen: Ostasien. Zierpflanze.

Beschreibung: Immergrüner Strauch, mi grünlichen Zweigen. Blätter ganzrandig, ledrig, glänzend, bis 2,5 cm lang. Blüten gelblich-weiß, in endständigen Rispen, wohlriechend. Frucht leuchtend rot, einsamig.
Blütezeit: Mai.

Giftige Pflanzenteile: Die ganze Pflanze.

Hauptwirkstoffe: Im Holz der Zweige Skimmin (Umbelliferin-7-glucosid) $C_{15}H_{16}O_8$, Fp. 219–221 °C; in den Blättern Sosolin $C_{14}H_{12}O_3$, Fp. 119–120 °C; Dictamnin $C_{12}H_9NO_2$, Fp. 132–133 °C, Skimmianin $C_{14}H_{13}NO_4$, Fp. 176–177 °C, Edulin $C_{17}H_{15}NO_2$, Fp. 187–188 °C, und (+)-Platydosmin [H 12].

Vergiftungserscheinungen: Skimmianin potenziert die Wirkung von Adrenalin, sensibilisiert die spinalen Reflexe, entspannt die glatte und erhöht den Tonus der quergestreiften Muskulatur [H 12].

Wirkungen auf die Haut: Durch den Gehalt an Furanocumarinen und Furanochinolinen kann eine Photodermatitis ausgelöst werden.

Gefährlichkeitsgrad: Wenig giftig (+)

Literatur: H 12, J 5.

Therapie:
Erste Hilfe: Kohle-Pulvis. Haut und Augen spülen.
Klinik: Cortison bei Photodermatitis.

Smilax L.-Arten

Sarsaparilla. *E:* Sarsaparilla. *F:* Salsepareille. *I:* Salsapariglia.

Familie: Liliaceae, Liliengewächse.

Verbreitung, Vorkommen: Heimisch im südlichen Nordamerika, in Mittelamerika und im nördlichen Südamerika. Im Mittelmeergebiet ist häufig Smilax aspera L. mit leuchtend roten, gut erbsengroßen Beeren. Blütezeit: August–Oktober.

Beschreibung: Rebenartige, immergrüne Halbsträucher, mit kriechendem oder aufsteigendem Wurzelstock, mit bis 2 m langen Wurzeln.
Wichtig sind folgende Stammpflanzen: Smilax media Cham. et Schlecht., Smilax officinalis Kunth, Smilax papyracea Duham., Smilax syphilitica Humb. et Bonpl., Smilax utilis Hemsley.

Droge: Radix Sarsaparillae, Sarsaparillae radix, Sarsaparillewurzel, Stechwindenwurzel.
Die Arzneibücher verlangen unterschiedlich mehrere Stammpflanzen oder Handelswaren. Die Wurzel ist fast geruchlos, von kratzend schleimigem, etwas süßem und scharfem Geschmack.
Auszug aus der Monographie der Kommission E: Sarsaparillae radix (Sarsaparillewurzel) Risiken: Sarsaparille-Zubereitungen führen nach Einnahme zu Magenreizung und temporären Nierenschäden. Die Resorption von gleichzeitig verabreichten Stoffen, zum Beispiel von Digitalisglykosiden oder von Wismut, wird erhöht. Die Elimination anderer Stoffe (z. B. Hypnotika) wird beschleu-

Smilax spec.

Smilax aspera

Smilax

nigt. Hierdurch kann es unkontrolliert zu Wirkungsverstärkung oder Wirkungsabschwächung gleichzeitig eingenommener Arzneistoffe kommen.

Hauptwirkstoffe: Saponinmischungen Sarsaponin, Fp. 223–224 °C, und Smilasaponin (amorph), die bei der Hydrolyse das Aglykon Parigenin $C_{27}H_{44}O_3$, Fp. 200 °C, liefern. Außerdem Sarsaparillosid und Smilagenin $C_{27}H_{44}O_3$, Fp. 183–189 °C [H 12].

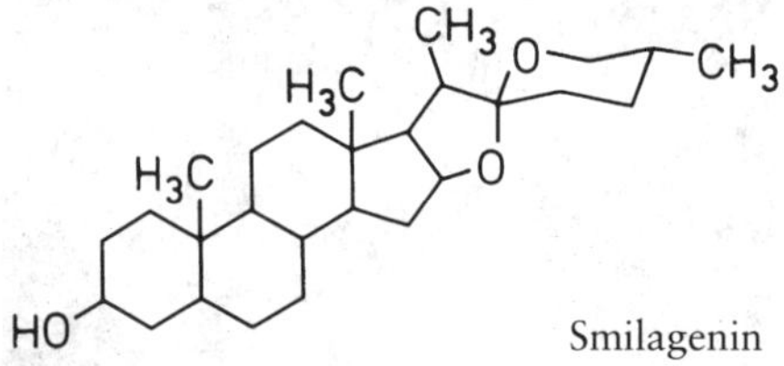

Smilagenin

Vergiftungserscheinungen: Ausgesprochen stark diuretische Wirkung, nicht nur die Harnmenge, sondern auch die Chlorid- und Harnsäureausscheidung werden erhöht. Auch eine antiurämische Wirkung; der Harnstoffspiegel des Bluts wird auch bei geschädigter Niere herabgesetzt. Die Droge soll die Eßlust anregen und die Verdauung fördern [H 12].
Früher als Antisyphiliticum verwendet.
Die Saponine reizen die Schleimhaut, regen die Sekretion der Schleim- und Speicheldrüsen an und erzeugen in großen Dosen kräftige Diurese und Schweiß, Brechdurchfall, u. U. Nausea, Schock, Nephritis, Herz- und Zentralnervenlähmung [M 2].

Anwendungen in der Homöopathie: D_1–D_3 bei Milchschorf, Ekzemen, Furunkeln, Warzen, Condylomen; Teep mit 50% Smilax-Pulver bei Bartflechte, Schuppenflechte, chron. Nierenentzündung.

Gefährlichkeitsgrad: Wenig giftig (+)

Vorschriften: Smilax: Monographie der Kommission D.
Sarsaparillae radix: Monographie der Kommission E.

Literatur: H 12, M 2, M 3, M 27.

Therapie:
Erste Hilfe: Kohle-Pulvis.
Klinik: In Extremfällen Entgiftung und Alkalisierung.

Solanum dulcamara L.

Bittersüßer Nachtschatten. *E:* Bittersweet. *F:* Douce-amère. *I:* Morella rampicante, Dulcamara, corallini. *NL:* Bitterzoet.

EDV-Code: SOLDU.

Familie: Solanaceae, Nachtschattengewächse.

Verbreitung, Vorkommen: Europa, Asien, Nordafrika. In Mitteleuropa verbreitet; feuchte Wälder, Ufer, Gebüsche.

Beschreibung: Kletternder Halbstrauch, bis 2 m lang. Blätter eiförmig, zugespitzt, gestielt, wechselständig. Blüten langgestielt, 5zipflig, violett, Staubblätter kegelig, gelb. Beeren eiförmig, scharlachrot, hängend.
Blütezeit: Juni– September.
Früchte: August–Oktober.

Droge: Stipites Dulcamarae, Bittersüßstengel. Die getrockneten, zwei- bis dreijährigen, zu Beginn des Frühjahrs oder im Spätherbst nach dem Abfallen der Blätter gesammelten Stengelstücke [H 12].
Geschmack anfangs bitter, später süß.

Giftige Pflanzenteile: Beeren sowie alle Pflanzenteile. 30–40 unreife Beeren bei Kindern tödlich. Der Alkaloidgehalt nimmt während der Beerenreife ab.

Hauptwirkstoffe: Alkaloide und Saponine mit Steroidcharakter.
Nach dem Vorkommen der Steroidalkaloide in den oberirdischen vegetativen Teilen der Pflanze sind 3 chemische Sippen beschrieben worden: die Tomatidenol-, Soladulcidin- und Solasodin-Sippe. Die Wurzeln der beiden ersten Sippen enthalten Tomatidenol, Solasodin, Soladulcidin und deren 15-α-Hydroxyverbindungen, in der letzteren wurde noch Tomatidin gefunden.

Solanum dulcamara

Unreife Früchte weisen einen hohen Steroidalkaloidgehalt auf, reife Früchte sind praktisch alkaloidfrei. In jungen und halbreifen Früchten findet sich Tomatidenol bzw. Soladulcidin, in der ausgewachsenen grünen Frucht dominiert → *Solasodin.* Wir fanden noch → *Solamargin.*

Vergiftungserscheinungen: Übelkeit, heftiges Erbrechen, erweiterte Pupillen, Zungenlähmung und Aufhebung des Sprechvermögens, Fieber, Augenflimmern, schmerzhafter Durchfall, schneller Puls, dann Aussetzen, dann langsamer Puls, Atembeschwerden, erhöhte Temperatur, Krämpfe, Wadenkrämpfe, zuletzt Atemlähmung.

In der Literatur ist ein Todesfall nach Einnahme von 10 Beeren beschrieben.

Gefährlichkeitsgrad: Stark giftig + +

Vorschriften: Solanum dulcamara: Monographie der Kommission D.
Dulcamarae stipites: Monographie der Kommission E.
Aromenverordnung der Bundesrepublik Deutschland v. 22. 12. 1981 (BGBl I, 1677–1685). Verbotener Stoff des § 2, Anlage I: Bittersüßstengel (Stipites Dulcamarae).

Literatur: B 36, F 16, G 4, H 12, H 13, J 5, K 28, L 10, M 2, W 18, W 21, W 22.

Therapie:
Erste Hilfe: Kohle-Pulvis-Gabe, Erbrechen auslösen, Natriumsulfat.
Klinik: Magenspülung (evtl. mit burgunderfarbener Kaliumpermanganatlösung), bei antocholinerger Wirkung Antidot Physostigmin (Anticholium® i.m.), bei Atemlähmung Intubation und Sauerstoffbeatmung.

Solanum nigrum L.

Schwarzer Nachtschatten. *E:* Black night shade. *F:* Morelle noire. *I:* Morella comune, Erba morella. *NL:* Zwarte nachtschade.

EDV-Code: SOLNI.

Familie: Solanaceae, Nachtschattengewächse.

Verbreitung, Vorkommen: Gemäßigte Zone, ursprünglich im Mittelmeergebiet. In Mitteleuropa häufig; Wegränder, Gärten, Äcker.

Solanum nigrum

Beschreibung: Einjährige, krautige, bis 75 cm hohe Pflanze. Blätter gestielt, eiförmig, zugespitzt, dunkelgrün. Blüten weiß, mit gelben Staubblättern, in doldenartigen Wickeln. Beeren erbsengroß, grün dann schwarz.
Blütezeit: Juli–Oktober.
Früchte: September–Oktober.

Droge: Herba Solani nigri, Solani nigri herba, Nachtschattenkraut.
Ohne den üblen Geruch, den sie im frischen Zustand besitzt. Geschmack bitter und unangenehm.

Giftige Pflanzenteile: Die ganze Pflanze. Gefährdung von Kindern vor allem durch Beeren. 6–10 unreife Beeren zeigen bei Kindern schon eine toxische Wirkung.
Die reife (!), schwarze Frucht ist nach Teuscher und Lindequist frei von toxischen Bestandteilen [T 19].

Hauptwirkstoffe: Solanin, ein Alkaloidgemisch aus 6 Komponenten. Hauptkomponenten: → *Solanin*, → *Solasodin*, → *Solamargin*. Der Solasodingehalt hängt von den Entwicklungsstadien der Pflanze ab. Im Samen höchster Alkaloidgehalt.

Vergiftungserscheinungen: 6–8 Beeren sind toxisch, in einem Fall wird von weiten Pupillen, hochrotem Kopf und Übelkeit berichtet. → *Solanum dulcamara.*

Gefährlichkeitsgrad: Stark giftig + +

Vorschriften: Verbotene Stoffe der Kosmetikverordnung v. 19. 6. 1985. Anlage 1: 298 Solanum nigrum L. und seine Zubereitungen.
Solanum nigrum: Monographie der Kommission D.

Literatur: B 36, F 16, G 4, H 12, J 5, L 10, M 2, M 15, T 19.

Therapie:
Erste Hilfe: Sofortige Kohle-Pulvis-Gabe, Erbrechen auslösen, Natriumsulfat.
Klinik: Magenspülung (evtl. mit burgunderfarbener Kaliumpermanganatlösung), bei antocholinerger Wirkung Antidot Physostigmin (Anticholium® i.m.), bei Atemlähmung Intubation und Sauerstoffbeatmung.

Solanum pseudocapsicum L.

Korallenbäumchen. *E:* Jerusalem cherry. *F:* Morelle faux-piment.

Solanum pseudocapsicum

EDV-Code: SOLPC.

Familie: Solanaceae, Nachtschattengewächse.

Verbreitung, Vorkommen: Heimat: Südamerika; Zimmerpflanze.

Beschreibung: Buschiger Strauch, 50–120 cm hoch. Blätter grün, lanzettlich, gestielt, gegenständig. Blüten weiß, bis 1 cm groß, zu 1–3 in Gruppen nickend. Beeren kirschgroß, scharlachfarben.
Blütezeit: Juni–August.
Früchte: September–Oktober.
Aus der Gattung kommen noch folgende Zimmerpflanzen in Betracht:
Solanum capsicastrum Link ex Schau. – kleiner im Wuchs, mit kleineren Beeren.
Solanum wendlandii Hook. und Solanum jasminoides Paxt. – mit relativ großen Blüten.

Giftige Pflanzenteile: Alle Pflanzenteile. Für Kinder sind die Beeren besonders anziehend. Vergiftungserscheinungen sollen schon nach Verzehr weniger Beeren auftreten.

Hauptwirkstoffe: → *Solanocapsin* $C_{27}H_{46}N_2O_2$, Fp. 222 °C, und weitere Alkaloide.

Vergiftungserscheinungen: Übelkeit, Leibschmerzen, Pupillenerweiterung und Schläfrigkeit, Atemlähmung.
Nach Unterlagen einer Giftinformationszentrale zeigten mehrere Kinder, die Früchte von S. pseudocapsicum oder S. capsicastrum gegessen hatten, keine Symptomatik. Es läßt sich daher annehmen, daß die basischen Toxine schon so weit abgebaut waren und daher keine Beschwerden auftraten.
Brugsch [B 33] berichtet speziell von einem Kind, das nach Genuß von 3–4 Beeren von S. pseudocapsicum an Atemlähmung verstarb. (Es ist anzunehmen, daß hier eine Ausnahmesituation vorlag, da sonst kaum Vergiftungen mit dieser Pflanze, die doch recht häufig und für Kinder „anziehend" ist, bekannt wurden; Anm. d. Verf.)
Aus den Erfahrungen der Beratungsstelle für Vergiftungserscheinungen, Berlin:
Bei unbekannter Menge Früchte Bauchschmerzen und Erbrechen, oft 3–5 Std. später. Ein 18 Mon. altes Kleinkind aß 10 Früchte. Bei Magenspülung nach ca. 3 Std. noch 4 Früchte gefunden, sonst keine Symptome gesehen [K 40].

Gefährlichkeitsgrad: Giftig +

Literatur: B 36, F 16, H 12, J 6, K 40.

Therapie:
Erste Hilfe: Kohle-Pulvis-Gabe, Erbrechen auslösen, Natriumsulfat.
Klinik: Magenspülung (evtl. mit burgunderfarbener Kaliumpermanganatlösung), bei anticholinerger Wirkung Antidot Physostigmin (Anticholium® i.m.), bei Atemlähmung Intubation und Sauerstoffbeatmung.

Solanum sodomaeum L.

Sodomsapfel. *E:* Apple of Sodom. *F:* Pomme de Sodom. *I:* Pomo di Sodoma, Solano spinoso.

Früchte

aufgeschnittene Frucht

EDV-Code: SOLSO.

Familie: Solanaceae, Nachtschattengewächse.

Verbreitung, Vorkommen: Spanien bis Griechenland, Marokko bis Lybien, vereinzelt in Sizilien; sandige Gebiete, Wegränder.

Beschreibung: Bis ca. 2 m hoher, sehr stacheliger Strauch. Stengel und die buchtig-fiederspaltigen Blätter mit steifen, gelben bis bräunlichen Stacheln. Blüten blau bis violett, sternförmig ausgebreitet, mit behaartem Kelch.
Die bis 3 cm große, 10–20 g wiegende Beere ist zuerst weiß und grün marmoriert, dann gelb, glänzend und zuletzt schwärzlich. Innerhalb der 1–3 mm dicken, lederartigen Schale liegt das gallertartige, olivgrüne Fruchtfleisch, in dem zahlreiche ca. 2 mm große, ca. 8 mg schwere, hellbraune, flache, rund bis ovale Samen eingebettet sind.

Solanum sodomaeum

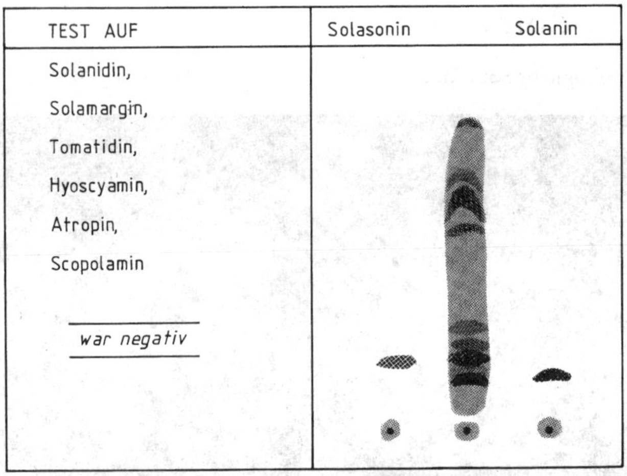

Geruch angenehm nach unreifen Bananen, Geschmack zuerst fad, dann schwach säuerlich, zuletzt scharf.
Blütezeit: Mai–August.
Früchte: Herbst–Frühjahr.
Nach Polunin [P 13] soll eine Namensverwechslung mit der in Palästina vorkommenden Jericho-Tomate, Solanum incanum L. stattgefunden haben. Als Sodomsäpfel werden auch die Früchte der in Kleinasien, Indien und Afrika verbreiteten Asclepiadaceae Calotropis procera (Ait.) Dryand. (Milchsaft der Blätter und Stengel cardenolidhaltig) bezeichnet.

Hauptwirkstoffe: Es sind noch mindestens fünf weitere Alkaloid(?)-Flecken in größerer und zwei in geringerer Konzentration auf dem Chromatogramm zu erkennen.
Der Anteil an Solanin und Solasonin dürfte bei ca. 10% der sichtbargemachten Inhaltsstoffe liegen. Vielleicht ist die Solasonin-Konzentration etwas stärker. Der Gehalt in der Frucht ohne Samen ist etwas geringer als der Gehalt in den Samen.

Giftige Pflanzenteile: Frucht, besonders die Samen.

Vergiftungserscheinungen: → *Solanum tuberosum.*

Gefährlichkeitsgrad: Stark giftig + +

Literatur: H 12, H 27, P 13.

Therapie:
Erste Hilfe: Kohle-Pulvis-Gabe, Erbrechen auslösen, Natriumsulfat.
Klinik: Magenspülung (evtl. mit burgunderfarbener Kaliumpermanganatlösung), bei anticholinerger Wirkung Antidot Physostigmin (Anticholium® i.m.), bei Atemlähmung Intubation und Sauerstoffbeatmung.

Solanum tuberosum L.

Kartoffel. *E:* Potato. *F:* Pomme de terre. *I:* Patata. *NL:* Aardappel.

EDV-Code: SOLTU.

Familie: Solanaceae, Nachtschattengewächse.

Verbreitung, Vorkommen: Heimat: Südamerika; kultiviert in fast allen Ländern der Alten und Neuen Welt.

Beschreibung: Krautige, verästelte Pflanze mit Sproßknollen. Blätter gefiedert. Blüten weiß oder blau, radförmig, fünflappig, in gestielten Wickeln. Früchte kugelig, kirschgroß, gelblichgrün.
Blütezeit: Juli–August.
Früchte: September.

Früchte

Giftige Pflanzenteile: Beeren, Keime und Keimlinge der Knollen (belichtete Keimlinge enthalten bis zu 5% Solanin!), grüne Kartoffeln und alle oberirdischen Teile.

Hauptwirkstoffe: → *Solanin* und andere Solanumalkaloide, Cholin, Acetylcholin. Kranke Kartoffeln enthalten Risbitin.

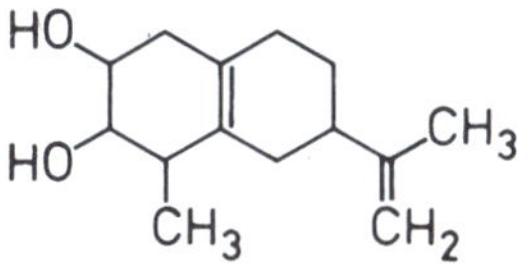

Risbitin

Vergiftungserscheinungen: Übelkeit, heftiges Erbrechen, starker Durchfall, weite Pupillen, Benommenheit, Schock, Schwindel, Krämpfe, Fieber, zuletzt Atemlähmung.
Da die Solanum-Alkaloide hitzebeständig sind, können auch grüne, gebratene Kartoffeln toxisch sein.
Bei einer Vergiftung nach dem Genuß ergrünter Kartoffeln starben von den sechs erkrankten Personen zwei. Die Symptome waren folgende: Nach dem Genuß Schmerzen im Epigastrium; 1–2 Std. später Übelsein, Erbrechen gallig gefärbten Mageninhalts. Bei den meisten Patienten Verstopfung, Apathie und Erschöpfung. Sehr beschwerte Respiration. Keine Krämpfe. Bei den Personen, die der Vergiftung erlagen, volles Bewußtsein bis einige Stunden vor dem am 7. bzw 9. Tage nach dem Kartoffelgenuß erfolgten Tod [M 2].
Aus den Erfahrungen der Beratungsstelle für Vergiftungserscheinungen, Berlin:
6 jähriger Bub aß 15 Früchte, bot keine Symptome; 9 monatiger Bub aß mehrere Keime: 30 min. später Erbrechen. 3 Erw.: grüne Kartoffeln gekocht: Halsschmerzen, Diarrhöe, Erbrechen, Kreislaufbeschwerden, Kopfschmerzen, Augenflimmern, rote Gesichtsfarbe, kolikartige Magen-Darm-Beschwerden, optische Täuschungen [K 40].
Vergiftungen bei Rind, Schwein und Pferd. Erkrankungsursachen: zu 50% gekeimte Kartoffeln, zu 30% Kartoffelkraut [L 10].
Bei Wiederkäuern führt das im Magen-Darmkanal freigesetzte Solanin zu einer aku-

Solanum tuberosum

Blüten

ten Gastroenteritis, Erbrechen und Durchfall. Nach der Resorption wirkt es hämolytisch und nach einer kurzen Erregung hemmend auf das Nervensystem [H 18].

Anwendungen in der Homöopathie: Teep bei Magenübersäuerung.

Gefährlichkeitsgrad: Stark giftig + +

Vorschriften: Solanum tuberosum aegrotans: Monographie der Kommission D.

Literatur: B 36, F 16, G 4, H 12, H 13, H 18, J 5, K 40, L 10, M 2, M 3.

Therapie:
Erste Hilfe: Sofort Kohle-Pulvis oder erbrechen lassen.
Klinik: Magenspülung, Kohle, Glaubersalz. Bei anticholinerger Symptomatik Antidot Physostigmin (Anticholium® 2 mg i.m.), Plasmaexpander im Schock, Beatmen; Azidoseausgleich mit Natriumbikarbonat (Urin pH 7,5).

Solidago virgaurea L.

Echte Goldrute. *E:* Golden rod. *F:* Verge d'or. *I:* Verga d'oro comune. *NL:* Guldenroede.

EDV-Code: SOOVI.

Familie: Asteraceae, Korbblütler.

Verbreitung, Vorkommen: Eurasien, Nordamerika, Nordafrika; in Mitteleuropa häufig in lichten Wäldern, Holzschlägen, an Abhängen, Rainen.

Beschreibung: 30–100 cm hohe, ausdauernde, krautige Pflanze. Blätter lanzettlich, wechselständig. Blüten goldgelb; Köpfchen zu einer allseitswendigen Rispe vereinigt. Früchte mit Pappus.
Blütezeit: Juli–Oktober.

Droge: Herba Virgaureae, Virgaureae herba, Goldrutenkraut.
Geruchlos, Geschmack schwach zusammenziehend.
Die Handelsware besteht meistens aus 3 Solidago-Arten (S. virgaurea, S. serotina, S. canadensis).

Solidago virgaurea

Wirkstoffhaltige Pflanzenteile: Alle Pflanzenteile.

Hauptwirkstoffe: Saponine, → *Quercetin*, Catechine.
Balbaa et al. fanden in den Blütenknospen 23%, in den reifen Früchten 4,3%, in jungen Blättern 8,7%, in älteren Blättern 4,7% Rutin.

Pharmakologische Wirkung: Die Droge wirkt kräftig diuretisch. Mit stärkeren Verdünnungen eines Solidagoextrakts konnten Diuresesteigerungen bis 200%, mit homöopathischer Urtinktur eine Diuresesteigerung von 280–400%, erzielt werden. Die Diuresewirkung wird auf den Saponingehalt zurückgeführt. Außerdem vermindert der Solidagoextrakt die Permeabilität der Gefäßwände und bewirkt gleichzeitig eine Erhöhung der Gefäßresistenz. In Nordamerika wurden Vergiftungen beim Weidevieh beobachtet [H 12].

Wirkungen auf die Haut/Schleimhaut: Die Goldrute kann bei häufigerem Umgang eine Kontaktallergie induzieren. Das experimentell ermittelte Sensibilisierungsvermögen ist als mittelstark einzustufen. Ursächlich verantwortlich sind wahrscheinlich bisher unbekannte Sesquiterpenlaktone, da Kompositenallergiker auf Solidago-Arten kreuzreagieren.
Gleichzeitig gehören die Pollen der Goldrute zu den Erregern des Heuschnupfens (inhalative Allergie) [Zeller, W. et al.: Arch. Derm. Res. 277, 28, 1985].

Anwendungen in der Homöopathie: D_0–D_2 bei chronischer Nephritis, Gicht, Prostatahypertrophie; Cystitis, Tbl. 0,12 g Nierenentzündung, Eiweiß im Urin.

Gefährlichkeitsgrad: Praktisch ungiftig.

Vorschriften: Solidago virgaurea: Monographie der Kommission D.
Solidago: Monographie der Kommission E.

Literatur: D 9, G 4, H 12, M 3, M 32, S 10.

Therapie:
Nur in Extremfällen Erbrechen oder rechtzeitig Kohle-Pulvis.

Sophora japonica L.

Schnurbaum, Japanischer Schnurstrauch, Sauerschotenbaum. *E:* Chinese pagoda-tree, Chinese scholar tree. *F:* Sophora du Japon. I: Sofora di Giappone.

EDV-Code: SOBJA.

Familie: Fabaceae, Schmetterlingsblütler.

Verbreitung, Vorkommen: Heimat: China, Japan, Korea. In Europa häufig als Park- und Alleebaum.

Beschreibung: Bis 30 m hoher Baum. Blätter ähnlich der Robinie, jedoch im Herbst leuchtend gelb. Blüten klein, gelblichweiß, in aufrechten Rispen (bis 35 cm lang). Hülsenfrüchte ca. 6 cm lang, zwischen den Samen eingeschnürt, sauer schmeckend. Blütezeit: August–September (Mitteleuropa).

Giftige Pflanzenteile: Rinde und Samen, besonders aber die Fruchtschale.

Hauptwirkstoffe: In den Früchten 0,08% Sophorabiosid $C_{27}H_{30}O_{14}$, Rutin u.a., in unreifen Früchten 2% Sophoricosid. In den Samen Cytisin. Nach Liebenow [L 10] Toxalbumine und Sophoramin.

Vergiftungserscheinungen: Die Fruchtschale soll stark giftig sein. Eine subkutane Injektion des Extraktes wirkt tödlich auf Frosch, Eidechse und weiße Maus. Die Injektion ruft am Warmblütler eine kurzdauernde Blutzuckererhöhung und Glykosurie hervor, gefolgt von Dyspnoe und Verminderung der roten Blutkörperchen. Das Samenmehl soll, regelmäßig genossen, Gesichtsödeme und selbst den Tod verursachen [H 12].

Gefährlichkeitsgrad: Stark giftig + +

Literatur: B 4, H 12, L 10.

Therapie:
Erste Hilfe: Sofort viel trinken und erbrechen lassen, Kohle-Pulvis, Mund-zu-Mund-Beatmung. Klinikeinweisung mit dem Notarzt.
Klinik: Sofort Magenspülung, Kohle-Pulvis, Natriumsulfat, evtl. Intubation, Beatmung. Dexamethasan-Spray lokal zur Prophylaxe und Therapie eines Glottisödems. Plasmaexpander im Schock, Natriumbikarbonat zum Azidoseausgleich (Urin pH 7,5). Blutzuckerkontrolle.

Sorbus aucuparia L.

Eberesche, Vogelbeerbaum. *E:* Rowan quick-beam. *F:* Sorbier des oiseleurs. *I:* Sorbo degli ucellatori. *NL:* Wilde Lijsterpes.

EDV-Code: SOUAU.

Familie: Rosaceae, Rosengewächse.

Verbreitung, Vorkommen: Wild in West- und Mitteleuropa in Wäldern und Gebüschen. Häufig gepflanzt in Gärten und an Straßen.

Beschreibung: Baum, 5–15 m hoch. Blätter unpaarig gefiedert mit 9–15 Teilblättchen. Blüten in Doldentrauben, vielblütig, weiß. Früchte gelb bis rot, kugelig, unter 1 cm.
Blütezeit: Mai–Juni.
Früchte: August–Oktober.

Giftige Pflanzenteile: Rohe Früchte (in gekochtem Zustand genießbar).

Hauptwirkstoffe: Im Kernholz Aucuparin, Fp. 101–101,5 °C, und Methoxyaucuparin, Fp. 130–132 °C.
In den Früchten 0,04% → *Parasorbinsäure* $C_6H_8O_2$.

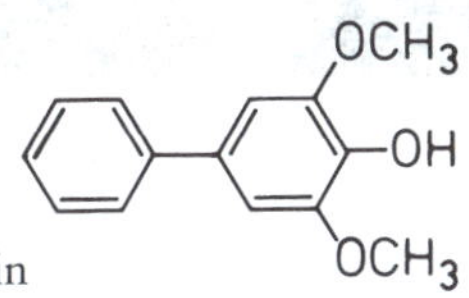

Aucuparin

Vergiftungserscheinungen: Es sind Fälle bekannt, bei denen Kinder im Vorschulalter 4 Früchte bis eine Hand voll (Kinderhand) symptomlos vertragen haben. Auch der Genuß einer Vogelbeer-Marmelade ist ungetrübt [pers. Erfahrung Verfasser]. Andererseits wird von mehreren Fällen mit unbekannter Menge frischer Früchte berichtet, bei denen folgende Beschwerden auftraten: Übelkeit, Erbrechen, Durchfall, Nierenschädigung (nach Genuß großer Mengen unreifer Früchte möglich).
Parasorbinsäure wirkt schwach laxierend, hat in höheren Dosen eine starke Reizwirkung (z. B. auf den Magen-Darmtrakt), die sich in Speichelfluß, Erbrechen und Gastroenteritis äußert. Beim Kochen der Früchte wird die Parasorbinsäure weitgehend zerstört.
Nach Weilemann [W 38] sind hauptsächlich ein- bis fünfjährige Kinder gefährdet; bei 15% traten Symptome auf (Magen und Darm: 90%, Fieber: 20%, sonstige: 5%); die Beschwerden verliefen harmlos und mußten nur in Ausnahmefällen behandelt werden.

Gefährlichkeitsgrad: Wenig giftig (+), rohe Früchte.

Sorbus aucuparia

Anmerkung: Parasorbinfrei ist die Unterart Sorbus aucuparia ssp. moravica (Zeng.) A. Löve, wie auch die Mehlbeere Sorbus aria (L.) Crantz, die Elsbeere Sorbus torminalis (L.) Crantz und der Speierling Sorbus domestica L. [K 38].

Vorschriften: Sorbus aucuparia: Monographie der Kommission D. Sorbi aucupariae fructus: Monographie der Kommission E.

Literatur: B 36, F 16, G 4, H 12, J 5, K 38, P 14, R 9, S 6, W 38.

> **Therapie:**
> Erste Hilfe: Kohle-Pulvis.
> Klinik: In Extremfällen Entgiftung und Alkalisierung.

Sparmannia africana L. f.

Zimmerlinde. *E:* African hemp. *F:* Sparmannie d'Afrique.

Familie: Tiliaceae, Lindengewächse.

Verbreitung, Vorkommen: Heimat ist Südafrika (Kapland). Seit 1790 in Europa bekannt. Bei uns eine beliebte Zimmerpflanze.

Beschreibung: Als Strauch in Südafrika bis 5 m hoch, während die Zwergform nur 80 cm erreicht. Blätter groß, eirund-herzförmig, leuchtend hellgrün, filzig behaart, ausgebuchtet, langgestielt. Blüten weiß, mit je 4 Kron- und Kelchblättern und mehreren gelben, roten oder braunen Staubfäden. Blütezeit: Januar–März (nicht alle Pflanzen kommen zum Blühen).

Giftige Pflanzenteile: Blätter.

Hauptwirkstoffe: Scharfstoffe.

Wirkungen auf die Haut: Hautreizungen beim direktem Umgang mit der Pflanze.

Gefährlichkeitsgrad: Irritativ.

Literatur: H 21.

> **Therapie:**
> Nach Hautkontakt betroffene Stellen spülen.

Spartium junceum L.

Spanischer Ginster, Binsenginster. *E:* Rush broom. *F:* Genêt d'Espagne. *I:* Ginestra comune, Ginestra odorosa. *NL:* Bezemstruik.

EDV-Code: SPUJU.

Familie: Fabaceae, Schmetterlingsblütler.

Verbreitung, Vorkommen: Mittelmeergebiet, seit längerer Zeit in Südostasien und Amerika. In Mitteleuropa Zierpflanze, selten verwildert.

Beschreibung: Strauch mit binsenförmigen, stielrunden, grünen Zweigen. Blätter hinfällig, lineal, 1–2,5 cm lang, Blüten gelb, in endständigen, wenig blütigen Trauben. Fahne verkehrt-eiförmig, mit zugespitztem Schiffchen und länglichen Flügeln. Hülse bis 8 cm lang, mit rötlichgelben Samen.
Blütezeit: Juni–September (Mitteleuropa).

Droge: Flores Spartii juncei, Spartii juncei flos, Spanische Ginsterblüten.

Im Gegensatz zu Flores Spartii scoparii enthalten die Blüten Cytisin.

Giftige Pflanzenteile: Alle Teile der Pflanze.

Hauptwirkstoffe: Die Alkaloide → *Cytisin* $C_{11}H_{14}N_2O$, Fp. 155 °C, in allen oberirdischen Organen, am meisten in den reifen Samen, Methylcytisin $C_{12}H_{16}N_2O$, Fp. 138 °C, Anagyrin $C_{15}H_{20}N_2O$ und Cytisin-11-oxid(?). In den Blüten Spartein Fp. 177–178 °C in geringen Mengen [H 12].

Vergiftungserscheinungen: Vergiftungen mit Erbrechen, Nierenschädigung und Atemlähmung wurden beobachtet. → *Cytisin.*

Gefährlichkeitsgrad: Stark giftig + +

Literatur: B 36, H 12.

Therapie:
Erste Hilfe: Sofort viel trinken, Erbrechen, Kohle-Pulvis. Bei Atemlähmung: Mund-zu-Mund-Beatmung. Bei Herzstillstand: Herzdruckmassage.
Klinik: Sofort Magenspülung, Kohle-Pulvis, Natriumsulfat, bei Atemdepressionen: Intubation und künstliche Beatmung. Plasmaexpander im Schock infundieren. Natriumbikarbonatinfusion zum Azidoseausgleich. Kontrolle der Nierenwerte bis zum 8. Tag.

Spathiphyllum floribundum (Lind. et André) N. E. Br.

Einblatt, Blattfahne.

Spathiphyllum floribundum

Spathiphyllum wallisii

Familie: Araceae, Aronstabgewächse.

Verbreitung, Vorkommen: Heimat: Tropisches Mittelamerika; Zimmerpflanze.

Beschreibung: Immergrüne Pflanze, mit grundständigen, langgestielten, länglich ovalen, grünen Blättern. Blütenkolben gestielt, von einem schneeweißen Hochblatt (Spatha) umgeben.
Blütezeit: März–Juli.
Eine ähnliche Art ist Spathiphyllum wallisii Regel, Heimat: Kolumbien, Venezuela.

– Giftwirkung, Therapie → *Arum maculatum.*

Gefährlichkeitsgrad: Giftig +

Spigelia anthelmia L.

(Anthelmintia quadriphylla)

Wurmkraut, Wurmtreibende Spigelie. *E:* Carolina pink-root, American worm grass. *F:* Spigélie de Maryland, Brinvilliers. *I:* Spigelia. *NL:* Indians wormkruid.

EDV-Code: SPKAN.

Familie: Loganiaceae, Strychnosgewächse.

Verbreitung, Vorkommen: Heimat der einjährigen Pflanze ist Westindien und das tropische Amerika.
Eine weitere giftige Spigelia-Art [E 12]: Spigelia marilandica (L.) L. (Staude, Blütezeit: 7–9, Verbreitung: USA)

Giftige Pflanzenteile: Die Pflanze ist nur im frischen Zustand sehr giftig, da das in ihr vorkommende Alkaloid sich sehr rasch zersetzt.

Hauptwirkstoffe: Im frischen Zustand das giftig wirkende, amorphe, flüchtige Alkaloid Spigeliin, Gerbstoffe.
Nach neueren Untersuchungen wurden aus der Droge von oberirdischen Teilen der Pflanze, neben einigen weitverbreiteten Phenolcarbonsäuren und Flavonoiden, zwei flüchtige Alkaloide isoliert, die sich als Isochinolin und eine iridoide Verbindung vom Actinidin-Typ erwiesen. In dem wäßrigen Extrakt wurden außerdem Cholin, Benzoylcholin und 3,3-Dimethylacryloÿlcholin gefunden.

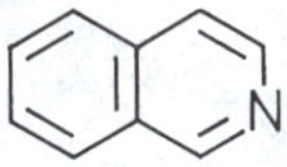

Isochinolin

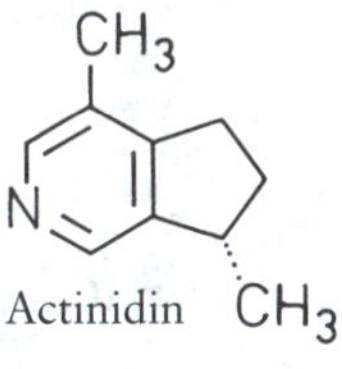

Actinidin

Vergiftungserscheinungen: Die Neger benutzen die sehr giftige Frischpflanze, deren Ausdünstung schon schädlich wirken kann, um aus Rachsucht Tiere oder Menschen zu vergiften.
Die Pflanze verursacht, in größeren Dosen genossen, Vomitus, dilatierte Pupillen, Dyspnoe und Konvulsion [M 2].
Vorläufige pharmakologische Untersuchungen ergaben, daß Isocholin und die Cholinester an der cardiotonen Wirkung der Droge beteiligt sind. Aus dem Vorhandensein von Isochinolin findet auch die Verwendung als Anthelminthikum eine befriedigende Erklärung.

Anwendungen in der Homöopathie: D_3–D_6 bei Neuralgien und Neuritiden; akute Endocarditis, Myocarditis, Angina pectoris.

Gefährlichkeitsgrad: Giftig +, frisch sehr giftig +++.

Vorschriften: Spigelia anthelmia: Monographie der Kommission D.

Literatur: D 9, M 2, M 27, W 4.

Therapie:
Erste Hilfe: Sofort Kohle-Pulvis (10 g), Erbrechen auslösen, Natriumsulfat.
Klinik: Magenspülung (evtl. mit burgunderfarbener Kaliumpermanganatlösung), Instillation von 10 g Kohle-Pulvis, Natriumsulfat. Nach der Resorption (Krämpfe) Relaxierung und Intubation.

Sprekelia formosissima (L.) Herb.

(Amaryllis formosissima L.)

Jakobslilie. *E:* Aztec lily, Jocobean lily. *F:* Lis de St.-Jaques.

Familie: Amaryllidaceae, Narzissengewächse.

Verbreitung, Vorkommen: Heimat ist Mexiko, Guatemala. Bei uns als Zimmerpflanze, die einen hellen und sonnigen Platz liebt. Im milden Klima der Riviera auch als Freilandpflanze.

Beschreibung: 30–50 cm hohe Zwiebelpflanze. Blätter lineal, zweizeilig angeordnet, etwas fleischig, nach außen gebogen. Sie erscheinen mit den Blüten oder nur wenig später. Blüten scharlachrot, 8–10 cm lang, einzeln, auf hohlem, fleischigem Stengel.

Blütezeit: April–Mai.

Giftige Pflanzenteile: Besonders die Zwiebel.

Hauptwirkstoffe: In der Zwiebel hauptsächlich die Amarylidaceenalkaloide Ismin und Haemanthamin [J 4].

Vergiftungserscheinungen: Giftig beim Einnehmen. Nach Hager [H 12] wirkt die Zwiebel als Herzgift sowie stark emetisch.

Gefährlichkeitsgrad: Giftig +

Literatur: H 12, J 4.

Therapie:
Erste Hilfe: Sofort Kohle-Pulvis oder Trinken und Erbrechen.
Klinik: In Extremfällen Magenspülung, Kohle-Pulvis, Monitorkontrolle, Atmungskontrolle.

Sternbergia lutea (L.) Ker-Gawl. ex Spreng.

Sternbergie. *E:* Fall daffodil. *F:* Amaryllis jaune. *I:* Zafferano giallo.

Familie: Amaryllidaceae, Narzissengewächse.

Verbreitung, Vorkommen: Heimat ist das Mittelmeergebiet und Südwest- bis Mittelasien. Bei uns als Gartenzierpflanze, besonders in Steingärten.

Beschreibung: Pflanze mit einer ca. 3,5 cm großen Zwiebel. Blätter schmal, bis 30 cm lang, die gleichzeitig mit den Blüten erscheinen. Blüten goldgelb, fast immer einzeln, trichterförmig, auf ca. 10 cm langem Stengel.
Blütezeit: September–Oktober.
Von den sechs bekannten Arten kommt auf dem Balkan noch St. colchiciflora Waldst. und Kit. mit weißlichgelben Blüten vor.

Giftige Pflanzenteile: Zwiebeln.

Hauptwirkstoffe: In den Zwiebeln 0,83% Alkaloide, in den oberirdischen Teilen

Sternbergia lutea

1,65% Alkaloide: Lycorin, Hämanthamin (Natalensin) $C_{17}H_{19}NO_4$, Fp. 200 bis 201°, Tazettin (Ungernin) $C_{18}H_{21}NO_5$, Fp. 208 bis 209°, und Lutein (Hämanthidin, Pancreatin) $C_{17}H_{19}NO_5$, Fp. 185 bis 186°.
Literatur: P 13, S. 421.

Therapie: → *Amaryllis belladonna.*

Strophanthus DC.-Arten

Strophanthus. *E:* Strophanthus. *F:* Strophanthus. *I:* Strofanto.

Strophanthus gratus

Familie: Apocynaceae, Hundsgiftgewächse.

Verbreitung, Vorkommen, Beschreibung: Die Gattung Strophanthus (über 40 Arten) ist im tropischen Asien und Afrika heimisch. Es sind milchsaftführende Schlingsträucher. Die wichtigsten sind:
Strophanthus gratus (Wall. et Hook. ex Benth.) Baill.
Strophanthus kombe Oliv.
Strophanthus hispidus DC.
Weitere giftige Strophantus-Arten [E 12]:
Strophantus caudatus (L.) Kurz (Kletterstrauch; Verbreitung: Thailand, Malaysia, Philippinen).
Strophantus sarmentosus DC (Staude, Verbreitung: West-Afrika).

Droge: Semen Strophanthi, Strophanthi semen, Strophanthussamen.
Die reifen, vom federbuschartigen Samenfortsatz befreiten Samen.
Strophanthus gratus:
Die spindelförmigen Samen sind kahl, an der Basis abgerundet oder scharf abgeschnitten, oben scharfkantig. Farbe gelb bis gelbbraun. Länge 11–19 mm.
Strophantus kombe:
Die zusammengedrückten, flachen bis gewölbten Samen sind seidig-weiß und dicht behaart. Länge 9–19 mm.
Strophanthus hispidus:
Samen spindelförmig, flach, nicht so stark behaart wie der Kombesamen. Länge 10–15 mm.

Hauptwirkstoffe: Die Samen von Strophanthus kombe enthalten 7–10% Cardenolidglykoside mit hoher und spezifischer Herzwirksamkeit: a) Strophanthidin-Glykoside: k-Strophanthosid (k-Strophanthin-γ) $C_{42}H_{64}O_{19}$, Fp. 200 °C (dec.); k-Strophanthin-β $C_{36}H_{54}O_{14}$, Fp. 195 °C; 0,24% Cymarin (k-Strophanthin-α) $C_{30}H_{44}O_9$, Fp. 204–205 °C; Strophanthidin-β-D-

Strophanthus-Arten

digitoxosid (Helveticosid) $C_{29}H_{42}O_9$, Fp. 169–172 °C; Strophanthidin-digitoxosidoglykosid (Glucohelveticosid, Erysimosid) $C_{35}H_{52}O_{14}$, Fp. 173–176 °C; b) → *Strophanthidol* und -Glykoside: Strophanthidol $C_{23}H_{34}O_6$; Cymarol $C_{30}H_{46}O_9$, Fp. 236–238 °C; Strophanthidol-digitoxosido-glucosid (Gluco-helveticosol, Erysimol) $C_{35}H_{54}O_{14}$: Strophanthidol-cymarosido-glucosid (Gluco-Cymarol, k-Strophanthol-β); Strophanthidoldigitoxosid (Helveticosol). – c) Periplogenin-Glykoside: Periplocymarin $C_{30}H_{46}O_8$, Fp. 210–213 °C; Emicymarin (e-Strophanthin) $C_{30}H_{46}O_9$, Fp. 160–163 °C; [H 12].
Eine gute Darstellung gibt Greeff [G 11].

k-Strophanthosid	3 Zucker	Tox. mg/kg 0,126	mol. Tox. 6,9
k-Strophanthin-β	3 Zucker	0,120	5,9
Cymarin	1 Zucker	0,111	4,9
Strophanthidin	0 Zucker	0,274	1,47

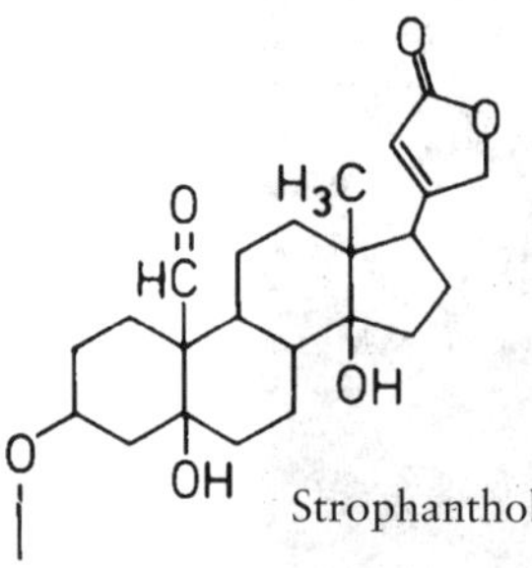

Strophanthobiase

O-Cymarosid-β-Glucosid-α-Glucosid

k-Strophanthosid

k-Strophanthin-β

Cymarin (= h-Strophanthin)
O-Digitoxosid-Helveticosid
O-Digitoxosid-Gluc. = Glucohelveticosid

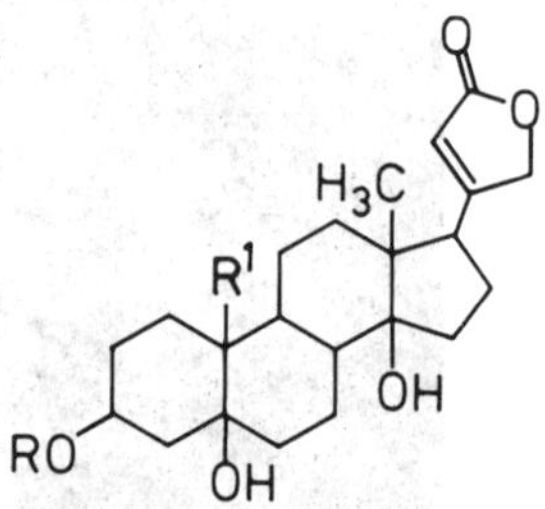

	R	R^1
Cymarol	Cymarosid	CH_2OH
Glucocymarol	Cymarosid-Glucosid	CH_2OH
Helveticosol	Digitoxosid	CH_2OH
Glucohelvet.	Digitoxosid-Glucosid	CH_2OH
Periplocymarin	Cymarosid	CH_3
Emicymarin	Digitalosid	CH_3

Glykoside	UV-Fluoreszenzfarben	R_f
k-Strophanthosid	grünlich gelb	0,05
g-Strophanthin	gelborange (nach Erhitzen)	0,13
Erysimosid	grünlich gelb	0,18 bis 0,22
k-Strophanthin-β	grünlich gelb	0,25 bis 0,28
Sarmentosid A	intensiv gelb	
Emicymarin	fahlgrün	
Cymarol und Helveticosid	fahlbraun	0,60 bis 0,64
Cymarin	grünlich gelb	0,70 bis 0,74
Periplocymarin	gelbgrau	
Sarmentocymarin	rotbraun	0,82 bis 0,86
Sarverosid	rotbraun	0,9

Strophanthus-Arten

– Identifizierung: Zur raschen Identifizierung und Unterscheidung von Strophanthusarten eignet sich das System Ethylacetat-Pyridin-Wasser (5:1:4, Oberphase). Die genuinen sowie die wichtigsten Nebenglykoside werden gut getrennt. Sprühmittel ist konz. Schwefelsäure, die eine verschiedenartige UV-Fluoreszenz der Cardenolide hervorruft. – Drogenauszug: 10%iger Auszug mit 90%igem Ethanol aus den entfetteten Samen. – Identifizierung: Die entwickelten Platten werden etwa 15 min. bei 80°C getrocknet, mit konz. H_2SO_4 (d=1,84) kräftig besprüht und sofort unter dem UV-Licht betrachtet [H 12].

– Geschichte: Strophanthus-Arten sind botanisch schon lange bekannt, und Str. hispidus wurde bereits 1802 von de Candolle beschrieben. Daß die Samen aber bei den Bewohnern Afrikas zur Herstellung von Pfeilgift dienen, wußte man damals noch nicht, und erst Livingstone brachte 1864 die erste Kunde davon nach Europa [K 9].

Vergiftungserscheinungen: Die herzwirksamen Glykoside wirken positiv inotrop.
Eine zweite wesentliche Wirkung besteht in der Verlangsamung der Herzfrequenz (negativ chronotrope Wirkung).
Infolge Abnahme des enddiastolischen Volumens bzw. des Ventrikelinnendrucks geht die Herzgröße zurück und damit die Spannung des Herzmuskels. Dadurch und auch durch Frequenzabnahme kann Energie eingespart werden (ökonomisierende Wirkung) [H 12]. Bei der intravenösen Injektion von Strophanthin wurden öfters Schüttelfröste, Zyanose und Temperatursteigerung beobachtet, bei der innerlichen Anwendung Durchfall mit Blut und Schleim, Übelkeit, Beklemmungsgefühl, Kopfschmerzen und ziehende Schmerzen in der Nackengegend, Bewußtlosigkeit, Konvulsion, Halluzinationen, Myosis, Cheyne-Stokes Atmungsphänomen.
Bei Madaus wird über einen Todesfall nach Injektion von 0,6 mg Strophanthin berichtet. Nach Feststellungen bei einem Giftmord durch Strophanthin dürfte als tödliche Strophanthindosis, falls das Strophanthin in den Mastdarm gebracht wird, für einen Menschen von 50 kg Gewicht 30–40 mg in Betracht kommen, was etwa der halben Menge der peroralen tödlichen Dosis entspricht.
Mischung mit Traubenzucker setzt die tödliche Dosis des Strophanthins herab, ebenso Kombination mit kleinen Coffeinmengen [M 2].

Dosierung: Durchschnittsdosis der Samen 60 mg NF IX [H 12].

Anwendungen in der Homöopathie: D_2–D_4 aber auch D_0 bei Angina pectoris, Coronarinfarkt, dauerndem Druck auf der Brust; D_2 bei Examensangst.

Gefährlichkeitsgrad: Sehr stark giftig + + +

Vorschriften: Strophanthus gratus, S. hispidus, S. combe: Monographie der Kommission D.
Verbotene Stoffe der Kosmetikverordnung v. 19. 6. 1985, Anlage 1: 303 Strophanthusarten und ihre Zubereitungen.

Literatur: D 9, G 11, H 12, H 17, K 9, L 10, M 2, M 27, N 8.

Therapie:
Erste Hilfe: Kohle-Pulvis-Gabe, Erbrechen auslösen, Natriumsulfat. Evtl. Herzdruckmassage.
Klinik: Magenspülung (evtl. mit burgunderfarbener Kaliumpermanganatlösung), Kohleinstillation (10 g Pulvis), Herzschrittmacher (prophylaktisch), Hämoperfusion, Kontrolle des Kaliumspiegels und Substitution, Phenytoin, bei ventrikulärer Extrasystolie: Lidocain (Xylocain®), bei ausgeprägter Bradykardie: Atropin oder Orciprenalin (Alupent®), bei AV-Überleitungsstörungen: Vorsicht mit Substanzen, die diese zusätzlich beeinträchtigen, d.h. mit Ajmalin, Procainamid, β-Rezeptorenblocker und Chinidin, EKG!

Strychnos ignatii Berg.

(Ignatia amara L.)

Ignatiusbohne

Familie: Loganiaceae, Strychnosgewächse.

Verbreitung, Vorkommen: Rankender Kletterstrauch, heimisch auf den Philippinen.

Droge: Semen Ignatii, Ignatii semen, Ingnatiusbohne.
Die Samen sind bis 3 cm lang, bis 2 cm breit, graubraun bis schwärzlich, matt, dicht feinwarzig, sehr unregelmäßig gestaltet, im Umriß eiförmig [H 12].

Hauptwirkstoffe: 2,5–4% Alkaloide, davon 45–60% → *Strychnin,* → *Brucin,* sowie → *Kaffeesäure,* → *Chlorogensäure* [H 12].

Vergiftungserscheinungen: Über → *Strychnin* und → *Brucin,* → *Strychnos nux-vomica.*

Dosierung: Max. 0,1 g als Einzel- und max. 0,3 g als Tagesgabe [H 12].

Gefährlichkeitsgrad: Sehr stark giftig + + +

Vorschriften: Strychnos ignatii: Monographie der Kommission D.

Literatur: G 10, H 12, M 2.

Therapie:
Erste Hilfe: Sofort Kohle-Pulvis (10 g), Erbrechen auslösen, Natriumsulfat.
Klinik: Magenspülung (evtl. mit burgunderfarbener Kaliumpermanganatlösung), Instillation von 10 g Kohle-Pulvis, Natriumsulfat. Nach der Resorption (Krämpfe) Relaxierung und Intubation, solange das Krampfstadium anhält, nur so viel Antiepileptika wie Diazepam, Barbital u.a., daß die Krämpfe eben unterdrückt bleiben; bei Fieber Eiswickel, hochkalorische Infusionen (Traubenzucker), keine Phenothiazine, keine Analeptika(!), evtl. Sauerstoffbeatmung.

Strychnos nux-vomica L.

(Strychnos lucida R. Br., Strychnos colubrina Wight)

Brechnußbaum, Krähenaugenbaum. *E:* Poison nut-tree. *F:* Noix vomique. *I:* Noce vomica.

Familie: Loganiaceae, Strychnosgewächse.

Verbreitung, Vorkommen: Der 10–13 m hohe Baum ist vom tropischen Indien bis Nordaustralien heimisch. Auf dem malaischen Archipel und in Westafrika kultiviert.
Eine weitere giftige Strychnos-Art [E 12]: Strychnos toxifera R. Schomb. ex Benth. (Kletterstrauch, Verbreitung: Südamerika).

Droge: Semen Strychni, Strychni semen, Nux vomica, Brechnuß.
Die Samen sind flach, fast kreisrund, am Rande abgerundet mit in der Mitte umlaufendem Kiel.
Auszug aus der Monographie der Kommission E: Strychni semen (Brechnußsamen)
Risiken: Brechnuß-Alkaloide, insbesondere Strychnin, wirken am Zentralnervensystem als Krampfgift. Bei niedriger Dosis ist vorzugsweise das Rückenmark betroffen. Strychnin antagonisiert den inhibitorischen Transmitter Glycin, so daß die Krampfbereitschaft erhöht wird und äußere Reize oder Substanzen mit zentral erregender Wirkung Krampfanfälle auslösen können.
Eine therapeutisch nutzbare Wirkung ist in subconvulsiver Dosierung nicht vorhanden. Bei längerer Anwendung kumuliert Strychnin; dies gilt besonders beim Vorliegen von Leberschäden.

Hauptwirkstoffe: Die Samen enthalten mehrere Alkaloide und Glykoside. Der Alkaloidgehalt beträgt durchschnittlich 2,5–3%, kann aber in besonderen Fällen auf 0,25% herabsinken und bei Samen aus Ceylon auf 5% steigen. Etwa die Hälfte davon entfällt auf Strychnin. Die beiden wichtigsten Alkaloide sind die stark toxischen Indolalkaloide, → *Strychnin* $C_{21}H_{22}N_2O_2$, Fp. 278–280 °C, → *Brucin* $C_{23}H_{26}N_2O_4$, Fp. 178 °C. Daneben Pseudostrychnin $C_{21}H_{22}N_2O_3$, Fp. 263 °C, α-Colubrin $C_{22}H_{24}N_2O_3$, Fp. 184 °C, β-Colubrin $C_{22}H_{24}N_2O_3$, Fp. 222 °C, nach Villar et al. [Chem. Abstr. 73, 109948 (1970)] 16-Hydroxy-α- und -β-Colubrin, Vomicin $C_{22}H_{24}N_2O_4$, Fp. 282 °C, Novacin $C_{24}H_{28}N_2O_5$, Fp. 231–232 °C, Struxin $C_{21}H_{30}NO_4$, Fp. ~250 °C (in zersetzter Droge), Icajin $C_{21}H_{30}NO_3$, Fp. 270–271 °C, Pseudobrucin $C_{23}H_{26}N_2O_5$, Fp. 256 °C [H 12].

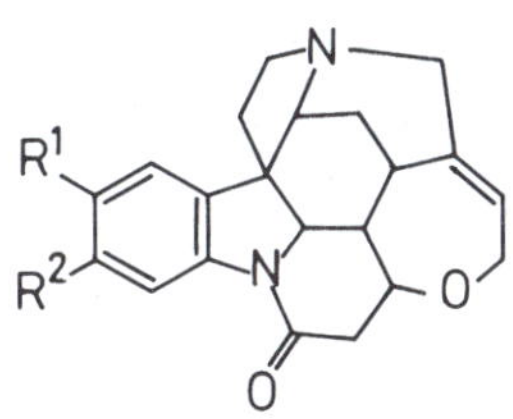

Strychnin:	$R^1=R^2=H$
Brucin:	$R^1=R^2=OCH_3$
α-Colubrin:	$R^1=H$; $R^2=OCH_3$
β-Colubrin:	$R^1=OCH_3$; $R^2=H$

Strychnos nux-vomica

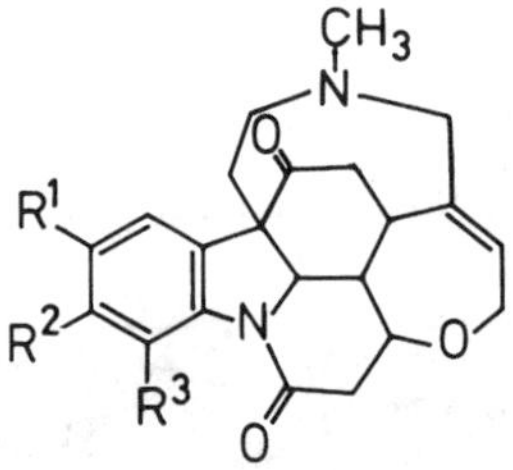

Vomicin: $R^1=R^2=H$; $R^3=OH$
Icajin: $R^1=R^2=R^3=H$
Novacin: $R^1=R^2=OCH_3$; $R^3=H$

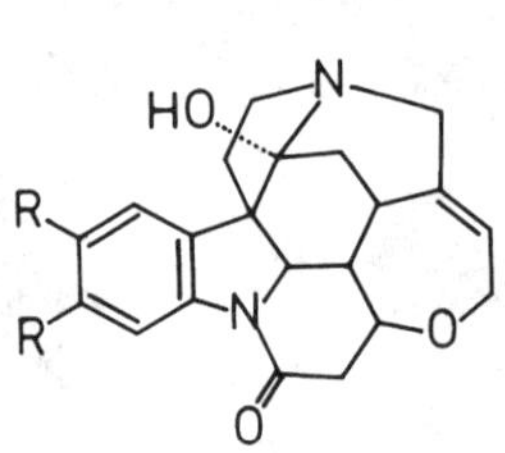

Pseudostrychnin: R=H
Pseudobrucin: $R=OCH_3$

Vergiftungserscheinungen: Die Hauptwirkung geht von Strychnin aus, dessen Angriffspunkt im zentralen Nervensystem, hauptsächlich im Rückenmark, liegt. Das Alkaloid beseitigt sog. postsynaptische Hemmungen, wozu u. a. die Sonderform der Hemmung durch die Renshaw-Zellen (Schaltneutronen) gehört [H 12].
Auffallend ist die Schärfung der Sinnesfunktionen, insbesondere der Sehkraft, des Geruchssinnes und des Geschmackssinnes. Poulsson schildert das Vergiftungsbild am Menschen wie folgt: „Die Prodromalsymptome, die je nach Beschaffenheit des Präparates und dem Füllungszustand des Magens wenige Minuten bis mehrere Stunden nach Einnahme des Giftes beginnen, bestehen in Unruhe und Schreckhaftigkeit, woran sich bald schmerzhafte Zuckungen in verschiedenen Muskelgruppen, Kontraktion von Nacken- und Kaumuskeln, Steifigkeit und Gefühl von Schwere im Brustkasten mit erschwerter Atmung und als Anzeichen, daß der Starrkrampf sich nähert, krampfhaftes Zusammenfahren bei Reizen anschließen. Schließlich bricht ‚wie durch einen elektrischen Schlag, der typische Tetanus aus. Alle Skelettmuskeln gehen auf einmal in tonische Kontraktion über, der Körper ruht in einem rückwärts konkaven Bogen auf Kopf und Fersen – seltener ist der Kopf nach vorn gezogen (Emprosthotonus) oder die Wirbelsäule nach der einen Seite gekrümmt (Pleurotonus) – die Bauchmuskeln sind bretthart kontrahiert und der Brustkorb ist unbeweglich fixiert. Infolge des Aufhörens der Atmung wird das Gesicht dunkelrot oder zyanotisch, die Venen schwellen an, die Bulbi treten hervor und die Pupillen erweitern sich; starke Erektionen können vorhanden sein. Das Bewußtsein ist beinahe immer erhalten und der Zustand äußerst schmerzhaft. Nach einigen Sekunden oder Minuten erschlaffen die Muskeln, der Anfall ist vorbei, und oft kann sich der Patient ungehindert bewegen. Nach kurzer Zeit meldet sich jedoch wieder eine aufs äußerste gesteigerte Reflexerregbarkeit, und scheinbar spontan, aber gewiß immer durch äußere Reize verursacht, – die leiseste Berührung, ein Laut, ein Lichtstrahl, ein Luftzug genügen –, bricht ein neuer Anfall aus, und die gleiche Szene wiederholt sich mit unverminderter Hartnäckigkeit. In den Pausen zwischen den Attacken kann man auch leichtere Krämpfe von mehr klonischem Charakter sehen. Mehr als 3–5 Anfälle werden selten ertragen. Der Tod tritt in der Regel nicht während, sondern einige Sekunden oder Minuten nach Aufhören der Krämpfe unter dem Bild der Atemlähmung oder der vasomotorischen Lähmung ein. Starke Salivation ist häufig, Erbrechen dagegen selten, und der Name Nux vomica daher irreführend. Werden die ersten 2 Std. überstanden, so endet eine Vergiftung in der Regel günstig. Als Nachwirkungen werden u.a. beschrieben: Schwäche, Abspannung, psychische Störungen, Ikterus, dauernde Blindheit."

Nach Meyer-Gottlieb ist die beste Behandlung der Strychninvergiftung die mit Curare. Bei länger dauernder Strychninzufuhr besteht die Gefahr der Kumulation, durch die dann plötzlich die Strychninvergiftung auftritt. Vomicin ruft auf dem Wege über das Gehirn klonische Krämpfe hervor [M 2].

Strychnos nux-vomica

Bei Einnahme sind für den Menschen 0,75–3 g Brechnüsse tödlich [nach L 10].

Dosierung: Größte Einzelgabe der Nuß 0,1 g, größte Tagesgabe 0,2 g, DAB 6 [H 12].

Anwendungen in der Homöopathie: D_4–D_{12} bei Abdominalplethora bei sitzender Lebensweise, Verstopfung, Hämorrhoiden, Neuralgien, Lumbago, akuter und chronischer Gastritis.

Gefährlichkeitsgrad: Sehr stark giftig + + +

Vorschriften: Strychnos nux-vomica: Monographie der Kommission D.
Strychni semen: Monographie der Kommission E.
Stoffe der Kosmetikverordnung v. 19. 6. 1985 Anlage 1: 305 Strychnosarten und ihre Zubereitungen.

Literatur: D 9, E 12, G 10, H 12, K 9, L 10, M 2, M 27, S 45.

Therapie:
Erste Hilfe: Sofort Kohle-Pulvis (10 g), Erbrechen auslösen, Natriumsulfat.
Klinik: Magenspülung (evtl. mit burgunderfarbener Kaliumpermanganatlösung), Instillation von 10 g Kohle-Pulvis, Natriumsulfat. Nach der Resorption (Krämpfe) Relaxierung mit Curare und Intubation, solange das Krampfstadium anhält oder nur so viel Antiepileptika wie Diazepam, Barbital u.a., daß die Krämpfe eben unterdrückt bleiben; bei Fieber Eiswickel, hochkalorische Infusionen (Traubenzucker), keine Phenothiazine, keine Analeptika(!), evtl. Sauerstoffbeatmung.

Symphoricarpos albus (L.) S. F. Blake

(Symphoricarpos racemosus Michx.)

Schneebeere, Knackbeere, Knallerbse. *E:* Common snow-berry. *F:* Symphorine à grappes. *I:* Lacrima d'Italia.

Symphoricarpos albus

EDV-Code: SYPAL.

Familie: Caprifoliaceae, Geißblattgewächse.

Verbreitung, Vorkommen: Heimat: Nordamerika; Zierstrauch, stellenweise verwildert.

Beschreibung: Strauch, bis 2 m hoch. Blätter rundlich-elliptisch, bläulich–dunkelgrün, unterseits graugrün. Blüten klein, rosa, in endständigen Trauben. Beeren kugelig, weiß.
Blütezeit: Juni–September.
Früchte: September–Winter.
Symphoricarpos-Arten sind vermutlich alle giftig [E 12].

Giftige Pflanzenteile: Beeren, die von Kindern gern zum Spielen benutzt werden, weil sie bei Druck knallen.

Hauptwirkstoffe: Saponin und ein unbekannter stark reizender Wirkstoff.

Vergiftungserscheinungen: Übelkeit und Durchfall. Bei 3–4 Beeren im allgemeinen keine Symptome, bei größeren Mengen Bauchschmerzen (z. T. krampfartig), Erbrechen (1- bis mehrmals), Durchfall, Hautrötungen (Bericht der Giftinformationszentren). Prüfungen der wäßrigen und methanolischen Auszüge und auch eine neuere Prüfung der lipophilen Bestandteile liefern keine Hinweise auf eine Toxizität der Beeren.
Nach Weilemann [W 38] werden die Schneebeeren im Herbst hauptsächlich von Ein- bis Vierjährigen gegessen. Neben Darmbeschwerden kommt es auch zu Fieber und Müdigkeit. Ein zwölfjähriges Mädchen aß viele Beeren. Nach 24 Stunden kam es zu Erbrechen, Gleichgewichtsstörungen und Müdigkeit. Bei mehr als einer halben Handvoll Beeren sollte eine Behandlung durch den Arzt vorgenommen werden. (Unter „Handvoll" ist wohl die Hand des betroffenen Kindes zu verstehen. Anm. d. Verf.)

Wirkungen auf die Haut/Schleimhaut: Entzündungen der Haut, Schädigung der Mund- und Magenschleimhaut. In einigen Fällen waren die Pollen Ursache einer allergischen Rhinitis.

Gefährlichkeitsgrad: Giftig +, hautreizend.

Vorschriften: Symphoricarpos albus e fructibus, e planta tota, e radice: Monographie der Kommission D.

Literatur: B 36, E 12, F 16, G 4, H 12, L 10, M 2, M 18, S 6, S 35, W 38.

Therapie:
Erste Hilfe: Kohle-Pulvis 10 g, ggf. Haut und Augen spülen. Lokal Locacorten®-Schaum.
Klinik: Magenspülung (evtl. mit burgunderfarbener Kaliumpermanganatlösung), Instillation von 10 g Kohle-Pulvis, Elektrolytsubstitution, Azidoseausgleich mit Natriumbikarbonat (Urin pH 7,5), Kontrolle der Nierenfunktion, bei Krämpfen Diazepam (Valium®), gegen Koliken Atropin, ggf. Intubation und Sauerstoffbeatmung.

Symphytum officinale L.

Gemeiner Beinwell. *E:* Common comfrey. *F:* Grand consoude. *I:* Consolida maggiore. *NL:* Smeerwortel.

EDV-Code: SYMOF.

Familie: Boraginaceae, Rauhblattgewächse.

Verbreitung, Vorkommen: Im größten Teil Europas, in Westasien und Kleinasien; in Mitteleuropa häufig an feuchten Stellen, Wiesengräben und Bachufern.

Beschreibung: 30–100 cm hohe Staude, mit rübenförmiger Wurzel und borstiger Behaarung. Blätter breitlanzettlich, herablaufend, wechselständig. Blüten mit glockigen Röhren, in reichblütigen Doppelwickeln, gelblichweiß oder rötlichviolett.
Blütezeit: Mai–Juli.
Ähnliche Wirkung zeigt Symphytum x uplandicum Nym., Komfrey, der stellenweise eingebürgert ist und bei Vegetariern eine große Rolle spielt.

Droge: Radix Consolidae, Symphyti radix, Beinwellwurzel.
Bis 30 cm lang, 2–3 cm dick, spindelförmig, mehrköpfig, dunkelschwarzbraun.
Auszug aus der Monographie der Kommission E: Symphyti herba/-folium (Beinwellkraut/-blätter)
Hinweis: Die Anwendung darf nur auf intakter Haut erfolgen; die Anwendung in der Schwangerschaft sollte nur nach Rücksprache mit dem Arzt erfolgen.

Giftige Pflanzenteile: Die ganze Pflanze.

Hauptwirkstoffe: Allantoin (0,6–0,8% in der Wurzel von Januar–März, der Gehalt fällt dann ständig; ~0,45–1,3% in den Blättern). In geringen Mengen Symphytocynoglossin (Alkaloid), Consolidin (Glykoalkaloid) und deren Alkaloidkomponente Consolicin, außerdem Symphytin, Echimidin und Pyrrolizidin-N-oxide.
Gehalt an 1,2-ungesättigten Pyrrolizidin-Alkaloiden in getrockneten Blättern 1,3–1,8 g/kg = 1300–1800 ppm, in getrockneten Wurzeln 2,9–3,8 g/kg=2900–3800 ppm.

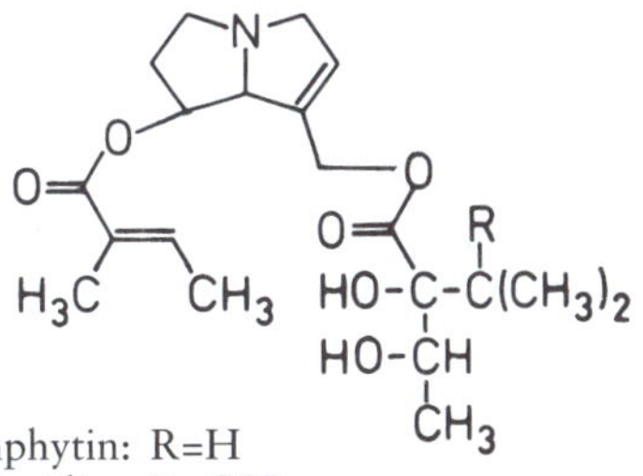

Symphytin: R=H
Echimidin: R=OH

Symphytum officinale

Vergiftungserscheinungen: In Tierversuchen wurden zuerst Steigerung der Reflexerregbarkeit, dann Abnahme der Erregbarkeit, schließlich Benommenheit festgestellt.
Nach neueren Untersuchungen enthalten Symphytum officinale und Symphytum x uplandicum mindestens acht Alkaloide, die alle zur Gruppe der toxischen → *Pyrrolizidinalkaloide* gehören. Eine japanische Arbeitsgruppe führte eine toxikologische Langzeitstudie mit getrockneter Blatt- und Wurzeldroge an Ratten durch. Hierbei trat eine hohe Rate an Lebertumoren auf. Auffällig war auch eine erhöhte Rate an Blasenkrebs. Die karzinogene Wirkung wird auf das Hauptalkaloid Symphytin zurückgeführt, was in einem Langzeitversuch bestätigt werden konnte [Dt. Apoth. Ztg.].
Eine normale Tasse Tee kann bis zu 8,5 mg Alkaloide enthalten. Um schädigende Wirkungen auszuschließen, ist von einer Anwendung über längere Zeit abzuraten. Bei äußerlichem Gebrauch kommt es nur zu einer geringen Resorption.

Gefährlichkeitsgrad: Wenig giftig (+)

Vorschriften: Beinwellwurzel ist im DAC aufgeführt.
Alle Arten der Gattung Symphytum (Beinwell) sind in der „Bekanntmachung über die Zulassung und Registrierung von Arzneimitteln vom 5. 6. 1992" aufgeführt.
Symphytum officinale ex herba, e radice: Monographie der Kommission D.
Symphyti herba/-folium und S. radix: Monographie der Kommission E.

Literatur: F 5, F 16, G 4, H 12, R 11, R 13, R 15, T 10, W 1, W 13.

Therapie:
Erste Hilfe: Kohle-Pulvis oder erbrechen lassen.
Klinik: In Extremfällen Magenspülung, Vitaltherapie (S. 56).

Tabernanthe iboga Baill.

Iboga, Obona.

Familie: Apocynaceae, Hundsgiftgewächse.

Verbreitung, Vorkommen: Im tropischen Westafrika heimisch.

Beschreibung: 1–2 m hoher Strauch, mit gelblicher Wurzel. Blätter lanzettlich, bis 14 cm lang, gegenständig. Blüten weiß, rosa gefleckt, in doldenartigen Blütenständen. Frucht eine Beere.

Droge: Radix Tabernanthe, Tabernanthe radix, Iboga, Boccawurzel.
Geschmack bitter, anästhesiert beim Kauen die Zunge.

Hauptwirkstoffe: In den Samen die Alkaloide (–)-Catharanthin, (+)-Voaphyllin und (–)-Coronaridin.

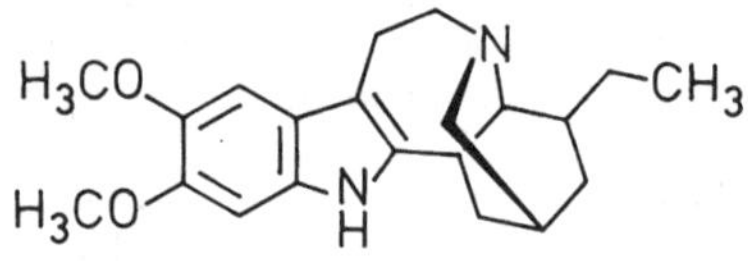

Ibogain

In der Wurzel ca. 1% Indolalkaloide: → *Ibogain*, Ibogamin $C_{19}H_{24}N_2$, Tabernanthin $C_{20}H_{26}N_2O$, Ibogalin $C_{21}H_{28}N_2O_2$.

Vergiftungserscheinungen: Die Wurzel wirkt berauschend und erregend, kann Halluzinationen hervorrufen und soll in toxischen Dosen zu Bewegungsstörungen und Lähmungen führen.

Tabernanthe iboga

Die Eingeborenen der tropischen Regenwälder Westafrikas kauen die gelbliche Wurzel als Mittel gegen Hunger und Ermüdung. Ibogain besitzt die stärkste Wirksamkeit. Die Indolalkaloide wirken antagonistisch gegen → *Reserpin* [H 12].

Gefährlichkeitsgrad: Stark giftig + +

Literatur: B 15, H 12, S 23, S 28.

> **Therapie:**
> Erste Hilfe: Medizinalkohle (Kohle-Pulvis, 10 g), evtl. beatmen. Schocklagerung.
> Klinik: Magenspülung, Medizinalkohle, Natriumsulfat, Diazepam i.v. bei Krämpfen. Künstliche Beatmung. Plasmaexpander im Schock. Natriumbikarbonat zum Azidoseausgleich.

Tagetes-Erecta-Hybriden, Tagetes-Patula-Hybriden, Tagetes-Arten

Studentenblume, Sammetblume. *E:* Marygold. *F:* Tagète.

Tagetes-Patula-Hybride

Familie: Asteraceae, Korbblütler.

Verbreitung, Vorkommen: Heimat ist Mittelamerika, Mexiko. Bereits im 16. Jahrhundert aus Mexiko eingeführt, zählen die Studentenblumen zu den beliebtesten Zierpflanzen unserer Gärten.

Beschreibung: Die Gattung Tagetes umfaßt über 30 Arten mit ein- oder zweijährigen Kräutern. Stengel mehr oder weniger fleischig, verzweigt, mit gefiederten Blättern. Blütenkörbchen meist einzeln und gestielt, selten in dichten Doldentrauben; oft gefüllt, gelb, orange und braunrot. Die meisten Hybriden leiten sich von Tagetes patula L. und Tagetes erecta L. ab, doch durch starke Veränderung im Habitus ist eine genaue Zuordnung vielfach nicht möglich.
Blütezeit: Juli–Oktober.

Giftige Pflanzenteile: Die ganze Pflanze.

Hauptwirkstoffe: Thiophenverbindungen wie z. B. α-Terthienyl.

Tagetes-Erecta-Hybriden, Tagetes-Patula-Hybriden

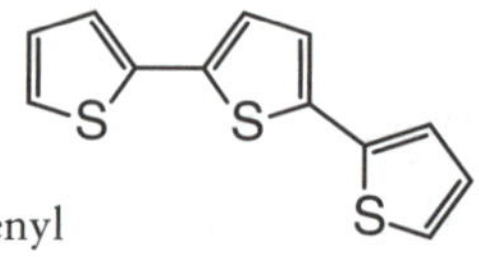

α-Terthienyl

Wirkungen auf die Haut: Bei Tagetes steht weniger die allergene als vielmehr die phototoxische Wirkung im Vordergrund. Tagetes minuta L. und andere Tagetes-Arten enthalten Thiophenverbindungen, wie z.B. α-Terthienyl, die für die phototoxischen Aktivitäten der Pflanzen verantwortlich zu machen sind (Atkinson). Dies paßt auch zu der Tatsache, daß Tagetes-Arten zu jenen Pflanzen gerechnet werden, die zu den Verursachern der aerogenen Kontaktdermatitis zählen. Die phototoxische Wirkung der Thiophenverbindungen ist sowohl experimentell als auch am Menschen bestätigt (Chan et al. 1975, 1977, 1979, Towers et al. 1977, 1979, 1980).

Erst seit wenigen Jahren ist bekannt, daß Polyacetylene und Thiophenderivate des Typs α-Terthienyl ebenfalls eine phototoxische Wirkung aufweisen können. Entdeckt wurde diese Wirkung bei den Inhaltsstoffen der Sammetblume Tagetes patula L. (Legion of honour).

Eine elegante Methode zum Nachweis der phototoxischen Wirkung, die der antibiotischen Wirkung häufig parallel läuft, besteht darin, die Verbindungen in-vitro auf Candida albicans oder Escherichia coli einwirken zu lassen [H 21].

Gefährlichkeitsgrad: Phototoxisch.

Literatur: H 21.

Therapie:
Hautkontakt und Einatmung (z. B. von Pflanzenstaub bei der Aufarbeitung von getrockneten Pflanzen) meiden.

Tamus communis L.

Schmerwurz. *E:* Black bryony. *F:* Tamier. *I:* Tamaro, Cerasiola. *NL:* Spekwortel.

Blüten

Tamus communis

EDV-Code: TAUCO.

Familie: Dioscoreaceae, Schmerwurzgewächse.

Verbreitung, Vorkommen: Südliches und westliches Europa, Ungarn, Vorderasien, Nordafrika, in Deutschland nur im Südwesten; schattige Buchenwälder, Hecken, Zäune.

Beschreibung: Ausdauernde, windende, 1,5–3 m hohe Pflanze, Grundachse knollig. Blätter herz-eiförmig, zugespitzt, langgestielt. Blüten unscheinbar, zweihäusig, grünlich. Frucht eine scharlachrote, wenigsamige Beere. Blütezeit: Mai–Juni.

Droge: Rhizoma (Radix) Tami, Tami rhizoma (radix), Schmerwurzel.

Giftige Pflanzenteile: Die ganze Pflanze, besonders Wurzeln und Beeren.

Hauptwirkstoffe: Im Rhizom ein histaminähnlicher Hautreizstoff, Steroid-Saponine, Calciumoxalatraphiden.

Vergiftungserscheinungen: Bei oraler Aufnahme Brennen im Mund, Erbrechen und Diarrhöe. Schon die Einnahme von 2 Beeren kann bei Kindern zur Reizung der Schleimhäute und zu Gastroenteritis führen.

Wirkungen auf die Haut/Schleimhaut: Bei Berührung mit der Haut je nach Intensität Blasenbildung und allergische Reaktionen. Ursache der Kontaktallergie ist das 4,6,7-Trimethoxy-1,2-phenanthrenchinon [Hausen, unveröff.].

Früchte

Gefährlichkeitsgrad: Giftig +

Vorschriften: Tamus communis: Monographie der Kommision D.

Literatur: B 36, F 16, G 4, H 12, J 5.

Therapie:
Erste Hilfe: Kohle-Pulvis 10 g, ggf. Augen spülen. Haut- und Schleimhautblasen steril abdecken, Tetanusprophylaxe, lokal Locacorten®-Schaum.
Klinik: Magenspülung (evtl. mit burgunderfarbener Kaliumpermanganatlösung), Instillation von 10 g Kohle-Pulvis, Elektrolytsubstitution, Azidoseausgleich mit Natriumbikarbonat (Urin pH 7,5); Kontrolle der Nierenfunktion, bei Krämpfen Diazepam (Valium®), gegen Koliken Atropin, ggf. Intubation und Sauerstoffbeatmung.

Tanacetum parthenium (L.) Schultz Bip.

[Chrysanthemum parthenium (L.) Bernh.]

Mutterkraut. *E:* Feverfew. *F:* Matricaire. *I:* Matricale. *NL:* Moederkruid.

EDV-Code: CHYPA.

Familie: Asteraceae, Korbblütler.

Verbreitung, Vorkommen: Balkan, Kleinasien, Kaukasus. Alte Arznei- und Zierpflanze.

Beschreibung: Bis 70 cm hohe Staude. Blätter fiederteilig, im Umriß eiförmig, gestielt. Blütenköpfchen 1–3 cm im Durchmesser, zahlreich in Rispen; Zungenblüten weiß oder fehlend (Knopfkamille), Röhrenblüten orange.
Blütezeit: Juni–August.

Giftige Pflanzenteile: Die oberirdischen Teile der Pflanze.

Hauptwirkstoffe: Mehrere Sesquiterpenlactone. Das mengenmäßig wichtigste ist Parthenolid, das auch als Kontaktallergen eine Rolle spielt. Anteil je nach Standort und Jahreszeit bis 1 % Parthenolid im Kurzetherextrakt.

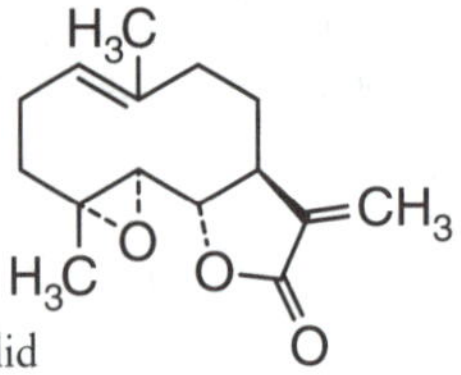

Parthenolid

Wirkungen auf die Haut: Seit vor wenigen Jahren die als „Knopfkamille" bezeichnete Zuchtform des Mutterkrauts auf den Markt kam und sich seither als Zierpflanze wachsender Beliebtheit erfreut, ist die Zahl der beobachteten allergischen Kontaktdermatitiden angestiegen. Mutterkraut gilt als hauptverantwortliche Art unter den Verursachern der aerogenen Kontaktdermatitis (ABCD) (Mensing et al.; Senff et al.). Einer der Gründe für das in den vergangenen Jahren registrierte Ansteigen von ABCD-Fallbeobachtungen beruht wahrscheinlich auf der Tatsache, daß die Konzentration des Parthenolids im Mutterkraut (vielleicht durch Züchtung neuer Sorten) angestiegen ist [H 21].

Gefährlichkeitsgrad: Allergen.

Literatur: H 21.

Therapie:
Bei Allergie Hautkontakt und Einatmung (z. B. von Pflanzenstaub bei der Aufarbeitung von getrockneten Pflanzen) meiden.

Taraxacum officinale Web.

(Leontodon taraxacum L.)

Löwenzahn, Kuhblume. *E:* Dandelion. *F:* Piss en lit. *I:* Dente di leone. *NL:* Paardelbloem.

EDV-Code: TAROF.

Familie: Asteraceae, Korbblütler.

Verbreitung, Vorkommen: Europa, Nordafrika und Asien. In Nordamerika eingebürgert. In Mitteleuropa gemein auf Fettwiesen, Äckern, Schuttplätzen, Wegrändern etc.

Beschreibung: Ausdauernde, krautige, milchsaftführende, bis 50 cm hohe Pflanze. Blätter in grundständiger Rosette, tief eingeschnitten, gezähnt. Blütenköpfe einzeln am Stengel, mit meistens gelben Zungenblüten, Früchte walzig mit Pappus.
Blütezeit: April–Juni.

Droge: Radix Taraxaci cum herba, Taraxaci radix cum herba, Löwenzahnwurzel mit Kraut.
Geschmack bitterlich, zugleich etwas süßlich.
Auszug aus der Monographie der Kommission E: Taraxaci radix cum herba (Löwenzahnwurzel mit -kraut)
Gegenanzeigen: Verschluß der Gallenwege, Gallenblasenempyem, Ileus.
Nebenwirkungen: Wie bei allen bitterstoffhaltigen Drogen können superazide Magenbeschwerden auftreten.

Wirkstoffhaltige Pflanzenteile: Besonders der Milchsaft.

Hauptwirkstoffe: Ein Bitterstoff Taraxacin = Taraxacerin (wahrscheinlich identisch mit Lactucopicrin $C_{23}H_{22}O_7$), Oxyphenylessigsäure u.a.

Vergiftungserscheinungen: Aus den Erfahrungen der Beratungsstelle für Vergiftungserscheinungen, Berlin:
Nach Auslutschen der Stengel (max. 10) kam es zu spontanem Erbrechen; Erbrechen, Bauchschmerzen 24 Std. später, Unwohlsein, Durchfall, perioraler Rötung [K 40].

Wirkungen auf die Haut: Obwohl der Löwenzahn nur zu den mittelstark sensibilisierenden Kompositenpflanzen zählt, werden gelegentlich Fälle einer schweren Kontaktdermatitis beobachtet, wenn Löwenzahn – z.B. als Kaninchenfutter – über Jahre regelmäßig gesammelt wird. Es bleibt dabei nicht aus, daß durch den häufigen Kontakt mit dem Milchsaft eine Dermatitits der Hände und der Unterarme mit starker Schwellung auftritt. Als verantwortliche Kontaktallergene sind die Bitterstoffe des Milchsafts er-

Taraxacum officinale

kannt worden, unter denen dem Sesquiterpenlakton Taraxinsäure-1´-O-β-D-glucopyranosid eine stark sensibilisierende Wirkung zukommt [Hausen BM et al.: Dermatosen in Beruf und Umwelt 26, 198, 1978, und *30,* 51–53, 1982].

Anwendungen in der Homöopathie: Beziehung zum Leber-Verdauungssystem, Anregung zur Harnabsonderung.
D_1–D_3 bei Hepatopathien, Gastritis, Pfortaderstauung, Meteorismus, Enuresis.

Gefährlichkeitsgrad: Löwenzahn wird oft als Salat gegessen (die frühen Triebe). Er wirkt diuretisch. Daher der franz. Name piss en lit. Möglicherweise gibt es Sorten, bei denen der Milchsaft schwach giftig ist.

Vorschriften: Taraxacum officinale: Monographie der Kommission D.
Taraxaci radix cum herba: Monographie der Kommission E.

Literatur: H 12, K 40, T 5, W 27.

Therapie:
Erste Hilfe: Haut und Augen mit Wasser oder Roticlean® spülen.
Klinik: Antiallergische Hautsalbe (Cortison) bzw. Augensalbe (Opticrom).

Taxus baccata L.

Eibe. *E:* Common yew. *F:* If. *I:* Tasso.

EDV-Code: TAXBA.

Familie: Taxaceae, Eibengewächse.

Verbreitung, Vorkommen: Mittel-, West- und Südeuropa, Nordafrika, Kleinasien, Kaukasus; in schattigen Wäldern. In vielen Sorten häufig angepflanzt in Gärten, Friedhöfen und Parks.

Beschreibung: 2–15 m hoher immergrüner Nadelbaum mit abstehenden Ästen. Nadeln bis 3 cm lang ohne weiße Streifen auf der Unterseite. Männliche und weibliche Blüten. Im roten, bereiften Samenmantel 2 erbsengroße, harte Samen.
Blütezeit: März–April.
Früchte: August–Oktober.

Taxus baccata

Weitere giftige Taxus-Arten [E 12]: Taxus brevifolia Nutt. (Strauch; Verbreitung: Nord-Amerika/Alaska bis Kalifornien); Taxus canadensis Marsh. (Strauch; Verbreitung: Nord-Amerika); Taxus cuspidata Sieb. et Zucc. (Strauch, Baum; Verbreitung: Japan, Korea, Mandschurei); Taxus x media Rehd., Bastard zwischen T. baccata u. T. cuspidata.

Giftige Pflanzenteile: Alle Pflanzenteile, ausgenommen der rote Samenmantel. Besonders giftig scheinen die Nadeln zu sein, die neben Alkaloiden auch noch geringe Mengen an cyanogenen Glycosiden (10–40 mg/kg) enthalten. Höchster Gehalt im Herbst. Durch Kochen und Trocknen wird der Alkaloidgehalt nicht beeinflußt.
Die ostasiatische Art Taxus cuspidata Sieb. et Zucc. scheint noch giftiger als unsere Eibe zu sein.

Hauptwirkstoffe: In den Blättern 0,6–1,97% einer toxischen Alkaloidfraktion „Taxin" (niedrigster Gehalt im Mai, höchster Gehalt im Januar). Flüchtiges, nach Schimmel riechendes „Milossin", das als Myricylalkohol $C_{30}H_{62}O$ aufgeklärt wurde. Weiterhin Taxicatin (Phloroglucindimethyletherglucosid) $C_{14}H_{20}O_7$, drei Biflavone, darunter Sciadopitysin $C_{33}H_{34}O_{10}$, Fp. 294 °C, sowie ein Isomeres des Sotetsuflavons von Fp. 310 °C. Ferner Saccharose, Raffinose, Gallussäure, Spuren von → *Ephedrin,* Calciummalat, β-Sitosterin, Leucoanthocyane, Sequoyit, Gerbstoffe und Homoserin. Nach Hoffmeister et al. [Naturwissenschaften 1967, S. 471] das Arthropodenhäutungshormon Ecdyson.
→ *Taxin* ist keine einheitliche Substanz. Isoliert wurden Taxin A, Taxin B (=Taxin I?), Taxin C und 7 weitere, ähnliche Basen: Taxin A, $C_{35}H_{49}NO_{10}$, Fp. 204–206 °C (zu 1,3% im Gesamttaxin); Taxin B, $C_{33}H_{45}NO_8$, Fp. 113 °C (amorph), ein Diester des wahrscheinlich diterpenoid gebauten C_{20}-Pentols (30% des Gesamttaxins); Taxin C, Fp. 221 °C (<1% im Gesamttaxin), Taxin I (identisch mit Taxin B?) $C_{33}H_{45}NO_8$ (40% des Gesamttaxins), ein Diester des Diterpens Taxicin I, $C_{20}H_{30}O_6$ [H 12].

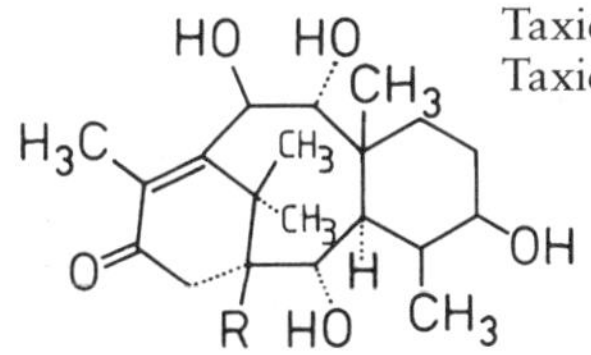

Taxicin I: R=OH
Taxicin II: R=H

Vergiftungserscheinungen: Beginn nach ½ bis 1½ Std. mit Erbrechen, heftigen Leibschmerzen; bald stellen sich unter schmerzhaften Koliken erfolgende Diarrhöen ein, ferner Mydriasis, Schwindel, evtl. ein Betäubungszustand. Die Atmung ist zunächst – wie vorübergehend auch der Puls – beschleunigt, später stark verlangsamt, abgeschwächt, röchelnd, und wird endlich immer oberflächlicher. Am Kreislauf Bradykardie, Arrhythmie, Abschwächung der Herzaktion, bei starker Gesichtsblässe und unter Schwinden des Bewußtseins zunehmender Kollaps und schließlich, oft unvermittelt und schon nach 1½ (sonst bis zu 24 Std.), unter Umständen nach vorausgegangenen Erstickungskrämpfen Koma und Tod durch Kreislauf- und Atemlähmung.
Nach Weilemann [W 38] sind vor allem ein- bis fünfjährige Kinder gefährdet; bei Aufnahme einiger unzerkauter Samen oder Nadeln kommt es allenfalls zu Magen- und Darmbeschwerden. Bei zerbissenen Samen oder Nadeln ist die Gefährdung größer; 90% verliefen symptomlos, bei den restlichen 10% waren Magen und Darm (60%), Herz (16%), Fieber (10%) und andere Symptome (30%) zu beobachten.
Ein Fall aus dem Jahre 1990: Ein Mann wurde zu einer Geldstrafe in Höhe von 30 000,– Mark verurteilt; er hatte seine Eibenbäume geschnitten und die Zweige auf der benachbarten Wiese liegen lassen. Pferde, die davon fraßen, zeigten schwere Vergiftungserscheinungen, einige starben (Zeitungsmeldung vom 24. 10. 1990).
Noch eine Zeitungsmeldung zu Nutztiervergiftung durch die Eibe (vom 1. 6. 1975): „Die Kühe des Landwirts Fritz W. schienen von einer geheimnisvollen Seuche befallen zu sein. Vier der am Tage zuvor noch kerngesunden Tiere lagen plötzlich tot auf der Weide. Der Tierarzt fand die Todesursache

Taxus baccata

schnell heraus: Die Rindviecher hatten an der Eibenhecke des Nachbargrundstücks geknabbert und waren an den ‚hochgiftigen' roten Beeren zugrunde gegangen." Bauer W. wollte den Nachbarn haftbar machen. Gefährliche Giftpflanzen dürften doch neben einer Viehweide nicht angebaut werden, meinte er.
Das Oberlandesgericht in Düsseldorf hat dieser Auffassung in einem ähnlichen Fall jedoch widersprochen. Der Anbau giftiger Pflanzen sei grundsätzlich nicht verboten. Der Bauer hätte also seine Tiere durch geeignete Maßnahmen von den gefährlichen Pflanzen fernhalten müssen [H 42].
Spätwirkung: Leberversagen, Störung der Blutgerinnung.
Als tödliche Dosis für den Menschen werden 50–100 g Folia Taxi (im Decoct, z. B. als Abortivum innerlich genommen) angegeben [H 12].
Bei einer Vergiftung sollte unbedingt versucht werden, festzustellen, was gegessen wurde. Der rote Samenmantel (Arillus) ist wohlschmeckend, frei von Giften und ungefährlich. Die in ihm enthaltenen Samen jedoch sind giftig. Der Verfasser hat als Kind zahlreiche Eibenfrüchte gegessen, die Kerne ausgespuckt und hinterher keine Beschwerden gehabt.
Durch Pflanzenaufnahme kann bei Pferden der Tod schon nach 5 Min. eintreten, während Rinder bei fünffacher Menge erst nach 2 Tagen verenden. Bei Rindern starker Rückgang der Milchmenge.
Nadeln: Tödliche Dosis für Pferde 0,2–0,3 g/kg, 10 g/kg für Wiederkäuer, 3 g/kg Körpergewicht für Schweine [H 18].

Wirkungen auf die Schleimhäute: Die Eibenpollen gehören zu den Mitverursachern der Frühblüherallergie (Frühjahrsheuschnupfen).

Gefährlichkeitsgrad: Stark giftig + +

Vorschriften: Wildwachsende Bäume stehen unter Naturschutz.

Literatur: B 36, F 16, G 4, H 12, H 18, H 42, J 5, J 12, K 17, L 10, M 2, M 26, R 9, S 6, S 37, V 10, W 38.

Therapie:
Erste Hilfe: Gabe von 10 g Kohle-Pulvis, Erbrechen auslösen, Natriumsulfat.
Klinik: Magenspülung (evtl. mit burgunderfarbener Kaliumpermanganatlösung), Instillation von 10 g Kohle-Pulvis; nach der Resorption (Krämpfe!) Relaxierung und Intubation. Solange das Krampfstadium anhält, so viel Antiepileptika wie Diazepam, Barbital u.a., daß die Krämpfe eben unterdrückt bleiben. Plasmaexpander im Schock. Kontrolle der Blutgerinnung, Leber- und Nierenwerte. (Evtl. Humatin, AT III, Leberkomatherapie.)

Telekia speciosa (Schreb.) Baumg.

(Buphthalmum speciosum Schreb.)

Telekie. *E:* Large yellow ox-eye. *F:* Télékia élégant.

Familie: Asteraceae, Korbblütler.

Verbreitung, Vorkommen: Südostalpen, Karpaten, Balkan, Kaukasus, Kleinasien. In Mitteleuropa stellenweise verwildert und eingebürgert.

Beschreibung: 60–80 cm hohe, mehrjährige, verzweigte Staude. Blätter oval-lanzettlich oder herzförmig-dreieckig, am Rande gezähnt, sitzend, wechselständig. Blütenköpfchen goldgelb, 6–8 cm breit; Röhrenblüten knopfig hervortretend.
Blütezeit: Juni–August.

Giftige Pflanzenteile: Wurzel.

Hauptwirkstoffe: In der Wurzel neben Alantolacton mit einem Anteil von bis zu 4% finden sich mindestens noch weitere

Telekia speciosa

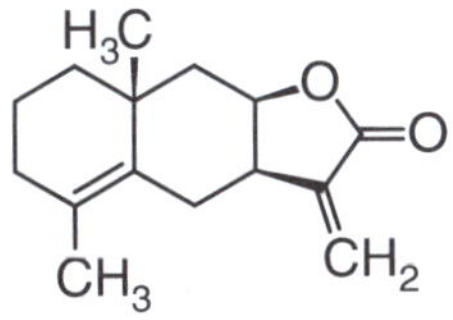

Alantolacton

8 Stoffe (Bohlmann 1979, 1981, Benesova) sowie zwei besonders interessante monosubstituierte Cyclopropenon-Derivate (Bohlmann 1981b).

Wirkungen auf die Haut: Die Telekie hat stark hautreizende Eigenschaften. Ein direkter Test mit Blatt- und Stengel-Material führt obligatorisch zu „falsch positiven", zum Teil bullösen Reaktionen und sollte daher unbedingt unterbleiben.
Die hohe Reizwirkung der Telekie ist sicher auf den hohen Gehalt an Sesquiterpenlactonen, allen voran Alantolacton, zurückzuführen. Nicht unbeteiligt sind sehr wahrscheinlich auch die beiden Cyclopropenonderivate. Es ist sogar zu vermuten, daß sie auch als Sensibilisatoren wirksam werden [H 21].

Gefährlichkeitsgrad: Hautreizend, allergen.

Literatur: H 21.

Therapie:
Bei Allergie Hautkontakt und Einatmung (z. B. von Pflanzenstaub bei der Aufarbeitung von getrockneten Pflanzen) meiden.

Theobroma cacao L.

Kakaobaum. *E:* Cacao-tree. *F:* Cacaoyer. *I:* Cacao (albero). *NL:* Cacaoboom.

EDV-Code: THOCA.

Familie: Sterculiaceae.

Verbreitung, Vorkommen: Tropisches Amerika, in fast allen tropischen Ländern Afrikas und auf den asiatischen Inseln.

Beschreibung: Der Baum wird bis zu 10 m hoch. Die kleinen rötlichweißen Blüten entspringen in Gruppen dem Stamm (Kauliflorie) oder stärkeren Ästen. Die dickwandige Frucht enthält 20–70 „Kakaobohnen", die 2–3 cm lang sind.

Droge: Semen Cacao, Cacao semen, Kakaobohnen.
Nach der Fruchtform unterscheidet man eine Reihe von Varietäten und Typen, so z. B. Criollo-Forastero-Kakao.
Auszug aus der Monographie der Kommission E: Cacao semen (Kakaosamen)
Risiken: Gegenanzeigen: Allergische Disposition für Kakaoprodukte.

Nebenwirkungen: Kakao- und Kakaoprodukte können allergische Reaktionen mit

Theobroma cacao

Hautmanifestationen und Migräne hervorrufen.
Verwendung bei Schwangerschaft und Laktation: Methylxanthine gehen in die Muttermilch über; die Konzentration der Methylxanthine in der Muttermilch entspricht der im Plasma. Wirkungen oder Nebenwirkungen bei gestillten Säuglingen sind nicht untersucht.

Hauptwirkstoffe: In den Samen 1–4% Theobromin, ca. 0,2% Coffein, 6–7% Catechingerbstoff.
In einer normalen Tasse Kakao sind 0,1 g Theobromin und 0,1% Coffein enthalten.

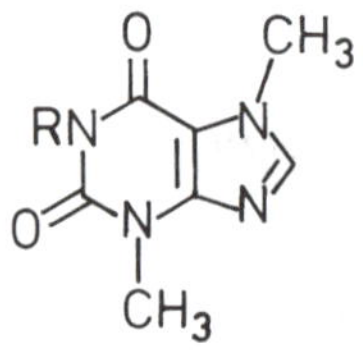

Theobromin: R=H
Coffein: R=CH_3

Pharmakologische Wirkung: Die pharmakologische und therapeutische Bedeutung des Kakaos wird auf seinen Gehalt an Theobromin und Coffein zurückgeführt und äußert sich in einer diuretischen und vasodilatatorischen Wirkung, die hauptsächlich auf Theobromin zurückzuführen ist. Die stimulierende und cardiale Wirkung kommt dem Coffein zu [H 12].

Gefährlichkeitsgrad: Beliebtes Genußmittel. Bei vernünftigem Verzehr ungiftig. Nur nach Genuß sehr großer Mengen, die allerdings von Kindern gelegentlich aufgenommen werden (Schokolade, Kakaogetränke) sind Vergiftungserscheinungen zu erwarten. In der Literatur werden Fälle mit der Aufnahme von bis zu 50 (!) Tassen Kakao täglich geschildert.

Vorschriften: Cacao semen und C. testes: Monographie der Kommission E.

Literatur: H 12, K 9.

Therapie:
Erste Hilfe: Nach Genuß größerer Mengen evtl. Kohle-Pulvis-Gabe. Beruhigen.
Klinik: In Extremfällen Herzrhythmusstörungen. Sedieren mit Diazepam.

Thevetia peruviana (Pers.) K. Schum.

(Thevetia neriifolia Juss. ex Steud.)

Gelber Oleander. *E:* Exile tree, yellow oleander. *F:* Arbre à lait, laurier jaune.

Thevetia peruviana

EDV-Code: THVPE.

Familie: Apocynaceae, Hundsgiftgewächse.

Verbreitung, Vorkommen: Heimisch in Mexiko und im nördlichen Südamerika.

Beschreibung: Immergrüner, dicht belaubter, 4–6 m hoher Baum. Blätter schmal, zugespitzt, 7–15 cm lang, Oberseite glänzend, Unterseite matt. Blüten gelb, am Ende der Zweige. Frucht 4kantig, mit harten braunen Samen.
Blütezeit: Juni–August.

Droge: Semen Thevetiae neriifoliae, Thevetiae neriifoliae semen, Thevetiasamen.

Hauptwirkstoffe: 4,5–6% Cardenolidglykoside wie Thevetin, Neriifolin und viele andere.

Giftige Pflanzenteile: Milchsaft, Rinde und Samen sind sehr toxisch, auch Blatt und Wurzel wirken toxisch.

Vergiftungserscheinungen: Schwere Intoxikationen kommen relativ selten vor, da der bittere Geschmack der Cardenolide und ein meist spontanes Erbrechen die Resorption größerer Giftmengen verhindern [F 16]. Für einen Erwachsenen sollen 8–10 Samen tödlich sein.

Gefährlichkeitsgrad: Stark giftig + +

Literatur: **F 16,** H 12.

Therapie:
Erste Hilfe: Kohle-Pulvis-Gabe, Erbrechen auslösen, Natriumsulfat.
Klinik: Magenspülung (evtl. mit burgunderfarbener Kaliumpermanganatlösung), Kohleinstillation (10 g Pulvis), Herzschrittmacher (prophylaktisch), Hämoperfusion, Kontrolle des Kaliumspiegels und Substitution, Phenytoin, bei ventrikulärer Extrasystolie: Lidocain (Xylocain®), bei ausgeprägter Bradykardie: Atropin oder Orciprenalin (Alupent®), bei AV-Überleitungsstörungen: Vorsicht mit Substanzen, die diese zusätzlich beeinträchtigen, d. h. mit Ajmalin, Procainamid, β-Rezeptorenblocker und Chinidin.

Thuja occidentalis L.

Abendländischer Lebensbaum. *E:* American arbor vitae. *F:* Thuya d'occident. *I:* Tuia occidentale.

Thuja occidentalis

EDV-Code: THUOC.

Familie: Cupressaceae, Zypressengewächse.

Verbreitung, Vorkommen: Heimat: östliches Nordamerika; häufig in Parkanlagen, Gärten, Friedhöfen. Zur Bildung „immergrüner" Hecken.

Beschreibung: Immergrüner, bis 20 m hoher Baum; mit waagrecht verzweigten Ästen, Zweige oben dunkel-, unterseits hellgrün. Blätter schuppenförmig. Blüten einhäusig. Zapfen länglich, 8–12 mm lang.
Blütezeit: April–Mai.
Gelegentlich ist in Gärten und Parkanlagen der aus Nordamerika stammende Riesen-Lebensbaum – Thuja plicata Donn ex D. Don anzutreffen.

Droge: Summitates Thujae, Thujae summitas, Lebensbaumblätter.
Die getrockneten jüngeren Zweige.
Zur Unterscheidung der Droge von anderen Thuja-Arten kann die Arbeit von Baumann et al. herangezogen werden [B 7].

Giftige Pflanzenteile: Zweigspitzen, Zapfen, aber auch das Holz.

Hauptwirkstoffe: Ätherisches Öl mit → *Thujon,* Bitterstoffe, Gerbstoffe.

Vergiftungserscheinungen: Übelkeit, Blutungen, Krämpfe, Durchfall mit starken Schmerzen, Wasserstauungen in den Beinen, Leber- und Nierenschädigung, zuletzt Lähmungen des Zentralnervensystems [H 12].
Bei Vergiftungen infolge Gebrauchs des Mittels als Abortivum kam es zu tiefem Koma, erhöhtem Blutdruck, motorischen Reizerscheinungen, Vomitus, Diarrhöe, Erhöhung der Temperatur und der Pulszahl, Bronchopneumonie, Lungenödem und tonisch-klonischen Krämpfen. Im weiteren Verlauf kommt es oft zu schweren Stoffwechselstörungen, insbesondere gelber, akuter Leberatrophie. Vergiftungen mit Thuja haben in einigen Fällen auch zum Tode geführt [M 2].
Aus den Erfahrungen der Beratungsstelle für Vergiftungserscheinungen, Berlin:
5jähriger Junge aß ca. 5 cm eines frischen Triebes, ein anderer 3 Zapfen, jeweils keine Symptome; 7monatiger Junge nach unbekannter Menge Blätter: Erbrechen (blutigschleimig), Blähungen [K 40].
Vergiftungen durch Blätter können bei Tieren auftreten, wobei Pferde besonders empfindlich reagieren. Durch die entzündungserregenden Inhaltsstoffe kann es zu einer Gastroenteritis, zentralnervösen Krämpfen, Leber- und Nierenveränderungen mit Polyurie und Oligurie kommen [H 18].

Wirkungen auf die Haut: Ekzeme beim Verarbeiten von Holz. Hautreizung.

Anwendungen in der Homöopathie: D_3–D_6 bei Adnexitis, Folgen der Pockenimpfung, Folgen von Infektionen (auch venerischen), Tuberkulose, fokalbedingte Krankheiten; Tabl. 0,025 g bei Nierenentzündungen.

Gefährlichkeitsgrad: Sehr stark giftig + + +

Vorschriften: Thuja occidentalis: Monographie der Kommission D.

Literatur: B 7, B 36, D 9, F 16, G 4, H 12, H 18, K 40, L 10, M 2, M 3, M 27.

Therapie:
Erste Hilfe: Kohle-Pulvis-Gabe, Erbrechen auslösen, Roticlean®, Natriumsulfat, viel trinken lassen. Lokal Locacorten®-Schaum.
Klinik: Magenspülung (evtl. mit burgunderfarbener Kaliumpermanganatlösung), Roticlean®-, Kohle- und Natriumsulfatinstillation, gegen Koliken Atropin, Elektrolytsubstitution, Azidoseausgleich mit Natriumbikarbonat (Urin pH 7,5), Kontrolle der Nierenfunktion, bei Krämpfen Diazepam (Valium®) i.v., ggf. Intubation und Sauerstoffbeatmung. Evtl. Leberkoma-Therapie, AT III.

Thuja orientalis L.

Morgenländischer Lebensbaum. *E:* Oriental arbor vitae. *F:* Thuya de Chine. *I:* Tuia orientale.

EDV-Code: THUOR.

Familie: Cupressaceae, Zypressengewächse.

Verbreitung, Vorkommen: Heimat: Nordchina; in Mitteleuropa nur in mildesten Lagen. In Parks und Gärten.

Beschreibung: 5–10 m hoher, immergrüner Baum, mit senkrecht verzweigten Ästen, Zweige beiderseits hellgrün. Blätter schuppenförmig. Blüten einhäusig. Zapfen 12–18 mm lang.
Blütezeit: April–Mai.
Weitere giftige Thuja-Arten [E 12]: Thuja koraiensis Nakai (Strauch, Baum, Verbreitung: Korea); Thuja standishii (Gord.) Carr. (Strauch, Verbreitung: Japan).

– Toxikologie, Therapie → *Thuja occidentalis*

Thymus vulgaris L.

Gartenthymian. *E:* Garden thyme. *F:* Thym. *I:* Timo. *NL:* Echte tijm.

EDV-Code: THYVU.

Familie: Lamiaceae, Lippenblütler.

Verbreitung, Vorkommen: Im Mittelmeergebiet in Felsenheiden und Macchien. In Mitteleuropa als Küchengewürz angebaut und nur vorübergehend verwildert.

Beschreibung: Bis 40 cm hoher, ästiger Halbstrauch (in Mittel- und Nordeuropa meist einjährig). Blätter lineal bis elliptisch, bis 11 mm lang, oben meist kahl, unten dichtfilzig, kurz gestielt. Blüten lila bis rosa, mit ausgerandeter Oberlippe und 3zipfeliger Unterlippe, blattachselständig, in ährigem Blütenstand. Nüßchen abgeflacht, eiförmig, hell- bis dunkelbraun.
Blütezeit: Mai–Oktober.

Wirkstoffhaltige Pflanzenteile: Das ätherische Öl.

Hauptwirkstoffe: Je nach Chemotyp Thymol oder Carvacrol als Hauptkomponente (bis 70%), oder eines der Terpene Geraniol, Linalool, α-Terpineol, trans-4-Thujanol oder 1,8-Cineol [H 12].

Pharmakologische Wirkung: Vergiftungen durch die Pflanze sind nicht möglich. Nach Einnahme größerer Mengen des äth. Öles treten starke Reizerscheinungen im Magendarmkanal (Erbrechen, Gastroenteritis), dagegen kaum resorptive Vergiftungserscheinungen auf. Sehr große Mengen von Thymianöl können zu ernsten Vergiftungen führen, die hauptsächlich dem Thymol bzw. dem Carvacrol zukommen dürften und neben den oben beschriebenen Vergiftungserscheinungen schließlich zu zentraler Lähmung führen können [H 12].

Gefährlichkeitsgrad: Pflanze nicht giftig, ätherisches Öl giftig +

Literatur: H 12.

Therapie:
Erste Hilfe: Nach Verschlucken einer größeren Ölmenge Kohle-Pulvis (10 g) oral.
Klinik: Atmungskontrolle, Monitorkontrolle.

Tilia tomentosa Moench

(Tilia alba Ait., Tilia argentea Desf.)

Silber-Linde. *E:* Silver linden. *F:* Tilleul argenté. *I:* Tiglio tomentoso.

EDV-Code: TILTO.

Familie: Tiliaceae, Lindengewächse.

Verbreitung, Vorkommen: Balkan, Kleinasien und Südwestrußland. In Mitteleuropa als Straßen- und Zierbaum.

Beschreibung: Bis über 30 m hoher Baum mit pyramidalem Wuchs. Junge Zweige filzig behaart. Blätter breit-eiförmig bis rundlich; am Grunde ungleich herzförmig, gestielt; Unterseite weißlich-filzig. Flügelblatt sitzend, zungenförmig, mit 5 oder 7 bis mehrblütigem, gestieltem Blütenstand. Frucht eiförmig bis kugelig, spitz, graufilzig. Blütezeit: Juli–Anfang August.
Die Krimlinde, Tilia x euchlora K. Koch zeigt dieselben Wirkungen.

Giftige Pflanzenteile: Blüten giftig für Honig-, Wildbienen und Hummeln.

Hauptwirkstoffe: Wie bei Bienen könnte bei Hummeln die Vergiftung auf einen im Nektar der Linde vorhandenen Zucker (Mannose) zurückzuführen sein. Mannose bindet (blockiert) das Enzym Hexokinase, so daß die für die Glykose notwendige Phosphorylierung der Glucose unterbleibt. Die phosphorylierte Mannose ihrerseits kann aber nicht in die nächste Reaktionsstufe – das Fructose-6-phosphat – umgewandelt werden, da den Bienen das hierzu benötigte Enzym Phosphomannose-Isomerase fast vollkommen fehlt [M 4].

Maßnahmen: Neuanpflanzungen einstellen, evtl. Fällung großer Bäume. Von Hagen [H 11] rät, die Bäume mit Wasser abzuspritzen, um so die Mannosekonzentration zu verringern.

Vergiftungserscheinungen: An sehr heißen, trockenen Tagen kann man während der Blütezeit unter der Silber-Linde zahlreiche tote, lahme oder stark benommene Bienen oder Hummeln finden.

Gefährlichkeitsgrad: Für den Menschen ungiftig.
Sehr stark giftig + + + für die oben genannten Hymenopteren.

Literatur: H 11, M 4.

Toxicodendron quercifolium (Michx.) Greene

(Rhus toxicodendron L.)

Giftsumach. *E:* Poison oak. Poison irg. *F:* Sumac vénéneux. *I:* Sommaco velenoso. *NL:* Giftsumak.

EDV-Code: TOXQU.

Familie: Anacardiaceae, Sumachgewächse.

Verbreitung, Vorkommen: Heimat: Nordamerika, Nordasien; bei uns in botanischen Gärten, auch verwildert.

Beschreibung: Ungefähr 2 m hoher Strauch. Blätter dreizählig, Einzelblätter bis 18 cm lang, eiförmig-lanzettlich. Blüten weißlichgrün in blattachselständigen Rispen. Steinfrüchte 6–8 mm, gelblich.
Der Giftsumach führt einen gelblich-weißen, an der Luft sich dunkel färbenden Milchsaft.
Blütezeit: Mai–Juni.
Weitere giftige Toxicodendron-Arten [E 12]: Toxicodendron radicans (L.) O. Kuntze – Kletternder Giftsumach. Poison Ivy (Strauch, Blütezeit: 6–7, Verbreitung: Nord-Amerika); Toxicodendron succedaneum (L.) O. Kuntze – Talgsumach (Strauch oder Baum; Verbreitung: Japan, Taiwan, China, Indien); Toxicodendron vernix (L.) O. Kuntze (Strauch oder Baum, Blütezeit: 6–7, Verbreitung: Nord-Amerika).

Giftige Pflanzenteile: Alle Pflanzenteile.
Beim Einsammeln der Blätter ist große Vorsicht geboten, da schon eine leichte Berührung mit den Blättern und anderen Teilen der Pflanze unangenehme Hautentzündungen, bösartige und langwierige Ausschläge hervorruft. Man muß deshalb die Hände durch weit hinaufreichende Handschuhe schützen. Auch das vorherige Waschen der nicht bekleideten Körperteile mit einer Lösung von Kaliumbicarbonat (1:100) soll die Wirkung der Blätter auf die Haut verhüten [H 12].

Hauptwirkstoffe: → *Urushiol* (früher als Toxicodendronsäure, Toxicodendrol oder Toxicodendrin bezeichnet), „Rhusgift“, bestehend aus Brenzcatechinderivaten mit gesättigten C_{15} und mono-, di- und triolefinischen Seitenketten. Das Monoolefin aus Rhus toxicodendron, Urushenol (3-[8-Pentadecenyl]-brenzcatechin) hat die stärkste hautentzündende, sensibilisierende Wirkung. Die Blätter sollen etwa 3,3%, die Zweige 1,6%, die unreifen Früchte 3,6% enthalten [H 12].

Vergiftungserscheinungen: Nach oraler Aufnahme des Rhusgiftes (hierbei handelt es sich meist um medizinale Vergiftungen infolge Überdosierung der homöopathischen Rhus-toxicodendron-Arzneien) kommt es zu heftiger örtlicher Reizwirkung in Mund, Rachen und Magendarmkanal, es stellen sich Übelkeit, Erbrechen und schwere, mit heftigen Koliken und blutigen Diarrhöen einhergehende Gastroenteritis ein, außerdem treten als resorptive Vergiftungserscheinungen Schwin-

Toxicodendron quercifolium

del, Benommenheit, aber auch Aufregungszustände sowie auch auf diesem Wege (bei erworbener Allergie bereits durch Rhus toxicodendron D_6 bis D_4) die oben beschriebenen Hauterscheinungen ein. Als Ausscheidungsorgane werden die Nieren von der Rhusgiftwirkung betroffen, was sich in Hämaturie, Zunahme, nach höheren Dosen auch Abnahme der Diurese, u. U. in Nephritis äußert. Tiere gehen nach Aufnahme der Blätter des Gift-Sumachs zugrunde [H 12].

Ein Mann, der 1948 in einem botanischen Garten Rhus-Blätter sammelte, um seine Stallhasen damit zu füttern, bekam geschwollene Hände mit Blasen. Die Hasen gingen alle innerhalb von 24 Std. ein [eigene Beobachtung].

Wirkungen auf Haut und Schleimhaut: Urushiole haben bereits in sehr geringer Menge (wenige μg genügen) eine sehr starke örtliche Reizwirkung, die sich nach Aufbringen auf die Haut sehr schnell entwickelt und sich als eine mit Rötung, Schwellung, pustel- und bläschenförmigem Ausschlag, Fieber, Schmerzen, v. a. aber mit stärkstem, bis unerträglichem Juckreiz verbundene Dermatitis äußert, bes. an empfindlichen dünnen Hautstellen. Hautentzündungen kommen meist dadurch zustande, daß von Menschen, denen die Gefährlichkeit des Strauches nicht bekannt ist, beim Abpflücken von Blättern oder Zweigen, aber auch schon beim kräftigen Berühren (Reiben, Quetschen) die Milchsaftgefäße geöffnet werden, und so der Saft auf die Haut gelangt. Die Rhusdermatitis ist sehr hartnäckig, sie kann wochen-, selbst monatelang anhalten; sie klingt nur langsam ab. Die Hauterscheinungen können (bei inzwischen äußerlich scheinbar normalem Verhalten der Haut) selbst nach Jahren in Gestalt von Nachschüben an den erstmals betroffenen Hautstellen wieder auftreten. Wenn der Saft auf das Gesicht und dort in die Nähe der Schleimhäute gelangt, so kann die Wirkung u. U. auch auf die Schleimhäute, bes. der Augen, Nase und Mundhöhle übergehen, wodurch die Beschwerden des Betroffenen ganz erheblich zunehmen. Gerät der Saft unmittelbar oder z. B. durch Verwischen in die Augen, so sind schwerste Entzündungen der Binde- und Hornhaut, selbst mit vorübergehender oder auch bleibender Aufhebung des Sehvermögens infolge Hornhauttrübung zu befürchten.

Die Pentadecylcatechole aus Rhus-Arten gehören zu den stärksten in der Natur vorkommenden Kontaktallergenen. Bereits ein einziger Kontakt mit den Blättern des „Giftsumach" kann innerhalb von wenigen Tagen zu einer Sensibilisierung (spezifischen Überempfindlichkeit) führen, die beim nächsten Kontakt eine schwere allergische Kontaktdermatitis hervorruft. Etwa 60–80% der amerikanischen Bevölkerung sind gegenüber den verschiedenen Rhus-Arten („poison ivy", „poison oak") allergisch. Alle Bemühungen durch Hautschutzsalben, die das Eindringen der Wirkstoffe verhindern oder diese vorher unschädlich machen sowie durch orale Hyposensibilisierung oder andere Schutzmaßnahmen die Zahl der jährlich auftretenden Fälle zu reduzieren, sind bisher fehlgeschlagen. Daher ist die Rhus-Dermatitis nach wie vor das wichtigste dermatologische Problem in den Vereinigten Staaten. Bei uns kommen Rhus-Dermatitiden äußerst selten vor. Im Essigbaum (→ *Rhus typhina*) sind die Urushiole nicht nachweisbar [Ippen H: Derm. Beruf Umwelt 31, 140, 1983 (mit 79 Literaturstellen)].

Der Milchsaft von Toxicodendron verniciflua (Stokes) O. Kuntze (Rhus verniciflua Stokes), Lacksumach ist der Grundstoff der japanischen Lackmalerei und hat im nichtgetrockneten, seltener im getrockneten Zustand stark wirksame Hautreizstoffe, gegen die seltsamerweise nur Europäer empfindlich sind.

Dosierung: Größte Einzelgabe 0,05 g, größte Tagesgabe 0,15 g. Mittlere Einzelgabe als Einnahme 0,03 g (10 g Aufguß, 0,3%). Erg. B. 6.

Anwendungen in der Homöopathie: Mindestens D_3 oder höhere Potenz bei Gelenk- und Muskelrheuma, Neuritiden, Erysipel, nässende Ekzeme.

Gefährlichkeitsgrad: Sehr stark giftig + + +, sehr stark hautschädigend.

Literatur: B 36, D 9, G 4, H 12, H 13, K 35, M 2, M 27.

Toxicodendron quercifolium

Therapie:
Erste Hilfe: Kohle-Pulvis-Gabe, Erbrechen auslösen, Natriumsulfat, viel warmen Tee trinken lassen. Augen und Haut spülen, Haut: Cortison.
Klinik: Magenspülung (evtl. mit burgunderfarbener Kaliumpermanganatlösung), Instillation von 10 g Kohle-Pulvis, Elektrolytsubstitution, Azidoseausgleich mit Natriumbikarbonat (Urin pH 7,5), Kontrolle der Nierenfunktion, bei Krämpfen Diazepam (Valium®) i.v., ggf. Plasma(expander)gabe, bei Atemlähmung: Intubation und Sauerstoffbeatmung.

Triglochin maritimum L.

Strand-Dreizack. *E:* Shore pod grass. *F:* Triglochin maritime. *I:* Giuncastrello marino. *NL:* Strandzoutgras.

EDV-Code: TRLMA.

Familie: Scheuchzeriaceae (Juncaginaceae), Blumenbinsengewächse (Dreizackgewächse).

Verbreitung, Vorkommen: In kälteren und gemäßigten Zonen der nördlichen Halbkugel. In Mitteleuropa an der Nord- und Ostsee, im Binnenland vereinzelt auf moorigen Wiesen und salzhaltigem Boden.

Beschreibung: 10–60 cm hohe Pflanze, mit bis 4 mm dickem Stengel. Blätter grundständig, schmal-linealisch, bis 4 mm breit. Blüten grün, kurz gestielt, oben rötlich, in vielblütigen, dichten Trauben. Früchte eiförmig, 4–6 mm lang.
Blütezeit: Mai–August.
Mit ähnlicher Wirkung Triglochin palustris L., Sumpfdreizack, an Teichen und auf Sumpfwiesen des Binnenlandes.

Giftige Pflanzenteile: Die ganze Pflanze, besonders die Keimlinge.

Hauptwirkstoffe: Die Cyanglykoside Taxiphyllin, Triglochinin mit wechselnden Mengen gebundener Blausäure. Der Gehalt ist abhängig von Licht und Feuchtigkeit und ist besonders hoch in Keimlingen.

Vergiftungserscheinungen: Vergiftungsgefahr beim Menschen gering. Blausäurevergiftung vor allem bei Tieren (Schafen) [L 10].

Gefährlichkeitsgrad: Giftig +

Literatur: L 10, N 3.

Therapie:
Erste Hilfe: Sofort viel trinken, Erbrechen, Kohle-Pulvis. Notarzt verständigen, Klinikeinweisung.
Klinik: Sofort Magenspülung, Kohle-Pulvis, Natriumsulfat. Bei Erregung oder Atemdepression bzw. Koma (Blausäurewirkung) Antidot Natriumthiosulfat (100 ml 10%ig i.v.) spritzen. Nur in Extremfällen mit spätem Behandlungsbeginn und Koma 4-DMAP (3 mg/kg i.v.). Lokal und parenteral Natriumbikarbonat.

Trillium erectum L.

(Trillium pendulum Willd.)

Amerikanische Waldlilie. *E:* Purple trillium, Birthroot, Lambs'quarters, Wake robin.

Familie: Trilliaceae, Einbeerengewächse.

Verbreitung, Vorkommen: Die 15–30 cm hohe Staude ist in Nordamerika und im außertropischen Asien beheimatet.

Droge: Rhizoma Trillii erecti, Trillii erecti rhizoma.
Der getrocknete Wurzelstock von Tr. erectum und anderen Trillium-Arten.

Giftige Pflanzenteile: Besonders der Wurzelstock.

Hauptwirkstoffe: Die Saponine Trillin (Diosgeninmonoglucosid) $C_{35}H_{52}O_8$, Fp. 275–280 ° C (dec.), und Trillarin (Diosgenindiglucosid) $C_{39}H_{62}O_{13}$, 1,05% Diosgenin (Dioscoreasapogenin, Nitogenin) $C_{27}H_{42}O_3$, Fp. 205–208 °C, Kryptogenin, Chlorogenin

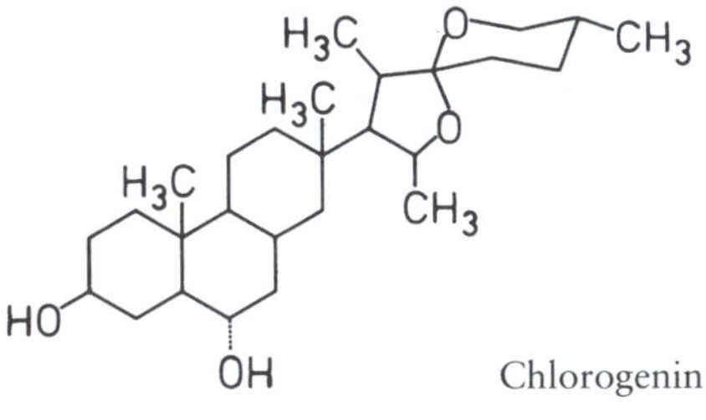

Chlorogenin

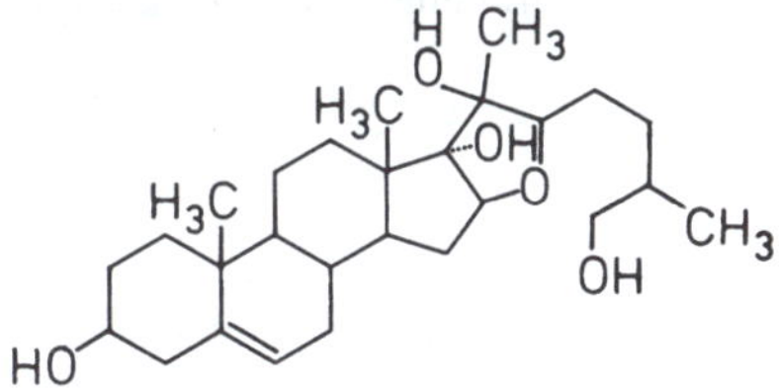

Nologenin

$C_{27}H_{44}O_4$, Fp. 271–276 °C, und Nologenin $C_{27}H_{44}O_5$, Fp. 265–270 °C [H 12].

Vergiftungserscheinungen: Die Wurzel wirkt brechenerregend, wehen- und menstruationsfördernd. Der wäßrige Extrakt hat anscheinend eine digitalisähnliche Wirkung.

Dosierung: 2–4 g der Wurzel.

Anwendungen in der Homöopathie: D_0–D_2 bei Blutungen aller Art, Hämorrhoidalblutungen.

Gefährlichkeitsgrad: Giftig +

Vorschriften: Trillium erectum: Monographie der Kommission D.

Literatur: D 9, H 12, M 2, M 27.

Trillium erectum

Therapie:
Erste Hilfe: Kohle-Pulvis 10 g, ggf. Augen spülen. Lokal Locacorten®-Schaum.
Klinik: Magenspülung (evtl. mit burgunderfarbener Kaliumpermanganatlösung), Instillation von 10 g Kohle-Pulvis, Elektrolytsubstitution, Azidoseausgleich mit Natriumbikarbonat (Urin pH 7,5), Kontrolle der Nierenfunktion, bei Krämpfen Diazepam (Valium®), gegen Koliken Atropin, ggf. Intubation und Sauerstoffbeatmung, Monitorkontrolle.

Trollius europaeus L.

Trollblume. *E:* Mountain globe flower. *F:* Trolle d'Europe. *I:* Luparia, Botton d'oro. *NL:* Europese trollius.

EDV-Code: TLUEU.

Familie: Ranunculaceae, Hahnenfußgewächse.

Verbreitung, Vorkommen: Fast ganz Europa, in Mitteleuropa im Nordwesten fehlend; feuchte, moorige Wiesen, besonders im Gebirge.

Beschreibung: Ausdauernde, 30–60 cm hohe krautige Pflanze. Blätter handförmig, 3–5teilig, Grundblätter langgestielt. Blüten zitronen- bis dottergelb; 6–15 Blütenblätter bilden eine geschlossene Kugel, Durchmesser 2–3 cm. Balgfrüchte mit schwarzen Samen. Blütezeit: Mai–Juni.

Giftige Pflanzenteile: Die ganze Pflanze.

Hauptwirkstoffe: → *Protoanemonin* vor allem in den oberirdischen Teilen, → *Magnoflorin* und Saponine in den Wurzeln.

Vergiftungserscheinungen: → *Ranunculus acris.*
Die Pflanze wird vom Weidevieh gemieden.

Gefährlichkeitsgrad: Giftig +

Vorschriften: Die Pflanze steht unter Naturschutz (A, CS, D, CH, I, YU, H).

Literatur: B 36, G 4, H 12.

Therapie:
Erste Hilfe: Kohle-Pulvis (10 g), erbrechen lassen, viel warmen Tee oder Himbeersaft trinken lassen.
Klinik: Nach wahrscheinlich großer Giftaufnahme: Magenspülung (evtl. mit burgunderfarbener Kaliumpermanganatlösung), Instillation von 10 g Kohle-Pulvis und Natriumsulfat, Elektrolytsubstitution, Azidoseausgleich mit Natriumbikarbonat (Urin pH 7,5).

Tropaeolum majus L.

Kapuzinerkresse. *E:* Large Indian cress. *F:* Capucine grande. *I:* Nasturzio grande.

EDV-Code: TOPMA.

Familie: Tropaeolaceae, Kapuzinerkressengewächse.

Verbreitung, Vorkommen: Heimat: Peru; Gartenpflanze, zur Bekleidung von Gittern, Lauben, Mauern.

Beschreibung: Kletterpflanze, bis über 1 m lang. Blätter schildförmig, langgestielt, Blüten in verschiedenen Farbvariationen, helmförmig, gespornt, 5lappig, groß.
Blütezeit: Juni–Oktober.

Droge: Auszug aus der Monographie der Kommission E: Tropaeolum majus (Kapuzinerkresse)
Gegenanzeigen: Nicht anzuwenden bei Säuglingen und Kleinkindern. Bei Einnahme: Magen- und Darmulcera, Nierenerkrankungen.
Nebenwirkungen: Kapuzinerkresse enthält Benzylsenföl (Benzylisothiocyanat), Benzylsenföl kann zu Haut- und Schleimhautirritationen führen. Bei innerer Anwendung können Magen-Darm-Beschwerden auftreten. Es liegt ein Fallbericht eines flüchtigen, urtikariellen Exanthems nach Einnahme der Senföle aus Kapuzinerkresse vor. Benzylsenföl wirkt bei Aufbringen auf die Haut als Kontaktallergen.

Giftige Pflanzenteile: Besonders die Samen.

Hauptwirkstoffe: 0,03% ätherisches Öl mit Benzylsenföl (bes. Samen), wenig Benzylcyanid, Glucotropaeolin, → *Oxalsäure* und Isoquercetin in den Blättern.

Wirkungen auf die Haut: Hautreizung beim Hantieren mit der Pflanze ist möglich.

Gefährlichkeitsgrad: Wenig giftig (+)

Vorschriften: Tropaeolum majus: Monographie der Kommission D und E.

Literatur: H 12, M 2.

Therapie:
Erste Hilfe: Haut spülen, lokal Locacorten®-Schaum. Evtl. Kohle-Pulvis.
Klinik: Nur in Extremfällen Magenspülung, Blausäureantidote [Natriumthiosulfat, 4-DMAP], Nierenfunktionskontrolle.

Tulipa gesneriana L. und Hybriden

Garten-Tulpe und Hybriden. *E:* Tulip. *F:* Tulipe. *I:* Tulipano.

Familie: Liliaceae, Liliengewächse.

Verbreitung, Vorkommen: Heimat: Steppengebiete Südeuropas und Asiens; Zierpflanze in Gärten und Anlagen.

Beschreibung: Zwiebelpflanze in vielen Zuchtformen. Blätter linealisch bis breit lanzettlich. Blüten einzeln in vielen Farbvariationen, Blütenhülle mit 6 getrennten Perigonblättern.
Blütezeit: März–April.

Giftige Pflanzenteile: Die ganze Pflanze, einschließlich der Zwiebel.

Hauptwirkstoffe: Tulipin mit ähnlicher Wirkung wie → *Aconitin,* → *Tuliposid* A und B. Es ist anzunehmen, daß Gehalt und Zusammensetzung bei den einzelnen Tulpenarten stark schwanken.

Vergiftungserscheinungen: Aus den Erfahrungen der Beratungsstelle für Vergiftungserscheinungen, Berlin:
4½jähr. aß 10 Zwiebeln: Somnolenz. 2½jähr. aß 1 Zwiebel: Bauchschmerzen. Kind, 8 Monate, nach Blättergenuß Erbrechen, Durchfall, Exsikkose. 4jähriger nach Stempeleinnahme Erbrechen über Stunden, apathisch. Nach Blüten und Stieleinnahme Bauchschmerzen bei einem Kleinkind [K 40].

Wirkungen auf die Haut: Tulpenzwiebeln – aber auch die anderen Organe der Tulpe, vor allem die Blüten – enthalten Substanzen, die zu einer schweren Dermatitis führen können. Davon betroffen sind Personen, die z. B. in Gärtnereien viel mit Tulpenzwiebeln zu hantieren haben. Das Erscheinungsbild der Tulpenzwiebel-Dermatitis („tulip finger“, „tulip nails“, „Tulpenkrätze“) ist gekennzeichnet durch ekzematöse Hautveränderungen an den Kontaktflächen der Hände, insbesondere an den Fingerspitzen und durch Schädigung der Nägel (z. B. vermehrte Brüchigkeit). Es können aber auch weitere Hautpartien befallen sein. Auf geröteter, geschwollener und juckender oder brennender Haut bilden sich Risse mit stellenweiser Schuppung. Dieses Krankheitsbild eines allergischen Ekzems tritt erst nach längerem Kontakt mit Tulpenzwiebeln oder deren Säften auf.
Frohne schreibt: „Ursache der Erkrankung sind Substanzen, die vor allem in den äußeren Schichten der Zwiebeln lokalisiert sind und als Tuliposide bezeichnet werden. Für die Pflanze sind es antibiotisch wirksame Schutz-

Tulipa gesneriana

stoffe. Es handelt sich um Ester von Glukose mit α-Methylen-γ-hydroxybuttersäure (Tuliposid A) bzw. mit α-Methylen-β-hydroxybuttersäure (Tuliposid B), deren Säurekomponente nach Glykosidspaltung spontan lactonisiert. Von den beiden als Tulipalin A und B bezeichneten Lactonen ist nur Tulipalin A für die Wirkungen auf die Haut verantwortlich, Tulipalin B ist dagegen nicht wirksam. Von den zahlreichen Kulturtulpen scheint das Kultivar (Sorte) „Rose Copeland" besonders häufig zur „tulip finger"-Erkrankung zu führen, während andere Kultivare wie z. B. „Madame Lefebre" von T. fosteriana aufgrund des geringen Gehalts an Tulipalin A weniger allergen wirksam sind. Eine ausführliche Übersicht über den Tuliposidgehalt zahlreicher Tulpen-Arten und Kultivare geben Slob und Varekamp" [F 16].

Tulipalin A kommt in sehr vielen anderen Arten der gesamten Ordnung Liliales vor, die daher ebenfalls eine Kontaktallergie hervorrufen können, z. B. Alstroemeria-Arten.

Gefährlichkeitsgrad: giftig +

Literatur: F 16, G 4, H 12, K 40.

Therapie:
Erste Hilfe: Sofortiges Erbrechen, 10 g Kohle-Pulvis, Natriumsulfat.
Klinik: Magenspülung (evtl. mit burgunderfarbener Kaliumpermanganatlösung), Instillation von 10 g Kohle-Pulvis und Natriumsulfat, Elektrolytsubstitution, Azidoseausgleich mit Natriumbikarbonat (Urin pH 7,5), bei Krämpfen Diazepam (Valium®) i.v., ggf. Intubation und Sauerstoffbeatmung. Bei allergischen Erscheinungen lokal Kortison.

Tussilago farfara L.

Huflattich. *E:* Coltsfoot, Horsefoot. *F:* Pas d'âne. *I:* Tossilaggine comune, Farfugio. *NL:* Klein hoefblad.

Blätter

EDV-Code: TUSFA.

Familie: Asteraceae, Korbblütler.

Verbreitung, Vorkommen: Europa, Nord- und Westasien. In Mitteleuropa verbreitet und häufig; auf feuchten Böden, auf Äckern, an Steinbrüchen, an Wegrändern etc.

Beschreibung: Ausdauernde, 15–30 cm hohe Pflanze mit schuppiger Grundachse, Blü-

Tussilago farfara

ten erscheinen vor den Blättern. Blätter im Umriß hufeisenförmig, Unterseite filzig, grundständig. Blütenköpfchen auf schuppigen Stielen, mit goldgelben Röhren- und Zungenblüten. Frucht mit Pappus.
Blütezeit: Februar–Mai.

Droge: Folia Farfarae, Farfarae folium, Huflattichblätter; Flores Farfarae, Farfarae flos, Huflattichblüten.
Geruch schwach honigartig, Geschmack schleimig.
Auszug aus der Monographie der Kommission E: Farfarae flos (Huflattichblüten); Farfarae herba (Huflattichkraut), Farfarae radix (Huflattichwurzel).
Risiken: Huflattich enthält in allen Pflanzenteilen stark wechselnde Mengen toxischer Pyrrolizidinalkaloide (PA), von denen organotoxische, insbesondere hepatotoxische Wirkungen bekannt sind. Tierexperimentell wurden für PA kanzerogene Wirkungen mit einem genotoxischen Wirkungsmechanismus nachgewiesen.

Wirkstoffhaltige Pflanzenteile: Alle Pflanzenteile.

Hauptwirkstoffe: Die Pflanze enthält u. a. die Pyrrolizidinalkaloide → *Senkirkin,* in getrockneten Blättern 30 µg–15 mg/kg (der Gehalt ist starken regionalen Schwankungen unterworfen), Senecionin in Spuren und Tussilagin (vermutlich ungiftig).

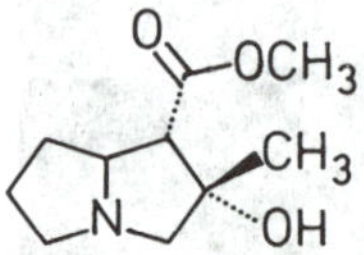

Tussilagin

Vergiftungserscheinungen: Wegen des Vorhandenseins des → *Senkirkins* führte eine japanische Arbeitsgruppe eine toxikologische Langzeituntersuchung an Ratten durch. Danach traten bei hochdosierter Einnahme von gepulverter Blütenknospendroge, die aus China stammte, nach ca. 2 Jahren an den Tieren hohe Lebersarkombildungsraten auf.

Blüten

Wirkungen auf die Haut: Im Tierversuch erwies sich diese Komposite nur als schwacher Sensibilisator [Hausen, unveröff.].

Anwendungen: Als Hustenmittel, bei Asthma, Kehlkopf- und Rachenkatarrh.

Gefährlichkeitsgrad: Giftig + (bei hochdosierter Einnahme), bei normaler Anwendung keine Gefahr.

Vorschriften: Tussilago farfara: Monographie der Kommission D.
Farfarae flos/-herba/-radix: Monographie der Kommission E.
Farfarae folium: Monographie der Kommission E.
Alle Arten der Gattung Tussilago (Huflattich) sind in der „Bekanntmachung über die Zulassung und Registrierung von Arzneimitteln vom 5. 6. 1992" aufgeführt.

Literatur: H 12, K 33, M 28, P 3, R 11.

Therapie:
Kohle-Pulvis trinken lassen.

Ulex europaeus L.

Stechginster. *E:* Furze, Gorse. *F:* Ajonc. *I:* Ginestrone. *NL:* Gaspeldoorn.

EDV-Code: ULEEU

Familie: Fabaceae, Schmetterlingsblütler.

Verbreitung, Vorkommen: Westeuropa, in Mitteleuropa im Nordwesten; Eichen- und Föhrenwälder, Heiden, auch in Gärten.

Beschreibung: 60–120 cm hoher, stacheliger Strauch. Blätter an der Basis der Zweige, meist 3teilig, nadelig, mit stechender Spitze. Blüten gelb, ca. 2 cm lang, einzeln in den Blattachseln, Hülsenfrüchte zottig behaart. Blütezeit: April–Juli.

Giftige Pflanzenteile: Früchte und Zweige.

Hauptwirkstoffe: → *Cytisin* ca. 1%, Anagyrin $C_{15}H_{20}N_2O$, in den jungen Trieben Methylcytisin [H 12].

Vergiftungserscheinungen: → *Cytisin.*

Gefährlichkeitsgrad: Stark giftig + +

Literatur: B 36, F 16, H 12.

Therapie:
Erste Hilfe: Kohle-Pulvis-Gabe, erbrechen lassen, Natriumsulfat.
Klinik: Magenspülung (evtl. mit burgunderfarbener Kaliumpermanganatlösung), Elektrolytsubstitution, Azidoseausgleich mit Natriumbikarbonat (Urin pH 7,5), Plasmaexpander, ggf. Intubation und Sauerstoffbeatmung.

Urginea maritima (L.) Baker

(Scilla maritima L.)

Echte Meerzwiebel. *E:* Sea onion. *F:* Scille maritime. *I:* Scilla maritima, squila.

Familie: Liliaceae, Liliengewächse.

Verbreitung, Vorkommen: Heimisch im Mittelmeergebiet.
Beschreibung: 50–100 cm hohe, ausdauernde Pflanze. Zwiebel bis 2,5 kg schwer, mit roten oder weißen Schuppen, aus dem Boden herausragend. Blätter (10–20) graugrün, breit-lanzettlich. Blüten weißlich, in reichblütiger Traube.
Blütezeit: Juli–August.
Verwechslungsmöglichkeit besteht mit Ornithogalum-Arten.

Droge: Bulbus Scillae, Scillae bulbus, Meerzwiebel.
Schmale, ca. 3 cm dicke, von dunklen Längslinien durchzogene Streifen. Getrocknet ohne Geruch, von sehr bitterem, scharfem Geschmack. Es gibt eine rotschalige und eine weißschalige Sorte.
Auszug aus der Monographie der Kommission E: Scillae bulbus (Meerzwiebel)
Gegenanzeigen: Digitalisintoxikation, Hyperkalzämie, Kalium-Mangelzustände, schwere Bradykardie, ventrikuläre Tachykardie.
Vorsicht bei Erregungsleitungsstörungen und bei i.v.-Calziumtherapie.
Nebenwirkungen: Übelkeit, Erbrechen, Magenbeschwerden, Durchfälle, unregelmäßiger Puls.

Giftige Pflanzenteile: Die ganze Pflanze, besonders die Zwiebel, die früher zur Rattenbekämpfung benutzt wurde.

Hauptwirkstoffe: Herzglykoside (Typ: Bufadienolide). → *Scillaren* A 0,6‰, → *Proscillaridin* A 0,05‰, Glucoscillaren A 0,05‰ und weitere Steroidglykoside. Gehalt je nach Herkunft verschieden.
Varietät mit roter Zwiebel enthält hauptsächlich Scillirosid, mit weißer Zwiebel hauptsächlich Scillaren A.

Vergiftungserscheinungen: Kleine Dosen der Scillaglykoside erweitern die Gefäße, große verengen die Gefäße und rufen daher und auch infolge der verstärkten Herzkraft anfänglich Blutdrucksteigerung hervor.
Große Gaben oder auch oft wiederholte kleine (der frischen Pflanze?): Verdauungsstörungen, Nausea, Vomitus, Diarrhöe, Kardialgie, Kolik, Strangurie, auch Hämaturie, Gastroenteritis und unter Umständen Tod infolge Herzlähmung. 1,5 g der gepulverten Zwiebel brachten den Tod, während in einem anderen Fall 2 Kinder von $3^{1}/_{2}$ und 5 Jahren nach dem Genuß von je $1^{1}/_{2}$ Teelöffel des Sirups = 0,1 g Meerzwiebel starben.
Nervös-reizbare Menschen: Gliederschmerzen, Nervenaffektionen, sogar Fieberbewegungen.
Scilla reizt zum Niesen und erzeugt gelegentlich Augenentzündung.
Eine moderne Darstellung der Wirkung der Scillagifte gibt Greeff [G 11].

Urginea maritima

Wirkungen auf die Haut: Äußerlich wirken die zerhackten Pflanzenteile der Meerzwiebel blasenziehend und verursachen bulböse Dermatitis, die zu Brand und Sepsis führen kann.

Dosierung: 60 bis 200 mg BPC 68, Einzeldosis 0,1 g, tägl. 0,5 g P. I. Maximaldosis einzeln 0,5 g, tägl. 1,0 g [H 12].

Anwendungen in der Homöopathie: D_0–D_2 bei Herzdekompensation insbesondere Rechtsinsuffizienz, Ödemen, Stauungsbronchitis; Teep (330 FD) bei Kreislaufinsuffizienz.

Gefährlichkeitsgrad: Stark giftig + +

Vorschriften: Scillae pulvis normatus ist in den Monographien des BGA enthalten.
Urginea maritima var. rubra: Monographie der Kommission D.
Scillae bulbus: Monographie der Kommission E.
Verbotene Stoffe der Kosmetikverordnung v. 19. 6. 1985, Anlage 1: Urginea maritima (L.) Baker und ihre Zubereitungen.

Literatur: B 36, F 16, G 11, H 12, H 28, K 4, K 9, L 10, M 2, M 3, M 27, T 5.

Therapie:
Erste Hilfe: Kohle-Pulvis-Gabe, Erbrechen auslösen, Natriumsulfat.
Klinik: Magenspülung (evtl. mit burgunderfarbener Kaliumpermanganatlösung), Kohleinstillation (10 g Pulvis), Herzschrittmacher (prophylaktisch), Hämoperfusion, Kontrolle des Kaliumspiegels und Substitution, Phenytoin, bei ventrikulärer Extrasystolie: Lidocain (Xylocain®), bei ausgeprägter Bradykardie: Atropin oder Orciprenalin (Alupent®), bei AV-Überleitungsstörungen: Vorsicht mit Substanzen, die diese zusätzlich beeinträchtigen, d.h. mit Ajmalin, Procainamid, β-Rezeptorenblocker und Chinidin.

Urtica dioica L.

Große Brennessel. *E:* Stinging nettle. *F:* Grande ortie. *I:* Ortica comune. *NL:* Grote brandnetel.

EDV-Code: URTDI.

Familie: Urticaceae, Nesselgewächse.

Verbreitung, Vorkommen: Kosmopolit; in Mitteleuropa gemein an Wegrändern, Weideplätzen, Hecken, Gebüschen, Holzschlägen.

Beschreibung: 30–150 cm hohe Staude, mit aufrechtem, unverzweigtem Stengel. Blätter herzförmig mit grobgesägtem Rand. Blüten zweihäusig, grün. Früchtchen einsamig.
Blütezeit: Juli–Oktober.
Urtica urens L., Kleine Brennessel, die in Mitteleuropa besonders in Gärten vorkommt, wird nur ca. 50 cm hoch und besitzt einhäusige Blüten.

Droge: Herba (Folia) Urticae, Urticae herba (folium), Brennesselkraut (Blätter).

Wirkstoffhaltige Pflanzenteile: Blätter mit Brennhaaren. Bei Berührung der Brennhaare bricht das verkieselte Köpfchen ab. Es bleibt eine scharfkantige Spitze stehen, die in die Haut eindringt und durch Kapillarwirkung ihren Inhalt entleert.

Hauptwirkstoffe: Neben Spuren von Ameisensäure findet sich im Sekret der Brennhaare Histamin, Acetylcholin, Serotonin sowie eine N-freie, amorphe, saure Substanz, als eigentlicher Nesselgiftstoff, deren Struktur noch unbekannt ist. Schon 0,1 γ ist wirksam.

Urtica dioica

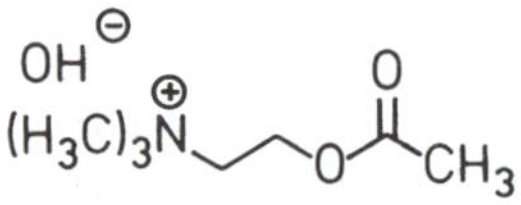

Acetylcholin

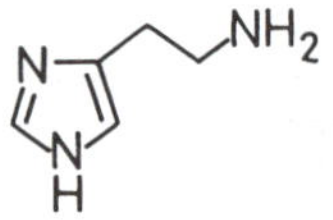

Histamin

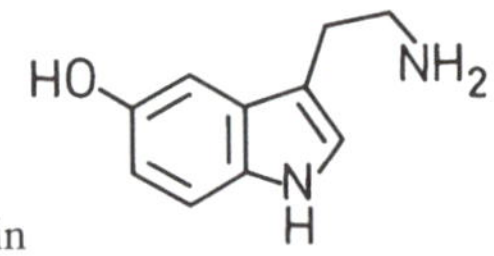

Serotonin

In den getrockneten Wurzeln (Urticae radix) ca. 0,002–0,01% Scopoletin. In den übrigen Teilen der beiden Urtica-Arten dürfte der Gehalt niedriger liegen.

Wirkungen auf die Haut/Schleimhaut: Nach Berührung mit der Haut Erythembildung mit Urticaria und unter Umständen Blasenerzeugung. Es ist ein Fall bekannt, bei dem ein Kind durch Mißhandlung mit Brennesseln starb.
Bei Einnahme der frischen Pflanze wie auch der Extrakte kann Reizung des Magens, Brennen an der Haut, Dermatitis und Nierenschädigung die Folge sein. Junge Pflanzen im gekochten Zustand können unbedenklich genossen werden. Allergien wurden nur selten beobachtet.
Die Pollen der Brennessel gehören aber zu den Erregern des im Sommer auftretenden Heuschnupfens.
Urtica urens zeigt die gleiche Wirkung, jedoch stärker.

Anwendungen in der Homöopathie: D_2–D_6 bei urticariellen Exanthemen, Verbrennungen 1. Grades; Tabl. 0,025 g bei Schweißdrüsenentzündungen.

Gefährlichkeitsgrad: Hautreizend, Pollen allergen.

Vorschriften: Urtica dioica und Urtica urens: Monographien der Kommission D. Urticae radix, Urticae herba, Urticae folium: Monographien der Kommission E.

Literatur: D 9, F 14, G 4, H 12, H 18, K 37, L 10, M 2, M 3, M 27, S 11, W 13.

Therapie:
Erste Hilfe: Blasen steril abdecken, Tetanusprophylaxe, lokal Cortison.

Vaccinium myrtillus L.

Heidelbeere. *E:* Whortleberry, billberry. *F:* Myrtille. *I:* Mirtillo nero. *NL:* Blauwe bosbes.

EDV-Code: VACMY.

Familie: Ericaceae, Heidekrautgewächse.

Verbreitung, Vorkommen: Europa, Asien, Nordamerika. In Mitteleuropa besonders in den montanen Waldgebieten; Unterwuchs schattiger Wälder, Hochmoore.

Beschreibung: Bis 50 cm hoher, buschiger, sommergrüner Strauch. Blätter rundlich-eiförmig, fein gesägt. Blüten einzeln, kurzgestielt, grünlich bis blaßrosa, Krone kugelig, krugförmig, 5zipfelig. Frucht kugelig, blauschwarz, bereift.
Blütezeit: Mai–Juni.

Droge: Folia Myrtilli, Myrtilli folium, Fructus Myrtilli; Myrtilli fructus, Heidelbeerblätter, Heidelbeeren.
Auszug aus der Monographie der Kommission E: Myrtilli folium (Heidelbeerblätter)
Risiken: Bei höherer Dosierung oder längerem Gebrauch können chronische Vergiftungen auftreten, die sich im Tierversuch zunächst in Kachexie, Anämie, Ikterus, akuten Erregungszuständen und Tonus-Störungen äußern und schließlich nach chronischen Gaben von 1,5 g/kg/Tag zum Tode führen können.

Wirkstoffhaltige Pflanzenteile: Blätter.

Hauptwirkstoffe: → *Quercetin,* Quercetin-3-rhamnosid [Quercitrin, Quercetin-3-glucosid (Isoquercetin)], Quercetin-3-arabinosid, → *Kaffee-* und → *Chlorogensäure,* Asperulosid. Ferner → *Oleanol-* und → *Ursolsäure,* → *β-Amyrin,* 2–5% Chinasäure, 6–20% Gerbstoff sowie stark schwankende Mengen von Arbutin und Hydrochinon (bis 1,5%).
Nach neueren Untersuchungen konnten weder Arbutin noch Hydrochinon nachgewiesen werden.

Pharmakologische Wirkung: Bei längerem Gebrauch der Blätter können chronische Vergiftungen auftreten, die sich im Tierversuch (nach chronischen Gaben von 1,5 g Droge/kg) zunächst in Gewichtsabnahme, Methämoglobinbildung und Hämoglobinverminderung äußern und dann unter schwerer, mit starker Anämie und Icterus einhergehender Kachexie zum Tode führen [H 12].
Die oben angeführten Symptome stimmen mit einer Hydrochinonvergiftung überein und wurden auch als solche interpretiert, da nach damaligen Untersuchungen ein hoher Hydrochinon-Gehalt vorlag, der aber nach neueren Ergebnissen nicht mehr bestätigt wurde.

Vaccinium myrtillus

Heidelbeerblätter sollten daher wegen zu erwartenden Nebenwirkungen, besonders bei chronischem Gebrauch und auch in sogenannten „Diabetikertees", nicht mehr verwendet werden [F 14].

Dosierung: Mittlere Einzelgabe: Als Einnahme 1,0 g (zu 1 Tasse Aufguß).

Gefährlichkeitsgrad:
Blätter schwach giftig (+)

Vorschriften: Vaccinium myrtillus: Monographie der Kommission D.
Myrtilli folium, Myrtilli fructus: Monographie der Kommission E.

Literatur: F 13, F 14, F 15, H 12, P 15.

Therapie:
Erste Hilfe: Kohle-Pulvis.
Klinik: Blutbildkontrolle, Leberwerte.

Vaccinium uliginosum L.

Rauschbeere, Trunkelbeere, Moosbeere. *E:* Bog bilberry, Bog whortleberry. *F:* Airelle uligineuse. *I:* Mirtillo falso. *NL:* Rijsbes.

EDV-Code: VACUL.

Familie: Ericaceae, Heidekrautgewächse.

Verbreitung, Vorkommen: Zirkumpolar; Hoch- und Zwischenmoore der Ebene und der Gebirge.

Beschreibung: Bis 80 cm hoher Strauch, sommergrün. Blätter verkehrt-eiförmig, ganzrandig, kurz gestielt. Blüten weiß bis rötlich, krugförmig, hängend, traubig. Beere kugelig, 7–10 mm, blaubereift.

Blütezeit: Juni–Juli; Früchte: Herbst.
Kann mit Heidelbeeren (Vaccinium myrtillus L.) verwechselt werden. Heidelbeeren mit rotem Saft, Rauschbeeren mit farblosem Saft.

Giftige Pflanzenteile: Beeren.

Hauptwirkstoffe: In den Beeren unbekannter Wirkstoff, in den Blättern → *Hyperosid,* → *Ursolsäure,* α-Amyrin, → *Friedelin,* → *Oleanolsäure,* → *(+)-Catechin* und organische Säuren.

Vaccinium uliginosum

Vergiftungserscheinungen: Rauschartige Erregung, Erbrechen, Pupillenerweiterung, Schwindelgefühl wurden gelegentlich nach Verzehr von Früchten beobachtet. Intoxikationen sind wahrscheinlich nur nach Verzehr größerer Mengen möglich. Verantwortlich dafür ist wahrscheinlich ein schmarotzender Pilz (Sclerotina megalospora Wot.).

Gefährlichkeitsgrad: Giftig +

Literatur: F 16, G 4, H 12, N 6.

> **Therapie:**
> Erste Hilfe: Ruhe, beruhigendes Zureden, beaufsichtigen, meist keine medikamentöse Therapie nötig, Bei hochgradiger Erregung Doxepin (Aponal®) (50 mg oral oder i.m.), nur falls nicht anders vorhanden Diazepam (Valium®) (10 – 20 mg oral oder i.m.), nach oraler Überdosierung erbrechen lassen, Atemwege freihalten, evtl. Atemspende, warmhalten.
> Klinik: Evtl. Magenspülung, Kohle-Pulvis und Natriumsulfatinstillation, Plasmaersatzpräparate, beatmen.

Valeriana officinalis L.

Baldrian. *E:* Valerian. *F:* Valériane. *I:* Valeriana comune. *NL:* Valeriaan.

EDV-Code: VALOF.

Familie: Valerianaceae, Baldriangewächse.

Verbreitung, Vorkommen: Europa, Asien. In Mitteleuropa häufig; Gräben, Wiesen, Waldränder, Ufer.

Beschreibung: Bis 1,50 m hohe Pflanze. Blätter kreuz-gegenständig, gefiedert, 15–21 Teilblättchen. Blüten klein, hellrötlich, trichterförmig, fünfspaltig, in endständigen Doldenrispen. Schließfrüchte einsamig. Blütezeit: Juli–August.

Droge: Radix (Rhizoma) Valerianae, Valerianae radix, Baldrianwurzel. Geruch typisch (Baldriangeruch), wirkt auf Katzen anziehend.

Wirkstoffhaltige Pflanzenteile: Besonders die Wurzel.

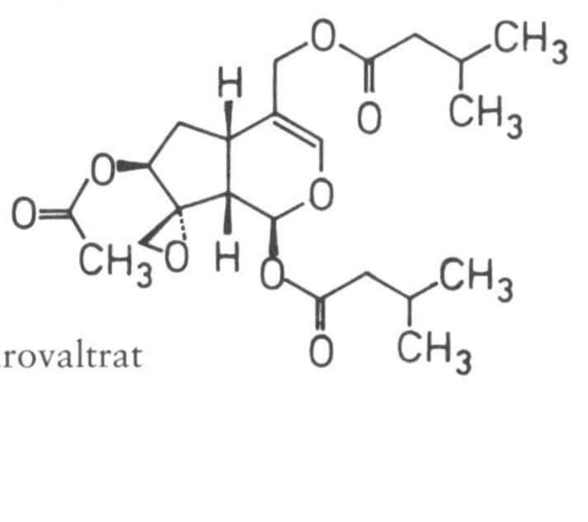

Didrovaltrat

Hauptwirkstoffe: Ca. 1,5% ätherisches Öl, 0,5–2% Valepotriate und 1,5% Didrovaltrat.

Pharmakologische Wirkung: In großen Dosen verursacht Baldrian zentrale Lähmung, Hemmung der Herztätigkeit, der Darmbe-

Valeriana officinalis

wegung und des -tonus (bei Fröschen und Kaninchen). Herabgesetzte Erregbarkeit von Hirn und Rückenmark durch Baldrianöl, leichte Betäubung durch Isovaleriansäure. Baldriansucht. Hierbei treten auf: Kopfschmerzen, Aufregungszustände, Unruhe, Schlaflosigkeit und vermutlich sekundär Herztätigkeitsstörungen.
Versuche an der Maus, die mit der Fragestellung Toxizität von Valepotriaten auf das Knochenmark und Schädigung der Leberaktivität angelegt waren, konnten zeigen, daß nach peroraler Applikation weder zellschädigende noch alkylierende Wirkungen am Knochenmark und auch keine Leberschädigung beobachtet werden konnten [Ph. Zeit.].
Untersuchungen von Kriegelstein und Grusta haben ergeben, daß Baldrian ohne Zweifel zentral dämpfende Stoffe enthält, die jedoch ganz eindeutig nicht identisch mit den bisher diskutierten sind. Valepotriate, Valerensäure, Valeranon und das ätherische Öl des Baldrians erwiesen sich als unwirksam [K 39].

Anwendungen in der Homöopathie: D_2 bei Neurasthenie, Hysterie, Schlaflosigkeit, Globus hystericus; Tabl. 0,05 g Herzneurose, Angstgefühl.

Gefährlichkeitsgrad: Kaum giftig (+)
(Die Wirkung kann, durch starke Gehaltsschwankungen bei örtlichen Rassen bedingt, von ungiftig bis wenig giftig eingestuft werden.)

Vorschriften: Valeriana officinalis: Monographie der Kommission D.
Valerianae radix: Monographie der Kommission E.

Literatur: B 9, B 13, D 9, G 4, G 16, H 12, K 39, L 2, M 2, M 3, N 2, T 8.

Therapie:
Nur in Extremfällen Erbrechen oder rechtzeitig Kohle-Pulvis.

Vanilla planifolia Andr.

[Vanilla fragrans (Salisb.) Ames]

Vanille. *E:* Vanilla. *F:* Vanille. *I:* Vainiglia. *NL:* Vanille.

EDV-Code: VANPL.

Familie: Orchidaceae, Orchideen.

Verbreitung, Vorkommen: Die in den feucht-schattigen Wäldern Ostmexikos heimische Pflanze wird in vielen tropischen Ländern angebaut, besonders auf Réunion, Tahiti, Ceylon, Java, in Ostafrika und Madagaskar (Hauptanbaugebiet mit 80%).

Beschreibung: Epiphytisch lebende Kletterpflanze, mit fleischigem, kahlem, walzenförmigem Stengel, der eine Länge von mehreren Metern erreicht. Blätter fleischig, lanzettlich, an den Stengelknoten, aus denen auch Luftwurzeln entspringen. Blüten orange-grün, blattachselständig, in reichblütigen Trauben. Frucht eine 15–30 cm lange, vielsamige Kapsel; Samen ca. 3 mm dick, in wohlriechendem Fruchtmus.
Blütezeit: Juli–August.
Eine Bestäubung durch Bienen aus der Gattung Melipona kann nur in der Heimat der Vanille erfolgen. In anderen Gebieten wird sie künstlich vollzogen.

Wirkstoffhaltige Pflanzenteile: Die ganze Frucht.

Droge: Fructus Vanillae, Vanillae fructus, Vanilleschoten. Vor der Reife geerntete, nach besonderen Verfahren getrocknete Früchte. Farbe und charakteristisches Vanillearoma entstehen während des Fermentationsprozesses.
Handelssorten: Mexikanische Vanille und Bourbonvanille (Haupthandelssorte in Europa).

Hauptwirkstoffe: 1,5–3% Vanillin (Bourbonvanille 3,2–3,7%), Vanillinsäure, Vanillylalkohol, Protocatechualdehyd, Protocatechusäure. Das Vanillearoma beruht neben dem Vanillingehalt auf dem Vorkommen zahlreicher Begleitstoffe.

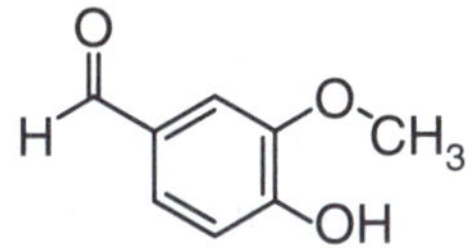

Vanillin (sek. Allergen)

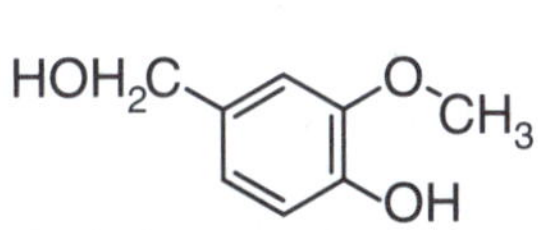

Vanillylalkohol (p)

Pharmakologische Wirkung: Bei Arbeitern, die mit Sortieren und Verpacken der Vanille beschäftigt sind, treten Hautausschläge, Kopfschmerzen und Schlaflosigkeit auf. Allergische und irritative Kontaktdermatitiden sind im Englischen unter der Bezeichnung „vanillism“ bekannt. Sie treten in der Mehrzahl der Fälle berufsbedingt, d. h. bei jenen Personen auf, die Vanillefrüchte zu ernten und zu verpacken haben. In einem

Vanilla planifolia

selbst beobachteten Fall entwickelte sich ein Handekzem bei einem jungen Mädchen, das in Heimarbeit Bourbonvanille in Reagenzgläser verpackte (unveröff.). Testuntersuchungen konnten nicht durchgeführt werden. Der Genuß vanillehaltiger Speisen (auch Vanille-Eis) führt bei Vanille-Allergikern gelegentlich zu urtikariellen Erscheinungen und Gesichtsschwellungen. Die für die Vanille-Allergie verantwortlich zeichnenden Kontaktallergene sind bis heute unbekannt. Mit ausreichender Sicherheit läßt sich jedoch behaupten, daß weder Vanillin, noch von diesem abgeleitete oder mit diesem nah verwandte Verbindungen wie z. B. Vanillylalkohol, Ethylvanillin, Zimtsäure, Isoeugenol u.a. die eigentliche Ursache sind. [H 21]

Gefährlichkeitsgrad: Nur beim ständigen Umgang schwach giftig (+), aber hautreizend und allergen.

Vorschriften: Vanilla planifolia: Monographie der Kommission D.

Literatur: H 12, H 21.

Therapie:
Bei Allergie Hautkontakt und Einatmen (z. B. von Pflanzenstaub bei der Aufarbeitung von getrockneten Pflanzen) meiden.

Veratrum album L.

Weißer Germer, Weiße Nieswurz. *E:* White-flowered veratrum, False hellebore. *F:* Vératre blanc. *I:* Veratro bianco, Elabro bianco. *NL:* Witte nieswortel.

EDV-Code: VEAAL.

Familie: Liliaceae, Liliengewächse.

Verbreitung, Vorkommen: Eurasien, Pyrenäen, Alpen, Apennin, Nordeuropa bis Finnland; Viehläger, Hochstaudenfluren, Wiesen und Lichtungen.

Beschreibung: 50–150 cm hohe Staude mit beblättertem Stengel. Blätter breit eiförmig, ganzrandig, wechselständig (Unterschied zum nichtblühenden gelben Enzian). Blüten in dichter Rispe, grün bis weiß.
Blütezeit: Juni–August.

Droge: Rhizoma (Radix) Veratri albi, Veratri albi rhizoma, Germerwurzel, Weiße Nieswurzel.
Bis 8 cm lang und 3 cm dick, graubraun, fast schwarz, ein- bis dreiköpfig, kugelig oder kegelförmig, geringelt. Geschmack scharf und bitter. Das Pulver reizt zum Niesen (schon 1/50 000 g). Medizinische Verwendung findet außerdem das Rhizom der nordamerikanischen → *Veratrum viride*.

Veratrum album

Giftige Pflanzenteile: Die ganze Pflanze.

Hauptwirkstoffe: Bei den Wirkstoffen handelt es sich um Steroid- oder steroidähnliche Alkaloide. Im Rhizom beträgt der Alkaloidgehalt etwa 1,2–1,6%, in den Wurzeln 0,6–1,3%, in den Blattbasen 0,9–1,5% und in den Blattspreiten nur 0,1–0,3%. Als Hauptwirkstoffe sind 3 Ester-Alkaloide, nämlich → *Protoveratrin* A und B und das Germerin zu nennen. In der Droge sind die Alkaloide größtenteils an Chelidon- und Veratrumsäure gebunden und in dem der Endodermis benachbarten Rindenparenchym abgelagert [K 9].
Alkaloidgehalt stark witterungs- und jahreszeitabhängig. Je höher der Standort, desto geringer die Alkaloidmengen.

Vergiftungserscheinungen: Von den genannten Alkaloiden gewann das Protoveratrin (Gemisch aus Protoveratrin A u. B, z. B. in Puroverin „Sandoz" $^2/_3$ A und $^1/_3$ B) eine Bedeutung bei der Behandlung schwerer Hochdruck-Erkrankungen (Hypertonien). Man erzielt hiermit durch Herabsetzung des peripheren Gefäßwiderstandes eine Blutdrucksenkung und eine digitalisähnliche Wirkung an insuffizienten Herzen. Die geringe therapeutische Breite der Veratrumwirkstoffe ist hervorzuheben. Bereits 1–2 g Drogenpulver führen unter Temperaturanstieg zum Tod durch Lähmung des Kreislaufs und der Atmung. Bei äußerlicher Anwendung werden die Veratrumalkaloide auch von der unverletzten Haut leicht resorbiert. Nach einer anfänglichen Steigerung der Erregbarkeit (Jucken, Brennen, Niesreiz) kommt es zu einer völligen Anästhesie (Anästhesia dolorosa). Gelegentlich macht man bei der Behandlung der Trigeminusneuralgie hiervon Gebrauch. Ebenfalls auf die Hauptalkaloide ist die starke antiparasitäre Wirkung (Tinktur, Veratrumessig) zurückzuführen. Man verwendet die Auszüge in gleicher Weise wie Sabadillessig zur Ungezieferbekämpfung bei Haustieren [K 9].
In neuerer Zeit gingen Intoxikationssymptome von einem Niespulverpräparat aus (gelbe Flasche mit schwarzem Deckel, Aufschrift 3 G 1470), das Veratrin, Helleborus-Glykoside und Cortex Quillaiae enthielt.
Ein 13jähriger Junge sammelte in Oberbayern Blätter von Veratrum album, trocknete sie und rauchte sie als „Tabak" in einer Pfeife. Er bekam daraufhin starken Durchfall, der über eine Woche anhielt. Auch bestand über einen längeren Zeitraum eine Magen- und Darmüberempfindlichkeit mit plötzlich einsetzenden Durchfällen.
Zwei junge Männer wurden mit erheblichen Vergiftungserscheinungen (Herzrhythmusstörungen, Schock) im Herbst 1985 in ein oberbayerisches Krankenhaus eingeliefert. Man konnte sich die Ursache nicht erklären, da der eine nur behauptete, mit Enzianwurzel einen „Schnaps" hergestellt zu haben. Eine Untersuchung des „Schnapses" ergab, daß Wurzelteile in eine handelsübliche Schnapsart eingelegt worden waren. Auf Anraten des Tox-Centers wurde auf eine Veratrum-Vergiftung die Therapie ausgerichtet. Tatsächlich konnte später bewiesen werden, daß an Stelle von Enzian- Germerwurzeln verwendet worden waren (eig. Beob.).
Die Pflanze wird weitgehend von Weidetieren gemieden. Bei Aufnahme können Durchfall, langsame Atmung, Kolik, Krämpfe und Lähmungen auftreten, im Extremfall der Tod.
Tödliche Vergiftungen von Pferden, Rindern und Schafen kamen nach Verfütterung von veratrumhaltigem Heu vor [T 19].
Toxische Mengen des frischen Rhizoms für Pferde und Wiederkäuer 1 g/kg, für Hunde 0,1 g/kg, für Schweine 15 g/kg Körpergewicht [H 18].

Anwendungen in der Homöopathie: D_3–D_6 bei akutem Brechdurchfall, Ruhr, Paratyphus, bei Kreislaufschwäche mit Kollapszuständen; Teep D_4 bei chronisch kalten Füßen.

Gefährlichkeitsgrad: Stark giftig + +

Vorschriften: Veratrum album: Monographie der Kommission D.
Spielwaren- und Scherzartikelverordnung Anlage (zu § 1, Abs.1): Pulver aus der Wurzel des Weißen Germers (Veratrum album), des Schwarzen Germers (→ *Veratrum nigrum*) und des Bärenfußes (→ *Veratrum viride*) sind verbotene Stoffe im Niespulver.

Veratrum album

Kosmetikverordnung v. 19. 6. 1985, verbotene Stoffe der Anlage 1: Alle Arten von Veratrum und ihre Zubereitungen.

Literatur: B 36, D 9, F 15, F 16, G 4, H 12, H 13, H 18, K 9, L 10, M 3, M 27, T 17.

Therapie:
Erste Hilfe: Sofortiges Erbrechen, 10 g Kohle-Pulvis, Natriumsulfat.
Klinik: Magenspülung (evtl. mit burgunderfarbener Kaliumpermanganatlösung), Instillation von 10 g Kohle-Pulvis und Natriumsulfat, Elektrolytsubstitution, Azidoseausgleich mit Natriumbikarbonat (Urin pH 7,5), bei Krämpfen Diazepam (Valium®) i.v., ggf. Intubation und Sauerstoffbeatmung.

Veratrum nigrum L.

Schwarzer Germer. *E:* Black false hellebore. *F:* Vératre noir. *I:* Elabro nero.

Familie: Liliaceae, Liliengewächse.

Verbreitung, Vorkommen: Südalpen, Balkan, Nordasien; Bergwälder, Holzschläge, Bergwiesen.

Beschreibung: 60–100 cm hohe, ausdauernde Pflanze. Blätter breitelliptisch bis lanzettlich, nervig gerippt. Blüten klein, bis 1 cm Durchmesser, schwarzpurpurn, gestielt, in einfachen Trauben. Samenkapsel kahl. Blütezeit: Juli–August.

– Giftwirkung etc. → *Veratrum album.*

Veratrum viride Ait.

(Veratrum album var. viride Baker)

Grüner Germer, Amerikanische Nieswurz. *E:* American white hellebore, Indian poke. *F:* Hellébore vert. *I:* Veratro verde.

EDV-Code: VEAVI.

Familie: Liliaceae, Liliengewächse.

Verbreitung, Vorkommen: Die Pflanze ist in Nordamerika beheimatet. Der Grüne Germer unterscheidet sich nur wenig vom → *Weißen Germer (Veratrum album)* Europas.

Hauptwirkstoffe: Bestandteile und Alkaloidgehalt der Droge sind ähnlich wie bei → *Veratrum album.*

Anwendungen in der Homöopathie: D_1–D_6 bei Pneumonie und anderen hochfieberhaften Erkrankungen.

Vorschriften: Veratrum viride: Monographie der Kommission D.

Literatur: D 9, H 12, M 2, M 27.

– Giftwirkung etc. → *Veratrum album.*

Viburnum lantana L.

Wolliger Schneeball. *E:* Wayfaring-tree. *F:* Viorne lantane. *I:* Viburno lantana. *NL:* Wollige Sneeuwbal.

Blüten

Viburnum lantana

Früchte

EDV-Code: VIBLA.

Familie: Caprifoliaceae, Geißblattgewächse.

Verbreitung, Vorkommen: Europa, Kleinasien. In Mitteleuropa im Süden, fehlt im Norden; Waldränder, Holzschläge, Abhänge.

Beschreibung: Buschiger Strauch, bis 3 m hoch. Blätter eiförmig, kurzgestielt, gegenständig. Blüten schmutzigweiß, glockig, in schirmförmigen, bis 10 cm breiten Trugdolden. Steinbeeren, zuletzt glänzendschwarz.

Blütezeit: April–Mai.
Früchte: September–Oktober.

– Giftwirkung etc. → *Viburnum opulus.*

Nach Weilemann [W 38] werden die Beeren vorwiegend von Ein- bis Dreijährigen aufgenommen. Es treten überwiegend Magen- und Darmbeschwerden auf, sie verlaufen harmlos und sind nur in Ausnahmefällen zu behandeln, vor allem wenn mehr als eine Handvoll Beeren gegessen wurde.

Therapie:
Erste Hilfe: Kohle-Pulvis.
Klinik: In Extremfällen Entgiftung und Alkalisierung.

Viburnum opulus L.

Gemeiner Schneeball. *E:* Water elder, Guelder rose. *F:* Viorne obier. *I:* Sambuco aquatico, Oppio.

Blüten

Früchte

EDV-Code: VIBOP.

Familie: Caprifoliaceae, Geißblattgewächse.

Verbreitung, Vorkommen: Europa, West- und Nordasien. In Mitteleuropa verbreitet; Auwälder, Waldränder, Bachufer.

Beschreibung: 2–4 m hoher Strauch. Blätter gestielt, 3–5lappig. Blüten in ebensträußigen, endständigen Trugdolden, äußere Blüten groß, weiß, steril, innere klein, fruchtbar; Gartenformen (var. roseum) mit kugeligem Blütenstand und sterilen Blüten.
Blütezeit: Mai–Juni.
Früchte: September.
Viburnum-Arten sind alle giftig, vor allem die Früchte [E 12].

Droge: Cortex Viburni opuli, Viburni opuli cortex, Schneeballbaumrinde.
Der Geschmack ist adstringierend und bitter.

Viburnum opulus

Verwechslung oder Verfälschung mit Cortex Viburni prunifolii, der nordamerikanischen Viburnum prunifolium L., ist möglich [H 12].
Ein Extrakt von Viburnum prunifolium soll bei Tieren ohne vorübergehende Erregung dämpfend bzw. lähmend auf die Zentren der willkürlichen Bewegung, auf die Reflexzentren und die sensiblen Nervenendigungen wirken. Als tödliche Dosis werden 5–7 g des trockenen Extraktes, subkutan injiziert, bezeichnet. Der Tod erfolgt durch Herzstillstand [H 12].

Giftige Pflanzenteile: Rinde, Blätter (Beeren?).

Hauptwirkstoffe: In der Rinde Viburnin, ein harzartiger Bitterstoff, ferner → α- und *β-Amyrin,* → *Oxalate,* es fehlen jedoch exakte Inhaltsangaben.
Nach neueren Angaben 10 Glykoside mit den Hauptglykosiden Astralagin und Paenosid.

Vergiftungserscheinungen: Die Beeren sind nach neueren Angaben nicht giftig. In größeren Mengen oder unreif gegessen rufen sie Erbrechen und Durchfall hervor.
Übelkeit, Bewußtseinstrübungen, Erbrechen, Durchfall, Erregung, Herzrhythmusstörungen, Krämpfe, Atemnot, Nierenschädigung, Blut im Urin, Entzündung der Verdauungsorgane.

Anwendungen in der Homöopathie: D_1–D_3 bei Dysmenorrhöe und drohendem Abort; Uteruskrämpfen.

Gefährlichkeitsgrad: Giftig +

Vorschriften: Viburnum opulus: Monographie der Kommission D.

Literatur: B 36, D 9, F 16, G 4, G 32, H 12, J 5, L 10, M 2, M 27, S 6, S 34.

Therapie:
Erste Hilfe: Kohle-Pulvis.
Klinik: In Extremfällen Entgiftung und Alkalisierung.

Vicia faba L.

(Faba bona Medik., Faba vulgaris Moench)

Ackerbohne, Puffbohne, Saubohne, Dicke Bohne. *E:* Broad bean. *F:* Fève de marais. *I:* Favetta. *NL:* Duiveboon.

EDV-Code: VICFX.

Familie: Fabaceae, Schmetterlingsblütler.

Verbreitung, Vorkommen: Weltweit als Nutzflanze angebaut, nur als Kulturpflanze bekannt. Gedeiht besonders gut auf tiefgründigen Lehmböden.

Beschreibung: 50–100 cm hohe, einjährige, kräftige, aufrechte Pflanze. Blätter fleischig, blaugrün, 3–10 cm lang, mit krautiger Stachelspitze, 1–3paarig gefiedert. Blüten weiß, seltener rot; Flügel mit schwarzem Fleck; Fahnen bräunlich oder violett geadert, 2–3 cm lang. Blütenstände kurz gestielt, in mehrblütigen Trauben. Hülsen bis 12 cm lang, dick, aufrecht oder hängend, sammetartig-kurzhaarig, mit 3–7 rundlich-ovalen Samen.
Blütezeit: Juni–Juli.

Giftige Pflanzenteile: Rohe und gekochte Bohnen, Blütenstaub.

Hauptwirkstoffe: In den Samen die Glykoside → *Vicin* (0,6–0,8%), Convicin (0,1–0,3%) und als Begleitstoffe Lectine und L-Dopa [T 19].

Vergiftungserscheinungen: Nach dem Einatmen des Blütenstaubes und nach dem Verzehr von rohen und gekochten Saubohnen kann es zum Krankheitsbild des Favismus kommen. Allergische Vorgänge sind dabei nicht ausgeschlossen, da nach dem Einatmen des Blütenstaubes die Krankheit oft schwerwiegender verläuft. Häufiger tritt der Favismus im östlichen Mittelmeer und bei amerikanischen Schwarzen auf, der auf einem erblich bedingtem Glucose-6-phosphat-dehydrogenase-Mangel zurückzuführen ist.

5 bis 48 h nach dem Essen kommt es zu Übelkeit, Erbrechen, Durchfall, Bauchschmerzen und Schwindelgefühl. Diese leichten Symtome verschwinden nach einigen Tagen. In schweren Fällen entsteht eine akute hämolytische Anämie mit Fieber, Milz- und Leberschwellung, Ikterus, Hämoglobinurie, Oligurie und Anurie. Die Mortalität bei dieser Schädigung beträgt 7% [H 13].
Vergiftungserscheinungen durch Vicia-Arten kommen besonders bei Pferden, Rindern, Schweinen und Kühen vor. Das Krankheitsbild bei Pferden zeigt sich in einer schweren Leberdegeneration mit Kolikerscheinungen. Auf eine ausschließliche Verfütterung von Wicken soll darum verzichtet werden.

Gefährlichkeitsgrad: Giftig.

Literatur: F 16, H 13, H 18, T 19, W 27.

Therapie:
Erste Hilfe: Sofort Kohle-Pulvis oder Trinken und Erbrechen.
Klinik: In Extremfällen Magenspülung, Kohle-Pulvis, Monitorkontrolle, Atmungskontrolle.

Vinca minor L.

Kleines Immergrün. *E:* Common periwinkle. *F:* Petite pervenche. *I:* Pervinca minore.

EDV-Code: VINMI.

Familie: Apocynaceae, Hundsgiftgewächse.

Verbreitung, Vorkommen: Süd- und Mitteleuropa; lichte Wälder, Gebüsche, bodendeckender Schmuck in Gärten und auf Gräbern.

Beschreibung: Am Boden kriechender Zwergstrauch, bis 60 cm lang, mit aufrechtem, blütentragendem Stengel. Blätter immergrün, lederartig, oval, gegenständig oder quirlig. Blüten hellblau, 5blättrig, langröhrig.
Blütezeit: April–Mai.
Eine ähnliche und bei uns als Zierpflanze anzutreffende Art ist Vinca major L. (Heimat: Südeuropa).

Droge: Auszug aus der Monographie der Kommission E: Vincae minoris herba (Immergrünkraut)
Risiken: Im Tierversuch führt die Verabreichung von Immergrünkraut zu Blutbildveränderungen wie Leukozytopenie, Lymphozytopenie, Erniederung des α_1-, α_2- und γ-Globulin-Spiegels, vermutlich infolge einer immunsuppressiven Wirkung.
Der Vincamingehalt der Droge ist gering und starken Schwankungen unterworfen.
Für die Therapie steht Vincamin als Reinsubstanz zur Verfügung.

Giftige Pflanzenteile: Das ganze Kraut mit Wurzeln.

Hauptwirkstoffe: Alkaloidgehalt 0,15–0,95% (ca. 60 meist monomere Indol-Alkaloide), → *Vincamin,* (–)-Eburnamenin, (–)-Eburnamin und andere.
Erhöhter Vincamin-, Vincin-, Vincamin- und Vinciningehalt trat in den Sprossen (bes. in jungen) von Pflanzen auf, die mit Tryptophan, Anthranilsäure und Lysin behandelt wurden.

Vergiftungserscheinungen: Aufgrund des Hauptalkaloids Vincamin ist mit einer starken Blutdrucksenkung, u. U. auch mit Herz-, Kreislauf- und Atembeschwerden zu rechnen. Als Nebenwirkungen wurden vereinzelt gastrointestinale Störungen und vorübergehende Rötung der Haut beobachtet.
Die Gesamtalkaloide besitzen ein LD_{50} von 24 mg/kg Maus.

Anwendungen: Vincamin wurde in den letzten Jahren wegen seiner blutdrucksenkenden und sedierenden Effekte in der Geriatrie verwendet.

Anwendung in der Homöopathie: D_1–D_6 gegen nässende Ekzeme.

Gefährlichkeitsgrad: Giftig +

Vinca minor

Vorschriften: Vinca minor: Monographie der Kommission D.
Vincae minoris herba: Monographie der Kommission E.
Das BGA hat 1987 die Zulassung für 27 immergrünhaltige Fertigarzneimittel von 20 Pharmazeutischen Unternehmen mit sofortiger Wirkung verboten.
„Da die Wirksamkeit von Immergrünkraut und Immergrünkrautzubereitungen nicht ausreichend belegt ist, ausreichende Plasmaspiegel an Vincamin mit der Droge und Drogenzubereitungen nicht erreicht werden und der Verdacht einer Blutbildveränderung durch Untersuchungen am Menschen nicht ausgeräumt wurde, ist die therapeutische Anwendung der Droge und ihrer Zubereitungen nicht vertretbar.“ (BGA-Mitteilung, Ges. pol. Umsch., 211, 1987)

Literatur: B 21, B 23, B 36, C 18, C 20, F 15, F 16, H 12, M 27.

Therapie:
Erste Hilfe: Kohle-Pulvis trinken lassen.
Klinik: Nur nach großer Giftaufnahme Magenspülung, Kohle-Pulvis, Natriumsulfat. Plasmaexpander im Schock. Natriumbikarbonat zum Azidoseausgleich, ggf. Intubation und Beatmung. Atropin bzw. Alupent® bei Bradykardie; Phenytoin bzw. Lidocain bei tachykarden Herzrhythmusstörungen, evtl. passsag. Herzschrittmacher.

Vincetoxicum hirundinaria Medikus

[Vincetoxicum officinale Moench., Cynanchum vincetoxicum (L.) Pers.]

Schwalbenwurz. *E:* Swallows wort. *F:* Dompte venin. *I:* Vincetossico comune. *NL:* Engbloem.

EDV-Code: CYKVI.

Familie: Asclepiadaceae, Schwalbenwurzgewächse.

Verbreitung, Vorkommen: Europa, Westasien, Nordafrika. In Mitteleuropa verbreitet; trockene Wälder, Abhänge, Gebüsch.

Beschreibung: Ausdauernde, bis 1,20 m hohe Pflanze. Blätter herz-eiförmig zugespitzt, kreuzgegenständig. Blüten gelblich-weiß, 5spaltig, in blattachselständigen, gestielten Trugdolden. Balgfrucht kegelförmig. Samen mit Haarschopf.
Blütezeit: Mai–August.

Droge: Rhizoma Vincetoxici, Vincetoxici rhizoma, Schwalbenwurzel.
Der bis 1 cm dicke Wurzelstock mit Nebenwurzeln.

Giftige Pflanzenteile: Alle Pflanzenteile, besonders die unterirdischen.

Hauptwirkstoffe: → *Vincetoxin,* ein Glykosidgemisch, das in den Wurzeln zu 1–1,5%, in den Samen zu 0,7% enthalten ist.

Vincetoxicum hirundinaria

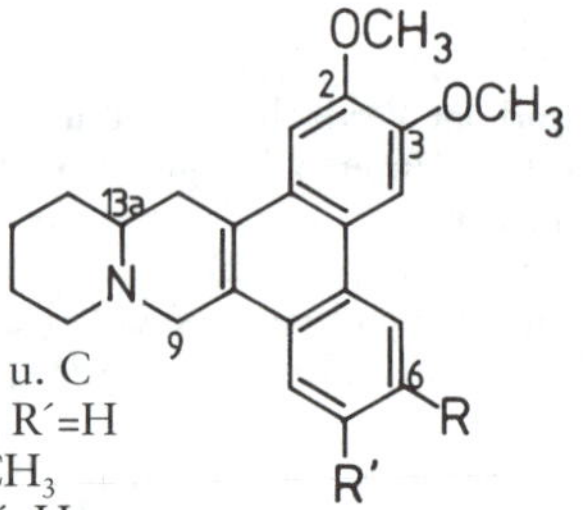

Alkaloid A, B u. C
A: R=OCH_3, R´=H
B: R=R´=OCH_3
C: R=OH; R´=H

Tylophorin (Alkaloid B) 2,3,6-Trimethoxy-9,11,12,13,13a,14-hexahydro-dibenzo-[f,h]-pyrrolo[1,2-b]-isochinolin (Alkaloid A), dessen 14-Hydroxyderivat und 2,3-Dimethoxy-6-hydroxy-9, 11, 12, 13, 13a, 14-hexahydro-dibenzo[f,h]-pyrrolo[1,2-b]-isochinolin (Alkaloid c) [H 12]. Außerdem → *α-Amyrin*, → *Friedelin*, Sinapinsäure, → *Chloro-gensäure*. Im Kraut β-Sitosterin und 2 Triterpene.

Vergiftungserscheinungen: Speichelfluß, Erbrechen, Diarrhöe, kurzdauernde zentrale Erregung, auch Krämpfe. Letale Dosen bewirken zentrale Lähmung, vor allem Atemlähmung, außerdem Herz- und Skelettmuskulaturlähmung.

Gefährlichkeitsgrad: Giftig +

Vorschriften: Vincetoxicum hirundinaria: Monographie der Kommission D.
Das DAB 10 schreibt eine Prüfung von Primulae radix auf eine Beimengung der ähnlichen Vincetoxici rhizoma vor.

Literatur: B 36, F 2, F 16, G 4, H 12, H 25, L 10, M 2, T 18.

Therapie:
Erste Hilfe: Sofort Kohle-Pulvis (10 g), Erbrechen auslösen, Natriumsulfat.
Klinik: Magenspülung (evtl. mit burgunderfarbener Kaliumpermanganatlösung), Instillation von 10 g Kohle-Pulvis, Natriumsulfat. Nach der Resorption (Krämpfe) Relaxierung und Intubation, solange das Krampfstadium anhält, nur so viel Antiepileptika wie Diazepam, Barbital u.a., daß die Krämpfe eben unterdrückt bleiben; bei Fieber Eiswickel, hochkalorische Infusionen (Traubenzucker), keine Phenothiazine, keine Analeptika(!), evtl. Sauerstoffbeatmung.

Viscum album L.

Mistel. *E:* Mistletoe. *F:* Gui. *I:* Vischio comune. *NL:* Maretak.

Viscum album

EDV-Code: VISAL.

Familie: Loranthaceae, Mistelgewächse.

Verbreitung, Vorkommen: Europa, Nordasien. In Mitteleuropa zerstreut; auf Laub- und Nadelbäumen (in 3 Subspecies).

Beschreibung: Schmarotzender, immergrüner Strauch, bis 1 m Durchmesser. Blätter lederig, lanzettlich, spatelig. Blüten zweihäusig, unscheinbar, gelblichgrün, in Trugdolden. Beeren weiß, Fruchtfleisch klebrig.
Blütezeit: März–Mai.
Früchte: Winter (Weihnachtszeit).

Droge: Herba (Stipites) Visci, Visci herba, Mistelkraut.
Die getrockneten, jüngeren Zweige (Erg. B.6). Geruch eigenartig, Geschmack bitter.
Auszug aus der Monographie der Kommission E:
Gegenanzeigen: Eiweiß-Überempfindlichkeit, chronisch-progrediente Infektionen (z. B. Tbc).
Nebenwirkungen: Schüttelfrost, hohes Fieber, Kopfschmerzen, pektanginöse Beschwerden, orthostatische Kreislaufstörungen und allergische Reaktionen.

Wirkstoffhaltige Pflanzenteile: Die ganze Pflanze.

Hauptwirkstoffe: Viscotoxine (Polypeptide aus 46 Aminosäuren), in den Beeren sollen Viscotoxine vorhanden sein, in den Blättern und Zweigen → *β-Amyrin,* → *Lupeol,* → *Oleanolsäure* und zahlreiche weitere Stoffe.
Nach neueren Untersuchungen wurden 3 Lektine nachgewiesen, 2 davon sind physikalisch und chemisch näher charakterisiert, außerdem cardio-aktive Verbindungen, die zu der Klasse der Phenylpropane und Lignane gehören.
Der höchste Gehalt an Lektinen wurde im Winter in Blütenknospen und Früchten festgestellt; die Werte in Zweigen stiegen im Herbst und Winter nur wenig, während sie sich in Blättern erheblich erhöhten [S 73].
Die Inhaltsstoffe sind von der Wirtspflanze abhängig. Subspezies der Misteln scheinen in bezug auf die Wirtspflanze artspezifisch zu sein.
Am giftigsten sind Misteln von Ahorn, Linde, Walnuß, Pappel und Robinie, am wenigsten giftig vom Apfelbaum.

Pharmakologische Wirkung: Blutdrucksenkende Wirkung. Erweiterung der Arteriolen und Kapillaren durch direkte Beeinflussung.
Extrakt: schwächt in mittleren und großen Dosen die Atmung. Beeren: emetische, purgierende Wirkung, verursachen heftigen Durst, Tenesmus, blutigen Stuhl, Konvulsionen und u. U. sogar den Tod kleiner Kinder.
Extrakt: selten Magenstörungen, Koliken und manchmal transitorische Urinretention.
Nach Weilemann [W 38] werden die Beeren im Winter vorwiegend von Ein- bis Vierjährigen aufgenommen. Die beobachteten Beschwerden sind Übelkeit, Erbrechen, Bauchschmerzen, Durchfall. Sie verlaufen harmlos und müssen nur in Ausnahmefällen behandelt werden.
Als Glücksbringer in der Weihnachts- und Neujahrszeit ist die Mistel mit ihren weißen, kugeligen Beeren sehr verlockend für Kinder.
Obwohl nach Auskunft der Tox-Zentren in den meisten Fällen die Einnahme von wenigen Beeren symptomlos verlief, traten bei Einnahme von mehreren Beeren immer wieder gastrointestinale Symptome bei 2–3jährigen Kindern auf. Auch ein Hund mußte nach dem Fressen von Blättern mehrmals erbrechen.
Mistelzweige sollten daher immer für Kinder und Tiere unerreichbar gehängt oder aufgestellt werden [J 12].
Viscotoxine wirken ähnlich wie Bienengift. Nach intrakutaner Injektion kommt es an der Injektionsstelle, je nach Dosis, zur Quaddelbildung bis Nekrose. Viscotoxine und Lectine besitzen zytotoxische Eigenschaften.
Beobachtet wurde eine Abhängigkeit der Wirkungsintensität von der jeweiligen Wirtspflanze.

Anwendungen: Impftumore bei Mäusen ließen sich durch peri- und intratumorale Applikation von Viscum-Extrakten günstig beeinflussen.

Anwendungen in der Homöopathie: D_2 bei Gebärmutterblutungen; D_4–D_{10} bei arterio-

Viscum album

sklerotischer und essentieller Hypertonie; Carcinome, besonders Cancroide.

Gefährlichkeitsgrad: Giftig + oder wenig giftig (+)

Vorschriften: Visci albi herba: Monographie der Kommission E.

Viscum album: Monographie der Kommission D.

Literatur: B 11, B 12, B 36, D 9, F 16, G 4, H 8, H 12, H 16, J 12, L 10, M 2, M 27, S 73, T 5, W 5, W 6.

Therapie:
Erste Hilfe: Kohle-Pulvis oder erbrechen lassen.
Klinik: In Extremfällen Magenspülung, Vitaltherapie (S. 56).

Vitex agnus-castus L.

Mönchspfeffer, Keuschstrauch, Keuschlamm, Abrahamsstrauch. *E:* Chaste tree. *F:* Gattilier, Agneau chaste, Petit poivre. *I:* Agnocasto, Lágano vitice. Im Altertum Lygos.

EDV-Code: VIXAC.

Familie: Verbenaceae, Eisenkrautgewächse.

Verbreitung, Vorkommen: Mittelmeergebiet, Zentralasien, Krim. In Bachbetten und an Flußufern, in der Ebene und an der Küste. Der Strauch ist winterhart und wird im Freiland oder als Kübelpflanze gehalten.

Beschreibung: 2–4 m hoher Strauch mit hellbraunen Zweigen. Kreuzweise gegenständige, handförmig fünf- bis siebenzählig geteilte Laubblätter und kleine violette, blaue, rosa oder weiße Blüten in dichten, endständigen Blütenständen. Frucht eine 4samige Steinbeere.
Blütezeit: Juli–August.

Droge: Fructus Agni casti (Semen Agni casti), Agni casti fructus (Agni casti semen), Keuschlammfrüchte, Mönchspfeffer.
Kaum pfefferkorngroße, kugelige Steinbeeren, außen dunkelbraun schwärzlich, innen gelblich, meist noch halb von dem grünen Kelch eingeschlossen. Der Geruch beim Zerreiben gewürzhaft, salbeiartig, der Ge-

Vitex agnus-castus

schmack scharf, pfefferartig aromatisch [H 12].
Auszug aus der Monographie der Kommission E: Agni casti fructus (Keuschlammfrüchte)
Nebenwirkungen: Gelegentliches Auftreten von juckenden, urtikariellen Exanthemen.
Verwendung bei Schwangerschaft und Laktation: Keine Anwendung in der Schwangerschaft.
Tierexperimentell wurde eine Beeinträchtigung der Stilleistung gesehen.

Hauptwirkstoffe: In der Frucht die Iridoide → *Aucubin,* Agnusid, Flavonoide (Casticin u. a.), 0,45% ätherisches Öl. Im Blatt Aucubin, Agnusid, Eurotosid, Casticin und andere Flavonoide, 0,35% ätherisches Öl. Im Holz Aucubin, Agnusid, Flavon-C-Glykoside (vom Typ des Orientins).

Pharmakologische Wirkung: In zu großen Gaben benommener Kopf, Schwindel. Einschläfernde Wirkung.

Agnus castus greift an der Hypophyse an; es hemmt die FSH-Ausschüttung, steigert die Produktion von luteinisierendem Hormon und Prolaktin [H 12].

Anmerkung: Schon in der Antike war anscheinend die Wirkung des Strauches bekannt. Er wurde vielfach der Fruchtbarkeitsgöttin Hera geweiht.

Anwendungen in der Homöopathie: D_1–D_6 bei sexueller Schwäche und Impotenz sowie bei Depressionen.

Gefährlichkeitsgrad: Wenig giftig (+)

Vorschriften: Vitex agnus-castus: Monographie der Kommission D.
Agni casti fructus: Monographie der Kommission E.

Literatur: D 9, H 12, H 18, K 10, M 2, M 27, W 33.

Therapie:
Nur in Extremfällen Erbrechen oder rechtzeitig Kohle-Pulvis.

Wisteria sinensis (Sims) Sweet

Glyzine, Glycinie, Blauregen. *E:* Chinese wisteria. *F:* Glycin de Chine. *I:* Glicine comune. *NL:* Blauwe regen.

EDV-Code: WSTSI.

Familie: Fabaceae, Schmetterlingsblütler.

Verbreitung, Vorkommen: Heimat: China; in Mitteleuropa an Hauswänden, Mauern und in Anlagen.

Beschreibung: Windender sommergrüner Strauch, 6–12 m lang. Blätter unpaarig gefiedert. Blüten blau oder weiß, in dichten, hängenden Trauben. Hülsen bis 15 cm lang, ledrig, dicht behaart, vielsamig.
Blütezeit: Mai–Juni.

Giftige Pflanzenteile: Wurzel, Zweige, Rinde, Früchte, besonders die Samen.

Hauptwirkstoffe: Wistarin, das ähnlich aber nicht so stark wie das → *Cytisin* des Goldregens wirken soll. Ferner ein giftiges Harz, in den Blättern Allantoinsäure.
Möglicherweise schwankt der Gehalt an Inhaltsstoffen je nach Standort und Jahreszeit stark.

Vergiftungserscheinungen: Magenbeschwerden, Erbrechen, Durchfall, weite Pupillen, manchmal Schlafsucht, Kreislaufstörungen, Kollaps. Schon 2 Samenkörner sollen bei Kindern zu Vergiftungserscheinungen führen.
Aus den Erfahrungen der Beratungsstelle für Vergiftungserscheinungen, Berlin:

2½jähriges Mädchen aß 2 Hülsen; 7 Monate altes Kind 1 Blatt, jeweils ohne Symptomatik [K 40].

Gefährlichkeitsgrad: Giftig +

Literatur: B 36, G 18, H 12, K 40.

Therapie:
Erste Hilfe: Erbrechen auslösen, Kohle-Pulvis-Gabe, Natriumsulfat, viel warmen Tee oder Himbeersaft trinken lassen.
Klinik: Magenspülung (evtl. mit burgunderfarbener Kaliumpermanganatlösung). Bei Krämpfen Diazepam (Valium®) i.v., Elektrolytsubstitution, Azidoseausgleich mit Natriumbikarbonat (Urin pH 7,5), bei Atemlähmung Intubation und Sauerstoffbeatmung.

Xanthium spinosum L.

Dornige Spitzklette. *E:* Spiny burweed. *F:* Lampourde épineuse. *I:* Spina d'asino. *NL:* Gedoornde Stekelnoot.

EDV-Code: XANSP.

Familie: Asteraceae, Korbblütler.

Verbreitung, Vorkommen: Im gemäßigten Südamerika beheimatet. Eingebürgert in Mittel- und Nordeuropa. In Mitteleuropa sehr zerstreut.

Beschreibung: Bis 80 cm hohe, einjährige Pflanze, mit sparrig verzweigtem, dornigem Stengel. Blätter wechselständig, oberseits dunkelgrün, unterseits graufilzig, gestielt, meist dreilappig, am Blattstielansatz beiderseits mit 3 Stacheln. Männliche Blüten am Stengelende, weibliche Blüten blattachselständig, umschlossen von spitzen Spreublättern. Reife Fruchtköpfchen an der Spitze mit 2 Dornen.
Blütezeit: Juli–September.

Droge: Xanthii spinosi herba, Dorniges Spitzklettenkraut.

Giftige Pflanzenteile: Besonders Samen und Schößlinge.

Hauptwirkstoffe: Ätherisches Öl, Harz. Nach Metwally et al. die Xanthanolide Xanthinin und Xanthin [H 12].

Vergiftungserscheinungen: Die Samen sind in einer Menge von 0,3% des Körpergewichts für Tiere giftig, wie auch die Schößlinge vor Erscheinen der ersten Blätter giftig sind. Anorexie, Hämorrhagie, Schwindel, Schwäche und Atemnot treten nach 1/2 bis mehreren Tagen auf, der Tod einige Stunden bis 3 Tage nach dem Erscheinen der Symptome [H 12].
Hautwirkung → *Xanthium strumarium.*

Gefährlichkeitsgrad: Giftig + nur für Tiere, außer irritativer Wirkung keine Gefahr für den Menschen.

Literatur: H 12, H 21.

Therapie:
In Extremfällen Kohle-Pulvis oral.

Xanthium strumarium L.

Gemeine Spitzklette. *E:* Broad cocklebur. *F:* Glouteron. *I:* Lappola comune. *NL:* Ongedoornde Stekelnoot.

EDV-Code: XANST.

Familie: Asteraceae, Korbblütler.

Verbreitung, Vorkommen: Europa, Westasien. An Wegrändern, Ufern und auf Schuttplätzen. In Mitteleuropa nur stellenweise.

Beschreibung: Einjährige, bis 80 cm hohe, graugrüne Pflanze mit aufrechtem, behaartem Stengel. Blätter herzförmig-dreieckig, gestielt, wechselständig. Blütenköpfchen einhäusig; männliche vielblütig, endständig; weibliche 2blütig, blattachselständig. Reife Fruchtköpfchen graugrün, manchmal rötlich.
Blütezeit: Juli–Oktober.

Droge: Xanthii strumarii herba – Spitzklettenkraut.

Giftige Pflanzenteile: Hauptsächlich die Blätter.

Hauptwirkstoffe: Xanthinin, ein Sesquiterpenketolacton; Xanthin, Xanthanol, Kaffeesäure, Cinarin und Xanthumin, ein Stereoisomeres des Xanthinins [H 12].
Für die Giftwirkung ist nach Stuart Carboxyatractylosid verantwortlich.

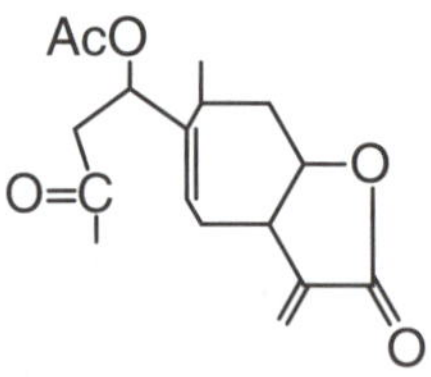

Xanthinin

Vergiftungserscheinungen: Xanthumin wirkt zentral hemmend; Xanthinin bakteriostatisch und fungizid. Nach Bailey sollen die Laubblätter für weidende Tiere schädlich sein. Die Vergiftungserscheinungen sind Blähungen, Herzlähmung, steifer Gang. Das Öl der Samen ist ungiftig [H 12].

Wirkungen auf die Haut: Die bisher beschriebenen Kontaktdermatitiden scheinen primär irritativer Natur gewesen zu sein. In einigen Fällen bleibt ungeklärt, welche der beiden Xanthium-Arten verantwortlich war. Nach Behl und Singh traten in Indien ekzematische Veränderungen an Händen und Füßen auf, die besonders durch Pflanzen im Vorfruchtstadium hervorgerufen wurden [H 21].

Gefährlichkeitsgrad: Giftig + für Tiere. Keine Vergiftungsgefahr für den Menschen, nur irritative Wirkung.

Literatur: H 12, H 21.

Therapie:
Bei Allergie Hautkontakt und Einatmung (z. B. von Pflanzenstaub bei der Aufarbeitung von getrockneten Pflanzen) meiden.

Xysmalobium undulatum (L.) R. Br.

Familie: Asclepiadaceae, Schwalbenwurzgewächse.

Verbreitung, Vorkommen: Heimisch in Süd- und Südwestafrika.

Droge: Radix Uzara, Uzarawurzel.
Die Wurzel besteht nach Wasicky aus zylindrischen, an der Außenfläche uneben längsfurchigen, gestreiften oder stellenweise fast glatten, grauen oder grauschwarzen Stücken.

Hauptwirkstoffe: Der alkoholische Extrakt der Wurzel ist als Uzaron bekannt. Er enthält mehrere Cardenolidglykoside (früher als Xysmalobin bezeichnet): → *Uzarin* (Uzarigin-diglucosid) $C_{35}H_{54}O_{14}$, Fp. 268–270 °C, Xysmalorin (Xysmalogenin-diglucosid), Fp. 220–224 °C, Urezin (Urezigenin-diglucosid), Uzarosid (Gluco-uzarin), Ascleposid (Uzarigenin-D-allomethylosid) sowie Monoglucoside der unten genannten Aglykone. Nach fermentativem Abbau wurden identifiziert [Reichstein et al.: Helv. Chim. Acta 46, 8 (1963)]: Uzarigenin, Fp. 230–246 °C, Xysmalogenin, Fp. 230–248 °C; ferner in geringer Menge Urezigenin, Smalogenin (Acetyluzarigenin), Allouzarigenin (17-α-Uzarigenin), Fp. 227–229 °C, Coroglaucigenin, Fp. 249–250 °C, Pachygenol, Fp. 226–238 °C, Δ^5-Pregnenol-(3β)-on-(20) und 5α-Pregnanol-(3β)-on-(20) [H 12].

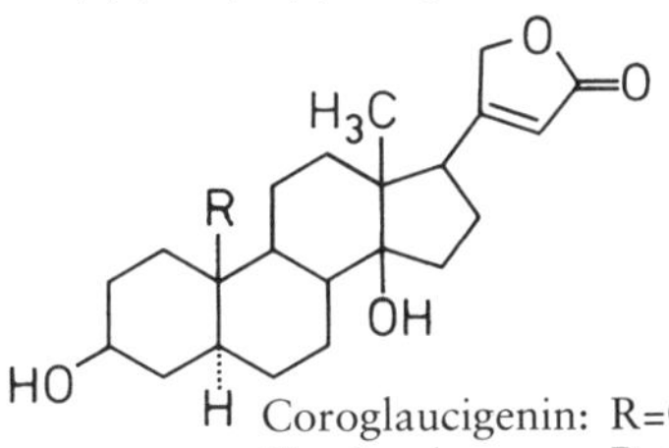

Coroglaucigenin: R=CH_2OH
Uzarigenin: R=CH_3

Vergiftungserscheinungen: Der Wirkungsmechanismus der Uzara-Inhaltsstoffe an der

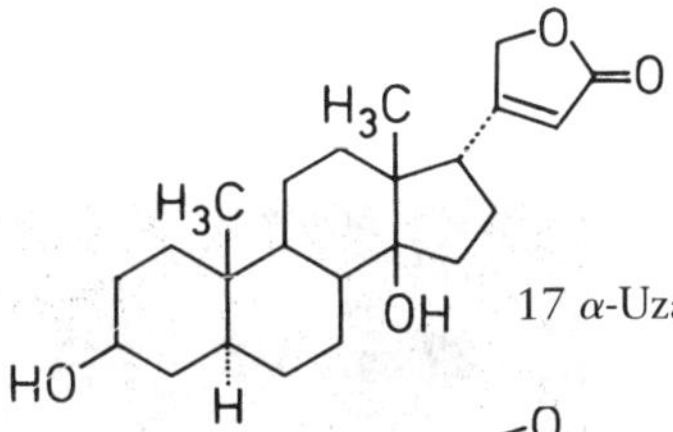

17 α-Uzarigenin

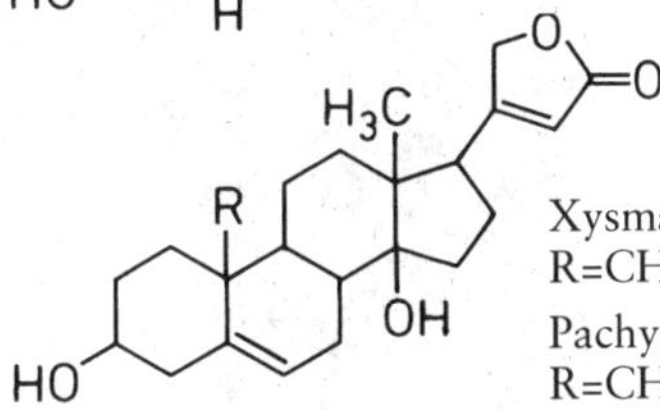

Xysmalogenin: R=CH_3
Pachygenol: R=CH_2OH

glatten Muskulatur besteht (nach Gessner, zit. in Berger) in einer Sensibilisierung der Sympathikusendungen. Die zunächst erregende, erst in großer Dosis lähmende Wirkung auf die glatte Muskulatur selbst spielt eine untergeordnete Rolle. Experimentelle Untersuchungen ergaben, daß die Uzara-Stoffe als Magen-Darmmittel sogar über das Opium zu stellen sind. Sie bewirken in der üblichen Dosis keine unmittelbare Lähmung der glatten Muskulatur, sondern führen zur Ruhigstellung des Darmes und beseitigen die Spasmen durch die Steigerung des physiologischen Hemmungsmechanismus. Dazu kommt, daß Uzara den Gefäßtonus im Splanchnikusgebiet erhöht, daß es keine zentral narkotische Wirkung hat und nicht zu Euphorie und Gewöhnung führt [H 12].
Daß die Uzarawirkstoffe bei Injektion nicht harmlos sind, zeigen zwei Todesfälle nach intravenöser Injektion [M 2].

Gefährlichkeitsgrad: Stark giftig + +

Vorschriften: Xysmalobium undulatum: Monographie der Kommission D.

Literatur: H 12, M 2.

Therapie:
Erste Hilfe: Kohle-Pulvis-Gabe, erbrechen lassen, Natriumsulfat.
Klinik: Magenspülung (evtl. mit burgunderfarbener Kaliumpermanganatlösung), Elektrolytsubstitution, Azidoseausgleich mit Natriumbikarbonat (Urin pH 7,5), Plasmaexpander, ggf. Intubation und Sauerstoffbeatmung.

Zantedeschia aethiopica (L.) Spreng.

(Calla aethiopica L.)

Zimmercalla, Papierblume. *E:* Common calla lily. *F:* Zantedesquie éthiopienne. *NL:* Witte aronskelk.

EDV-Code: ZNTAE.

Familie: Araceae, Aronstabgewächse.

Verbreitung, Vorkommen: Heimat: Südafrika; Zimmerpflanze.

Beschreibung: Bis 80 cm hohe Pflanze. Blätter pfeilförmig, langgestielt, grundständig. Blüten an einem Kolben, von einem weißen Hochblatt umgeben.
Blütezeit: Januar–Mai.

Giftige Pflanzenteile: Die ganze Pflanze.

Hauptwirkstoffe: Scharfstoffe, etwas Leucocyanidin.

Vergiftungserscheinungen: Nach Angaben der Giftinformationszentrale München aß ein 14 Jahre alter Bub ein 3 cm langes Blatt und verspürte daraufhin ein Brennen im Mund. Encke beschreibt beim Essen eines Rhizoms Übelkeit und Halsschmerzen. Ein anderes Mal wurden ein Blatt und eine Wurzel ohne Symptome vertragen, wie aus Berichten der Giftinformationszentrale Freiburg hervorgeht.
Aus den Erfahrungen der Beratungsstelle für Vergiftungserscheinungen, Berlin: Ingestiert wurden Blätter, Beeren, Stengelteile; in einem Fall trat spontanes Erbrechen auf [K 40].

Wirkungen auf die Haut: Das Rhizom und die Blätter können auf der Haut Blasen erzeugen.

Gefährlichkeitsgrad: Giftig +

Literatur: H 12, K 40.

Therapie:
Erste Hilfe: Kohle-Pulvis-Gabe, Erbrechen auslösen, Natriumsulfat, viel warmen Tee trinken lassen. Haut- und Schleimhautblasen steril abdecken, Tetanusprophylaxe, lokal Locacorten®-Schaum.
Klinik: Magenspülung (evtl. mit burgunderfarbener Kaliumpermanganatlösung), Instillation von 10 g Kohle-Pulvis, Elektrolytsubstitution, Azidoseausgleich mit Natriumbikarbonat (Urin pH 7,5), Kontrolle der Nierenfunktion, bei Krämpfen Diazepam (Valium®) i.v., ggf. Plasma(expander)gabe, bei Atemlähmung: Intubation und Sauerstoffbeatmung.

Zanthoxylum fraxineum Willd.

(Zanthoxylum americanum auct. non Mill.)

Eschenblätteriges Gelbholz, Zahnwehbaum. *E:* Prickly ash. *F:* Clavalier.

Familie: Rutaceae, Rautengewächse.

Verbreitung, Vorkommen: Der bis 4,50 m hohe Baum ist in Nordamerika beheimatet.

Droge: Cortex Xanthoxyli, Xanthoxyli cortex.
Gekrümmte, eingerollte Stücke von über 1 mm Dicke. Außen braungrau, etwas silberglänzend, weißfleckig, mit kleinen schwarzen, punktförmigen Flecken, leicht gefurcht, oft auch mit braunen, glatten, glänzenden, geraden, zweispitzigen Stacheln von über 5 mm Länge [H 12].

Hauptwirkstoffe: (Xanthoxylin N, Xanthoxyletin) $C_{15}H_{14}O_4$.

Vergiftungserscheinungen: Die Droge wirkt stimulierend, aromatisch, diaphoretisch, diuretisch und emmenagog. Sie verursacht profuse Salivation, vermehrte Magen-, Darm-, Leber- und Pankreastätigkeit, gesteigerte Herzfunktion und erhöhten Blutdruck [M 2].

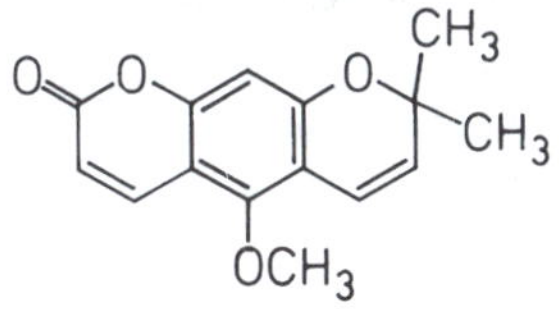

Xanthoxyletin

Gefährlichkeitsgrad: Wenig giftig (+)

Vorschriften: Zantoxylum fraxineum: Monographie der Kommission D.

Literatur: H 12, M 2.

Therapie:
Erste Hilfe: Kohle-Pulvis oder erbrechen lassen.
Klinik: In Extremfällen Magenspülung, Vitaltherapie (S. 56).

Zea mays L.

Mais, Welschkorn, Türkischer Weizen. *E:* Maize, Indian corn. *F:* Maïs, Blé de Turquie. *I:* Formentone, Granoturco. *NL:* Mais.

EDV-Code: ZEAMX.

Familie: Poaceae, Gräser.

Verbreitung, Vorkommen: Nur als Kulturpflanze bekannt. Heimat ist wahrscheinlich Mexiko.

Beschreibung: Einjährige, bis 2,5 m hohe Pflanze mit markhaltigem Stengel. Blätter breit-lanzettlich, hellgrün, bis 12 cm breit und 120 cm lang. Männliche Ährchen 2blütig, in spiraligen Scheinähren zu einer gipfelständigen Rispe vereinigt; weibliche Blütenstände von Blattscheiden umhüllte Kolben mit herausragenden Griffeln. Früchte in Kolben, verschieden gefärbt.
Blütezeit: Juli–Herbst.

Giftige Pflanzenteile: Maisgriffel.

Droge: Stigmata Maydis, Maydis stigma, Maisgriffel, Maishaare, Maisnarben.
Die vor der Bestäubung gesammelten Griffel der weiblichen Blüten.

Hauptwirkstoffe: In den Narben bis 0,85% Alkaloide unbekannter Zusammensetzung.

Vergiftungserscheinungen: Die Alkaloide bewirkten nach dem Einatmen Erregungszustände, Delirien, bei längerer Einwirkung Erbrechen, Koliken und Diarrhöe.
In Peru von den Indianern als Rauschmittel geraucht. Vielleicht sind auch Aflatoxine für die Giftigkeit verantwortlich? Reiß [R 27] schreibt: Konidien von Aspergillus flavus keimen besonders gut auf den Narben der weiblichen Maisblüten, wenn diese eine gelbbraune Farbe haben und schon mit Pollen belegt sind. Dieser liefert offenbar die erforderlichen Nährstoffe und ermöglicht dem Pilz eine reiche Konidienbildung. Anschließend wachsen die Hyphen durch den Narbenkanal zu den Samenanlagen.

Gefährlichkeitsgrad: Giftig +

Vorschriften: Stigmata maydis: Monographie der Kommission D.

Literatur: H 12, R 27, W 13.

Therapie:
Bei Drogenabhängigen evtl. Atmungskontrolle, Schockprophylaxe.

Zingiber officinale Rosc.

Ingwer. *E:* Ginger. *F:* Gingembre. *I:* Zenzero. *NL:* Gember.

Familie: Zingiberaceae, Ingwergewächse.

EDV-Code: ZINOF.

Verbreitung, Vorkommen: Die wahrscheinlich in Südasien beheimatete Pflanze wird heute überall in den Tropen kultiviert.

Beschreibung: Aus dem fleischigen Wurzelstock entspringen mehrere 90–120 cm hohe, aufrechte Stengel, mit ca. 20 cm langen und ca. 4 cm breiten Blättern. Zwischen diesen unfruchtbaren Stengeln sitzen 15–30 cm hohe Schäfte; sie tragen zapfenartige, 9–12 cm lange Ähren, an denen sich die gelblichweißen, ca. 3cm langen, 5zipfeligen, wohlriechenden Blüten befinden.

Droge: Rhizoma Zingiberis, Zingiberis rhizoma, Ingwer (Wurzel).
Die zahlreichen, nach ihrer Herkunft bezeichneten Ingwersorten des Handels unterscheiden sich sowohl durch den Grad ihrer Schälung, wie durch ihren Gehalt an äth. Öl, Scharfstoffen usw. [H 12].

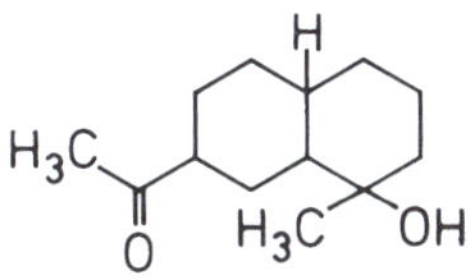

Zingiberol

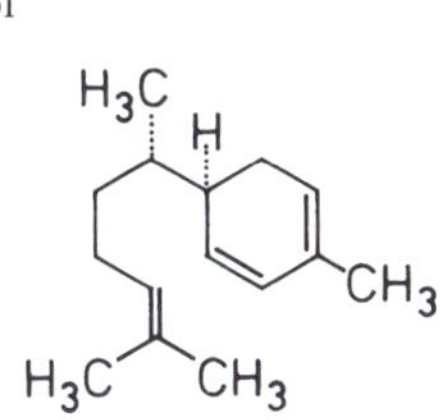

Zingiberen

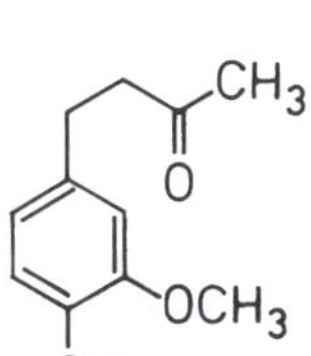

Zingeron

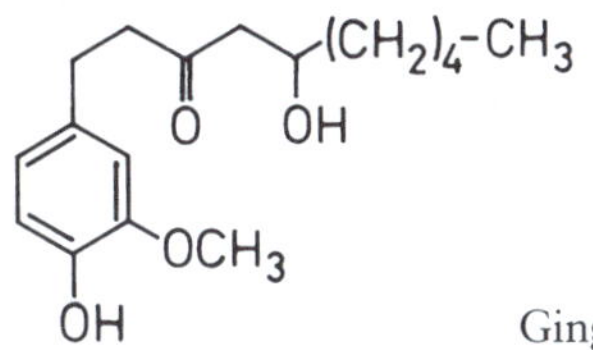

Gingerol

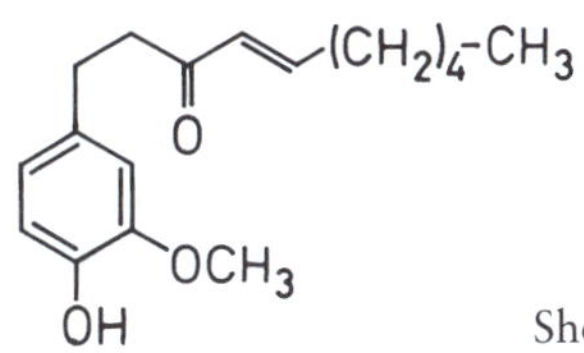

Shogaol

Auszug aus der Monographie der Kommission E: Zingiberis rhizoma (Ingwerwurzelstock)
Hinweis: Keine Anwendung bei Schwangerschaftserbrechen.

Zingiber officinale

Hauptwirkstoffe: Ätherisches Öl mit (–)-Zingiberen $C_{15}H_{24}$, Zingiberol (Geruchsträger), (+)-Borneol, Cineol, Humulen sowie einer Vielzahl weiterer äth. Ölkomponenten.
Gelbes öliges Scharfstoffgemisch „Gingerol" mit Gingerol $C_{17}H_{26}O_4$, Shogaol $C_{17}H_{24}O_3$, Kp. 227–229 °C, Zingeron [4-(4-Hydroxy-3-methoxyphenyl)-2-butanon] $C_{11}H_{14}O_3$, Fp. 40–41 °C [H 12].

Pharmakologische Wirkung: Im Epigastrium ruft Ingwer Wärmegefühl hervor und fördert den Abgang der Blähungen. Doch besitzt das Ingweröl auch stark reizende Eigenschaften, und Ingwergenuß soll sogar Hämorrhoidalbeschwerden hervorrufen und Harnzwang bedingen können [M 2].

Geschichte: Ingwer wird bei den Indern, vielleicht noch mehr bei den Chinesen seit uralter Zeit als Gewürz angebaut. In Europa wird er erst zur römischen Kaiserzeit bei Dioskurides als Magenmittel angeführt. Damals kam er schon nach Italien, in irdene Töpfe eingemacht wie noch heute.
Die erste direkte Nachricht über die lebende Ingwerpflanze stammt von Marco Polo, der 1295 von seinen Reisen in Asien nach Venedig zurückkehrte. Im ganzen Mittelalter war Ingwer ein sehr beliebtes Gewürz. Die Spanier brachten die Pflanze nach Westindien und Mexiko, und 1547 führte Jamaika schon 22000 Zentner aus. Ingwer ist eines der wenigen Gewürze, die auch heute noch in Massen verbraucht werden. 1937 betrug Deutschlands Einfuhr 35000 dz [K 9].

Wirkungen auf die Haut/Schleimhaut: Ingwer wirkt, eingeatmet, niesenerregend, auf der Haut als Rubefaciens.

Anwendungen: Altbekanntes Gewürz für Speisen und Konditorwaren. Neuerdings wird Ingwerextrakt als Mittel gegen Reisekrankheit in pharm. Präparaten eingesetzt.

Dosierung: Täglich 0,2–1 g (als Pulver), 1–3 g (als Dekokt) [H 12].

Gefährlichkeitsgrad: Schleimhautreizend.

Vorschriften: Zingiber officinale: Monographie der Kommission D.
Zingiberis rhizoma: Monographie der Kommission E.

Literatur: H 12, K 9, M 2, S 66.

Therapie:
Nur in Extremfällen Erbrechen oder rechtzeitig Kohle-Pulvis.

IV – 2
Pflanzengifte

Erläuterungen

Deutscher Name	Hier wird der handelsübliche Name genannt.
CAS Nr.	– chemical abstracts Nr., entnommen aus dem ECOIN und Dict. of Org. Comp.
Synonyma	exakte chem. und andere gebräuchliche Bezeichnungen, evtl. engl. Name.
Strukturformel	Die Strukturformel dient der Erläuterung von Stoffnamen und Summenformel und soll dem Betrachter übersichtlich und so eindeutig wie möglich die wesentlichen Einzelheiten des Stoffes veranschaulichen.
Summenformel	Sie gibt die Anzahl der in einer Verbindung enthaltenen Elemente an.
Mol. Gew.	Summe der relativen Gewichte, der in einem Molekül eines Elementes oder einer Verbindung enthaltenen Atome.
Charakter	Eigenschaften, Aussehen, Kristallform, Farbe.
Löslichkeit	Sie gibt einen Hinweis zur Entfernung des Giftes, aber auch für die Dünnschichtchromatographie (Auftragung der Substanzlösung am Startpunkt).
Schmelzpunkt	Meist bestimmt mit dem Mikroskopheiztisch 350, Firma Leitz, oder mit dem Schmelzpunktbestimmungsapparat von Büchi, Pat. Nr. 320388.
Kochpunkt	Bestimmt mit dem Schmelzpunktbestimmungs-Apparat „Tottoli“, Pat. Nr. 320388, Methode Siwoloboff, modifiziert d. Dr. W. Fatzer, oder mit dem Mikro-Destillationsapparat mit aufgesetzter Vigreux-Kolonne, Kreispolarimeter 0,05°, Fa. Carl Zeiss.
Brechungsindex	Abbè-Refraktometer, Modell G, Jenaoptik Jena GmbH.
R_f-Werte, Dünnschichtchromatographie	Die Angaben dienen zur Identifizierung des Stoffes zusammen mit einer Vergleichssubstanz. Nähere Einzelheiten siehe Kapitel V-1.
Farbreaktionen	Reagentien oder Farberscheinungen unter dem UV-Licht. Siehe Kapitel V-1.
Toxikologie	Wirkung des Stoffes, LD_{50}, krebserzeugende Eigenschaften etc.
Literatur	Aufgenommen wurden nur Kurzbezeichnungen, genaue Titel siehe Literaturverzeichnis Kapitel I-5.
Vorschriften	Hier ist aufgeführt, ob der Stoff in einer Vorschrift namentlich genannt ist.
Handelsüblich	Angabe bezüglich der Form, z. B. freie Base oder Salz.
Handelsübliche Packung	Angabe der kleinsten Packungen, die im Handel als Vergleichssubstanz (z. B. bei Carl Roth, Karlsruhe) erhältlich sind.
Therapie	Nähere Einzelheiten siehe Kapitel II Behandlung von Vergiftungen.

Abrin

Sammelbegriff für 4 Isotoxine

CAS-Nr.: Abrin [1393-62-0].
Abrin a [53597-23-2].
Abrin c [53597-24-3].

Gruppe: Glykoprotein, Toxalbumin.

Molekulargewicht: a + c = 63000.
b + d = 67000.

Charakter: Gelblich-weißes Pulver.

Löslichkeit: Löslich in Natriumchloridlösung, gewöhnlich mit Trübung.

Toxikologie: LD_{50} (Maus): 0,02 mg/kg, i. p.; LD_{50} (Maus): 0,7 µg/kg, i. v.; LD_{50} (Kaninchen): 0,06 µg/kg, i. v.
Verliert seine toxische Wirkung beim Erhitzen. Es ist ein starkes Reizgift für Darm und Bindehäute und ruft Durchfälle, Erbrechen, Koliken, Tachykardie und Tremor hervor.

Literatur: H 13, M 17, M 24.

Vorschriften: Giftklasse 1 der Schweizer Giftliste.

Vorkommen: → *Abrus precatorius.*

Therapie:
Erste Hilfe: Kohle-Pulvis, erbrechen lassen. Natriumsulfat.
Klinik: Magenspülung (evtl. mit burgunderfarbener Kaliumpermanganatlösung), Elektrolytsubstitution, Azidoseausgleich mit Natrumbikarbonat (Urin pH 7,5), Flüssigkeitszufuhr, Kontrolle der Nierenfunktion, bei Krämpfen Diazepam (Valium®) i.v., ggf. Plasmaexpander.

Aconitin

CAS-Nr.: [302-27-2].

Gruppe: Alkaloid.

Strukturformel:

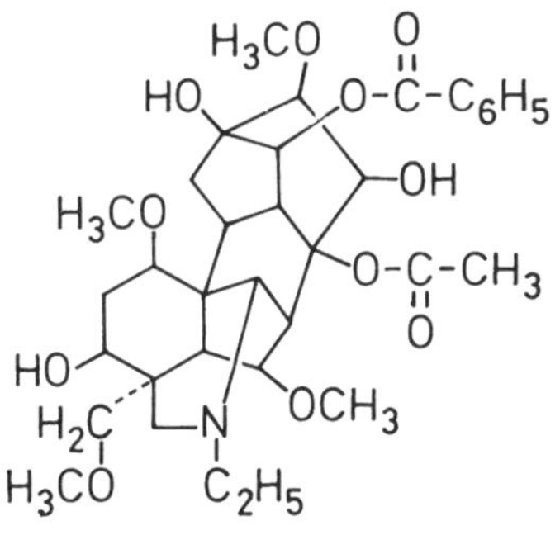

Summenformel: $C_{34}H_{47}NO_{11}$.

Molekulargewicht: 645,72.

Charakter: Weiße, feine Kristalle.
Aconitin wird leicht hydrolytisch in Benzoylaconin (Toxizität nur ca. 1/500 des Aconitins) und Aconin gespalten.

Löslichkeit: Löslich in Benzol, Chloroform, Ethanol, wenig löslich in Wasser.

Schmelzpunkt: 204 °C.

Spezifische Drehung: $[\alpha]_D$ +17,3° (Chloroform).

R_f-Werte Dünnschichtchromatographie:
LM = Chloroform; FM = Cyclohexan (8) : Ethanol (1):Diethylamin (1);
R_f-Bereich: ~0,4.

Farbreaktionen, Reagenzien: Dragendorff's Reagens nach Munier, orange*).

Toxikologie: LD_{50} (Maus): 0,166 mg/kg i. v.; LD_{50} (Maus) 0,328 mg/kg i. p.; LD_{50} (Maus)

Aconitin

1 mg/kg p. o.; letale Dosis beim Menschen: 1–10 mg/kg.

Wirkungscharakter: Rasche Resorption über Schleimhäute bzw. Magen-Darm-Trakt, aber auch über intakte Haut möglich. Aconitin wirkt zunächst erregend, dann lähmend auf sensible Nervenendigungen (Anästhesia dolorosa) und motorische Endplatten.
Im ZNS zeigt sich diese Wirkung insbesondere an motorischen Zentren in Gehirn und Rückenmark, an Atem-, Brech- und Temperaturzentren.
Der Tod erfolgt durch zentrale Atemlähmung, bei weit über letalen Dosen durch Herzstillstand.

Symptome: Nach wenigen Minuten:
Parästhesien, wie Brennen und Kribbeln, die sich im Bereich der Mundschleimhaut einstellen und sich dann, von den Extremitäten ausgehend, über den ganzen Körper ausbreiten. Anästhesie, Schweißausbrüche, zunehmende Senkung der Körpertemperatur („Eiswasser statt Blut in den Adern"), Übelkeit, Erbrechen, erst Beschleunigung, dann starke Verlangsamung der Atmung, bis zum Stillstand, Bradykardie, Arrhythmien, herabgesetztes Denkvermögen, aber präfinal erhaltenes Bewußtsein; u.U. starke Schmerzen, generalisierte Krämpfe, Diarrhöen, Ohrensausen, Gelb-Grün-Sehen. → *Aconitum napellus.*

Besonderheiten: Komplikation: Evtl. sofort Kammerflimmern.

Nachweis: Dünnschicht- und Gaschromatographie im Erbrochenen und Magenspülwasser.

Literatur: H 12, M 17, R 21.

Handelsübliche Packung: 10 mg, 100 mg.

Vorschriften: Aconitinum: Monographie der Kommission D.
Aconitin unterliegt der Gefahrstoffverordnung:
EG-Nr. 614-008-00-2
☠+ R: 26/28 S: (1/2)-24-45 incl. Zubereitungen; ebenso Aconitin-Salze
EG-Nr. 614-009-00-8
☠+ R: 26/28 S: (1/2)-24-45 incl. Zubereitungen. Giftklasse 1 der Schweizer Giftliste.
Verbotene Stoffe der Kosmetikverordnung v. 19. 6. 1985, Anlage 1: 12 Aconitin und seine Salze.

Vorkommen: → *Aconitum-Arten.*

Therapie:
Erste Hilfe: Sofortiges Erbrechen, 10 g Kohle-Pulvis, Natriumsulfat.
Klinik: Magenspülung (evtl. mit burgunderfarbener Kaliumpermanganatlösung), Instillation von 10 g Kohle-Pulvis und Natriumsulfat, Elektrolytsubstitution, Azidoseausgleich mit Natriumbikarbonat (Urin pH 7,5), bei Krämpfen Diazepam (Valium®) i.v., ggf. Intubation und Sauerstoffbeatmung. Siehe auch bei Aconitum napellus.

Adonitoxigenin

CAS-Nr.: [468-17-7].

Gruppe: Steroid.

Summenformel: $C_{23}H_{32}O_6$.

Molekulargewicht: 404,49.

Literatur: T 14.

Vorkommen: → *Adonis vernalis.*

Strukturformel:

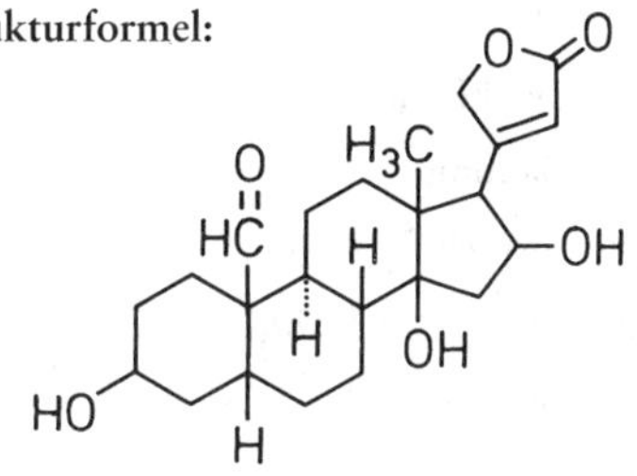

Therapie:
Erste Hilfe: Kohle-Pulvis-Gabe, Erbrechen auslösen, Natriumsulfat.
Klinik: Magenspülung (evtl. mit burgunderfarbener Kaliumpermanganatlösung), Kohleinstillation (10 g Pulvis), Herzschrittmacher (prophylaktisch), Hämoperfusion, Kontrolle des Kaliumspiegels und Substitution, Phenytoin, bei ventrikulärer Extrasystolie: Lidocain (Xylocain®), bei ausgeprägter Bradykardie: Atropin oder Orciprenalin (Alupent®), bei AV-Überleitungsstörungen: Vorsicht mit Substanzen, die diese zusätzlich beeinträchtigen, d.h. mit Ajmalin, Procainamid, β-Rezeptorenblocker und Chinidin.

Adonitoxin

CAS-Nr.: [17651-61-5].

Gruppe: Glykosid.

Summenformel: $C_{29}H_{42}O_{10}$.

Molekulargewicht: 550,63.

Schmelzpunkt: 251–258 °C (dec.).

Toxikologie: LD_{50} (Katze): 0,191 mg/kg i. v.

R_f-Werte Dünnschichtchromatographie:
LM = Ethanol; FM = Chloroform (75):Methanol (25):Essigsäure (5):Wasser (1).
R_f-Bereich: ca. 0,7.

Farbreaktionen: Molybdatophosphorsäure, blau.

Strukturformel:

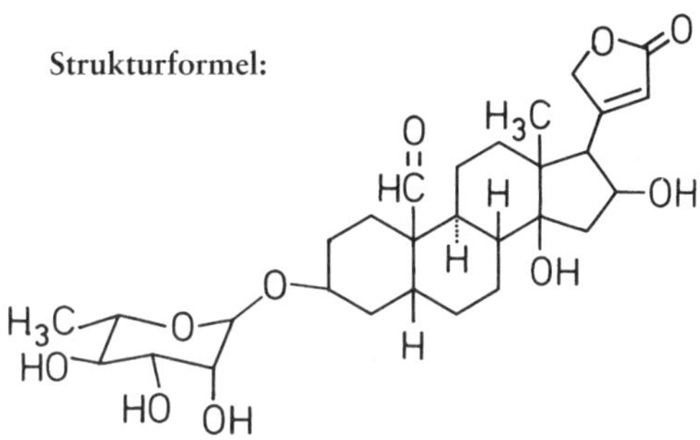

Literatur: H 13, M 17.

Handelsübliche Packung: 50 mg.

Vorkommen: → *Adonis vernalis.*

Therapie:
Erste Hilfe: Kohle-Pulvis-Gabe, Erbrechen auslösen, Natriumsulfat.
Klinik: Magenspülung (evtl. mit burgunderfarbener Kaliumpermanganatlösung), Kohleinstillation (10 g Pulvis), Herzschrittmacher (prophylaktisch), Hämoperfusion, Kontrolle des Kaliumspiegels und Substitution, Phenytoin, bei ventrikulärer Extrasystolie: Lidocain (Xylocain®), bei ausgeprägter Bradykardie: Atropin oder Orciprenalin (Alupent®), bei AV-Überleitungsstörungen: Vorsicht mit Substanzen, die diese zusätzlich beeinträchtigen, d.h. mit Ajmalin, Procainamid, β-Rezeptorenblocker und Chinidin.

β-Aescin

CAS-Nr.: [11072-93-8].

Synonyma: β-Escin. E: Escin.

Gruppe: Saponin.

Summenformel: $C_{54}H_{84}O_{23}$.

Molekulargewicht: 1100,0.

Löslichkeit: Praktisch unlöslich in Wasser.

Schmelzpunkt: 222–223 °C.

Spezifische Drehung: $[\alpha]_D^{27}$ –23,7° (c=5 in Methanol).

Toxikologie: LD_{50} (Ratte, Maus, Meerschweinchen): 134, 400, 188 mg/kg p. o.; 1,4; 2,0; 7,2 mg/kg i. p.

R_f-Werte Dünnschichtchromatographie: LM = Ethanol; FM = n-Propanol (40):Ethylacetat (30):Wasser (30). R_f-Bereich: ca. 0,64.

Farbreaktionen: 50% Schwefelsäure, schwarz.

Literatur: M 17.

Handelsüblich: β-Aescin Dihydrat.

Handelsübliche Packung: 1 g.

Vorkommen: → *Aesculus hippocastanum.*

Therapie:
Erste Hilfe: Kohle-Pulvis 10 g, ggf. Augen spülen. Haut- und Schleimhautblasen steril abdecken, Tetanusprophylaxe, lokal Locacorten®-Schaum.
Klinik: Magenspülung (evtl. mit burgunderfarbener Kaliumpermanganatlösung), Instillation von 10 g Kohle-Pulvis, Elektrolytsubstitution, Azidoseausgleich mit Natriumbikarbonat (Urin pH 7,5), Überwachung der Nierenfunktion, bei Krämpfen Diazepam (Valium®), gegen Koliken Atropin, ggf. Intubation und Sauerstoffbeatmung.

Aethusin

CAS-Nr.: [463-34-3].

Gruppe: Alkin.

Strukturformel: CH_3-CH_2-CH=CH-CH=CH-C≡C-C≡C-CH=CH-CH_3.

Summenformel: $C_{13}H_{14}$.

Molekulargewicht: 170,25.

Charakter: Leicht zersetzlich und flüchtig.

Literatur: H 13, T 14.

Vorkommen: → *Aethusa cynapium.*

Therapie:
Erste Hilfe: Gabe von 10 g Kohle-Pulvis, Erbrechen auslösen, Natriumsulfat.
Klinik: Magenspülung (evtl. mit burgunderfarbener Kaliumpermanganatlösung), Instillation von 10 g Kohle-Pulvis; nach der Resorption (Krämpfe!) Relaxierung und Intubation. Solange das Krampfstadium anhält, so viel Antiepileptika wie Diazepam, Barbital u.a., daß die Krämpfe eben unterdrückt bleiben.

Ajmalicin

CAS-Nr.: [483-04-5].

Synonyma: Raubasin, d-Yohimbin.

Gruppe: Alkaloid.

Strukturformel:

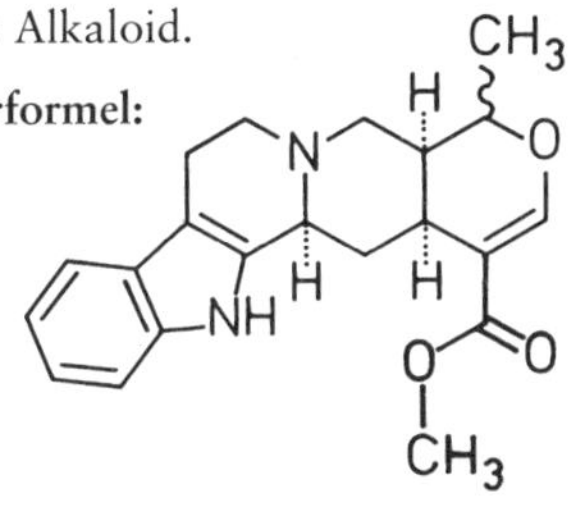

Summenformel: $C_{21}H_{24}N_2O_3$.

Molekulargewicht: 352,42.

Charakter: Prismatische Kristalle.

Schmelzpunkt: 257 °C (dec.).

Spezifische Drehung: $[\alpha]_D^{20}$ –45° (c=0,5 in Chloroform).

R_f-Werte Dünnschichtchromatographie: LM = Aceton; FM = Chloroform (9):Diethylamin (1).
R_f-Bereich: ca. 0,8.

Farbreaktionen: Dragendorff's Reagenz nach Munier, orange.

Literatur: H 12, M 17.

Handelsüblich: Ajmalicin-hydrochlorid Fp. 250–253 °C.

Handelsübliche Packung: 500 mg.

Vorkommen: → *Rauvolfia serpentina,* → *catharanthus roseus.*

Therapie:
Erste Hilfe: Sofortiges Erbrechen, 10 g Kohle-Pulvis, Natriumsulfat.
Klinik: Magenspülung (evtl. mit burgunderfarbener Kaliumpermanganatlösung), Instillation von 10 g Kohle-Pulvis und Natriumsulfat, Elektrolytsubstitution, Azidoseausgleich mit Natriumbikarbonat (Urin pH 7,5), bei Krämpfen Diazepam (Valium®) i.v., ggf. Intubation und Sauerstoffbeatmung.

Ajmalin

CAS-Nr.: [4360-12-7].

Synonyma: Rauwolfin, Tachmalin.

Gruppe: Alkaloid.

Strukturformel:

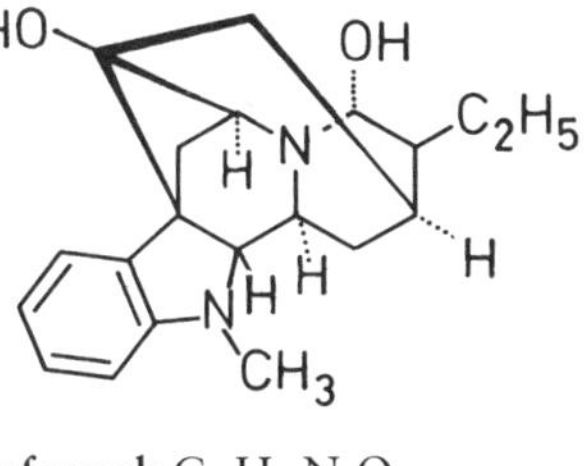

Summenformel: $C_{20}H_{26}N_2O_2$.

Molekulargewicht: 326,42.

Charakter: Weißes bis schwach gelbliches Pulver von bitterem Geschmack, fast geruchlos. Unter Lichteinfluß zersetzlich.

Löslichkeit: Löslich in Chloroform, wenig löslich in Alkohol, Aceton, Benzol.

Schmelzpunkt: 195–202 °C.

Spezifische Drehung: $[\alpha]_D^{20}$ 142°±2° in 1%igem Chloroform.

R_f-Werte Dünnschichtchromatographie: LM = Chloroform; FM = Chloroform (9):Diethylamin (1).
R_f-Bereich: ca. 0,75.

Ajmalin

Farbreaktionen: Dragendorff's Reagenz nach Munier, orange.

Toxikologie: Metabolisierung erfolgt hauptsächlich in der Leber. Ca. 4 % erscheinen unverändert im Urin. Bei therapeutischem Einsatz Leberschädigung [H 13].

Literatur: H 12, H 13, M 17, R 21.

Handelsüblich: Ajmalin Ethanolat.

Handelsübliche Packung: 2,5 g.

Vorkommen: → *Rauvolfia serpentina.*

> **Therapie:**
> Erste Hilfe: Sofort Kohle-Pulvis (10 g), Erbrechen auslösen, Natriumsulfat.
> Klinik: Magenspülung (evtl. mit burgunderfarbener Kaliumpermanganatlösung), Instillation von 10 g Kohle-Pulvis, Natriumsulfat. Nach der Resorption (Krämpfe) Relaxierung und Intubation, solange das Krampfstadium anhält, nur so viel Antiepileptika wie Diazepam, Barbital u.a., daß die Krämpfe eben unterdrückt bleiben; forcierte Diurese, bei Fieber Eiswickel, hochkalorische Infusionen (Traubenzucker), keine Phenothiazine, keine Analeptika(!), evtl. Sauerstoffbeatmung.

Albaspidin

CAS-Nr.: [58409-52-2].

Synonyma: Polystichalbin.

Gruppe: Keton.

Strukturformel:

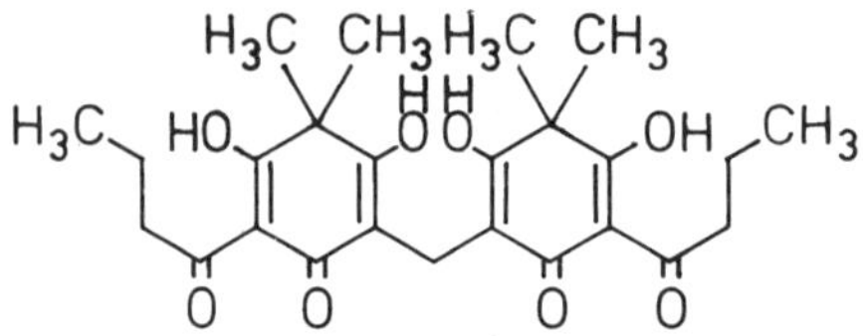

Summenformel: $C_{25}H_{32}O_8$.

Molekulargewicht: 460,51.

Charakter: Kristalle.

Löslichkeit: Leicht löslich in Chloroform, löslich in Benzol, Ether.

Schmelzpunkt: 149 °C.

Literatur: M 17.

Vorkommen: In den Rhizomen von → *Dryopteris filix-mas* und anderen Farnen.

> **Therapie:**
> Erste Hilfe: Sofort Kohle-Pulvis (10 g), Erbrechen auslösen, Natriumsulfat.
> Klinik: Magenspülung (evtl. mit burgunderfarbener Kaliumpermanganatlösung), Instillation von 10 g Kohle-Pulvis, Natriumsulfat. Nach der Resorption (Krämpfe) Relaxierung und Intubation, solange das Krampfstadium anhält, nur so viel Antiepileptika wie Diazepam, Barbital u.a., daß die Krämpfe eben unterdrückt bleiben; forcierte Diurese, bei Fieber Eiswickel, hochkalorische Infusionen (Traubenzucker), keine Phenothiazine, keine Analeptika(!), evtl. Sauerstoffbeatmung.

Alkaloide

Vorkommen: Alkaloide sind im Pflanzenreich sehr weit verbreitet. Gehäuft treten sie in folgenden Familien auf: Apocynaceae, Berberidaceae, Fabaceae, Liliaceae, Papaveraceae, Ranunculaceae, Solanaceae.

Wirkungscharakter: Alkaloide sind meist basisch reagierende Verbindungen, in denen Stickstoff heterocyclisch gebunden ist. Aufgrund ihrer chemischen Konstitution lassen sie sich in Gruppen einteilen: Chinolizidin-

Alkaloide

Alkaloide, Indol-A., Pyridin/Piperidin-A., Pyrrolizidin-A., Steroid-A., Terpen-A., Tropan-A. Chemisch nah verwandte Alkaloide verhalten sich jedoch keineswegs immer gleichartig, sondern können in ihrem Wirkungscharakter sehr differieren. Die wichtigsten Alkaloide werden daher in Einzeldarstellungen beschrieben. Gemeinsam ist den Alkaloiden, daß sie als freie Basen lipoidlöslich sind und von den Schleimhäuten aus gut, teilweise auch durch die unverletzte Haut resorbiert werden. Resorptiv wird häufig das ZNS erregt, dann gelähmt (z. B. durch Solanin). Medulla oblongata und damit das Atemzentrum ist oft besonders stark betroffen. Einige Alkaloide (Nicotin, Cytisin) wirken peripher als Ganglienblocker, andere (Aconitin, Coniin) wirken speziell auf sensible Nervenendigungen. Durch direkten Angriff am Herzen kann es zu Rhythmusstörungen (evtl. Kammerflimmern) kommen (Aconitin). Oft sind Alkaloide lokale Reizgifte, die Haut und Schleimhäute schädigen, und, da sie z. T. unverändert ausgeschieden werden, an den Nieren zu degenerativen Veränderungen führen.

Symptome: Häufige Vergiftungserscheinungen: Rötung der Haut, Blasenbildung, evtl. Nekrosen. Übelkeit, Erbrechen, akute Gastroenteritis, Diarrhöen, Koliken, Kopfschmerz, Schwindel, Benommenheit, Krämpfe, Dypnose, Atemlähmung, Kollaps. Abnahme der Diurese, Hämaturie.

Nachweis: Dünnschichtchromatographie im Erbrochenen und Magenspülwasser.

Literatur: B 40, M 31.

Therapie:
Erste Hilfe: Kohle-Pulvis, Erbrechen lassen, viel warmen Tee trinken lassen, Natriumsulfat, Schockprophylaxe (Ruhe, Wärme). Haut- und Schleimhautblasen: steril abdecken, Tetanusprophylaxe, lokal Locacorten-Schaum.
Klinik: Magenspülung (evtl. mit burgunderfarbener Kaliumpermanganatlösung), Elektrolytsubstitution, Azidoseausgleich mit Natriumbikarbonat (Urin pH 7,5), im Schock Plasmaexpandergabe, bei Krämpfen Diazepam (Valium®) i.v., Kontrolle der Nierenfunktion, bei Atemlähmung Intubation und Sauerstoffbeatmung.

Allicin

Synonyma: 2-Propen-1-sulfinthiosäure-S-2-propenylester.

CAS-Nr.: [539-86-6].

Gruppe: Organisches Disulfid.

Strukturformel:

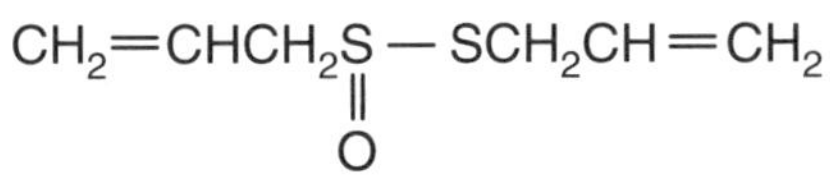

Summenformel: $C_6H_{10}OS$.

Molekulargewicht: 162,27.

Charakter: Farblose bis gelbliche, nach Knoblauch riechende Flüssigkeit.

Löslichkeit: Wenig löslich in Wasser. Mischbar mit Ethanol, Ether, Benzol. Unbeständig gegen heiße Alkalien, beständig gegen Säuren.

Kochpunkt: 78–80 °C (Hochvakuum).

Toxikologie: Pflanzenallergen.
LD_{50} (Maus): 60 mg/kg i.v., 120 mg/kg s.c.

Literatur: H 13, H 21, M 17.

Handelsüblich: 3,5%ige Verreibung in SiO, standardisiert.

Handelsübliche Packung: 100 g.

Vorkommen: → *Allium sativum*, → *Allium ursinum*.

α-Allocryptopin

CAS-Nr.: [485-91-6] Allocryptopin.

Synonyma: α-Fagarin.

Strukturformel:

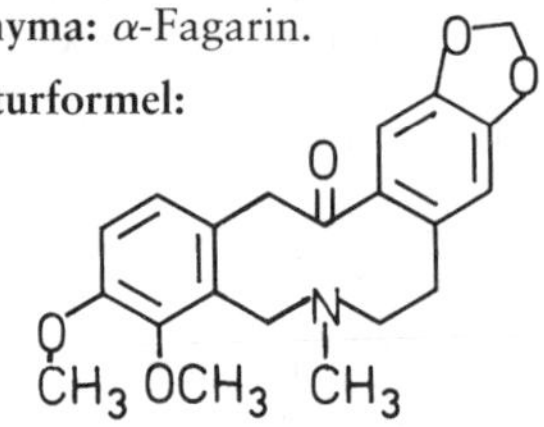

Summenformel: $C_{21}H_{23}NO_5$.

Molekulargewicht: 369,40.

Charakter: Elfenbeinfarbene Kristalle.

Löslichkeit: Löslich in Ethanol, Chloroform, Ether, Ethylacetat, verdünnte Essigsäure.

Schmelzpunkt: 160–161 °C.

R_f-Werte Dünnschichtchromatographie: LM = Chloroform; FM = Toluol (75):Chloroform (20):Diethylamin (5); R_f-Bereich: ~0,3.

Farbreaktionen, Reagenzien: UV (365 nm): gelb; Dragendorff's Reagenz nach Munier: orange.*)

Literatur: M 17, S 60; *) Naturstoffabt. C. Roth, Karlsruhe.

Handelsübliche Packung: 100 mg.

Vorkommen: → *Chelidonium majus;* → *Sanguinaria canadensis* und andere Papaveraceae.

Therapie:
Erste Hilfe: Medizinalkohle (Kohle-Pulvis, 10 g) trinken lassen, evtl. künstlich beatmen, Herzmassage.
Klinik: Magenspülung, Medizinalkohle, Natriumsulfat. Plasmaexpander im Schock, Natriumbikarbonat zum Azidoseausgleich. Auf Leber- und Nierenfunktion achten. Diazepam i.v. bei Krämpfen.

Allylsenföl

CAS-Nr.: [57-06-7].

Synonyma: Allylisothiocyanat.

Strukturformel: Entsteht durch enzymatische Spaltung von Sinigrin durch Myrosinase. $H_2C{=}CH{-}CH_2{-}N{=}C{=}S$.

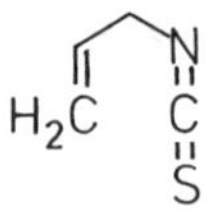

Summenformel: C_4H_5NS.

Molekulargewicht: 99,15.

Charakter: Farblose oder gelbliche Flüssigkeit mit stechendem Geruch und beißendem Geschmack. Gelbfärbung durch Licht oder Luft.

Löslichkeit: Löslich in Alkohol und den meisten organischen Lösungsmitteln. Wenig löslich in Wasser.

Sonstiges: Kochpunkt: 148–154 °C.

Toxikologie: Stark haut- und schleimhautreizend, wird durch die Haut resorbiert. LD_{50} (Maus): 108,5 mg/kg p. o.; 69,5 mg/kg inhalativ. 25 mg/kg, 103 Wochen verabreicht, rief bei männlichen Ratten, nicht bei weiblichen, Papillome in der Harnblase hervor.

Literatur: H 36, M 17.

Allylsenföl

Handelsübliche Packung: 100 ml.

Vorschriften: Verbotener Stoff der Kosmetikverordnung v. 19. 6. 1985, Anlage 1: 18

Allylisothiocyanat (Allylsenföl).

Vorkommen: → *Brassica nigra*

Therapie:
Erste Hilfe: Sofort irgendeine Flüssigkeit trinken, Medizinalkohle (10 g), Augen mit Roticlean® und Haut spülen, auf Atmung achten, Schockprophylaxe. Hautblasen steril abdecken.
Klinik: Vorgehen wie bei Verätzungen, Plasmaexpander im Schock, evtl. Intubation und Beatmung. Dexamethason-Spray (Auxiloson 5 Hübe) nach Einatmen. Locacorten®-Schaum lokal.

Amygdalin

CAS-Nr.: [29883-15-6].

Synonyma: Amygdalosid, D(–)-Mandelnitril-β-gentiobiosid, Laetrile.

Gruppe: Glykosid.

Strukturformel:

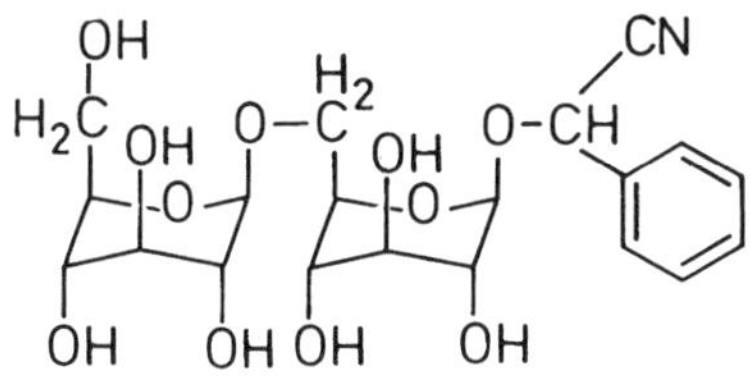

Summenformel: $C_{20}H_{27}NO_{11}$.

Molekulargewicht: 457,42.

Charakter: Weißes, feinkristallines Pulver.

Löslichkeit: Leicht löslich in Wasser, in 95%igem siedendem Ethanol.

Schmelzpunkt: Ca. 202 °C.

Spezifische Drehung: $[\alpha]_D^{20}$ –42° (c=1 in Wasser).

R_f-Werte Dünnschichtchromatographie:
LM=Wasser; FM=Essigsäure (10):Ameisensäure (2):Wasser (3).
R_f-Bereich ca. 0,45.*)

Farbreaktionen, Reagenzien:
Molybdatophosphorsäure, grau.*)

Toxikologie: LD_{50} (Ratte): 880 mg/kg p. o.

Literatur: H 12, M 17, R 21; *) Naturstoffabt. C. Roth, Karlsruhe.

Handelsübliche Packung: 10 g, 100 g.

Vorkommen: → *Cotoneaster,* → *Cydonia-,* → *Malus-,* → *Prunus-, Pyrus-Arten.*

Therapie:
Primäre Entgiftung durch Erbrechen und Magenspülung (evtl. mit burgunderfarbener Kaliumpermanganatlösung).
In leichten Fällen, bei erhaltenem Bewußtsein: Natriumthiosulfat (10%ig, 100 ml i.v.), das als Schwefeldonator die Entgiftung des Cyanids, das in Rhodanid übergeht, beschleunigt.
Schwere Vergiftungen, bei Bewußtlosigkeit:
– Sofort 3 mg/kg KG 4-DMAP i.v. (Methämoglobinbildner).
– Sofort anschließend Natriumthiosulfatlösung (10%ig, 100 ml i.v.). Zugleich Azidosetherapie mit Natriumbikarbonatinfusion (Urin pH 7,5), dann Plasmaexpandergabe.

α-Amyrin

CAS-Nr.: [638-95-9].

Synonyma: Urs-12-en-3β-ol, α-Amyrenol, Viminalol.

Gruppe: Triterpen.

Strukturformel:

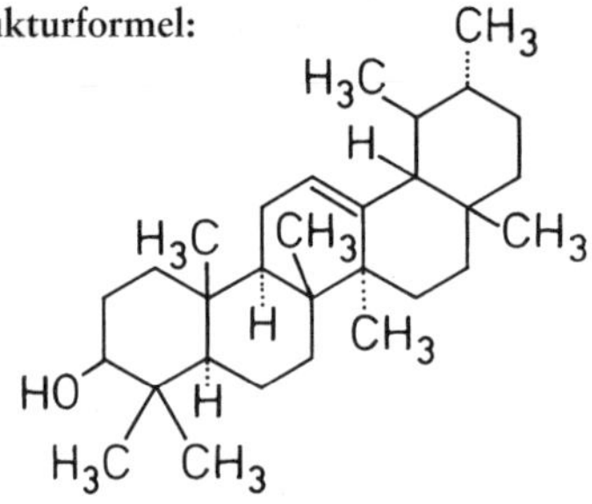

Summenformel: $C_{30}H_{50}O$.

Molekulargewicht: 426,70.

Charakter: Nadeln aus Alkohol.

Löslichkeit: Löslich in Ether, Benzol, Chloroform, Eisessig.

Schmelzpunkt: 186 °C.

Spezifische Drehung: $[\alpha]_D^{17}$ +91,6° (c=1,3 in Benzol).

Literatur: M 17, R 21.

Handelsübliche Packung: 25 mg, 50 mg.

Vorkommen: Ficus variegata Blume, → *Erythroxylum coca*, → *Viburnum opulus*.

Therapie:
Erste Hilfe: Kohle-Pulvis-Gabe, Erbrechen auslösen, Natriumsulfat, viel warmen Tee trinken lassen. Haut- und Schleimhautblasen steril abdecken, Tetanusprophylaxe, lokal Locacorten-Schaum.
Klinik: Magenspülung (evtl. mit burgunderfarbener Kaliumpermanganatlösung), Instillation von 10 g Kohle-Pulvis, Elektrolytsubstitution, Azidoseausgleich mit Natriumbikarbonat (Urin pH 7,5), Kontrolle der Nierenfunktion, bei Krämpfen Diazepam (Valium®) i.v., ggf. Plasma(expander)gabe, bei Atemlähmung: Intubation und Sauerstoffbeatmung.

β-Amyrin

CAS-Nr.: [559-70-6].

Synonyma: Olean-12-en-3β-ol, β-Amyrenol.

Gruppe: Triterpen.

Strukturformel:

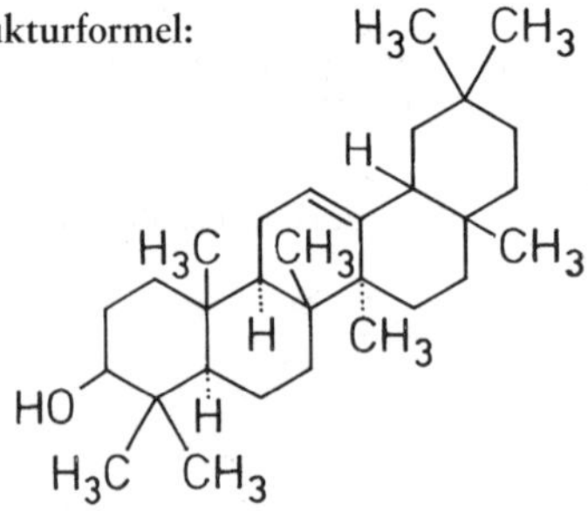

Summenformel: $C_{30}H_{50}O$.

Molekulargewicht: 426,70.

Charakter: Nadeln aus Petroleum oder Ethanol.

Löslichkeit: Etwas weniger löslich als die α-Form.

Schmelzpunkt: 197–197,5 °C (gefunden wurde auch ~180 °C).

Spezifische Drehung: $[\alpha]_D^{19}$ +99,8° (c=1,3 in Benzol).

Literatur: M 17, R 21.

Handelsübliche Packung: 25 mg, 50 mg.

Vorkommen: → *α-Amyrin*.

β-Amyrin

Therapie:
Erste Hilfe: Kohle-Pulvis-Gabe, Erbrechen auslösen, Natriumsulfat, viel warmen Tee trinken lassen. Haut- und Schleimhautblasen steril abdecken, Tetanusprophylaxe, lokal Locacorten-Schaum.
Klinik: Magenspülung (evtl. mit burgunderfarbener Kaliumpermanganatlösung), Instillation von 10 g Kohle-Pulvis, Elektrolytsubstitution, Azidoseausgleich mit Natriumbikarbonat (Urin pH 7,5), Kontrolle der Nierenfunktion, bei Krämpfen Diazepam (Valium®) i.v., ggf. Plasma(expander)gabe, bei Atemlähmung: Intubation und Sauerstoffbeatmung.

(–)-Anabasin

CAS-Nr.: [494-52-0].

Synonyma: Neonicotin, 2-(3-Pyridyl)-piperidin, Nicotimin.

Gruppe: Tabak-Alkaloid.

Strukturformel:

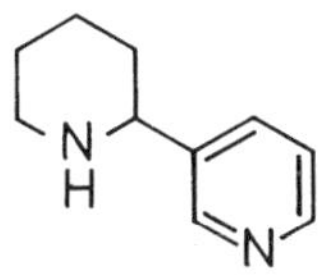

Summenformel: $C_{10}H_{14}O_2$.

Molekulargewicht: 162,24.

Charakter: Wird an der Luft dunkel, → *Nicotiana glauca.*

Löslichkeit: Löslich in Wasser und in den meisten Lösungsmitteln.

Schmelzpunkt: 25–30 °C.

Sonstiges: Kochpunkt: Kp_{12} 136–138 °C.

Spezifische Drehung: $[\alpha]_D^{20}$ –83,1°.

R_f-Werte Dünnschichtchromatographie: LM = Wasser; FM = Chloroform (60):Methanol (10):Ammoniak (1); R_f-Bereich: ca. 0,8.*)

Farbreaktionen, Reagenzien: Dragendorff's Reagenz nach Munier, orange.*)

Toxikologie: Bei akuter und subakuter Toxizität vermehrter Speichelfluß, Schwindel, Verwirrung, Seh- und Hörstörung, Photophobie, kalte Extremitäten, Nausea, Erbrechen, Diarrhoe, Ohnmacht und klonische Krämpfe [M 17].

Literatur: H 12, M 17, R 21; *) Naturstoffabt. C. Roth, Karlsruhe.

Handelsüblich: Anabasinsulfat.

Handelsübliche Packung: 500 mg.

Vorschriften: Giftklasse 1 der Schweizer Giftliste.

Vorkommen: → *Nicotiana glauca,* Anabasis aphylla L.

Therapie:
Erste Hilfe: Sofort viel trinken und erbrechen lassen, Kohle-Pulvis-Gabe, Natriumsulfat, Haut und Augen spülen, Frischluft, Schockvorsorge (Ruhe, Wärme).
Klinik: Magenspülung (evtl. mit burgunderfarbener Kaliumpermanganatlösung), Instillation von 10 g Kohle-Pulvis und Natriumsulfat, bei Krämpfen Diazepam (Valium®) i.v., Beatmen, Herzdruckmassage, Orciprenalin (Alupent®) oder Atropin i.v.

Anagyrin

CAS-Nr.: [486-89-5].

Gruppe: Chinolizidinalkaloid.

Molekulargewicht: 244,33.

Strukturformel:

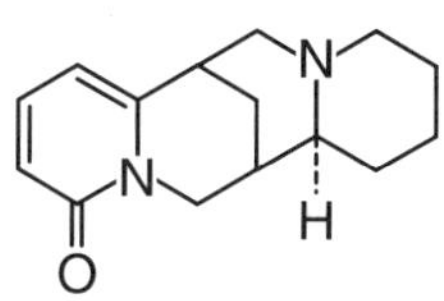

Anagyrin

Charakter: schwach gelblich.

Sonstiges: Sdp. (12 Torr) 260–270 °C; optisch aktiv.

Löslichkeit: Löslich in Ethanol, Trichlormethan, Wasser.

Toxikologie: Anagyrin wirkt mäßig teratogen beim Rind und wahrscheinlich auch bei anderen Weidetieren. Es bewirkt die „Crooked Calf Disease" mit mindestens einer der folgenden Mißbildungen: Arthrogrypose, Torticollis, Skoliose, Gaumenspalte.

Literatur: S 75.

Andromedotoxin

CAS-Nr.: [4720-09-6].

Synonyma: Grayanotoxin I, Rhodotoxin, Asebotoxin, Acetylandromedol.

Gruppe: Terpen.

Strukturformel:

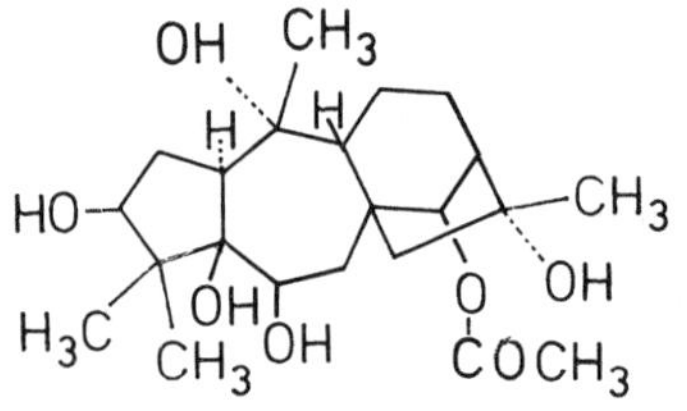

Summenformel: $C_{22}H_{36}O_7$.

Molekulargewicht: 412,51.

Charakter: Weiße Kristalle oder amorphes Pulver mit bitterem und scharfem Geschmack.

Nachweis: Eine gesättigte Lösung von Ammoniumtrichlorid in Chloroform läßt im UV-Licht noch 2 µg Andromedotoxin einwandfrei im Dünnschichtchromatogramm durch eine intensive rote Färbung erkennen [F 16].

Löslichkeit: Löslich in heißem Wasser, Ethanol, Essigsäure, heißem Chloroform, sehr wenig löslich in Benzol, Ether, Petrolether.

Schmelzpunkt: 258–260 °C.

Spezifische Drehung: $[\alpha]_D^{20}$ –8,8° (c=2,3 in Ethanol).

Toxikologie: Eine Andromedotoxinvergiftung äußert sich durch gastrointestinale Reizerscheinungen, arterielle Hypotonie, Bradykardie, zentralnervöse Erregungs- und Lähmungserscheinungen und periphere Muskellähmungen.
Aus der Vergiftungsinformationszentrale Wien wurden in den Jahren 1981 u. 1982 2 Vergiftungsfälle bekannt, die durch andromedotoxinhaltigen Honig aus dem türkischen Schwarzmeergebiet verursacht wurden. Bei Mäusen beträgt die intraperitoneale LD_{50} von Andromedotoxin 1,28 mg/kg Körpergewicht. Trotz der hohen akuten Toxizität weist Andromedotoxin keine nennenswerte subakute Toxizität im Tierversuch auf (zwölfwöchige tägliche Applikation von 20% der LD_{50} bei Mäusen), was auf eine rasche Metabolisierung oder Ausscheidung zurückgeführt wird [Dt. med. Wochenschrift].

Literatur: G 6, H 13, M 17.

Vorkommen: → *Andromeda polifolia*, → *Kalmia latifolia*, → *Pernettya mucronata*, → *Rhododendron chrysanthum*.

Therapie:
Erste Hilfe: Kohle-Pulvis-Gabe, Erbrechen auslösen, Natriumsulfat, viel warmen Tee trinken lassen. Haut- und Schleimhautblasen steril abdecken, Tetanusprophylaxe, lokal Locacorten®-Schaum.
Klinik: Magenspülung (evtl. mit burgunderfarbener Kaliumpermanganatlösung), Instillation von 10 g Kohle-Pulvis, Elektrolytsubstitution, Azidoseausgleich mit Natriumbikarbonat (Urin pH 7,5), Kontrolle der Nierenfunktion, bei Krämpfen Diazepam (Valium®) i.v., ggf. Plasma(expander)gabe, bei Atemlähmung: Intubation und Sauerstoffbeatmung.

Apiin

CAS-Nr.: [26544-34-3].

Synonyma: 4´,5,7-Trihydroxyflavon-7-apiose-glycosid, Apiosid.

Gruppe: Flavonoid.

Summenformel: $C_{26}H_{28}O_{14}$.

Molekulargewicht: 564,48.

Charakter: Nadeln.

Löslichkeit: Löslich in heißem Alkohol, heißem Wasser und Alkalien, auch in Natriumcarbonatlösung.

Schmelzpunkt: >230 °C (dec.).

R_f-Werte Dünnschichtchromatographie: LM = Methanol; FM = Butanol (4):Ameisensäure (1):Wasser (5), (organische Phase). R_f-Bereich: ca. 0,50.*)

Strukturformel:

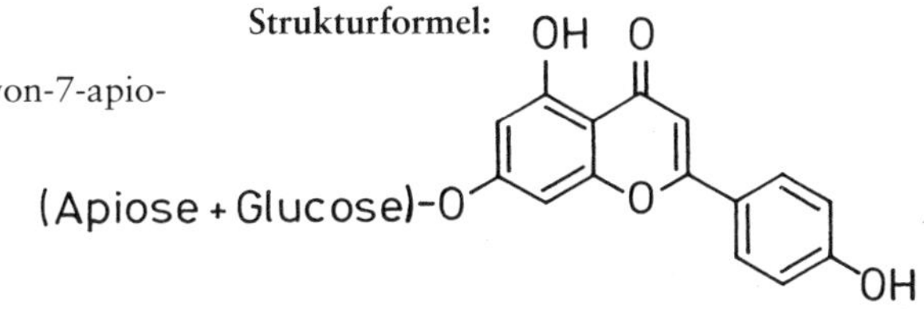

Farbreaktionen, Reagenzien: UV, violett.*)

Literatur: H 12, K 7, M 17, R 21; *) Naturstoffabt. C. Roth, Karlsruhe.

Handelsübliche Packung: 250 mg, 10 g.

Vorkommen: → *Petroselinum crispum*, → *Apium graveolens*.

Therapie:
Erste Hilfe: Kohle-Pulvis trinken lassen.
Klinik: Nur nach großer Giftaufnahme Magenspülung, Kohle-Pulvis, Natriumsulfat. Plasmaexpander im Schock. Natriumbikarbonat zum Azidoseausgleich, ggf. Intubation und Beatmung.

p-Arbutin

CAS-Nr.: [497-76-7].

Synonyma: Ericolin, Ursin, Hydrochinon-β-D-Glucopyranosid.

Gruppe: Glykosid.

Strukturformel:

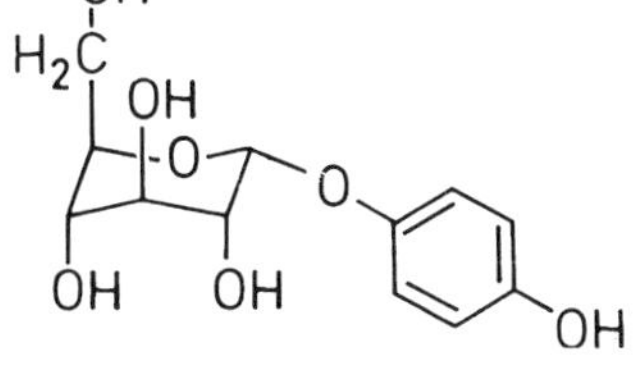

Summenformel: $C_{12}H_{16}O_7$.

Molekulargewicht: 272,24.

Charakter: Schwach beiges Pulver, hygroskopisch, lichtempfindlich, leicht hydrolisierbar.

Löslichkeit: Löslich in Wasser und Alkalien.

Schmelzpunkt: 195–200 °C.

Spezifische Drehung: $[\alpha]_D^{20}$ –59/65°.

R_f-Werte Dünnschichtchromatographie: LM = Methanol; FM = Essigester (10):Ameisensäure (2):Wasser (3).
R_f-Bereich: ca. 0,65. Ausführliche Bestimmungsmethoden finden sich in der Dt. Apothekerztg. 7, 2/84, S.322.

Farbreaktionen, Reagenzien: Chloranilreagenz, blau.

p-Arbutin

Literatur: H 12, K 7, M 17, R 21.

Handelsüblich: 10+50 g.

Vorkommen: → *Arctostaphylos uva-ursi*, in den Blättern von → *Vaccinium myrtillus* u. a.

Therapie:
Erste Hilfe: Kohle-Pulvis trinken lassen. Klinik: Nur nach großer Giftaufnahme Magenspülung, Kohle-Pulvis, Natriumsulfat. Plasmaexpander im Schock. Natriumbikarbonat zum Azidoseausgleich, ggf. Intubation und Beatmung.

Arecolin

CAS-Nr.: [63-75-2].

Strukturformel:

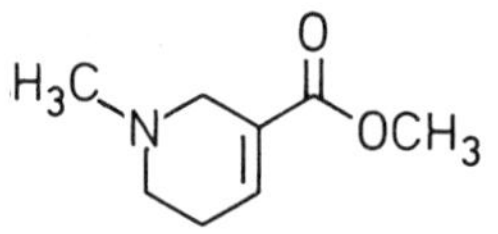

Summenformel: $C_8H_{13}NO_2$.

Molekulargewicht: 155,19.

Charakter: Ölige Flüssigkeit, flüchtig mit Dampf, starke Base.

Löslichkeit: Mischbar mit Wasser, Ethanol, Ether, löslich in Chloroform.

Kochpunkt: 209 °C.

Toxikologie: LD_{50} (Maus, Hund): 100 mg/kg s. c., LD_{50} (Maus): 34 mg/kg i. v.

Literatur: H 13, M 17.

Vorschriften: Stoff der Kosmetikverordnung v. 19. 6. 1985. Anlage 1: 238 Arecolin.

Vorkommen: → *Areca catechu.*

Therapie:
Erste Hilfe: Sofort irgendeine Flüssigkeit zur Verdünnung trinken. Augen und Haut spülen, evtl. künstlich beatmen, Herzmassage, Schockprophylaxe. Klinik: Vorgehen wie bei Verätzung. Plasmaexpander im Schock, Natriumbikarboant zum Azidoseausgleich. Auf Leber- und Nierenfunktion achten. Diazepam i.v. bei Krämpfen. Evtl. Intubation und Beatmung.

Aricin

CAS-Nr.: [482-91-7].

Synonyma: Cinchovatin, Heterophyllin.

Strukturformel:

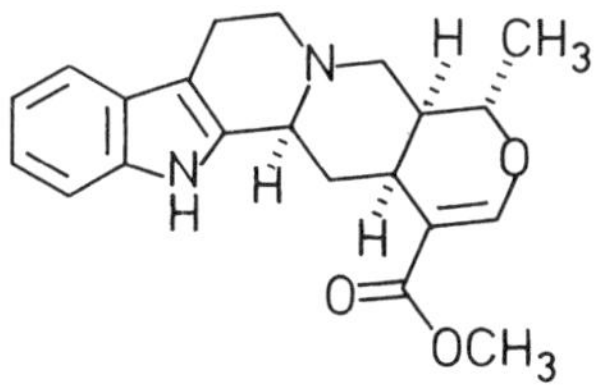

Summenformel: $C_{22}H_{26}N_2O_4$.

Molekulargewicht: 382,44.

Charakter: Orthorombische, verlängerte Prismen aus Methanol.

Löslichkeit: Löslich in Chloroform, Ethanol und Ether, unlöslich in Wasser.

Schmelzpunkt: 188 °C (dec.).

Spezifische Drehung: $[\alpha]_D^{20}$ −63° (c=1,5 in Pyridin).

R_f-Werte Dünnschichtchromatographie: LM=Chloroform; FM=Aceton (7):Methanol (2):Diethylamin (19).
R_f-Bereich: ~0,72.*⁾

Farbreaktionen, Reagenzien: Molybdatophosphorsäure: grün-braun.*⁾

Literatur: H 12, M 17;
*⁾ Naturstoffabt. C. Roth, Karlsruhe.

Handelsübliche Packung: 50 mg.

Vorkommen: Cinchona pelleteriana Wedd., Rauvolfia canescens L. und andere *Rauvolfia-Arten*, Aspidosperma marcgravianum Woodson.

> **Therapie:**
> Erste Hilfe: Medizinalkohle (Kohle-Pulvis, 10 g) trinken lassen, evtl. künstlich beatmen, Herzmassage.
> Klinik: Magenspülung, Medizinalkohle, Natriumsulfat. Plasmaexpander im Schock, Natriumbikarbonat zum Azidoseausgleich. Auf Leber- und Nierenfunktion achten. Diazepam i.v. bei Krämpfen.

Aristolochiasäure

CAS-Nr.: [313-67-7].

Synonyma: 3,4-Methylendioxy-8-methoxy-10-nitrophenanthren-1-carbonsäure, Aristolochin.

Gruppe: Pflanzensäure.

Strukturformel:

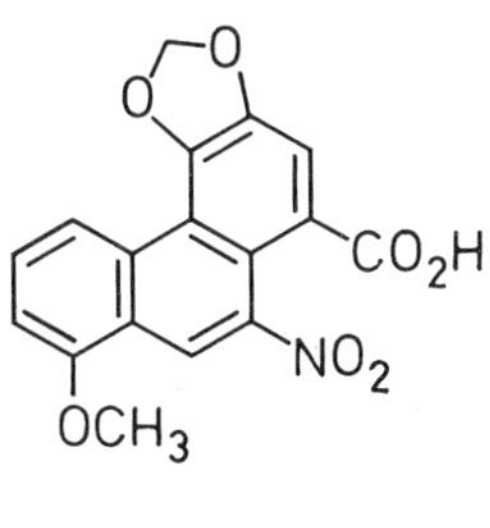

Summenformel: $C_{17}H_{11}NO_7$.

Molekulargewicht: 341,29.

Charakter: Gelbes Kristallpulver, schmeckt bitter.

Löslichkeit: Leicht löslich in Alkohol, Chloroform, Ether, Aceton, Essigsäure, Anilin, Alkalien.

Schmelzpunkt: 252–255 °C, (eigene Feststellung) 280–286 °C (dec.).

R_f-Werte Dünnschichtchromatographie: LM=Aceton; FM=Benzol (85):Methanol (10):Eisessig (5).
R_f-Bereich ca. 0,85.*⁾

Aristolochiasäure

Farbreaktionen, Reagenzien: Orange-gelb.*)

Toxikologie: LD_{50} (Maus): 30–40 mg/kg; im Tierversuch hat sich Aristolochiasäure als krebserregend erwiesen, weshalb sie 1982 in vielen Arzneimitteln vom Bundesgesundheitsamt verboten wurde.

Literatur: A 3, H 12, K 7, M 17, R 21; *)Naturstoffabt. C. Roth, Karlsruhe.

Handelsübliche Packung: 500 mg.

Vorschriften: Giftklasse 2 der Schweizer Giftliste.
Stoffe der Kosmetikverordnung v. 19.6.1985 Anlage 1: 365 Aristolochiasäure und ihre Salze.

Vorkommen: → *Aristolochia clematitis* und anderen Aristolochiaceae.

> **Therapie:**
> Meidung von Sonnenexposition. Blasen steril abdecken, Tetanusprophylaxe, lokal Locacorten®-Schaum.

α-Asaron

CAS-Nr.: [2883-98-9].

Synonyma: trans-Isoasaron.

Strukturformel:

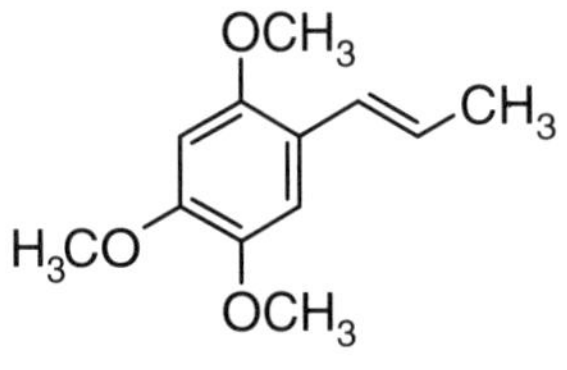

Summenformel: $C_{12}H_{16}O_3$.

Molekulargewicht: 208,25.

Charakter: Farb- und geruchlose Nadeln.

Löslichkeit: Praktisch unlöslich in Wasser, löslich in Ethanol, Ether, Eisessig, Chloroform, Petrolether, Tetrachlorkohlenstoff.

Schmelzpunkt: 62–63 °C.

Sonstiges: Kochpunkt: 296 °C.

Toxikologie: LD_{50} (Maus): 417,6 mg/kg, p.o.; LD_{50} (Meerschweinchen): 275 mg/kg, i.p.; LD_{50} (Maus): 176 mg/kg, i.p.
α-Asaron ist im Tierversuch an der Maus hepatocarcinogen mit mittlerer Potenz. An der Ratte zeigten sich embryotoxische Effekte bei Dosierungen von bis zu 75 mg/kg.

Literatur: H 13, M 17.

Vorkommen: → *Asarum europaeum.*

β-Asaron

CAS-Nr.: [5273-86-9].

Synonyma: cis-Isoasaron.

Strukturformel:

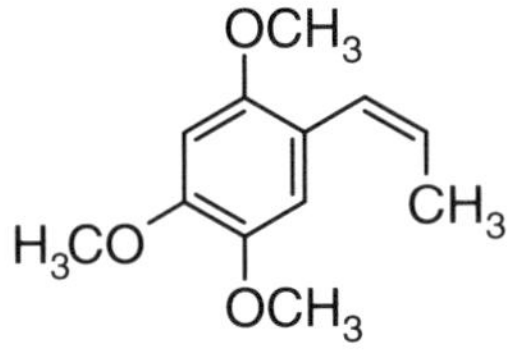

Summenformel: $C_{12}H_{16}O_3$.

Molekulargewicht: 208,25.

Charakter: Gelbliches, geruchloses Öl.

Brechungsindex: n_D^{20} =1.5552.

Toxikologie: LD_{50} (Ratte): 777,6 mg/kg, p.o. Carcinogen. Über die Mutagenität sind die Ergebnisse in Kurzzeitsystemen (Ames-Test) sowohl positiv als auch negativ.

Literatur: H 13.

Vorkommen: → *Acorus calamus.*

Ascaridol

CAS-Nr.: [512-85-2].

Synonyma: 1,4-Peroxido-p-menthen-(2), Ascarisin.

Gruppe: Terpen.

Strukturformel:

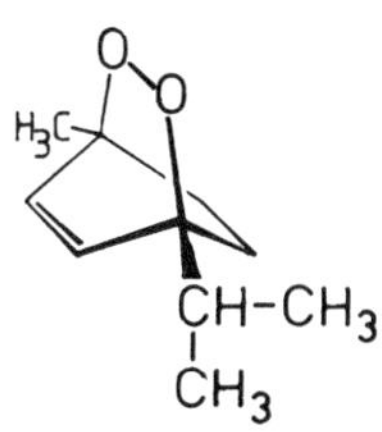

Summenformel: $C_{10}H_{16}O_2$.

Molekulargewicht: 168,23.

Charakter: Ölige, gelbe Flüssigkeit mit brennendem Geschmack. Beim Erhitzen auf 130–150 °C und beim Zusammenbringen mit organischen Säuren neigt Ascaridol zur Explosion.

Löslichkeit: Löslich in Hexan, Pentan, Ethanol, Toluol, Benzol, Rizinusöl.

Schmelzpunkt: 3,3 °C.

Kochpunkt: $Kp_{0,2}$ 39–40 °C.

R_f-Werte Dünnschichtchromatographie: FM=Hexan (3):Ether (1). R_f-Bereich: 0,80.

Farbreaktionen, Reagenzien: Phosphormolybdänsäure, blau.

Literatur: H 12, M 17, R 21.

Handelsübliche Packung: 1 g. Vor Licht und Wärme geschützt aufbewahren.

Vorkommen: → *Chenopodium anthelminticum,* → *Peumus boldus.*

Therapie:
Erste Hilfe: Kohle-Pulvis-Gabe.
Klinik: Nur nach großer Giftaufnahme Magenspülung, Kohle-Pulvis, Natriumsulfat, Elektrolytausgleich (Kalium).

Ätherische Öle

Sammelbezeichnung für alle duftenden Stoffe, die flüchtig sind. (**Etymologie:** „Äther" beruht auf lat. aether = obere, feurige Luftregion; [poet.:] Luft < griech. aithér, eigtl. = das Brennende, Glühende, Leuchtende. Das Adjektiv „ätherisch" ist, wie die Betonung auf dem e erkennen läßt, nicht unmittelbar vom dt. Äther abgeleitet, es bezieht sich dementsprechend auch nicht auf den Äther als chemische Substanz; es bedeutet „erdentrückt, vergeistigt; flüchtig, luftig" [„ätherisches Feuer" war in der Sprache der Alchimisten ein besonders fein glühendes Feuer]; „ätherisch" beruht auf lat. aetherius = auf den „aether" bezogen, wie der „aether" beschaffen, himmlisch, luftig.
Da „ätherisch" sich nicht vom deutschen Substantiv Äther/Ether ableitet und nichts mit dem Äther/Ether als chemischer Substanz zu tun hat, wäre eine Angleichung der Schreibweise falsch und irreführend. [Stellungnahme der Dudenred., Mannheim])
Die ätherischen Öle sind in etwa 100 Familien von höheren Pflanzen mit ungefähr 2000 Arten bekanntgeworden. Sie sind oft komplizierte Gemische von Alkoholen, Aldehyden, Ketonen, Estern, Lactonen, schwefel- und stickstoffhaltigen Verbindungen, Kohlenwasserstoffen, vor allem aber von Terpenen. Unter den ätherischen Ölen gibt es eine ganze Anzahl, die reizende, allergisierende, phototoxische, aber auch giftige Eigenschaften haben. Oft sind geringe Änderungen am Grundgerüst des Moleküls für erhebliche Veränderungen in der Toxizität maßgeblich. Änderungen der Isomerie bedingen ebenfalls häufig bedeutende Unterschiede in der Giftigkeit der Stoffe.
Viele geruchsbestimmende Bestandteile der ätherischen Öle sind aufgrund ihrer funktionellen Gruppen gegen Luftsauerstoff, Licht und Wärme, die Autoxidationen, Isomerisierungen, Racemisierungen oder auch Polymerisationen hevorrufen können, empfindlich. Die dabei entstehenden Produkte führen häufiger als frisch gewonnene ätherische Öle zu Hautreizungen.
Viele Personen sind gegen bestimmte Geruchsstoffe allergisch, ohne daß ihnen dies immer bewußt ist. Die alte Regel, daß in Krankenzimmern duftende Blumen nachts entfernt werden, hat zweifellos ihre Berechtigung in entsprechenden Erfahrungen des Pflegepersonals, da kranke Menschen gegen Duftstoffe unter Umständen eine erniedrigte Reizschwelle haben können.

Therapie:
Erste Hilfe: Kohle-Pulvis (10 g), erbrechen lassen, viel warmen Tee oder Himbeersaft trinken lassen.
Klinik: Nach wahrscheinlich großer Giftaufnahme: Magenspülung (evtl. mit burgunderfarbener Kaliumpermanganatlösung), Instillation von 10 g Kohle-Pulvis und Natriumsulfat, Elektrolytsubstitution, Azidoseausgleich mit Natriumbikarbonat (Urin pH 7,5).

Atropin

CAS-Nr.: [51-55-8].

Synonyma: DL-Hyoscyamin, DL-Tropyltropat.

Gruppe: Alkaloid.

Strukturformel:

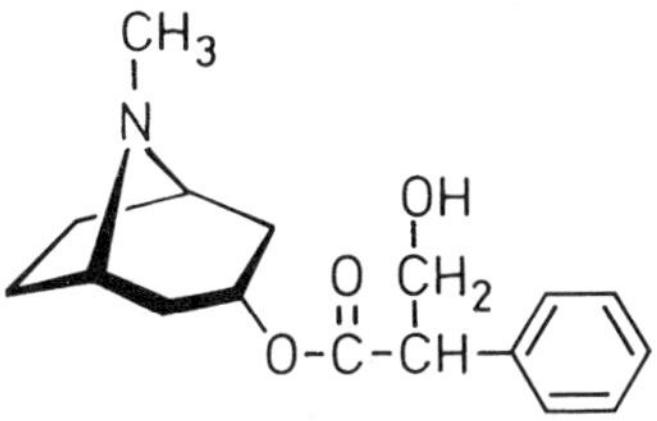

Summenformel: $C_{17}H_{23}NO_3$.

Molekulargewicht: 289,38.

Charakter: Farblose Kristalle oder weißes, kristallines Pulver.
In wäßriger Lösung Hydrolyse zu Tropin und Tropasäure. Stabilitätsoptimum liegt bei pH 3. Durch Wasserabspaltung kann außerdem Apoatropin und Atropasäure entstehen.

Löslichkeit: Löslich in Ethanol, Chloroform, Benzol, Ether.

Schmelzpunkt: 163 °C.

Toxikologie: LD_{50} (Ratte): 622 mg/kg per os; LD_{50} (Maus): 400 mg/kg per os.
Für Kinder gelten 1–10 mg als tödlich.
LD (Erwachsener): ~ ab 100 mg, p. o.
Kinder u. Erwachsene können gelegentlich schon auf kleinste Mengen v. Atropinverbindungen, eingesetzt zur Pupillenerweiterung, mit Symptomen einer Atropinvergiftung reagieren (mündl. Mitteilung an d. Verf.).

Literatur: H 12, H 13, M 17.

Handelsüblich: Atropinsulfat.

Handelsübliche Packung: 5 g.

Vorschriften: Atropin unterliegt der Gefahrstoffverordnung
EG Nr. 614-010-00-3
☠+ R: 26/28 S: (1/2)-25-45 incl. Zubereitungen,
ebenso Atropinsalze
EG Nr. 614-011-00-9
☠+ R: 26/28 S: (1/2)-25-45 incl. Zubereitungen,
sowie Atropin-Verbindungen
☠+ R: 26/28S: (1/2)-25-45.
Atropinum: Monographie der Kommission D.

– Vorkommen, Wirkung, Symptome, Nachweis → *Tropan Alkaloide.*

Therapie:
Erste Hilfe: Kohle-Pulvis-Gabe, Erbrechen auslösen, Natriumsulfat.
Klinik: Frühzeitige Magenspülung mit gut eingeöltem Schlauch (Paraffinöl, Roticlean®), Physostigmin (Anticholium) i.m. (oder langsam i.v.) (Erwachsene 2 mg, Kinder 0,5 mg), Wiederholung je nach Bedarf bei Wiederauftreten gefährlicher Symptome, Plasmaexpander bei Schock, ggf. Intubation und Sauerstoffbeatmung.

Aucubin

CAS-Nr.: [479-98-1].

Synonyma: Rhinanthin, Aucubosid.

Gruppe: Glykosid.

Summenformel: $C_{15}H_{22}O_9$.

Molekulargewicht: 346,34.

Strukturformel:

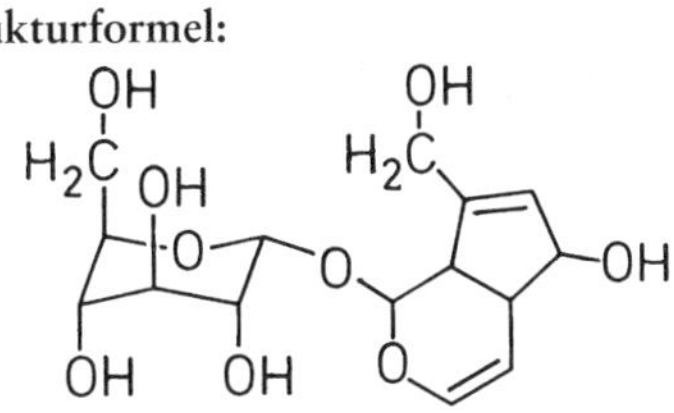

Aucubin

Charakter: Kristalle.

Löslichkeit: Löslich in Wasser, Ethanol, Methanol, unlöslich in Chloroform, Ether, Petroläther.

Schmelzpunkt: 182–183 °C (dec.).

Spezifische Drehung: $[\alpha]_D^{20}$ –163,1 (c=1,6 in Wasser).

R_f-Werte Dünnschichtchromatographie: LM=Wasser; FM=n-Butanol (4):Wasser (5): Eisessig (1); organische Phase.

R_f-Bereich: ca. 0,40.*)

Farbreaktionen, Reagenzien: Zimtaldehyd, braun.*)

Literatur: H 12, M 17, R 21; *)Naturstoffabt. C. Roth, Karlsruhe.

Handelsübliche Packung: 25 mg.

Vorkommen: → *Aucuba japonica,* → *Melampyrum-* und → *Rhinanthus-Arten* u.a.

Therapie:
Erste Hilfe: Kohle-Pulvis-Gabe, Erbrechen auslösen, Natriumsulfat, viel warmen Tee trinken lassen. Haut- und Schleimhautblasen steril abdecken, Tetanusprophylaxe, lokal Locacorten-Schaum.
Klinik: Magenspülung (evtl. mit burgunderfarbener Kaliumpermanganatlösung), Instillation von 10 g Kohle-Pulvis, Elektrolytsubstitution, Azidoseausgleich mit Natriumbikarbonat (Urin pH 7,5), Kontrolle der Nierenfunktion, bei Krämpfen Diazepam (Valium®) i.v., ggf. Plasma(expander)gabe, bei Atemlähmung: Intubation und Sauerstoffbeatmung.

Berbamin

CAS-Nr.: [478-61-5].

Strukturformel: Isomer von Oxyacanthin.

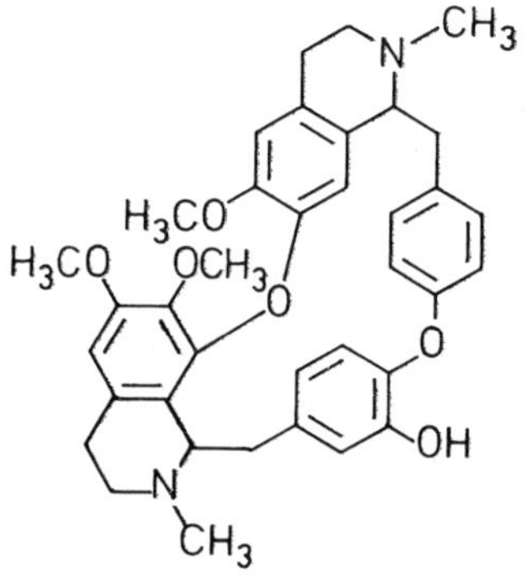

Summenformel: $C_{37}H_{40}N_2O_6$.

Molekulargewicht: 608,71.

Charakter: Kristalle.

Löslichkeit: Löslich in Ethanol, Ether, Chloroform, Petroleumäther. Wenig löslich in Wasser.

Schmelzpunkt: 197–210 °C.

Spezifische Drehung: $[\alpha]_D^{20}$ +114,6° (Chloroform).

R_f-Werte Dünnschichtchromatographie:
LM = Ethanol+Chloroform; FM = Chloroform (9):Diethylamin (1).
R_f-Bereich: ~0,46.*)

Farbreaktionen, Reagenzien: Sprühreagenz: Lösung aus 5% $FeCl_3$ und 35% $HClO_4$ sofort gelb, nach 5 Min. gelb bis gelborange.*)

Literatur: M 17; *) Naturstoffabt. C. Roth, Karlsruhe.

Handelsüblich: Berbamin.
Berbaminbenzolat $C_{37}H_4O_6N_2 \cdot C_6H_6$, MG 686,84.

Handelsübliche Packung: 100 mg, 250 mg.

Vorkommen: → *Berberis vulgaris,* → *Mahonia aquifolium.*

Berbamin

Therapie:
Erste Hilfe: Medizinalkohle (Kohle-Pulvis, 10 g) trinken lassen, evtl. künstlich beatmen, Herzmassage.
Klinik: Magenspülung, Medizinalkohle, Natriumsulfat. Plasmaexpander im Schock, Natriumbikarbonat zum Azidoseausgleich. Auf Leber- und Nierenfunktion achten. Diazepam i.v. bei Krämpfen.

Berberin

CAS-Nr.: [2086-83-1].

Synonyma: Umbellatin.

Gruppe: Alkaloid.

Strukturformel:

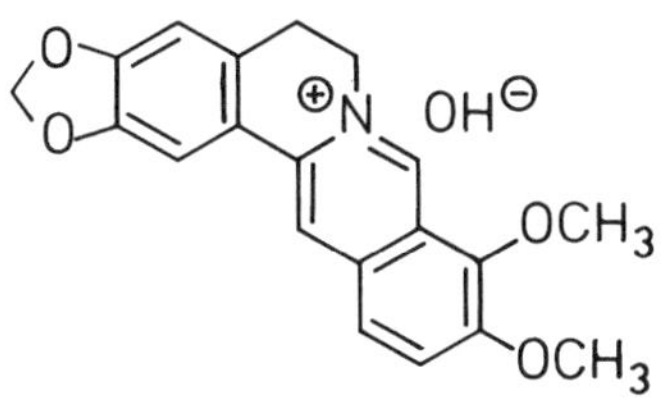

Summenformel: $C_{20}H_{19}NO_5$.

Molekulargewicht: 353,36.

Charakter: Gelbe Nadeln.

Löslichkeit: Leicht löslich in Ether und Benzol, löslich in Ethanol.

Schmelzpunkt: 145 °C.

R_f-Werte Dünnschichtchromatographie: (chlorid) LM = Ethanol; FM = Ethylacetat (10):Ameisensäure (2):Wasser (3).
R_f-Bereich: ~0,7.*)

Farbreaktionen, Reagenzien: Gelbe Eigenfärbung.
Dragendorff's Reagenz nach Munier, gelborange.

Toxikologie: Berberinsulfat Trihydrat LD_{50} (Maus): 24,3 mg/kg, i. p.

Literatur: H 12, M 17; *) Naturstoffabt. C. Roth, Karlsruhe.

Handelsüblich: Berberinchlorid Fp. 200–202 °C.

Handelsübliche Packung: 1 g.

Vorkommen: → *Berberis vulgaris* und andere Berberidaceae, → *Hydrastis canadensis.*

Therapie:
Erste Hilfe: Kohle-Pulvis, Erbrechen lassen, viel warmen Tee trinken lassen, Natriumsulfat, Schockprophylaxe (Ruhe, Wärme).
Klinik: Magenspülung (evtl. mit burgunderfarbener Kaliumpermanganatlösung), Elektrolytsubstitution, Azidoseausgleich mit Natriumbikarbonat (Urin pH 7,5), im Schock Plasma(expander)gabe, bei Krämpfen Diazepam (Valium®) i.v., Kontrolle der Nierenfunktion, bei Atemlähmung Intubation und Sauerstoffbeatmung.

Bergapten

CAS-Nr.: [484-20-8].

Synonyma: 5-Methoxypsoralen, 5-MOP.

Gruppe: Cumarin.

Strukturformel:

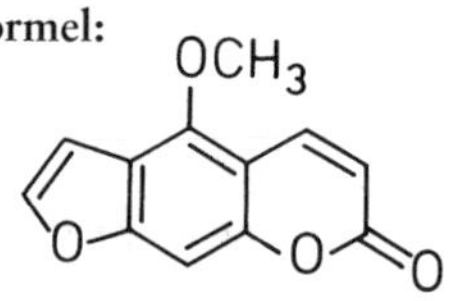

Summenformel: $C_{12}H_8O_4$.

Molekulargewicht: 216,19.

Charakter: Lichtempfindlich.

Löslichkeit: Löslich in Ethanol wasserfrei 1:60. Wenig löslich in Eisessig, Chloroform, Benzol.

Schmelzpunkt: 188 °C.

Toxikologie: Bergapten wirkt phototoxisch und photomutagen. Vor der Verwendung in Lichtschutzpräparaten wird gewarnt.
Als Folgen nach einer Latenzzeit sind vorzeitige Alterung der Haut, lichtbedingte Krebse und mögliche Pigmenttumoren nicht auszuschließen, denn alle Psoralene mit photosensibilisierender Wirkung verstärken die genschädigende Wirkung des ultravioletten Lichts (Arznei-Telegramm 7/80, S. 60).

Literatur: B 35, H 12, M 17.

Handelsübliche Packung: 1 g.

Vorkommen: → *Angelica archangelica,* → *Heracleum sphondylium,* → *Petroselinum crispum,* → *Ruta graveolens,* → *Citrus aurantium ssp. bergamia.*

Therapie:
Erste Hilfe: Meidung von Sonnenexposition. Blasen steril abdecken, Tetanusprophylaxe, lokal Locacorten-Schaum. Kohle-Pulvis.
Klinik: Magenspülung nur nach großer Giftaufnahme, Kohle-Pulvis, Natriumsulfat, Kontrolle der Blutgerinnung, evtl. PPSB-Konzentrat.

Betonicin

CAS-Nr.: [515-25-3].

Synonyma: L-4-Hydroxystachydrin, Achillein.

Gruppe: Alkaloid.

Strukturformel:

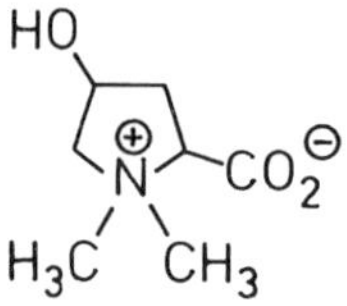

Summenformel: $C_7H_{13}NO_3$.

Molekulargewicht: 159,18.

Löslichkeit: Löslich in heißem Ethanol und Wasser.

Schmelzpunkt: 252 °C.

Spezifische Drehung: $[\alpha]_D^{20}$ –34,2° (c=1,0).

Literatur: H 12, M 17.

Handelsübliche Packung: 25 mg.

Therapie:
Erste Hilfe: Kohle-Pulvis trinken lassen.
Klinik: Nur nach großer Giftaufnahme Magenspülung, Kohle-Pulvis, Natriumsulfat. Plasmaexpander im Schock. Natriumbikarbonat zum Azidoseausgleich, ggf. Intubation und Beatmung.

Blausäure-Glykoside

(Cyanglycoside)

Vorkommen: Blausäure-Glykoside sind in über 2000 Pflanzenarten enthalten. Von toxikologischer Bedeutung sind Samen von Steinfrüchten (Rosaceae) wie z. B. Mandel-, Kirsch-, Pfirsich-, Aprikosen-, Pflaumen-, Apfel- und Zwergmispelkerne.

Toxikologie: Da die meisten Pflanzen Blausäure nur in geringen Mengen enthalten, kommt es nur selten zu ernsten Vergiftungen. Eine Bittermandel pro kg Körpergewicht ist tödlich, ebenso 1 g/kg Obstkerne.

Wirkungscharakter: Blausäure-Glykoside (cyanogene Glykoside) sind Verbindungen, die bei Enzym- oder Säureeinwirkung Cyanwasserstoff abspalten. Dies geschieht mit Hilfe des pflanzeneigenen Enzyms Emulsin oder durch die Salzsäure im Magen. Da Cyanwasserstoff kaum ionisiert ist, wird er sehr schnell resorbiert. Die Giftwirkung beruht auf der Hemmung eisenhaltiger Fermente, insbesondere der Cytochromoxidase (Atmungsferment). Dadurch wird die Sauerstoffverwertung in den Zellen schlagartig unterbrochen. Infolgedessen zeigt das venöse Blut die hellrote Farbe des Oxyhämoglobins. Blausäure bewirkt somit zunächst eine kurze Erregung, dann Lähmung des ZNS, vor allem des Atemzentrums. Der Tod tritt nach Pflanzeningestion innerhalb ½ bis einer Stunde ein.

Symptome: Typischer Bittermandelgeruch der Ausatmungsluft, Kratzen im Hals, Kopfschmerzen, Angstgefühl, Hyperpnoe, Speichelfluß, Erbrechen, Schwindel, zunehmendes Schwächegefühl, Koma, u. U. tonisch-klonische Krämpfe, anfangs rosa Hautfarbe, später Atemlähmung, Zyanose.

Nachweis: Dräger-Gasspürgerät und Röhrchen Blausäure 2a in der Ausatmungsluft und im Blut bzw. Asservat (1 ml 1n HCl und 1 ml Asservat).

Literatur: F 6.

Therapie:
Primäre Entgiftung durch Erbrechen und Magenspülung (evtl. mit burgunderfarbener Kaliumpermanganatlösung).
In leichten Fällen, bei erhaltenem Bewußtsein: Natriumthiosulfat (10%ig, 100 ml i.v.), das als Schwefeldonator die Entgiftung des Cyanids, das in Rhodanid übergeht, beschleunigt.
Schwere Vergiftungen, bei Bewußtlosigkeit:
- Sofort 3 mg/kg KG 4-DMAP i.v. (evtl. i.m.) (Methämoglobinbildner).
- Sofort anschließend Natriumthiosulfatlösung (10%ig, 100 ml i.v.). Zugleich Azidosetherapie mit Natriumbikarbonatinfusion, dann Plasmaexpandergabe.

Brucin

CAS-Nr.: [357-57-3].

Synonyma: Caniramin, Vomicin, 2,3-Dimethyloxystrychnin.

Gruppe: Alkaloid.

Summenformel: $C_{23}H_{26}N_2O_4 \cdot 4H_2O$.

Molekulargewicht: 466,52.

Strukturformel:

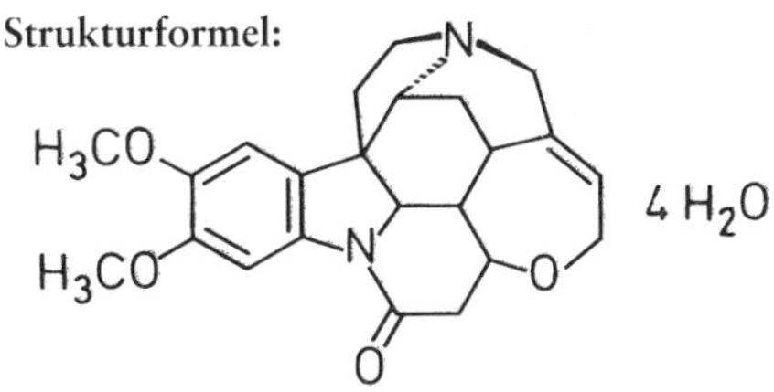

Brucin

Charakter: Kristallines Pulver, farblose Blättchen, Geschmack bitter, mehrfach bitterer als Strychnin.

Löslichkeit: Leicht löslich in Ethanol, Methanol, löslich in Ethylacetat und Glycerin. Lösungen 1:200 000 schmecken noch bitter.

Schmelzpunkt: 177–179 °C.

Spezifische Drehung: $[\alpha]_D$ −127° (Chloroform).

R_f-Werte Dünnschichtchromatographie: LM=Ethanol; FM=Chloroform (60):Methanol (10):Ammoniak 25% (1).
R_f-Bereich: ca. 0,7.*)

Farbreaktionen, Reagenzien: Munier → gelborange.*) 1. In konz. Schwefelsäure löst sich die Substanz ohne Färbung. Wird die Lösung mit 1 Tr. Salpetersäure versetzt, so färbt sie sich rot. – 2. In Salpetersäure löst sich die Substanz mit roter Färbung, die allmählich in Orange und Gelb übergeht. Die gelbe Lösung wird durch Zinn(II)-Chlorid-Lsg. oder durch farblose Ammoniumsulfid-Lsg. violett gefärbt. – 3. In Chlorwasser oder mit sehr wenig Kaliumchlorat versetzter Salzsäure löst sich die Substanz mit roter Farbe.

Toxikologie: LD_{50} (Hund): 8 mg/kg i. v., (Ratte): 1 mg/kg p. o.; 10× weniger giftig als → *Strychnin*, mit ausgeprägter Krampfwirkung.

Literatur: H 12, M 17, S 40, S 69, W 27; * Naturstoffabt. C. Roth, Karlsruhe.

Handelsüblich: Brucin-4-hydrat.
Brucinsulfat Heptahydrat (R_f-Werte und Farbreaktionen wie Brucin).

Handelsübliche Packung: 10 g, 50 g.

Vorschriften: Verboten in kosmetischen Mitteln.
Brucin unterliegt der Gefahrstoffverordung: EG Nr. 614-006-00-1 ☠+ R: 26/28 S: (1/2)-13-45;
Brucinsalze: EG Nr. 614-007-00-7 ☠+ R: 26/28 S: (1/2)-13-45.
Giftklasse 2 der Schweizer Giftliste.

Vorkommen: → *Strychnos ignatii*, → *Strychnos nux-vomica*.

Therapie:
Erste Hilfe: Sofort Kohle-Pulvis (10 g), Erbrechen lassen, Natriumsulfat.
Klinik: Magenspülung (evtl. mit burgunderfarbener Kaliumpermanganatlösung), Instillation von 10 g Kohle-Pulvis, Natriumsulfat. Nach der Resorption (Krämpfe) Relaxierung und Intubation.

Bufotenin

CAS-Nr.: [487-93-4].

Synonyma: N,N-Dimethylserotonin, Mappin, 5-Hydroxy-N-dimethyl-tryptamin.

Gruppe: Alkaloid.

Strukturformel:

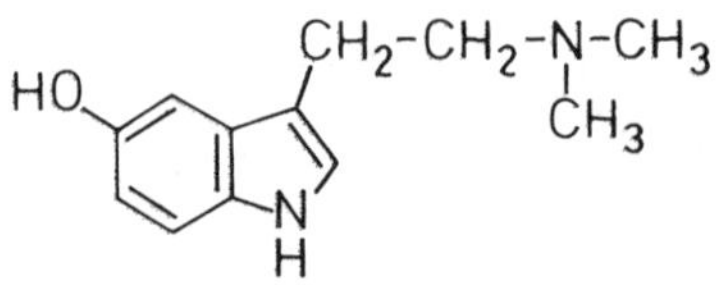

Summenformel: $C_{12}H_{16}N_2O$.

Molekulargewicht: 204,26.

Löslichkeit: Löslich in Ethanol und Ether.

Schmelzpunkt: 146–147 °C.

Toxikologie: Injiziert man Bufotenin intravenös, so kommt es zu akuten Intoxikationserscheinungen mit Bewußtseinstrübung und Halluzinationen. Die Wirkung tritt rasch ein, ohne den Blutdruck zu ändern. Das Gesicht färbt sich dabei infolge An-

Bufotenin

oxämie hochrot. Bufotenin gehört als Serotoninabkömmling zu den „somatogenen Halluzinogenen“, d. h. Substanzen, die bei exogener Zufuhr psychoseartige Zustände erzeugen [H 12].

Literatur: H 12, M 17.

Handelsüblich: Bufotenin-hydrogenoxalat Fp. 93–95 °C.

Handelsübliche Packung: 50 mg.

Vorkommen: Im Krötengift, in Piptadenia peregrina Benth. und anderen Piptadenia-Arten.

Therapie:
Erste Hilfe: Kohle-Pulvis trinken lassen.
Klinik: Nur nach großer Giftaufnahme Magenspülung, Kohle-Pulvis, Natriumsulfat. Plasmaexpander im Schock. Natriumbikarbonat zum Azidoseausgleich. Ggf. Intubation und Beatmung.

Bulbocapnin

CAS-Nr.: [298-45-3].

Gruppe: Alkaloid.

Strukturformel:

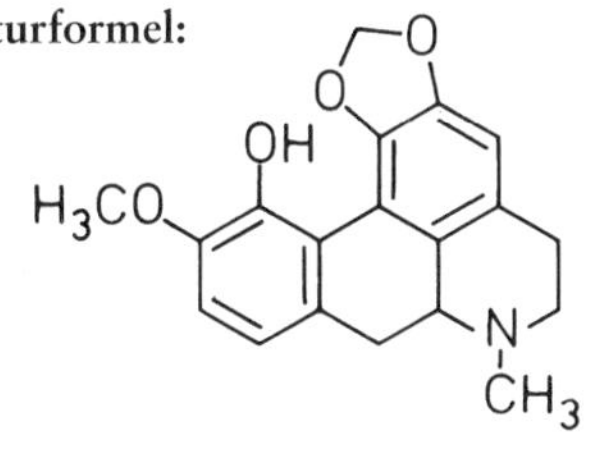

Summenformel: $C_{19}H_{19}NO_4$.

Molekulargewicht: 325,35.

Charakter: Rhombische Prismen.

Löslichkeit: Löslich in Ethanol, Chloroform, Ether, unlöslich in Wasser.

Schmelzpunkt: 200–202 °C.

Spezifische Drehung: $[\alpha]_D^{16}$ +237° (Chloroform).

Toxikologie: Bulbocapnin wirkt auf das Zentralnervensystem eigenartig, erzeugt katalepsieartige Bewegungsarmut bis Aufhebung der willkürlichen und reflektorischen Bewegungen (Bulbocapninstarre) unter Erhaltenbleiben des Muskeltonus und der Stellreflexe sowie der Rezeptibilität für sensible Reize. Größere Dosen wirken – ebenfalls ohne Aufhebung der Stellreflexe – hypnotisch [H 12].
D-Form LD_{50} (Maus): 195 mg/kg s.c.

Literatur: H 12, M 17.

Handelsüblich: Bulbocapnin-hydrochlorid Fp. 268–270 °C.

Handelsübliche Packung: 100 mg.

Vorkommen: → *Corydalis cava,* Corydalis solida (L.) Clairv.

Therapie:
Erste Hilfe: Kohle-Pulvis-Gabe, Erbrechen auslösen, Natriumsulfat. Haut- und Schleimhautblasen steril abdecken, Tetanusprophylaxe, lokal Locacorten®-Schaum.
Klinik: Nach wahrscheinlich großer Giftaufnahme: Magenspülung (evtl. mit burgunderfarbener Kaliumpermanganatlösung), Instillation von 10 g Kohle-Pulvis, Überwachung von Elektrolyten und Nierenfunktion, Alkalisierung mit Natriumbikarbonatinfusionen (Urin pH 7,5), ggf. Intubation und Sauerstoffbeatmung.

Calycanthin

CAS-Nr.: [595-05-1].

Gruppe: Alkaloid.

Strukturformel:

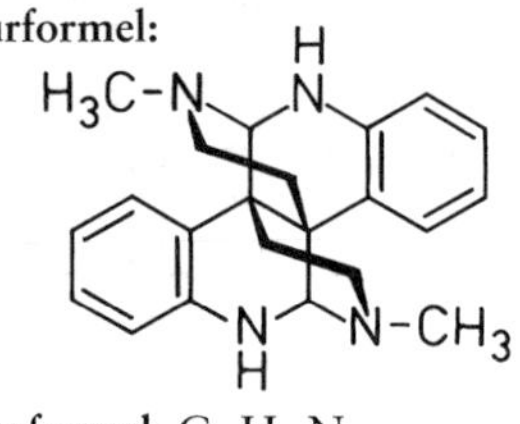

Summenformel: $C_{22}H_{26}N_4$.

Molekulargewicht: 346,48.

Charakter: Kristalle.

Löslichkeit: Leicht löslich in Ethanol, Chloroform, löslich in Aceton, Ether, Pyridin.

Schmelzpunkt: 247–249 °C.

Spezifische Drehung: $[\alpha]_D^{18}$ +684° (c=1,2 in absolutem Ethanol).

Toxikologie: Sehr giftig. Kann heftige Konvulsionen, Paralyse und Herzbeschwerden hervorrufen [M 17].

Literatur: B 35, H 12, M 17.

Vorkommen: → *Calycanthus floridus*, → *Chimonanthus praecox*.

Therapie:
Erste Hilfe: Kohle-Pulvis (10 g), erbrechen lassen, viel warmen Tee oder Himbeersaft trinken lassen.
Klinik: Nach wahrscheinlich großer Giftaufnahme: Magenspülung (evtl. mit burgunderfarbener Kaliumpermanganatlösung), Instillation von 10 g Kohle-Pulvis und Natriumsulfat, Elektrolytsubstitution, Azidoseausgleich mit Natriumbikarbonat (Urin pH 7,5). Diazepam bei Krämpfen.

Cannabinol

CAS-Nr.: [521-35-7].

Gruppe: Pyranderivat.

Strukturformel:

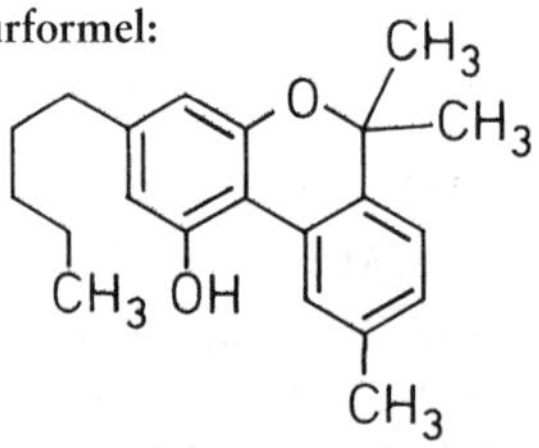

Summenformel: $C_{21}H_{26}O_2$.

Molekulargewicht: 310,42.

Löslichkeit: Löslich in Ethanol, Methanol, wäßrigen alkalischen Lösungen, unlöslich in Wasser.

Schmelzpunkt: 76–77 °C.

Vorkommen: Cannabinol und Tetrahydrocannabinol sind Bestandteile von Cannabis sativa und damit von Haschisch und Marihuana. Über die toxikologischen Erscheinungen gibt Reko [R 25] eine gute Übersicht.

Literatur: B 35, H 12, M 17, R 25.

Vorschriften: Kontrollierte Substanz (halluzinogen) im U.S. Code of Federal Regulations, Title 21, Part 1308.11 (1985) [M 17].

Therapie:
Erste Hilfe: Ruhe, beruhigendes Zureden, beaufsichtigen, meist keine medikamentöse Therapie nötig, keine intravenösen Injektionen! (Bahnung einer Spritzensucht), bei hochgradiger Erregung Doxepin (Aponal®) (50 mg oral oder i.m.), nur falls nicht anders vorhanden Diazepam (Valium®) (10–20 mg oral oder i.m.), nach oraler Überdosierung erbrechen lassen, Atemwege freihalten, evtl. Atemspende, warmhalten.
Klinik: Evtl. Magenspülung, Kohle-Pulvis- und Natriumsulfatinstillation, Plasmaersatzpräparate, beatmen. Überwachen.

Capsaicin

CAS-Nr.: [404-86-4].

Synonyma: Capsacutin, 8-Methyl-N-vanillyl-6-nonenamid.

Gruppe: Alkaloid.

Strukturformel:

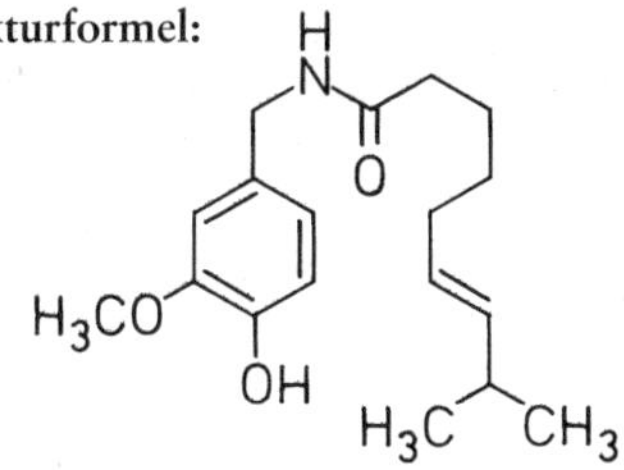

Summenformel: $C_{18}H_{27}NO_3$.

Molekulargewicht: 305,40.

Löslichkeit: Löslich in Ethanol, Ether, Benzol, Chloroform.

Schmelzpunkt: 65 °C.

R_f-Werte Dünnschichtchromatographie: LM=Methanol; FM=Toluol (5):Ethylformiat (4):Ameisensäure (1).
R_f-Bereich: ca. 0,55.*)

Farbreaktionen, Reagenzien: Chloranil-Reagenz, blau; Anisaldehyd-Schwefelsäure, bläulich.*)

Toxikologie: In geringen Dosen steigert Capsaicin die Salzsäuresekretion im Magen des Menschen, große Dosen lähmen die Sekretionstätigkeit. Ferner fördert es die Magen- und Darmperistaltik. Toxische Capsaicin-Dosen parenteral oder peroral gegeben, verursachen eine tödlich ausgehende Hypothermie und dem anaphylaktischen Schock ähnliche Symptome. Chronische Vergiftungen infolge Mißbrauchs (Überdosierung als Gewürz) gehen mit Appetitlosigkeit, chronischer Gastritis, Nieren- und Leberschädigungen einher. Auf der Schleimhaut bewirkt Capsaicin schon in kleiner Menge Brennen, Hitzegefühl und Schmerzen, und auf der Haut Rötungen, Wärmegefühl, Brennen, nach längerer Einwirkung pustulöse Dermatitis, Blasen- und Geschwürbildung, anschließend Nekrosen [H 12].
Der brennende Geschmack kann noch in einer Verdünnung 1:100.000 wahrgenommen werden [M 17].

Literatur: H 12, M 17, R 21; *) Naturstoffabt. C. Roth, Karlsruhe.

Handelsübliche Packung: 100 mg.

Vorschriften: Giftklasse 2 der Schweizer Giftliste.

Vorkommen: → *Capsicum annuum* u. anderen Capsicum-Arten.

Therapie:
Erste Hilfe: Kohle-Pulvis-Gabe, Erbrechen auslösen, Haut und Augen spülen, Roticlean®, viel trinken lassen. Haut- und Schleimhautblasen steril abdecken, Tetanusprophylaxe, lokal Locacorten®-Schaum.
Klinik: Magenspülung (evtl. mit burgunderfarbener Kaliumpermanganatlösung), Kohle- und Natriumsulfatinstillation, gegen Koliken Atropin, Elektrolytsubstitution, Azidoseausgleich mit Natriumbikarbonat (Urin pH 7,5), bei Krämpfen Diazepam (Valium®) i.v., ggf. Intubation und Sauerstoffbeatmung. Lokal und parenteral Kortison. Kontrolle der Leber- und Nierenwerte.

Cardol

CAS-Nr.: [25702-11-8].

Gruppe: Phenolderivat.

Strukturformel:

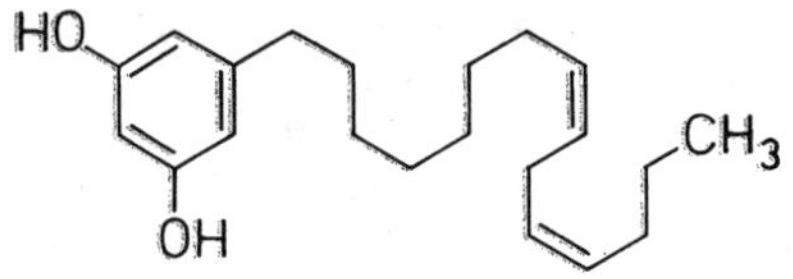

Summenformel: $C_{21}H_{32}O_2$.

Molekulargewicht: 316,47.

Charakter: Gelbliche, ölige Flüssigkeit.

Löslichkeit: Leicht löslich in Ethanol und Ether, unlöslich in Wasser.

Literatur: B 35, H 12.

Handelsüblich: Das Cardol des Handels ist kein reines Cardol, sondern ein mehr oder weniger gereinigter etherischer oder alkoholisch-etherischer Extrakt aus Elefantenläusen (Anacardii occidentalis fructus).

Vorkommen: → *Anacardium occidentale*, → *Semecarpus anacardium*.

Therapie:
Erste Hilfe: Kohle-Pulvis 10 g, Haut mit Roticlean® spülen, ggf. Augen spülen. Haut- und Schleimhautblasen steril abdecken, Tetanusprophylaxe, lokal Locacorten-Schaum.
Klinik: Magenspülung (evtl. mit burgunderfarbener Kaliumpermanganatlösung), Instillation von 10 g Kohle-Pulvis, Elektrolytsubstitution, Azidoseausgleich mit Natriumbikarbonat (Urin pH 7,5), Überwachung der Nierenfunktion, bei Krämpfen Diazepam (Valium®), gegen Koliken Atropin, ggf. Intubation und Sauerstoffbeatmung.

Carnegin

CAS-Nr.: [490-53-9].

Synonyma: Pectenin.

Strukturformel:

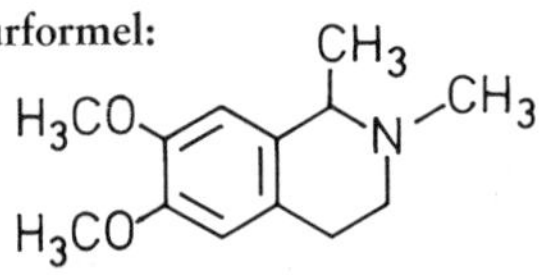

Summenformel: $C_{13}H_{19}NO_2$.

Molekulargewicht: 221,29.

Charakter: Viskose Flüssigkeit, die sich beim Lagern zersetzt.

Löslichkeit: Löslich in Ethanol, Ether und Chloroform.

Kochpunkt: Kp_1 ~170 °C.

R_f-Werte Dünnschichtchromatographie: (Hydrochlorid) LM=Chloroform; FM= Ether (17):Methanol (2):Ammoniak (1). R_f-Bereich: 0,95.*)

Farbreaktionen, Reagenzien: Dragendorff's Reagenz nach Munier: orange.*)

Toxikologie: LD_{50} (Maus): 15,23 mg/kg i.p.

Literatur: M 17;*) Naturstoffabt. C. Roth, Karlsruhe.

Handelsüblich: Carnegin-hydrochlorid, MG 257,77, Fp. 209–211 °C.

Handelsübliche Packung: 100 mg.

Vorkommen: Carnegia gigantea (Engelm.) Britt et Rose (Cactaceae).

Therapie:
Erste Hilfe: Medizinalkohle (Kohle-Pulvis, 10 g) trinken lassen, evtl. künstlich beatmen, Herzmassage.
Klinik: Magenspülung, Medizinalkohle, Natriumsulfat. Plasmaexpander im Schock, Natriumbikarbonat zum Azidoseausgleich. Auf Leber- und Nierenfunktion achten. Diazepam i.v. bei Krämpfen.

Carpain

CAS-Nr.: [3463-92-1].

Gruppe: Alkaloid.

Strukturformel:

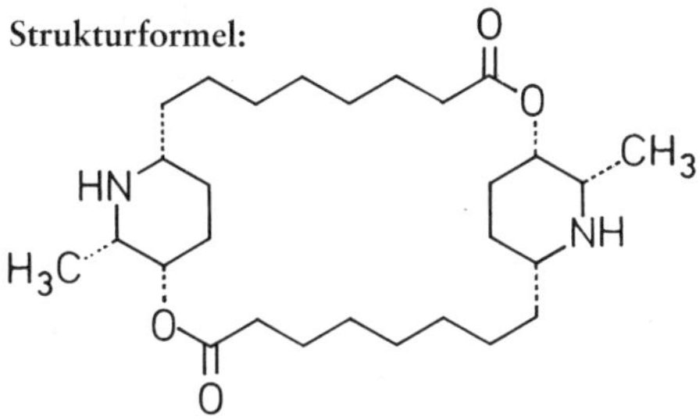

Summenformel: $C_{28}H_{50}N_2O_4$.

Molekulargewicht: 478,70.

Löslichkeit: Löslich in den meisten organischen Lösungsmitteln, mit Ausnahme von Petrolether, wenig löslich in Wasser.

Schmelzpunkt: 119–120 °C, sublimiert bei 120 °C unter 0,05 mm Druck.

Spezifische Drehung: $[\alpha]_D^{12}$ +24,7° (c=1,07 in Ethanol).

Literatur: B 35, H 12, M 17.

Vorkommen: → *Carica papaya.*

Therapie:
Erste Hilfe: Kohle-Pulvis (10 g), erbrechen lassen, viel warmen Tee oder Himbeersaft trinken lassen.
Klinik: Nach wahrscheinlich großer Giftaufnahme: Magenspülung (evtl. mit burgunderfarbener Kaliumpermanganatlösung), Instillation von 10 g Kohle-Pulvis und Natriumsulfat, Elektrolytsubstitution, Azidoseausgleich mit Natriumbikarbonat (Urin pH 7,5).

(+)-Catechin

CAS-Nr.: [154-25-4].

Synonyma: Catechusäure, Cyanidol, Gambircatechin.

Gruppe: Catechin.

Strukturformel:

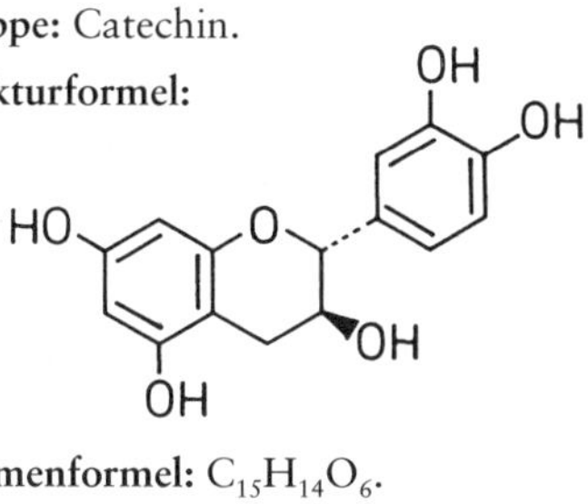

Summenformel: $C_{15}H_{14}O_6$.

Molekulargewicht: 290,28.

Charakter: Kristalle, weiß bis rosa, kristallisiert aus Wasser mit $4H_2O$, Fp. 93–96 °C.

Löslichkeit: Löslich in Ethanol, Eisessig, heißem Wasser.

Schmelzpunkt: 174–175 °C.

Spezifische Drehung: $[\alpha]_D^{20}$ +16° (in Wasser u. Aceton, 1:1).

R_f-Werte Dünnschichtchromatographie: LM=Ethanol; FM=Toluol (5):Ethylformiat (4):Ameisensäure (1); R_f ca. 0,15.*)

Farbreaktionen, Reagenzien: UV, hellbraun.

Vorschriften: Giftklasse 4 der Schweizer Giftliste.

Literatur: B 35, K 7, M 17, R 21; *) Naturstoffabt. C. Roth, Karlsruhe.

Handelsüblich: Catechinhydrat.

Handelsübliche Packung: 10+250 g.

Vorkommen: Gambir-Catechu.

Cheirosid A

CAS-Nr.: [17179-38-3].

Gruppe: Glykosid.

Summenformel: $C_{35}H_{54}O_{13}$.

Molekulargewicht: 682,81.

Literatur: Trivialnamenkartei, 1356/15.

Vorkommen: → *Cheiranthus cheiri.*

Strukturformel:

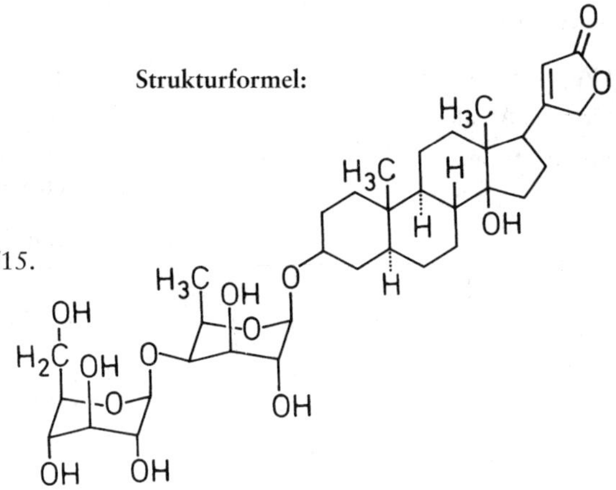

Therapie:
Erste Hilfe: Kohle-Pulvis-Gabe, Erbrechen auslösen, Natriumsulfat.
Klinik: Magenspülung (evtl. mit burgunderfarbener Kaliumpermanganatlösung), Kohleinstillation (10 g Pulvis), Herzschrittmacher (prophylaktisch), Hämoperfusion, Kontrolle des Kaliumspiegels und Substitution, Phenytoin, bei ventrikulärer Extrasystolie: Lidocain (Xylocain®), bei ausgeprägter Bradykardie: Atropin oder Orciprenalin (Alupent®), bei AV-Überleitungsstörungen: Vorsicht mit Substanzen, die diese zusätzlich beeinträchtigen, d. h. mit Ajmalin, Procainamid, β-Rezeptorenblocker und Chinidin.

Cheirotoxin

CAS-Nr.: [7044-33-9].

Gruppe: Glykosid.

Summenformel: $C_{35}H_{52}O_{15}$.

Molekulargewicht: 712,79.

Literatur: T 14.

Vorkommen: → *Cheiranthus cheiri.*

Strukturformel:

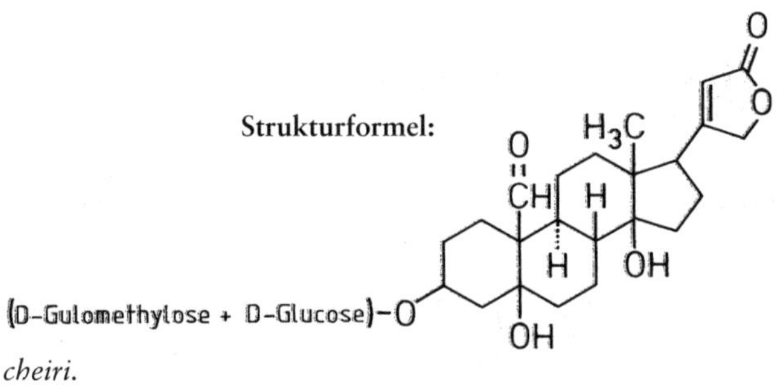

Therapie:
Erste Hilfe: Kohle-Pulvis-Gabe, Erbrechen auslösen, Natriumsulfat.
Klinik: Magenspülung (evtl. mit burgunderfarbener Kaliumpermanganatlösung), Kohleinstillation (10 g Pulvis), Herzschrittmacher (prophylaktisch), Hämoperfusion, Kontrolle des Kaliumspiegels und Substitution, Phenytoin, bei ventrikulärer Extrasystolie: Lidocain (Xylocain®), bei ausgeprägter Bradykardie: Atropin oder Orciprenalin (Alupent®), bei AV-Überleitungsstörungen: Vorsicht mit Substanzen, die diese zusätzlich beeinträchtigen, d.h. mit Ajmalin, Procainamid, β-Rezeptorenblocker und Chinidin.

Chelerythrin

CAS-Nr.: [34316-15-9].

Synonyma: Toddalin.

Gruppe: Alkaloid.

Strukturformel:

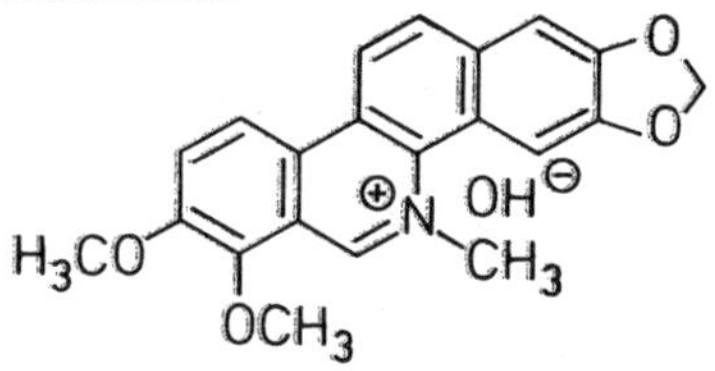

Summenformel: $[C_{21}H_{18}NO_4]^+$.

Molekulargewicht: 348,36.

Charakter: Farblose Kristalle.
Reagiert in wäßriger Lösung alkalisch.

Schmelzpunkt: 207 °C.

Toxikologie: Chelerythrin gilt als das wirksamste Schöllkrautalkaloid, es hat örtlich reizende Wirkung, ruft innerlich Erbrechen und Gastroenteritis und heftige Diarrhöen hervor, führt zur Abnahme der Reflexerregbarkeit und hat in größeren Dosen zentrallähmende Wirkung, insbesondere auf das Vasomotoren- und Atemzentrum; der Tod erfolgt durch Atemlähmung [H 12]. Nach neueren Erkenntnissen zeigt Chelerythrin keine chronisch toxische Wirkung [H 13]. LD_{50} (Maus): 95 mg/kg s.c.

Literatur: B 35, H 12, H 13, M 17, R 21.

Handelsübliche Packung: 500 mg.

Vorkommen: → *Chelidonium majus,* → *Dicentra spectabilis,* → *Eschscholzia californica* u. a.

Therapie:
Erste Hilfe: Kohle-Pulvis-Gabe, Erbrechen auslösen, Natriumsulfat. Haut- und Schleimhautblasen steril abdecken, Tetanusprophylaxe, lokal Locacorten-Schaum.
Klinik: Nach wahrscheinlich großer Giftaufnahme: Magenspülung (evtl. mit burgunderfarbener Kaliumpermanganatlösung), Instillation von 10 g Kohle-Pulvis, Überwachung von Elektrolyten und Nierenfunktion, Alkalisierung mit Natriumbikarbonatinfusionen (Urin pH 7,5), ggf. Intubation und Sauerstoffbeatmung.

Chelidonin

CAS-Nr.: [476-32-4].

Synonyma: Stylophorin, Diphyllin.

Gruppe: Alkaloid.

Strukturformel:

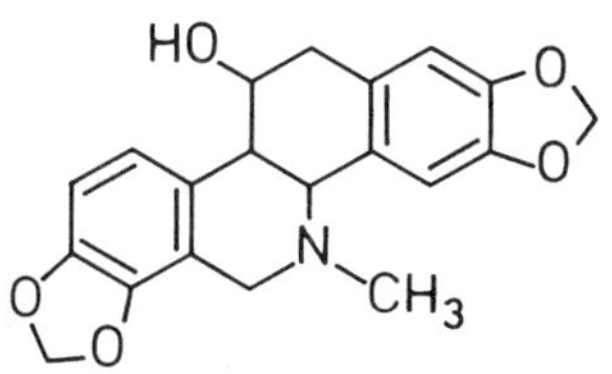

Summenformel: $C_{20}H_{19}NO_5$.

Molekulargewicht: 353,36.

Charakter: Gelblichweiße Kristalle.

Löslichkeit: Löslich in Ethanol, Chloroform, Ether, Amylalkohol, unlöslich in Wasser.

Schmelzpunkt: ca. 135 °C.

Spezifische Drehung: $[\alpha]_D^{22}$ +115±3° in Ethanol.

R_f-Werte Dünnschichtchromatographie:
LM = Ethanol; FM = Benzol (8):Methanol (2).
R_f-Bereich: ca. 0,85.*)

Farbreaktionen, Reagenzien: Dragendorff's Reagenz nach Munier, gelb.*)

Chelidonin

Toxikologie: Chelidonin ist ein Mitosegift, jedoch weit weniger wirksam als Colchicin. Es besitzt (ebenso Protopin) nach Sokoloff et al. [Growth 28, 225 (1964)] hemmende Wirkung auf bestimmte Tumore, α-Homochelidonin wirkt ähnlich wie Chelidonin, α-Allokryptopin (β-Homochelidonin) ist ein Krampfgift, bewirkt aber in größeren Dosen auch zentrale Lähmung und hat außerdem lokalanästhetische Wirkung [H 12].

LD_{50} (Maus): 34,6±2,44 mg/kg i.v.
LD (Meerschweinchen): 2 g/kg s.c.

Literatur: B 35, H 12, H 13, M 17, R 21; *) Naturstoffabt. C. Roth, Karlsruhe.

Handelsübliche Packung: 25 mg, 100 mg.

Vorkommen: → *Chelidonium majus.*

Therapie:
Erste Hilfe: Kohle-Pulvis-Gabe, Erbrechen auslösen, Natriumsulfat.
Klinik: Nach wahrscheinlich großer Giftaufnahme: Magenspülung (evtl. mit burgunderfarbener Kaliumpermanganatlösung), Instillation von 10 g Kohle-Pulvis, Überwachung von Elektrolyten und Nierenfunktion, Alkalisierung mit Natriumbikarbonatinfusionen (Urin pH 7,5), ggf. Intubation und Sauerstoffbeatmung.

Chinidin

CAS-Nr.: [56-54-2].

Synonyma: Conchinin, β-Chinin, E: Quinidine.

Gruppe: Alkaloid.

Strukturformel:

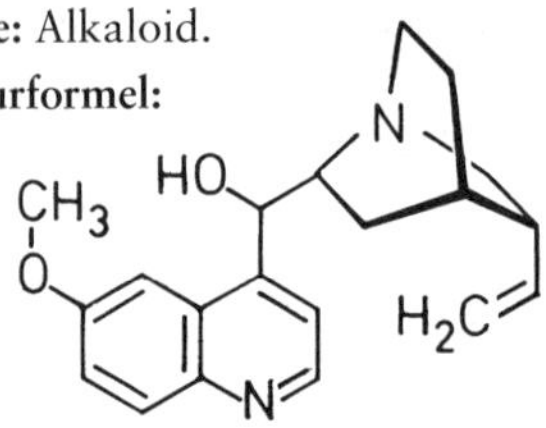

Summenformel: $C_{20}H_{24}N_2O_2$.

Molekulargewicht: 324,41.

Charakter: Nadeln.

Löslichkeit: Leicht löslich in Methanol; löslich in Ethanol, Ether, Chloroform; wenig löslich in Wasser.

Schmelzpunkt: 174–175 °C.

Spezifische Drehung: $[\alpha]_D^{15}$ +230° (c=1,8 in Chloroform).

Chromatographie: Stahl (2) S. 47.

Toxikologie: LD_{50} (Katze): 21,6 mg/kg intravenös.

Literatur: H 12, M 17, R 21.

Handelsüblich:
Chinidin Dihydrat.
Chinidin-sulfat Dihydrat.

Handelsübliche Packung: 5 g, 10 g.

Vorschriften: Giftklasse 3 der Schweizer Giftliste.

Vorkommen: → *Cinchona pubescens (succirubra).*

Therapie:
Erste Hilfe: Sofort Erbrechen lassen, Kohle-Pulvis-Gabe, Natriumsulfat, Schocklagerung, Wärme, warmen Tee oder Kaffee trinken lassen, Frischluft.
Klinik: Magenspülung (evtl. mit burgunderfarbener Kaliumpermanganatlösung), Elektrolytsubstitution, Azidoseausgleich mit Natriumbikarbonat (Urin pH 7,5), Plasma(expander)gabe, bei Krämpfen Diazepam (Valium®) i.v., gegen Darmspasmen Atropin (1 mg 2stdl. s.c.), ggf. Intubation und Sauerstoffbeatmung.

Chinin

CAS-Nr.: [130-95-0].

Synonyma: E: Quinine.

Gruppe: Alkaloid.

Strukturformel:

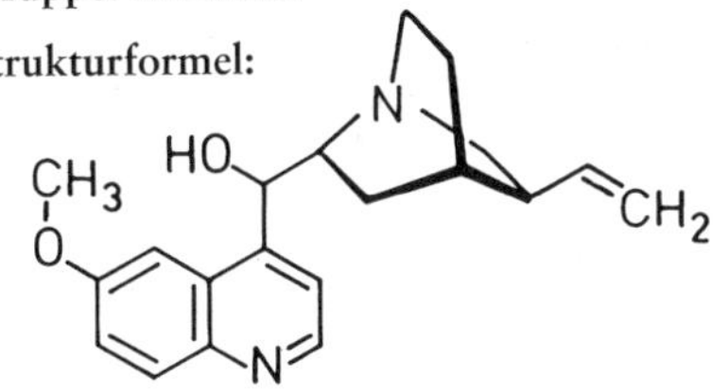

Summenformel: $C_{20}H_{24}N_2O_2$.

Molekulargewicht: 324,41.

Löslichkeit: Leicht löslich in Chloroform; löslich in Glycerin, Benzol, Ethanol.

Schmelzpunkt: 177 °C (sublimiert im Hochvakuum bei 170–180 °C).

Spezifische Drehung: $[\alpha]_D^{15}$ 169° (c=2 in 97% Alkohol).

R_f-Werte Dünnschichtchromatographie: Stahl [S 54].

Vorschriften: Stoffe der Kosmetikverordnung v. 19. 6. 1985 Anlage 2, Teil A:

Stoff	Anwendungsgebiet und/oder Verwendung	Zulässige Höchstkonzentration im kosmetischen Fertigerzeugnis
Chinin und seine Salze	a) Shampoo b) Haarlotion	a) 0,5% als Chininbase berechnet b) 0,2% als Chininbase berechnet

Giftklasse 3 der Schweizer Giftliste.
Chininum: Monographie der Kommission D.

Literatur: H 12, M 17, R 21.

Handelsüblich: Chinin-hydrochlorid Dihydrat.

Chinin-hydrogensulfat Fp. 156–158 °C.
Chinin-sulfat Fp. 233–233,5 °C.

Handelsübliche Packung: 25 g.

Vorkommen: → *Cinchona pubescens (succirubra).*

Therapie:
Erste Hilfe: Kohle-Pulvis, Erbrechen lassen, viel warmen Tee trinken lassen, Natriumsulfat, Schockprophylaxe (Ruhe, Wärme).
Klinik: Magenspülung (evtl. mit burgunderfarbener Kaliumpermanganatlösung), Elektrolytsubstitution, Azidoseausgleich mit Natriumbikarbonat (Urin pH 7,5), im Schock Plasmaexpandergabe, bei Krämpfen Diazepam (Valium®) i.v., Kontrolle der Nierenfunktion, bei Atemlähmung Intubation und Sauerstoffbeatmung.

Chlorogensäure

CAS-Nr.: [327-27-9].

Synonyma: Helianthsäure, 3-(3,4-Dihydroxy-cinnamoyl)-D(–)-chinasäure.
E: Chlorogenic acid

Gruppe: Pflanzensäure.

Strukturformel:

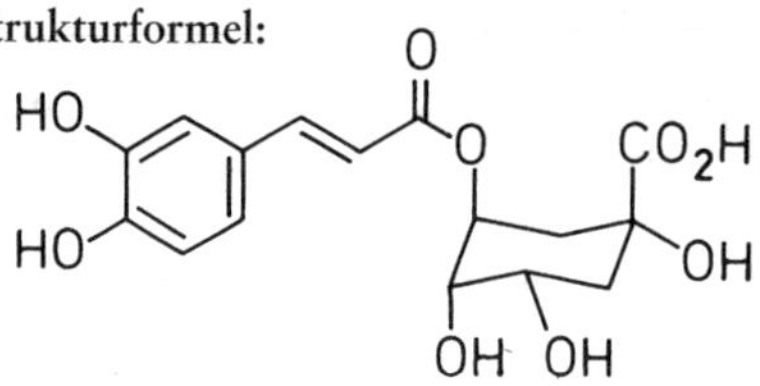

Summenformel: $C_{16}H_{18}O_9$.

Molekulargewicht: 354,32.

Charakter: Weiße Kristalle.

Löslichkeit: Leicht löslich in Ethanol, Aceton.

Schmelzpunkt: 207–208 °C.

Spezifische Drehung: $[\alpha]_D^{20}$ –33 bis 35° (c=1 in H_2O).

R_f-Werte Dünnschichtchromatographie: LM=Aceton; FM=Essigester (10):Ameisensäure (2):Wasser (3).
R_f-Bereich: ca. 0,60.*)

Farbreaktionen, Reagenzien: UV violett (mit Naturstoffreagenz A verstärkt).*)

Anwendung: Nach Baltes konnte durch Chlorogensäure-Gaben die Mutagenitätsrate in Lebensmitteln gesenkt werden [B 41].

Literatur: B 41, H 12, K 7, M 17, R 21;
*)Naturstoffabt. C. Roth, Karlsruhe.

Handelsübliche Packung: 250 mg, 1 g.

Vorkommen: → *Coffea arabica.*

Therapie:
Erste Hilfe: Kohle-Pulvis trinken lassen.
Klinik: Nur nach großer Giftaufnahme im Schock. Natriumbikarbonat zum Azidoseausgleich, ggf. Intubation und Beatmung.

Chromone

Sonstiges: Man versteht hierunter Verbindungen mit dem Grundgerüst des Chromons (4-H-Benzo-1-Pyran-4-on, Benzo-γ-Pyron). Von diesem Grundgerüst leiten sich die → *Flavone,* Isoflavone, aber auch die Furochromone bzw. → *Furocumarine* ab. Sie kommen in der Natur vielfach in Blütenfarbstoffen vor.

Chrysarobin

CAS-Nr.: [491-59-8].

Synonyma: Chrysophansäureanthron, Chrysophansäureanthranol, 1,8-Dihydroxy-3-methyl-9-anthron, Chrysophanol.

Gruppe: Anthrachinon.

Strukturformel:

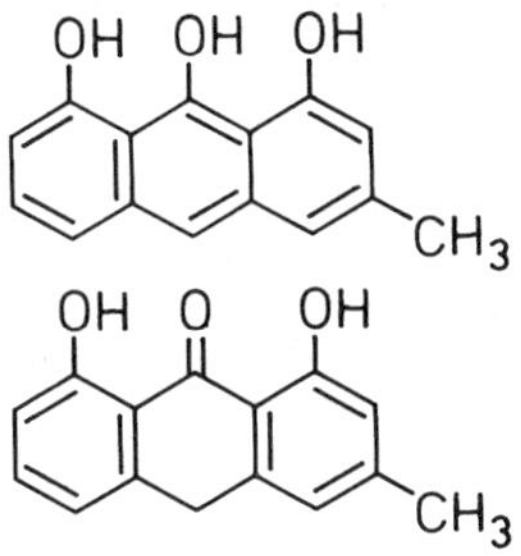

bzw.

Summenformel: $C_{15}H_{12}O_3$.

Molekulargewicht: 240,26.

Charakter: Gelbe Plättchen.

Löslichkeit: Löslich in Benzol, Chloroform, Ethanol, Ether.

Schmelzpunkt: 203 – 204 °C.

R_f-Werte Dünnschichtchromatographie: LM=Methanol; FM=Benzol.
R_f-Bereich ca. 0,60.

Färbung der DL-Platte: gelb.

Toxikologie: Chrysarobin erzeugt auf der Haut und besonders auf den Schleimhäuten Rötung, Schwellung und selbst Pusteln; es ist deshalb bei der Verarbeitung vorsichtig zu behandeln. Es wird von der Haut aus resorbiert. Bei Anwendung auf größeren Flächen kann Albuminurie eintreten. Innerlich erzeugt es Erbrechen, Durchfall und Nierenentzündung (schon bei 0,2 g). Krebs u. Schaltegger konnten zeigen, daß der günstige Effekt von Chrysarobin und Dianthranol auf ihrer starken zellteilungshemmenden Wirkung, nicht jedoch auf ihren hautreizenden Eigenschaften beruht [H 12].

Literatur: B 26, H 12, K 7, M 17, R 21.

Handelsübliche Packung: 1 g.

Vorkommen: Andira araroba Aguiar.

> **Therapie:**
> Erste Hilfe: Kohle-Pulvis-Gabe, Erbrechen auslösen, Natriumsulfat, viel warmen Tee trinken lassen. Haut- und Schleimhautblasen steril abdecken, Tetanusprophylaxe, lokal Locacorten-Schaum.
> Klinik: Magenspülung (evtl. mit burgunderfarbener Kaliumpermanganatlösung), Instillation von 10 g Kohle-Pulvis, Elektrolytsubstitution, Azidoseausgleich mit Natriumbikarbonat (Urin pH 7,5), Kontrolle der Nierenfunktion, bei Krämpfen Diazepam (Valium®) i.v., ggf. Plasma(expander)gabe, bei Atemlähmung: Intubation und Sauerstoffbeatmung.

Cicutoxin

CAS-Nr.: [505-75-9].

Synonyma: (–)-all-trans-Heptadeca-8-10-12-trien-4,6-diin-1,14-diol

Gruppe: Polyin

Summenformel: $C_{17}H_{22}O_2$.

Molekulargewicht: 258,35.

Charakter: Amorphes Pulver, mit bitterem Geschmack

Strukturformel:

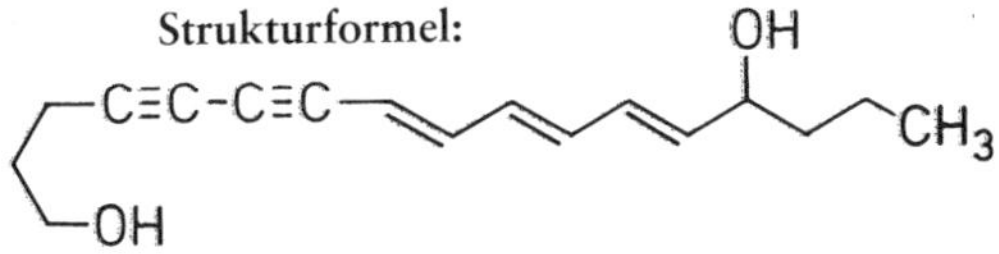

Schmelzpunkt: 54 °C.

Toxikologie: Cicutoxin ist ein typisches, zentral angreifendes Krampfgift. Es erzeugt

Cicutoxin

ähnlich wie das ebenfalls N-freie Picrotoxin heftigste, vorwiegend rein klonische (epileptiforme), erst im späteren Verlauf auch tonische, bes. bei Kindern mit Trismus (Kiefersperre) und Opisthotonus (Krampf der Rückenmuskulatur) einhergehende Krämpfe. Die erregende Wirkung des Cicutoxins erstreckt sich entsprechend einem seiner Angriffspunkte an der Medulla oblongata auch auf das Atem- und Vasomotorenzentrum sowie auf die Vaguskerne. Der erregenden Wirkung folgt, um so schneller, je höher die Dosis, schließlich Lähmung der lebenswichtigen Zentren; der Tod erfolgt durch primäre, zentrale Atemlähmung. Auf das Großhirn wirkt Cicutoxin auch primär lähmend [H 12].

Literatur: H 12, H 13, M 17.

Vorkommen: → *Cicuta virosa.*

Therapie:
Erste Hilfe: Sofort Kohle-Pulvis (10 g), Erbrechen auslösen, Natriumsulfat.
Klinik: Magenspülung (evtl. mit burgunderfarbener Kaliumpermanganatlösung), Instillation von 10 g Kohle-Pulvis, Natriumsulfat. Nach der Resorption (Krämpfe) Relaxierung und Intubation, solange das Krampfstadium anhält, nur so viel Antiepileptika wie Diazepam, Barbital u.a., daß die Krämpfe eben unterdrückt bleiben; bei Fieber Eiswickel, hochkalorische Infusionen (Traubenzucker), keine Phenothiazine, keine Analeptika(!), evtl. Sauerstoffbeatmung.

Cinchonidin

CAS-Nr.: [485-71-2].

Gruppe: Alkaloid.

Strukturformel:

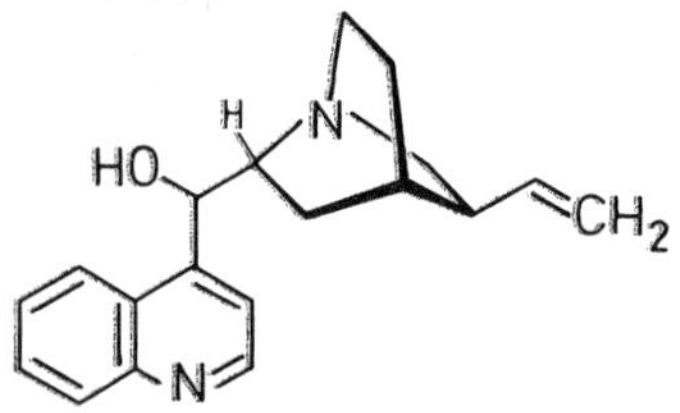

Summenformel: $C_{19}H_{22}N_2O$.

Molekulargewicht: 294,38.

Charakter: Prismen oder Blättchen.

Löslichkeit: Löslich in Ethanol, Chloroform, wenig löslich in Ether, praktisch unlöslich in Wasser.

Schmelzpunkt: 210 °C.

Spezifische Drehung: $[\alpha]_D$ −109,2° (c=1, Ethanol).

R_f-Werte Dünnschichtchromatographie: LM=Ethanol; FM=Chloroform (9): Ethanol (1).
R_f-Bereich ca. 0,10.*)

Farbreaktionen, Reagenzien: UV, violett.*)

Toxikologie: LD_{50} (Ratte): 206 mg/kg i.p.

Literatur: M 17, R 21; *)Naturstoffabt. C. Roth, Karlsruhe.

Handelsübliche Packung: 25 g. Lichtgeschützt aufbewahren.

Vorkommen: → *Cinchona pubescens (C. succirubra).*

Therapie:
Erste Hilfe: Kohle-Pulvis, Erbrechen lassen, viel warmen Tee trinken lassen, Natriumsulfat, Schockprophylaxe (Ruhe, Wärme).
Klinik: Magenspülung (evtl. mit burgunderfarbener Kaliumpermanganatlösung), Elektrolytsubstitution, Azidoseausgleich mit Natriumbikarbonat (Urin pH 7,5), im Schock Plasmaexpandergabe, bei Krämpfen Diazepam (Valium®) i.v., Kontrolle der Nierenfunktion, bei Atemlähmung Intubation und Sauerstoffbeatmung.

Cinchonin

CAS-Nr.: [118-10-5].

Gruppe: Alkaloid.

Strukturformel:

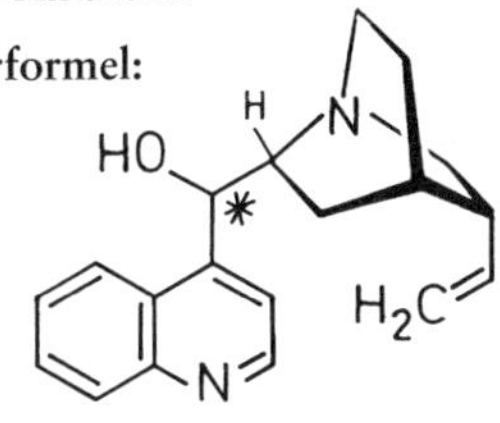

Summenformel: $C_{19}H_{22}N_2O$.

Molekulargewicht: 294,38.

Charakter: Prismen.

Löslichkeit: Löslich in heißem Ethanol.

Schmelzpunkt: Ca. 260 °C, beginnt bei 220 °C zu sublimieren.

Spezifische Drehung: $[\alpha]_D$ +229,6° (Ethanol).

R_f-Werte Dünnschichtchromatographie: LM=Ethanol; FM=Chloroform (9):Ethanol (1).
R_f-Bereich: ca. 0,40.*)

Farbreaktionen, Reagenzien: Dragendorff's Reagenz nach Munier, orange; Jodoplatinat, graublau.*)

Toxikologie: LD_{50} (Ratte): 152 mg/kg interperitoneal.

Literatur: H 12, M 17, R 21; *)Naturstoffabt. C. Roth, Karlsruhe.

Handelsübliche Packung: 50 g.

Vorkommen: → *Cinchona pubescens (C. succirubra).*

Therapie:
Erste Hilfe: Kohle-Pulvis (10 g), erbrechen lassen, viel warmen Tee oder Himbeersaft trinken lassen.
Klinik: Nach wahrscheinlich großer Giftaufnahme: Magenspülung (evtl. mit burgunderfarbener Kaliumpermanganatlösung), Instillation von 10 g Kohle-Pulvis und Natriumsulfat, Elektrolytsubstitution, Azidoseausgleich mit Natriumbikarbonat (Urin pH 7,5).

Cinerin I

CAS-Nr.: [97-12-1].

Gruppe: Cyclopentenonderivat.

Strukturformel:

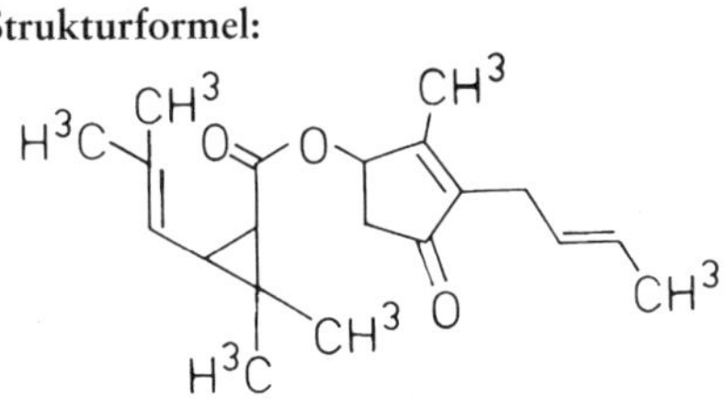

Summenformel: $C_{20}H_{28}O_3$.

Molekulargewicht: 316.

Charakter: Viskose Flüssigkeit, oxidiert schnell und wird an der Luft inaktiv.

Löslichkeit: Löslich in Ethanol, Petroläther, Petroleum, Tetrachlorkohlenstoff, Dichlorethylen, Nitromethan.

Kochpunkt: $Kp_{0,008}$ 136–138 °C.

Spezifische Drehung: $[\alpha]_D^{20}$ –22° (Hexan).

Toxikologie: Verursacht Diarrhöe, Convulsionen, Tod durch Lähmung der Atmungsorgane, greift Leber und Nieren an.

Literatur: B 35, H 12, M 17.

Vorschriften: Pyrethrin, einschließlich Cinerin I unterliegt der Gefahrstoffverordnung. EG Nr. 613-025-00-2

Cinerin I

✱n R: 22 S: (2) incl. Zubereitungen. Giftklasse 4 der Schweizer Giftliste.

Vorkommen: → *Chrysanthemum cinerariifolium.*

Therapie:
Erste Hilfe: Kohle-Pulvis trinken lassen.
Klinik: Nur nach großer Giftaufnahme Magenspülung, Kohle-Pulvis, Natriumsulfat, Plasmaexpander im Schock. Natriumbikarbonat zum Azidoseausgleich, ggf. Intubation und Beatmung.

Cinerin II

CAS-Nr.: [121-20-0].

Gruppe: Cyclopentenonderivat.

Strukturformel:

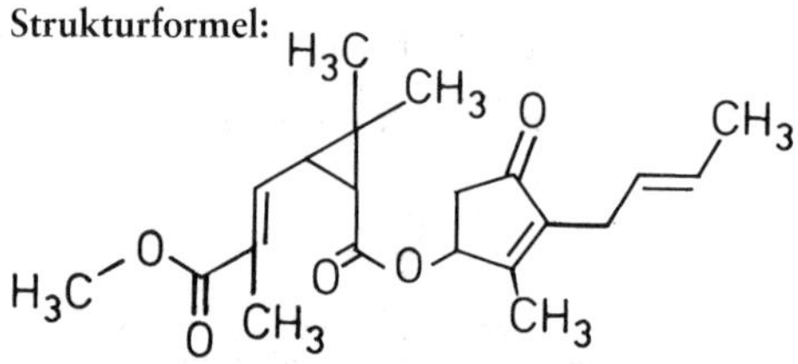

Summenformel: $C_{21}H_{28}O_5$.

Molekulargewicht: 360.

Charakter: Viskose Flüssigkeit, oxidiert schnell und wird an der Luft inaktiv.

Löslichkeit: Löslich in Ethanol, Petrolether, Petroleum, Tetrachlorkohlenstoff, Dichlorethylen, Nitromethan.

Kochpunkt: $Kp_{0,001}$ 182–184 °C.

Spezifische Drehung: $[\alpha]_D^{16}$ +16° (Isooctan).

Toxikologie: → *Cinerin I.*

Literatur: B 35, H 12, M 17.

Vorschriften: Cinerin II unterliegt der Gefahrstoffverordnung.
EG-Nr. 613-026-00-8 ✱n R: 22 · S: (2) incl. Zubereitungen.
Giftklasse 4 der Schweizer Giftliste.

Vorkommen: → *Chrysanthemum cinerariifolium.*

Therapie:
→ *Cinerin I.*

Cocain

CAS-Nr.: [50-36-2].

Synonyma: O-Benzoyl-[(–)-ekgonin]-methylester.

Gruppe: Alkaloid.

Summenformel: $C_{17}H_{21}NO_4$.

Molekulargewicht: 303,35.

Charakter: Farblose, monokline Prismen und Tafeln. Wäßrige Lösungen reagieren basisch.

Strukturformel:

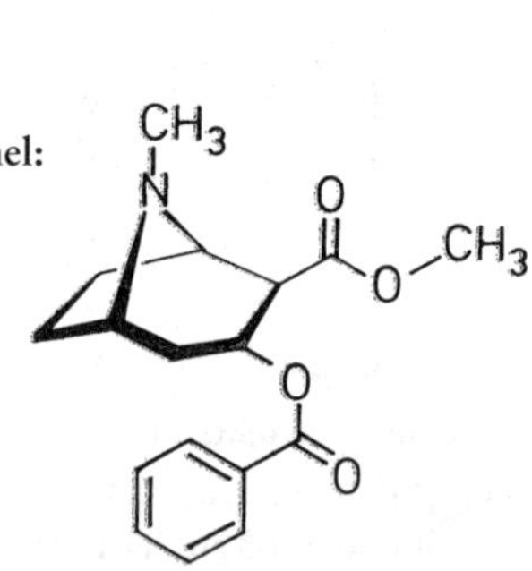

Cocain

Löslichkeit: Löslich in Ethanol, Chloroform, Terpentinöl, Olivenöl, Aceton, Ethylacetat, Schwefelkohlenstoff.

Schmelzpunkt: 98 °C (ab 70 °C Sublimation).

Spezifische Drehung: $[\alpha]_D^{20}$ −16° (c=4 in Chloroform).

Toxikologie: Cocain wirkt als Lokalanästheticum. Die zentrale Wirkung des Cocains war einst der Anlaß für die Verwendung der Cocablätter als Rauschgift.

Einmaliger Konsum:
Die psychische Wirkung ist bei einmaligem Gebrauch reichhaltig und ausgeprägt. Der dabei auftretende typische Cocainrausch läuft in 3 Stadien ab.

Europhisches Stadium: Meist unmittelbar nach der Einnahme kommt es zur Steigerung der Stimmung, der Kontaktfähigkeit, zu gehobenem Selbstgefühl, zu allgemeiner und sexueller Stimulierung.

Rauschstadium: Die vorausgegangenen Erscheinungen klingen ab und es können optische und akustische Halluzinationen auftreten.

Depressives Stadium: Die Euphorie wird ersetzt durch Angst, Depression, Schuldgefühle und Selbstmordgedanken, vor allem aber entsteht ein Drang nach Wiederholung des Rauschzustandes.
Die einmalige Einnahme von Cocain kann je nach Dosis zu toxischer Wirkung führen. Sie beginnt bei 20 mg oral und bereits bei 40 mg traten schon tödliche Vergiftungen auf. Die tödliche Dosis liegt bei 1 g p.o. LD_{50} (Ratte): 17,5 mg/kg i.v. Folge von Überdosierungen sind Atemdepressionen, bedrohliche Herz-Kreislauf-Störungen und Krampfanfälle. Der Tod kann durch Herz- und Atemstillstand eintreten.

Mehrmaliger Konsum:
Bei mehrmaliger Einnahme entsteht eine psychische Abhängigkeit, die von einer Dosissteigerung begleitet ist, da nur dadurch überhaupt noch eine Wirkung erzielt wird. Chronischer Konsum führt zu Leberschäden, körperlichem Verfall und Dauerveränderungen, sowie allgemeiner Abwehrschwäche. Beim Dauerkonsum setzt ein amotivationales Syndrom (AMS) ein, welches durch Apathie Passivität und Interessenlosigkeit an Alltagsanforderungen und sozialen Verpflichtungen gekennzeichnet ist. Eine Verelendung ist schon vorauszusehen [T 2].

Literatur: B 35, H 12, H 13, M 17, T 2.

Vorschriften: Cocain fällt unter das Betäubungsmittelgesetz § 1 Abs.1.

Vorkommen: → *Erythroxylum coca.*

Therapie:
Erste Hilfe: Ruhe, beruhigendes Zureden, beaufsichtigen, meist keine medikamentöse Therapie nötig, keine intravenösen Injektionen! (Bahnung einer Spritzensucht), bei hochgradiger Erregung Doxepin (Aponal®) (50 mg oral oder i.m.), nur falls nicht anders vorhanden Diazepam (Valium®) (10–20 mg oral oder i.m.), nach oraler Überdosierung Kohle-Pulvis oder erbrechen lassen, Atemwege freihalten, evtl. Atemspende, warmhalten.
Klinik: Evtl. Magenspülung, Kohle-Pulvis und Natriumsulfatinstillation Plasmaersatzpräparate, beatmen.

Coffein

CAS-Nr.: [58-08-2].

Synonyma: Caffein, Thein, Guaranin, Methyltheobromin, Koffein.

Gruppe: Alkaloid.

Strukturformel:

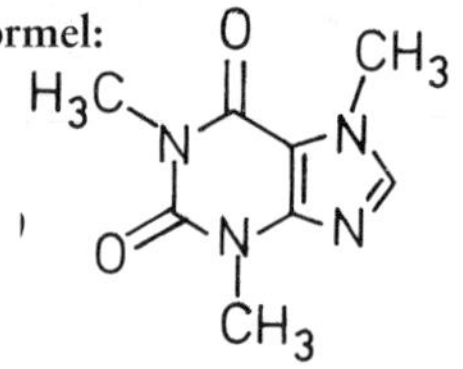

Summenformel: $C_8H_{10}N_4O_2$.

Molekulargewicht: 194,19.

Löslichkeit: Löslich in Wasser, Ethanol, Aceton, Chloroform; leicht löslich in Pyrrol, Tetrahydrofuran.

Schmelzpunkt: 238 °C, sublimiert bei 78 °C.

R_f-Werte Dünnschichtchromatographie: Stahl [S 53].

Toxikologie: LD_{50} (Ratte): 200 mg/kg p.o. Bei akuter Vergiftung verursacht Coffein rauschartige Erregungszustände mit Ohrensausen, Kopfschmerzen, Schwindel, Herzklopfen, Muskelsteifheit, Schlaflosigkeit, Unruhe, Gedankenverwirrung, Delirien, Krämpfe, Brechneigung, Durchfälle, starken Harndrang, bei chronischer Vergiftung Neurasthenie, Muskelschwäche, Palpitationen, Obstipation, venöse Plethora, Hämorrhoiden, nervöse Dyspepsie, Kardialgie und Akne rosacea → *Coffea arabica.*

Literatur: H 12, G 36, K 7, M 17, M 2, R 21.

Handelsübliche Packung: 100 g.

Vorschriften: Giftklasse 3 der Schweizer Giftliste.
Coffeinum: Monographie der Kommisison D.

Vorkommen: → *Coffea arabica,* → *Cola acuminata,* → *Ilex paraguariensis* u.a.

Coffein-Gehalt und weitere Inhaltsstoffe von Genußmitteln [G 36]

Droge	Verwendete Teile	Coffein in %	Stammpflanze (Familien)	Heimat	Weitere Inhaltsstoffe (%)
Kaffee	Coffeae semen	1,2 –2,56	Coffea arabica (Rubiaceae)	Äthiopien Kongo	Chlorogensäure 3,6% Trigonellin 0,8–1,25% Adenin 0,022% (Rohkaffee)
Tee	Theae folium	0,9 –5,0	Camellia sinensis (Theaceae)	Assam	Theophyllin 0,13% Theobromin 0,17% Adenin 0,014% Gerbstoffe 7–25%
Maté	Mate folium	0,3 –1,5	Ilex paraguariensis (Aquifoliaceae)	Amazonas	Theophyllin 0,05% Chlorogensäure Gerbstoffe 6–12%
Appalachen-Tee	Ilicis cassine folium	0,1 –0,3	Illex cassine (Aquifoliaceae)	Florida	Gerbstoffe
Kolanuß	Colae semen	1,5 –3,5	Cola vera (Sterculiaceae)	Goldküste Madagaskar	Theobromin 0,1% Gerbstoffe 3,8%
Kakao	Cacao semen	0,05–0,48	Theobroma cacao (Sterculiaceae)	Zentral-amerika	Theobromin 0,9–3,1% Gerbstoffe 6%
Pasta Guaranà	Guaranae semen	4,0–8,0	Paullinia sorbilis (Sapindaceae)	Amazonas	Gerbstoffe 8%

Coffein

Therapie:
Erste Hilfe: Kohle-Pulvis (10 g), erbrechen lassen, viel trinken lassen.
Klinik: Nach wahrscheinlich großer Giftaufnahme: Magenspülung (evtl. mit burgunderfarbener Kaliumpermanganatlösung), Instillation von 10 g Kohle-Pulvis und Natriumsulfat, Elektrolytsubstitution, Azidoseausgleich mit Natriumbikarbonat (Urin pH 7,5). Diazepam i.v. bei Krämpfen bzw. zum Sedieren.

Colchicin

CAS-Nr.: [64-86-8].

Synonyma: 7-Acetamido-1,2,3, 10-tetramethoxy-5,6,7,9-tetrahydrobenzol-(a)heptalen-9-on.

Gruppe: Alkaloid.

Strukturformel:

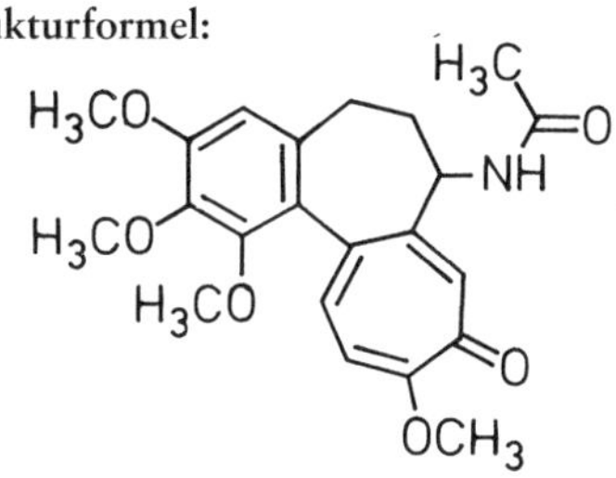

Summenformel: $C_{22}H_{25}NO_6$.

Molekulargewicht: 399,45.

Charakter: Hellgelbes Pulver oder Schuppen, bitterer Geschmack.
Colchicinlösungen werden unter Lichteinfluß dunkel und verwandeln sich in die Photoprodukte α-β- und γ-Lumicolchicin.

Löslichkeit: Leicht löslich in Wasser, Chloroform, Ethanol; wenig löslich in Ether.

Schmelzpunkt: 142–150 °C.

Spezifische Drehung: $[\alpha]_D^{17}$ –121° (c=0,9 in Chloroform).

R_f-Werte Dünnschichtchromatographie: LM=Chloroform; FM=Toluol (5):Ethylformiat (4): Ameisensäure (1).
R_f-Bereich: ca. 0.30.*)

Farbreaktionen, Reagenzien: UV, schwach gelb.*)

Toxikologie: Hochgiftig. LD beträgt nach Krupp ca. 6 mg. Wirth hält erst eine Menge von 20 mg für tödlich (für den Menschen). LD für Erwachsene: 20 mg Colchicin, LD für Kinder: 5 mg Colchicin. Hohe Dosen sind, vielleicht durch die rascher auftretenden Durchfälle, evtl. prognostisch günstiger. Wirksamer sind die Colchicinderivate aus der Gruppe der Halogenacetylthiocolchicine. Mittlere LD für die meisten landwirtschaftlichen Nutztiere: 1 mg/kg.
Erhebliche Unterschiede im Tierexperiment. So beträgt die LD_{50}: (Katze) 0,25 mg/kg i.v.; (Meerschweinchen) 0,5 mg/kg; (Ratte) 1,7 mg/kg; (Maus) 3,5 mg/kg; (Goldhamster) 470 mg/kg [S 41].

Wirkungscharakter: Die Wirkung des Colchicins besteht hauptsächlich in der Hemmung der Zellteilung. Diese erreicht ihr Maximum nach ca. 10 Std., wobei die Mitosen in der Anaphase stehen bleiben.
Daraus erklärt sich die typische Latenzzeit von 2 bis 6 Std.
Colchicin, als typisches Kapillargift, wirkt bei innerlicher Zufuhr in erster Linie auf den Magen-Darm-Trakt, wo es zu choleraähnlichen Erscheinungen führt. Resorptiv bewirkt es aufsteigende Lähmung und führt in letalen Dosen nach etwa zwei Tagen zur primären Atemlähmung, seltener bereits früher zum tödlichen Kreislaufkollaps.

Symptome: Nach einer Latenzzeit von 2 bis 6 Std.:

Colchicin

Brennen und Kratzen in Mund und Rachen, Durstgefühl, Schluckbeschwerden, Übelkeit, häufiges und heftiges Erbrechen.
12 bis 24 Std. nach Giftaufnahme:
Typisch choleraähnliche Symptome: Koliken, wäßrige, evtl. blutige Diarrhöen, Atemnot, Halluzinationen, Angst, Lichtscheu, Gefühlsstörungen, Lähmungen, Krämpfe, Untertemperatur, Herzjagen, Rhythmusstörungen, Schock, Atemlähmung, präfinal erhaltenes Bewußtsein.

Nachweis: Colchicin ist durch seine spezifische mitosehemmende Eigenschaft in Gewebekulturen noch in Verdünnungen von 0,01–0,04 gamma nachweisbar. Dünnschichtchromatographie im Erbrochenen und Magenspülwasser.

Literatur: H 12, M 17, R 21, S 41, W 10.

Handelsübliche Packung: 500 mg.

Vorschriften: Colchicin unterliegt der Gefahrstoffverordnung: EG Nr. 614-005-00-6 ☠+ R: 26/28 S: (1/2)-13-45 incl. Zubereitungen.
Colchicinum: Monographie der Kommission D.
Giftklasse 1 der Schweizer Giftliste.
Verbotene Stoffe der Kosmetikverordnung v. 19.6.1985 Anlage 1: 102 Colchicin, seine Salze und seine Derivate.
103 Colchicosid und seine

Vorkommen: → *Colchicum autumnale*, → *Gloriosa superba, Gloriosa rothschildiana* und in anderen Liliaceen.

Nachfolgende Tabelle zeigt die Wirksamkeit einiger Colchicinderivate im Vergleich mit Colchicin

Derivat	Vergl. Subst. Colchicin
Colchicamid	weniger wirksam
Ethyl-Methyl-, Dimethyl-Colchicamid	wirksamer
Thio-Colchicin	5mal wirksamer
Fluor-thio-colchicin	10mal wirksamer
Chlor-thio-colchicin	3mal wirksamer
Colchicein	gering wirksam
Ethylcolchicin	1/30 der Wirkung
Deancotylcolchicein	1/20 der Wirkung
Chlorcolchicin	gleich wirksam
Brom- und Jodcolchicin	weniger wirksam

Therapie:
Erste Hilfe: Sofort erbrechen lassen, Kohle-Pulvis-Gabe, Natriumsulfat, Schocklagerung, Wärme, warmen Tee oder Kaffee trinken lassen, Frischluft.
Klinik: Magenspülung (evtl. mit burgunderfarbener Kaliumpermanganatlösung), wiederholt 10 g Medizinalkohle, Elektrolytsubstitution, Azidoseausgleich mit Natriumbikarbonat (Urin pH 7,5), Plasma(expander)gabe, bei Krämpfen Diazepam (Valium®) i.v., Antiemetikum Triflupromazin gegen Darmspasmen Atropin (1 mg 2stdl. s.c.), ggf. Intubation und Sauerstoffbeatmung. Kein Opium, da Colchicin über den Darm ausgeschieden wird.

DL-Coniin

CAS-Nr.: [458-88-8]

Synonyma: 2-Propylpiperidin, Cicutin, Conicin.

Gruppe: Alkaloid.

Strukturformel:

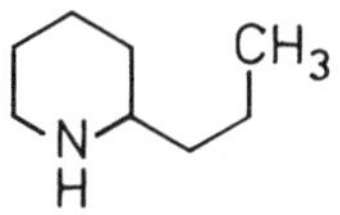

Summenformel: $C_8H_{17}N$.

Molekulargewicht: 127,22.

Charakter: Farblose, ölige Flüssigkeit, die an der Luft und im Licht dunkelbraun wird. Riecht nach Mäuseharn.

Löslichkeit: Löslich in Ethanol, Ether, Benzol, wenig löslich in Wasser.

Schmelzpunkt: –2 °C.

Kochpunkt: 164–165 °C.

Brechungsindex: n_D^{20} 1,4505.

R_f-Werte Dünnschichtchromatographie:
LM=kein LM; FM=Chloroform (9):Ethanol (1).
R_f-Bereich: ca. 0,50.*)

Farbreaktionen, Reagenzien: Phosphormolybdänsäure, blau; Dragendorff's Reagenz nach Munier, rot.*)

Toxikologie: Verursacht Paralyse der motorischen Nervenendungen.
LD_{50} (Maus): 19 mg/kg i.v., 80 mg/kg s.c., 100 mg/kg p.o.
Für den Menschen gelten 0,1–1,0 g Coniin tödlich bei oraler Einnahme.
Coniin ist im Tierversuch teratogen. Beim Menschen sind keine teratogenen Wirkungen bekannt.

Wirkung auf die Haut: Die Coniinbase reizt die Haut und verursacht Jucken, Rötungen, Schwellungen und Pappeln.

Wirkungscharakter: Coniin wird von den Schleimhäuten und der intakten Haut rasch resorbiert. Es bewirkt zuerst kurze Erregung, dann aufsteigende Lähmung der motorischen und bulbären Zentren. Der Tod erfolgt nach ½ bis 5 Std. durch zentrale Atemlähmung, bei weit über letalen Dosen durch curareartige Lähmung der Atemmuskulatur. Im übrigen beeinflußt Coniin das Atemzentrum durch unmittelbaren Angriff auf die Chemorezeptoren des Carotissinus. Es ist wie Nicotin ein Ganglienblocker und wirkt auf sensible Nervenendigungen zunächst erregend, dann lähmend (Anästhesia dolorosa).

Symptome: Nach wenigen Minuten bis nach einer halben Stunde:
Brennen im Mund, Speichelfluß, Übelkeit, Erbrechen, Bauchschmerzen, Diarrhöen, Parästhesien, dann Lähmungen: Bein-, Arm-, Gesichtsmuskulatur, Heiserkeit, Atemnot, Zyanose, Mydriasis, Bradykardie, Herzrhythmusstörungen, präfinal erhaltenes Bewußtsein.

Nachweis: Dünnschichtchromatographie im Erbrochenen und Magenspülwasser.

Literatur: B 35, M 17, R 21, S 42; *)Naturstoffabt. C. Roth, Karlsruhe.

Handelsüblich: Freie Base.
DL-Coniin-hydrobromid Fp. 197–199 °C.
DL-Coniin-hydrochlorid Fp. 210 °C.

Handelsübliche Packung: 1 g.

Vorschriften: Giftklasse 1 der Schweizer Giftliste.
Verbotener Stoff der Kosmetikverordnung v. 19.6.1985 Anlage 1: 290 Coniin.

Vorkommen: → *Conium maculatum L.*

Therapie:
Erste Hilfe: Kohle-Pulvis-Gabe, erbrechen lassen, Natriumsulfat.
Klinik: Magenspülung (evtl. mit burgunderfarbener Kaliumpermanganatlösung), Elektrolytsubstitution, Azidoseausgleich mit Natriumbikarbonat (Urin pH 7,5), Plasmaexpander, ggf. Intubation und Sauerstoffbeatmung. EKG – Monitorkontrolle

Convallamarogenin

CAS-Nr.: [16683-27-5].

Strukturformel: Wichtigstes Aglykon von Convallamarin.

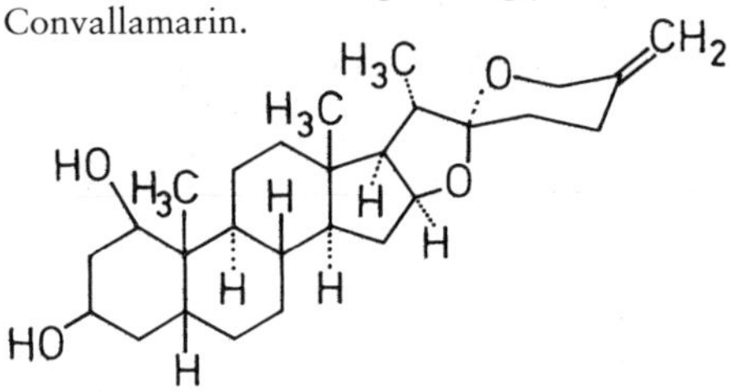

Summenformel: $C_{27}H_{42}O_4$.

Molekulargewicht: 430,61.

Schmelzpunkt: 259–261 °C.

Spezifische Drehung: $[\alpha]_D^{27}$ −79,1° (c=1,02 in Chloroform).

Literatur: Merck Index, 2479.

Vorkommen: → *Convallaria majalis.*

Therapie:
Erste Hilfe: Kohle-Pulvis-Gabe, Erbrechen auslösen, Natriumsulfat.
Klinik: Magenspülung (evtl. mit burgunderfarbener Kaliumpermanganatlösung), Kohleinstillation (10 g Pulvis), Herzschrittmacher (prophylaktisch), Hämoperfusion, Kontrolle des Kaliumspiegels und Substitution, Phenytoin, bei ventrikulärer Extrasystolie: Lidocain (Xylocain®), bei ausgeprägter Bradykardie: Atropin oder Orciprenalin (Alupent®), bei AV-Überleitungsstörungen: Vorsicht mit Substanzen, die diese zusätzlich beeinträchtigen, d.h. mit Ajmalin, Procainamid, β-Rezeptorenblocker und Chinidin.

Convallatoxin

CAS-Nr.: [508-75-8].

Synonyma: Convallaton, Corglykon, K-Strophanthidin-L-rhamnosid.

Gruppe: Glykosid.

Strukturformel:

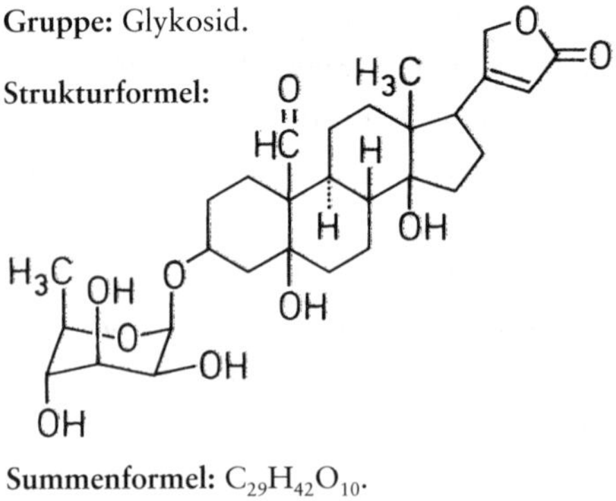

Summenformel: $C_{29}H_{42}O_{10}$.

Molekulargewicht: 550,63.

Charakter: Farblose, geruchlose Kristalle oder krist. Pulver von bitterem Geschmack.

Löslichkeit: Löslich in Ethanol, Aceton.

Schmelzpunkt: 235–242 °C.

Spezifische Drehung: $[\alpha]_D^{18}$–0,8 (Methanol).

Toxikologie: LD_{50} (Frosch): 0,3 mg/kg i.v.; LD_{50} (Katze): 0,07– 0,08 mg/kg i.v.
Im Darm nur geringe Resorption (ca. 10%). Die Eliminierung erfolgt vorwiegend renal und es besteht nur geringe Kumulationsgefahr, da die Elimination sehr schnell eintritt.

Literatur: H 12, H 13, M 17, R 21.

Handelsübliche Packung: 100 mg.

Vorschriften: Verbotener Stoff der Kosmetikverordnung v. 19.6.1985 Anlage 1: 105 Convallatoxin.

Vorkommen: → *Convallaria majalis,* → *Ornithogalum umbellatum L.*

Convallatoxin

Therapie:
Erste Hilfe: Kohle-Pulvis-Gabe, Erbrechen auslösen, Natriumsulfat.
Klinik: Magenspülung (evtl. mit burgunderfarbener Kaliumpermanganatlösung), Kohleinstillation (10 g Pulvis), Herzschrittmacher (prophylaktisch), Hämoperfusion, Kontrolle des Kaliumspiegels und Substitution, Phenytoin, bei ventrikulärer Extrasystolie: Lidocain (Xylocain®), bei ausgeprägter Bradykardie: Atropin oder Orciprenalin (Alupent®), bei AV-Überleitungsstörungen: Vorsicht mit Substanzen, die diese zusätzlich beeinträchtigen, d.h. mit Ajmalin, Procainamid, β-Rezeptorenblocker und Chinidin.

Convolvamin

CAS-Nr.: [500-56-1].

Synonyma: Veratroyltropin.

Strukturformel:

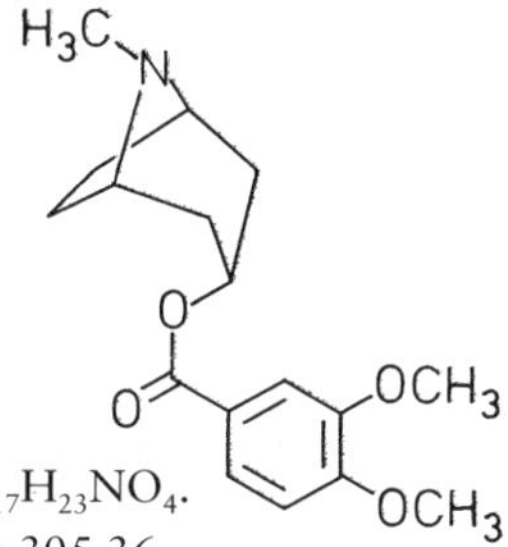

Summenformel: $C_{17}H_{23}NO_4$.

Molekulargewicht: 305,36.

Charakter: Prismen.

Löslichkeit: Leicht löslich in Ethanol, Aceton, Chloroform und Benzol. Wenig löslich in Ether, Petrolether und heißem Wasser.

Schmelzpunkt: 114 – 115 °C.

R_f-Werte Dünnschichtchromatographie: (Hydrochlorid) LM=Chloroform; FM= Ethylacetat (100):Ameisensäure (11):Essigsäure (11):Wasser (20).*)

Farbreaktionen, Reagenzien: Jodkammer: ockerbraun.*)

Literatur: Merck Index 9, 2487; *)Naturstoffabt. C. Roth, Karlsruhe.

Handelsüblich: Covolvamin-hydrochlorid, MG 341,82, Fp. 236–238 °C.

Handelsübliche Packung: 500 mg.

Vorkommen: Convolvulus pseudocantabrica Schrank.

Therapie:
Erste Hilfe: Medizinalkohle (Kohle-Pulvis, 10 g) trinken lassen, evtl. künstlich beatmen, Herzmassage.
Klinik: Magenspülung, Medizinalkohle, Natriumsulfat. Plasmaexpander im Schock, Natriumbikarbonat zum Azidoseausgleich. Auf Leber- und Nierenfunktion achten. Diazepam i.v. bei Krämpfen.

Conyrin

CAS-Nr.: [622-39-9].

Synonyma: 2-Propyl-pyridin.

Gruppe: Alkaloid.

Summenformel: $C_8H_{11}N$.

Strukturformel:

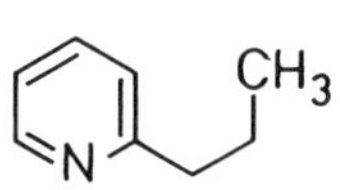

Molekulargewicht: 121,18.

Conyrin

Charakter: Ölige Flüssigkeit.

Löslichkeit: Löslich in Ether, Aceton.

Kochpunkt: 167 °C.

R_f-Werte Dünnschichtchromatographie: FM=Chloroform (9):Ethanol (1).

R_f-Bereich: ca. 0,75.*)

Farbreaktionen, Reagenzien: UV, violett.*)

Literatur: B 35, R 21; *)Naturstoffabt. C. Roth, Karlsruhe.

Handelsübliche Packung: 5 ml.

> **Therapie:**
> Erste Hilfe: Kohle-Pulvis, Erbrechen lassen, viel warmen Tee trinken lassen, Natriumsulfat, Schockprophylaxe (Ruhe, Wärme). Haut- und Schleimhautblasen: steril abdecken, Tetanusprophylaxe, lokal Locacorten®-Schaum.
> Klinik: Magenspülung (evtl. mit burgunderfarbener Kaliumpermanganatlösung), Elektrolytsubstitution, Azidoseausgleich mit Natriumbikarbonat (Urin pH 7,5), im Schock Plasmaexpandergabe, bei Krämpfen Diazepam (Valium®) i.v., Kontrolle der Nierenfunktion, bei Atemlähmung Intubation und Sauerstoffbeatmung.

Corynanthin

CAS-Nr.: [483-10-3].

Synonyma: Rauhimbin.

Gruppe: Alkaloid.

Strukturformel:

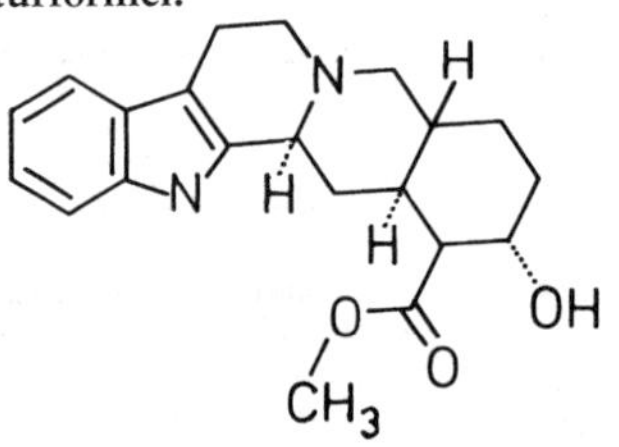

Summenformel: $C_{21}H_{26}N_2O_3$.

Molekulargewicht: 354,44.

Charakter: Gelbliches Kristallpulver, isomer mit Yohimbin.

Löslichkeit: Löslich in siedendem Ethanol, siedendem Essigester.

Schmelzpunkt: 225–230 °C.

Spezifische Drehung: $[\alpha]_D^{19}$ −85° (c=0,5 Pyridin).

R_f-Werte Dünnschichtchromatographie: LM=Ethanol; FM=Chloroform (9):Ethanol (1).
R_f-Bereich: ca. 0,25.*)

Farbreaktionen, Reagenzien: Phosphormolybdänsäure, blau; UV, fahlgrün.*)

Literatur: M 17, R 21; *)Naturstoffabt. C. Roth, Karlsruhe.

Handelsübliche Packung: 500 mg.

Vorkommen: → *Pausinystalia yohimba*, → *Rauwolfia serpentina*.

> **Therapie:**
> Erste Hilfe: Kohle-Pulvis trinken lassen.
> Klinik: Nur nach großer Giftaufnahme Magenspülung, Kohle-Pulvis, Natriumsulfat, Plasmaexpander im Schock. Natriumbikarbonat zum Azidoseausgleich, ggf. Intubation und Beatmung.

DL-Corypalmin

CAS-Nr.: [13063-54-2].

Synonyma: Tetrahydrojatrorrhizin.

Strukturformel:

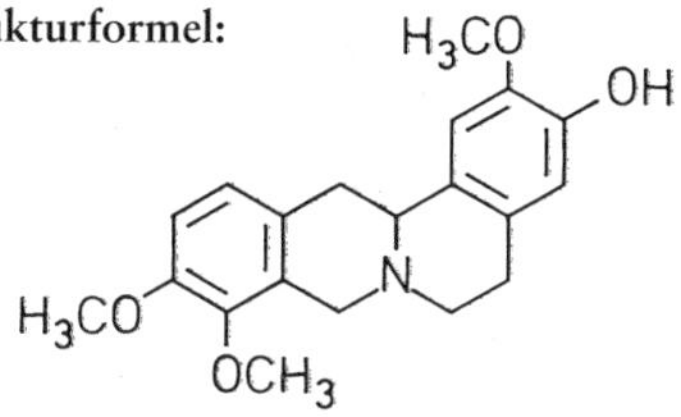

Summenformel: $C_{20}H_{23}O_4N$.

Molekulargewicht: 341,40.

Charakter: Weiß-beige Kristalle.

Löslichkeit: (D-Form) löslich in Ethanol und Chloroform. Unlöslich in Wasser.

Schmelzpunkt: 214 – 215 °C.

Literatur: B 35, B 40, M 17.

Handelsübliche Packung: 250 mg.

Vorkommen: → *Corydalis cava* und andere Corydalis-Arten.

Therapie:
Erste Hilfe: Medizinalkohle (Kohle-Pulvis, 10 g) trinken lassen, evtl. künstlich beatmen, Herzmassage.
Klinik: Magenspülung, Medizinalkohle, Natriumsulfat. Plasmaexpander im Schock, Natriumbikarbonat zum Azidoseausgleich. Auf Leber- und Nierenfunktion achten. Diazepam i.v. bei Krämpfen.

Cotinin

CAS-Nr.: [486-56-6].

Synonyma: 5-(Pyridyl)-1-methylpyrrolidon-2.

Gruppe: Tabakalkaloid.

Strukturformel:

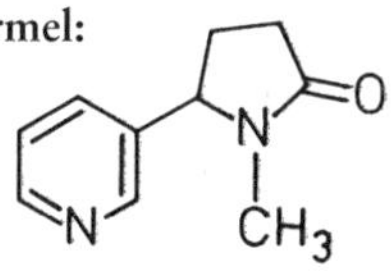

Summenformel: $C_{10}H_{12}N_2O$.

Molekulargewicht: 176,21.

Charakter: Viskoses Öl.

Kochpunkt: Kp_6 210–211 °C

Toxikologie: Stark giftig.

Literatur: M 17.

Handelsübliche Packung: 1 g.

Vorkommen: Nicotiana-Arten.

Therapie:
Erste Hilfe: Kohle-Pulvis trinken lassen.
Klinik: Nur nach großer Giftaufnahme Magenspülung, Kohle-Pulvis, Natriumsulfat. Plasmaexpander im Schock. Natriumbikarbonat zum Azidoseausgleich, ggf. Intubation und Beatmung.

Crocin

CAS-Nr.: [42553-65-1].

Synonyma: Gardenin.

Gruppe: Carotin.

Struktur: Digentiobioseester des α-Crocetins.

Summenformel: $C_{44}H_{64}O_{24}$.

Molekulargewicht: 976,99.

Charakter: Braunrote Nadeln aus Methanol.

Löslichkeit: Leicht löslich in heißem Wasser, wenig löslich in Ethanol, Ether und anderen organischen Lösemitteln.

Schmelzpunkt: 180–190 °C.

R_f-Werte Dünnschichtchromatographie: LM=Wasser; FM=tert.-Butanol (3):Ameisensäure (1):Wasser (6).
R_f-Bereich: ca. 0,40.*)

Farbreaktionen, Reagenzien: UV, gelb.*)

Literatur: H 12, K 7, M 17; *)Naturstoffabt. C. Roth, Karlsruhe.

Handelsübliche Packung: 50 mg.

Vorkommen: → *Crocus sativus,* → *Gardenia jasminoides.*

Therapie:
Erste Hilfe: Sofort Kohle-Pulvis (10 g), Erbrechen auslösen, Natriumsulfat.
Klinik: Magenspülung (evtl. mit burgunderfarbener Kaliumpermanganatlösung), Instillation von 10 g Kohle-Pulvis, Natriumsulfat. Nach der Resorption (Krämpfe) Relaxierung und Intubation.

Cubebin

CAS-Nr.: [18423-69-3].

Strukturformel:

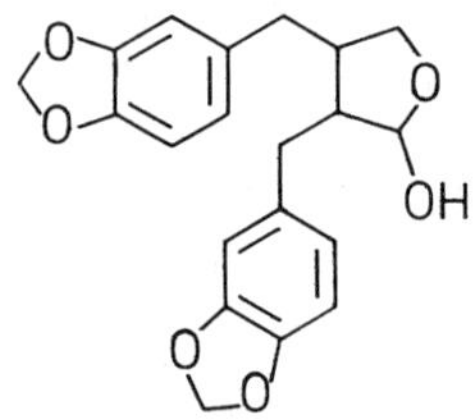

Summenformel: $C_{20}H_{20}O_6$.

Molekulargewicht: 356,36.

Charakter: Längliche Prismen aus Methanol.

Löslichkeit: Löslich in Ethanol, Chloroform, Ether, praktisch unlöslich in Wasser.

Schmelzpunkt: 131–132 °C.

Spezifische Drehung: $[\alpha]_D^{14}$ −17° (Aceton).

R_f-Werte Dünnschichtchromatographie: LM=Chloroform; FM=Chloroform (80):Essigester (20).
R_f-Bereich: ~0,5.*)

Literatur: M 17, S 60; *)Naturstoffabt. C. Roth, Karlsruhe.

Vorkommen: → *Piper cubeba.*

Therapie:
Erste Hilfe: Kohle-Pulvis oder Erbrechen auslösen.
Klinik: Magenspülung, überwachen.

Cucurbitacin E

CAS-Nr.: [18444-66-1].

Synonyma: α-Elaterin.

Gruppe: Tetracyclisches Triterpen.

Strukturformel:

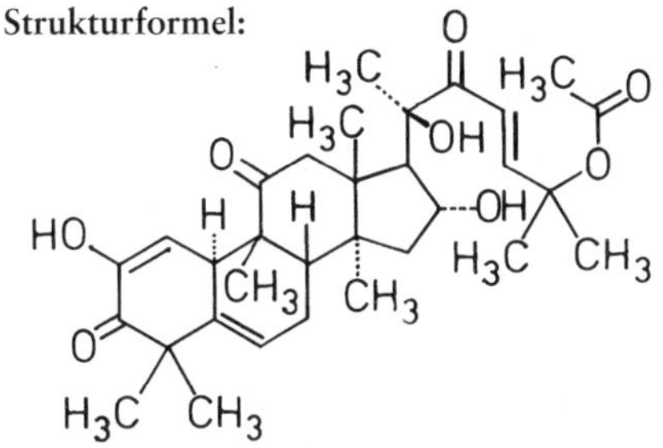

Summenformel: $C_{32}H_{44}O_8$.

Molekulargewicht: 556,69.

Charakter: Weiße Plättchen aus Methanol.

Schmelzpunkt: 234–237 °C.

Toxikologie: LD_{50} (Maus): 340 mg/kg p.o.

Spezifische Drehung: $[\alpha]_D$–60° (Chloroform).

R_f-Werte Dünnschichtchromatographie: LM=Methanol; FM=Toluol (5):Ethylformiat (4):Ameisensäure (1).
R_f-Bereich: ca. 0,60.*)

Farbreaktionen, Reagenzien: UV, violett.*)

Literatur: B 35, H 13, M 17, R 21; *)Naturstoffabt. C. Roth, Karlsruhe.

Handelsübliche Packung: 10 mg.

Vorkommen: → *Citrullus colocynthis*, → *Ecballium elaterium*, → *Gratiola officinalis*, → *Iberis amara*.

Therapie:
→ *Cucurbitacin I.*

Cucurbitacin I

CAS-Nr.: [2222-07-3].

Synonyma: Elatericin B.

Gruppe: Tetracyclisches Triterpen.

Strukturformel:

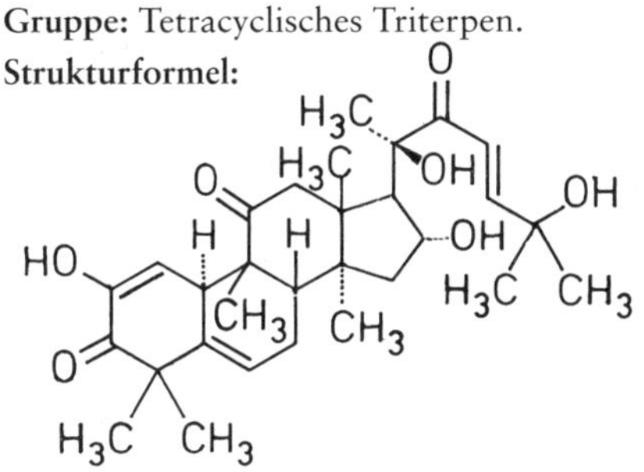

Summenformel: $C_{30}H_{42}O_7$.

Molekulargewicht: 514,65.

Schmelzpunkt: 148–150 °C.

Spezifische Drehung: $[\alpha]_D$–58° (Ethanol).

R_f-Werte Dünnschichtchromatographie: Stahl [S 53].

Literatur: B 35, M 17, R 21.

Handelsübliche Packung: 10 mg.

Vorkommen: → *Ecballium elaterium*, → *Gratiola officinalis*, → *Iberis amara*.

Therapie:
Erste Hilfe: Kohle-Pulvis-Gabe, Erbrechen auslösen, Natriumsulfat, viel warmen Tee trinken lassen. Haut- und Schleimhautblasen steril abdecken, Tetanusprophylaxe, lokal Locacorten®-Schaum.
Klinik: Magenspülung (evtl. mit burgunderfarbener Kaliumpermanganatlösung), Instillation von 10 g Kohle-Pulvis, Elektrolytsubstitution, Azidoseausgleich mit Natriumbikarbonat (Urin pH 7,5), Kontrolle der Nierenfunktion, bei Krämpfen Diazepam (Valium®) i.v., ggf. Plasma(expander)gabe, bei Atemlähmung: Intubation und Sauerstoffbeatmung.

Cularin

CAS-Nr.: [479-39-0].

Gruppe: Alkaloid.

Strukturformel:

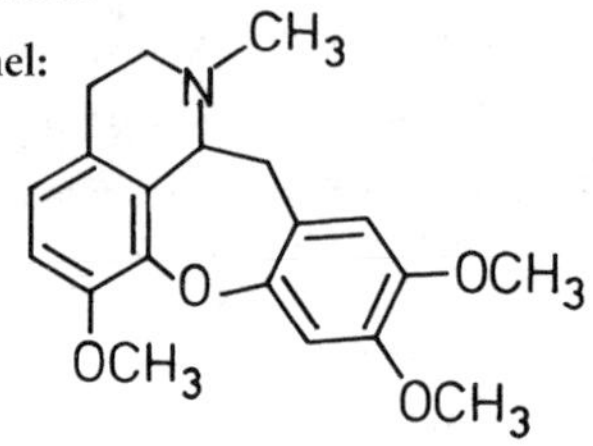

Summenformel: $C_{20}H_{23}NO_4$.

Molekulargewicht: 341,39.

Schmelzpunkt: 115 °C.

Spezifische Drehung: $[\alpha]_D$ +285° (c=0,8 in Methanol).

Literatur: R 35.

Vorkommen: → *Dicentra spectabilis* u. andere Dicentra-Arten.

Therapie:
Erste Hilfe: Sofort Kohle-Pulvis (10 g), Erbrechen auslösen, Natriumsulfat.
Klinik: Magenspülung (evtl. mit burgunderfarbener Kaliumpermanganatlösung), Instillation von 10 g Kohle-Pulvis, Natriumsulfat. Nach der Resorption (Krämpfe) Relaxierung und Intubation, solange das Krampfstadium anhält, nur so viel Antiepileptika wie Diazepam, Barbital u. a., daß die Krämpfe eben unterdrückt bleiben; bei Fieber Eiswickel, hochkalorische Infusionen (Traubenzucker), keine Phenothiazine, keine Analeptika(!), evtl. Sauerstoffbeatmung.

Cumarin

CAS-Nr.: [91-64-5].

Synonyma: 1,2-Benzopyron. E: Coumarin.

Gruppe: Benzopyron.

Strukturformel:

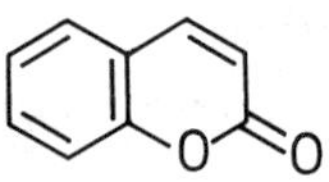

Summenformel: $C_9H_6O_2$.

Molekulargewicht: 146,15.

Charakter: Farblose, glänzende Nadeln oder Plätzchen. Brennender Geschmack, angenehmer vanilleähnlicher Geruch.

Löslichkeit: Leicht löslich in Ethanol, Chloroform, Öl.

Schmelzpunkt: 68–70 °C.

Toxikologie: Größere Dosen verursachen beim Menschen heftige Kopfschmerzen, Erbrechen, Schwindel, Schlafsucht, noch höhere Gaben zentrale Lähmung und Atemstillstand im Koma.
LD_{50}: (Ratte) 680 mg/kg p.o.; (Meerschweinchen) 202 mg/kg p.o.

Literatur: H 12, M 17, R 21.

Handelsübliche Packung: 1 g, 100 g.

Vorschriften: Giftklasse 3 der Schweizer Giftliste.

Vorkommen: → *Anthoxanthum odoratum,* → *Galium odoratum,* → *Dipteryx odorata.*

Therapie:
Erste Hilfe: Meidung von Sonnenexposition. Kohle-Pulvis, erbrechen lassen.
Klinik: Magenspülung, Medizinalkohle, ggf. Intubation und Beatmung. Kontrolle der Blutgerinnung.

p-Cumarsäure

CAS-Nr.: [7400-08-0].

Synonyma: 4-Hydroxy-zimtsäure, Naringeninsäure. E: p-Coumaric acid.

Gruppe: Pflanzensäure.

Strukturformel:

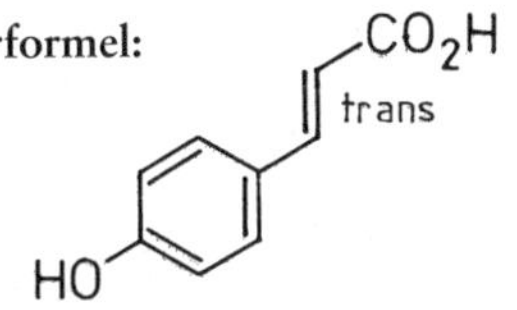

Summenformel: $C_9H_8O_3$.

Molekulargewicht: 164,16.

Charakter: Glänzende Nadeln oder körnige Kristalle.

Löslichkeit: Löslich in heißem Wasser, Ethanol, Ether.

Schmelzpunkt: 207–210 °C.

R_f-Werte Dünnschichtchromatographie: LM=Methanol; FM=Toluol (5):Ethylformiat (4):Ameisensäure (1).
R_f-Bereich: ca. 0,60.*)

Farbreaktionen, Reagenzien: UV, blau; NA, violett.*)

Literatur: K 7, M 17, R 21.

Handelsübliche Packung: 1 g, 10 g.

Vorkommen: → *Catalpa bignioides;* → *Chimonanthus praecox,* → *Impatiens balsamina* und in vielen anderen Pflanzen.

Therapie:
Erste Hilfe: Kohle-Pulvis-Gabe.
Klinik: Nur nach großer Giftaufnahme Magenspülung, Kohle-Pulvis, Natriumsulfat, Elektrolytausgleich (Kalium).

Curare

Hauptwirkstoffe: Hauptalkaloid in Tubocurare ist → *D-Tubocurarin.* Topf-Curare ist chemisch wenig aufgeklärt. Calebassen-Curare enthält C-Toxiferin I, Dihydrotoxiferin, C-Curarin und C-Kalebasin.

Strukturformel:

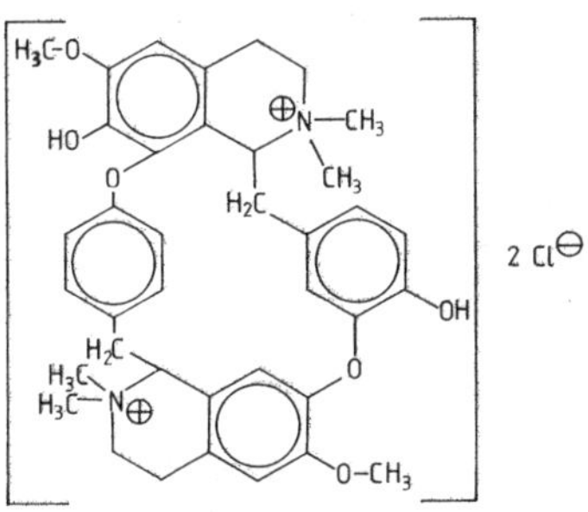

d-Tubocurarinchlorid

Charakter: Nach der Zusammensetzung, Herkunft und Verpackung unterscheidet man:
Tubo-Curare: Pastenförmige oder harte, dunkle Masse. Im Handel in Bambusröhren mit Palmblatt verschlossen.
Kalebassen-Curare: Sirupdicke Masse. In Flaschenkürbissen verpackt.
Topf-Curare: Trockenes, schwarzbraunes Extrakt. Verpackt in kleinen, mit Palmblättern zugebundenen Töpfchen.

Bemerkung: Curare ist die Bezeichnung für die Pfeilgifte, die von den Indianerstämmen des tropischen Südamerikas in den Stromgebieten des Orinoko und Amazonas aus den Rinden vieler Strychnos-Arten hergestellt werden. Auch andere Gewächse finden dazu Verwendung.

Curare

Toxikologie: Curare lähmt schon in außerordentlich geringen Mengen (beim Frosch genügen 1/100 mg) die Endplatten der motorischen Nerven in den quergestreiften, willkürlich bewegbaren Muskeln, so daß nacheinander die Muskeln in den Beinen und Armen, am Kopf, Rumpf und Brustkorb bewegungsunfähig werden. Wenn die Bewegungen des Brustkorbes aufhören, erfolgt Erstickungstod. Das Herz wird als unwillkürlich arbeitendes Organ von der Lähmung nicht berührt. Das Fleisch der mit Curare vergifteten Tiere ist eßbar, da Curare vom Magen-Darm-Trakt aus erst in verhältnismäßig hohen Dosen giftig wirkt. Die stärkste Vergiftung tritt auf, wenn die Substanz (wie z.B. mit vergifteten Pfeilen) durch kleine Wunden direkt ins Blut kommt [H 12]. Beim Menschen sollen 0,05– 0,12 g Vergiftungen hervorrufen.

Gefährlichkeitsgrad: Sehr stark giftig +++ (Am giftigsten ist Calebassen-Curare, die beiden anderen sind weniger giftig).

Literatur: H 12, M 17, S 46.

Vorschriften: Curare: Monographie der Kommission D.
Verbotene Stoffe der Kosmetikverordnung v. 19.6.1985 Anlage 1: 109 Curare und Curarine. 110 Synthetische Mittel mit curareartiger Wirkung.

Therapie:
Als Gegenmittel wird Waschen der Wunden mit verd. Kaliumpermanganat-Lsg. empfohlen. Diese zersetzt das Gift durch Oxidation. Antidote sind Acetylcholinesterasehemmer wie Neostigmin. Mund-zu-Mund-Beatmung bzw. Intubation und maschinelle Beatmung. Azidosetherapie mit Natriumbikarbonat.

Cycasin

CAS-Nr.: [14901-80-5].

Synonyma: Methylazoxyethanol-β-D-glykosid.

Gruppe: Glykosid.

Strukturformel:

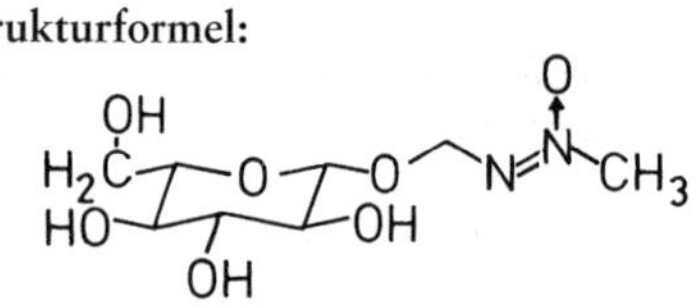

Summenformel: $C_8H_{16}N_2O_7$.

Molekulargewicht: 252,22.

Charakter: Nadeln.

Schmelzpunkt: 154 °C (dec).

Spezifische Drehung: $[\alpha]_D^{18}$ –44 (c=0,62).

Toxikologie: Carcinogen.
Cycasin ist an erwachsenen Ratten nur bei oraler Gabe carcinogen, nicht aber bei parenteraler Applikation.

Literatur: M 17, P 14, S 65.

Vorschriften: Giftklasse 1 der Schweizer Giftliste.

Vorkommen: In den Samen von → *Cycas revoluta* und Cycas circinalis L.

Therapie:
Erste Hilfe: Nach Verschlucken sofort Kohle-Pulvis (10 g) oder erbrechen lassen. Augen spülen. Schocklagerung, auf Puls achten, evtl. Herzmassage, beatmen.
Klinik: Sofort Magenspülung, Medizinalkohle (10 g), Natriumsulfat, Plasmaexpander und Dopamin im Schock. Lidocain bei tachykarden Herzrhythmusstörungen, beatmen, Monitorkontrolle.

Cyclamin

CAS-Nr.: [23643-76-7].

Gruppe: Saponin.

Strukturformel:

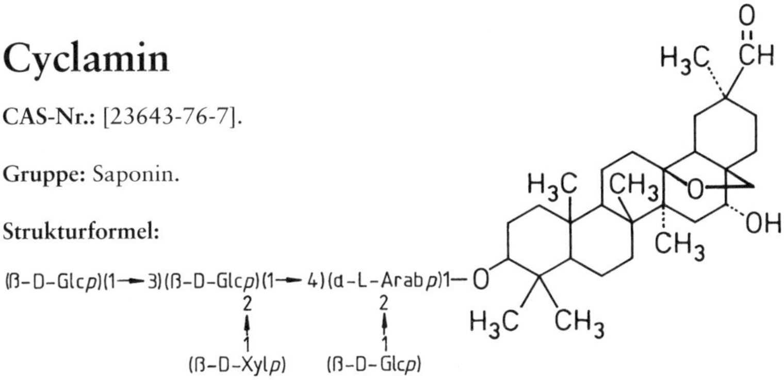

Summenformel: $C_{58}H_{94}O_{27}$.

Molekulargewicht: 1223,36.

Schmelzpunkt: 282–283 °C.

Spezifische Drehung: $[\alpha]_D$ –22,6° (c=1,0 in Pyridin).

Toxikologie: Cyclamin hat eine sehr heftige örtliche Reizwirkung und wird vom Darmkanal so ausreichend resorbiert, daß resorptive Vergiftungen vorkommen können. Es besitzt den höchsten hämolytischen Index aller bisher bekannter Saponine von 1:390 000 [H 12].

Literatur: B 35, H 12.

Vorkommen: → *Cyclamen persicum*, → *Cyclamen purpurascens*.

Therapie:
Erste Hilfe: Kohle-Pulvis 10 g, ggf. Augen spülen. Haut- und Schleimhautblasen steril abdecken, Tetanusprophylaxe, lokal Locacorten-Schaum.
Klinik: Magenspülung (evtl. mit burgunderfarbener Kaliumpermanganatlösung), Instillation von 10 g Kohle-Pulvis, Elektrolytsubstitution, Azidoseausgleich mit Natriumbikarbonat (Urin pH 7,5), Überwachung der Nierenfunktion, bei Krämpfen Diazepam (Valium®), gegen Koliken Atropin, ggf. Intubation und Sauerstoffbeatmung.

Cyclobuxin-D

CAS-Nr.: [2241-90-9].

Gruppe: Alkaloid.

Strukturformel:

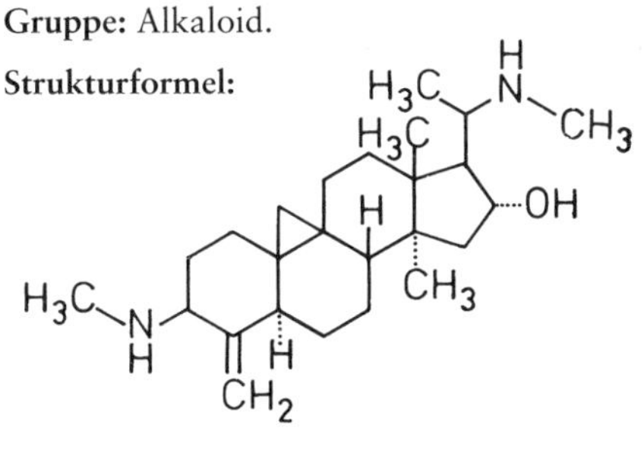

Summenformel: $C_{25}H_{42}N_2O$.

Molekulargewicht: 386,60.

Schmelzpunkt: 245–247 °C (dec.).

Spezifische Drehung: $[\alpha]_D^3$ +98° (Chloroform).

Toxikologie: LD (Hund): ca. 0,1 g/kg p.o.

Literatur: B 35, H 13, M 17.

Vorkommen: → *Buxus sempervirens*, → *Pachysandra terminalis*.

Cyclobuxin-D

Therapie:
Erste Hilfe: Sofort Kohle-Pulvis (10 g), erbrechen lassen, viel warmen Tee oder Himbeersaft trinken lassen.
Klinik: Sofort Magenspülung (evtl. mit burgunderfarbener Kaliumpermanganatlösung), Instillation von 10 g Kohle-Pulvis und Natriumsulfat, Elektrolytsubstitution, Azidoseausgleich mit Natriumbikarbonat (Urin pH 7,5). Plasmaexpander im Schock, ggf. Beatmung, Intubation.

Cymarin

CAS-Nr.: [508-77-0].

Synonyma: K-Strophantin-α-, Cymarigenin.

Gruppe: Glykosid.

Strukturformel:

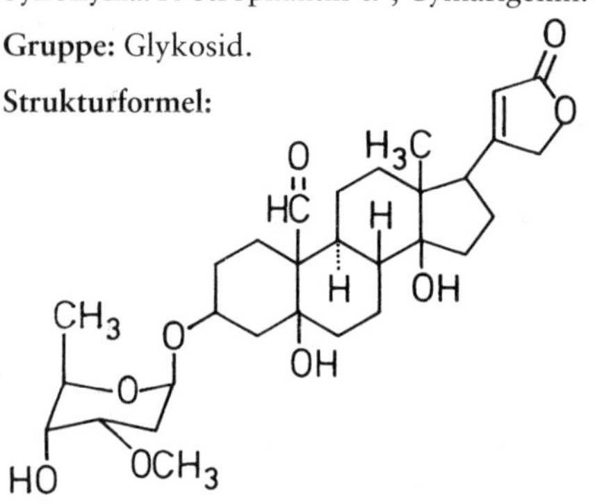

Summenformel: $C_{30}H_{44}O_9$.

Molekulargewicht: 548,68.

Charakter: Weißliches oder leicht gelbliches, kristallines Pulver.

Löslichkeit: Löslich in Chloroform, Methanol.

Schmelzpunkt: 140–143 °C.

Spezifische Drehung: $[\alpha]_D^{20}$ +39,2 (c=1 Methanol).

R_f-Werte Dünnschichtchromatographie: LM=Methanol; FM=Dichlormethan (75):Methanol (15):Wasser (1). R_f-Bereich: ca. 0,7.

Farbreaktionen: Molybdatophosphorsäure, blau.

Toxikologie: LD_{50} (Katze): 0,095 mg/kg intravenös.

Literatur: G 11, H 12, M 17, R 21.

Handelsübliche Packung: 50 mg.

Vorkommen: → *Strophanthus-Arten*, → *Adonis vernalis* u.a.

Therapie:
Erste Hilfe: Kohle-Pulvis-Gabe, Erbrechen auslösen, Natriumsulfat.
Klinik: Magenspülung (evtl. mit burgunderfarbener Kaliumpermanganatlösung), Kohleinstillation (10 g Pulvis), Herzschrittmacher (prophylaktisch), Hämoperfusion, Kontrolle des Kaliumspiegels und Substitution, Phenytoin, bei ventrikulärer Extrasystolie: Lidocain (Xylocain®), bei ausgeprägter Bradykardie: Atropin oder Orciprenalin (Alupent®), bei AV-Überleitungsstörungen: Vorsicht mit Substanzen, die diese zusätzlich beeinträchtigen, d.h. mit Ajmalin, Procainamid, β-Rezeptorenblocker und Chinidin.

Cymarol

CAS-Nr.: [465-84-9].

Gruppe: Glykosid.

Strukturformel:

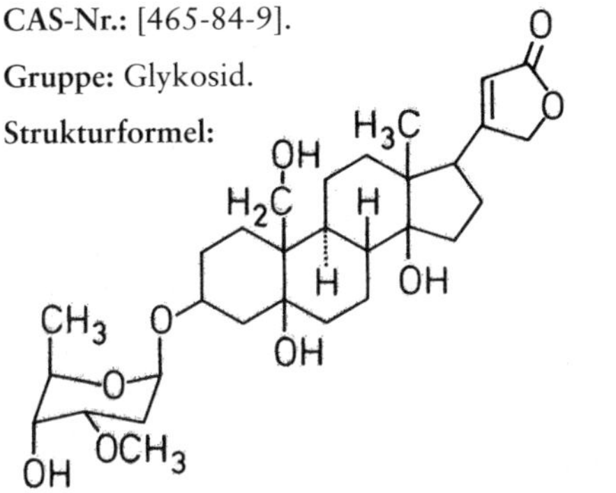

Summenformel: $C_{30}H_{46}O_9$.

Molekulargewicht: 550,68.

Schmelzpunkt: 240 – 243 °C.

Spezifische Drehung: $[\alpha]_D^{13}$ +30,7° (c=1 in Methanol).

Literatur: B 35.

Handelsübliche Packung: 50 mg.

Vorkommen: → *Strophanthus-Arten.*

Therapie:
Erste Hilfe: Kohle-Pulvis-Gabe, Erbrechen auslösen, Natriumsulfat.
Klinik: Magenspülung (evtl. mit burgunderfarbener Kaliumpermanganatlösung), Kohleinstillation (10 g Pulvis), Herzschrittmacher (prophylaktisch), Hämoperfusion, Kontrolle des Kaliumspiegels und Substitution, Phenytoin, bei ventrikulärer Extrasystolie: Lidocain (Xylocain®), bei ausgeprägter Bradykardie: Atropin oder Orciprenalin (Alupent®), bei AV-Überleitungsstörungen: Vorsicht mit Substanzen, die diese zusätzlich beeinträchtigen, d.h. mit Ajmalin, Procainamid, β-Rezeptorenblocker und Chinidin.

Cytisin

CAS-Nr.: [485-35-8].

Synonyma: Ulexin, Baptitoxin, Laburnin, Sophorin.

Gruppe: Alkaloid.

Strukturformel:

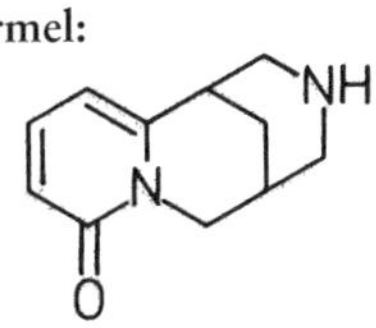

Summenformel: $C_{11}H_{14}N_2O$.

Molekulargewicht: 190,24.

Charakter: Farblose Prismen.

Löslichkeit: Löslich in Wasser, Aceton, Methanol, Ethanol, Chloroform.

Schmelzpunkt: 152–153 °C.

Spezifische Drehung: $[\alpha]_D^{17}$ –120°.

R_f-Werte Dünnschichtchromatographie: LM=Wasser; FM=Chloroform (9):Ethanol (1).
R_f-Bereich: ca. 0,15.*)

Farbreaktionen, Reagenzien: UV, rotbraun; Dragendorff's Reagenz nach Munier, rotorange.*)

Toxikologie: Cytisin ist wie Nicotin ein Ganglienblocker. Es wirkt auf das Zentralnervensystem, besonders auf die Medulla

Cytisin

oblongata (Brech-, Vasomotoren- und Atemzentrum) erst erregend, dann lähmend. Am Tier (Taube) bewirkt es strychninartige Krämpfe und kann auch am Menschen klonisch-tonische Krämpfe erzeugen. Die Atmung wird durch kleinere Gaben besonders über die Chemorezeptoren des Glomus caroticum, durch höhere Dosen außerdem unmittelbar zentral erregt, nach letalen Dosen erfolgt der Tod durch zentrale Atemlähmung. – Der Blutdruck wird durch Cytisin teils zentral (Erregung des Vasomotorenzentrums), teils peripher (Gefäßverengung und Entleerung der Blutspeicher bei gleichzeitiger Zunahme der Herzfrequenz) ganz erheblich gesteigert. – Charakteristisch für das Cytisin ist eine weitgehende Übereinstimmung mit dem Nicotin in der Wirkung auf das vegetative Nervensystem, insbesondere auf die Ganglien, die von Cytisin wie von Nicotin erregt und dann gelähmt werden. Abweichend von der Nicotinwirkung ist aber die vorwiegende und stärkere erregende Wirkung und die durch höhere Dosen nur geringe lähmende Wirkung des Cytisins auf die sympathischen Synapsen. Interessant ist auch die – vielleicht durch die nicotinähnliche Wirkung des Cytisins zu erklärende – Angabe, daß an Tabak gewöhnte Menschen Goldregenblätter ohne die bei nicht an Tabak gewöhnten Menschen auftretenden Vergiftungserscheinungen rauchen können. – Die Toxizität des Cytisins ist für verschiedene Tierarten recht unterschiedlich: LD_{50} (Maus): 101 mg/kg (p.o.). LD_{50} für Katze 3 mg/kg, für den Hund 4 mg/kg, für die Ziege aber 109 mg/kg; Schnecken sind gegen Cytisin – wie gegen Strychnin – ganz unempfindlich [H 12].

Symptome: Nach $^1/_4$ bis 1 Std.: Brennen im Mund und Rachen, Speichelfluß, Übelkeit, manchmal stundenlanges, blutiges Erbrechen, Schweißausbrüche, Mydriasis, Schwindel, Aufregungs- und Verwirrtheitszustände (mit Halluzinationen, Delirien), Muskelzucken, tonisch-klonische Krämpfe, Kollaps.

Fallschilderung: Bei der Herstellung von Cytisin trat nach Herausnehmen eines Glaskolbens aus einer teilbeheizten Pilzhaube ein plötzliches Aufwallen (Siedeverzug) des gesättigten Lösemittels (Chloroform) auf. Der Kristallbrei spritzte dem Experimentator in den Mund. Trotz sofortigem Ausspucken und mehrmaligem Spülen der Mundhöhle traten nach wenigen Minuten Vergiftungssymptome auf. Pupillen etwas verkleinert, kalter Schweiß, Angstzustände, Pulsbeschleunigung. Vom Arzt wurde die Vergiftung wie eine Nicotinvergiftung behandelt. Die Symptome waren nach einigen Stunden abgeklungen (eigene Beobachtung).

Nachweis: Dünnschichtchromatographie im Erbrochenen und Magenspülwasser.

Literatur: G 7, G 11, H 12, H 13, M 17, R 21, T 13; *)Naturstoffabt. C. Roth, Karlsruhe.

Handelsübliche Packung: 50 mg, 100 mg.

Vorkommen: Enthalten in Fabaceae: → *Laburnum anagyroides,* → *Colutea arborescens,* → *Genista germanica,* → *Genista tinctoria.*

Therapie:
Erste Hilfe: Sofort Erbrechen auslösen, Kohle-Pulvis-Gabe, Natriumsulfat, viel warmen Tee oder Himbeersaft trinken lassen.
Klinik: Magenspülung (evtl. mit burgunderfarbener Kaliumpermanganatlösung), bei Krämpfen Diazepam (Valium®) i.v., Elektrolytsubstitution, Azidoseausgleich mit Natriumbikarbonat (Urin pH 7,5), bei Atemlähmung Intubation und Sauerstoffbeatmung.

Daphnetin

CAS-Nr.: [486-35-1].

Synonyma: 7,8-Dihydroxycumarin.

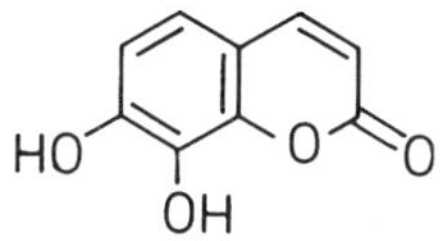

Gruppe: Cumarin.

Strukturformel: Aglykon von Daphnin.

Summenformel: $C_9H_6O_4$

Molekulargewicht: 178,14.

Löslichkeit: Löslich in heißem Wasser, heißem Ethanol und Alkali, heißem Eisessig.

Schmelzpunkt: 254–257 °C.

R_f-Werte Dünnschichtchromatographie: LM=Natronlauge; FM=Toluol (5):Ethylformiat (4):Ameisensäure (1).
R_f-Bereich: ca. 0,45.*

Farbreaktionen, Reagenzien: Wird an der Luft grau, mit $FeCl_2$ grün.*)

Literatur: M 17, R 21; *)Naturstoffabt. C. Roth, Karlsruhe.

Handelsübliche Packung: 100 mg.

Vorkommen: Daphnin in *Daphne-Arten.*

Therapie:
Erste Hilfe: Kohle-Pulvis-Gabe, Erbrechen auslösen, Natriumsulfat, viel warmen Tee trinken lassen. Haut- und Schleimhautblasen steril abdecken, Tetanusprophylaxe, lokal Locacorten-Schaum.
Klinik: Magenspülung (evtl. mit burgunderfarbener Kaliumpermanganatlösung), Instillation von 10 g Kohle-Pulvis, Elektrolytsubstitution, Azidoseausgleich mit Natriumbikarbonat (Urin pH 7,5), Kontrolle der Nierenfunktion, bei Krämpfen Diazepam (Valium®) i.v., ggf. Plasma(expander)gabe, bei Atemlähmung: Intubation und Sauerstoffbeatmung.

Daphnetoxin

CAS-Nr.: [28164-88-7].

Gruppe: Cyclopentenonderivat.

Summenformel: $C_{27}H_{30}O_8$.

Molekulargewicht: 482,52.

Schmelzpunkt: 194–196 °C.

Spezifische Drehung: $[\alpha]_D$ +63°.

Literatur: B 35.

Strukturformel:

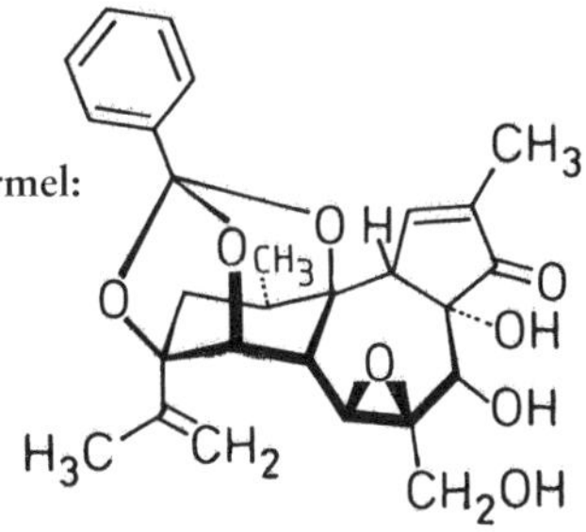

Vorkommen: → *Daphne-Arten.*

Therapie:
Erste Hilfe: Kohle-Pulvis-Gabe, Erbrechen auslösen, Natriumsulfat, viel warmen Tee trinken lassen. Bei Kontakt mit Reinsubstanz: Haut- und Schleimhautblasen steril abdecken, Tetanusprophylaxe, lokal Locacorten-Schaum.
Klinik: Magenspülung (evtl. mit burgunderfarbener Kaliumpermanganatlösung), Instillation von 10 g Kohle-Pulvis, Elektrolytsubstitution, Azidoseausgleich mit Natriumbikarbonat (Urin pH 7,5), Kontrolle der Nierenfunktion, bei Krämpfen Diazepam (Valium®) i.v., ggf. Plasma(expander)gabe, bei Atemlähmung: Intubation und Sauerstoffbeatmung.

Delphinin

CAS-Nr.: [561-07-9].

Synonyma: Staphisagrin. Delphinin wird auch als Bezeichnung für ein Anthocyan-Derivat verwendet.

Gruppe: Alkaloid.

Summenformel: $C_{33}H_{45}NO_9$.

Molekulargewicht: 599,70.

Charakter: Farblose Platten.

Löslichkeit: Löslich in Ethanol, Chloroform, Ether, unlöslich in Wasser.

Schmelzpunkt: 197,5 – 199 °C.

Spezifische Drehung: $[\alpha]_D^{20}$ +25° (Ethanol).

Strukturformel:

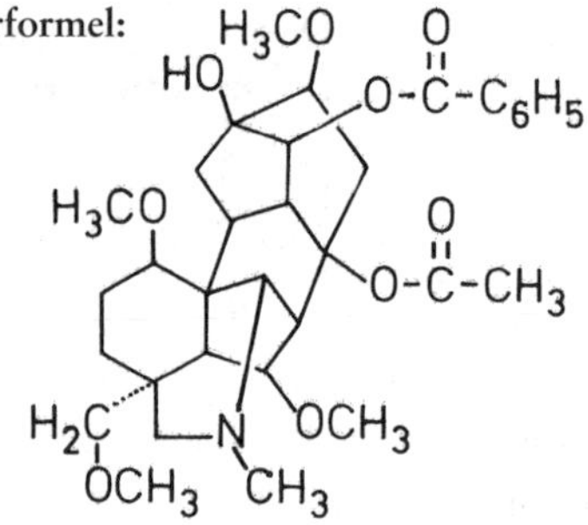

Toxikologie: → *Delphinium staphisagria.*

Literatur: B 35, H 12, H 13, M 17.

Vorkommen: → *Delphinium elatum,* → *Delphinium staphisagria.*

> Therapie:
> Erste Hilfe: Sofortiges Erbrechen, 10 g Kohle-Pulvis, Natriumsulfat.
> Klinik: Magenspülung (evtl. mit burgunderfarbener Kaliumpermanganatlösung), Instillation von 10 g Kohle-Pulvis und Natriumsulfat, Elektrolytsubstitution, Azidoseausgleich mit Natriumbikarbonat (Urin pH 7,5), bei Krämpfen Diazepam (Valium®) i.v., ggf. Intubation und Sauerstoffbeatmung.

Demissidin

CAS-Nr.: [474-08-8].

Synonyma: Solanin D, Dihydrosolanidin T.

Gruppe: Alkaloid.

Strukturformel: Aglykon von Demissin.

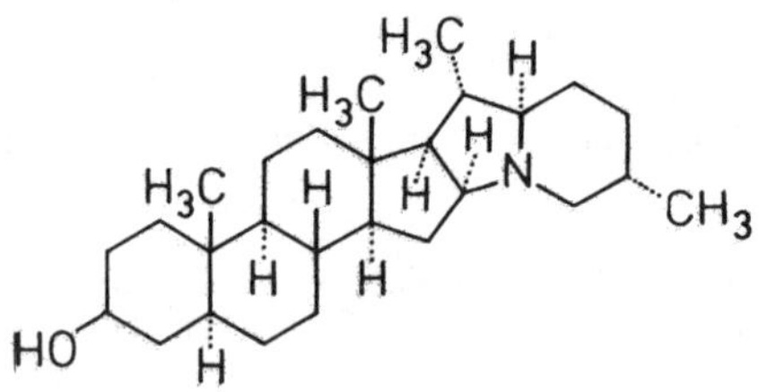

Summenformel: $C_{27}H_{45}NO$.

Molekulargewicht: 399,66.

Charakter: Nädelchen.

Schmelzpunkt: 218–220 °C.

Spezifische Drehung: $[\alpha]_D^{18}$ +28° (Methanol).

R_f-Werte Dünnschichtchromatographie: LM=Pyridin; FM=Toluol (5):Ethylformiat (4):Ameisensäure (1).
R_f-Bereich: ca. 0,20.*)

Farbreaktionen, Reagenzien: Phosphormolybdänsäure, grün-blau.*)

Literatur: B 35, R 21; *Naturstoffabt. C. Roth, Karlsruhe.

Handelsübliche Packung: 50 mg.

Vorkommen: Demissin in Solanum demissum u.a. Solanum-Arten.

Demissidin

Therapie:
Erste Hilfe: Kohle-Pulvis-Gabe, Erbrechen auslösen, Natriumsulfat.
Klinik: Magenspülung (evtl. mit burgunderähnlicher Kaliumpermanganatlösung), Elektrolytsubstitution, Azidoseausgleich mit Natriumbikarbonat (Urin pH 7,5), Kontrolle der Nierenfunktion, bei Krämpfen Diazepam (Valium®) i.v., bei Atemlähmung Intubation und Sauerstoffbeatmung.

Deserpidin

CAS-Nr.: [131-01-1].

Synonyma: 11-Desmethoxy-reserpin, Canescin, Recanescin.

Gruppe: Alkaloid.

Summenformel: $C_{32}H_{38}N_2O_8$.

Molekulargewicht: 578,64.

Schmelzpunkt: 228–230 °C.

Spezifische Drehung: $[\alpha]_D^{20}$ −137±10° (c=1, Chloroform).

Strukturformel:

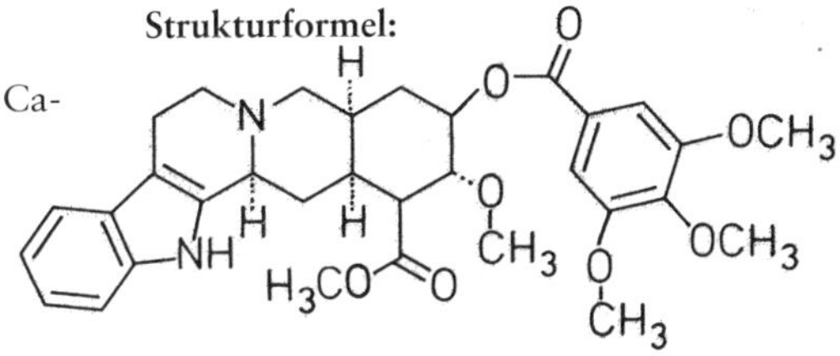

Literatur: H 12, M 17, R 21.

Handelsübliche Packung: 100 mg.

Vorkommen: Rauvolfia-Arten.

Therapie:
Erste Hilfe: Kohle-Pulvis trinken lassen.
Klinik: Nur nach großer Giftaufnahme Magenspülung, Kohle-Pulvis, Natriumsulfat. Plasmaexpander im Schock. Natriumbikarbonat zum Azidoseausgleich, ggf. Intubation und Beatmung.

Diginatin

CAS-Nr.: [52589-12-5].

Gruppe: Glykosid.

Strukturformel:

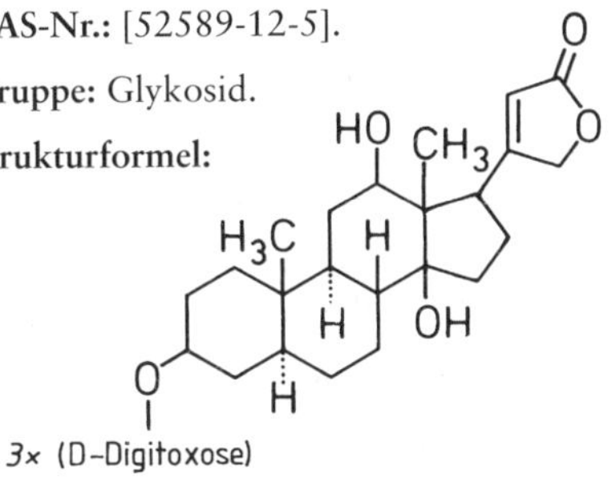

Summenformel: $C_{41}H_{64}O_{15}$.

Molekulargewicht: 796,95.

Charakter: Etwas hygroskopisch.

Löslichkeit: Löslich in Ethanol, Dioxan, wenig löslich in Aceton.

Schmelzpunkt: 251–253 °C.

Spezifische Drehung: $[\alpha]_D^{20}$ +20,5°±2° (c=0,6 in Methanol).

Literatur: B 35, M 17.

Handelsübliche Packung: 50 mg.

Vorschriften: → *Digitalisglykoside.*

Vorkommen: → *Digitalis lanata.*

Therapie:
→ *Digitalisglykoside.*

Digitalisglykoside

Toxikologie: Digitalisglykoside, d.h. herzaktive Glykoside, bestehen aus einem Aglykon (einem Steroidgerüst mit unterschiedlichen Substituenten) sowie aus einem oder mehreren Zuckern. Sie zählen zu den stärksten Pflanzengiften. Da aber wegen des bitteren Geschmacks selten größere Mengen von Pflanzenteilen eingenommen werden, häufig spontanes Erbrechen einsetzt und zudem die Resorptionsquote für einige der genuinen Glykoside bei peroraler Aufnahme gering ist, kommt es nur selten zu ernsten Vergiftungen. Digitalisierte und ältere Patienten sind jedoch besonders gefährdet. Bei ihnen können Herzglykoside zu schweren u.U. tödlichen Vergiftungen führen. Eine gute Übersicht über die herzwirksamen Glykoside gibt Greeff (Med. Mo. Pharm., 7. Jahrg., Heft 2, 1984). Aus ihr wurde die nachstehende Tabelle entnommen. Durch diese Daten wird untermauert, wie verschieden der gleiche Stoff bei zwei Tierarten wirken kann. Es darf deshalb angenommen werden, daß auch zwischen den im Tierversuch bei Ratten ermittelten LD's und den beim Menschen tatsächlich auftretenden erhebliche Unterschiede bestehen können. Vergiftungen mit Digitalisglykosiden sind vor allem aufgrund der engen therapeutischen Breite, einer Überempfindlichkeit des Patienten oder einer Nierenunterfunktion recht häufig (700–1500 Menschen pro Jahr; Zeitschrift f. Phytotherapie, 5. Jahrg., Heft 1, 1984).

Tödliche Dosis von i.v.-Infusion in µg/kg Körpergewicht

Stoff	Katze	Meerschweinchen
Digitoxin	587±20	1233±79
Digoxin	314± 9	1220±50
γ-Strophanthin	117± 7	280±50
K-Strophanthin	110± 5	70
Proscillaridin	120	560
Meproscillaridin	137	678

Symptome: Übelkeit, Erbrechen, hochgradige Bradykardie bis zu einer Pulsfrequenz bis zu 20 und weniger, Steigerung des Blutdruckes, gehäufte supraventrikuläre Extrasystolen, evtl. als Bigeminus, supra- und ventrikuläre Tachykardien bis zum Kammerflattern oder -flimmern, Hemmung der AV-Überleitung, Verwirrtheit, psychotische Zustände.

Nachweis: Digoxin-Konzentration im Serum (RIA).

Literatur: G 11, H 28, K 44.

Vorschriften: Digitalisglykoside unterliegen den Vorschriften des Chemikaliengesetzes.

Vorkommen: Digitalisglykoside kommen in zahlreichen Pflanzenfamilien gehäuft vor, wie z. B. Apocynaceae, Asclepiadaceae, Liliaceae, Ranunculaceae und Scrophulariaceae.

Therapie:
Erste Hilfe: Kohle-Pulvis-Gabe, Erbrechen auslösen, Natriumsulfat.
Klinik: Magenspülung (evtl. mit burgunderfarbener Kaliumpermanganatlösung), Kohleinstillation (10 g Pulvis), Herzschrittmacher (prophylaktisch), Digitalis-Antidot BM, Hämoperfusion, Kontrolle des Kaliumspiegels und Substitution, Phenytoin, bei ventrikulärer Extrasystolie: Lidocain (Xylocain®), bei ausgeprägter Bradykardie: Atropin oder Orciprenalin (Alupent®), bei AV-Überleitungsstörungen: Vorsicht mit Substanzen, die diese zusätzlich beeinträchtigen, d.h. mit Ajmalin, Procainamid, β-Rezeptorenblocker und Chinidin.

Digitonin

CAS-Nr.: [11024-24-1].

Synonyma: Digitin.

Gruppe: Saponin.

Strukturformel:

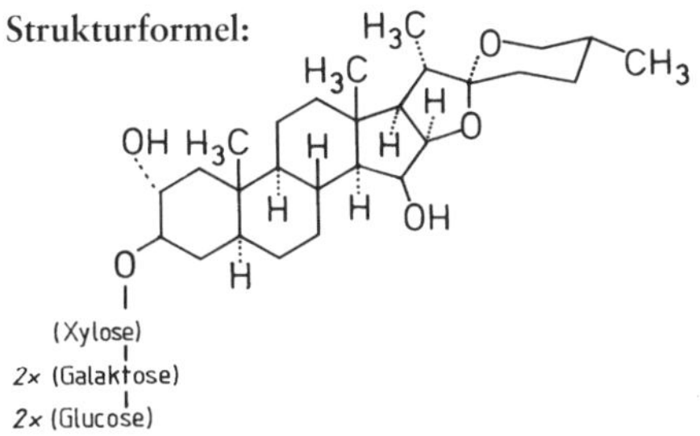

Summenformel: $C_{56}H_{92}O_{29}$.

Molekulargewicht: 1229,32.

Charakter: Weißes krist., geruchloses Pulver.

Löslichkeit: Wenig löslich in absolutem Ethanol, Methanol.

Schmelzpunkt: 250–280 °C (dec.).

Spezifische Drehung: $[\alpha]_D^{20}$ –54,3° (Methanol).

Toxikologie: Hämolytisches Blutgift. Digitonin vermag noch in großer Verdünnung (1:168 000) rote Blutkörperchen aufzulösen.

Literatur: H 12, M 17, R 21.

Handelsübliche Packung: 1 g, 5 g.

Vorschriften: → *Digitalisglykoside.*

Therapie:
Erste Hilfe: Sofort Kohle-Pulvis oder Erbrechen.
Klinik: Magenspülung, Medizinalkohle, Natriumsulfat. Flüssigkeitszufuhr. Nierenfunktionskontrolle, Kontrolle des Blutbildes (Hämolyse).

Digitoxigenin

CAS-Nr.: [143-62-4].

Synonyma: Cerberigenin, Thevetigenin.

Strukturformel: Aglykon von Digitoxin, Thevetin, Cerberin, Neriifolin.

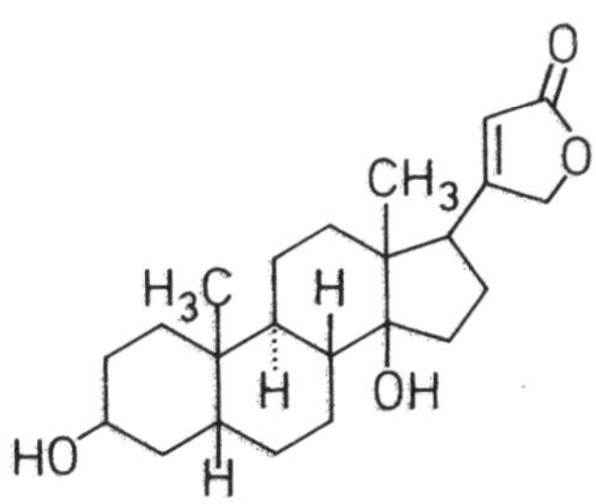

Summenformel: $C_{23}H_{34}O_4$.

Molekulargewicht: 374,52.

Charakter: Prismatische Kristalle.

Löslichkeit: Löslich in Ethanol, Chloroform, Aceton.

Schmelzpunkt: 253 °C.

Spezifische Drehung: $[\alpha]_D^{20}$ +19° (c=1,4 in Methanol).

R_f-Werte Dünnschichtchromatographie:
LM=Methanol; FM=Toluol (5):Ethylformiat (4):Ameisensäure (1).
R_f-Bereich: ca. 0,30.

Digitoxigenin

Farbreaktionen, Reagenzien: Phosphormolybdänsäure, blau.

Toxikologie: → *Digitalisglykoside.*

Literatur: H 12, M 17, R 21.

Handelsübliche Packung: 50 mg.

Vorschriften: → *Digitalisglykoside.*

Therapie: → *Digitalisglykoside.*

Digitoxin

CAS-Nr.: [71-63-6].

Synonyma: Digitalin, Lanatoxin, 3β, 14β-Dihydroxy-5β-carden-20(22)-olid-3-tridigitoxid.

Gruppe: Glykosid.

Strukturformel:

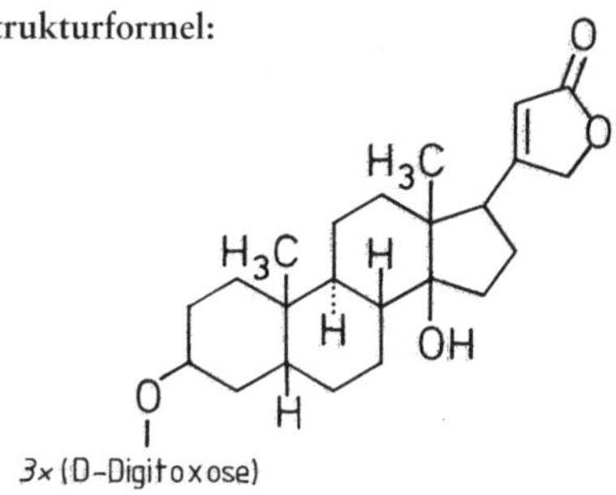

Summenformel: $C_{41}H_{64}O_{13}$.

Molekulargewicht: 764,96.

Charakter: Weißes Kristallpulver.

Löslichkeit: Löslich in Aceton, Ethanol, Chloroform, Pyridin etc.

Schmelzpunkt: ca. 240 °C.

Spezifische Drehung: $[\alpha]_D^{20}$ +16,5–17,5° (c=0,38 Chloroform).

R_f-Werte Dünnschichtchromatographie: Stahl [S 54].

Farbreaktionen, Reagenzien: Chloramin-Trichloressigsäure; UV 365 nm gelb-bräunlich.

Toxikologie: LD_{50} (Meerschweinchen): 60 mg/kg p.o.; LD_{50} (Katze): 0,18 mg/kg (p.o.).
Die Bioverfügbarkeit von oralen Digitoxinpräparaten ist durchwegs gut und beträgt fast 100%.
Digitoxin wird zu etwa 60% in Form der wasserlöslichen Metaboliten über die Niere und mit den Fäzes ausgeschieden. Rund 25% der Glykosidmenge unterliegen einem enterohepatischen Kreislauf, der zur langen Wirkdauer des Digitoxins beiträgt.

Literatur: G 11, H 12, J 7, M 17, R 21.

Vorschriften: Digitoxin unterliegt der Gefahrstoffverordnung:
EG-Nr. 614-022-00-9
☠ R: 23/25-33 S: (1/2)-45 incl. Zubereitungen.
→ *Digitalisglykoside.*
Verbotene Stoffe der Kosmetikverordnung v. 19. 6. 1985 Anlage 1: 134 Digitalin und alle seine Salze.

Handelsübliche Packung: 50 mg, 500 mg.

Therapie: → *Digitalisglykoside.*

Digoxigenin

CAS-Nr.: [1672-46-4].

Summenformel: $C_{23}H_{34}O_5$.

Molekulargewicht: 390,53.

Löslichkeit: Löslich in Methanol und Ethylacetat.

Schmelzpunkt: 220–222 °C.

Spezifische Drehung: $[\alpha]_D^{20}$ +61,3° (c=2 in Methanol).

Toxikologie: → *Digitalisglykoside.*

Literatur: H 12, K7, M 17, R 21.

Strukturformel: Aglykon von Digoxin.

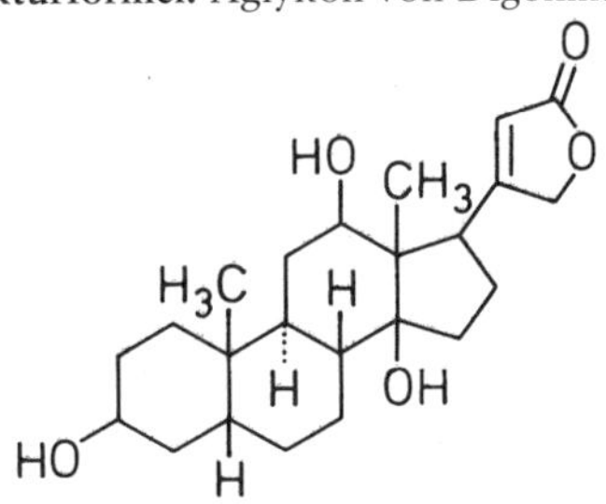

Handelsübliche Packung: 50 mg.

Vorschriften: → *Digitalisglykoside.*

> Therapie:
> → *Digitalisglykoside.*

Digoxin

CAS-Nr.: [20830-75-5].

Synonyma: Digacin, Dixina, Lanacordin, Lanicor, Lanoxin.

Gruppe: Glykosid.

Strukturformel:

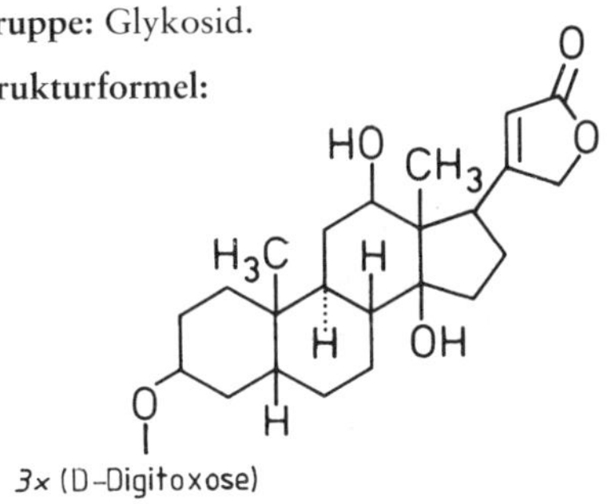

Summenformel: $C_{41}H_{64}O_{14}$.

Molekulargewicht: 780,96.

Charakter: Weißes krist. Pulver. Vor Licht geschützt aufbewahren.

Löslichkeit: Löslich in verd. Ethanol, Pyridin, Dimethylformamid.

Schmelzpunkt: Ca. 246 °C.

Spezifische Drehung: $[\alpha]_D^{20}$ +10,5° (Pyridin).

R_f-Werte Dünnschichtchromatographie: Stahl [S 54].

Toxikologie: Die schlechte Wasserlöslichkeit von Digoxinkristallen ist der limitierende Faktor für die Bioverfügbarkeit in einer Digoxintablette.

Literatur: H 12, M 17, M 29, R 21, S 68.

Handelsübliche Packung: 250 mg.

Vorschriften: → *Digitalisglykoside.*

> Therapie:
> → *Digitalisglykoside.*

Dregamin

CAS-Nr.: [2299-26-5].

Gruppe: Alkaloid.

Summenformel: $C_{21}H_{26}N_2O_3$.

Molekulargewicht: 354,44.

Schmelzpunkt: 137 – 141 °C.

Literatur: B 35.

Handelsübliche Packung: 100 mg.

Vorkommen: Apocynaceae.

Strukturformel:

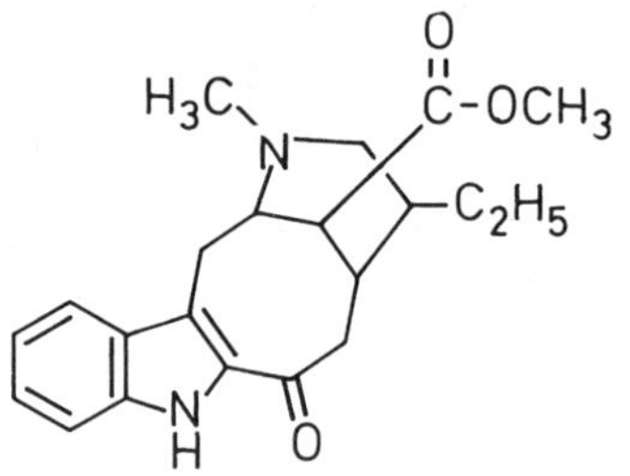

Therapie:
Erste Hilfe: Kohle-Pulvis, erbrechen lassen, Natriumsulfat.
Klinik: Magenspülung (evtl. mit burgunderfarbener Kaliumpermanganatlösung), Elektrolytsubstitution. Azidoseausgleich mit Natriumbikarbonat (Urin pH 7,5). Flüssigkeitszufuhr, Kontrolle der Nierenfunktion, bei Krämpfen Diazepam (Valium®), bei Atemlähmung Intubation und Sauerstoffbeatmung.

Eburnamonin

CAS-Nr.: [4880-88-0].

Gruppe: Alkaloid.

Strukturformel:

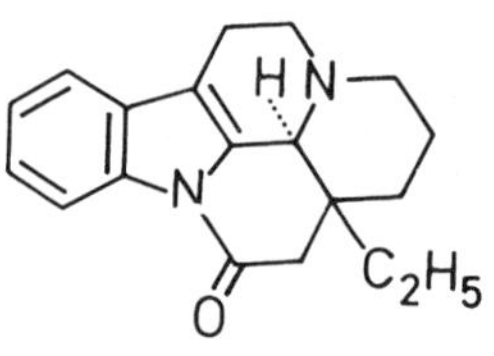

Summenformel: $C_{19}H_{22}N_2O$.

Molekulargewicht: 294,40.

Schmelzpunkt: 173–174 °C.

Spezifische Drehung: $[\alpha]_D$ –94° (Chloroform).

Literatur: B 35, H 12, M 17.

Handelsübliche Packung: 250 mg.

Vorkommen: Apocynaceae.

Therapie:
Erste Hilfe: Kohle-Pulvis trinken lassen.
Klinik: Nur nach großer Giftaufnahme Magenspülung, Kohle-Pulvis, Natriumsulfat. Plasmaexpander im Schock. Natriumbikarbonat zum Azidoseausgleich, ggf. Intubation und Beatmung.

Emetin

CAS-Nr.: [483-18-1].

Synonyma: Cephaelin-methylester, Ipecin.

Gruppe: Alkaloid.

Strukturformel:

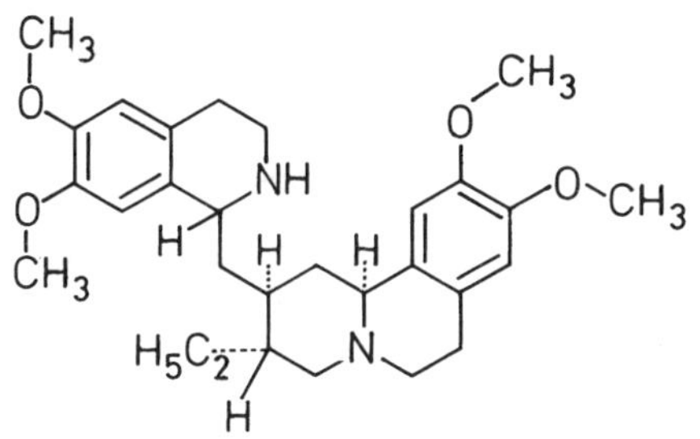

Summenformel: $C_{29}H_{49}N_2O_4$.

Molekulargewicht: 480,63.

Charakter: Weißes, amorphes Pulver, wird bei Hitze und Licht gelb. Zeigt starke alkalische Reaktion.

Löslichkeit: Leicht löslich in Methanol, Ethanol, Aceton, Ethylacetat, Ether, Chloroform.

Schmelzpunkt: 74 °C.

Spezifische Drehung: $[\alpha]_D^{20}$ –50° (c=2 in Chloroform).

Toxikologie: LD_{50} (Ratte): 12,1 mg/kg i.p. Emetin ist wie Chinin ein allgemeines Protoplasmagift und zugleich ein Kapillargift wie Arsenik und Colchicin. Akute Intoxikationen sind bei Applikation von 0,5 g Emetin und mehr zu erwarten. Es kommt zu starker Darmreizung, Herzschwäche mit Pulsverlangsamung und Atemnot [H 12].

Literatur: H 12, K 34, M 17, R 21.

Handelsüblich: Emetin-dihydrochlorid, Fp. 235–255 °C (dec.).

Handelsübliche Packung: 1 g.

Vorkommen: → *Cephaëlis ipecacuanha.*

Therapie:
Erste Hilfe: Sofort erbrechen lassen, Kohle-Pulvis-Gabe, Natriumsulfat, Schocklagerung, Wärme, warmen Tee oder Kaffee trinken lassen, Frischluft.
Klinik: Magenspülung (evtl. mit burgunderfarbener Kaliumpermanganatlösung), Elektrolytsubstitution, Azidoseausgleich mit Natriumbikarbonat (Urin pH 7,5), Plasma(expander)gabe, bei Krämpfen Diazepam (Valium®) i.v., gegen Darmspasmen Atropin (1 mg 2stdl. s.c.), ggf. Intubation und Sauerstoffbeatmung.

Ephedrin

CAS-Nr.: [299-42-3].

Gruppe: Alkaloid.

Strukturformel:

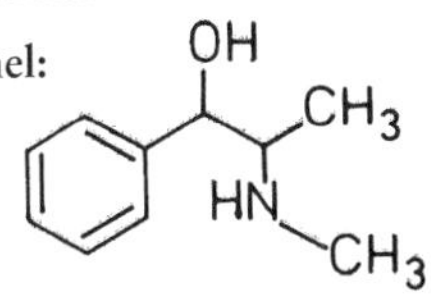

Summenformel: $C_{10}H_{15}NO$.

Molekulargewicht: 165,23.

Löslichkeit: Löslich in Wasser (alkalische Reaktion), Ethanol, Ether, Chloroform.

Schmelzpunkt: (+)-Form=38–41 °C. (–)-Form=37–39 °C.

Ephedrin

R_f-Werte Dünnschichtchromatographie: LM=Ethanol; FM=Chloroform (60):Methanol (10):Ammoniaklösung (1). R_f-Bereich: ca. 0,2.

Farbreaktionen: Joddämpfe.

Toxikologie: LD_{50} (Maus): 150 mg/kg i.p. Ephedrin wirkt blutdrucksteigernd, herzstimulierend, bronchienerweiternd und appetithemmend.
55–75% der aufgenommenen Menge wird unverändert durch den Urin ausgeschieden. Bei Überdosierung kommt es zu Blässe, Angstgefühl, Schwitzen, Mydriasis, keuchendem Atem, kalten Extremitäten, Cyanose, Tachykardie mit kaum fühlbarem Puls. Chronische Anwendung z.B. von ephedrinhaltigen Nasensprays kann zu Nekrosen der Nasenschleimhaut führen [H 13].

Literatur: H 12, H 13, M 17, Dt. Ap. Zeit. 124, 25, 1270 – 1271, 1984.

Handelsüblich: (+)- und (–)-Ephedrin. (+)-Ephedrin-hydrochlorid.

Handelsübliche Packung: 10 g, 25 g.

Vorschriften: Ephedrinum hydrochloricum: Monographie der Kommission D.
Ephedrin unterliegt der Gefahrstoffverordnung: EG Nr. 614-023-00-4 ✖n R: 22 S: (2)-22-25
ebenso Ephedrinsalze: EG Nr. 614-024-00-X ✖n R: 22 S: (2)-22-25.
Seit 1. Juli 1984 stehen Ephedrin und alle Arzneimittel zur oralen Anwendung, die entweder nur Ephedrin oder Ephedrin zusammen mit Coffein enthalten, in jeder Dosierung unter der Verschreibungspflicht. Kombinationspräparate fallen nur dann unter die Rezeptpflicht, wenn die Einzeldosis an Ephedrin 10 mg oder bei Retardzubereitungen die Tagesdosis 40 mg überschreitet (Freidosenregelung).
Verbotene Stoffe der Kosmetikverordnung v. 19. 6. 1985 Anlage 1: 164 Ephedrin und seine Salze.

Vorkommen: → *Ephedra distachya* und andere Ephedra-Arten.

Therapie:
Erste Hilfe: Kohle-Pulvis-Gabe, Erbrechen auslösen, Natriumsulfat. Haut- und Schleimhautblasen steril abdecken, Tetanusprophylaxe, lokal Locacorten®-Schaum.
Klinik: Nach wahrscheinlich großer Giftaufnahme: Magenspülung (evtl. mit burgunderfarbener Kaliumpermanganatlösung), Instillation von 10 g Kohle-Pulvis, Überwachung von Elektrolyten und Nierenfunktion, Alkalisierung mit Natriumbikarbonatinfusionen (Urin pH 7,5), ggf. Intubation und Sauerstoffbeatmung.

Eschscholzin

CAS-Nr.: [4040-75-9].

Synonyma: Californin.

Gruppe: Alkaloid.

Strukturformel:

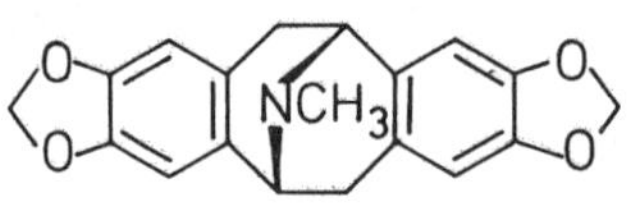

Summenformel: $C_{19}H_{17}NO_4$.

Molekulargewicht: 323,35.

Schmelzpunkt: 128 °C.

Spezifische Drehung: $[\alpha]_D^{20}$ –202° (c=1,00 in Methanol).

Literatur: B 35, H 12.

Vorkommen: → *Eschscholzia californica.*

Therapie:
Erste Hilfe: Kohle-Pulvis-Gabe, Erbrechen auslösen, Natriumsulfat.
Klinik: Magenspülung (evtl. mit burgunderfarbener Kaliumpermanganatlösung), Instillation von 10 g Kohle-Pulvis, Überwachung von Elektrolyten und Nierenfunktion, Alkalisierung mit Natriumbikarbonatinfusionen (Urin pH 7,5), ggf. Intubation und Sauerstoffbeatmung.

Eupatorin

CAS-Nr.: [855-96-9].

Strukturformel:

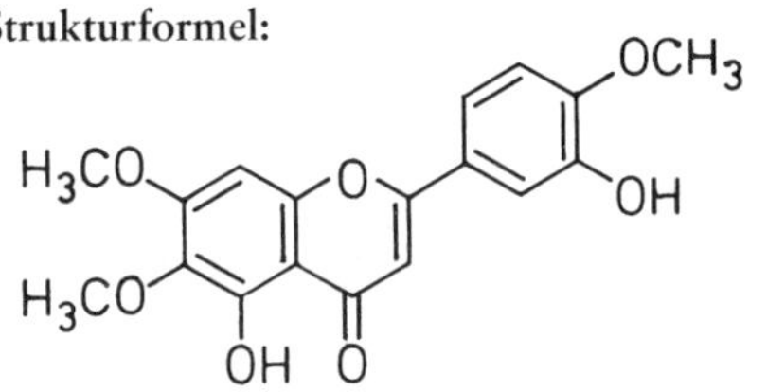

Summenformel: $C_{18}H_{16}O_7$.

Molekulargewicht: 344,31.

Charakter: Kristalle aus Dioxan.

Schmelzpunkt: 196 – 198 °C.

Literatur: B 35, M 17.

Vorkommen: → *Eupatorium perfoliatum* und anderen Eupatorium-Arten.

Therapie:
Erste Hilfe: Kohle-Pulvis trinken lassen.
Klinik: Nur nach großer Giftaufnahme Magenspülung, Kohle-Pulvis, Natriumsulfat. Plasmaexpander im Schock. Natriumbikarbonat zum Azidoseausgleich, ggf. Intubation und Beatmung.

Euphorbol

CAS-Nr.: [566-14-3].

Gruppe: Terpen.

Strukturformel: Bestandteil des Triterpengemisches Euphorbon.

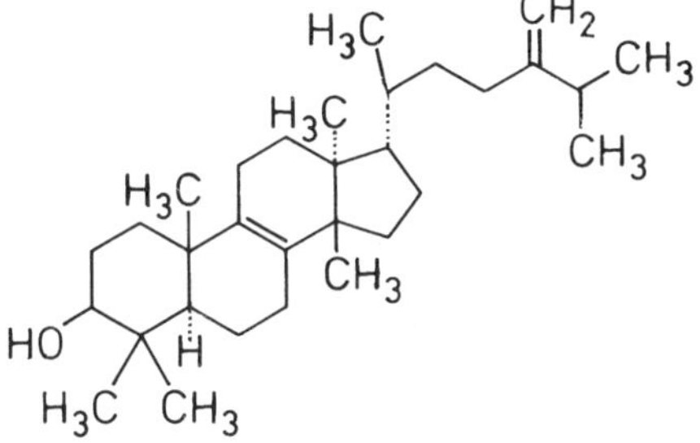

Summenformel: $C_{31}H_{52}O$.

Molekulargewicht: 440,75.

Charakter: Kristalle.

Schmelzpunkt: 127–128 °C.

Spezifische Drehung: $[\alpha]_D$ ±0° (Chloroform).

Toxikologie: Hautreizmittel früher für „Scharfsalben und -pflaster" verwendet.

Literatur: B 35.

Vorkommen: *Euphorbia*-Arten.

Therapie:
Erste Hilfe: Kohle-Pulvis-Gabe, Erbrechen auslösen, Natriumsulfat. Haut spülen.
Klinik: Frühzeitige Magenspülung, Instillation von Medizinalkohle, Natriumsulfat, Plasmaexpander bei Schock, ggf. Intubation und Sauerstoffbeatmung.

Evomonosid

CAS-Nr.: [508-93-0].

Synonyma: Digitoxigenin-3-O-α-L-Rhamnopyranosid.

Gruppe: Glykosid.

Summenformel: $C_{29}H_{44}O_8$.

Molekulargewicht: 520,70.

Schmelzpunkt: 238–240 °C.

Spezifische Drehung: $[\alpha]_D^{20}$ −30,6° (c=1,2 in Methanol).

Toxikologie: LD (Katze): 0,28 mg/kg i.v.

Literatur: B 35, H 13, R 21.

Strukturformel:

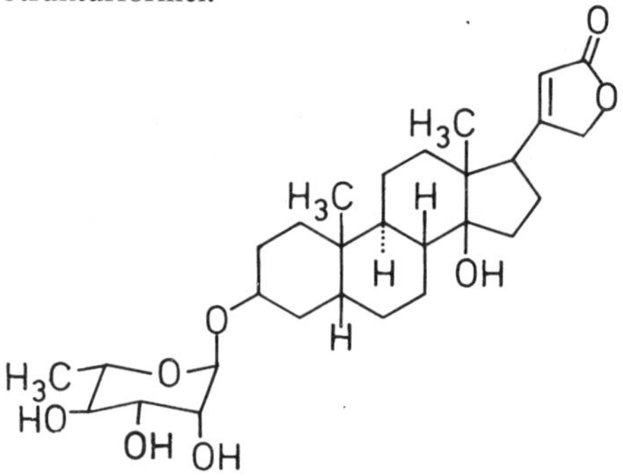

Handelsübliche Packung: 50 mg.

Vorkommen: → *Euonymus europaeus*.

Therapie:
Erste Hilfe: Kohle-Pulvis-Gabe, Erbrechen auslösen, Natrumsulfat.
Klinik: Magenspülung (evtl. mit burgunderfarbener Kaliumpermanganatlösung), Kohleinstillation (10 g Pulvis), Herzschrittmacher (prophylaktisch), Hämoperfusion, Kontrolle des Kaliumspiegels und Substitution, Phenytoin, bei ventrikulärer Extrasystolie: Lidocain (Xylocain®), bei ausgeprägter Bradykardie: Atropin oder Orciprenalin (Alupent®), bei AV-Überleitungsstörungen: Vorsicht mit Substanzen, die diese zusätzlich beeinträchtigen, d.h. mit Ajmalin, Procainamid, β-Rezeptorenblocker und Chinidin.

Evonin

CAS-Nr.: [33458-64-9].

Gruppe: Alkaloid.

Summenformel: $C_{36}H_{43}NO_{17}$.

Molekulargewicht: 761,72.

Schmelzpunkt: 184 – 190 °C.

Spezifische Drehung: $[\alpha]_D$ +8,4° (c=1,5 in Chloroform).

Literatur: B 35.

Vorkommen: *Euonymus-Arten*.

Strukturformel:

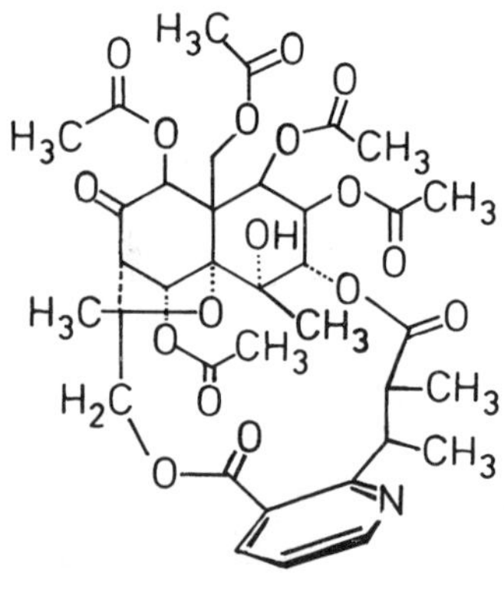

Evonin

Therapie:
Erste Hilfe: Kohle-Pulvis, Erbrechen lassen, viel warmen Tee trinken lassen, Natriumsulfat, Schockprophylaxe (Ruhe, Wärme). Haut- und Schleimhautblasen steril abdecken, Tetanusprophylaxe, lokal Locacorten-Schaum.
Klinik: Magenspülung (evtl. mit burgunderfarbener Kaliumpermanganatlösung), Elektrolytsubstitution, Azidoseausgleich mit Natriumbikarbonat (Urin pH 7,5), im Schock Plasmaexpandergabe, bei Krämpfen Diazepam (Valium®) i.v., Kontrolle der Nierenfunktion, bei Atemlähmung Intubation und Sauerstoffbeatmung.

Ferulasäure

CAS-Nr.: [1135-24-6].

Synonyma: 4-Hydroxy-3-methoxy-zimtsäure. E: Ferulic acid

Gruppe: Pflanzensäure.

Strukturformel:

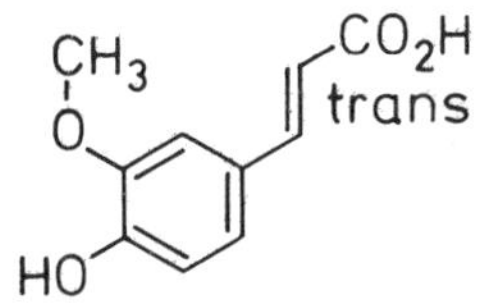

Summenformel: $C_{10}H_{10}O_4$.

Molekulargewicht: 194,18.

Charakter: Prismen oder Nadeln.

Löslichkeit: Löslich in Ethanol, Chloroform, heißem Wasser, Ethylacetat.

Schmelzpunkt: 168–170 °C.

R_f-Werte Dünnschichtchromatographie: LM=Ethanol; FM=Toluol (4):Ethylformiat(4):Ameisensäure (1).
R_f-Bereich: 0,45.*

Farbreaktionen, Reagenzien: UV violett, Naturstoffreagenz A, blau.*)

Literatur: H 12, M 17, R 21; *)Naturstoffabt. C. Roth, Karlsruhe.

Handelsübliche Packung: 10 g.

Vorschriften: Giftklasse 3 der Schweizer Giftliste.

Vorkommen: → *Ferula assa-foetida,* in kleineren Mengen in vielen anderen Pflanzen.

Therapie:
Erste Hilfe: Kohle-Pulvis-Gabe.
Klinik: Nur nach großer Giftaufnahme Magenspülung, Kohle-Pulvis, Natriumsulfat, Elektrolytausgleich (Kalium).

Flavone, Flavonoide

Es handelt sich hierbei um Pflanzenfarbstoffe, daher auch der Name Flavon von lateinisch *flavus* (gelb). Diese Verbindungen sind in höheren Pflanzen weit verbreitet. Von einigen Vertretern sind verhältnismäßig niedere LD_{50} bekannt.
Vergiftungen mit Flavonen bzw. Extrakten und Anreicherungen, die höhere Prozentgehalte dieser Stoffe enthalten, kann man deshalb nicht ohne weiteres als unbedenklich bezeichnen. Andererseits gibt es eine ganze Reihe von Flavonen oder Flavonglykosiden, die pharmazeutisch verwendet werden.

Nachweis: Dünnschichtchromatographie.

Farbreaktionen, Reagenzien: UV, Naturstoffreagenz A.

Literatur: R 31 (Bestimmungsmethoden)

Flavone, Flavonoide

> **Therapie:**
> Erste Hilfe: Kohle-Pulvis (10 g), erbrechen lassen, viel warmen Tee oder Himbeersaft trinken lassen.
> Klinik: Nach wahrscheinlich großer Giftaufnahme: Magenspülung (evtl. mit burgunderfarbener Kaliumpermanganatlösung), Instillation von 10 g Kohle-Pulvis und Natriumsulfat, Elektrolytsubstitution, Azidoseausgleich mit Natriumbikarbonat (Urin pH 7,5).

Frangulin A

CAS-Nr.: [521-62-0].

Synonyma: Emodin-L-rhamnosid, Rhamnoxanthin.

Gruppe: Anthrachinon.

Strukturformel:

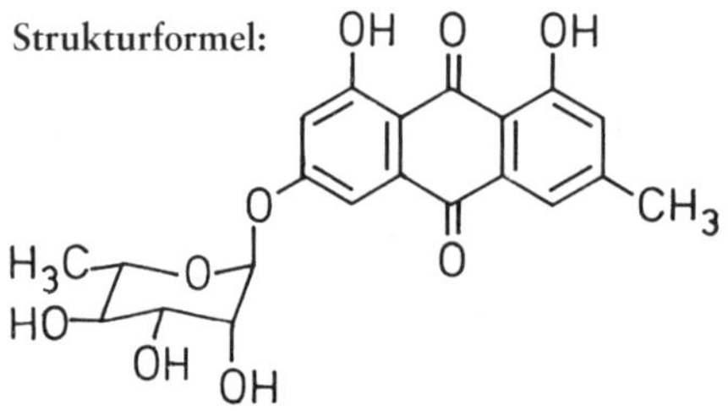

Summenformel: $C_{21}H_{20}O_9$.

Molekulargewicht: 416,38.

Charakter: Kristalle.

Schmelzpunkt: 228 °C.

Chromatographie: → *Frangulin B.*

Literatur: B 35, H 12, M 17.

Handelsüblich: Frangulin, 100 mg.

Vorkommen: → *Rhamnus frangula.*

> **Therapie:**
> → *Frangulin B.*

Frangulin B

CAS-Nr.: [14101-04-3].

CAS-Nr.: Anthrachinon.

Strukturformel:

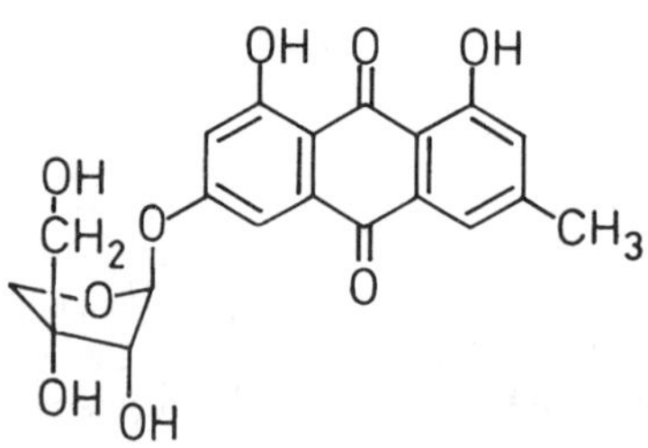

Summenformel: $C_{20}H_{18}O_9$.

Molekulargewicht: 402,36.

Schmelzpunkt: 196 °C.

R_f-Werte Dünnschichtchromatographie: LM=Natronlauge; FM=Benzol (75):Ethylformiat (24):Ameisensäure (1).
R_f-Bereich: ca. 0,05.*)

Farbreaktionen, Reagenzien: UV, violett.*)

Literatur: B 35, H 12, K 7, M 17, R 21; *)Naturstoffabt. C. Roth, Karlsruhe.

Vorkommen: → *Rhamnus frangula.*

> **Therapie:**
> Erste Hilfe: Kohle-Pulvis trinken lassen.
> Klinik: Nur nach großer Giftaufnahme Magenspülung, Kohle-Pulvis, Natriumsulfat. Plasmaexpander im Schock. Natriumbikarbonat zum Azidoseausgleich, ggf. Intubation und Beatmung.

Friedelin

CAS-Nr.: [559-74-0].

Synonyma: Friedelan-3-on.

Gruppe: Triterpen.

Strukturformel:

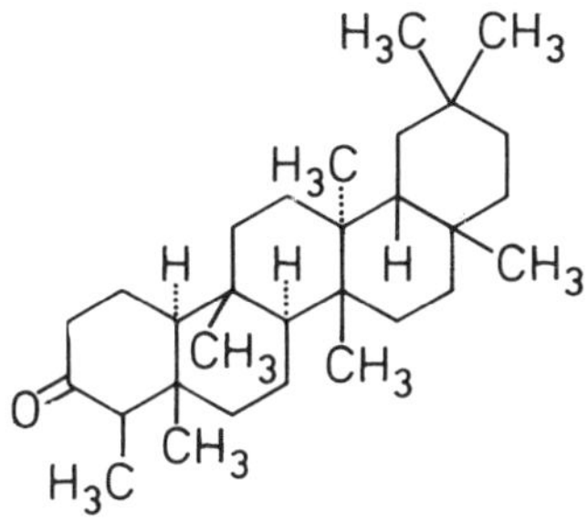

Summenformel: $C_{30}H_{50}O$.

Molekulargewicht: 426,70.

Charakter: Nadeln aus Ethylacetat oder Ethanol.

Löslichkeit: Leicht löslich in Chloroform, wenig löslich in Ethanol.

Schmelzpunkt: 263–263,5 °C.

Spezifische Drehung: $[\alpha]_D$ 27,8° (Chloroform).

Literatur: B 35, H 12, M 17.

Handelsübliche Packung: 25 mg, 500 mg.

Vorkommen: → *Punica granatum*, → *Vaccinium uliginosum*, u.a., Hauptbestandteil von Kork.

Therapie:
Erste Hilfe: Kohle-Pulvis trinken lassen.
Klinik: Nur nach großer Giftaufnahme Magenspülung, Kohle-Pulvis, Natriumsulfat. Plasmaexpander im Schock. Natriumbikarbonat zum Azidoseausgleich, ggf. Intubation und Beatmung.

Furocumarine

Wirkungscharakter: Furocumarine sind fluoreszierende Cumarinabkömmlinge mit unterschiedlichen Substituenten, die phototoxische Wirkung besitzen. Bei Berührung, insbesondere bei Kontakt mit nasser Haut, werden die Furocumarine aus der Pflanze gelöst und wirken als Hapten. Bei gleichzeitiger Sonneneinwirkung entsteht aus diesem Hapten eine neue Substanz, aus der sich mit körpereigenem Protein ein vollständiges Antigen entwickelt. Die folgende Antigen-Antikörper-Reaktion führt zur „Wiesendermatitis".

Symptome: Dermatitis solaris 1. – 2. Grades: Rötung, Schwellung, Ablösung der Epidermis, subepidermale Blasenbildung.

Literatur: A 1, A 2, B 32, S 14, Z 4.

Vorschriften: Stoffe der Kosmetikverordnung v. 19. 6. 1985 Anlage 1: 358 Furocumarine (z.B. Trioxysalenum, 8-Methoxypsoralen), ausgenommen normale Gehalte in ätherischen Ölen.

Vorkommen: Furocumarine sind in zahlreichen Pflanzen u.a. in Rutaceen und Apiaceen enthalten.

Therapie:
Meidung von Sonnenexposition. Blasen steril abdecken, Tetanus-Prophylaxe, lokal Locacorten®-Schaum. Kohle-Pulvis, erbrechen lassen.

Galanthamin

CAS-Nr.: [357-70-0].

Synonyma: Lycoremin.

Gruppe: Alkaloid.

Strukturformel:

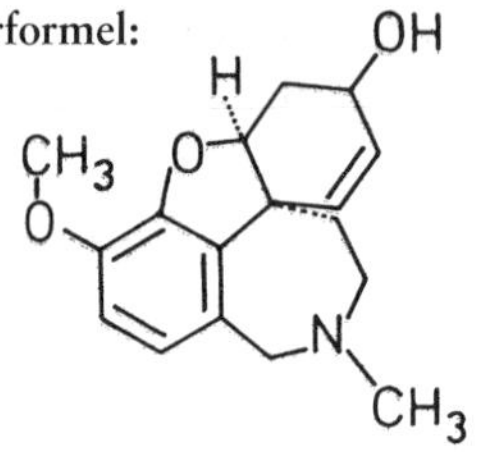

Summenformel: $C_{17}H_{21}NO_3$.

Molekulargewicht: 287,35.

Charakter: Weißes, kristallines Pulver.

Löslichkeit: Löslich in Aceton, Chloroform, Ethanol.

Schmelzpunkt: 126–127 °C.

Spezifische Drehung: $[\alpha]_D^{20}$ –118,8° (c=1,378 in Ethanol).

Toxikologie: LD_{50} (Maus): 8,0 mg/kg i.v., 18,7 mg/kg p.o.

Literatur: B 35, H 12, M 17.

Vorkommen: → *Galanthus nivalis*, → *Leucojum vernum*.

Therapie:
Erste Hilfe: Kohle-Pulvis (10 g), erbrechen lassen, viel warmen Tee oder Himbeersaft trinken lassen. Klinik: Nach wahrscheinlich großer Giftaufnahme: Magenspülung (evtl. mit burgunderfarbener Kaliumpermanganatlösung), Instillation von 10 g Kohle-Pulvis und Natriumsulfat, Elektrolytsubstitution, Azidoseausgleich mit Natriumbikarbonat (Urin pH 7,5).

Gelsemin

CAS-Nr.: [509-15-9].

Gruppe: Alkaloid.

Strukturformel:

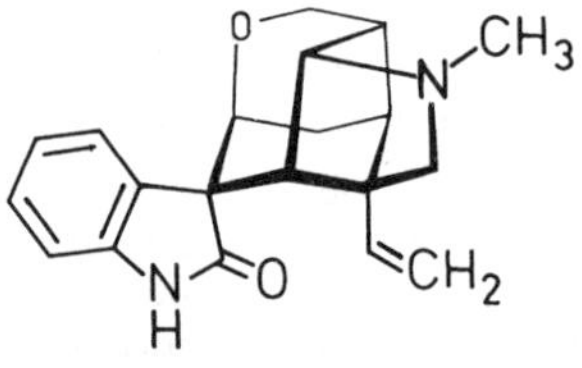

Summenformel: $C_{20}H_{22}N_2O_2$.

Molekulargewicht: 322,40.

Löslichkeit: Löslich in Ethanol, Benzol, Chloroform, Ether, Aceton, verd. Säuren.

Schmelzpunkt: 178 °C.

Spezifische Drehung: $[\alpha]_D^{20}$ +13° (c=1,2 in Chloroform).

R_f-Werte Dünnschichtchromatographie: LM=Ether; FM=Chloroform (9) : Ethanol (1).
R_f-Bereich: ca. 0,30.*⁾

Farbreaktionen, Reagenzien: Dragendorff's Reagenz nach Munier, orange.*⁾

Toxikologie: LD_{50} (Kaninchen): 0,1 mg/kg s.c.
Gelsemin wirkt zentral erregungsdämpfend und senkt Herztätigkeit und Blutdruck.

Literatur: H 12, M 17, R 21, R 25; *⁾Naturstoffabt. C. Roth, Karlsruhe.

Handelsüblich: Gelsemin, Gelsemin-hydrochlorid.

Handelsübliche Packung: 250 mg, 500 mg, 1 g.

Vorkommen: → *Gelsemium sempervirens*.

Gelsemin

Therapie:
Erste Hilfe: Kohle-Pulvis-Gabe, Erbrechen auslösen, Natriumsulfat.
Klinik: Frühzeitige Magenspülung mit gut eingeöltem Schlauch (Paraffinöl, Roticlean®), Physostigmin (Anticholium) i.m. (oder langsam i.v.) (Erwachsene 2 mg, Kinder 0,5 mg), Wiederholung je nach Bedarf bei Wiederauftreten gefährlicher Symptome, Plasmaexpander bei Schock, ggf. Intubation und Sauerstoffbeatmung.

Gitaloxigenin

CAS-Nr.: [514-21-6].

Synonyma: 16-Formyl-gitoxigenin.

Strukturformel: Aglykon des Gitaloxins und des genuinen Glykosides Lanatosid E.

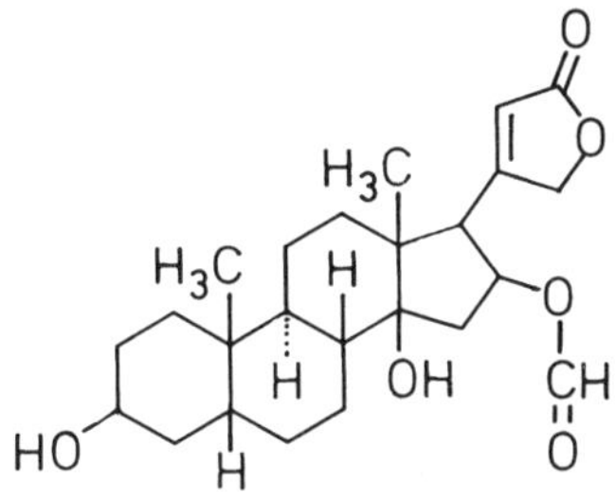

Summenformel: $C_{24}H_{34}O_6$.

Molekulargewicht: 418,53.

Charakter: Glänzende Kristallblättchen.

Löslichkeit: Löslich in Chloroform.

Schmelzpunkt: 215–217 °C.

R_f-Werte Dünnschichtchromatographie: R_f-Bereich: ca. 0,12.

Toxikologie: → *Digitalisglykoside.*

Literatur: B 35, H 12.

Handelsübliche Packung: 50 mg.

Vorschriften: → *Digitalisglykoside.*

Vorkommen: → *Digitalis-Arten.*

Therapie:
Erste Hilfe: Kohle-Pulvis-Gabe, Erbrechen auslösen, Natriumsulfat.
Klinik: Magenspülung (evtl. mit burgunderfarbener Kaliumpermanganatlösung), Kohleinstillation (10 g Pulvis), Herzschrittmacher (prophylaktisch), Hämoperfusion, Kontrolle des Kaliumspiegels und Substitution, Phenytoin, bei ventrikulärer Extrasystolie: Lidocain (Xylocain®), bei ausgeprägter Bradykardie: Atropin oder Orciprenalin (Alupent®), bei AV-Überleitungsstörungen: Vorsicht mit Substanzen, die diese zusätzlich beeinträchtigen, d.h. mit Ajmalin, Procainamid, β-Rezeptorenblocker und Chinidin.

Gitaloxin

CAS-Nr.: [3261-53-8].

Synonyma: 16-Formylgitoxin.

Strukturformel: Spaltprodukt des genuinen Glykosides Lanatosid E.

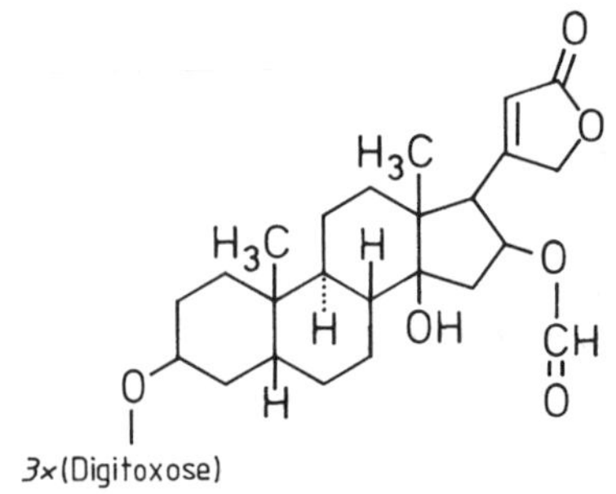

Summenformel: $C_{42}H_{64}O_{15}$.

Molekulargewicht: 808,93.

Charakter: Farblose Kristalle.

Löslichkeit: Löslich in Aceton, Chloroform, Methanol, Pyridin.

Schmelzpunkt: 250–253 °C.

Spezifische Drehung: $[\alpha]_D^{20}$ −70° (Pyridin).

R_f-Werte Dünnschichtchromatographie: LM=Chloroform; FM=Xylol (2):Methylethylketon (3).

Farbreaktionen: Molybdatophosphorsäure, blau.

Toxikologie: → *Digitalisglykoside.*

Literatur: H 12.

Handelsübliche Packung: 50 mg.

Vorschriften: → *Digitalisglykoside.*

Vorkommen: → *Digitalis-Arten.*

Therapie:
Erste Hilfe: Kohle-Pulvis-Gabe, Erbrechen auslösen, Natriumsulfat.
Klinik: Magenspülung (evtl. mit burgunderfarbener Kaliumpermanganatlösung), Kohleinstillation (10 g Pulvis), Herzschrittmacher (prophylaktisch), Hämoperfusion, Kontrolle des Kaliumspiegels und Substitution, Phenytoin, bei ventrikulärer Extrasystolie: Lidocain (Xylocain®), bei ausgeprägter Bradykardie: Atropin oder Orciprenalin (Alupent®), bei AV-Überleitungsstörungen: Vorsicht mit Substanzen, die diese zusätzlich beeinträchtigen, d.h. mit Ajmalin, Procainamid, β-Rezeptorenblocker und Chinidin.

Githagin

Gruppe: Saponin.

Summenformel: $C_{35}H_{54}O_{11}$.

Molekulargewicht: 650,81.

Literatur: H 12.

Vorkommen: → *Agrostemma githago.*

Therapie:
Erste Hilfe: Kohle-Pulvis 10 g, Sab simplex, Paraffinöl, ggf. Augen spülen. Haut- und Schleimhautblasen steril abdecken, Tetanusprophylaxe, lokal Locacorten-Schaum.
Klinik: Magenspülung (evtl. mit burgunderfarbener Kaliumpermanganatlösung), Instillation von 10 g Kohle-Pulvis, Elektrolytsubstitution, Azidoseausgleich mit Natriumbikarbonat (Urin pH 7,5), Überwachung der Nierenfunktion, bei Krämpfen Diazepam (Valium®), gegen Koliken Atropin, ggf. Intubation und Sauerstoffbeatmung.

Gitoxigenin

CAS-Nr.: [545-26-26].

Synonyma: Anhydrogitaligenin, Bigitaligenin.

Strukturformel: Aglykon von Gitoxin.

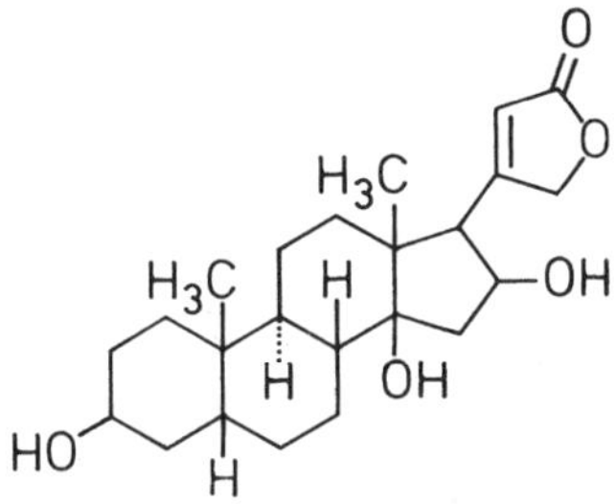

Summenformel: $C_{23}H_{34}O_5$.

Molekulargewicht: 390,52.

Charakter: Glänzende Kristallblättchen.

Löslichkeit: Wenig löslich in Ethanol, Aceton, Ethylacetat.

Schmelzpunkt: Ca. 228 °C.

Spezifische Drehung: $[\alpha]_D^{20}$ +38,5° (c=0,68 Methanol).

R_f-Werte Dünnschichtchromatographie: LM=Methanol; FM=Toluol (5):Ethylformiat (4):Ameisensäure (1).
R_f-Bereich: ca. 0,30.*)

Farbreaktionen, Reagenzien: UV, violett.*)

Toxikologie: LD_{50} (Katze): 3 mg/kg intravenös.

Literatur: H 12, M 17, R 21; *) Naturstoffabt. C. Roth, Karlsruhe.

Handelsübliche Packung: 50 mg.

Vorschriften: → *Digitalisglykoside.*

Vorkommen: → *Digitalis-Arten.*

Therapie:
Erste Hilfe: Kohle-Pulvis-Gabe, Erbrechen auslösen, Natriumsulfat.
Klinik: Magenspülung (evtl. mit burgunderfarbener Kaliumpermanganatlösung), Kohleinstillation (10 g Pulvis), Herzschrittmacher (prophylaktisch), Hämoperfusion, Kontrolle des Kaliumspiegels und Substitution, Phenytoin, bei ventrikulärer Extrasystolie: Lidocain (Xylocain®), bei ausgeprägter Bradykardie: Atropin oder Orciprenalin (Alupent®), bei AV-Überleitungsstörungen: Vorsicht mit Substanzen, die diese zusätzlich beeinträchtigen, d.h. mit Ajmalin, Procainamid, β-Rezeptorenblocker und Chinidin.

Gitoxin

CAS-Nr.: [4562-36-1].

Synonyma: Anhydrogitalin, Bigitalin.

Gruppe: Glykosid.

Summenformel: $C_{41}H_{64}O_{14}$.

Molekulargewicht: 780,96.

Charakter: Farblose Prismen.

Löslichkeit: Löslich in Pyridin und Dimethylformamid.

Schmelzpunkt: 282–285 °C.

Spezifische Drehung: $[\alpha]_D^{20}$ +2,96° (c=0,9, Pyridin).

Gitoxin

Strukturformel:

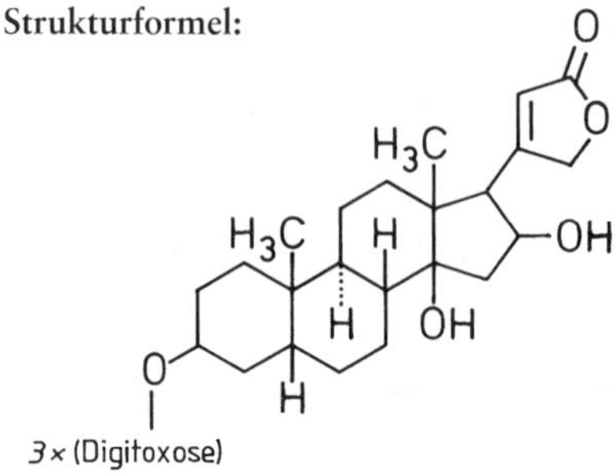

Toxikologie: LD_{50}: (Maus) 6,4 mg/kg i.p.; (Ratte) 21,0 mg/kg i.v. (Pentaacetat).

Literatur: H 12, M 17; Roth, Naturstoffliste, 143.

Handelsübliche Packung: 250 mg.

Vorschriften: → *Digitalisglykoside.*

Vorkommen: *Digitalis-Arten.*

> **Therapie:**
> Erste Hilfe: Kohle-Pulvis-Gabe, Erbrechen auslösen, Natriumsulfat.
> Klinik: Magenspülung (evtl. mit burgunderfarbener Kaliumpermanganatlösung), Kohleinstillation (10 g Pulvis), Herzschrittmacher (prophylaktisch), Hämoperfusion, Kontrolle des Kaliumspiegels und Substitution, Phenytoin, bei ventrikulärer Extrasystolie: Lidocain (Xylocain®), bei ausgeprägter Bradykardie: Atropin oder Orciprenalin (Alupent®), bei AV-Überleitungsstörungen: Vorsicht mit Substanzen, die diese zusätzlich beeinträchtigen, d. h. mit Ajmalin, Procainamid, β-Rezeptorenblocker und Chinidin. Evtl. Digitalis-Antitoxin BM.

Glaucin

CAS-Nr.: [475-81-0].

Synonyma: Boldin-dimethylether.

Gruppe: Alkaloid.

Strukturformel: Verbreitet in der Natur ist die D-Form.

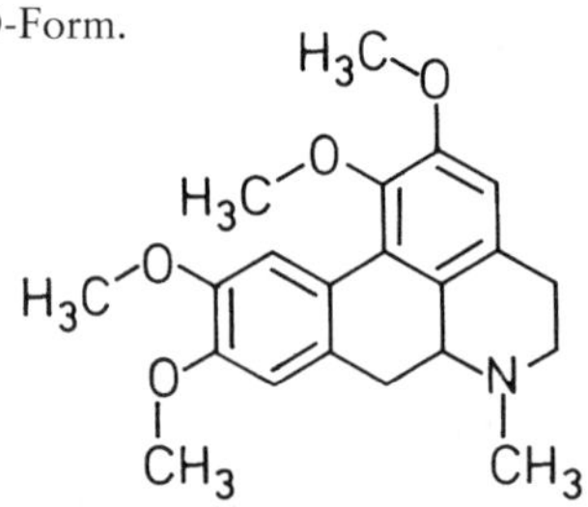

Summenformel: $C_{21}H_{25}NO_4$.

Molekulargewicht: 355,42.

Löslichkeit: Löslich in Aceton, Chloroform, Ethanol, Ethylacetat.

Schmelzpunkt: 120 °C.

Spezifische Drehung: $[\alpha]_D^{20}$ +115° (c=3 in Alkohol).

Literatur: H 12, M 17.

Handelsübliche Packung: 1 g.

Vorkommen: → *Glaucium flavum,* → *Liriodendron tulipifera.*

> **Therapie:**
> Erste Hilfe: Kohle-Pulvis trinken oder erbrechen lassen.
> Klinik: Nur nach großer Giftaufnahme Magenspülung, Kohle-Pulvis, Natriumsulfat. Plasmaexpander im Schock. Natriumbikarbonat zum Azidoseausgleich, ggf. Intubation und Beatmung.

Glucocheirolin

CAS-Nr.: [15592-36-6].

Gruppe: Thioglykosid.

Strukturformel:
(als K-Salz)

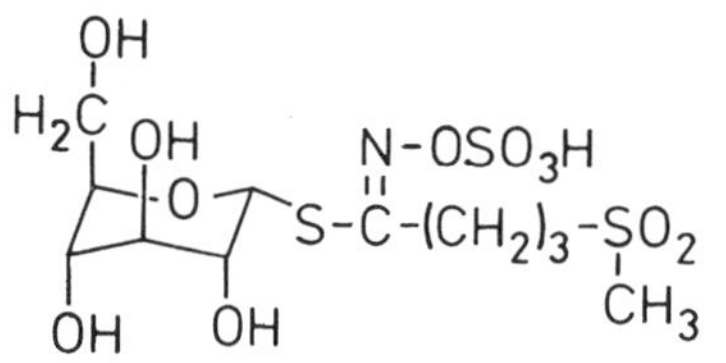

(als K-Salz)

Summenformel: $C_{11}H_{20}NO_{11}S_3K$.

Molekulargewicht: 477,59.

Charakter: Nadeln aus 90%igem Ethanol.

Löslichkeit: Leicht löslich in Wasser.

Schmelzpunkt: 158–160 °C.

Spezifische Drehung: $[\alpha]_D^{27}$ –21,56° (Wasser).

Toxikologie: Nach einigen Stunden Darmkoliken, Leibschmerzen, Erbrechen, Durchfall (evtl. blutig), Hypokaliämie, Schock, Atemdepression, Herzrhythmusstörungen.

Literatur: H 12, M 17, R 21.

Handelsübliche Packung: 25 mg.

Vorkommen: → *Cheiranthus cheiri.*

Therapie:
Erste Hilfe: Kohle-Pulvis-Gabe.
Klinik: Nur nach großer Giftaufnahme Magenspülung, Kohle-Pulvis, Natriumsulfat, Elektrolytausgleich (Kalium), Atropin, Alupent bei bradykarden Herzrhythmusstörungen, Lidocain oder Phenytosin bei tachykarden Herzrhythmusstörungen.

Glucofrangulin

CAS-Nr.: [52731-38-1].

Gruppe: Glykosid.

Strukturformel: Besteht aus 2 Isomeren: Glucofrangulin A u. B.

Summenformel: $C_{27}H_{30}O_{14}$.

Molekulargewicht: 578,54.

Literatur: H 12, M 17.

Vorkommen: → *Rhamnus frangula.*

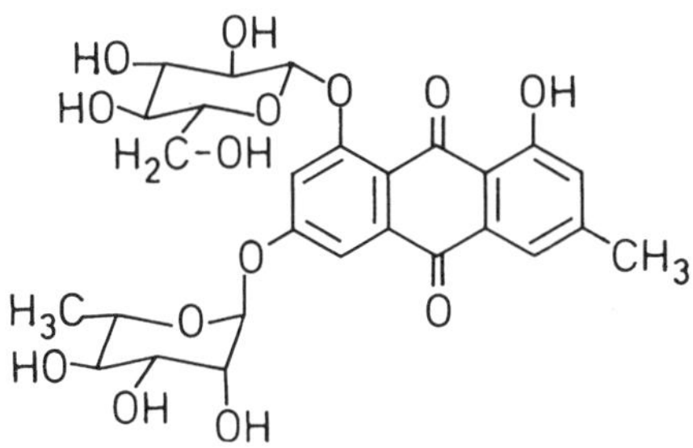

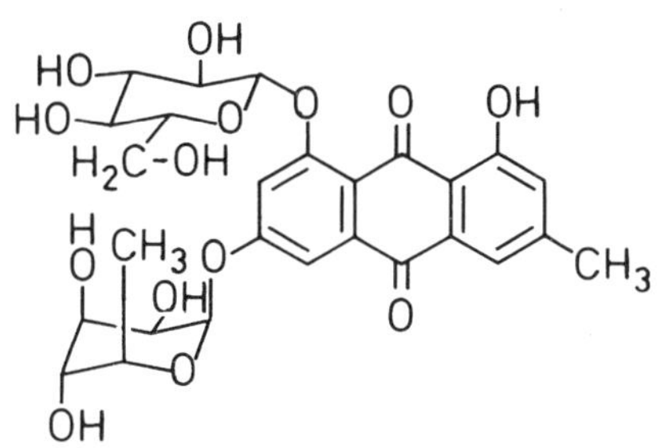

Therapie:
Erste Hilfe: Kohle-Pulvis (10 g), erbrechen lassen, viel warmen Tee oder Himbeersaft trinken lassen.
Klinik: Nach wahrscheinlich großer Giftaufnahme: Magenspülung (evtl. mit burgunderfarbener Kaliumpermanganatlösung), Instillation von 10 g Kohle-Pulvis und Natriumsulfat, Elektrolytsubstitution, Azidoseausgleich mit Natriumbikarbonat (Urin pH 7,5).

Glucoiberin

CAS-Nr.: [15592-34-4].

Gruppe: Thioglykosid.

Summenformel: $C_{11}H_{20}NO_{10}S_3K$.

Molekulargewicht: 461,56.

Charakter: Farblose Nadeln. Glucoiberin wird enzymatisch durch Myrosinase in das antibiotisch wirkende Iberin (Methylsulfenylpropylsenföl mit optisch aktiver, linksdrehender Sulfoxidgruppe) Glucose und Sulfat gespalten.

Schmelzpunkt: 142–144 °C.

Spezifische Drehung: $[\alpha]_D^{20}$ –55,3° (Wasser).

R_f-Werte Dünnschichtchromatographie: LM=Wasser; FM=n-Butanol (4):Eisessig (1): Wasser (5) (organische Phase).

R_f-Bereich: ca. 0,15.*)

Farbreaktionen, Reagenzien: Kupfersulfat, braun.*)

Toxikologie: Nach einigen Stunden Darmkoliken, Leibschmerzen, Erbrechen, Durchfall (evtl. blutig), Hypokaliämie, Schock, Atemdepression, Herzrhythmusstörungen.

Literatur: H 12, R 21; *) Naturstoffabt. C. Roth, Karlsruhe.

Handelsübliche Packung: 25 mg.

Vorkommen: → *Cheiranthus cheiri.*

Therapie:
Erste Hilfe: Kohle-Pulvis-Gabe.
Klinik: Nur nach großer Giftaufnahme Magenspülung, Kohle-Pulvis, Natriumsulfat, Elektrolytausgleich (Kalium), Atropin, Alupent bei bradykarden Herzrhythmusstörungen, Lidocain oder Phenytoin bei tachykarden Herzrhythmusstörungen.

Gossypol

CAS-Nr.: [303-45-7].

Summenformel: $C_{30}H_{30}O_8$.

Molekulargewicht: 518,54.

Charakter: Mindestens 3 Kristallmodifikationen; aus Ether, Fp. 184 °C; aus Chloroform, Fp. 199 °C; aus Ligroin, Fp. 214 °C.

Löslichkeit: Sehr leicht löslich in Petrolether, löslich in Methanol, Ethanol, Ether, Chloroform. Unlöslich in Wasser.

Toxikologie: LD_{50} (Ratte): 2,57 g/kg p.o. Als Vergiftungserscheinung vorübergehende Sterilität bei Männern („Pille für den Mann" in China).

Strukturformel:

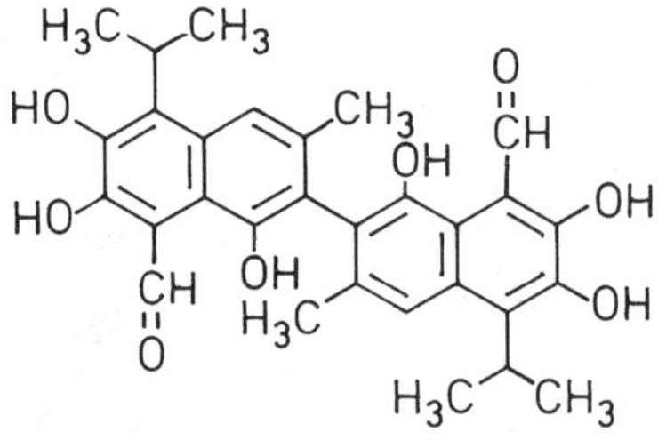

Literatur: H 30, M 17.

Handelsübliche Packung: 500 mg.

Vorkommen: → *Gossypium-Arten.*

Therapie:
Erste Hilfe: Kohle-Pulvis nach Verschlucken. Bei Atemdepressionen Mund-zu-Mund-Beatmung.
Klinik: Magenspülung, Kohle-Pulvis, Natriumsulfat, Intubation, Beatmung. Plasmaexpander im Schock. Natriumbikarbonat zum Azidoseausgleich.

Gratiolon

CAS-Nr.: [472-15-1].

Synonyma: Betulinsäure.

Gruppe: Triterpen.

Summenformel: $C_{30}H_{48}O_3$.

Molekulargewicht: 456,71.

Schmelzpunkt: 275–278 °C.

Spezifische Drehung: $[\alpha]_D^{23}$ +7,9° (c=0,57 in Pyridin).

Literatur: B 35, H 12.

Strukturformel:

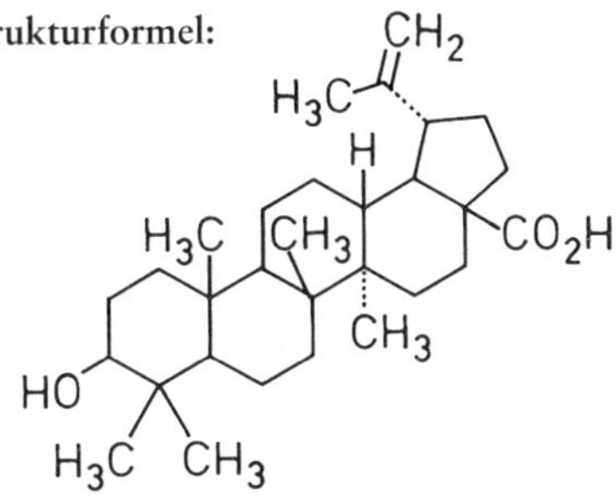

Vorkommen: Betula-Arten.

> Therapie:
> Erste Hilfe: Kohle-Pulvis-Gabe, Erbrechen auslösen, Natriumsulfat, viel warmen Tee trinken lassen. Haut- und Schleimhautblasen steril abdecken, Tetanusprophylaxe, lokal Locacorten-Schaum nach hochkonzentriertem Kontakt.
> Klinik: Magenspülung (evtl. mit burgunderfarbener Kaliumpermanganatlösung), Instillation von 10 g Kohle-Pulvis, Elektrolytsubstitution, Azidoseausgleich mit Natriumbikarbonat (Urin pH 7,5), Kontrolle der Nierenfunktion, bei Krämpfen Diazepam (Valium®) i.v., ggf. Plasma(expander)gabe, bei Atemlähmung: Intubation und Sauerstoffbeatmung.

Gratiosid

CAS-Nr.: [53762-90-6].

Gruppe: Glykosid.

Summenformel: $C_{42}H_{68}O_{14}$.

Molekulargewicht: 797,00.

Löslichkeit: Löslich in Ethanol, wenig löslich in Wasser.

Schmelzpunkt: 268–274 °C, 286–289 °C.

Spezifische Drehung: $[\alpha]_D^{20}$ +75° (c=0,825 in Ethanol).

Literatur: B 35, M 17.

Strukturformel:
Gratiogenin
Diglucosid=Gratiosid.

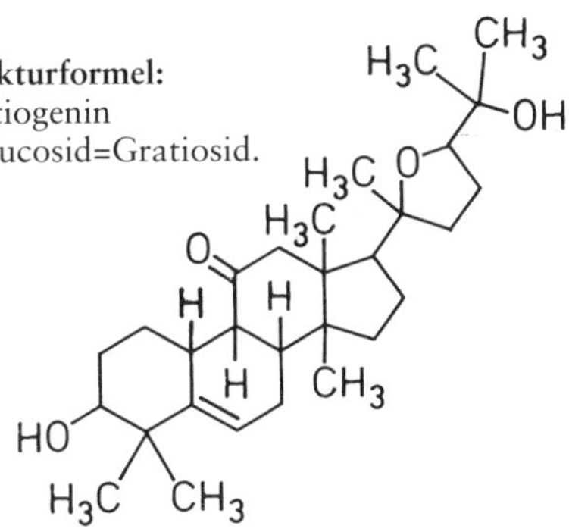

Vorkommen: → *Gratiola officinalis.*

> Therapie:
> Erste Hilfe: Kohle-Pulvis trinken oder erbrechen lassen.
> Klinik: Nur nach großer Giftaufnahme Magenspülung, Kohle-Pulvis, Natriumsulfat, Plasmaexpander im Schock. Natriumbikarbonat zum Azidoseausgleich, ggf. Intubation und Beatmung.

Hämolysine

Strukturformel: Unbekannte Strukturen.

Toxikologie: Antigen-Antikörper-Reaktion. Zunächst Allergie mit Übelkeit, Schüttelfrost, Fieber, Brechreiz, Kreislaufstörungen und evtl. Nierenversagen. Später Hämolyse.

Literatur: B 36.

> Therapie:
> Erste Hilfe: Kohle-Pulvis trinken lassen.
> Klinik: Nur nach großer Giftaufnahme Magenspülung, Kohle-Pulvis, Natriumsulfat. Plasmaexpander im Schock. Natriumbikarbonat zum Azidoseausgleich, ggf. Intubation und Beatmung. Kontrolle der Blutgerinnung und der Leberwerte.

Harmalin

CAS-Nr.: [304-21-2].

Synonyma: 3,4-Dihydroharmin.

Gruppe: Alkaloid.

Strukturformel:

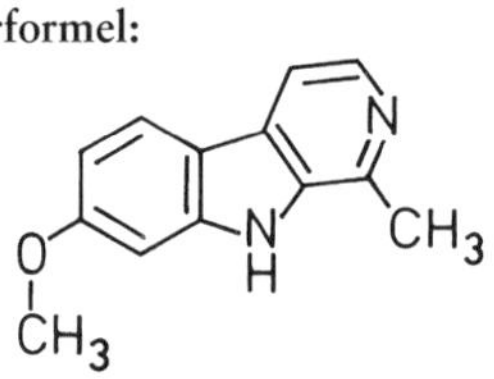

Summenformel: $C_{13}H_{14}N_2O$.

Molekulargewicht: 214,26.

Charakter: Kristalle.

Löslichkeit: Löslich in Säuren und Ether, wenig löslich in Ethanol, Wasser.

Schmelzpunkt: 250 °C (dec.).

R_f-Werte Dünnschichtchromatographie:
LM = Ethanol; FM = Essigester (10) : Ameisensäure (2) : Wasser (3).
R_f-Bereich: ca. 0,75.

Farbreaktionen: Dragendorff's Reagenz nach Munier, orange.

Toxikologie: LD (Ratte): 120 mg/kg s.c.

Literatur: H 12, M 17, R 21.

Handelsüblich: Harmalin.
Harmalin-hydrochlorid Fp. 212 °C.

Handelsübliche Packung: 1 g.

Vorkommen: → *Peganum harmala*, → *Banistera caapi*.

> Therapie:
> → *Harman*.

Harman

CAS-Nr.: [486-84-0].

Synonyma: Passiflorin, Aribin, Loturin; 1-Methyl-9H-pyrido-(3,4-b)-indol.

Gruppe: Alkaloid.

Strukturformel:

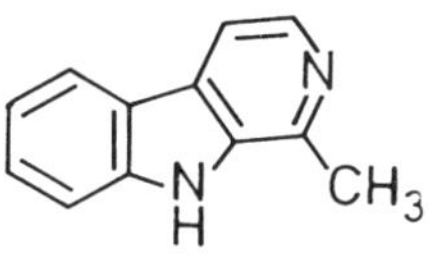

Summenformel: $C_{12}H_{10}N_2$.

Molekulargewicht: 254,22.

Charakter: Farblose, bitterschmeckende Kristalle.

Löslichkeit: Leicht löslich in Ethanol und verd. Säuren, wenig löslich in Wasser.

Schmelzpunkt: 237–238 °C.

R_f-Werte Dünnschichtchromatographie: (Tetrahydrat) LM = Ethanol; FM = Toluol (5) : Ethylformiat (4) : Ameisensäure (1). R_f-Bereich: ca. 0,25.*)

Farbreaktionen, Reagenzien: hellbraun.*)

Toxikologie: LD (Kaninchen): 200 mg/kg s.c.; LD_{50} (Maus): 50mg/kg i.p.

Literatur: H 12, M 17, R 21; *)Naturstoffabt. C. Roth, Karlsruhe.

Handelsüblich: Harman Tetrahydrat, Harman-hydrochlorid Fp. 120 – 130 °C.

Handelsübliche Packung: 250 mg.

Vorkommen: → *Peganum harmala;* → *Passiflora incarnata.*

Therapie:
Erste Hilfe: Ruhe, beruhigendes Zureden, beaufsichtigen, meist keine medikamentöse Therapie nötig, nur bei hochgradiger Erregung Doxepin (Aponal®) (50 mg oral oder i.m.), nur falls nicht anders vorhanden Diazepam (Valium®) (10 – 20 mg oral oder i.m.), nach oraler Überdosierung erbrechen lassen, Atemwege freihalten, evtl. Atemspende, warmhalten.
Klinik: Evtl. Magenspülung, Kohle-Pulvis- und Natriumsulfatinstillation, Plasmaersatzpräparate, beatmen.

Harmin

CAS-Nr.: [442-51-3].

Synonyma: Banisterin, Telepathin, Yagein.

Gruppe: Alkaloid.

Strukturformel:

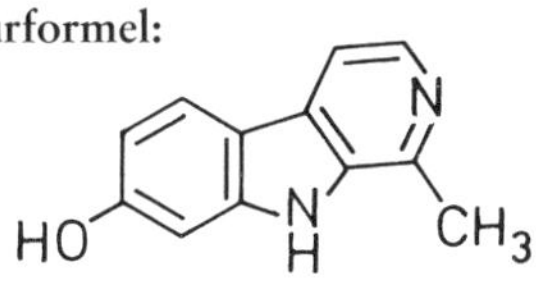

Summenformel: $C_{13}H_{12}N_2O$.

Molekulargewicht: 212,25.

Charakter: Schwach gelbliche Prismen aus Methanol.

Löslichkeit: in Methanol; wenig löslich in Wasser, Ethanol, Chloroform, Ether.

Schmelzpunkt: 262–264 °C (dec.).

R_f-Werte Dünnschichtchromatographie: LM = Ethanol; FM = Essigsäure (10):Ameisensäure (2):Wasser (3).
R_f-Bereich: ca. 0,8.

Farbreaktionen: Dragendorff's Reagenz nach Munier, orange.

Harmin

Toxikologie: LD_{50} (Ratte): 200 mg/kg subcutan.

Literatur: H 12, M 17, R 21.

Handelsübliche Packung: 500 mg.

Vorkommen: → *Peganum harmala*, → *Banistera caapi.*

Therapie:
Erste Hilfe: Ruhe, beruhigendes Zureden, beaufsichtigen, meist keine medikamentöse Therapie nötig, nur bei hochgradiger Erregung Doxepin (Aponal®) (50 mg oral oder i.m.), nur falls nicht anders vorhanden Diazepam (Valium®) (10 – 20 mg oral oder i.m.), nach oraler Überdosierung erbrechen lassen, Atemwege freihalten, evtl. Atemspende, warmhalten.
Klinik: Evtl. Magenspülung, Kohle-Pulvis- und Natriumsulfatinstillation, Plasmaersatzpräparate, beatmen.

Harmol

CAS-Nr.: [487-03-6].

Synonyma: Oxyharman.

Gruppe: Alkaloid.

Strukturformel:

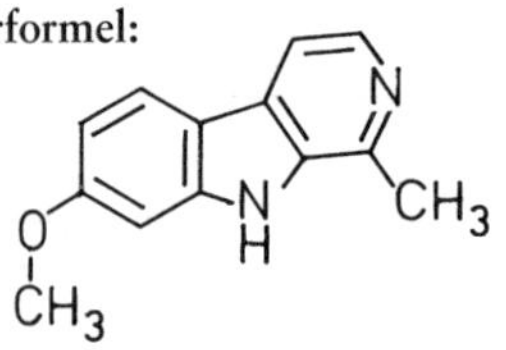

Summenformel: $C_{12}H_{10}N_2O$.

Molekulargewicht: 198,22.

Charakter: Kristalle, wäßrige Lösung gibt violette Fluoreszenz.

Schmelzpunkt: 322 °C (dec.).

Literatur: H 12.

Handelsüblich: Harmol-hydrobromid, Harmol-hydrochlorid Fp. ca. 325 °C (dec.).

Handelsübliche Packung: 100 mg.

Vorkommen: → *Passiflora incarnata.*

Therapie:
Erste Hilfe: Kohle-Pulvis-Gabe, Erbrechen auslösen, Roticlean®, Natriumsulfat, viel trinken lassen. Haut- und Schleimhautblasen steril abdecken, Tetanusprophylaxe, lokal Locacorten-Schaum nach konzentriertem Kontakt.
Klinik: Magenspülung (evtl. mit burgunderfarbener Kaliumpermanganatlösung), Kohle- und Natriumsulfatinstillation, gegen Koliken Atropin, Elektrolytsubstitution, Azidoseausgleich mit Natriumbikarbonat (Urin pH 7,5), bei Krämpfen Diazepam (Valium®) i.v., ggf. Intubation und Sauerstoffbeatmung.

α-Hederin

CAS-Nr.: [27013-91-8].

Synonyma: Helixin.

Gruppe: Saponin.

Summenformel: $C_{41}H_{66}O_{12}$.

Molekulargewicht: 750,98.

Löslichkeit: Löslich in Ethanol, Wasser, Methanol.

Strukturformel: α-Hederin Glykosid: Hederagenin+Arabinose+Rhamnose.
R: Rhamnose (1 → 2)
Arabinose (1 → 3)

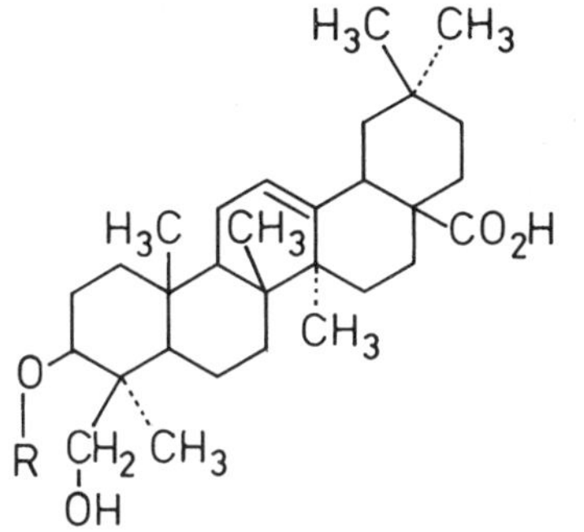

R_f-Werte Dünnschichtchromatographie: LM = Methanol; FM = Chloroform (35) : Methanol (15) : Wasser (2).
R_f-Bereich: ca. 0,75.

Farbreaktionen: Molybdatophosphorsäure, blau.

Schmelzpunkt: 256–257 °C.

Spezifische Drehung: $[\alpha]_D^{20}$ +14,5° (c=0,92 in Methanol).

Literatur: B 2, H 12, M 17, R 21.

Handelsübliche Packung: 10 mg, 250 mg.

Vorkommen: → *Hedera helix*.

Therapie:
Erste Hilfe: Kohle-Pulvis-Gabe, Erbrechen auslösen, Natriumsulfat, viel warmen Tee trinken lassen. Haut- und Schleimhautblasen steril abdecken, Tetanusprophylaxe, lokal Locacorten-Schaum.
Klinik: Magenspülung (evtl. mit burgunderfarbener Kaliumpermanganatlösung), Instillation von 10 g Kohle-Pulvis, Elektrolytsubstitution, Azidoseausgleich mit Natriumbikarbonat (Urin pH 7,5), Kontrolle der Nierenfunktion, bei Krämpfen Diazepam (Valium®) i.v., ggf. Plasma(expander)gabe, bei Atemlähmung: Intubation und Sauerstoffbeatmung.

Hellebrin

CAS-Nr.: [13289-18-4].

Synonyma: Hellebrigenin Glucorhamnosid.

Gruppe: Steroidglykosid.

Strukturformel:

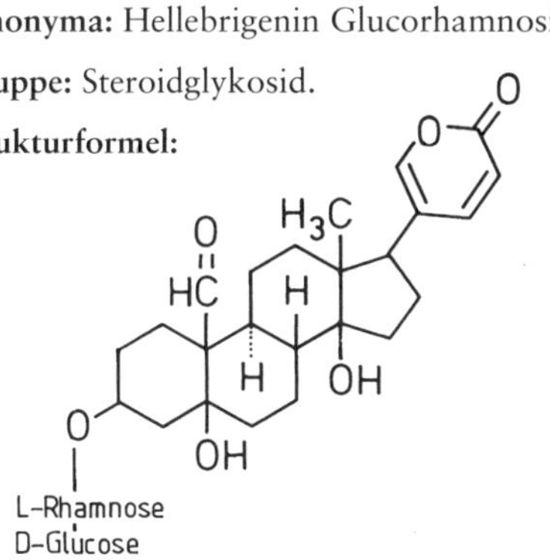

Summenformel: $C_{36}H_{52}O_{15}$.

Molekulargewicht: 724,82.

Charakter: Farblose Kristalle. Geschmack zuerst süßlich, dann bitter

Löslichkeit: Löslich in verd. Ethanol, wenig löslich in Ethanol und Methanol.

Schmelzpunkt: 283–284 °C.

Spezifische Drehung: $[\alpha]_D^{20}$ –23,4° (50% Methanol).

Toxikologie: LD_{50} (Katze): 0,1 mg/kg p.o. Die perorale Resorptionsquote des reinen Hellebrins ist nur gering, deshalb ist eine schwere Herzsymptomatik nur selten zu erwarten.
Intoxikationen mit Hellebrin zeigen die typischen Symptome einer Herzglykosidvergiftung mit Bradycardie. Herzrhythmusstörungen mit verlängertem P-R-Intervall, Ventrikelfibrillation sowie Asystolie, gastrointe-

Hellebrin

stinalen Störungen und Neurotoxizität. Das Aglycon (Hellebrigenin) besitzt eine höhere Toxizität als Hellebrin. [H 13]

Literatur: H 12, H 13, M 17.

Vorkommen: → *Helleborus-Arten.*

> **Therapie:**
> Erste Hilfe: Kohle-Pulvis-Gabe, Erbrechen auslösen, Natriumsulfat.
> Klinik: Magenspülung (evtl. mit burgunderfarbener Kaliumpermanganatlösung), Kohleinstillation (10 g Pulvis), Kontrolle des Kaliumspiegels und Substitution; evtl. Antiarrhythmika, bei AV-Überleitungsstörungen: Vorsicht mit Substanzen, die diese zusätzlich beeinträchtigen, d.h. mit Ajmalin, Procainamid, β-Rezeptorenblocker und Chinidin.

Helveticosid

CAS-Nr.: [630-64-8].

Synonyma: Strophanthidin-digitoxosid, Evisimin, Alleosid A.

Gruppe: Glykosid.

Strukturformel:

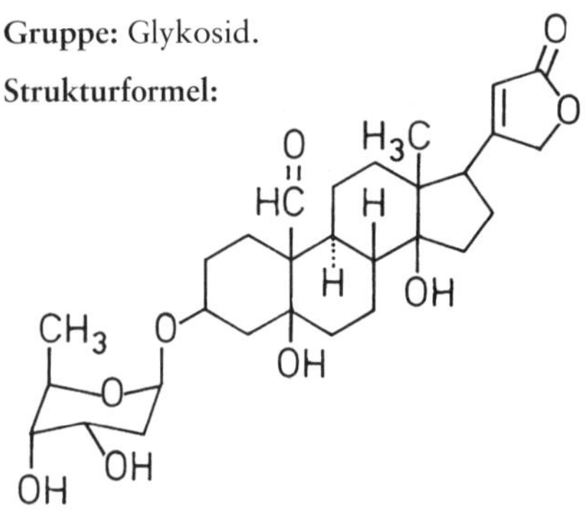

Summenformel: $C_{29}H_{42}O_9$.

Molekulargewicht: 534,63.

Charakter: Als Dihydrat kristallisiert.

Schmelzpunkt: 154–157 °C.

Spezifische Drehung: $[\alpha]_D$ +29,5° (Methanol).

Toxikologie: LD_{50} (Katze): 0,0052 mg/kg i.v.

Literatur: H 12, M 17, R 21.

Handelsübliche Packung: 50 mg.

Vorkommen: → *Strophanthus-Arten,* → *Erysimum diffusum* und andere → *Erysimum-Arten.*

> **Therapie:**
> Erste Hilfe: Kohle-Pulvis-Gabe, Erbrechen auslösen, Natriumsulfat.
> Klinik: Magenspülung (evtl. mit burgunderfarbener Kaliumpermanganatlösung), Kohleinstillation (10 g Pulvis), Kontrolle des Kaliumspiegels und Substitution; evtl. Antiarrhythmika, bei AV-Überleitungsstörungen: Vorsicht mit Substanzen, die diese zusätzlich beeinträchtigen, d.h. mit Ajmalin, Procainamid, β-Rezeptorenblocker und Chinidin.

Helveticosol

CAS-Nr.: [18695-02-8].

Synonyma: Strophanthidoldigitoxosid.

Gruppe: Glykosid.

Summenformel: $C_{29}H_{44}O_9$.

Molekulargewicht: 536,66.

Schmelzpunkt: 177–179 °C.

Literatur: R 21, T 14.

Handelsübliche Packung: 50 mg.

Vorkommen: → *Strophanthus-Arten.*

Strukturformel:

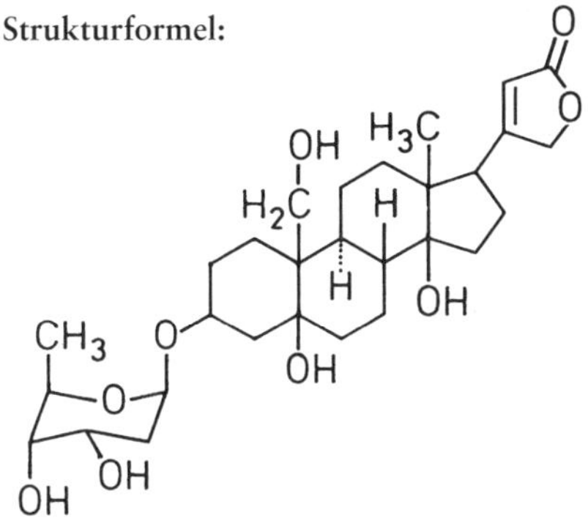

Therapie:
Erste Hilfe: Kohle-Pulvis-Gabe, Erbrechen auslösen, Natriumsulfat.
Klinik: Magenspülung (evtl. mit burgunderfarbener Kaliumpermanganatlösung), Kohleinstillation (10 g Pulvis), Herzschrittmacher (prophylaktisch), Hämoperfusion, Kontrolle des Kaliumspiegels und Substitution; Phenytoin, bei ventrikulärer Extrasystolie: Lidocain (Xylocain®), bei ausgeprägter Bradykardie: Atropin oder Orciprenalin (Alupent®), bei AV-Überleitungsstörungen: Vorsicht mit Substanzen, die diese zusätzlich beeinträchtigen, d.h. mit Ajmalin, Procainamid, β-Rezeptorenblocker und Chinidin.

Herniarin

CAS-Nr.: [531-59-9].

Synonyma: 7-Methoxycumarin, Ayapamin, Umbelliferon-methylester.

Gruppe: Cumarin.

Strukturformel:

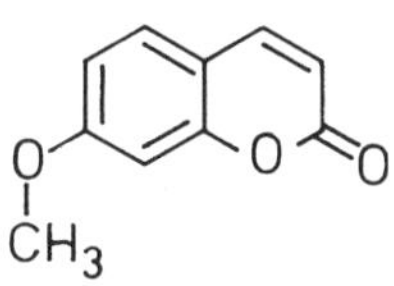

Summenformel: $C_{10}H_8O_3$.

Molekulargewicht: 176,17.

Charakter: Glänzende Blättchen.

Schmelzpunkt: 117–118 °C.

Chromatographie: Stahl S.131.

Farbreaktionen, Reagenzien: UV 365 nm, blaue Fluoreszenz.

Literatur: B 35, H 12, R 21.

Handelsübliche Packung: 1 mg.

Vorkommen: Herniaria glabra L., Herniaria hirsuta L., → *Lavandula angustifolia.*

Therapie:
Erste Hilfe: Kohle-Pulvis, erbrechen.
Klinik: Nur nach großer Giftaufnahme Magenspülung, Kohle-Pulvis, Natriumsulfat. Kontrolle der Blutgerinnung, evtl. PPSB.

Holocalin

CAS-Nr.: [41753-54-2].

Gruppe: Alkaloid.

Summenformel: $C_{14}H_{17}NO_7$.

Molekulargewicht: 311,29.

Schmelzpunkt: Ca. 155 °C.

Literatur: R 21, T 14.

Handelsübliche Packung: 10 mg.

Strukturformel: S-Form=Zierin.

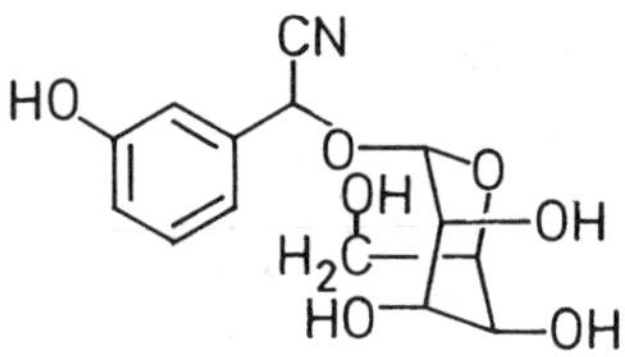

Therapie:
Erste Hilfe: Kohle-Pulvis trinken lassen.
Klinik: Nur nach großer Giftaufnahme Magenspülung, Kohle-Pulvis, Natriumsulfat, Plasmaexpander im Schock, Natriumbikarbonat zum Azidoseausgleich, ggf. Intubation und Beatmung.

Hydrastin

CAS-Nr.: [118-08-1].

Synonyma: L-β-Hydrastin.

Gruppe: Alkaloid.

Strukturformel:

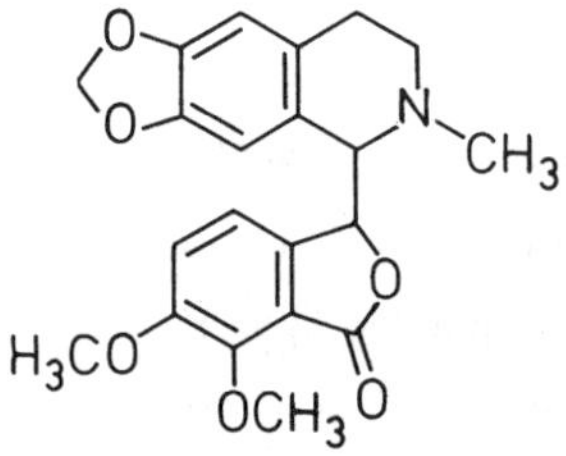

Summenformel: $C_{21}H_{21}NO_6$.

Molekulargewicht: 383,39.

Charakter: Weiße, glänzende Prismen, Substanz fluoresziert bei UV-Bestrahlung.

Löslichkeit: Löslich in heißem Aceton und Benzol, leicht löslich in Chloroform.

Schmelzpunkt: 132 °C.

Spezifische Drehung: $[\alpha]_D^{20}$ −50° (c=0,3 in abs. Alkohol).

Toxikologie: Hydrastin bewirkt eine mäßige Verlangsamung der Herztätigkeit als Folge einer sympathicolytischen Wirkung. In großen Dosen wirkt es lähmend auf das Zentralnervensystem und bewirkt eine allgemeine schlaffe Lähmung der Muskulatur [H 12].

Literatur: B 35, H 12, M 17.

Handelsübliche Packung: 250 mg.

Vorschriften: Stoffe der Kosmetikverordnung v. 19. 6. 1985 Anlage 1: 199 Hydrastin sowie Hydrastinin und ihre Salze.

Vorkommen: → *Hydrastis canadensis.*

Therapie:
Erste Hilfe: Kohle-Pulvis-Gabe, Erbrechen auslösen, Natriumsulfat.
Klinik: Magenspülung (evtl. mit burgunderfarbener Kaliumpermanganatlösung), Kohleinstillation (10 g Pulvis), EKG-Monitorkontrolle.

Hydrochinon

CAS-Nr.: [123-31-9].

Synonyma: 1,4-Dihydroxybenzol; E: Hydroquinone.

Strukturformel:

Summenformel: $C_6H_6O_2$.

Molekulargewicht: 110,11.

Charakter: Kristalle; Lösungen werden an der Luft braun.

Löslichkeit: Leicht löslich in Ethanol, Ether, löslich in Wasser.

Schmelzpunkt: 170–171 °C.

Kochpunkt: Kp. 285–287 °C.

Toxikologie: LD_{50} (Ratte): 320 mg/kg p.o.

Literatur: H 12, M 17.

Handelsübliche Packung: 100 g.

Vorschriften: Stoff der Kosmetikverordnung v. 19. 6. 1985 Anlage 2, Teil A: Hydrochinon in Oxidations-Haarfärbemittel und Hautbleichmittel, zulässige Höchstkonzentration im kosmetischen Fertigerzeugnis 2%.
Giftklasse 3 der Schweizer Giftliste.
Im Katalog wassergefährdender Stoffe Wassergefährdungsklasse 2.

Vorkommen: → *Arctostaphylos uva-ursi*, → *Vaccinium myrtillus*.

Therapie:
Erste Hilfe: Kohle-Pulvis trinken lassen.
Klinik: Nur nach großer Giftaufnahme Magenspülung, Kohle-Pulvis, Natriumsulfat. Plasmaexpander im Schock. Natriumbikarbonat zum Azidoseausgleich, ggf. Intubation und Beatmung. Antidot Toluidinblau i.v. bei Methämoglobinämie.

Hygrin

CAS-Nr.: [496-49-1].

Gruppe: Alkaloid.

Strukturformel:

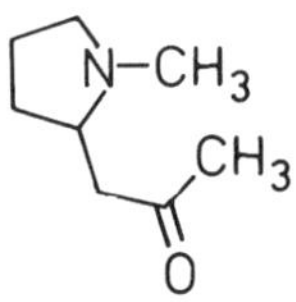

Summenformel: $C_8H_{15}NO$.

Molekulargewicht: 141,21.

Charakter: Flüssigkeit.

Löslichkeit: Löslich in Chloroform, Ethanol, verd. Säuren.

Kochpunkt: Kp.$_{11}$ 76,5 °C.

Brechungsindex: nD 1,4555.

Literatur: B 35, H 12, M 17.

Vorkommen: → *Nicandra physaloides*, → *Erythroxylum coca*.

Therapie:
Erste Hilfe: Kohle-Pulvis, erbrechen lassen, viel warmen Tee trinken lassen, Natriumsulfat, Schockprophylaxe (Ruhe, Wärme). Haut- und Schleimhautblasen steril abdecken, Tetanusprophylaxe, lokal Locacorten-Schaum.
Klinik: Magenspülung (evtl. mit burgunderfarbener Kaliumpermanganatlösung), Elektrolytsubstitution, Azidoseausgleich mit Natriumbikarbonat (Urin pH 7,5), im Schock Plasmaexpandergabe, bei Krämpfen Diazepam (Valium®) i.v., Kontrolle der Nierenfunktion, bei Atemlähmung Intubation und Sauerstoffbeatmung.

L-Hyoscyamin

CAS-Nr.: [101-31-5].

Synonyma: L-Tropyl-tropat, Daturin, Levisin, Duboisin, Levisin, L-Tropasäure-tropinester, (–)-Hyoscyamin, Tropin-L-tropat.

Gruppe: Alkaloid.

Strukturformel:

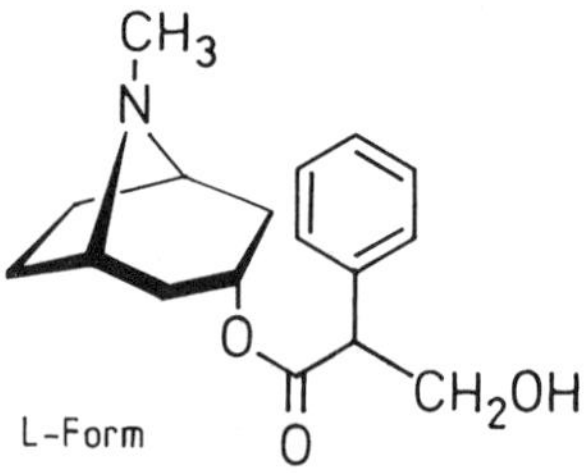

L-Form

Summenformel: $C_{17}H_{23}NO_3$.

Molekulargewicht: 289,36.

Charakter: Weiße, seidige Nadeln oder weißgelbliches Pulver. Gruchlos, Geschmack bitter, scharf. Schnelle Racemisierung zu → *Atropin.*

Löslichkeit: Löslich in Ethanol, verd. Säuren.

Schmelzpunkt: 108,5 °C.

Spezifische Drehung: $[\alpha]_D^{20}$ –21,0° (c=1 in Alkohol).

Chromatographie: Stahl [S 53].

Farbreaktionen, Reagenzien: Dragendorff's Reagenz, orange-rot. R_f-Bereich: ca. 0,4.

Toxikologie: Bei Tagesgaben von mehr als 3,6 mg über längere Zeit wurde Entwicklung einer Abhängigkeit beobachtet.
LD (Erwachsener): ab 10 mg p.o.

Literatur: H 12, H 13, M 17, R 21, S 53.

Handelsüblich: Hyoscyamin-hydrobromid Fp. ca. 153 °C.
Hyoscyamin-sulfat Fp. 206 °C (sine H_2O).

Handelsübliche Packung: 1 g, 5 g.

Vorschriften: Hyoscyamin unterliegt der Gefahrstoffverordnung:
EG Nr. 614-012-00-4
☠+ R: 26/28 S: (1/2)-24-45 incl. Zubereitungen,
ebenso Hyoscyamin-Salze:
EG Nr. 614-013-00-X
☠+ R: 26/28 S: (1/2)-24-45 incl. Zubereitungen.
Stoffe der Kosmetikverordnung v. 19. 6. 1985 Anlage 1: 210 Hyoscyamin, seine Salze und Derivate.

Vorkommen: → *Atropa bella-donna,* → *Datura stramonium,* → *Hyoscyamus niger* und andere Solanaceae.

Therapie:
Erste Hilfe: Kohle-Pulvis-Gabe, Erbrechen auslösen, Natriumsulfat.
Klinik: Frühzeitige Magenspülung mit gut eingeöltem Schlauch (Paraffinöl, Roticlean®), Physostigmin (Anticholium) i.m. (oder langsam i.v.) (Erwachsene 2 mg, Kinder 0,5 mg), Wiederholung je nach Bedarf bei Wiederauftreten gefährlicher Symptome, Plasmaexpander bei Schock, ggf. Intubation und Sauerstoffbeatmung.

Hypericin

CAS-Nr.: [548-04-9].

Synonyma: Hypericumrot, Mycoporphyrin, Cyclosan.

Strukturformel:

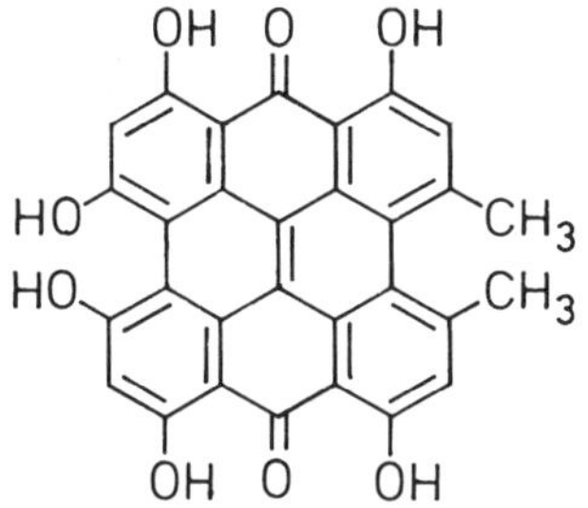

Summenformel: $C_{30}H_{16}O_8$.

Molekulargewicht: 504,43.

Charakter: Violette Kristalle. Alkalisch wäßrige Lösungen unter pH 11,5 sind rot, über 11,5 grün mit roter Fluoreszenz.

Löslichkeit: Leicht löslich in Pyridin und anderen organischen Basen, schwer löslich in wäßrigem Alkali und Nitrobenzol mit ziegelroter Fluoreszenz.

Schmelzpunkt: Ca. 320 °C (dec.).

Toxikologie: Pharmakologische Wirkung des Hypericins: Nach Genuß von Hypericumkraut durch nicht pigmentierte Tiere (weiße Pferde, Schafe, Ratten, Mäuse), die anschließend hellem Licht ausgesetzt werden, sind akute Sensibilisationserscheinungen zu beobachten (Photosensibilisierung), die von Hausmann 1931 als Hypericismus bezeichnet wurden. Bei dieser Erkrankung werden die Tiere sehr unruhig, wälzen sich auf dem Boden, Kinn und Lippen schwellen, in schweren Fällen sterben sie unter Krämpfen.
Wird Tieren nur reines Hypericin in Phosphatpufferlösung subkutan eingespritzt oder per os gegeben, so treten die gleichen Erscheinungen auf. 1 mg Hypericin genügt z. B., um eine 100 g schwere weiße oder gescheckte Ratte bei Sonnenbestrahlung innerhalb von 2 Std. zu töten. Ohne Belichtung bleibt die Ratte am Leben. Schon in geringer Menge führt Hypericin bei anschließender Belichtung zur Hämolyse von roten Blutkörperchen, ähnlich wie manche Porphyrine.

Anwendung: Medizinisch werden Hypericumpräparate heute vor allem bei nervösen Störungen, Schlaflosigkeit, Migräne innerlich genommen und hypericinhaltige Öle und Salben zur besseren und schnelleren Wundheilung äußerlich angewendet. Nach dem Einnehmen hypericinhaltiger Präparate sind Sonnenstrahlen und Höhensonne zu vermeiden.

Literatur: H 12, M 17, R 21, R 23; Roth, Naturstoffliste, 167; → *Hypericum perforatum.*

Handelsübliche Packung: 10 mg.

Vorkommen: → *Hypericum-Arten.*

Therapie:
Erste Hilfe: Kohle-Pulvis trinken lassen. Sonnenexposition meiden.
Klinik: Nur nach großer Giftaufnahme Magenspülung, Kohle-Pulvis, Natriumsulfat. Plasmaexpander im Schock. Natriumbikarbonat zum Azidoseausgleich, ggf. Intubation und Beatmung.

Hyperosid

CAS-Nr.: [482-36-0].

Synonyma: Hyperin, Quercetin-3β-D-galactosid.

Gruppe: Flavonoid.

Strukturformel:

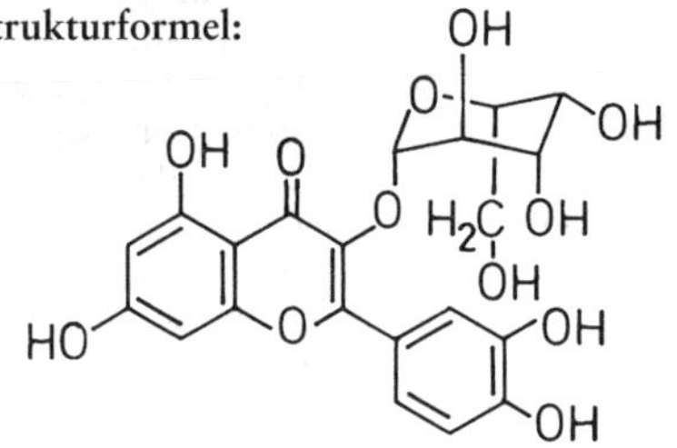

Summenformel: $C_{21}H_{20}O_{12}$.

Molekulargewicht: 464,39.

Charakter: Hellgelbe Nadeln.

Schmelzpunkt: 232–233 °C (dec.).

Spezifische Drehung: $[\alpha]_D^{20}$ −83° (c=0,2 in Pyridin).

R_f-Werte Dünnschichtchromatographie: LM = Natronlauge; FM = Essigester (10): Ameisensäure (2) : Wasser (3).
R_f-Bereich: ca. 0,90.*)

Farbreaktionen, Reagenzien: UV, violett, Naturstoffreagenz A.*)

Literatur: B 35, K 7, R 21, R 23, T 14; *)Naturstoffabt. C. Roth, Karlsruhe.

Handelsübliche Packung: 25 mg.

Vorkommen: → *Ledum palustre*, → *Vaccinium uliginosum*, in zahlreichen anderen Pflanzen.

Therapie:
Erste Hilfe: Kohle-Pulvis trinken lassen.
Klinik: Nur nach großer Giftaufnahme Magenspülung, Kohle-Pulvis, Natriumsulfat. Plasmaexpander im Schock. Natriumbikarbonat zum Azidoseausgleich, ggf. Intubation und Beatmung.

Ibogain

CAS-Nr.: [83-74-9].

Gruppe: Alkaloid.

Strukturformel:

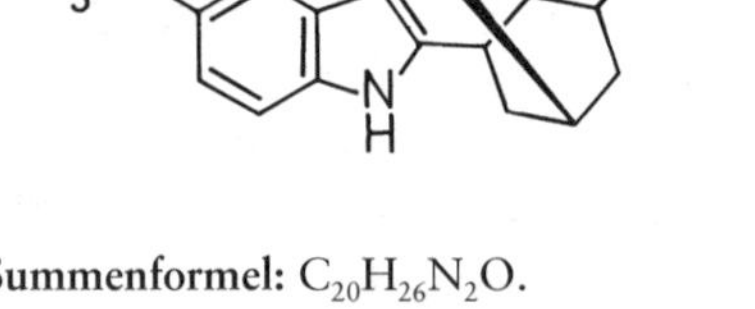

Summenformel: $C_{20}H_{26}N_2O$.

Molekulargewicht: 310,42.

Charakter: Weiße Nadeln.

Löslichkeit: Löslich in Ethanol, Ether, Chloroform, Aceton, Benzol.

Schmelzpunkt: 148–150 °C.

Spezifische Drehung: $[\alpha]_D^{20}$ −53° (in 95% Ethanol).

Toxikologie: Ibogain hat eine cocainähnliche Wirkung und soll ein stärkeres Halluzinogen als LSD sein. Es wurde von der US Food and Drug Administration in dieselbe Kategorie wie LSD eingeordnet, da es sich eindeutig als Halluzinogen erwiesen hat.

Literatur: H 12, M 17, R 21.

Vorkommen: → *Tabernanthe iboga*.

Ibogain

Therapie:
Erste Hilfe: Kohle-Pulvis, erbrechen lassen, viel warmen Tee trinken lassen, Natriumsulfat, Schockprophylaxe (Ruhe, Wärme). Beruhigen.
Klinik: Magenspülung (evtl. mit burgunderfarbener Kaliumpermanganatlösung), sedieren mit Doxepin (Aponal® forte), bei Krämpfen Diazepam (Valium®) i.v., Kontrolle der Nierenfunktion, bei Atemlähmung Intubation und Sauerstoffbeatmung.

Imperialin

CAS-Nr.: [18059-10-4].

Synonyma: Raddeamin, Sipeimin.

Gruppe: Alkaloid.

Summenformel: $C_{27}H_{43}NO_3$.

Molekulargewicht: 429,62.

Schmelzpunkt: 267 °C.

Spezifische Drehung: $[\alpha]_D^{22}$ −38,5° (c=1,5 in Chloroform).

Literatur: H 12, M 17.

Strukturformel:

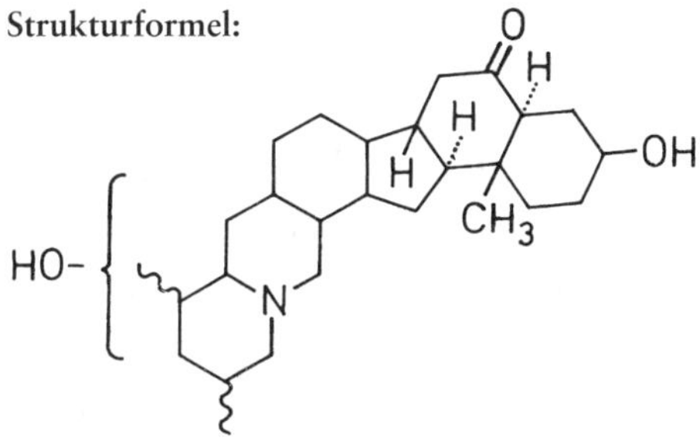

Vorkommen: → *Fritillaria imperialis.*

Therapie:
Erste Hilfe: Sofotiges Erbrechen, 10 g Kohle-Pulvis, Natriumsulfat.
Klinik: Magenspülung (evtl. mit burgunderfarbener Kaliumpermanganatlösung), Instillation von 10 g Kohle-Pulvis und Natriumsulfat, Elektrolytsubstitution, Azidoseausgleich mit Natriumbikarbonat (Urin pH 7,5), bei Krämpfen Diazepam (Valium®) i.v., ggf. Intubation und Sauerstoffbeatmung.

Imperatorin

CAS-Nr.: [482-44-0].

Synonyma: Marmelosin, Ammidin.

Gruppe: Lacton.

Strukturformel:

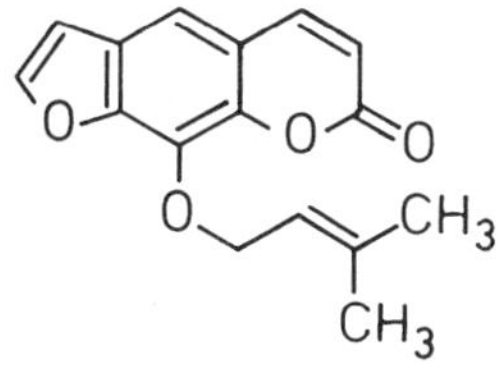

Summenformel: $C_{16}H_{14}O_4$.

Molekulargewicht: 270,29.

Charakter: Kristalle.

Löslichkeit: Leicht löslich in Chloroform, löslich in Benzol, Ethanol, Ether, Petrolether, Alkalihydroxiden.

Schmelzpunkt: 100–102 °C.

R_f-Werte Dünnschichtchromatographie:
LM = Chloroform (99) : Methanol (1).
R_f-Bereich: ca. 0,9.

Farbreaktionen: UV lila; Molybdatophosphorsäure, grau.

Imperatorin

Toxikologie: Imperatorin besitzt phototoxische und photomutagene Eigenschaften.

Verordnungen: Giftklasse 3 der Schweizer Giftliste.

Literatur: H 12, M 17.

Handelsübliche Packung: 100 mg.

Vorkommen: → *Angelica archangelica,* → *Heracleum sphondylium,* → *Heracleum mantegazzianum* und andere Apiaceae.

Therapie:
Erste Hilfe: Kohle-Pulvis-Gabe.
Klinik: Nur nach großer Giftaufnahme Magenspülung, Kohle-Pulvis, Natriumsulfat, Elektrolytausgleich (Kalium).

Isochinolin-Alkaloide

Wirkungscharakter: Mit Ausnahme der Opiumalkaloide, die gesondert beschrieben werden, ähneln sich die Isochinolin-Alkaloide in ihrer Wirkung sehr. Sie sind starke lokale Reizgifte. Resorptiv bewirken sie zunächst zentrale Erregung, dann Lähmung, insbesondere des Atemzentrums. Da sie über die Nieren ausgeschieden werden, können sie diese degenerativ schädigen.

Symptome: Hauterscheinungen: Rötung, Blasenbildung, evtl. Nekrosen. Brennen, Schmerzen, Blasenbildung im Mund und Ösophagus, Übelkeit, Erbrechen, akute Gastroenteritis, z. T. blutige Diarrhöen, Koliken, Harndrang, Hämaturie, Schwindel, Benommenheit, Krämpfe, Atemnot, Kollaps.

Nachweis: Dünnschichtchromatographie im Erbrochenen und Magenspülwasser.

Vorkommen: Isochinolin-Alkaloide sind Inhaltsstoffe der Papaveraceen (Opiumalkaloide) → *Papaver somniferum,* Rhoeadin: → *Papaver rhoeas,* Eschscholzin: → *Eschscholzia californica,* Chelerythrin: → *Chelidonium majus,* Cularin: → *Corydalis cava,* → *Dicentra spectabilis.*

Therapie:
Erste Hilfe: Kohle-Pulvis-Gabe, Erbrechen auslösen, Natriumsulfat.
Haut- und Schleimhautblasen steril abdecken, Tetanusprophylaxe, lokal Locacorten-Schaum.
Klinik: Nach wahrscheinlich großer Giftaufnahme: Magenspülung (evtl. mit burgunderfarbener Kaliumpermanganatlösung), Instillation von 10 g Kohle-Pulvis, Überwachung von Elektrolyten und Nierenfunktion, Alkalisierung mit Natriumbikarbonatinfusionen (Urin pH 7,5), ggf. Intubation und Sauerstoffbeatmung. Bei Opiumalkaloiden Antidot Naloxan (Levall-Orphan) möglich.

Isogelsemin

Gruppe: Alkaloid.

Summenformel: $C_{20}H_{22}N_2O_2$.

Molekulargewicht: 322,40.

R_f-Werte Dünnschichtchromatographie: LM = Chloroform; FM = Chloroform (9) : Diethylamin (1). R_f-Bereich: ~0,5.*)

Farbreaktionen, Reagenzien: Dragendorff's Reagenz nach Munier, orange; Joddämpfe, gelb.

Literatur: R 21; *)Naturstoffabt. C. Roth, Karlsruhe.

Handelsübliche Packung: 100 mg.

Isogelsemin

Therapie:
Erste Hilfe: Sofort Kohle-Pulvis (10 g), Erbrechen auslösen, Natriumsulfat.
Klinik: Magenspülung (evtl. mit burgunderfarbener Kaliumpermanganatlösung), Instillation von 10 g Kohle-Pulvis, Natriumsulfat. Nach der Resorption (Krämpfe) Relaxierung und Intubation, evtl. Sauerstoffbeatmung.

Isopilocarpin

CAS-Nr.: [531-35-1].

Gruppe: Alkaloid.

Summenformel: $C_{11}H_{16}N_2O_2$.

Molekulargewicht: 208,25.

Charakter: Hygroskopische ölige Flüssigkeit oder Prismen.

Kochpunkt: Kp_{10} 261 °C.

Spezifische Drehung: $[\alpha]_D^{18}$ +50° (c=2).

Literatur: B 35, H 12, M 17.

Handelsüblich: Isopilocarpin-nitrat Fp. 157 °C.

Handelsübliche Packung: 100 mg.

Vorkommen: → *Pilocarpus jaborandi.*

Therapie:
Erste Hilfe: Sofort Kohle-Pulvis-Gabe, erbrechen lassen, Natriumsulfat, beatmen, Herzmassage, Speichel absaugen, Schockprophylaxe (Ruhe, Wärme).
Klinik: Magenspülung (evtl. mit burgunderfarbener Kaliumpermanganatlösung), Antidot Atropin (1–2 mg langsam i.v. oder i.m.), laufend wiederholen (Mydriasis, trockene Haut), bei Krämpfen Diazepam (Valium®) i.v., Plasma(expander)gabe. Ggf. Intubation und Beatmung.

Isopilosin

CAS-Nr.: [491-88-3].

Synonyma: Carpilin, Carpidin.

Gruppe: Alkaloid.

Summenformel: $C_{16}H_{18}N_2O_3$.

Molekulargewicht: 286,33.

Charakter: Farblose Kristalle.

Schmelzpunkt: 182–182,5 °C.

Spezifische Drehung: $[\alpha]_D^{20}$ +37,6° (Ethanol).

Literatur: H 12, M 17, R 21.

Handelsübliche Packung: 1 g.

Vorkommen: → *Pilocarpus jaborandi.*

Therapie:
Erste Hilfe: Kohle-Pulvis trinken lassen.
Klinik: Nur nach großer Giftaufnahme Magenspülung, Kohle-Pulvis, Natriumsulfat. Plasmaexpander im Schock. Natriumbikarbonat zum Azidoseausgleich, ggf. Intubation und Beatmung.

Isoreserpilin

CAS-Nr.: [572-67-8].

Gruppe: Alkaloid.

Strukturformel:

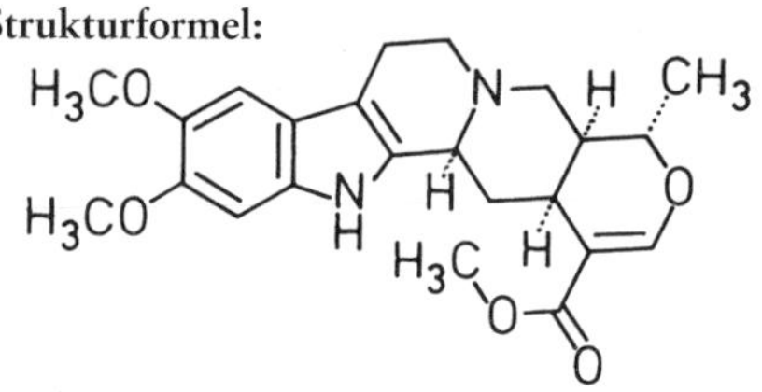

Summenformel: $C_{23}H_{28}N_2O_5$.

Molekulargewicht: 412,47.

Schmelzpunkt: 211–212 °C (dec.).

Spezifische Drehung: $[\alpha]_D^{20}$ −82° (Pyridin).

Literatur: B 35.

Handelsübliche Packung: 100 mg.

Vorkommen: → *Rauvolfia-*, → *Vinca-Arten.*

Therapie:
Erste Hilfe: Kohle-Pulvis trinken lassen. Viel warmen Tee trinken lassen.
Klinik: Nur nach großer Giftaufnahme Magenspülung, Kohle-Pulvis, Natriumsulfat. Plasmaexpander im Schock. Natriumbikarbonat zum Azidoseausgleich, ggf. Intubation und Beatmung.

Jervin

CAS-Nr.: [469-59-0].

Gruppe: Alkaloid.

Strukturformel:

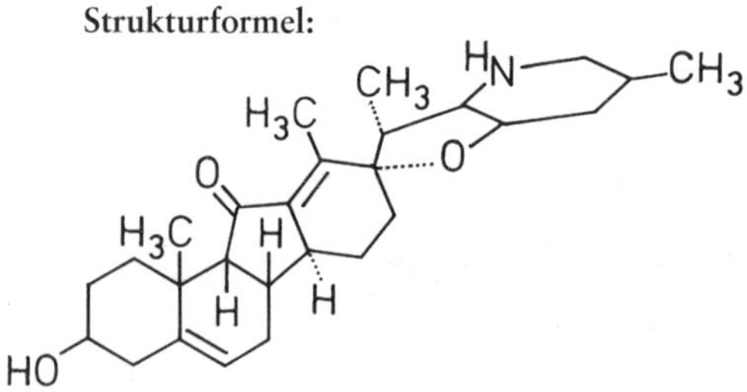

Summenformel: $C_{27}H_{39}NO_3$.

Molekulargewicht: 425,59.

Löslichkeit: Schwer löslich in Ether.

Schmelzpunkt: 243,5–244,5 °C.

Spezifische Drehung: $[\alpha]_D^{20}$ −167,6 (Chloroform).

Toxikologie: LD_{50} (Maus): 9,3 mg/kg i.v.

Literatur: H 12, M 17.

Vorkommen: → *Veratrum-Arten.*

Therapie:
Erste Hilfe: Kohle-Pulvis, erbrechen lassen, viel warmen Tee trinken lassen, Natriumsulfat, Schockprophylaxe (Ruhe, Wärme). Haut spülen.
Klinik: Magenspülung (evtl. mit burgunderfarbener Kaliumpermanganatlösung), Elektrolytsubstitution, Azidoseausgleich mit Natriumbikarbonat (Urin pH 7,5), im Schock Plasmaexpandergabe, bei Krämpfen Diazepam (Valium®) i.v., Kontrolle der Nierenfunktion, bei Atemlähmung Intubation und Sauerstoffbeatmung.

Juglon

CAS-Nr.: [481-39-0].

Synonyma: 5-Hydroxy-1,4-naphthochinon.

Gruppe: Naphthochinon.

Strukturformel:

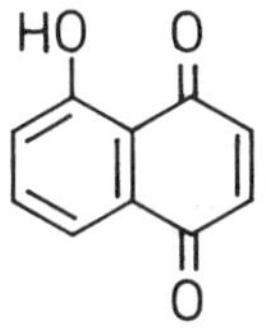

Summenformel: $C_{10}H_6O_3$.

Molekulargewicht: 174,16.

Charakter: Gelbe bis braunrote Nadeln oder Prismen.

Löslichkeit: Leicht löslich in Chloroform, Benzol; löslich in Ethanol, Ether.

Schmelzpunkt: 153–154 °C, bis 155 °C Subl.

R_f-Werte Dünnschichtchromatographie: LM=Chloroform, FM=Dioxan (25) : Benzol (90) : Eisessig (4).
R_f-Bereich: ca. 0,95.*)

Farbreaktionen, Reagenzien: Braun.*)

Literatur: K 7, M 17, R 21; *)Naturstoffabt. C. Roth, Karlsruhe.

Handelsübliche Packung: 250 mg, 5 g.

Vorschriften: Juglon ist in der Störfallverordnung aufgeführt.

Vorkommen: Juglandaceae.

> **Therapie:**
> Erste Hilfe: Kohle-Pulvis trinken lassen.
> Klinik: Nur nach großer Giftaufnahme Magenspülung, Kohle-Pulvis, Natriumsulfat. Plasmaexpander im Schock. Natriumbikarbonat zum Azidoseausgleich, ggf. Intubation und Beatmung.

Kaffeesäure

CAS-Nr.: [501-16-6].

Synonyma: 3,4-Dihydroxyzimtsäure.

Gruppe: Pflanzensäure.

Strukturformel:

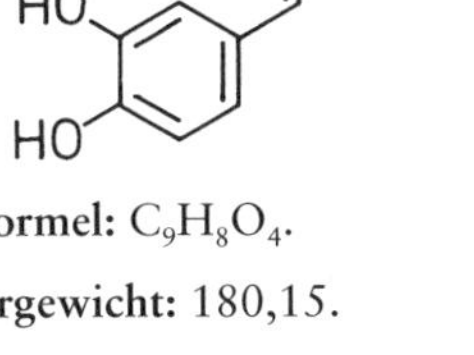

Summenformel: $C_9H_8O_4$.

Molekulargewicht: 180,15.

Charakter: Gelbe Nadeln oder Blättchen.

Löslichkeit: Leicht löslich in Ethanol und heißem Wasser.

Schmelzpunkt: 195 °C, zersetzt sich bei 223–225 °C.

R_f-Werte Dünnschichtchromatographie: LM=Ethanol; FM=Toluol (5) : Ethylformiat (4) : Ameisensäure (1).
R_f-Bereich: ca. 0,45.*

Farbreaktionen, Reagenzien: UV, violett; Naturstoffreagenz A.*)

Literatur: B 35, M 17, R 21; *Naturstoffabt. C. Roth, Karlsruhe.

Handelsübliche Packung: 10 g, 50 g.

Vorkommen: → *Coffea arabica* und vielen anderen Pflanzen.

Kaffeesäure

Therapie:
Erste Hilfe: Kohle-Pulvis trinken lassen.
Klinik: Nur nach großer Giftaufnahme Magenspülung, Kohle-Pulvis, Natriumsulfat. Plasmaexpander im Schock sedieren. Natriumbikarbonat zum Azidoseausgleich, ggf. Intubation und Beatmung.

Khellin

CAS-Nr.: [82-02-0].

Synonyma: Visammin, Benecardin, Eskel, Ammicardin.

Gruppe: Chromon.

Strukturformel:

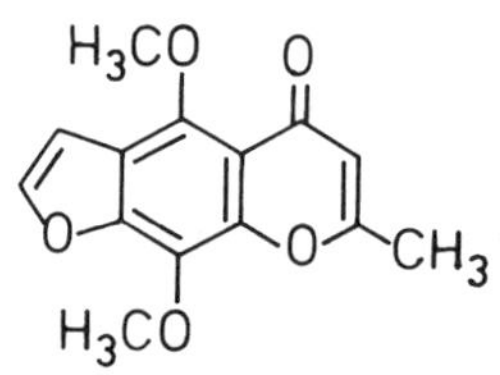

Summenformel: $C_{14}H_{12}O_5$.

Molekulargewicht: 260,24.

Charakter: Weißes Kristallpulver mit bitterem Geschmack.

Löslichkeit: Löslich in heißem Wasser und heißem Methanol.

Schmelzpunkt: 150–153 °C.

R_f-Werte Dünnschichtchromatographie: LM=Chloroform; FM=Toluol (5) : Ethylformiat (4) : Ameisensäure (1).
R_f-Bereich: ca. 0,50.*)

Farbreaktionen, Reagenzien: UV, violett.*)

Toxikologie: LD_{50} (Ratte): 80 mg/kg p.o. Spasmolytikum.
Bei Tagesdosierungen über 100 mg können Schwindel, Übelkeit, Appetitlosigkeit, Obstipation, Kopfschmerzen, Schlafstörungen und allergische Erscheinungen auftreten.

Literatur: G 13, H 12, M 17, R 21; *)Naturstoffabt. C. Roth, Karlsruhe.

Handelsübliche Packung: 10 g, 50 g.

Vorschriften: Khellinum: Monographie der Kommission D.

Vorkommen: *Ammi visnaga*.

Therapie:
Erste Hilfe: Kohle-Pulvis trinken lassen, erbrechen.
Klinik: Magenspülung, Kohle-Pulvis, Natriumsulfat. Plasmaexpander im Schock, Natriumbikarbonat zum Azidoseausgleich, ggf. Intubation und Beatmung.

Khellinin

CAS-Nr.: [11226-75-4].

Synonyma: Khellolglucosid.

Gruppe: Glykosid.

Summenformel: $C_{19}H_{20}O_{10}$.

Molekulargewicht: 444,38.

Charakter: Gelbliches Kristallpulver.

Löslichkeit: Löslich in Essigsäure, heißem Ethanol.

Khellinin

Strukturformel:

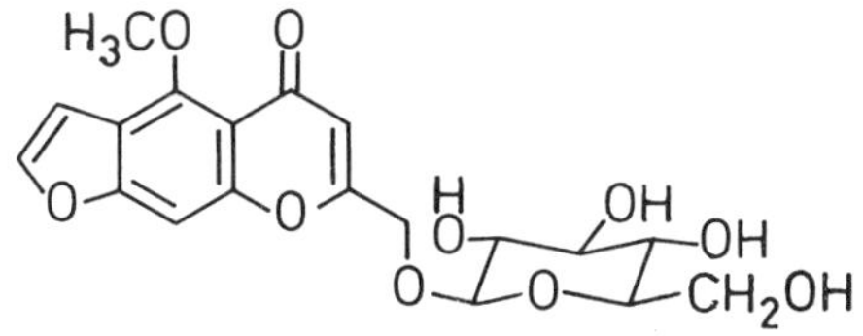

Schmelzpunkt: 174–176 °C.

Spezifische Drehung: $[\alpha]_D^{20}$ −37° (c=4, Pyridin).

R_f-Werte Dünnschichtchromatographie: LM=Pyridin; FM=Ethylacetat (10) : Ameisensäure (2) : Wasser (3).
R_f-Bereich: ca. 0,55.*)

Farbreaktionen, Reagenzien: UV, violett.*)

Literatur: H 12, K 7, M 17, R 21; *)Naturstoffabt. C. Roth, Karlsruhe.

Handelsübliche Packung: 5 g.

Vorkommen: → *Ammi visnaga.*

> **Therapie:**
> Erste Hilfe: Kohle-Pulvis (10 g), erbrechen lassen, viel warmen Tee oder Himbeersaft trinken lassen.
> Klinik: Magenspülung (evtl. mit burgunderfarbener Kaliumpermanganatlösung), Instillation von 10 g Kohle-Pulvis und Natriumsulfat, Elektrolytsubstitution, Azidoseausgleich mit Natriumbikarbonat (Urin pH 7,5).

Lactucin

CAS-Nr.: [1891-29-8].

Gruppe: Azulenderivat.

Strukturformel:

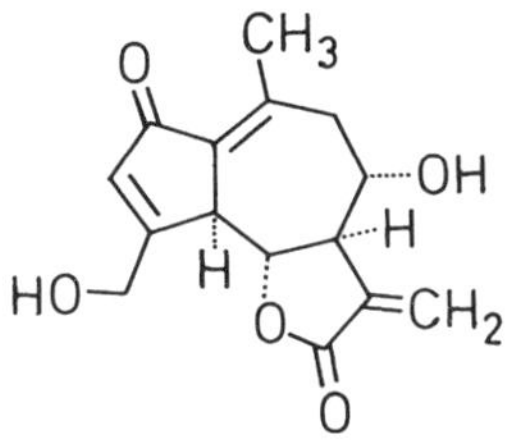

Summenformel: $C_{15}H_{16}O_5$.

Molekulargewicht: 276,30.

Charakter: Farblose bis weißliche Kristalle.

Löslichkeit: Löslich in Wasser, Ethanol, Ethylacetat.

Schmelzpunkt: 228–233 °C.

Toxikologie: Schwaches Kontaktallergen.

Literatur: H 12, H 21, M 17.

Vorkommen: → *Lactuca virosa* und andere Lactuca-Arten, Cichorium intybus L.

> **Therapie:**
> Erste Hilfe: Sofortiges Erbrechen, 10 g Kohle-Pulvis, Natriumsulfat.
> Klinik: Magenspülung (evtl. mit burgunderfarbener Kaliumpermanganatlösung), Instillation von 10 g Kohle-Pulvis und Natriumsulfat, Elektrolytsubstitution, Azidoseausgleich mit Natriumbikarbonat (Urin pH 7,5), bei Krämpfen Diazepam (Valium®) i.v., ggf. Intubation und Sauerstoffbeatmung.

Lactucopikrin

CAS-Nr.: [6466-74-6].

Gruppe: Azulenderivat.

Strukturformel:

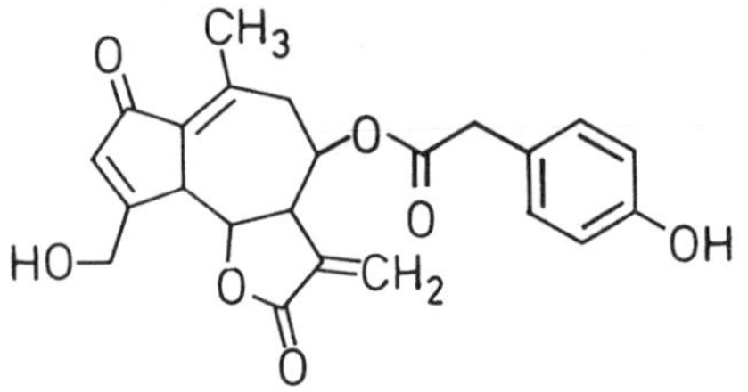

Summenformel: $C_{23}H_{22}O_7$.

Molekulargewicht: 410,41.

Charakter: Farblose bis weißliche Kristalle.

Schmelzpunkt: 148–151 °C.

Spezifische Drehung: $[\alpha]_D^{17,5}$ +67,3° (Pyridin).

Toxikologie: Schwaches Kontaktallergen.

Literatur: H 12, H 21, M 17.

Vorkommen: → *Lactuca virosa,* Cichorium intybus L.

> Therapie:
> Erste Hilfe: Sofortiges Erbrechen, 10 g Kohle-Pulvis, Natriumsulfat.
> Klinik: Magenspülung (evtl. mit burgunderfarbener Kaliumpermanganatlösung), Instillation von 10 g Kohle-Pulvis und Natriumsulfat, Elektrolytsubstitution, Azidoseausgleich mit Natriumbikarbonat (Urin pH 7,5), bei Krämpfen Diazepam (Valium®) i.v., ggf. Intubation und Sauerstoffbeatmung.

Lanadoxin

CAS-Nr.: [53735-73-2].

Synonyma: Gitoxigenin-D-digitoxose.

Gruppe: Glykosid.

Summenformel: $C_{30}H_{44}O_9$.

Molekulargewicht: 548,65.

Charakter: Kristalle.

Löslichkeit: Leicht löslich in Chloroform, Ethanol, Aceton; wenig löslich in Wasser.

Schmelzpunkt: 139–142 °C.

Spezifische Drehung: $[\alpha]_D^5$ –3,5° (Pyridin).

Toxikologie: → *Digitalisglykoside.*

Literatur: H 12, R 21.

Handelsübliche Packung: 50 mg.

Vorschriften: → *Digitalisglykoside.*

Vorkommen: → *Digitalis lanata.*

> Therapie:
> → *Digitalisglycoside.*

Lanatosid A

CAS-Nr.: [17575-20-1].

Synonyma: Digilanid A.

Gruppe: Glykosid.

Strukturformel:

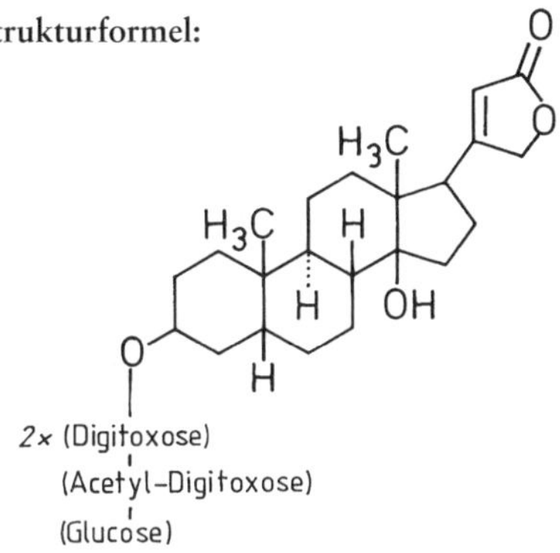

Summenformel: $C_{49}H_{76}O_{19}$.

Molekulargewicht: 969,14.

Charakter: Kristallpulver.

Löslichkeit: Löslich in Methanol.

Schmelzpunkt: Ca. 248 °C (dec.).

Spezifische Drehung: $[\alpha]_D^{20}$ +31,6° (c=2 in 95%igem Alkohol).

Chromatographie: Stahl [S 53]

Toxikologie: LD_{50} (Katze): 0,36–0,38 mg/kg i.v.; → *Digitalisglykoside.*

Literatur: H 12, H 13, K 7, M 17, R 21, S 67.

Handelsübliche Packung: 50 mg.

Vorschriften: Unterliegt dem Chemikaliengesetz.

Vorkommen: → *Digitalis lanata.*

Therapie:
Erste Hilfe: Kohle-Pulvis-Gabe, Erbrechen auslösen, Natriumsulfat.
Klinik: Magenspülung (evtl. mit burgunderfarbener Kaliumpermanganatlösung), Kohleinstillation (10 g Pulvis), Herzschrittmacher (prophylaktisch), Hämoperfusion, Kontrolle des Kaliumspiegels und Substitution, Phenytoin, bei ventrikulärer Extrasystolie: Lidocain (Xylocain®), bei ausgeprägter Bradykardie: Atropin oder Orciprenalin (Alupent®), bei AV-Überleitungsstörungen: Vorsicht mit Substanzen, die diese zusätzlich beeinträchtigen, d.h. mit Ajmalin, Procainamid, β-Rezeptorenblocker und Chinidin.

Lanatosid B

CAS-Nr.: [15575-21-2].

Synonyma: Digilanid B.

Gruppe: Glykosid.

Summenformel: $C_{49}H_{76}O_{20}$.

Molekulargewicht: 985,14.

Charakter: Kristallpulver.

Löslichkeit: Löslich in Ethanol, Methanol.

Schmelzpunkt: Ca. 245 °C.

Spezifische Drehung: $[\alpha]_D^{20}$ +36,7° (c=2 in 95%igem Alkohol).

Strukturformel:

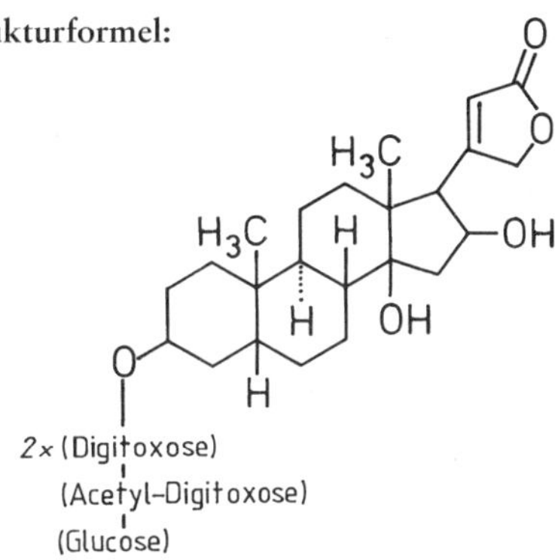

Lanatosid B

Chromatographie: Stahl [S 53].

Toxikologie: → *Digitalisglykoside.*

Literatur: H 12, H 13, K 7, M 17, R 21, S 67.

Handelsübliche Packung: 100 mg.

Vorschriften: Unterliegt dem Chemikaliengesetz.

Vorkommen: → *Digitalis lanata.*

Therapie:
Erste Hilfe: Kohle-Pulvis-Gabe, Erbrechen auslösen, Natriumsulfat.
Klinik: Magenspülung (evtl. mit burgunderfarbener Kaliumpermanganatlösung), Kohleinstillation (10 g Pulvis), Herzschrittmacher (prophylaktisch), Hämoperfusion, Kontrolle des Kaliumspiegels und Substitution, Phenytoin, bei ventrikulärer Extrasystolie: Lidocain ((Xylocain®), bei ausgeprägter Bradykardie: Atropin oder Orciprenalin (Alupent®), bei AV-Überleitungsstörungen: Vorsicht mit Substanzen, die diese zusätzlich beeinträchtigen, d.h. mit Ajmalin, Procainamid, β-Rezeptorenblocker und Chinidin.

Lanatosid C

CAS-Nr.: [15575-22-3].

Synonyma: Digilanid C.

Gruppe: Glykosid.

Summenformel: $C_{49}H_{76}O_{20}$.

Molekulargewicht: 985,14.

Strukturformel:

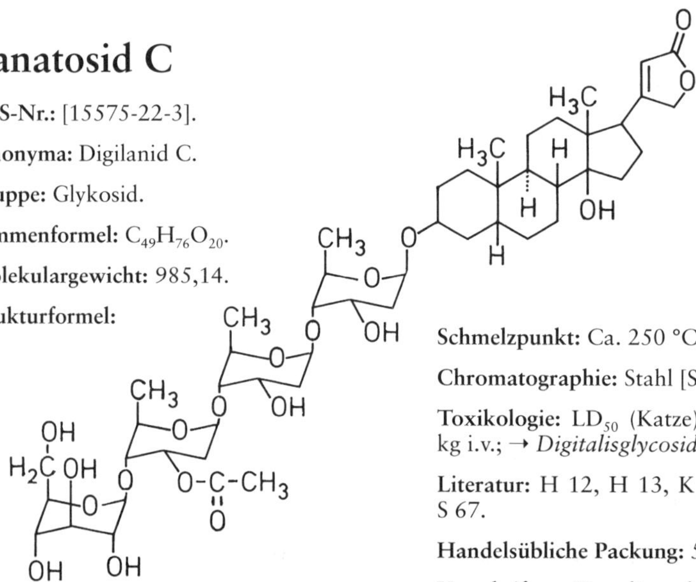

Charakter: Kristalle, sehr hygroskopisch.

Löslichkeit: Löslich in Pyridin und Dioxan.

Schmelzpunkt: Ca. 250 °C.

Chromatographie: Stahl [S 53]

Toxikologie: LD_{50} (Katze): 0,23–0,28 mg/kg i.v.; → *Digitalisglycoside.*

Literatur: H 12, H 13, K 7, M 17, R 21, S 67.

Handelsübliche Packung: 50 g, 250 mg.

Vorschriften: Unterliegt dem Chemikaliengesetz.

Vorkommen: → *Digitalis lanata.*

Therapie:
Erste Hilfe: Kohle-Pulvis-Gabe, Erbrechen auslösen, Natriumsulfat.
Klinik: Magenspülung (evtl. mit burgunderfarbener Kaliumpermanganatlösung), Kohleinstillation (10 g Pulvis), Herzschrittmacher (prophylaktisch), Hämoperfusion, Kontrolle des Kaliumspiegels und Substitution, Phenytoin, bei ventrikulärer Extrasystolie: Lidocain (Xylocain®), bei ausgeprägter Bradykardie: Atropin oder Orciprenalin (Alupent®), bei AV-Überleitungsstörungen: Vorsicht mit Substanzen, die diese zusätzlich beeinträchtigen, d.h. mit Ajmalin, Procainamid, β-Rezeptorenblocker und Chinidin.

DL-Laudanosin

CAS-Nr.: [20412-65-1].

Synonyma: N-Methyltetrahydropapaverin.

Gruppe: Alkaloid.

Strukturformel:

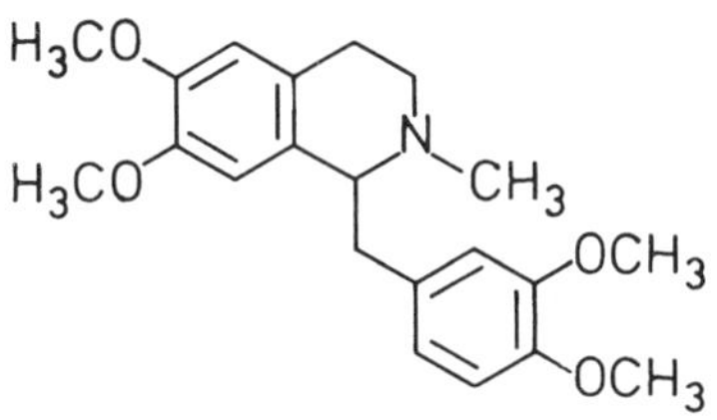

Summenformel: $C_{21}H_{27}NO_4$.

Molekulargewicht: 357,43.

Charakter: Kristallpulver, schwach gelb.

Löslichkeit: Löslich in Ethanol, Chloroform, Ether.

Schmelzpunkt: 114–116 °C.

Literatur: H 12, M 17, R 21.

Handelsübliche Packung: 500 mg.

Vorkommen: → *Papaver rhoeas*, → *Papaver somniferum.*

Therapie:
Erste Hilfe: Kohle-Pulvis-Gabe, Erbrechen auslösen, Roticlean®, Natriumsulfat, viel trinken lassen. Klinik: Magenspülung (evtl. mit burgunderfarbener Kaliumpermanganatlösung), Roticlean®-, Kohle- und Natriumsulfatinstillation, gegen Koliken Atropin, Elektrolytsubstitution, Azidoseausgleich mit Natriumbikarbonat (Urin pH 7,5), bei Krämpfen Diazepam (Valium®) i.v., ggf. Intubation und Sauerstoffbeatmung.

Lawson

CAS-Nr.: [83-72-7].

Synonyma: 2-Hydroxy-1,4-naphthochinon.

Gruppe: Naphthochinon.

Strukturformel:

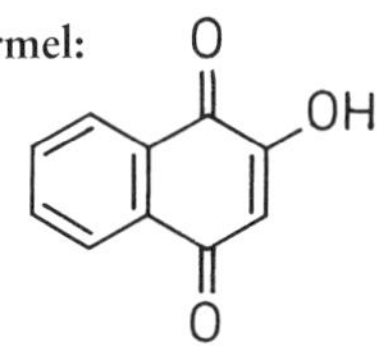

Summenformel: $C_{10}H_6O_3$.

Molekulargewicht: 174,16.

Charakter: Gelbe Prismen.

Schmelzpunkt: 195–196 °C (dec.).

R_f-Werte Dünnschichtchromatographie: → *Juglon.*

Literatur: B 35, M 17.

Handelsübliche Packung: 10 g, 50 g.

Vorkommen: Lawsonia inermis L., Lawsonia alba Lam.

Therapie:
Erste Hilfe: Kohle-Pulvis-Gabe, Erbrechen auslösen, Roticlean®, Natriumsulfat, viel trinken lassen. Klinik: Magenspülung (evtl. mit burgunderfarbener Kaliumpermanganatlösung), Roticlean®-, Kohle- und Natriumsulfatinstillation, gegen Koliken Atropin, Elektrolytsubstitution, Azidoseausgleich mit Natriumbikarbonat (Urin pH 7,5), bei Krämpfen Diazepam (Valium®) i.v., ggf. Intubation und Sauerstoffbeatmung. Medizinalkohle. Bei Methämoglobinämie Antidot Toluidinblau.

Ledol

CAS-Nr.: [577-27-5].

Gruppe: Sesquiterpen.

Strukturformel:

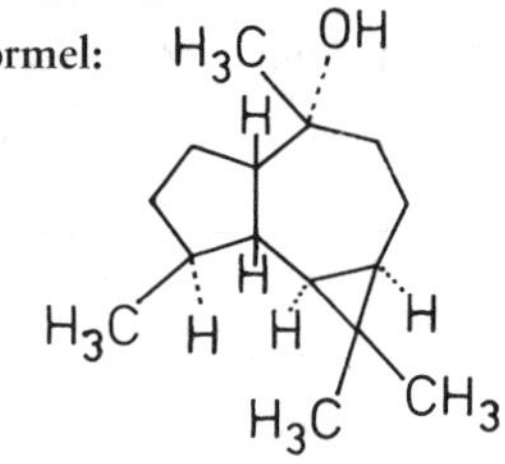

Summenformel: $C_{15}H_{26}O$.

Molekulargewicht: 222,36.

Charakter: Nadeln.

Löslichkeit: Löslich in Ethanol, unlöslich in Wasser.

Schmelzpunkt: 104–105 °C.

Spezifische Drehung: $[\alpha]_D^{20}$ +28° (c=10 in Chloroform).

Literatur: H 12, M 17.

Vorkommen: → *Ledum palustre* und andere Ledum-Arten.

> **Therapie:**
> Erste Hilfe: Kohle-Pulvis-Gabe, Erbrechen auslösen, Roticlean®, Natriumsulfat, viel trinken lassen. Haut- und Schleimhautblasen steril abdecken, Tetanusprophylaxe, lokal Locacorten®-Schaum nach hochkonzentriertem Hautkontakt.
> Klinik: Magenspülung (evtl. mit burgunderfarbener Kaliumpermanganatlösung), Roticlean®-, Kohle- und Natriumsulfatinstillation, gegen Koliken Atropin, Elektrolytsubstitution, Azidoseausgleich mit Natriumbikarbonat (Urin pH 7,5), Kontrolle der Nierenfunktion, bei Krämpfen Diazepam (Valium®) i.v., ggf. Intubation und Sauerstoffbeatmung.

Limonen

CAS-Nr.: [138-31-6].

Synonyma: Dipenten.

Gruppe: Terpen.

Strukturformel:

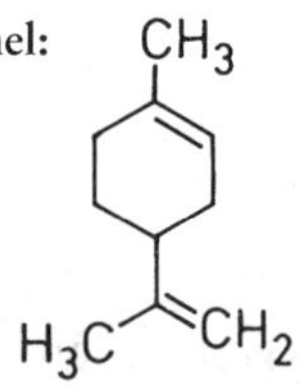

Summenformel: $C_{10}H_{16}$.

Molekulargewicht: 136,23.

Charakter: Farblose Flüssigkeit mit citrusähnlichem Geruch.

Löslichkeit: Mischbar mit Ethanol, praktisch unlöslich in Wasser.

Kochpunkt: 170–180 °C (techn.).

Toxikologie: LD_{50} (Ratte): 5,3 g/kg p.o.; 5 g/kg dermal.
20% Limonen in Paraffinöl verursachte bei 25 Testpersonen Sensibilisierungsreaktionen.

Literatur: M 17, O 3, W 11.

Handelsüblich: Limonen,
(+)-Limonen,
(–)-Limonen, DL-Limonen.

Handelsübliche Packung: 250 ml, 500 ml.

Vorkommen: In vielen ätherischen Ölen, besonders in Citronen-, Orangen-, Bergamotte-, Lemongras-, Citronell-, Kümmelöl.

> **Therapie:**
> Erste Hilfe: Medizinalkohle (10 g Kohle-Pulvis) oder erbrechen lassen. Haut und Augen spülen.
> Klinik: Magenspülung, Medizinalkohle. Lokal Kortison. Auf Nierenfunktion achten.

(–)-Limonen

CAS-Nr.: [5989-54-8].

Gruppe: Terpen.

Strukturformel:

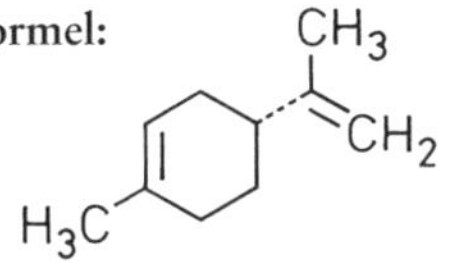

Summenformel: $C_{10}H_{16}$.

Molekulargewicht: 136,23.

Löslichkeit: Mischbar mit Ethanol und Ether, unlöslich in Wasser.

Kochpunkt: Kp_{763} 175,5–176,5 °C.

Spezifische Drehung: $[\alpha]_D^{19,5}$ –101,3°.

Brechungsindex: nD ~1,474.

Dichte: ~0,85.

Toxikologie: Hautreizend.

Literatur: H 12, M 17, R 21.

Handelsübliche Packung: 250 ml.

Vorschriften: Giftklasse 4 der Schweizer Giftliste.

Vorkommen: → *Citrus-Arten.*

> **Therapie:**
> Erste Hilfe: Kohle-Pulvis trinken lassen.
> Klinik: Nur nach großer Giftaufnahme Magenspülung. Kohle-Pulvis, Natriumsulfat. Plasmaexpander im Schock. Natriumbikarbonat zum Azidoseausgleich, ggf. Intubation und Beatmung.

Lobelanidin

CAS-Nr.: [552-72-7].

Gruppe: Alkaloid.

Strukturformel:

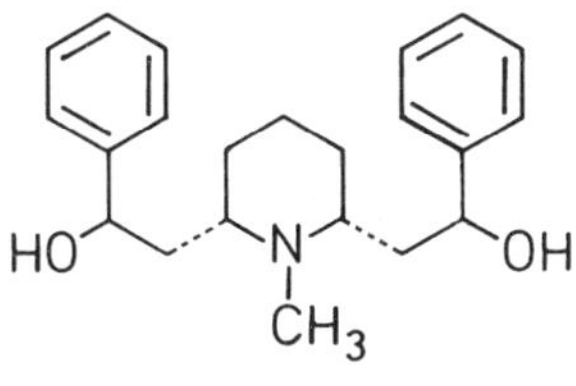

Summenformel: $C_{22}H_{29}NO_2$.

Molekulargewicht: 339,46.

Löslichkeit: Löslich in Aceton, Benzol, Chloroform.

Schmelzpunkt: 150 °C.

Literatur: H 12, M 17, R 21.

Handelsüblich: Lobelanidin-hydrochlorid Fp. 135–138 °C.

Handelsübliche Packung: 100 mg.

Vorkommen: → *Lobelia inflata.*

> **Therapie:**
> Erste Hilfe. Sofortiges Erbrechen, 10 g Kohle-Pulvis, Natriumsulfat.
> Klinik: Magenspülung (evtl. mit burgunderfarbener Kaliumpermanganatlösung), Instillation von 10 g Kohle-Pulvis und Natriumsulfat, Elektrolytsubstitution, Azidoseausgleich mit Natriumbikarbonat (Urin pH 7,5), bei Krämpfen Diazepam (Valium®) i.v., ggf. Intubation und Sauerstoffbeatmung.

Lobelanin

CAS-Nr.: [579-21-5].

Gruppe: Alkaloid.

Strukturformel:

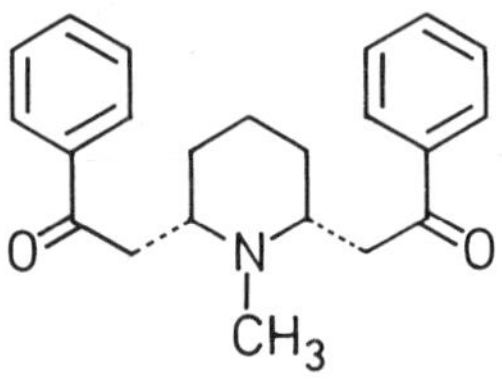

Summenformel: $C_{22}H_{25}NO_2$.

Molekulargewicht: 335,43.

Charakter: Farblose, nadelförmige Kristalle.

Löslichkeit: Löslich in Chloroform, heißem Ethanol, heißem Benzol.

Schmelzpunkt: 99 °C.

Spezifische Drehung: $[\alpha]_D^{21}$ –40° (Mutarotation).

Literatur: H 12, M 17, R 21.

Handelsüblich: Lobelanin-hydrochlorid Fp. 188 °C (dec.).

Handelsübliche Packung: 100 mg.

Vorkommen: → *Lobelia inflata.*

Therapie:
Erste Hilfe. Sofortiges Erbrechen, 10 g Kohle-Pulvis, Natriumsulfat.
Klinik: Magenspülung (evtl. mit burgunderfarbener Kaliumpermanganatlösung), Instillation von 10 g Kohle-Pulvis und Natriumsulfat, Elektrolytsubstitution, Azidoseausgleich mit Natriumbikarbonat (Urin pH 7,5), bei Krämpfen Diazepam (Valium®) i.v., ggf. Intubation und Sauerstoffbeatmung.

α-Lobelin

CAS-Nr.: [90-69-7].

Synonyma: Inflatin.

Gruppe: Alkaloid.

Strukturformel:

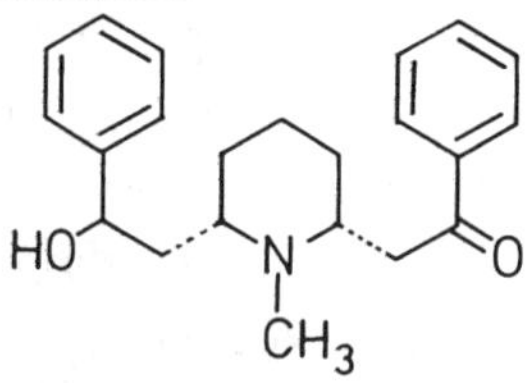

Summenformel: $C_{22}H_{27}NO_2$.

Molekulargewicht: 337,47.

Charakter: Farblose, nadelförmige Kristalle.

Löslichkeit: Löslich in Chloroform, heißem Ethanol, heißem Benzol.

Chromatographie: Stahl [S 53]

Schmelzpunkt: 130–131 °C.

Spezifische Drehung: $[\alpha]_D^{15}$ –43° (in Ethanol).

Toxikologie: Lobelin wurde früher bei allen Lähmungserscheinungen des Atemzentrums verwendet, also bei Alkohol-, Morphin-, Schlafmittel-, Kohlenoxid- und Leuchtgasvergiftungen, weiter bei Narkosezwischenfällen und bei der Asphyxie der Neugeborenen. (Heute tritt an seine Stelle die künstliche Beatmung!) Lobelin wird entweder subkutan, intramuskulär, intravenös oder intrakardial injiziert. Die gebräuchlichsten Dosen waren 0,003 g und 0,01 g. Das Alkaloid ist unter dem Namen Lobelin „Ingelheim“ in Ampullen zu 1 ml konfektioniert. Vergiftungen können kaum auftreten, da das Alkaloid im Körper außerordentlich schnell abgebaut wird. Bei wiederholten Injektionen sind Krämpfe möglich. [H 12]

Literatur: B 26, H 12, H 13, M 17, R 21.

Handelsüblich: α-Lobelin-hydrochlorid Fp. 182–185 °C.
Lobelin-sulfat Fp. 140 °C.

Handelsübliche Packung: 100 mg, 250 mg.

Vorschriften: Verbotene Stoffe der Kosmetikverordnung v. 19. 6. 1985 Anlage 1: 219 Lobelinum und seine Salze.

Vorkommen: → *Lobelia inflata.*

Therapie:
Erste Hilfe. Sofortiges Erbrechen, 10 g Kohle-Pulvis, Natriumsulfat.
Klinik: Magenspülung (evtl. mit burgunderfarbener Kaliumpermanganatlösung), Instillation von 10 g Kohle-Pulvis und Natriumsulfat, Elektrolytsubstitution, Azidoseausgleich mit Natriumbikarbonat (Urin pH 7,5), bei Krämpfen Diazepam (Valium®) i.v., ggf. Intubation und Sauerstoffbeatmung.

β-Lumicolchicin

CAS-Nr.: [6901-13-9].

Gruppe: Alkaloid.

Summenformel: $C_{22}H_{25}NO_6$.

Molekulargewicht: 399,42.

Schmelzpunkt: Ca. 185 °C.

Spezifische Drehung: $[\alpha]_D$ +309°.

Literatur: B 35, R 21.

Handelsübliche Packung: 25 mg.

Strukturformel:

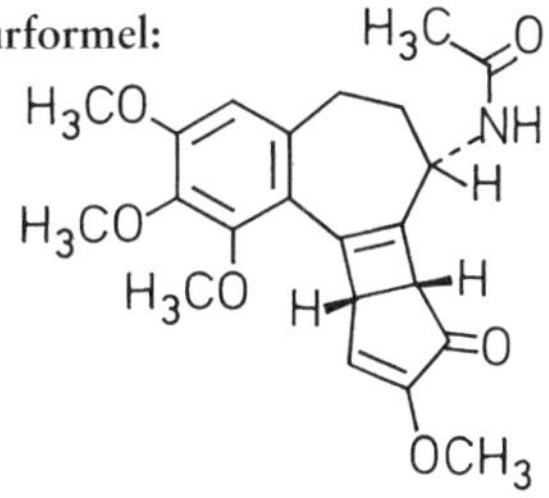

Vorkommen: → *Colchicum autumnale,* → *Gloriosa superba.*

Therapie:
Erste Hilfe: Sofort erbrechen lassen, Kohle-Pulvis-Gabe, Natriumsulfat, Schocklagerung, Wärme, warmen Tee oder Kaffee trinken lassen, Frischluft.
Klinik: Magenspülung (evtl. mit burgunderfarbener Kaliumpermanganatlösung), Elektrolytsubstitution, Azidoseausgleich mit Natriumbikarbonat (Urin pH 7,5), Plasma(expander)gabe, bei Krämpfen Diazepam (Valium®) i.v., gegen Darmspasmen Atropin (1 mg 2stdl. s.c.), ggf. Intubation und Sauerstoffbeatmung.

γ-Lumicolchicin

CAS-Nr.: [6901-14-0].

Gruppe: Alkaloid.

Strukturformel:

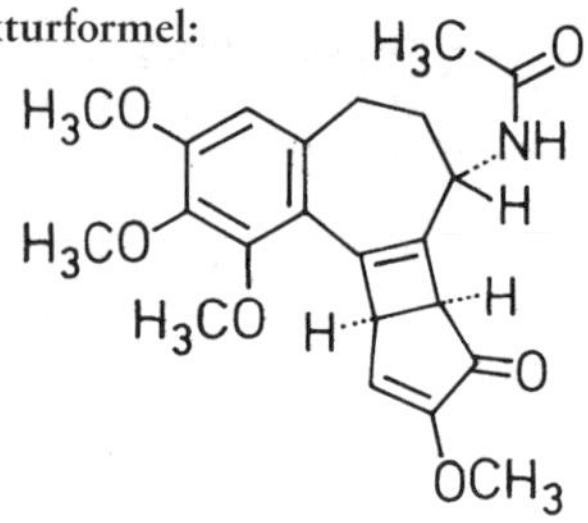

Summenformel: $C_{22}H_{25}NO_6$.

Molekulargewicht: 399,42.

Schmelzpunkt: Ca. 285 °C.

Spezifische Drehung: $[\alpha]_D$ –445° (Chloroform).

Literatur: B 35, R 21.

Handelsübliche Packung: 25 mg.

Vorkommen: → *Colchicum autumnale*, → *Gloriosa superba*.

> Therapie:
> Erste Hilfe: Sofort erbrechen lassen, Kohle-Pulvis-Gabe, Natriumsulfat, Schocklagerung, Wärme, warmen Tee oder Kaffee trinken lassen, Frischluft.
> Klinik: Magenspülung (evtl. mit burgunderfarbener Kaliumpermanganatlösung), Elektrolytsubstitution, Azidoseausgleich mit Natriumbikarbonat (Urin pH 7,5), Plasma(expander)gabe, bei Krämpfen Diazepam (Valium®) i.v., gegen Darmspasmen Atropin (1 mg 2stdl. s.c.), ggf. Intubation und Sauerstoffbeatmung.

Lupanin

CAS-Nr.: [550-90-3].

Synonyma: 2-Oxo-11-α-spartein.

Gruppe: Chinolizidinalkaloid.

Strukturformel:

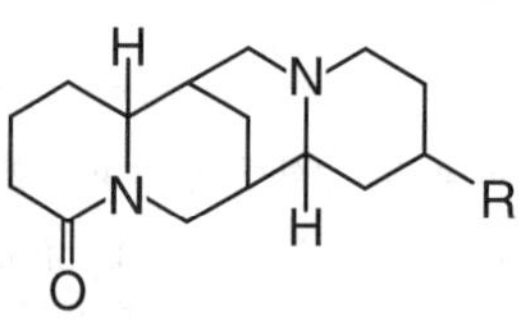

R=H (Lupanin) R=OH (Hydroxylupanin)

Summenformel: $C_{15}H_{24}N_2O$.

Molekulargewicht: 248,37.

Charakter: Kristallin.

Schmelzpunkt: 40 °C (+). In Pflanzen kommt auch (±)- und (–)-Form vor.

Toxikologie: LD_{50} Lupanin (Ratte): 177 mg/kg i.p.: Tod nach 6–26 min; 1644 mg/kg p.o.: Tod nach 2 min–4 Std.
LD_{50} 13-Hydroxylupanin (Ratte): 199 mg/kg i.p.
Lupanin scheint das Zentralnervensystem und den Kreislauf zu stören. Krämpfe, Koma, Tod durch Asphyxie.

Literatur: S 75.

Lupeol

CAS-Nr.: [545-47-1].

Gruppe: Triterpen.

Summenformel: $C_{30}H_{50}O$.

Molekulargewicht: 426,70.

Lupeol

Strukturformel:

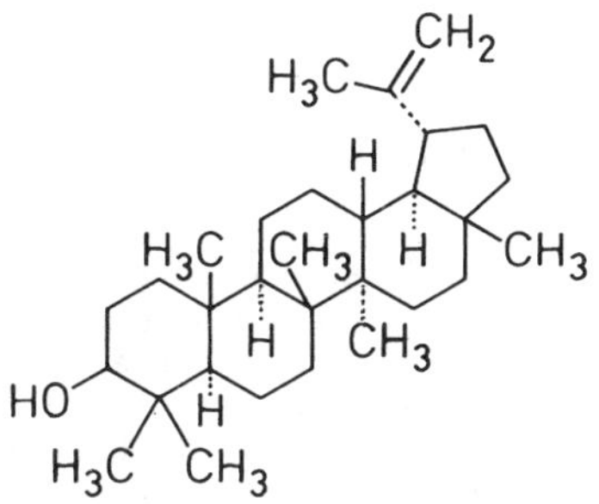

Schmelzpunkt: 215 °C.

Spezifische Drehung: $[\alpha]_D^{20}$ +27,2° (c=4,8 in Chloroform).

R_f-Werte Dünnschichtchromatographie: LM = Ether; FM = n-Heptan (50) : Benzol (50) : Ethanol (0,5).
R_f-Bereich: ca. 0,15.

Farbreaktionen, Reagenzien: Joddämpfe, braun.

Literatur: B 35, H 12, M 17.

Handelsübliche Packung: 25 mg.

Vorkommen: → *Lupinus-Arten* und in vielen anderen Pflanzen.

> **Therapie:**
> Erste Hilfe: Kohle-Pulvis-Gabe, Erbrechen auslösen, Natriumsulfat, viel warmen Tee trinken lassen. Haut- und Schleimhautblasen steril abdecken, Tetanusprophylaxe, lokal Locacorten-Schaum.
> Klinik: Magenspülung (evtl. mit burgunderfarbener Kaliumpermanganatlösung), Instillation von 10 g Kohle-Pulvis, Elektrolytsubstitution, Azidoseausgleich mit Natriumbikarbonat (Urin pH 7,5), Kontrolle der Nierenfunktion, bei Krämpfen Diazepam (Valium®) i.v., ggf. Plasma(expander)gabe, bei Atemlähmung: Intubation und Sauerstoffbeatmung.

Lupinin

CAS-Nr.: [486-70-4].

Synonyma: Octahydro-1H-chinolizin-1-methanol.

Gruppe: Alkaloid.

Strukturformel:

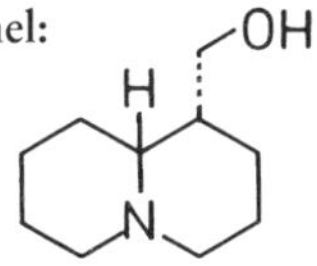

Summenformel: $C_{10}H_{19}NO$.

Molekulargewicht: 169,29.

Charakter: Lupinin ist eine starke Base; farblose, rhombische Kristalle.

Löslichkeit: Löslich in Ethanol, Chloroform, Ether.

Schmelzpunkt: 65–69 °C.

R_f-Werte Dünnschichtchromatographie: LM=Wasser; FM=Chloroform (9) : Ethanol (1).
R_f-Bereich: ca. 0,05.*)

Farbreaktionen, Reagenzien: Dragendorff's Reagenz nach Munier, orange.*)

Literatur: H 12, M 17, R 21; *) Naturstoffabt. C. Roth, Karlsruhe.

Handelsüblich: Lupinin-hydrochlorid Fp. 210–213 °C.

Handelsübliche Packung: 250 mg.

Vorkommen: → *Lupinus-Arten,* Anabasis aphylla L.

> **Therapie:**
> Erste Hilfe: Kohle-Pulvis (10 g), erbrechen lassen, viel warmen Tee oder Himbeersaft trinken lassen.
> Klinik: Nach wahrscheinlich großer Giftaufnahme: Magenspülung (evtl. mit burgunderfarbener Kaliumpermanganatlösung), Instillation von 10 g Kohle-Pulvis und Natriumsulfat, Elektrolytsubstitution, Azidoseausgleich mit Natriumbikarbonat (Urin pH 7,5).

Lycorin

CAS-Nr.: [476-28-8].

Synonyma: Amaryllin, Belamarin, Narcissin, Galanthidin.

Gruppe: Alkaloid.

Strukturformel:

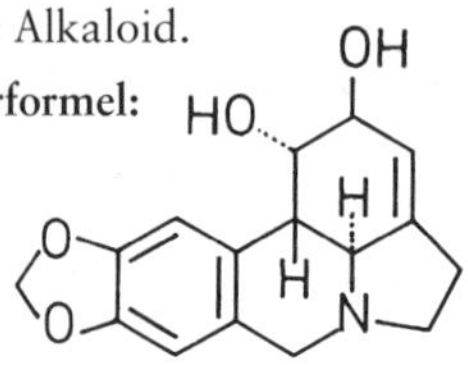

Summenformel: $C_{16}H_{17}NO_4$.

Molekulargewicht: 287,30.

Löslichkeit: Löslich in verd. Säuren, wenig löslich in Ethanol, Chloroform, Petrolether.

Schmelzpunkt: 275–280 °C (dec.).

Spezifische Drehung: $[\alpha]_D^{16}$ −129° (c=0,16 in 98%igem Alkohol).

Toxikologie: Vergiftungen mit reinem Lycorin sind sehr selten. Die auftretenden Symptome sind Salivation, Nausea, Erbrechen und Durchfall. Zentrale Lähmungserscheinungen, Atemdepression und Blutdruckabfall können zum Kollaps führen. [H 13]

Literatur: H 12, H 13, M 17.

Vorkommen: → *Amaryllis belladonna*, → *Clivia miniata*, → *Galanthus nivalis*, → *Leucojum vernum*, → *Narcissus pseudonarcissus* und andere Amaryllidaceae.

> **Therapie:**
> Erste Hilfe: Kohle-Pulvis (10 g), erbrechen lassen, viel warmen Tee oder Himbeersaft trinken lassen.
> Klinik: Nach wahrscheinlich großer Giftaufnahme: Magenspülung (evtl. mit burgunderfarbener Kaliumpermanganatlösung), Instillation von 10 g Kohle-Pulvis und Natriumsulfat, Elektrolytsubstitution, Azidoseausgleich mit Natriumbikarbonat (Urin pH 7,5).

Lysergsäure-diethylamid

CAS-Nr.: [50-37-3].

Synonyma: LSD, Lysergid, N,N-Diethyl-D-lysergamid. E: Lysergic acid diethylamide.

Strukturformel:

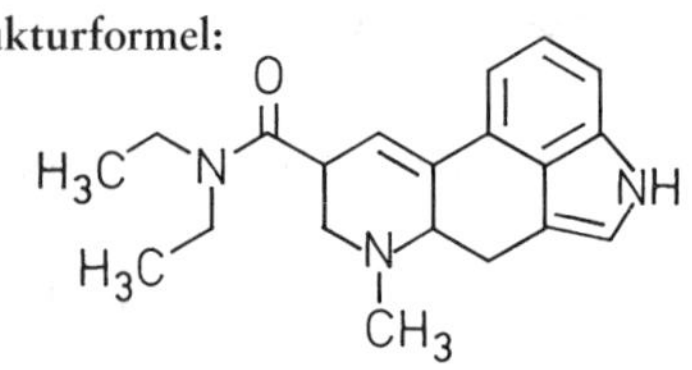

Summenformel: $C_{20}H_{25}N_3O$.

Molekulargewicht: 323,42.

Charakter: Farblose, spitze Prismen.

Löslichkeit: Leicht löslich in Essigester, Chloroform, Benzol, weniger löslich in Ethanol.

Schmelzpunkt: 80–85 °C.

Spezifische Drehung: $[\alpha]_D^{20}$ +17° (c=0,5 in Pyridin).

Toxikologie: Schon 0,25 mg rufen beim Menschen schwere, bedrohlich empfundene Halluzinationen mit schizophrenieähnlichen Zuständen hervor. LD_{50} (Maus): 50–60 mg/kg i.v.; (Ratte): 16,5 mg/kg i.v.; (Kaninchen): 0,3 mg/kg i.v.
Ein Elefant, dem 0,297 g LSD verabreicht wurde, starb nach wenigen Minuten.

Anmerkung: LSD wurde nur wegen des großen allgemeinen Interesses an diesem Stoff aufgenommen. Es ist kein eigentlicher Naturstoff, sondern ein Naturstoffderivat.
Eine eindrucksvolle Schilderung der Wirkungen dieses Stoffes, der in den 50er Jahren auch als Medikament in psychiatrischen Kliniken angewendet wurde, findet sich bei [H 43].

Literatur: H 12, H 43, M 17.

Vorschriften: LSD fällt unter das Betäubungsmittelgesetz.

Lysergsäure-diethylamid

Therapie: Erste Hilfe: Beruhigen, evtl. noch Medizinalkohle in der ersten Stunde. Anderenfalls Diazepam o. ä. oral. Klinik: Streng überwachen. Doxepin i.m. (50 mg). Wegen Gefahr der Selbstbeschädigung Überwachung.

Magnoflorin

CAS-Nr.: [2141-09-5].

Synonyma: Thalictrin.

Gruppe: Alkaloid.

Strukturformel:

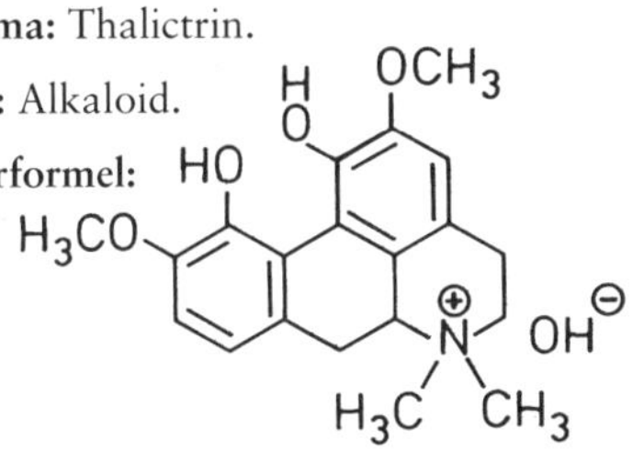

Summenformel: $[C_{20}H_{24}NO_4]^+$.

Molekulargewicht: 342,50.

Schmelzpunkt: 248–249 °C (Jodid).

Literatur: B 35, H 12, M 17.

Vorkommen: → *Actaea spicata*, → *Aristolochia clematitis*, → *Berberis vulgaris*, → *Caltha palustris*, → *Hepatica nobilis* und in vielen anderen Pflanzen.

Therapie: Erste Hilfe: Kohle-Pulvis, erbrechen lassen, viel warmen Tee trinken lassen, Natriumsulfat, Schockprophylaxe (Ruhe, Wärme). Haut- und Schleimhautblasen steril abdecken, Tetanusprophylaxe, lokal Locacorten®-Schaum. Klinik: Magenspülung (evtl. mit burgunderfarbener Kaliumpermanganatlösung), Elektrolytsubstitution, Azidoseausgleich mit Natriumbikarbonat (Urin pH 7,5), im Schock Plasma(expander)gabe, bei Krämpfen Diazepam (Valium®) i.v., Kontrolle der Nierenfunktion, bei Atemlähmung Intubation und Sauerstoffbeatmung.

Mekonsäure

CAS-Nr.: [497-59-6].

Synonyma: Hydroxychelidonsäure. E: Meconic acid

Gruppe: Pflanzensäure.

Strukturformel:

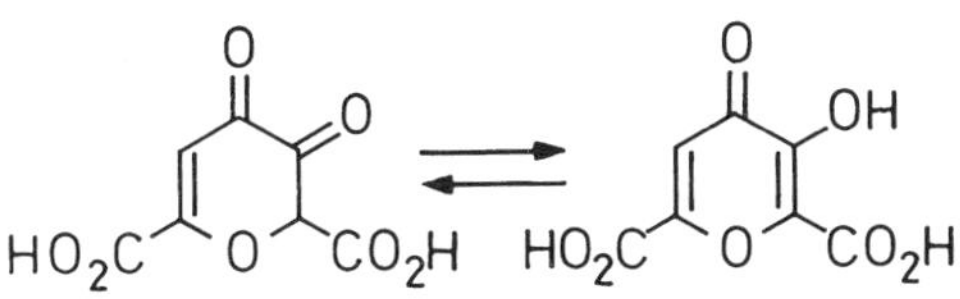

Summenformel: $C_7H_4O_7$. (Kristalle mit $3H_2O$)

Molekulargewicht: 200,10. (Kristalle 254,15)

Charakter: Weiße Kristalle.

Schmelzpunkt: Wird bei 105 °C wasserfrei und zersetzt sich bei 120 °C in Komensäure $C_6H_4O_5$ (unter CO_2 Abspaltung).

Löslichkeit: Löslich in Benzol, Ethanol, Ether, heißem Wasser.

Literatur: H 12, F 16, M 17.

Vorkommen: → *Opium*.

Mekonsäure

Therapie:
Erste Hilfe: Kohle-Pulvis trinken lassen.
Klinik: Nur nach großer Giftaufnahme Magenspülung, Kohle-Pulvis, Natriumsulfat. Plasmaexpander im Schock. Natriumbikarbonat zum Azidoseausgleich, ggf. Intubation und Beatmung.

Menthol

CAS-Nr.: [2216-51-5].

Synonyma: DL-p-Menthan-3-ol.

Gruppe: Terpen.

Strukturformel:

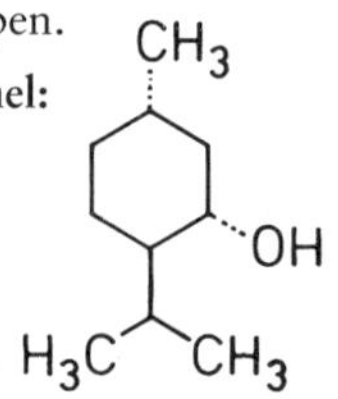

Summenformel: $C_{10}H_{20}O$.

Molekulargewicht: 156,26.

Charakter: Weißes, kristallines Pulver oder farblose, spröde Kristalle; pfefferminzartiger Geruch und Geschmack.

Löslichkeit: Sehr leicht löslich in Ethanol, Ether, Chloroform, leicht löslich in fetten Ölen.

Schmelzpunkt: 41–43 °C.

Spezifische Drehung: $[\alpha]_D^{18}$ −50° (Ethanol 10%).

R_f-Werte Dünnschichtchromatographie: Stahl [S 54].

Toxikologie: LD_{50} (Ratte): 3180 mg/kg p.o.

Literatur: H 12, M 17, R 21.

Handelsüblich: (–)-Menthol.

Handelsübliche Packung: 1 g, 100 g.

Vorschriften: Giftklasse 4 der Schweizer Giftliste.
Mentholum: Monographie der Kommission D.

Vorkommen: Mentha piperita und andere Mentha-Arten.

Therapie:
Erste Hilfe: Kohle-Pulvis trinken lassen.
Klinik: Nur nach großer Giftaufnahme Magenspülung, Kohle-Pulvis, Natriumsulfat. Plasmaexpander im Schock. Natriumbikarbonat zum Azidoseausgleich, ggf. Intubation und Beatmung.

Mesaconitin

CAS-Nr.: [2752-64-9].

Gruppe: Alkaloid.

Summenformel: $C_{33}H_{45}NO_{11}$.

Molekulargewicht: 631,73.

Charakter: Weißes Kristallpulver.

Schmelzpunkt: 199–201 °C.

Spezifische Drehung: $[\alpha]_D^{20}$ +25° (c=1, Chloroform).

Strukturformel:

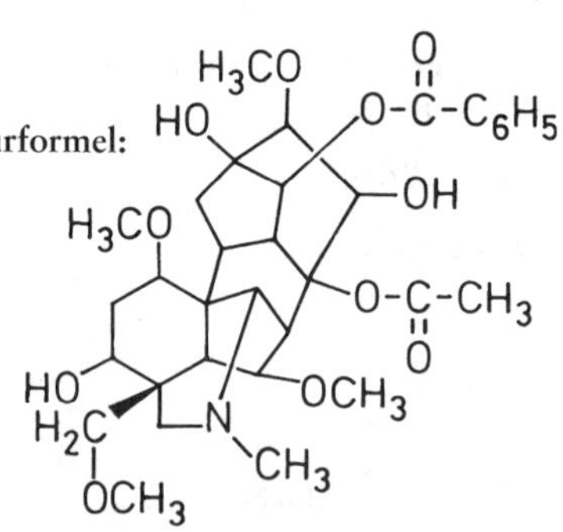

Mesaconitin

R_f-Werte Dünnschichtchromatographie: LM=Methanol; FM=Cyclohexan (8): Ethanol (1): Diethylamin (1). R_f-Bereich: ca. 0,35.

Farbreaktionen, Reagenzien: Dragendorff's Reagenz nach Munier, orange.

Literatur: B 35, H 12.

Handelsübliche Packung: 100 mg.

Vorkommen: → *Aconitum napellus* und andere → *Aconitum-Arten.*

Therapie:
Erste Hilfe: Sofortiges Erbrechen, 10 g Kohle-Pulvis, Natriumsulfat.
Klinik: Magenspülung (evtl. mit burgunderfarbener Kaliumpermanganatlösung), Instillation von 10 g Kohle-Pulvis und Natriumsulfat, Elektrolytsubstitution, Azidoseausgleich mit Natriumbikarbonat (Urin pH 7,5), bei Krämpfen Diazepam (Valium®) i.v., ggf. Intubation und Sauerstoffbeatmung.

Mescalin

CAS-Nr.: [54-04-6].

Synonyma: 3,4,5-Trimethoxy-phenethylamin, TMPFA.

Gruppe: Alkaloid.

Strukturformel:

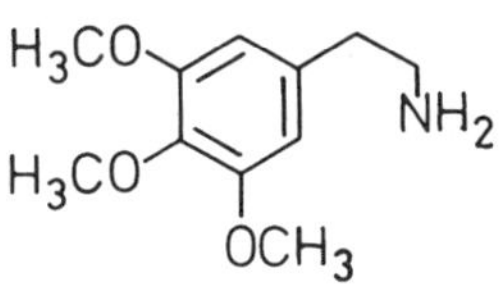

Summenformel: $C_{11}H_{17}NO_3$.

Molekulargewicht: 211,25.

Charakter: Farblose Kristalle oder lichtbrechendes Öl mit bitterem Geschmack.

Löslichkeit: Löslich in Ethanol, Benzol, Chloroform, wenig löslich in Wasser.

Schmelzpunkt: 35–36 °C.

Kochpunkt: Kp_{12} 180 °C.

R_f-Werte Dünnschichtchromatographie: FM=Pyridin (90):Ammoniak konz. (10); R_f-Bereich: 0,36.
FM=Ethanol (60) : Essigsäure (30) : Wasser (10); R_f-Bereich: 0,81.

Farbreaktionen, Reagenzien: Dragendorff's Reagenz nach Munier, rot.

Nachweisreaktionen: Mescalin+konz. Schwefelsäure → citronengelb, beim Erwärmen Farbumschlag nach violett.
Vorsichtige Zugabe von HNO_3 und H_2SO_4 (1:1) zu Mescalin in konz. Schwefelsäure bewirkt Farbumschlag von grün über braunviolett nach braun.
Bei Zugabe von $AuCl_3$ in Salzsäure zu einer wäßrigen Mescalinlösung kristallisieren orangerote Nadeln aus. Sie sind in Alkohol und in heißem Wasser leicht löslich.
Gibt man zu Mescalin in Wasser $PtCl_4$ in Salzsäure im Überschuß, so kristallisieren hellgelbe Nadeln aus.

Toxikologie: (Hydrochlorid) LD_{50} (Maus, Ratte, Meerschweinchen): 212, 132, 328 mg/kg intraperitoneal, (Ratte): 157 mg/kg i.v., 330–410 mg/kg i.p., 534 mg/kg s.c.; (Maus): 880 mg/kg p.o.
Für die Rauschwirkung soll ein Lebereiweiß-Mescalinkomplex von Bedeutung sein. Untersuchungen zeigten, daß der Höhepunkt der halluzinogenen Wirkung der Droge mit dem Maximalgehalt dieses Leberkomplexes zusammenhängt (Phytotherapie).
Die Leberfunktion wird bei Gaben über 500 mg gestört, während die Blutzuckerkonzentration unverändert bleibt.
Bei Gaben von 100–200 mg Mescalin-Hydrochlorid treten Veränderungen der Sinneseindrücke auf. Es stellt sich eine Stun-

Mescalin

de nach der Drogeneinnahme euphorische Stimmung wie Beschwingtheit, Heiterkeit, Hemmungslosigkeit ein.
Bei einer Dosis von 400 mg verschwindet die Euphorie, eine Art passiver Lähmungszustand stellt sich ein, die geistigen Fähigkeiten erlahmen, der Zeitbegriff schwindet. Eine gute Schilderung der Erscheinungen von Mescalinvergiftungen gibt Reko [R 25].

Literatur: B 10, B 35, H 13, M 17, M 23, R 25, S 74.

Vorschriften: Mescalin fällt unter das Betäubungsmittelgesetz.
Stoffe der Kosmetikverordnung v. 19. 6. 1985 Anlage 1: 222 Mescalin und seine Salze.

Vorkommen: → *Lophophora williamsii,* Trichocereus pachanoi Britt. et Rose.

Therapie:
Erste Hilfe: Ruhe, beruhigendes Zureden, beaufsichtigen, meist keine medikamentöse Therapie nötig, keine intravenösen Injektionen! (Bahnung einer Spritzensucht), bei hochgradiger Erregung Doxepin (Aponal®) (50 mg oral oder i.m.), nur falls nicht anders vorhanden Diazepam (Valium®) (10 – 20 mg oral oder i.m.), nach oraler Überdosierung erbrechen lassen, Atemwege freihalten, evtl. Atemspende, warmhalten.
Klinik: Evtl. Magenspülung, Kohle-Pulvis- und Natriumsulfatinstillation, Plasmaersatzpräparate, beatmen.

N-Methylcytisin

CAS-Nr.: [486-86-2].

Synonyma: Caulophyllin.

Gruppe: Alkaloid.

Strukturformel:

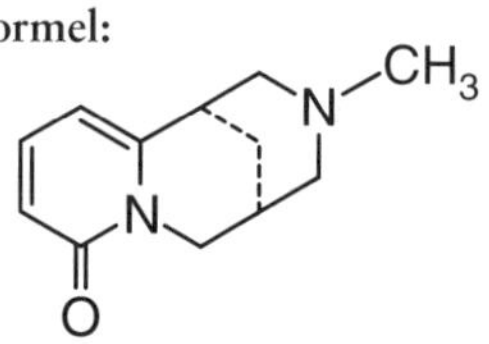

Summenformel: $C_{12}H_{16}N_2O$.

Molekulargewicht: 204,26.

Charakter: Farblose Prismen.

Löslichkeit: Löslich in Wasser, Ethanol, Methanol, Chloroform, Benzol, Aceton.

Schmelzpunkt: 140–141 °C.

Spezifische Drehung: $[\alpha]_{589}$125–223°, c=0,905.

Toxikologie: LD_{50} (Maus): 21 mg/kg i.v., 51 mg/kg i.p., >500 mg/kg p.o.
N-Methylcytisin ist weniger giftig als → *Cytisin.*

Literatur: M 17, Dtsch. Ap. 21. 132, 303 – 306.

Vorkommen: In → *Caulophyllum thalictroides,* → *Laburnum anagyroides* sowie anderen Berberidaceen und Fabaceen.

Therapie: → *Cytisin.*

Mezerein

CAS-Nr.: [34807-41-5].

Gruppe: Terpen.

Strukturformel:

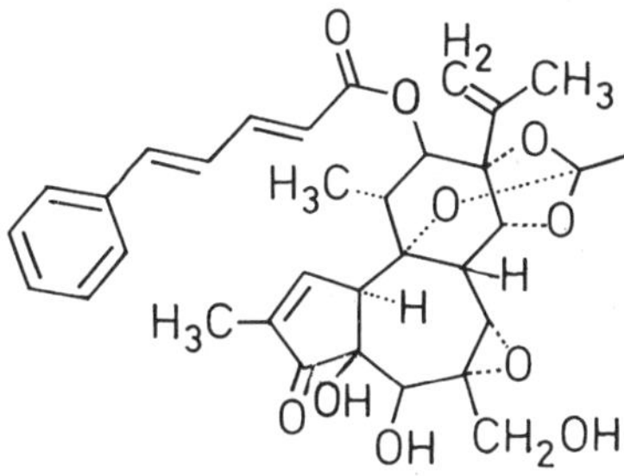

Summenformel: $C_{38}H_{38}O_{10}$.

Molekulargewicht: 654,71.

Schmelzpunkt: 265 – 269 °C (dec.).

Spezifische Drehung: $[\alpha]_D^{25}$ +117,5° (Chloroform).

Toxikologie: Mezerein (und → Daphnetoxin) verursachen eine starke Reizung auf der Haut: Schwellung Blasenbildung, Abstoßung der Epidermis, erysipelartige Rötung und Pustelbildung. Bei längerer Einwirkung kommt es zum nekrotischen Zerfall des Gewebes. Bei p.o. Aufnahme Rötung und Schwellung der Mundschleimhaut und der Lippen, evtl. des gesamten Gesichts mit Speichelfluß, Nasensekretion und Conjunctivitis, außerdem Magenschmerzen, Erbrechen und Durchfall. Resorptiv Nierenschädigung sowie Kopfschmerzen, Schwindel, Tachycardie, u.U. Krampfanfälle und Tod im Kollaps [H 13].

Literatur: B 35, F 16, H 12, H 13.

Vorkommen: → Daphne-Arten.

Therapie:
Erste Hilfe: Kohle-Pulvis-Gabe, Erbrechen auslösen, Natriumsulfat, viel warmen Tee trinken lassen. Haut- und Schleimhautblasen steril abdecken, Tetanusprophylaxe, lokal Locacorten-Schaum.
Klinik: Magenspülung (evtl. mit burgunderfarbener Kaliumpermanganatlösung), Instillation von 10 g Kohle-Pulvis, Elektrolytsubstitution, Azidoseausgleich mit Natriumbikarbonat (Urin pH 7,5), Kontrolle der Nierenfunktion, bei Krämpfen Diazepam (Valium®) i.v., ggf. Plasma(expander)gabe, bei Atemlähmung: Intubation und Sauerstoffbeatmung.

Monocrotalin

CAS-Nr.: [315-22-0].

Gruppe: Pyrrolizidinalkaloid.

Strukturformel:

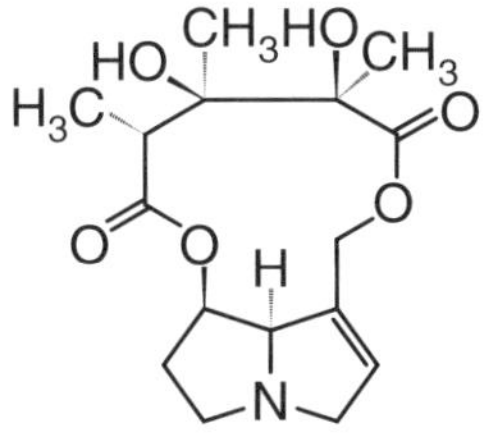

Summenformel: $C_{16}H_{23}NO_6$.

Molekulargewicht: 325,35.

Charakter: Farblose Prismen mit bitterem Geschmack.

Löslichkeit: Löslich in Ethanol und Chloroform, wenig löslich in Wasser. Durch Alkali schnelle Hydrolysation, durch Luftsauerstoff langsame Oxidation.

Schmelzpunkt: 197–198 °C (dec.), nach anderen Angaben 202–203 °C.

Monocrotalin

Spezifische Drehung: $[\alpha]_D^{25}$=5,7 (c=5.054 in Chloroform).

Toxikologie: Schädigungen der Leber (Nekrosen, Megalocytose, Fibrosen, Venenverschlußkrankheiten), der Lunge (Pneumonie, Emphyseme, Ödeme), der Niere (Megalocytose), des Pankreas und des Gastrointestinaltrakts [H 13].

LD_{50} (Ratte): 71 mg/kg p.o.; (Maus, männl.): 166 mg/kg p.o.; (Maus, weibl.): 170 mg/kg p.o.

Literatur: H 13, M 17.

Vorkommen: In verschiedenen Crotalaria-Arten.

Monotropitosid

CAS-Nr.: [490-67-5].

Synonyma: Gaultherin.

Gruppe: Glykosid.

Summenformel: $C_{19}H_{26}O_{12}$.

Molekulargewicht: 446,40.

Vorkommen: → *Gaultheria procumbens.*

Literatur: H 12, K 7.

Strukturformel:

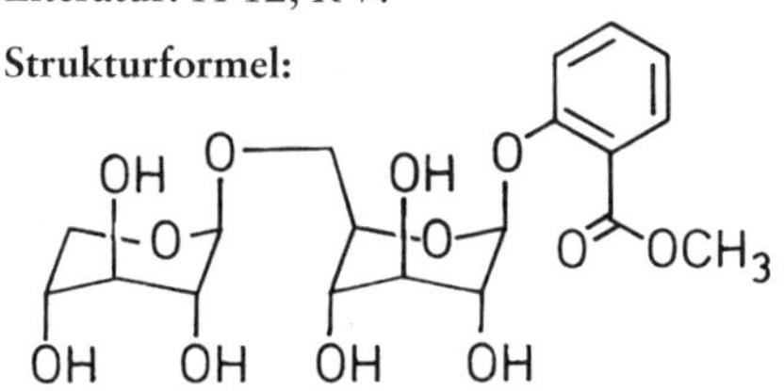

Therapie:
Erste Hilfe: Kohle-Pulvis trinken lassen.
Klinik: Nur nach großer Giftaufnahme Magenspülung, Kohle-Pulvis, Natriumsulfat. Plasmaexpander im Schock. Natriumbikarbonat zum Azidoseausgleich, ggf. Intubation und Beatmung. Atropin bzw. Alupent bei Bradykardie; Phenytoin bzw. Lidocain bei tachykarden Herzrhythmusstörungen. Evtl. passag. Herzschrittmacher.

Morphin

CAS-Nr.: [57-27-2].

Synonyma: Morphium.

Gruppe: Alkaloid.

Strukturformel:

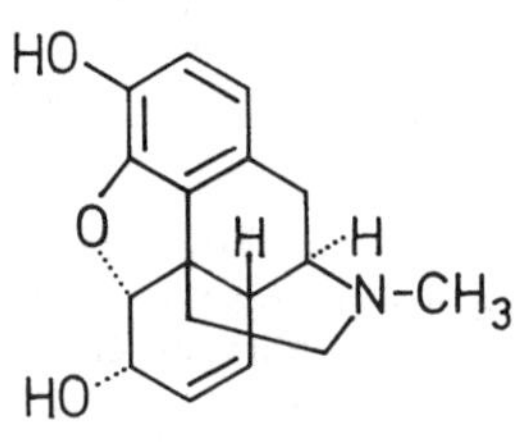

nach Robinson/Schöpf
(Phenanthren-Derivat)

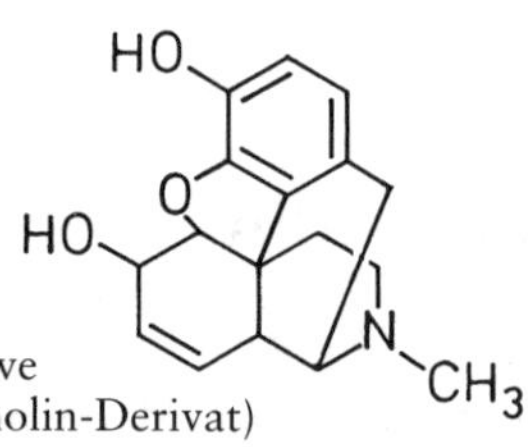

nach Awe
(Isochinolin-Derivat)

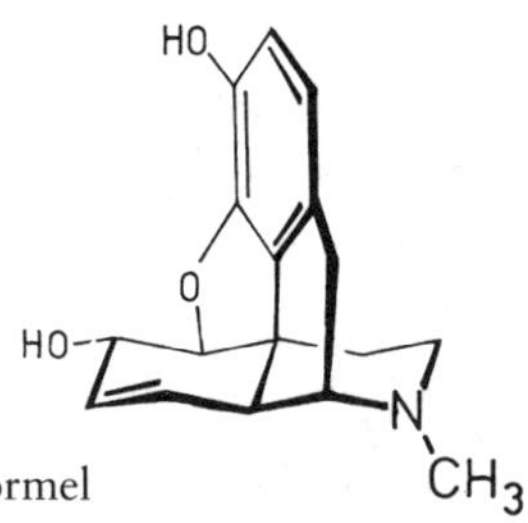

Stereoformel

Morphin

Summenformel: $C_{17}H_{19}NO_3$.

Molekulargewicht: 285,33 (wasserfrei).

Charakter: Farblose, glänzende Nadeln oder Prismen.

Löslichkeit: Löslich in Ethanol, Chloroform, Amylalkohol etc.

Schmelzpunkt: 254–256 °C.

Spezifische Drehung: $[\alpha]_D^{25}$ –132° (Methanol).

Toxikologie: LD (Erwachsener): 300–400 mg peroral, 100–200 mg parenteral. Von Süchtigen werden durch Toleranzentwicklung weit größere Mengen vertragen [H 13].

Wirkungscharakter: Morphin hat ausgeprägte Wirkungen auf das psychische Verhalten und andere zentrale Funktionen. Es vermindert deutlich die Schmerzempfindlichkeit, ohne daß es zu allgemeiner Betäubung wie bei der Narkose kommt, es setzt die Erregbarkeit des Atmungszentrums herab, verengt die Pupillen und wirkt verlangsamend auf die Darmbewegungen, d. h. stopfend. Die am meisten beobachteten Nebenwirkungen sind Erbrechen, Appetitmangel, Verstopfung, Schweiß, Hautjucken [H 12].

Literatur: D 11, H 5, H 12, M 17.

Vorschriften: Morphin unterliegt dem Betäubungsmittelgesetz.
Kontrollierte Substanz (Opiat) im U.S. Code of Federal Regulations, Title 21, Parts 329.1 and 1308.12 (1987) [M 17].

Therapie:
Hausarzt: Bei Zyanose sofort künstliche Beatmung oder die Gabe von Naloxon (Narcanti®) (i.v., Wiederholung in 30minütigen Abständen), bis zur Behebung der Ateminsuffizienz ohne der Möglichkeit einer künstlichen Beatmung, Schockprophylaxe, anfangs evtl. erbrechen lassen, Trinken von Kaliumpermanganatlösung, Kohle-Pulvis, Natriumsulfat.
Klinik: Bei Zyanose Intubation und maschinelle Beatmung (über Stunden bis Tage), evtl. Magenspülung, Instillation von Kohle-Pulvis und Natriumsulfat, Antidot Lorfan® oder Narcanti®, evtl. Herzmassage, bei Kammerarrhythmien Lidocain (Xylocain®) i.v., bei Krämpfen Diazepam (Valium®) i.v., Elektrolytkontrolle, Therapie eines anaphylaktischen Hirnödems (2 Amp. Lasix® i.v. und 80 mg Volon A solubile® i.v.), eines Lungenödems und eines evtl. aufgetretenen Nierenversagens.

Narcein

CAS-Nr.: [131-28-2].

Gruppe: Alkaloid.

Strukturformel:

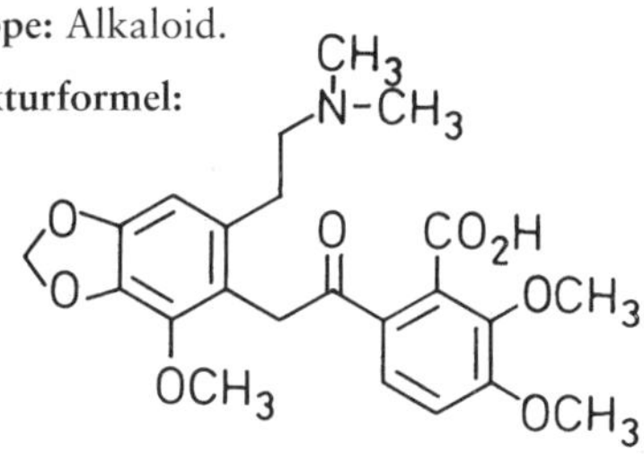

Summenformel: $C_{28}H_{27}NO_8$ (+$3H_2O$).

Molekulargewicht: 445,45 (499,52).

Charakter: Weißes, schwach hygroskopisches Pulver.

Löslichkeit: Löslich in Alkalihydroxid und verd. Säuren, etwas löslich in heißem Ethanol und Chloroform.

Schmelzpunkt: 170 – 171 °C.

R_f-Werte Dünnschichtchromatographie: FM=Chloroform (9):Ethanol (1).
R_f-Bereich: ca. 0,95.*⁾

Farbreaktionen, Reagenzien: Dragendorff's Reagenz nach Munier orange-rot, H_2SO_4 konz. braun-beige.*⁾

Literatur: H 12, M 17, R 21; *⁾Naturstoffabt. C. Roth, Karlsruhe.

Handelsübliche Packung: 1 g.

Vorkommen: → *Papaver somniferum.*

Narcein

Therapie:
Erste Hilfe: Kohle-Pulvis-Gabe, Erbrechen auslösen, Natriumsulfat.
Klinik: Magenspülung (evtl. mit burgunderfarbener Kaliumpermanganatlösung), Elektrolytsubstitution, Azidoseausgleich mit Natriumbikarbonat (Urin pH 7,5), Kontrolle der Nierenfunktion, bei Krämpfen Diazepam (Valium®) i.v., bei Atemlähmung Intubation und Sauerstoffbeatmung.

Narcotin

CAS-Nr.: [128-62-1].

Synonyma: Noscapin, Opianin, Gnoscopin.

Gruppe: Alkaloid.

Strukturformel:

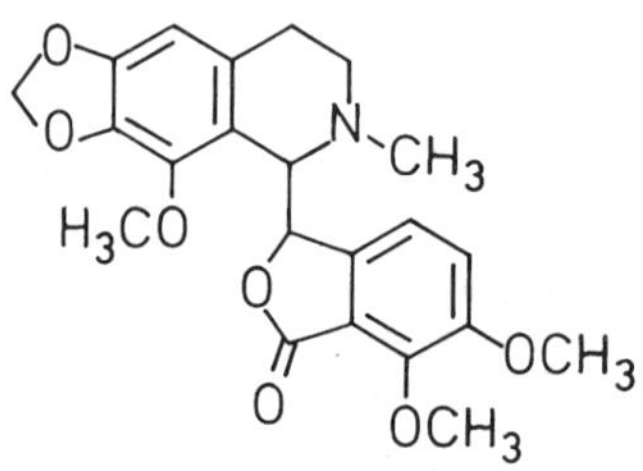

Summenformel: $C_{22}H_{23}NO_7$.

Molekulargewicht: 413,43.

Charakter: Kristallpulver, sehr schwache Base, bildet instabile Salze.

Löslichkeit: Löslich in Aceton, Ethanol, Eisessig, Benzol, Chloroform, wenig löslich in Wasser.

Schmelzpunkt: 174–176 °C.

Spezifische Drehung: $[\alpha]_D^{32}$ –148,8 (c=2, Toluol).

R_f-Werte Dünnschichtchromatographie:
LM = Chloroform; FM = Chloroform (60):Methanol (10):Ammoniaklös. (1)*)
Rf-Bereich: ca. 0,8.

Farbreaktionen, Reagenzien: Dragendorff's Reagenz nach Munier rotbraun; H_2SO_4 konz. rosa-beige.*)

Toxikologie: LD_{50} (Maus): 0,83 mg/kg in verd. Salzsäure gelöst (intravenös).

Literatur: H 12, M 17, R 21; *)Naturstoffabt. C. Roth, Karlsruhe.

Handelsübliche Packung: 1 g.

Vorkommen: → *Papaver somniferum*, → *Corydalis cava* und andere Pflanzen.

Therapie:
Erste Hilfe: Kohle-Pulvis-Gabe, Erbrechen auslösen, Natriumsulfat.
Klinik: Magenspülung (evtl. mit burgunderfarbener Kaliumpermanganatlösung), Elektrolytsubstitution, Azidoseausgleich mit Natriumbikarbonat (Urin pH 7,5), Kontrolle der Nierenfunktion, bei Krämpfen Diazepam (Valium®) i.v., bei Atemlähmung Intubation und Sauerstoffbeatmung.

Neriifolin

CAS-Nr.: [466-07-9].

Synonyma: Digitoxigenin-thevetosid.

Gruppe: Glykosid.

Summenformel: $C_{30}H_{46}O_8$.

Molekulargewicht: 534,70.

Schmelzpunkt: 172–235 °C (Doppelschmelzpunkt).

Spezifische Drehung: $[\alpha]_D^{23}$ –50,2° (Methanol).

Literatur: B 35, H 12, M 17, R 21.

Handelsübliche Packung: 100 mg.

Strukturformel:

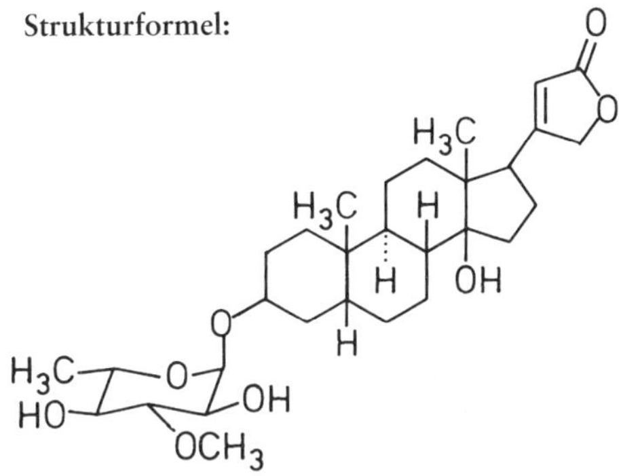

Vorkommen: → *Thevetia peruviana.*

> **Therapie:**
> Erste Hilfe: Kohle-Pulvis-Gabe, Erbrechen auslösen, Natriumsulfat.
> Klinik: Magenspülung (evtl. mit burgunderfarbener Kaliumpermanganatlösung), Kohleinstillation (10 g Pulvis), Digitalis-Antidot BM, Herzschrittmacher (prophylaktisch), Hämoperfusion, Kontrolle des Kaliumspiegels und Substitution, Phenytoin, bei ventrikulärer Extrasystolie: Lidocain (Xylocain®), bei ausgeprägter Bradykardie: Atropin oder Orciprenalin (Alupent®), bei AV-Überleitungsstörungen: Vorsicht mit Substanzen, die diese zusätzlich beeinträchtigen, d.h. mit Ajmalin, Procainamid, β-Rezeptorenblocker und Chinidin.

(–)-Nicotin

CAS-Nr.: [54-11-5].

Synonyma: 1-Methyl-2(3-pyridyl)-pyrrolidin.

Gruppe: Tabak-Alkaloid.

Strukturformel:

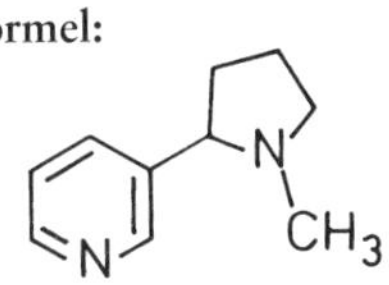

Summenformel: $C_{10}H_{14}N_2$.

Molekulargewicht: 162,23.

Charakter: Farblose, hygroskopische Flüssigkeit, die an der Luft allmählich braun wird. Geschmack brennend, beißend.

Löslichkeit: Leicht löslich in Ethanol, Chloroform, Ether, Petrolether, mischbar mit Wasser unter 60 °C.

Kochpunkt: Kp. 243–248 °C.

Spezifische Drehung: $[\alpha]_D^{20}$ –160°.

R_f-Werte Dünnschichtchromatographie:
LM=Chloroform (9):Ethanol (1).
R_f-Bereich: ca. 0,45.*)

Farbreaktionen, Reagenzien: Dragendorff's Reagenz nach Munier, orange.*)

Vorkommen: Tabak (Nicotiana spec.). Die verschiedenen Nicotiana Species haben ganz unterschiedliche Nicotingehalte. Der leichte „Virgin"-Zigarrentabak enthält nur

Nicotin

0,05% Nicotin, „Burley“ bis zu 3,5, gelegentlich sogar 4% Nicotin; Nicotiana rustica, die Stammpflanze des russischen „Machorka“, bringt es sogar auf 7,5% Nicotin. Da neuerdings (Münchner Merkur 21.2.84) sogar die Tabakstengel und Blattspreiten zu Spanplatten für die Möbelindustrie verwendet werden, ist mit einem Ansteigen von Nicotinvergiftungen in den Verbraucherländern solcher Spanplatten (z.B. Bulgarien) zu rechnen.

Toxikologie: LD_{50} (Ratte): 55 mg/kg p.o., 1,0 mg/kg i.v.

Wirkungscharakter: Nicotin wird leicht über Schleimhäute, auch über intakte Haut resorbiert.
Es hat 2 Hauptwirkungskomponenten:
1. bewirkt Nicotin zentral kurze Erregung, dann schnell einsetzende Lähmung der Zentren in Zwischenhirn, Medulla oblongata und Medulla spinalis. Der Tod erfolgt durch Atemlähmung, nach genügend hohen Dosen „blitzartig“. Die zentrale Wirkung des Nicotins ist im übrigen (abgesehen von Vergiftungen durch hohe Dosen) unter den gewöhnlichen Bedingungen (z.B. beim Rauchen) nur in sehr bescheidenem Ausmaß vorhanden; praktisch viel wichtiger ist
2. die periphere Wirkung. Nicotin wirkt in kleinen Dosen wie Acetylcholin durch Depolarisierung der postsynaptischen Membran erregend auf die vegetativen Ganglien, in höheren Dosen durch Dauerdepolarisierung als Ganglienblocker. Es ergibt sich ein vielgestaltiges Bild der Nicotinwirkung. Zuerst Miosis, dann Mydriasis; Hypersekretion der meisten Drüsen, auch der Schweißdrüsen; Verlangsamung und Abschwächung der Herztätigkeit und Verengung oder gar Spasmus der Koronargefäße. Am Magendarmkanal zeigt sich die periphere Nicotinwirkung, in einer starken Erregung der Peristaltik, bes. am Dünndarm, und unter gleichzeitiger erheblicher Kontraktion der Splanchnicusgefäße. Der Blutdruck steigt stark an. Nach Zufuhr toxischer Gaben von Nicotin folgt dem Blutdruckanstieg bald eine kollapsartige Blutdrucksenkung. Der Uterus wird durch Nicotin sehr stark, bes. während und v. a. am Ende der Gravidität erregt, es kommt zu heftigen, auch tetanischen Kontraktionen der Gebärmutter und zu Abort.
3. die örtlich reizende Wirkung des Nicotins sowie die praktisch in der Schädlingsbekämpfung wichtig gewordene hochtoxische Wirkung auf bestimmte niedere Tiere (Insekten, Würmer)=antiparasitäre Nicotinwirkung.
Als tödliche Dosis für den Erwachsenen (bei einmaliger oraler Gabe) werden 40 – 60 mg Nicotin angegeben, die bereits in 1 – 2 mittelschweren bzw. in $^1/_3$ einer schweren Zigarre enthalten sind. Auch bei an Tabak gewöhnten Menschen besteht keine weitgehende Toleranz gegen Nicotin, entscheidend bleibt neben der Dosis immer der Zeitfaktor.

Symptome: Innerhalb einer Stunde bei leichter Vergiftung: Übelkeit, Schwindel, Kopfschmerzen, Speichelfluß, Tremor, Erregung. Bei schwerer Vergiftung: Kleiner frequenter Puls, kalter Schweiß, Blässe, Zuckungen, Leibschmerzen, Durchfälle, Bewußtlosigkeit, Krämpfe, Atem- und Herzstillstand.

Nachweis: Dünnschichtchromatographie im Erbrochenen und Magenspülwasser. Spot-Test nach Clark.

Literatur: E 8, H 12 H 13, M 17, R 21, S 5; *)Naturstoffabt. C. Roth, Karlsruhe.

Handelsüblich: 1) (–)-Nicotin, 2) Nicotinsalicylat Fp. 117 – 118 °C, 3) Nicotin-L-tartrat Fp. 90 °C, 4) Nicotinsulfat.
Nicotin ist als Base unbeständig, vor allem bei Berührung mit der Luft.

Handelsübliche Packung: 1) 10 ml, 100 ml, 2) 25 g, 3) 25 g, 4) 25 g.

Vorschriften: Nicotin unterliegt der Gefahrstoffverordnung:
EG Nr. 614-001-00-4 ☠+ R: 25/26/27 S: (1/2)-36/37/39-42-45 incl. Zubereitungen,
ebenso Nicotin Salze:
EG Nr. 614-002-00-X ☠+ R: 26/27/28 S: (1/2)-13-28-45 incl. Zubereitungen.
Giftklasse 1 der Schweizer Giftliste.
Verbotener Stoff der Kosmetikverordnung v. 19. 6. 1985. Anlage 1: 246 Nicotin und seine Salze.

Nicotin

Therapie:
Gesicherte Giftaufnahme bei einem Kleinkind:
$^1/_4$ Zigarette – Keine Maßnahmen.
$^1/_3$ Zigarette – erbrechen lassen oder Kohle-Pulvis.
$^1/_2$ Zigarette – Magenspülung.
Erste Hilfe: Sofort viel trinken und erbrechen lassen, Kohle-Pulvis-Gabe, Natriumsulfat, Haut und Augen spülen, Frischluft, Schockvorsorge (Ruhe, Wärme).
Klinik: Magenspülung (evtl. mit burgunderfarbener Kaliumpermanganatlösung), Instillation von 10 g Kohle-Pulvis und Natriumsulfat, bei Krämpfen Diazepam (Valium®) i.v., bei Kindern Chloralhydrat-Rektiole, Beatmen, Herzdruckmassage, Orciprenalin (Alupent®) i.v.

β-Nicotyrin

CAS-Nr.: [487-19-4].

Synonyma: 3-(1-Methyl-2-pyrryl)-pyridin.

Gruppe: Tabak-Alkaloid.

Strukturformel:

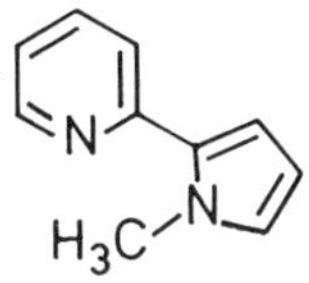

α-Nicotyrin

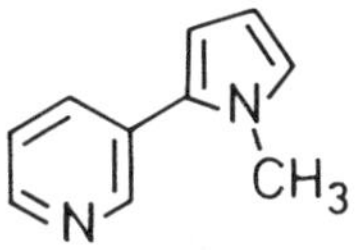

β-Nicotyrin

Summenformel: $C_{10}H_{10}N_2$.

Molekulargewicht: 158,20.

Charakter: Farbloses Öl, wird nach kurzem Stehen braun und zersetzt sich. Es ist deshalb notwendig, die Base in ein stabiles Salz, am besten in das Tartrat zu überführen.

Löslichkeit: Löslich in Ethanol, verd. Säuren, wenig löslich in Wasser.

Kochpunkt: $Kp._{16}$ 150–151 °C.

Brechungsindex: 1,6057.

R_f-Werte Dünnschichtchromatographie:
FM=Chloroform (9):Ethanol (1).
R_f-Bereich: ca. 0,90.*)

Farbreaktionen, Reagenzien: UV, violett.*)

Literatur: H 12, R 21; *)Naturstoffabt. C. Roth, Karlsruhe.

Handelsübliche Packung: 1 g.

Vorkommen: → *Nicotiana tabacum.*

Therapie:
Erste Hilfe: Sofort viel trinken und erbrechen lassen, Kohle-Pulvis-Gabe, Natriumsulfat, Haut und Augen spülen, Frischluft, Schockvorsorge (Ruhe, Wärme).
Klinik: Magenspülung (evtl. mit burgunderfarbener Kaliumpermanganatlösung), Instillation von 10 g Kohle-Pulvis und Natriumsulfat, bei Krämpfen Diazepam (Valium®) i.v., bei Kindern Chloralhydrat-Rektiole, Beatmen, Herzdruckmassage, Orciprenalin (Alupent®) i.v.

Norharman

CAS-Nr.: [244-63-3].

Synonyma: β-Carbolin.

Gruppe: Indol.

Strukturformel:

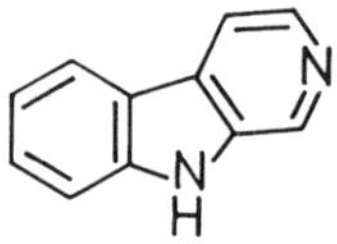

Summenformel: $C_{11}H_8N_2$.

Molekulargewicht: 168,20.

Löslichkeit: Löslich in heißem Wasser, Ethanol, Ether, wenig löslich in Benzol, Petrolether.

Schmelzpunkt: 198–200 °C.

Literatur: B 35, H 12.

Handelsübliche Packung: 500 mg.

Therapie:
Erste Hilfe: Kohle-Pulvis (10 g), erbrechen lassen, viel warmen Tee oder Himbeersaft trinken lassen.
Klinik: Nach wahrscheinlich großer Giftaufnahme Magenspülung (evtl. mit burgunderfarbener Kaliumpermanganatlösung), Instillation von 10 g Kohle-Pulvis und Natriumsulfat, Elektrolytsubstitution, Azidoseausgleich mit Natriumbikarbonat (Urin pH 7,5).

Norlolin

CAS-Nr.: [4839-19-4].

Synonyma: Wahrscheinlich identisch mit Temulin.

Gruppe: Alkaloid.

Kochpunkt: Kp_5 94–95 °C.

Spezifische Drehung: $[\alpha]_D^{16}$ +15,1°.

Literatur: B 35, B 36.

Vorkommen: → *Lolium temulentum.*

Therapie:
Erste Hilfe: Sofortiges Erbrechen, 10 g Kohle-Pulvis, Natriumsulfat.
Klinik: Magenspülung (evtl. mit burgunderfarbener Kaliumpermanganatlösung), Instillation von 10 g Kohle-Pulvis und Natriumsulfat, Elektrolytsubstitution, Azidoseausgleich mit Natriumbikarbonat (Urin pH 7,5), bei Krämpfen Diazepam (Valium®) i.v., ggf. Intubation und Sauerstoffbeatmung.

Norlupinan

CAS-Nr.: [493-10-7].

Synonyma: Chinolizidin.

Gruppe: Alkaloid.

Strukturformel:

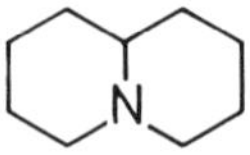

Summenformel: $C_9H_{17}N$.

Molekulargewicht: 139,23.

Kochpunkt: Kp 184 °C.

Literatur: B 35.

Norlupinan

Therapie:
Erste Hilfe: Kohle-Pulvis, erbrechen lassen, viel warmen Tee trinken lassen, Natriumsulfat, Schockprophylaxe (Ruhe, Wärme). Haut- und Schleimhautblasen steril abdecken, Tetanusprophylaxe, lokal Locacorten®-Schaum.
Klinik: Magenspülung (evtl. mit burgunderfarbener Kaliumpermanganatlösung), Elektrolytsubstitution, Azidoseausgleich mit Natriumbikarbonat (Urin pH 7,5), im Schock Plasmaexpandergabe, bei Krämpfen Diazepam (Valium®) i.v., Kontrolle der Nierenfunktion, bei Atemlähmung Intubation und Sauerstoffbeatmung.

Nornicotin

CAS-Nr.: [494-97-3].

Synonyma: 2-(3-Pyridyl)-pyrrolidin.

Gruppe: Tabak-Alkaloid.

Strukturformel:

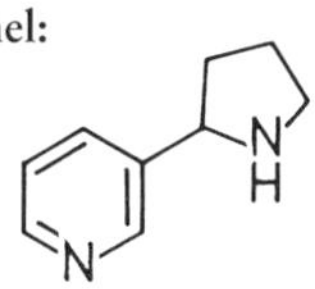

Summenformel: $C_9H_{12}N_2$.

Molekulargewicht: 148,21.

Charakter: Hygroskopische, etwas viskose Flüssigkeit, mit aminartigem Geruch. Die freie Base zersetzt sich auch unter Luftausschluß rasch. Es ist deshalb zweckmäßig, sie in ein stabiles Salz, z.B. Dipikrat oder Salicylat, umzusetzen.

Löslichkeit: Sehr leicht löslich in Ethanol, Chloroform, Ether, mischbar mit Wasser.

Kochpunkt: Kp_3 105–107 °C.

Spezifische Drehung: $[\alpha]_D^{22}$ −89 (c=100).

R_f-Werte Dünnschichtchromatographie: LM=Ethanol, Chloroform; FM=Chloroform (9):Ethanol (1).
R_f-Bereich: 0,15.*)

Farbreaktionen, Reagenzien: Dragendorff's Reagenz nach Munier, orange.*)

Toxikologie: LD (Ratte): 23,5 mg/kg i.p.; (Kaninchen): 3 mg/kg i.v.

Literatur: M 17, R 21; *)Naturstoffabt. C. Roth, Karlsruhe.

Handelsüblich: Nornicotin-dipikrat Fp. 188–190°.

Handelsübliche Packung: 250 mg, 1 g.

Vorschriften: Giftklasse 1 der Schweizer Giftliste.

Vorkommen: → *Nicotiana tabacum* und andere Nicotiana-Arten.

Therapie:
Erste Hilfe: Sofort viel trinken und erbrechen lassen, Kohle-Pulvis-Gabe, Natriumsulfat, Haut und Augen spülen, Frischluft, Schockvorsorge (Ruhe, Wärme).
Klinik: Magenspülung (evtl. mit burgunderfarbener Kaliumpermanganatlösung), Instillation von 10 g Kohle-Pulvis und Natriumsulfat, bei Krämpfen Diazepam (Valium®) i.v., bei Kindern Chloralhydrat-Rektiole, Beatmen, Herzdruckmassage, Orciprenalin (Alupent®) i.v.

Oenanthotoxin

CAS-Nr.: [20311-78-8].

Gruppe: Polyin.

Strukturformel:

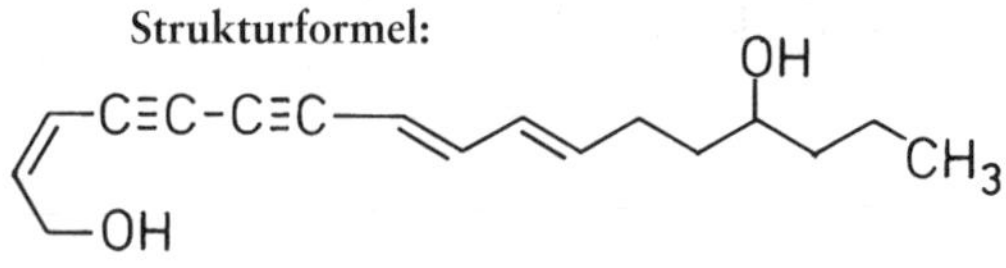

Summenformel: $C_{17}H_{22}O_2$.

Molekulargewicht: 258,26.

Schmelzpunkt: 87 °C.

Spezifische Drehung: $[\alpha]_D^{15}$ +30,5° (c=2 in Methanol).

Toxikologie: LD_{50} (Ratte): 2,94 mg/kg i.p.

Literatur: B 35, B 36, F 16, H 12, M 17.

Vorkommen: → *Oenanthe crocata.*

> **Therapie:**
> Erste Hilfe: Gabe von 10 g Kohle-Pulvis, Erbrechen auslösen, Natriumsulfat.
> Klinik: Magenspülung (evtl. mit burgunderfarbener Kaliumpermanganatlösung), Instillation von 10 g Kohle-Pulvis; nach der Resorption (Krämpfe!) Relaxierung und Intubation. Evtl. Intubation und Beatmung.

Oleandrin

CAS-Nr.: [465-16-7].

Synonyma: Folinerin, Corrigenin, Neriolin.

Gruppe: Glykosid.

Strukturformel: Glykosid: Oleandrigenin-L-oleandrose.

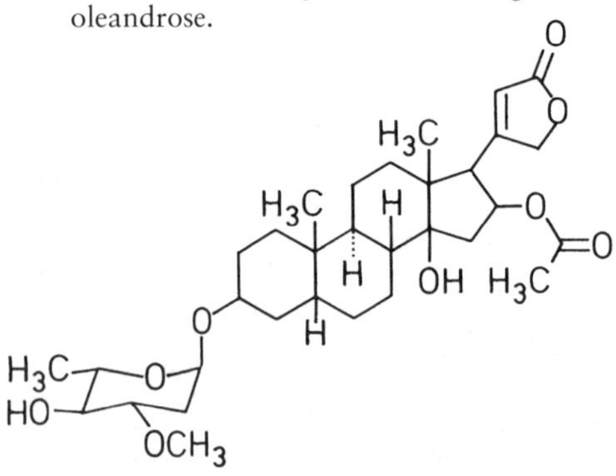

Summenformel: $C_{32}H_{48}O_9$.

Molekulargewicht: 576,70.

Charakter: Weißes, mikrokristallines, geruchloses Pulver.

Löslichkeit: Leicht löslich in Chloroform, löslich in Methanol, Ethanol, wenig löslich in Ether und in Wasser.

Schmelzpunkt: ~250 °C.

Spezifische Drehung: $[\alpha]_D^{20}$ −52° (c=0,5, Methanol).

Nachweis: Lösen der Substanz in Essigsäure; Zugabe von Eisen-III-chlorid-Lsg. und Unterschichten mit Schwefelsäure; grünbrauner Ring an der Berührungszone; dann grün bis blaugrüne Färbung der oberen Schicht Hinweis auf Oleandrin. [H 13]

R_f-Werte Dünnschichtchromatographie: LM=Chloroform; FM=Ethylacetat. R_f-Bereich: ~0,6.*)

Toxikologie: LD_{50} (Katze): 0,30 mg/kg i.v.

Literatur: H 12, H 13, M 17, R 21, S 60; *)Naturstoffabt. C. Roth, Karlsruhe.

Handelsübliche Packung: 25 mg, 100 mg.

Vorschriften: Verbotener Stoff der Kosmetikverordnung v. 19. 6. 1985 Anlage 1: 261 Oleandrin.

Vorkommen: → *Nerium oleander.*

Oleandrin

Therapie:
Erste Hilfe: Kohle-Pulvis-Gabe, Erbrechen auslösen, Natriumsulfat.
Klinik: Magenspülung (evtl. mit burgunderfarbener Kaliumpermanganatlösung), Kohleinstillation (10 g Pulvis), Herzschrittmacher (prophylaktisch), Hämoperfusion, Kontrolle des Kaliumspiegels und Substitution, Phenytoin, bei ventrikulärer Extrasystolie: Lidocain (Xylocain®), bei ausgeprägter Bradykardie: Atropin oder Orciprenalin (Alupent®), bei AV-Überleitungsstörungen: Vorsicht mit Substanzen, die diese zusätzlich beeinträchtigen, d.h. mit Ajmalin, Procainamid, β-Rezeptorenblocker und Chinidin.

Oleanolsäure

CAS-Nr.: [508-02-1].

Synonyma: Oleanol, Caryophyllin.

Gruppe: Triterpen.

Strukturformel:

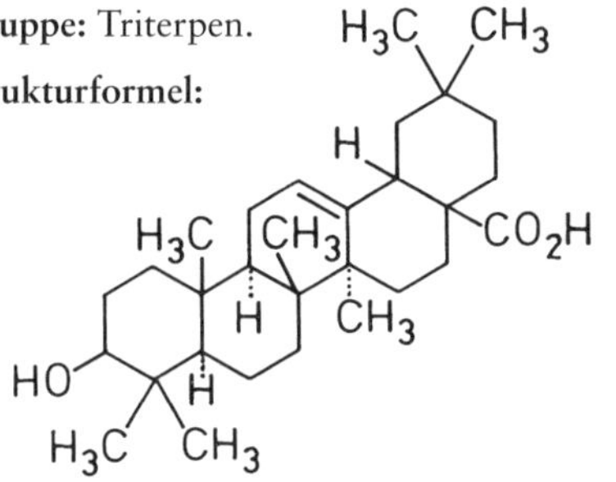

Summenformel: $C_{30}H_{48}O_3$.

Molekulargewicht: 456,71.

Löslichkeit: Löslich in Ether, Ethanol.

Schmelzpunkt: 310 °C.

Spezifische Drehung: $[\alpha]_D^{20}$ +83° (c=0,6 in Chloroform).

Literatur: H 12, M 17.

Handelsübliche Packung: 25 mg, 250 mg.

Vorkommen: Olea europaea. L. (Blätter), → *Viscum album* und andere Pflanzen.

Therapie:
Erste Hilfe: Kohle-Pulvis trinken lassen.
Klinik: Nur nach großer Giftaufnahme Magenspülung, Kohle-Pulvis, Natriumsulfat. Plasmaexpander im Schock. Natriumbikarbonat zum Azidoseausgleich, ggf. Intubation und Beatmung.

Opiumalkaloide

Toxikologie: Rohopium hat einen stark schwankenden Alkaloidgehalt. Die Alkaloidzusammensetzung selbst ist ebenfalls stark wechselnd je nach Herkunft und Zubereitungsart. (→ Historischer Überblick I – 1.7).

Wirkungscharakter: Opium enthält etwa 10% Morphin (je nach Herkunft stark schwankend), 1% Codein und 28 andere Alkaloide, die z. T. synergistisch und antagonistisch zu Morphin wirken. Als Gesamtwirkung findet man starken analgetischen Effekt durch Hemmung der nozizeptiven Afferenzen zum limbischen System. Das ZNS wird gelähmt, insbesondere das Atemzentrum. Vagus- und Okulomotoriuszentrum werden erregt. Die periphere Wirkung besteht vor allem in einer Tonussteigerung der glatten Muskulatur, insbesondere der Sphinktermuskeln. Enterohepatischer Kreislauf.

Symptome: Bei erhaltenen Sinneswahrnehmungen Einschränkung der geistigen Leistungsfähigkeit, reaktive Euphorie, Sedie-

Opiumalkaloide

rung, Analgesie, Miosis, Bradykardie, verlangsamte Atmung (2–4 Atemzüge pro Minute), Zyanose, Atemlähmung, tonisch-klonische Krämpfe, Pylorus- und Blasensphinkterspasmus, Darmatonie, Übelkeit, Erbrechen, Dämpfung des Hustenzentrums, Wassereinlagerung (ADH-Überfunktion), Lungenödem, Hirnödem (Kopfschmerzen, Somnolenz, motorische und psychische Unruhe, Pyramidenzeichen, Meningitis), Anaphylaxie, akuter beidseitiger Hörsturz, Hypothermie, Blässe, im Finalstadium Mydriasis.

Nachweis: Hochspannungselektrophorese im Erbrochenen oder Magenspülwasser.

Literatur: B 31, D 11, K 43, M 24, R 25.

Vorkommen: → *Papaver somniferum* → *Argemone mexicana* (Stachelmohn).
In Mexiko ist der Anbau von Papaver somniferum seit langem verboten. Die Bevölkerung weicht daher auf den Stachelmohn (Chicalote) aus und stellt kleine Opiumbrote „Chicalote-tamales“ aus dem Saft der unreifen Kapseln her.

Therapie:
Hausarzt: Bei Zyanose sofort künstliche Beatmung oder die Gabe von Naloxon (Narcanti®) (i.v., Wiederholung in 30minütigen Abständen), bis zur Behebung der Ateminsuffizienz ohne die Möglichkeit einer künstlichen Beatmung, Schockprophylaxe, anfangs evtl. erbrechen lassen, Trinken von Kaliumpermanganatlösung, Kohle-Pulvis, Natriumsulfat.
Klinik: Bei Zyanose Intubation und maschinelle Beatmung (über Stunden bis Tage), evtl. Magenspülung, Instillation von Kohle-Pulvis und Natriumsulfat, evtl. Herzmassage, bei Kammerarrhythmien Lidocain (Xylocain®) i.v., bei Krämpfen Diazepam (Valium®) i.v., Elektrolytkontrolle, Therapie eines anaphylaktischen Hirnödems (2 Amp. Lasix®) i.v. und 80 mg Volon A solubile i.v.), eines Lungenödems und eines evtl. aufgetretenen Nierenversagens.

Oxalsäure und Oxalate

CAS-Nr.: [144-62-7] Oxalsäure.

Synonyma: Ethandisäure, Kleesäure; Kleesalz. E: Oxalic acid

Gruppe: Dicarbonsäure.

Strukturformel:

```
COOH
 |
COOH
```

Summenformel: $C_2H_2O_4$.

Molekulargewicht: 90,04.

Charakter: Farblose Kristalle.

Löslichkeit: Leicht löslich in Wasser, Ethanol, wenig löslich in Ether.

Schmelzpunkt: Ca. 190 °C.

Toxikologie: LD (Mensch): 5–15 g Oxalsäure oder Oxalate.

Wirkungscharakter: Oxalsäure und ihre löslichen Natrium-, Kalium- und Ammoniumsalze wirken ätzend, was auf Haut und Schleimhaut, insbesondere im Magen-Darm-Trakt erhebliche Reizerscheinungen hervorruft. Nach der Resorption kommt es zu einer Verarmung des Gewebes an Calcium, da das Oxalion Calcium bindet und dann als unlösliches Calciumoxalat ausfällt. Dieser Calciumentzug kann in schweren Fällen eine Schädigung des Herzens zur Folge haben. ZNS-Symptome zeigen sich in Form von Erregungserscheinungen; nach Aufnahme von letalen Dosen kommt es zur zentralen Lähmung. In nahezu jedem Fall, auch bei leichteren Vergiftungen, kommt es zur Nierenschädigung durch Verstopfung der Nierentubuli mit Calciumoxalaten.

Symptome: Akute Gastroenteritis mit Übelkeit, Erbrechen, starken, z. T. blutigen Diarrhöen, Verlangsamung und Unregelmäßigkeit des Pulses, Blutdrucksenkung, Reflex-

Oxalsäure und Oxalate

erregbarkeitssteigerung, evtl. tonische Krämpfe mit Trismus und allgemeinem Tetanus, Kreislaufkollaps, starke Zyanose, Koma.
Oxal-, Albumin-, Hämaturie, Anurie, Urämie. Ödeme, die bevorzugt an den Augenlidern und an anderen Gesichtsstellen, aber auch am übrigen Körper auftreten können.
Hinweis: Personen, die an Nierensteinen (Calciumoxalatsteinen) leiden, sollten oxalsäurehaltige Pflanzen wie Sauerampfer, Rhabarber und Spinat meiden.

Oxalsäurevergiftungen:
Oxalsäure wird in unterschiedlichen Mengen – je nach Kulturbedingung und Jahreszeit – in den Pflanzen gebildet. Bei dem Oxalatgehalt der Nahrungsmittel ist vor allem der lösliche Anteil an Oxalaten von Bedeutung (Tabelle 1). In Nahrungsmitteln kommt häufig die freie Oxalsäure und Oxalsäure-di-Kaliumsalz (Kleesalz) vor. Beide Stoffe sind gut wasserslöslich und können als Nahrungsmittel aufgenommen werden und dementsprechend zu Oxalatsteinen führen.
In den Tabellen 2–5 sind die heute in Deutschland erhältlichen deutschen und ausländischen Nahrungsmittel, Früchte und Genußmittel aufgeführt.
Die Oxalsäurebildung hängt von einer Reihe von Faktoren ab, die beim Anbau, der Düngung und auch der Erntezeit berücksichtigt werden sollten. Sie sind für wenige Pflanzen bekannt, für die meisten Pflanzen jedoch fehlen bis heute entsprechende Untersuchungsergebnisse. Aus den Tabellen 2–5 geht hervor, daß Personen, die zu Oxalat-Nierensteinen neigen, vor allem folgende Nahrungs- und Genußmittel meiden sollten:

Spinat,
Mangold,
Rhabarber,
Kakaoerzeugnisse,
Rote Rüben,
eventuell **Schnittbohnen.**

Früchte haben mit Ausnahme der tropischen Früchte **Karambola (Sternfrucht)** und **Mango** einen so geringen Gehalt, daß sie vernachlässigt werden können. Von den Genußmitteln hat nur **Kakao** einen hohen Gehalt.
Die akute Vergiftung wird von Moeschlin (8) wie folgt geschildert:
Frühsymptome: Nach der peroralen Einnahme (von Oxalsäure) treten sofort heftige Magenschmerzen, Brennen in der Speiseröhre, Brechreiz und Erbrechen von schwärzlichen Massen auf. Bereits in diesem Stadium kann eine halbe bis eine Stunde nach der Giftaufnahme im tiefen Kollaps der Tod eintreten. Als Folge der starken Calciumverarmung entwickeln sich eventuell schwere Krämpfe. Meistens überleben die Patienten jedoch dieses erste Stadium, und es treten anschließend die eigentlichen Spätsymptome der Vergiftung auf.
Spätsymptome: Zuerst kommt es zu einer Oligurie, in schweren Fällen besteht von Anfang an Anurie. Der eventuell noch ausgeschiedene Urin zeigt ein niedriges spezifisches Gewicht sowie Albuminurie und im Sediment massenhaft Calciumoxalatkristalle (Briefkuvert-Form) und einzelne Zylinder. Es entwickelt sich dann das typische Bild einer mehr oder weniger schweren Urämie

Tabelle 1: Oxalsäure und Oxalate

Stoffnamen	CAS-Nr.	Summenformel	Molekulargewicht	Löslichkeit in H_2O bei 20 °C
Oxalsäure, Dihydrat Ethandisäure, Kleesäure	6153-56-6	$HOOC–COOH \cdot 2H_2O$	126,07	102 g/l
Oxalsäure wasserfrei	144-62-7	C_2H_4O	90,04	670 g/l
Oxalsäure-di-Ammoniumsalz	6009-70-7	$C_2H_8N_2O_4 \cdot H_2O$	142,11	45 g/l
Oxalsäure Calciumsalz	5794-28-5	$C_2CaO_4 \cdot H_2O$	146,12	nicht löslich
Oxalsäure-di-Kaliumsalz	6484-48-5	$C_2K_2O_4 \cdot H_2O$	184,24	360 g/l
Oxalsäure-di-Natriumsalz	62-76-0	$C_2O_4Na_2$	134,00	37 g/l
Kaliumtetraoxalat-Dihydrat	6100-20-5	$C_4H_3KO_8 \cdot 2H_2O$	254,18	17 g/l

Oxalsäure und Oxalate

Tabelle 2: Oxalsäuregehalt in Gemüsearten, angegeben in mg/100 g Frischsubstanz (Literatur siehe S. 876, wsl. = wasserlöslich)

Pflanze	Souci-Fachmann-Kraut (1989/90)				andere Autoren		
	Mittelwert		Schwankungsbreite		Schwankungsbreite		
	Gesamt-	wsl.	Gesamt-	wsl.	Gesamt-	wsl.	Literatur
Gemüseart							
Amarante *					1900	700	11
Artischocke	8,8	8,3			–		
Aubergine	9,5	6,7			6,9–29		4
Bleichsellerie	k. A. [1]				–		
Blumenkohl		4,3			0,0–25	0,0–4,7	1, 4, 7, 19, 23
Bohne, Schnittbohne	43,5	9,6			7,2–61,8		1, 4, 5, 7, 23
Brokkoli	k. A.				–		
Brunnenkresse	k. A.				–		
Chicoree	27,3				62	17,7	14
Chinakohl	k. A.				–		
Endivie	2,5	0,0			0,0–27,3		4
Erbse (grün)	0,0				0,0–6,0		1, 4, 7, 23
Feldsalat	0,0				0,0		
Gartenkresse	k. A.				–		
Gartenmelde					800–1 600	660–750	11
Gartensauerampfer					836–1 770	550	11, 19
Gemüsefenchel	5,0				–		
Gemüsepaprika	16				0,0–16		4
Grünkohl	7,5	5,3			0,0–125		4
Gurke	0,0				0,0–25		1
Knollensellerie	6,8	2,1			13–17,5		1, 4, 5
Kohlrabi	2,8	2,2			7–31		4
Kohlrübe	0,0				19		1, 4
Kopfsalat	0,0				0,0–13,6		1
Kürbis	0,0				0,5–22		1, 4, 7, 19, 23
Löwenzahn	24,6				–		
Mangold	650,0				110–940		4, 18a

Pflanzen mit für Nierenkranke beachtenswerten Oxalsäuregehalten sind fettgedruckt.
* Peltogyne paniculata Benth, Leguminosae, Brasilien
[1] keine Angabe

Oxalsäure und Oxalate

Tabelle 2: Oxalsäuregehalt in Gemüsearten, (Fortsetzung)

Pflanze	Souci-Fachmann-Kraut (1989/90)				andere Autoren		
	Mittelwert		Schwankungsbreite		Schwankungsbreite		
	Gesamt-	wsl.	Gesamt-	wsl.	Gesamt-	wsl.	Literatur
Möhre	6,1	2,2			0,0–60		1, 4, 5, 7
Neuseeländer Spinat					650–890		7
Porree	0,0				0,0–89	-7,6	1, 4, 14
Portulak		74,0	218–650		220–1 000	-255	14
Radieschen	0,0				0,5–15		4
Rauke					31	25,4	14
Rettich	0,0				0,3–25	-19,4	4, 5, 14
Rhabarber Stiele	460	270	290–640	180–350	180–765	80–290	1, 4, 7, 10, 15, 18 a, 18 b, 19
Rosenkohl	6,1				0,0–37	-5,8	4
Rote Rüben	181	116	89–327	56–209	17–406	28–138	1, 4, 5, 7, 11, 14, 18
Rotkohl	7,4	3,0			0,0		4
Schwarzwurzel	0,0				0,0		4
Spargel	0,0				0,0–15		1, 4, 7, 19, 23
Speisekartoffel	0,0				0,0–64		4
Speisezwiebel	5,5	3,9			1,0–5,7		4
Spinat	442	126			120–1 330		1, 4, 18, 19
Taro	36,0		20–60				
Tomate	0,0				0,0–90		1, 2, 4, 5, 7, 14, 19
Topinambur	k. A.						
Weißkohl			0,0–13		0,6–20		4
Wirsing	4,9	3,3			–		
Zucchini	k. A.						
Zuckermais	k. A.						
Küchenkräuter, Gewürzpflanzen							
Dill *					30–159		4, 14
Gewürzpaprika					45		14
Meerrettich	k. A.						
Petersilie *			0,0–10	0,0–8,9	0,0–239		4, 14
Schnittlauch *	0,0				0,0–185		4

* Als Küchenkräuter werden nur so geringe Mengen aufgenommen, daß keine Gefahr der Nierensteinbildung bestehen dürfte.

Oxalsäure und Oxalate

Tabelle 3: Oxalsäuregehalt im Obst, angegeben in mg/100 g Frischsubstanz (Literatur siehe S. 876)

Pflanze	Souci-Fachmann-Kraut (1989/90)			andere Autoren	
	Mittelwert	Schwankungsbreite	lösl. Oxals.	Schwankungsbreite	Literatur
Kernobst					
Apfel	0,5	0,3–0,7		0,0–30	4, 5
Birne	6,2		5,1	0,0–6,7	4
Quitte	k. A. [1]				
Steinobst					
Aprikose	6,8		3,4	2,8–14,0	5, 7
Kirsche, Sauer-	4,7		3,3	1,1–4,7	4, 7
Kirsche, süß-	7,2		4,3	0,0	7, 19
Mirabelle	10,7		6,6	–	
Pfirsich	0,0			1,2–5,0	7
Pflaume	11,9		6,0	0,0–13,1	4
Reineclaude	k. A.				
Beerenobst					
Boysenbeere	k. A.				
Brombeere	12,4		6,8	12,4–18	4, 7
Erdbeere	15,8		9,9	1,8–47	1, 5, 7, 19, 23
Heidelbeere	0,0			0,0–15	4, 7
Himbeere	16,4		11,3	2,2–42	5, 7, 19, 23
Johannisbeere, rot	9,9		2,2	7,2–19	7, 19
Johannisbeere, schwarz	k. A.			0,0–27	19, 23
Johannisbeere, weiß	k. A.			–	
Moosbeere	k. A.			–	
Preiselbeere	0,0			0,0	19
Stachelbeere	19,3		10,1	0,0–27	19, 23
Weinbeere	8,0		3,3	–	

[1] keine Angabe

Tabelle 4: Oxalsäuregehalte in tropischen Erzeugnissen, angegeben in mg/100 g Frischsubstanz (Literatur siehe S. 876)

Exotisches Erzeugnis	Souci-Fachmann-Kraut		andere Autoren	
	Mittelwert	Schwankungsbreite	Schwankungsbreite	Literatur
Acerola (westind. Kirsche)	k. A. [1]			
Akee (Akipflaume)	k. A.			
Ananas	k. A.		0,0–3,7	5, 19
Apfelsine	k. A.		2,8–6,2	5, 19
Avocado	k. A.			
Bambussprossen	252,0		157–462	8, 25
Banane	k. A.		3–69	22, 26
Grapefruit	k. A.		0,0–6,6	5
Kap – Stachelbeere	k. A.		Spuren	3
Karambola, Sternfrucht (Averrhoa carambola L.)		40–680	80–1 000 70–170 (süß)	6, 17, 20, 24
Kiwi	Spuren		16–64 (reif)	13, 16
Mango	36		Spuren	12
Zitrone	k. A.		3,3	19

[1] Keine Angabe

Oxalsäure und Oxalate

Tabelle 5: Oxalsäuregehalte in Genußmitteln, angegeben in mg/100 g (Literatur siehe S. 876)

Erzeugnis	Souci-Fachmann-Kraut		andere Autoren	
	Mittelwert	Schwankungsbreite	Schwankungsbreite	Literatur
Kaffee, geröstet	k. A.		4,3	19
Kakaopulver	470	450–480	338–645	9, 19
– Schokolade	k. A.		1,6–123	5, 9
Tee	k. A.		375–1 450	5, 19
– 3 g/100 ml 2 min gezogen			8,5	21
4 min gezogen			9,7	
10 min gezogen			10,3	

[1] Keine Angabe

Tabelle 6: Hauptbestandteile von Harnsteinen in verschiedenen Ländern, in % (8)

Land	Autoren/Jahr	Calciumoxalate	Phosphate	Harnsäure	Cystin
BR Deutschland	Gebhardt/1979	65	21,2	12,8	0,96
DDR	Schneider/1981	74,3	10,6	14,9	0,2
USA	Herring/1962	73	17,5	7,6	0,9
England	Westbury/1974	60	28	8	3
Ungarn	Berenyi/1975	59	14	20	1,1
UdSSR	Koslowski/1973	48	25	14	1
Bulgarien	Atanasova/1980	60,5	23,2	11,5	1,1

mit Ansteigen des Rest-Stickstoffs und des Blutdrucks, wobei klinisch, wenn die Art der Vergiftung nicht bekannt ist, zuerst häufig eine entzündliche Nephritis diagnostiziert wird. Das negative Urinsediment (keine Erythro-, keine Leukozyten, nur vereinzelte Zylinder) sollte aber in solchen Fällen den Verdacht auf das Vorliegen einer Vergiftung lenken. Die Anurie kann in Ausnahmefällen tödlich sein. Meistens erholen sich aber die Patienten wieder, wenn auch sehr langsam, und die Nierenfunktion kehrt allmählich vollkommen zurück. Häufig ist auch eine mäßige Leberschädigung (Anstieg des Bilirubins auf 2–3 mg%, Ansteigen der Transaminasen auf 300–400 E). Eine schwere Hämolyse gehört aber nicht dazu.

Oxalatnierensteinbildung

Oxalatnierensteine stellen eine ernste Erkrankung dar, deshalb müssen Pflanzen, die einen entsprechenden Oxalsäure- oder Oxalatgehalt haben, zu den Giftpflanzen gerechnet werden. Es liegt hier eine Art Lebensmittelvergiftung vor; allerdings nur bei den hierfür disponierten Personen.

Die Häufigkeit von Harnsteinen nimmt mit dem Alter zu. Bei über Fünfzigjährigen wurde eine Häufigkeit von 7 bis 8% ermittelt. Bei Kindern sind Harnsteine viel seltener, es werden 2 bis 3% genannt. Nach der heutigen Erkenntnis sind weniger Erbfaktoren als Ernährungsgewohnheiten einer Familie für die Harnsteinbildung verantwortlich. In den Jahren 1962 bis 1981 wurden in ver-

Oxalsäure und Oxalate

schiedenen Ländern Untersuchungen über die Verteilung der Steinarten nach Hauptbestandteilen gemacht (Tab. 6).

Die prozentuale Verteilung zeigt, daß Calciumoxalatsteine überwiegen, wobei man davon ausgehen kann, daß in Deutschland zwei Drittel aller Nierensteinleiden auf Oxalatsteine zurückzuführen sind. Auf die Biochemie des Oxalsäuremetabolismus und der Steinbildung soll hier nicht näher eingegangen werden, sie ist bei Hesse in dem Sonderdruck „Oxalsäure und Urolithiasis" ausführlich dargestellt (8).

Literatur

(1) Bundesanstalt für Qualitätsforschung pflanzlicher Erzeugnisse (BAQ) 1963, unveröffentlicht
(2) Wedler, A.: Wie problematisch ist Oxalsäure und bei welchen Gemüsearten spielt sie eine Rolle? TASPO magazin Nr. 7 1985, 33–34
(3) Wedler, A., 1988, unveröffentlicht
(4) Kitchen, J.W., Burns, E.E.: The effect of maturity on the oxalate content of spinach (Spinacia oleracea L.) Journal of Food Science 30, 589 (1965)
(5) Bundesantalt für Qualitätsforschung pflanzlicher Erzeugnisse (BAQ), 1965–1968, unveröffentlicht
(6) Wedler, A., unveröffentlicht
(7) Wedler, A., 1975, unveröffentlicht
(8) Hesse, A., Oxalsäure und Urolithiasis, 1983 GIT Verlag
(9) Moeschlin, S., Klinik und Therapie der Vergiftungen, 6. Aufl. (1980), 640 S., Thieme Verlag, Stuttgart, New York

Literatur zu den Tabellen 2–5:

1. Andrews, J.C.; Viser, E.T. „The Oxalic Acid Content of Some Common Foods". Food Research 16, 306–312, 1951
2. Davies, J.N.; Hobson, G.E. „The Constituents of Tomato Fruit – The Influence of Environment, Nutrition, and Genotype" Crit. Reviews in Food Science and Nutrition 15(3) 205–280, 1981
3. Heatherbell, D.A. „Identification and quantitative analysis of sugars and non-volatile organic acids in Chinese gooseberry fruit (Actinidia chinensis Planch)." Journal of the Science of Food and Agriculture 26(6) 815–820, 1975
4. Herrmann, K. „Über den Oxalsäuregehalt des Obstes und Gemüses". Zeitschrift für Lebensmittel-Untersuchung und -Forschung 148(4) 206–210, 1972
5. Hodgkinson, A. „Oxalic Acid in Biology and Medicine". Academic Press, 319 S. 1977
6. Joseph, J.; Mendonca, G. „Oxalic acid content of carambola (Averrhoa carambola L.) and bilimbi (Averrhoa bilimbi L.)". Proceedings of the Interamerican Society for Tropical Horticulture 33, 117–120, 1989
7. Kohman, E.F. „Oxalic acid in Foods and its Behaviour and Fate in the Diet". Journal of Nutrition 18, 233–246, 1939
8. Kozukue, E.; Kozukue, N.; Kurosaki, T. „Organic Acid, Sugar and Amino Acid Composition of Bamboo Shoots". Journal of Food Science 48, 935–938, 1983
9. Lagemann, M.; Graf, V.; Anders, D. „Bestimmung des Oxalsäuregehaltes von Kakao und Kakaoprodukten mit der Oxalat-Decarboxylase-Methode". Deutsche Lebensmittel-Rundschau 81(5), 140–141, 1985
10. Libert, B.; Creed, C. „Oxalate Content of Seventy-Eight Rhubarb Cultivars and its Relation to some other Characters". Journal of Horticultural Science 60, 257–261, 1985
11. Libert, H.; Franceschi, V.R. „Oxalate in Crop". J. Agricultural Food Chemistry 35, 926–938, 1987
12. Medlicott, A.P.; Thompson, A.K. „Analysis of sugars and organic acids in ripening mango fruits (Mangifera indica L. var. Keitt) by high performance liquid chromatography". J. of the Science of Food and Agriculture 36(7) 561–566, 1985
13. Perera, C.O.; Hallet, J.C.; Nguyen, T.T.; Charles, J.C. „Calcium Oxalate Crystals: The Irritant Factor in Kiwifruit". J. Food Science 55(4) 1066–1069, 1080, 1990
14. Tabekhia, M.M. „Total and free Oxalates, Calcium, Magnesium and Iron contents of some fresh vegetables". Deutsche Lebensmittel-Rundschau 76(8) 280–282, 1980.
15. Thuesen, A. „Sortsvurdering af rabarber 1977–79". Tidsskrift Planteavl 86, 177–184, 1982
16. Turner, N.A. „Micro-determination of Oxalate in Crude Extracts of Plant Tissues". J. Science of Food Agriculture 31, 171–176, 1980
17. Wagner, C.J.; Bryan, W.L.; Berry, R.E.; Knight, R.J. Jr. „Carambola selection for commercial production". Proceedings of the Florida State Horticultural Societya 88, 466–469, 1975
18. Wedler, A. „Wie problematisch ist Oxalsäure". TASPO-magazin Nr. 7, 33–34, 1985
Wedler, A., noch unveröffentlicht
Habben, J.; Wedler, A.; Garte, L. „Der Gehalt an qualitätsbestimmenden Inhaltsstoffen in Sorten von Roten Rüben". Die industrielle Obst- und Gemüseverwertung 74(4) 127–129, 1989

Oxalsäure und Oxalate

19. Widmark, E.M.P.; Ahldin, G. „Der Oxalsäuregehalt in vegetabilischen Nahrungsmitteln". Biochemische Zeitschrift 265, 241–244, 1933
20. Wilson, C.W.; Shaw, P.E.; Knight, R.J. Jr. „Analysis of Oxalic Acid in Carambola (Averrhoa carambola L.) and Spinach by High-Performance Liquid Chromatography". J. Agricultural Food Chemistry 30, 1106–1108, 1982
21. Winquist, C.W.; Danielsson, B.; Malpote, J.Y.; Persson, L.; Larsson, M.B. „Determination of Oxalate with Immobilized Oxalate Oxidase in an Enzyme Thermistor". Analytical Letters 18(85) 573–588, 1985
22. Wyman, H.; Palmer, J.K. „Organic Acids in Ripening Banana Fruits". Plant Physiology 39, 630–6343, 1964
23. Zarembski, P.M.; Hodgkinson, A. „The Oxalic Acid Content of English Diets". British Journal of Nutrition 16, 627–634, 1962
24. Campbell, C.A.; Koch, K.E. „Sugar/acid composition and development of sweet and tart carambola fruit". Journal of the American Society for Horticultural Science 114(3) 455–457, 1989
25. Nakahara, K. „The oxalic acid content of vegetable foods". Journal of Japanese Society of Food and Nutrition (Eiyo to Shokuryo) 27(1) 33–36, 1974
26. Wills, R.B.H.; Lim, J.S.K.; Greenfield, H. „Changes in chemical composition of Cavendish banana (Musa acuminata) during ripening". Journal of Food Biochemistry 8(2) 69–77, 1984

Nachweis: Kristalle im Urin.

Literatur: H 12, F 16, K 7, M 17, R 21.

Handelsüblich: Oxalsäure 1 kg, 10 kg.
Oxalsäure Ammoniumsalz 1 kg, 10 kg.
Oxalsäure Calciumsalz 1 kg.
Oxalsäure Kaliumsalz 1 kg, 10 kg.
Oxalsäure Natriumsalz 1 kg, 10 kg.

Vorschriften: Oxalsäure unterliegt der Gefahrstoffverordnung.
EG Nr. 607-006-00-8
Xn R: 21/22 S: 2-24/25 incl. Zubereitungen, ebenso Oxalsäure-Salze
EG Nr. 607-007-00-3
Xn R: 21/22 S: 2-24/25 incl. Zubereitungen. Oxalsäure Giftklasse 2, Oxalsäure Calciumsalz Giftklasse 5, Oxalsäure Ammoniumsalz Giftklasse 2 der Schweizer Giftliste. In der EG-Richtlinie über kosmetische Mittel ist für Oxalsäure, ihre Ester und ihre Salze, die zulässige Höchstkonzentration im kosmetischen Fertigerzeugnis bei Haarmitteln 5%.
Oxalsäure ist im Katalog wassergefährdender Stoffe aufgeführt, Wassergefährdungsklasse 1.

Vorkommen: Organische Säuren sind regelmäßige Inhaltsstoffe vieler Pflanzen, von toxikologischer Bedeutung ist jedoch in erster Linie die Oxalsäure und ihre Salze, die in Sauerkleegewächsen (Oxalidaceae) und Ampferarten (Gattung Rumex) enthalten ist. Manche Pflanzen z.B. → *Dieffenbachie* und verschiedene Araceen haben sogenannte „Schießzellen" mit feinen Oxalatnadeln (Oxalatraphiden). Diese spitzen Nadeln verletzen die Schleimhäute und ermöglichen so das Eindringen der Araceen-Gifte.

Therapie:
Erste Hilfe: Sofort viel (Milch) trinken.
Klinik: Magenspülung mit Zusatz von reichlich Calciumgluconat oder -lactat zum Spülwasser, Instillation von 40 g Calciumgluconat. Wenn kein Calciumgluconat zur Hand ist, sofortiges Trinkenlassen von Milch, evtl. mit Zusatz von pulverisierter Kreide. Wiederholt 20 ml Calciumgluconatlösung 20%ig langsam i.v., Kontrolle der Nierenfunktion, Alkalisierung mit Natriumbikarbonat bis zum Urin pH 7,5, evtl. Hämodialyse, ggf. Intubation und Sauerstoffbeatmung.

Oxyacanthin

CAS-Nr.: [548-40-3].

Strukturformel: Stereoisomer mit Repandin.

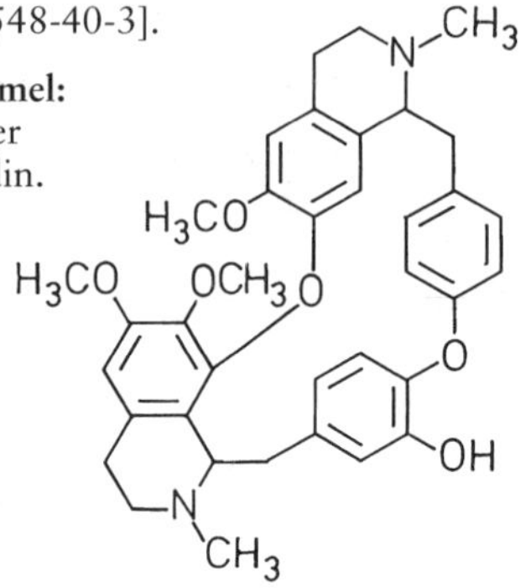

Summenformel: $C_{37}H_{40}N_2O_6$.

Molekulargewicht: 608,71.

Charakter: Weißes, kristallines, bitteres Pulver.

Löslichkeit: Löslich in Ethanol, Chloroform, Ether und verdünnte Säuren; praktisch unlöslich in Wasser.

Schmelzpunkt: 216–217 °C.

Spezifische Drehung: $[\alpha]_D^{20}$ +131,5° (in Chloroform).

R_f-Werte Dünnschichtchromatographie: (Sulfat) LM = Wasser, FM = Chloroform (60) : Methanol (10) : Ammoniak (1). R_f-Bereich: ~0,8.*)

Farbreaktionen, Reagenzien: Jodkammer: gelb.*)

Literatur: H 12, M 17; *)Naturstoffabt. C. Roth, Karlsruhe.

Handelsüblich:
Oxyacanthin-hydrochlorid
Oxyacanthin-sulfat

Handelsübliche Packung: 50 mg, 100 mg, 1 g.

Vorkommen: → *Berberis vulgaris.*

Therapie:
Erste Hilfe: Medizinalkohle (Kohle-Pulvis, 10 g) trinken lassen, evtl. künstlich beatmen, Herzmassage.
Klinik: Magenspülung, Medizinalkohle, Natriumsulfat. Plasmaexpander im Schock, Natriumbikarbonat zum Azidoseausgleich. Auf Leber- und Nierenfunktion achten. Diazepam i.v. bei Krämpfen.

Palustrin

CAS-Nr.: [22324-44-3].

Synonyma: Equisetin.

Gruppe: Alkaloid.

Strukturformel:

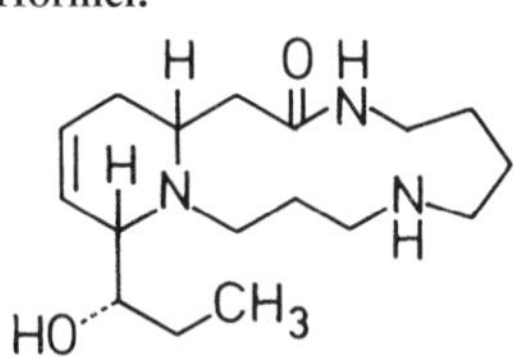

Summenformel: $C_{17}H_{31}N_3O_2$.

Molekulargewicht: 309,43.

Schmelzpunkt: 121 °C.

Spezifische Drehung: $[\alpha]_D^{18}$ +15,8° (Chloroform).

Toxikologie: LD (Maus:) 1 mg/kg subkutan.

Literatur: F 16, H 12, L 10.

Vorkommen: → *Equisetum palustre.*

Palustrin

Therapie:
Erste Hilfe: Kohle-Pulvis, erbrechen lassen, viel warmen Tee trinken lassen, Natriumsulfat, Schockprophylaxe (Ruhe, Wärme). Haut- und Schleimhautblasen steril abdecken, Tetanusprophylaxe, lokal Locacorten-Schaum.
Klinik: Magenspülung (evtl. mit burgunderfarbener Kaliumpermanganatlösung), Elektrolytsubstitution, Azidoseausgleich mit Natriumbikarbonat (Urin pH 7,5), im Schock Plasmaexpandergabe, bei Krämpfen Diazepam (Valium®) i.v., Kontrolle der Nierenfunktion, bei Atemlähmung Intubation und Sauerstoffbeatmung.

Papaverin

CAS-Nr.: [58-74-2].

Synonyma: 1-(3,4-Dimethoxy-benzyl)-6,7-dimethoxy-isochinolin.

Gruppe: Alkaloid.

Strukturformel:

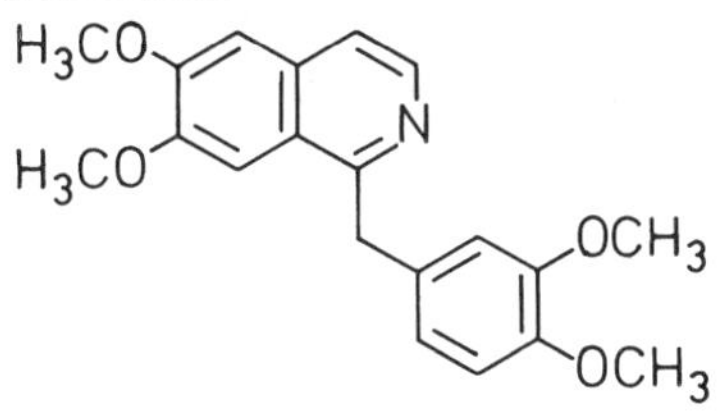

Summenformel: $C_{20}H_{21}NO_4$.

Molekulargewicht: 339,38.

Charakter: Weißes, geruchloses Kristallpulver. Reagiert in wäßriger Lösung alkalisch.

Löslichkeit: Leicht löslich in Chloroform, Petrolether, Tetrachlormethan.

Schmelzpunkt: 147 °C.

R_f-Werte Dünnschichtchromatographie: LM=Ethanol; FM=Essigester (50) : Pyridin (10) : Wasser (40)*)

R_f-Werte: ca. 0,65.

Farbreaktionen: Dragendorff's Reagenz nach Munier, orange.*)

Toxikologie: LD_{50} (Ratte): 750 mg/kg p.o. Wie alle Opiumalkaloide besitzt Papaverin allgemein eine gute Resorption, sowohl über den Magen als auch über die Lunge. An den glatten Muskelzellen weist es eine entspannende Wirkung auf, wobei außer der Gefäßmuskulatur auch Bronchial- und Darmmuskulatur sowie Gallen- und Harnwege betroffen sind.

Literatur: H 12, H 13, M 17, R 21; *) Naturstoffabt. C. Roth, Karlsruhe.

Handelsüblich: Papaverin-hydrochlorid, Fp. ca. 220 °C.

Handelsübliche Packung: 100 g, 500 g.

Vorschriften: Papaverin unterliegt der Gefahrstoffverordnung:
EG Nr. 614-018-00-7 ✖n R: 22 S: (2)-22
ebenso Papaverinsalze:
EG Nr. 614-019-00-2 ✖n R: 22 S: (2)-22.

Vorkommen: → *Opium.*

Therapie:
Erste Hilfe: Kohle-Pulvis (10 g), erbrechen lassen, viel warmen Tee oder Himbeersaft trinken lassen.
Klinik: Nach wahrscheinlich großer Giftaufnahme: Magenspülung (evtl. mit burgunderfarbener Kaliumpermanganatlösung), Instillation von 10 g Kohle-Pulvis und Natriumsulfat, Elektrolytsubstitution, Azidoseausgleich mit Natriumbikarbonat (Urin pH 7,5).

Parasorbinsäure

CAS-Nr.: [10048-32-5].

Gruppe: Lacton.

Strukturformel: 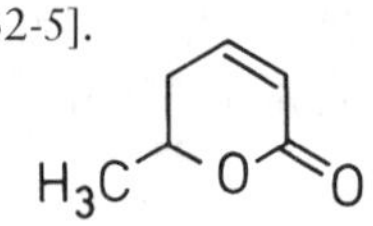

Summenformel: $C_6H_8O_2$.

Molekulargewicht: 112,12.

Charakter: Ölige Flüssigkeit mit süßem, aromatischem Geruch.

Löslichkeit: Löslich in Wasser, Ethanol, Ether.

Kochpunkt: Kp_{14} 119–123 °C.

Spezifische Drehung: $[\alpha]_D^{19}$ 210° (c=2 in Ethanol).

Toxikologie: LD_{50} (Maus): 750 mg/kg interperitoneal. Beim Erhitzen wirkt der Dampf reizend [M 17].

Wirkungscharakter: Während Sorbinsäure eine untoxische, zur Konservierung von Lebensmitteln zugelassene Substanz ist, besitzt Parasorbinsäure örtliche Reizwirkungen, z.B. auf die Schleimhäute des Magen-Darmkanals, was zu Speichelfluß, Erbrechen und Gastroenteritis führen kann. Ihr wird auch eine carcinogene Wirkung zugeschrieben, die sich zwar im Tierversuch bei subkutaner Injektion hoher Dosen nachweisen läßt, nicht jedoch bei peroraler Verabreichung. Auch die toxische Wirkung der Parasorbinsäure wird erst bei hoher Dosierung sichtbar: Für Mäuse beträgt die LD_{50} 750 mg/kg. Da im Fruchtfleisch der Vogelbeeren nur 0,02 – 0,2%, im Mittel 0,04% der Verbindung enthalten ist, wären z.B. bei einem Lebendgewicht von 50 kg rund 90 kg(!) Beeren nötig, um die Dosis letalis zu ereichen. Beim Trocknen der Früchte oder auch beim Kochprozeß wird Parasorbinsäure zerstört bzw. entfernt [zitiert nach F 16].

Parasorbinsäure erzeugte nach wiederholter, hochdosierter, subkutaner Injektion, bei Ratten Sarkome an der Injektionsstelle, keine jedoch bei oraler Gabe.

Literatur: F 16, H 12, M 17, P 14.

Vorkommen: → *Sorbus aucuparia.*

Therapie:
Erste Hilfe: Kohle-Pulvis (10 g), erbrechen lassen, viel warmen Tee oder Himbeersaft trinken lassen.
Klinik: Nach wahrscheinlich großer Giftaufnahme: Magenspülung (evtl. mit burgunderfarbener Kaliumpermanganatlösung), Instillation von 10 g Kohle-Pulvis und Natriumsulfat, Elektrolytsubstitution, Azidoseausgleich mit Natriumbikarbonat (Urin pH 7,5).

Phasin

CAS-Nr.: [1392-87-6].

Gruppe: Polypeptid.

Strukturformel: Ein Polypeptid zusammengesetzt aus: Glutaminsäure, Asparaginsäure, Serin, Alanin, Tyrosin, Lysin und Arginin.

Charakter: Amorphes Pulver.

Toxikologie: Die Toxizität und die Agglutinationseigenschaften werden beim Erhitzen zerstört.

Literatur: F 16, M 17, H 13.

Vorkommen: → *Phaseolus coccineus,* → *Phaseolus vulgaris.*

Therapie:
Erste Hilfe: Kohle-Pulvis, erbrechen lassen, Natriumsulfat.
Klinik: Magenspülung (evtl. mit burgunderfarbener Kaliumpermanganatlösung), Elektrolytsubstitution, Azidoseausgleich mit Natriumbikarbonat (Urin pH 7,5), Flüssigkeitszufuhr, Kontrolle der Nierenfunktion, bei Krämpfen Diazepam (Valium®) i.v., ggf. Plasmaexpander.

Phorbol

CAS-Nr.: [17673-25-5].

Gruppe: Diterpenalkohol.

Strukturformel:

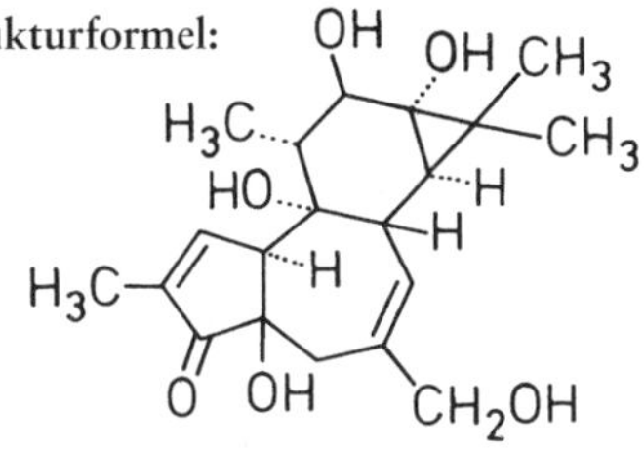

Summenformel: $C_{20}H_{28}O_6$.

Molekulargewicht: 364,44.

Löslichkeit: Löslich in Wasser und anderen polaren Lösemitteln.

Schmelzpunkt: 250–251 °C (dec.).

Toxikologie: Phorboldiester sind gefährliche Carcinogene bzw. Cocarcinogene.

Literatur: F 16, H 12, M 17.

Vorkommen: → *Croton tiglium;* Phorbolester → *Codiaeum variegatum pictum,* → *Euphorbia-Arten.*

Therapie:
Erste Hilfe: Kohle-Pulvis-Gabe, Erbrechen auslösen, Natriumsulfat, viel warmen Tee trinken lassen. Haut- und Schleimhautblasen steril abdecken, Tetanusprophylaxe, lokal Locacorten-Schaum.
Klinik: Magenspülung (evtl. mit burgunderfarbener Kaliumpermanganatlösung), Instillation von 10 g Kohle-Pulvis, Elektrolytsubstitution, Azidoseausgleich mit Natriumbikarbonat (Urin pH 7,5), Kontrolle der Nierenfunktion, bei Krämpfen Diazepam (Valium®) i.v., ggf. Plasma(expander)gabe, bei Atemlähmung: Intubation und Sauerstoffbeatmung.

Physostigmin

CAS-Nr.: [57-47-6].

Synonyma: Eserin, 1,3a,8-Trimethyl-5-methyl-carbamoyl-oxy-1,2,3,3a,8,8a-hexahydro-pixiolo[2,3-b]-indol.

Gruppe: Alkaloid.

Strukturformel:

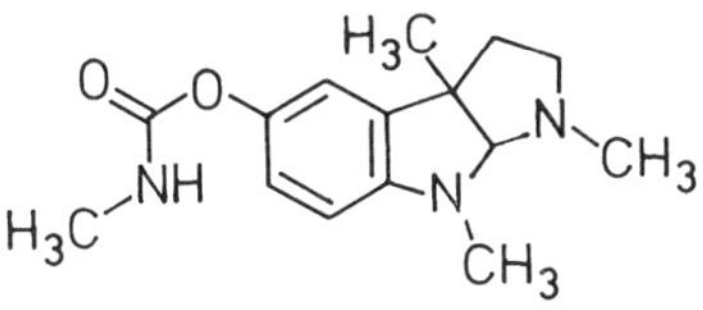

Summenformel: $C_{15}H_{21}N_3O_2$.

Molekulargewicht: 275,34.

Charakter: Weißes, geruchloses, mikrokristallines Pulver.

Löslichkeit: Wenig löslich in Wasser, löslich in Ethanol, Benzol, Chloroform, Ölen.

Schmelzpunkt: 105–106 °C (auch eine unbeständige, niedrig schmelzende Form 86–87 °C).

Spezifische Drehung: $[\alpha]_D^{17}$ –76° (c=1,3 in Chloroform).

Toxikologie: LD_{50} (Maus): 4,5 mg/kg p.o. Die toxische Dosis dürfte beim Menschen schon bei ca. 10 mg liegen.

Literatur: H 12, M 17, M 24.

Vorschriften: Eserin, Physostigmin unterliegt der Gefahrstoffverordnung:
EG Nr. 614-020-00-8
☠+ R: 26/28 S: (1/2)-25-45 incl. Zubereitungen,
ebenso Eserin-Salze:
EG Nr. 614-021-00-3
☠+ R: 26/28 S: (1/2)-25-45 incl. Zubereitungen,
sowie Eserin-Verbindungen:
☠+ R: 26/28 S: (1/2)-25-45 incl. Zubereitungen.

Physostigmin

Physostigminum: Monographie der Kommission D.

Vorkommen: → *Hippomane mancinella,* → *Physostigma venenosum.*

Therapie:
Erste Hilfe: Sofort Kohle-Pulvis-Gabe, erbrechen lassen, Natriumsulfat, beatmen, Herzmassage, Speichel absaugen, Schockprophylaxe (Ruhe, Wärme).
Klinik: Magenspülung (evtl. mit burgunderfarbener Kaliumpermanganatlösung), Antidot Atropin (1 mg langsam i.v. oder i.m.), laufend wiederholen (Mydriasis, trockene Haut), bei Krämpfen Diazepam (Valium®) i.v., Plasma(expander)gabe.

Phytolaccagenin

CAS-Nr.: [1802-12-6].

Gruppe: Triterpensaponin.

Summenformel: $C_{31}H_{48}O_7$.

Molekulargewicht: 352,71.

Charakter: Kristalle.

Schmelzpunkt: 317–318 °C.

Literatur: B 35, F 16, H 12.

Vorkommen: → *Phytolacca americana.*

Strukturformel: Aglykon von Phytolaccatoxin.

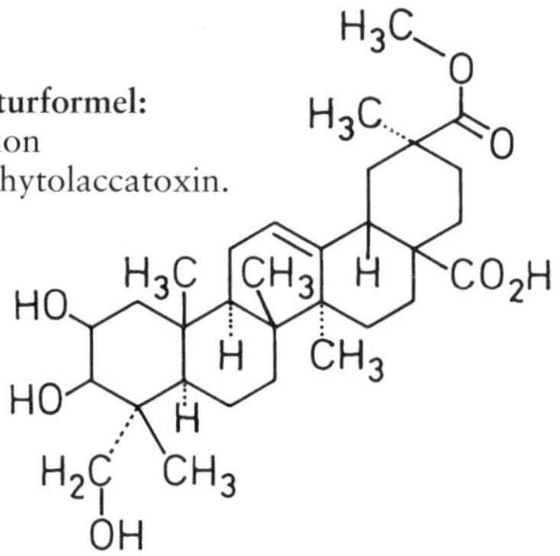

Therapie:
Erste Hilfe: Kohle-Pulvis 10 g, ggf. Augen spülen. Haut- und Schleimhautblasen steril abdecken, Tetanusprophylaxe, lokal Locacorten®-Schaum nach hochkonzentriertem Hautkontakt.
Klinik: Magenspülung (evtl. mit burgunderfarbener Kaliumpermanganatlösung), Instillation von 10 g Kohle-Pulvis, Elektrolytsubstitution, Azidoseausgleich mit Natriumbikarbonat (Urin pH 7,5), Überwachung der Nierenfunktion, bei Krämpfen Diazepam (Valium®), gegen Koliken Atropin, ggf. Intubation und Sauerstoffbeatmung.

Picrotoxin

CAS-Nr.: [124-87-8].

Synonyma: Cocculin.

Gruppe: Alkaloid.

Summenformel: $C_{30}H_{34}O_{13}$.

Molekulargewicht: 602,57.

Charakter: Kristalle oder kristallines Pulver.

Löslichkeit: Leicht löslich in heißem Wasser und heißem Ethanol.

Schmelzpunkt: 203 °C.

Spezifische Drehung: $[\alpha]_D^{16}$ –29,3 (c=4 in abs. Alkohol).

Picrotoxin

Strukturformel: Gemisch aus: Picrotoxinin $C_{15}H_{16}O_6$, MG 292,3 und Picrotin $C_{15}H_{18}O_7$, MG 310,3. Zerfällt leicht in die Bestandteile und in → *Safranal.*

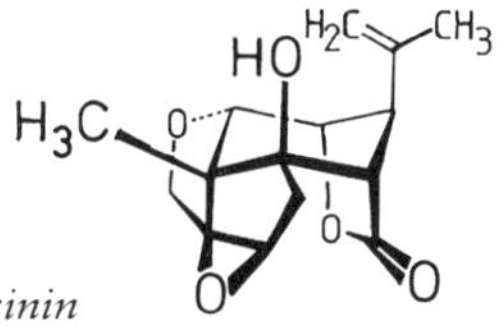

Picrotoxinin

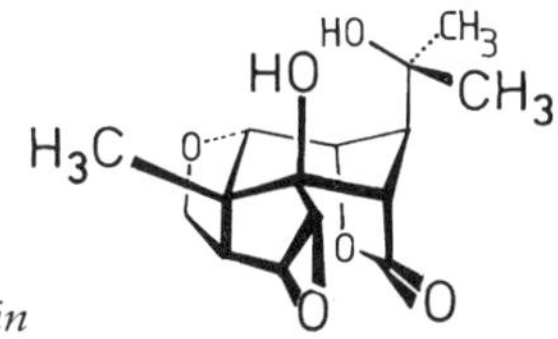

Picrotin

R_f-Werte Dünnschichtchromatographie: LM=Methanol; FM=Toluol (5):Ethylformiat (4):Ameisensäure (1).
R_f-Bereich: ca. 0,65.*)

Farbreaktionen, Reagenzien: Phosphormolybdänsäure blau.*)

Toxikologie: LD_{50} (Maus): 7,2 mg/kg i.p. Hochgiftig für Fische.

Anwendung: Analeptikum bei Barbituratvergiftungen.
1953 wurde am frühen Morgen ein 59jähriger Mann mit schwerster Barbituratvergiftung in eine Klinik eingeliefert. Die Ärzte gaben ihn auf und benachrichtigten die Familie. Um 11.00 Uhr traf ein Verwandter, der ebenfalls Arzt war, in der Klinik ein und gab dem Sterbenden innerhalb von einer Stunde zwei Injektionen mit Pikrotoxin. Nach 2 Stunden war der Patient ansprechbar und konnte nach acht Tagen geheilt entlassen werden. (Eig. Beobachtung d. Verfassers).

Literatur: H 12, M 17, R 21; *)Naturstoffabt. C. Roth, Karlsruhe.

Handelsübliche Packung: 1 g.

Vorschriften: Verbotener Stoff der Kosmetikverordnung v. 19.6.1985 Anlage 1: 282 Picrotoxin.
Picrotoxinum: Monographie der Kommission D.

Vorkommen: → *Anamirta cocculus.*

Therapie:
Erste Hilfe: Sofort Kohle-Pulvis (10 g), Erbrechen auslösen, Natriumsulfat.
Klinik: Magenspülung (evtl. mit burgunderfarbener Kaliumpermanganatlösung), Instillation von 10 g Kohle-Pulvis, Natriumsulfat. Nach der Resorption (Krämpfe) Relaxierung und Intubation, solange das Krampfstadium anhält, nur so viel Antiepileptika wie Diazepam, Barbital u.a., daß die Krämpfe eben unterdrückt bleiben; bei Fieber Eiswickel, hochkalorische Infusionen (Traubenzucker), keine Phenothiazine, keine Analeptika(!), evtl. Sauerstoffbeatmung.

Pilocarpin

CAS-Nr.: [92-13-7].

Synonyma: Almocarpin, 3-Ethyl-4-(methylimidazol-5-yl-methyl)-tetrahydrofuran-2-on.

Gruppe: Alkaloid.

Summenformel: $C_{11}H_{16}N_2O_2$.

Molekulargewicht: 208,25.

Strukturformel:

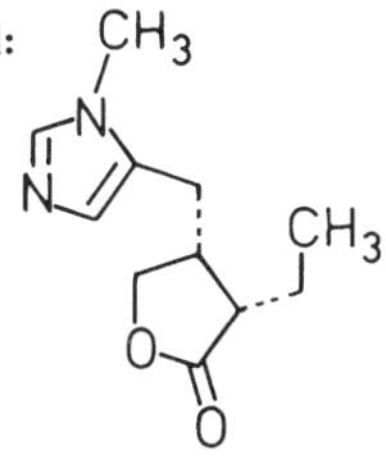

Pilocarpin

Charakter: Farblose, hygroskopische viskose Masse oder Kristalle. Geruchlos, Geschmack bitter.

Löslichkeit: Löslich in Wasser, Ethanol, Chloroform.

Schmelzpunkt: 34 °C.

Spezifische Drehung: $[\alpha]_D^{18}$ +106 (c=2 in H_2O).

Nachweis: 1. Helchsche Probe: Wenige mg Pilocarpin in 4 mL Wasser lösen, mit 6 Tropfen Kaliumdichromat-Lsg., einem Tropfen 3 n Salzsäure und 2 mL Benzol versetzen, nach Zugabe von 1 mL 3- bis 5%iger Wasserstoffperoxid-Lsg. tritt Blaufärbung auf, die sich in die Benzol-Phase ausschütteln läßt.
2. Eine wäßrige Lösung von Pilocarpin-HCl wird mit NaOH alkalischer Dinatriumpentacyanonitrosylferrat-Lsg. (5%) versetzt, nach dem Ansäuern mit verdünnter Salzsäure entsteht eine violette Färbung, die bei Zusatz von 3- bis 5%iger Wasserstoffperoxid-Lsg. in Dunkelrot übergeht. [H 13]

Toxikologie: Die gefährliche Dosis liegt im allgemeinen erst bei Dosen über 20 mg.
LD (Mensch) : ca. 60 mg p.o.

Literatur: H 12, H 13, M 17, M 24.

Handelsüblich: Pilocarpin-hydrochlorid Fp. 193–205 °C; Packung: 1 g, 10 g.
Pilocarpin-nitrat Fp. 173,5–174 °C (dec.); Packung: 1 g.

Vorschriften: Pilocarpinum hydrochloricum: Monographie der Kommission D.
Pilocarpin unterliegt der Gefahrstoffverordnung:
EG Nr. 614-016-00-6
T+ R: 26/28 S: (1/2)-25-45 incl. Zubereitungen,
ebenso Pilocarpin-Salze:
EG Nr. 614-017-00-1
T+ R: 26/28 S: (1/2)-25-45 incl. Zubereitungen,
sowie Pilocarpinverbindungen:
T+ R: 26/28 S: (1/2)-25-45 incl. Zubereitungen.
Verbotene Stoffe der Kosmetikverordnung v. 19. 6. 1985 Anlage 1: 283 Pilocarpin und seine Salze.

Vorkommen: → *Pilocarpus jaborandi und andere Pilocarpus-Arten*

Therapie:
Erste Hilfe: Sofort Kohle-Pulvis-Gabe, erbrechen lassen, Natriumsulfat, beatmen, Herzmassage, Speichel absaugen, Schockprophylaxe (Ruhe, Wärme).
Klinik: Magenspülung (evtl. mit burgunderfarbener Kaliumpermanganatlösung), Antidot Atropin (1–2 mg langsam i.v. oder i.m.), laufend wiederholen (Mydriasis, trockene Haut), bei Krämpfen Diazepam (Valium®) i.v., Plasma(expander)gabe.

Pilosin

CAS-Nr.: [13640-28-3].

Synonyma: Isopilosin, Carpilin, Carpidin.

Gruppe: Alkaloid.

Summenformel: $C_{16}H_{18}N_2O_3$.

Molekulargewicht: 286,32.

Charakter: Farblose Kristalle.

Strukturformel:

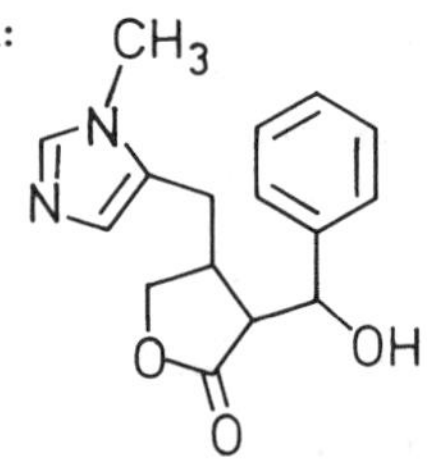

Pilosin

Löslichkeit: Löslich in heißem Wasser, Ethanol, Benzol.

Schmelzpunkt: 187–190 °C.

Spezifische Drehung: $[\alpha]_D^{20}$ +40° (c=1, Chloroform).

R_f-Werte Dünnschichtchromatographie: LM = Chloroform; FM = Chloroform (9): Ethanol (1).

R_f-Bereich: ca. 0,90.*)

Farbreaktionen, Reagenzien: Phosphormolybdänsäure, blau.*)

Literatur: H 12, M 17, R 21; *)Naturstoffabt. C. Roth, Karlsruhe.

Handelsübliche Packung: 10 g.

Vorkommen: → *Pilocarpus jaborandi.*

> **Therapie:**
> Erste Hilfe: Sofort Kohle-Pulvis trinken lassen.
> Klinik: Sofort Magenspülung, Kohle-Pulvis, Natriumsulfat. Plasmaexpander im Schock. Natriumbikarbonat zum Azidoseausgleich, ggf. Intubation und Beatmung.

α-Pinen

CAS-Nr.: [80-56-8].

Synonyma: 2-Pinen.

Gruppe: Terpen.

Strukturformel:

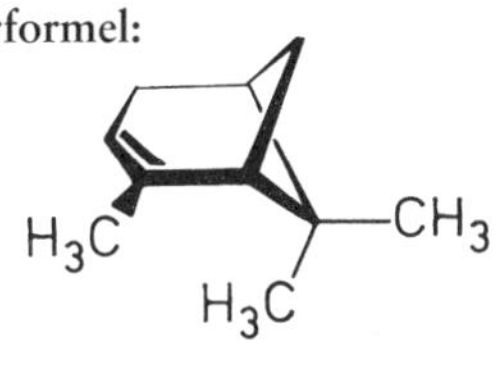

Summenformel: $C_{10}H_{16}$.

Molekulargewicht: 136,23.

Charakter: Leicht bewegliche Flüssigkeit, die allmählich infolge Autoxydation verharzt.

Löslichkeit: Löslich in Ethanol, Chloroform, Ether, Eisessig.

Kochpunkt: Kp. 155–156 °C.

Spezifische Drehung: $[\alpha]_D^{28}$ ca. –45°.

R_f-Werte Dünnschichtchromatographie: FM=Toluol (5):Ethylformiat (4):Ameisensäure (1).
R_f-Bereich: ca. 0,45.*)

Farbreaktionen, Reagenzien: UV, violett.*)

Toxikologie: Reizt die Haut und Schleimhäute, Inhalation verursacht Übelkeit, Nervosität, Brustschmerzen, Herzklopfen, Bronchitis, Nephritis, gutartige Hauttumore bei chron. Kontakt.

Literatur: B 35, M 17, R 21; *)Naturstoffabt. C. Roth, Karlsruhe.

Handelsübliche Packung: 100 ml, 250 ml.

Vorkommen: In vielen ätherischen Ölen.

> **Therapie:**
> Erste Hilfe: Kohle-Pulvis trinken lassen.
> Klinik: Nur nach großer Giftaufnahme Magenspülung, Kohle-Pulvis, Natriumsulfat. Plasmaexpander im Schock. Natriumbikarbonat zum Azidoseausgleich, ggf. Intubation und Beatmung.

β-Pinen

CAS-Nr.: [127-91-3].

Synonyma: Nopinen, Pseudopinen.

Gruppe: Terpen.

Strukturformel:

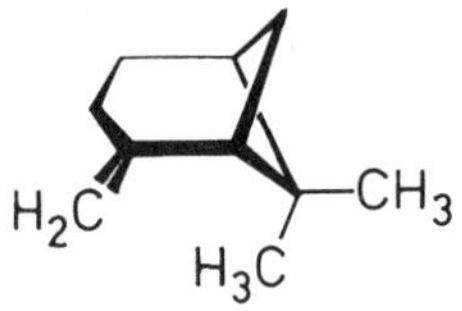

Summenformel: $C_{10}H_{16}$.

Molekulargewicht: 136,23.

Charakter: Flüssigkeit.

Löslichkeit: Löslich in Ethanol, Ether.

Kochpunkt: Kp. 165–166 °C.

Spezifische Drehung: $[\alpha]_D^{20}$ –22,4 (Ether).

R_f-Werte Dünnschichtchromatographie: FM=Toluol (5):Ethylformiat (4):Ameisensäure (1).
R_f-Bereich: ca. 0,45.*)

Farbreaktionen, Reagenzien: UV, violett.*)

Toxikologie: → *α-Pinen.*

Literatur: B 35, R 21; *)Naturstoffabt. C. Roth, Karlsruhe.

Handelsübliche Packung: 250 ml.

Vorkommen: In vielen ätherischen Ölen.

> Therapie:
> → *α-Pinen.*

Piperidin

CAS-Nr.: [110-89-4].

Synonyma: Hexahydropyridin.

Gruppe: Alkaloid.

Strukturformel:

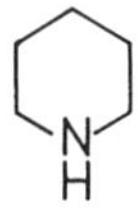

Summenformel: $C_5H_{11}N$.

Molekulargewicht: 85,15.

Charakter: Farblose Flüssigkeit mit pfefferartigem Geruch.

Löslichkeit: Löslich in Wasser, Ethanol, Ether, Chloroform, Benzol.

Schmelzpunkt: –7 °C.

Kochpunkt: Kp. 106 °C.

Flammpunkt: 16 °C.

Toxikologie: LD_{50} (Ratte): 0,52 ml/kg p.o.

Literatur: K 7, M 17, R 21.

Handelsübliche Packung: 100 ml.

Vorschriften: Giftklasse 2 der Schweizer Giftliste.

Vorkommen: Piper nigrum L.

> Therapie:
> Erste Hilfe: Kohle-Pulvis, erbrechen lassen, viel warmen Tee trinken lassen, Natriumsulfat, Schockprophylaxe (Ruhe, Wärme). Haut- und Schleimhautblasen steril abdecken, Tetanusprophylaxe, lokal Locacorten-Schaum.
> Klinik: Magenspülung (evtl. mit burgunderfarbener Kaliumpermanganatlösung), Elektrolytsubstitution, Azidoseausgleich mit Natriumbikarbonat (Urin pH 7,5), im Schock Plasmaexpandergabe, bei Krämpfen Diazepam (Valium®) i.v., Kontrolle der Nierenfunktion, bei Atemlähmung Intubation und Sauerstoffbeatmung.

Piperiton

CAS-Nr.: [90-81-6].

Synonyma: p-Menth-1-en-3-on, 4-Isopropyl-1-methyl-1-cyclohexen-3-on.

Gruppe: Monoterpen.

Strukturformel:

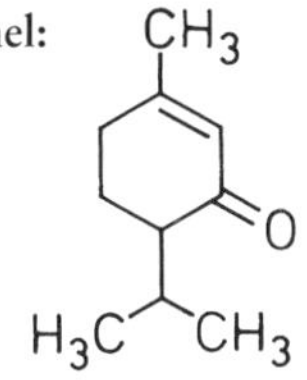

Summenformel: $C_{10}H_{16}O$.

Molekulargewicht: 152,23.

Charakter: Pfefferminzartig riechende Flüssigkeit.

Löslichkeit: Löslich in Ethanol und Ether.

Kochpunkt: d-Form Kp_{20} 116–118 °C.

Spezifische Drehung: $[\alpha]_D^{20}$ d-Form = +49,13°.

R_f-Werte Dünnschichtchromatographie: Stahl [S 53].

Literatur: B 35, M 17, R 21.

Handelsübliche Packung: 1 g.

Vorkommen: Mentha-Arten und in vielen anderen Pflanzen.

Therapie:
Erste Hilfe: Kohle-Pulvis trinken lassen.
Klinik: Nur nach großer Giftaufnahme Magenspülung, Kohle-Pulvis, Natriumsulfat. Plasmaexpander im Schock. Natriumbikarbonat zum Azidoseausgleich, ggf. Intubation und Beatmung.

Plumbagin

CAS-Nr.: [481-42-5].

Synonyma:
5-Hydroxy-2-methyl-1,4-naphthochinon.

Strukturformel:

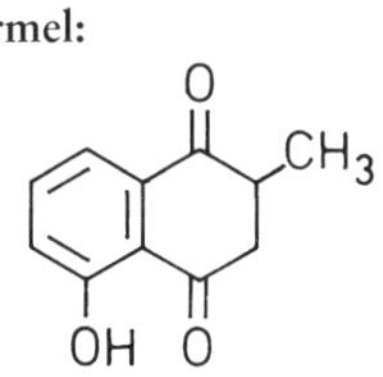

Summenformel: $C_{11}H_8O_3$.

Molekulargewicht: 188,17.

Charakter: Gelbe Nadeln; sublimiert, flüchtig mit Dampf.

Löslichkeit: Leicht löslich mit heißem Wasser, löslich in Aceton, Chloroform, Benzol, Ethanol, Essigsäure.

Schmelzpunkt: 78–79 °C.

Toxikologie: LD_{50} (Maus): 0,015 g/kg i.p. Plumbagin zeigt allgemeine zytotoxische Eigenschaften: Es wirkt zytostatisch auf verschiedene neoplastische Gewebe und mutagen im Ames-Test; es ist viruzid und besitzt ein breites Spektrum an antimikrobieller Aktivität (Dt. Ap. Zeit.).

Literatur: M 17, W 34; Dt. Ap. Zeit. 124, 2128–2132, 1984.

Handelsübliche Packung: 1 g.

Vorkommen: → *Plumbago europea,* Plumbago zeylanica L.

Therapie:
Erste Hilfe: Medizinalkohle (Kohle-Pulvis, 10 g).
Klinik: Magenspülung, Medizinalkohle.

Podophyllotoxin

CAS-Nr.: [518-28-5].

Gruppe: Lignan.

Strukturformel:

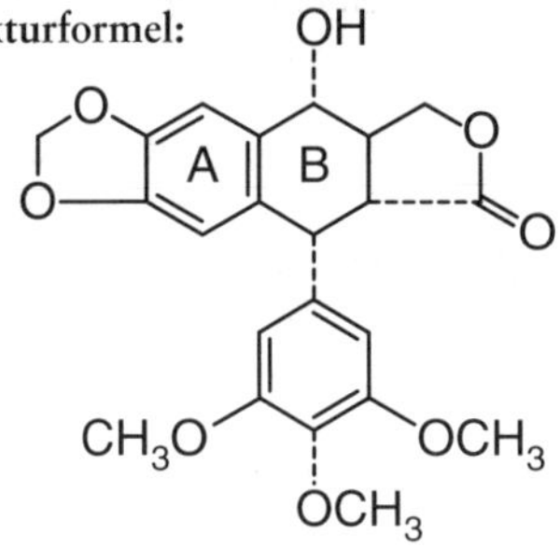

Summenformel: $C_{22}H_{22}O_8$.

Molekulargewicht: 414,42.

Charakter: Farblose Prismen. Im basischen Milieu Umwandlung in pharmakologisch/toxisch unwirksames Picropodophyllin.

Löslichkeit: Löslich in Aceton, Chloroform, Eisessig, warmem Benzol.

Schmelzpunkt: 183–184 °C.

Spezifische Drehung: $[\alpha]_D^{20}$ = 132,7° (Chloroform)

Toxikologie: → *Podophyllum peltatum.* LD_{50} (Ratte): 8,7 mg/kg i.v., 15 mg/kg i.p. Vorsicht, reizt die Haut.

Literatur: H 13, M 17.

Vorkommen, Therapie: → *Podophyllum peltatum.*

Polyine (Polyacetylene)

Wirkungscharakter: Polyine sind hochungesättigte Alkohole, d.h. daß sich im Molekül mehrere C=Bindungen befinden. Sie sind typische zentral angreifende Krampfgifte. Die erregende Wirkung erstreckt sich entsprechend dem Hauptangriffsort an der Medulla oblongata auch auf das Atem- und Vasomotorenzentrum. Der erregenden Wirkung folgt, um so schneller, je höher die Dosis, eine Lähmung der lebenswichtigen Zentren. Auf das Großhirn wirken Polyine primär lähmend. Der Tod erfolgt meist innerhalb einiger Stunden durch zentrale Atemlähmung.

Symptome: Brennen im Mund und Rachen, Bauchschmerzen, Übelkeit, Herzklopfen, Schwindel, Gefühl der Berauschung, taumelnder Gang, Schläfrigkeit, u.U. Ohnmacht.
Dann erfolgt plötzlich, häufig unter lautem Aufschreien oder Erbrechen, der erste und gleich sehr heftige Krampfanfall. Die Anfälle dauern etwa ½ bis 2 min. und betreffen die ganze Körpermuskulatur. Es handelt sich zunächst um klonische, später auch tonische, mit Zähneknirschen, Trismus und Opstitonus einhergehende Krämpfe von größter Heftigkeit. Das Bewußtsein und der Cornealreflex sind während der Anfälle erloschen, die Pupillen maximal erweitert und lichtstarr, die Atmung röchelnd oder ganz aussetzend, vor dem Munde steht Schaum, die Schleimhäute sind stark zyanotisch, der Puls ist klein und frequent. Gegen Ende der einzelnen Anfälle treten Atmung und Bewußtsein wieder ein. Die Anfälle wiederholen sich in Abständen von etwa 15 min. bis zur völligen Erschöpfung. Der Tod tritt meist innerhalb einiger Stunden nach Giftaufnahme während eines besonders schweren Anfalls infolge Erstickens oder kurz nach einem Anfall infolge von Atemlähmung ein.

Nachweis: Dünnschichtchromatographie im Erbrochenen oder Magenspülwasser.

Vorkommen: Polyine sind vor allem in Araliaceen, Asteraceen und Apiaceen enthalten, wobei als wichtigste Vertreter → *Cicuta virosa* und → *Aethusa cynapium* zu nennen wären.

Polyine

Therapie:
Erste Hilfe: Gabe von 10 g Kohle-Pulvis, Erbrechen auslösen, Natriumsulfat.
Klinik: Magenspülung (evtl. mit burgunderfarbener Kaliumpermanganatlösung), Instillation von 10 g Kohle-Pulvis; nach der Resorption (Krämpfe!) Relaxierung und Intubation. Ggf. Intubation und Beatmung.

Primin

Gruppe: Benzochinonderivat.

Strukturformel: Enthält 2 Komponenten, wovon 2-Methoxy-6-n-pentyl-p-benzochinon der reine Wirkstoff ist.

Summenformel: $C_{14}H_{18}O_3$ oder $C_{14}H_{20}O_3$.

Schmelzpunkt: 62–63 °C.

Literatur: F 16, H 12.

Vorkommen: → *Primula obconica.*

Therapie:
Blasen steril abdecken, Tetanusprophylaxe, lokal Locacorten®-Schaum.

Proscillaridin A

CAS-Nr.: [466-06-8].

Synonyma: Scillarenin-3β-rhamnosid.

Gruppe: Glykosid.

Summenformel: $C_{30}H_{42}O_8$.

Molekulargewicht: 530,64.

Schmelzpunkt: 220–226 °C (dec.).

Spezifische Drehung: $[\alpha]_D^{20}$ −91,5° (Methanol).

Toxikologie: LD_{50} (Katze): 0,138 mg/kg i.v.; 0,732 mg/kg p.o., → *Digitalis-Glykoside.*

Literatur: G 11, H 12, M 17, R 21.

Strukturformel:

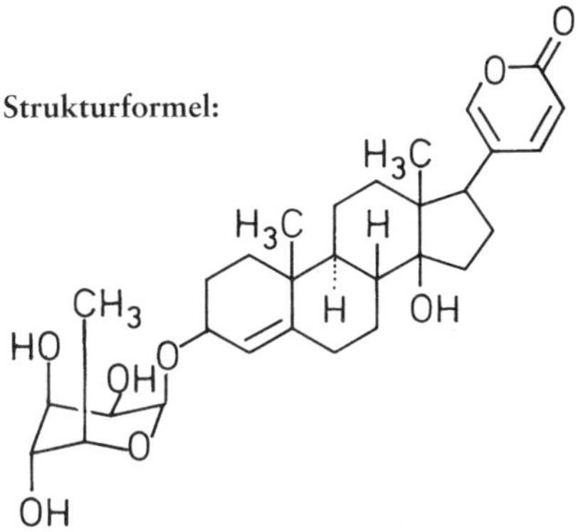

Handelsübliche Packung: 100 mg.

Vorkommen: → *Urginea maritima.*

Therapie:
Erste Hilfe: Kohle-Pulvis-Gabe, Erbrechen auslösen, Natriumsulfat.
Klinik: Magenspülung (evtl. mit burgunderfarbener Kaliumpermanganatlösung), Kohleinstillation (10 g Pulvis), Herzschrittmacher (prophylaktisch), Hämoperfusion, Kontrolle des Kaliumspiegels und Substitution, Phenytoin, bei ventrikulärer Extrasystolie: Lidocain (Xylocain®), bei ausgeprägter Bradykardie: Atropin oder Orciprenalin (Alupent®), bei AV-Überleitungsstörungen: Vorsicht mit Substanzen, die diese zusätzlich beeinträchtigen, d. h. mit Ajmalin, Procainamid, β-Rezeptorenblocker und Chinidin.

Protoanemonin

CAS-Nr.: [108-28-1].

Synonyma: Isomycin.

Gruppe: Lacton.

Strukturformel: Wird beim Trocknen zu dem weniger aktiven Anemonin $C_{10}H_8O_4$, Fp. 157 °C dimerisiert.

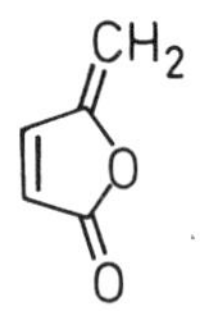

Summenformel: $C_5H_4O_2$.

Molekulargewicht: 96,07.

Kochpunkt: Kp_8 68 °C.

Toxikologie: Protoanemonin hat im Gegensatz zum Anemonin eine sehr kräftige örtliche Reizwirkung (Schleimhäute). Resorptiv führen beide Stoffe zuerst zu Erregung, dann zu Lähmung des Zentralnervensystems, nach letalen Dosen erfolgt der Tod durch Kreislauf- und Atemlähmung. Es erfolgt auch eine Reizung der Nieren und der ableitenden Harnwege.

Literatur: B 35, F 16, H 12.

Vorkommen: → *Anemone-*, → *Ranunculus-*, → *Clematis-*, → *Helleborus-Arten.*

Therapie:
Erste Hilfe: Kohle-Pulvis-Gabe, Erbrechen auslösen, Natriumsulfat, viel warmen Tee trinken lassen. Haut- und Schleimhautblasen steril abdecken, Tetanusprophylaxe, lokal Locacorten-Schaum.
Klinik: Magenspülung (evtl. mit burgunderfarbener Kaliumpermanganatlösung), Instillation von 10 g Kohle-Pulvis, Elektrolytsubstitution, Azidoseausgleich mit Natriumbikarbonat (Urin pH 7,5), Kontrolle der Nierenfunktion, bei Krämpfen Diazepam (Valium®) i.v., ggf. Plasma(expander)gabe, bei Atemlähmung: Intubation und Sauerstoffbeatmung.

Protopin

CAS-Nr.: [130-86-9].

Synonyma: Fumarin, Macleyin, Biflorin.

Gruppe: Alkaloid.

Strukturformel:

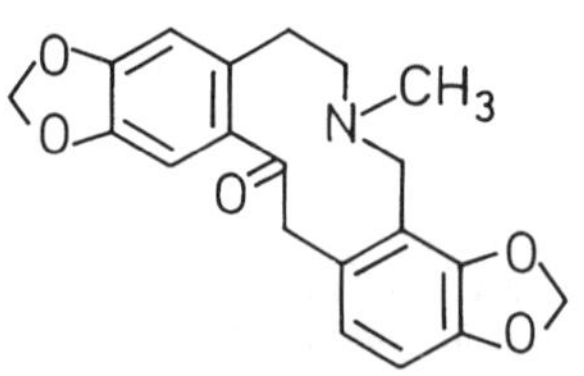

Summenformel: $C_{20}H_{19}NO_5$.

Molekulargewicht: 353,36.

Löslichkeit: Löslich in Chloroform, Ethanol, Ether, unlöslich in Wasser.

Schmelzpunkt: 208 °C.

Toxikologie: Protopin bewirkt am Kalt- und Warmblüter starke Krämpfe und erst sekundär einsetzende Lähmung. Bei parenteraler Zufuhr tritt vorübergehend Vaguserregung ein. Die Toxizität im ganzen ist gering.

Literatur: B 35, F 16, H 12, M 17.

Handelsübliche Packung: 500 mg.

Vorkommen: → *Papaver somniferum*, → *Fumaria officinalis*, → *Chelidonium majus* und andere Papaveraceae.

Protopin

Therapie:
Erste Hilfe: Kohle-Pulvis-Gabe, erbrechen lassen. Natriumsulfat.
Klinik: Magenspülung (evtl. mit burgunderfarbener Kaliumpermanganatlösung), Elektrolytsubstitution, Azidoseausgleich mit Natriumbikarbonat (Urin pH 7,5), Plasmaexpander, ggf. Intubation und Sauerstoffbeatmung.

Protoveratrin A

CAS-Nr.: [143-57-7].

Gruppe: Alkaloid.

Strukturformel:

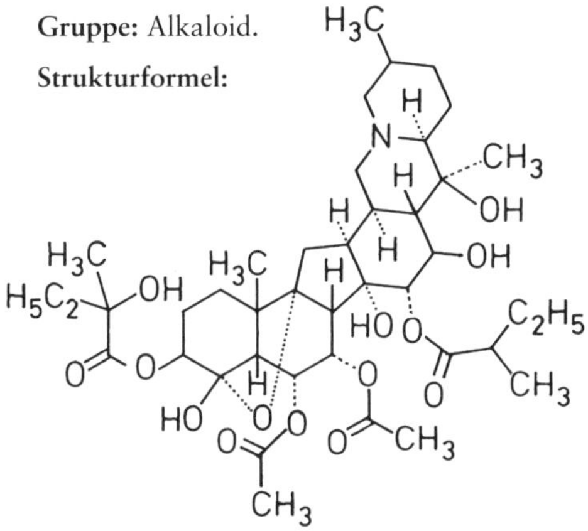

Summenformel: $C_{41}H_{63}NO_{14}$.

Molekulargewicht: 793,96.

Charakter: farblose Kristalle, quadratische Blättchen, leicht bitter.

Löslichkeit: Löslich in Chloroform, verd. Säuren, Aceton, fast unlöslich in Wasser.

Spezifische Drehung: $[\alpha]_D^{25}$ –40,5 (c=1, Pyridin).

Toxikologie: Blutdrucksenkend, aber wesentlich schwächer als Protoveratrin B.

Literatur: H 12, M 17, R 21.

Handelsübliche Packung: 100 mg.

Vorkommen: → *Veratrum album.*

Therapie:
Erste Hilfe: Sofortiges Erbrechen, 10 g Kohle-Pulvis, Natriumsulfat.
Klinik: Magenspülung (evtl. mit burgunderfarbener Kaliumpermanganatlösung), Instillation von 10 g Kohle-Pulvis und Natriumsulfat, Elektrolytsubstitution, Azidoseausgleich mit Natriumbikarbonat (Urin pH 7,5), bei Krämpfen Diazepam (Valium®) i.v., ggf. Intubation und Sauerstoffbeatmung.

Protoveratrin B

CAS-Nr.: [124-97-0].

Synonyma: Neoprotoveratrin.

Gruppe: Alkaloid,

Summenformel: $C_{41}H_{63}NO_{15}$.

Molekulargewicht: 809,96.

Charakter: Weißes, geruchloses Kristallpulver oder farblose quadratische Blättchen.

Löslichkeit: Löslich in Chloroform, Pyridin, heißem Ethanol, Aceton.

Schmelzpunkt: 268–270 °C.

Spezifische Drehung: $[\alpha]_D^{25}$ –37° (c=1, Pyridin).

Protoveratrin B

Strukturformel:

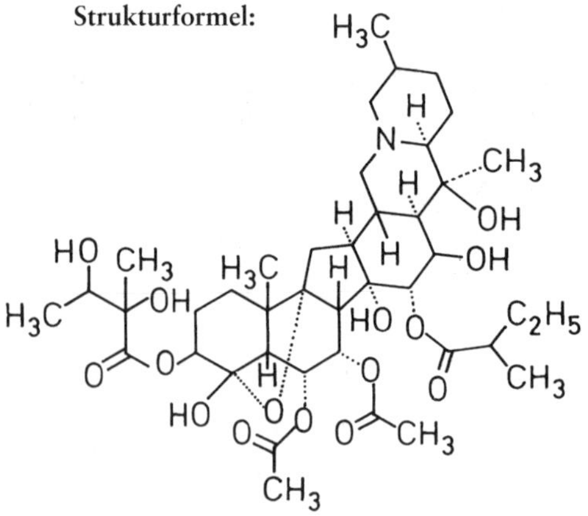

R_f-Werte Dünnschichtchromatographie: LM=Chloroform; FM=Toluol (5):Ethylformiat (4):Ameisensäure (1).
R_f-Bereich: ca. 0,70.*)

Farbreaktionen, Reagenzien: Phosphormolybdänsäure, blau.*

Toxikologie: Stark blutdrucksenkend. Dosis etwa 0,2–0,5 mg.
LD_{50} (Kaninchen): 0,1 mg/kg p.o.

Literatur: H 12, H 13, M 17, R 21; *)Naturstoffabt. C. Roth, Karlsruhe; DAZ *95*, 1061 (1955).

Handelsübliche Packung: 100 mg.

Vorkommen: → *Veratrum album.*

> Therapie:
> → *Protoveratrin A.*

Protoverin

CAS-Nr.: [76-45-9].

Gruppe: Alkaloid.

Summenformel: $C_{27}H_{43}NO_9$.

Molekulargewicht: 525,62.

Löslichkeit: Löslich in Chloroform, Methanol, Pyridin.

Schmelzpunkt: 220–222 °C.

Spezifische Drehung: $[\alpha]_D^{20}$ –15,7° (c=1,1 in Pyridin).

Literatur: H 12, M 17.

Strukturformel: Erhält man bei alkalischer Hydrolyse von Protoveratrin.

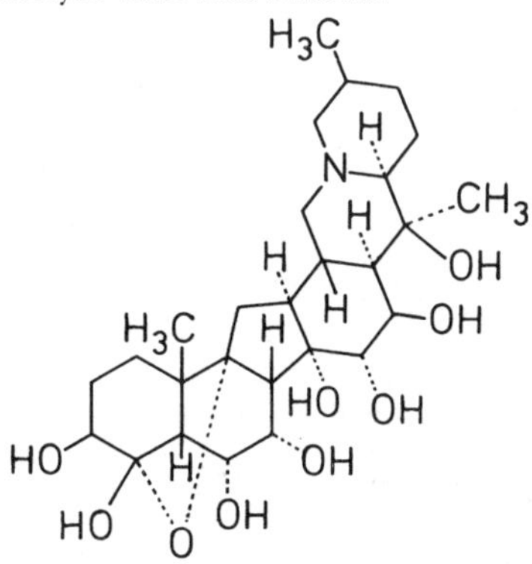

> Therapie:
> Erste Hilfe: Sofortiges Erbrechen, 10 g Kohle-Pulvis, Natriumsulfat.
> Klinik: Magenspülung (evtl. mit burgunderfarbener Kaliumpermanganatlösung), Instillation von 10 g Kohle-Pulvis und Natriumsulfat, Elektrolytsubstitution, Azidoseausgleich mit Natriumbikarbonat (Urin pH 7,5), bei Krämpfen Diazepam (Valium®) i.v., ggf. Intubation und Sauerstoffbeatmung.

Prunasin

CAS-Nr.: [99-18-3].

Synonyma: O-[β-Glucopyranosyl]-D-mandelsäurenitril.

Gruppe: Cyanogenes Glykosid.

Strukturformel:

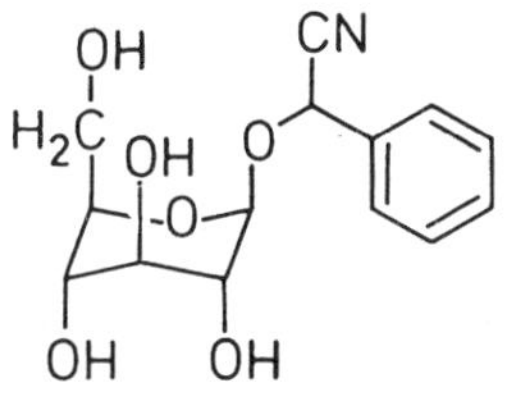

Summenformel: $C_{14}H_{17}O_6N$.

Molekulargewicht: 295,27.

Schmelzpunkt: 150–151 °C.

Spezifische Drehung: $[\alpha]_D^{28}$ –30,1 (Wasser).

R_f-Werte Dünnschichtchromatographie: LM=Wasser; FM=Ethylacetat (80): Ameisensäure (10):Salzsäure (10).
R_f-Bereich: ca. 0,6.*)

Farbreaktionen, Reagenzien: Phosphormolybdänsäure, dunkel.*)

Literatur: B 36, F 16, K 7, R 21; *)Naturstoffabt. C. Roth, Karlsruhe.

Handelsübliche Packung: 10 mg.

Vorkommen: → *Prunus laurocerasus* und andere → *Prunus-Arten.*

Therapie:
Primäre Entgiftung durch Erbrechen und Magenspülung (evtl. mit burgunderfarbener Kaliumpermanganatlösung).
In leichten Fällen, bei erhaltenem Bewußtsein: Natriumthiosulfat (10%ig, 100 ml i.v.), das als Schwefeldonator die Entgiftung des Cyanids, das in Rhodanid übergeht, beschleunigt.
Schwere Vergiftungen, bei Bewußtlosigkeit:
- Sofort 3 mg/kg KG 4-DMAP i.v. (Methämoglobinbildner).
- Sofort anschließend Natriumthiosulfatlösung (10%ig, 100 ml i.v.). Zugleich Azidosetherapie mit Natriumbikarbonatinfusion (Urin pH 7,5), dann Plasmaexpandergabe.

Psoralen

CAS-Nr.: [66-97-7].

Synonyma: Ficusin.

Gruppe: Lacton.

Strukturformel:

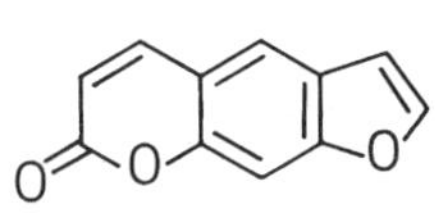

Summenformel: $C_{11}H_6O_3$.

Molekulargewicht: 186,16.

Schmelzpunkt: 163–164 °C.

Toxikologie: Phototoxische u. photosensibilisierende Wirkung bei Mensch und Tier.

Literatur: H 12, M 17.

Handelsübliche Packung: 100 mg.

Vorkommen: → *Coronilla varia,* → *Psoralea corylifolia,* → *Citrus-Arten* und andere Pflanzen.

Therapie:
Meidung von Sonnenexposition. Blasen steril abdecken, Tetanusprophylaxe, lokal Locacorten-Schaum.

Pulegon

CAS-Nr.: [89-82-7].

Synonyma: 1-Methyl-4-isopropyliden-3-cyclohexanon.

Gruppe: Terpen.

Strukturformel:

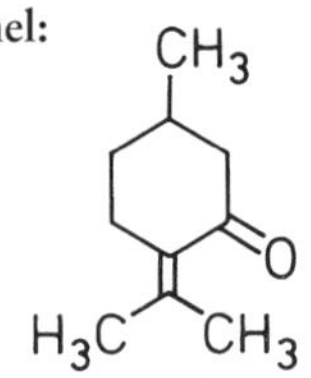

Summenformel: $C_{10}H_{16}O$.

Molekulargewicht: 152,23.

Charakter: Ölige Flüssigkeit.

Löslichkeit: Praktisch unlöslich in Wasser, mischbar mit Ethanol, Ether, Chloroform.

Kochpunkt: Kp. ca. 224 °C.

Brechungsindex: nD^{20} 1,4894.

Spezifische Drehung: $[\alpha]_D^{20}$ +21°.

Literatur: M 17, R 22.

Handelsübliche Packung: 1 g.

Vorkommen: → *Hedeoma pulegioides*, → *Mentha pulegium*.

Therapie:
Erste Hilfe: Kohle-Pulvis-Gabe, Erbrechen auslösen, Roticlean®, Natriumsulfat, viel trinken lassen. Haut- und Schleimhautblasen steril abdecken, Tetanusprophylaxe, lokal Locacorten®-Schaum.
Klinik: Magenspülung (evtl. mit burgunderfarbener Kaliumpermanganatlösung), Roticlean®-, Kohle- und Natriumsulfatinstillation, gegen Koliken Atropin, Elektrolytsubstitution, Azidoseausgleich mit Natriumbikarbonat (Urin pH 7,5), bei Krämpfen Diazepam (Valium®) i.v., ggf. Intubation und Sauerstoffbeatmung.

Pyrethrin I

CAS-Nr.: [121-21-1].

Synonyma: 2,2-Dimethyl-3-(2-methyl-prop-1-enyl)-cyclopropancarbon-säure-O-(+)cis-4[3-methyl-2-(penta-2,4-dienyl)-cyclopent-2-en-1-on]-ester.

Gruppe: Cyclopentenonderivat.

Strukturformel:

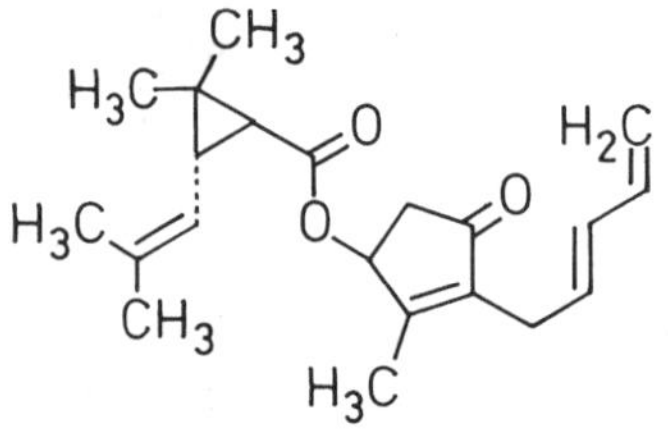

Summenformel: $C_{21}H_{28}O_3$.

Molekulargewicht: 328, 46.

Charakter: Viskose Flüssigkeit, oxidiert schnell an der Luft und wird inaktiv.

Löslichkeit: Löslich in Ethanol, Petrolether, Petroleum, Tetrachlorkohlenstoff, Dichlorethylen, Nitromethan.

Kochpunkt: $Kp_{0,0005}$ 146–150 °C.

Spezifische Drehung: $[\alpha]_D^{20}$ −14° (Isooctan).

Toxikologie: LD_{50} (Ratte): 1,2 g/kg p.o. Große Mengen bewirken Erbrechen, Kopfschmerzen und andere Störungen des Zentralnervensystems.

Pyrethrin I

Literatur: B 3, B 35, H 12, H 13, M 17.

Vorschriften: Pyrethrin I unterliegt der Gefahrstoffverordnung.

EG Nr. 613-023-00-1

✖n R: 20/21/22 S: 2-13.

Vorkommen: → *Chrysanthemum cinerariifolium.*

Therapie:
Erste Hilfe: Kohle-Pulvis-Gabe.
Klinik: Nur nach großer Giftaufnahme Magenspülung, Kohle-Pulvis, Natriumsulfat, Elektrolytausgleich (Kalium).

Pyrethrin II

CAS-Nr.: [121-29-9].

Synonyma: 2,2-Dimethyl-3-(3-methoxy-2-methyl-3-oxo-prop-1-enyl)-cyclopropancarbonsäure-O-(+)cis-4[3-methyl-2-2-(penta-2,4-dienyl)-cyclopent-2-en-1-on]-ester.

Gruppe: Cyclopentenonderivat.

Strukturformel:

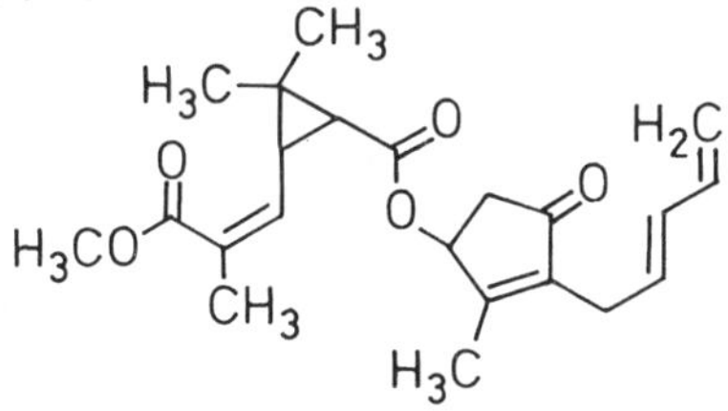

Summenformel: $C_{22}H_{28}O_5$.

Molekulargewicht: 372, 47.

Charakter: → *Pyrethrin I.*

Kochpunkt: $Kp_{0,007}$ 192–193 °C.

Spezifische Drehung: $[\alpha]_D^{19}$ +14,7° (Isooctanether).

Toxikologie: Kann eine schwere allergische Dermatitis und allergische Reaktionen verursachen. Bei höheren Dosen Nausea, Erbrechen, Tinnitus, Kopfschmerzen und andere Beschwerden im ZNS [M 17].
LD_{50} (Ratte): 1,2 g/kg p.o.

Literatur: B 3, B 35, H 12, H 13, M 17.

Vorschriften: Pyrethrin II unterliegt der Gefahrstoffverordnung.
EG Nr. 613-024-00-7
✖n R: 20/21/22 S: 2-13.

Vorkommen: → *Chrysanthemum cinerariifolium.*

Therapie:
→ *Pyrethrin I.*

Pyrrolizidinalkaloide

Pyrrolizidinalkaloide, die bis vor kurzem in ihren toxikologischen Eigenschaften weitgehend unbekannt waren, gewinnen eine zunehmende Bedeutung für Pharmazie und Toxikologie. – In der Zeitschrift „Pharmazie in unserer Zeit“ – 13. Jahrgang 1984 Nr. 2 – erschien eine Arbeit von Erhard Röder „Wie verbreitet und wie gefährlich sind Pyrrolizidinalkaloide?“ Mit freundlicher Genehmigung von Herrn Prof. Dr. Röder geben wir nachstehend den wesentlichen Inhalt wörtlich wieder; im übrigen sei auf die von Prof. Röder 1986 ergänzten umfangreichen Originalliteraturstellen hingewiesen.

Pyrrolizidinalkaloide

Verbreitung: Pflanzen, die Pyrrolizidinalkaloide enthalten, sind weltweit verbreitet und werden in vielen Ländern, vornehmlich solchen der Dritten Welt, als Heil-, Stärkungs-, Nahrungs- und Futtermittel verwendet. Vergiftungsfälle treten u.a. durch Genuß von verunreinigtem Getreidemehl z.B. mit Samen von Heliotropium und verschiedener Crotalariaarten auf.

Vorkommen: Wie die Übersicht zeigt, kommen die Pyrrolizidinalkaloide und oft auch deren N-Oxide in zahlreichen Pflanzenfamilien vor, die kaum miteinander verwandt sind (Tabelle 1).
Die meisten Alkaloide findet man in der sehr artenreichen Gattung Senecio, die zur Unterfamilie der Senecioneae gehört. Ähnlich häufig ist das Vorkommen von Alkaloiden in der Gattung Crotalaria, zur Unterfamilie der Genisteae gehörend.
Pyrrolizidinalkaloide findet man auch dort, wo man sie nicht vermutet, z.B. in Honig, oder in der Milch von Kühen, Schafen und Ziegen, die alkaloidhaltiges Futter in größeren Mengen zu sich genommen haben.

Chemie: Chemisch gehören die meisten dieser Alkaloide zu den Esteralkaloiden. Deren Komponenten leiten sich vom bicyclischen Aminoalkohol 1-Hydroxymethyl-pyrrolizidin, Necin genannt, und von Mono- oder Dicarbonsäuren, den Necinsäuren, ab.
Die Hydroxymethylpyrrolizidine können gesättigt (**1**) oder, 1,2-ungesättigt (**2**) sein.

Tabelle 1. *Pyrrolizidinalkaloide in Pflanzen (Artenzahl der Gattung in Klammern)*

Apocynaceae		Caccinia	(1)	Crotalaria	(67)
Alafia	(1)	Cynoglossum	(11)	Cytisus	(1)
Anodendron	(1)	Echium	(5)		
Parsonsia	(4)	Ehretia	(1)	*Orchidaceae*	
Urechtites	(1)	Heliotropium	(23)	Chysis	(1)
		Lappula	(2)	Doritis	(1)
Asteraceae (Compositae)		Lindelofia	(8)	Hammarbya	(1)
Adenostyles	(3)	Lithospermum	(1)	Kingiella	(1)
Alkanna	(1)	Macrotomia	(1)	Liparis	(7)
Arnica	(1)	Messerschmidia	(1)	Malaxis	(2)
Brachyglottis	(1)	Myosotis	(2)	Phalaenopsis	(14)
Cacalia	(5)	Paracaryum	(1)	Vanda	(4)
Crassocephalum	(1)	Paracynoglossum	(1)	Vandopsis	(2)
Doronicum	(1)	Rindera	(6)		
Echinacea	(2)	Solenanthus	(4)	*Poaceae (Gramineae)*	
Emilia	(2)			Festuca	(1)
Erectites	(2)	*Boraginaceae*		Lolium	(2)
Eupatorium	(6)	Symphytum	(7)	Thelepogon	(1)
Farfugium	(1)	Tournefortia	(2)		
Gynura	(2)	Trachelanthus	(2)	*Ranunculaceae*	
Kleinia	(1)	Trichodesma	(3)	Caltha	(2)
Ligularia	(5)	Ulugbekia	(1)		
Notonia	(1)			*Rhizophoraceae*	
Odontocline	(2)	*Celastraceae*		Cassipourea	(2)
Petasites	(4)	Bhesa	(1)		
Senecio	(203)			*Santalaceae*	
Syneilesis	(1)	*Elaeocarpaceae*		Thesium	(1)
Tussilago	(1)	Aristotelia	(1)		
				Sapotaceae	
Boraginaceae		*Euphorbiaceae*		Mimusops	(1)
Amsinckia	(5)	Phyllanthus	(1)	Planchonella	(2)
Anchusa	(2)	Securinega	(1)		
Asperugo	(1)	*Fabaceae (Papilionaceae)*		*Scrophulariaceae*	
Borago	(1)	Adenocarpus	(5)	Castilleja	(1)

Pyrrolizidinalkaloide

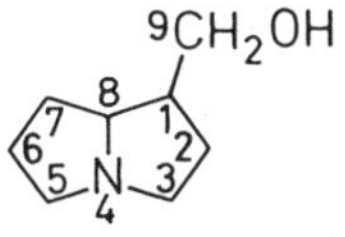

1

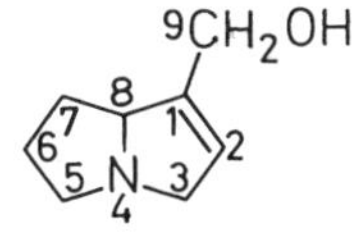

2

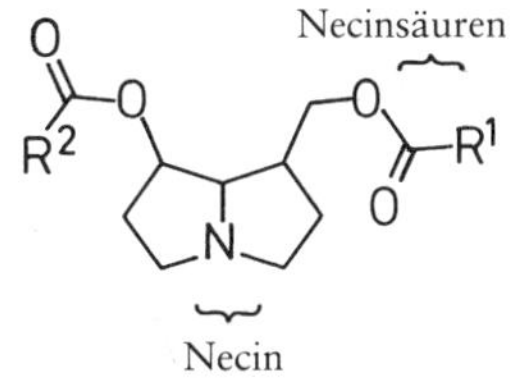

Tabelle 2: Übersicht über die Necine.

Necine, die sich von **1** ableiten:

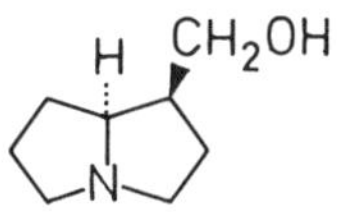

3

Isoretronecanol
1β-Hydroxymethyl-8α-H-pyrrolizidin

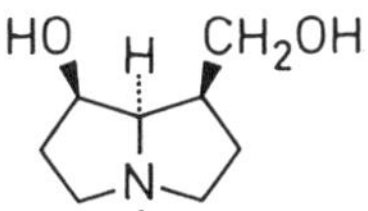

4

Platynecin
1β-Hydroxymethyl-7β-hydroxy-8α-H-pyrrolizidin

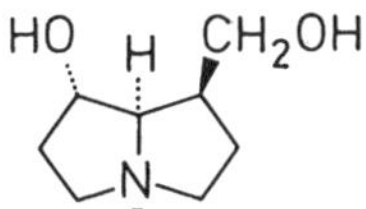

5

Hastanecin
1β-Hydroxymethyl-7α-hydroxy-8α-H pyrrolizidin

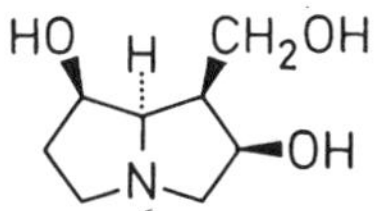

6

Rosmarinecin
1β-Hydroxymethyl-2β 7β-dihydroxy-8α-H pyrrolizidin

Necine, die sich von **2** ableiten:

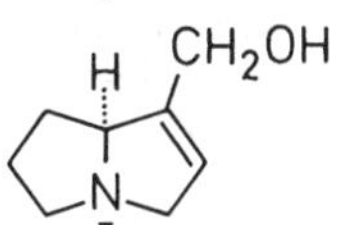

7

Supinidin
1-Hydroxymethyl-1,2-dehydro-8α-H-pyrrolizidin

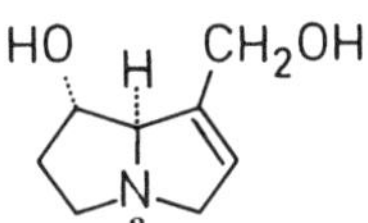

8

Heliotridin
1-Hydroxymethyl-1,2-dehydro-7α-hydroxy-8α-H-pyrrolizidin

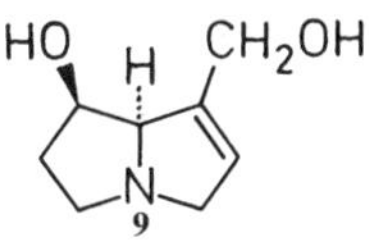

9

Retronecin
1-Hydroxymethyl-1,2-dehydro-7β-hydroxy-8α-H-pyrrolizidin

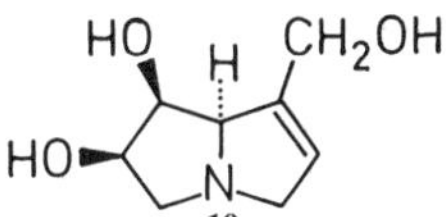

10

Crotanecin
1-Hydroxymethyl-1,2-dehydro-6β, 7β-dihydroxy-8α-H-pyrrolizidin

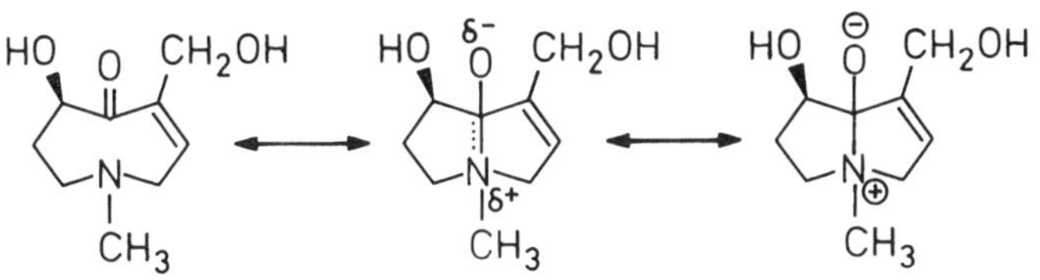

11

Otonecin

Veresterungsmöglichkeiten in natürlichen Pyrrolizidinalkaloiden.

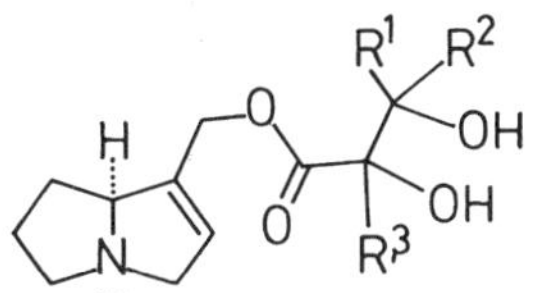

12

Amabilin
(Supinidin + Viridiflorinsäure)

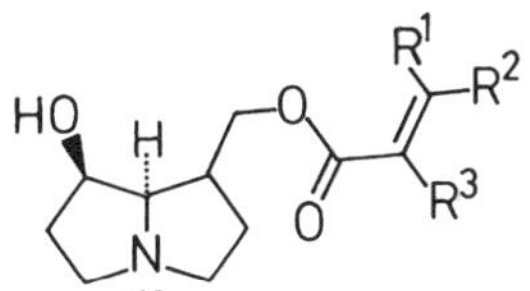

13

Fuchsisenecionin
(Platynecin + Senecioinsäure)

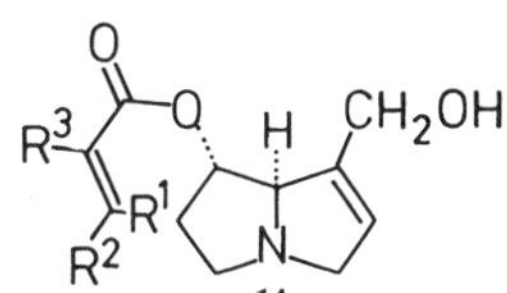

14

7-Angelylheliotridin
(Heliotridin + Angelikasäure)

Pyrrolizidinalkaloide

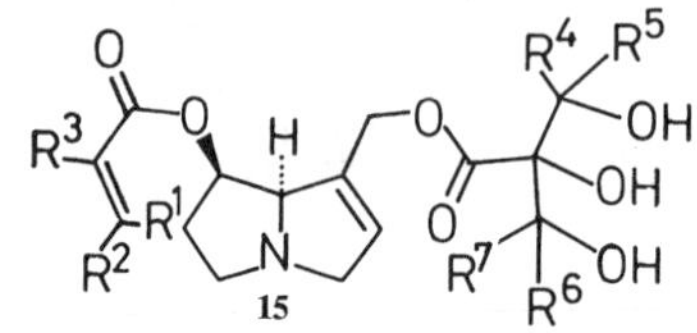

15

Echimidin
(Retronecin + Angelika+ Echimidinsäure

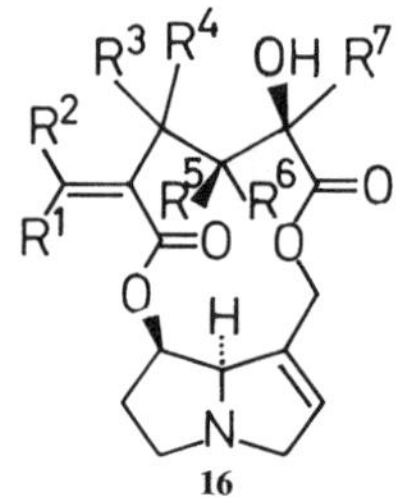

16

Senecionin
(Retronecin + Senecinsäure)

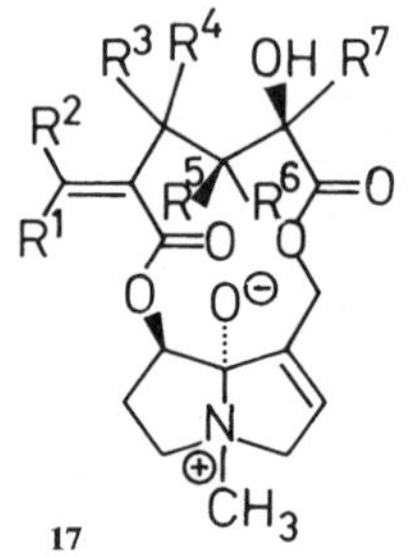

17

Senkirkin
(Otonecin + Senecinsäure)

Weitere Hydroxylgruppen können in Position 7, selten in Position 2 oder 6 stehen. Die zusätzlichen Hydroxylgruppen führen zur Ausbildung von stereoisomeren Varianten, die am H-Atom des C-8-Atoms orientiert werden. Die Basen, die in den meisten Alkaloiden enthalten sind, gehören der C-8α-H-Reihe an.

In Tabelle 2 sind die wichtigsten Aminoalkohole zusammengefaßt. Die Hydroxylgruppen sind in den meisten Fällen in den Positionen 9 und/oder 7 mit Mono- oder Dicarbonsäuren verestert, diese Säuren enthalten, wenn man von der Essigsäure absieht, 5 bis 10 C-Atome und variieren sehr in ihrer Struktur. Sie umfassen Mono- und Dicarbonsäuren mit verzweigten Kohlenstoffketten, die sich auf einfache Grundstrukturen zurückführen lassen und zusätzlich Substituenten tragen. Als Substituenten können Methoxy-, Epoxy-, Hydroxy-, Carboxy- und Acetylgruppen auftreten, woraus sich zahlreiche Struktur- und Stereoisomere ableiten lassen.

Durch Kombination der Necine und Necinsäuren läßt sich theoretisch eine unvorstellbar große Zahl von Alkaloiden ableiten; praktisch wurden bis jetzt ca. 200 entdeckt und in ihrer Struktur aufgeklärt.

Die Veresterungsmöglichkeiten seien an einigen natürlich vorkommenden Alkaloiden dargelegt. Necine mit einer Hydroxylgruppe können nur mit einer Monocarbonsäure verestert werden, wie das Amabilin (**12**).

Bei Necinen mit zwei Hydroxylgruppen kann die Veresterung mit einer Monocarbonsäure – hierfür stehen die Beispiele Fuchsisenecionin (**13**) und 7-Angelylheliotridin (**14**) – erfolgen, sie kann aber auch mit zwei Monocarbonsäuren eintreten, wie das Beispiel Echimidin (**15**) zeigt.

Die meisten Alkaloide leiten sich aber von den 7,9-Necindiolen ab, die mit einer Dicarbonsäure verestert sind, wodurch ein zusätzliches 11- bis 14gliedriges Ringsystem entstehen kann. Die bekanntesten Alkaloide dieser Gruppe sind das Senecionin (**16**) und Senkirkin (**17**), deren oberes Ringsystem 12gliedrig ist.

Wirkungsweise: Ein Teil dieser Alkaloide wirkt toxisch, carcinogen, mutagen und teratogen, aber nach den Untersuchungen von Schoental, Culvenor und Mattocks in der genannten Weise nur dann, wenn sie Derivate der 1,2-Dehydro-1-hydroxymethylpyrrolizidine sind, und wenn sie mit einer mindestens C_5-Carbonsäure, die verzweigt sein muß, verestert sind, so daß die Partialstruktur eines Allylesters vorliegt.

Wirkungsverstärkung erfolgt, wenn eine weitere OH-Gruppe in Position 7 des Necins eintritt und ebenfalls verestert ist. Dies ist z.B. der Fall bei Echimidin (**15**), Senecionin (**16**) und Senkirkin (**17**), denen die Necine Retronecin und Otonecin zugrunde liegen. Insgesamt 86 der bisher bekannten Alkaloide weisen diese Struktur auf.

Nach oraler Aufnahme werden die Alkaloide im Darm resorbiert. Liegen sie als N-Oxide vor, werden sie zunächst durch Reduktasen der Bakterienflora reduziert und in dieser Form resorbiert. Ein Teil der Alkaloide wird durch die im Blut befindli-

Pyrrolizidinalkaloide

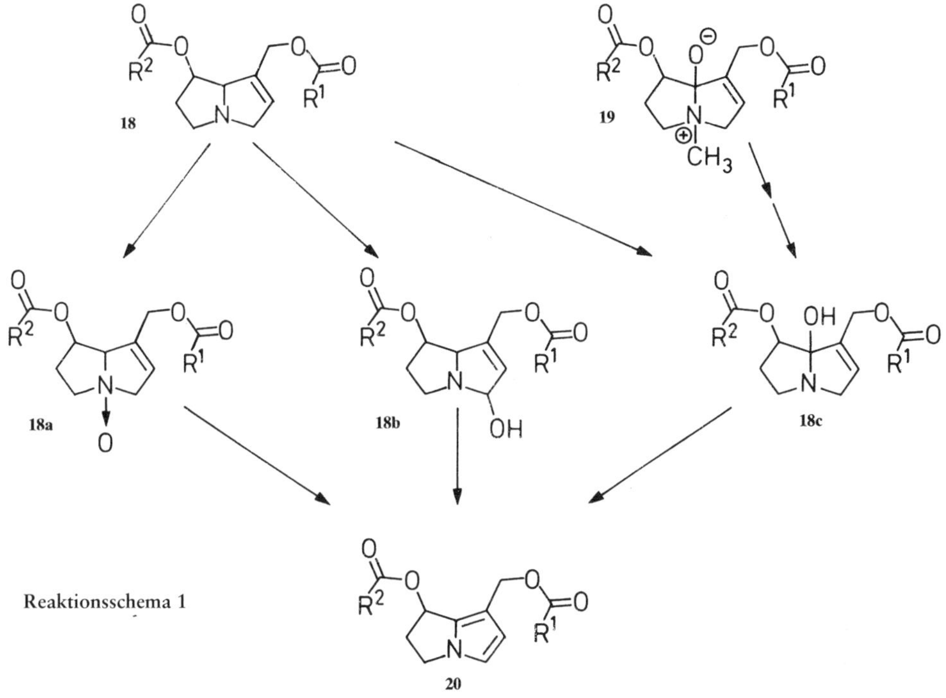

Reaktionsschema 1

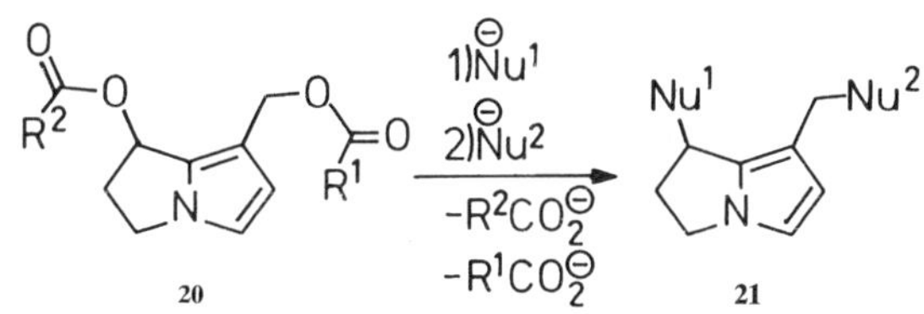

chen unspezifischen Esterasen in die Necine und die Necinsäuren gespalten. Die Necine werden vermutlich als Konjugate über die Nieren ausgeschieden.

Der Hauptanteil der Alkaloide gelangt jedoch in die Leberzellen. Hier werden sie metabolisch umgewandelt:

Liegt ihnen ein Necin des Supinidin-, Heliotridin- oder des Retronecintyps (**18**) zugrunde, werden sie durch microsomale Oxygenasen, die Cytochrom-P-450-unabhängig sind, in das N-Oxid (**18a**) umgewandelt. Dieses reagiert unter Wasserabspaltung zu dem entsprechenden Dehydropyrrolizidinalkaloid (**20**) weiter.

Neuerdings wird eine Hydroxylierung der dem Stickstoff benachbarten C-Atome (C-3 und C-8) angenommen, wobei nach Mattocks und White die sehr unbeständigen 3- bzw. 8-Hydroxy-pyrrolizidinalkaloide (**18b, 18c**) durch Wasserabspaltung und Umlagerung in die analogen Dehydropyrrolizidinalkaloide (**20**) übergehen können.

Auch die Alkaloide des Otonecintyps (**19**), die sich durch eine N-Methylgruppe und eine Ketofunktion in Position 8 von den Alka-

Pyrrolizidinalkaloide

loiden des Retronecintyps unterschieden, werden auf einem analogen Weg abgebaut. Sie werden zunächst demethyliert – vermutlich wird die Methylgruppe als Kation abgespalten – und die intermediär gebildeten 8-Hydroxyalkaloide in der eben beschriebenen Weise in die Dehydropyrrolizidinalkaloide (**20**) umgewandelt. Die Dehydropyrrolizidine sind als Pyrrolopyrrolidin-Derivate hochreaktiv und stellen die eigentliche metabolisch aktivierte Form der Pyrrolizidinalkaloide dar.

In Gegenwart nucleophiler (elektronenreicher) Systeme – das können HO-, HS- oder H_2N-Gruppen (X^-, Y^-) von Proteinen oder Enzymen, aber auch die Purin- und Pyrimidinbasen der DNS- bzw. RNS sein – läuft bei Diestern eine zweifache bimolekulare nucleophile Substitution (S_N2-Reaktion) ab, die letztlich zu (**22**) führt.

Bei der Reaktion mit den Purin- und Pyrimibinbasen der DNS oder der RNS kommt es zu Vernetzungen (cross linking).

Monoester können nur als monofunktionelle Alkylantien fungieren, sie blockieren die DNS oder RNS nicht so nachhaltig wie die Diester; sie lösen nur akuttoxische Effekte aus. Diester dagegen wirken, wie oben dargelegt wurde, als bifunktionelle Alkylantien. Sie sind wesentlich toxischer und besitzen carcinogene, mutagene und teratogene Eigenschaften.

Da die genannten Giftungsreaktionen in den Leberzellen ablaufen, sind diese den alkylierenden Wirkungen besonders ausgesetzt; d.h. hier kommt es vorwiegend zu Intoxikationen in Form von venoocclusiven Veränderungen. Cirrhosen, Megalocytosen und Hyperplasien der Leber. Letztere können in Adenome und Carcinome übergehen.

Die Metaboliten, die nicht in den Leberzellen abgefangen werden, gelangen über den Blutkreislauf in die Lunge, wo sie weitere Intoxikationen auslösen in Form von pulmonalarteriellen Hypertensien, die ein akutes Rechtsherzversagen (Cor pulmonale) zur Folge haben können.

Die Ausscheidung findet über das renale System statt, wobei weitere Schäden in Form von Blasentumoren ausgelöst werden können. Nichttoxisch sind die freien Necine, auch dann, wenn sie 1,2-ungesättigt sind. Eine anionische Abspaltung der Hydroxylgruppen ist nicht möglich.

Alkaloide mit gesättigten Ringsystemen wie z.B. Fuchsisenecionin (**13**) sind ebenfalls untoxisch.

Nach einer Untersuchung von Mattocks bilden sich aus gesättigten Pyrrolizidinalkaloiden Pyrrolderivate. Diese Pyrrolidinpyrrolo-Verbindungen sind verhältnismäßig stabil. Sie können nicht als alkylierende Agentien wirksam werden, weil der Stickstoff kein konjugiertes System mit der noch vorhandenen Estergruppe zu bilden vermag.

Literatur:

[1] L.B. Bull, C.C.J. Culvenor, A.T. Dick: The Pyrrolizidine Alkaloids, North Holland, Amsterdam 1968.

[2] A. Klasek, O. Weinbergova: The Pyrrolizidine Alkaloids, Akademiai Kiado, Budapest, 1975, S.36.

[3] L.W. Smith, C.C.J. Culvenor: Plant Sources of Hepatotoxic Pyrrolizidine Alkaloids, Lloydia 44, 129 (1981).

[4] D.J. Robins: „The Pyrrolizidine Alkaloids" Progress in the Chemistry of Organic Natural Products 41, 115 (1982).

[5] E.K. McLean: The Toxic Actions of Pyrrolizidine (Senecio) Alkaloids, Pharmacol. Rev. 23, 429 (1970).

[6] O. Mohabbat, M.S. Younos, A.A. Merzad, R.N. Srivastava, G.G. Sediq, G.N. Aram: „An Outbreak of Hepatic Veno-Occlusive Disease in North-Western Afghanistan", Lancet 1976, 269.

[7] B.N. Tandon, H.D. Tandon, R.K. Tandon, M. Narndranathan, Y.K. Joshi: „An Epidemic of Veno-Occlusive Disease of Liver in Central India", Lancet 1976, 271.

[8] B.K. Aikat, V.L. Pandit, A. Das Gupta, S.R. Pal, S. Seghal, A.G.S. Pathania, P.N. Chhuttani, D.V. Datta: „Pathology and Pathogenesis of Fulminat Hepatic Failure – a Review of 100 Cases", Indian J. Med. Res. 70, 107 (1979).

[9] L. Stuart, G. Bras: „Veno-Occlusive Disease of the Liver", Quart. J. Med. New Ser. 26, 291 (1957).

[10] G. Selzer, R.G.F. Parker, B. Chir: „Senecio Poisoning – Exhibiting as Chiari's Syndrome", Am. J. Pathol. 27, 885 (1951).

Pyrrolizidinalkaloide

[11] A.E. Stillman, R.J. Huxtable, D. Fox, M. Hart, P. Bergeson: „Pyrrolizidine (Senecio) Poisoning in Arizona: Severe Liver Damage Due to Herbal Teas“, Arizona Med. 34, 545 (1977).

[12] R. Schoental: „Hepatotoxic Activity of Retrorsine, Senkirkine and Hydroxysenkirkine in Newborn Rats, and the Role of Epoxides in Carcinogenesis by Pyrrolizidine Alkaloids and Aflatoxins“, Nature, 227, 401 (1970).

[13] J. Hirono, M. Haga, M. Fujii, S. Matsuura, N. Matsubara et al.: „Induction of Hepatic Tumors in Rats by Senkirkine and Symphytine“, J. Natl. Canc. Inst. 63, 469 (1979).

[14] H. Takanashi, M. Umeda, J. Hirono: „Chromosomal Aberrations and Mutation in Cultured Mammalian Cells induced by Pyrrolizidine Alkaloids“, Mutat. Res. 78, 67 (1980).

[15] G.M. Williams, H. Mori, I. Hirono, M. Nagao: „Genotoxicity of Pyrrolizidine Alkaloids in the Hepatocyte Primary Culture/ DNA-Repair Test“, Mutat. Res. 79, 1 (1980).

[16] E. Pedersen: „Pyrrolizidine alkaloids in Danish species of the family Boraginaceae“, Arch. Pharm. Chem. Sci. Ed. 3, 55 (1975).

[17] C.C.J. Culvenor, J.A. Edgar, J.L. Frahn, L.W. Smith: „The Alkaloids of Symphytum x uplandicum“, Aust. J. Chem. 33, 1105 (1980).

[18] T. Danninger, U. Hagemann, V. Schmidt, P.S. Schönhöfer: „Zur Toxizität Pyrrolizidinalkaloid-haltiger Arzneipflanzen“, Pharm. Ztg. 128, 289 (1983).

[19] R. Schoental, M.E. Fowler, A. Coady: „Islet Cell Tumors of the Pancreas Found in Rats Given Pyrrolizidine Alkaloids from Amsinckia intermedia Fisch and Mey and from Heliotropium supinum L.“, Cancer Res. 30, 2127 (1970).

[20] I. Hirono, H. Mori, M. Haga: „Carcinogenic Activity of Symphytum officinale“, J. Natl. Cancer Inst. 61, 865 (1978).

[21] C.C.J. Culvenor, M. Clarke, J.A. Edgar, J.L. Frahn, M.V. Jago, J.E. Peterson, L.W. Smith: „Structure and Toxicity of the Alkaloids of Russian Comfrey (Symphytum X uplandicum Nyman), a Medicinal Herb and Item of Human Diet“, Experientia 36, 377 (1980).

[22] R. Schoental: „Hepatotoxic Action of Pyrrolizidine (Senecio) Alkaloids in Relation to Their Structure“, Nature 179, 361 (1957).

[23] R. Schoental: „Toxicology and Carcinogenic Action of Pyrrolizidine Alkaloids“, Cancer Res. 28, 2237 (1968).

[24] C.C.J. Culvenor, A.T. Dann, A.T. Dick: „Alkylation as the Mechanism by which the Hepatotoxic Pyrrolizidine Alkaloids Act on Cell Nuclei“, Nature 195, 570 (1962).

[25] C.C.J. Culvenor, D.T. Downing, J.A. Edgar, M.V. Jago: „Pyrrolizidine Alkaloids as Alkylating and Antimitotic Agents“, Ann. N.Y. Acad. Sci. 163, 837 (1969).

[26] C.C.J. Culvenor, J.A. Edgar, L.W. Smith, M.V. Jago, J.E. Peterson: „Active Metabolites in the Chronic Hepatotoxicity of Pyrrolizidine Alkaloids, including Otonecine Esters“, Nature New Biol. 229, 225 (1971).

[27] R.J. Huxtable: „New Aspects of the Toxicology and Pharmacology of Pyrrolizidine Alkaloids“, Gen. Pharmacol. 10, 157 (1970).

[28] A.R. Mattocks: „Toxicity of Pyrrolizidine Alkaloids“, Nature 217, 723 (1968).

[29] A.M. Clark: „Naturally occurring Mutagenes“, Mutat. Res. 32, 361 (1976).

[30] H. Yamanaka, M. Nagao, T. Sugimura, T. Furuya, A. Shirai, T. Matsushima: „Mutagenicity of Pyrrolizidine Alkaloids in the Salmonella/Mammalian-Microsome Test“, Mutat. Res. 68, 211 (1979).

[31] G.M. Williams, H. Mori, I. Hirono, M. Nagao: „Genotoxicity of Pyrrolizidine Alkaloids in the Hepatocyte Primary Culture/ DNA-Repair Test“, Mutat. Res. 79, 1 (1980).

[32] A.R. Mattocks: „Synthetic Compounds with Toxic Properties similar to those of Pyrrolizidine Alkaloids and their Pyrrolic Metabolites“, Nature 232, 476 (1971).

[33] A.R. Mattocks, I.N.H. White: „Pyrrolic Metabolites from Non-toxic Pyrrolizidine Alkaloids“, Nature New Biol. 231, 114 (1971).

[34] J.S. Kovach, M.M. Ames, G. Powis, Ch. G. Moertel, R.G. Hahn, E.T. Creagan: „Toxicity and Pharmacokinetics of a Pyrrolizidine Alkaloid, Indicine N-Oxide, in Humans“, Cancer Res. 39, 4540 (1979).

[35] A.R. Mattocks, I.N.H. White: „The conversion of pyrrolizidine alkaloids to N-oxides and to dihydropyrrolizidine derivates by ratliver microsomes in vitro“, Chem. Biol. Interact. 3, 383 (1971).

[36] A.R. Mattocks: „Mechanisms of Pyrrolizidine Alkaloid Toxicity“, Pharmacology and the Future of Man, Proc. 5th Int. Congr. Pharmacol. San Francisco 2, 114 (1972), Karger, Basel (1973).

[37] A.R. Mattocks, I.N.H. White: „Estimation of Metabolites of Pyrrolizidine Alkaloids in Animal Tissues“, Anal. Biochem. 38, 529 (1970).

[38] C.C.J. Culvenor, J.A. Edgar, M.V. Jago, A. Outteridge, J.E. Peterson, L.W. Smith: „Hepato- and Pneumotoxicity of Pyrrolizidine Alkaloids and Derivates in Relation to Molecular Structure“, Chem. Biol. Interact. 12, 299 (1976).

Pyrrolizidinalkaloide

[39] A.R. Mattocks: „Hepatotoxic Effects due to Pyrrolizidine Alkaloid N-Oxides“, Xenobiotica 1, 563 (1971).

[40] J. Styles, J. Ashby, A.R. Mattocks: „Evaluation in vitro of several pyrrolizidine alkaloid carcinogens: observations on the essential pyrrolic nucleus“, Carcinogenesis 1, 161 (1980).

[41] R. Schoental: „Hepatotoxic Action of Pyrrolizidine (Senecio) Alkaloids in Relation to their Structure), Nature 16, 362 (1957).

[42] C.C.J. Culvenor, A.T. Dann, A.T. Dick: „Alkylation as the Mechanism by which the Hepatotoxic Pyrrolizidine Alkaloids Act on Cell Nuclei“, Nature 195, 570 (1962).

[43] M.H.L. Green, W.J. Muriel: „Use of Repair-Deficient Strains of Escherichia Coli and Liver Microsomes to Detect and Characterise DNA Damage Caused by the Pyrrolizidine Alkaloids Heliotrine and Monocrotaline“, Mutat. Res. 28, 331 (1975).

[44] R. Schoental: „Hepatotoxic Activity of Retrorsine, Senkirkine and Hydroxysenkirkine in Newborn Rats, and the Role of Epoxides in Carcinogenesis by Pyrrolizidine Alkaloids and Aflatoxins“, Nature 227, 401 (1970).

[45] R. Schoental: „Hepatotoxic Action of Pyrroilzidine (Senecio) Alkaloids in Relation to their Structure“, Nature 179, 361 (1957).

[46] C.C.J. Culvenor, D.T. Downing, J.A. Edgar: „Pyrrolizidine Alkaloids as Alkylating and Antimitotic Agents“, Ann. N.Y. Acad. Sci. 163, 837 (1969).

[47] C.C.J. Culvenor, M.V. Jago: „Carcinogenic Plant Products and DNA“, Chem. Carcinogenes and DNA (Ed. P.L. Grover) CRC Press. Boca Raton, Florida 1979 S.161.

Vorkommen von Pyrrolizidinalkaloiden in Honig

[48] M.L. Deinzer, P.A. Thomson, D.M. Burgett, D.L. Isaacson: „Pyrrolizidine Alkaloids: Their Occurrence in Honey from Tansy Ragwort (Senecio jacobaea L.)“, Science 195, 497 (1977).

[49] C.C.J. Culvenor, J.A. Edgar, L.W. Smith: „Pyrrolizidine Alkaloids in Honey from Echium plantagineum L.“, J. Agric. Food Chem. 29, 958 (1981).

[50] U. Pastewka: „Die Pyrrolizidinalkaloide aus Senecio vernalis“, Diss. Bonn 1980 (Ref. E. Röder).

Vorkommen von Pyrrolizidinalkaloiden in Milch

[51] M.L. Deinzer, B.L. Arbogast, D.R. Buhler: „Gas Chromatographic Determination of Pyrrolizidine Alkaloids in Goat's Milk“, Anal. Chem. 54, 1811 (1982).

[52] J.O. Dickinson: „Release of Pyrrolizidine Alkaloids into Milk“, Proc. West. Pharmacol. Soc. 23, 377 (1980).

[53] J.O. Dickinson, M.P. Cooke, R.R. King, P.A. Mohamed: „Milk Transfer of Pyrrolizidine Alkaloids in Cattle“, J. Am. Vet. Med. Assoc. 169, 1192 (1976).

[54] A.E. Johnson: „Changes in Calves and Rats Consuming Milk from Cows Fed Chronic Lethal Doses of Senecio jacobaea“, Am. J. Vet. Res. 37, 107 (1976).

[55] R.R. King: „Transfer of Pyrrolizidine Alkaloids from Senecio jacobaea into the Milk of Cattle and Goats and the Effects on Calves and Kids Consuming this Milk“, Diss. Abstr. Int. 41, 94 – B (1980).

Quassin

CAS-Nr.: [76-78-8].

Synonyma: Nigakilacton D.

Gruppe: Diterpenlacton.

Summenformel: $C_{22}H_{28}O_6$.

Molekulargewicht: 388,44.

Charakter: Weiße Kristalle, oder gelblich amorphes Pulver, schmeckt sehr bitter.

Strukturformel:

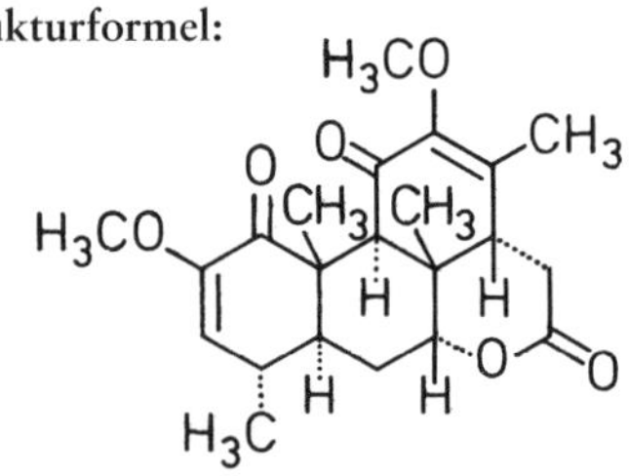

Quassin

Löslichkeit: Löslich in Ethanol, Aceton, Chloroform, Pyridin, Benzol, wenig löslich in Wasser.

Schmelzpunkt: 222 °C.

Spezifische Drehung: $[\alpha]_D^{20}$ –39,8° (Chloroform).

Toxikologie: Bei Säugetieren bewirkt es parenteral verabreicht Erniedrigung der Herzfrequenz und ruft Muskelzittern und Lähmungen hervor. Quassin kann Emetinhydrochlorid ersetzen.

Literatur: H 12, M 17, R 21, W 13.

Handelsüblich: Das Quassin des Handels ist ein Gemisch aus Quassin, Neoquassin, Isoquassin und 18-Hydroxyquassin.

Handelsübliche Packung: 250 mg.

Vorkommen: → *Quassia amara,* → *Ailanthus altissima,* → *Simaba cedron.*

Therapie:
Erste Hilfe: Kohle-Pulvis-Gabe, Erbrechen auslösen, Natriumsulfat, viel warmen Tee trinken lassen.
Klinik: Magenspülung (evtl. mit burgunderfarbener Kaliumpermanganatlösung), Instillation von 10 g Kohle-Pulvis, Elektrolytsubstitution, Azidoseausgleich mit Natriumbikarbonat (Urin pH 7,5), Kontrolle der Nierenfunktion, bei Krämpfen Diazepam (Valium®) i.v., ggf. Plasma(expander)gabe, bei Atemlähmung: Intubation und Sauerstoffbeatmung.

Quercetin

CAS-Nr.: [117-39-5].

Synonyma: Pentahydroxyflavon, Sophoretin, Meletin, Ericin.

Gruppe: Flavonoid.

Strukturformel:

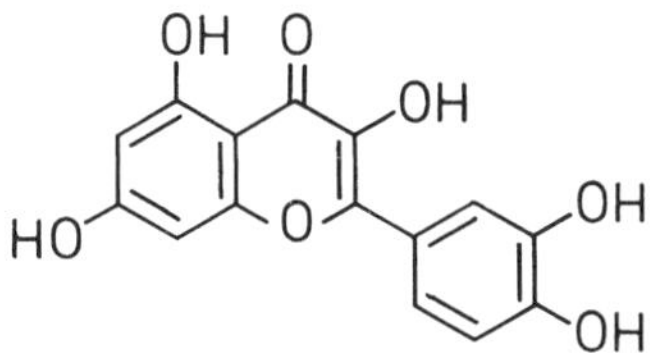

Summenformel: $C_{15}H_{10}O_7$.

Molekulargewicht: 302,23.

Charakter: Zitronengelbe Nädelchen.

Löslichkeit: Löslich in heißem Ethanol, in Eisessig, Essigester.

Schmelzpunkt: 312–316 °C.

R_f-Werte Dünnschichtchromatographie: LM=Methanol; FM=Toluol (5):Ethylformiat (4):Ameisensäure (1).
R_f-Bereich: ca. 0,50.

Farbreaktionen, Reagenzien: Gelb, verstärkt durch Naturstoffreagenz A.

Toxikologie: LD_{50} (Maus): 160 mg/kg oral.
Von ähnlicher Wirkung sind:
→ *Hyperosid* (Hyperin).
Meratin (Quercetin+Diglucose, 3-Stellung).
7-Methylquercetin (Rhamnetin).
Quercetin-3-arabinoglucosid (Peltatosid).
Quercetin-3-arabinosid (Avicularin).
Quercetin-3-glycosid (Isoquercitrin).
Quercetin-3-rhamnosid (Quercitrin).
Quercetin-3,7,3´,4´-tetramethylether (Retusin).
Quercetinylosid (Reynoutrin).
Quercimeritrin (Quercetin+Glucose, 7-Stellung).
Quercitrin (Quercetin-3-L-rhamnosid)
Quercitron (Quercetin+Glucuronsäure).

Literatur: H 12, H 13, K 7, M 17, R 21.

Quercetin

Handelsüblich: Quercetin Dihydrat.

Handelsübliche Packung: 10 g.

Vorschriften: Giftklasse 3 der Schweizer Giftliste.

Vorkommen: In vielen Pflanzen.

Therapie:
Erste Hilfe: Kohle-Pulvis trinken lassen.
Klinik: Nur nach großer Giftaufnahme Magenspülung, Kohle-Pulvis, Natriumsulfat. Plasmaexpander im Schock. Natriumbikarbonat zum Azidoseausgleich, ggf. Intubation und Beatmung.

Ranunculin

CAS-Nr.: [644-69-9].

Gruppe: Lactonglykosid.

Strukturformel: Ursprüngliches Glucosid, aus dem sich → *Protoanemonin* enzymatisch bildet.

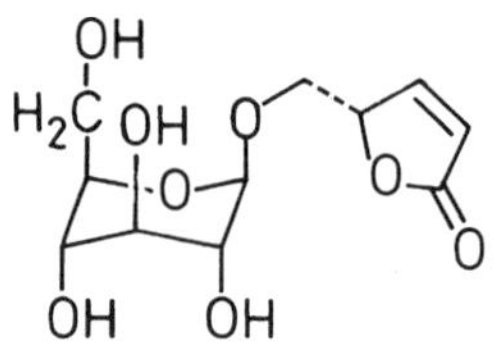

Summenformel: $C_{11}H_{16}O_8$.

Molekulargewicht: 276,25.

Schmelzpunkt: 141–142 °C.

Spezifische Drehung: $[\alpha]_D^{17,5}$ –80,7 (in Wasser).

Literatur: K 7.

Handelsübliche Packung: 10 mg.

Vorkommen: → *Ranunculus-Arten.*

Therapie:
Erste Hilfe: Kohle-Pulvis-Gabe, Erbrechen auslösen, Natriumsulfat, viel warmen Tee trinken lassen. Haut- und Schleimhautblasen steril abdecken, Tetanusprophylaxe, lokal Locacorten®-Schaum.
Klinik: Magenspülung (evtl. mit burgunderfarbener Kaliumpermanganatlösung), Instillation von 10 g Kohle-Pulvis, Elektrolytsubstitution, Azidoseausgleich mit Natriumbikarbonat (Urin pH 7,5), Kontrolle der Nierenfunktion, bei Krämpfen Diazepam (Valium®) i.v., ggf. Plasma(expander)gabe, bei Atemlähmung: Intubation und Sauerstoffbeatmung.

Raucaffricin

CAS-Nr.: [31282-07-2].

Gruppe: Glykosid.

Summenformel: $C_{27}H_{32}N_2O_8$.

Molekulargewicht: 512,55.

Schmelzpunkt: Ca. 177 °C.

Strukturformel:

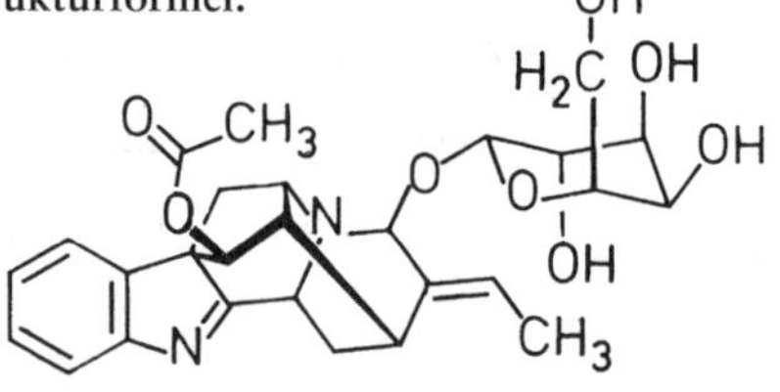

Raucaffricin

Spezifische Drehung: $[\alpha]_D^{30}$ +14,5° (Ethanol).

Literatur: B 35.

Handelsübliche Packung: 50 mg.

Vorkommen: Rauvolfia caffra.

> **Therapie:**
> Erste Hilfe: Kohle-Pulvis trinken lassen.
> Klinik: Nur nach großer Giftaufnahme Magenspülung, Kohle-Pulvis, Natriumsulfat. Plasmaexpander im Schock. Natriumbikarbonat zum Azidoseausgleich, ggf. Intubation und Beatmung. Atropin bzw. Alupent® bei Bradykardie; Phenytoin bzw. Lidocain bei tachykarden Herzrhythmusstörungen. Evtl. passag. Herzschrittmacher.

Raufloridin

CAS-Nr.: [36063-55-5].

Gruppe: Alkaloid.

Summenformel: $C_{22}H_{26}N_2O_4$.

Molekulargewicht: 382,44.

Schmelzpunkt: 187 °C.

Handelsübliche Packung: 100 mg.

Vorkommen: Rauvolfia confertiflora.

> **Therapie:**
> Erste Hilfe: Kohle-Pulvis, Erbrechen lassen, viel warmen Tee trinken lassen, Natriumsulfat, Schockprophylaxe (Ruhe, Wärme). Haut- und Schleimhautblasen steril abdecken, Tetanusprophylaxe, lokal Locacorten-Schaum.
> Klinik: Magenspülung (evtl. mit burgunderfarbener Kaliumpermanganatlösung), Elektrolytsubstitution, Azidoseausgleich mit Natriumbikarbonat (Urin pH 7,5), im Schock Plasmaexpandergabe, bei Krämpfen Diazepam (Valium®) i.v., Kontrolle der Nierenfunktion, bei Atemlähmung Intubation und Sauerstoffbeatmung.

Rauwolscin

CAS-Nr.: [131-03-3].

Synonyma: α-Yohimbin, Corynanthidin, Isoyohimbin, Mesoyohimbin.

Gruppe: Alkaloid.

Strukturformel:

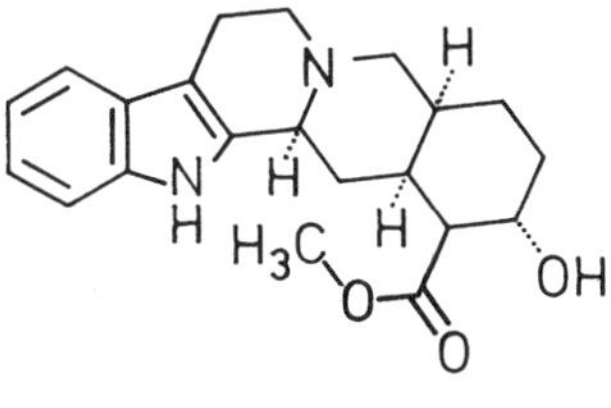

Summenformel: $C_{21}H_{26}N_2O_3$.

Molekulargewicht: 354,43.

Löslichkeit: Löslich in warmem Ethanol und Methanol.

Schmelzpunkt: 243–244 °C.

Spezifische Drehung: $[\alpha]_D^{19}$ −27° (abs. Ethanol).

R_f-Werte Dünnschichtchromatographie: LM=Wasser; FM=Chloroform (9) : Ethanol (1).
R_f-Bereich: ca. 0,70.*)

Farbreaktionen, Reagenzien: Hellbraun (in der Jodkammer).*)

Rauwolscin

Literatur: B 35, H 12, M 17, R 21; *)Naturstoffabt. C. Roth, Karlsruhe.

Handelsüblich: Rauwolscin-hydrochlorid Fp. 270–280 °C.

Handelsübliche Packung: 10 mg, 100 mg.

Vorkommen: Rauvolfia tetraphylla L. (R. canescens L.), → *Pausinystalia yohimba.*

> **Therapie:**
> Erste Hilfe: Kohle-Pulvis, erbrechen lassen, viel warmen Tee trinken lassen, Natriumsulfat, Schockprophylaxe (Ruhe, Wärme).
> Klinik: Magenspülung (evtl. mit burgunderfarbener Kaliumpermanganatlösung), Elektrolytsubstitution, Azidoseausgleich mit Natriumbikarbonat (Urin pH 7,5), im Schock Plasmaexpandergabe, bei Krämpfen Diazepam (Valium®) i.v., Kontrolle der Nierenfunktion, bei Atemlähmung Intubation und Sauerstoffbeatmung. Monitor Kontrolle.

Rescinnamin

CAS-Nr.: [24815-24-5].

Synonyma: Moderil.

Gruppe: Alkaloid.

Strukturformel:

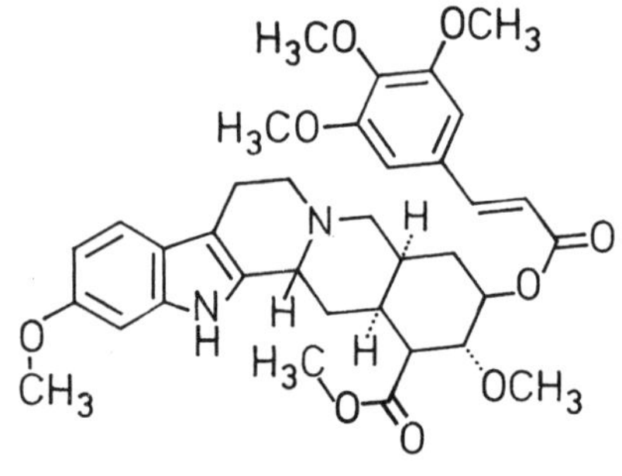

Summenformel: $C_{35}H_{42}N_2O_9$.

Molekulargewicht: 634,71.

Charakter: Schwach gelbliches Kristallpulver.

Löslichkeit: Leicht löslich in Chloroform, Eisessig und Benzol; wenig löslich in Ethanol.

Schmelzpunkt: 238 – 239 °C.

Spezifische Drehung: $[\alpha]_D^{20}$ –87 bis 97° (c=1, Chloroform).

R_f-Werte Dünnschichtchromatographie: Stahl [S 53].

Literatur: B 35, M 17, R 21.

Handelsübliche Packung: 1 g.

Vorkommen: → *Rauvolfia serpentina* und andere Rauvolfia-Arten.

> **Therapie:**
> Erste Hilfe: Kohle-Pulvis trinken lassen.
> Klinik: Nur nach großer Giftaufnahme Magenspülung, Kohle-Pulvis, Natriumsulfat. Plasmaexpander im Schock. Natriumbikarbonat zum Azidoseausgleich, ggf. Intubation und Beatmung.

Reserpin

CAS-Nr.: [50-55-5].

Synonyma: Serfin, Serpasil.

Gruppe: Alkaloid.

Strukturformel:

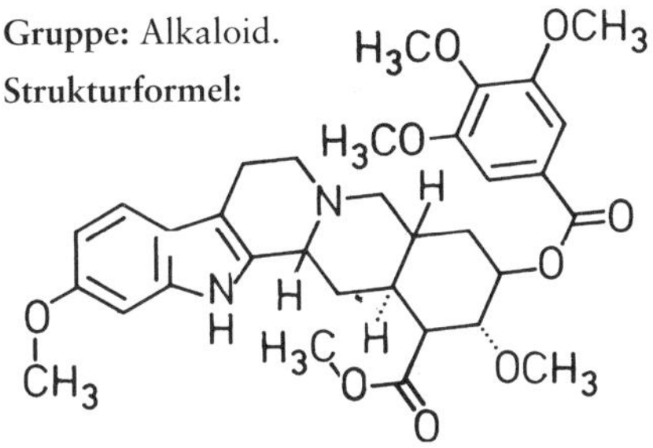

Summenformel: $C_{33}H_{40}N_2O_9$.

Molekulargewicht: 608,70.

Charakter: Lichtempfindliche Kristalle.

Löslichkeit: Leicht löslich in Chloroform und Eisessig; wenig löslich in Ethanol.

Schmelzpunkt: 280–283 °C.

Spezifische Drehung: $[\alpha]_D^{20}$ −120°±2° (c=1, Chloroform).

R_f-Werte Dünnschichtchromatographie: LM = Chloroform; FM = Chloroform (9):Ethanol (1).
R_f-Bereich: ca. 0,95.*)

Farbreaktionen, Reagenzien: Gelb.*)

Literatur: B 35, H 12, M 17, R 21; *)Naturstoffabt. C. Roth, Karlsruhe.

Handelsübliche Packung: 1 g, 10 g.

Vorschriften: Giftklasse 2 der Schweizer Giftliste.
Reserpinum: Monographie der Kommission D.

Vorkommen: → *Rauvolfia serpentina* und andere Rauvolfia-Arten.

Therapie:
Erste Hilfe: Medizinalkohle (10 g Kohle-Pulvis) trinken lassen, erbrechen.
Klinik: Magenspülung, Kohle-Pulvis, Natriumsulfat. Plasmaexpander im Schock. Natriumbikarbonat zum Azidoseausgleich, ggf. Intubation und Beatmung.

Reserpinin

CAS-Nr.: [482-96-2].

Synonyma: Raubasinin, Pubescin (der Name Reserpinin auch Synonym für Rescinnamin).

Gruppe: Alkaloid.

Strukturformel:

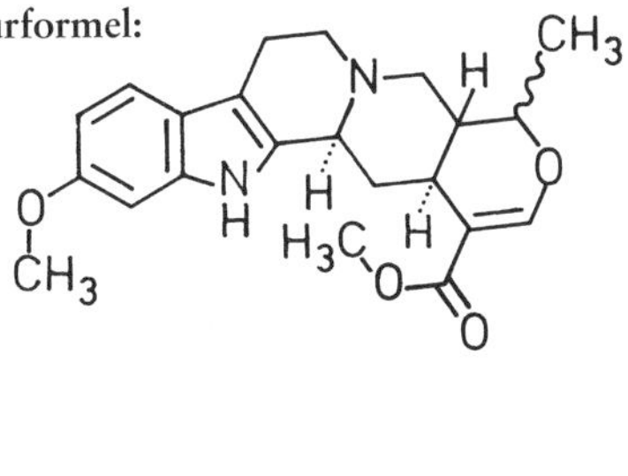

Summenformel: $C_{22}H_{26}N_2O_4$.

Molekulargewicht: 382,46.

Löslichkeit: Leicht löslich in Ethanol, Aceton, Chloroform, Benzol.

Schmelzpunkt: 240–241 °C.

Spezifische Drehung: $[\alpha]_D^{20}$ −155° (c=1, Chloroform).

Literatur: B 35, H 12, R 21.

Vorkommen: → *Rauvolfia serpentina* und andere Rauvolfia-Arten.

Reserpinin

Therapie:
Erste Hilfe: Medizinalkohle (10 g Kohle-Pulvis) trinken lassen.
Klinik: Magenspülung, Kohle-Pulvis, Natriumsulfat. Plasmaexpander im Schock. Natriumbikarbonat zum Azidoseausgleich, ggf. Intubation und Beatmung.

Retronecin

CAS-Nr.: [480-85-3].

Gruppe: Alkaloid.

Strukturformel: Necin (s. Formel) ist als basische Komponente in zahlreichen → *Pyrrolizidinalkaloiden* enthalten.

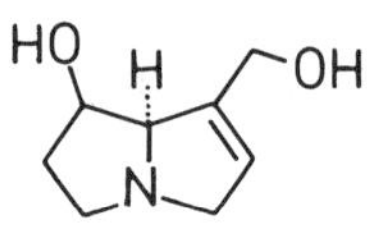

Summenformel: $C_8H_{13}NO_2$.

Molekulargewicht: 155,17.

Charakter: Kristalle.

Löslichkeit: Löslich in Wasser, Ethanol.

Schmelzpunkt: 121–122 °C.

Spezifische Drehung: $[\alpha]_D^{26}$ +50,2° (Ethanol).

Literatur: B 35, F 16, M 17.

Vorkommen: Als Ester in → *Senecio,* Crotalaria-Arten und Boraginaceae.

Therapie:
Erste Hilfe: Medizinalkohle (10 g Kohle-Pulvis), erbrechen lassen, viel warmen Tee trinken lassen, Natriumsulfat, Schockprophylaxe (Ruhe, Wärme).
Klinik: Magenspülung (evtl. mit burgunderfarbener Kaliumpermanganatlösung), Medizinalkohle, Elektrolytsubstitution, Azidoseausgleich mit Natriumbikarbonat (Urin pH 7,5), im Schock Plasmaexpandergabe, bei Krämpfen Diazepam (Valium®) i.v., Kontrolle der Nierenfunktion, bei Atemlähmung Intubation und Sauerstoffbeatmung.

Retrorsin

CAS-Nr.: [480-54-6].

Synonyma: β-Longilobin.

Gruppe: Alkaloid.

Strukturformel:

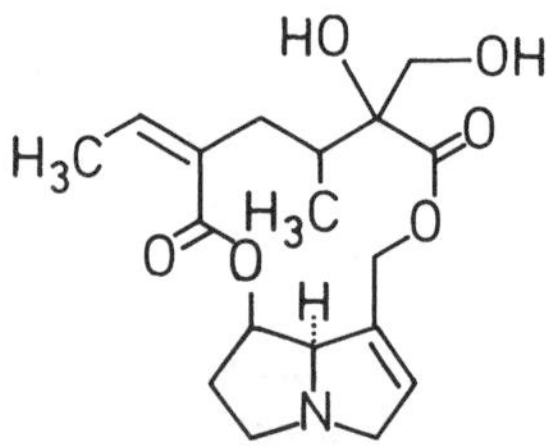

Summenformel: $C_{18}H_{25}NO_6$.

Molekulargewicht: 351,38.

Charakter: Farblose Prismen.

Löslichkeit: Leicht löslich in Chloroform, Ethanol; wenig löslich in Wasser, Aceton, Ethylacetat.

Schmelzpunkt: 207–208 °C.

Spezifische Drehung: $[\alpha]_D^{20}$ –62,4° (c=1,0 in Chloroform).

Toxikologie: Schädigungen der Leber (Nekrosen, Megalocytose, Fibrosen, Venenver-

Retrorsin

schlußkrankheiten), der Lunge (Pneumonie, Emphyseme, Ödeme), der Niere (Megalocytose), des Pankreas und des Gastrointestinaltrakts [H 13].

Literatur: B 35, B 36 , H 13, M 17.

Vorkommen: → *Senecio-Arten,* Crotalaria-Arten.

> **Therapie:**
> Erste Hilfe: Medizinalkohle (10 g Kohle-Pulvis), erbrechen lassen, viel warmen Tee trinken lassen, Natriumsulfat, Schockprophylaxe (Ruhe, Wärme). Haut- und Schleimhautblasen steril abdecken, Tetanusprophylaxe, lokal Locacorten®-Schaum nach hochkonzentriertem Hautkontakt.
> Klinik: Magenspülung (evtl. mit burgunderfarbener Kaliumpermanganatlösung), Medizinalkohle, Elektrolytsubstitution, Azidoseausgleich mit Natriumbikarbonat (Urin pH 7,5), im Schock Plasmaexpandergabe, bei Krämpfen Diazepam (Valium®) i.v., Kontrolle der Nierenfunktion, bei Atemlähmung Intubation und Sauerstoffbeatmung.

Rhoeadin

CAS-Nr.: [2718-25-4].

Gruppe: Alkaloid.

Strukturformel:

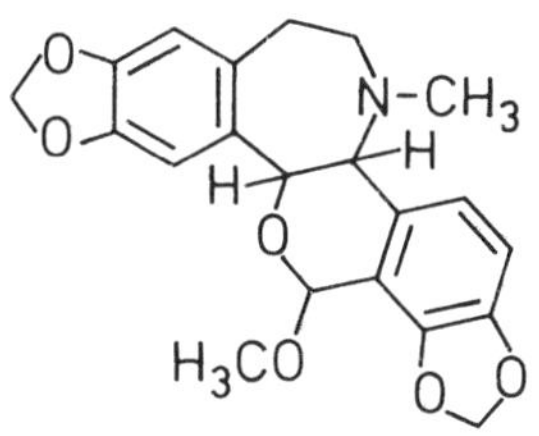

Summenformel: $C_{21}H_{21}NO_6$.

Molekulargewicht: 383,39.

Löslichkeit: Wenig löslich in Ethylacetat, Dichlormethan.

Schmelzpunkt: 252–254 °C.

Spezifische Drehung: $[\alpha]_D^{23}$ +235° (c=1,01 in Chloroform).

Literatur: B 36, H 12, M 17.

Vorkommen: → *Papaver rhoeas.*

> **Therapie:**
> Erste Hilfe: Medizinalkohle (10 g Kohle-Pulvis-Gabe), Erbrechen auslösen, Natriumsulfat. Haut- und Schleimhautblasen steril abdecken, Tetanus-Prophylaxe, lokal Locacorten-Schaum.
> Klinik: Nach wahrscheinlich großer Giftaufnahme: Magenspülung (evtl. mit burgunderfarbener Kaliumpermanganatlösung), Instillation von 10 g Kohle-Pulvis, Überwachung von Elektrolyten und Nierenfunktion, Alkalisierung mit Natriumbikarbonatinfusionen (Urin pH 7,5), ggf. Intubation und Sauerstoffbeatmung.

Ricin

CAS-Nr.: [9009-86-3].

Gruppe: Lectin.

Toxikologie: Ricin gehört zu den toxischsten Eiweißkörpern überhaupt.

LD_{50} (Maus): 0,10 µg/kg i.p.
Für den Menschen wird eine LD bei p.o. Aufnahme mit ca. 1 mg/kg angegeben.
Nach Latenzzeit (mehrere Stunden bis Tage): Übelkeit, Erbrechen, Durchfall (reis-

Ricin

wasserähnlich), Schwäche, Tachycardie, Abdominalschmerzen und akuter Fl.-Verlust (Exsikkose, kann zum Kreislaufversagen führen). In schweren Fällen kommen Mydriasis, Krämpfe an Händen und Beinen, Fieber sowie die Sym. einer Lebernekrose und eines akuten Nierenversagens dazu. Der Tod erfolgt durch Lähmung medullärer Zentren, besonders des Atemzentrums.
Bei Aufnahme über die Haut oder durch Inhalation können sich Allergien entwickeln. Auch anaphylaktische Reaktionen wurden beobachtet [H 13].
Eigenschaften: Nur teilweise gereinigtes Ricin hat starke hämagglutinierende und proteolytische Aktivität und ist stark toxisch. Nach Reinigung durch Chromatographie und Kristallisation aus kalter 0,005 M Phosphat-Puffer-Lsg., pH 6,5, erhält man krist. Ricin D als einheitliche Substanz. Ricin D (MG etwa $600 \cdot 10^4$) hat keine hämagglutinierende, proteolytische oder unspezifische Protein-Koagulations-Aktivität.
Anwendung: Als potentielles chemisches Kampfgift. Ricin ist ein Protoplasma-Gift, das am wirksamsten ist, wenn es i.v. oder in feinen Partikeln inhaliert gegeben wird. Die letale Dosis beträgt nur 12 µg/kg Körpergew. bei Mäusen. Mit noch geringeren Dosen kann das Wachstum von experimentellen Tumoren unterdrückt werden.

Vorschriften: Giftklasse 1 der Schweizer Giftliste.

Literatur: F 16, H 12, H 13, M 17.

Vorkommen: → *Ricinus communis.*

> **Therapie:**
> Erste Hilfe: Kohle-Pulvis, erbrechen lassen, Natriumsulfat. Schockprophylaxe (Ruhe, Wärme, heiße Getränke), ggf. beatmen, Herzdruckmassage.
> Klinik: Magenspülung (evtl. mit burgunderfarbener Kaliumpermanganatlösung), Elektrolytsubstitution, Azidoseausgleich mit Natriumbikarbonat (Urin pH 7,5), Flüssigkeitszufuhr, Kontrolle der Nierenfunktion, bei Krämpfen Diazepam (Valium®) i.v., ggf. Plasmaexpander. Monitorkontrolle.

Robin

Gruppe: Lectin.
Der Begriff „Robin" umfaßt verschiedene Lectine, die alle in → *Robinia pseudoacacia* vorkommen.

Toxikologie: Robin besitzt hämagglutinierende und mitogene Eigenschaften [F 16].

Literatur: B 36, H 13, F 16.

Vorkommen: → *Robinia pseudoacacia.*

> **Therapie:**
> Erste Hilfe: Kohle-Pulvis, erbrechen lassen, Natriumsulfat.
> Klinik: Magenspülung (evtl. mit burgunderfarbener Kaliumpermanganatlösung), Elektrolytsubstitution, Azidoseausgleich mit Natriumbikarbonat (Urin pH 7,5), Flüssigkeitszufuhr, Kontrolle der Nierenfunktion, bei Krämpfen Diazepam (Valium®) i.v., ggf. Plasmaexpander.

Robinin

CAS-Nr.: [301-19-9].

Synonyma: Kämpferol-3-O-rhamnosyl-galactosyl-7-rhamnosid.

Strukturformel:

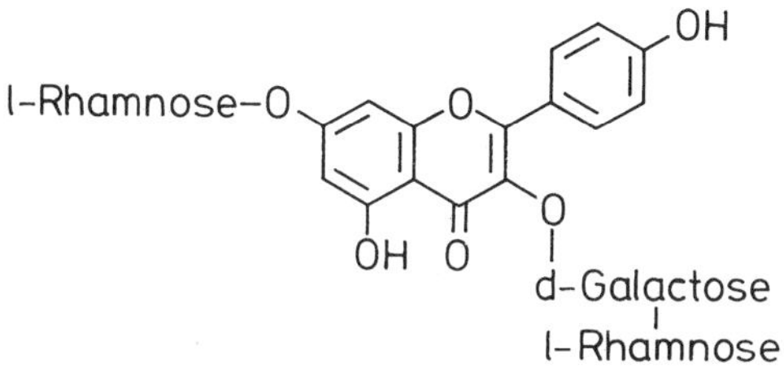

Gruppe: Glykosid.

Summenformel: $C_{33}H_{10}O_{19}$.

Molekulargewicht: 740,65.

Schmelzpunkt: 194–195 °C.

R_f-Werte Dünnschichtchromatographie: LM=Methanol; FM=Ethylacetat (10): Ameisensäure (2):Wasser (3). R_f-Bereich: 0,3.*)

Farbreaktionen, Reagenzien: Naturstoff-Polyethylenglykol-Reagenz (NST/PEG), schwefelgelb.*)

Literatur: B 35, S 60; *) Naturstoffabt. C. Roth, Karlsruhe.

Handelsübliche Packung: 100 mg, 500 mg.

Vorkommen: → *Robinia pseudoacacia.*

Therapie:
Erste Hilfe: Kohle-Pulvis trinken lassen.
Klinik: Nur nach großer Giftaufnahme Magenspülung, Kohle-Pulvis, Natriumsulfat. Plasmaexpander im Schock. Natriumbikarbonat zum Azidoseausgleich, ggf. Intubation und Beatmung.

Rotenon

CAS-Nr.: [83-79-4].

Synonyma: Derrin, Tubatoxin, 1,2,12,12α-Tetrahydro-2α-isopropenyl-8,9-dimethoxy-[1]-benzopyrano-(3,4-b)furo (2,3-h)[1] benzopyran-6(6α αH)-on.

Gruppe: Pyranonderivat.

Strukturformel:

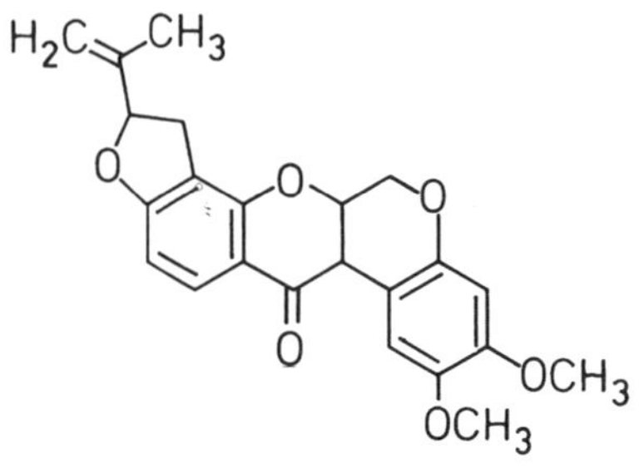

Summenformel: $C_{23}H_{22}O_6$.

Molekulargewicht: 394,43.

Charakter: 2 Formen; Form 1, farblose Kristalle.
Zersetzung durch Lichteinfluß. Lösungen verfärben sich dadurch von gelb bis dunkelrot.

Löslichkeit: Löslich in Ethanol, Aceton, Tetrachlormethan, Chloroform, Ether u.a. org. Lösemittel.

Schmelzpunkt: 165–166 °C.

Spezifische Drehung: $[\alpha]_D^{20}$ –228° (c=2,22 in Benzol).

Toxikologie: LD_{50} (Ratte): 132 mg/kg p.o., 6 mg/kg i.v. Starkes Fischgift LC_{50} 31 mg/l (Regenbogenforelle). Beim Menschen wird die LD_{50} auf 0,3 bis 0,5 g/kg geschätzt [P 2].
Durch Einnahme und Einatmen Betäubung der Schleimhäute, Übelkeit, Erbrechen, Tremor, Tachypnose, Atemlähmung. Chronische Vergiftungen bewirken fettige Veränderung von Leber und Nieren.
Giftwirkung beim Einatmen stärker als bei Einnahme.

Hautwirkung: Durch Hautkontakt milde Reizungen.

Verwendung: Kontakt-, Atem- und Fraßgift gegen beißende und saugende Insekten. Insektizid zur Dasselfliegenbekämpfung. Kombinationen mit anderen Wirkstoffen kommen in zahlreichen Handelsprodukten zur Anwendung (z.B. Delia Sprüh-Pflanzol, Etisso Pflanzenschutz, Substral Pflanzenschutz-Spray). Als Reinsubstanz ist Rotenon für Bienen nicht gefährlich. Wartezeit für Obst 3 Wochen, für Gemüse 7 Tage (Schweiz) nach einer Anwendung [P 2].

Literatur: B 35, H 12, M 17, P 2.

Vorschriften: Rotenon unterliegt der Gefahrstoffverordnung.
EG Nr. 650-005-00-2
☠ R: 25-36/37/38 S: (1/2)-22-24/25-36-45 incl. Zubereitungen
Giftklasse 3 der Schweizer Giftliste.

Vorkommen: → *Derris elliptica,* → *Piscidia erythrina.*

Therapie:
Erste Hilfe: Sofort Kohle-Pulvis (10 g), Erbrechen auslösen, Natriumsulfat.
Klinik: Magenspülung (evtl. mit burgunderfarbener Kaliumpermanganatlösung), Instillation von 10 g Kohle-Pulvis, Natriumsulfat. Nach der Resorption (Krämpfe) Relaxierung und Intubation, evtl. Sauerstoffbeatmung.

Rutin

CAS-Nr.: [153-18-4].

Synonyma: Quercetin-3-rutinosid, Melin, Phytomelin.

Gruppe: Flavonoid.

Strukturformel:

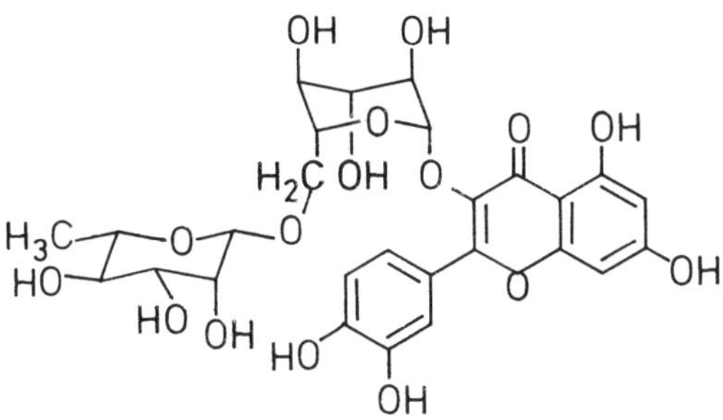

Summenformel: $C_{27}H_{30}O_{16}$.

Molekulargewicht: 610,51.

Charakter: Hellgelbe Nadeln, dunkeln im Licht nach, wasserfreies Rutin ist hygroskopisch.

Löslichkeit: Löslich in Pyridin, leicht löslich in Ethanol, Aceton, Ethylacetat.

Schmelzpunkt: 188–190 °C.

Spezifische Drehung: $[\alpha]_D^{23}$ +13,82 (Ethanol).

R_f-Werte Dünnschichtchromatographie: LM=Methanol; FM=Essigester (10):Ameisensäure (2):Wasser (3).
R_f-Bereich: ca. 0,75.*⁾

Farbreaktionen, Reagenzien: Gelb, durch Naturstoffreagenz A verstärkt.*⁾

Toxikologie: LD_{50} (Maus): 950 mg/kg (Propylenglykollösung) intravenös.

Literatur: H 12, K 7, M 17, R 21; *⁾Naturstoffabt. C. Roth, Karlsruhe.

Handelsüblich: Rutin Trihydrat.

Handelsübliche Packung: 5 g, 100 g.

Vorkommen: In vielen Pflanzen, u.a. in den Familien Polygonaceae, Solanaceae, Oleaceae, Rutaceae.

Therapie:
Erste Hilfe: Kohle-Pulvis trinken lassen.
Klinik: Nur nach großer Giftaufnahme Magenspülung, Kohle-Pulvis, Natriumsulfat. Plasmaexpander im Schock. Natriumbikarbonat zum Azidoseausgleich, ggf. Intubation und Beatmung.

Sabinen

CAS-Nr.: [3387-41-5].

Gruppe: Monoterpen.

Strukturformel:

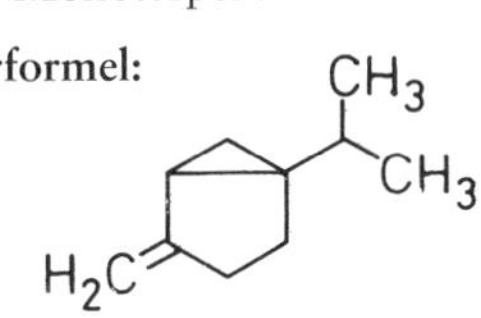

Summenformel: $C_{10}H_{16}$.

Molekulargewicht: 136,23.

Charakter: Ölige Flüssigkeit.

Löslichkeit: Löslich in Ethanol, Ether, unlöslich in Wasser.

Kochpunkt: 163–165 °C.

Sabinen

R_f-Werte Dünnschichtchromatographie: FM=Toluol (5):Ethylformiat (4):Ameisensäure (1).
R_f-Bereich: 0,85.*)

Farbreaktionen, Reagenzien: UV, violett.*)

Literatur: B 35, B 36, F 16, R 21; *) Naturstoffabt. C. Roth, Karlsruhe.

Handelsübliche Packung: 1 g.

Vorkommen: → *Chamaecyparis-Arten*, → *Juniperus-Arten*.

Therapie:
Erste Hilfe: Kohle-Pulvis-Gabe, Erbrechen auslösen, Roticlean®, Natriumsulfat, viel trinken lassen. Haut- und Schleimhautblasen steril abdecken, Tetanusprophylaxe, lokal Locacorten-Schaum.
Klinik: Magenspülung (evtl. mit burgunderfarbener Kalliumpermanganatlösung), Roticlean®, Kohle- und Natriumsulfatinstillation, gegen Koliken Atropin, Elektrolytsubstitution, Azidoseausgleich mit Natriumbikarbonat (Urin pH 7,5), Kontrolle der Nierenfunktion, bei Krämpfen Diazepam (Valium®) i.v., ggf. Intubation und Sauerstoffbeatmung.

Safranal

CAS-Nr.: [116-26-7].

Gruppe: Monoterpen.

Strukturformel: Entsteht durch allmählichen Zerfall von → *Picrotoxin*.

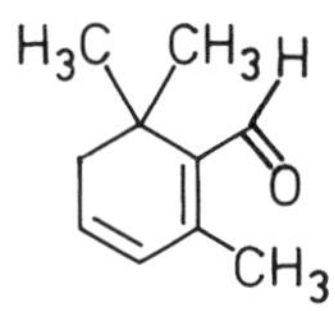

Summenformel: $C_{10}H_{14}O$.

Molekulargewicht: 150,21.

Charakter: Flüssigkeit.

Löslichkeit: Löslich in Methanol, Ethanol, Petrolether, Eisessig.

Kochpunkt: Kp.$_{1,0}$ 70 °C.

Literatur: F 16, H 12, M 17.

Vorkommen: → *Crocus sativus*.

Therapie:
Erste Hilfe: Kohle-Pulvis-Gabe, Erbrechen auslösen, Roticlean®, Natriumsulfat, viel trinken lassen. Haut- und Schleimhautblasen steril abdecken, Tetanusprophylaxe, lokal Locacorten-Schaum.
Klinik: Magenspülung (evtl. mit burgunderfarbener Kaliumpermanganatlösung), Roticlean®, Kohle- und Natriumsulfatinstillation, gegen Koliken Atropin, Elektrolytsubstitution, Azidoseausgleich mit Natriumbikarbonat (Urin pH 7,5), Kontrolle der Nierenfunktion, bei Krämpfen Diazepam (Valium®) i.v., ggf. Intubation und Sauerstoffbeatmung.

Safrol

CAS-Nr.: [94-59-7].

Synonyma:
3,4-Methylendioxy-1-allyl-benzol.

Strukturformel:

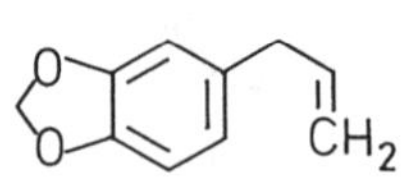

Summenformel: $C_{10}H_{10}O_2$.

Molekulargewicht: 162,18.

Charakter: Farblose oder leicht gelbliche Flüssigkeit mit Sassafras-Geruch.

Löslichkeit: Unlöslich in Wasser, sehr leicht löslich in Ethanol.

Safrol

Kochpunkt: 232–234 °C.

Toxikologie: Der Zusatz von Safrol als Geschmacksstoff zu Getränken wurde verboten, nachdem sich seine Wirkung als schwaches Hepatokarzinogen herausgestellt hatte. LD_{50} (Ratte, Maus): 1950, 2350 mg/kg oral, carcinogen. Safrol ist ein hautreizender Bestandteil von ätherischen Ölen.

Literatur: E 14, H 12, M 17, P 14, S 65, W 15.

Vorschriften: Giftklasse 1K der Schweizer Giftliste.

Stoff der Kosmetikverordnung v. 19. 6. 1985 Anlage 1: Nr. 360 Safrol, außer normale Gehalte in natürlichen Ölen und unter Voraussetzung, daß die Konzentration folgende Werte nicht überschreitet:
Zahn- und Mundpflegemittel für Kinder: safrolfrei
Sonstige Zahn- und Mundpflegemittel: 50 mg in 1 kg Fertigerzeugnis
Sonstige kosmetische Mittel: 100 mg in 1 kg Fertigerzeugnis

Vorkommen: In ätherischen Ölen, besonders in Sassafrasöl.

Therapie:
Erste Hilfe: Medizinalkohle schlucken (10 g Kohle-Pulvis), beruhigen, Frischluft.
Klinik: Magenspülung, Medizinalkohle, Natriumsulfat; Beatmung, Monitorkontrolle, evtl. sedieren mit Diazepam; auf Nierenfunktion achten.

Salicylsäure

CAS-Nr.: [69-72-7].

Synonyma: 2-Hydroxybenzoesäure.
E: Salicylic acid

Gruppe: Pflanzensäure.

Strukturformel:

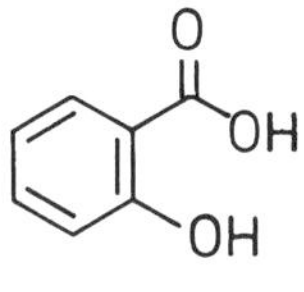

Summenformel: $C_7H_6O_3$.

Molekulargewicht: 138,12.

Charakter: Nadelförmige Kristalle oder Kristallpulver, verfärbt sich im Tageslicht, stark flüchtig.

Löslichkeit: Leicht löslich in Ethanol, Aceton, Ether; löslich in kochendem Wasser, Chloroform, Benzol.

Schmelzpunkt: 157–159 °C.

R_f-Werte Dünnschichtchromatographie: Stahl [S 53].

Toxikologie: LD_{50} (Maus): 500 mg/kg i.v. [M 17].

Literatur: H 12, M 17, R 21.

Handelsübliche Packung: 1 kg. Vor Licht geschützt aufbewahren.

Vorschriften: Giftklasse 3 der Schweizer Giftliste.
Im Katalog wassergefährdende Stoffe WGK 1.

Vorkommen: Als Ester in vielen Pflanzen, besonders in → *Gaultheria procumbens.*

Therapie:
Erste Hilfe: Kohle-Pulvis-Gabe, Erbrechen auslösen, Roticlean®, Natriumsulfat, viel trinken lassen. Haut- und Schleimhautblasen steril abdecken, Tetanusprophylaxe, lokal Locacorten-Schaum.
Klinik: Magenspülung (evtl. mit burgunderfarbener Kaliumpermanganatlösung), Roticlean®-, Kohle- und Natriumsulfatinstillation, gegen Koliken Atropin, Elektrolytsubstitution, Azidoseausgleich mit Natriumbikarbonat (Urin pH 7,5), Kontrolle der Nierenfunktion, bei Krämpfen Diazepam (Valium®) i.v., Intubation und Sauerstoffbeatmung.

Salsolin

CAS-Nr.: [89-31-6].

Gruppe: Alkaloid.

Strukturformel:

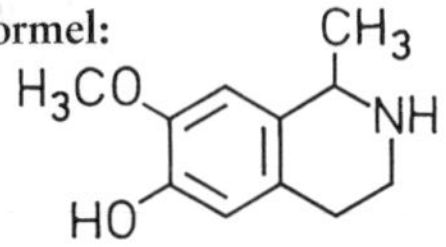

Summenformel: $C_{11}H_{15}NO_2$.

Molekulargewicht: 193,24.

Löslichkeit: Löslich in Chloroform, heißem Ethanol, verdünnter Natronlauge, wenig löslich in Wasser, Benzol.

Schmelzpunkt: 215–216 °C.

Spezifische Drehung: $[\alpha]_D^{20}$ +34,5° (c=1 in 0,1 N HCl).

R_f-Werte Dünnschichtchromatographie: LM = Ethanol; FM = Diethylether (17):Methanol (2):Ammoniak (1).
R_f-Bereich: 0,38.*)

Farbreaktionen, Reagenzien: Jodkammer: gelb.*)

Toxikologie: (Chlorid) LD_{50} (Maus): 140 mg/kg i.v., 1000 mg/kg p.o.

Literatur: H 12, M 17; *)Naturstoffabt. C. Roth, Karlsruhe.

Handelsüblich: Salsolin.
Salsolin-hydrochlorid.

Handelsübliche Packung: 50 mg, 100 mg.

Vorkommen: → *Salsola kali* und andere Salsola-Arten.

> **Therapie:**
> Erste Hilfe: Medizinalkohle (Kohle-Pulvis, 10 g) trinken lassen, evtl. künstlich beatmen, Herzmassage.
> Klinik: Magenspülung, Medizinalkohle, Natriumsulfat. Plasmaexpander im Schock, Natriumbikarbonat zum Azidoseausgleich. Auf Leber- und Nierenfunktion achten. Diazepam i.v. bei Krämpfen.

Salsolidin

Gruppe: Alkaloid.

Strukturformel:

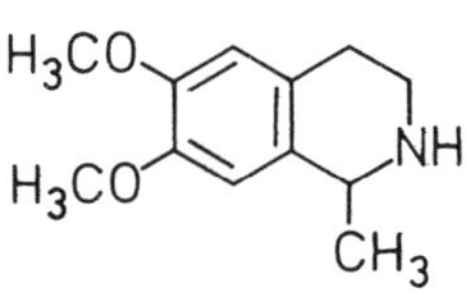

Summenformel: $C_{12}H_{17}NO_2$.

Molekulargewicht: 207,25.

Schmelzpunkt: 69–70 °C.

Spezifische Drehung: $[\alpha]_D^{16}$ –59,7° (Ethanol).

R_f-Werte Dünnschichtchromatographie: (Hydrochlorid) LM=Ethanol; FM=Ether (85):Methanol (10):Ammoniak (5).
R_f-Bereich: 0,7.*)

Farbreaktionen, Reagenzien: Jodkammer.*)

Literatur: B 35; S 60; *)Naturstoffabt. C. Roth, Karlsruhe.

Handelsüblich: Salsolidin-hydrochlorid Fp. 196–197 °C.

Handelsübliche Packung: 50 mg, 100 mg.

Vorkommen: → *Salsola kali.*

> **Therapie:**
> Erste Hilfe: Kohle-Pulvis trinken lassen.
> Klinik: Nur nach großer Giftaufnahme Magenspülung, Kohle-Pulvis, Natriumsulfat. Plasmaexpander im Schock. Natriumbikarbonat zum Azidoseausgleich, ggf. Intubation und Beatmung.

Sambunigrin

CAS-Nr.: [99-19-4].

Gruppe: Cyanogenes Glykosid.

Summenformel: $C_{14}H_{17}NO_6$.

Molekulargewicht: 295,27.

Schmelzpunkt: 151–152 °C.

Literatur: B 36, H 12.

Vorkommen: → *Sambucus nigra.*

Strukturformel: DL-Form=Prulaurasin. D-Form=Prunasin.

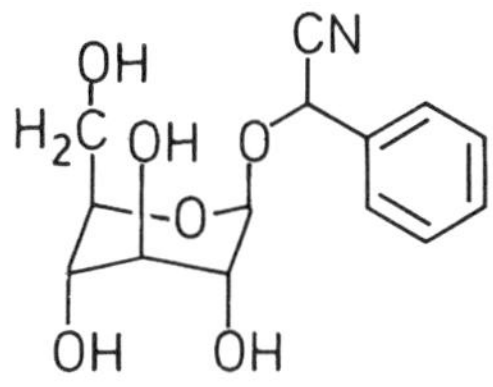

> **Therapie:**
> Erste Hilfe: Kohle-Pulvis (10 g), erbrechen lassen, viel warmen Tee oder Himbeersaft trinken lassen.
> Klinik: Nach wahrscheinlich großer Giftaufnahme: Magenspülung (evtl. mit burgunderfarbener Kaliumpermanganatlösung), Instillation von 10 g Kohle-Pulvis und Natriumsulfat, Elektrolytsubstitution, Azidoseausgleich mit Natriumbikarbonat (Urin pH 7,5).

Sanguinarin

CAS-Nr.: [2447-54-3].

Synonyma: Pseudochelerythrin.

Gruppe: Alkaloid.

Strukturformel:

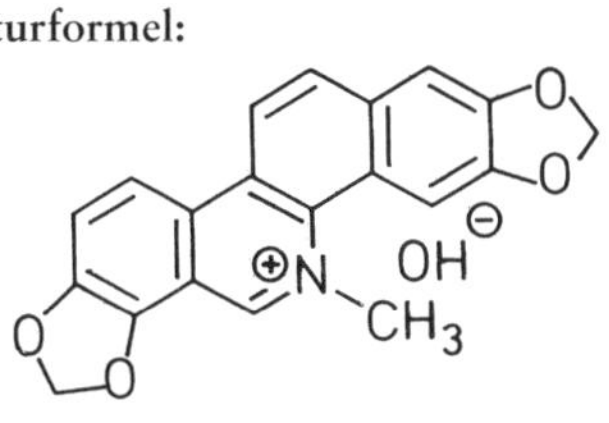

Summenformel: $C_{20}H_{15}NO_5$.

Molekulargewicht: 349,32.

Löslichkeit: Löslich in Aceton, Chloroform, Ethanol, Ethylacetat.

Schmelzpunkt: 210–211 °C.

R_f-Werte Dünnschichtchromatographie: LM=Methanol; FM=Chloroform (9):Ethanol (1).
R_f-Bereich: ca. 0,95.*)

Farbreaktionen, Reagenzien: Gelb und orange.*)

Toxikologie: LD_{50} (Maus): 19,4 mg/kg i.p.; LD (Maus): 102,0 mg/kg s.c.; LD_{50} (Ratte): 1,658 mg/kg p.o. Nach S.A.E. Hakim carcinogen.
Sanguinarin erzeugt zunächst schwache, schnell abklingende Narkose, der ein heftiges, strychninartiges Krampfstadium folgt; ferner regt es die Speichelsekretion und die Darmperistaltik an und wirkt örtlich als Anästheticum dolorosum erst erregend, dann lähmend auf die sensiblen Nervenenden [H 12].

Literatur: H 12, H 13, M 17, R 21, P 14; *) Naturstoffabt. C. Roth, Karlsruhe.

Handelsüblich: Sanguinarinnitrat Fp. 210 °C.

Handelsübliche Packung: 500 mg.

Vorschriften: Sanguinarinum nitricum crudum: Monographie der Kommission D.

Vorkommen: → *Sanguinaria canadensis* und andere Papaveraceae.

Sanguinarin

Therapie:
Erste Hilfe: Sofort Kohle-Pulvis (10 g), Erbrechen auslösen, Natriumsulfat.
Klinik: Magenspülung (evtl. mit burgunderfarbener Kaliumpermanganatlösung), Instillation von 10 g Kohle-Pulvis, Natriumsulfat. Nach der Resorption (Krämpfe) Relaxierung und Intubation, solange das Krampfstadium anhält, nur so viel Antiepileptika wie Diazepam, Barbital u.a., daß die Krämpfe eben unterdrückt bleiben; bei Fieber Eiswickel, hochkalorische Infusionen (Traubenzucker), keine Phenothiazine, keine Analeptika(!), evtl. Sauerstoffbeatmung.

α-Santonin

CAS-Nr.: [481-06-1].

Synonyma: L-Santonin.

Gruppe: Lacton.

Strukturformel:

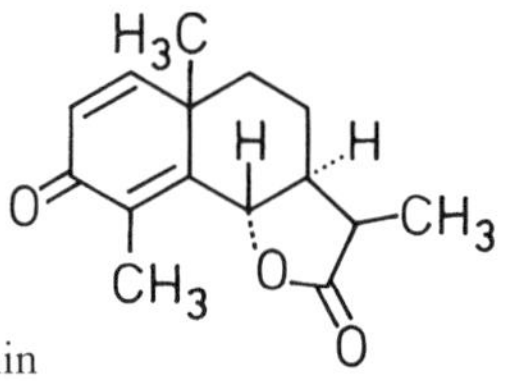

α-Santonin

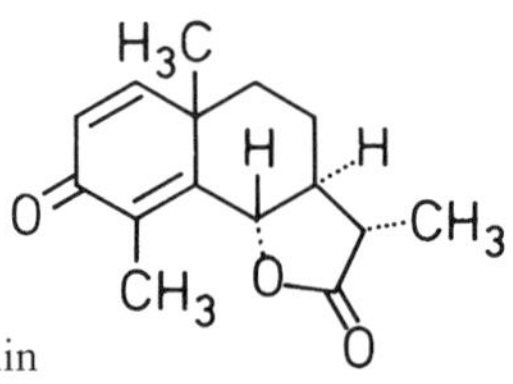

β-Santonin

Summenformel: $C_{15}H_{18}O_3$.

Molekulargewicht: 246,29.

Charakter: Weiße Kristalle mit bitterem Nachgeschmack. Durch Licht Gelbfärbung.

Löslichkeit: Löslich in Chloroform und kochendem Ethanol.

Schmelzpunkt: 173 °C.

Spezifische Drehung: $[\alpha]_D^{25}$ −170–175 °C (c=2 in Ethanol).

Toxikologie: Die Vergiftungserscheinungen äußern sich vor allem in einer Erkrankung der Sehnerven, wobei Violett-, später Gelbsehen auftritt. Auch hier kann es wie bei den anderen Wurmmitteln (Dosis als Wurmmittel 0,04–0,1 g) zu Bewußtlosigkeit und Krämpfen kommen, wobei in einem schweren Kollaps schließlich der Tod eintreten kann [M 24].

Literatur: H 12, H 13, M 17, M 24.

Handelsübliche Packung: 5 g.

Vorschriften: Giftklasse 2 der Schweizer Giftliste.
Verbotener Stoff der Kosmetikverordnung v. 19. 6. 1985 Anlage 1: 217 Santonin.

Vorkommen: → *Artemisia cina* und andere Artemisia-Arten.

Therapie:
Erste Hilfe: Sofort Kohle-Pulvis (10 g), Erbrechen auslösen, Natriumsulfat.
Klinik: Magenspülung (evtl. mit burgunderfarbener Kaliumpermanganatlösung), Instillation von 10 g Kohle-Pulvis, Natriumsulfat. Nach der Resorption (Krämpfe) Relaxierung und Intubation, solange das Krampfstadium anhält, nur so viel Antiepileptika wie Diazepam, Barbital u.a., daß die Krämpfe eben unterdrückt bleiben; bei Fieber Eiswickel, hochkalorische Infusionen (Traubenzucker), keine Phenothiazine, keine Analeptika(!), evtl. Sauerstoffbeatmung.

Saponine und Sapogenine

Sonstiges: Saponine sind im allgemeinen pflanzliche Glykoside, die in Wasser kolloidale, seifenartige Lösungen bilden. Sie werden nach der Art ihrer Aglykone in Triterpenoid- und Steroidsaponine unterteilt. Die wichtigsten Aglykone der Triterpensaponine leiten sich von den Amyrinen und dem Luteol ab. Besonders reich an Triterpensaponinen ist die Panamarinde, die Roßkastanie (Aescin), Efeu (Hederin) und Süßholzwurzel (Glyzyrrhizin).
Zu den wichtigsten Steroidsaponinen gehören die im Fingerhut als Begleiter der Digitalisglykoside vorkommenden Saponine Digitonin, Gitonin und Digonin. Die Namen der Aglykone enden jeweils auf -genin, also Diosgenin, Hecogenin, Sarsasapogenin, Smilagenin. Die meisten dieser Verbindungen haben eine hohe Toxizität auf das Blut von Warmblütlern, wo sie schon in großer Verdünnung eine Hämolyse der roten Blutkörperchen bewirken. Bei oraler Zufuhr werden sie nicht resorbiert.

Literatur: M 32.

Sarpagin

CAS-Nr.: [482-68-8].

Gruppe: Alkaloid

Synonyma: Raupin.

Strukturformel:

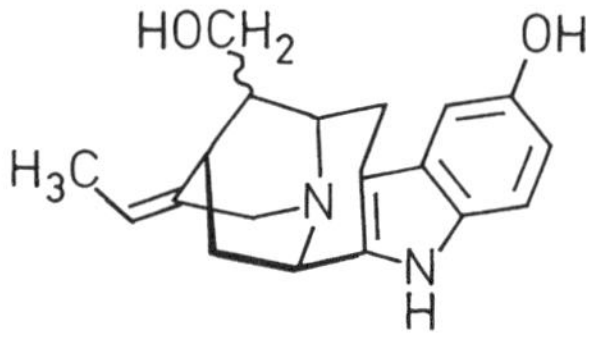

Summenformel: $C_{19}H_{22}N_2O_2$.

Molekulargewicht: 310,38.

Löslichkeit: 1 g löslich in 60 ml kochendem Ethanol, 250 ml kochendem Methanol, 400 ml kochendem Aceton.

Schmelzpunkt: >320 °C (dec.).

Spezifische Drehung: $[\alpha]_D^{20}$ +54° (c=0,5 in Pyridin).

R_f-Werte Dünnschichtchromatographie: LM=Methanol/Ethylacetat (1:1); FM=Aceton (7):Methanol (2):Diethylamin (1); R_f-Bereich: 0,7 – 0,8.*)

Farbreaktionen, Reagenzien: Dragendorff's Reagenz nach Munier, orange. Vanillin/Salzsäure (1% G/V), blauviolette Färbung.*)

Toxikologie: Sarpagin besitzt einen bemerkenswerten Antagonismus zu der blutdrucksenkenden Wirkung von Adrenalin [H 12].

Literatur: H 12, M17; *) Naturstoffabt. C. Roth, Karlsruhe.

Handelsübliche Packung: 25 mg.

Vorkommen: → *Rauvolfia serpentina* und andere Rauvolfia-Arten.

Therapie:
Erste Hilfe: Medizinalkohle (Kohle-Pulvis, 10 g) trinken oder erbrechen lassen, evtl. künstlich beatmen, Herzmassage.
Klinik: Magenspülung, Medizinalkohle, Natriumsulfat. Plasmaexpander im Schock, Natriumbikarbonat zum Azidoseausgleich. Auf Leber- und Nierenfunktion achten. Diazepam i.v. bei Krämpfen.

Sarsasapogenin

CAS-Nr.: [126-19-2].

Synonyma: Parigenin.

Gruppe: Saponin.

Strukturformel:

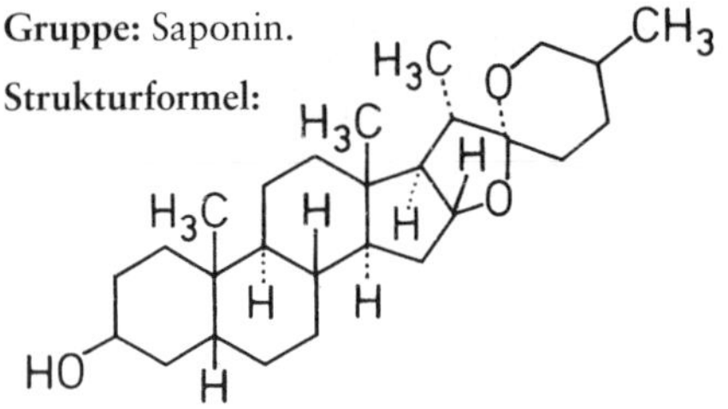

Summenformel: $C_{27}H_{44}O_3$.

Molekulargewicht: 416,62.

Löslichkeit: Löslich in Ethanol, Aceton, Benzol, Chloroform.

Schmelzpunkt: 199–199,5 °C.

Spezifische Drehung: $[\alpha]_D^{25}$ −75° (Chloroform).

Literatur: B 35, F 16, M 17.

Vorkommen: → *Smilax-Arten.*

Therapie:
Erste Hilfe: Kohle-Pulvis 10 g, ggf. Augen spülen. Haut- und Schleimhautblasen steril abdecken, Tetanusprophylaxe, lokal Locacorten®-Schaum nach konzentriertem Hautkontakt.
Klinik: Magenspülung (evtl. mit burgunderfarbener Kaliumpermanganatlösung), Instillation von 10 g Kohle-Pulvis, Elektrolytsubstitution, Azidoseausgleich mit Natriumbikarbonat (Urin pH 7,5), Überwachung der Nierenfunktion, bei Krämpfen Diazepam (Valium®), gegen Koliken Atropin, ggf. Intubation und Sauerstoffbeatmung.

Scillaren

CAS-Nr.: [11003-70-6].

Gruppe: Glykosid.

Strukturformel: Glykosidmischung aus Scillaren A und B.

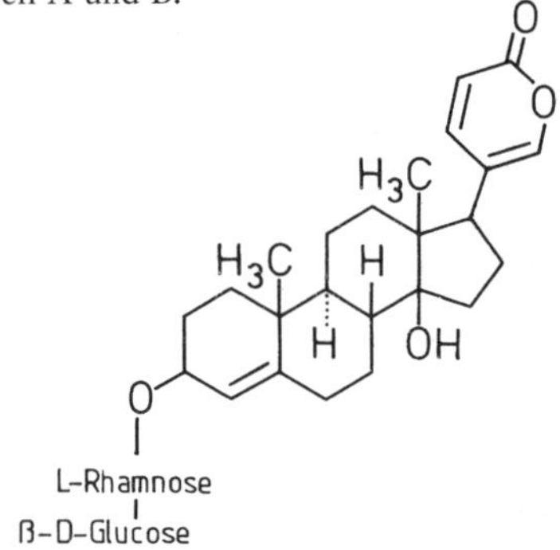

Summenformel: $C_{36}H_{52}O_{13}$ (A).

Molekulargewicht: 692,78 (A).

Charakter: Körniges, bitter schmeckendes Pulver.

Löslichkeit: Löslich in Ethanol und Methanol.

Toxikologie: LD (Kaninchen): 0,9 mg/kg p.o.; LD (Ratte): 10 mg/kg s.c. Greeff gibt eine gute Übersicht über herzwirksame Glykoside.*) → *Digitalis-Glykoside.*

Literatur: B 36, G 11, M 17.

Vorschriften: Giftklasse 2 der Schweizer Giftliste.

Vorkommen: → *Urginea maritima.*

Scillaren

Therapie:
Erste Hilfe: Kohle-Pulvis-Gabe, Erbrechen auslösen, Natriumsulfat.
Klinik: Magenspülung (evtl. mit burgunderfarbener Kaliumpermanganatlösung), Kohleinstillation (10 g Pulvis), Herzschrittmacher (prophylaktisch), Hämoperfusion, Kontrolle des Kaliumspiegels und Substitution, Phenytoin, bei ventrikulärer Extrasystolie: Lidocain (Xylocain®), bei ausgeprägter Bradykardie: Atropin oder Orciprenalin (Alupent®), bei AV-Überleitungsstörungen: Vorsicht mit Substanzen, die diese zusätzlich beeinträchtigen, d.h. mit Ajmalin, Procainamid, β-Rezeptorenblocker und Chinidin.

Scopolamin

CAS-Nr.: [51-34-3].

Synonyma: (–)-Hyoscin, L-Hyoscin, L 6(–), 7-Epoxytropin-tropat.

Gruppe: Alkaloid.

Strukturformel:

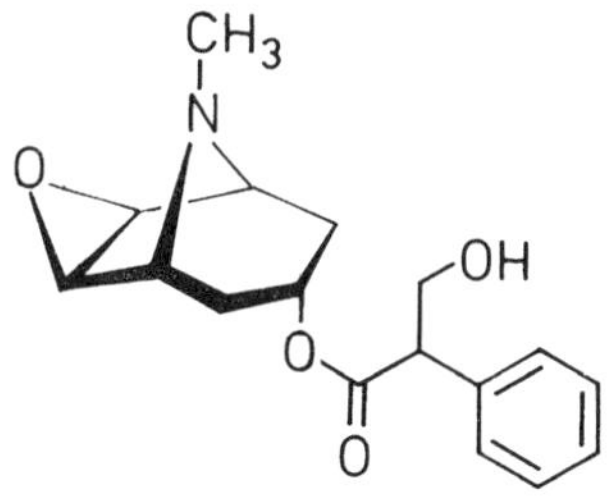

Summenformel: $C_{17}H_{21}NO_4$.

Molekulargewicht: 303,36.

Charakter: Viskose Flüssigkeit, Kristalle als Monohydrat.

Löslichkeit: Löslich in Wasser, besonders in heißem Ethanol, Ether, Chloroform.

Schmelzpunkt: Ca. 59 °C (Monohydrat).

Spezifische Drehung: $[\alpha]_D^{20}$ –30+2 (c=5 Chloroform).

Nachweis: Zusatz von rauchender Salpetersäure, nach Eindampfen auf Wasserbad gelber Rückstand, wird dieser mit Aceton und Kalilauge in MeOH versetzt, entsteht bei Anwesenheit von Scopolamin oder anderen Tropanalkaloiden eine Violettfärbung (Vitali-Morin-Reaktion) [H 13].

R_f-Werte Dünnschichtchromatographie: Stahl [S 54].

Toxikologie: LD_{50} (Maus): 163 mg/kg i.v., 1700 mg s.c. Niedrigste tödliche Dosis liegt für den Menschen bei 14 mg oral.

Literatur: H 12, H 13, M 17, R 21, S 69.

Handelsüblich: Scopolamin.
Scopolamin-hydrobromid Fp. 191–194 °C (wasserfrei).

Handelsübliche Packung: 1 g.

Vorschriften: Scopolamin unterliegt der Gefahrstoffverordnung:
EG Nr. 614-014-00-5
T+ R:26/27/28 S: (1/2)-25-45
ebenfalls Scopolamin-Salze .
EG Nr. 614-015-00-0
T+ R: 26/27/28 S: (1/2)-25-45 incl. Zubereitungen.
Verbotene Stoffe der Kosmetikverordnung v. 19. 6. 1985 Anlage 1: 295 Scopolamin, seine Salze und seine Derivate.

– Vorkommen, Wirkung, Symptome, Nachweis → *Tropan-Alkaloide.*

Therapie:
Erste Hilfe: Kohle-Pulvis-Gabe, Erbrechen auslösen, Natriumsulfat.
Klinik: Frühzeitige Magenspülung mit gut eingeöltem Schlauch (Paraffinöl, Roticlean®), Physostigmin (Anticholium) i.m. (oder langsam i.v.) (Erwachsene 2 mg, Kinder 0,5 mg), Wiederholung je nach Bedarf bei Wiederauftreten gefährlicher Symptome, Plasmaexpander bei Schock, ggf. Intubation und Sauerstoffbeatmung.

Scopoletin

CAS-Nr.: [92-61-5].

Synonyma: Chrysatropasäure, Gelseminsäure, β-Methylesculetin.

Gruppe: Cumarin.

Strukturformel: Aglucon von Scopolin.

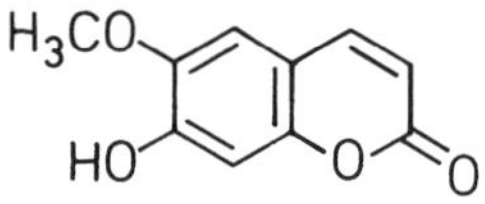

Summenformel: $C_{10}H_8O_4$.

Molekulargewicht: 192,16.

Charakter: Gelbliche Nadeln oder Prismen.

Löslichkeit: Löslich in heißem Ethanol, Chloroform, Eisessig.

Schmelzpunkt: 202–204 °C.

R_f-Werte Dünnschichtchromatographie: LM=Eisessig; FM=Toluol (5):Ethylformiat (4):Ameisensäure (1).
R_f-Bereich: ca. 0,50.*)

Farbreaktionen, Reagenzien: UV, violett.*)

Literatur: M 17, R 21; *) Naturstoffabt. C. Roth, Karlsruhe.

Handelsübliche Packung: 100 mg.

Vorkommen: → *Atropa belladonna*, → *Scopolia carniolica.*

> **Therapie:**
> Meidung von Sonnenexposition. Blasen steril abdecken, Tetanusprophylaxe, lokal Locacorten-®Schaum. Kohle-Pulvis, erbrechen lassen.

Scoulerin

CAS-Nr.: [6451-73-6].

Summenformel: $C_{19}H_{21}NO_4$.

Molekulargewicht: 327,40.

Charakter: Fleischfarbene Substanz.

Schmelzpunkt: 195–196 °C.

R_f-Werte Dünnschichtchromatographie: LM=Methanol; FM=Toluol (7): Aceton (2): Methanol (1).
R_f-Bereich: 0,37.*)

Farbreaktionen, Reagenzien: Dragendorff's Reagenz nach Munier: orange.*)

Strukturformel:

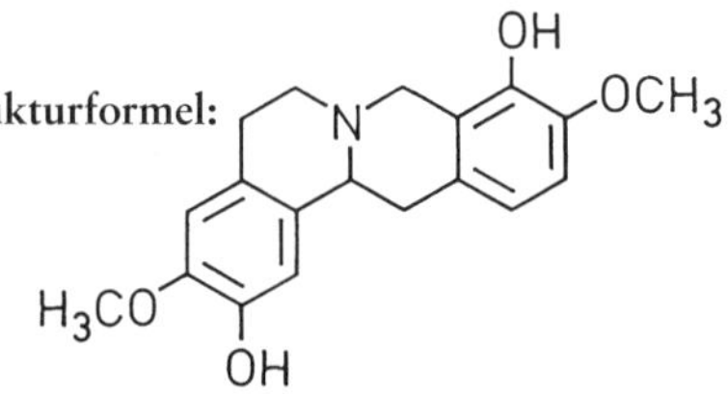

Literatur: H 12, T 14; *) Naturstoffabt. C. Roth, Karlsruhe.

Handelsübliche Packung: 1 g.

Vorkommen: → *Fumaria officinalis*, → *Corydalis cava* und andere Corydalis-Arten.

> **Therapie:**
> Erste Hilfe: Medizinalkohle (Kohle-Pulvis, 10 g) trinken lassen, evtl. künstlich beatmen, Herzmassage.
> Klinik: Magenspülung, Medizinalkohle, Natriumsulfat. Plasmaexpander im Schock, Natriumbikarbonat zum Azidoseausgleich. Auf Leber- und Nierenfunktion achten. Diazepam i.v. bei Krämpfen.

Sempervirin

CAS-Nr.: [6882-99-1].

Gruppe: Alkaloid.

Strukturformel:

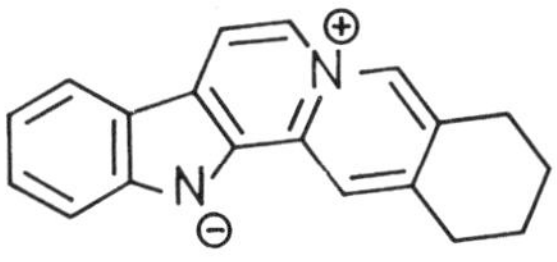

Summenformel: $C_{19}H_{16}N_2$.

Molekulargewicht: 272,33.

Charakter: Gelbe Nadeln oder braun-gelbe Blättchen.

Löslichkeit: Löslich in Ethanol, Chloroform, Pyridin.

Schmelzpunkt: 228, 258 °C.

R_f-Werte Dünnschichtchromatographie: LM=Methanol; FM=Chloroform (9):Ethanol (1).
R_f-Bereich: ca. 0,10.*)

Farbreaktionen, Reagenzien: UV, blau.*)

Toxikologie: Sempervirin wirkt zentral erregungsdämpfend und senkt Herztätigkeit und Blutdruck.

Literatur: B 35, M 17, R 21; *) Naturstoffabt. C. Roth, Karlsruhe.

Handelsüblich:
Sempervirin-nitrat Fp. 258–260 °C.

Handelsübliche Packung: 100 mg.

Vorkommen: → *Gelsemium sempervirens.*

Therapie:
Erste Hilfe: Kohle-Pulvis trinken lassen.
Klinik: Nur nach großer Giftaufnahme Magenspülung, Kohle-Pulvis, Natriumsulfat. Plasmaexpander im Schock. Natriumbikarbonat zum Azidoseausgleich, ggf. Intubation und Beatmung.

Senecionin

CAS-Nr.: [130-01-8].

Synonyma: Aurein.

Gruppe: Pyrrolizidinalkaloid.

Strukturformel:

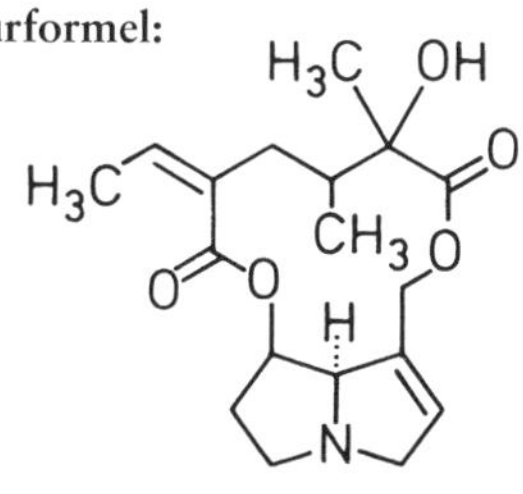

Summenformel: $C_{18}H_{25}NO_5$.

Molekulargewicht: 335,39.

Löslichkeit: Leicht löslich in Chloroform.

Schmelzpunkt: 236 °C.

Spezifische Drehung: $[\alpha]_D^{25}$ – 55,1° (c=0,034 in Chloroform).

Toxikologie: Verdacht auf krebserzeugende Eigenschaften. LD_{50} (Maus): 64 mg/kg i.v.

Literatur: → *Pyrrolizidinalkaloide.*

Vorkommen: → *Senecio-Arten.*

Senecionin

Therapie:
Erste Hilfe: Kohle-Pulvis, erbrechen lassen, viel warmen Tee trinken lassen, Natriumsulfat, Schockprophylaxe (Ruhe, Wärme). Haut- und Schleimhautblasen steril abdecken, Tetanusprophylaxe, lokal Locacorten-Schaum.
Klinik: Magenspülung (evtl. mit burgunderfarbener Kaliumpermanganatlösung), Elektrolytsubstitution, Azidoseausgleich mit Natriumbikarbonat (Urin pH 7,5), im Schock Plasmaexpandergabe, bei Krämpfen Diazepam (Valium®) i.v., Kontrolle der Nierenfunktion, bei Atemlähmung Intubation und Sauerstoffbeatmung.

Senkirkin

CAS-Nr.: [6882-01-5].

Synonyma: Renardin.

Gruppe: Pyrrolizidinalkaloid.

Strukturformel:

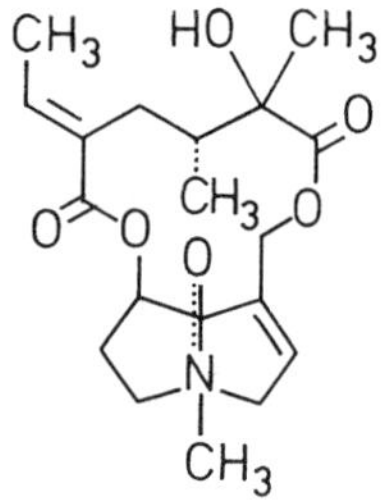

Summenformel: $C_{19}H_{27}NO_6$.

Molekulargewicht: 365,43.

Charakter: Farb- und geruchlose Platten. Stabil unter Stickstoff bei –15 °C

Löslichkeit: Löslich in Dichlormethan, Methanol, Ethylacetat, Chloroform.

Schmelzpunkt: 197,5–198 °C.

Spezifische Drehung: $[\alpha]_D^{15}$ –6,2° (Chloroform).

R_f-Werte Dünnschichtchromatographie: LM=Dichlormethan; FM=Dichlormethan (85): Methanol (14): Ammoniak 10% (1) R_f-Bereich: 0,35±0,05.

Farbreaktionen, Reagenzien: Dragendorff Reagenz nach Munier, braun.

Toxikologie: Hepatotoxisch, carcinogen, mutagen.

Handelsübliche Packung: 50 mg.

Literatur: IARC Monographs 10, 327 (1976) Lyon; Briggs, L.H., Cambie, R.C., Candy, B.J. et al. J. Chem. Soc. 2492, 1965; Cheng, D., Röder, E. Planta Med. (1986); Schoental, R. Nature (London), 227, 401 (1970); B 35, H 13.

Vorkommen: In mehreren Arten der Familie Asteraceae, Tribus Senecioneae, z.B. → *Petasites,* Brachyglottis, Farfugium, Emilia, → *Tussilago.*

Therapie:
Sofort Medizinalkohle (10 g Kohle-Pulvis), dann erbrechen lassen, Haut und Augen spülen.
Nach großer Giftaufnahme Magenspülung, Medizinalkohle, Natriumsulfatinstillation. Antiemetikum Triflupromazin i.v. Plasmaexpander im Schock.
Kontrolle der Blutgerinnung und der Leberwerte.

Sennidin A

CAS-Nr.: [641-12-3].

Gruppe: Anthrachinon.

Strukturformel: Optisch-aktive Form, Aglucon von Sennosid A.

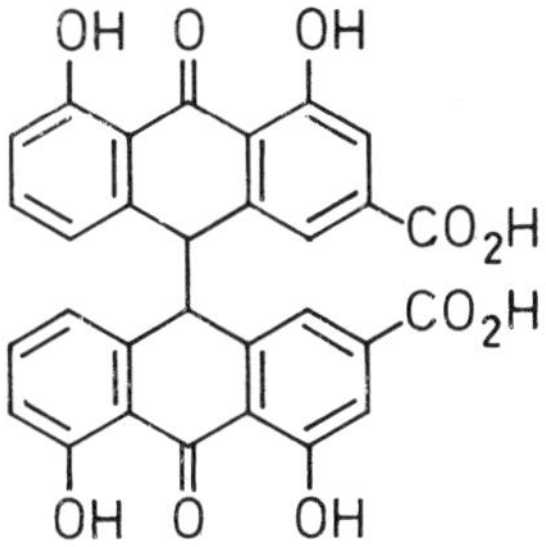

Summenformel: $C_{30}H_{18}O_{10}$.

Molekulargewicht: 538,46.

Spezifische Drehung: $[\alpha]_D^{24}$ +180° (c=0,1 in 70% Dioxan wäßrig).

Literatur: B 35, K 23, W 7.

Handelsübliche Packung: 10 mg.

Toxikologie: Nach einigen Stunden Darmkoliken, Leibschmerzen, Erbrechen, Durchfälle (evtl. blutig), Hypokaliämie, Schock, Atemdepression.

Vorkommen: → *Cassia angustifolia,* → *Cassia senna.*

Therapie:
Erste Hilfe: Kohle-Pulvis-Gabe.
Klinik: Nur nach großer Giftaufnahme Magenspülung, Kohle-Pulvis, Natriumsulfat, Elektrolytausgleich (Kalium).

Sennidin B

CAS-Nr.: [517-44-2].

Gruppe: Anthrachinon.

Strukturformel: meso-Form, Aglucon von Sennosid B.
→ *Sennidin A.*

Summenformel: $C_{30}H_{18}O_{10}$.

Molekulargewicht: 538,46.

Literatur: B 35, K 23, W 7.

Handelsübliche Packung: 10 mg.

Toxikologie: → *Sennidin A.*

Vorkommen: → *Cassia angustifolia,* → *Cassia senna.*

Therapie:
Erste Hilfe: Kohle-Pulvis-Gabe.
Klinik: Nur nach großer Giftaufnahme Magenspülung, Kohle-Pulvis, Natriumsulfat, Elektrolytausgleich (Kalium).

Sennosid A

CAS-Nr.: [81-27-6].

Synonyma: Glysennid, Pursennid.

Gruppe: Anthrachinon.

Strukturformel:

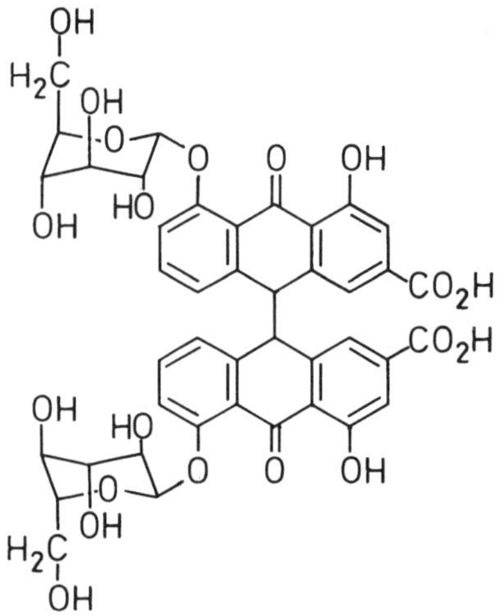

Summenformel: $C_{42}H_{38}O_{20}$.

Molekulargewicht: 862,72.

Charakter: Gelbes Pulver; lichtempfindlich.

Löslichkeit: Löslich in wäßrigen Lösungen von Natriumbikarbonat.

Schmelzpunkt: 231–240 °C.

Spezifische Drehung: $[\alpha]_D^{20}$ –164° (c=0,1 in 60% Aceton).

R_f-Werte Dünnschichtchromatographie: LM=Methanol; FM=Essigester (10):Ameisensäure (2):Wasser (3). R_f-Bereich: ca. 0,75.*)

Literatur: H 12, M 17, R 21; *) Naturstoffabt. C. Roth, Karlsruhe.

Handelsübliche Packung: 10 mg.

Toxikologie: → *Sennidin A.*

Vorkommen: → *Cassia angustifolia,* → *Cassia senna,* → *Rheum-Arten.*

> Therapie:
> Erste Hilfe: Kohle-Pulvis-Gabe.
> Klinik: Nur nach großer Giftaufnahme Magenspülung, Kohle-Pulvis, Natriumsulfat, Elektrolytausgleich (Kalium).

Sennosid B

CAS-Nr.: [128-57-4].

Gruppe: Anthrachinon.

Strukturformel: → *Sennosid A.*

Summenformel: $C_{42}H_{38}O_{20}$.

Molekulargewicht: 862,72.

Charakter: Gelbes Kristallpulver, vor Licht und Luft schützen.

Löslichkeit: Besser löslich als Sennosid A in denselben Lösungsmitteln.

Schmelzpunkt: 180–186 °C (dec.).

Spezifische Drehung: $[\alpha]_D^{20}$ –100° (c=0,2 in 70% Aceton).

R_f-Werte Dünnschichtchromatographie: LM=Methanol; FM=Essigester (10):Ameisensäure (2):Wasser (3). R_f-Bereich: ca. 0,35.*)

Literatur: H 12, M 17, R 21; *) Naturstoffabt. C. Roth, Karlsruhe.

Handelsübliche Packung: 10 mg.

Sennosid B

Toxikologie: → *Sennidin A.*

Vorkommen: → *Cassia angustifolia,* → *Cassia senna,* → *Rheum-Arten.*

> Therapie:
> Erste Hilfe: Kohle-Pulvis-Gabe.
> Klinik: Nur nach großer Giftaufnahme Magenspülung, Kohle-Pulvis, Natriumsulfat, Elektrolytausgleich (Kalium).

Serpentin

CAS-Nr.: [18786-24-8].

Gruppe: Alkaloid.

Strukturformel:

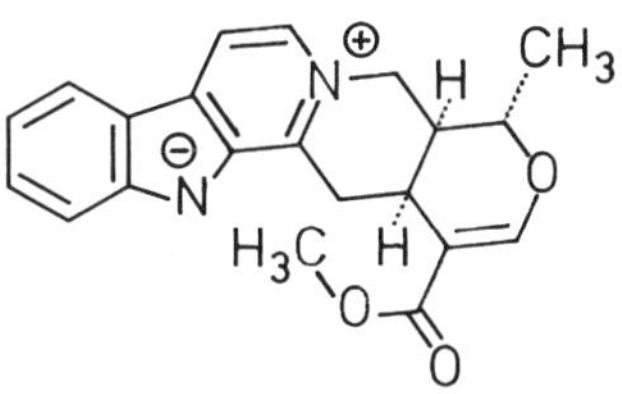

Summenformel: $C_{21}H_{20}N_2O_3$.

Molekulargewicht: 348,39.

Charakter: Gelbe Blättchen.

Löslichkeit: Leicht löslich in Methanol, löslich in Chloroform, Ethanol.

Schmelzpunkt: 157–158 °C.

Spezifische Drehung: $[\alpha]_D^{25}$ +292 (c=0,27, Methanol).

Literatur: H 12, M 17.

Handelsüblich: Serpentin
Serpentin-hydrogentartrat.

Handelsübliche Packung: 100 mg, 1 g.

Vorkommen: → *Rauvolfia serpentina.*

> Therapie:
> Erste Hilfe: Kohle-Pulvis trinken lassen.
> Klinik: Nur nach großer Giftaufnahme Magenspülung, Kohle-Pulvis, Natriumsulfat. Plasmaexpander im Schock. Natriumbikarbonat zum Azidoseausgleich, ggf. Intubation und Beatmung.

Soladulcidin

CAS-Nr.: [511-98-8].

Synonyma: Megacarpidin, Dihydrosolasodin.

Summenformel: $C_{27}H_{45}NO_2$.

Molekulargewicht: 415,64.

Schmelzpunkt: 209–211 °C.

Spezifische Drehung: $[\alpha]_D$ −53° (c=0,64 in Pyridin).

Literatur: B 35, H 12.

Strukturformel: Aglukon mehrerer weit verbreiteter Glykoside.

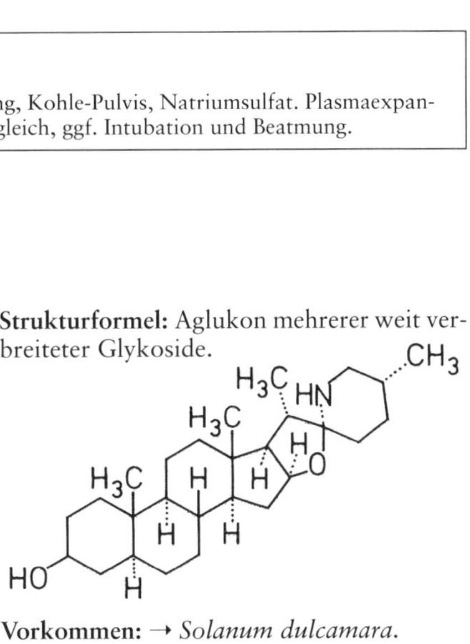

Vorkommen: → *Solanum dulcamara.*

Soladulcidin

Therapie:
Erste Hilfe: Kohle-Pulvis-Gabe, Erbrechen auslösen, Natriumsulfat.
Klinik: Magenspülung (evtl. mit burgunderfarbener Kaliumpermanganatlösung), Kohleinstillation (10 g Pulvis), EKG-Monitor-Kontrolle.

Solamargin

CAS-Nr.: [20311-51-7].

Synonyma: Solasodin-L-rhamnosido-D-glucosid.

Gruppe: Glykosid.

Summenformel: $C_{45}H_{73}NO_{15}$.

Molekulargewicht: 868,04.

Strukturformel:

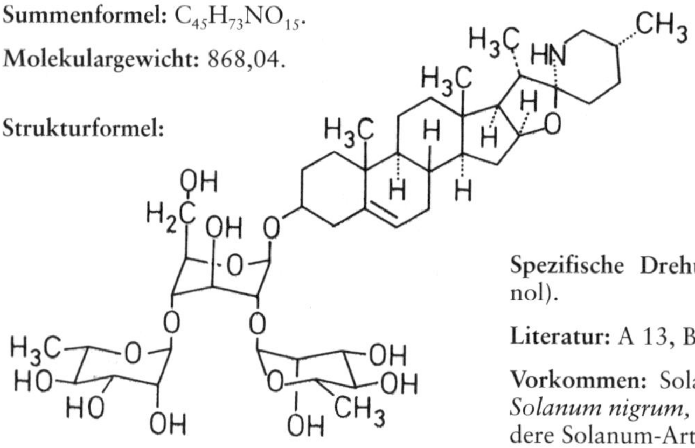

Charakter: Weiße Blättchen.

Löslichkeit: Löslich in Pyridin, Essigester, Methanol, Ethanol, Chloroform, Aceton.

Schmelzpunkt: Ca. 200 °C (dec.).

Spezifische Drehung: $[\alpha]_D$ −105° (Methanol).

Literatur: A 13, B 35.

Vorkommen: Solanum marginatum L., → *Solanum nigrum*, Solanum albicans und andere Solanum-Arten.

Therapie:
→ *α-Solanin*

Solanidin

CAS-Nr.: [80-78-4].

Synonyma: Solatubin.

Gruppe: Alkaloid.

Summenformel: $C_{27}H_{43}NO$.

Molekulargewicht: 397,62.

Charakter: Weiße Nadeln.

Strukturformel:

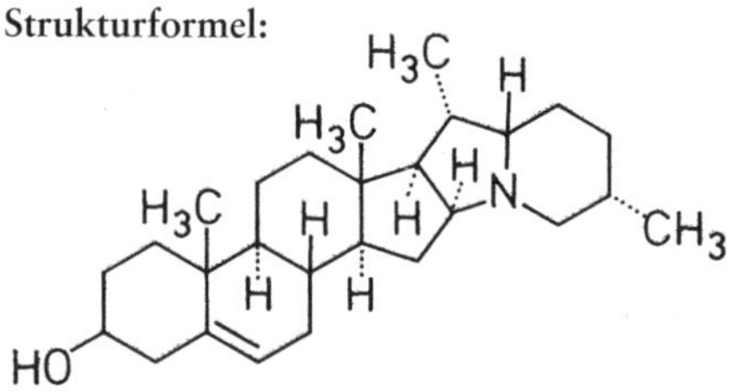

Solanidin

Löslichkeit: Leicht löslich in Chloroform und Benzol, etwas löslich in Ethanol und Methanol.

Schmelzpunkt: 218–219 °C.

Spezifische Drehung: $[\alpha]_D^{21}$ −29° (c=0.5, Chloroform).

R_f-Werte Dünnschichtchromatographie: LM=Chloroform; FM=Butanol (4):Ameisensäure (1):Wasser (5) organische Phase. R_f-Bereich: ca. 0,95*).

Farbreaktionen, Reagenzien: Phosphormolybdänsäure, blau*).

Literatur: H 12, M 17, R 21; Naturstoffabt. C. Roth, Karlsruhe.

Handelsüblich: Solanidin. Solanidin-hydrochlorid Fp 320 °C.

Handelsübliche Packung: 10 mg, 25 mg, 50 mg.

Vorkommen: Solanaceae.

Therapie:
→ *α-Solanin.*

α-Solanin

CAS-Nr.: [20562-02-1].

Synonyma: Solatunin.

Gruppe: Alkaloid.

Summenformel: $C_{45}H_{73}NO_{15}$.

Molekulargewicht: 868,04.

Charakter: Weißes, kristallines Pulver oder farblose, nadelförmige Kristalle.

Löslichkeit: Löslich in heißem Ethanol.

Schmelzpunkt: Ca. 285 °C (dec.).

Spezifische Drehung: $[\alpha]_D^{20}$ −60° (Pyridin).

R_f-Werte Dünnschichtchromatographie: LM = verd. Salzsäure; FM = Butanol (4) : Ameisensäure (1) : Wasser (5) organische Phase. R_f-Bereich: 0,25*).

Farbreaktionen, Reagenzien: Phosphormolybdänsäure, blau*).

Toxikologie: Die Substanz bewirkt eine direkte Irritation der Schleimhäute im Gastro-Intestinaltrakt und verursacht bei Resorption in den Blutkreislauf Hämolyse der roten Blutkörperchen. 0,2–0,25 g erzeugen beim

Strukturformel:

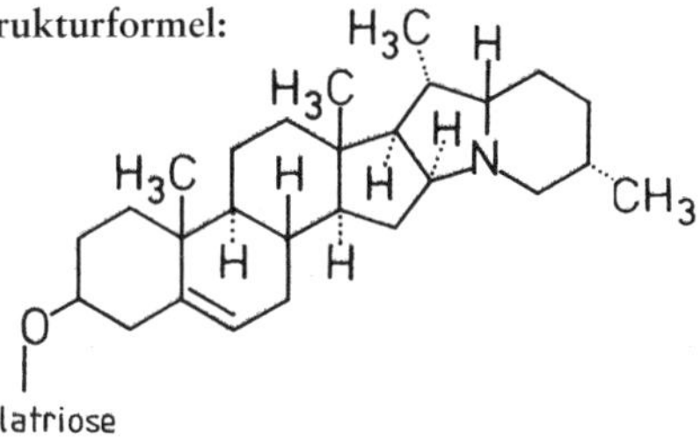

Erwachsenen erhebliche gastroenteritische Erscheinungen.
LD_{50} (Ratte): 67 mg/kg i.p.

Handelsübliche Packung: 50 mg.

Wirkungscharakter: Solanin, ist ein starkes lokales Reizgift und Protoplasmagift. Resorptiv bewirkt es zunächst Erregung, dann Lähmung des ZNS mit zentraler Atemlähmung. Zudem wirkt Solanin auf den Uterus tonussteigernd, die Nieren werden degenerativ geschädigt, da Solanin z.T. unverändert ausgeschieden wird.

Symptome: Rötung, Schwellung, Blasen, u.U. Nekrosen der Haut. Brennen in Mund und Rachen, heftiges Erbrechen, starke Diarrhöen, Muskelzittern, Krämpfe, Temperatursteigerung, Abnahme der Atemfrequenz, Dyspnoe, Abnahme der Diurese, Hämaturie.

Nachweis: Dünnschichtchromatographie im Erbrochenen und Magenspülwasser.

Literatur: H 12, H 13, M 17, R 21; *) Naturstoffabt. C. Roth, Karlsruhe.

Vorkommen: Solanin ist in folgenden Solanaceen enthalten: → *Solanum nigrum,* → *Solanum dulcamara,* → *Solanum tuberosum.*

Therapie:
Erste Hilfe: Kohle-Pulvis-Gabe oder Erbrechen auslösen, Natriumsulfat, Haut- und Schleimhautblasen steril abdecken.
Klinik: Magenspülung (evtl. mit burgunderfarbener Kaliumpermanganatlösung), Elektrolytsubstitution, Azidoseausgleich mit Natriumbikarbonat (Urin pH 7,5), Kontrolle der Nierenfunktion, bei Krämpfen Diazepam (Valium®) i.v., bei Atemlähmung Intubation und Sauerstoffbeatmung. Blutbild-, Nierenfunktionskontrolle, Haut- und Schleimhautblasen: Steril abdecken, Tetanusprophylaxe, lokal Locacorten®-Schaum.

Solanocapsin

CAS-Nr.: [639-86-1].

Gruppe: Alkaloid.

Strukturformel:

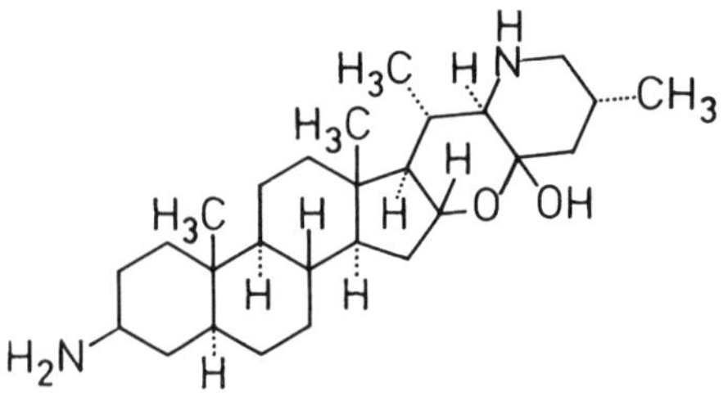

Summenformel: $C_{27}N_{46}H_2O_2 \cdot H_2O$.

Molekulargewicht: 448,7.

Charakter: Farblose Nadeln.

Löslichkeit: Löslich in Methanol.

Schmelzpunkt: 213–215 °C.

Spezifische Drehung: $[\alpha]_D^{20}$ +24.9° (c=2.13 in Methanol).

Literatur: F 16, H 12, M 17, R 21.

Vorkommen: → *Solanum pseudocapsicum* und andere *Solanum-Arten.*

Therapie:
Erste Hilfe: Kohle-Pulvis trinken lassen.
Klinik: Nur nach großer Giftaufnahme Magenspülung, Kohle-Pulvis, Natriumsulfat. Plasmaexpander im Schock. Natriumbikarbonat zum Azidoseausgleich, ggf. Intubation und Beatmung.

Solasodin

CAS-Nr.: [126-17-0].

Synonyma: Solanocarpidin, Purapuridin.

Summenformel: $C_{27}N_{43}NO_2$.

Molekulargewicht: 413,62.

Löslichkeit: Leicht löslich in Benzol, Pyridin, Chloroform, etwas löslich in Ethanol, Methanol, Aceton.

Solasodin

Strukturformel: Aglukon von Solasonin.

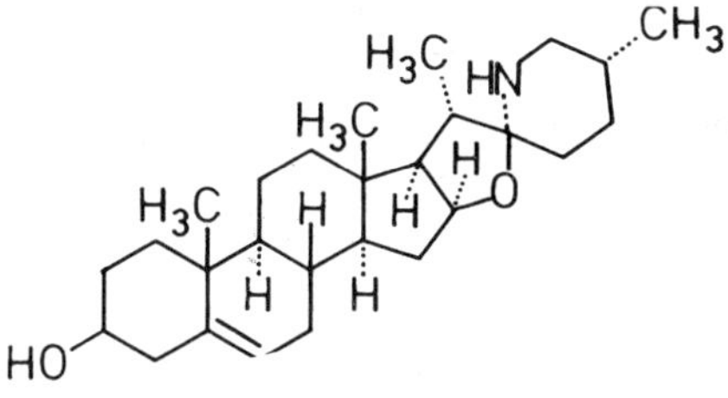

Schmelzpunkt: 200–202 °C.

Spezifische Drehung: $[\alpha]_D^{25}$ –98° (c=0,14, Methanol).

R_f-Werte Dünnschichtchromatographie: LM=Ethanol; FM=Toluol (5):Ethylformiat (4):Ameisensäure (1):Butanol (4):Wasser (5); (organische Phase).
R_f-Werte: ca. 0,75.

Literatur: B 35, H 12, M 17.

Vorkommen: → *Solanum dulcamara*, → *Solanum nigrum* und andere Solanum-Arten.

Therapie:
→ α-*Solanin*

Spartein

CAS-Nr.: [90-39-1].

Gruppe: Alkaloid.

Strukturformel: D-Form=Pachycarpin, L-Form=Lupinidin.

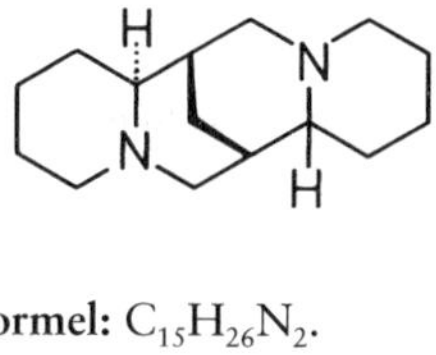

Summenformel: $C_{15}H_{26}N_2$.

Molekulargewicht: 234,37.

Charakter: farblose bis hellgelbe, viskose, ölige, anilinartig riechende und bitter schmeckende Flüssigkeit; wasserdampfflüchtig, lichtempfindlich.

Dichte: 1,02.

Löslichkeit: Leicht löslich in den gebräuchlichen org. Lösemitteln, unlöslich in Wasser.

Kochpunkt: Kp 173 °C (bei 8 Torr).

Brechungsindex: n_D^{20} 1,5312.

R_f-Werte Dünnschichtchromatographie: Stahl [S 53].

Toxikologie: Die Folgen einer Überdosierung von Spartein sind ein Abfall der Herzfrequenz, des Herzminutenvolumens, der intraventrikulären Druckanstiegsgeschwindigkeit und des arteriellen Blutdrucks (Dosis 0,01 – 0,1g).
LD_{50} (Maus): 36 mg/kg i.p., 220 mg/kg p.o.
Wird Spartein eingenommen erfolgt eine vollständige Resorption.
Die Elimination ist unterschiedlich schnell je nachdem ob die betroffene Person ein guter oder schlechter Metabolisierer ist.
Bei leichteren Vergiftungen Kopfschmerzen, Druck im Kopf, Benommenheit, Augenflimmern, Doppelbilder, Akkommodationsstörungen, Herzklopfen, Herzschmerzen, Prickeln in den Gliedmaßen, Kraftverlust in den Beinen, feuchte und gerötete Haut. Eintritt der Symptome 20 Minuten nach der Einnahme mit einem Maximum nach 4–5 h. Folge einer schweren Vergiftung, akzidentiell bei einem Kind, waren auffällige Müdigkeit, nach 2–3 h curareartige Lähmungen, Krämpfe, Tod durch Ersticken bei noch gut schlagendem Herzen [S 72].

Spartein

Literatur: B 36, F 16, H 12, H 13, M 17, R 21, S 72.

Handelsüblich: Spartein
Spartein-sulfat Fp. ca. 135 °C.

Handelsübliche Packung: 25 g.

Vorschriften: Verbotene Stoffe der Kosmetikverordnung v. 19. 6. 1985 Anlage 1: 299 Spartein und seine Salze.

Vorkommen: → *Sarothamnus scoparius*, → *Genista-Arten*, → *Lupinus-Arten*.

> **Therapie:**
> Erste Hilfe: Sofort erbrechen lassen, Kohle-Pulvis-Gabe, Natriumsulfat, Schocklagerung, Wärme, warmen Tee oder Kaffee trinken lassen, Frischluft.
> Klinik: Magenspülung (evtl. mit burgunderfarbener Kaliumpermanganatlösung), Elektrolytsubstitution, Azidoseausgleich mit Natriumbikarbonat (Urin pH 7,5), Plasma(expander)gabe, bei Krämpfen Diazepam (Valium®) i.v., gegen Darmspasmen Atropin (1 mg 2stdl. s.c.), ggf. Intubation und Sauerstoffbeatmung.

Strophanthidin

CAS-Nr.: [66-28-4].

Synonyma: K-Strophanthidin, Cymarigenin, Convallatoxigenin, Corchor(gen)in, Corchsularin.

Gruppe: Steroid.

Strukturformel:

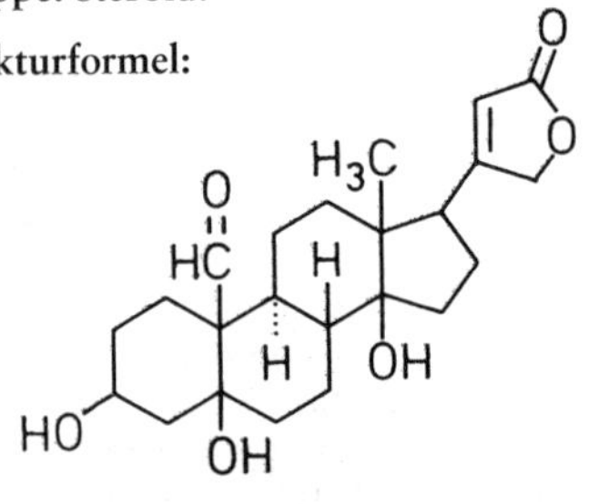

Summenformel: $C_{23}H_{32}O_6$.

Molekulargewicht: 404,51.

Charakter: Kristalle.

Löslichkeit: Löslich in Ethanol, Essigester, Aceton, Chloroform, Benzol, Eisessig.

Schmelzpunkt: 171–175 °C.

Spezifische Drehung: $[\alpha]_D^{25}$ +43.1 (c=2.8 in Methanol).

R_f-Werte Dünnschichtchromatographie: LM=Methanol; FM=Toluol (5):Ethylformiat (4):Ameisensäure (1).
R_f-Bereich: ca. 0,25*).

Farbreaktionen, Reagenzien: Phosphormolybdänsäure, blau.*)

Toxikologie: LD (Katze): 0,337 mg/kg i.v.

Literatur: H 12, G 11, K 7, M 17, R 21; *) Naturstoffabt. C. Roth, Karlsruhe.

Handelsübliche Packung: 50 mg.

Vorkommen: → *Apocynum cannabinum*, → *Strophanthus-Arten*.

> **Therapie:**
> Erste Hilfe: Kohle-Pulvis-Gabe, Erbrechen auslösen, Natriumsulfat.
> Klinik: Magenspülung (evtl. mit burgunderfarbener Kaliumpermanganatlösung), Kohleinstillation (10 g Pulvis), Herzschrittmacher (prophylaktisch), Hämoperfusion, Kontrolle des Kaliumspiegels und Substitution, Phenytoin, bei ventrikulärer Extrasystolie: Lidocain (Xylocain®), bei ausgeprägter Bradykardie: Atropin oder Orciprenalin (Alupent®), bei AV-Überleitungsstörungen: Vorsicht mit Substanzen, die diese zusätzlich beeinträchtigen, d.h. mit Ajmalin, Procainamid, β-Rezeptorenblocker und Chinidin.

Strophanthidol

CAS-Nr.: [560-54-3].

Gruppe: Steroid.

Strukturformel:

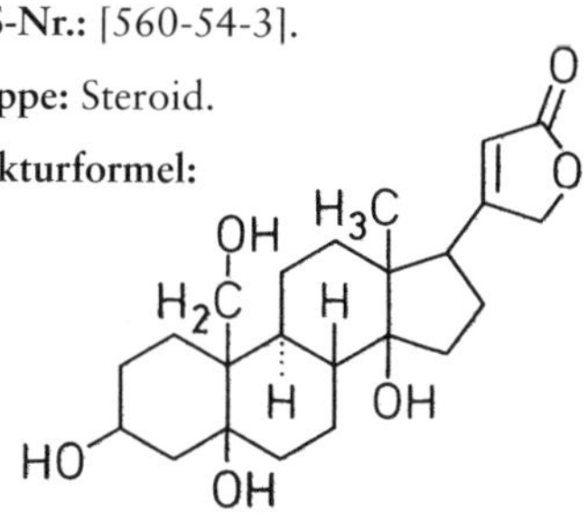

Summenformel: $C_{23}H_{34}O_6$.

Molekulargewicht: 406,50

Schmelzpunkt: 138–142 °C.

Spezifische Drehung: $[\alpha]_D$ +37°.

Literatur: B 35, K 7, R 21.

Handelsübliche Packung: 50 mg.

Vorkommen: → *Strophanthus-Arten.*

Therapie:
→ *Strophanthidin.*

γ-Strophanthin

CAS-Nr.: [36-06-6].

Synonyma: 1β,3β,5β,11β,14β,19-Hexahydroxy-[20(22)-cardenolid]-3-L-rhamnosid, Ouabain, Quabaiosid, Acocantherin.

Gruppe: Glykosid.

Strukturformel:

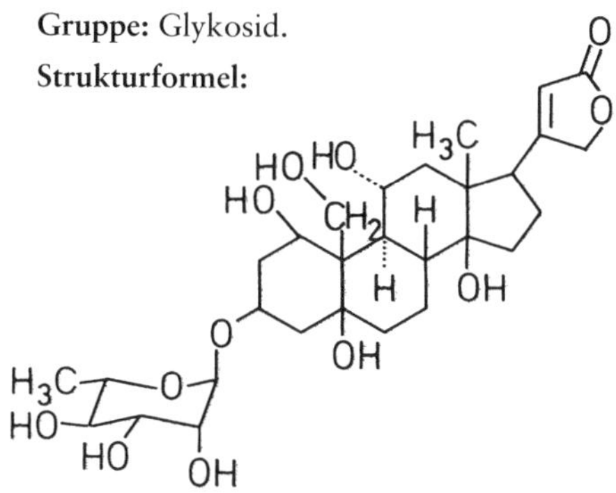

Summenformel: $C_{29}H_{44}O_{12}$.

Molekulargewicht: 584,64.

Charakter: Weißes, kristallines Pulver oder farblose Kristalle, ohne Geruch. Beständig an der Luft, wird aber durch Licht beeinträchtigt.

Löslichkeit: Leicht löslich in Ethanol, Amylalkohol, Dioxan.

Schmelzpunkt: 178–184 °C.

Spezifische Drehung: $[\alpha]_D^{25}$ −31–32,5 (c=berechnet als Anhydrid).

Toxikologie: LD_{50} (Katze): 150 µg/kg i.v.; LD_{50} (Ratte): 14 mg/kg i.v.; LD (Mensch): ca. 1 mg i.v., ca. 75 mg p.o., 30–40 mg rektal.

Vergiftungserscheinungen: Nach einigen Stunden Darmkoliken, Leibschmerzen, Erbrechen, Durchfall (evtl. blutig), Hypokaliämie, Schock, Atemdepression, Herzrhythmusstörungen.

Literatur: H 12, H 13, G 11.

Vorschriften: g-Strophanthin unterliegt der Gefahrstoffverordnung:
EG Nr. 614-025-00-5.
☒ R: 23/25-33 S: (1/2)-45 incl. Zubereitungen. Giftklasse 1 der Schweizer Giftliste. Verbotene Stoffe der Kosmetikverordnung v. 19. 6. 1985 Anlage 1: 302 Strophanthine, ihre Genine (Strophanthidine) und ihre jeweiligen Derivate.

Vorkommen: → *Strophanthus-Arten.*
[Strophanthus gratus Wallich et Hook und Acocanthera onabaio (Franch. et Poiss.) Cathel].

Therapie:
Erste Hilfe: Kohle-Pulvis-Gabe.
Klinik: Nur nach großer Giftaufnahme Magenspülung, Kohle-Pulvis, Natriumsulfat, Elektrolytausgleich (Kalium), Atropin, Alupent bei bradykarden Herzrhythmusstörungen, Lidocain oder Phenytoin bei tachykarden Herzrhythmusstörungen.

K-Strophanthin

CAS-Nr.: [11005-63-3].

Synonyma: Strophosid, 5β,14β-Dihydroxy-3β-(β-D-glucopyranosido-4β-D-glucopyranosido-β-D-cymaropyranosido)-19-oxo-card-20(22)-enolid, Kombé-Strophanthin.

Gruppe: Glykosid-Mischung, Herzglycosid.

Strukturformel: Enthält β-Glucose, Cymarose, Strophanthidin.

Summenformel: $C_{36}H_{54}O_{14}$.

Molekulargewicht: 710,80.

Charakter: Weißes oder gelbliches Pulver.

R_f-Werte Dünnschichtchromatographie: LM=Wasser; FM=Dichlormethan (75):Methanol (15):Wasser (1).

Löslichkeit: Löslich in Wasser und verd. Ethanol.

Toxikologie: LD_{50} (Maus): 2,5 mg/kg (intravenös).

Literatur: G 11, M 17, R 21.

Handelsübliche Packung: 50 mg.

Vorschriften: K-Strophanthin unterliegt der Gefahrstoffverordnung:
EG Nr. 614-026-00-0
☠ R: 23/25-33 S: (1/2)-45 incl. Zubereitungen.

Vorkommen: Strophanthus combe Oliv.

Therapie:
→ *Strophanthidin.*

Strospesid

CAS-Nr.: [595-21-1].

Synonyma: Gitoxigenin-D-digitalosid.

Gruppe: Glykosid.

Summenformel: $C_{30}H_{46}O_9$.

Molekulargewicht: 550,70.

Schmelzpunkt: 243 – 246 °C.

Spezifische Drehung: $[\alpha]_D$ = 5° (Methanol).

Literatur: B 35, H 13, R 21.

Handelsübliche Packung: 50 mg.

Vorkommen: → *Nerium oleander.*

Strukturformel:

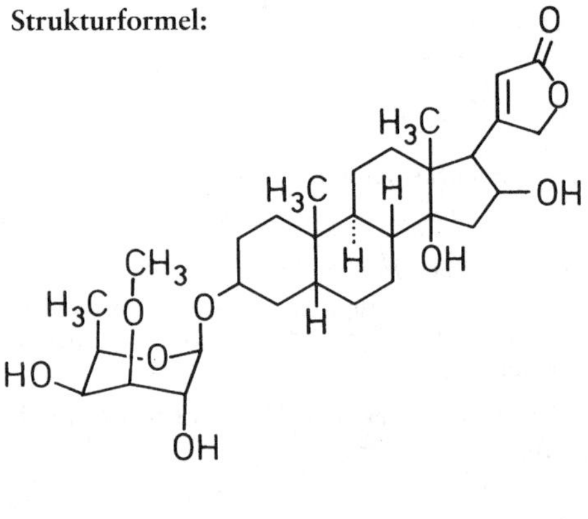

Strospesid

Therapie:
Erste Hilfe: Kohle-Pulvis-Gabe, Erbrechen auslösen, Natriumsulfat.
Klinik: Magenspülung (evtl. mit burgunderfarbener Kaliumpermanganatlösung), Kohleinstillation (10 g Pulvis), Herzschrittmacher (prophylaktisch), Hämoperfusion, Kontrolle des Kaliumspiegels und Substitution, Phenytoin, bei ventrikulärer Extrasystolie: Lidocain (Xylocain®), bei ausgeprägter Brachykardie: Atropin oder Orciprenalin (Alupent®), bei AV-Überleitungsstörungen: Vorsicht mit Substanzen, die diese zusätzlich beeinträchtigen, d.h. mit Ajmalin, Procainamid, β-Rezeptorenblocker und Chinidin.

Strychnin

CAS-Nr.: [57-24-9].

Synonyma: Strychnidin-10-on, 2,4a,5,5a,8,15,15a,15b,15c-Decahydro-4,6-methano-14 H,16 H-indolo[3,2,1,ij]oxepino-[2,3,4-de]pyrrolo[2,3-h]chinolin-14-on.

Gruppe: Alkaloid.

Strukturformel:

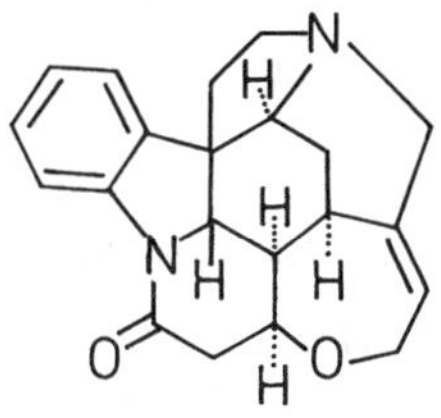

Summenformel: $C_{21}H_{22}N_2O_2$.

Molekulargewicht: 334,42.

Charakter: Farblose, rhombische oder nadelförmige, stark bitter schmeckende Kristalle.

Löslichkeit: Löslich in Ethanol, Chloroform, Benzol, Toluol, Methanol. Lösungen 1:130000 schmecken noch bitter.

Schmelzpunkt: 268–290 °C (hängt von der Geschwindigkeit des Erhitzens ab).

Spezifische Drehung: $[\alpha]_D^{20}$ −104° (c=0,5 in abs. Alkohol).

R_f-Werte Dünnschichtchromatographie: Stahl [S 53].

Toxikologie: LD_{50} (Ratte) 5 mg/kg bis 16 mg/kg p.o.; (Ratte, Weibchen) 1,6 mg/kg i.p.; (Ratte, Männchen) 3,0 mg/kg i.p.. Minimale tödliche Dosis oral für den Hund 1,1 mg/kg; für die Katze 0,75 mg/kg.
Akut können beim erwachsenen Menschen 2 mg leichtere subjektive Vergiftungserscheinungen hervorrufen, 15 mg können zu Krämpfen führen. Tödlich sind 1 (bis) 5 mg für das Kind, 100 – 300 mg, ausnahmsweise schon 30 mg, für den Erwachsenen.
Strychnin ist sehr stabil und könnte in exhumierten Leichen noch 4 Jahre nach dem Tode nachgewiesen werden.
Die Wirkung ist derjenigen des Tetanustoxins sehr ähnlich. Strychnin steigert die Reflexerregbarkeit des Rückenmarks in ausgesprochener Weise. Auf die höheren Abschnitte des Zentralnervensystems wirkt es nur leicht anregend, in größeren Dosen dagegen lähmend. 5 mg können, wenn keine Therapie erfolgt, für ein Kleinkind tödlich sein, für Erwachsene 100 – 300 mg [M 24].

Literatur: H 12, M 17, M 24, S 40.

Handelsüblich:
Strychnin
Strychnin-hydrochlorid
Strychnin-nitrat, Fp. über 280 °C
Strychnin-phosphat
Strychnin-sulfat, Fp. ca. 200 °C
Kleinpackungen 10 g.

Vorschriften: Strychnin unterliegt der Gefahrstoffverordnung:
EG Nr. 614-003-00-5
☒+ R: 27/28 S: (1/2)-36/37-45 incl. Zubereitungen,
ebenso Strychnin-Salze:
EG Nr. 614-004-00-0

Strychnin

☠+ R: 26/28 S: (1/2)-13-28-45 incl. Zubereitungen.
Giftklasse 1 der Schweizer Giftliste.
Stoffe der Kosmetikverordnung v. 19.6.1985 Anlage 1: 304 Strychnin und seine Salze.

Strychninum: Monographie der Kommission D.

Vorkommen: → *Strychnos ignatii*, → *Strychnos nux-vomica.*

Therapie:
Erste Hilfe: Sofort Kohle-Pulvis (10 g), Erbrechen auslösen, Natriumsulfat.
Klinik: Magenspülung (evtl. mit burgunderfarbener Kaliumpermanganatlösung), Instillation von 10 g Kohle-Pulvis, Natriumsulfat. Nach der Resorption (Krämpfe) Relaxierung und Intubation, solange das Krampfstadium anhält, nur so viel Antiepileptika wie Diazepam, Barbital u.a., daß die Krämpfe eben unterdrückt bleiben; bei Fieber Eiswickel, hochkalorische Infusionen (Traubenzucker), keine Phenothiazine, keine Analeptika!, evtl. Sauerstoffbeatmung.

Taxicatin

CAS-Nr.: [90-71-1].

Synonyma: 2,5-Dimethoxyphenolglucosid.

Gruppe: Glykosid.

Strukturformel:

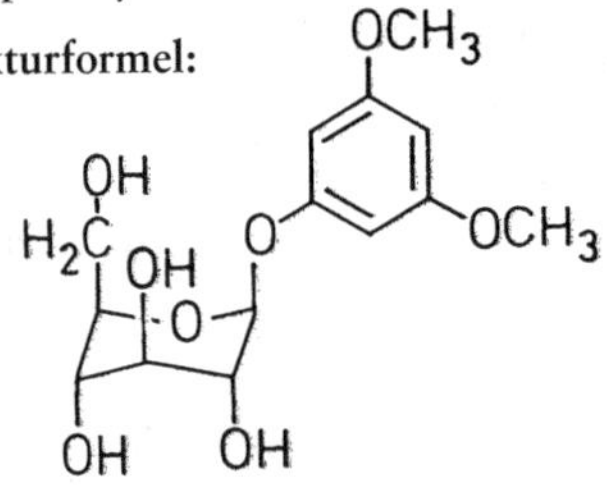

Summenformel: $C_{14}H_{20}O_8$.

Molekulargewicht: 316,30.

Löslichkeit: Löslich in Wasser, Ethanol, Ethylacetat, Methanol, Aceton, Dioxan, Pyridin.

Schmelzpunkt: 170–170,5 °C.

Spezifische Drehung: $[\alpha]_D^{20}$ –72° (0.12 g/10 ml in wäßriger Lösung).

Literatur: K 7, M 17.

Vorkommen: → *Taxus baccata.*

Therapie:
Erste Hilfe: Sofort Kohle-Pulvis (10 g), Erbrechen auslösen, Natriumsulfat).
Klinik: Magenspülung (evtl. mit burgunderfarbener Kaliumpermanganatlösung), Instillation von 10 g Kohle-Pulvis, Natriumsulfat. Nach der Resorption (Krämpfe) Relaxierung und Intubation, evtl. Sauerstoffbeatmung. Kontrolle der Blutgerinnung und der Leberwerte.

Taxin

CAS-Nr.: [12607-93-1] Taxin A.

Gruppe: Alkaloid.

Summenformel: $C_{35}H_{47}NO_{10}$(Taxin A).

Molekulargewicht: 641,47 (Taxin A).

Charakter: Körniges, amorphes Pulver. Reagiert in wäßriger Lösung alkalisch.

Taxin

Strukturformel: Alkaloidgemisch von Taxin A, B, C und weiteren 7 Basen.

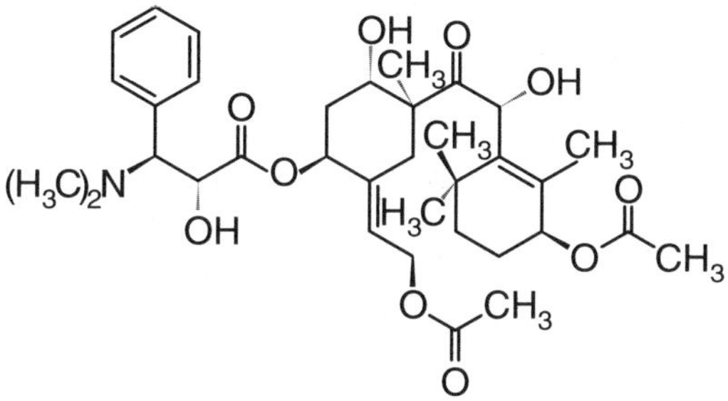

Löslichkeit: Löslich in Chloroform, Ethanol, Ether.

Schmelzpunkt: 121–124 °C; 204–206 °C (Taxin A).

Spezifische Drehung: $[\alpha]_D^{17}$+95,7° (c=4.59 in Chloroform). $[\alpha]_D$ –140° (Chloroform) (Taxin A).

Toxikologie: LD_{50} (Ratte): 4,5 mg/kg i.v. (Taxin B).

Literatur: H 13, M 17.

Vorkommen: → *Taxus baccata.*

Tetrahydroalstonin

CAS-Nr.: [6474-90-4].

Gruppe: Alkaloid.

Strukturformel:

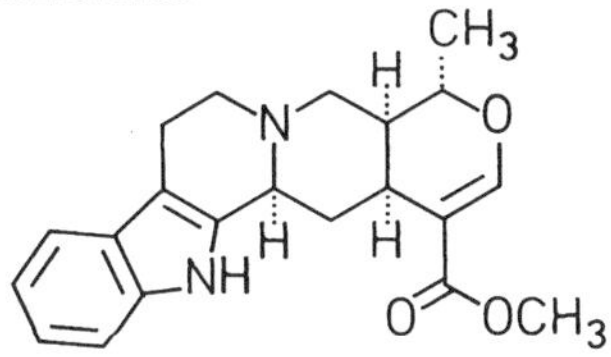

Summenformel: $C_{21}H_{24}N_2O_3$.

Molekulargewicht: 352,42.

Charakter: Farblos bis gelblich.

Löslichkeit: Leicht löslich in chlorierten Kohlenwasserstoffen. Löslich in Ethanol, Ether und Kohlenwasserstoffen.

Schmelzpunkt: 230–231 °C.

Spezifische Drehung: $[\alpha]_D^{20}$ –108° (c=0.5 in Chloroform).

R_f-Werte Dünnschichtchromatographie: LM=Chloroform; FM=Methanol. R_f-Bereich: ~0,8*).

Farbreaktionen, Reagenzien: Jodkammer*).

Literatur: B 35; *) Naturstoffabt. C. Roth, Karlsruhe.

Vorkommen: → *Catharanthus,* → *Rauvolfia,* Uncaria, Voacanga-Arten u.a.

Therapie:
Erste Hilfe: Medizinalkohle (Kohle-Pulvis, 10 g) trinken lassen, evtl. künstlich beatmen, Herzmassage.
Klinik: Magenspülung, Medizinalkohle, Natriumsulfat, Plasmaexpander im Schock, Natriumbikarbonat zum Azidoseausgleich. Auf Leber- und Nierenfunktion achten. Diazepam i.v. bei Krämpfen.

Tetrahydrocannabinole

Synonyma: THC.

Gruppe: Pyranolderivate.

Strukturformel: Δ^1-THC=Δ^9-THC
Δ^6-THC=$\Delta^{1(6)}$-THC=Δ^8-THC
Alternative Numerierungssysteme, z. B.:

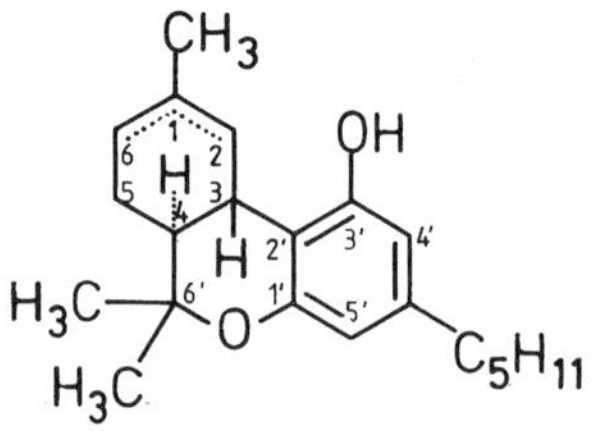

Summenformel: $C_{21}H_{30}O_2$.

Molekulargewicht: 314,45.

Toxikologie: Das Δ^1-3,4-trans-Isomer und das Δ^6-3,4-trans-Isomer sind physiologisch aktiv. Kann ernste psychische Störungen verursachen. Tetrahydrocannabinol ist ein Hauptbestandteil des „Marihuana". Näheres über die Wirkung siehe Reko [R 25]. LD50 (Maus): 482 mg/kg p.o., 455 mg/kg i.p., 42 mg/kg i.v.

Literatur: H 13, M 17, R 25.

Vorschriften: Tetrahydrocannabinole fallen unter das Betäubungsmittelgesetz.

Vorkommen: → *Cannabis sativa.*

Therapie:
Erste Hilfe: Ruhe, beruhigendes Zureden, beaufsichtigen, meist keine medikamentöse Therapie nötig, keine intravenösen Injektionen! (Bahnung einer Spritzensucht), bei hochgradiger Erregung Doxepin (Aponal®) (50 mg oral oder i.m.), nur falls nicht anders vorhanden Diazepam (Valium®) (10–20 mg oral oder i.m.), nach oraler Überdosierung erbrechen lassen, Atemwege freihalten, evtl. Atemspende, warmhalten.
Klinik: Evtl. Magenspülung, Kohle-Pulvis- und Natriumsulfatinstillation, Plasmaersatzpräparate, beatmen. Überwachen (Selbstgefährdung).

Tetrahydroharman

CAS-Nr.: [525-40-6].

Gruppe: Alkaloid.

Synonyma: DL-Eleagnin.

Strukturformel:

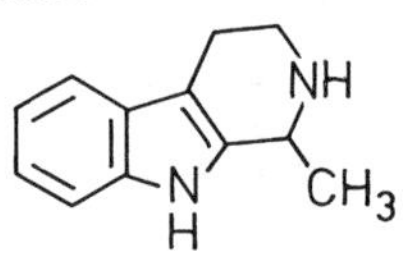

Summenformel: $C_{12}H_{14}N_2$.

Molekulargewicht: 186,28.

Schmelzpunkt: 180–183 °C.

R_f-Werte Dünnschichtchromatographie: LM=Ethanol; FM=Chloroform (60):Methanol (10):Ammoniak (1).
R_f-Bereich: ~0,4*⁾.

Farbreaktionen, Reagenzien: Dragendorff's Reaganz nach Munier, orangerot.

Literatur: B 35, H 12; *⁾ Naturstoffabt., C. Roth, Karlsruhe.

Handelsübliche Packung: 500 mg.

Vorkommen: Leptacina densiflora; Eleagnus angustifolia L.

Therapie:
Erste Hilfe: Medizinalkohle (Kohle-Pulvis, 10 g) trinken lassen, evtl. künstlich beatmen, Herzmassage.
Klinik: Magenspülung, Medizinalkohle, Natriumsulfat. Plasmaexpander im Schock, Natriumbikarbonat zum Azidoseausgleich. Auf Leber- und Nierenfunktion achten. Diazepam i.v. bei Krämpfen.

Thebain

CAS-Nr.: [115-37-7].

Synonyma: Paramorphin.

Gruppe: Alkaloid.

Strukturformel:

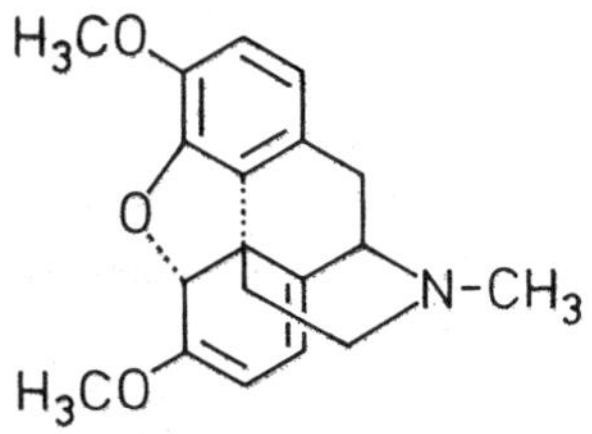

Summenformel: $C_{19}H_{21}NO_3$.

Molekulargewicht: 311,37.

Charakter: Glänzend weiße Blättchen oder Prismen.

Löslichkeit: Löslich in Chloroform, Benzol, Pyridin, Salzsäure.

Schmelzpunkt: 193 °C.

Spezifische Drehung: $[\alpha]_D^{15}$ –219° (p=2 in Alkohol).

Toxikologie: Verursacht strychninähnliche Konvulsionen. Mißbrauch führt zur Gewöhnung und Sucht.
LD_{50} (Kaninchen): 14 mg/kg s.c. (Hydrochlorid Monohydrat).

Literatur: B 36, H 12, M 17.

Vorschriften: Thebain fällt unter das Betäubungsmittelgesetz.

Vorkommen: → *Papaver somniferum.*

Therapie:
Erste Hilfe: Kohle-Pulvis-Gabe, Erbrechen auslösen, Natriumsulfat. Mund-zu-Mund-Beatmung.
Klinik: Nach wahrscheinlich großer Giftaufnahme: Magenspülung (evtl. mit burgunderfarbener Kaliumpermanganatlösung), Instillation von 10 g Kohle-Pulvis, Überwachung von Elektrolyten und Nierenfunktion, Alkalisierung mit Natriumbikarbonatinfusionen (Urin pH 7,5), ggf. Intubation und Sauerstoffbeatmung. Evtl. Antidot Levallorpham (i.m., i.v.) anstelle einer Beatmung.

Theobromin

CAS-Nr.: [83-67-0].

Synonyma: 3,7-Dimethylxanthin.

Gruppe: Alkaloid

Strukturformel:

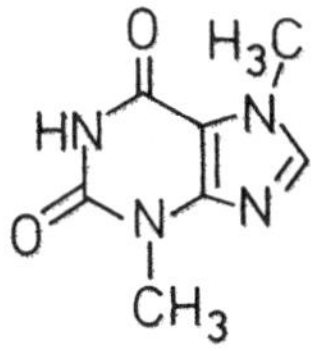

Summenformel: $C_7H_8O_2N_4$.

Molekulargewicht: 180,16.

Charakter: Kristalle (Nadeln), bitter schmeckend. Bildet Salze, die mit Wasser leicht hydrolysieren.

Löslichkeit: Löslich in Alkali, Ammoniaklösung und konz. Säuren, etwas löslich in heißem Wasser.

Schmelzpunkt: 320 °C, sublimiert bei 290–295 °C.

R_f-Werte Dünnschichtchromatographie: Stahl [S 53].

Literatur: H 12, K 7, M 17, R 21.

Handelsübliche Packung: 10 g, 100 g.

Vorkommen: → *Theobroma cacao,* → *Camellia sinensis.*

Theobromin

Therapie: Erste Hilfe: Sofort Kohle-Pulvis (10 g), Erbrechen auslösen, Natriumsulfat. Klinik: Magenspülung (evtl. mit burgunderfarbener Kaliumpermanganatlösung), Instillation von 10 g Kohle-Pulvis, Natriumsulfat. Nach der Resorption (Krämpfe) Relaxierung und Intubation, Monitorkontrolle.

Theophyllin

CAS-Nr.: [58-55-9].

Synonyma: 1,3-Dimethylxanthin, Theocin.

Gruppe: Alkaloid.

Strukturformel:

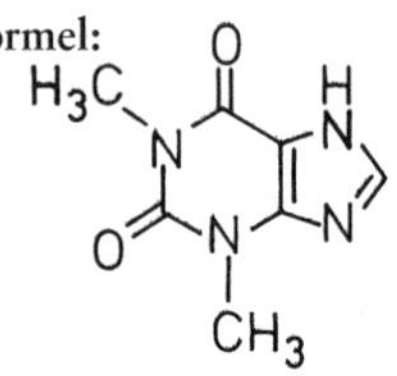

Summenformel: $C_7H_8N_4O_2$.

Molekulargewicht: 180,17, mit H_2O: 198,18.

Charakter: Weißes, kristallines geruchloses Pulver von bitterem Geschmack.

Löslichkeit: Leicht löslich in Alkalilaugen, Ammoniaklösung, löslich in Mineralsäuren.

Schmelzpunkt: 270–274 °C.

Toxikologie: Bei überhöhter Dosis kann es zu einer erregenden Wirkung auf das Zentralnervensystem kommen.

Literatur: B 35, H 12, K 7, M 17, R 21.

Handelsüblich: Monohydrat.

Handelsübliche Packung: 100 g, 500 g.

Vorkommen: → *Camellia sinensis.*

Therapie: → *Theobromin.*

Thevetin

CAS-Nr.: [11018-93-2].

Synonyma: Cerberosid.

Gruppe: Steroid.

Summenformel: A) $C_{42}H_{64}O_{19}$
B) $C_{42}H_{66}O_{18}$.

Molekulargewicht: A) 872,93
B) 858,99.

Löslichkeit: Löslich in Wasser.

Schmelzpunkt: 182–186 °C.

Spezifische Drehung:
$[\alpha]_D^{16}$ –67° (Methanol).

R_f-Werte Dünnschichtchromatographie:
LM=Rotisol®; FM=wassergesättigtes n-Butanol.
R_f-Bereich: ca. 0,30*⁾.

Farbreaktionen, Reagenzien: Besprühen mit einer natronalkalischen Dinitrobenzoesäure-Lösung (Kedde-Reagenz), 2 violett gefärbte Flecken übereinander*⁾.

Thevetin

Strukturformel: Natives Gemisch aus Thevetin A+B im Verhältnis 1:2.

A

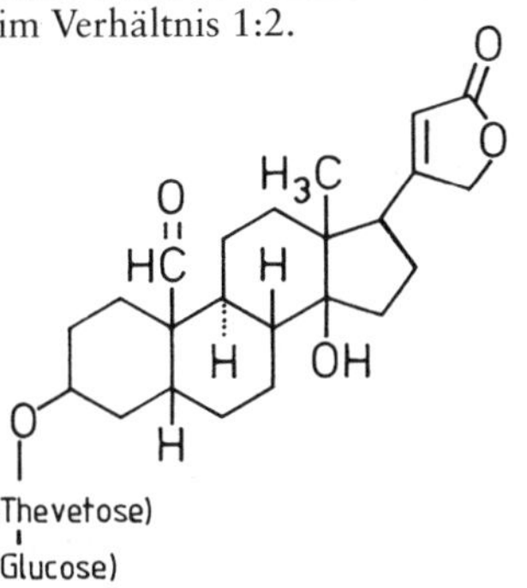

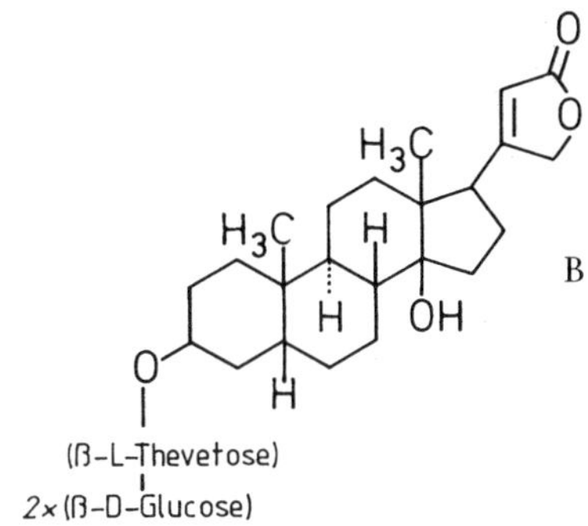

B

Toxikologie: Thevetin besitzt eine strophantinähnliche Wirkung, ist weniger giftig, wirkt schnell und wird rasch ausgeschieden. Eine Kumulation tritt nicht ein. [H 40]

Literatur: H 12, H 40, K 7, M 17, R 21; Naturstoffabt. C. Roth, Karlsruhe.

Handelsübliche Packung: 100 mg.

Vorkommen: → *Thevetia neriifolia.*

Therapie:
Erste Hilfe: Kohle-Pulvis-Gabe, Erbrechen auslösen, Natriumsulfat.
Klinik: Magenspülung (evtl. mit burgunderfarbener Kaliumpermanganatlösung), Kohleinstillation (10 g Pulvis), EKG-Monitorkontrolle. Kontrolle des Kaliumspiegels und Substitution, Phenytoin, bei ventrikulärer Extrasystolie: Lidocain (Xylocain®), bei ausgeprägter Bradykardie: Atropin oder Orciprenalin (Alupent®), bei AV-Überleitungsstörungen: Vorsicht mit Substanzen, die diese zusätzlich beeinträchtigen, d.h. mit Ajmalin, Procainamid, β-Rezeptorenblocker und Chinidin.

α- und β-Thujon

CAS-Nr.: α-Thujon [546-80-5], β-Thujon [471-15-8].

Synonyma: Tanaceton, Absynthon, Thujol, Salvon.

Gruppe: Monoterpen.

Strukturformel:

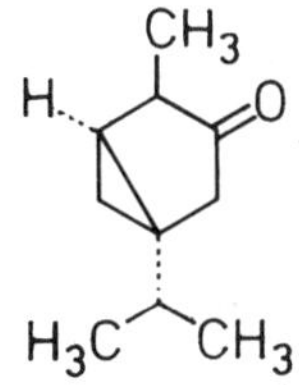

α-Thujon

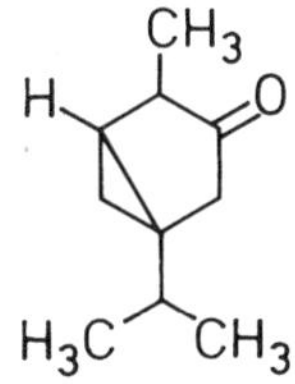

β-Thujon

Summenformel: $C_{10}H_{16}O$.

Molekulargewicht: 152,23.

Charakter: Farblose Flüssigkeit.

Löslichkeit: Löslich in Ethanol und anderen organ. Lösemitteln, unlöslich in Wasser.

Kochpunkt: 200–202 °C.

R_f-Werte Dünnschichtchromatographie: Stahl [S 54].

Toxikologie: Starkes Nervengift.
LD_{50} (Maus): 87,5 mg/kg s.c. (α-Thujon), 442,4 mg/kg s.c. (β-Thujon).

Literatur: H 13, M 17, R 21.

α- und β-Thujon

Handelsübliche Packung: 5 g.

Vorschriften: α- und β-Thujon Giftklasse 3 der Schweizer Giftliste.
Aromenverordnung der Bundesrepublik Deutschland v. 22. 12. 1981 (BGBl I, 1677–1685). Beschränkt verwendbare Stoffe des § 2, Anlage 4.

Vorkommen: → *Artemisia absinthium*, → *Chrysanthemum vulgare*, → *Thuja-Arten.*

Therapie:
Erste Hilfe: Kohle-Pulvis-Gabe, Erbrechen auslösen, Roticlean®, Natriumsulfat, viel trinken lassen.
Klinik: Magenspülung (evtl. mit burgunderfarbener Kaliumpermanganatlösung), Roticlean®-, Kohle- und Natriumsulfatinstillation, gegen Koliken Atropin, Elektrolytsubstitution, Azidoseausgleich mit Natriumbikarbonat (Urin pH 7,5), Kontrolle der Nierenfunktion, bei Krämpfen Diazepam (Valium®) i.v., ggf. Intubation und Sauerstoffbeatmung. Kontrolle der Blutgerinnung und Leberwerte. Evtl. Leberkomatherapie (AT III, Heparin, Lävuloseinfusionen, Pavianleberperfusion u.a.).

Thujylalkohol

CAS-Nr.: [35732-37-7].

Synonyma: Tanacetylalkohol.

Gruppe: Alkohol.

Strukturformel:

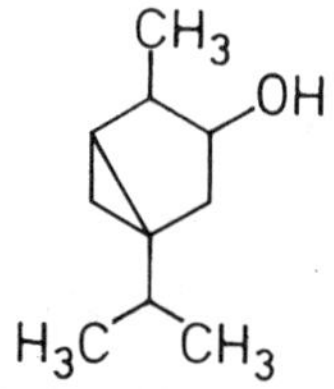

Summenformel: $C_{10}H_{18}O$.

Molekulargewicht: 154,24.

Charakter: Dickflüssig.

Löslichkeit: Löslich in Ethanol und Methanol.

Kochpunkt: 205–210 °C.

Brechungsindex: $[\alpha]_D^{20}$ 1,46690.

R_f-Werte Dünnschichtchromatographie:
FM=Toluol (5):Ethylformiat (4):Ameisensäure (1).
R_f-Bereich: ca. 0,70.*)

Farbreaktionen, Reagenzien: UV, violett.*)

Literatur: K 7, R 21;*) Naturstoffabt. C. Roth, Karlsruhe.

Handelsübliche Packung: 1 g.

Vorkommen: → *Chrysanthemum vulgare.*

Therapie:
Erste Hilfe: Kohle-Pulvis-Gabe, Erbrechen auslösen, Roticlean®, Natriumsulfat, viel trinken lassen.
Klinik: Magenspülung (evtl. mit burgunderfarbener Kaliumpermanganatlösung), Roticlean®-, Kohle- und Natriumsulfatinstillation, gegen Koliken Atropin, Elektrolytsubstitution, Azidoseausgleich mit Natriumbikarbonat (Urin pH 7,5), Kontrolle der Nierenfunktion, bei Krämpfen Diazepam (Valium®) i.v., ggf. Intubation und Sauerstoffbeatmung.

Thymol

CAS-Nr.: [89-83-8].

Synonyma: 2-Isopropyl-5-methylphenol.

Gruppe: Phenolderivat.

Strukturformel:

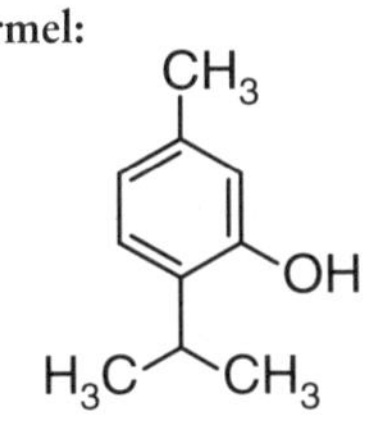

Summenformel: $C_{10}H_{14}O$.

Molekulargewicht: 150,22.

Charakter: Farblose Kristalle mit würzig-krautigem, thymianähnlichem Geruch und etwas krautigem Geschmack.

Löslichkeit: Löslich in Ethanol (ca. 1:1), Ether (1:1,5), Olivenöl (1:1,7), Essigsäure. Wenig löslich in Wasser.

Schmelzpunkt: 51,5 °C.

Brechungsindex: n_D^{20} 1,5227.

Dichte: d_4^{20} 0,9756.

Toxikologie: LD_{50} (Ratte): 980 mg/kg p.o. Reines Thymol hat in hohen Dosen beim Menschen schwere Vergiftungen hervorgerufen und bei anämischen Menschen schon mit 6,0 g zum Tode geführt: auch sonst sind stark geschwächte Menschen ebenso gefährdet, so daß bei ihnen und speziell bei anämischen Menschen interne Thymoltherapie ganz vermieden werden sollte. Zu dem Bild einer schweren Thymolvergiftung gehören ernste Stoffwechselstörungen, vor allem als Folge einer schweren Leberschädigung (fette Degeneration) sowie Albuminurie und Hämoglobinurie.
Bei langdauernder Thymolzufuhr, u.a. auch durch thymolhaltige Mundwässer, kann eine Thyreotoxikose auftreten. [H 12]
Für eine innere Anwendung ist Thymol bei Enterokolitis, Herzinsuffizienz und während der Schwangerschaft nicht zu verwenden.

Literatur: H 12, M 17.

Vorschriften: Thymolum: Monographie der Kommission D.

Tomatidin

CAS-Nr.: [77-59-8].

Gruppe: Steroidderivat.

Summenformel: $C_{27}H_{45}NO_2$.

Molekulargewicht: 415,64.

Charakter: Weißes Kristallisat.

Löslichkeit: Löslich in Ethanol, Aceton, Ether, Chloroform, unlöslich in Wasser.

Schmelzpunkt: 209–211 °C.

Spezifische Drehung: $[\alpha]_D^{20}$ +8° (c=1 in Chloroform).

R_f-Werte Dünnschichtchromatographie: LM=Pyridin; FM=Butanol (4):Ameisensäure (1):Wasser (5) organische Phase.
R_f-Bereich: ca. 0,85.*)

Strukturformel: Aglukon des Tomatins.

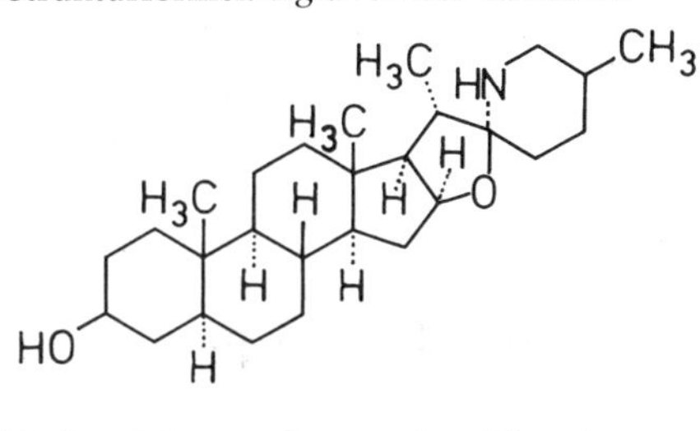

Farbreaktionen, Reagenzien: Phosphormolybdänsäure, blau.*)

Literatur: H 12, M 17, R 21; *) Naturstoffabt. C. Roth, Karlsruhe.

Handelsübliche Packung: 50 mg, 500 mg.

Tomatidin

Therapie:
Erste Hilfe: Kohle-Pulvis-Gabe, Erbrechen auslösen, Natriumsulfat.
Klinik: Magenspülung (evtl. mit burgunderfarbener Kaliumpermanganatlösung), Elektrolytsubstitution, Azidoseausgleich mit Natriumbikarbonat (Urin pH 7,5), Kontrolle der Nierenfunktion, bei Krämpfen Diazepam (Valium®) i.v., bei Atemlähmung Intubation und Sauerstoffbeatmung.

Tomatin

CAS-Nr.: [17406-45-0].

Synonyma: Lycopersicin.

Gruppe: Steroidglykosid.

Strukturformel:

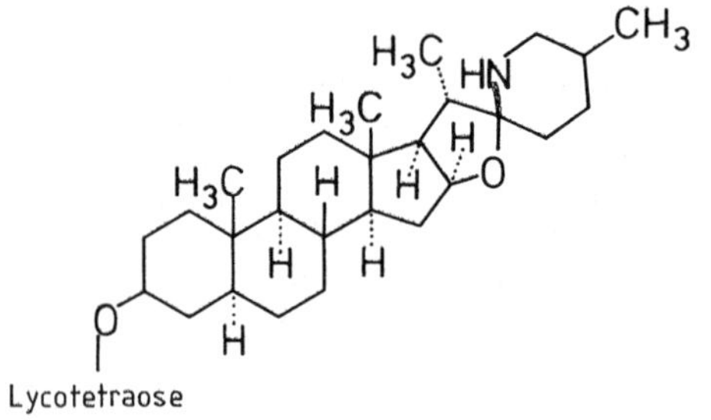

Summenformel: $C_{50}H_{83}HO_{21}$.

Molekulargewicht: 1034,22.

Charakter: Weiße Kristalle.

Löslichkeit: Löslich in Ethanol, Methanol, Dioxan, fast unlöslich in Wasser.

Schmelzpunkt: 263–267 °C.

Spezifische Drehung: $[\alpha]_D^{20}$ −18 (c=0,55, Pyridin).

R_f-Werte Dünnschichtchromatographie: LM=Pyridin; FM=Butanol (4):Ameisensäure (1):Wasser (5).
R_f-Bereich: ca. 0,45.*)

Farbreaktionen, Reagenzien: Phosphormolybdänsäure, blau.*)

Toxikologie: LD_{50} (Maus): 25 mg/kg i.p., 500 mg/kg p.o., 1000 mg/kg s.c.

Literatur: H 12, M 17, R 21;*) Naturstoffabt. C. Roth, Karlsruhe.

Handelsübliche Packung: 25 mg, 100 mg.

Vorkommen: Lycopersicon lycopersicum (L.) Karst. ex Farw.

Therapie:
Erste Hilfe: Kohle-Pulvis-Gabe, Erbrechen auslösen, Natriumsulfat.
Klinik: Magenspülung (evtl. mit burgunderfarbener Kaliumpermanganatlösung), Elektrolytsubstitution, Azidoseausgleich mit Natriumbikarbonat (Urin pH 7,5), Kontrolle der Nierenfunktion, bei Krämpfen Diazepam (Valium®) i.v., bei Atemlähmung Intubation und Sauerstoffbeatmung.

Tropan-Alkaloide

Wirkungscharakter: Die Tropan-Alkaloide → *Atropin*, → *Hyoscyamin* und → *Scopolamin* sind Ester des Tropanals mit verschiedenen Säuren. Sie werden schnell über Schleimhäute, aber auch über die intakte Haut, resorbiert. Hyoscyamin und Atropin wirken gleichartig: Niedrige Dosen (1 mg Atropinsulfat) wirken peripher auf parasympathische Nervenendigungen hemmend, was mit Tonusabnahme glattmuskliger Organe, Schwächung der Drüsentätigkeit und Hemmung der Sekretion einher-

Tropan-Alkaloide

geht. Gleichzeitig kommt es durch Ausschaltung des Vagus zur Beschleunigung und Verstärkung der Herztätigkeit.
Relativ hohe Dosen (ab 10 mg Atropinsulfat) haben zentralerregende Wirkung, die vor allem Großhirn, Zwischenhirn und Medulla oblongata betreffen. Der Erregung folgt eine narkoseartige Lähmung, die zum Koma und zur tödlichen Atemlähmung führen kann.
Scopolamin schließt sich in seiner peripheren Wirkung eng an Hyoscyamin und Atropin an, hat jedoch keine Wirkung auf den Herzvagus. Zentral überwiegt von Anfang an die narkotische Lähmung, wobei das Atemzentrum gedämpft, in höheren Dosen irreversibel gelähmt wird.

Symptome: Die Vergiftungen werden nahezu ausschließlich durch den überwiegenden Atropingehalt bestimmt.
Psychomotorische Unruhe und allgemeine Erregung, Rededrang, Euphorie, Weinkrämpfe, Intentionsstörungen, choreatische Zustände, Ataxie, Irrereden, Halluzinationen, Steigerung bis zu Tobsuchtsanfällen, Schüttelkrämpfe, Schwindel, Übelkeit, sehr selten Erbrechen, Vertiefung und Beschleunigung der Atmung, Tachykardie bis 160/Min., später Bradykardie, Herzrhythmusstörungen, Blutdrucksteigerung bei hartem, steilem Puls, maximale Mydriasis, Seh- und Sprachstörungen.
Rote, trockene und heiße Haut, Schluckstörungen; allmählich Erschöpfung, zunehmende Bewußtlosigkeit, Zyanose, u.U. Koma, Atemlähmung.
Folgende Hauptsymptome sind zu beachten:
- Rötung des Gesichtes
- Trockenheit der Schleimhäute
- Pulsbeschleunigung
- Mydriasis
- Erregung, dann Lähmung des ZNS (Atemlähmung, Koma).

Nachweis: 1. Atropin wird z.T. unverändert ausgeschieden und kann durch das Eintropfen des Urins in das Kaninchenauge durch pupillenerweiternde Wirkung nachgewiesen werden.
2. Dünnschichtchromatographie im Erbrochenen und Magenspülwasser.

Literatur: A 5, L 4.

Vorkommen: → *Atropa bella-donna*, → *Hyoscyamus niger*, → *Mandragora officinarum*, → *Datura stramonium*, → *Lycium barbarum*.

Therapie:
Erste Hilfe: Kohle-Pulvis-Gabe, Erbrechen auslösen, Natriumsulfat.
Klinik: Frühzeitige Magenspülung mit gut eingeöltem Schlauch, Physostigmin (Anticholium) i.m. (oder langsam i.v.) (Erwachsene 2 mg, Kinder 0,5 mg), Wiederholung je nach Bedarf bei Wiederauftreten gefährlicher Symptome, Plasmaexpander bei Schock, ggf. Intubation und Sauerstoffbeatmung.

(+)-Tubocurarin-chlorid

CAS-Nr.: [57-94-3].

Gruppe: Alkaloid.

Summenformel: $C_{37}H_{42}Cl_2N_2O_6$.

Molekulargewicht: 681,66.

Charakter: Mikroskopische Blättchen.

Löslichkeit: Löslich in Methanol, weniger löslich in Wasser und Ethanol.

Schmelzpunkt: 247–250 °C.

Spezifische Drehung: $[\alpha]_D^{22}$ +190° (c=0,5, Wasser).

Toxikologie: (+)-Tubocurarin ist das älteste Muskelrelaxans. Dosierung beträgt 0,15–0,4 mg/kg. Es dauert 4 – 5 min. bis zum vollen Effekt, der innerhalb von 90–120 min. abklingt. Wegen der Kumula-

(+)-Tubocurarin-chlorid)

Strukturformel:

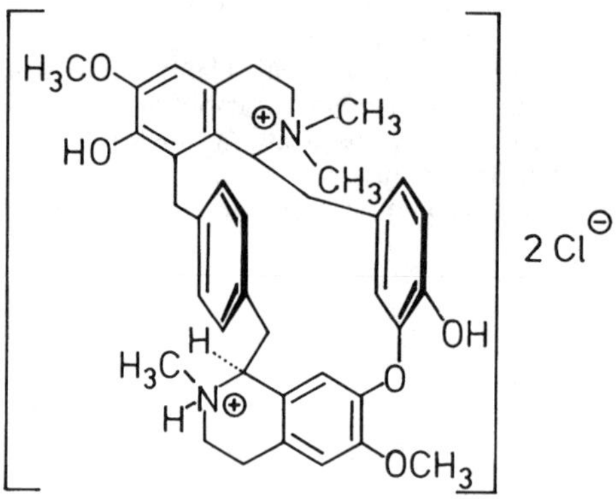

tionsgefahr sind die Wiederholungsdosen niedriger. Die Nebenwirkungen sind weitgehend dosisabhängig; es ist also möglich, durch eine zurückhaltende, sparsame Dosierung das Auftreten von unerwünschten Nebenwirkungen weitgehend zu vermeiden. Die wichtigsten Nebenwirkungen sind Histaminfreisetzung, die zu einem Bronchospasmus bei prädisponierten Patienten, und Ganglienblockade, die zu einer Blutdrucksenkung führen kann. Weiterhin wird eine negativ-inotrope Wirkung am Herzen diskutiert, da Tubocurarin den Calciumeinstrom an der Herzmuskelzelle hemmen soll. Die neuromuskuläre Wirkung ist pH-abhängig: Eine Azidose verstärkt die Blockade, eine Alkalose schwächt sie ab.

Literatur: H 12, M 17, R 21, S 71.

Handelsüblich: (+)-Tubocurarin-chlorid Pentahydrat.

Handelsübliche Packung: 250 mg.

Vorkommen: → *Curare;* Chondrodendron tomentosum Ruiz et Pav.

Therapie:
Erste Hilfe: Sofort Kohle-Pulvis (10 g), Erbrechen auslösen, Natriumsulfat, Beatmen.
Klinik: Magenspülung (evtl. mit burgunderfarbener Kaliumpermanganatlösung), Instillation von 10 g Kohle-Pulvis, Natriumsulfat. Sofort Plasmaexpander, künstliche Beatmung mit Sauerstoff. Azidosetherapie mit Natriumbikarbonat.

Tulipalin A

CAS-Nr.: [547-65-9].

Gruppe: Lacton.

Strukturformel:

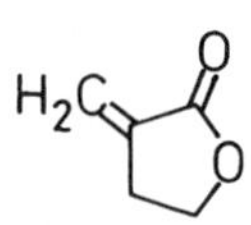

Summenformel: $C_5H_6O_2$

Molekulargewicht: 98,08.

Literatur: F 16, T 14.

Vorkommen: → *Tulipa gesneriana* und *Hybriden*; Allergene aus Tulpen und Alströmerien.

Therapie:
Erste Hilfe: Kohle-Pulvis (10 g), erbrechen lassen, viel warmen Tee oder Himbeersaft trinken lassen.
Klinik: Nach wahrscheinlich großer Giftaufnahme: Magenspülung (evtl. mit burgunderfarbener Kaliumpermanganatlösung), Instillation von 10 g Kohle-Pulvis und Natriumsulfat, Elektrolytsubstitution, Azidoseausgleich mit Natriumbikarbonat (Urin pH 7,5).

Tuliposid A

CAS-Nr.: [19870-30-5].

Gruppe: Glykosid.

Strukturformel:

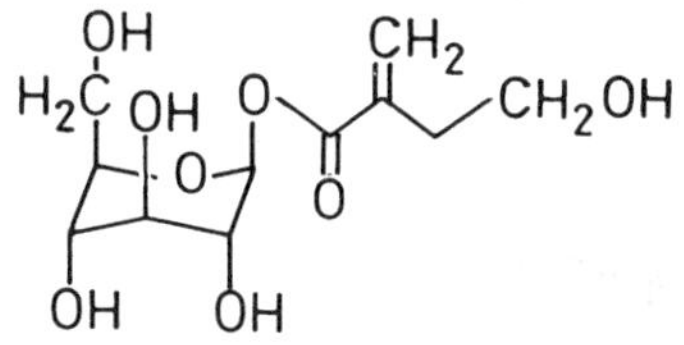

Summenformel: $C_{11}H_{18}O_8$.

Molekulargewicht: 278,25.

Schmelzpunkt: 128 °C.

Spezifische Drehung: $[\alpha]_D^{20}$ +45,5° (c=1,0 in Methanol).

Literatur: B 35, F 16, T 14.

Vorkommen: → *Tulipa gesneriana* und *Hybriden;* Allergene aus Tulpen und Alströmerien.

Therapie:
Erste Hilfe: Kohle-Pulvis-Gabe, Erbrechen auslösen, Natriumsulfat.
Klinik: Magenspülung (evtl. mit burgunderfarbener Kaliumpermanganatlösung), Kohleinstillation (10g Pulvis), Herzschrittmacher (prophylaktisch), Hämoperfusion, Kontrolle des Kaliumspiegels und Substitution, Phenytoin, bei ventrikulärer Extrasystolie: Lidocain (Xylocain®), bei ausgeprägter Bradykardie: Atropin oder Orciprenalin (Alupent®), bei AV-Überleitungsstörungen: Vorsicht mit Substanzen, die diese zusätzlich beeinträchtigen, d. h. mit Ajmalin, Procainamid, β-Rezeptorenblocker und Chinidin.

Ursolsäure

CAS-Nr.: [77-52-1].

Synonyma: Urson, Malol, Prunol.

Gruppe: Triterpen.

Strukturformel:

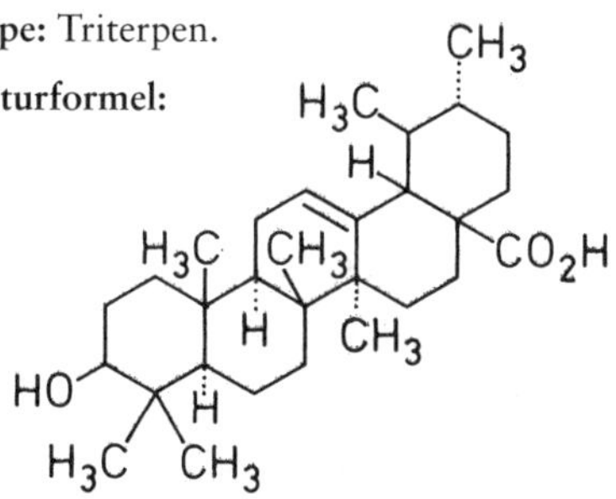

Summenformel: $C_{30}H_{48}O_3$.

Molekulargewicht: 456,68.

Charakter: Farblose Kristalle, auch prismenähnliche Nadeln.

Löslichkeit: Löslich in heißem Eisessig, heißem Ethanol, in 2%iger alkoholischer Natronlauge.

Schmelzpunkt: 270–272 °C.

Spezifische Drehung: $[\alpha]_D^{20}$ +66° (in Pyridin).

Toxikologie: Ursolsäure besitzt eine geringe Toxizität.

Literatur: B 35, B 36, H 12, M 16, M 17, R 21.

Handelsübliche Packung: 25 mg, 250 mg.

Vorkommen: → *Catalpa bignioides,* → *Empetrum nigrum,* → *Ilex aquifolium* und in vielen anderen Pflanzen.

Therapie:
Erste Hilfe: Kohle-Pulvis-Gabe, Erbrechen auslösen, Natriumsulfat, viel warmen Tee trinken lassen. Haut- und Schleimhautblasen steril abdecken, Tetanusprophylaxe, lokal Locacorten-Schaum.
Klinik: Magenspülung (evtl. mit burgunderfarbener Kaliumpermanganatlösung), Instillation von 10 g Kohle-Pulvis, Elektrolytsubstitution, Azidoseausgleich mit Natriumbikarbonat (Urin pH 7,5), Kontrolle der Nierenfunktion, bei Krämpfen Diazepam (Valium®) i.v., ggf. Plasma(expander)gabe, bei Atemlähmung: Intubation und Sauerstoffbeatmung.

Urushiol

CAS-Nr.: [53237-59-5] Urushiol-Gemisch.

Synonyma: Toxicodendrol, Toxicodendrin, Toxicodendronsäure.

Gruppe: Brenzkatechinderivat.

Summenformel: $C_{21}H_{32}O_2$.

Molekulargewicht: 316,47.

Charakter: Hellgelbe Flüssigkeit.

Löslichkeit: Löslich in Ethanol, Benzol, Ether.

Kochpunkt: Kp 200–210 °C.

Toxikologie: → *Toxicodendron quercifolium*

Strukturformel: „Rhusgift" besteht aus Brenzkatechinderivaten mit gesättigten C_{15} und mono-di- und triolefinischen Seitenketten.

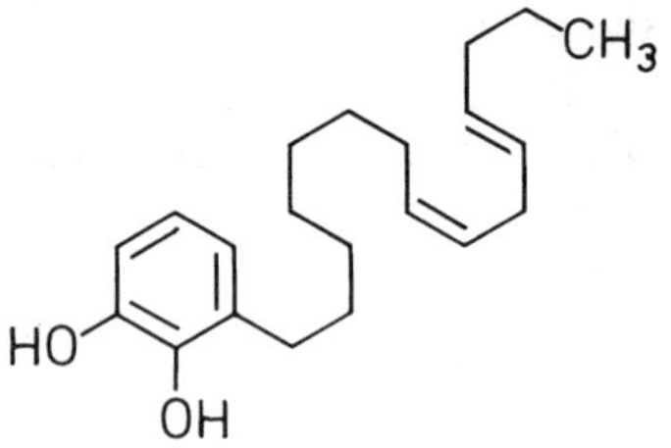

Literatur: B 36, H 12, H 13, M 17, T 14.

Vorkommen: → *Toxicodendron quercifolium* (Rhus toxicodendron) und anderen Pflanzen der Gattung.

Therapie:
Erste Hilfe: Gabe von 10 g Kohle-Pulvis, Erbrechen auslösen, Natriumsulfat. Haut- und Schleimhautblasen steril abdecken, Tetanusprophylaxe, lokal Locacorten-Schaum.
Klinik: Magenspülung (evtl. mit burgunderfarbener Kaliumpermanganatlösung), Instillation von 10 g Kohle-Pulvis; nach der Resorption (Krämpfe!) Relaxierung und Intubation.

(+)- und (–)-Usninsäure

CAS-Nr.:
[7562-61-0] (+)-Usninsäure
[6159-66-6] (–)-Usninsäure.

Synonyma: Carbonusninsäure, Usnein, Usniacin.

Gruppe: Pflanzensäure.

Strukturformel:

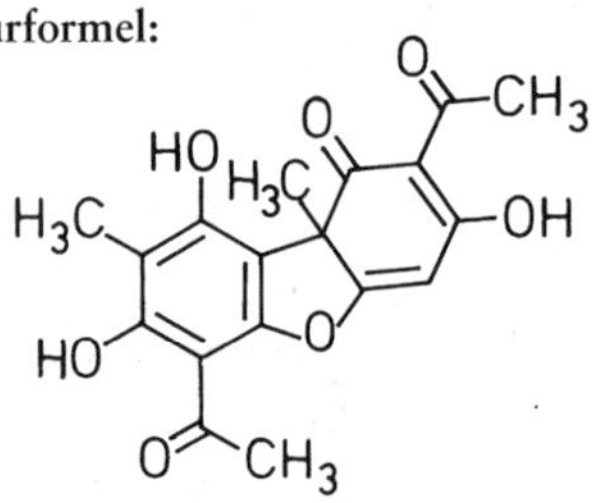

Summenformel: $C_{18}H_{16}O_7$.

Molekulargewicht: 344,31.

Charakter: Gelbe Prismen oder Nadeln.

Löslichkeit: Leicht löslich in Benzol.

Schmelzpunkt: 195–200 °C.

Spezifische Drehung: $[\alpha]_D^{20}$ +480–500° (c=2, Chloroform).

Toxikologie: LD_{50} (Maus): 25 mg/kg i.v.

Literatur: H 12, M 17, R 21.

Handelsübliche Packung: 2,5 g.

Vorkommen: Usnea barbata (L.) Wigg., und in anderen Flechten.

(+)- und (–)-Usninsäure)

Therapie: Erste Hilfe: Kohle-Pulvis (10 g), erbrechen lassen, viel warmen Tee oder Himbeersaft trinken lassen. Klinik: Nach wahrscheinlich großer Giftaufnahme: Magenspülung (evtl. mit burgunderfarbener Kaliumpermanganatlösung), Instillation von 10 g Kohle-Pulvis und Natriumsulfat, Elektrolytsubstitution, Azidoseausgleich mit Natriumbikarbonat (Urin pH 7,5).

Uzarigenin

CAS-Nr.: [466-09-1].

Synonyma: Odorigenin.

Strukturformel: Aglukon von Uzarin.

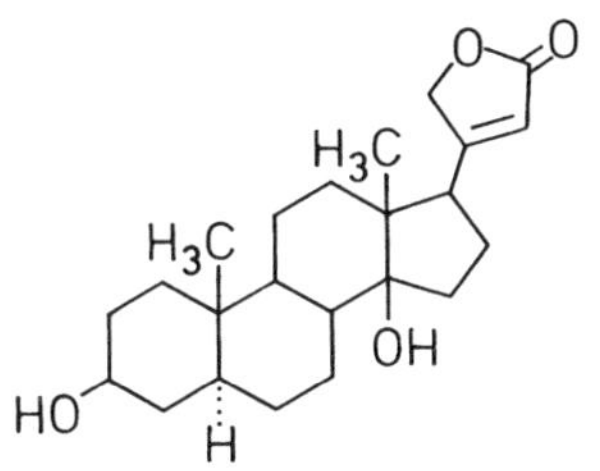

Summenformel: $C_{23}H_{34}O_4$.

Molekulargewicht: 374,53.

Schmelzpunkt: 240–256 °C.

Spezifische Drehung: $[\alpha]_D^{20}$ +10,5 (c=1,056 in Ethanol).

R_f-Werte Dünnschichtchromatographie: LM=Chloroform; FM=Toluol (5):Ethylformiat (4):Ameisensäure (1).
R_f-Bereich: ~0,4.*)

Farbreaktionen, Reagenzien: Molybdatophosphorsäure, blau*).

Literatur: B 35, M 17; *) Naturstoffabt. C. Roth, Karlsruhe.

Handelsübliche Packung: 10 mg.

Vorkommen: → *Xysmalobium undulatum*, → *Nerium oleander*, Mallotus paniculatus (Lam.) Muell. Arg.

Therapie: Erste Hilfe: Medizinalkohle (Kohle-Pulvis 10 g), Schocklagerung. Klinik: Magenspülung, Medizinalkohle, Natriumsulfat. Herzmassage, beatmen. Plasmaexpander. Auf Nierenfunktion achten.

Veratridin

CAS-Nr.: [71-62-5].

Gruppe: Alkaloid.

Summenformel: $C_{36}H_{51}NO_{11}$.

Molekulargewicht: 673,81.

Charakter: Gelbliches, amorphes Pulver.

Löslichkeit: Löslich in Wasser.

Schmelzpunkt: 180 °C.

Strukturformel:

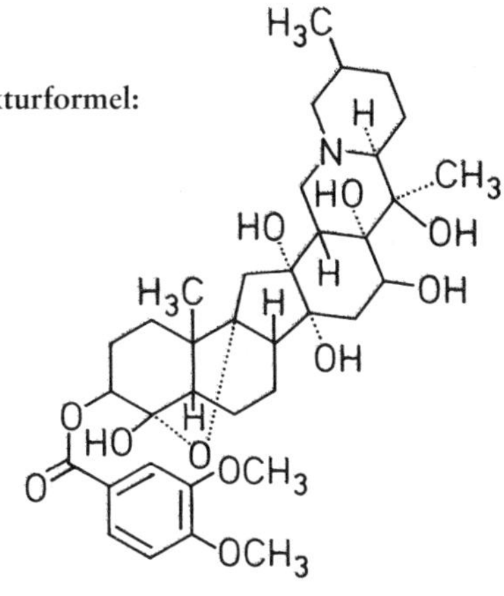

Veratridin

Spezifische Drehung: $[\alpha]_D^{20}$ +8° (Ethanol).

Toxikologie: LD_{50} (Maus): 1,35 mg/kg i.p.

Literatur: H 12, M 17.

Handelsübliche Packung: 50 mg.

Vorschriften: Verbotene Stoffe der Kosmetikverordnung v. 19. 6. 1985 Anlage 1: 331 Veratrin und seine Salze.

Vorkommen: → *Schoenocaulon officinale*, → *Veratrum album.*

Therapie:
Erste Hilfe: Kohle-Pulvis, erbrechen lassen, viel warmen Tee trinken lassen, Natriumsulfat, Schockprophylaxe (Ruhe, Wärme). Haut- und Schleimhautblasen: Steril abdecken, Tetanusprophylaxe, lokal Locacorten®-Schaum.
Klinik: Magenspülung (evtl. mit burgunderfarbener Kaliumpermanganatlösung), Elektrolytsubstitution, Azidoseausgleich mit Natriumbikarbonat (Urin pH 7,5), im Schock Plasmaexpandergabe, bei Krämpfen Diazepam (Valium®) i.v., Kontrolle der Nierenfunktion, bei Atemlähmung Intubation und Sauerstoffbeatmung.

Verbenalin

CAS-Nr.: [548-37-8].

Synonyma: Verbenalosid, Cornin.

Gruppe: Glykosid.

Strukturformel: Glucosid: Verbenalol + 1 Mol Glucose.

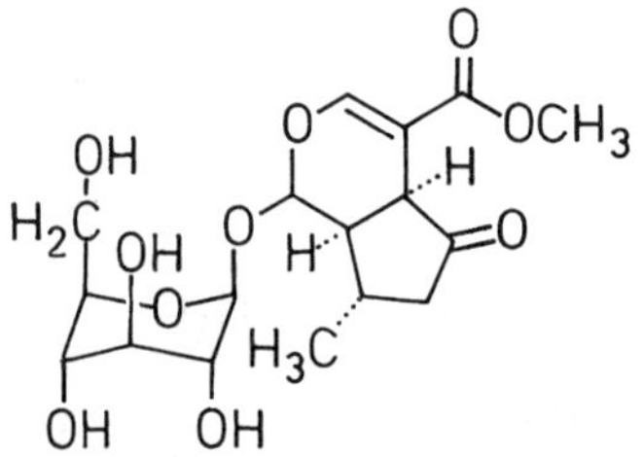

Summenformel: $C_{17}H_{24}O_{10}$.

Molekulargewicht: 388,38.

Charakter: Kristalle mit bitterem Geschmack.

Löslichkeit: Leicht löslich in Wasser, wenig löslich in Ethanol und Ether.

Schmelzpunkt: 180–184 °C.

Spezifische Drehung: $[\alpha]_D^{25}$ –173° (in Wasser).

Literatur: F 16, H 12, K 7, M 17, R 21.

Handelsübliche Packung: 50 mg.

Vorkommen: Verbena officinalis L., und in anderen Pflanzen.

Therapie:
Erste Hilfe: Sofort Kohle-Pulvis (10 g), Erbrechen auslösen, Natriumsulfat.
Klinik: Magenspülung (evtl. mit burgunderfarbener Kaliumpermanganatlösung), Instillation von 10 g Kohle-Pulvis, Natriumsulfat. Nach der Resorption (Krämpfe) Relaxierung und Intubation, solange das Krampfstadium anhält. Monitorkontrolle.

Viburnin

Gruppe: Bitterstoff.

Struktur: unbekannt.

Charakter: Braune amorphe Substanz.

Löslichkeit: Löslich in Wasser und Ethanol.

Literatur: B 36.

Vorkommen: → *Viburnum opulus* und in anderen Viburnum-Arten.

Therapie:
Erste Hilfe: Kohle-Pulvis (10 g), erbrechen lassen, viel warmen Tee oder Himbeersaft trinken lassen.
Klinik: Nach wahrscheinlich großer Giftaufnahme: Magenspülung (evtl. mit burgunderfarbener Kaliumpermanganatlösung), Instillation von 10 g Kohle-Pulvis und Natriumsulfat, Elektrolytsubstitution, Azidoseausgleich mit Natriumbikarbonat (Urin pH 7,5).

Vicin

CAS-Nr.: [152-93-2].

Synonyma: Viciosid, Divicin-β-glucosid.

Gruppe: Glykosid.

Strukturformel:

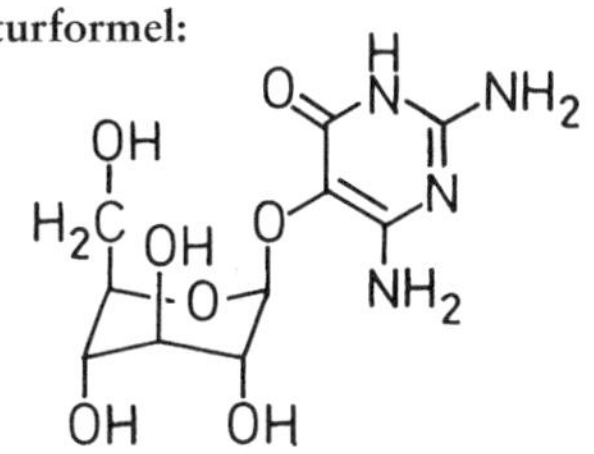

Summenformel: $C_{10}H_{16}N_4O_7$.

Molekulargewicht: 304,26.

Löslichkeit: Löslich in verd. Säuren und Alkalien; wenig löslich in Ethanol, löslich in Wasser 1:100.

Schmelzpunkt: 243–244 °C (dec.).

Spezifische Drehung: $[\alpha]_D^{26}$ −11,7° (c=3,9 in 0,2 N NaOH).

Toxikologie: Hämolytische Anämie möglich.

Literatur: K 7, M 17.

Vorkommen: → *Vicia faba,* Vicia sativa L. und in anderen Fabaceen.

Therapie:
Erste Hilfe: Kohle-Pulvis trinken lassen.
Klinik: Nur nach großer Giftaufnahme Magenspülung, Kohle-Pulvis, Natriumsulfat, Plasmaexpander im Schock. Natriumbikarbonat zum Azidoseausgleich, ggf. Intubation und Beatmung. Kontrolle der Blutgerinnung und der Leberwerte. Monitorkontrolle.

Vinblastin

CAS-Nr.: [685-21-4].

Synonyma: Vincaleukoblastin.

Gruppe: Alkaloid.

Summenformel: $C_{46}H_{58}N_4O_9$.

Molekulargewicht: 811,00.

Löslichkeit: Löslich in Alkoholen, Aceton, Ethylacetat, Chloroform.

Schmelzpunkt: 211–216 °C.

Toxikologie: LD_{50} (Maus): 17 mg/kg intravenös.

Literatur: H 12, M 17.

Handelsüblich: Vinblastin-sulfat, Fp. ca. 267 °C (dec.).

Strukturformel:

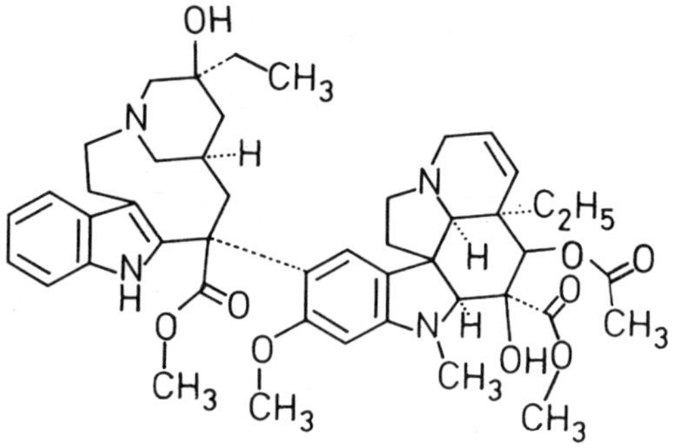

Handelsübliche Packung: 5 mg.

Vorkommen: → *Catharanthus roseus.*

Therapie:
Erste Hilfe: Kohle-Pulvis trinken lassen.
Klinik: Nur nach großer Giftaufnahme Magenspülung, Kohle-Pulvis, Natriumsulfat, Plasmaexpander im Schock. Natriumbikarbonat zum Azidoseausgleich, ggf. Intubation und Beatmung.

Vincamin

CAS-Nr.: [1617-90-9].

Synonyma: Minorin.

Gruppe: Alkaloid.

Strukturformel:

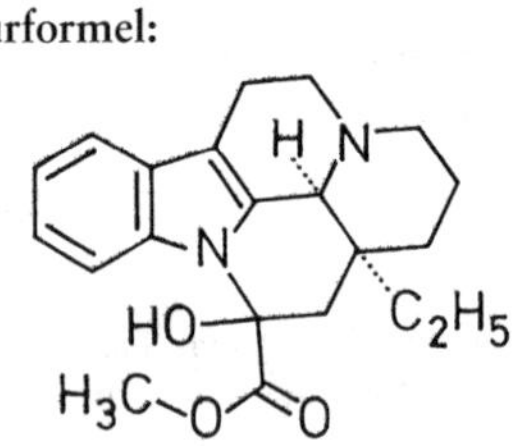

Summenformel: $C_{21}H_{26}N_2O_3$.

Molekulargewicht: 354,43.

Charakter: Gelbe Kristalle.

Löslichkeit: In Methanol und Aceton löslich.

Schmelzpunkt: 232 – 233 °C.

Spezifische Drehung: $[\alpha]_D^{23}$ +41° (in Pyridin).

Toxikologie: LD_{50} (Maus): 50 mg/kg i.v. Vincamin wirkt sedierend und hypotensiv.

Literatur: G 14, H 12, M 17, R 21.

Handelsübliche Packung: 1 g

Vorkommen: → *Vinca minor,* Vinca major L. und andere Vinca-Arten.

Therapie:
Erste Hilfe: Kohle-Pulvis trinken lassen.
Klinik: Nach großer Giftaufnahme Magenspülung, Kohle-Pulvis, Natriumsulfat. Plasmaexpander im Schock. Natriumbikarbonat zum Azidoseausgleich, ggf. Intubation und Beatmung. Kontrolle der Blutgerinnung.

Vincetoxin

CAS-Nr.: [1401-78-1].

Synonyma: Cynanchin.

Gruppe: Glykosid.

Summenformel: $C_{50}H_{82}O_{20}$.

Molekulargewicht: 1003,16

Charakter: Amorphes Pulver.

Löslichkeit: Löslich in Ethanol, Chloroform, Wasser.

Schmelzpunkt: Wasserlösl. Form: 132 °C, wasserunlösliche Form: 59 °C.

Literatur: B 36, M 17.

Vorkommen: → *Vincetoxicum hirundinaria.*

Therapie:
Erste Hilfe: Sofortiges Erbrechen, 10 g Kohle-Pulvis, Natriumsulfat.
Klinik: Magenspülung (evtl. mit burgunderfarbener Kaliumpermanganatlösung, Instillation von 10 g Kohle-Pulvis und Natriumsulfat, Elektrolytsubstitution, Azidoseausgleich mit Natriumbikarbonat (Urin pH 7,5) bei Krämpfen Diazepam (Valium®) i.v., ggf. Intubation und Sauerstoffbeatmung.

Vincristin

CAS-Nr.: [57-22-7].

Synonyma: Leurocristin.

Gruppe: Alkaloid.

Strukturformel:

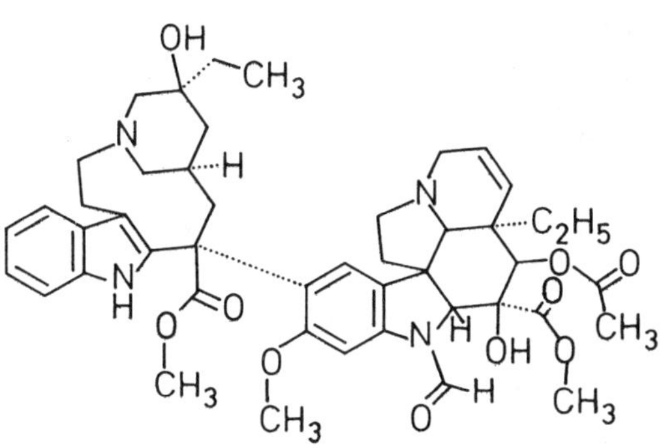

Summenformel: $C_{46}H_{56}N_4O_{10}$.

Molekulargewicht: 824,94.

Charakter: Farblose Plättchen aus Methanol.

Schmelzpunkt: 218–220 °C.

Spezifische Drehung: $[\alpha]_D^{25}$ +26,2° (Ethylenchlorid).

Toxikologie: LD_{50} (Maus): 2 mg/kg i.v.; LD_{50} (Maus): 5,2 mg/kg i.p.; LD (Maus): 7 mg/kg i.p.

Literatur: H 13, M 17.

Handelsüblich: Vincristin-sulfat, Fp. über 300 °C.

Handelsübliche Packung: 5 mg.

Vorkommen: → *Catharanthus roseus.*

Therapie:
Erste Hilfe: Sofort Kohle-Pulvis trinken lassen.
Klinik: Sofort nach großer Giftaufnahme Magenspülung, Kohle-Pulvis, Natriumsulfat. Plasmaexpander im Schock. Natriumbikarbonat zum Azidoseausgleich, ggf. Intubation und Beatmung. Kontrolle der Blutgerinnung.

Vulpinsäure

CAS-Nr.: [521-52-8].

Gruppe: Lacton

Strukturformel:

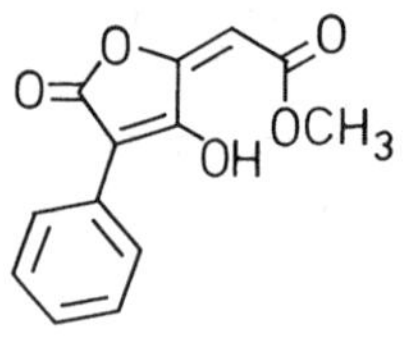

Summenformel: $C_{19}H_{14}O_5$.

Molekulargewicht: 322,33.

Charakter: Gelbe Nadeln, Blättchen oder Prismen. Zeigt stark saure Reaktionen und bildet wasserbeständige Salze.

Löslichkeit: Löslich in Chloroform, weniger in Ether, wenig in heißem Ethanol, unlöslich in Wasser.

Schmelzpunkt: 146–148 °C.

R_f-Werte Dünnschichtchromatographie: LM=Aceton; FM=Benzol (1):Chloroform (1). R_f-Bereich: ~0,93.*)

Farbreaktionen, Reagenzien: Gelb.

Toxikologie: → *Letharia vulpina.*

Literatur: B 35, K 7, K 36, R 21; *) Naturstoffabt. C. Roth, Karlsruhe.

Handelsübliche Packung: 5 g.

Vorkommen: → *Letharia vulpina* und andere Flechten.

Therapie:
Erste Hilfe: Medizinalkohle (10 g Kohle-Pulvis) trinken lassen.
Klinik: Nach großer Giftaufnahme Magenspülung, Medizinalkohle, Natriumsulfat. Plasmaexpander im Schock. Auf die Nierenfunktion achten.

Xanthotoxin

CAS-Nr.: [298-81-7].

Synonyma: Ammoidin, 8-Methoxypsoralen, 8-MOP.

Gruppe: Cumarin.

Strukturformel:

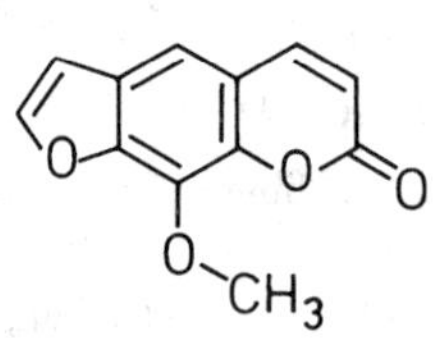

Summenformel: $C_{12}H_8O_4$.

Molekulargewicht: 216,19.

Charakter: Rhombische Prismen.

Löslichkeit: Löslich in Ethanol und Aceton, leicht löslich in Chloroform, heißem Aceton, Eisessig.

Schmelzpunkt: 145–146 °C.

R_f-Werte Dünnschichtchromatographie: LM=Aceton; FM=Toluol (5):Ethylformiat (4):Ameisensäure (4).
R_f-Bereich: ca. 0,60*).

Farbreaktionen, Reagenzien: Hellbraun*).

Toxikologie: Xanthotoxin wirkt phototoxisch, photomutagen und nach neueren Befunden cancerogen.
LD_{50} (Ratte): 470±30 mg/kg i.p. [M 17].

Literatur: H 12, K 7, R 21; *)Naturstoffabt. C. Roth, Karlsruhe.

Handelsübliche Packung: 250 mg.

Vorkommen: → *Angelica archangelica,* → *Heracleum sphondylium* und andere Apiaceen.

Xanthotoxin

Therapie:
Meidung von Sonnenexposition. Blasen steril abdecken, Tetanusprophylaxe, lokal Locacorten®-Schaum. Kontrolle der Blutgerinnung.

Xanthotoxol

CAS-Nr.: [2009-24-7].

Gruppe: Cumarinderivat.

Strukturformel:

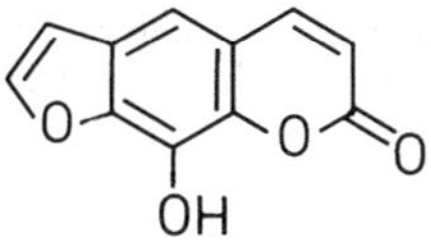

Summenformel: $C_{11}H_6O_4$.

Molekulargewicht: 202,16.

Schmelzpunkt: 251 – 252 °C.

Literatur: B 35, H 12.

Handelsübliche Packung: 100 mg.

Vorkommen: → *Angelica archangelica* und anderen Apiaceen.

Therapie:
Meidung von Sonnenexposition. Blasen steril abdecken, Tetanusprophylaxe, lokal Locacorten®-Schaum. Kontrolle der Blutgerinnung.

Yohimbin

CAS-Nr.: [146-48-5].

Synonyma: Quebrachin, Corynin, Aphrodin.

Gruppe: Alkaloid.

Strukturformel:

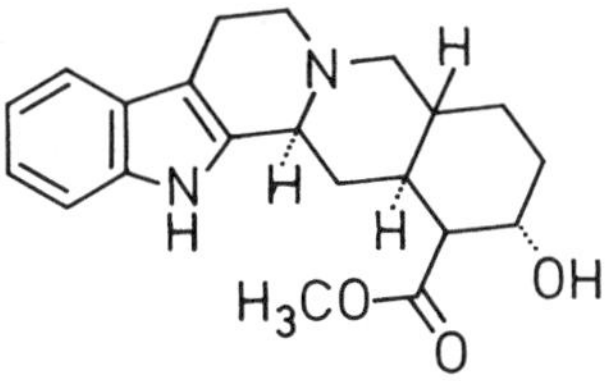

Summenformel: $C_{21}H_{26}N_2O_3$.

Molekulargewicht: 354,43.

Charakter: Farblose oder weiße, seidenglänzende Kristallnadeln.

Löslichkeit: Löslich in Ethanol, Chloroform, heißem Benzol.

Schmelzpunkt: 234 °C.

Spezifische Drehung: $[\alpha]_D^{20}$ +50,9 –62,9 (Ethanol).

R_f-Werte Dünnschichtchromatographie: Stahl [S 53].

Toxikologie: Yohimbin blockiert die präsynaptischen alpha-2-Rezeptoren und stimuliert dadurch die Noradrenalinsekretion aus den Nervenenden ohne die postsynaptischen vaskulären alpha-1-Rezeptoren zu berühren. So wird im Penisschaft Noradrenalin frei, welches für die Erektion wichtig ist.
0,016–0,125 mg/kg oral Yohimbin-HCl bewirken eine dosisabhängige Steigerung des

Yohimbin

systolischen und diastolischen Blutdruckes ohne eine signifikante Veränderung der Herzfrequenz.
In der Literatur wird folgender Fall geschildert: Ein Chemiker hatte fast die 1000fache Dosis (1,8 g) eingenommen. Er wurde für einige Stunden bewußtlos (hierbei trat aber starker Priapismus auf), konnte aber innerhalb eines Tages aus dem Krankenhaus entlassen werden.

Literatur: H 12, M 17, S 53, T 7.

Handelsüblich:
Yohimbin-hydrochlorid Fp. 230–235 °C.

Handelsübliche Packung: 10 g.

Vorschriften: Verbotene Stoffe der Kosmetikverordnung v. 19. 6. 1985 Anlage 1: 337 Yohimbin und seine Salze.
Yohimbinum: Monographie der Kommission D.

Vorkommen: → *Pausinystalia yohimba,* → *Rauvolfia serpentina.*

Therapie:
Erste Hilfe: Sofort Kohle-Pulvis trinken lassen.
Klinik: Sofort nach großer Giftaufnahme Magenspülung, Kohle-Pulvis, Natriumsulfat. Nitronlignal®-Spray bei Hypertonie bzw. Gefäßspasmen. Plasmaexpander im Schock. Natriumbikarbonat zum Azidoseausgleich, ggf. Intubation und Beatmung.

Yohimbinsäure

CAS-Nr.: [522-87-2].

Synonyma: Yohimboasäure.
E: Yohimbic acid.

Gruppe: Alkaloid.

Summenformel: $C_{20}H_{24}N_2O_3$.

Molekulargewicht: 340,41.

Schmelzpunkt: 267 – 268 °C (dec.) Hydrat.

Literatur: H 12.

Handelsüblich: Yohimbinsäure Hydrat.

Strukturformel:

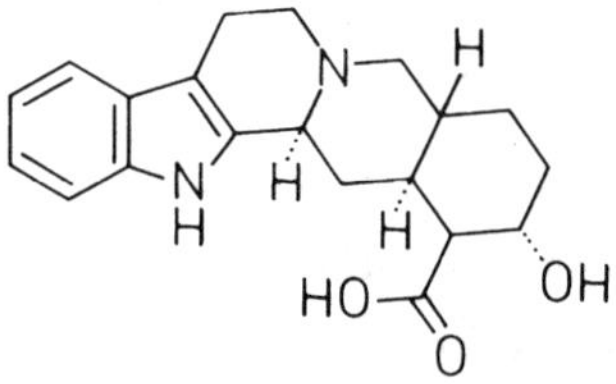

Handelsübliche Packung: 1 g.

Vorkommen: → *Pausinystalia yohimba.*

Therapie:
Erste Hilfe: Sofort Kohle-Pulvis trinken lassen.
Klinik: Sofort nach großer Giftaufnahme Magenspülung, Kohle-Pulvis, Natriumsulfat. Plasmaexpander im Schock. Natriumbikarbonat zum Azidoseausgleich, ggf. Intubation und Beatmung.

V
Fachbeiträge

V – 1
Dünnschichtchromatographie (DC) von Pflanzengiften

Nachstehend sind mehrere dünnschichtchromatographische Methoden angegeben, von ganz einfachen Bestimmungsmethoden bis zu komplizierten Bestimmungsmethoden für Aflatoxine. Dieses Buch will kein Lehrbuch über Chromatographie sein, dem Experimentator seien folgende weitergehenden Werke empfohlen, auf die auch vielfach Bezug genommen wird:

Stahl, E.: Chromatographische und mikroskopische Analyse von Drogen, G. Fischer Verlag Stuttgart, 1970
Stahl, E.: Dünnschichtchromatographie, ein Laboratoriumshandbuch, 2. Aufl., Springer Verl., Berlin, Heidelberg, New York, 1981

Speziell für Rausch- und Suchtmittel sei das Buch von Diezel-Kovar „Rausch- und Suchtmittel“, Deutscher Apotheker-Verlag 1983 erwähnt, in dem die chromatographischen Untersuchungsmethoden genau wiedergegeben sind.
Eine einfache Probe kann z. B. so vorgenommen werden: Das Probematerial wird zerkleinert, eventuell mit Seesand in der Reibschale zerrieben und mit einer möglichst geringen Menge eines geeigneten Lösemittels extrahiert. Die geeigneten Lösemittel sind bei vielen Pflanzengiften angegeben. In Zweifelsfällen ist Methanol, Rotisol® oder Ethanol zu empfehlen, in dem sich Alkaloide und Glykoside gut lösen. Wir haben dann meist auf die DC-Plastikfolien Kieselgel 60 F_{254} von Merck aufgetragen und mit den entsprechenden Fließmitteln, die bei den Pflanzengiften vielfach angegeben sind, entwickelt. Bei Drogenauszügen sollte man gleich 2 Chromatogramme anfertigen und eines davon mit Naturstoffreaganz A besprühen und unter dem UV-Licht bei beiden Wellenlängen betrachten. Viele Stoffe werden mit diesem Reagenz sichtbar.
Wie ein solches Chromatogramm aus einer Droge aussehen kann, zeigt die folgende Abbildung. Eine genaue Bestimmung ist aber nur dann möglich, wenn man die entsprechende Vergleichssubstanz mitlaufen läßt. Deswegen wurde bei den Pflanzengiften jeweils angegeben, welche kleinste Menge handelsüblich erhältlich ist.
Die Firma Carl Roth besitzt eine „Naturstoffbank“, bei der zahlreiche Vergleichssubstanzen in Kleinpackungen vorrätig sind und kurzfristig angefordert werden können.
Wie die Papierchromatographie als Anwendung der Verteilungschromatographie für kleine analytische Substanzmengen entscheidende Trennverbesserungen bringt, so bedeutet die Chromatographie auf dünnen Adsorptionsschichten, die auf Glas-, Aluminium- oder Kunst-

stoffplatten aufgetragen sind, den Übergang von der Säulenchromatographie in den Bereich kleinster Mengen unter bestmöglichster Auftrennung von Gemischen, wobei Steigerungen des Trenneffektes um das 10- bis 100fache beobachtet werden können. Durch den Einsatz stark polarer Fließmittel gelingt hier der Übergang zur Verteilungschromatographie, und die Möglichkeit der Kombination von Adsorption und Verteilung verdeutlicht besonders gut den Fortschritt, den die DC für die Trennung lipophiler und hydrophiler Verbindungsgemische bei geringem Zeitaufwand (meistens zwischen 30 und 60 Minuten) bringt.
Als Adsorptionsmittel in der DC können grundsätzlich alle für die Säulenchromatographie bekannten Adsorbentien verwendet werden, wenn auch in feinerer und gleichmäßigerer Körnung. Bis auf wenige Ausnahmen, die in den Spezifikationen aufgeführt sind, verwendeten wir DC-Fertigplatten der Firma MERCK Nr. 5554/0025 und 5735 mit Fluoreszenzindikator F 254.
Um die vielfach unvermeidbaren Temperaturschwankungen auf die Entwicklung von Dünnschichtchromatogrammen auszuschalten, wurden alle Chromatogramme in den DC-Thermokammern Roth bei 20 °C entwickelt. Hierbei werden die genormten, doppelwandigen Duranglaszylinder mit den Innenmaßen 110 × 222 mm mit Wasserschläuchen untereinander verbunden. Ein Thermostat besorgt einen konstant temperierten Wasserdurchlauf innerhalb der Doppelmäntel und somit eine konstante Temperatur in den Entwicklungskammern selbst.
Chromatographiert wurde aufsteigend bis zur Höhe von 10 oder 15 cm über dem Startpunkt. Zur Vermeidung von Randeffekten durch vermehrtes Abdampfen der Fließmittelkomponenten vom Plattenrand, die die Ausbildung einer geraden Fließmittelfront verhindern, werden unter Umständen Filtrierpapierstreifen in die Kammer eingehängt, die sich mit Fließmittel vollsaugen und für die gleichmäßige Sättigung des Kammerraumes mit Fließmitteldämpfen sorgen.

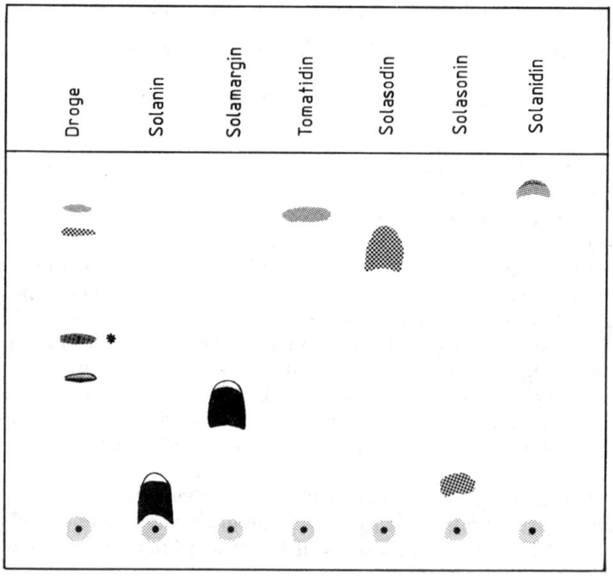

Abb.1. Stipites Dulcamarae, Bittersüßstengel. – Lösungsmittel (LM): Pyridin: Solanin, Tomatidin; Methanol: Solasodin, Solamargin, Droge (Extraktion ca. 10 Min.); Ethanol: Solasonin, Solanidin. – Fließmittel (FM): Essigester (45): Pyridin (15): Wasser (45). – Sprühreagenz: Antimon-III-chlorid, 30% in Chloroform

* unbekanntes Alkaloid.

1. Fließmittel

Die Fließmittel werden ausgewählt nach der Regel, daß stark polare Lösungsmittel einen hohen R_f-Wert, unpolare dagegen einen niederen R_f-Wert erzielen. Die sogenannte eluotrope Reihe nach BROCKMANN ordnet die Lösungsmittel nach steigender Polarität.

hohe Polarität → Basen
Säuren
Wasser
Methanol
Ethanol
Butanol
Aceton
Essigester
Ether
Chloroform
Benzol
Toluol
Tetrachlorkohlenstoff
Cyclohexan
geringe Polarität → Benzin

Soll ein unbekanntes Gemisch chromatographiert werden, so probiert man diese Lösungsmittel nacheinander aus. Die gewünschte Polarität kann auch durch Mischen erreicht werden.

2. Nachweis und Auswertung in der Dünnschichtchromatographie

Nach dem Entwickeln und Trocknen der Platten wird ähnlich wie in der Papierchromatographie verfahren. Die bei Tages- oder UV-Licht (254 und 350 nm) sichtbaren Flecken werden mit einer Nadel durch Umpunkten markiert und dann – eventuell nach Besprühen mit Reagenzien – auf Farbbildung oder Farbänderung geprüft. Anorganische Adsorbentien erlauben die Anwendung aggressiver Reagenzien (wie Schwefelsäure, Phosphorsäure und Phosphormolybdänsäure) bei 120 °C.

Reagenzien

$CuSO_4$ = Kupfersulfat, 10%ige wäßrige Lösung. Das besprühte Chromatogramm wird für 20 Minuten auf 120 °C erhitzt. Im Tageslicht werden braune Flecken auf blaugrünem Grund sichtbar. Geeignet für Senfölglykoside.

Dinitrophenylhydrazin – 150 mg 2,4-Dinitrophenylhydrazin werden in 25 ml HCl konz. gelöst und mit Wasser auf 100 ml aufgefüllt. Das Chromatogramm wird etwas erwärmt. Die Färbung wird im Tageslicht sichtbar. Geeignet für Aldehyde und Ketone.

$FeCl_3$ = Eisen-III-chlorid, 20%ige wäßrige Lösung. Im Tageslicht werden dunkle Flecken auf gelbem Grund sichtbar. Geeignet zum Nachweis phenolischer Gruppen und für Catechine.

G.A. = Glucose-Anilin; 2 g Glucose und 2 ml Anilin werden in 20 ml Wasser + 20 ml Ethanol + 60 ml n-Butylalkohol gelöst. Das besprühte Chromatogramm wird für 5–10 Minuten auf 115 °C erhitzt. Die Färbung wird im Tageslicht sichtbar. Geeignet für Säuren.

Munier = Dragendorff's Reagenz nach Munier; eine Mischung aus

Lösung A		und	Lösung B	
Wismutsubnitrat	17 g		Kaliumjodid	160 g
Weinsäure	200 g		Wasser	400 ml
Wasser	800 ml			

ergibt die Stammlösung, die bei Bedarf verdünnt wird: Stammlösung 50 ml + Weinsäure 100 g + Wasser 500 ml. Im Tageslicht erscheinen orangefarbene bis rote Flecken. Geeignet für Alkaloide.

NA = Naturstoffreagenz A = Diphenylborsäure-β-aminoethylester (Lit.: R. Neu, Naturwissenschaften 44, 181/1957), 1%ige methanolische Lösung. Das Reagenz muß jeweils vor dem Gebrauch frisch angesetzt werden. Es wird durch Sprühen (unter dem Abzug!) aufgebracht. Die Färbung ist im Tages- und UV-Licht sichtbar. Geeignet für Flavone und Pflanzensäuren.

NH_3 – Das Chromatogramm wird über Ammoniakdämpfe (Ammoniakflasche) gehalten und sofort unter der UV-Lampe betrachtet, weil die Färbung schnell wieder verschwindet.

Ninhydrin – 1 g Ninhydrin wird in 93 ml wassergesättigtem n-Butylalkohol gelöst unter Zugabe von 7 ml Eisessig. Kurzes Erwärmen auf 60 °C beschleunigt das Erscheinen der Flecken. Geeignet für Aminosäuren.

Phosphormolybdänsäure – etwa 5 g Phosphormolybdänsäure werden in 100 ml Ethanol gelöst; Nachbehandlung durch Erwärmen auf 100–110 °C. Geeignet für Fettsäuren, Fettalkohole, Steroidglykoside u. a.

$SbCl_3$ = Antimontrichlorid, 30%ige Lösung in Chloroform. Das Chromatogramm wird kurz auf 100 °C erhitzt. Die Färbung ist im Tages- und UV-Licht sichtbar. Geeignet für Solanum-Alkaloide.

Schwefelsäure – verdünnt (1 : 1); Nachbehandlung durch Erwärmen auf 110 °C für etwa 5 Minuten. Geeignet für fast alle organische Verbindungen.

UV = UV-Lampe, Wellenlänge ~ 350 nm oder (selten) 254 nm.

Vanillin-HCl – 0,5 g Vanillin werden in 50 ml Salzsäure konz. gelöst. Geeignet für Catechine.

Zimtaldehyd – 1 g Zimtaldehyd wird in 80 ml Ethanol gelöst und mit HCl konz. auf 100 ml aufgefüllt. Das Chromatogramm wird der Luft ausgesetzt und vorsichtig auf 80 °C erwärmt. Die Flecken werden im Tageslicht sichtbar. Geeignet für Glucoside.

3. Dokumentation von Dünnschichtchromatogrammen

Zur kurzzeitigen Aufbewahrung von DC-Platten eignen sich Stapeltabletts aus Kunststoff. Sie haben vorn eine Handhabe und ringsherum genügend Platz zum Anbringen von Ordnungsetiketten.
Die „zeitlose“ Dokumentation geschieht nach eigenen Erfahrungen am besten in der sofortigen Herstellung von Fotokopien frisch entwickelter Dünnschichtchromatogramme, wobei die Färbungen der einzelnen Flecken im Tageslicht oder unter UV-Licht natürlich genau beschrieben werden müssen. Die eleganteste Art der Dokumentation besteht aber in der Aufnahme eines Farbbildes mittels einer Polaroid-Kamera oder in der Anfertigung farbiger Zeichnungen.

4. Reagenzien und Apparate

Reagenzien, Lösungs- und Fließmittel für die Chromatograhie

Acetyl-Methyl-Dioxan
Ameisensäure
Ammoniaklösung
Anilin
Anisaldehyd
Antimon(III)-chlorid

Benzol
Blei(II)-acetat
Borsäure
Brom
Bromphenolblau
n-Butanol
tert.-Butanol

Chloramin
Chloranil
Chloroform

o-Dianisidin
2',7'-Dichlorfluoreszein
4-Dimethylaminobenzaldehyd
3,5-Dinitrobenzoesäure
2,4-Dinitrophenylhydrazin
Dioxan

Echtblausalz B
Eisen(III)-chlorid
Eisessig
Essigester
Essigsäureanhydrid
Ethanol
Ethylformiat

Glucose

Jod

Kaliumhydroxid
Kaliumjodid
Kaliumpermanganat
Kupfersulfat

2,5-Lutidin

Methanol
Methylrot

Natriumjodid
Natriumthiosulfat
Naturstoffreagenz A (=NA)
Ninhydrin
4-Nitrosodimethylanilin

Phosphormolybdänsäure
Phosphorsäure
Phthalsäure
Platin(IV)-chlorwasserstoffsäure
Pyridin

Quecksilber(II)-chlorid

Salzsäure konz.
Schwefelsäure konz.
Stärke löslich

Tetrachlorkohlenstoff
Toluol
Trichloressigsäure

Vanillin

Weinsäure
Wismutcarbonat basisch
Wismutsubnitrat

Xanthydrollösung

Zimtaldehyd
Zirkonoxychlorid

Apparate und Hilfsmittel für chromatographisch arbeitende Laboratorien

Nach Entwicklung in einer *DC-Thermokammer* und Trocknen werden die Platten bei Bedarf schräg-aufrecht gestellt. Für größere DC-Laboratorien ist eine *Sprüh- und Trockenbox mit Absaugung* zu empfehlen.
UV-Analysenleuchte: Eine geeignete Leuchte ist mit zwei 4-Watt-Strahlern mit vorgeschalteten Spezialfiltern ausgestattet und erlaubt eine Untersuchung bei 254 und 365 nm. Der Lampenkörper ist um 350° drehbar, die Halterung läßt sich um 180° schwenken. Man kann also auf jeden beliebigen Strahlungswinkel und auf jede beliebige Höhe zwischen 0 und 25 cm einstellen.
Mikropipetten aus Glas zur quantitativen Dünnschichtchromatographie.
Auftragekapillaren aus Glas zur qualitativen Dünnschichtchromatographie.
Markierungsschablonen für die Dünnschichtchromatographie aus Plastik.
Selbstbereitete Sprühreagenzien lassen sich leicht mit dem dreiteiligen *Sprühdomat* auf die Platten aufbringen.
Der Sprühteil besteht aus säurefestem Kunststoff, die Treibmitteldose reicht zum Versprühen von etwa 1 Liter niedrigviskoser Flüssigkeit aus. Als Reagenzbehälter können beliebig kleine Gefäße – zum Beispiel Reagenzgläser – verwendet werden. Man stellt sie gegebenenfalls in das zum Sprühgerät gehörende große Schraubglas hinein.
Der Vorteil bei diesem Verfahren ist, daß auch vor Gebrauch frisch zu bereitende Reagenzlösungen versprüht werden können. Auch ist eine Kontrolle des Flüssigkeitsstandes möglich.

5. Analysenverfahren zur Bestimmung der Aflatoxine

B_1, B_2, G_1 und G_2 in Lebensmitteln
Bundesgesundheitsblatt 18, 230

Zur Bestimmung der Aflatoxine B_1, B_2, G_1 und G_2 in Lebensmitteln wird vom Bundesgesundheitsamt das folgende von der Kommission für Mykotoxinanalytik des Bundesgesundheitsamtes erarbeitete Analysenverfahren empfohlen, das für die Bestimmung der Aflatoxine B_1, B_2, G_1 und G_2 in folgenden Lebensmitteln geeignet ist:
Eiweißreiche Ölsamen (wie Nüsse, Erdnüsse, Mohn) und daraus hergestellte Massen (wie Marzipan, Persipan)
Kokosraspel
Getreide und Getreideerzeugnisse
Brot und Backwaren
Fleisch und Fleischerzeugnisse
Ei und Eiprodukte
Butter, Milchpulver, Margarine
Fruchtsäfte und Wein
Enzympräparate

I. Prinzip der Methode [1]

Die zermahlene Probe wird mit Chloroform extrahiert. Der Extrakt wird säulenchromatographisch gereinigt. Die weitere Auftrennung erfolgt durch eine zweidimensionale Dünnschichtchromatographie. Die Auswertung wird durch Messung der Fluoreszenzintensitäten der Aflatoxine im Vergleich zu einem Aflatoxinstandard durchgeführt. Die Identifizierung erfolgt durch Derivatbildung sowie durch Einsatz verschiedener Fließmittel [1].

II. Laborbedarf

A. *Geräte*

Ampullensäge*
Analysenwaage
Chromatographiesäule 2,2 cm Ø innen, 30 cm Höhe, mit G 4 Fritte und Schliffhahn
Chromatogramm-Spektralphotometer oder Fluorodensitometer
DC-Entwicklungskammern*
Einwaageschalen, Porzellan
Erlenmeyerkolben 300 ml, NS 29
Erlenmeyerkolben 500 ml, NS 29
Glasstab
Heißlufttrockner*
Laborwecker*
Magnetrührer und glasüberzogener Magnetrührstab
Meßkolben-Braunglas 100 ml, NS 14,5
Meßzylinder 25 ml
Meßzylinder 100 ml
Meßzylinder 250 ml
Mikropipetten 0,1 ml
Mixgerät
Pipettierhilfen (Peleusball)*
Rotationsverdampfer
Rundkolben 250 ml, NS 29
Spitzkolben 25 ml, NS 14,5
Trichter
Trockenschrank
UV-Lampe, 365 nm*
Vollpipetten 1 ml
Vollpipetten 2 ml
Vollpipetten 5 ml
Vollpipetten 10 ml
Vollpipetten 100 ml
Weithalstrichter

---
[1] Beim Arbeiten mit Aflatoxinen ist besondere Vorsicht geboten. Die Dekontamination der für die Analyse benutzten Geräte erfolgt am zweckmäßigsten mit einer 4%igen Natriumhypochloritlösung.
* Erhältlich bei Carl Roth, Karlsruhe.

B. *Reagenzien*

1. Aflatoxin-Standards*
2. Benzol p.a.
3. Acetonitril p.a. frisch destilliert
4. Diethylether peroxidfrei, frisch destilliert
5. Methanol p.a.
6. DC-Fertigplatten (Macherey und Nagel GHR, 0,25 mm Schichtdicke oder Kieselgel Merck Nr. 60 ohne Fluoreszenzindikator)
7. Schwefelsäure 25%ig
8. Hyflo-Super-Cel H 333 oder Celite 545*, säuregewaschen
9. Chloroform p.a.
10. Faltenfilter Nr. 520b 1/2, 24 cm Ø (Schleicher und Schüll) oder 619G 3/4 (Macherey und Nagel)
11. Watte, mit Chloroform extrahiert
12. Natriumsulfat siccum, frisch geglüht
13. Kieselgel 0,05–0,2 mm Macherey und Nagel oder 0,063–0,2 mm Merck
14. Hexan p.a.
15. Stickstoff rein
16. Aceton p.a.
17. Trifluoressigsäure p.a.
18. Ethylacetat p.a.
19. Ameisensäure p.a.
20. Trichlorethylen p.a.
21. Amylalkohol p.a.

* Erhältlich bei Carl Roth, Karlsruhe.

III. Arbeitsgang

A. *Vorbereitung der Proben*

Die Proben werden in einem Mixgerät zerkleinert und gemischt. (Bei pulverförmigen Lebensmitteln, wie Mehl, fällt dieser Arbeitsgang weg.)

B. *Extraktion*

1. 50 g der Probe, bei Erdnußschrot nur 20 g, werden in eine Porzellanschale eingewogen.
2. 25 g Hyflo-Super-Cel werden in eine Porzellanschale eingewogen.
3. Die eingewogene Probe wird vorsichtig und trocken [2] durch einen Weithalstrichter in einen 500 ml Erlenmeyerkolben NS 29 überführt, danach werden durch den Trichter in der angegebenen Reihenfolge 25 ml Wasser (Meßzylinder) 25 g Hyflo-Super-Cel und 250 ml Chloroform (Meßzylinder) hinzugesetzt. Ein mit Glas überzogener Magnetrührstab wird in den Kolben gelegt, dieser verschlossen (keinen Kunststoff-überzogenen Rührstab benutzen, da dieser durch das Chloroform aufquillt). Unter ständigem Rühren wird 30 Minuten extrahiert.
4. Das unter 3 erhaltene Gemisch wird durch einen Trichter mit Faltenfilter (Macherey-Nagel Nr. 619 G 3/4 mit 24 cm Ø oder Schleicher-Schüll Nr. 520 b 1/2) in einem 300 ml Erlenmeyerkolben filtriert, der Trichter soll zur Vermeidung von Verdunstungsverlusten abgedeckt werden, Filter eventuell noch ein wenig ausdrücken.

C. *Reinigung*

1. Eine Chromatographiesäule wird zu 2/3 mit Chloroform gefüllt. Mit einem langen Glasstab wird ein kleiner Wattepfropfen bis zum Säulenboden geschoben (Gasblasen aus der Watte ausdrücken). Danach läßt man durch einen Trichter 5 g Natriumsulfat sicc. vorsichtig einrieseln, nach dem Absetzen des Füllmaterials werden dann in genau derselben Weise nacheinander 10 g Kieselgel (0,05–0,2 mm, vor der Anwendung ca. 1 Std. bei 105 °C aktiviert und danach unter Zusatz von 1% Wasser desaktiviert) und 15 g Natriumsulfat sicc. in die Säule eingefüllt. Das Chloroform wird dann bis auf 2 mm über der oberen Packungsgrenze abgelassen. Die so vorbereitete Säule sollte sofort zur Reinigung des Extraktes eingesetzt werden.

[2] Bei mehlhaltigen oder sonstigen quellfähigen Lebensmitteln kann ein Verklumpen, das eine vollständige Extraktion verhindert, durch vorheriges Anrühren mit wenig Chloroform vermieden werden.

2. Die ersten 100 ml des Ablaufs vom Filtrat B 4 werden entnommen (Vollpipette) und in einen 250 ml Rundkolben NS 29 gegeben. Am Rotationsverdampfer (Wasserbadtemperatur 35–40 °C) wird lichtgeschützt bis zur Trockne eingeengt. Der Rückstand wird sofort in 15,0 ml Chloroform aufgenommen und vorsichtig durch einen Trichter auf die Chromatographiesäule gegeben.
3. Der Rundkolben wird zweimal mit ca. 5,0 ml Chloroform nachgespült. Man läßt das Chloroform in der Säule dabei jedesmal bis auf 2 mm oberhalb der Packungsgrenze einsickern. Das Eluat wird verworfen.
4. Danach gibt man 100 ml Hexan (Meßzylinder) auf die Säule und läßt das Hexan bis auf 2 mm oberhalb der Packungsgrenze einsinken. Das Eluat wird verworfen.
5. Man gibt 100 ml peroxidfreien Diethylether (Meßzylinder) auf die Säule und läßt den Diethylether bis auf 2 mm oberhalb der Packungsgrenze einsinken. Durchlauf verwerfen und Vorlage durch einen 250 ml Rundkolben NS 29 ersetzen.
6. Portionsweise werden 150 ml eines Methanol/Chloroform-Gemisches (3+97) auf die Säule gegeben, die man zum Schluß trocken laufen läßt.
7. Das Eluat von C 6 wird am Rotationsverdampfer lichtgeschützt (Wasserbadtemperatur 35–40 °C) bis auf etwa 3 ml eingeengt.
8. Die 3 ml Rückstand werden aus dem 250 ml Rundkolben vorsichtig dreimal mit je 3–4 ml Chloroform in einem 25 ml Spitzkolben übergespült.
9. Der Inhalt des Spitzkolbens wird am Rotationsverdampfer (Wasserbadtemperatur 40 °C) lichtgeschützt bis auf etwa 2 ml eingeengt. Der Rest des Lösungsmittels wird bei Zimmertemperatur mit einem leichten Stickstoffstrom zur Trockne geblasen.
10. Der Rückstand wird in 1,0 ml Benzol-Acetonitril-Gemisch (98+2) aufgenommen[3].

D. Dünnschichtchromatographie [4]

Es werden die unter II B 6 angeführten Fertigplatten verwendet. 25 µl der unter III C 10 erhaltenen Probelösung sowie 3 × 25 µl Standardlösung werden entsprechend Skizze auf die DC Platte aufgetragen und zweidimensional chromatographiert. Als Fließmittel für die 1. Fließrichtung dient Diethylether/Methanol/Wasser (94 + 4,5 + 1,5).
Für die 2. Fließrichtung wird Chloroform/Aceton (90 + 10) als Fließmittel eingesetzt [5]. Nach erfolgter Entwicklung wird die Platte zunächst unter langwelligem UV-Licht betrachtet, auf einwandfreie Trennung der Aflatoxine des Standards und auf Vorhandensein von Aflatoxinen in der Probe geprüft.

E. Auswertung mit einem Chromatogramm-Spektralphotometer [6]

Ist die Auswertung mehrdeutig, d. h. treten im Bereich der getrennten Aflatoxine der Probe noch weitere störende fluoreszierende Flecken auf, so wird eine zweite Platte entwickelt, bei der dem Probefleck zusätzlich ein interner Standard aufgegeben wurde. Ein Vergleich der beiden Platten unter der UV-Lampe ermöglicht dann eine genaue Aussage darüber, ob und welche Aflatoxine die Probe enthält, d. h. auch welche Flecken mit dem Photometer ausgewertet werden müssen. Die Lage dieser Flecken sowie die der getrennten Aflatoxine im Standard wird dann markiert. Die Auswertung des Probechromatogramms erfolgt derart, daß die Aflatoxine jeweils in der Fließrichtung des 2. Fließmittelgemisches vermessen werden. Danach werden die beiden Standardchromatogramme vermessen, die eindimensional in der 2. Fließ-

---

[3] Ist die Aflatoxinkonzentration in dieser Lösung zu hoch, so wird diese mit Benzol-Acetonitril-Gemisch weiter verdünnt.

[4] Zur Vorprüfung der Proben auf einen evtl. Aflatoxingehalt wird empfohlen, erst eine eindimensionale Dünnschichtchromatographie durchzuführen. Verdachtsproben werden dann nach der zweidimensionalen dünnschichtchromatographischen Methode untersucht.

[5] Nach Entwicklung der Platte in der 2. Fließrichtung wird ein Unterschied zwischen den R_f-Werten der Probeflecken und den der entsprechenden Standardflecken beobachtet.

[6] Anstelle eines Chromatogramm-Spektralphotometers kann auch ein Fluorodensitometer verwendet werden.

richtung mit Fließmittel Chloroform : Aceton (90 : 10) getrennt wurden. Es müssen jeweils vier deutlich voneinander getrennte Fluoreszenzortskurven erhalten werden; die Flächen unter den Ortskurven der einzelnen Aflatoxine bei beiden Kurven sollen einander entsprechen. Die Auswertung der beiden Standard-Chromatogramme dient als Eichung, zu der die Peakfläche des Probeflecks ins Verhältnis gesetzt wird und bei bekannter Konzentration der aufgetragenen Standardlösung die Konzentration an Aflatoxinen der Probelösung bestimmt wird. Diese „Eichung“ mittels Standardchromatogramm muß bei jeder Platte erneut durchgeführt werden.

F. Berechnungsbeispiel

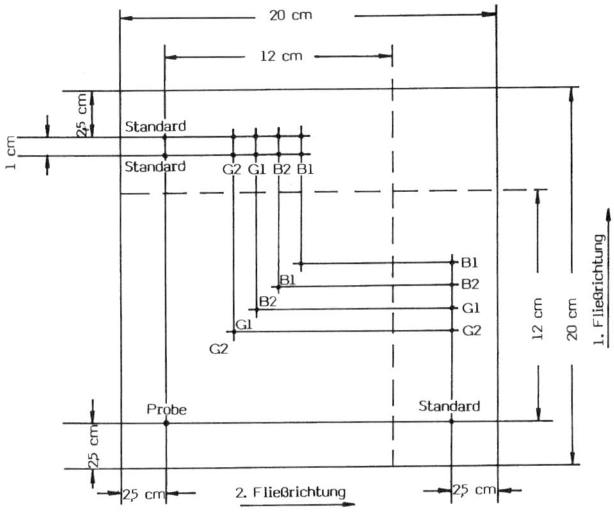

Konzentration der Aflatoxine in 25 µl Standardlösung:

0,0063 µg B_1
0,0063 µg B_2
0,0063 µg G_1
0,0063 µg G_2

Peakflächen der Aflatoxine im 1. Standardchromatogramm

Z_1 cm^2 für B_1
Z_2 cm^2 für B_2
Z_3 cm^2 für G_1
Z_4 cm^2 für G_2

Im 2. Standardchromatogramm werden analog Z_1', Z_2', Z_3' und Z_4' ermittelt und von beiden Flächenberechnungen (d. h. Z und Z') wird der Durchschnittswert berechnet und weiterverwendet.

Die Peakflächen der Aflatoxine im Probechromatogramm sind zu

X_1 cm^2 für B_1
X_2 cm^2 für B_2
X_3 cm^2 für G_1
X_4 cm^2 für G_2

ermittelt.

Damit errechnet sich die Konzentration von Aflatoxin B_1 im 25 µl Probeextrakt zu:

$$\frac{0{,}0063\ \mu g \cdot X_1}{\frac{Z_1 + Z_1'}{2}}.$$

Bei 100 µl Gesamtprobeextrakt, die à Gramm Untersuchungsmaterial entsprechen, ergibt sich der Aflatoxin B_1-Gehalt in ppb zu:

$$\frac{0{,}0063\ \mu g \cdot X_1 \cdot 4 \cdot 1000}{\frac{Z_1 + Z_1'}{2} \cdot a\ [g]} = \text{ppb Aflatoxin } B_1.$$

Analog ermittelt man die Gehalte der Aflatoxine B_2, G_1 und G_2. Als allgemeine Formel zur Berechnung des Aflatoxingehalts einer Probe kann folgende Gleichung herangezogen werden:

$$\frac{B \cdot S \cdot Y \cdot V \cdot 1000}{Z \cdot X \cdot W} = \text{ppb Aflatoxin}$$

B = Fläche von Aflatoxinen in Probe
S = µl Standard, aufgetragen
Y = Konzentration vom Standard (µl/ml)
V = Letzte Verdünnung des Probeextraktes (ml)
Z = Fläche von Aflatoxinen im Standard
X = µl Probe (aufgetragen)
W = g Probe, die in der letzten Verdünnung enthalten sind.

G. Streubereich der Meßwerte

Wegen der Streuung der Meßwerte kann eine Überschreitung der zulässigen Höchstmenge erst dann als mit ausreichender Sicherheit nachgewiesen angesehen werden, wenn der Meßwert die zulässige Höchstmenge um 100% übersteigt.

IV. Identifizierung der Aflatoxine

A. Bestimmung der Rf-Werte von Probe und Standard in verschiedenen Fließmittel-Systemen

Wie unter III D beschrieben, werden Probe und Standardreihe auf zwei weitere Dünnschichtplatten aufgetragen. Bei Benutzung verschiedener Fließmittel-Systeme müssen die R_f-Werte der Aflatoxinflecken der Probe und des Standards in jedem Fließmittel-System gleich sein. Wird eine R_f-Wert-Verschiebung beobachtet, so muß mit einem inneren Standard, wie unter IV B 3 beschrieben, gearbeitet werden. Als Fließmittel-Systeme eignen sich zum Beispiel:

1. Benzol+Ethylacetat+Ameisensäure=(50+40+10)
2. Ethylacetat+Wasser (Oberphase) (1+1)
3. Chloroform+Trichlorethylen+Amylalkohol+Ameisensäure (80+15+4+1)
4. Chloroform+Aceton+Methanol (90+10+2)
5. Chloroform+Aceton+Hexan (71+12,5+16,5)

B. Derivatbildung mit Trifluoressigsäure und Besprühen mit verd. Schwefelsäure

1. Eine Dünnschichtplatte wird durch Einkratzen einer dicken vertikalen Linie in zwei Hälften geteilt.
2. Auf die eine Seite werden zwei Tropfen eines Extraktes aufgetragen, in dem die Aflatoxine B_1 und G_1 vermutet werden. (B_2 und G_2 reagieren nicht und werden durch diesen Vorgang nicht verändert.)

3. Auf den einen der beiden Tropfen gibt man die gleiche Menge B_1- und G_1-Standard, wie in dem Extraktfleck vermutet. Zusätzlich wird als separater Tropfen B_1- und G_1-Standard in der gleichen Konzentration aufgetragen. Somit sind jetzt drei Flecken vorhanden: Extrakt, Extrakt+Standard, Standard allein.
4. Auf die drei Flecken werden jeweils ein Tropfen Trifluoressigsäure gegeben, danach fünf Minuten reagieren lassen.
5. Ein Heißlufttrockner wird so angebracht, daß die Temperatur der Luft, die die Platte erreicht, nicht mehr als 35–40 °C beträgt. Es wird ungefähr zehn Minuten im Luftstrom getrocknet.
6. Zum Vergleich werden auf die andere Hälfte der Platte die gleichen Flecken aufgetragen, aber ohne Zusatz von Trifluoressigsäure.
7. Die Entwicklung der Platte erfolgt in Chloroform+Aceton (80+20), oder in mit Wasser gesättigtem Ethylacetat.
8. Die Platte wird unter dem UV-Licht bei 366 nm geprüft, die R_f-Werte der Aflatoxin B_1- und G_1-Derivate der mit Trifluoressigsäure behandelten Probe und des Standards müssen übereinstimmen.
9. Die Seite der Platte, auf der sich die unbehandelten Proben befinden, wird mit 25%iger Schwefelsäure besprüht. Die Aflatoxinflecken fluoreszieren auf der Platte im UV-Licht bei 366 nm gelblich.

V. Aflatoxin-Standard-Herstellung

Der Aflatoxinstandard ist als Ampullensatz, bestehend aus den Aflatoxinen B_1, B_2, G_1 und G_2 im Handel*) erhältlich. Der Standard ist äußerst luft- und lichtempfindlich und muß bei einer Temperatur von 4 °C aufbewahrt werden. Die Bereitung der Standardlösungen muß deshalb in einem abgedunkelten Labor erfolgen.

A. Herstellung der Urstandard-Lösung

1. Nach dem Öffnen der Ampulle oder Schraubdeckelflasche wird der Inhalt mit etwa 10 ml Benzol-Acetonitril-Gemisch (98+2) quantitativ durch einen Trichter in einen 100 ml Braunglas-Meßkolben, NS 14,5 gespült. Mit acht weiteren 10 ml Portionen des Gemisches werden Ampulle oder Flasche und Deckel sowie der Trichter nachgespült. Danach wird bis zur Marke mit dem Benzol-Acetonitril-Gemisch aufgefüllt.
2. Der vom Hersteller angegebene Sollwert des Aflatoxinstandards muß überprüft werden. Man bestimmt dazu spektralphotometrisch die maximale Extinktion des Aflatoxins im Bereich von 330 bis 370 nm gegen Benzol-Acetonitril (98+2) als Blindwert in 1 cm Quarz-Küvetten.

Der wahre Aflatoxingehalt läßt sich wie folgt ermitteln:

$$A = \frac{E_{max} \times MG \times 1000}{\varepsilon}$$

A = µg Aflatoxin/ml
F_{max} = maximale Extinktion
MG = Mol-Gewicht
ε = Mol-Extinktion

* Kann von C. Roth, 76185 Karlsruhe, bezogen werden.

Für die einzelnen Aflatoxine sind für MG und ε folgende Werte einzusetzen:

Aflatoxin	MG	ε
B_1	312	19800
B_2	314	20900
G_1	328	17100
G_2	330	18200

Der Urstandard soll etwa 10 µg/ml Aflatoxin enthalten. Die Aufbewahrung erfolgt in der Tiefkühltruhe. Die Urstandard-Lösung muß regelmäßig überprüft werden.

B. Herstellung des Arbeitsstandards I

Man entnehme dem Urstandard 10 ml und fülle diese in einen 100 ml Braunglas-Meßkolben NS 14,5, danach wird mit Benzol-Acetonitril (98+2) bis zur Marke aufgefüllt, der Arbeitsstandard I soll etwa 1,0 µg/ml Aflatoxin enthalten. Die Aufbewahrung erfolgt in der Tiefkühltruhe.

C. Herstellung des Arbeitsstandards II

Mit einer Vollpipette werden von jedem Arbeitsstandard I der Aflatoxine B_1, B_2, G_1 und G_2 25,0 ml in einen 100 ml Braunglas-Meßkolben, Enghals, NS 14,5 gegeben. Dieser Mischarbeitsstandard soll ungefähr

0,25 µg Aflatoxin B_1/ml
0,25 µg Aflatoxin B_2/ml
0,25 µg Aflatoxin G_1/ml
0,25 µg Aflatoxin G_2/ml

enthalten. Die Aufbewahrung des Standards erfolgt in der Tiefkühltruhe.

D. Überprüfung des Arbeitsstandards II auf der Dünnschichtplatte

1. Eine Stunde vor Beginn der dünnschichtchromatographischen Trennung wird eine Dünnschichtkammer mit dem Fließmittel-System Diethylether/Methanol/Wasser (94+4,5+1,5) beschickt.
2. Auf einer Dünnschichtplatte werden 5,0; 10,0; 20,0 und 30,0 µl des Arbeitsstandards II aufgetragen.
3. Nach dem Entwickeln der Platte wird diese im UV-Licht bei 366 nm betrachtet. Es müssen im Chromatogramm der geringsten Auftragungsmenge noch vier Flecken gut sichtbar sein, die nach dem Besprühen mit 25%iger Schwefelsäure unter der UV-Lampe gelb fluoreszieren.

Das Bundesgesundheitsamt empfiehlt folgende spektroskopische Daten für Lösungen: Acetonitril [2] : Benzol [98]

Aflatoxin	λ max (nm)	ε
B_1	349	19800
B_2	350	20900
G_1	352	17100
G_2	350	18200

Bitte beachten: Die Lösungen sind wärme-, licht- und luftempfindlich. Das Glas, in dem sie aufbewahrt werden, muß besondere Eigenschaften haben. Deshalb nicht umfüllen und in anderen Gefäßen aufbewahren.

6. Originalvorschrift des DAC für die Dünnschichtchromatographie

Vorbereitung der Chromatographiekammer

In die mit Filtrierpapier ausgekleidete Kammer wird so viel Fließmittel eingebracht, daß das Papier mit Flüssigkeit gesättigt und der Kammerboden etwa 1,5 cm hoch mit Flüssigkeit bedeckt ist.
Die Kammer bleibt bei Zimmertemperatur 1 Stunde lang verschlossen stehen, wenn nichts anderes vorgeschrieben ist (gesättigte Kammer).

Untersuchungsvorschrift

Die Untersuchungs- und Vergleichslösungen werden in punkt- oder bandförmigen Flecken aufgetragen, deren Durchmesser bzw. Bandbreite 6 mm möglichst nicht überschreitet und deren Abstände vom unteren Plattenrand etwa 2,5 cm und von den seitlichen Plattenrändern mindestens 2 cm betragen. Werden auf der gleichen Platte mehrere Auftragungen vorgenommen, so sollen die einzelnen Flecken mindestens 1,5 cm voneinander entfernt bleiben und eine mit dem unteren Plattenrand parallele Linie bilden. Wenn das Lösungsmittel der aufgetragenen Flecken verdunstet ist, stellt man die Platte möglichst senkrecht in die mit Fließmitteldämpfen gesättigte Kammer und achtet darauf, daß sich alle aufgetragenen Flecken über der Oberfläche der Flüssigkeit befinden. Die Kammer wird verschlossen und bleibt bei 20° bis 25° stehen, bis das Fließmittel die vorgeschriebene Laufhöhe erreicht hat. Dann entnimmt man die Platte und behandelt sie, wie im Einzelfall vorgeschrieben.

Auswertung

Die Auswertung erfolgt durch Vergleich der Zahl, Größe und Färbung der Flecken und ihrer R_f-Werte bzw. relativen R_f-Werte Rs. Dabei gilt

für R_f-Werte:

$$R_f = \frac{\text{Entfernung zwischen Startpunkt und Fleckenmittelpunkt}}{\text{Entfernung zwischen Startpunkt und Fließmittelfront}}$$

für relative R_f-Werte:

$$R_f = \frac{\text{Entfernung zwischen Startpunkt und Substanzfleck}}{\text{Entfernung zwischen Startpunkt und Vergleichsfleck}}$$

Vergleichssubstanzen für chromatographische Untersuchungen des DAC

1. DAC Stammlieferung

Arachinsäure
Aspidospermin
Behensäure
Crataegolsäure
(= Crataegussäuren für die Drogenanalytik)
Cyclohexylamin
Dicyclohexylamin
I-Epicatechin
Hyperoxid
Khellin
Laurinsäure
Laurinsäuremethylester
Myristinsäure
Palmitinsäure
n-Propanol
Propylenglykol
Sparteinsulfat
Stearinsäure
Yohimbin

II. 1. Ergänzungslieferung 1973

Acetaldehyd
β-Aescin
Aescinol
Caryophyllen
Convallatoxin
Curcumin
Guajazulen
β-Hamamelitannin
2-Hexen-1-al
α- oder β-Jonon
Lysinummonochlorid
Oleandrin
Umbelliferon

V – 2
Phykotoxine (Gifte von Algen)

(von H. K. Frank)

Das Wort leitet sich vom griechischen φυκος = Seetang, Alge und τοξικον = Pfeilgift, Gift ab. Unter diesem Begriff werden die von einigen *Algen*-Arten der Ordnung *Dinoflagellatae* (*Peridinales*) sowie von *Cyanobakterien* (früher *Cyanophyceae* oder Blaualgen) gebildeten giftigen Stoffwechselprodukte zusammengefaßt. Der Lebensraum der toxischen Algen sind die Meere. Die toxischen „Blaualgen" leben im Süß-, Brack- oder Meerwasser.
Wenn solche toxischen Organismen von Wassertieren in ausreichender Menge gefressen werden, werden Fleisch und/oder Organe giftig. Am häufigsten werden Vergiftungen bei uns nach dem Genuß von marinen Muscheln beobachtet, seltener nach dem Verzehr von Garnelen oder Fischen.
Die Algen vermehren sich bei der Erwärmung des Oberflächenwassers besonders stark, weshalb eine alte Regel sagt, man solle in den Monaten *ohne* „r" (Mai bis August) keine Muscheln essen. Diese Regel ist rein empirisch gewonnen worden ohne Kenntnisse von den toxischen Algen. Die zunehmende Eutrophierung der Oberflächengewässer und der küstennahen Meeresteile begünstigt die Vermehrung zusätzlich.
Einzelne Todesfälle oder auch Massensterben von Weidetieren sind beschrieben, die Oberflächenwasser aus Tümpeln, Teichen oder Seen getrunken hatten, in dem es zur Massenentwicklung von Cyanobakterien, sog. Wasserblüte, durch plötzliche Zufuhr großer Nährstoffmengen aus dem umgebenden Erdreich, meist nach heftigen Gewitterregen, gekommen war. Francis berichtete von solchen Fällen in Australien bereits vor mehr als hundert Jahren.
Die Phykotoxine sind sekundäre Stoffwechselprodukte, die bei optimalen Lebensbedingungen gebildet werden und z. T. von den Zellen ausgeschieden werden oder aber, wie fettlösliche Verbindungen, in der Zelle verbleiben und erst während der Verdauung der Algen im Tier frei werden. Sie reichern sich in der Nahrungskette an und erreichen die höchsten Konzentrationen in den fleischfressenden Raubfischen (s. Ciguatera).
Zusammenfassende Darstellungen zum Thema Phykotoxine finden sich bei Fehlhaber und Janetschke, Krämer, Kremer, Teuscher und Lindequist 1992 b, WHO.

1. Nervengifte der Dinoflagellaten und anderer mariner Algen (Paralytic Shellfish Poisons, PSP)

Dinoflagellaten sind einzellige Algen mit zwei Geißeln und einem Panzer aus sehr zierlichen Blättchen von meist gelbbrauner Färbung. Die hier interessierenden Arten (Tabelle 1) leben in den Weltmeeren. *Chondria armata* gehört zu den Rotalgen und *Nitzschia pungens* zu den Kieselalgen (Diatomeen).

Bei reichlicher Nährstoffzufuhr, hohem Sonnenstand, d. h. starker Energiezufuhr und steigender Temperatur des Oberflächenwassers vermehren sie sich rasch. Viele Arten bilden ein Carotinoid, Peridinin, wodurch bei Massenentwicklung das Wasser rötlich ("red tide") erscheint, was schon im Alten Testament erwähnt wird [2. Buch Mose (Exodus) 7, Vers 14–25]. Das Rote Meer verdankt diesem Phänomen seinen Namen.
Die Algen werden von Muscheln im Benthos als Nahrung aus dem Wasser filtriert. Dabei reichern sich die Toxine in den Tieren an, ohne sie zu schädigen. Die Algenkonzentration kann während der Roten Tide 20 bis 40 Millionen Zellen pro Liter erreichen. Muscheln filtern, je nach Größe, täglich 18 bis 40 Liter Wasser.

Tabelle V-2/1. *Phykotoxine mariner Algen*

Arten	Toxine	Wirkung
Ptychodiscus brevis *Ptychodiscus veneficus* *Protogonyaulax catenella* *Protogonyaulax excavata* *Protogonyaulax tamarensis* *Pyrodinium phoneus* *Alexandrium* spp	Brevetoxine Saxitoxin Neosaxitoxin Gonyautoxine (Tetrodotoxin)	PSP
Chondria armata *Nitzschia pungens*	Domosäure	
Dinophysis acuminata *Dinophysis fortii* *Prorocentrum* spp.	Okadasäure Dinophysistoxine Pectenotoxine	DSP
Gambierdiscus toxicus *Prorocentrum lima*	Ciguatoxine Maitotoxin Scaritoxin Yessotoxin	Ciguatera

DSP = Diarrhetic shellfish poisoning
PSP = Paralytic shellfish poisoning, Mytilotoxismus

Gonyautoxine (G.): Sie werden von drei Arten der Gattung *Protogonyaulax* (früher *Gonyaulax*) gebildet. Vergl. Tabelle V-2/1.

G. I	CAS-Nr. [60 748-39-2]	$C_{10}H_{17}N_7O_9S$, MG. 411,35
G. II	CAS-Nr. [60 508-89-6]	$C_{10}H_{17}N_7O_8S$, MG. 395,35
G. III	CAS-Nr. [64 296-26-0]	C-11 epimeres G. II
G. IV	CAS-Nr. [60 537-65-7]	C-11 epimeres G. I

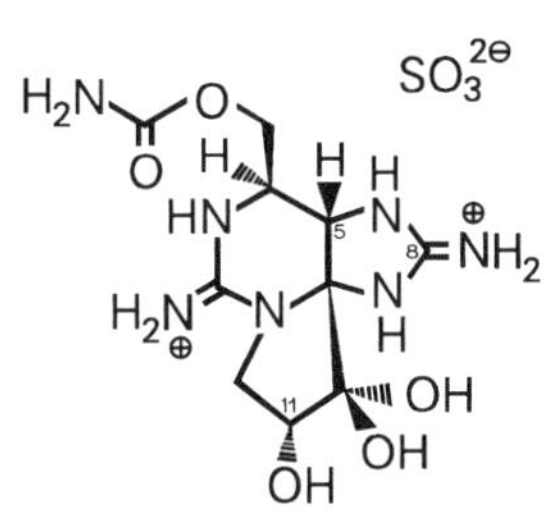

Gonyautoxin II

Saxitoxin (Mytilotoxin, Gonyaulax-Toxin, PSP, STX) wird auch von den in Tabelle V-2/1 genannten *Protogonyaulax*-Arten gebildet sowie von *Pyrodinium* und *Ptychodiscus* (früher *Gymnodinium*).
CAS-Nr. [35 523-89-8] $C_{10}H_{17}N_7O_4$, MG. 299,29

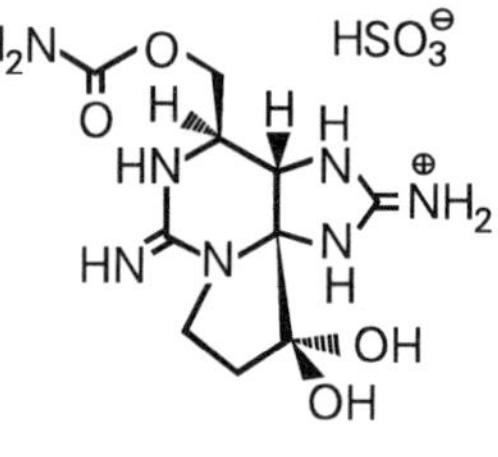

Saxitoxin

Gonyautoxine können von verschiedenen Meer- und Süßwasserbakterien in Saxitoxin umgewandelt werden. Dieser Vorgang scheint besonders in der Umgebung von Korallenriffen eine Rolle zu spielen (Kotaki).
Nachweis: Flüssigchromatographie nach vorangegangener milder Oxidation mit Wasserstoffperoxid oder Perjodat. Nachweisgrenze 0,04 bis 0,5 µg/g Muschelfleisch (Lawrence und Menard 1991 a). In der „Amtlichen Sammlung von Untersuchungsverfahren nach § 35 LMBG" ist die „Bestimmung des Gehaltes an Algentoxinen in Muscheltieren und Muscheltiererzeugnissen" unter L 12.03/04-1 vom Dez. 1989 beschrieben. Es handelt sich um ein fluorometrisches Verfahren anhand einer Eichkurve, die mit STX-Standardlösung aufgenommen wird. Der Standard ist z. B. bei Calbiochem erhältlich.

Brevetoxine (BTX) werden vor allem im Golf von Mexiko und vor der Küste von Florida von *Ptychodiscus*-Arten gebildet. Sie sind nicht wasserlöslich und verursachen massive Fischsterben, gelegentlich auch Vergiftungen des Menschen nach Verzehr kontaminierter Fische.

BTX A	$C_{49}H_{70}O_{13}$,	MG. 867,08
BTX B	$C_{50}H_{70}O_{14}$,	MG. 895,10
BTX C	$C_{49}H_{69}Cl\ O_{14}$,	MG. 917,53

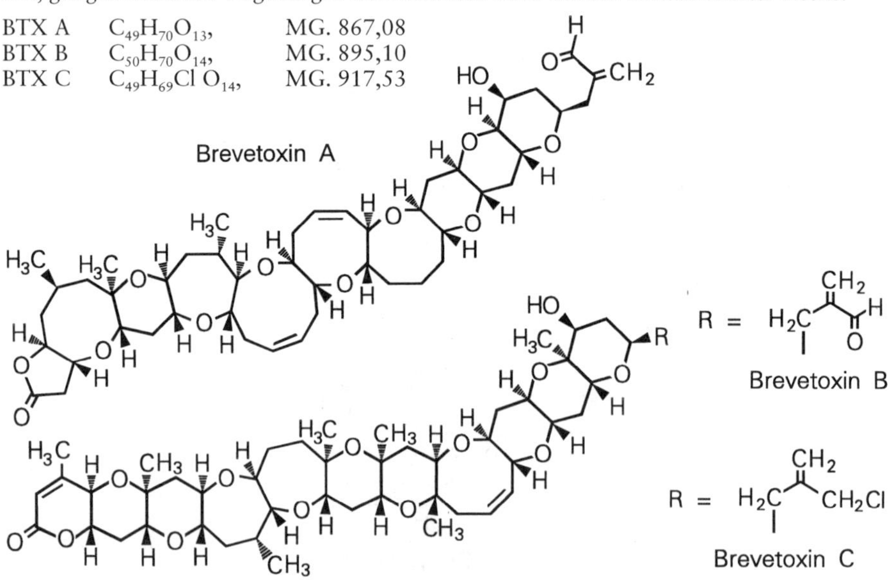

Domosäure wird von einer Rotalgenart *Chondria armata* und der Kieselalge *Nitzschia pungens* gebildet. Sie wurde erst 1987 im Zusammenhang mit einigen Tausend Miesmuschelvergiftungen in Kanada und Japan entdeckt. Es handelt sich um eine neurotoxische Aminosäure.

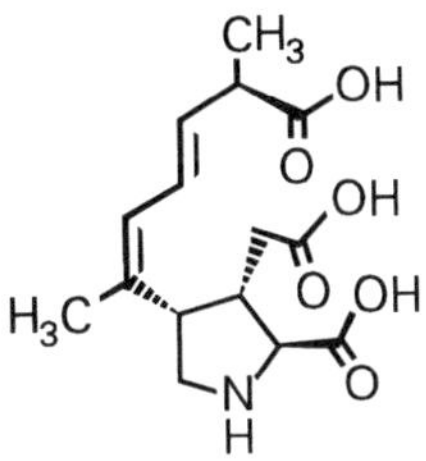

Domosäure

Nachweis: HPLC bei 242 nm UV und pH 2,5 und Konfirmation mit Butylisothiocyanat. Nachweisgrenze 5–10 µg/g Muschelfleisch (Lawrence und Menard 1991 b; Lawrence u. a.).

Tetrodotoxin ($C_{11}H_{17}N_3O_8$, MG. 319,28) ist als Gift der ostasiatischen Kugel-, Koffer- und Pufferfische bekannt, kommt aber auch bei verschiedenen Amphibien und einigen Tintenfisch-Arten vor. Seit kurzem weiß man, daß es sich nicht um ein tierisches Toxin handelt, sondern um das Stoffwechselprodukt eines zur Gattung *Pseudomonas* gehörigen Bakteriums, das in oder auf diesen Tieren lebt. Da die Verbindung auch bei giftigen Algen nachgewiesen wurde, liegt der Verdacht nahe, daß diese Bakterien auch mit solchen Organismen zusammenleben, z. B. in der sie umgebenden Schleimkapsel.

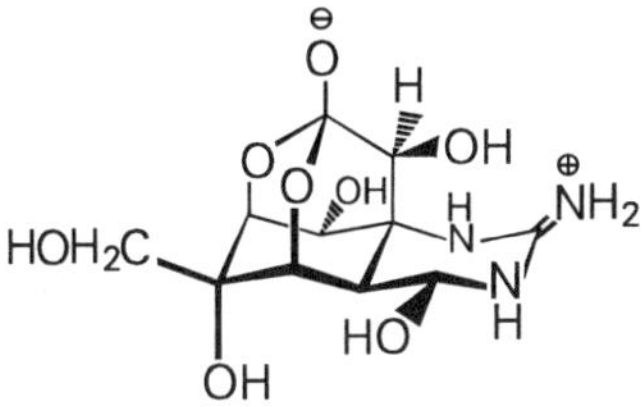

Tetrodotoxin

Wirkungsweise der PSP-Toxine: Bei diesen Aminopurinen handelt es sich um starke Neurotoxine, die auf unterschiedliche Weise die Leitung physiologischer Reize in motorischen und sensiblen Nerven blockieren. Die sog. Natriumpumpe wird inaktiviert, was zu Tremor, Herzkammerflimmern und schließlich zu Atemstillstand führt. Die Toxine sind ziemlich hitzebeständig und werden beim Kochen nur teilweise zerstört (Lindner).
Die akute Toxizität der PSP-Toxine wird i. allg. in Mäuseeinheiten (MU) angegeben, das ist die Menge, die eine Maus in 24 Std. tötet. Bezugstoxin ist dabei Saxitoxin, das als Standard verfügbar ist. Die orale LD_{50} für einige Säugetierarten und Vögel liegt zwischen 90 und 280 µg STX/kg KG. Die letale Dosis für den Menschen wird auf 0,5 bis 10 mg pro Person und Mahlzeit geschätzt. Kinder sind noch empfindlicher. Todesfälle sind relativ häufig.
Die Vergiftung wird „Mytilotoxismus“ (von *Mytilus edulis* = Miesmuschel) genannt. Im Englischen spricht man von “paralytic shellfish poisoning”.

Giftige Muscheln werden an der südlichen Ostseeküste, in der Deutschen Bucht, vor Belgien und Frankreich im Kanal und an der französischen und spanischen Atlantikküste gefunden. Außerdem sind die nordamerikanischen sowie Teile der ostasiatischen Küsten betroffen.

Gefährlichkeitsgrad: Sehr stark giftig +++

Hygienevorschriften: Die „EG-Richtlinie für die Erzeugung und Vermarktung von lebenden Muscheln" schreibt vor, daß im Muschelfleisch nicht mehr als 800 µg PSP/kg nachweisbar sein dürfen. Der gleiche Wert gilt auch für USA und Kanada. Die deutsche Fischverordnung hat 400 µg/kg festgelegt.

2. Magen-Darm-Erkrankungen auslösende Gifte von Dinoflagellaten (Diarrhetic Shellfish Poisons, DSP)

Manche Dinoflagellaten bilden Toxine, die zu weniger dramatischen Erscheinungen Anlaß geben. Sie werden vor allem von Miesmuscheln gefressen, deren Verzehr dann zu Durchfall, Magen- und Darmkrämpfen und anderen Symptomen führt. Vergiftungen dieser Art sind in den Sommermonaten an den Küsten der deutschen Bucht nicht selten, wurden aber auch in Kanada und Japan beobachtet.

Okadasäure (Okadaicacid, Phykotoxin II) und die chemisch nahe verwandten *Dinophysistoxine* werden von zwei *Dinophysis*-Arten und *Prorocentrum* spp. gebildet. Die zuletzt genannte Gattung scheint aber für DSP im europäischen Raum keine Rolle zu spielen, obwohl sie u. a. diese Toxine bilden kann (Sullivan, in Steyn und Vleggaar, S. 317), wohl aber in Kanada (Marr u. a.).
CAS-Nr. [78 111-17-8] $C_{44}H_{68}O_{13}$ MG. 805,01
Die Dinophysistoxine 1 und 3 unterscheiden sich von der Okadasäure nur wenig, wie die Strukturformel zeigt.

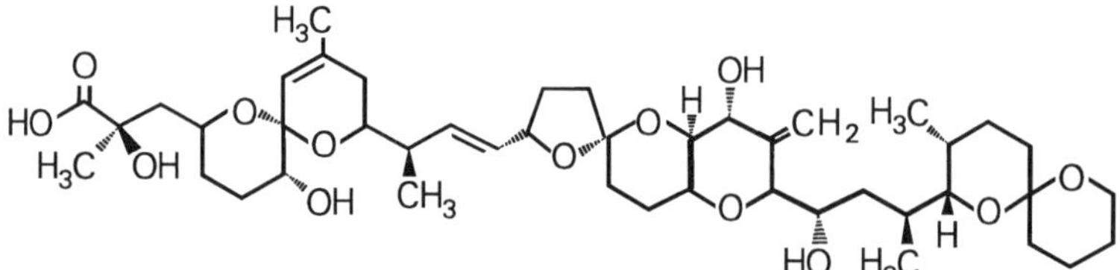

Okadasäure

Pectenotoxine sind Polyetherlactone, die in Ostasien aus Muscheln extrahiert und strukturell aufgeklärt wurden. Die produzierenden Algen sind noch nicht bekannt.

Wirkungsweise der DSP-Toxine scheint weitgehend der vieler bakterieller Lebensmittelvergiftungen zu entsprechen, da die Symptome ähnlich sind. Dies dürfte auch der Grund dafür sein, daß die nähere Aufklärung bisher nicht erfolgte, zumal es sich nicht um gravierende Fälle mit fatalem Ausgang handelte. Okadasäure und Pectenotoxine provozieren im Dünndarm degenerative Veränderungen des absorptiven Epithels. Im Tierversuch waren sie krebserregend (Römpp). Pectenotoxine sind nach i.p. Gabe hepatotoxisch und schädigen die Herzmuskulatur (Lindner).

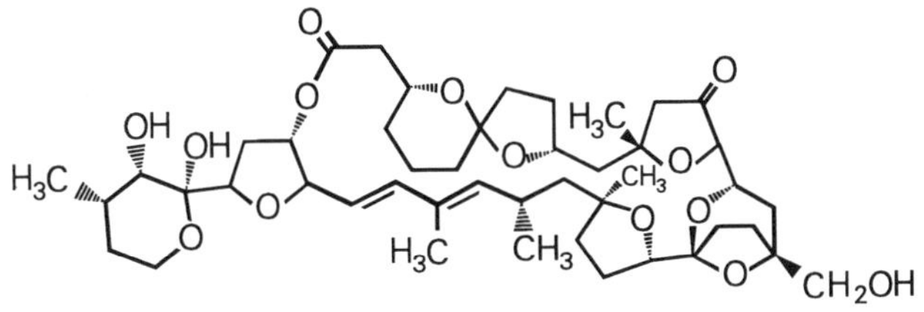

Pectenotoxin

Hygienevorschriften: Tolerierbare Höchstmengen in der Größenordnung von 400–600 µg Okadasäure-Äquivalenten/kg Muschelfleisch werden diskutiert. Irland und Portugal haben für Okadasäure in Muscheln eine Null-Toleranz erlassen (van Egmond u. a. 1992).

3. Ciguatera-Vergiftung

Hierbei handelt es sich um Vergiftungen durch Fische, die, wie oben bei den Muschelvergiftungen, toxische Meeresalgen gefressen haben oder als Raubfische von solchen Algenfressern leben (Ichthiosarcotoxicose). Das Problem ist auf tropische Meere beschränkt, nimmt aber in den betroffenen Regionen in USA, Australien, Japan und auf den westindischen Inseln zu. Es sind vor allem in Küstennähe gefangene große Exemplare von mehr als 300 eßbaren Fischarten mehr oder weniger stark kontaminiert (Juranovic und Park).
Die inkriminierten Dinoflagellaten sind in Tabelle V-2/1 genannt. Darüber hinaus werden aber auch Cyanobakterien wie *Lyngbya majuscula* und *Schizotrix calcicula* als Toxinproduzenten in der Literatur genannt (Teuscher u. a.). Die Struktur der *Ciguatoxine* (fettlöslich) ist aufgeklärt, für Maitotoxin (wasserlöslich) und Scaritoxin ist sie aber noch nicht bekannt.

Ciguatoxin: $C_{53}H_{77}NO_{24}$ MG. 1111,7

Ciguatoxin

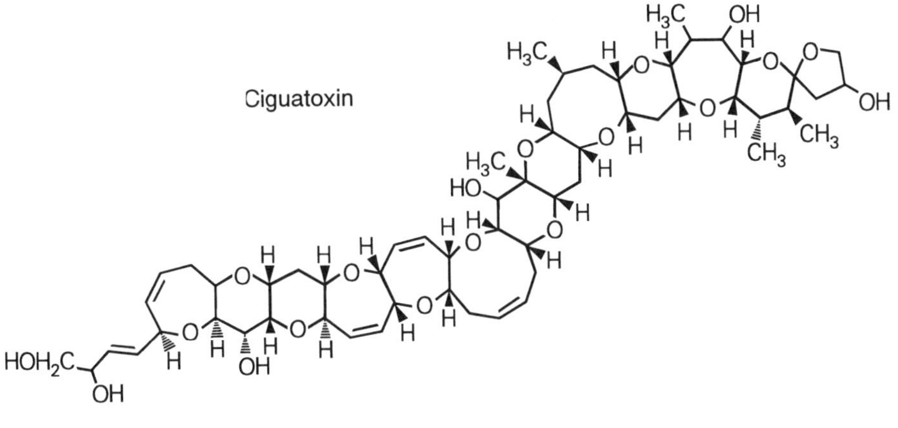

Yessotoxin: CAS-Nr. [112514-54-2] $C_{55}H_{82}O_{21}S_2$ MG 1143,36

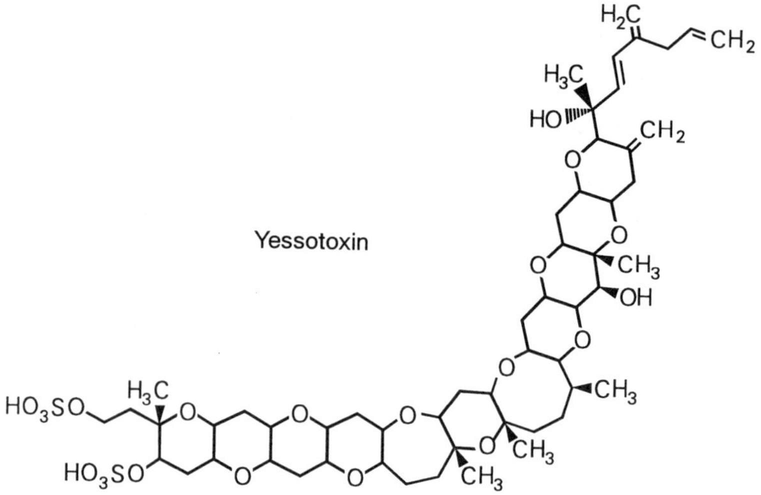

Ihre Toxizität im Mäuseversuch weist sie als sehr stark giftig aus (LD_{50} i.p. Maus: Maitotoxin 0,13 µg/kg KG, Ciguatoxin 0,045 µg/kg KG). Bei Vergiftungen des Menschen stehen neurologische Schäden im Vordergrund, aber auch gastrointestinale und cardiovasculäre Beschwerden sind beschrieben. Bei oraler Applikation subakut toxischer Dosen über mehrere Tage an Mäusen wurden Zellnekrosen am Herzmuskel und Schäden an den versorgenden Gefäßen beobachtet (Terao u. a.).
Über importierte Fische kommt es gelegentlich in Europa zu Intoxikationen. In den Fanggebieten verlaufen etwa 2–7% der Fälle letal.

4. Phykotoxine der Cyanobakterien

Cyanobacteria werden heute wegen ihres Aufbaues berechtigterweise zu den Procarionten gerechnet und gehören wahrscheinlich zu den ältesten Lebewesen unserer Erde. Sie sind etwa gleichzeitig mit den Bakterien entstanden. In der Zellwand enthalten sie Lipopolysaccharide wie die Gram-negativen Bakterien, haben nur ein Kernäquivalent und keine echten Chromatophoren. Die Vermehrung erfolgt asexuell durch Zellteilung, seltener durch Sporenbildung. Die Oberfläche der Zellen ist meist von einer Schleimschicht umgeben, in der häufig Bakterien als Kommensalen oder Symbionten leben. Physiologisch sind sie mit den echten Algen und den höheren Pflanzen verwandt, denn sie besitzen Chlorophyll a und begleitende Carotinoide, was sie zur Photosynthese und damit zur autotrophen Lebensweise befähigt. Relativ viele Arten bilden Toxine (Teuscher u. a.).
Toxine der im Süßwasser lebenden Blaualgen (vgl. Tabelle V-2/2) spielen für die menschliche Ernährung nur eine untergeordnete Rolle. Vergiftungen wurden nur nach sog. Wasserblüte, d. h. Massenentwicklung an der Oberfläche stehender Gewässer bei Rindern, Schafen und Ziegen, seltener bei Pferden oder Hunden (Codd u. a.) beobachtet. Wegen der nicht seltenen Todesfälle dieser Tiere ist der wirtschaftliche Schaden nicht unbeträchtlich. Auch Menschen können von allergischen oder gastrointestinalen Erkrankungen nach dem Baden in solchen Gewässern betroffen sein. Es ist unklar, warum Mitteleuropa bisher vom massenhaften Auftreten toxischer Formen weitgehend verschont blieb. Wahrscheinlich sind klimatische Faktoren dafür verantwortlich.

Tabelle V-2/2. *Phykotoxine der Cyanobakterien (Blaualgen)*

Arten	Toxine
Anabaena flos-aquae	Anatoxin A
Anabaena circinalis	
Aphanizomenon flos-aquae	Cyanogynosine
Lyngbya gracilis	Debromo-Aplysiatoxin
Microcystis aeruginosa	Microcystin-XY
Microcystis toxica	
Nodularia spumigena	Nodularin
Nostoc rivulare	Gonyautoxine
Oscillatoria agardhii	Aphantoxin II (Saxitoxin)
Oscillatoria rubescens	Aphantoxin I (Neosaxitoxin)
Synechococcus sp.	

Von toxinogenen Arten können toxische und nichttoxische Stämme isoliert werden. Diese Eigenschaften sind genetisch fixiert. Toxische Stämme verlieren oft durch veränderte Umweltbedingungen ihre Toxizität weitgehend. Der umgekehrte Vorgang wurde bisher nicht beobachtet. Morphologisch unterscheiden sich die beiden Stammtypen nicht (DFG).

Anatoxin A, das von *Anabaena* spp. gebildet wird, ist ein neurotoxisches Pseudoalkaloid, das hochgiftig und sehr schnell wirkend ist. Versuchstiere sterben innerhalb von 2 Min. LD_{50} i.p. Maus 200 µg/kg KG.

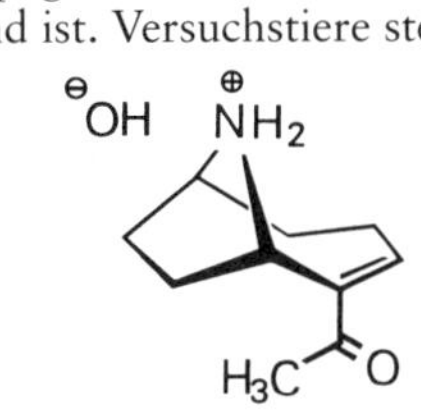

Von *Microcystis-, Oscillatoria-, Nodularia-* aber auch *Anabaena*-Arten wurden Peptidtoxine isoliert. Nur die zyklischen Hepta- und Penta-Peptide sind strukturell aufgeklärt. Die Heptapeptid-Toxine werden unter der Bezeichnung Microcystin-XY zusammengefaßt. Sie haben eine gemeinsame Grundstruktur, die D-Aminosäuren sowie die hier erstmals gefundene β-Aminosäure Adda enthalten, die für die Toxizität der Verbindungen verantwortlich ist (Weckesser und Martin). Sie sind nur für Warmblüter toxisch, nicht aber für Wechselwarme, für Algen, Pilze und Bakterien.
Mikrocystin:
Beim Menschen sind bei Badenden allergische Irritationen der Haut beobachtet worden. – Bei unzureichender Aufbereitung des Wassers werden sie nicht entfernt (Eriksson u. a.). Mit Fil-

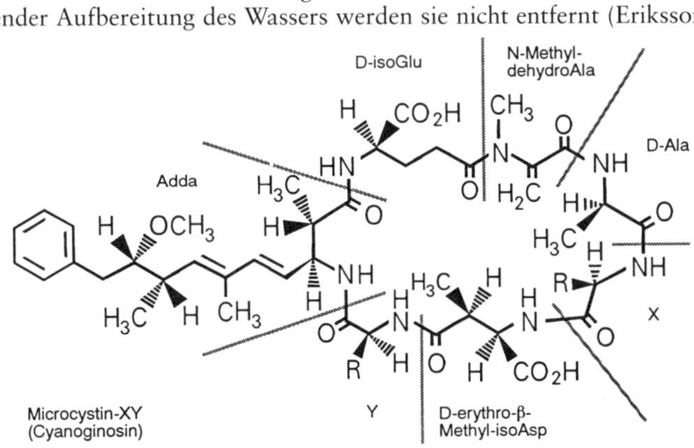

tern aus granulierter Aktivkohle und Ozonisierung oder langsamer Sandfiltration ließen sie sich aber, wie auch Anatoxin, eliminieren (Keijola u. a.).

Nodularin, das von *Nodularia spumigena* gebildet werden kann, ist ein Pentapeptid, das ebenfalls Adda enthält. Es kommt vor allem in den Küstenregionen der Ostsee vor.

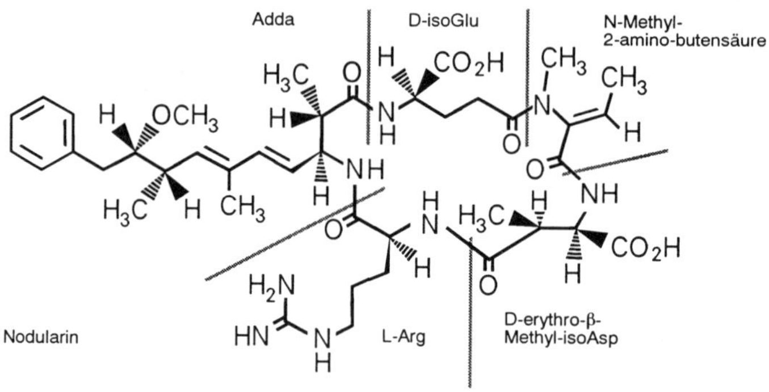

Nodularin

Mikrocystine und Nodularin sind Hepatotoxine und schädigen die Hepatocyten. Die LD_{50} für Mäuse liegt je nach Strukturvariante zwischen 50 und 250 µg/kg KG.

Debromo-Aplysiatoxin von marinen *Lynbya*-Arten ist dermatotoxisch und führt an tropischen und subtropischen Küsten Ostasiens bei Badenden immer wieder zu Entzündungen der Haut und der Bindehäute sowie zu allergieähnlichen Erscheinungen im Bereich der Schleimhäute. Man hatte zunächst geglaubt, daß diese Hautreizungen durch chemische Kampfstoffe verursacht würden, die nach Kriegsende im Meer „entsorgt" worden waren.
$C_{32}H_{48}O_{10}$ MG 592,7

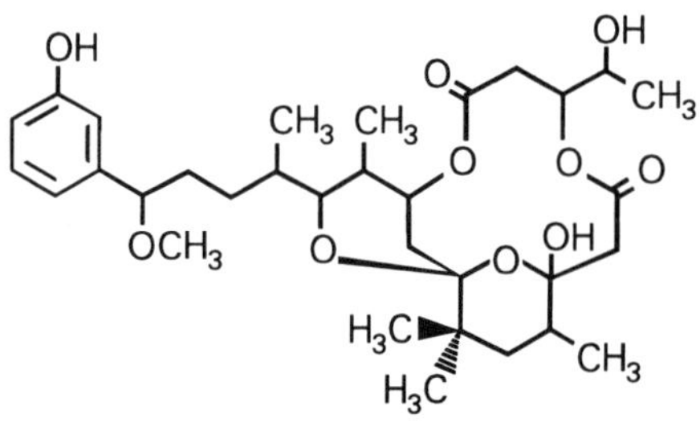

Bei *Aphanizomenon flos-aquae* fand man Purinalkaloide, Aphantoxine I und II, die sich als identisch mit dem o. g. Neosaxitoxin bzw. Saxitoxin der Dinoflagellaten erwiesen. Einige Isolate konnten auch Gonyautoxine (s. o.) bilden (Teuscher u. a.), was als Hinweise für einen Plasmidaustausch gewertet werden kann.
Für die menschliche Gesundheit spielt in Europa vor allem die Haffkrankheit eine gewisse Rolle. Sie tritt an der östlichen Ostseeküste auf, wenn die im Brackwasser der Haffs gefangenen Speisefische zu viel toxische Cyanobakterien gefressen hatten (Sinell).
Trinkwasser, das aus stehenden Oberflächengewässern gewonnen wird, ist nach einer entsprechenden Aufbereitung ungefährlich (Obst u. a.).

5. Schlußbetrachtung

Die Fähigkeit, giftige Abwehrstoffe oder Fraßhemmer in der ganzen Pflanze oder in bestimmten Organen, meist den Früchten, zu synthetisieren ist bei höheren Pflanzen wohlbekannt.

Man kann dies, genau wie die Bildung von Streßmetaboliten (siehe dort) als einen Selektionsvorteil im Laufe der Phylogenese betrachten. Will man diese teleologische Betrachtungsweise hier bei Algen, Cyanobakterien aber auch Bakterien oder Schimmelpilzen anwenden, bekommt man Schwierigkeiten. Die uns interessierenden Fraßfeinde sind immun gegen die Toxine, und man findet von ein und derselben Art am gleichen Standort giftige und nicht giftige Isolate nebeneinander. Allelopathische Gründe zur Freihaltung des Standorts von „Mitessern", wie sie z. B. vom Walnußbaum gut bekannt sind, sind nicht erforscht, können aber nicht ausgeschlossen werden.
Die zunehmende Zucht von Muscheln in abgegrenzten küstennahen Gewässern in europäischen Ländern läßt eine Zunahme von giftigen Muscheln wegen der fortschreitenden Nährstoffanreicherung in diesem Ökosystem erwarten, da die „Futterpflanzen" dieser Tiere sich schneller als bisher vermehren werden. Man hat sogar schon versucht, das Wasser über solchen künstlichen Muschelbänken zu düngen. Auf der anderen Seite sind die Ernten von solchen Standorten eng lokalisiert und gut bekannt, so daß die Überwachung der angelandeten Ware leichter und lückenloser sein kann als bei dezentralisiertem Einbringen vieler kleiner Mengen. Die in fast allen Ländern erlassenen Höchstmengen-Regelungen für Algentoxine lassen erwarten, daß die Zahl der Vergiftungen von Verbrauchern zurückgehen wird.

Fallbeschreibung: Vier Personen aßen abends je drei sautierte (gekochte) Austern. Der nächste Tag verlief beschwerdefrei. Am zweiten Tag traten gegen Mittag bei allen Personen Übelkeit und mehrmaliges krampfartiges Erbrechen auf. Zusätzliche Kreislaufbeschwerden mit Blutdruckabfall und Schwindel machten Bettruhe erforderlich. Nach drei Tagen trat Besserung ein, nach acht Tagen waren die Beschwerden abgeklungen. Ursache: Vermutlich war der Giftstoff einer Auster durch das Kochen auf die ganze Mahlzeit übertragen worden. [L. Roth, eigene Beobachtung, es wurden mündlich drei weitere Fälle von Austernvergiftungen mitgeteilt, die sich schon früher ereignet hatten. Auch hierbei waren die Symptome erst 36–40 Stunden nach dem Essen aufgetreten.]

6. Literatur

Amtliche Sammlung von Untersuchungsverfahren nach § 35 LMBG, Herausg. Bundesgesundheitsamt. Beuth Verl., Berlin, Köln, wird laufend ergänzt

Codd, G. A., Edwards, C., Beattle, K. A., Barr, W. M., and Gunn, G. J.: Fatal attraction to cyanobacteria? Nature 359, 110–111, 1992

DFG, Schadstoffe im Wasser, Band III, Algenbürtige Schadstoffe. Müller, H. u. a. (Herausg.), Boldt Druck, Boppard 1982

van Egmond, H. P.: Report of ILSI/IPCS Screening Subcommittee on pycotoxins, December 1991

van Egmond, H. P., Speyers, G. J. A., van den Top, H. J.: Current situation on worldwide regulations for marine phycotoxins. J. Natural Toxins 1, 67–85, 1992

Eriksson, J. E., Meriluoto, J. A. O., Kujari, H. P., Al-Layl, K. J., Codd, G. A.: Cellular effects of cyanobacterial peptide toxins. Toxicity Assessment 3, 511–518, 1988

Fehlhaber, K., Janetschke, P. (Herausg.): Veterinärmedizinische Lebensmittelhygiene. Gustav Fischer Verlag, Jena, Stuttgart 1992

Francis, G.: Poisonous Australian lakes. Nature 18, 11–12, 1878

Juranovic, L. R., Park, D. L.: Foodborne toxins of marine origin: Ciguatera. Rev. Envir. Contamin. and Toxicol. 117, 51–94, 1991

Keijola, A. M., Himberg, K., Esala, A. L., Sivonen, K.: Removal of cyanobacterial toxins in water treatment processes. Toxicity Assessment 3, 643–656, 1988

Kotaki, Y.: Distribution of bacteria which convert paralytic shellfish toxins. Proceedings of the Japanese Association of Mycotoxicology; Suppl. 1, 25–26, 1990

Krämer, J.: Lebensmittel-Mikrobiologie, 2. Aufl., Verlag Eugen Ulmer, Stuttgart 1992

Kremer, B. P.: Toxische Planktonalgen, Naturwissensch. 68, 101–109, 1981

Lawrence, J. F., Charbonneau, C. F., Menard, C.: Liquid chromatographic determination of domoic acid in mussels, using AOAC paralytic shellfish poison extraction procedure: Colaborative study. J.A.O.A.C. 74, 68–72, 1991

Lawrence, J. F., Menard, C.: Liquid chromatographie determination of paralytic shellfish poisons in shellfish after prechromatographic oxidation. J.A.O.A.C. 74, 1006–1012, 1991 a
Lawrence, J. F., Menard, C.: Confirmation of domoic acid in shellfish using butyl isothiocyanate and reversed-phase liquid chromatography. J. of Chromatography 550, 595–601, 1991 b
Lindner, E.: Toxikologie der Lebensmittel, 4. Aufl., Georg Thieme Verlag, Stuttgart, New York 1990
Marr, J. C., Jackson, A. E., McLachlan, J. L.: Occurrence of Prorocentrum lima, a DSP toxin-producing species from the Atlantic coast of Canada. J. Appl. Phycology 4, 17–24, 1992
Obst, U., Alexander, I. u. Mevius, W.: Biotechnologie in der Wasseraufbereitung. Oldenbourg Verl., München, Wien 1990
Römpp Chemie Lexikon, Herausg. Falbe, J., Regitz, M., 9. Aufl., Georg Thieme Verlag, Stuttgart, New York 1991–1993
Sinell, H.-J.: Einführung in die Lebensmittelhygiene (3. Aufl.), Verlag Paul Parey, Hamburg, Berlin 1992
Steyn, P. S., Vleggaar, R. (Edit.): Mycotoxins and phycotoxins. Elsevier, Amsterdam 1986
Terao, K., Ito, E., Yasumoto, T.: Light and electron microscopic studies of the murine heart after repeated administrations of ciguatoxin or ciguatoxin-4c. Natural Toxins 1, 19–26, 1992
Teuscher, E., Lindequist, U.: Biogene Gifte. Deutsche Apotheker Zeitung 132, 227–240, 1992 a
Teuscher, E., Lindequist, U.: Biogene Gifte, 2. Aufl., Akademie Verlag, Berlin 1992 b
Teuscher, E., Lindequist, U., Mundt, S.: Cyanobakterien, Quellen biogener Wirkstoffe. Pharm. Ztg. Wiss. 137, 57–69, 1992
Weckesser, J., Martin, C.: Toxine aus Cyanobakterien im Wasser: Microcystin und verwandte Peptide. forum mikrobiologie, 7–8, 364–369, 1990
WHO: Aquatic (marine and freshwater) biotoxins. Environmental Health Criteria 37, Geneva 1984

V – 3
Bildung von Abwehrstoffen in Nutzpflanzen

(von G. Langsdorf)

Einführung

Pflanzen sind autotrophe Organismen, die mit Hilfe der Sonnenenergie CO_2 assimilieren und in organische Substanz umsetzen können, wenn sie am Standort mit genügend Wasser und mineralischen Nährstoffen versorgt sind. Sie bilden damit die direkte oder indirekte Lebensgrundlage für alle heterotrophen Organismen. Neben der Gefahr gefressen oder von Mikroorganismen befallen zu werden, drohen ihnen standortbedingte klimatische Belastungen, Verwundungen und Konkurrenz um Licht und Nährstoffe. Sie sind ortsgebunden, benötigen zur Ausnutzung des Lichtes eine große Außenfläche und zur Aufnahme der Nährstoffe ein ausgeprägtes Wurzelsystem und sind somit leicht angreifbar. Um sich vor den vielfältigen biotischen und abiotischen Belastungen zu schützen und zu überleben, haben sie daher zahlreiche und effektive Mechanismen und Strategien zu ihrer Abwehr entwickeln müssen. Viele Abwehrmechanismen sind präventiv, generell und können oft gleichzeitig mehreren Streßsituationen begegnen. Zum Beispiel dient eine starke Kutikula gleichzeitig als Verdunstungsschutz und mechanische Barriere gegen Verletzungen, Infektionen und Fraß. Zur Unterstützung der präventiven Maßnahmen können abhängig von der Bedrohung verschiedene aktive Mechanismen induziert werden.
Eine Hauptbedeutung für die Abwehr der Pflanzen haben die sekundären Inhaltsstoffe verschiedenster Stoffklassen, die im weiteren genauer erklärt werden. Sie können vergällend, abschreckend, hemmend oder toxisch wirken. Die Gehalte an wirksamen Verbindungen können abhängig von Faktoren wie Standort, Witterung, Sorte, Entwicklungsstand, Pflanzenorgan und einzelner Pflanze stark variieren. Im allgemeinen steigen die Wirkstoffgehalte unter Streß an oder die Bildung neuer Verbindungen wird eingeleitet. Eine weitere Strategie, die Regeneration oder der Ersatz befallener oder verwundeter Pflanzenteile kann dann nicht mehr ver-

folgt werden, da sie sehr energieaufwendig ist. Um ihr Ziel, die Art zu erhalten und zur Vermehrung zu gelangen, zu erreichen, wappnet sich die Pflanze vor möglichen Feinden durch vermehrte Abwehrstoffproduktion. Wenn vegetative oder generative Vermehrungsorgane gebildet sind, sinken diese Gehalte oft drastisch ab. Verdeutlicht wird dies z. B. dadurch, daß Früchte bis zur Samenausbildung durch Ungenießbarkeit geschützt werden, während sie reif, oft noch durch Duft und Farbe attraktiv gemacht, zum Verzehr geeignet sind. Die Verbreitung der Samen ist damit eingeleitet und diese sind wiederum oft durch Stoffe, die ihre Verdauung verhindern und zur unveränderten Ausscheidung führen, geschützt.

Viele der in diesem Buch vorgestellten Pflanzengifte haben ihre primäre Bedeutung als Abwehrstoffe und machen die sie produzierenden Pflanzen damit zu Giftpflanzen. Darüber hinaus bilden aber auch unsere Nahrungs- und Nutzpflanzen Streßmetaboliten und Abwehrstrategien aus. Sie werden heutzutage besonders gut untersucht und als solche dokumentiert und propagiert, da man in Zeiten einer Abkehr vom chemischen Pflanzenschutz verstärkt auf das natürliche Verteidigungspotential zurückgreifen will. Bei Nahrungspflanzen wird jedoch leicht übersehen, daß sie zwar unsere Nahrungsquellen sind, aber primär nicht für die Ernährung des Menschen bestimmt sind. Die charakteristische stoffliche Zusammensetzung der Pflanzen ergibt sich aus den spezifischen Bedürfnissen zur Arterhaltung. Neben den Stoffen, die den spezifischen Ernährungsbedürfnissen des Menschen gerecht werden, den „Nährstoffen", enthalten auch Nahrungspflanzen eine große Anzahl von Stoffen, die nur für sie notwendig oder nützlich sind und für den Verzehr von Mensch und Tier von harmlos, der Gesundheit abträglich bis ausgesprochen giftig einzustufen sind.

Einwirkungen und Belastungen, denen wir durch „chemische Kampfstoffe aus der Natur" ausgesetzt sind, sind uns weitgehend unbewußt und oft nicht ausreichend bekannt. Anders als Pestizide und Umweltchemikalien sind pflanzliche Abwehrstoffe und induzierte Streßverbindungen in Nutzpflanzen nur in wenigen Fällen wegen ihrer potentiellen Toxizität gegenüber Menschen und Tieren in die Schlagzeilen gekommen. Inhaltsstoffe, die für die Pflanzen schon konstitutionell zur Abwehr dienen und in diesen „normalen" Konzentrationen toxikologisch bei sachgemäßer Anwendung als unbedenklich angesehen werden, können bei biotischem und abiotischem Streß jedoch durchaus zu so hohen Gehalten ansteigen, daß sie, besonders gekoppelt mit Fehlbehandlungen, zu Unverträglichkeiten führen können. Auch ist hierbei zu berücksichtigen, daß die Reaktion auf Abwehrstoffe bei der Aufnahme durch Mensch und Tier abhängig ist von der ganz spezifischen, augenblicklichen Fähigkeit eines Individuums, Stoffe aufzunehmen, zu puffern, umzuwandeln, abzubauen und auszuscheiden. Diese Prozesse sind in ihrer Größe sehr variabel und damit schwer abzuschätzen.

Es dürfte allgemein bekannt sein, daß die Kartoffel (Solanum tuberosum L.), eine der meistkonsumierten Nahrungspflanzen, in ihren grünen Pflanzenteilen, Knollenschale und Epidermis, sowie in geringem Maße im Knollengewebe Alkaloide enthält, die oberhalb eines bestimmten Gehaltes giftig sein können (→ Solanin). Dagegen ist weniger bekannt, daß mechanische Beschädigungen und Lichteinwirkungen den Alkaloidgehalt bis zu über das Zehnfache steigern können und das ohne optische Signale wie Grünwerden. In den USA wurde die Kartoffelsorte Lenape schnell wieder vom Markt genommen, da ihre gute Resistenz gegen Schädlinge auf erhöhten Alkaloidgehalten beruhte und damit eine Bedrohung für die Konsumenten darstellte [9, 54, 89]. Eine ähnliche Situation, bessere Resistenz einer Sorte, gekoppelt mit höheren Gehalten an Abwehrstoffen und resultierenden Unverträglichkeitsproblemen beim Menschen, ergab sich bei Sellerie (Apium graveolens L.). Furocumarine sind hier die Streßverbindungen, die phototoxische Hautläsionen bei Menschen hervorrufen können (→ Furocumarine, Bergapten, Xanthotoxin). In gesunden Selleriepflanzen sind sie nur in geringen Konzentrationen vorhanden, diese können aber durch die unterschiedlichsten Streßfaktoren auf dem Feld (z. B. Kontakt mit Schadorganismen, Herbizidbehandlungen), bei der Ernte und beim Lagern (z. B. Verletzungen, Schadorganismen, lange Lagerzeit) stark erhöht werden. Personen, die viel Kontakt mit Sellerie haben, wie Anbauer und Gemüsehändler, reagierten mit Photophytodermatitis und schweren bullösen phototoxischen Reaktionen, als die Gehalte an Furocumarinen um das 10–15fache anstiegen.

Im einzelnen ergab die Untersuchung bei infiziertem Sellerie für Psoralen die 216fache, für 5-Methoxypsoralen die 14,7fache und für 8-Methoxypsoralen die 20fache Konzentration im Vergleich zu nichtinfiziertem Sellerie [9].
Andererseits wird Resveratrol, eine Streßverbindung des Weins (Vitis vinifera), die auch in den Schalen von Weintrauben gebildet wird und so stabil ist, daß sie bei der Herstellung von Wein in den Rotwein oder von rotem Traubensaft in den Saft übergeht, dafür verantwortlich gemacht, den Cholesterinspiegel zu senken und der Verklumpung von Blutzellen, die zu Arteriosklerose und Herzinfarkt führen können, entgegenzuwirken [71]. Das ahnte man schon vor langer Zeit, denn Wilhelm Busch reimte:

„Rotwein ist für alte Knaben
eine von den besten Gaben."

Deshalb muß im Einzelfall geklärt werden, ob pflanzliche Abwehrstoffe negative oder positive Wirkungen auf Mensch und Tier ausüben. Sicherlich spielt dabei auch die Konzentration der Verbindungen eine entscheidende Rolle. Es sollte uns immer bewußt sein, daß viele Ernteprodukte unserer Nutzpflanzen wie Gemüse und Obst – auch wenn wir sie in Folie verpackt kaufen – noch stoffwechselaktiv sein können, weniger zum Aufbau neuer Substanz, oft aber zu ihrer Verteidigung als Reaktion auf Bedrohungen wie Verletzungen, Kälte, Hitze und Schimmelpilze. Der Sekundärstoffwechsel bei der Lagerung und die dabei entstehenden Verbindungen sind bisher nur wenig untersucht worden.
Da Abwehrstoffe zur generellen oder spezifischen Resistenz gegen Schädlinge und Krankheitserreger unserer Nutzpflanzen auf dem Feld beitragen, sind sie von großem Interesse in der Phytopathologie und Pflanzenzüchtung. Während Untersuchungen bezüglich der toxokologischen Wirkung auf Mensch und Tier nur in den seltenen Fällen vorliegen, ist die Wirkung auf Mikroorganismen gut dokumentiert. Nachfolgend soll versucht werden, einen Überblick über die wichtigsten Abwehrstoffe zu geben, mit denen Menschen in Kontakt kommen können, allgemein Verständnis für die Verteidigungsmechanismen der Pflanzen zu wecken und damit Hinweise zu geben, wo mögliche Gefahren liegen könnten und wie sie zu vermeiden sind. Es muß ausdrücklich betont werden, daß eine Gefahr nicht unbedingt bestehen muß, wohl aber Wirkungen durch pflanzliche Inhaltsstoffe (außer den Nährstoffen) auf unseren Organismus nicht auszuschließen sind. Die Wirkungen chemischer Pflanzenschutzmittel sind oft sehr genau bekannt, dagegen weiß man erstaunlich wenig über die natürlichen, von der Pflanze gebildeten Stoffe. Sie sind oft nur mit aufwendiger Analytik zu bestimmen, und die Konzentrationen sind gering. Die Vielfältigkeit und Vielzahl der natürlichen chemischen Verbindungen läßt keine spezifischen Adaptationen erwarten. Kleinkinder, Kranke, besonders solche mit Verdauungsbeschwerden, Personen, die durch Alkohol oder bestimmte Medikamente in der Abwehr geschwächt sind, können auf natürliche wie künstliche chemische Stoffe empfindlicher reagieren als Gesunde.

1. Allgemeines zum pflanzlichen Abwehrsystem

Pflanzen schützen sich mit einem dynamischen System von miteinander verbundenen morphologischen und biochemischen Mechanismen, das von präventiven und abschreckenden Faktoren bis zur Vernichtung der Eindringlinge durch Selbstzerstörung reicht. Morphologische Mechanismen sollen dabei vor allem durch mechanische Barrieren Schutz gewähren, während biochemische Mechanismen durch Einwirkung auf den Stoffwechsel des potentiellen Angreifers schützen.
An ihrem natürlichen Standort ist eine Pflanze einer großen Zahl und Vielfalt von potentiellen Konkurrenten, Schädlingen und Krankheitserregern ausgesetzt. Eine Wiesenpflanze in mittleren Breiten beispielsweise ist schätzungsweise von 6 Millionen Bakterien, Pilzen, Algen und Protozoen, bis zu 6 000 Nematoden, 100 oder mehr Mikroarthropoden, Oligochaeten und Regenwürmern umgeben [78]. Wie effektiv das Abwehrsystem funktioniert, kann man daran sehen, daß die meisten Pflanzen durch die Mehrheit der potentiell pathogenen Mikro-

organismen und Schädlinge nicht ernsthaft geschädigt werden. Völlige Vernichtung ist in einer natürlichen Pflanzengemeinschaft eine Ausnahme. Einige Erreger und Schädlinge haben sich im Laufe der Evolution mit ihren Angriffsmechanismen spezifisch auf die Überwindung der morphologischen und chemischen Barrieren einer Pflanzenart eingestellt, die eine allgemeine oder Nicht-Wirt-Resistenz begründen, und diese Pflanzenart wird dadurch für sie anfällig. Eine überlagerte spezifische oder Wirts-Resistenz entsteht, wenn Pflanzen dieser Art spezifisch auf diese Angriffsmechanismen der Erreger reagieren und eine resistente Sorte bilden. Ausgelöst wird dies durch eine aktive Wechselwirkung zwischen Wirt und Parasit [31]. Die Abwehrmechanismen liegen in den Pflanzen entweder vorgeformt (präformiert) vor oder werden durch äußere Einflüsse induziert. Die Pflanze kann dabei auf eine Vielfalt von Einflüssen reagieren, die, auf einen einfachen Nenner gebracht, gemeinsam haben, daß sie ihr Stoffwechselgleichgewicht stören, damit eine Umstimmung dessen bewirken und zur verstärkten Bildung präformierter bzw. Neubildung von Verbindungen und Strukturen führen. Die Schnelligkeit der Erkennung einer Bedrohung, die Dauer der Einwirkung sowie deren Charakter bestimmen dabei die Intensität der Reaktion. Daß dabei die Konzentrationen präformierter Inhaltsstoffe um ein Vielfaches ansteigen können, sollte auch den Verbrauchern bewußt sein.
Wenn die „Giftküche der Pflanzen" Gefahr signalisiert bekommt, kann sie neben vermehrter Bereitstellung konstitutiver Substanzen auch mit der Bildung besonderer, oft neuartiger Substanzen reagieren. Solche neu entstehenden niedermolekularen Streßverbindungen mit antimikrobiellen Eigenschaften, die im normalen, gesunden Gewebe nicht oder nur in Spuren vorkommen, werden als Phytoalexine bezeichnet [60]. Der Begriff leitet sich vom Griechischen (φυτόν = Pflanze, ἀλέξειν = abwehren) ab. Ursprünglich verstand man darunter pilzhemmende, niedermolekulare Verbindungen, die als Reaktion auf Pilzbefall (z. B. Schimmelpilze) in Wirtspflanzen gebildet und angereichert wurden [55]. Heute weiß man, daß Phytoalexine in Pflanzen auch als Reaktion auf sonstige Elicitoren, das sind Wirkungen auslösende Signale, gebildet werden können. Man unterscheidet:

- Biotische Elicitoren wie Bakterien, Viren, Nematoden und Insekten sowie deren Zellwandfragmente und Extrakte und
- Abiotische Elicitoren wie Behandlungen mit Chemikalien, mechanische Verletzungen, Wasserentzug, Kälte oder ultraviolettes Licht. Darüber hinaus findet man:
- Endogene Elicitoren, die aus der pflanzlichen Zellwand freigesetzt werden können. Pflanzenhormone wie Abscisinsäure und vor allem Ethylen induzieren ebenfalls Streßverbindungen [8, 17, 25] (vgl. Abb. V-3/1).

Nach Kontakt mit einem Elicitor werden die induzierbaren Teile des Abwehrsystems eingeschaltet. Es werden Signale in der Pflanze weitergegeben, über deren Wirkungsweise noch wenig bekannt ist (diskutiert werden z. B. Änderungen des Membranpotentials, Ionenverschiebungen). Sie führen aber zur Aktivierung der zahlreichen Gene, die an der Bildung der verschiedenen Abwehrreaktionen beteiligt sind. Über die Kriterien, die bestimmen, welche Mechanismen im vielseitigen und zeitlich gestaffelten Abwehrnetz letztendlich eingesetzt werden, herrscht noch weitgehend Unklarheit. Es wird vermutet, daß Rückkopplungsmechanismen an Schaltpunkten entscheiden, ob weitere Aktionen notwendig sind [17, 22, 69]. Neben Phytoalexinen und der verstärkten Bildung präformierter Verbindungen wurden beobachtet: Verstärkungen der Zellwände durch Synthese ligninartiger Materialien, Kalloseablagerungen (β-1,3-Glucan), Anreicherung von hydroxylin- oder glycinreichen Glykoproteinen, induzierte Synthese von hydrolytischen, pflanzlichen Enzymen und Proteaseinhibitoren [17, 43].
Ein Anstieg an Abwehrstoffen in Pflanzen erfolgt vor allem dann, wenn die Pflanze einen Erreger rasch bei dem ersten Aufeinandertreffen als Angreifer erkannt hat und die Abwehr einleiten kann, bevor sie geschädigt wird. Gerade Pflanzen, die also resistent gegen den Erreger sind und äußerlich unbeschädigt wirken, können hohe Gehalte an Abwehrstoffen enthalten. Anfällige Pflanzen bilden zwar auch Abwehrstoffe, meist aber nur in geringerem Ausmaß, da die spezialisierten Erreger deren Bildung unterlaufen.

ABIOTISCH
Biogen
Hitze
Kälte
Wassermangel
Sturm
Hagel
Strahlung (UV)

Andropogen
Schwermetalle
Pflanzenschutzmittel
Schadgase

BIOTISCH
Organismen
Viren
Bakterien
Pilze
Nematoden
Insekten
Herbivore

Elicitoren
Bruchstücke und Extrakte von Bakterien, Pilzen, Schädlingen
endogene Elicitoren
Phytohormone

STRESS

ABWEHR

PRÄFORMIERT
Morphologisch
Abschlußgewebe

Biochemisch
Phenole
Alkaloide
Blausäureglycoside
Glucosinolate
Proteaseinhibitoren
Toxische Fettsäuren
Saponine

INDUZIERT
Morphologisch
Abschlußgewebe,
Zellwandverstärkungen
Thyllen
Papillen

Biochemisch
Kallose
Hydroxylinreiche/Glycinreiche Glycoproteine
Pathogenesis Related Proteins
Phytoalexine
Thionine
Proteaseinhibitoren

Abb. V-3/1. *Pflanzliche Abwehrreaktionen auf Streßfaktoren*

Die biologische Wirkung von induzierten Verbindungen oder Streßmetaboliten wurde meist nur gegenüber Mikroorganismen getestet. Findet man in den üblichen Biotests eine antimikrobielle Wirkung, werden sie als Phytoalexine eingestuft und nur wenn sie glaubhafte Kandidaten für eine Resistenz gegen Erreger sind, werden Untersuchungen über ihre Wirkungsmechanismen nachgeschaltet. Toxikologische Untersuchungen auf Wirkungen in Tier und Mensch sind Ausnahmen, und oft handelt es sich nur um Voruntersuchungen. Da es sich um Naturstoffe handelt, die schon in geringen Konzentrationen wirksam sind, fehlen oft auch die Mengen, die für solche Untersuchungen Voraussetzung sind. Die antibiotische Aktivität ist selten spezifisch, sondern greift meist in allgemeine Lebensvorgänge ein. Phytoalexine können durchaus auch toxisch für die sie produzierenden Pflanzen selbst sein. In den wenigen Fällen, in denen Untersuchungen vorliegen, unterscheiden sich die wirksamen Konzentrationen für die toxischen Effekte von Phytoalexinen in tierischen Systemen nicht von denen im Biotest mit Pilzen. Tierische Zellen erweisen sich weder als außerordentlich empfindlich noch anfällig, und die Affinitäten und Sensitivitäten für die reaktiven Stellen in Tieren und Pilzen scheinen daher ähnlich zu sein. Über die Wirkung von Streßmetaboliten, die über längere Zeiträume in subakuten Konzentrationen konsumiert werden, ist überhaupt nichts bekannt [25, 42, 74, 77].
Für den Verbraucher ist es wichtig zu wissen, daß die meisten solcher Abwehrmechanismen in der direkten Umgebung der Infektionsstelle oder Verletzung ausgebildet werden. Ein äußeres Zeichen einer Abwehrreaktion und oft mit ihr verbunden ist in vielen Fällen eine hypersensitive (Überempfindlichkeits-)Reaktion. Darunter versteht man den sehr schnellen Tod von Zellen in der unmittelbaren Umgebung des eindringenden Erregers oder einer Verletzung, der optisch als Verbräunung und/oder Nekrose sichtbar wird. Die Pflanze opfert einige Zellen, um das restliche Gewebe zu schützen. In den toten Zellen werden die präformierten Substan-

zen freigesetzt und die angrenzenden Zellen sind besonders aktiv an der Produktion und Anreicherung von antimikrobiellen Stoffen beteiligt. Oft sterben auch sie anschließend durch die hohen Gehalte der gebildeten Stoffe ab, möglicherweise auch wegen deren unspezifischer, also auch gegen die eigenen Zellen gerichteten Toxizität [22, 80]. Die Nekrosen der Hypersensitivitätsreaktion sind nur als winzige Punkte erkennbar, während sich vergrößernde Faulstellen auf eine erfolgreiche Erregerbesiedelung hinweisen.
Neben der lokalen Reaktion werden Signale weitergeleitet, die systemische Veränderungen im Abwehrverhalten der Pflanzen einleiten. Sie müssen nicht unbedingt bis zur Ausbildung der Endprodukte in entfernteren Pflanzenteilen führen, bewirken aber eine gesteigerte Reaktionsfähigkeit, die bei Bedarf eine schnelle Bildung der Abwehrmechanismen auslösen kann, die Pflanze ist „bereit“ [15]. Ist die Abwehrreaktion in der Pflanze durch Elicitoren oder Erkennen eines Erregers erst einmal eingeleitet, bleibt die Abwehrbereitschaft bestehen und die Pflanze kann auch auf spezifische Erreger reagieren, gegen die sie normalerweise anfällig ist und die diese Reaktion normalerweise nicht auslösen. Andererseits kann eine aktive Unterdrückung der Abwehrreaktion durch spezialisierte Erreger die Pflanze auch anfällig für Erreger machen, gegen die sie normalerweise resistent ist. Solche Vorgänge kann man beispielsweise bei verschiedenen Kartoffelsorten und Erregern der Kraut- und Knollenfäule beobachten [16, 41].
Die zusätzliche Bildung von Abwehrstoffen kostet die Pflanze Energiereserven, die sie nur aufbringen kann, wenn sie ausreichend mit Nährstoffen versorgt ist. Ist die Gefahr wieder vorbei, werden sie oft um- oder abgebaut und die freien Gehalte sinken ab. Interessant ist, daß z. B. Alkaloide als stickstoffhaltige Verbindungen eine Doppelfunktion als Speicher- und Abwehrsubstanz haben können [86].
Präformierte und induzierte Abwehrstoffe befinden sich überwiegend in den äußeren Schichten der Pflanzen, die mit der Umwelt in Kontakt treten. Gehalte im Inneren von Speicherorganen wie etwa Knollen, Rüben oder Körnern im Ruhezustand sind dagegen sehr gering.
Ob eine Pflanze Streßsituationen ausgesetzt war und ob dadurch ihre Gehalte an Abwehrstoffen normal oder erhöht sind, läßt sich einer Pflanze von außen nur bedingt ansehen. Kleine, punktförmige, nekrotische Flecken deuten auf erfolgreiche Abwehr von Erregern hin. In und um die Flecken kann mit höheren Abwehrstoffgehalt gerechnet werden. Größere nekrotische Bereiche lassen auf Infektionen schließen. Dort können neben Abwehrstoffen auch Stoffwechselprodukte der Erreger, die toxisch sind (z. B. Mykotoxine), gehäuft auftreten. Die Anreicherungen findet man zwar meist lokalisiert, eine systemische Steigerung in gesunden Bereichen ohne optische Zeichen ist jedoch auch möglich. Ob und welche Wirkung Abwehrstoffe auf den menschlichen Organismus haben, ist nur unzureichend untersucht, eine akute Bedrohung ist normalerweise jedoch unwahrscheinlich.
Um sich aber bei Verdacht auf höhere Gehalte so wenig wie möglich mit dieser „natürlichen Chemie“ zu belasten, sollte man braune Stellen weiträumig ausschneiden und wenn möglich Schalen und äußere Gewebeschichten entfernen. Bei der Lagerung von Pflanzen sollten Lichteinwirkung, große Kälte und Verletzungen vermieden werden. Frisch geschnittenes rohes Gemüse oder Obst sollte schnell verzehrt und auch nicht im Kühlschrank aufbewahrt werden, da es sich um Gewebe handelt, die noch stoffwechselaktiv sind, so daß sie Abwehrstoffe aufbauen können. Die Stabilität der Streßmetaboliten beim Kochen ist wenig untersucht. Erhitzen führt manchmal zu einer Inaktivierung der Verbindung selbst, vor allem wenn Enzyme an der Überführung in die wirksamen Komponenten beteiligt sind wie z. B. bei Blausäureglycosiden (vgl. 990). Die Enzyme werden durch Hitze zerstört und das Nahrungsmittel unterliegt dadurch vielen biochemischen Veränderungen nicht mehr. Ein Prozeß, der im großen schon seit langer Zeit beim „Einkochen“ von den Hausfrauen genutzt wird, um Nahrungsmittel zu konservieren.

2. Einzelne Naturstoffgruppen mit Abwehrfunktionen

Die pflanzlichen Abwehrstoffe gehören meist zu den sekundären Inhaltsstoffen. Es handelt sich um chemisch sehr unterschiedliche Verbindungen, denen gemeinsam ist, daß ihnen keine essentielle Rolle im Stoffwechsel der Pflanzen nachgewiesen werden konnte. Wegen ihrer an-

tibiotischen oder abschreckenden Eigenschaften bilden sie aber Teile der pflanzlichen Resistenz gegen Krankheiten und Schädlinge. Der direkte Nachweis an einer Beteiligung am Abwehrgeschehen in vivo für einzelne Verbindungen ist oft nur sehr schwer zu erbringen, da sie Teile eines dynamischen, ineinandergreifenden, multifaktoriellen Systems darstellen.
Die genauen stofflichen und molekularen Grundlagen der pflanzlichen Abwehr sind noch weitgehend unbekannt, werden jedoch intensiv bearbeitet. Durch Kenntnis der chemischen Stoffe und ihrer Funktionen verspricht man sich, das natürliche Potential des Abwehrsystems zu fördern und ausnutzen zu können. Besonders die Liste der neugebildeten Streßverbindungen wächst ständig an. Im folgenden sollen einige bekannte Abwehrstoffe, die in vielen Nutzpflanzen vorkommen, nach Naturstoffgruppen geordnet vorgestellt werden weil der Verbraucher mit ihnen in Kontakt kommen kann.

Phenole

Phenolische Verbindungen gehören zu den am häufigsten vorkommenden, sekundären Inhaltsstoffen von Pflanzen. In freier Form liegen sie nur selten vor, aber als phenolische Säuren, Glycoside und Biopolymere sind sie weitverbreitet. Wichtige Verbindungsgruppen sind beispielsweise Phenolcarbonsäuren, Flavonoide, Cumarine, Stilbene, Lignine, Melanine und Tannine. Ihre biologische Funktion als Abwehrstoffe beruht auf ihrer hohen potentiellen Toxizität gegenüber vielen Organismen in freier Form. Die Pflanzen selbst müssen sich vor diesen Inhaltsstoffen dadurch schützen, daß sie sie getrennt von aktivierbaren Enzymen in besonderen metabolisch inaktiven Räumen speichern (Zellen, Drüsen, Sekretbehälter, Vakuolen u. a. m.). Wird das Zellgewebe infolge von mechanischen Verletzungen oder durch Infektionen zerstört, so werden die ungebundenen Phenole durch Hydrolasen freigesetzt [28].
Bei allgemeinen antimikrobiellen Wirkungen werden Interaktionen über Wasserstoffbrückenbindungen in Gang gesetzt oder Bindungen mit Proteinen und Enzymen sowie Chelatbildung mit Metallionen bei Vorliegen einer o-Hydroxy-Gruppe eingegangen.
Durch einfache Oxidation erhöht sich die Toxizität von Phenolen. Phenoloxidasen und Peroxidasen, die offensichtlich auch erst nach Aufhebung der normalen Kompartimentierung zur Verfügung stehen, überführen sie in Chinone. Die hohe antimikrobielle Aktivität von Chinonen beruht auf Reaktionen und Ausfällungen von Proteinen und Aminosäuren, Änderungen des Redoxpotentials, Komplexbildung mit Metallionen und Hemmung von Enzymsystemen [75]. (Zum Mechanismus der Toxizität: Chinone agieren als Elektrophile oder Elektronenempfänger, um so ein Semichinon-Radikal zu bilden, das entweder direkt mit der DNS reagieren kann oder in den Redoxzyklus der Superoxid-Radikalbildung durch eine Elektronenübertragung auf molekularen Sauerstoff eingreift. Das Superoxidanion und sich daraus bildendes Wasserstoffsuperoxid können durch eine Lipid-Peroxidations-Kettenreaktion Fette in Zellmembranen oxidieren. Bei den Oxidationsprodukten findet man auch mutagene und carcinogene Verbindungen [3].)
Die phytotoxische Wirkung von Chinonen sieht man gut am Braunwerden von Äpfeln und Kartoffeln an Schnittstellen. Dort werden Phenole durch die Verletzung durch die sonst räumlich von ihnen getrennten Oxidasen zu Chinonen oxidiert und das pflanzliche Gewebe stirbt ab.
Weitere Oxidation von Phenolen läßt ihre Toxizität absinken. Polymere Phenolkomplexe wie Lignine oder Melanine können als physikalische Barrieren schützen, die die Ausbreitung der Erreger aufhalten [10].
Tannine oder Gerbstoffe, wasserlösliche Polyphenole mit einem Molekulargewicht von 500 bis 3 000, dagegen sind trotz Polymerisation reaktive Abwehrsubstanzen. Bei Zellzerstörung, wie z. B. dem Biß eines Insekts in ein Blatt, bilden die Tannine schnell einen Komplex mit Proteinen und reduzieren signifikant deren enzymatische Funktion oder den Nährwert. Gegen ihre Fähigkeit zur Komplexbildung und Ausfällung von Proteinen ist kein Mechanismus zur Entgiftung bekannt [28]. Pflanzliches Gewebe, das Tannine enthält, ist an seinem adstringierenden Geschmack zu erkennen. Wenn die Polyphenole mit Speichel- und Glycoproteinen im Mund reagieren, kann der Mund trocken und durch ungenügende Einspeichelung die Gleit-

fähigkeit der Nahrung verhindert werden. Tannine werden auch als Antinährstoffe bezeichnet. Ihre schädigende Wirkung für die Nahrungsaufnahme beruht auf Bindungen mit verschiedenen Eiweißverbindungen im Verdauungstrakt. Gerbstoffe können an Verdauungsenzyme binden und damit ihre Funktion hemmen. Bindung an Eiweißstoffen der Nahrung führt zu einer unvollständigen Verdauung. Bindung an Proteine der Darmschleimhaut beeinträchtigt deren Funktion, Nahrungsstoffe zu resorbieren. Schwerlösliche Komplexe mit Eisen hemmen dessen Resorption aus pflanzlichen Nahrungsmitteln. Das kann bei Personen, die hohe Gehalte an Gerbstoffen zu sich nehmen, zu Eisenmangel führen. Andererseits wird Tanninen oder ihren Stammsubstanzen wie Gallussäure, Kaffeesäure und Catechin auch eine antimutagene und anticarcinogene Wirkung zugeschrieben, da die Bildung von Nitrosoverbindungen aus stickstoffhaltigen Substanzen, insbesondere Nitrit, durch sie gehemmt wird [49]. In größeren Dosen (0,5%ige Lösung als Trinkwasser bei der Maus) ist Tannin ein schwaches Karzinogen und führte zu Lebertumoren [44]. Tannine werden allgemein als Antinährstoffe für Mensch und Tier eingestuft. In Pflanzen können sie in den verschiedensten Organen gebildet werden. Häufig findet man sie in unreifen Früchten und dort sind sie für deren adstringierenden Geschmack verantwortlich. In reifen Früchten nehmen die Gehalte ab. Kaffee, Tee und Kakao, Sorghum-Arten und Bohnen der Gattung Vicia haben hohe Gerbstoffgehalte [49, 68].

Stilbene sind Diphenylethylene mit Molekulargewichten von 200–300. Aus Pflanzen werden sie vorwiegend als freie Hydroxyle, Methylester oder Glykoside isoliert. Sie kommen in einer cis- oder trans-Form vor, die verschiedene chemische und biologische Eigenschaften besitzen. Die meisten Stilbene werden von Bäumen und anderen holzbildenden Pflanzen gebildet. In toten Geweben wie Rinde und Kernholz reichern sie sich konstitutiv an, während sie in lebenden, saftführenden Holzschichten und Blättern vor allem durch abiotischen und biotischen Streß induziert werden. Pinosylvin, Pinosylvinmonomethylether und Resveratrol sind solche Verbindungen. Stilbene besitzen als Gruppe eine hohe pilzhemmende Aktivität und sind auch für Bakterien, Insekten, Fische und Mäuse toxisch. Obwohl die meisten in Pflanzen gebildeten Stilbene keine oestrogene Wirkung besitzen, gibt es Ausnahmen. Einige Hydroxystilbene hemmten die oxidative Phosphorylierung in den Mitochondrien der Leber von Ratten [29].

Mit einem allgemeinen Ansteigen der Phenolgehalte reagieren viele Pflanzenarten auf biotischen oder abiotischen Streß. Nach Kälteeinwirkung (5 °C) stiegen die Gesamtphenolgehalte in Kartoffelknollen von 210 mg/kg Frischgewicht auf 1 720 mg/kg an [9]. Nach Pilzinfektionen können sich Mono- und Diphenole, phenolische Glycoside, Flavonoide, Anthocyanidine, aromatische Aminosäuren und Cumarinderivate anreichern [26]. Wenn Pflanzen mit einer Hypersensitivitätsreaktion reagieren, werden in den toten Zellen ebenfalls viele phenolische Substanzen angereichert. Auch zahlreiche Phytoalexine haben phenolischen Charakter. Einige Substanzen mit bekannten physiologischen Wirkungen, die nach Streß bevorzugt angereichert werden, sind:

Chlorogensäure (→ Chlorogensäure): Steigerung der zentralen Erregbarkeit bei oraler Aufnahme von 3,75 mg/kg; Steigerung der Sekretion von HCl im Magensaft und Verminderung der Pulsfrequenz bei 250 mg; choleretische Wirkung [44]; antimutagene und anticancerogene Wirkung wie Tannine.

Coumestrol: CAS-Nr. [479-13-0]; oestrogene Wirkung [46].

Daidzein: CAS-Nr. [486-66-8], oestrogene Wirkung [46].

Genistein: CAS-Nr. [446-72-0]; oestrogene Wirkung [46].

Kaffeesäure (→ Kaffeesäure): Choleretische Wirkung, hepatotrophisch; antimutagene und anticarcinogene Wirkung wie Tannine [9].

Quercetin (→ Quercetin): LD_{50} 161 mg/kg oral in Ratten; entzündungshemmend; bei in vitro-Tests starkes Mutagen; Carcinogenität in vivo fraglich [9].

Alkaloide

Alkaloide (→ Alkaloide) sind stickstoffhaltige sekundäre Pflanzeninhaltsstoffe mit großer struktureller Vielfältigkeit. Sie bilden die Naturstoffgruppe mit der höchsten Warmblütertoxizität. Zwar können einige Alkaloide nur in spezialisierten Pflanzenorganen synthetisiert werden, aber sie können sich von hier aus in der ganzen Pflanze anreichern. Besonders hohe Gehalte sind in epidermalen Geweben und Organen, die der Reproduktion dienen, wie Blüten und Samen nachgewiesen. Wegen ihres basischen Charakters oder seltener aufgrund einer Antimetabolit-Wirkung, die lebenswichtige Prozesse der sie bildenden Pflanze stören könnten, liegen sie kompartimentiert oder in Vakuolen in Zellen vor. Je nach Umweltbedingungen können die Gehalte beträchtlich schwanken. Unter Streßeinfluß werden Alkaloide verstärkt angereichert [34]. Wegen ihres bitteren Geschmacks und deutlichen pharmakologischen Wirkungen werden alkaloidhaltige Pflanzen von vielen Pflanzenfressern gemieden und nur selten mit Absicht in größeren Mengen konsumiert. In Zeiten von Nahrungsknappheit, bei Überführung in ungewohnte Umgebungen, Anteilen solcher Pflanzen in Trockenfutter wie Heu, werden diese Pflanzen jedoch von Tieren nicht gemieden und können verzehrt werden. Viele Vergiftungen von Weidetieren in Ländern mit extensiver Weidewirtschaft wie USA und Australien sind auf eine Aufnahme alkaloidhaltiger Pflanzen zurückzuführen. Nachtschattengewächse, → Heliotropium sp., → Senecio sp., → Symphytum sp., → Trichodesma sp., → Veratrum sp. sind solche Beispiele für alkaloidhaltige toxische Pflanzen. Neben akuten Effekten scheinen einige Alkaloide auch teratogene Eigenschaften zu besitzen [39].

Lupinen sind ein gutes Beispiel für die Bedeutung der Alkaloide als Abwehrstoffe. Lupinus albus und L. mutabilis bilden die Chinolizidin-Alkaloide → Lupinin und → Spartein, die ihres Geschmacks wegen als Bitterstoffe bezeichnet werden und toxisch sind. Der hohe Eiweiß- und Energiegehalt von Lupinen kann ohne Extraktion der Alkaloide nicht als Nahrung genutzt werden. Daher wurden bitterstofffreie Süßlupinen gezüchtet. Diese sind jedoch für zahlreiche Schädlinge und Krankheitserreger anfällig, gegen die die bitteren Wildtypen resistent waren. Deshalb können sie nur mit hohem Pestizideinsatz geschützt angebaut werden [86].

Kartoffeln und Tomaten sind alkaloidhaltige Pflanzen, die zu unseren Hauptnahrungsquellen gehören. Ihre Alkaloide tragen nachweislich zur allgemeinen Resistenz gegen Schädlinge und Krankheitserreger bei [86].

Kartoffeln (→ Solanum tuberosum L.) bilden über 20 verschiedene Alkaloide, Steroidglykoalkaloide und Alkaloide vom Spirosolan-Typ. Die Hauptvertreter der ersten Gruppe sind α-Solanin (→ α-Solanin) und α-Chaconin, die das gleiche Aglykon Solanidin (→ Solanidin) besitzen und zusammen 95% des Gesamtalkaloidgehaltes ausmachen. β- und γ-Solanin oder -Chaconin, Demissin, Leptin und Commersonin sind weitere Vertreter. Zu den Spirosolan-Alkaloiden gehören Solasonin, Solamargin und Tomatin [34, 54]. Allgemeine Wirkungen und Vergiftungsfälle sind im Kapitel IV-2 beschrieben.

Alkaloide kommen in allen Pflanzenteilen vor. Normalerweise sind sie in der Schale von Knollen, deren äußeren Hautschichten und in Zentren hoher Stoffwechselaktivität wie der Augengegend angereichert und nur in geringem Maße im Inneren. Die höchsten Gehalte kommen in unreifen, grünen (nach Lichteinwirkung), beschädigten und unsachgemäß gelagerten Knollen vor. Obwohl sich die geernteten Knollen in einer Vegetationsruhe befinden, können sie unter Streß stoffwechselaktiv werden und auch im Inneren Abwehrstoffe aufbauen. Dann findet man auch im Knollenfleisch Alkaloide. Alkaloidgehalte in Kartoffelknollen bis zu 200 mg/kg Frischgewicht werden toxikologisch als unbedenklich angesehen. In den Alkaloidgehalten gibt es starke Unterschiede je nach Sorte und Anbaubedingungen wie geographische Lage und Klimabedingungen. Bei Untersuchungen wurden Schwankungen bei verschiedenen Sorten mit 20–300 mg/kg Frischgewicht festgestellt. Bei beschädigten oder schlechtgelagerten Kartoffeln jedoch wurden Gehalte bis zu 1 600 mg/kg gemessen [9, 34].

Die Resorption von Solanin ist bei oraler Aufnahme im allgemeinen gering, die Ausscheidung aus dem Körper via Urin und Fäces erfolgt rasch. Bei Vergiftungen scheinen Faktoren eine Rolle zu spielen, die eine verstärkte Aufnahme der Alkaloide bewirken. So könnten Saponi-

ne, die in Kartoffeln gemeinsam mit Alkaloiden gebildet und angereichert werden, mit ihrer emulsierenden Wirkung zu einer besseren Aufnahme der Alkaloide aus dem Verdauungstrakt führen. Die LD_{50}-Werte für α-Chaconin und α-Solanin ins Bauchfell gespritzt (i.p.) liegen bei Ratten bei 84 mg/kg bzw. 67 mg/kg. Mäuse, die eine LD_{50} von 42 mg/kg für α-Solanin i.p. haben, können die gleiche Substanz oral ohne toxische Wirkungen bis zu 1 000 mg/kg aufnehmen. Als Hauptmetabolit fungiert das weniger toxische Aglycon Solanidin, das aber beim Menschen in der Leber längere Zeit gespeichert wird, und vermutlich in Zeiten von Belastungen für den Stoffwechsel wie Schwangerschaft, Hunger oder Krankheit mobilisiert werden kann. Solanidin wurde im menschlichen Serum von britischen Versuchspersonen in Konzentrationen zwischen 0,3–22,5 ng/ml gefunden und reflektiert die dort weitverbreitete Aufnahme von Kartoffeln oder Kartoffelprodukten [9, 54]. Den Glycoalkaloiden werden teratogene Eigenschaften zugeschrieben. Hamster und Mäuse, denen α-Chaconin verabreicht wurde, brachten mißgebildete Junge zur Welt. Umstritten ist, ob es durch die Aufnahme von beschädigten und mit Pilzen infizierten Kartoffeln, die verstärkt Glycoalkaloide bilden, zu teratogenen Mißbildungen bei Menschen kommen kann. In Gegenden, wo viel Kartoffeln konsumiert werden und ein schwerer Befall von Kartoffeln mit der Kraut- und Knollenfäule häufig ist, treten häufiger Mißbildungen wie Anenzephalie und Spina bifida bei Neugeborenen auf. Auf diesen epidemiologischen Beobachtungen beruht die Empfehlung, daß Schwangere besonders sorgfältig grüne und beschädigte Kartoffeln meiden sollen [9].
Da die sortenspezifischen Gehalte an Alkaloiden in gängiger Handelsware unterhalb der kritischen Grenze bleiben, besteht bei sachgemäßer Ernte und Lagerung kein Grund zum Ansteigen der Gehalte. Vermeidung von schädigenden Einflüssen und Bedingungen, die eine Neubildung fördern, ist die beste Prophylaxe. Gründliches Ausschneiden der Augenpartien und der grünen Bereiche sollte selbstverständlich sein. Beim großzügigen Schälen der Kartoffeln werden die Glykoalkaloide zum großen Teil entfernt, damit allerdings auch gleichzeitig viele wertvolle Bestandteile. Gehalte ab etwa 110 mg/kg werden als bitter empfunden. Wässern, Erhitzen und Kochen haben keinen Einfluß auf diese stabilen Verbindungen [9, 49].
Tomaten bilden ein ähnliches Glycoalkaloid, das α-Tomatin. Es wird in allen Pflanzenteilen gebildet und erreicht die höchsten Gehalte in Blättern (Tabelle V-3/1). Mit zunehmendem Reifegrad der Früchte nehmen die Gehalte ab. Bleiben die Tomaten vollreif an der Pflanze hängen, verlieren sie innerhalb 2-3 Tagen praktisch alle Alkaloide. Wird dagegen in frühreifem Zustand geerntet und künstlich nachgereift, wie bei Handelsware meist üblich, findet man höhere Gehalte an α-Tomatin [34].

Tabelle V-3/1: *Tomaten: Reifezustand und Gesamtalkaloidgehalt [9, 34]*

Reifezustand	Alkaloidgehalt [mg/kg FM]
Grüne Tomaten	870
Gelbe Tomaten	450
Rote Tomaten, geerntet und nachgereift	360
Rote Tomaten, nach Reife 2–3 Tage an der Pflanze	nicht nachweisbar

Die physiologischen Wirkungen von Tomatin und seinem Aglykon Tomatidin sind ähnlich den Glycoalkaloiden von Kartoffeln. Sie haben ebenfalls eine hemmende Wirkung auf die Cholinesterase und positiven ionotropen Effekt auf das Herz. Es kann Komplexe mit Sterolen bilden und dadurch Membranen destabilisieren. Die LD_{50} bei Ratten ist 900–1 000 mg/kg oral, bei Mäusen 550 mg/kg oral [70].

Blausäureglycoside

Blausäure (HCN) kommt in pflanzlichen Zellen meist gebunden an Glycoside vor (→ Blausäureglycoside). Die Bindung ist β-glycosidisch und zur Freisetzung von HCN sind β-Glycosidasen und Wasser notwendig. Das intakte Glycosid ist ungiftig, HCN dagegen ein starkes Zellgift. Blausäureglycoside sind ein wirksamer Fraßschutz, da bei Gewebezerstörung die extrazellulären Enzyme mit dem Substrat zusammengebracht werden und dadurch giftige Blausäure freigesetzt wird. Für die Pflanze besonders wichtige schützenswerte junge, stoffwechselaktive Pflanzenteile und Reproduktionsorgane enthalten höhere Gehalte als alte Gewebe. Verschiedene Faktoren wie Tageszeit, Jahreszeit, Nährstoff- und Wasserversorgung, Klima, Genetik beeinflussen die Gehalte. Unter Streß wie Kälte oder Trockenheit werden mehr Blausäureglycoside in Pflanzen angereichert. Die wichtigsten in Nutzpflanzen vorkommenden cyanogenen Glycoside sind: → Amygdalin, Dhurrin, Linamarin und Lotaustralin. Amygdalin kommt in der Bittermandel und in Kernen von anderen Früchten vor, Dhurrin in Sorghum sp. und anderen Gräsern. Linamarin (Phaseolunatin) und Lotaustralin (Methyllinamarin) sind die Verbindungen in Hülsenfrüchten, Flachs und Cassava [49, 53, 61].
Der Verzehr Blausäureglycoside-bildender Pflanzen kann gefährlich werden, wenn große Mengen ohne oder nach unzureichender Entfernung der Blausäure konsumiert werden. Nutzpflanzenarten wie z. B. Bambus, Cassava, Sorghum sp., Yam, Süßkartoffeln, Zuckerrohr, Limabohnen, Leinsamen, Bittermandeln, Samen von Kirsche, Apfel, Birne, Aprikose, Pfirsich, Weißer Klee, Saatwicken, Kuhbohnen sowie in geringen Mengen auch Gartenbohnen und Gartenerbsen bilden cyanogene Glycoside [49]. Bei einigen Arten werden Pflanzenteile konsumiert, die in der Regel keine Blausäure enthalten wie die Samen der Hirse oder das Fruchtfleisch reifer Kern- und Steinfrüchte. Wo die konsumierten Teile hohe Gehalte an Blausäureglycosiden aufweisen wie bei Cassavawurzel (840 mg und 330 mg/kg FM für Wurzelrinde bzw. Wurzelinneres), Limabohnen (100–4 000 mg/kg FM reife Samen je nach Sorte) und Bambussprossen (8 000 mg/kg für Spitzen unreifer Sprosse), gibt es traditionelle Zubereitungsweisen, die die Blausäure eliminieren [61]. Von den meisten blausäurebildenden Nutzpflanzen gibt es zudem natürliche oder gezüchtete Sorten mit stark reduzierten Gehalten.
Obwohl das intakte Glycosid nicht giftig ist, reicht eine Inaktivierung der gleichzeitig im Pflanzengewebe auftretenden β-Glycosidasen (Erhitzen, durch Speichel oder Magensaft) nicht aus, das Freisetzen von Blausäure zu verhindern, da andere Nahrungsbestandteile wie frisches Gemüse, Salat oder Kräuter oder Mikroben der Darmflora ebenfalls β-Glycosidasen enthalten oder bilden können. Traditionell werden die Zellen physikalisch durch Quetschen oder Zerkleinern zerstört und dann gewässert, möglichst unter fließendem Wasser, um nach Autolyse die Entfernung der Blausäure zu bewirken. Beim Kochen sollte kein Deckel benutzt werden, um die flüchtige Blausäure (Siedepunkt 26 °C) entweichen und nicht kondensieren zu lassen [49, 53].
Blausäurevergiftungen von Menschen und Tieren kommen immer wieder in Ländern vor, wo viel Cassava, Limabohnen, Sorghum und Bambussprossen angebaut und konsumiert werden. Neben akuten Fällen besteht unter bestimmten Umständen auch eine Gefahr von chronischer Toxizität. Chronische Nervenkrankheiten wie das tropische atataktische Syndrom und tropische Amblyopie in Nigeria werden mit dem Konsum von Cassavaprodukten und ihren Blausäuregehalten in Zusammenhang gebracht [49, 61]. Da viele Menschen ständig kleinen Mengen an Blausäure in Nahrung, Luftverschmutzung und besonders im Zigarettenrauch ausgesetzt sind und effektive Entgiftungsmechanismen vorhanden sind, können Spuren im Körper als physiologisch unbedenklich angesehen werden. Bei langsam gesteigerten Dosen kann sich der Stoffwechsel auch darauf einstellen und beträchtliche Mengen Blausäure (bis zu 30 mg/kg Körpergewicht) vertragen [49, 53]. Bei Streßsituationen wie Hunger oder Krankheit sinkt aber die Verträglichkeit rapide ab. Das bedeutet, daß der geschwächte Körper durch traditionelle Nahrungsmittel, die in gesundem Zustand jahrelang vertragen wurden, zusätzlich vergiftet wird. Hungerleidende dürfen deshalb solche blausäurehaltigen Nahrungsmittel nicht erhalten. Da ein Verzicht auf den Anbau von Pflanzen, die cyanogene Glycoside bilden, Verzicht

auf wertvolle Energie- und Eiweißträger und drastische Umstellungen von traditionellen Ernährungsgewohnheiten bedeutet, muß die Gefahr von Vergiftungen durch den Anbau von Sorten mit reduzierten Gehalten und sorgfältige Entfernung der Blausäure so gering wie möglich gehalten werden [49].

Glucosinolate

Glucosinolate sind eine Gruppe von Verbindungen, die eng mit cyanogenen Glycosiden verwandt sind.

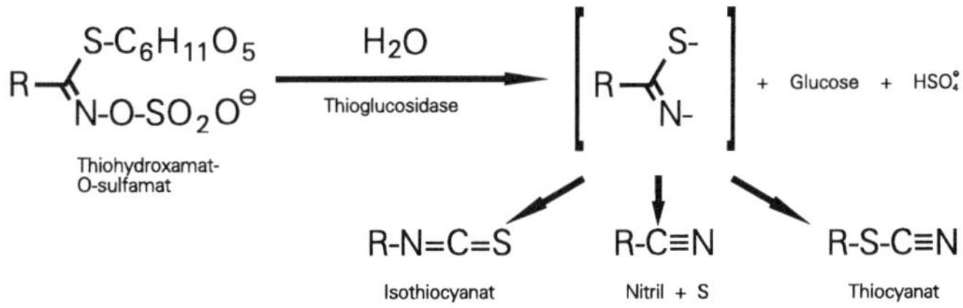

Sie haben folgenden Aufbau gemeinsam: eine Seitenkette R (meist Alkenyl-, Hydroxyalkenyl- oder Indolrest) ist gebunden an ein Thiohydroxamat-O-sulphonat, das als Anti-Konfiguration einen β-glycosidisch an ein Schwefelatom gebundenen Zucker (D-Glucose) besitzt. Es sind über 100 verschiedene Verbindungen bekannt, die vor allem von Kreuzblütlern (Cruciferae) gebildet werden. Glucosinolate selbst sind inaktive Vorstufen von Verbindungen mit hoher biologischer Aktivität, die nach enzymatischer Spaltung durch Myrosinasen (Thioglycosid Glucohydrolase, EC 3.2.3.1) freigesetzt werden. Alle Pflanzen, die Glucosinolate bilden, besitzen auch Myrosinasen, die jedoch im intakten Gewebe getrennt voneinander sind. Aus den Glucosinolaten (mit unterschiedlichen organischen Resten) können abhängig von verschiedenen Faktoren folgende wirksame, stabile oder Zwischenverbindungen entstehen: Isothiocyanate, organische Nitrile, elementarer Schwefel und Thiocyanat. Bekannt ist das stechend riechende und beißend schmeckende Allylisothiocyanat (→ Allylsenföl), das aus Sinigrin, einem Hauptglucosinolat aus Schwarzem Senf, entsteht [30, 8]. In den Tabellen V-3/2 und 3 sind einige in Nahrungspflanzen vorkommende Glucosinolate aufgeführt.
Die Glucosinolate bieten den Pflanzen Schutz durch ihre antimikrobiellen, bakterien-, pilzhemmenden und insektiziden Eigenschaften sowie den stechenden und beißenden Geschmack, der hohe Aufnahmen auch von größeren Pflanzenfressern verhindert. Besonders die flüchtigen Isothiocyanate, die sich bei Gewebeverletzungen bilden, können leicht Verbindungen mit Proteinen und besonders mit biologisch aktiven SH-Gruppen bilden. Für einige spezialisierte Insekten bilden sie Fraß- und Entwicklungsstimulantien [81]. Es wurden inzwischen auch Rapssorten mit stark verminderten Gesamtgehalten an Glucosinolaten gezüchtet (der verminderte Gesamtgehalt beruht auf einer Reduktion der aliphatischen, nicht aber Indolseitenketten) [30]. Sie wurden von Wildtieren wie Rehen und Hasen anfangs so gern gefressen, daß sich die Tiere überfraßen und verendeten. Heutzutage stellen diese Rapssorten kein Problem mehr dar. Möglicherweise gewöhnen sich Wildtiere auch an solche Züchtungen im Laufe der Zeit. Phytoalexine der Kreuzblütler (Tabelle V-3/6) sind eng mit den präformierten Glucosinolaten verwandt.
Wichtige Nahrungs- und Futterpflanzen mit Glucosinolaten sind zahlreiche Kohlgewächse wie Weißkohl, Grünkohl, Wirsing, Markstammkohl, Blumenkohl, Rosenkohl, Kohlrabi, Chinakohl, Brokkoli, Raps, Rübsen, Stoppelrübe, Kohlrübe, Schwarzer Senf und andere Pflanzen wie Rettiche, Weißer Senf, Garten-, Wasser- und Kapuzinerkresse und Meerrettich [49].
Die Gehalte an Glucosinolaten sind sehr variabel. Genetische Faktoren, Entwicklungsstand, Pflanzenteil (höchste Gehalte in Samen), Düngung und Bodenart bestimmen die Konzentrationen. Streßfaktoren, Trockenheit und hohe Pflanzendichte führen im allgemeinen zu erhöhten Gehalten. Anhaltswerte für Gesamtgehalte sind 4–200 mg/kg FM in grünen Pflanzenteilen und 10–30 g/kg in Samen [12, 30, 45].

Tabelle V-3/2: *Glucosinolate in Nutzpflanzen* (nach [30])

Aufbau der Seitenkette R	Trivialname
2-Propenyl	Sinigrin
3-Butenyl	Gluconapin
4-Pentenyl	Glucobrassicanapin
2(R)-Hydroxyl-3-butenyl	Progoitrin
2(S)-Hydroxyl-3-butenyl	Epi-Progoitrin
2-Hydroxy-4-pentenyl	Gluconapoleiferin
3-Methylthiopropyl	Glucoiberverin
3-Methylsulphinylpropyl	Glucoiberin
3-Methylsulphonylpropyl	Glucocheirolin
3-Methylthiobutyl	Glucoerucin
4-Methylsulphinylbutyl	Glucoraphanin
4-Methylsulphinyl-3-butenyl	Glucoraphenin
4-Methylsulphonylbutyl	Glucoerysolin
5-Methylthiopentyl	Glucoberteroin
5-Methylsulphinylpentyl	Glucoalyssin
Benzyl	Glucotropaeolin
p-Hydroxybenzyl	Sinalbin
2-Phenylethyl	Gluconasturtiin
3-Indoylmethyl	Glucobrassicin
1-Methoxy-3-indolylmethyl	Neoglucobrassicin
4-Hydroxy-3-indolylmethyl	–
4-Methoxy-3-indolylmethyl	–

Tabelle V-3/3: *Glucosinolatgehalte einiger Kohlarten* (nach [30])

	Glucosinolat (μg/g Frischgewicht)			
Pflanzen	Sinigrin	Progoitrin	Glucobrassicin	Gesamtgehalt
Weißkohl	35– 590	8– 83	45– 631	420–1 560
Wirsingkohl	0– 646	24–126	340– 971	1 210–2 960
Rosenkohl	11–1 560	40–990	220–1 110	600–3 900
Blumenkohl	10– 627	0–101	73– 789	610–1 140

Glucosinolaten werden positive oder toxische Wirkungen sowie Antinährstoffeigenschaften zugeschrieben. Der scharfe oder beißende Geschmack der entstehenden Isothiocyanate schränkt die Aufnahme auf natürliche Weise meistens so ein, daß akute Vergiftungen Seltenheit besitzen und Unverträglichkeiten eher auf einer chronischen oder subchronischen Aufnahme beruhen. In Tierversuchen reagieren Versuchsgruppen mit glucosinolatreicher Kost häufig mit Wachstumsdepressionen durch verminderte Nahrungsaufnahme oder -verwertung und Organvergrößerungen besonders der Schilddrüse, Leber und Nieren [30, 81].
Eine kropfbildende Wirkung von Thiocyanat beruht auf einer ähnlichen Ionengröße wie Jod, mit dem es konkurriert, weiter kann es Thyroxin von Plasmaträgerproteinen verdrängen und zum Anstieg von Thyroxinflux führen, sowie Thyroidperoxidase, ein essentielles Enzym zur

Synthese von Schilddrüsenhormonen, hemmen. Zur völligen Hemmung der Aufnahme von markiertem Jod in Menschen sind jedoch Gaben von 200–1 000 mg Goitrin notwendig [30, 49, 81]. Allylthiocyanate und andere Isothiocyanate wirken ebenfalls kropfbildend. Durch Jodmangel werden die Symptome verstärkt, bei guter Jodversorgung treten sie kaum auf [30]. Nach enzymatischer Spaltung können unterschiedliche Verbindungen entstehen. Bei Progoitrin und Epi-Progoitrin z. B. kann sich durch Umbau oder Cyclisierung des Isothiocyanats, Goitrin (L-5-Vinyloxazolidin-2-thion), oder Nitrile wie 1-Cyan-2-hydroxy-3,4-epithiobutan oder 1-Cyan-2-hydroxy-3-buten und Schwefel bilden. Im sauren Milieu werden bevorzugt Nitrile gebildet [81].

Goitrin besitzt eine starke antithyroide Wirkung, die durch hohe Verfügbarkeit von Jod nicht aufgehoben werden kann. Einzelne Dosen von 50–200 mg Reinsubstanz Goitrin führten zu einer völligen Hemmung der Jodaufnahme der Schilddrüse bei Menschen. Vergrößerung von Schilddrüse, Leber und Nieren bei Ratten wurde beobachtet [49]. Die akute orale LD_{50} bei Mäusen liegt für (R)-Goitrin bei 1 260 bis 1 415 mg/kg [81]. Bei Zusammentreffen mit Nitrit (z. B. Pökelsalz) kann sich die mutagene Verbindung N(1)-Nitroso-5-vinyloxazolidin-2-on bilden [49].

Die Nitrile von Epi-progoitrin haben niedrigere toxische Werte: 1-Cyan-2-(S)-hydroxy-3-buten hat eine akute orale LD_{50} von 170 mg/kg bei Mäusen und 200 mg/kg bei Ratten und 1-Cyan-2(S)-hydroxy-3-(R)(S)-epithiobutan eine orale LD_{50} von 178–240 mg/kg [81, 84]. Für letztere Substanz fand man in Fütterungsversuchen mit Ratten dosisabhängige Läsionen in der Leber, Bauchspeicheldrüse und vor allem den Nieren. Aufnahme von 50 mg/kg über 3 Tage versursachte akutes Nierenversagen mit typischer Degeneration und Nekrose der Nieren. Obwohl nicht teratogen, reagierten Ratten mit reduzierten Foetengewichten und dem Tod von Embryonen [30].

Eine besondere Stellung nehmen die Indolglucosinolate ein. Zu ihren Abbauverbindungen gehören Indol-3-carbinol, 3-Indolacetonitril und Diindolylmethan. Mit Nitrit (z. B. Pökelsalz) kann sich das mutagene 1-Nitroso-3-indolacetonitril bilden. Bei Ratten waren Sedation, Ataxie und Schlaf einige Wirkungen von 3-Indolacetonitril und Indol-3-carbinol. Ihnen wird jedoch auch eine protektive Wirkung gegen einige Cancerogene zugeschrieben. Beim pH des Magens bildet Indol-3-carbinol Dimere und Trimere. Diese können eine Reihe von Enzymen mit Detoxifizierungsaufgaben aktivieren wie Glutathion-S-transferase, Epoxidhydrolase und die Gruppe der Mischfunktionsoxidasen, besonders das System der intestinalen Arylhydrocarbonhydroxylase (AHH) [4, 9, 30]. Epidemiologische Studien deuten darauf hin, daß ein erhöhter Konsum von Gemüsen aus der Familie der Kreuzblütler in Zusammenhang mit niedrigen Krebsraten steht. Dies führte zu der Empfehlung, mehr Gemüse wie Kohl, Brokkoli, Rosenkohl, Kohlrabi und Blumenkohl zu essen. Bei späteren Versuchen zeigte sich, daß der Schutz vor Krebsentstehung nur dann besteht, wenn Indol-3-carbinol vor oder zusammen mit dem Cancerogen aufgenommen wird. Wenn jedoch zuerst das Cancerogen und danach Indol-3-carbinol verabreicht wurden, waren höhere Krebsraten bei Versuchstieren zu beobachten. Diese ambivalente Wirkung besitzt auch Dioxin, das allerdings mit etwa 8 000mal höherer Affinität an den gleichen Rezeptor bindet [4, 9]. Ob die mit der Nahrung üblicherweise aufgenommenen Indol-3-carbinolgehalte (etwa 50 mg) in einer Portion (100 g) Brokkoli überhaupt Risiken für den Menschen darstellen, ist fraglich.

Wenn frisches Gemüse geschnitten wird, wie etwa bei der Zubereitung von Rohkost, kann bei der Zerstörung der Zellen die pflanzeneigene Myrosinase mit den Glucosinolaten in Kontakt kommen und sie zu wirksamen Verbindungen abbauen. In der Tierernährung werden Futterpflanzen wie Rüben, Ölrettich und Markstammkohl und die eiweißreichen Preßkuchen (Rückstände bei der Ölgewinnung) verwendet, die Glucosinolate enthalten. Glucosinolate sind die wesentlichen Faktoren, die trotz hohen Nährwertes hohe Anteile am Futter begrenzen. Neben pflanzeneigener Myrosinasen können, wenn auch bedeutend langsamer, Enzyme der Darmmikroflora Glucosinolate spalten. Glucosinolate selbst sind hitzestabile Verbindungen. Beim Blanchieren oder Kochen werden jedoch durch Lösung im Wasser die Gehalte an Glucosinolaten verringert und Enzyme inaktiviert. Eine Verwendung der Gemüsebrühe bringt aber nicht nur die Vitamine, sondern auch die Glucosinolate zurück in die Nahrung [30, 81]. In Großbritannien, wo traditionell viele Kohlarten gegessen werden, wurden durchschnittliche tägliche Aufnahmen an Glucosinolaten mit der Nahrung mit 76 mg pro Person (46 mg für rohes Gemüse und 29 mg für gekochtes) angegeben, die unter Umständen bis zu 200 mg ansteigen konnten [11, 30]. Unerwünschte Wirkungen durch glucosinolathaltige Nahrung sind wahrscheinlich am ehesten durch Reaktionen der Hydrolyseprodukte mit Nitriten und bei einer zu geringen Jodaufnahme zu erwarten.

Lectine

Die Samen vieler Leguminosen sollen nicht roh, sondern nur gekocht gegessen werden. Durch das Kochen werden toxische, hitzelabile Verbindungen in den Samen zerstört. Häufig sind dies Lectine wie z. B. in Bohnenarten das → Phasin.
Lectine sind eine Gruppe hochmolekularer Verbindungen von bivalenten oder multivalenten kohlenhydratbindenden Proteinen, meist Glykoproteine, die aus identischen oder verschiedenen Untereinheiten bestehen. Der Name leitet sich vom Lateinischen „legere" = auswählen ab. Sie haben spezifische Affinitäten für bestimmte Zuckermoleküle und können mit diesen reversible Bindungen nach dem „Schlüssel–Schloßprinzip" eingehen. Diese Bindungen sind oft verbunden mit sichtbarer Verklumpung oder Ausfällung. Durch ihre Fähigkeit, mit roten Blutkörperchen entweder spezifisch oder unspezifisch zu reagieren, werden Lectine auch als Hämagglutinine bezeichnet. Zuckerkomponenten sind Bestandteile vieler intra- und extrazellulärer Oberflächen in lebenden Organismen. Um mit ihren spezifischen Lectinkomplementären reagieren zu können, müssen sich die Zuckerrezeptoren jedoch an der Oberfläche und frei zugänglich befinden. Physiologische und pathologische Veränderungen der Oberflächen können das Bindungsverhalten von Lectinen beeinflussen. Lectine können nach Bindung mit Zuckerkomponenten das Verhalten von Zellen oder Organismen verändern. Beispielsweise stimulieren einige Lectine tierische und menschliche Lymphozyten zur Mitose, andere initiieren typische Umstrukturierungen von Wurzelhaaren zu Wurzelknöllchen, so bei der Symbiose zwischen Leguminosen und stickstoff-fixierenden Bakterien [7, 20, 36, 50].
Lectine wurden zuerst in Pflanzen entdeckt, kommen aber auch in Mikroorganismen und Tieren vor. Bei Pflanzen findet man sie in zahlreichen Familien, oft mit charakteristischen Gemeinsamkeiten bei nahverwandten Arten. Unter den Nahrungspflanzen (Tabelle V-3/4) sind viele Leguminosen und Getreidearten. Besonders die reifen Samen enthalten Lectine, aber auch in Speicherorganen, Wurzeln, Blättern und anderen Pflanzenorganen kommen sie vor. In derselben Pflanze reagieren die Lectine verschiedener Organe oft kreuzweise und sind „Isolectine", manchmal besitzen sie aber auch grundlegend verschiedene Affinitäten. Je nach Nährstoffversorgung, Umweltfaktoren und Sorte einer Art können die Gehalte schwanken. Verletzungen und Pilzinfektionen können die Lectinkonzentrationen ansteigen lassen. Reife Samen von Hülsenfrüchten können Lectine in Anteilen bis zu 10% der löslichen Proteinfraktion enthalten [7, 20, 37, 50].
Lectinen werden die unterschiedlichsten biologischen Wirkungen zugeschrieben. Neben regulatorischen Aufgaben normaler physiologischer Funktionen sind sie vermutlich für die pflanzliche Abwehr gegen pathogene Mikroorganismen und Insektenfraß wichtig. Dafür spricht, daß Lectine in Pflanzen an potentiellen Angriffsstellen von mikrobiellen Erregern präsent sind. Sie haben die Eigenschaft, sich mit den Oberflächen von Pilzen oder Bakterien zu verbinden, wobei Keimung und Wachstum von Pilzen durch eine solche Bindung unterbunden werden kann. Für manche Insekten können sie toxisch sein. Es wird angenommen, daß durch Bindung der Lectine an Oberflächen von Eindringlingen, diese als fremd erkannt, fixiert und nachfolgend eliminiert werden. Die Beteiligung von Lectinen an der Symbiose von Fabaceen und stickstoff-fixierenden Bodenbakterien wurde bereits erwähnt. Auch hier spielen Lectine in der Anfangsphase der Erkennung und Anheftung eine entscheidende Rolle [20, 50].

Tabelle V-3/4: *Einige Nahrungspflanzen mit Lectinen*

Nahrungsmittel	Lectine wurden festgestellt in:
Getreide	Avena sativa (Hafer), Hordeum vulgare (Gerste), Oryza sativa, Sorghum bicolor, Secale cereale, Triticale spp., Triticum aestivum, Zea mays
Gemüse	Abelmoschus esculentus, Apium graveolens, Asparagus officinalis, Beta vulgaris, Brassica rapa, Canavalia ensiformis, Capsicum annuum, Cucurbita maxima, Dolichos lablab, Glycine max, Ipomoea batatas, Lactuca serriola, Leus culinaria, Lycopersicon esculentum, Medicago sativa, Petroselinum crispum, Phaseolus coccineus, Phaseolus lunatus, Phaseolus vulgaris, Pisum sativum, Rheum rhapontium, Solanum tuberosum, Vicia faba
Früchte	Carica papaya, Citrullus vulgaris, Citrus aurantium, Citrus medica, Cydonia oblonga, Fragaria vesca, Malus sp., Musa x paradisiaca, Prunus americana, Prunus avium bigarraeus, Ribes rubrum, Rubus idaeus, Rubus fruticosus
Gewürze	Allium sativum, Pimenta officinalis, Myristica fragrans, Mentha x piperita
Andere	Cocos nucifera, Coffea arabica, Corylus avellana, Juglans regia, Helianthus annuus, Sesamum indicum, Theobroma cacao

Verändert aus: Jaffé und Seidl, 1992; Jaffé, 1983

In Mensch und Tier werden Lectine entweder durch Verdauungsenzyme inaktiviert, ohne negative Effekte resorbiert und unverändert ausgeschieden, oder mit toxischen und Antinährstoffwirkungen aktiv. Unverdaute, aktive Lectine reagieren spezifisch mit Rezeptoren an Darmepithelzellen. Dadurch wird deren Funktion gestört, die Nährstoffaufnahme beeinträchtigt, Gewichtsverluste und Wachstumshemmungen verursacht. In Folge können Entzündungen und Zerstörung der Schleimhaut, Zersetzung der Darmwand mit Geschwüren und Atrophie und Nekrosen der Darmzotten auftreten. Die Absorptionsbarriere des Darms kann aufgehoben und Abwehrmechanismen außer Kraft gesetzt werden, die Darmbakterien vom Eindringen in Lymphe, Blut und innere Gewebe abhalten. In Versuchstieren beobachtet man starke Überwucherung und Kolonisation der Dünndarmoberflächen mit Bakterien. In den Epithelzellen erfolgt eine Stimulation des Zellstoffwechsels, ein Anstieg von DNS- und RNS-Gehalten und verstärkte Synthese von Schleimhautproteinen, die zu Hyperplasien der Mucosa führen können. Abbau von Fett- und Energiereserven, Eiweißverluste, Enzymhemmungen, verminderte Aufnahme von Vitamin B_{12} sind weitere mögliche Wirkungen. Polyspezifische Antikörper gegen die Hauptproteine von Bohnen wurden in Ratten durch Lectinaufnahme gebildet. Lectine könnten jedoch auch einen Schutz vor Dickdarmkrebs bieten, indem sie die Schleimbildung erhöhen oder direkt toxisch auf Tumorzellen wirken, da viele Lectine bevorzugt neoplastische Zellen agglutinieren und beschädigen. Die Fähigkeit der Lectine, spezifische Zuckergruppen zu erkennen, wird in der Analytik zur Reinigung und Identifizierung von Stoffen und Zellen und zum Verständnis physiologischer Vorgänge viel genutzt [36, 49]. Die beschriebenen physiologischen Veränderungen bis hin zum Tod von Versuchstieren verursachen toxische Lectine in verschiedenen Phaseolusarten, Helmbohnen (Dolichos lablab) und Jackbohnen (Canavalia ensiformis). Lectine von Erbsen, Linsen, Sojabohnen, Kartoffeln, Tomaten scheinen bei oraler Aufnahme verträglich zu sein, aber injiziert hat Erbsen- und Sojalectin eine LD_{50} von 143 mg/kg bzw. 50 mg/kg bei Ratten [37]. Genaue toxikologische Untersuchungen mit Reinsubstanz fehlen für die meisten Lectine. Obwohl Lectine durch Kochen inaktiviert werden können, überstehen einige auch Herstellungsverfahren, bei denen Hitze an-

gewendet wird. So fand man Lectine in Lebensmitteln wie frisch gebackenem Brot, trocken gerösteten Erdnüssen und Cornflakes [49].
Die Identifizierung von Verbindungen als Lectine erfolgt im allgemeinen durch Agglutinationstests mit roten Blutkörperchen von Tieren und menschlichen Blutgruppen. Dieser Test sagt noch nicht aus, ob sie tatsächlich für Mensch und Tier toxisch sind. Bei Bohnenarten kann man bis zu vier Lectintypen mit unterschiedlichen Affinitäten zu verschiedenen Erythrozyten unterscheiden. Nur die Typen sind hochtoxisch, die trypsinbehandeltes Blut von Kühen agglutinieren. Diese Typen besitzen auch mitogene Wirkungen [36]. Nicht alle Sorten Bohnen bilden solche Lectine, und durch Züchtung könnten sie eliminiert werden. Auf einem normalen Feld findet man auch häufig Samen der verschiedenen Lectintypen nebeneinander.
Der Verzehr unzureichend gekochter Bohnen kann zu akuten Darmentzündungen, Übelkeit und Durchfällen führen. Historisch belegt sind Verdauungsstörungen nach dem Verzehr von zu kurz gekochten Bohnenflocken, die 1948 während der Blockade von Berlin eingeflogen wurden [37]. Durch Schnellkochverfahren und Kochen bei Temperaturen unter 100 °C können die Lectine z. T. nur unvollständig zerstört werden. Auch bei Zugabe von Leguminosenmehl zu Backwaren und bei Verzehr von Leguminosen-Getreidemischungen sollte Vorsicht geboten sein. Daß bei der Keimung die Lectingehalte durch enzymatischen Abbau drastisch abnehmen, ist für die Praxis nur von geringer Bedeutung [36]. Obwohl abgesehen von den Bohnenlectinen keine konkreten Hinweise für akute Vergiftungen von Nahrungsmitteln vorliegen, sollte man bedenken, daß Lectine reaktive Verbindungen sind und konkrete Daten über ihre uneingeschränkte Verträglichkeit ebenfalls fehlen. Die Bindungseigenschaften von Zellen für Lectine können sich bei einigen Krankheiten verändern. Für Tomatenlectin wurde nachgewiesen, daß es nicht verdaut, aber an die Darmzotten gebunden wird und trotzdem verträglich ist [49]. Vergleichbare Daten fehlen aber für andere roh verzehrte Gemüse und Früchte, die Lectine enthalten.

Proteaseinhibitoren

In vielen Pflanzen findet man Verbindungen, die Aktivitäten bestimmter Enzyme hemmen können. Eine Gruppe solcher Verbindungen, die Proteaseinhibitoren, die Verdauungsenzyme (wie Trypsin und Chymotrypsin) hemmen, besitzt Bedeutung als Antinährstoff. Es handelt sich um Proteine oder Mischungen von Proteinen, die bei vielen Pflanzen in zwei Kategorien fallen, eine mit höheren Molekulargewichten (18 000–25 000) und eine mit deutlich geringeren (5 000–10 000). Bei der Isolierung findet man meist eine Gruppe von nahverwandten Proteinen, sogenannte Isoinhibitoren. Die Bindung der verschiedenen Proteasen kann an spezifischen oder gemeinsamen Rezeptorstellen erfolgen und einige Inhibitoren besitzen mehr als eine solche Bindungsstelle pro Molekül. Die Verdauungsenzyme verlieren durch die Bindung völlig ihre Funktionstüchtigkeit. Die Proteaseinhibitoren sind zum überwiegenden Teil hitzelabil, aber einige Verbindungen besitzen eine recht hohe Stabilität gegen Hitze, Säuren und Laugen [48].

Tabelle V-3/5: *Nahrungspflanzen mit Proteaseinhibitoren* (nach [48]).

Name	Pflanzenteil	Gehemmtes Enzym+)
Allium cepa	Zwiebel	T
Allium sativum	Zwiebel	T
Avena sativa	Endosperm	T
Bambusa arundinaria	Sprossen	T
Beta vulgaris	Rübe	T
Brassica oleracea	Same	T

Tabelle V-3/5. *Fortsetzung*

Name	Pflanzenteil	Gehemmtes Enzym*)
Brassica rapa	Same	T
Canavalia ensiformis	Same	T, C, S
Cucumis sativus	Same, Blatt	T, C
Cucurbita maxima	Blatt	T
Dolichos lablab	Same	T, C, Th
Fagopyrum esculentum	Endosperm	T
Fragaria virginiana	Blatt	T
Glycine max	Same	T, C, Pa
Hordeum vulgare	Endosperm, Embryo	T, pilzliche Proteasen, Endopeptidasen
Helianthus annuus	Same	T
Ipomoea batata	Knolle	T
Lactuca sativa	Salat	T
Lathyrus odoratus	Same	T
Lens esculenta	Same	T
Lupinus albus	Same	T
Lycopersicon esculentum	Blatt	T, C
Malus pumila	Blatt	T
Manihot utilissima	Knolle	T, C
Medicago sativa	Mehl	T
Nicotinia tabacum	Blatt	T, C
Oryza sativa	Korn, Embryo	T, S, Endopeptidase
Phaseolus angularis	Same	T, C
Phaseolus aureus	Same	T, Endopeptidase
Phaseolus coccineus	Same	T, C
Phaseolus lunatus	Same	T, C
Phaseolus vulgaris	Same	T, C, E
Pisum sativum	Same	T
Raphanus sativus	Same	T
Secale cereale	Mehl, Endosperm, Embryo	T, C
Solanum melongena	Exocarp	T, Pr
Solanum tuberosum	Knolle, Blatt	T, C, mikrobielle Proteasen
Sorghum bicolor	Korn	T
Spinacia oleracea	Blatt	T
Trifolium repens	Blatt	T
Triticale	Korn	T, C
Triticum aestivum	Korn, Mehl, Embryo	T, C
Triticum durum	Mehl	T, C
Vicia faba	Same, Blatt	T, C, Th, Pr, Pa, mikrobielle Proteasen
Vitis vinifera	Blatt	T
Zea mays	Samen	T

*) C=Chymotrypsin; E=Elastase; Pa=Papain; Pr=Pronase; S=Subtilisin; T=Trypsin; Th=Thrombin

Viele Nahrungspflanzen (Tabelle V-3/5), vor allem Leguminosen und Getreide, bilden Proteaseinhibitoren. Konstitutive hohe Gehalte weisen vor allem generative und vegetative Vermehrungsorgane wie Samen und Knollen auf, aber durch Verletzung oder Infektion werden sie auch in Blättern vermehrt induziert. Die Bildung erfolgt dabei, wie in Tomaten gezeigt wurde, nicht nur lokal, sondern auch in weiterer Umgebung durch ein systemisches Oligosaccharidsignal [48]. Im Getreide findet man die Inhibitoren mehr im Endosperm als im Keim, bei Leguminosensamen in den äußeren Keimblattschichten oder in der Samenschale [48].
Ihre biologischen Funktionen sind nicht genau geklärt. Einige besitzen neben Wirkungen gegen exogene Proteasen von angreifenden Organismen auch eine gegen pflanzeneigene Proteasen. Letztere könnte mit einer Schutzmaßnahme von Eigenproteinen während der Samenreife erklärt werden, da in einigen Leguminosen die Inhibitoren, die gegen endogene Peptidasen wirken, während der Keimung rasch abgebaut werden. Ihre Bedeutung als Abwehrstoffe verdeutlicht, daß sie nach Verletzungen in Kartoffeln und Tomatenblättern innerhalb 48 Stunden auf Anteilen von mehr als 3% des zellulären Gesamtproteingehaltes ansteigen [58, 68]. In einigen Fällen kann mit ihrer Wirkung eine Resistenz gegen bestimmte Insekten erklärt werden. Auch der Schutz vor der Verdauung der Samen im Magen-Darm-Trakt von Vögeln und anderen Pflanzenfressern ist ein Mechanismus zur Verbreitung der Art sein [19, 48].
Proteaseinhibitoren sind Komponenten, die die Ausnutzung des hohen Proteingehaltes von Körnerleguminosen und anderem Viehfutter begrenzen, wenn sie roh oder unbehandelt aufgenommen werden. Bei hohen Gehalten kann keine Proteinverdauung mehr stattfinden. Zugabe von essentiellen Aminosäuren zu Sojamehl verbesserte die Proteinausnutzung ebenso wie Erhitzen des Futters. Bei Verfütterung von rohem Sojamehl an Ratten fand man eine starke Vergrößerung der Bauchspeicheldrüse, verbunden mit einer verstärkten Bildung und Abgabe von Pankreasenzymen, was man als eine kompensatorische Überfunktion auffassen kann. Bei unverändert hoher Zufuhr bei Ratten und Hühnern sind Wachstumshemmung, Gewichtsverluste und Tod die Folge. Kälber, Schweine und Hunde dagegen scheinen durch die Inhibitoren nicht geschädigt zu werden. Hohe Dosen Trypsininhibitor können unter Umständen das Wachstum selbst dann hemmen, wenn den Tieren anstelle von Eiweiß ein Proteinhydrolysat verfüttert wird. Die Hyperaktivität des Pankreas benötigt zu viele essentielle Aminosäuren zum Aufbau der nachzuliefernden Enzyme, so daß die verbleibende Menge nicht zum Wachstum ausreicht. Die Inhibitoren selbst stellen auch eine wertvolle Eiweißquelle mit hohem Gehalt an wertvollen schwefelhaltigen Aminosäuren dar. Sie kann nach Inaktivierung durch Hitze genutzt werden [48, 49].
Bei einer üblichen Ernährungsweise des Menschen besitzen die Proteaseinhibitoren vermutlich wenig Bedeutung als Antinährstoffe. Samen und Körner werden vor ihrem Verzehr als Lebensmittel zumeist erhitzt, wodurch die Inhibitoren unwirksam gemacht werden. Die Nährstoffverluste durch Restaktivitäten dürften gering sein.
Neben Proteaseinhibitoren bilden Pflanzen auch Proteine, die Carbohydrasen hemmen. Für Schlankheitsdiäten wurden Antiamylasen aus Nierenbohnen gewonnen und im Glauben, daß sie die Verdauung von Stärke verhindern, als Stärkeblocker vermarktet. Aber nicht nur, daß ihre in vitro-Aktivität bei Mensch und Tier nicht bestätigt werden konnte, darüber hinaus ergaben sich bei unreinen Extrakten Unverträglichkeiten durch andere schädliche Verbindungen der Nierenbohnen [11].
Von Bedeutung für die Abwehr von Mikroorganismen sind auch nach Infektionen neugebildete Proteine, sogenannte "pathogenesis related proteins" (PR-Proteine). Einige konnte man als Proteaseinhibitoren oder extrazelluläre Formen von Chitinasen oder Glucanasen identifizieren [15].

Phytoalexine

Phytoalexine sind eine chemisch heterogene Gruppe von induzierten Verbindungen verschiedenster Naturstoffklassen, denen eine Wirksamkeit gegen Mikroorganismen gemein-

sam ist. Sie werden als Reaktion auf einen biotischen oder abiotischen Reiz hin entweder als neue, in gesunden Pflanzen unbekannte Verbindungen gebildet oder als Verbindungen, die in Spuren zwar in gesunden Pflanzen nachweisbar sind, sich aber erst durch die Induktion zu wirksamen Konzentrationen anreichern. Häufig werden sie auch als Streßmetabolite bezeichnet, obwohl man hierzu verstärkt auch präformierte, sich induziert anreichernde Substanzen rechnet. In der Regel bilden Pflanzen einer Familie chemisch nahverwandte Phytoalexine. So findet man bei den Solanaceen (Nachtschattengewächse) bevorzugt Sesquiterpene und den Fabaceen (Schmetterlingsblütler) Isoflavanoide. Oft bilden diese Familien auch konstitutiv nahverwandte sekundäre Inhaltsstoffe.
Veränderungen des zellulären Gleichgewichts können Modifikationen der üblichen Stoffwechselwege und Umschaltung zur Synthese und Anreicherung antibiotisch wirkender Zwischen- oder Endprodukte bewirken [27, 69]. Diese Abläufe von der Induktion mit Elicitoren oder Infektionen, über Genaktivierung wichtiger Syntheseenzyme, ihrer Ausprägung, bis zum aktiven Endprodukt sind vor allem in Pflanzen wie Phaseolus vulgaris, Glycine max, Petroselinum crispum und Solanum tuberosum aufgezeigt worden [26]. Bei Nachlassen der Bedrohung werden in der Pflanze wieder die regulären Stoffwechselwege beschritten und die Bildung der oft auch phytotoxischen Phytoalexine eingestellt. Ob Phytoalexine schnell und in hohen Konzentrationen gebildet werden, hängt davon ab, welcher Erreger oder Elicitor ihre Bildung einleiten. Spezialisierte Erreger können die Bildung unterlaufen oder verzögern. Nach der Erkennung einer Bedrohung dauert es zwischen 12 und 24 Stunden bis sich Konzentrationen, die antimikrobiell wirksam sind, um die Infektionsstellen anreichern. Die Gehalte bleiben etwa drei Tage hoch und sinken dann allmählich ab, falls kein neuer Reiz erfolgt. Die effektiven Konzentrationen (ED_{50}-Werte) der Phytoalexine, die zu einer Hemmung des pilzlichen Wachstums oder der Sporenkeimung führen, liegen etwa zwischen 1–100 ppm [17, 27, 59]. Phytoalexine sind häufig mit der Hypersensitivitätsreaktion assoziiert, die an winzigen, begrenzten nekrotischen Punkten auf pflanzlichem Gewebe erkennbar ist. Gerade erfolgreiche Abwehrreaktionen, wie gegen opportunistische Erreger, sind in zahlreichen Pflanzen von hohen Gehalten an Phytoalexinen begleitet. Dagegen können sie bei Befall mit spezialisierten Erregern niedrig sein, da diese oft deren Auslösung vermeiden oder sie zu weniger wirksamen Verbindungen umbauen können. Pflanzen ohne größere sichtbare Schäden (große Flecken, Faulstellen) können daher mit solchen Streßverbindungen angereichert sein.
Über 200 verschiedene, als Phytoalexine bezeichnete Verbindungen sind bis heute beschrieben. Toxikologische Untersuchungen liegen aber nur für einige wenige vor. Im Gegensatz zu synthetisierten, exogenen chemischen Pflanzenschutzmitteln, deren Gehalte in Konsumwaren oft auch nur mit hochentwickelter Analytik nachzuweisen sind, weiß man sehr wenig über diese wirkungsvollen endogenen Stoffe [42, 70, 74]. Wie bei ersteren sind Unverträglichkeiten und Vergiftungen, wenn überhaupt, eher durch chronische und subchronische Aufnahmen zu erwarten. Wirkungen sind vor allem von Substanzen bekannt, die in anderen Pflanzen als konstitutive Inhaltsstoffe bekannt sind. Für die Abwehr wirksame Verbindungen, die in der Pflanze präformiert vorliegen, aber deren Gehalte durch vermehrte Neubildung nach Streß stark ansteigen (z. B. Steroid-glykoalkaloide der Kartoffel), werden oft als „Phytoalexine" bezeichnet. Im engeren Sinne sollte jedoch in diesen Fällen der allgemeinere Begriff „Streßverbindung" verwendet werden. Es gibt jedoch auch Abwehrstoffe, die in bestimmten Geweben einer Pflanze als präformierte Verbindungen vorliegen, in anderen Geweben nur nach Streß als Phytoalexine induziert gebildet werden. Wein bildet das Stilben Resveratrol als ein Phytoalexin in saftführenden Geweben wie Blätter, Früchte und Splintholz. In das Kernholz und lignifizierte Gewebe wird Resveratrol als ein konstitutiver Inhaltsstoff eingelagert [29, 75]. Auch → *Gossypol,* das konstitutiv in speziellen Drüsen der Baumwollpflanze gespeichert wird, findet man nach Pilzbefall als ein Phytoalexin in Geweben, die diese Drüsen nicht enthalten [42, 49].
Eine Auswahl von Streßverbindungen, darunter viele Phytoalexine, wird in Tabelle V-3/6 nach Familien geordnet aufgeführt. Ihre Toxizität ist, wie bereits eingangs erwähnt, in den meisten Fällen nur für Mikroorganismen untersucht, aber Eingriffe in eher allgemeine als spezifische Lebensvorgänge lassen toxische oder pharmakologische Wirkungen bei höheren Tie-

Tabelle V-3/6. *Streßverbindungen in Nutzpflanzen*

Streßverbindung	Pflanzenart	Untersuchter Pflanzenteil mit Aktivität	Bildung	
			Vermehrt	Neu
Chenopodiaceae				
Phytoalexin-Hauptnaturstoffgruppe: Isoflavonoide				
Betagarin	Beta vulgaris L.	Blatt		+
Betavulgarin	Beta vulgaris L.	Blatt		+
Asteraceae				
Phytoalexin-Hauptnaturstoffgruppe: Polyacetylene				
Ayapin	Helianthus annuus L.			+
Cichoralexin	Cichorius intybus L.	Blatt		+
Costunolide	Lactuca sativa L.	Blatt		+
Dehydrosafynol	Carthamus tinctorius L.	Blatt		+
Lettucenin A	Lactuca sativa L.	Blatt		+
Mycosinol	Coleostephus myconis (L.) Reich	Blatt		+
Safynol	Carthamus tinctorius L.	Blatt		+
Scopoletin	Helianthus annuus L.	Blatt		+
Convulvulaceae				
Phytoalexin-Hauptnaturstoffgruppe: Furoterpene				
Aesculetin	Ipomoea batatas (L.) Lam.	Knolle	+	
Chlorogensäure	Ipomoea batatas	Knolle	+	
Cyanogene Glycoside	Ipomoea batatas	alle	+	
Über 20 Furanoterpene darunter:				
4-Hydroxymyoporon	Ipomoea batatas	Knolle		+
7-Hydroxymyoporon	Ipomoea batatas	Knolle		+
1,4-Ipomeadiol	Ipomoea batatas	Knolle		+
Ipomeamaron	Ipomoea batatas (L.) Lam.	Knolle		+
Ipomeamaronol	Ipomoea batatas	Knolle		+
Ipomeanin	Ipomoea batatas	Knolle		+
4-Ipomeamanol	Ipomoea batatas	Knolle		+
6-Myoporol	Ipomoea batatas	Knolle		+
Myoporon	Ipomoea batatas	Knolle		+
6-Oxodendrolasin	Ipomoea batatas	Knolle		+
Kaffeesäure	Ipomoea batatas	Knolle	+	
Scopoletin	Ipomoea batatas	Knolle	+	
Scopolin	Ipomoea batatas	Knolle	+	
Umbelliferon	Ipomoea batatas	Knolle	+	
Brassicaceae				
Phytoalexin-Hauptnaturstoffgruppe: schwefelhaltige Indole				
Brassicanal A, C	Brassica oleracea L. spp. oleracea conv. capitata (L.) Alef	Blatt		+
Brassilexin	Brassica juncea (L.) Czern.	Blatt		+
	Brassica oleracea L.	Blatt		+
Brassinin	Brassica chinensis L.	Blatt		+
	Brassica oleracea L.	Blatt		+
	Raphanus sativus L.	Blatt		+

Tabelle V-3/6. *Fortsetzung*

Streßverbindung	Pflanzenart	Untersuchter Pflanzenteil mit Aktivität	Bildung	
			Vermehrt	Neu
Cyclobrassinin	Brassica napus L. ssp. napus	Blatt		+
	Brassica oleracea L.	Blatt		+
Dioxibrassinin	Brassica oleracea L.	Blatt		+
4-Hydroxy-3-indoyl-methylglucosinolat	Brassica juncea (L.) Czern.	Keimpflanze	+	
	Brassica napus L. ssp. napus	Keimpflanze	+	
	Brassica rapa L. ssp. oleifera (DC.) Metzg.	Keimpflanze	+	
3-Indoylmethyl-glucosinolat	Brassica juncea	Keimpflanze	+	
	Brassica napus	Keimpflanze	+	
	Brassica rapa	Keimpflanze	+	
Methoxybrassenin A,B	Brassica chinensis L.	Blatt		+
	Brassica napus	Blatt		+
	Brassica oleracea L.	Blatt		+
4-Methoxybrassinin	Brassica oleracea L.	Blatt		+
Dioscoreaceae Phytoalexin-Hauptnaturstoffgruppe: Stilbene				
Batatasin III	Dioscorea alata L.	Knolle		+
Batatasin IV	Dioscorea alata L.	Knolle		+
	Dioscorea rotundata Poir.	Knolle		+
Cyanogene Glycoside	Dioscorea alata	Knolle	+	
	Dioscorea bulbifera	Knolle	+	
Demethylbatatasin IV	Dioscorea alata L.	Knolle		+
	Dioscorea bulbifera L.	Knolle		+
	Dioscorea dumentorum	Knolle		+
	Dioscorea rotundata Poir.	Knolle		+
Dihydropinosylvin	Dioscorea alata L.	Knolle		+
	Dioscorea opposita Thumb.	Knolle		+
Dihydroresveratrol	Dioscorea bulbifera L.	Knolle		+
	Dioscorea dumentorum	Knolle		+
Euphorbiaceae Phytoalexinhauptnaturstoffgruppe: Diterpene				
Casben	Ricinus communis L.	Keimpflanze		+
Cyanogene Glykoside	Manihot esculenta Crantz	Knolle	+	
Yucalexine (über 20)	Manihot esculenta Crantz	Knolle		+
Poaceae Phytoalexin-Hauptnaturstoffgruppe: Diverse				
Apigenindin	Sorghum bicolor (L.) Moench	Keimpflanze		+
Avenacin	Avena sativa L.	Wurzel	+	
Avenacosid	Avena sativa L.	Blatt	+	
Avenalumin I, II, III	Avena sativa L.	Blatt		+

Tabelle V-3/6. *Fortsetzung*

Streßverbindung	Pflanzenart	Untersuchter Pflanzenteil mit Aktivität	Bildung	
			Vermehrt	Neu
2-Methoxy-p-benzochinon	Triticum aestivum L.	Same, Keimpflanze	+	
Benzoxazinone	Triticum aestivum L.	Keimpflanze	+	
	Secale cereale L.	Keimpflanze	+	
	Zea mays L.	Keimpflanze	+	
Cumarin	Oryza sativa L.	Blatt	+	
Cyanogene Glycoside	Bambusa vulgaris Schrad. ex. J. C. Wendl	Schößling, grüner Stamm	+	
	Saccharum officinarum L.	Halm	+	
	Sorghum saccharatum Nees	Blatt	+	
Gramin	Hordeum vulgare L.	Blatt	+	
Hordatin A, B, M	Hordeum vulgare L.	Keimpflanze	+	
13-Hydroxy-9,11,15-octadecatriensäure	Oryza sativa L.	Blatt	+	
9-Hydroxy-10,12,15-octadecatriensäure	Oryza sativa L.	Blatt	+	
Luteolinidin	Saccharum officinarum L.	Halm		+
	Sorghum bicolor (L.) Moench	Keimpflanze		+
Momilacton A, B	Oryza sativa L.	Blatt		+
Oryzalexins A–D	Oryza sativa L.	Blatt		+
Piceatannol	Saccharum officinarum L.	Halm		+
Thionine	Hordeum vulgare L.	Blatt		+
Triticen	Triticum aestivum L.	Blatt	+	
Fabaceae				
Phytoalexin-Hauptnaturstoffgruppe: Isoflavonoide				
Coumestrol	Glycine max (L.) Merr.	Blatt, Hypokotyl		+
	Phaseolus lunatus L.	Wurzel		+
	Phaseolus vulgaris L.	Blatt, Hülse		+
	Medicago sativa L.	Blatt		+
Daidzein	Glycine max (L.) Merr.	Blatt, Hypokotyl		+
	Phaseolus vulgaris L.	Hülse		+
	Vigna unguiculata (L.) Walp.	Hypokotyl		+
2'-Hydroxydaidzein	Phaseolus vulgaris L.	Hülse		+
Genistein	Lupinus albus L.	Hypokotyl		+
	Phaseolus vulgaris L.	Hülse		+
2'-Hydroxygenistein	Lupinus albus L.	Hypokotyl		+
	Phaseolus vulgaris L.	Hülse		+
Glyceollin I, II, III, IV	Glycine max (L.) Merr.	Blatt, Hülse		+
	Glycine soja	Blatt		+

Tabelle V-3/6. *Fortsetzung*

Streßverbindung	Pflanzenart	Untersuchter Pflanzenteil mit Aktivität	Bildung	
			Vermehrt	Neu
Kieviton	Phaseolus aureus Roxb.	Hypokotyl		+
	Phaseolus lunatus L.	Keimblatt		+
	Phaseolus vulgaris L.	Blatt, Hülse		+
	Vigna unguiculata (L.) Walp.	Keimling		+
Lathodoratin	Lathyrus odoratus L.	Keimling, Blatt, Hülse, Wurzel		+
Maackiain	Lathyrus spp.	Blatt		+
	Pisum sativum L.	Blatt, Hülse		+
	Trifolium pratense L.	Blatt, Stengel		+
	Trifolium spp.	Blatt		+
Medicarpin	Lathyrus spp.	Blatt		+
	Medicago sativa L.	Blatt		+
	Medicago spp.	Blatt		+
	Trifolium pratense L.	Blatt, Keimling		+
	Trifolium repens L.	Blatt, Wurzel		+
	Vicia faba L.	Blatt, Hülse		+
	Vigna unguiculata (L.) Walp.	Hypokotyl		+
Phaseolidin	Phaseolus aureus Roxb.	Hypokotyl		+
	Phaseolus vulgaris L.	Blatt, Hülse		+
	Vigna unguiculata (L.) Walp.	Hypokotyl, Stengel		+
Phaseolin	Phaseolus vulgaris L.	Blatt, Hülse		+
	Phaseolus spp.	Hülse		+
	Vigna unguiculata (L.). Walp.	Hypokotyl		+
Pisatin	Lathyrus spp.	Blatt, Keim		+
	Pisum sativum L.	Blatt, Hülse		+
Resveratrol	Arachis hypogaea L.	Hypokotyl		+
	Trifolium campestre	Blatt		+
Sativan	Lotus spp.	Blatt, Wurzel		+
	Medicago sativa L.	Blatt		+
	Trifolium spp.	Blatt		+
Vestitol	Lotus spp.	Blatt		+
	Medicago sativa L.	Keimling		+
	Trifolium spp.	Blatt		+
Vignafuran	Vigna unguiculata (L.) Walp.	Blatt, Keimling		+
Wyeron	Lens spp.	Keim		+
	Vicia faba L.	Blatt, Hülse		+
Wyeronsäure	Vicia faba L.	Blatt, Hülse		+
Liliaceae Phytoalexin-Hauptnaturstoffgruppe:				
Alliine	Allium cepa L.	Zwiebel	+	
Tsibulin 1,2	Allium cepa L.	Zwiebel		+

Tabelle V-3/6. *Fortsetzung*

Streßverbindung	Pflanzenart	untersuchter Pflanzenteil mit Aktivität	Bildung	
			Vermehrt	Neu
Linaceae				
Phytoalexin-Hauptnaturstoffgruppe: Phenole				
Coniferylaldehyd	Linum usitatissimum L.	Blatt		+
Coniferylalkohol	Linum usitatissimum L.	Blatt		+
Cyanogene Glykoside	Linum usitatissimum L.	Blatt	+	
Dinamarin	Linum usitatissimum L.	Blatt		
Malvaceae				
Phytoalexin-Hauptnaturstoffgruppe: Sesquiterpene, Phenole				
2,7-Dihydroxycadalen	Gossypium hirsutum L.	Blatt, Fruchtkapsel		+
Gossypol	Gossypium barbadense L.	Stengel		+
	Gossypium hirsutum L.	Stengel		+
2-Hydroxy-7-methoxy-cadalene	Gossypium hirsutum L.	Blatt, Fruchtkapsel		+
Lacinilen C	Gossypium hirsutum L.	Blatt, Fruchtkapsel		+
Scopoletin	Gossypium hirsutum L.	Blatt, Fruchtkapsel		+
Rutaceae				
Phytoalexin-Hauptnaturstoffgruppe: Cumarine				
6,7-Dimethoxy-cumarin	Citrus aurantium L.	Rinde, Fruchtschale	(+)	+
	Citrus limon (L.) Burm. f.	Rinde, Fruchtschale	(+)	+
	Citrus sinensis (L.) Osbeck	Rinde, Fruchtschale	(+)	+
Nobiletin	Citrus reticulata Blanco	Fruchtschale		+
Scoparon	Citrus ssp.	Fruchtschale		
Scopoletin	Citrus	Fruchtschale		
Umbelliferon	Citrus	Fruchtschale		
Xanthoxylin	Citrus limon (L.) Burm. f.	Fruchtschale		+
Solanaceae				
Phytoalexin-Hauptnaturstoffgruppe: Sesquiterpene				
Aubergenon	Solanum melongena L.	Frucht		+
Calycanthosid	Solanum tuberosum L.	Knolle	+	
Capsidiol	Capsicum annuum L.	Frucht		+
	Datura stramonium	Blatt		+
	Nicotiana tabacum L.	Blatt		+
Chaconin	Solanum tuberosum L.	alle	+	
Chlorogensäure	Nicotiana tabacum L.	alle	+	
	Solanum tuberosum L.	alle	+	
Falcarindiol	Lycopersicon esculentum Mill.	Blatt, Frucht		+
Falcarinol	Lycopersicon esculentum Mill.	Blatt, Frucht		+

Tabelle V-3/6. *Fortsetzung*

Streßverbindung	Pflanzenart	Untersuchter Pflanzenteil mit Aktivität	Bildung	
			Vermehrt	Neu
Kaffeesäure	Solanum tuberosum L.	alle	+	
Lubimin	Datura stramonium	Blatt		+
	Nicotiana tabacum L.	Blatt		+
	Solanum melongena L.	Frucht		+
	Solanum tuberosum L.	Knolle		+
3-Hydroxylubimin	Datura stramonium	Blatt		+
	Solanum tuberosum L.	Knolle		+
Phenole	Solanum tuberosum L.	alle	+	
Phytuberin	Nicotiana tabacum L.	Blatt		+
	Solanum tuberosum L.	Knolle		+
Phytuberol	Nicotiana tabacum L.	Blatt		+
	Solanum tuberosum L.	Knolle		+
Rishitin	Lycopesricon esculentum Mill.	Blatt, Frucht		+
	Solanum tuberosum L.	Knolle		+
Rishitinol	Solanum tuberosum L.	Knolle		+
Anhydro-β-rotunol	Solanum tuberosum L.	Knolle		+
Scopoletin	Nicotiana tabacum L.	Blatt	+	
	Solanum tuberosum L.	Blatt	+	
α-, β-Solamarin	Solanum tuberosum L.	alle	+	
Solanin	Solanum tuberosum L.	alle	+	
Solasodin	Solanum tuberosum L.	alle	+	
Solavetivon	Solanum tuberosum L.	Knolle		+
Tomatidin	Lycopersicon esculentum Mill.	Blatt, Frucht	+	
Apiaceae				
Phytoalexin-Hauptnaturstoffgruppe: Furocumarine, Polyacetylene				
Aesculetin	Apium graveolens L.	Blatt	+	
Bergapten	Apium graveolens L.	Blatt		+
	Daucus carota L.	Rübe		+
	Pastinaca sativa L.	Rübe		+
	Petroselinum crispum (Mill.) Nym. ex A. W. Hill	Blatt		+
Falcarindiol	Daucus carota L.	Rübe		+
Falcarinol	Apium graveolens L.	Blatt, Sproßknolle		+
	Carum carvi L.	Blatt		+
	Levisticum officinale Koch	Blatt		+
	Petroselinum crispum (Mill.) Nym. ex A. W. Hill	Blatt		+
Herniarin	Apium graveolens L.	Blatt	+	
Karotatoxin	Daucus carota L.	Rübe		+
Marmesin	Petroselinum crispum (Mill.) Nym. ex A. W. Hill	Blatt		+

Tabelle V-3/6. *Fortsetzung*

Streßverbindung	Pflanzenart	Untersuchter Pflanzenteil mit Aktivität	Bildung	
			Vermehrt	Neu
6-Methoxymellein	Daucus carota L.	Rübe		+
Psoralen	Apium graveolens L.	Blatt		+
	Daucus carota L.	Rübe		+
	Pastinaca sativa L.	Rübe		+
Scopoletin	Apium graveolens L.	Blatt, Sproßknolle	+	
4,5',8-Trimethyl-psoralen	Apium graveolens L.	Blatt, Sproßknolle	+	
Xanthotoxin	Apium graveolens L.	Blatt, Sproßknolle	+	
	Daucus carota L.	Rübe		+
	Pastinaca sativa L.	Stengel, Rübe		+
	Petroselinum crispum (Mill.) Nym. ex A. W. Hill	Blatt		+
Vitaceae				
Phytoalexin-Hauptnaturstoffgruppe: Stilbene				
Resveratrol	Vitis vinifera L.	Blatt, Beere		+
α-ν,-Viniferin	Vitis vinifera L.	Blatt, Beere		+

Literatur: [1, 2, 6, 10, 13, 14, 18, 21, 24, 25, 27, 29, 33, 35, 40, 41, 51, 52, 56, 59, 62, 65, 66, 67, 70, 75, 76, 79, 83, 88, 89, 91]

ren und Menschen nicht ausschließen. Häufige Angriffsorte sind Membransysteme. Bekannt sind Wirkungen bei folgenden Verbindungen:

Furocumarine (→ Furocumarine). Diese Verbindungen kommen konstitutiv in vielen Doldenblütlern, aber auch in Feigen und Citrusarten vor. Als Phytoalexine wurden → Bergapten, → Psoralen und → Xanthotoxin in Sellerie, Pastinak, Petersilie und Karotten gefunden. Unter üblichen Anbau- und Lagerbedingungen lassen sich Kontakte mit Unkrautbekämpfungsmitteln, pilzlichen Erregern und Kälte, die wie UV-Licht und Kupfersulfat einige Faktoren sind, die ihre Bildung einleiten, schlecht vermeiden. Befallene Pastinakwurzeln erreichten in einer Studie mit einer Gesamtkonzentration an Furocumarinen von 1 700 mg/kg FM eine fast 30fache Steigerung gegenüber gesunden [9, 70]. Die Gehalte in Karotten sind jedoch nur mit modernster Analytik nachweisbar [14]. Konzentrationen ab 18 mg/kg FM können bei empfindlichen Personen zu Kontakt- und Photodermatitis führen [9]. Die Hautphototoxizität und UV-induzierte starke Mutagenität, die zu Tumoren und Carcinomen führen kann, ist bei den einzelnen Substanzen in diesem Buch (Kap. IV) beschrieben. Sellerie kann bei langer Lagerung besonders in der Kälte durchaus Gehalte an Furocumarinen enthalten, die gesundheitlich bedenklich sind. Obwohl Sellerie als Gemüse meist nicht in großen Mengen verzehrt wird, könnten durch Konzentrate wie Selleriesaft höhere Gehalte an Furocumarinen aufgenommen werden. Es sind Fälle von starken Verbrennungen (eine mit Todesfolge) nach dem Besuch von Bräunungsstudios bei Personen bekannt, die gleichzeitig hohen Psoralenkonzentrationen wie durch Sellerie, Medikamente oder Kosmetika ausgesetzt waren [9].

Furanoterpene: Die Süßkartoffel ist in vielen Ländern ein wichtiger und schmackhafter Stärkelieferant. Durch Schädlinge und Krankheitserreger können bis zu 35% der Gesamtproduktion vernichtet werden. Als Reaktion auf Verletzungen, Chemikalien, Insekten und Mikroorganismen bilden Süßkartoffeln toxische Furanoterpene lokal nur in den betroffenen Geweben und deren unmittelbarer Umgebung. Während diese Regionen in der Regel bräunlich verfärbt und somit gut erkennbar sind, gibt es auch Fälle wo äußerlich nicht erkennbar, Süßkartoffeln Furanoterpene enthielten. Vergiftungen von Tieren nach Genuß pilzbefallener Süßkartoffeln in USA und Japan sind bekannt [88]. Als toxische Streßverbindung wurde zuerst das Ipomeamaron entdeckt. Von diesem leiten sich eine Gruppe von Verbindungen (wie Ipomeamaronol, Myoporon, 4- und 7-Hydroxymyoporon, 6-Myopoporol, 6-Oxodendrolasin) ab, die vor allem die Leber schädigen können. Die LD_{50}-Werte für Mäuse bei intraperitonealer Applikation sind für Ipomeamaron 200 mg/kg, Ipomeamaronol 266 mg/kg, Myoporon 180 mg/kg, 4-Hydroxymyoporon 235 mg/kg, 7-Hydroxymyoporon 200 mg/kg und für 6-Oxodendrolasin 230 mg/kg [88]. Symptome sind Schädigungen und Nekrosen von Leberparenchymzellen, und es wird vermutet, daß die Mischfunktionsoxidasen in der Leber notwendig sind, um diese Verbindungen giftig zu machen [9]. Beschädigte, verfärbte oder infizierte Süßkartoffelproben aus Lebensmittelläden wiesen durchschnittliche Gehalte an Ipomeamaron von 1 832 mg/kg und 900 mg/kg in den USA bzw. Großbritannien auf. Mit Sclerotium rolfsii (ein Erreger der Rindenfäule) befallene Süßkartoffeln wiesen maximale Konzentrationen mit 23 346 mg/kg auf [9].
Akute Leberschäden scheinen jedoch weniger die Ursache für die tödlichen Futtervergiftungen bei Rindern zu sein. Vielmehr verendeten die Tiere nach einer akuten Erkrankung der Atemwege. Neben den Lebertoxinen fand man in infizierten Süßkartoffeln auch kürzerkettige Furanoterpene, die aber nur gebildet wurden, wenn bestimmte Fusarien als Erreger auftraten. Man nimmt an, daß sie sich unter Einfluß der Pilze aus den längerkettigen bilden und die Ursache der schweren Lungenschäden sind. Zu diesen Lungentoxinen gehören die vier nahverwandten Verbindungen Ipomeanin, 4-Ipomeanol, 1-Ipomeanol und 1,4-Ipomeadiol. Die oralen LD_{50} bei Mäusen sind in gleicher Reihenfolge 26 mg/kg, 38 mg/kg, 79 mg/kg und 104 mg/kg [9, 88]. Auf diese Verbindungen waren offensichtlich die Todesfälle bei Rindern zurückzuführen. Rinder scheinen besonders empfindlich auf sie zu reagieren, und Dosen von 9–14 mg/kg Körpergewicht in die Wiederkäuermägen verabreicht, hatten innerhalb von 3–4 Tagen den Tod zur Folge [88]. Alle diese Verbindungen führten nicht nur bei oraler Aufnahme, sondern auch bei intravenöser oder intraperitonealer Applikation bei Mäusen zum raschen Tod. Als Symptome wurden Atemstörungen, Lungenödeme, Pleuraergüsse und Verstopfung der Blutgefäße sowie Nekrosen der Saumzellen von Bronchioli beobachtet. Ursache für die Toxizität scheint eine kovalente Bindung an die unbewimperten Epithelzellen der Bronchioli (Clarazellen) mit Beteiligung des Cytochrom-P-450-abhängigen Monooxygenase-Enzymsystems zu sein [9, 88]. Mit Fusarium solani (ein Erreger der Rindenfäule) befallene Süßkartoffeln wiesen maximale Konzentrationen für 4-Ipomeanol von 236 mg/kg und für 1,4-Ipomeadiol von 469 mg/kg auf [9]. Die üblichen Zubereitungsformen wie Backen oder Rösten der Knollen zerstören die Toxine nicht, deshalb sollte beschädigte oder infizierte Ware weggeworfen werden.
Ähnliche Wirkungen wie die Lungentoxine der Süßkartoffel besitzen chemisch nah verwandte Toxine im essentiellen Öl von Perilla frutescens und das toxische Schadgas 3-Metylfuran, das eine wesentliche organische Komponente im Smog ausmachen kann und biogen aus flüchtigen Terpensubstanzen von Bäumen gebildet wird [88].

Polyacetylene: Einige Pflanzen wie Tomaten und Karotten bilden Phytoalexine dieser Naturstoffgruppe. Ihre Toxizität ist wenig untersucht. Ein Streßmetabolit in Karotten, das Karotatoxin, besitzt bei Mäusen injiziert eine akute LD_{50} von etwa 100 mg/kg Körpergewicht und wirkt als Neurotoxin. Mit den geringen Gehalten von etwa 2 mg/kg Frischgewicht, die aus Karotten isoliert werden konnten, ist stark anzuzweifeln, daß Menschen dadurch geschädigt werden könnten [70].
Ähnliche Polyacetylene in Wasserschierling (→ Cicuta virosa) sind jedoch sehr stark giftig.

Isoflavonoide: Der größte Teil der von Fabaceen (Schmetterlingsblütler) gebildeten Phytoalexine gehört zu dieser Gruppe. Obwohl viele dieser Verbindungen schon lange bekannt sind, gibt es nur wenige Untersuchungen darüber, ob sie für Mensch und Tier giftig sind. Glyceollin, Kieviton, Medicarpin, Pisatin und Phaseolin besitzen hämolytische Eigenschaften für Rindererythrozyten. Pisatin und Phaseollin können auch menschliche Erythrozyten verändern. Pisatin bewirkte in Konzentrationen von 200 ppm hohe Elektrolytverluste von zellulärem Kalium. Ferner hemmte es durch Entkoppelung der oxidativen Phosphorylierung in isolierten Rattenmitochondrien die Atmung [74, 84]. Maakiain hemmt schwach die Mitogenese von menschlichen Lymphozyten [73]. Die Isoflavone Daidzein, Genistein und das Cumarinderivat Coumestrol besitzen eine oestrogene Wirkung. Die gefundenen Konzentrationen lassen aber eine akute Wirkung auf den Menschen als unwahrscheinlich erscheinen. Ob eine chronische Wirkung vorhanden ist, muß noch festgestellt werden [49].

Sesquiterpenoide: Die Solanaceae (Nachtschattengewächse) bilden viele Phytoalexine dieser Gruppe. Toxikologisch sind sie kaum bearbeitet. 15 µg/ml Capsidiol hemmte die Zellproliferation menschlicher Lymphozyten vollständig, Phytuberin dagegen sehr schwach und in höherer Konzentration (25 µg/ml). Lubimin war unwirksam [72]. Rishitin, das in Kartoffeln, die mit der Kraut- und Knollenfäule befallen sind, angereichert wird, ist nicht für teratogene Veränderungen, die nach Aufnahme von solchen Kartoffeln bei Versuchstieren beobachtet wurden, verantwortlich [70].

3. Praktisch vorkommende Situationen für eine verstärkte Abwehrstoffbildung

Kauft man Gemüse, Obst oder Samen beim Händler, weiß man wenig über die Vorgeschichte der Waren und die Streßsituationen, die die Pflanzen bewältigen mußten. Ein einwandfreier optischer Zustand ohne kleinste, sichtbare Verletzungen und braune Flecken läßt auch auf eine gute Behandlung der Ware schließen. Winzige nekrotische Flecken zeigen eine hypersensitive Reaktion an, die gekoppelt mit gesteigerter Abwehrstoffbildung ist. Leider zeigt sich aber nicht jeder Streß auch äußerlich, und die Pflanzen können trotz unversehrtem Aussehen hohe Gehalte an Abwehrstoffen enthalten. Mögliche und übliche Faktoren neben sortentypischen, genetischen Faktoren, die Gehalte ansteigen lassen können, sind:
Auf dem Feld: Widrige Witterungsbedingungen, vor allem Hitze, Kälte, Wassermangel; Parasiten- und Schädlingsbefall; chemische Pflanzenbehandlungsmaßnahmen, wie Pestizide, Herbizide und Wachstumsregulatoren; mechanische Unkrautbekämpfung (die verstärkt auch im biologischen Landbau eingesetzt wird). Diese Bedingungen sind variabel. Liegt der Streß eher am Anfang der Wachstumsperiode, können die Gehalte an Abwehrstoffen wieder abgesunken und normal sein. Einige Pflanzen wie die Leguminosen reagieren schnell auf äußere Reize.

Bei der Ernte: Eine schonende Ernte ohne Streß ist technisch kaum durchführbar. Kleinere mechanische Verletzungen, vor allem da, wo das Erntegut vom Rest der Pflanze abgetrennt wird, sind kaum zu vermeiden. Verwundungen können auch Eintrittspforten für Krankheitserreger sein. Reaktionen sind bei noch stoffwechselaktiven Pflanzenteilen wie Blattgemüse, Knollen und Früchten zu erwarten, weniger bei Samen, die sich reif in Keimruhe befinden. Bei einer Ernte im unreifen Zustand und künstlicher Nachreife sind höhere Gehalte zu erwarten als bei reifen Produkten.

Beim Transport: Erschütterungen; Verletzungsgefahr; Bildung von Ethylen als Streßhormon; eventuell zu warme oder zu kalte Temperaturen. Das ist wichtig bei ausländischen Waren, die weit vom Verbraucher entfernt erzeugt und entsprechend transportiert werden müssen. Solche langen Transportwege gibt es vor allem bei exotischen Pflanzen und außersaisonalem Angebot von Früchten und Gemüsen.

Im Lager: Zu hohe oder niedrige Temperatur für die Lagerware; unzureichende Be- und Entlüftung; Bildung von Ethylen, Gefahr bei unzureichender Entfernung des Streßhormons; häufiges Umlagern erhöht Verletzungsgefahr; Lagerkrankheiten und -schädlinge. Lagerfehler wirken sich vor allem bei Kartoffeln, Äpfeln und anderen langlagerbaren Knollen, Rüben und Früchten aus.

Anmerkung: Nach neueren Untersuchungen wird die *Pollinoserate* durch gestreßte Pflanzen erhöht. Bei dem Symposium „Allergie und Umwelt", (19. Tagung der Deutschen Gesellschaft für Allergie- und Immunitätsforschung am 24. 4. 1993, Potsdam) wurde ausgeführt:
„Bei IgE-vermittelten *Allergien* ist in den letzten Jahrzehnten ein sehr starker Anstieg festzustellen. Selbst wenn man erhöhtes Gesundheitsbewußtsein und daraus resultierende symptomorientierte Sensibilisierung ins Kalkül zieht, ist die signifikante Prävalenzsteigerung vor allem in industrialisierten Ländern durchaus als dramatisch zu bewerten. Weit über 15 % der Bevölkerung dieser Länder leiden an atopischen Erkrankungen, die durch inhalative Allergene ausgelöst werden. Die hohen Erkrankungsraten scheinen im direkten Zusammenhang mit gravierenden Umweltveränderungen der letzten Jahrzehnte zu stehen, führte O. Scheiner, Wien aus. Da psychische Faktoren wie Streß erheblichen Einfluß auf Atopiker haben, ist auch zu vermuten, daß sich Luftschadstoffe mit toxisch wirkenden Partikeln auf die Schleimhäute des Respirationstraktes fatal auswirken, was sich vor allem bei Patienten mit schwächerer atopischer Diathese bemerkbar macht.
Immer deutlicher rückt die Frage ins Blickfeld, inwieweit Pflanzen in Regionen mit hoher Schadstoffbelastung (Luft, Wasser, Boden) selbst in Streß geraten und mit modifizierter Pollenexpression reagieren. Pollen sind potentielle Träger von Schadstoffpartikeln. Vermutet wird, daß Umwelteinflüsse den biochemischen und molekularbiologischen Charakter der *Pollenallergene* zu modulieren vermögen und so deren Aggressivität zunehmen kann. Ihre direkte Einwirkung auf die Atemwege kann die mukösen Gewebe erheblich schädigen und führt zur Dysregulation der Immunreaktion, z. B. zu pathologisch erhöhter IgE-Produktion. Es ist nachgewiesen, daß Birken an Standorten mit hoher Umweltbelastung in ihren Blättern erhöhte Bet v I-Konzentration enthalten. Das Protein Bet v I – ein unter mikrobiellem Einfluß entstehendes Streßprotein, vermutlich ein sogenanntes „pathogenesis-related-protein" (PRP) – ist das Hauptallergen aus Birkenpollen. Etwa 60 % der *Birkenpollenallergiker* reagieren auf dieses Allergen. Stark gefährdeten Patienten – Personen mit einschlägiger Familienanamnese und hohem Gesamt-IgE – wird angeraten, nicht nur die bekannten Risikofaktoren (Rauchen, Haustierhaltung usw.), sondern auch Regionen mit hoher Umweltbelastung (Industriegebiete, innerstädtische Bereiche mit starkem Verkehrsaufkommen usw.) zu meiden."

Fachausdrücke

Abiotisch	Nichtlebend
Adstringierend	Zusammenziehende Wirkung, z. B. auf Schleimhäute
Agglutination	Serologische Reaktion, bei der Partikel oder Zellen verklumpen
Amblyopie	Durch optische Hilfsmittel nicht zu behebende Herabsetzung der Sehschärfe
Anenzephalie	Schwerste Mißbildung des Gehirns, bei der die Schädeldecke mit ausgedehnten Teilen des Gehirns fehlt
Antinährstoff	Chemische Verbindung, die die Aufnahme von Nährstoffen behindert oder hemmt, z. B. Proteaseinhibitoren
Atataktisches Syndrom	Störung von Bewegungskoordination und geordnetem Zusammenwirken von Muskelgruppen
Autotroph	Sich ausschließlich von anorganischen Nährstoffen ernährend
Blanchieren	Kurzes Abbrühen von Lebensmitteln in heißem Wasser
Bronchioli	Letzte Aufzweigung des Bronchialbaums in Lungen. Wand knorpel- und drüsenfrei

Elicitor	Wirkungen auslösende Signale, die in Pflanzen die Bildung von Abwehrmechanismen auslösen können
Epidermis	Oberhaut, primäres Abschlußgewebe
FM	Frischmasse
Heterotroph	Ernährung durch organische Stoffe
Hypersensitive Reaktion	Rasche Ausbildung lokalbegrenzter Nekrosen, bedingt durch den schnellen Tod pflanzlicher Zellen in der Umgebung eines angreifenden Erregers
Induzierte Stoffe	Die Bildung solcher Verbindungen wird durch einen Reiz ausgelöst
Induzierbare Stoffe	Verbindungen, die als Reaktion auf einen Reiz gebildet werden können
Inhibitor	Substanz mit hemmender Wirkung
Kompartimentierung	Gliederung der Zelle in membranumschlossene Reaktionsräume (Kompartimente)
Konstitutive Abwehrstoffe	Substanzen in Pflanzen, die frei oder gebunden als vorgeformte (präexistierende) Abwehrstoffe vorliegen und beim Angriff eines Erregers wirksam werden
Kutikula	Dünnes Häutchen aus Suberin und Wachs über der äußeren Zellschicht (Epidermis) bei Pflanzen. Bewirkt weitgehende Wasserundurchlässigkeit
Mikroarthropode	Kleinstgliederfüßler
Mitogen	Zellkernteilungen bewirkend
Mitose	Zellkernteilung mit Längsspaltung der Chromosomen und identischer Replikation der DNA
Nematode	Fadenwurm
Oligochaet	Borstenwurm
Opportunistischer Erreger	Krankheitserreger, die pflanzliches Gewebe erst angreifen können, wenn es vorher geschwächt wurde
Resistenz	Fähigkeit einer Pflanze, den Angriff eines Erregers erfolgreich abzuwehren oder schädigenden Wirkungen zu widerstehen
Spina bifida	Angeborene Spaltbildung der Wirbelsäule
Streß	Biotische und abiotische Belastungen, die das Stoffwechselgleichgewicht der Pflanzen stören und zu Schädigungen führen können. Durch spezifische und unspezifische Reaktionen versucht die Pflanze, Schädigungen zu minimieren
Streßmetabolit	Stoffwechselprodukte, die in Pflanzen als Reaktion auf Streß gebildet werden
Systemische Neubildung von Stoffen	Verbindungen, die als Reaktion auf einen Reiz, nicht nur in der unmittelbaren Umgebung des Reizes (lokal), sondern auch in weiter entfernten pflanzlichen Geweben gebildet werden; die Bildung erfolgt im „System" Pflanze
Wachstumsregulator	Pflanzenbehandlungsmittel mit organischen Wirkstoffen, die in biochemische Stoffwechselvorgänge der Pflanzen eingreifen und damit chemische und morphologische Veränderungen bewirken (z. B. Mittel, die das Längenwachstum von Getreidehalmen reduzieren)

4. Literatur

[1] Adesanya, S. A., Ogundana, S. K., Roberts, M. F.: Dihydrostilbene Phytoalexins from Dioscorea bulbifera and D. dumentorum. Phytochem. 28, 773–774, 1989

[2] Afek, U., Sztejnberg, A., Carmely, S.: 6,7-Dimethoxycoumarin, a Citrus Phytoalexin Conferring Resistance against Phytophthora gummosis. Phytochem. 25, 1855–1856, 1986

[3] Ames, B. N.: Dietary Carcinogens and Anticarcinogens. Science 221, 1256–1264, 1983

[4] Ames, B. N., Gold, L. S.: Falsche Annahmen über die Zusammenhänge zwischen der Umweltverschmutzung und der Entstehung von Krebs. Angew. Chem. 102, 1233–1246, 1990

[5] Asada, Y., Bushnell, W. R., Ouchi, S., Vance, C. P. (Hrsg.): Plant Infection. Springer Verlag, Berlin, Heidelberg, New York 1982

[6] Bailey, J. A., Mansfield, J. (Hrsg.): The Phytoalexins. Blackie, Glasgow 1981

[7] Barondes, S. H.: Lectins: Their Multiple Endogenous Cellular Functions. Ann. Rev. Biochem. 50, 207–231, 1981

[8] Beerhues, L.: Pflanzliche Strategien der Pathogenabwehr. Dtsch. Apoth. Z. 132, 2486–2491, 1992

[9] Beier, R. C.: Natural Pesticides and Bioactive Components in Foods. Rev. Environ. Cont. a. Toxicol. 113, 48–137, 1990

[10] Bell, A. A.: Biochemical Mechanisms of Disease Resistance. Ann. Rev. Plant Physiol. 32, 21–81, 1981

[11] Bender, A. E.: Effects on Nutritional Balance: Antinutrients. In: [87], S. 110–124

[12] Bodnaryk, R. P.: Effects of Wounding on Glucosinolates in the Cotyledons of Oilseed Rape and Mustard. Phytochem. 31, 2671–2677, 1992

[13] Brinker, A. M., Seigler, D. S.: Isolation and Identification of Piceatannol as a Phytoalexin from Sugercane. Phytochem. 30, 3229–3232, 1991

[14] Ceskao, O., Chandhary, S. K., Warrington, P. J.: Furocoumarins in the cultivated carrot, Daucus carota. Phytochem. 25, 81–83, 1986

[15] Dixon, R. A., Lamb, C. J.: Molecular Communications in Interactions between Plants and Microbial Pathogens. Ann. Rev. Plant Physiol. Plant Mol. Biol. 41, 339–367, 1990

[16] Doke, N., Chai, H. B., Kawaguchi, A.: Biochemical Basis of Triggering and Suppression of Hypersensitive Cell Response. In: [57], S. 235–251

[17] Ebel, J.: Phytoalexin Synthesis: The Biochemical Analysis of the Induction Process. Ann. Rev. Phytopathol. 24, 235–264, 1986

[18] Elakovich, S. D.: Sesquiterpenes as Phytoalexins and Allelopathic Agents. In: [23], S. 93–108

[19] Ernährungsbericht 1988. Deutsche Gesellschaft für Ernährung e.V.

[20] Etzler, M. E.: Plant Lectins: Molecular and Biological Aspects. Ann. Rev. Plant Physiol. 36, 209–234, 1985

[21] Franke, W.: Nutzpflanzenkunde. Georg Thieme Verlag, Stuttgart, New York 1989

[22] Freytag, S., Hahlbrock, K.: Abwehrreaktionen von Pflanzen gegen Pilzbefall. B. i. u. Z. 22, 135–142, 1992

[23] Fuller, G., Nes, W. D. (Hrsg.): ACS Symposium Series 325. Ecology and Metabolism of Plant Lipids. American Chemical Society, 1987

[24] Gross, G.: Antimikrobielle Abwehrstoffe in Gramineen. Z. Pfl. Krankh. Pfl.Schutz 96, 535–553, 1989

[25] Haard, N. F.: Stress metabolites. Nato Adv. Study Ser., Ser. A – Postharvest Physiology and Crops Preservation 46, 29–314, 1983

[26] Hahlbrock, K., Scheel, D.: Physiology and Molecular Biology of Phenylpropanoid Metabolism. Ann. Rev. Plant Physiol. Plant Mol. Biol 40, 347–369, 1989

[27] Harborne, J. B.: Toxins in Plant-Fungal Interactions. In: [38], S. 743–784

[28] Harborne, J. B.: Variation in and Functional Significance of Phenolic Conjugation in Plants. In: T. Swain, S. 457–524, 1978

[29] Hart, J. H.: Role of Phytostilbenes in Decay and Disease Resistance. Ann. Rev. Phytopathol. 19, 437–458, 1981

[30] Heaney, R. K., Fenwick, G. R.: Identifying Toxins and their Effects: Glucosinolates. In: [87], S. 76–109

[31] Heath, M. C.: The Absence of Active Defence Mechanisms in Compatible Host-Pathogen Interactions. In: [90], S. 143–156

[32] Hock, B., Elstner, E. (Hrsg.): Pflanzentoxikologie. Der Einfluß von Schadstoffen und Schadwirkungen auf Pflanzen. B.I. Wissenschaftsverlag Mannheim, Wien, Zürich, 1984

[33] Horsfall, J. G., Cowling, E. B. (Hrsg.): Plant Disease. Vol. 5. How Plants Defend Themselves. Academic Press, New York, London, 1980
[34] Huxtable, J. R.: The Toxicology of Alkaloids in Foods and Herbs. In: [82], S. 237–261
[35] Ingham, J. L.: Phytoalexins from the Leguminosae. In: [6], S. 21–80
[36] Jaffé, W. G., Seidl, D. S.: Toxicology of Plant Lectins. In: [82], S. 263–289
[37] Jaffé, W. G.: Hemagglutinins (Lectine). In: [47], S. 73–102
[38] Keeler, R. F., Tu, A. T. (Hrsg.): Handbook of Natural Toxins. Vol. 1. Plant and Fungal Toxins. Marcel Dekker, Inc., New York, Basel 1983
[39] Keeler, R. F., Van Kampen, K. R., James, L. F. (Hrsg.): Effects of Poisonous Plants on Livestock. Academic Press, New York 1978
[40] Kuc, J.: Phytoalexins from the Solanaceae. In: [6], S. 81–105
[41] Kuc, J.: Plant Immunization-Mechanisms and Practical Implications. In: R. K. S. Wood, S. 157–158, 1981
[42] Kuc, J., Currier, W.: Phytoalexins, Plants, and Human Health. In: [64], 356–368
[43] Lamb, C. J., Lawton, M. A., Dron, M., Dixon, R. A.: Signal Transduction Mechanisms for Activation of Plant Defenses against Microbial Attack. Cell 56, 215–224, 1989
[44] Lang, K.: Biochemie der Ernährung. Dr. Dietrich Steinkopf Verlag, Darmstadt, 1970
[45] Langer, P., Michajlovskij, N.: Naturally Occurring Goitrogens. In: A. T. Tu, S. 477–505, 1992
[46] Liener, I. E.: Miscellaneous Toxic Factors. In: [47], S. 430–467
[47] Liener, I. E. (Hrsg.): Toxic Constituents of Plant Foodstuffs. Academic Press, New York, London 1980
[48] Liener, I.E., Kakade, M. L.: Protease Inhibitors. In: [47], S. 7–72
[49] Lindner, E.: Toxikologie der Nahrungsmittel. Georg Thieme Verlag, Stuttgart 1990
[50] Lis, H., Sharon, N.: Lectins as Molecules and Tools. Ann. Rev. Biochem. 55, 35–67, 1986
[51] Monde, K., Oya, T., Shirata, A., Takasugi, M.: A Guaianolide Phytoalexin, Cichoralexin from Cichorium intybus. Phytochem. 29, 3449–3451, 1990
[52] Monde, K., Sasaki, K., Shirata, A., Takasugi, M.: Brassicanal C and two Dioxindoles from cabbage. Phytochem. 30, 2915–2917, 1991
[53] Montgomery, R. D.: Cyanogens. In: [47], S. 143–160
[54] Morgan, M. R. A., Coxon, D. T.: Tolerances: Glycoalkaloids in Potatoes. In: [87], S. 221–230
[55] Müller, K. O., Börger, H.: Experimentelle Untersuchungen über die Phytophthora-Resistenz der Kartoffel. Arb. Biol. Reichsanst. Land- und Forstw. Berlin 23, 189–231, 1940
[56] Murray, B. D. H., Méndez, J., Brown, S. A.: The Natural Coumarins. John Wiley & Sons, London, 1982
[57] Nishimura, S., Vance, C. P., Doke, N. (Hrsg.): Molecular Determinants of Plant Diseases. Springer Verlag, Berlin, Heidelberg, New York 1987
[58] Nover, L., Neumann, D., Scharf, K.-D. (Hrsg.): Heat Shock and Other Stress Response Systems of Plants. Springer Verlag, Berlin Heidelberg New York 1989
[59] Oßwald, W., Elstner, E. F.: Die Wirt-Parasit-Beziehungen. In: [32], S. 241–282
[60] Paxton, J. D.: Phytoalexins – A Working Redefinition. Phytopath. Z. 101, 106–109, 1981
[61] Poulton, J. E.: Cyanogenic Compounds in Plants and their Toxic Effects. In: [38], S. 117–160
[62] Rama Rao, A. V., Rajarathnam Reddy, E.: Stereoselective Synthesis of Hydroxy Octadecatrienoic Acids. The Self Defensive Substances in Rice Plants. Tetrahedron Letters 27, 2279–2282, 1986
[63] Rechcigl M., Jr. (Hrsg.): CRC Handbook of Naturally Occurring Food Toxicants. CRC Press, Inc., Boca Raton, Florida 1983
[64] Rodricks, J. V.: Mycotoxins and Other Fungal Related Food Problems. Advances in Chemistry Series 149. American Chemical Society, Washington 1975
[65] Rouxel, T., Kollmann, A., Boulidard, L., Mithen, R.: Abiotic Elicitation of Indole Phytoalexins and Resistance to Leptospaeria maculans within Brassiceae, Planta 184, S. 271–278, 1991
[66] Sakai, T., Nakagawa, Y.: Diterpenic Stress Metabolites from Cassava Roots. Phytochem. 27, 3769–3779, 1988
[67] Salas, M. L., Corcuera, L. J.: Effect of Environment on Gramine Content in Barley Leaves and Susceptibility to the Aphid Schizaphis-graminum. Phytochem. 30, 3237–3240, 1991
[68] Savelkoul, F. H. M. G., Van der Poel, A. F. B., Tamminga, S.: The Presence and Inactivation of Trypsin Inhibitors, Tannins, Lectins and Amylase Inhibitors in Legume Seeds during Germination. A Review. Plant Foods for Human Nutrition 42, 71–85, 1992
[69] Schildknecht, H.: Reiz- und Abwehrstoffe höherer Pflanzen – ein chemisches Herbarium. Angew. Chem. 93, 164–183, 1981

[70] Schlatter, J., Lüthy, J.: Vorkommen und Toxizität von Phytoalexinen in pflanzlichen Lebensmitteln. Mitt. Gebiete Lebensm. Hyg. 77, 404–419, 1986

[71] Siemann, E. H., Creasy, L. L.: Concentration of the Phytoalexin Resveratrol in Wine. Am. J. Enol. Vitic. 43, 49–52, 1992

[72] Skinnider, L., Bergen, S.: The Effect of Phytoalexins on Human Lymphocyte Mitogenesis. IRCS Medical Science 11, 367–368, 1983

[73] Skinnider, L., Stoessl, A.: The Effect of the Phytoalexins, Lubimin, (–)-Maackiain, Pinosylvin, and the Related Compounds Dehydroloroglossol and Hordatine M on Human Lymphoblastoid Cell Lines. Experientia 42, 568–570, 1986

[74] Smith, D.: Toxicity of Phytoalexins. In: [6], S. 218–252

[75] Stoessl, A.: Antifungal Compounds Produced by Higher Plants. Rec. Adv. in Phytochem. 3, 143–180, 1970

[76] Stoessl, A., Stothers, J. B., Ward, E. W. B.: Sesquiterpenoid Stress Compounds of the Solanaceae. Phytochem. 15, 855–872, 1976

[77] Surak, J. G.: Phytoalexins and Human Health – A Review. Proc. Fla. State Hort. Soc. 91, 256–258, 1978

[78] Swain, T., Harborne, J. B., Van Sumere, C. F. (Hrsg.): Rec. Adv. in Phytochemistry Vol. 12 Biochemistry of Plant Phenolics. Plenum Press, New York, London 1978

[79] Tal, B., Robeson, D. J.: The Induction, by Fungal Inoculation, of Ayapin and Scopoletin biosynthesis in Helianthus annuus. Phytochem. 25, 77–79, 1986

[80] Tomiyama, K.: Hypersensitive Cell Death: its Significance and Physiology. In: [5], S. 329–344

[81] Tookey, H. L., Van Etten, C. H., Daxenbichler, M. E.: Glucosinolates. In: [47], S. 103–142

[82] Tu, A. T. (Hrsg.): Handbook of Natural Toxins. Vol. 7. Food Poisoning. Marcel Dekker, Inc., New York, Basel, Hong Kong 1992

[83] Tverskoy, L., Dimitriev, A., Kozlovsky, A., Grodzinsky, G.: Two Phytoalexins from Allium cepa bulbs. Phytochem. 30, 799–800, 1991

[84] Van Etten, C. H., Tookey, H. L.: Glucosinolates. In: [63], S. 15–30

[85] Van Etten, H. D.: Antifungal and Hemolytic Activities of four Pterocarpan Phytoalexins. Phytopath. 62, 795, 1972

[86] Wink, M.: Plant breeding: importance of plant secondary metabolites for protection against pathogens and herbivores. Theor. Appl. Genet. 75, 225–233, 1988

[87] Watson, D. H. (Hrsg.): Natural Toxicants in Food. VCH/Ellis Horwood, Weinheim, New York, Chichester 1987

[88] Wilson, B. J., Burka, L. T.: Sweet Potato Toxins and Related Toxic Furans. In: [38], S. 3–42

[89] Wood, G. E.: Stress Metabolites of White Potatoes. In: [64], S. 369–386

[90] Wood, R. K. S. (Hrsg.): Active Defence Mechanisms in Plants. Plenum Press, New York, London 1981

[91] Zeringue, H. J., Jr.: Stress Effects on Cotton Leaf Phytoalexins Elicited by Cellfree Mycelia Extracts of Aspergillus flavus. Phytochem. 29, 1789–1791, 1990

VI
Anhang

VI – 1
Familienregister
(Pflanzen mit Monographien)

Im folgenden Register sind die Pflanzenfamilien alphabetisch aufgeführt.

Acanthaceae:	Aphelandra squarrosa, Beloperone guttata
Agavaceae:	Agave americana, Sanseveria trifasciata
Aizoaceae:	Mesembrianthemum cristallinum
Alismataceae:	Alisma plantago-aquatica
Alstroemeriaceae:	Alstroemeria-Arten
Amaryllidaceae:	Amaryllis belladonna, Buphane disticha, Clivia miniata, Galanthus nivalis, Hippeastrum vittatum, Leucojum vernum, Narcissus pseudonarcissus, Sprekelia formosissima
Anacardiaceae:	Anacardium occidentale, Cotinus coggygria, Mangifera indica, Rhus typhina, Schinus therebinthifolius, Semecarpus anacardium, Toxicodendron quercifolium
Apiaceae:	Aethusa cynapium, Ammi majus, Ammi visnaga, Angelica archangelica, Anthriscus silvestris, Apium graveolens, Carum carvi, Centella asiatica, Chaerophyllum temulum, Cicuta virosa, Conium maculatum, Daucus carota, Ferula assa-foetida, Heracleum mantegazzianum, Heracleum sphondylium, Levisticum officinale, Oenanthe crocata, Oenanthe aquatica, Pastinaca sativa, Petroselinum crispum, Sium latifolium
Apocynaceae:	Acokanthera oblongifolia, Adenium obesum, Apocynum cannabinum, Aspidosperma quebracho, Catharanthus roseus, Dipladenia-Arten, Nerium oleander, Pachypodium lamerei, Rauvolfia serpentina, Strophanthus-Arten, Tabernanthe iboga, Thevetia peruviana, Vinca minor
Aquifoliaceae:	Ilex aquifolium, Ilex paraguariensis
Araceae:	Acorus calamus, Aglaonema commutatum, Anthurium-Scherzeranum-Hybriden, Arum maculatum, Caladium-Bicolor-Hybriden, Calla palustris, Dieffenbachia, Dracunculus vulgaris, Monstera deliciosa, Philodendron scandens, Sauromatum venosum, Scindapsus pictus, Spathiphyllum floribundum, Zantedeschia aethiopica
Araliaceae:	Aralia spinosa, Fatsia japonica, Hedera helix, Panax pseudoginseng
Aristolochiaceae:	Aristolochia clematitis, Asarum europaeum
Asclepiadaceae:	Asclepias syriaca, Asclepias tuberosa, Gymnema sylvestre, Marsdenia cundurango, Vincetoxicum hirundinaria, Xysmalobium undulatum

Asteraceae:	Anthemis cotula, Arnica montana, Artemisia absinthium, Artemisia cina, Chrysanthemum cinerariifolium, Chrysanthemum-Indicum-Hybriden, Chrysanthemum vulgare, Eupatorium cannabinum, Eupatorium perfoliatum, Gynura scandens, Cnicus benedictus, Inula helenium, Lactuca virosa, Leucanthemum vulgare, Matricaria recutita, Petasites hybridus, Senecio-Cruentus-Hybriden, Senecio jacobaca, Silybum marianum, Solidago virgaurea, Tagetes-Erecta-Hybriden, Tanacetum parthenium, Taraxacum officinale, Telekia speciosa, Xanthium spinosum, Xanthium strumarium
Balsaminaceae:	Impatiens balsamina
Begoniaceae:	Begonia-Hybriden
Berberidaceae:	Berberis vulgaris, Caulophyllum thalictroides, Epimedium-Arten, Mahonia aquifolium, Podophyllum peltatum
Bignoniaceae:	Catalpa bignonioides
Boraginaceae:	Alkanna tuberculata, Anchusa officinalis, Borago officinalis, Cynoglossum officinale, Echium vulgare, Heliotropium arborescens, Lithospermum officinale, Symphytum officinale
Brassicaceae:	Brassica nigra, Cheiranthus cheiri, Erysimum crepidifolium, Erysimum diffusum, Hesperis matronalis, Iberis amara, Nasturtium officinale, Sisymbrium officinale
Bromeliaceae:	Aechmea fasciata
Buddlejaceae:	Buddleja davidii
Buxaceae:	Buxus sempervirens, Pachysandra terminalis, Sarcococca saligna
Cactaceae:	Lophophora williamsii, Selenicerus grandiflorus
Caesalpiniaceae:	Copaifera reticulata
Calycanthaceae:	Calycanthus floridus, Chimonanthus praecox
Campanulaceae:	Lobelia inflata
Cannabaceae:	Cannabis sativa, Ficus-Arten, Humulus lupulus
Capparidaceae:	Capparis spinosa, Cleome spinosa
Caprifoliaceae:	Lonicera caprifolium, Lonicera nigra, Lonicera periclymenum, Lonicera xylosteum, Sambucus ebulus, Sambucus nigra, Sambucus racemosa, Symphoricarpos albus, Viburnum lantana, Viburnum opulus
Caricaceae:	Carica papaya
Caryophyllaceae:	Agrostemma githago, Cucubalus baccifer, Saponaria officinalis
Celestraceae:	Catha edulis, Euonymus atropurpureus, Euonymus europaeus, Euonymus japonicus
Chenopodiaceae:	Chenopodium anthelminticum, Chenopodium vulvaria, Salsola kali
Cladoniaceae:	Cladonia stellaris
Convolvulaceae:	Calystegia sepium, Ipomoea purga, Ipomoea tricolor
Coriariaceae:	Coriaria myrtifolia
Cornaceae:	Aucuba japonica, Cornus sanguinea
Crassulaceae:	Cotyledon orbiculata, Kalanchoë blossfeldiana, Sedum acre
Cucurbitaceae:	Bryonia alba, Bryonia cretica, Citrullus colocynthis, Ecballium elaterium

Cupressaceae:	Chamaecyparis-Arten, Juniperus communis, Juniperus sabina, Juniperus virginiana, Thuja occidentalis, Thuja orientalis
Cycadaceae:	Cycas revoluta
Dioscoridaceae:	Tamus communis
Droseraceae:	Drosera rotundifolia
Empetraceae:	Empetrum nigrum
Ephedraceae:	Ephedra distachys
Equisetaceae:	Equisetum palustre
Ericaceae:	Andromeda polifolia, Arctostaphylos uva ursi, Gaultheria procumbens, Kalmia latifolia, Ledum palustre, Pernettya mucronata, Pieris japonica, Rhododendron chrysanthum, Rhododrendron ferrugineum, Rhododrendron simsii, Vaccinium myrtillus, Vaccinium uliginosum
Erythroxylaceae:	Erythroxylum coca
Euphorbiaceae:	Acalypha hispida, Acalypha indica, Aleurites fordii, Codiaeum variegatum pictum, Croton tiglium, Euphorbia cyparissias, Euphorbia fulgens, Euphorbia helioscopia, Euphorbia lathyris, Euphorbia marginata, Euphorbia milii, Euphorbia pulcherrima, Euphorbia resinifera, Hippomane mancinella, Hura crepitans, Jatropha curcas, Mallotus philippinensis, Mercurialis perennis, Pedilanthus tithmaloides, Ricinus communis
Fabaceae:	Abrus precatorius, Baptisia tinctoria, Caragana arborescens, Cassia angustifolia, Colutea arborescens, Coronilla varia, Cytisus scoparius, Derris elliptica, Dipteryx odorata, Erythrina crista-galli, Erythrophleum suaveolens, Galega officinalis, Genista germanica, Genista tinctoria, Gleditsia triacanthos, Glycyrrhiza glabra, Laburnum anagyroides, Lathyrus odoratus, Lathyrus sativus, Lupinus polyphyllus, Melilotus officinalis, Mucuna pruriens, Myroxylon balsamum, Phaseolus coccineus, Phaseolus vulgaris, Physostigma venenosum, Piscidia erythrina, Psoralea corylifolia, Robinia pseudoacacia, Sophora japonica, Spartium junceum, Ulex europaeus, Vicia faba, Wisteria sinensis
Fagaceae:	Fagus silvatica, Quercus robur
Flacourtiaceae:	Hydnocarpus kurzii
Ginkgoaceae:	Ginkgo biloba
Globulariaceae:	Globularia punctata
Grossulariaceae:	Ribes sanguineum
Hippocastanaceae:	Aesculus hippocastanum
Hydrophyllaceae:	Phacelia tanacetifolia
Hypericaceae:	Hypericum perforatum
Illiciaceae:	Illicium anisatum
Iridaceae:	Crocus albiflorus, Crocus sativus, Iris pseudacorus
Lamiaceae:	Coleus-Blumei-Hybriden, Glechoma hederacea, Hedeoma pulegioides, Lavandula angustifolia, Marrubium vulgare, Mentha pulegium, Rosmarinus officinalis, Salvia officinalis
Lauraceae:	Cinnamomum camphora, Cinnamomum zeylanicum, Laurus nobilis, Sassafras albidum

Liliaceae:	Agapanthus africanus, Allium cepa, Allium sativum, Allium ursinum, Aloë ferox, Aloë variegata, Asparagus officinalis, Bowiea volubilis, Chlorophytum comosum, Colchicum autumnale, Convallaria majalis, Fritillaria imperialis, Fritillaria meleagris, Gloriosa superba, Hyacinthus orientalis, Maianthemum bifolium, Narthecium ossifragum, Ornithogalum caudatum, Ornithogalum umbellatum, Polygonatum multiflorum, Polygonatum odoratum, Polygonatum verticillatum, Ruscus aculeata, Schoenocaulon officinale, Scilla bifolia, Smilax-Arten, Tulipa gesneriana, Urginea maritima, Veratrum album, Veratrum nigrum, Veratrum viride
Linaceae:	Linum usitatissimum
Loganiaceae:	Buddleja davidii, Gelsemium sempervirens, Spigelia anthelmia, Strychnos ignatii, Strychnos nux vomica
Loranthaceae:	Viscum album
Lycopodiaceae:	Huperzia selago, Lycopodium clavatum
Magnoliaceae:	Liriodendron tulipifera, Magnolia × soulangiana
Malpighiaceae:	Banistera caapi
Malvaceae:	Gossypium herbaceum
Meliaceae:	Melia azedarach
Menyanthaceae:	Menyanthes trifoliata
Menispermaceae:	Anamirta cocculus
Monimiaceae:	Peumus boldus
Myricaceae:	Myrica gale
Myristicaceae:	Myristica fragrans
Myrtaceae:	Eucalyptus globulus, Myrtus communis
Nyctaginaceae:	Bougainvillea glabra
Nymphaeaceae:	Nuphar luteum, Nymphaea alba
Oleaceae:	Ligustrum vulgare
Orchidaceae:	Paphiopedilum-Arten, Vanilla planifolia
Oxalidaceae:	Averrhoa carambola, Oxalis acetosella, Oxalis deppei
Paeoniaceae:	Paeonia officinalis
Palmae:	Areca catechu
Papaveraceae:	Argemone mexicana, Chelidonium majus, Corydalis cava, Dicentra spectabilis, Eschscholzia californica, Fumaria officinalis, Glaucium flavum, Macleaya cordata, Papaver rhoeas, Papaver somniferum, Sanguinaria canadensis
Passifloraceae:	Passiflora caerulea, Passiflora incarnata
Phytolaccaceae:	Phytolacca americana
Pinaceae:	Pinus sylvestris
Piperaceae:	Piper betle, Piper cubeba, Piper methysticum
Pittosporaceae:	Pittosporum tobira
Plumbaginaceae:	Plumbago europaea
Poaceae:	Anthoxanthum odoratum, Hierochloë odorata, Lolium temulentum, Zea mays

Polygonaceae:	Fagopyrum esculentum, Rheum palmatum, Rumex acetosa, Rumex crispus
Polypodiaceae:	Dryopteris filix-mas, Pteridium aquilinum
Primulaceae:	Cyclamen europaeum, Cyclamen periscum, Primula auricula, Primula obconica
Proteaceae:	Grevillea robusta
Punicaceae:	Punica granatum
Ranunculaceae:	Aconitum napellus, Aconitum vulparia, Actaea spicata, Adonis aestivalis, Adonis vernalis, Anemone nemorosa, Anemone ranunculoides, Aquilegia vulgaris, Caltha palustris, Cimicifuga racemosa, Clematis alpina, Clematis recta, Clematis vitalba, Consolida regalis, Delphinium elatum, Delphinium staphysagria, Eranthis hyemalis, Ficaria verna, Helleborus foetidus, Helleborus niger, Helleborus viridis, Hepatica nobilis, Hydrastis canadensis, Nigella damascena, Pulsatilla pratensis, Pulsatilla vulgaris, Ranunculus acris, Ranunculus bulbosus, Ranunculus sceleratus, Trollius europaeus
Rhamnaceae:	Frangula alnus, Rhamnus catharticus, Rhamnus purshianus
Rosaceae:	Chaenomelas japonica, Cotoneaster-Arten, Hagenia abyssinica, Kerria japonica, Malus-Pyrus-Cydonia-Arten, Prunus-Arten (Kernobst), Prunus laurocerasus, Prunus padus, Prunus serotina, Pyracantha coccinea, Quillaja saponaria, Rhodotypus scandens, Sorbus aucuparia
Rubiaceae:	Cephaëlis ipecacuanha, Cinchona pubescens, Galium odoratum, Gardenia jasminoides, Coffea arabica, Nertera granadensis, Pausinystalia yohimbe, Rubia tinctorum
Rutaceae:	Citrus aurantium, Cusparia officinalis, Dictamnus albus, Galipea officinalis, Pilocarpus jaborandi, Ptelea trifoliata, Ruta graveolens, Skimmia japonica, Zanthoxylum fraxineum
Santalaceae:	Santalum album
Sapindaceae:	Koelreuteria paniculata, Paullinia cupana
Saxifragaceae:	Hydrangea arborescens
Scheuchzeriaceae:	Triglochin maritima
Scrophulariaceae:	Digitalis grandiflora, Digitalis lanata, Digitalis lutea, Digitalis purpurea, Gratiola officinalis, Lathraea squamaria, Melampyrum-Arten, Pedicularis-Arten, Rhinanthus-Arten, Simaba cedron
Simaroubaceae:	Ailanthus altissimus, Quassia amara
Solanaceae:	Atropa bella-donna, Brunfelsia pauciflora, Brunfelsia uniflora, Capsicum annuum, Cestrum parqui, Datura stramonium, Datura suaveolens, Duboisia myoporoides, Fabiane imbricata, Hyoscyamus niger, Lycium barbarum, Mandragora officinarum, Nicandra physaloides, Nicotiana glauca, Nicotiana tabacum, Physalis alkekengi, Scopolia carniolica, Solanum dulcamara, Solanum nigrum, Solanum pseudocapsicum, Solanum sodomaeum, Solanum tuberosum
Sterculiaceae:	Cola acuminata, Theobroma cacao
Taxaceae:	Taxus baccata
Theaceae:	Camellia sinensis
Thymelaeaceae:	Daphne cneorum, Daphne mezereum, Daphne striata

Tiliaceae:	Sparmania africana, Tilia tomentosa
Trilliaceae:	Paris quadrifolia, Trillium erectum
Tropaeolaceae:	Tropaeolum majus
Usneaceae:	Letharia vulpina
Urticaceae:	Urtica dioica
Valerianaceae:	Valeriana officinalis
Verbenaceae:	Lantana camara, Vitex agnus castus
Vitaceae:	Ampelopsis brevipedunculata, Parthenocissus quinquefolius
Zingiberaceae:	Zingiber officinale
Zygophyllaceae:	Guajacum officinale, Peganum harmala

VI–2
Register der Symptome und Erkrankungen

A

B

C

D

I

J

K

L

M

N

O

P

Q

R

S

T

U

V

W

X

Z

VI–3 Stichwortverzeichnis

In diesem Verzeichnis sind alle Pflanzen- und Giftnamen zusammengefaßt – einschließlich der englischen, französischen, italienischen und niederländischen Bezeichnungen und der Familiennamen. Alles Wissenswerte aus den einführenden Kapiteln und aus den Fachbeiträgen wurde ebenfalls aufgenommen.
Fettgedruckte Seitenangaben führen zu Pflanzen und Giften, die im Kapitel IV „Einzeldarstellungen" ausführlich beschrieben werden, sowie zu einzelnen Abschnitten in den Kapiteln I und V.
Bei den zusammengesetzten deutschen Pflanzennamen, wie Gelbe Lupine, wird die Pflanze in diesem Register unter dem Substantiv, z.B. Lupine, Gelbe, aufgeführt.
Die kursiv gedruckten Begriffe beziehen sich auf Personennamen.

A

C

D

E

F

G

I

J

K

L

M

N

O

P

Q

R

S

T

U

V

W

X

Y

Z